行星齿轮传动设计

饶振纲　编著

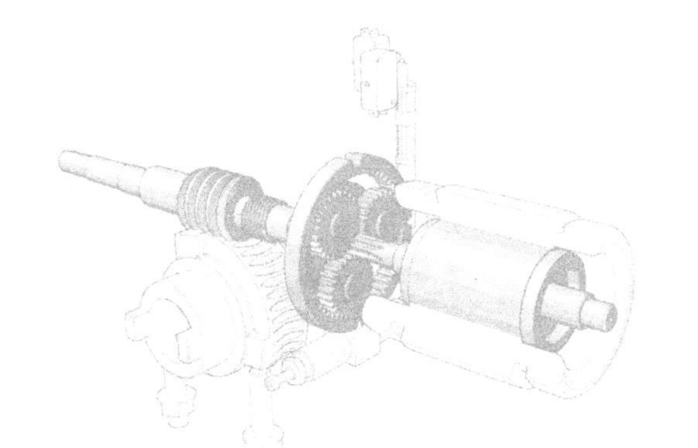

化学工业出版社
·北京·

本书全面系统地阐述了行星齿轮传动设计和微型行星齿轮传动设计两方面的内容；其内容丰富完整、简明新颖，图表齐全，实用性较强。并且含有关于行星齿轮传动设计的新方法和新的传动技术。

书中较详细地讨论了行星齿轮传动和微型行星齿轮传动的特点、传动类型、传动比和配齿计算，齿轮传动精度、啮合参数和几何尺寸计算，受力分析和强度计算，传动效率计算，以及均载机构和结构设计等。并且，还撰写了行星齿轮减速器和微型行星齿轮减速器的设计计算步骤和设计计算示例，以及行星齿轮减速器的结构图例。此外，本书还专门编写了封闭行星齿轮传动和行星齿轮变速传动，以及微型行星齿轮传动的模块式组合设计等内容。上述内容均属于我国新近发展的行星传动技术。

本书可供从事机械传动和机械设计的工程师、工程技术人员以及高等院校有关专业的教师、研究生和大学本科生参考使用。

图书在版编目（CIP）数据

行星齿轮传动设计/饶振纲编著．—2版．—北京：化学工业出版社，2014.5（2019.10重印）
ISBN 978-7-122-19902-7

Ⅰ．①行…　Ⅱ．①饶…　Ⅲ．①行星齿轮传动-机械设计　Ⅳ．①TH132.425

中国版本图书馆CIP数据核字（2014）第036606号

责任编辑：张兴辉　　文字编辑：闫　敏
责任校对：宋　夏　　装帧设计：王晓宇

出版发行：化学工业出版社（北京市东城区青年湖南街13号　邮政编码100011）
印　　装：北京盛通商印快线网络科技有限公司
787mm×1092mm　1/16　印张 31¾　字数 792千字　2019年10月北京第2版第2次印刷

购书咨询：010-64518888　　售后服务：010-64518899
网　　址：http://www.cip.com.cn
凡购买本书，如有缺损质量问题，本社销售中心负责调换。

定　　价：138.00元

第二版前言

《行星齿轮传动设计》于2003年出版后，至今已十多年了。此书已受到了广大读者的青睐。他们反映：《行星齿轮传动设计》一书，内容完整、图表齐全，实用性较强；确能有助于读者完成行星齿轮传动的设计工作。在此期间，读者经常打电话咨询购书事宜，但由于出版太久，已经很难买到。

近十年来，《行星齿轮传动设计》一书在我国齿轮界已产生了一定的影响，且赢得了机械传动设计者的好评和鼓励。国内有不少的相关公司和企业应用该书已研发出了不少的新产品。随着我国改革开放深入地发展，已不断地引进了许多先进的机械设备和行星齿轮减速器。该书第一版为其在消化和吸收国外的新产品和新技术，以及进行国产化的工作中提供了非常有益的帮助。总之，十多年来，《行星齿轮传动设计》已产生了良好的社会效益和经济效益。为了满足广大读者的需求，不辜负他们的信任和期望，特组织修订第二版。

编写《行星齿轮传动设计》（第二版）的指导思想是：在保持原书优点的基础上，进一步扩充了一些新的内容；增补了新的设计方法和新的行星传动技术。本书第二版共编写了两篇。第1篇为行星齿轮传动设计（保留了原书的基本内容）。由于新的国家标准的颁布，例如，GB/T 10095.1—2008和GB/T 10095.2—2008等，故在第1篇中增补了：第5章圆柱齿轮精度。其内容包括：齿轮偏差的定义及其代号、齿轮精度等级、中心距偏差、侧隙、公法线长度偏差和量柱测量距偏差及图样标注等内容。第2篇为微型行星齿轮传动设计。该篇是新增加的；其内容完整新颖、简明实用。此篇含有关于微型行星齿轮传动设计的新概念、新方法和新的行星传动技术。其中，特别撰写了微型行星齿轮传动的模块式组合设计的内容。另外，本书还详细地编写了微型行星齿轮减速器的设计计算示例和结构图例及零件工作图等。

在编写本书的过程中，参考了《齿轮手册》和《齿轮传动设计手册》等相关资料，在此特向相关作者致以诚挚的谢意。最后，还应对我的家人，在本人编写工作上的支持和生活上的关照表示诚恳的感谢。

鉴于作者的学术水平有限，年事已高，审阅能力也较差。故书中难免有不妥之处，恳切地希望广大读者批评指正。

饶振纲

邮箱：raozhg@126. com

目　录

第 2 篇　微型行星齿轮传动设计

主要代号

a　中心距　mm

a'　齿轮副的啮合中心距　mm

a_o　切齿中心距　mm

b　齿宽　mm

c　顶隙　mm

c^*　顶隙系数

d　分度圆直径　mm

d_1、d_2　齿轮副中的小轮、大轮分度圆直径　mm

d_o　插齿刀分度圆直径　mm

d_a　齿顶圆直径　mm

d_b　基圆直径　mm

d_f　齿根圆直径　mm

d_p　量柱（测量棒）直径　mm

d'　节圆直径　mm

E　弹性模量　N/mm^2

e　齿槽宽　mm

E_{ws}　公法线长度上偏差　μm

E_{wi}　公法线长度下偏差　μm

E_{ss}　齿厚上偏差　μm

E_{si}　齿厚下偏差　μm

E_{Ms}　量柱测量距上偏差　μm

E_{Mi}　量柱测量距下偏差　μm

F　作用力、切向力　N

F_a　轴向力　N

F_n　法向力　N

F_p　齿距累积总偏差　μm

F_r　径向力　N

F_r　径向跳动　μm

F_{pk}　齿距累积偏差　μm

F_i'　切向综合总偏差　μm

F_i''　径向综合总偏差　μm

F_α　齿廓总偏差　μm

F_β　螺旋线总偏差　μm

f_a　中心距偏差　μm

$f_{f\alpha}$　齿廓形状偏差　μm

$f_{f\beta}$　螺旋线形状偏差　μm

$f_{H\alpha}$　齿廓倾斜偏差　μm

$f_{H\beta}$　螺旋线倾斜偏差　μm

f_{pt}　单个齿距偏差　μm

f_i'　一齿切向综合偏差　μm

f_i''　一齿径向综合偏差　μm

f_m　啮合摩擦系数

G　剪切弹性模量　N/mm^2

H　高度　mm

HB　布氏硬度

HRC　洛氏硬度

HV　维氏硬度

h　齿高　mm

h'　工作齿高　mm

h_a　齿顶高　mm

h_a^*　齿顶高系数

h_{ao}　刀具齿顶高　mm

h_{ao}^*　刀具齿顶高系数

h_f　齿根高　mm

h_{fo}　刀具齿根高　mm

i　传动比

$\mathrm{inv}\alpha$　α角的渐开线函数

j　侧隙　mm

j_n　法向侧隙　mm

j_t　圆周侧隙　mm

K　系数、载荷系数

K_A　使用系数

K_d　计算分度圆直径的算式系数

K_m　计算齿轮模数的算式系数

$K_{F\alpha}$　计算弯曲强度的齿间载荷分配系数

$K_{F\beta}$　计算弯曲强度的齿向载荷分布系数

$K_{H\alpha}$　计算接触强度的齿间载荷分配系数

$K_{H\beta}$　计算接触强度的齿向载荷分布系数

K_p　行星轮间载荷分布不均匀系数

K_v　动载系数

k　跨测齿数、跨测槽数（用于内齿轮）

L　长度、轴承距离　mm

M　量柱测量距　mm

m　模数　mm

m_n　法向模数　mm

m_t　端面模数　mm
N　指数
N_L　应力循环次数
n　转速　r/min
n_p　行星轮数目
P　传递功率　kW
P_A　输入功率　kW
P_B　输出功率　kW
P_T　摩擦损失功率　kW
p　齿距、分度圆齿距　mm
p　行星排的特性参数
Ra　算术平均粗糙度　μm
Rz　平均峰谷粗糙度　μm
r　半径、分度圆半径　mm
S　安全系数
S_F　计算弯曲强度的安全系数
S_H　计算接触强度的安全系数
s　齿厚、分度圆齿厚　mm
s_a　齿顶厚　mm
s_n　法向齿厚　mm
s_t　端面齿厚　mm
s_o　刀具齿厚　mm
T　转矩　N·m
T_A　输入转矩　N·m
T_B　输出转矩　N·m
t　时间　h或s
u　齿数比
v　线速度、圆周速度　m/s
W　公法线长度　mm
W　自由度
x　径向变位系数
x_Σ　变位系数和
Y　系数
Y_{Fa}　齿形系数
Y_N　计算弯曲强度的寿命系数
Y_{RT}　相对齿根表面状况系数
Y_S　应力修正系数
Y_X　计算弯曲强度的尺寸系数
Y_β　计算弯曲强度的螺旋角系数
$Y_{\delta T}$　相对齿根圆角敏感系数
Y_ε　计算弯曲强度的重合度系数
y　中心距变动系数
Δy　齿顶高变动系数
Z_E　弹性系数
Z_H　节点区域系数
Z_L　润滑剂系数
Z_N　计算接触强度的寿命系数
Z_R　接触强度的粗糙度系数
Z_v　速度系数
Z_W　齿面工作硬化系数
Z_X　计算接触强度的尺寸系数
Z_β　计算接触强度的螺旋角系数
Z_ε　计算接触强度的重合度系数
z　齿数
z_1、z_2　齿轮副中的小轮、大轮齿数
z_o　刀具齿数
z_v　当量齿数
z_Σ　齿数和
α　压力角、齿形角　(°)或rad
α_a　齿顶压力角　(°)或rad
α'　齿轮副的啮合角　(°)或rad
α_o　刀具齿形角　(°)或rad
α_o'　切齿时的啮合角　(°)或rad
α_n　法向分度圆压力角　(°)或rad
α_t　端面分度圆压力角　(°)或rad
β　螺旋角、分度圆螺旋角　(°)或rad
ε　重合度
ε_α　端面重合度
ε_β　轴向重合度（纵向重合度）
ε_γ　总重合度
η　效率
η^x　转化机构的效率
η_p　行星齿轮传动效率
μ　摩擦系数
ν　泊松比
ν_t　润滑油在工作温度 t 下的运动黏度　mm^2/s
ρ　曲率半径　mm
ρ_f　齿根圆角半径　mm
ρ_f^*　齿根圆角半径系数
σ　正应力　N/mm^2
σ_b　抗拉强度　N/mm^2
σ_s　屈服强度　N/mm^2
σ_F　计算齿根弯曲应力　N/mm^2
σ_{FP}　许用齿根弯曲应力　N/mm^2
σ_{Flim}　试验齿轮弯曲疲劳极限　N/mm^2

σ_{H} 计算接触应力 N/mm^2

σ_{HP} 许用接触应力 N/mm^2

σ_{Hlim} 试验齿轮的接触疲劳极限 N/mm^2

ϕ_{a} 对中心距 a 的齿宽系数， $\phi_{a}=b/a$

ϕ_{d} 对分度圆直径的齿宽系数， $\phi_{d}=b/d$

ψ 功率损失系数

ψ^{x} 转化机构的功率损失系数

主要下角标

A 输入构件

a 齿顶的，中心轮的

B 输出构件

b 基圆的、中心轮、内齿轮

c 行星轮

d 行星轮

E 固定构件

e 中心轮、内齿轮

F 齿根弯曲的

f 齿根的

H 接触的

lim 试验齿轮的疲劳极限

max 最大的

min 最小的

n 法向的

P 许用的

r 径向的

t 切向的

x 转臂的、行星架的

Σ 代数和

o 刀具的

1 小齿轮的

2 大齿轮的

Ⅰ 高速的，第Ⅰ级的

Ⅱ 低速的，第Ⅱ级的

Ⅲ 第Ⅲ级的

第1篇

行星齿轮传动设计

第 1 章　行星齿轮传动概论

1.1　行星齿轮传动的定义、符号及其特点

齿轮传动在各种机器和机械设备中已获得了较广泛的应用。例如，起重机械、工程机械、冶金机械、建筑机械、石油机械、纺织机械、机床、汽车、飞机、火炮、船舶和仪器、仪表中均采用了齿轮传动。在上述各种机器设备和机械传动装置中，为了减速、增速和变速等特殊用途，经常采用一系列互相啮合的齿轮所组成的传动系统，在《机械原理》中，便将上述的齿轮传动系统称之为轮系。

1.1.1　行星齿轮传动的定义

轮系可由各种类型的齿轮副组成。由锥齿轮、螺旋齿轮和蜗杆蜗轮组成的轮系，称为空间轮系；而由圆柱齿轮组成的轮系，称为平面轮系。本书主要讨论平面轮系的设计问题。

根据齿轮系运转时其各齿轮的几何轴线相对位置是否变动，齿轮传动分为两大类型。

(1) 普通齿轮传动（定轴轮系）

当齿轮系运转时，如果组成该齿轮系的所有齿轮的几何轴线位置都是固定不变的，则称为普通齿轮传动（或称定轴轮系）。在普通齿轮传动中，如果各齿轮副的轴线均互相平行，则称为平行轴齿轮传动；如果齿轮系中含有一个相交轴齿轮副或一个相错轴齿轮副，则称为不平行轴齿轮传动（空间齿轮传动）。

(2) 行星齿轮传动（行星轮系）

当齿轮系运转时，如果组成该齿轮系的齿轮中至少有一个齿轮的几何轴线位置不固定，而绕着其他齿轮的几何轴线旋转，即在该齿轮系中，至少具有一个作行星运动的齿轮，如图 1-1(a) 所示。在上述齿轮传动中，齿轮 a、b 和构件 x 均绕几何轴线$\overline{OO}$转动，而齿轮 c 是活套在构件 x 的轴 O_c 上，它一方面绕自身的几何轴线 O_c 旋转（自转），同时又随着几何轴线 O_c 绕固定的几何轴线$\overline{OO}$旋转（公转），即齿轮 c 作行星运动；因此，称该齿轮传动为行星齿轮传动，即行星轮系。

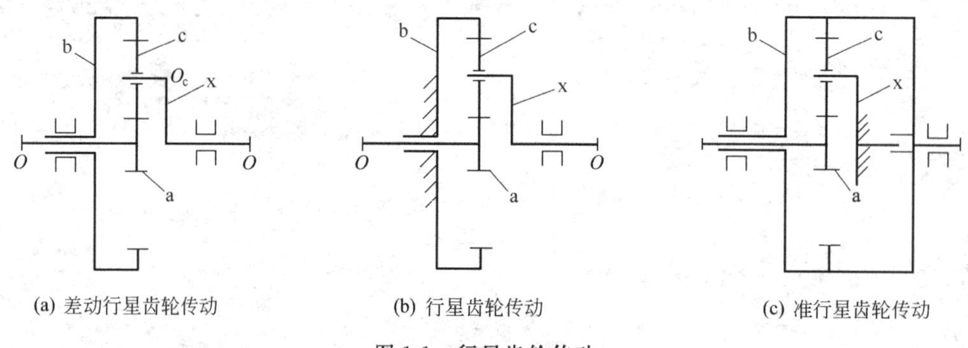

(a) 差动行星齿轮传动　(b) 行星齿轮传动　(c) 准行星齿轮传动

图 1-1　行星齿轮传动

行星齿轮传动按其自由度的数目可分为以下几种。

① 简单行星齿轮传动　具有一个自由度（$W=1$）的行星齿轮传动，如图 1-1(b) 所示。对于简单行星齿轮传动，只需要知道其中一个构件的运动后，其余各构件的运动便可以

确定。

② 差动行星齿轮传动　具有两个自由度（$W=2$）的行星齿轮传动，即它是具有三个可动外接构件（a、b 和 x）的行星轮系［见图 1-1(a)］。对于差动行星齿轮传动，必须给定两个构件的运动后，其余构件的运动才能确定。

在行星齿轮传动中作行星运动的齿轮 c，称为行星齿轮（简称为行星轮）。换言之，在齿轮系中，凡具有自转和公转的齿轮，则称为行星轮，如图 1-1 中所示的齿轮 c。仅有一个齿圈的行星 c，称为单齿圈行星轮［见图 1-1 和图 1-2(a)］；带有两个齿圈的行星轮 c-d，称为双齿圈行星轮［见图 1-2(b) 和图 1-3］。

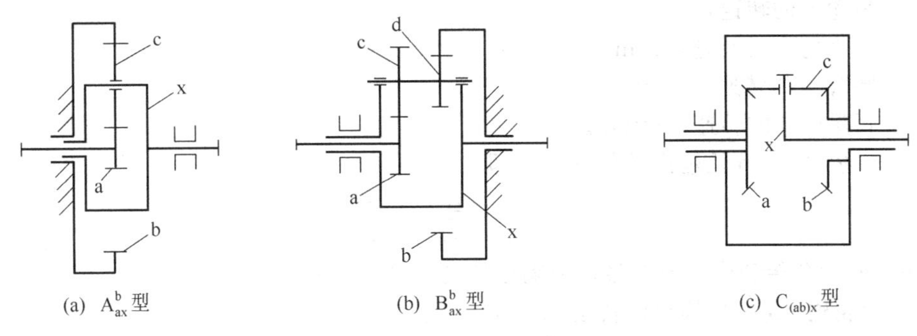

(a) A^{b}_{ax} 型　(b) B^{b}_{ax} 型　(c) $C_{(ab)x}$ 型

图 1-2　2Z-X 型的负号机构（$i^{x}<0$）

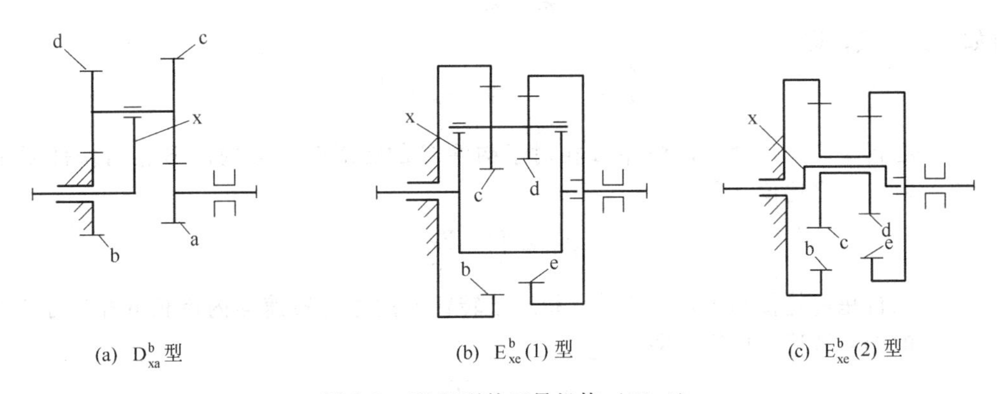

(a) D^{b}_{xa} 型　(b) $E^{b}_{xe}(1)$ 型　(c) $E^{b}_{xe}(2)$ 型

图 1-3　2Z-X 型的正号机构（$i^{x}>0$）

在行星齿轮传动中，支承行星轮 c(或 c-d) 并使它得到公转的构件，称为转臂（又称为行星架），用符号 x 表示。转臂 x 绕之旋转的几何轴线，称为主轴线，如轴线$\overline{OO}$。在行星齿轮传动中，与行星齿轮相啮合的，且其轴线又与主轴线$\overline{OO}$重合的齿轮，称为中心轮；外齿中心轮用符号 a 或 b 表示，内齿中心轮用符号 b 或 e 表示。最小的外齿中心轮 a 又可称为太阳轮。而将固定不动的（与机架连接的）中心轮，称为支持轮，如图 1-1(b) 中所示的内齿轮 b。

在行星齿轮传动中，凡是其旋转轴线与主轴线$\overline{OO}$相重合，并承受外力矩的构件，称为基本构件，如图 1-1 中的中心轮 a、b 和转臂 x。换言之，所谓基本构件就是在空间具有固定旋转轴线的受力构件；其中也可能是固定构件，如图 1-1(b) 中与机架相连接的内齿轮 b。而差动行星齿轮传动［见图 1-1(a)］就是具有三个运动基本构件的行星齿轮传动。在其三个基本构件中，若将内齿轮 b 固定不动，则可得到应用十分广泛的，输入件为中心轮 a 或转臂 x，输出件为转臂 x 或中心轮 a 的行星齿轮传动［见图 1-1(b)］。仿上，当中心轮 a 固定不动时，则可得到输入件为内齿轮 b 或转臂 x，输出件为转臂 x 或内齿轮 b 的行星齿轮传动。当转臂 x 固定不动时，则可得到所有齿轮轴线均固定不动的普通齿轮传动，即定轴齿轮传动。

由于该定轴齿轮传动是原来行星齿轮传动的转化机构，故又称之为准行星齿轮传动，如图1-1(c) 所示。

为了便于对上述行星齿轮传动进行研究分析，本书特将差动行星齿轮传动（$W=2$）、行星齿轮传动（$W=1$）和准行星齿轮传动，统称为行星齿轮传动。

1.1.2 行星齿轮传动的符号

在行星齿轮传动中较常用的符号如下。

n ——转速，以每分钟的转数来衡量的角速度，r/min。

ω ——角速度，以每秒弧度来衡量的角速度，rad/s。

n_a ——齿轮 a 的转速，r/min。

n_b ——内齿轮 b 的转速，r/min。

n_x ——转臂 x 的转速，r/min。

n_c ——行星轮 c 的转速，r/min。

i_{ab}——a 轮输入，b 轮输出的传动比，即

$$i_{ab}=\frac{n_a}{n_b}=\frac{\omega_a}{\omega_b}=\pm\frac{z_b}{z_a}$$

式中，外啮合传动取“－”号；内啮合传动取“＋”号。

i_{ba}——b 轮输入，a 轮输出的传动比，即

$$i_{ba}=\frac{n_b}{n_a}=\frac{\omega_b}{\omega_a}=\pm\frac{z_a}{z_b}$$

且有如下关系式，即

$$i_{ab}i_{ba}=1 \quad 或 \quad i_{ab}=\frac{1}{i_{ba}}$$

i_{AB}^{C}——在行星齿轮传动中，构件 A 相对于构件 C 的相对转速与构件 B 相对构件 C 的相对转速之比值，即

$$i_{AB}^{C}=\frac{n_A-n_C}{n_B-n_C}$$

i_{ab}^{x}——在行星齿轮传动中，中心轮 a 相对于转臂 x 的相对转速与内齿轮 b 相对于转臂 x 的相对转速之比值，即

$$i_{ab}^{x}=\frac{n_a-n_x}{n_b-n_x}$$

i_{ax}^{b}——在图 1-1(b) 所示的行星齿轮传动中，内齿轮 b 固定，即 $n_b=0$，中心轮 a 输入，转臂 x 输出时的行星齿轮传动的传动比。

p ——内齿轮 b 与中心轮 a 的齿数比，即 $p=\frac{z_b}{z_a}$；也称之为行星排的特性参数。

1.1.3 行星齿轮传动的特点

行星齿轮传动与普通齿轮传动相比较，它具有许多独特的优点。它的最显著的特点是：在传递动力时它可以进行功率分流；同时，其输入轴与输出轴具有同轴性，即输出轴与输入轴均设置在同一主轴线上。所以，行星齿轮传动现已被人们用来代替普通齿轮传动，而作为各种机械传动系统中的减速器、增速器和变速装置。尤其是对于那些要求体积小、质量小、结构紧凑和传动效率高的航空发动机、起重运输、石油化工和兵器等的齿轮传动装置以及需要差速器的汽车和坦克等车辆的齿轮传动装置，行星齿轮传动已得到了越来越广泛的应用。

行星齿轮传动的主要特点如下。

① 体积小，质量小，结构紧凑，承载能力大 由于行星齿轮传动具有功率分流和各中心轮构成共轴线式的传动以及合理地应用内啮合齿轮副，因此可使其结构非常紧凑。再由于

在中心轮的周围均匀地分布着数个行星轮来共同分担载荷，从而使得每个齿轮所承受的负荷较小，并允许这些齿轮采用较小的模数。此外，在结构上充分利用了内啮合承载能力大和内齿圈本身的可容体积，从而有利于缩小其外廓尺寸，使其体积小，质量小，结构非常紧凑，且承载能力大。一般，行星齿轮传动的外廓尺寸和质量约为普通齿轮传动的½～⅕（即在承受相同的载荷条件下）。

② 传动效率高　由于行星齿轮传动结构的对称性，即它具有数个匀称分布的行星轮，使得作用于中心轮和转臂轴承中的反作用力能互相平衡，从而有利于达到提高传动效率的作用。在传动类型选择恰当、结构布置合理的情况下，其效率值可达 0.97～0.99。

③ 传动比较大，可以实现运动的合成与分解　只要适当选择行星齿轮传动的类型及配齿方案，便可以用少数几个齿轮而获得很大的传动比。在仅作为传递运动的行星齿轮传动中，其传动比可达到几千。应该指出，行星齿轮传动在其传动比很大时，仍然可保持结构紧凑、质量小、体积小等许多优点。而且，它还可以实现运动的合成与分解以及实现各种变速的复杂的运动。

④ 运动平稳、抗冲击和振动的能力较强　由于采用了数个结构相同的行星轮，均匀地分布于中心轮的周围，从而可使行星轮与转臂的惯性力相互平衡。同时，也使参与啮合的齿数增多，故行星齿轮传动的运动平稳，抵抗冲击和振动的能力较强，工作较可靠。

总之，行星齿轮传动具有质量小、体积小、传动比大及效率高（类型选用得当）等优点。因此，行星齿轮传动现已广泛地应用于工程机械、矿山机械、冶金机械、起重运输机械、轻工机械、石油化工机械、机床、机器人、汽车、坦克、火炮、飞机、轮船、仪器和仪表等各个方面。行星传动不仅适用于高转速、大功率，而且在低速大转矩的传动装置上也已获得了应用。它几乎可适用于一切功率和转速范围，故目前行星传动技术已成为世界各国机械传动发展的重点之一。

随着行星传动技术的迅速发展，目前，高速渐开线行星齿轮传动装置所传递的功率已达到 20000kW，输出转矩已达到 4500kN·m。据有关资料介绍，人们认为目前行星齿轮传动技术的发展方向如下。

① 标准化、多品种　目前世界上已有 50 多个渐开线行星齿轮传动系列设计；而且还演化出多种型式的行星减速器、差速器和行星变速器等多品种的产品。

② 硬齿面、高精度　行星传动机构中的齿轮广泛采用渗碳和氮化等化学热处理。齿轮制造精度一般均在 6 级以上。显然，采用硬齿面、高精度有利于进一步提高承载能力，使齿轮尺寸变得更小。

③ 高转速、大功率　行星齿轮传动机构在高速传动中，如在高速汽轮中已获得日益广泛的应用，其传动功率也越来越大。

④ 大规格、大转矩　在中低速、重载传动中，传递大转矩的大规格的行星齿轮传动已有了较大的发展。

行星齿轮传动的缺点是：材料优质、结构复杂、制造和安装较困难些。但随着人们对行星传动技术进一步深入地了解和掌握以及对国外行星传动技术的引进和消化吸收，从而使其传动结构和均载方式都不断完善，同时生产工艺水平也不断提高。因此，对于它的制造安装问题，目前已不再视为一件什么困难的事情。实践表明，在具有中等技术水平的工厂里也是完全可以制造出较好的行星齿轮传动减速器。

应该指出，对于行星齿轮传动的设计者，不仅应该了解其优点，而且应该在自己的设计工作中，充分地发挥其优点，且把其缺点降低到最低的限度。从而设计出性能优良的行星齿轮传动装置。

1.2 行星齿轮传动的基本类型

行星齿轮传动的类型很多，其分类方法也不少。在我国根据前苏联学者库德略夫采夫(B. H. Кудрявцев)提出的按照行星齿轮传动基本构件的不同来进行分类。该分类方法在我国具有较大的影响，且早已在我国齿轮界被普遍采用和接受了。另外，根据机械工业部JB 1799—76行星齿轮减速器标准，采用了按齿轮啮合方式的分类方法，在我国该分类方法也在逐渐地推广应用中。现将上述两种分类方法分别阐述如下。

1.2.1 库德略夫采夫的分类法

在库氏的分类方法中，行星齿轮传动的基本代号为：Z——中心轮，X——转臂，V——输出轴（现说明：在库氏原著作中，K——中心轮，H——转臂）。根据其基本构件的配置情况，可将行星齿轮传动分为2Z-X、3Z和Z-X-V三种基本传动类型；其他的结构型式的行星齿轮传动大都是它们的演化型式或组合型式。

(1) 2Z-X型行星齿轮传动

如果行星齿轮传动的基本构件包括有两个中心轮z和转臂x的话，则该行星齿轮传动的类型代号为2Z-X，图1-2和图1-3所示为较常见的2Z-X型的传动简图。当转臂x固定时，若该行星齿轮传动中的中心轮a与内齿轮b的转向相反，即其转臂x固定时的传动比$i^x<0$，则称其为2Z-X型的负号机构（见图1-2）。当转臂x固定时，若中心轮a与b，或者中心轮b与e的转向相同，即其传动比$i^x>0$，则称其为2Z-X型的正号机构（见图1-3）。

为了使2Z-X型和3Z型行星齿轮传动中的各种传动型式都有一个确定的传动代号，便于人们分析研究各种传动型式的运动学、受力分析和效率计算以及强度计算等问题，本书规定采用字母A、B、C、…附加一个上角标和两个下角标来表示其传动类型代号；上角标表示固定构件，第一个下角标表示输入的基本构件，第二个下角标表示输出的基本构件。例如，图1-2(a)所示的2Z-X型（$i^x<0$）行星齿轮传动，可用传动代号A_{ax}^{b}表示。显然，对于由A_{ax}^{b}型行星齿轮传动演化而成的差动行星齿轮传动［见图1-1(a)］和准行星齿轮传动［见图1-1(c)］，则可分别用传动代号$A_{a(xb)}$(或$A_{(ax)b}$)和A_{ab}^{x}表示。

由于A_{ax}^{b}型行星齿轮传动具有结构简单、制造容易，外形尺寸小，质量小，传动效率高等特点。在结构合理的条件下，通常，其传动比范围为$i_{ax}^{b}=2.8\sim13$，传动效率$\eta_{ax}^{b}=0.97\sim0.99$。目前该传动类型已获得了较广泛的应用。

图1-2(b)所示的具有双齿圈行星轮c-d的2Z-X型（$i^x<0$）传动型式，可用传动代号B_{ax}^{b}表示。其合理的传动比范围为$i_{ax}^{b}=7\sim16$，传动效率仍较高；但由于采用了双齿圈行星轮，故制造安装较复杂些。

图1-2(c)所示为圆锥齿轮的2Z-X型（$i^x<0$）行星齿轮传动，用传动代号$C_{(ab)x}$表示。该行星传动主要用于差动齿轮装置；这种传动型式的差速器在汽车、坦克、拖拉机和金属切削机床及仪器等齿轮传动装置中已获得广泛的应用。

图1-3(a)所示的2Z-X型（$i^x>0$）行星齿轮传动，用传动代号D_{xa}^{b}表示。按其传动比的绝对值来说，i_{xa}^{b}可以达到很大的值。但由于其具有双外啮合的齿轮传动，啮合摩擦损失较大，故其传动效率较低，一般，该D型行星齿轮传动基本上不用于传递动力。

图1-3(b)所示2Z-X型（$i^x>0$）行星齿轮传动（$n_p\geqslant3$），用传动代号$E_{xe}^{b}(1)$表示。其合理的传动比范围为$i_{xe}^{b}=8\sim30$。由于它具有双内啮合的齿轮传动，其啮合摩擦损失较小。当传动比$i_{xe}^{b}<50$时，其传动效率η_{xe}^{b}值可达0.8以上。但随着传动比i_{xe}^{b}的增加其效率η_{xe}^{b}值会降低。

图 1-3(c) 所示的少齿差 2Z-X 型（$i^{x}>0$）行星齿轮传动（$n_p=1$），用传动代号 $E_{xe}^{b}(2)$ 表示。其合理的传动比范围为 $i_{xe}^{b}=30\sim100$。由于它具有（Z_b-Z_c）少齿差的内啮合齿轮传动，其啮合摩擦损失较小，故该行星齿轮传动的传动效率较高，η_{xe}^{b}值可达 0.9。

(2) 3Z 型行星齿轮传动

在图 1-4 所示的 3Z 型行星齿轮传动中，其基本构件是三个中心轮 a、b 和 e，故其传动类型代号为 3Z。在 3Z 型行星传动中，由于其转臂 x 不承受外力矩的作用，所以，它不是基本构件，而只是用于支承行星轮心轴所必需的结构元件，因而，该转臂 x 又可称为行星轮支架（简称为行星架）。

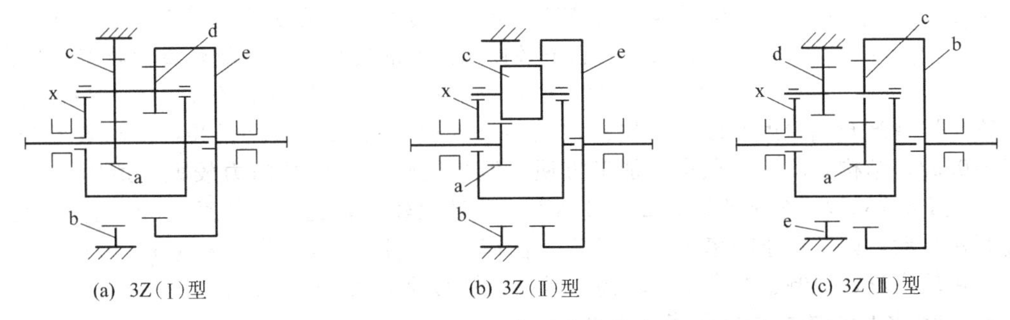

(a) 3Z(Ⅰ)型　　(b) 3Z(Ⅱ)型　　(c) 3Z(Ⅲ)型

图 1-4　3Z 型行星齿轮传动

在 3Z 型行星齿轮传动中，较常见的传动型式有如下三种。

① 3Z(Ⅰ) 型　具有双齿圈行星轮的 3Z 型行星齿轮传动，如图 1-4(a) 所示。它的结构特点是：内齿轮 b 固定，而旋转的中心轮 a 和 e 分别与行星轮 c 和 d 相啮合，故可用传动代号 3Z(Ⅰ) 表示。在各种机械传动中，它已获得了较广泛的应用。3Z(Ⅰ) 型较合理的传动比范围为 $i_{ae}^{b}=20\sim300$，其传动效率 $\eta_{ae}^{b}=0.8\sim0.9$。

② 3Z(Ⅱ) 型　具有单齿圈行星轮 c 的 3Z 型行星齿轮传动，如图 1-4(b) 所示。该 3Z 型行星传动的结构特点是：三个中心轮 a、b 和 e 同时与单齿圈行星轮 c 相啮合；即内齿轮 b 固定，两个旋转的中心轮 a 和 e 同时与行星轮 c 相啮合，故可用传动代号 3Z(Ⅱ) 表示。它是一项较新型的行星齿轮传动，目前该项传动新技术在我国的齿轮传动中已获得了日益广泛的应用。3Z(Ⅱ) 型合理的传动比范围为 $i_{ae}^{b}=50\sim330$，其传动效率为 $\eta_{ae}^{b}=0.70\sim0.84$。

③ 3Z(Ⅲ) 型　具有双齿圈行星轮的 3Z 型行星齿轮传动，如图 1-4(c) 所示。它的结构特点是：内齿轮 e 固定，两个旋转的中心轮 a 和 b 与同一个行星轮 c 相啮合，而另一个行星轮 d 与固定内齿轮 e 相啮合；故可用传动代号 3Z(Ⅲ) 表示。它的传动比 i_{ab}^{e} 范围和传动效率与 3Z(Ⅰ) 型基本相同。因此，在实际应用中，一般很少采用 3Z(Ⅲ) 型行星齿轮传动。

在此，应该指出的是：3Z 型行星齿轮传动用于短期间断工作的机械传动装置中最为合理，它具有结构紧凑、传动比大和传动效率较高等特点。但 3Z 型行星传动制造和安装比较复杂。当中心轮 a 输出时，在传动比 $|i|$ 大于某个值后，该行星齿轮传动将会产生自锁。其中，3Z(Ⅱ) 型行星传动的结构更加紧凑，制造安装较 3Z(Ⅰ) 型的简单。但由于在 3Z(Ⅱ) 型行星传动中，其内齿轮 b 和 e 的齿数不相等，即 $z_b\neq z_e$；而且公共行星轮 c 既要与中心轮 a 相啮合，同时又要与内齿轮 b 和 e 相啮合，故该 3Z 型行星传动必须采用角度变位。在进行角度变位计算时，其各个齿轮应选择不同的变位系数，以保证各啮合齿轮副具有相同的角度变位中心距 a'，以满足 3Z(Ⅱ) 型行星齿轮传动的同心条件。但由于 3Z(Ⅱ) 型行星传动进行角度变位后的啮合角 α'大于压力角 α，即 $\alpha'>\alpha=20°$，故其传动效率较 3Z(Ⅰ) 型的要低些。

(3) Z-X-V 型行星齿轮传动

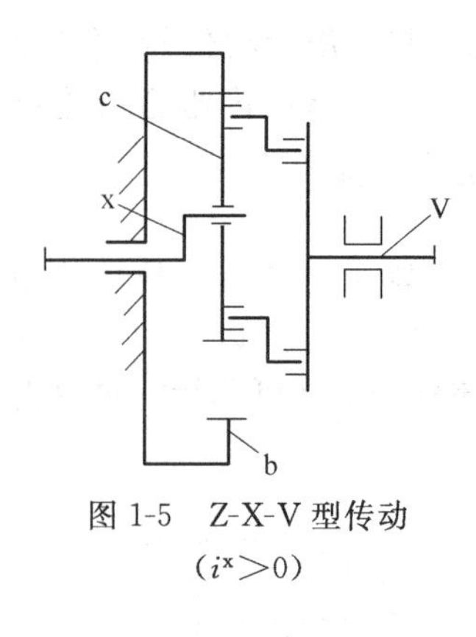

图1-5 Z-X-V型传动 ($i^x>0$)

如果把2Z-X(A)型传动中的齿轮a去掉，而且将行星轮c的直径增大，并使内齿轮b与行星轮c的齿数差变得很少；然后将从动轮c的运动通过机构W传到输出轴V，则可构成一个由转臂x主动和行星轮c从动的少齿差行星齿轮传动（见图1-5）。

在少齿差行星齿轮传动中，其基本构件是一个中心轮b（代号Z)、转臂x和输出轴V，故其类型代号为Z-X-V。由于行星轮c的轴线与输出轴V存在一个偏心距离，因此需要设置一个将行星轮c的回转运动传递到输出轴V的、传动比等于1的输出机构（即W机构）。由于该行星传动的啮合齿轮副仅有一个c-b传动形式，故它不必再用其他的传动代号。渐开线少齿差行星齿轮传动和常见的摆线针轮行星传动大都属于Z-X-V型行星传动。

Z-X-V型渐开线少齿差行星齿轮传动的传动比范围为$i_{xv}^{b}=10\sim100$，传动效率为$\eta=0.75\sim0.93$。结构紧凑、体积小、加工方便，但行星轮轴承的径向力较大，适用于中小功率，一般$P\leqslant18$kW，个别的达到20～45kW；传动比较大，适用于短期工作。若采用摆线针轮行星传动，则适用于功率$P\leqslant100$kW，任何工作制度，其传动效率为$\eta=0.90\sim0.97$。目前应用较广泛，但制造精度要求较高，且高速轴转速$n_x\leqslant1500$r/min。

1.2.2 按齿轮啮合方式进行分类的方法

如前所述，按照原机械工业部关于行星齿轮减速器标准JB 1977—1976，国内已采用了将行星齿轮传动按其啮合方式的不同来进行分类。该分类方法通常采用了如下的基本代号：

N——内啮合齿轮副；

W——外啮合齿轮副；

G——同时与两个中心轮相啮合的公共齿轮。

根据行星齿轮传动所具有的啮合方式，可以把行星齿轮传动的传动类型分为：

NGW——具有内啮合和外啮合，同时还具有一个公共齿轮的行星齿轮传动；

NW——具有一个内啮合和一个外啮合的行星齿轮传动；

WW——具有两个外啮合的行星齿轮传动；

NN——具有两个内啮合的行星齿轮传动；

NGWN——具有两个内啮合和一个外啮合，同时还具有一个公共齿轮的行星齿轮传动；

N——仅具有一个内啮合的行星齿轮传动。

例如，图1-2(a)所示的2Z-X型负号机构（$i^x<0$）行星齿轮传动，其传动代号为A_{ax}^{b}。由于该行星传动具有c轮与b轮的内啮合（N）和a轮与c轮的外啮合（W），同时还有与中心轮a和b轮相啮合的公共齿轮c(G)，因此，2Z-X(A)型行星传动的传动类型为NGW型。对于2Z-X(B)型传动［见图1-2(b)］，由于它具有一个内啮合（N）和一个外啮合(W)，故其传动类型为NW型。仿上，对于图1-2(c)所示的圆锥齿轮差动行星传动，由于它具有两个外啮合（W)，故可用字母WW表示它的传动类型。

对于图1-3所示的2Z-X型正号机构（$i^x>0$），其传动代号为D_{xa}^{b}的行星传动［见图1-3(a)］，由于它具有两个外啮合（W），故其传动类型为WW。传动代号为$E_{xe}^{b}(1)$和$E_{xe}^{b}(2)$的行星传动［见图1-3(b)和图1-3(c)］，由于它们均具有两个内啮合（N），故其传动类型为NN。

对于图1-4所示的3Z型行星齿轮传动，即传动代号为3Z(Ⅰ)、3Z(Ⅱ)和3Z(Ⅲ)型行星传动，由于它们均具有两个内啮合（N）、一个外啮合（W），同时还具有一个公共齿轮(G)，故其传动类型为NGWN型。图1-5所示的Z-X-V型行星传动，由于它仅具有一个内啮合（N），故其传动类型为N型。

在此讨论行星齿轮传动的传动类型时，还应该说明的是：根据《机械原理》可知，在前面所讨论的定轴齿轮传动、行星齿轮传动和差动齿轮传动均属于基本齿轮传动。可以将两个或几个基本齿轮传动连接成为一个组合齿轮传动机构。按照不同的组合方式，可以获得许多种类的组合行星齿轮传动机构。例如，将两个 2Z-X 型行星传动串联起来，则可得到双级行星齿轮传动（见图 8-1)。在差动行星齿轮传动［见图 1-1(a)］中，将其中心轮 a（或 b）与转臂 x 之间，或者两个中心轮 a、b 之间用其他基本齿轮传动将它们组成相互封闭的齿轮传动链，则可获得封闭行星齿轮传动。关于封闭行星齿轮传动的类型、传动代号等请读者参见第 9 章。

常用的行星齿轮传动的类型及其主要特点可参见表 1-1。对于每种方案的行星传动，其合理的传动比范围均有一定的数值。因此，当传动比超出其合理范围时，则可采用由上述单级行星传动方案串联而成的行星齿轮传动，即二级、三级等行星齿轮传动。

表 1-1　常用行星齿轮传动的传动类型及其特点

序号	传动类型		传动简图（代号）	传动比 i 范围	传递功率 P 合理范围/kW	传动效率 η 值	特点及应用
	按基本构件分类	按啮合方式分类					
1	2Z-X 负号机构 ($i^x<0$)	NGW	见图 1-2（a）(A^b_{ax})	$i^b_{ax}=2.8\sim13$ 推荐值 $i^b_{ax}=3\sim9$	P 值不限	$\eta^b_{ax}=0.97\sim0.99$	效率高，体积小，质量小，结构简单，制造方便。适用于任何工况下的大小功率的传动，且广泛地应用于动力及辅助传动中，工作制度不限；可作为减速、增速和差速装置 当转臂的转速高时，行星轮产生很大的离心力作用于轴承上，因此，应用受到一定限制
2		NW	见图 1-2（b）(B^b_{ax})	$i^b_{ax}=1\sim50$ 推荐值 $i^b_{ax}=7\sim17$	P 值不限	$\eta^b_{ax}=0.97\sim0.99$	其特点与 A 型相类同。但它的径向尺寸较小，传动比范围较大 因采用了双联行星轮，故其制造安装都较复杂 一般，$\lvert i^b_{ax}\rvert<7$ 时不采用
3	2Z-X 负号机构 ($i^x<0$)	WW	见图 1-2（c）(C^x_{ab})	$i=1\sim2$ $i^a_{xb}=i^b_{xa}=\frac{1}{2}$	$P\leqslant60$	当 a 轮固定（或 b 轮固定）时，滚动轴承 $\eta=0.98$ 滑动轴承 $\eta=0.95\sim0.96$	具有差动机构的特点，可以进行运动的合成和分解 主要用于汽车、坦克、自行火炮及飞机等动力装置中作为差速器
4	2Z-X 正号机构 ($i^x>0$)	WW	见图 1-3（a）(D^b_{xa})	i^b_{xa} 由 1.2 到几千	基本上不用于传递动力；短期工作时，$P\leqslant20$	一般情况下，效率较低；且随着传动比 i^b_{xa} 的增加，η^b_{xa} 急剧下降	传动比大、效率低，制造安装不方便；主要用于传递运动 当传动比要求很大，而传动效率无实际意义时方可采用 转臂 x 输出时，当 $\lvert i\rvert$ 大于某一值后，D 型传动将产生自锁
5		NN	见图 1-3（b）($n_p\geqslant3$)［$E^b_{xe}(1)$］	推荐值 $i^b_{xe}=8\sim30$	$P\leqslant40$	一般，效率较低，$\eta=0.75\sim0.8$	传动比大，效率较低 适用于短期间断工作的传动 当转臂 x 为输出件时，传动比 $\lvert i\rvert$ 大于某一值后，E 型传动将产生自锁

续表

序号	传动类型		传动简图（代号）	传动比 i 范围	传递功率 P 合理范围 /kW	传动效率 η 值	特点及应用
	按基本构件分类	按啮合方式分类					
6	2Z-X 正号机构 ($i^x>0$)	NN	见图 1-3（c）($n_p=1$) [$E^b_{xe}(2)$]	推荐值 $i^b_{xe}=30\sim100$ 传递小功率时，传动比 i^b_{xe} 可达 1000 以上	$P\leqslant40$	当传动比 $i^b_{xe}=10\sim100$ 时，效率 $\eta^b_{xe}=0.7\sim0.9$ 效率随传动比 $\|i\|$ 增加而降低	特点同 $E^b_{xe}(1)$，但由于它具有 (z_2-z_1) 少齿差的双内啮合传动，故其效率 η^b_{xe} 可达 0.85 以上 适用于中、小功率的动力传动 该 $E^b_{xe}(2)$ 型传动的自锁情况同 $E^b_{xe}(1)$
7	3Z 型	NGWN	见图 1-4（a）[3Z(Ⅰ)]	传递较小功率时，$i^b_{ae}\leqslant500$ 推荐值 $i^b_{ae}=20\sim100$	短期工作，$P\leqslant120$；长期工作，$P\leqslant10$	$\eta^b_{ae}=0.8\sim0.9$ 效率 η^b_{ae} 值随 $\|i\|$ 增加而降低	结构紧凑，传动比范围较大，制造安装较复杂。适用于短期，间断工作的中、小功率的动力传动 当 a 轮输出时，$\|i\|$ 大于某一值后 3Z(Ⅰ)型传动将产生自锁
8		NGWN	见图 1-4（b）[3Z(Ⅱ)]	$i^b_{ae}=60\sim500$ 推荐值 $i^b_{ae}=64\sim300$		$\eta^b_{ae}=0.70\sim0.84$	结构更紧凑，制造安装较 3Z(Ⅰ)型方便；但由于采用单齿圈行星轮，尚需进行角度变位，才能满足同心条件，因而使其传动效率有所降低 用于短期间断工作的传动最合理。该 3Z(Ⅱ)型传动的自锁情况同 3Z(Ⅰ)型
9		NGWN	见图 1-4（c）[3Z(Ⅲ)]	传递较小功率时，$i^e_{ab}\leqslant500$ 推荐值 $i^e_{ab}=20\sim100$		$\eta^e_{ab}=0.80\sim0.90$ 效率 η^e_{ab} 值随 $\|i\|$ 增加而降低	与 3Z(Ⅰ)型基本相同
10	Z-X-V 型	N	见图 1-5（Z-X-V）	$i^b_{xv}=10\sim100$	短期工作，$P\leqslant100$	渐开线齿形，$\eta^b_{xv}=0.80\sim0.94$ 摆线针轮 $\eta^b_{xv}=0.90\sim0.97$	结构紧凑，外廓尺寸小，齿形易加工，但行星轮轴承的径向力较大 渐开线少齿差传动推荐用于中、小功率的短时工作制；摆线针轮少齿差传动制造精度高，可用于任意工作制，目前应用较广泛，但高速轴转速 $n_x\leqslant1500$r/min

根据国家有关标准规定，本书现将行星齿轮传动的分类说明如下。

行星齿轮传动
- 简单行星齿轮传动（单级行星齿轮传动）
- 差动行星齿轮传动（$W=2$ 的行星齿轮传动）
- 行星齿轮变速传动（多自由度的行星齿轮传动）
- 组合行星齿轮传动
  - 双级行星齿轮传动
  - 多级行星齿轮传动
  - 封闭行星齿轮传动

第2章 行星齿轮传动的传动比计算

2.1 概述

在齿轮传动中，输入构件的角速度 ω_a（或转速 n_a）与输出构件的角速度 ω_b（或转速 n_b）的比值，称为齿轮传动的传动比，用符号 i_{ab} 表示。因为在平面机构的轮系中构件的旋转具有正反两个方向，所以齿轮传动的传动比计算不仅要确定其数值的大小，而且还要确定输入、输出构件旋转方向的同异。对于外啮合齿轮副，两轮的旋转方向相反，故其传动比为“－”值。对于内啮合齿轮副，两轮的旋转方向相同，故其传动比为“＋”值。

对于由圆柱齿轮组成的定轴轮系，它的传动比等于其输入齿轮的角速度（或转速）与输出齿轮的角速度（或转速）之比，且等于其输入、输出齿轮之间所有各对齿轮中的从动轮齿数的乘积与所有各对齿轮中的主动轮齿数的乘积之比，即定轴轮系的传动比计算公式为

$$i_{AB}=\frac{\omega_A}{\omega_B}=\frac{n_A}{n_B}=(-1)^m\frac{\text{所有从动轮齿数的乘积}}{\text{所有主动轮齿数的乘积}} \tag{2-1}$$

式中 ω_A、ω_B ——定轴轮系中输入齿轮、输出齿轮的角速度，rad/s；

n_A、n_B ——定轴轮系中输入齿轮、输出齿轮的转速，r/min；

m ——定轴轮系中外啮合齿轮的对数。

由上式可见，若传动比 i_{AB} 为正值，则表示输出齿轮 B 与输入齿轮 A 的旋转方向相同；若 i_{AB} 为负值，则表示齿轮 B 与 A 的旋转方向相反。

如前所述，2Z-X 型行星齿轮传动的基本构件为中心轮 a、b 和转臂 x，它们的角速度可以写成 ω_a、ω_b 和 ω_x。众所周知，若物体以角速度 ω 绕固定轴旋转，则离轴心距离 R 处点的圆周速度为 $\overline{v}=R\omega$。而圆周速度是矢量，因此，规定它总是正的。但是，角速度 ω 可能为正的，也可能为负的。一般规定：角速度 ω 顺时针方向旋转为正值；反之，逆时针方向旋转为负值。所以，在圆周速度关系式中应取 ω 的绝对值，即 $\overline{v}=R\mid\omega\mid$。

在行星齿轮传动中，用代号 i 表示两构件间的相对角速度关系的传动比时，除了用两个下角标表示相应的输入、输出构件外，还应标注上角标。该上角标符号表示为相对角速度的构件。例如，在一般情况下，已知行星齿轮传动各构件 A、B 和 C 的角速度 ω_A、ω_B 和 ω_C，则其相对角速度的传动比符号为 i_{AB}^{C}，它表示构件 A 相对构件 C 的相对角速度与构件 B 相对于构件 C 的相对角速度之比值，即

$$i_{AB}^{C}=\frac{\omega_A-\omega_C}{\omega_B-\omega_C}$$

仿上，对于图 1-1(a) 所示的差动行星齿轮传动，如果上角标是转臂 x 的代号（$\omega_x\neq0$），则得其相对角速度的传动比为

$$i_{ab}^{x}=\frac{\omega_a-\omega_x}{\omega_b-\omega_x}$$

在图 1-1(b) 所示的 2Z-X(A) 型行星齿轮传动中，设内齿轮 b 固定，即 $\omega_b=0$，则得其相对角速度的传动比为

$$i_{ax}^{b}=\frac{\omega_a}{\omega_x}\text{或}\ i_{xa}^{b}=\frac{\omega_x}{\omega_a}$$

如果转臂 x 固定，如图 1-1(c) 所示，则中心转 a 和 b 的角速度 ω_a 和 ω_b 之间的传动比为

$$i_{ab}^{x}=\frac{\omega_a}{\omega_b}$$

上式就是准行星齿轮传动（转臂 x 固定时）的传动比。在个别情况下，传动比 i_{ab}^{x} 可简写为 i^x。显然，转臂 x 固定时的传动比 i^x，可根据已知的定轴轮系的传动比计算公式(2-1)来确定。

例如，对于 2Z-X(A) 型行星传动［见图 1-2(a)］的相对角速度的传动比 i_{ab}^{x} 为

$$i_{ab}^{x}=\frac{\omega_a-\omega_x}{\omega_b-\omega_x}=-\frac{z_b}{z_a}=-p \tag{2-2}$$

式中　p——内齿轮 b 与中心轮 a 的齿数比，即 $p=\frac{z_b}{z_a}$，称为 2Z-X(A) 型行星传动的特性参数（或称内传动比），一般，可取 $p=2\sim8$。其中“－”号表示相对角速度（$\omega_a-\omega_x$）与（$\omega_b-\omega_x$）的旋转方向相反。

再例如，对于图 1-2(b) 所示的 2Z-X(B) 型行星传动的相对角速度的传动比为

$$i_{ab}^{x}=\frac{\omega_a-\omega_x}{\omega_b-\omega_x}=-\frac{z_c z_b}{z_a z_d}$$

仿上，对于图 1-3(b) 或图 1-3(c) 所示的 2Z-X(E) 型行星传动的相对角速度的传动比为

$$i_{be}^{x}=\frac{\omega_b-\omega_x}{\omega_e-\omega_x}=\frac{z_c z_e}{z_b z_d}$$

显见，传动比 i_{be}^{x} 为正值，表示相对角速度（$\omega_b-\omega_x$）与（$\omega_e-\omega_x$）的旋转方向相同。这是由于齿轮副 b-c 和 d-e 都是内啮合传动。

2.2　行星齿轮传动各构件角速度间的普遍关系式

在行星齿轮传动中，其传动比可用代号 i_p 表示，即 $i_p=i_{ax}^{b}$（或 $i_p=i_{xa}^{b}$，…）。由于行星轮 c、d 是绕着可动轴线运动的，它既有自转，又有公转；所以，行星齿轮传动的传动比 i_p 不能直接应用定轴轮系的传动比公式(2-1) 来计算。但在下面采用的“转化机构”法计算行星齿轮传动的传动比（见 2.3 节）中可知，i_p 必须通过转臂 x 固定时的传动比 i^x 来求得。因此，关键的问题就是需要找出它们之间的函数关系式，即

$$i_p=f(i^x)$$

为了找出行星齿轮传动的传动比 i_p 与其转臂 x 固定时的传动比 i^x 之间的确定关系，首先应讨论一下关于行星齿轮传动中各构件之间的普遍关系式。

设行星齿轮传动中的三个基本构件 A、B 和 C 围绕主轴线或平行于主轴线的轴线，分别以角速度 ω_A、ω_B 和 ω_C 转动。根据相对角速度的传动比的定义，则构件 A 和 B 相对于构件 C 运动时的角速度之比为

$$\frac{\omega_A-\omega_C}{\omega_B-\omega_C}=i_{AB}^{C} \tag{a}$$

仿上，构件 A 和 C 相对于构件 B 运动时的角速度之比为

$$\frac{\omega_A-\omega_B}{\omega_C-\omega_B}=i_{AC}^{B} \tag{b}$$

将公式 (a)、(b) 等号两边相加后，则可得

$$i_{AC}^{B}+i_{AB}^{C}=1 \tag{2-3}$$

所以，可得行星齿轮传动运动学中具有很大作用的普遍关系式，即

$$i_{AC}^{B}=1-i_{AB}^{C} \tag{2-4}$$

显见，这个公式的变化规律是：在等号的左边 i 旁注出任意一个下角标（比如下角标 A)，即等号左边写成 i_{AC}^{B}；再将其上角标 B 与其第二个下角标 C 互换位置，则可得其等号右边 i 的角标，即得 i_{AB}^{C}。例如，按照普遍关系式可得：$i_{ax}^{b}=1-i_{ab}^{x}$；$i_{ab}^{c}=1-i_{ac}^{b}$；等等。

据相对传动比 $i_{AB}^{C}=\dfrac{\omega_A-\omega_C}{\omega_B-\omega_C}$可变化为 $\omega_A=\omega_B i_{AB}^{C}+\omega_C(1-i_{AB}^{C})$；再由公式(2-4)，则得

$$\omega_A=i_{AB}^{C}\omega_B+i_{AC}^{B}\omega_C \tag{2-5}$$

由上式可知，在行星齿轮传动的三个基本构件中，若已知其中两个基本构件的角速度 ω_B 和 ω_C 以及相对传动比 i_{AB}^{C}和 i_{AC}^{B}，则可以确定另一个基本构件的角速度 ω_A。为了便于记住公式(2-5)，应掌握它的变化规律：若所需求的构件的角速度为 ω_A（即位于等号左边的)，等号右边第一项字母 i 的第一个下角标应与所求角速度 ω_A 的下角标相同；而 i 的第二个下角标与该项所乘的角速度 ω_B 的下角标相同，i 的上角标则为第三个构件的代号 C；即右边第一项为 $i_{AB}^{C}\omega_B$。同样，等号右边第二项 i 的第二个下角标与其所乘的角速度 ω_C 的下角标相同，i 的上角标为 B；即右边第二项为 $i_{AC}^{B}\omega_C$。

在行星齿轮传动中，对于具有基本构件 a、b 和 x 的 2Z-X 型行星传动，根据公式(2-5)可得该行星齿轮传动的角速度关系式为

$$\begin{cases}\omega_a=i_{ab}^{x}\omega_b+i_{ax}^{b}\omega_x\\ \omega_b=i_{ba}^{x}\omega_a+i_{bx}^{a}\omega_x\\ \omega_x=i_{xa}^{b}\omega_a+i_{xb}^{a}\omega_b\end{cases} \tag{2-6}$$

对于图 1-2(a) 所示的 2Z-X(A) 型行星传动，因 $i_{ab}^{x}=-\dfrac{z_b}{z_a}=-p$ 和 $i_{ba}^{x}=\dfrac{1}{i_{ab}^{x}}=-\dfrac{1}{p}$；所以，可得如下常用的关系式。

$$i_{ax}^{b}=1-i_{ab}^{x}=1+p$$

$$i_{xa}^{b}=\frac{1}{i_{ax}^{b}}=\frac{1}{1+p}$$

$$i_{bx}^{a}=1-i_{ba}^{x}=\frac{1+p}{p}$$

$$i_{xb}^{a}=\frac{1}{i_{bx}^{a}}=\frac{p}{1+p}$$

式中　p——2Z-X(A) 型行星传动的特性参数，且有 $p=\dfrac{z_b}{z_a}$。

据公式(2-6) 可得 2Z-X(A) 型行星齿轮传动运动学方程式为

$$\begin{cases}\omega_a+p\omega_b-(1+p)\omega_x=0\\ \omega_b+\dfrac{1}{p}\omega_a-\dfrac{(1+p)}{p}\omega_x=0\\ \omega_x-\dfrac{1}{1+p}\omega_a-\dfrac{p}{1+p}\omega_b=0\end{cases} \tag{2-7}$$

如果知道了输入构件和固定构件,用以上方程式便可求出行星齿轮传动的传动比。

现假设内齿轮 b 固定,即有 $\omega_b=0$,则由上式可得

$$\omega_a=(1+p)\omega_x$$

当中心轮 a 输入时，则得该行星传动的传动比为

$$i_{ax}^{b}=\frac{\omega_a}{\omega_x}=1+p$$

当转臂 x 输入时，则得其传动比为

$$i_{xa}^{b}=\frac{\omega_x}{\omega_a}=\frac{1}{1+p}$$

2.3　行星齿轮传动的传动比计算公式

研究行星齿轮传动运动学的主要任务是计算各种类型的行星齿轮传动的传动比及其各构件的角速度（或转速）；或根据给定的传动比来确定各齿轮的齿数，即进行所谓的配齿。在本节中仅讨论各行星齿轮传动的传动比计算。关于配齿计算详见第三章。

关于行星齿轮传动的传动比计算方法，通常有分析法和图解法两大类：由转化机构法和力矩法等组成的分析法；由速度图解法和矢量法等组成的图解法。现分别介绍两种常用的计算传动比方法，即转化机构法和速度图解法。

2.3.1　用“转化机构”法计算行星齿轮传动的传动比

如前所述，行星齿轮传动与定轴齿轮传动的根本区别在于前者具有围绕主轴线转动的转臂 x（又称行星架），而安装在转臂轴上的行星轮 c 既有自转又有公转。因此，行星齿轮传动的传动比 i_p 不能直接用定轴齿轮传动的方法来进行计算，即其传动比 i_p 不能应用公式(2-1）求得。根据相对运动原理，如果给整个行星齿轮传动加上一个与转臂 x 的角速度（ω_x）大小相等、方向相反的公共角速度（$-\omega_x$），则行星齿轮传动中各构件之间的相对运动关系仍然保持不变。但是，原来以角速度 ω_x 运动的转臂 x 就变成为静止不动的构件，即其相对角速度为 $\omega_x^x=\omega_x-\omega_x=0$。于是，该行星齿轮传动便转化为定轴齿轮传动。将这个假想的定轴齿轮传动称为该行星齿轮传动的转化机构。显然，该转化机构（定轴齿轮传动）的传动比 i^x 便可按公式(2-1）计算。然后，再通过转化机构的传动比 i^x，按照普遍关系式(2-4)，则可最后求得行星齿轮传动的传动比 i_p。

如图 1-2(a）所示的 2Z-X(A）型行星齿轮传动，设中心轮 a 和 b，行星轮 c 及转臂 x 的绝对角速度分别为 ω_a、ω_b、ω_c 和 ω_x。当给整个行星机构加上一个角速度（$-\omega_x$）后，则其转化机构中各构件的角速度（即相对于转臂 x 的角速度）为

$$\omega_a^x=\omega_a-\omega_x$$

$$\omega_b^x=\omega_b-\omega_x$$

$$\omega_c^x=\omega_c-\omega_x$$

$$\omega_x^x=\omega_x-\omega_x=0$$

因此，按公式(2-1）可得其相对传动比为

$$i_{ab}^x=\frac{\omega_a^x}{\omega_b^x}=\frac{\omega_a-\omega_x}{\omega_b-\omega_x}=-\frac{z_b}{z_a}$$

$$i_{ac}^x=\frac{\omega_a^x}{\omega_c^x}=\frac{\omega_a-\omega_x}{\omega_c-\omega_x}=-\frac{z_c}{z_a}$$

仿上，可以得知，行星齿轮传动中任意两齿轮 A、B 相对于转臂 x 的角速度之比与齿数的通用关系式为

$$i_{AB}^x=\frac{\omega_A^x}{\omega_B^x}=\frac{\omega_A-\omega_x}{\omega_B-\omega_x}=f(z) \tag{2-8}$$

应用上述通式时必须注意如下几点。

① 齿轮 A 和 B 必须是与行星轮相啮合的中心轮或行星轮本身，其回转轴线应与转臂 x 的回转轴线相重合或平行。

② 将 ω_A、ω_B 和 ω_x 的已知值代入上式时必须带正、负号。若假定某一转向（例如，规定顺时针方向）为正值；则与其相反的转向（逆时针方向）为负值。

③ 传动比 $i_{AB}^{x} \neq i_{AB}$。其中，$i_{AB}^{x}=\frac{\omega_A^x}{\omega_B^x}$为转化机构中齿轮 A 和 B 的角速度之比；其大小及正、负号应按定轴轮系传动比的计算方法［即按公式(2-1)］确定。而传动比 $i_{AB}=\frac{\omega_A}{\omega_B}$是行星齿轮传动中齿轮 A 和 B 的绝对角速度之比；其大小和正、负号可按公式(2-8) 经计算后求得。

④ 若已知行星齿轮传动中各轮的齿数 z，则函数 $i_{AB}^{x}=f(z)$ 值可按公式(2-1) 计算求得。

根据相对角速度之比的定义，便可以得出行星齿轮传动中三构件 A、B 和转臂 x 的角速度关系式为

$$i_{AB}^{x}=\frac{\omega_A-\omega_x}{\omega_B-\omega_x} \text{和} \ i_{Ax}^{B}=\frac{\omega_A-\omega_B}{\omega_x-\omega_B}$$

将以上两式的等号两边相加可得

$$i_{AB}^{x}+i_{Ax}^{B}=1$$

则得

$$i_{Ax}^{B}=1-i_{AB}^{x} \tag{2-9}$$

或

$$i_{xA}^{B}=\frac{1}{i_{Ax}^{B}}=\frac{1}{1-i_{AB}^{x}} \tag{2-10}$$

显然，公式(2-9) 与普遍关系式(2-4) 完全一致。所以，行星齿轮传动的传动比 i_{Ax}^{B}可以通过函数关系式(2-9) 求得；而传动比 i_{xA}^{B}可以通过关系式(2-10) 求得。

例如，图 1-2(a) 所示的 2Z-X(A) 型行星齿轮传动，当内齿轮 b 固定时，即 $\omega_b=0$，中心轮 a 输入，转臂 x 输出的传动比为

$$i_{ax}^{b}=\frac{\omega_a}{\omega_x}=1-i_{ab}^{x}=1-\left(-\frac{z_b}{z_a}\right)=1+p$$

仿上，当内齿轮 b 固定时，转臂 x 输入，中心轮 a 输出的传动比为

$$i_{xa}^{b}=\frac{\omega_x}{\omega_a}=\frac{1}{1-i_{ab}^{x}}=\frac{1}{1-(-z_b/z_a)}=\frac{1}{1+p}$$

当已知各轮齿数 z 时，便可以先求出其转化机构的传动比 i_{ab}^{x}值；然后应用公式(2-9) 或公式(2-10) 求出行星齿轮传动的传动比 i_{ax}^{b}或 i_{xa}^{b}值。

(1) 2Z-X 型行星齿轮传动的传动比计算公式

在图 1-2 所示的 2Z-X 型负号机构（$i^x<0$）中，对于 A_{ax}^{b}型行星齿轮传动（见表 1-1 中的序号 1)，其转化机构的传动比可按公式(2-1) 计算，即

$$i_{ab}^{x}=-\frac{z_b}{z_a}=-p$$

当内齿轮（中心轮）b 固定，即 $\omega_b=0$，中心轮 a 输入，转臂 x 输出时，根据公式(2-9)，可得 A_{ax}^{b}型行星齿轮传动的传动比 i_{ax}^{b}为

$$i_{ax}^{b}=1-i_{ab}^{x}=1+\frac{z_b}{z_a}=1+p \tag{2-11}$$

按行星齿轮传动的传动比定义 $i_{ax}^{b}=\omega_a/\omega_x$ 和公式(2-11) 可得中心轮 a 的角速度计算公式为

$$\omega_a=(1+p)\omega_x \tag{2-12}$$

根据角速度关系式(2-5)，即

$$\omega_c=i_{cx}^{b}\omega_x+i_{cb}^{x}\omega_b$$

因 $\omega_b=0$，可得

$$\omega_c = i_{cx}^{b}\omega_x = (1 - i_{cb}^{x})\omega_x = \left(1 - \frac{z_b}{z_c}\right)\omega_x$$

由于行星轮齿数 $z_c = \frac{z_b - z_a}{2}$ 和 $\frac{z_b}{z_a} = p$；则得行星轮 c 的相对角速度计算公式为

$$n_c^x = \omega_c - \omega_x = \frac{2p}{1-p}\omega_x \tag{2-13}$$

若中心轮 a 固定［见图 1-2(a)］，即 $\omega_a = 0$，仿上，可得 A_{bx}^{a} 型行星齿轮传动的传动比 i_{bx}^{a} 为

$$i_{bx}^{a} = 1 - i_{ba}^{x} = 1 + \frac{z_a}{z_b} = \frac{1+p}{p}$$

对于 B_{ax}^{b} 型传动（见表 1-1，序号 2），其转化机构的传动比为

$$i_{ab}^{x} = -\frac{z_c z_b}{z_a z_d}$$

当内齿轮 b 固定，即 $\omega_b = 0$［见图 1-2(b)］，中心轮 a 输入，转臂 x 输出时，按公式(2-9) 可得 B_{ax}^{b} 型行星齿轮传动的传动比为

$$i_{ax}^{b} = 1 - i_{ab}^{x} = 1 + \frac{z_c z_b}{z_a z_d} \tag{2-14}$$

按传动比的定义 $\left(i_{ax}^{b} = \frac{\omega_a}{\omega_x}\right)$ 和公式(2-14) 可得中心轮 a 的角速度计算公式为

$$\omega_a = i_{ax}^{b}\omega_x = \left(1 + \frac{z_c z_b}{z_a z_d}\right)\omega_x \tag{2-15}$$

仿上，可得行星轮 c 的相对角速度计算公式为

$$\omega_c - \omega_x = \omega_d - \omega_x = -\frac{z_b}{z_d}\omega_x \tag{2-16}$$

由于 A_{ax}^{b} 型和 B_{ax}^{b} 型传动转化机构的传动比 i_{ab}^{x} 均为负值，故称它们为 2Z-X 型行星齿轮传动的负号机构（$i^x < 0$）。

在图1-3(a) 所示的 2Z-X 型行星齿轮传动正号机构（$i^x > 0$）中，对于 D_{xa}^{b} 型行星齿轮传动（见表 1-1，序号 4)，其转化机构的传动比为

$$i_{ac}^{x} = \frac{z_c z_b}{z_a z_d}$$

当内齿轮 b 固定，即 $\omega_b = 0$，转臂 x 输入，中心轮 a 输出时，按公式(2-9) 可得 D_{xa}^{b} 型行星齿轮传动的传动比为

$$i_{xa}^{b} = \frac{1}{i_{ax}^{b}} = \frac{1}{1 - i_{ab}^{x}} = \frac{z_a z_d}{z_a z_d - z_c z_b} \tag{2-17}$$

仿上，可得转臂 x 的角速度计算公式为

$$\omega_x = \frac{z_a z_d}{z_a z_d - z_c z_b}\omega_a \tag{2-18}$$

仿上，可求得行星轮（c-d）相对于转臂 x 的角速度为

$$\omega_c - \omega_x = \omega_d - \omega_x = \frac{z_b}{z_d}\omega_x \tag{2-19}$$

对于图 1-3(b)、图 1-3(c) 所示的 $E_{xe}^{b}(1)$ 型和 $E_{xe}^{b}(2)$ 型行星齿轮传动（表 1-1，序号 5 和序号 6)，其转化机构的传动比为

$$i_{eb}^{x} = \frac{z_d z_b}{z_e z_c}$$

或

$$i_{be}^{x} = \frac{z_c z_e}{z_b z_d}$$

当内齿轮 b 固定，即 $\omega_b=0$，转臂 x 输入，内齿轮 e 输出时，按公式(2-9) 可得 $E_{xe}^b(1)$型和 $E_{xe}^b(2)$型行星齿轮传动的传动比为

$$i_{xe}^b=\frac{1}{i_{ex}^b}=\frac{1}{1-i_{eb}^x}=\frac{1}{1-\dfrac{z_bz_d}{z_ez_c}}=\frac{z_ez_c}{z_ez_c-z_bz_d} \tag{2-20a}$$

仿上，可得转臂 x 的角速度计算公式为

$$\omega_x=i_{xe}^b\omega_e=\frac{z_ez_c}{z_ez_c-z_bz_d}\omega_e \tag{2-21}$$

仿上，可求得行星轮（c-d）相对于转臂 x 的角速度计算公式为

$$\omega_c-\omega_x=\omega_d-\omega_x=-\frac{z_b}{z_c}\omega_x \tag{2-22}$$

由于 D_{xa}^b型、$E_{xe}^b(1)$和 $E_{xe}^b(2)$型转化机构的传动比 i_{ab}^x和 i_{be}^x均为正值，故称它们为 2Z-X 型行星传动的正号机构，即 $i^x>0$。

由公式(2-9) 和公式(2-10)，可以建立 2Z-X 型行星传动的传动比 i_{ax}^b和 i_{xa}^b随着转化机构的传动比 i_{ab}^x而变化的关系图，即图 2-1。采用直角坐标系，横坐标表示 i_{ab}^x值，纵坐标为行星机构的传动比 i_p（即 i_{ax}^b或 i_{xa}^b）值。图中，i_{xa}^b值的曲线用实线画出；而 i_{ax}^b值的曲线用虚线表示。纵坐标轴的左边以 2Z-X 型负号机构的 A_{ax}^b和 B_{ax}^b两种类型为例；其右边以 2Z-X 型正号机构的 E_{xe}^b和 Z-X-V 两种传动类型为例。

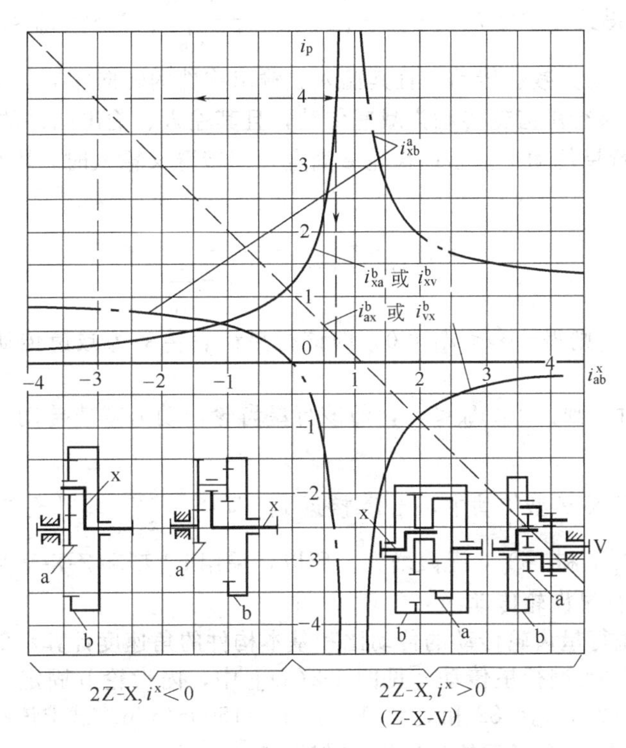

图 2-1　传动比 i_{ax}^b和 i_{xa}^b随 i_{ab}^x变化的关系

通过对公式(2-9) 和图 2-1 的分析，可以知道 2Z-X 型行星齿轮传动负号机构和正号机构的传动比 i_p 具有许多不相同的特点。

① 2Z-X 型负号机构的传动比 i_p 的特点

a. 在 A 型和 B 型（$i^x<0$）的行星齿轮传动中，其输入、输出构件的转向总是相同的，传动比均为正值，即 $i_p>0$。

b. 当转臂 x 输出时，A_{ax}^{b}型和B_{ax}^{b}型的传动比均大于1，即 $i_p>1$ 为减速传动。因为，它们的传动比 i_{ax}^{b}等于 i_{ab}^{x}的绝对值加1，即 $i_{ax}^{b}=1+|i_{ab}^{x}|$。一般，$A_{ax}^{b}$型转化机构传动比的合理范围为$-2\geqslant i^{x}\geqslant -8$；所以，$A_{ax}^{b}$型传动比的合理范围为$3\leqslant i_{ax}^{b}\leqslant 9$。$B_{ax}^{b}$型转化机构传动比的合理范围为$-6\geqslant i^{x}\geqslant -24$；所以，$B_{ax}^{b}$型传动比的合理范围为$7\leqslant i_{ax}^{b}\leqslant 25$。

c. 当转臂 x 输入时，A_{xa}^{b}型和B_{xa}^{b}型的传动比均小于1，即 $i_p<1$ 为增速传动。它们转化机构传动比 i_{ab}^{x}的合理范围与A_{ax}^{b}型和B_{ax}^{b}型的 i_{ab}^{x}完全相同。但因为它们的传动比 i_{xa}^{b}等于 i_{ab}^{x}的绝对值加1的倒数值，即 $i_{xa}^{b}=\dfrac{1}{1+|i_{ab}^{x}|}$，所以，$A_{xa}^{b}$型和$B_{xa}^{b}$型传动比的合理范围分别为$\dfrac{1}{9}\leqslant i_{xa}^{b}\leqslant\dfrac{1}{3}$和$\dfrac{1}{25}\leqslant i_{xa}^{b}\leqslant\dfrac{1}{7}$。

② 2Z-X 型正号机构的传动比 i_p 的特点

a. 在E_{xe}^{b}型和 Z-X-V 型传动中，若内齿轮 b 固定，转臂 x 输出时，该行星齿轮传动的传动比 $i_p=i_{ex}^{b}$（或 i_{vx}^{b}）。据公式(2-9) 可得 $i_{ex}^{b}=1-i_{eb}^{x}$（或 $i_{vx}^{b}=1-i_{vb}^{x}$）；由于其转化机构的传动比总是正值，即 $i_{eb}^{x}>0$。当 $0<i_{eb}^{x}<1$ 时，其传动比的范围为 $1>i_{ex}^{b}>0$，即该行星齿轮传动为增速传动，且其输入、输出构件的转向相同。当 $1<i_{eb}^{x}<\infty$时，其传动比范围为$-\infty<i_{ex}^{b}<0$，即该行星齿轮传动为减速传动，且其输入、输出构件的转向相反。

b. 在E_{xe}^{b}型和 Z-X-V 型传动中，若转臂 x 输入时，该行星齿轮传动的传动比 $i_p=i_{xe}^{b}$（或 i_{xv}^{b}）。仿上，可得其传动比 $i_{xe}^{b}=\dfrac{1}{1-i_{eb}^{x}}\left(\text{或 } i_{xv}^{b}=\dfrac{1}{1-i_{cb}^{x}}\right)$。当 $0<i_{eb}^{x}<1$ 时，则得 $1<i_{xe}^{b}<\infty$，即该行星齿轮传动为减速传动，且其输入、输出构件的转向相同。当 $1<i_{eb}^{x}<\infty$时，则得$-\infty<i_{xe}^{b}<0$，即该行星齿轮传动为减速传动，且其输入、输出构件的转向相反。

另外，在E型行星传动中，若内齿轮 e 固定，当转臂 x 输入时，则该E_{xb}^{e}型行星齿轮传动的传动比为

$$i_{xb}^{e}=\frac{1}{i_{bx}^{e}}=\frac{1}{1-i_{be}^{x}}=\frac{1}{1-\dfrac{1}{i_{eb}^{x}}} \tag{2-20b}$$

当 $0<i_{eb}^{x}<1$ 时，则得$-\infty<i_{xb}^{e}<0$，即该行星齿轮传动为减速传动，且其输入、输出构件的转向相反。

当 $1<i_{eb}^{x}<\infty$时，则得 $1<i_{xb}^{e}<\infty$，即该行星齿轮传动为减速传动，且其输入、输出构件的转向相同。

c. 在E_{xe}^{b}型和 Z-X-V 型传动中，当 i_{eb}^{x}接近1，即 $i_{eb}^{x}=\dfrac{z_d z_b}{z_e z_c}\approx 1\left(\text{或 } i_{cb}^{x}=\dfrac{z_b}{z_c}\approx 1\right)$时，而其传动比的绝对值$|i_{xe}^{b}|$和$|i_{xv}^{b}|$无限增大。所以，采用$E_{xe}^{b}$型和 Z-X-V 型传动理论上可获得传动比 i_{xe}^{b}达数千的行星齿轮传动。

③ 关于 2Z-X 型行星齿轮传动的传动比和基本构件的角速度计算示例

【例题 2-1】 在A_{ax}^{b}型行星传动［见图 1-2(a)］中，内齿轮 b 固定，中心轮 a 输入，转臂 x 输出，且知 $z_a=20$，$z_b=82$ 和 $z_c=31$；若 $n_a=1500\text{r/min}$。试求该行星齿轮传动的传动比 i_{ax}^{b}，转臂 x 的转速 n_x 和行星轮 c 的相对转速 $n_c^x=n_c-n_x$。

解 因A_{ax}^{b}型转化机构的传动比为

$$i_{ab}^{x}=-p=-\frac{z_b}{z_a}=-\frac{82}{20}=-4.1$$

按公式(2-11) 可求其传动比为

$$i_{ax}^{b}=1+p=1+4.1=5.1$$

则转臂 x 的转速 n_x 为

$$n_x=\frac{n_a}{i_{ax}^b}=\frac{1500}{5.1}=294\ (\text{r/min})$$

再按公式(2-13)，则可得行星轮 c 的相对转速 n_c^x 为

$$n_c-n_x=\frac{2p}{1-p}n_x=\frac{2\times 4.1}{1-4.1}\times 294$$
$$\approx -777.7\ (\text{r/min})$$

式中，“－”表示相对转速（n_c-n_x）的转向与轮 a 转速 n_a 的转向相反。

【例题 2-2】 在 $E_{xe}^b(1)$型传动［见图 1-3(b)］中，内齿轮 b 固定，且知 $z_b=87$，$z_e=84$，$z_c=45$，$z_d=42$。若转臂 x 的转速 $n_x=1440\text{r/min}$。试求该行星齿轮传动的传动比 i_{xe}^b和行星轮 c-d 的相对转速 $n_c^x=n_d^x$。

解　$E_{xe}^b(1)$型转化机构的传动比为

$$i_{eb}^x=\frac{z_d z_b}{z_e z_c}=\frac{42\times 87}{84\times 45}=0.9667$$

按公式(2-20) 可得 $E_{xe}^b(1)$型机构的传动比为

$$i_{xe}^b=\frac{1}{i_{ex}^b}=\frac{z_e z_c}{z_e z_c-z_b z_d}$$
$$=\frac{84\times 45}{84\times 45-87\times 42}$$
$$=30$$

再按公式(2-22) 可得相对转速 $n_c^x=n_d^x$ 为

$$n_c-n_x=n_d-n_x=-\frac{z_b}{z_c}n_x=-\frac{87}{45}\times 1440$$
$$=-2784\ (\text{r/min})$$

式中，“－”号表示（n_c-n_x）的转向与 n_x 的转向相反。

对于较常用的单级 2Z-X 型行星传动中 A_{ax}^b、B_{ax}^b型、D_{xa}^b型和 E_{xe}^b型行星齿轮传动的传动比计算公式和各构件的角速度的计算公式见表 2-1。

(2) 3Z 型行星齿轮传动的传动比计算公式

在图1-4(a) 所示的 3Z(Ⅰ) 型传动中，当内齿轮 b 固定，即 $\omega_b=0$，中心轮 a 输入和内齿轮 e 输出时，按照相对角速度之比的定义，则可得 3Z(Ⅰ) 型的传动比计算公式为

$$i_{ae}^b=\frac{\omega_a-\omega_b}{\omega_e-\omega_b}=\frac{\omega_a-\omega_b}{\omega_x-\omega_b}\times\frac{\omega_x-\omega_b}{\omega_e-\omega_b}=i_{ax}^b i_{xe}^b=\frac{1-i_{ab}^x}{1-i_{eb}^x} \tag{2-23}$$

对于 3Z(Ⅰ) 型行星齿轮传动（见表 1-1，序号 8），其有关的转化机构的传动比为

$$i_{ab}^x=-\frac{z_b}{z_a}=-p$$

$$i_{eb}^x=\frac{z_d z_b}{z_e z_c}$$

则得其传动比的计算公式为

$$i_{ae}^b=\frac{1+\dfrac{z_b}{z_a}}{1-\dfrac{z_d z_b}{z_c z_e}} \tag{2-24}$$

对于 3Z(Ⅱ) 型行星传动（见表 1-1，序号 9），由于它具有单齿圈行星轮，即 $z_c=z_d$，

故其有关的转化机构的传动比为

$$i_{ab}^{x}=-\frac{z_b}{z_a}=-p$$

$$i_{eb}^{x}=\frac{z_b}{z_e}$$

则可得其传动比的计算公式为

$$i_{ae}^{b}=\frac{1+\dfrac{z_b}{z_a}}{1-\dfrac{z_b}{z_e}} \tag{2-25}$$

按传动比的定义 $i_{ae}^{b}=\frac{\omega_a}{\omega_e}$，可求得中心轮 a 的角速度为

$$\omega_a=i_{ae}^{b}\omega_e \tag{2-26}$$

再按传动比关系式 $i_{ax}^{b}=\frac{\omega_a}{\omega_x}=1-i_{ab}^{x}$，可得转臂 x 的角速度计算公式为

$$\omega_x=\frac{1}{1-i_{ab}^{x}}\omega_a \tag{2-27}$$

仿上，可得行星轮 c 相对于转臂 x 的角速度公式为

$$n_c^{x}=\omega_c-\omega_x=-\frac{z_b}{z_c}\times\omega_x \tag{2-28}$$

对于图1-4(c) 所示的 3Z(Ⅲ) 传动（表 1-1，序号 10)，当内齿轮 e 固定，即 $\omega_e=0$，中心轮 a 输入和内齿轮 b 输出时，仿上，可得其传动比公式为

$$i_{ab}^{e}=\frac{\omega_a-\omega_e}{\omega_b-\omega_e}=\frac{\omega_a-\omega_e}{\omega_x-\omega_e}\times\frac{\omega_x-\omega_e}{\omega_b-\omega_e}=i_{ax}^{e}i_{xb}^{e}=\frac{1-i_{ae}^{x}}{1-i_{be}^{x}} \tag{2-29}$$

3Z(Ⅲ) 型有关的转化机构的传动比为

$$i_{ae}^{x}=-\frac{z_c z_e}{z_a z_d}$$

$$i_{be}^{x}=\frac{z_c z_e}{z_b z_d}$$

则得其传动比的计算公式为

$$i_{ab}^{e}=\frac{1+\dfrac{z_c z_e}{z_a z_d}}{1-\dfrac{z_c z_e}{z_b z_d}}=\frac{z_a z_d+z_c z_e}{z_b z_d-z_c z_e}\times\frac{z_b}{z_a} \tag{2-30}$$

仿上，可得中心轮 a 和转臂 x 的角速度公式为

$$\omega_a=i_{ab}^{e}\omega_b \tag{2-31}$$

$$\omega_x=\frac{1}{1-i_{ae}^{x}}\omega_a \tag{2-32}$$

同理，可求行星轮相对于转臂 x 的角速度为

$$\omega_c-\omega_x=\omega_d-\omega_x=-\frac{z_e}{z_c}\omega_x \tag{2-33}$$

若选取 i_{eb}^{x}（或 i_{be}^{x}）值接近 1，则 3Z(Ⅰ) 型的传动比 i_{ae}^{b}（或 i_{ab}^{e}）将趋于无穷大。由此可见，3Z 型行星齿轮传动可以获得很大的传动比值。

对于较常用的 3Z 型行星齿轮传动，即 3Z(Ⅰ) 型、3Z(Ⅱ) 型和 3Z(Ⅲ) 型行星齿轮传动的传动比计算公式和各构件的角速度的计算公式见表 2-1。

表 2-1　常用行星齿轮传动的传动比和构件的角速度计算公式

序号	传动类型		传动代号	转化机构的传动比 i^x 计算公式	行星齿轮传动的传动比 i_p 计算公式	各构件的角速度
	按基本构件分类	按啮合方式分类				
1	2Z-X 负号机构 ($i^x<0$)	NGW	A^b_{ax}	$i^x_{ab}=-\frac{z_b}{z_a}=-p$	$i^b_{ax}=1-i^x_{ab}=1+p$	$\omega_b=0, \omega_a=(1+p)\omega_x$ $\omega_c-\omega_x=\frac{2p}{1-p}\omega_x$
2		NW	B^b_{ax}	$i^x_{ab}=-\frac{z_c z_b}{z_a z_d}$	$i^b_{ax}=1-i^x_{ab}$	$\omega_b=0, \omega_a=\left(1+\frac{z_c z_b}{z_a z_d}\right)\omega_x$ $\omega_c-\omega_x=\omega_d-\omega_x=-\frac{z_b}{z_d}\omega_x$
4	2Z-X 正号机构 ($i^x>0$)	WW	D^b_{xa}	$i^x_{ab}=\frac{z_c z_b}{z_a z_d}$	$i^b_{xa}=\frac{1}{i^b_{ax}}=\frac{1}{1-i^x_{ab}}$	$\omega_b=0, \omega_x=\frac{z_a z_d}{z_a z_d-z_c z_b}\omega_a$ $\omega_c-\omega_x=\omega_d-\omega_x=\frac{z_b}{z_d}\omega_x$
5和6		NN	E^b_{xe}	$i^x_{eb}=\frac{z_d z_b}{z_e z_c}$	$i^b_{xe}=\frac{1}{i^b_{ex}}=\frac{1}{1-i^x_{eb}}$	$\omega_b=0, \omega_x=\frac{z_e z_c}{z_e z_c-z_b z_d}\omega_e$ $\omega_c-\omega_x=\omega_d-\omega_x=-\frac{z_b}{z_c}\omega_x$
7	3Z	NGWN	3Z(Ⅰ)	$i^x_{ab}=-\frac{z_b}{z_a}=-p$ $i^x_{eb}=\frac{z_d z_b}{z_e z_c}$	$i^b_{ae}=\frac{1-i^x_{ab}}{1-i^x_{eb}}$	$\omega_b=0, \omega_a=i^b_{ae}\omega_e$ $\omega_x=\frac{1}{1-i^x_{ab}}\omega_a$ $\omega_c-\omega_x=\omega_d-\omega_x=-\frac{z_b}{z_c}\omega_x$
8			3Z(Ⅱ)	$i^x_{ab}=-\frac{z_b}{z_a}=-p$ $i^x_{eb}=\frac{z_b}{z_e}$	$i^b_{ae}=\frac{1-i^x_{ab}}{1-i^x_{eb}}$	$\omega_b=0, \omega_a=i^b_{ae}\omega_e$ $\omega_x=\frac{1}{1-i^x_{ab}}\omega_a$ $\omega_c-\omega_x=-\frac{z_b}{z_c}\omega_x$
9			3Z(Ⅲ)	$i^x_{ae}=-\frac{z_c z_e}{z_a z_d}$ $i^x_{be}=\frac{z_c z_e}{z_b z_d}$	$i^e_{ab}=\frac{1-i^x_{ae}}{1-i^x_{be}}$	$\omega_e=0, \omega_a=i^e_{ab}\omega_b$ $\omega_x=\frac{1}{1-i^x_{ae}}\omega_a$ $\omega_c-\omega_x=\omega_d-\omega_x=-\frac{z_e}{z_c}\omega_x$

注：本表中的序号和传动代号与表 1-1 中的序号和代号是一致的，序号 3 和 10 未列出。

【例题 2-3】 已知 3Z(Ⅰ) 型行星齿轮传动的各轮齿数为 $z_a=21$、$z_b=105$、$z_e=102$、$z_c=42$、$z_d=39$ 和 $n_a=1440\text{r/min}$。试求该 3Z 型行星齿轮传动的传动比 i_{ae}^{b}，转臂 x 的转速 n_x 和行星轮 c 相对于转臂 x 的转速 n_c^x。

解 当内齿轮 b 固定时，其传动比 i_{ae}^{b} 可按公式(2-24) 计算，即

$$i_{ae}^{b}=\frac{1-i_{ab}^{x}}{1-i_{eb}^{x}}=\frac{1+\dfrac{z_b}{z_a}}{1-\dfrac{z_d z_b}{z_e z_c}}$$

$$=\frac{1+\dfrac{105}{21}}{1-\dfrac{39\times105}{102\times42}}=136$$

转臂 x 的转速 n_x 可按式(2-27) 计算，即

$$n_x=\frac{1}{1-i_{ab}^{x}}n_a=\frac{1}{1+\dfrac{z_b}{z_a}}n_a$$

$$=\frac{1}{1+\dfrac{105}{21}}\times1440=240\ (\text{r/min})$$

再按式(2-28) 求行星轮的相对转速 $n_c^x=n_d^x$ 为

$$n_c-n_x=n_d-n_x=-\frac{z_b}{z_c}n_x$$

$$=-\frac{105}{42}\times240=-600\ (\text{r/min})$$

式中，“－”号表示行星轮相对转速 (n_c-n_x) 的转向与转臂 x 转速 n_x 的转向相反。

2.3.2 用速度图解法计算行星齿轮传动的传动比

(1) 速度图解法简介

根据《理论力学》中的刚体平面运动原理，将物体的平面运动简化为平面图形的运动。当平面图形运动时，在每一刻都有一个瞬时转动中心，即图形绕着一个速度等于零的点转动；将这个速度为零的点称为回转瞬心。应用上述原理来绘制平面图形运动的速度图的方法，称之为速度图解法。

大家知道，任何一条直线可以由两点所决定。同理，速度线也应该为两个点的连线。而构件上任意点 A 的速度 v_a，不仅有大小，而且还有方向，即其速度为矢量 $\boldsymbol{v}_a$；其方向应垂直于该点 A 与瞬心 O 的连线；其转向应与角速度 ω_a 的转向一致。

为了正确地应用速度图解法来绘制行星齿轮传动的速度图，首先必须掌握选取速度线上的点的原则。一般，选取速度线的点需遵循下列两条原则：

① 为了正确地绘制速度线，应当选取行星齿轮传动中各构件上速度等于零的点，即零速点（固定不动的点）；

② 为了绘制速度线，还应当选取行星齿轮传动中两构件的线速度相同的点，即为等速点。

现举例说明，在行星齿轮传动中，哪些点是零速点；哪些点是等速点。在图 2-2 所示的 2Z-X(A) 型行星传动中，中心轮 a 和转臂 x 旋转轴线上的点 O 和支持轮 b（固定内齿轮）的节点 P 均为零速点。因为，在中心轮 a 和转臂 x 旋转的公共固定轴线 O 上和支持轮 b 的节点 P 上的线速度都等于零。因此，它们均可以作为回转瞬心。在行星齿轮传动中，两轮

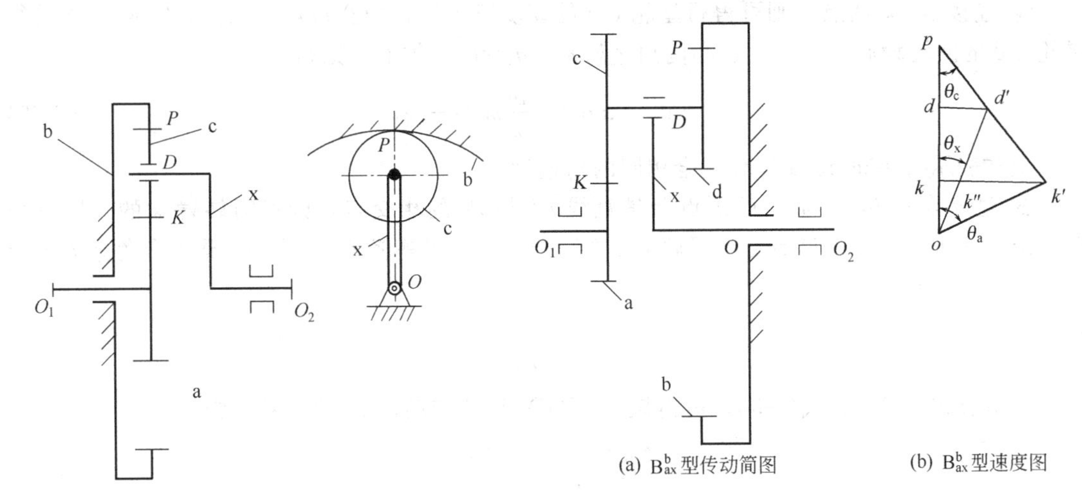

(a) B_{ax}^{b} 型传动简图　(b) B_{ax}^{b} 型速度图

图 2-2　2Z-X（A）上的回转瞬心　图 2-3　B_{ax}^{b} 型行星传动的速度

齿相啮合的节点和行星轮 c 中心均可以作为速度线上的点。因为，在 2Z-X 型行星传动中，中心轮 a 与行星轮 c 相啮合的节点 K 上的线速度相等。在行星轮 c 的中心 D，行星轮 c 和转臂 x 的线速度相等。在此应特别指出的是：支持轮 b 的节点 P 就是行星轮 c 的回转瞬心。

（2）绘制速度图示例

为了便于掌握速度图的绘制方法和具体步骤，现举例说明用速度图解法计算2Z-X(B)行星传动的传动比 i_{ax}^{b}。

提示：在 B_{ax}^{b} 型行星传动（见图 2-3）中，首先找出其等速点为 K、D 点；其零速点为 O、P 点。

为了清楚起见，特将 B_{ax}^{b} 型行星传动的传动简图与其相应的速度图绘在一起，且将速度图分开绘制在传动简图的右边［见图2-3(b)］。

速度图的具体作图步骤如下。

① 任意作一直线$\overline{op}$垂直于主轴线$\overline{O_1O_2}$，并将图 2-3(a) 上的轴线$\overline{O_1O_2}$、节点 K、P 和行星轮 c 的轴心 D 投影到$\overline{op}$线上，即可得 o、k、d、p 四点［见图2-3(b)］。

② 通过 k 点作$\overline{kk'}\perp\overline{op}$，以$\overline{kk'}$表示齿轮 a 和 c 的节点 K 的速度矢量，即有

$$\boldsymbol{v}_{\mathrm{k}}=r_{\mathrm{a}}\omega_{\mathrm{a}}=\mu_{\mathrm{v}}\,\overline{kk'} \tag{2-34}$$

式中　μ_{v} ——速度比例尺，m · s^{-1}/mm；

　　ω_{a} ——中心轮 a 的角速度，s^{-1}。

而中心轮 a 的节圆半径为

$$r_{\mathrm{a}}=\mu_{\mathrm{l}}\,\overline{ok} \tag{2-35}$$

式中　μ_{l} ——长度比例尺，m/mm。

③ 将 o 点与矢量 $\boldsymbol{v}_{\mathrm{k}}$ 的端点连成直线$\overline{ok'}$，则可得到中心轮 a 的速度三角形，即$\triangle okk'$，且记瞬心内角$\angle kok'=\theta_{\mathrm{a}}$。

因为，角速度 $\omega_{\mathrm{a}}=\dfrac{v_{\mathrm{k}}}{r_{\mathrm{a}}}$，将式(2-34)、式(2-35) 代入上式，则得

$$\omega_{\mathrm{a}}=\frac{\mu_{\mathrm{v}}\,\overline{kk'}}{\mu_{\mathrm{l}}\,\overline{ok}}=\frac{\mu_{\mathrm{v}}}{\mu_{\mathrm{l}}}\tan\theta_{\mathrm{a}}$$

即有

$$\tan\theta_{\mathrm{a}}=\frac{\mu_{\mathrm{l}}}{\mu_{\mathrm{v}}}\omega_{\mathrm{a}} \tag{2-36}$$

④ 连接 p、k' 两点，则可得行星轮 c-d 的速度三角形，即 $\triangle pkk'$。因为，零速点 p 是行星轮 c-d 的回转瞬心。所以，瞬心内角 $\angle kpk'=\theta_c=\theta_d$。仿上，则得

$$\tan\theta_c=\tan\theta_d=\frac{\mu_l}{\mu_v}\omega_c=\frac{\mu_l}{\mu_v}\omega_d \tag{2-37}$$

上式表示行星轮 c、d 具有完全相同的角速度。

⑤ 过 d 点作 $\overline{dd'}\perp\overline{ok}$，而 d' 点乃是直线 $\overline{dd'}$ 与 $\overline{pk'}$ 的相交点，则可得转臂 x 的速度三角形，即 $\triangle odd'$。因为，D 点是行星轮 c-d 中心与转臂 x 的等速点。所以，瞬心内角 $\angle dod'=\theta_x$。仿上，则得

$$\tan\theta=\frac{\mu_l}{\mu_v}\omega_x \tag{2-38}$$

因此，由公式(2-36)、式(2-38) 可得该2Z-X(B) 型的传动比 i_{ax}^{b} 的关系式为

$$i_{ax}^{b}=\frac{\omega_a}{\omega_x}=\frac{\tan\theta_a}{\tan\theta_x} \tag{2-39}$$

由上式可知，行星齿轮传动中的构件角速度 ω 之比等于相应构件的速度三角形中的瞬心内角 θ 的正切之比。这就是用速度图解法研究行星齿轮传动的基础。

为了分析构件角速度简便起见，可取比例尺 $\mu_v=1\text{m}\cdot\text{s}^{-1}/\text{mm}$ 和 $\mu_l=1\text{m/mm}$，则可得

$$\omega_a=\tan\theta_a \text{ 和 } \omega_x=\tan\theta_x。$$

由图2-3(b) 可知

$$\frac{\omega_a}{\omega_x}=\frac{\tan\theta_a}{\tan\theta_x}=\frac{\overline{kk'}}{\overline{ok}}\times\frac{\overline{od}}{\overline{dd'}} \tag{2-40}$$

由相似三角形 $\triangle pkk'\backsim\triangle kdd'$ 可得

$$\frac{\overline{kk'}}{\overline{dd'}}=\frac{\overline{kp}}{\overline{dp}}=\frac{r_c+r_d}{r_d}$$

式中　r_c ——行星轮 c 的节圆半径；

r_d ——行星轮 d 的节圆半径。

再由相似三角形 $\triangle odd'\backsim\triangle okk''$ 可得

$$\frac{\overline{dd'}}{\overline{kk''}}=\frac{\overline{od}}{\overline{ok}}=\frac{r_a+r_c}{r_a}$$

将以上两式代入公式(2-39)，则得该行星齿轮传动的传动比为

$$\begin{aligned} i_{ax}^{b}=\frac{\omega_a}{\omega_x}&=\frac{(r_c+r_d)(r_a+r_c)}{r_ar_d}\\ &=\frac{r_ar_d+r_c(r_a+r_c+r_d)}{r_ar_d}\\ &=\frac{r_ar_d+r_cr_b}{r_ar_d} \end{aligned} \tag{2-41}$$

经变换后，由上式可得用各轮齿数表示其传动比的公式为

$$i_{ax}^{b}=\frac{\omega_a}{\omega_x}=1+\frac{r_cr_b}{r_ar_d}=1+\frac{z_cz_b}{z_az_d} \tag{2-42}$$

因为，各轮的节圆半径 $r=\frac{1}{2}mz$（非角度变位的），当各齿轮的模数 m 相同时，即有

$$\frac{r_cr_b}{r_ar_d}=\frac{z_cz_b}{z_az_d}$$

以上计算 B_{ax}^{b} 型传动比 i_{ax}^{b} 的公式(2-42) 与表 2-1 中对应的传动比公式完全相同。

2.4　差动行星齿轮传动的传动比计算公式

在行星齿轮传动中，凡三个基本构件均可转动的行星齿轮传动，称为差动行星齿轮机构[见图1-1(a)]。例如，目前在车辆上广泛使用的差速器大都属于差动行星齿轮机构。通常，差动行星齿轮机构较多采用 2Z-X 型传动。因差动行星传动的自由度 $W=2$，为了使差动行星传动中所有构件的运动完全确定，就必须要有两个输入构件。其输入构件一般可采用三种组合：

① 中心轮 a 和 b 输入；

② 中心轮 a 和转臂 x 输入；

③ 中心轮 b（内齿轮）和转臂 x 输入。

对于图1-1(a) 所示的 2Z-X 型差动行星传动，其基本构件转速之间的关系可以应用公式(2-6) 确定；即

$$\left.\begin{aligned} n_x &= n_a i_{xa}^b + n_b i_{xb}^a \\ n_b &= n_a i_{ba}^x + n_x i_{bx}^a \\ n_a &= n_b i_{ab}^x + n_x i_{ax}^b \end{aligned}\right\} \tag{2-43}$$

上式是根据差动行星齿轮传动两个输入构件的转速求其输出构件转速的普遍关系式。等号左边为输出构件的转速，其右边两项分别为一个输入构件转速与另一个输入构件固定时，输出构件对输入构件传动比的乘积。例如，对于转臂 x 为输出构件，中心轮 a 和内齿轮 b 均为输入构件的情况，则可写出上述普遍关系式中的第一式。对第一式的右边进行分析，且注意到其输入构件的转速与差动齿轮传动中固定构件的确定无关，即由其右边的第一项可得

$$n_a i_{xa}^b = n_a^b \frac{n_x^b}{n_a^b} = n_x^b$$

由第二项可得

$$n_b i_{xb}^a = n_b^a \frac{n_x^a}{n_b^a} = n_x^a$$

则公式(2-6) 中的第一式变为

$$n_x = n_x^b + n_x^a$$

仿上，由公式(2-6) 可得

$$\left.\begin{aligned} n_x &= n_x^b + n_x^a \\ n_b &= n_b^a + n_b^x \\ n_a &= n_a^x + n_a^b \end{aligned}\right\} \tag{2-44}$$

上式表明，差动齿轮传动的合成运动，其输出件的转速系由两个输入构件分别固定，且按对应的行星齿轮传动时输出件转速的代数和确定。

差动齿轮传动一般采用 2Z-X 型，常用的有 NGW 型 [见图 1-2(a)] 和 WW 型 [见图 1-3(c)]。现举例说明如下。

【例题 2-4】 某机械传动机构中采用了 NGW 型差动齿轮传动，以实现变速传动的目的。图 2-4 所示为该差动齿轮传动简图。已知 $z_1=28$，$z_2=98$，$z_a=20$，$z_c=37$，$z_b=94$；电动机 M_1 的功率 $P_1=7.5$kW，转速 $n_a=980$r/min，电动机 M_2 的功率 $P_2=5.5$kW，转速 $n_2=750$r/min。试计算在电动机 M_1、M_2 与差动齿轮传动相配合下，差动齿轮机构获得的四种运转速度。

解　首先可求得定轴齿轮传动的传动比为 $i_1=\frac{z_2}{z_1}=\frac{98}{28}=3.5$，当内齿轮 b 固定时，行星

齿轮传动的传动比为 $i_{ax}^{b}=1+\frac{z_b}{z_a}=1+\frac{94}{20}=5.7$，当中心轮 a 固定时行星齿轮传动的传动比为 $i_{bx}^{a}=\frac{1+p}{p}=\frac{1+4.7}{4.7}=1.213$。

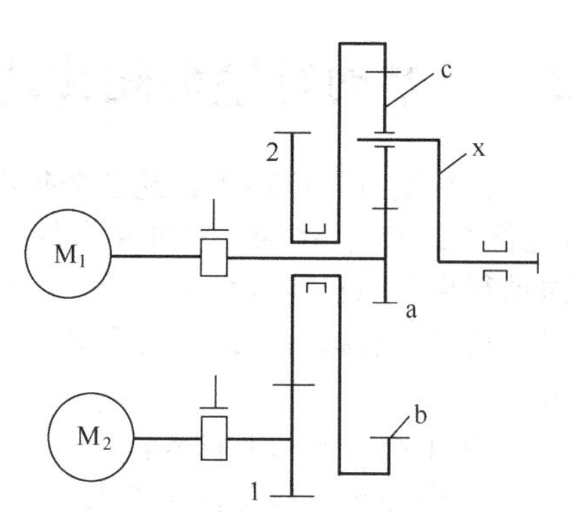

图 2-4　差动齿轮传动简图

① 当电动机 M_1 运转，电动机 M_2 停转，即内齿轮 b 固定（$n_b=0$）时，其输出构件转臂 x 的转速 n_x 为

$$n_x=\frac{n_a}{i_{ax}^{b}}$$

因为，$n_a=n_1=980\text{r/min}$ 和 $i_{ax}^{b}=5.7$，代入上式可得

$$n_x=\frac{980}{5.7}=171.93\ (\text{r/min})$$

② 当电动机 M_2 运转，电动机 M_1 停转，即中心轮 a 固定（$n_a=0$）时，其输出构件转臂 x 的转速 n_x 为

$$n_x=\frac{n_b}{i_{bx}^{a}}$$

因为 $n_b=\frac{n_2}{i_1}=\frac{750}{3.5}=214.29\text{r/min}$ 和 $i_{bx}^{a}=1.213$，代入上式可得

$$n_x=\frac{214.29}{1.213}=176.66\ (\text{r/min})$$

③ 当电动机 M_1、M_2 均运转，且使得中心轮 a 与内齿轮 b 的转向相同时，按公式(2-44) 可得其输出构件转臂 x 的转速 n_x 为

$$n_x=n_x^{b}+n_x^{a}=\frac{n_a}{i_{ax}^{b}}+\frac{n_b}{i_{bx}^{a}}$$
$$=\frac{980}{5.7}+\frac{214.29}{1.213}=348.59\ (\text{r/min})$$

④ 当电动机 M_1、M_2 均运转，但内齿轮 b 与中心轮 a 的转向相反时，按公式(2-44) 可得其输出构件转臂 x 的转速 n_x 为

$$n_x=n_x^{b}+n_x^{a}=\frac{n_a}{i_{ax}^{b}}-\frac{n_b}{i_{bx}^{a}}=\frac{980}{5.7}-\frac{214.29}{1.213}$$
$$=-4.73\ (\text{r/min})$$

式中，“—”号表示在第（4）种情况下，其转臂 x 的转速 n_x 的转向与第（1）、（2）和第（3）种情况下的转臂 x 的转速 n_x 的转向相反。

上述计算结果表明，当电动机 M_1、M_2 与差动齿轮传动相配合时，则可得到该差动齿轮机构输出件转臂 x 共四种不同的输出转速 n_x。

如上所述，对于图1-2(a) 所示的 2Z-X 型差动行星传动，其基本构件的转速之间的关系仍可应用公式(2-6) 确定。例如，要通过基本构件 b 和 x 的转速 n_a 和 n_x 来表示中心轮 a 的转速 n_a，则由公式(2-6) 可得

$$n_a=i_{ab}^{x}n_b+i_{ax}^{b}n_x$$

由公式(2-7) 可得该差动行星传动的运动学方程式为

$$n_a+pn_b-(1+p)n_x=0$$

若已知中心轮 b 和转臂 x 的转速 n_b 和 n_x，由公式(2-7) 经变换后，则得差动行星传动

的传动比 i_{ax} 关系式为

$$i_{ax}=\frac{n_a}{n_x}=(1+p)-p\frac{n_b}{n_x} \tag{2-45}$$

若已知中心轮 a 和转臂 x 的转速 n_a 和 n_x，则得差动行星机构的传动比 i_{bx} 关系式为

$$i_{bx}=\frac{n_b}{n_x}=\frac{1+p}{p}-\frac{1}{p}\times\frac{n_a}{n_x} \tag{2-46}$$

若差动行星传动中的内齿圈 b 固定，即 $n_b=0$，则得其传动比计算公式为

$$i_{ax}^{b}=\frac{n_a}{n_x}=1+p$$

若差动行星传动中的中心轮 a 固定，即 $n_a=0$，则得其传动比计算公式为

$$i_{bx}^{a}=\frac{n_b}{n_x}=\frac{1+p}{p}$$

如果将图1-2(b)、图1-3(a) 和图1-3(b) 中的固定构件变为运动构件，则可得到 B 型、D 型和 E 型的差动行星传动。上述类型的差动机构均具有四个齿轮和一个转臂 x，但它们都采用了双联行星轮 c-d，而且齿轮 c-d 具有同一转速，即 $n_c=n_d$。

对于 B 型差动传动，由公式(2-6) 可得

$$n_a=i_{ax}^{b}n_x+i_{ab}^{x}n_b$$

因传动比 $i_{ab}^{x}=-\frac{z_c z_b}{z_a z_d}$ 和 $i_{ax}^{b}=1-i_{ab}^{x}=\frac{z_a z_d+z_c z_b}{z_a z_d}$，则得其传动比 i_{ax} 关系式为

$$\begin{aligned}i_{ax}&=\frac{n_a}{n_x}=i_{ax}^{b}+i_{ab}^{x}\frac{n_b}{n_x}\\&=1+\frac{z_c z_b}{z_a z_d}\left(1-\frac{n_b}{n_x}\right)\end{aligned} \tag{2-47}$$

仿上，则得其传动比 i_{bx} 关系式为

$$\begin{aligned}i_{bx}&=\frac{n_b}{n_x}=\frac{1}{i_{ab}^{x}}\times\frac{n_a}{n_x}-\frac{i_{ax}^{b}}{i_{ab}^{x}}\\&=1+\frac{z_a z_d}{z_c z_b}\left(1-\frac{n_a}{n_x}\right)\end{aligned} \tag{2-48}$$

对于 D 型差动传动，由公式(2-6) 可得

$$n_a=i_{ax}^{b}n_x+i_{ab}^{x}n_b$$

因传动比 $i_{ab}^{x}=\frac{z_c z_b}{z_a z_d}$ 和 $i_{ax}^{b}=1-i_{ab}^{x}=\frac{z_a z_d-z_c z_b}{z_a z_d}$，则得其传动比 i_{ax} 和 i_{bx} 关系式为

$$\begin{aligned}i_{ax}&=\frac{n_a}{n_x}=i_{ax}^{b}+i_{ab}^{x}\frac{n_b}{n_x}\\&=1-\frac{z_c z_b}{z_a z_d}\left(1-\frac{n_b}{n_x}\right)\end{aligned} \tag{2-49}$$

和

$$\begin{aligned}i_{bx}&=\frac{n_b}{n_x}=\frac{1}{i_{ab}^{x}}\times\frac{n_a}{n_x}-\frac{i_{ax}^{b}}{i_{ab}^{x}}\\&=1-\frac{z_a z_d}{z_c z_b}\left(1-\frac{n_a}{n_x}\right)\end{aligned} \tag{2-50}$$

对于 E 型差动机构，由公式(2-7) 可得

$$n_e=i_{ex}^{b}n_x+i_{eb}^{x}n_b$$

因传动比 $i_{eb}^{x}=\frac{z_d z_b}{z_e z_c}$ 和 $i_{ex}^{b}=1-i_{eb}^{x}=\frac{z_e z_c-z_d z_b}{z_e z_c}$，仿上，则得其传动比 i_{ex} 和 i_{bx} 关系式为

$$i_{ex}=\frac{n_e}{n_x}=i_{ex}^{b}+i_{eb}^{x}\frac{n_b}{n_x}$$

$$=1-\frac{z_b z_d}{z_c z_e}\left(1-\frac{n_b}{n_x}\right) \tag{2-51}$$

和

$$i_{bx}=\frac{n_b}{n_x}=\frac{1}{i_{eb}^{x}}\times\frac{n_e}{n_x}-\frac{i_{ex}^{b}}{i_{eb}^{x}}$$

$$=1-\frac{z_e z_c}{z_d z_b}\left(1-\frac{n_e}{n_x}\right) \tag{2-52}$$

一般，差动行星齿轮机构的使用方式有两种：一是用于合成运动，作为变速器使用；另一是用于分解运动，作为差速器使用。前一种方式用于拖拉机、坦克和工程机械等变速箱中；后一种方式广泛用于汽车、飞机等动力传动中。作为差速器使用的差动行星传动，可以将其一个基本构件为输入件，而另两个基本构件为输出件；即运动或动力可由一个输入轴传递给另两个输出轴。其运动分解的比例可按需要给定，或根据具体情况而改变。现以汽车后桥的差速器说明如下，汽车的传动轴将运动通过齿轮1传递给后桥差速器，如图2-5所示。

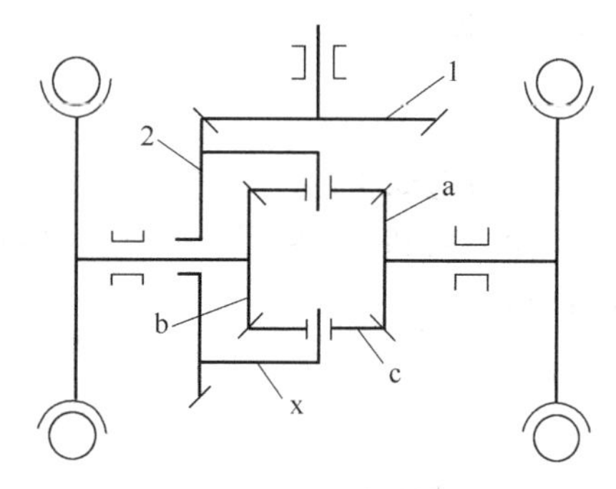

图2-5　汽车后桥差速器

机壳2（即转臂x）为该圆锥齿轮差速器的输入件，其转速为n_x。中心轮a和b均为输出件，其转速为n_a和n_b。汽车后桥差速器就是2Z-X(C)型差动齿轮传动［见图1-3(c)］。

在2Z-X(C)型差动行星传动中，其基本构件之间的转速关系仍可按公式(2-6)确定，即

$$n_x=i_{xa}^{b}n_a+i_{xb}^{a}n_b \tag{2-53}$$

因传动比

$$i_{xa}^{b}=\frac{1}{i_{ax}^{b}}=\frac{1}{1-i_{ab}^{x}} \tag{2-54}$$

$$i_{xb}^{a}=\frac{1}{i_{bx}^{a}}=\frac{1}{1-i_{ba}^{x}} \tag{2-55}$$

而其转化机构的传动比为

$$i_{ab}^{x}=-\frac{z_b}{z_a} \tag{2-56}$$

$$i_{ba}^{x}=-\frac{z_a}{z_b} \tag{2-57}$$

因该差动行星传动中，中心轮a和b的齿数相等，即$z_a=z_b$。故由公式(2-56)、公式(2-57)可得

$$i_{ab}^{x}=i_{ba}^{x}=-1$$

则由公式(2-54)、公式(2-55)可得传动比公式为

$$i_{xa}^{b}=i_{xb}^{a}=\frac{1}{2} \tag{2-58}$$

再将i_{xa}^{b}、i_{xb}^{a}值代入式(2-53)，则得其转速关系式为

$$n_x=\frac{n_a+n_b}{2} \tag{2-59}$$

如果中心轮a和b的转速相等，即$n_a=n_b=n$，则得转臂x的转速为$n_x=n$；即该差动

行星传动的所有构件变成为一个整体而一起转动。但是，严格地说来，要使转速 $n_a=n_b$，在实际上也是不可能实现的。这不仅是当汽车转弯时不能保持 $n_a=n_b$，即使当汽车直线行驶时也不能保持 $n_a=n_b$。这是因为两车轮的直径、轮胎压力，车轮的弹性等不可能绝对相等。因此，采用差动行星传动可有效地避免轮胎在路面上产生滑动，从而，有利于减少汽车的能量损耗和轮胎表面的磨损。

当汽车转弯时，即有 $n_a \neq n_b$，则差动行星传动便发挥作用：差速器中的各齿轮均产生相对于转臂 x 的转动。例如，当汽车向左转弯时，为了使车轮和地面间不产生滑动以减少轮胎的磨损，就要求右轮应比左轮转得快些。此时，中心轮 a 和 b 之间便发生相对转动，行星轮 c 除随转臂 x 产生公转外，还绕自身的轴线产生自转。因此，才会存在公式(2-59) 的转速关系。

若用转速 n_a 同时减去公式(2-59) 等号的两边，则可得中心轮 a 相对于转臂 x 的关系式为

$$n_a - n_x = \frac{1}{2}(n_a - n_b) \tag{2-60}$$

此外，还会有这样的情形发生：当汽车的驱动后车轮陷在烂泥坑中而不能前进时，一个后车轮不转动，另一个后车轮却在原处快速空转。若齿轮 a 不转动，即 $n_a=0$，则由公式(2-59) 可得 $n_b=2n_x$，即齿轮 b 以 2 倍于转臂 x 的转速 n_x 空转着。如果汽车司机用千斤顶将后桥抬高到使两后轮完全脱离地面，且使汽车发动机关闭（熄火），即没有运动由齿轮 2 输入，即 $n_x=0$。若仅转动中心轮 a，即 $n_a \neq 0$，则由公式(2-59) 可得中心轮 b 的转速为 $n_b=-n_a$，即可见到两后车轮能以相等的转速、向相反的方向转动着。

2.5　圆柱齿轮模数

齿轮模数 m —齿距 p 除以 π，即 $m=p/\pi$；或分度圆直径 d 除以齿数 z，即 $m=d/z$。

根据国际 GB/T 1357 — 2008 渐开线圆柱齿轮模数的规定，齿轮标准模数列于表 2-2。

表 2-2　齿轮模数 *m*　/mm

第一系列	1	1.25	1.5	2	2.5	3	4	5	6
	8	10	12	16	20	25	32	40	50
第二系列	1.125	1.375	1.75	2.25	2.75	3.5	4.5	5.5	(6.5)
	7	9	11	14	18	22	28	36	45

表中列出的第一系列模数 m 值应优先采用；第二系列的模数 m 值也可以采用，但模数 $m=6.5$mm 应避免使用。

第3章　行星齿轮传动的配齿计算

3.1　行星齿轮传动中各轮齿数应满足的条件

在设计行星齿轮传动时，根据给定的传动比 i_p 来分配各轮的齿数，这就是人们研究行星齿轮传动运动学的主要任务之一。在确定行星齿轮传动的各轮齿数时，除了满足给定的传动比外，还应满足与其装配有关的条件，即同心条件、邻接条件和安装条件。此外，还要考虑到与其承载能力有关的其他条件。

3.1.1　传动比条件

在行星齿轮传动中，各轮齿数的选择必须确保实现所给定的传动比 i_p 的大小。例如，2Z-X(A) 型行星传动，其各轮齿数与传动比 i_p 的关系式为

$$i_{ax}^{b}=1-i_{ab}^{x}=1+\frac{z_b}{z_a}$$

可得

$$z_b=(i_{ax}^{b}-1)z_a \tag{3-1}$$

若令 $Y=z_a i_p$，则有

$$z_b=Y-z_a \tag{3-2}$$

式中　i_p ——给定的传动比，且有 $i_p=i_{ax}^{b}$；

　　Y ——系数，必须是个正整数；

　　z_a ——中心轮 a 的齿数，一般，$z_a \geqslant z_{min}$。

其他传动类型的传动比与各轮齿数的关系式已列在第 2 章的表 2-1 中。例如，2Z-X(B) 型行星传动，其各轮齿数与传动比 i_p 的关系式为

$$i_p=i_{ax}^{b}=1-i_{ab}^{x}=1+\frac{z_c z_b}{z_a z_d} \tag{3-3}$$

2Z-X(D) 型行星传动，各轮齿数与传动比 i_p 的关系式为

$$i_p=i_{ax}^{b}=1-i_{ab}^{x}=1-\frac{z_c z_b}{z_a z_d}=\frac{z_a z_d-z_c z_b}{z_a z_d} \tag{3-4}$$

2Z-X(E) 型行星传动，各轮齿数与传动比 i_p 的关系式为

$$i_p=i_{ex}^{b}=1-i_{eb}^{x}=1-\frac{z_b z_d}{z_c z_e}=\frac{z_c z_e-z_b z_d}{z_c z_e} \tag{3-5}$$

3Z(Ⅰ) 型行星传动，各轮齿数与传动比 i_p 的关系式为

$$i_p=i_{ae}^{b}=\frac{1-i_{ab}^{x}}{1-i_{eb}^{x}}=\frac{1+z_b/z_a}{1-\frac{z_b z_c}{z_c z_e}}=\frac{(z_a+z_b)z_c z_e}{z_a(z_c z_e-z_b z_d)} \tag{3-6a}$$

3Z(Ⅱ) 型行星传动，各轮齿数与传动比 i_p 的关系式为

$$i_p=i_{ae}^{b}=\frac{1-i_{ab}^{x}}{1-i_{eb}^{x}}=\frac{1+z_b/z_a}{1-z_b/z_e}=\left(1+\frac{z_b}{z_a}\right)\times\frac{z_e}{z_e-z_b} \tag{3-6b}$$

关于上述传动类型的具体配齿方法，将在 3.2 节中详细地讨论。

3.1.2　邻接条件

在设计行星齿轮传动时，为了进行功率分流，而提高其承载能力，同时也是为了减少其

结构尺寸，使其结构紧凑，经常在太阳轮 a 与内齿轮 b（或 e）之间，均匀地、对称地设置几个行星轮 c（或 d）。为了使各行星轮不产生相互碰撞，必须保证它们齿顶之间在其连心线上有一定的间隙，即两相邻行星轮的顶圆半径之和应小于其中心距 L_c（见图 3-1），即

$$\left.\begin{aligned} &2r_{ac} < L_c \\ &d_{ac} < 2a'_{ac}\sin\frac{\pi}{n_p} \end{aligned}\right\} \tag{3-7}$$

式中　r_{ac}、d_{ac}——分别为行星轮 c 的齿顶圆半径和直径；

n_p——行星轮个数；

a'_{ac}——a、c 齿轮啮合副的中心距；

L_c——相邻两个行星轮中心之间的距离。

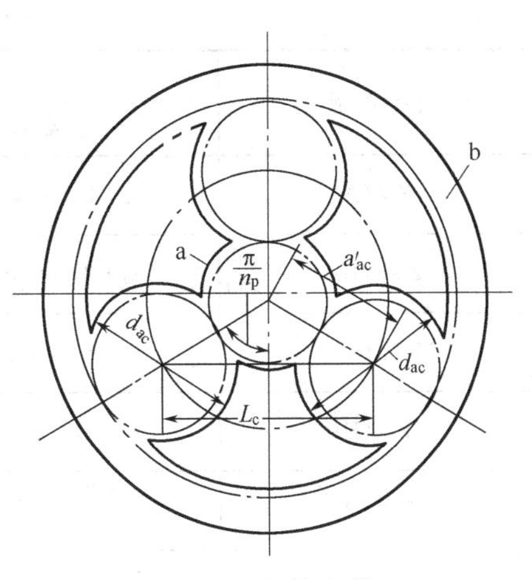

图 3-1　邻接条件

不等式(3-7) 称为行星齿轮传动的邻接条件。间隙 $\Delta_c = L_c - d_{ac}$ 的最小允许值取决于行星齿轮减速器的冷却条件和啮合传动时的润滑油搅动损失。实际使用中，一般应取间隙值 $\Delta_c \geqslant 0.5m$，m 为齿轮的模数。

在此应该指出，邻接条件与行星轮个数 n_p 有关，n_p 的多少，应受到其承载能力的限制。行星轮个数 n_p 还应考虑到结构尺寸、均载条件和制造条件等因素。一般，在行星齿轮传动中大都采用 $n_p=3$ 个行星轮。但是，当需要进一步提高其承载能力，减少行星齿轮传动的结构尺寸和质量时，在满足上述邻接条件的前提下允许采用 $n_p>3$ 个行星轮的配置；不过还必须采取合理的均载措施。

3.1.3　同心条件

在此讨论的同心条件只适用于渐开线圆柱齿轮的行星齿轮传动。所谓同心条件就是由中心轮 a、b（或 e）与行星轮 c（或 d）的所有啮合齿轮副的实际中心距必须相等。换言之，对于 2Z-X 型和 3Z 型行星齿轮传动，其三个基本构件的旋转轴线必须与主轴线相重合。

对于 2Z-X(A) 型行星齿轮传动，其同心条件为

$$a'_{ac} = a'_{cb} \tag{3-8a}$$

对于 2Z-X(B) 型行星齿轮传动，其同心条件为

$$a'_{ac} = a'_{db} \tag{3-8b}$$

对于 2Z-X(D) 型行星传动，其同心条件为

$$a'_{ac} = a'_{db} \tag{3-8c}$$

对于 2Z-X(E) 型行星传动，其同心条件为

$$a'_{cb} = a'_{de} \tag{3-8d}$$

对于 3Z(Ⅰ) 型行星齿轮传动，其同心条件为

$$a'_{ac} = a'_{cb} = a'_{de} \tag{3-8e}$$

对于 3Z(Ⅱ) 型行星齿轮传动，其同心条件为

$$a'_{ac} = a'_{cb} = a'_{ce} \tag{3-8f}$$

式中　a'_{ac}、a'_{cb}、a'_{db}、a'_{de}—— a-c、c-b、d-b 和 d-e 啮合齿轮副的实际中心距。

对于不变位或高度变位的啮合传动，因其节圆与分度圆相重合，则啮合齿轮副的中心距为

$$a' = a = \frac{m}{2}(z_2 \pm z_1) \tag{3-8}$$

式中　a——啮合齿轮副的标准中心距；“+”号适用于外啮合；“−”号适用于内啮合。

在简单行星齿轮传动中，通常各齿轮的模数 m 都是相同的，按同心条件公式(3-8a) ～

表 3-1　行星齿轮传动的同心条件

传动类型	同心条件	
	非变位或高度变位	角度变位
2Z-X(A)	$z_a+2z_c=z_b$	$\frac{z_a+z_c}{\cos\alpha'_{ac}}=\frac{z_b-z_c}{\cos\alpha'_{bc}}$
2Z-X(B)	$z_a+2z_c=z_b-z_d$	$\frac{z_a+z_c}{\cos\alpha'_{ac}}=\frac{z_b-z_d}{\cos\alpha'_{bd}}$
2Z-X(D)	$z_a+z_c=z_b+z_d$	$\frac{z_a+z_c}{\cos\alpha'_{ac}}=\frac{z_b+z_d}{\cos\alpha'_{bd}}$
2Z-X(E)	$z_b-z_c=z_e-z_d$	$\frac{z_b-z_c}{\cos\alpha'_{bc}}=\frac{z_e-z_d}{\cos\alpha'_{ed}}$
3Z(Ⅰ)	$\left.\begin{array}{l}z_a+2z_c=z_b\\ z_b-z_c=z_e-z_d\end{array}\right\}$	$\frac{z_a+z_c}{\cos\alpha'_{ac}}=\frac{z_b-z_c}{\cos\alpha'_{bc}}=\frac{z_e-z_d}{\cos\alpha'_{ed}}$
3Z(Ⅱ)	因为 $\left.\begin{array}{l}z_a+z_c\neq z_b-z_c\\ z_a+z_c\neq z_e-z_c\\ z_b-z_c\neq z_e-z_c\end{array}\right\}$ 故一定要进行角度变位	$\frac{z_a+z_c}{\cos\alpha'_{ac}}=\frac{z_b-z_c}{\cos\alpha'_{bc}}=\frac{z_e-z_c}{\cos\alpha'_{ec}}$

公式(3-8f)，可得用其各轮齿数表示的不变位或高度变位啮合传动的同心条件，见表 3-1。

对于角度变位的啮合传动，角度变位后啮合齿轮副的中心距为

$$a'=\frac{\cos\alpha}{\cos\alpha'}a \tag{3-9}$$

对于 2Z-X(A) 型传动，由公式(3-9) 可得其啮合齿轮副的中心距为

$$a'_{ac}=\frac{\cos\alpha}{\cos\alpha'_{ac}}\times\frac{m}{2}(z_a+z_c)$$

$$a'_{bc}=\frac{\cos\alpha}{\cos\alpha'_{bc}}\times\frac{m}{2}(z_b-z_c)$$

因为中心距 $a'_{ac}=a'_{bc}$，所以，可得其角度变位后的同心条件为

$$\frac{z_a+z_c}{\cos\alpha'_{ac}}=\frac{z_b-z_c}{\cos\alpha'_{bc}} \tag{3-10}$$

式中　α'_{ac}、α'_{bc}—— a-c、b-c 齿轮副的啮合角。

对于 2Z-X(B) 型传动，可得其角度变位后的同心条件为

$$\frac{z_a+z_c}{\cos\alpha'_{ac}}=\frac{z_b-z_d}{\cos\alpha'_{bd}} \tag{3-11}$$

对于 2Z-X(D) 型传动，其角度变位后的同心条件为

$$\frac{z_a+z_c}{\cos\alpha'_{ac}}=\frac{z_b+z_d}{\cos\alpha'_{bd}} \tag{3-12}$$

对于 2Z-X(E) 型传动，其角度变位后的同心条件为

$$\frac{z_b-z_c}{\cos\alpha'_{bc}}=\frac{z_e-z_d}{\cos\alpha'_{ed}} \tag{3-13}$$

由公式(3-10)～公式(3-13) 可见，2Z-X 型传动中的各轮齿数可以不受非变位同心条件(表 3-1 左边的公式) 的约束，但必须进行使啮合角 $\alpha'_{ac}\neq\alpha'_{bc}$(或 $\alpha'_{ac}\neq\alpha'_{bc}$，或 $\alpha'_{ac}\neq\alpha'_{bd}$) 的角度变位，以满足同心条件 $a'_{ac}=a'_{bc}$(或 $a'_{ac}=a'_{bc}$，或 $a'_{ac}=a'_{bd}$)。

对于 3Z(Ⅰ) 型传动，因为角度变位后各齿轮副的中心距应该相等，即 $a'_{ac}=a'_{bc}=a'_{ed}$。如果所有齿轮的模数 m 均相等，且为直齿圆柱齿轮，则可得其角度变位后的同心条件为

$$\frac{z_a+z_c}{\cos\alpha'_{ac}}=\frac{z_b-z_c}{\cos\alpha'_{bc}}=\frac{z_e-z_d}{\cos\alpha'_{ed}} \tag{3-14}$$

对于具有单齿圈行星轮 c 的 3Z(Ⅱ) 型行星传动，其同心条件为

$$\frac{z_a+z_c}{\cos\alpha'_{ac}}=\frac{z_b-z_c}{\cos\alpha'_{bc}}=\frac{z_e-z_c}{\cos\alpha'_{ec}} \tag{3-15}$$

式中　α'_{ac}、α'_{bc}、α'_{ec}和 α'_{ed}—— a-c、b-c、e-c 和 e-d 齿轮副的啮合角。

由公式(3-14)、公式(3-15) 可见，3Z(Ⅱ) 型传动中的各轮齿数也可以不受非变位同心条件（表 3-1 左边公式）的约束，但必须至少使两个齿轮副中的啮合角 α'不等于压力角$\alpha=20°$。比如，啮合角 $\alpha'_{ac}\neq\alpha=20°$和 $\alpha'_{bc}\neq\alpha=20°$。

角度变位后的同心条件，即公式(3-10) ～公式(3-15) 列入表 3-1 的右边。

3.1.4　安装条件

在行星齿轮传动中，如果仅有一个行星轮，即 $n_p=1$，只要满足上述同心条件就保证能够装配。为了提高其承载能力，大多是采用几个行星轮。同时，为了使啮合时的径向力相互抵消，通常，将几个行星轮均匀地分布在行星传动的中心圆上。所以，对于具有 $n_p>1$ 个行星轮的行星齿轮传动，除应满足同心条件和邻接条件外，其各轮的齿数还必须满足安装条件。所谓安装条件就是安装在转臂 x 上的 n_p 个行星轮均匀地分布在中心轮的周围时，各轮齿数应该满足的条件。例如，对于 2Z-X(A) 型行星传动，n_p 个行星轮在两个中心轮 a 和 b 之间要均匀分布，而且，每个行星轮 c 能同时与两中心轮 a 和 b 相啮合而没有错位现象（见图 3-2)。

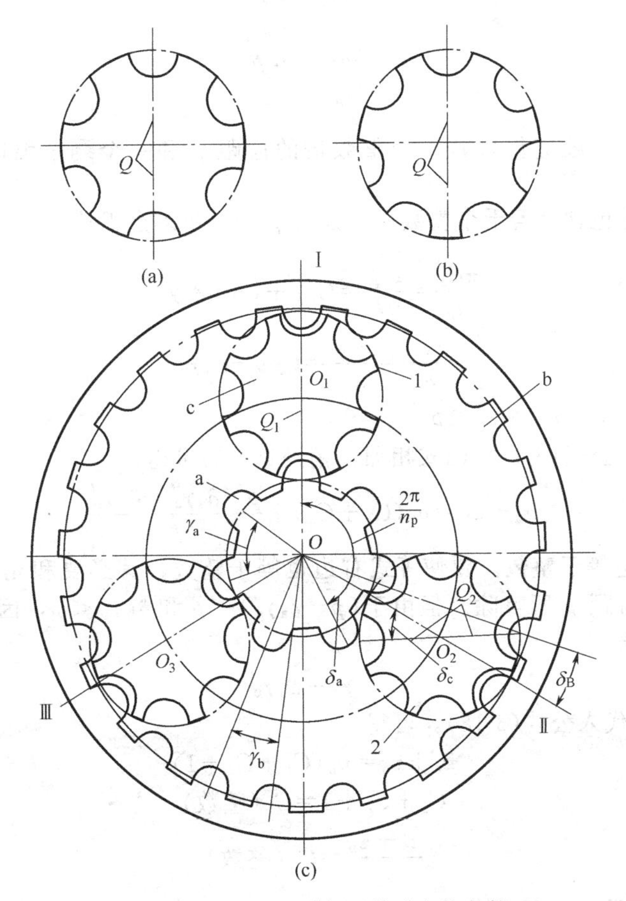

图 3-2　2Z-X(A)型行星传动安装条件

通常，在行星齿轮传动中，当 n_p 个行星轮均匀分布时，每个中心角应等于 $\frac{2\pi}{n_p}$，即$\angle$ⅠOⅡ$=\angle$ⅡOⅢ$=\cdots=\frac{2\pi}{n_p}$（见图 3-2）。直线 OⅠ、OⅡ和 OⅢ分别为主轴线 O 与行星轮 1、行星轮 2 和行星轮 3 的轴线 O_1、O_2 和 O_3（转臂 x 上的）的连线。

为了绘图方便起见，在此用圆弧来表示轮齿的形状，故 2Z-X(A) 型传动如图 3-2 所示。对于具有单齿圈的行星轮，可用平面 Q 表示齿轮轮齿的对称面。当行星轮齿数 z_c 为偶数时，该平面 Q 通过其齿槽的对称线［见图 3-2(a)］；当行星轮齿数 z_c 为奇数时，则它们分别与轮 b 的齿槽对称线相重合。由此可见，若中心轮 a 和 b 的齿数 z_a 和 z_b 均是 n_p 的倍数时，该行星齿轮传动定能满足装配条件。

在一般情况下，齿数 z_a 和 z_b 都不是 n_p 的倍数。当齿轮 a 和 b 的轮齿对称线及行星轮 1 的平面 Q_1 与直线 OⅠ重合时，行星轮 2 的平面 Q_2 与直线 OⅡ的夹角为 δ_c。如果转臂 x 固定，当中心轮 a 按逆时方向转过 δ_a 时，则行星轮 2 按顺时针方向转过 δ_c 角，而内齿轮 b 按顺时针方向转过 δ_b 角［见图 3-2(c)］。

当 n_p 个行星轮在中心轮周围均匀分布时，则两相邻行星轮间的中心角为$\frac{2\pi}{n_p}$。现设已知中心轮 a 和 b 的节圆直径为 d_a'（半径为 r_a'）和 d_b'（半径为 r_b'），其齿距为 $p_a=p_b=p$。在中心角$\frac{2\pi}{n_p}$内，中心轮 a 和 b 具有的弧长分别为

$$\frac{\pi d_a'}{n_p}=\frac{z_a p}{n_p}$$

和

$$\frac{\pi d_b'}{n_p}=\frac{z_b p}{n_p}$$

对于弧长$\frac{\pi d_a'}{n_p}$，一般应包含若干个整数倍的齿距 p 和一个剩余弧段（$p-\delta_a\gamma_a'$）。同理，对于弧长$\frac{\pi d_b'}{n_p}$，也应包含有若干个整数倍的齿距 p 和一个剩余弧段 $\delta_b\gamma_b'$，即有下列关系式

$$\frac{\pi d_a'}{n_p}=\frac{z_a p}{n_p}=C_1 p+(p-\delta_a\gamma_a') \tag{3-16}$$

$$\frac{\pi d_b'}{n_p}=\frac{z_b p}{n_p}=C_2 p+\delta_b\gamma_b' \tag{3-17}$$

式中，$(p-\delta_a\gamma_a')<p$，$\delta_b\gamma_b'<p$。

将公式(3-16)、公式(3-17) 两式相加，稍经整理后可得

$$z_a+z_b=n_p(C_1+C_2)+\frac{p-\delta_a\gamma_a'+\delta_b\gamma_b'}{p} \tag{3-18}$$

显然，等式左边等于整数。要使等式右边也等于整数，其必要和充分的条件是：$(p-\delta_a\gamma_a'+\delta_b\gamma_b')$ 能为齿距 p 所整除。但由于$(p-\delta_a\gamma_a')<p$ 和 $\delta_b\gamma_b'<p$，因此，两弧段 $\delta_a\gamma_a'$ 和 $\delta_b\gamma_b'$必须相等，即有

$$\delta_a\gamma_a'=\delta_b\gamma_b' \tag{3-19}$$

将公式(3-19) 代入公式(3-18)，可得

$$z_a+z_b=n_p(C_1+C_2+1)$$

令

$$C_1+C_2+1=C\ (\text{整数})$$

则得

$$\frac{z_a+z_b}{n_p}=C\ (\text{整数}) \tag{3-20}$$

公式(3-20) 表明：两中心轮 a 和 b 的齿数和（z_a+z_b）应为行星轮数 n_p 的倍数，这就

是 2Z-X(A) 型行星传动的安装条件。

在具有双齿圈行星轮的（B、D、E 型）行星齿轮传动中，如果两行星轮 c 和 d 的周向相对位置可以在安装时调整，且其中的每一个行星轮仅与一个中心轮相啮合的话，则只需要满足同心条件和邻接条件就可以了。

对于双齿圈行星轮的相对周向位置不可调整的行星齿轮传动，即行星轮 c 和 d 为同一轮坯上切制出来的双联行星轮，则各轮的齿数 z_a（或 z_b）、z_b（或 z_e）、z_c 和 z_d 之间必须满足安装条件，才能使它们均匀分布在中心轮的圆周上。

在具有双联行星轮的 2Z-X 型行星传动中，为了简化计算和便于安装，通常可选取各中心轮齿数 z_a、z_b 和 z_e 等为行星轮数 n_p 的整数倍，即有

2Z-X(B) 型

$$\frac{z_a}{n_p}+\frac{z_b}{n_p}=C\text{（整数）} \tag{3-21}$$

2Z-X(D) 型

$$\frac{z_a}{n_p}+\frac{z_c}{n_p}=C\text{（整数）} \tag{3-22}$$

2Z-X(E) 型

$$\frac{z_b}{n_p}+\frac{z_e}{n_p}=C\text{（整数）} \tag{3-23}$$

但是，还应当注意：在安装双联行星轮时，尚需要在行星轮的轮齿上按一定的规则刻上标记，再按照标记安装行星轮，这样才会使安装顺利和符合要求。

关于双联行星轮刻标记的方法简述如下。

在行星齿轮传动中，对于每个双联行星轮，齿轮 c 和齿轮 d 的齿槽的对称线必须位于同一平面 Q 上，且在形成这些齿槽的轮齿上刻以标记（见图 3-3）。如果行星轮 d 与中心轮 b 是内啮合，而另一个行星轮 c 与中心轮 a 是外啮合，即 2Z-X(B) 型传动，则上述齿槽（其

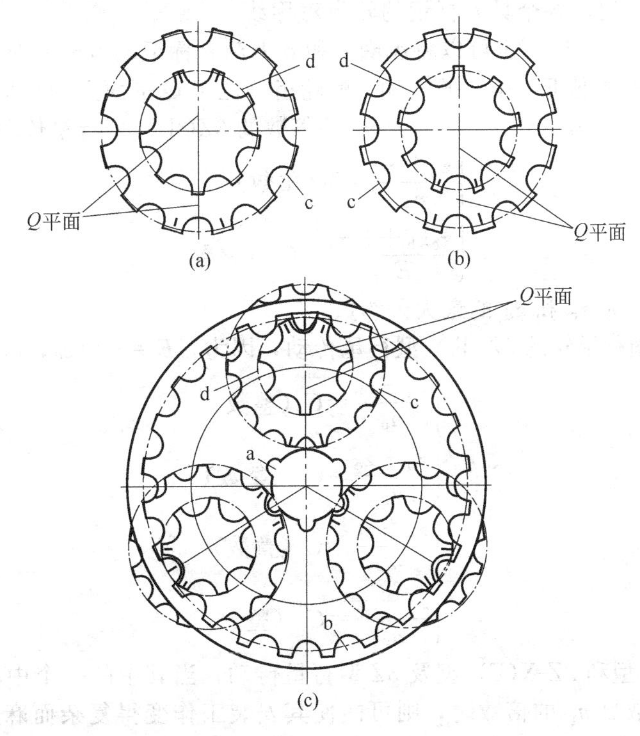

图 3-3　双联行星轮刻标记的方法

邻近轮齿上刻有标记的）分布在行星轮轴线的两侧，如图 3-3(a) 所示。如果行星轮的两个齿圈 c 和 d 与中心轮 a 和 b 均为外啮合，即 2Z-X(D) 型传动，或它们与中心轮 b 和 e 均为内啮合，即 2Z-X(E) 型传动，则刻上标记的齿槽分布在行星轮轴线的同一侧，如图 3-3(b) 所示。再在一个或两个中心轮的 n_p 个轮齿上刻以标记，且各轮齿（刻以标记的）对称线间的中心角为 $2\pi/n_p$，如图 3-3(c) 所示。

现以 2Z-X(B) 型传动为例，分析其安装程序如下。

该行星齿轮传动有三个双联行星轮，即 $n_p=3$，而中心轮 a 和 b 的齿数 z_a 和 z_b 均为 n_p 的倍数。

先取一个行星轮安装在转臂 x 上，使其 Q 平面配置得大致通过转臂轴线的位置。再将另两个行星轮安装在转臂 x 上。接着将中心轮 a 置入其中，使其刻有标记的轮齿嵌入刻有标记的（行星轮 c 的）齿槽内，然后装上内齿轮 b（或将已装上行星轮和中心轮 a 的转臂 x 安置到固定内齿轮 b 的壳体内）。同时，应使它上面刻有标记的轮齿与行星轮齿圈 d 上刻有标记的齿槽相配合。

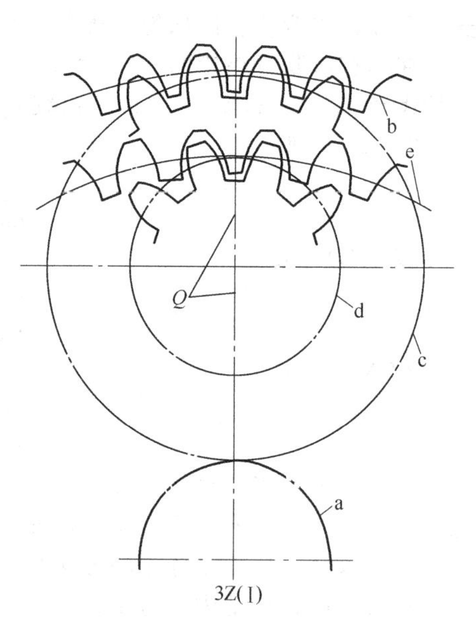

图 3-4　正确装配 3Z(Ⅰ)型传动齿轮的标记

在 3Z(Ⅰ) 型传动中，为了计算和安装的方便，通常所有的中心轮的齿数 z_a、z_b 和 z_e 均为 n_p 的倍数。在这种情况下，与图 1-2 所示的 2Z-X(B) 型传动一样，在每个双联行星轮上均需要于两个齿槽上刻以标记，且该齿槽的对称线位于 Q 平面内。在图 3-4 所示的 3Z(Ⅰ) 型传动中，分布在行星轮轴线一侧的刻以标记的齿槽位于 Q 平面内，这时在内齿轮 b 和 e 的轮齿上刻以标记，各个具有标记的轮齿对称线间的中心角为 $2\pi/n_p$。另外，也可以将齿圈 c 和 d 上刻有标记的齿槽分布在 Q 平面内行星轮轴线的两侧。在这种情况下，中心轮 a 和 e 的轮齿（位于 Q 平面上的）均应刻上标记。

对于中心轮的齿数 z_a、z_b 和 z_e 均为 n_p 的倍数的 3Z(Ⅰ) 型行星传动，其安装条件为

$$\begin{cases}\dfrac{z_a+z_b}{n_p}=C\ (\text{整数})\\[2ex]\dfrac{z_c z_b+z_e z_d}{En_p}=C'\ (\text{整数})\end{cases}\tag{3-24}$$

式中　E——系数，为 z_c 和 z_d 的最大公约数。

对于具有单齿圈行星轮的 3Z(Ⅱ) 型行星传动，因为，$E=z_c=z_d$，故可得其安装条件为

$$\begin{cases}\dfrac{z_a+z_b}{n_p}=C\ (\text{整数})\\[2ex]\dfrac{z_b+z_e}{n_p}=C'\ (\text{整数})\end{cases}\tag{3-25}$$

或

$$\begin{cases}\dfrac{z_a+z_b}{n_p}=C\ (\text{整数})\\[2ex]\dfrac{z_e-z_a}{n_p}=C''\ (\text{整数})\end{cases}\tag{3-26}$$

对于 2Z-X(B) 型和 2Z-X(E) 型及 3Z 型行星传动，当其中的一个中心轮或几个中心轮的齿数不是行星轮数目 n_p 的倍数时，则可能使其安装工作变得复杂而麻烦。而且，还必须满足由行星轮数 n_p 确定的安装条件（参见参考文献 19)。

实际上，对于中心轮齿数均为行星轮数 n_p 的倍数的行星齿轮机构应用较广泛，而且安装较为方便。

3.2　行星齿轮传动的配齿计算

所谓配齿计算就是据给定的传动比 i_p 来确定行星齿轮传动中各轮的齿数；这是行星齿轮传动运动学的第二个任务。

在据给定的传动比 i_p 选择行星传动的齿数时，应考虑在各种不同齿数组合的条件下，能获得与给定的传动比 i_p 值相同的或较近似的值。此外，齿数的选择还应满足轮齿弯曲强度的要求，如果承载能力受工作齿面接触强度的限制，则应选择尽可能多的齿数较合理。对于速度较低、短时工作制的硬齿面（HB>350）齿轮传动，特别是有反向载荷时，在许多情况下，其承载能力是受轮齿弯曲强度的限制。为了保证齿根具有足够的弯曲强度，同时也为了减小行星传动的外形尺寸和质量，则选取尽可能少的齿数是较合理的。对于软齿面（HB≤350）齿轮传动，必须校核轮齿的接触强度，因此，可适当增加中心轮 a 的齿数较为合理。对于高速行星传动，其啮合齿轮副的齿数，不应该有公因子，一般也不推荐使其中心轮 a 和 b 的齿数 z_a 和 z_b 等为行星轮数 n_p 的倍数。

3.2.1　2Z-X(A) 型行星传动的配齿公式

据 2Z-X(A) 型行星齿轮传动的传动比公式

$$i_p=i_{ax}^{b}=1-i_{ab}^{x}=1+\frac{z_b}{z_a}=1+p \tag{3-27}$$

$$p=\frac{z_b}{z_a}=i_p-1 \tag{3-28}$$

式中　p——行星齿轮传动的特性参数。

特性参数 p 与给定的传动比 i_p 有关。p 值必须合理地选取。p 值太大或太小都是不合理的。如果 p 值太大，或许可能使得 z_b 值很大；或使得 z_a 值很小。通常，内齿轮 b 的尺寸是受到减速器总体尺寸的限制。为了不过分地增大其外形尺寸，故 z_b 值不能很大。而中心轮 a 的尺寸应考虑到其齿数 z_a 受到最少齿数 z_{min} 的限制，以及齿轮 z_a 转轴的直径不能太小，故 z_a 值不能很小。另外，p 值接近于 1 也是不允许的，因为这样会使得行星轮 c 的尺寸太小。一般，应选取 $p=3\sim8$。

则由式(3-28) 可得

$$z_b=pz_a=(i_p-1)z_a \tag{3-29}$$

由上式可知，当选定最小齿数 z_a 时，便容易求得内齿轮 b 的齿数 z_b 值。

关于最少齿数 z_a（或 z_c）的选取，为了尽可能地缩小 2Z-X(A) 型行星传动的径向尺寸，在满足给定的传动比 i_p 的条件下，中心轮 a 和行星轮 c 的尺寸应尽可能地小。因此，z_a 应该选用最少齿数，但实际上它受到轮齿根切和齿轮能否安装轴承或能否安装到轴上去的限制。一般情况下，齿轮 a 的最少齿数的范围为 14～18；对于中小功率的行星传动，有时为了实现行星减速器的外廓尺寸尽可能小的原则，在满足轮齿弯曲强度的条件下，允许其轮齿产生轻微的根切；因此，对于角度变位传动（正传动），其最少齿数可选取为 10～13 个。

应该指出：在对 b 轮齿数 z_b 进行圆整后，此时实际的 p 值与给定的 p 值稍有变化，但必须控制在其传动比误差范围内。一般其传动比误差 $\Delta i=\frac{|i_p-i|}{i_p}\leqslant4\%$。

据同心条件可求得行星轮 c 的齿数为

$$z_c=\frac{z_b-z_a}{2}=\frac{i_p-2}{2}z_a \tag{3-30}$$

显然，由上式所求得的 z_c 适用于非变位的或高度变位的行星齿轮传动。如果采用角度变位的传动时，行星轮 c 的齿数 z_c 应按如下公式计算，即

$$z_c'=\frac{z_b-z_a}{2}+\Delta z_c \tag{3-31}$$

当(z_b-z_a) 为偶数时，可取齿数修正量为 $\Delta z_c=-1$。此时，通过角度变位后，既不增大该行星传动的径向尺寸，又可以改善 a-c 啮合齿轮副的传动性能。

当(z_b-z_a) 为奇数时，则可取 $\Delta z_c=\pm 0.5$，这样就可以增多其可能的配齿方案数。

再考虑到其安装条件为

$$\frac{z_a+z_b}{n_p}=C\ （整数）$$

即

$$\frac{i_p}{n_p}z_a-C\ （整数） \tag{3-32}$$

综合上述公式，则可得 2Z-X(A) 型传动的配齿比例关系式为

$$z_a:z_c:z_b:C=z_a:\frac{i_p-2}{2}z_a:(i_p-1)z_a:\frac{i_p}{n_p}z_a \tag{3-33}$$

最后，再按公式(3-7) 校核其邻接条件。

由公式(3-33) 可见，当给定传动比 $i_p=i_{ax}^b$ 和选定行星轮数 n_p 后，内齿轮 b 齿数 z_b 和行星轮齿数 z_c 均取决于中心轮 a 齿数 z_a 值。

对于 2Z-X(A) 型传动，当特性参数 $p>3$ 时（大多数情况是如此），其最少齿数的齿轮为中心轮 a；而仅当特性参数 $p\leqslant 3$ 时，其最少齿数的齿轮为行星轮 c。

最后，根据给定的行星齿轮传动的传动比 i_p 的大小和中心轮 a 的齿数 z_a 及行星轮个数 n_p，由表 3-2 可查得 2Z-X(A) 型行星齿轮传动的传动比 i_p 及其各轮齿数。

3.2.2　2Z-X(B) 型行星传动的配齿公式

据 2Z-X(B) 型的传动比公式，即

$$i_{ax}^b=1-i_{ab}^x=1+\frac{z_c z_b}{z_a z_d}=1+p' \tag{3-34}$$

由表 2-1 可知其内传动比 p' 为

$$p'=\frac{z_c z_b}{z_a z_d}=i_{ax}^b-1 \tag{3-35}$$

再由表 3-1 中可得其同心条件为

$$z_a+z_c=z_b-z_d \tag{3-36}$$

当给定传动比 $i_p=i_{ax}^b$ 时，按上述公式可以选择各轮的齿数。但由于式(3-35) 分母中的 z_a 和 z_d 值不能太小；分子中的 z_c 和 z_b 值又不能太大，故 p' 值不可能很大。所以，该 B 型传动不能得到很大的传动比 i_{ax}^b 值；其传动比范围为 $i_{ax}^b=7\sim16$。

现将 2Z-X(B) 型传动配齿方法讨论如下。

首先令

$$\begin{cases} A=\dfrac{z_c}{z_a} \\ B=\dfrac{z_b}{z_a} \end{cases} \tag{3-37}$$

即有关系式

$$\begin{cases} z_c=Az_a \\ z_b=Bz_d \end{cases} \tag{3-38}$$

将上述关系式代入公式(3-35)，可得

表 3-2　2Z-X(A)型行星齿轮传动的配齿

$i_p=2.8$											
$n_p=3$				$n_p=4$				$n_p=5$			
z_a	z_c	z_b	i_{ax}^{b}	z_a	z_c	z_b	i_{ax}^{b}	z_a	z_c	z_b	i_{ax}^{b}
32	13	58	2.8125	33	13	59	2.7879	32	13	58	2.8125
41	16	73	2.7805	37	15	67	2.8108	39	16	71	2.8205
43	17	77	2.7907	43	17	77	2.7907	43	17	77	2.7907
47	19	85	2.8085	46	19	85	2.8085	45	19	84	2.8261
49	20	89	2.8763	53	21	95	2.7925	64	26	116	2.8125
58	23	104	2.7931	59	23	105	2.7797	71	29	129	2.8169
62	25	112	*2.8065	67	27	121	2.8060	79	31	141	2.7848
65	26	117	*2.8000	71	29	129	2.8169	89	36	161	2.8090
73	29	131	2.7945	79	31	141	2.7848	104	41	186	2.7885
75	30	135	*2.8000	81	33	147	2.8148	118	47	212	2.7966
77	31	139	2.8052	89	35	159	2.7865	121	49	219	2.8099
92	37	166	2.8043	97	39	175	2.8041	132	53	238	2.8030
118	47	212	2.7966	121	49	219	2.8099	146	59	264	2.8082
				123	49	221	2.7967	154	61	276	2.7922
				141	57	255	2.8085	161	64	289	2.7950
				153	61	275	2.7974	168	67	302	2.7976

$i_p=3.15$											
$n_p=3$				$n_p=4$				$n_p=5$			
z_a	z_c	z_b	i_{ax}^{b}	z_a	z_c	z_b	i_{ax}^{b}	z_a	z_c	z_b	i_{ax}^{b}
25	14	53	3.1200	23	13	49	3.1304	22	13	48	3.1818
29	16	61	3.1034	29	17	63	3.1724	29	16	61	3.1034
31	18	67	3.1613	33	19	71	3.1515	31	18	67	3.1613
32	19	70	3.1875	37	21	79	3.1351	37	21	79	3.1351
35	20	75	*3.1429	41	23	87	3.1220	41	24	89	3.1707
37	21	79	3.1351	43	25	93	3.1628	35	20	75	*3.1429
40	23	86	3.1500	53	31	115	3.1698	54	31	116	3.1481
44	25	94	3.1364	67	39	145	3.1642	55	32	119	3.1636
53	31	115	3.1698	71	41	153	3.1549	67	38	143	*3.1343
55	32	119	3.1636	75	43	161	3.1467	79	46	171	3.1646
67	38	143	3.1343	79	45	169	3.1392	86	49	184	3.1395
70	41	152	3.1714	81	47	175	3.1605	89	51	191	3.6461
74	43	160	3.1622	85	49	183	3.1529	92	53	198	3.1522
82	47	176	3.1463	97	55	207	3.1340	98	57	212	3.1633
86	49	184	3.1395	121	69	259	3.1405	121	59	269	3.1405
97	56	209	3.1546	123	71	265	3.1545	83	47	177	3.1325

$i_p=3.55$											
$n_p=3$				$n_p=4$				$n_p=5$			
z_a	z_c	z_b	i_{ax}^{b}	z_a	z_c	z_b	i_{ax}^{b}	z_a	z_c	z_b	i_{ax}^{b}
22	17	56	3.5455	23	17	57	3.4783	23	17	57	3.4783
25	19	63	*3.5200	25	19	63	3.5260	24	19	62	3.5833
29	22	73	3.5172	29	23	75	3.5862	26	20	66	*3.5385
32	25	82	3.5625	33	25	83	3.5152	27	21	69	*3.5556
37	29	95	3.5675	37	29	95	3.5676	29	22	73	3.5172
41	32	105	*3.5609	45	35	115	*3.5556	31	24	79	3.5484
46	35	116	3.5217	47	37	121	3.5745	36	28	92	*3.5556
47	37	121	3.5745	53	41	135	3.5472	37	28	93	3.5135
48	37	122	*3.5417	55	43	141	3.5636	43	33	100	2.5349
49	38	125	3.5510	61	47	155	3.5410	46	35	116	3.5217
52	41	134	3.5769	69	53	175	3.5362	48	37	122	3.5417
56	43	142	3.5357	73	57	187	3.5616	54	41	136	3.5185
61	47	155	3.5410	77	59	195	3.5325	73	57	187	3.5616
73	56	185	3.5342	79	61	201	3.5443	76	59	194	3.5526
76	59	194	3.5526	83	65	213	3.5663	79	61	201	3.5443
86	67	220	3.5581	87	67	221	3.5402	82	63	208	3.5366

续表

$i_p=4$											
$n_p=3$				$n_p=4$				$n_p=5$			
z_a	z_c	z_b	i_{ax}^b	z_a	z_c	z_b	i_{ax}^b	z_a	z_c	z_b	i_{ax}^b
20	19	58	3.9000	23	22	67	3.9130	18	17	52	3.8889
22	23	63	4.0909	25	27	79	4.1600	22	23	68	4.0909
23	22	67	3.9130	27	29	85	4.1481	23	22	67	3.9130
26	25	76	3.9231	29	31	91	4.1379	24	25	74	4.0833
28	27	82	3.9286	31	33	97	4.1290	26	25	76	3.9231
29	28	85	3.9310	33	32	97	3.9394	28	27	82	3.9286
32	31	94	3.9375	37	39	115	4.1081	29	31	91	4.1379
38	37	112	3.9474	39	41	121	4.1026	31	33	97	4.1290
44	43	130	3.9545	43	45	133	4.0930	33	32	97	3.9394
47	49	145	4.0851	45	46	137	4.0444	38	37	112	3.9474
50	49	148	3.9600	47	49	145	4.0851	39	41	121	4.1026
56	55	166	3.9643	49	50	149	4.0408	48	47	142	3.9583
59	58	175	3.9661	55	57	169	4.0727	41	40	121	3.9512
62	61	184	3.9677	57	59	175	4.0702	58	57	172	3.9655
68	67	202	3.9706	61	63	187	4.0656	63	62	187	3.9683
74	73	220	3.9730	67	69	205	4.0597	68	67	202	3.9706

$i_p=4.5$								$i_p=5$			
$n_p=3$				$n_p=4$				$n_p=3$			
z_a	z_c	z_b	i_{ax}^b	z_a	z_c	z_b	i_{ax}^b	z_a	z_c	z_b	i_{ax}^b
17	22	61	4.5882	17	21	59	4.4706	16	23	62	4.8750
19	23	65	4.4211	19	23	65	4.4211	17	25	67	4.9412
23	28	79	4.4348	21	26	73	4.4762	19	29	77	5.0526
25	32	89	4.5600	23	29	81	4.5217	20	31	82	5.1000
26	33	92	4.5385	25	31	87	4.4800	23	34	91	4.9565
28	35	98	4.500	27	34	95	4.5184	28	41	110	4.9286
31	39	109	4.5161	33	41	115	4.4848	31	47	125	5.0323
35	43	121	4.4571	35	43	121	4.4571	40	59	158	4.9500
37	45	127	4.4324	41	51	143	4.4878	44	67	178	5.0455
41	52	145	4.5366	47	59	165	4.5106	47	70	187	4.9787
52	65	182	4.5000	49	61	171	4.4898	52	77	206	4.9615
53	67	187	4.5283	50	62	174	4.4800	55	83	221	5.0182
59	73	205	4.4746	53	67	187	4.5283	56	85	226	5.0357
61	77	215	4.5246	59	73	205	4.4746	59	88	235	4.9831
68	85	238	4.5000	61	77	215	4.5246	64	95	254	4.9688
71	88	247	4.4789	71	89	249	4.5070	65	97	259	4.9846

$i_p=5$				$i_p=5.6$				$i_p=6.3$			
$n_p=4$				$n_p=3$				$n_p=3$			
z_a	z_c	z_b	i_{ax}^b	z_a	z_c	z_b	i_{ax}^b	z_a	z_c	z_b	i_{ax}^b
17	25	67	4.9412	13	23	59	5.5385	13	29	71	6.4615
19	29	77	5.0526	14	25	64	5.5714	14	31	76	6.4286
21	31	83	4.9574	16	29	74	5.6250	16	35	86	6.3750
23	35	93	5.0435	17	31	79	5.6471	17	37	91	6.3529
25	37	99	4.9600	19	35	89	5.6842	19	41	101	6.3158
29	43	115	4.9655	20	37	94	5.7000	20	43	106	6.3000
31	47	125	5.0323	22	41	104	5.7273	22	47	116	6.2727
35	53	141	5.0786	29	52	133	5.5862	23	49	121	6.2609
37	55	147	4.9730	31	56	143	5.6129	25	54	133	6.3200
47	71	189	5.0713	40	71	182	5.5500	26	55	136	6.2308
49	73	195	4.9796	41	73	187	5.5610	28	39	146	6.2143
51	77	205	5.0196	44	79	202	5.5909	31	66	163	6.2581
55	83	221	5.0182	46	83	212	5.6087	35	76	187	6.3429
59	89	237	5.0160	47	85	217	5.6170	37	80	197	6.3243
63	95	253	5.0159	50	91	232	5.6400	41	88	217	6.2927
65	97	259	4.9846	52	95	242	5.6538	47	100	247	6.2553

续表

$i_p=7.1$				$i_p=8$				$i_p=9$			
$n_p=3$				$n_p=3$				$n_p=3$			
z_a	z_c	z_b	i_{ax}^b	z_a	z_c	z_b	i_{ax}^b	z_a	z_c	z_b	i_{ax}^b
13	32	77	6.9231	13	38	89	7.8462	14	49	112	9.0000
14	37	88	7.2857	14	43	100	8.1429	16	56	128	* 9.0000
16	41	98	7.1250	16	47	110	7.8750	17	58	133	8.8236
17	43	103	7.0588	17	49	115	7.7647	19	68	155	9.1579
19	50	119	7.2632	17	52	121	8.1176	20	70	160	* 9.0000
20	51	122	7.1000	20	61	142	8.1000	22	77	176	9.0000
22	56	134	* 7.0909	22	65	152	7.9091	23	82	187	9.1304
23	58	139	7.0435	26	79	184	8.0769	25	89	203	9.1200
26	67	160	7.1538	28	83	194	7.9286	26	91	208	9.0000
28	71	170	7.0714	29	88	205	8.0690	28	98	224	* 9.0000
29	73	175	7.0345	31	92	215	7.9355	29	102	233	9.0345
35	91	217	7.2000	32	97	226	8.0625	31	108	247	8.9677
38	97	232	7.1053	34	101	236	7.9412	32	112	256	* 9.0000
41	106	253	7.1707	35	106	247	8.0571	34	119	272	9.0000
46	119	284	7.1739	40	119	278	7.9500	35	121	277	8.9143
47	121	289	7.1489	41	124	289	8.0488	37	128	293	8.9189

$i_p=10$				$i_p=11.2$				$i_p=12.5$			
$n_p=3$				$n_p=3$				$n_p=3$			
z_a	z_c	z_b	i_{ax}^b	z_a	z_c	z_b	i_{ax}^b	z_a	z_c	z_b	i_{ax}^b
13	53	119	10.1538	14	61	136	10.7143	13	71	155	12.9231
14	58	130	10.2857	16	71	158	10.8750	14	73	160	12.4286
16	65	146	10.1250	16	74	164	* 11.2500	16	83	182	12.3750
17	67	151	9.8824	17	76	169	10.9412	16	86	188	* 12.7500
19	77	173	10.1053	17	79	175	11.2941	17	88	193	12.3529
20	79	178	9.9000	19	86	191	11.0526	19	98	215	12.3158
22	89	200	10.0909	20	91	202	11.1000	20	106	232	* 12.6000
23	91	205	9.9130	22	101	224	11.1818	22	116	254	* 12.5455
25	98	221	9.8400	23	106	235	11.2174	23	118	259	12.2600
26	103	232	9.9231	26	121	268	11.3077	23	121	265	12.5217
28	113	254	10.0714	28	125	278	10.9286	25	131	287	12.4800
29	115	259	9.9310	28	128	284	* 11.1429	26	135	298	12.4615
29	118	265	10.1379	29	130	289	10.9655	26	139	304	12.6923
31	122	275	9.8710	29	133	295	11.1724	28	147	322	* 12.5000
32	130	292	* 10.1250	31	143	317	11.2258	29	153	335	12.5517
34	144	302	* 9.8824					31	163	257	12.5161

注:1. 表中齿数满足装配条件、同心条件和邻接条件,且$\frac{z_a}{z_c}$、$\frac{z_b}{z_c}$、$\frac{z_a}{n_p}$及$\frac{z_b}{n_p}$无公因数(带“ * ”者除外),以利提高传动平稳性。

2. 本表可直接用于非变位、高变位和等角变位传动($\alpha_{tac}'=\alpha_{tcb}'$)。当采用不等角的角变位($\alpha_{tac}'>\alpha_{tcb}'$)时,应将表中的 z_c 值适当减少 1~2 齿,以适应变位需要。

3. 当齿数少于 17 且不允许根切时,应进行变位。

4. 表中 i_p 为名义传动比,其所对应的不同齿数组合应根据齿轮强度条件选择;i_{ax}^b为实际传动比。

$$p'=AB \tag{3-39}$$

式中系数 A 和 B 的取值范围为

$$1.2 \leqslant A \leqslant 4.2$$
$$2.4 \leqslant B \leqslant 4.8$$

而且，A、B 值可在上述范围内任意选取。

最小中心轮 a 的齿数 z_a 可按下列公式选取，即

$$z_a=Kn_p \tag{3-40}$$

式中　K——系数，$K=4$、5、6 和 7。

再将式(3-38) 代入式(3-36)，可得

$$z_a+Az_a=Bz_d-z_d$$

则得

$$z_d=\frac{A+1}{B-1}z_a \tag{3-41}$$

再考虑到 B 型传动的安装条件，即公式(3-21)

$$\frac{z_a}{n_p}+\frac{z_b}{n_p}=C\text{（整数）}$$

总之，据给定的传动比范围 $i_{aH}^{b}=7\sim16$，先选取行星轮数 n_p 和系数 K 值；再按上述公式(3-35)、公式(3-39)、公式(3-40)、公式(3-41) 和公式(3-38) 可确定 B 型传动中的各轮齿数。

对于上述配齿计算公式的具体应用，现举例说明如下。

【例题 3-1】 给定某 2Z-X(B) 型行星减速器的传动比为 $i_{ax}^{b}=8.4$；行星轮数 $n_p=3$。试计算该 B 型行星传动的各轮齿数。

解　据公式(3-35) 可得

$$p'=i_{ax}^{b}-1=8.4-1=7.4$$

再由公式(3-39)，即按 $p'=AB=7.4$ 分配 $A=2.47$ 和 $B=\frac{p'}{A}=3.0$。

选取系数 $K=5$，由公式(3-40) 可得

$$z_a=Kn_p=5\times3=15$$

再按公式(3-41) 可得

$$z_d=\frac{A+1}{B-1}z_a=\frac{2.47+1}{3.0-1}\times15\approx26$$

由公式(3-38) 可得

$$z_c=Az_a=2.47\times15\approx37$$
$$z_b=Bz_d=3.0\times26=78$$

可见也符合其安装条件，取 $z_b=78$。

据给定的传动比 $i_{ax}^{b}=8.4$，可得其各轮齿数为 $z_a=15$、$z_b=78$、$z_c=37$ 和 $z_d=26$。

最后，计算其实际的传动比值为

$$i_{ax}^{b}=1+\frac{z_c z_b}{z_a z_d}=1+\frac{37\times78}{15\times26}=8.4$$

将应用上述的配齿计算，据给定的 2Z-X(B) 型行星传动的传动比 i_{ax}^{b} 对各齿轮进行的配齿结果见表 3-3。

表 3-3　2Z-X(B)型行星齿轮传动的配齿

i_{ax}^{b}	z_a	z_b	z_c	z_d	i_{ax}^{b}	z_a	z_b	z_c	z_d
7.000	12	54	24	18	7.905	15	96	41	38
7.088		54	23	17	8.000		78	35	26
7.413		69	29	26	8.057		57	26	14
7.563		45	21	12	8.165		63	29	17
7.769		45	20	13	8.229		69	33	21
7.800		51	24	15	8.280		94	39	30
7.856		69	31	26	8.360[1]		69	32	20
7.897		75	32	29	8.400		78	37	26
7.982		51	23	14	8.600		57	28	14
8.125		57	27	18	8.659		63	31	17
8.265		57	26	17	8.688[1]		90	41	32
8.333		72	33	27	8.742		84	40	29
8.383		81	35	32	8.800		81	39	27
8.413		66	31	23	8.892		81	38	26
8.438		102	49	32	9.063		90	43	32
8.543		75	35	29	9.120[1]		87	42	30
8.800		78	36	30	9.200		87	41	29
8.845[1]		78	35	29	9.282[1]		66	32	17
8.906		69	33	24	8.000[1]		72	35	24
9.000[1]		69	32	23	9.308		81	40	26
9.100		54	27	15	9.400[1]		72	35	20
9.293		78	37	29	9.450		78	39	24
9.330		60	30	18	9.600		87	43	29
9.357[1]		54	26	14	9.711		84	42	27
9.413[1]		75	35	26	9.800		66	34	17
9.500		69	34	23	9.831[1]		84	41	26
9.643		66	33	21	9.88		72	37	20
9.800[1]		66	32	20	10.043		78	40	23
9.894		75	37	26	10.512[1]		99	49	34
10.000		54	28	14	10.706		99	50	34
10.118		60	31	17	10.838		105	52	37
10.310		81	40	29	11.027		105	53	37
10.625		63	33	18	11.103		102	52	35
10.857		69	36	21	11.400[1]		102	52	34
10.884		81	41	28	11.600		102	53	34
11.000		78	40	26	11.725		99	52	32
11.500		63	34	17	12.071[1]		99	52	31
11.638		69	37	20	12.284		99	53	31
12.163		81	43	26	12.529		105	56	34
12.371		90	47	31	12.688		102	55	32
12.500		87	46	29	13.284		102	56	31
12.610[1]		81	43	25	13.517		99	55	29
12.880		81	44	25	13.650[1]		102	55	31
13.115[1]		84	46	25	13.688		105	58	22
13.672		90	49	29	13.897		111	61	35
13.880		84	46	25	14.097[1]		105	58	31
14.000		96	52	32	14.200		99	56	28
14.500		99	54	33	14.276[1]		111	61	34
14.633		87	49	26	14.323		105	59	31
15.605[1]		111	60	38	14.494		111	62	34
15.849		111	61	38	14.600		102	58	29
15.931		111	62	36	15.086[1]		102	58	28
7.097	15	78	34	29	15.329		102	59	18
7.111		75	33	27	15.724		105	61	29
7.125[1]		84	35	32	15.800		111	64	32
7.154[1]		75	32	26	7.000	18	60	27	15
7.200		69	31	23	7.000		81	36	27
7.286		66	30	21	7.111		66	30	18
7.380[1]		66	29	20	7.190		60	26	14
7.500		90	39	36	7.250		90	40	32
7.538		75	34	26	7.286		72	33	21
7.857		90	40	35	7.404		81	37	26

续表

i_{ax}^{b}	z_a	z_b	z_c	z_d	i_{ax}^{b}	z_a	z_b	z_c	z_d
7.500		78	36	24	12.131①		102	55	28
7.576		93	42	33	12.333		102	56	28
7.620		93	41	32	12.667		105	58	29
7.686		66	31	17	13.292		105	59	28
7.800		72	34	20	13.641		102	58	26
7.867		111	49	44	13.747①		105	59	27
7.878		108	47	41	14.147①	18	102	58	25
7.943		93	43	32	14.373		102	59	25
7.971		78	37	23	14.630		99	57	23
8.000		90	42	30	14.636		105	61	26
8.028		69	33	18	15.403①		102	61	24
8.069		90	40	29	15.467		105	62	25
8.143		75	36	21	16.029		102	61	23
8.215		105	47	36	7.000		63	28	14
8.273		96	45	33	7.055		87	38	26
8.313		81	39	24	7.143		96	43	32
8.333①		96	44	36	7.200		93	42	30
8.414		90	43	29	7.286		72	33	18
8.435①		81	38	23	7.367		78	36	21
8.488		111	51	42	7.384		102	46	35
8.520		111	50	41	7.429		99	45	33
8.556		102	48	36	7.500		78	35	20
8.610①		102	47	35	7.500		84	39	24
8.667		69	34	17	7.609		84	38	23
8.750		93	45	30	7.632		108	40	38
8.826		81	40	23	7.777		99	46	32
8.846		108	51	39	7.871		78	37	20
8.895①		108	50	38	7.957		84	41	23
8.933		102	49	35	8.000	21	105	49	35
9.000		99	48	33	8.065		102	48	33
9.150		93	46	29	8.134		102	47	32
9.264	18	105	51	36	8.251		96	46	29
9.323		90	45	27	8.500		63	30	21
9.333①		105	50	35	8.613		63	29	20
9.422		99	49	32	8.640		99	47	29
9.462		90	44	26	8.835		93	46	26
9.533		96	48	30	8.965		99	49	29
9.667		105	52	35	11.880		102	56	25
9.758		102	51	33	12.273		99	55	23
9.845		102	50	32	12.786①		99	55	22
11.349①		105	55	31	13.248		102	58	23
11.538		105	56	31	13.460①		102	59	23
11.552①		102	54	29	13.805①		102	58	22
11.747		102	55	29					

① 因 $z_a+z_c \neq z_b-z_d$，故适用于角度变位的传动；其余可用于非变位或高度变位。

注：1. 本表的传动比为 $i_{ax}^{b}=7\sim16$，其传动比可按下式计算，即

$$i_{ax}^{b}=1+\frac{z_c z_b}{z_a z_d}$$

2. 表中的各轮齿数均满足如下关系式

$$1.2\leqslant A=\frac{z_c}{z_a}\leqslant 4.2 \qquad 2.4\leqslant B=\frac{z_b}{z_d}\leqslant 4.8$$

3. 本表适用于行星轮数 $n_p=3$ 的B型行星传动（有的也适用于 $n_p=2$ 的行星传动），且满足其安装条件 $\frac{z_a}{n_p}+\frac{z_b}{n_p}=C$（整数）。

4. 当齿轮的齿数少于17时，为避免产生根切，必须进行变位。

3.2.3　2Z-X(D) 型行星传动的配齿公式

据 2Z-X(D) 型的传动比计算公式(2-17) 可知，当需要该 D 型行星传动完成很大的传动比 i_{xa}^{b}时，可以采取下面导出的配齿公式来确定该行星传动中的各轮齿数。其传动比公式为

$$i_{xa}^{b}=\frac{1}{1-i_{ab}^{x}}=\frac{1}{1-\dfrac{z_c z_b}{z_a z_d}}=\frac{z_a z_d}{z_a z_d-z_c z_b}$$

其中，转臂 x 固定时的传动比为

$$i_{ab}^{x}=\frac{z_c z_b}{z_a z_d}$$

由上式可知，如果 i_{ab}^{x}值越接近 1，则传动比 i_{xa}^{b}的绝对值越大。欲使分式 $z_c z_b/z_a z_d$ 尽量接近 1 但又不能等于 1，则应使其分子（$z_c z_b$）与分母（$z_a z_d$）的差值尽可能小。因各轮的齿数都是正整数，故它们之间的最小差值应等于 1，即 $z_a z_d-z_c z_b=1$。

若令 $z_a z_d=y$，当 $i_{xa}^{b}>0$ 时，则 $i_{ab}^{x}<1$。因此

$$z_c z_b=z_a z_d-1=y-1$$

即

$$i_{ab}^{x}=\frac{y-1}{y}=1-\frac{1}{y}$$

由此可得

$$y=\frac{1}{1-i_{ab}^{x}}=i_{xa}^{b}$$

所以，可先假设一个未知的乘积（$z_a z_d$）等于给定的传动比 i_{xa}^{b}，即 $z_a z_d=i_{xa}^{b}$；则另一个乘积（$z_c z_b$）为 $z_c z_b=i_{xa}^{b}-1$。

当已给定乘积的数值时（即 $z_a z_d=i_{xa}^{b}$）时，假如其因子彼此相等，则因子数值将最小。因此，可取 $z_a=z_d=z$，则得

$$z_a z_d=z^2=y=i_{xa}^{b}$$

而

$$z_c z_b=y-1=i_{xa}^{b}-1=z^2-1=(z+1)(z-1)$$

所以，根据给定的传动比 i_{xa}^{b}值来选择各轮的齿数时，可采用如下的计算公式，即

$$\begin{cases} z_a=z_d=z=\sqrt{i_{xa}^{b}} \\ z_b=z+1 \\ z_c=z-1 \end{cases} \tag{3-42}$$

3.2.4　2Z-X(E) 型行星传动的配齿公式

关于具有两个内啮合齿轮副的 2Z-X(E) 型传动［$n_p\geqslant 2$，见图 1-3(b)］，与外啮合齿轮副相比较，它具有较小的径向外廓尺寸和较小的离心力。因此，该 E 型传动在机械传动装置中获得了较广泛的应用。为了得到最小的尺寸、质量和摩擦损失，两个内啮合齿轮副中的齿数差值 $z_p=z_b-z_c=z_e-z_d$ 应尽可能小。由于标准内啮合齿轮副（$\alpha=20°$，$h_a^*=1$），当其齿数差 z_p 小于 8 时，一般就可能要产生齿廓干涉现象。因此，便需要采用变位齿轮传动。若采用压力角 $\alpha=30°$的特殊刀具时，标准内啮合齿轮副的齿数差等于 3，而仍不会产生干涉现象。

当两啮合齿轮副的模数 m 相等时，由标准齿轮内啮合齿轮副的同心条件可得

$$z_b-z_c=z_e-z_d$$

即

$$z_b-z_e=z_c-z_d$$

现规定两内啮合齿轮副中的齿数差用 z_p 表示，两个中心轮或双联行星轮两齿圈的齿数

差用字母 e 表示，即可得

$$\begin{cases} z_b - z_c = z_e - z_d = z_p \\ z_b - z_e = z_c - z_d = e \end{cases} \tag{3-43}$$

将上式代入其传动比公式(2-20a) 可得

$$i_{xe}^{b} = \frac{1}{1-\frac{z_b z_d}{z_c z_e}} = \frac{(z_b - z_p)(z_b - e)}{z_p e} \tag{3-44}$$

上式经变换整理后可得 z_b 的一元二次方程式

$$z_b^2 - (z_p + e) z_b - z_p e (i_{xe}^{b} - 1) = 0$$

则可解得（舍去较小的解）

$$z_b = \frac{1}{2}\left[\sqrt{(z_p + e)^2 + 4 z_p e (i_p - 1)} + (z_p + e)\right] \tag{3-45}$$

再由公式(3-43) 可得各轮齿数的计算公式为

$$\begin{cases} z_e = z_b - e \\ z_c = z_b - z_p \\ z_d = z_e - z_p \end{cases} \tag{3-46}$$

或

$$z_d = z_c - e$$

由以上两式可见，对于给定的传动比 $i_p = i_{xe}^{b}$ 值时，由于齿数差 z_p 和 e 值的不同，故所得到的配齿方案不是唯一的，即对于同一个 i_p 值，可得到许多个配齿方案。

一般，其传动比范围为 $i_{xe}^{b} = 8 \sim 30$，齿数 $e = n_p = 3$（或 $e = 2n_p = 6$）。

关于内啮合齿轮副的齿数差 $z_p = z_2 - z_1$ 的选取，对于标准内啮合齿轮传动（$\alpha = 20°$，$h_a^* = 1$），当其齿数差 z_p 大于下列的最小齿数差 z_{pmin} 时，不会产生齿廓重叠干涉。齿数 z_2 与 z_{pmin} 的关系为

$$z_2 = 34 \sim 77 \quad z_{pmin} = 9$$
$$z_2 = 78 \sim 200 \quad z_{pmin} = 8$$

另外，为了避免齿顶干涉，内齿轮的齿数 z_2 还应满足如下条件，即

当 $z_2 \leqslant 58$ 时，　　$z_{pmin} = 9$

当 $z_2 > 58$ 时，　　$z_{pmin} = 8$

如果两轮的齿数差 $z_p = z_2 - z_1$ 值越大，则越容易避免齿廓干涉。所以，仅需选取内啮合齿轮副的齿数差 $z_p > 10$，就可以避免齿廓干涉。

为了配齿的方便起见，可先按其装配条件 $z_b = Cn_p$（行星轮数 n_p 的倍数）初选齿数 z_b；再按公式(3-43) 估算齿数差 z_p。

由公式(3-44) 可得

$$z_p = \frac{z_b^2 - z_b e}{z_b + e(i_p - 1)} = \frac{z_b - e}{1 + \frac{e}{z_b}(i_p - 1)} \tag{3-47}$$

总之，据给定的传动比 $i_p = i_{xe}^{b}$ 和选取 e 值后，将公式(3-45)、公式(3-47) 联立求解可求得 z_b 和 z_p 值；再按公式(3-46) 求得齿数 z_e、z_c 和 z_d 值。但是，将公式(3-45)、公式(3-47) 联立求解是较麻烦的。为了配齿的方便，2Z-X(E) 型行星传动可采用如下的配齿步骤。

(1) 据给定的传动比 $i_p = i_{xe}^{b}$ 和 e 值及预选的 z_b 值，按公式(3-47) 估算 z_p。

(2) 按公式(3-45) 计算齿数 z_b。

(3) 按公式(3-46) 计算齿数 z_e、z_c 和 z_d。

(4) 按公式(3-44) 验算其传动比 i_{xe}^{b}值。

当中心轮 e 固定时，可应用关系式 $i_{xb}^{e}=1-i_{xe}^{b}$，仍可按上述步骤选择各轮齿数。

【例题 3-2】 给定所需的 2Z-X(E) 型机构的传动比 $i_p=i_{xe}^{b}=18$ 和行星轮数 $n_p=3$。试计算该行星传动的各轮齿数。

解 选取 $e=n_p=3$ 和初选 $z_b=101$ 按公式(3-47) 估算齿数差 z_p，即

$$z_p=\frac{z_b^2-z_b e}{z_b+e(i_p-1)}=\frac{101^2-101\times3}{101+3(18-1)}=65.12$$

取整为 $z_p=65$。

再按公式(3-45) 求齿数 z_b，即

$$\begin{aligned}z_b&=\frac{1}{2}\left[\sqrt{(z_p+e)^2+4z_p e(i_p-1)}+(z_p+e)\right]\\&=\frac{1}{2}\left[\sqrt{(65+3)^2+4\times65\times3(18-1)}+(65+3)\right]\\&=100.866\approx101\end{aligned}$$

取 $z_b=101$

再按公式(3-46) 可得

$$z_e=z_b-e=101-3=98$$
$$z_c=z_b-z_p=101-65=36$$
$$z_d=z_e-z_p=98-65=33$$

按公式(3-44) 验算传动比 i_{xe}^{b}，即

$$i_{xe}^{b}=\frac{1}{1-\frac{z_b z_d}{z_c z_e}}=\frac{1}{1-\frac{101\times33}{36\times98}}=18.09$$

传动比误差

$$\Delta i=\frac{|i_p-i_{xe}^{b}|}{i_p}=\frac{|18-18.09|}{18}=0.5\%<4\%$$

故符合要求。

据给定的传动比范围 $i_p=i_{xe}^{b}=8\sim30$，且初步选取内齿轮 b 的齿数为 $z_b=39\sim102$。按公式(3-47)、公式(3-45) 和公式(3-46)，通过编制程序和电子计算机计算，可求得很多个 2Z-X(E) 型的配齿方案。现将该 2Z-X 型的传动比 i_{xe}^{b}与各轮齿数的关系列于表 3-4[1]。

在传动比 $20<i_{xe}^{b}<100$ 的情况下，为了制造和安装方便起见，有时也可取 $z_c=z_d$；即采用具有单齿圈行星轮 c，且使轮 c 同时与中心轮 b 和 e 啮合。由公式(3-44) 可得

$$i_{xe}^{b}=\frac{1}{1-\frac{z_b}{z_e}}=\frac{z_e}{z_e-z_b}\tag{3-48}$$

如果取 z_b 与 z_e 的差值为 1，即 $|z_b-z_e|=e=1$，则由上式可得

$$i_{xe}^{b}=\frac{z_e}{|z_b-z_e|}=\pm z_e$$

和

$$z_b=z_e\pm1$$

此时，为了能够正常啮合和满足同心条件，必须将其中一个内齿轮副 b-c（或 e-d）进行角度变位。

---

[1] 本表系著作权所有，未经本书作者允许不得翻印。

表 3-4 2Z-X(E)型行星齿轮传动的配齿

i_{xe}^{b}	z_b	z_e	z_c	z_d	i_{xe}^{b}	z_b	z_e	z_c	z_d
8.00	51	48	17	14	13.50	75	72	27	24
8.00	63	60	18	15	13.60	54	51	24	21
8.26	72	69	19	16	13.65	66	63	26	23
8.50	45	42	17	14	13.75	102	99	30	17
8.50	54	51	18	15	13.80	72	69	27	24
8.68	96	93	21	18	14.00	39	36	21	18
8.75	93	90	21	18	14.00	78	75	28	25
8.80	36	33	16	13	14.24	84	81	29	26
8.84	42	39	17	14	14.30	42	39	22	19
8.90	69	66	20	17	14.50	81	78	29	26
9.00	48	45	18	15	14.50	90	87	30	27
9.10	81	78	21	18	14.73	87	84	30	27
9.30	63	60	20	17	14.80	78	75	29	26
9.50	51	48	19	16	15.00	63	60	27	24
9.50	60	57	20	17	15.00	84	81	30	27
9.70	81	78	22	19	15.00	93	90	31	28
9.75	42	39	18	15	15.24	90	87	31	28
9.80	66	63	21	18	15.29	81	78	30	27
9.86	93	90	23	20	15.40	36	33	21	18
9.96	90	87	23	20	15.50	87	84	31	28
10.00	54	51	20	17	15.50	96	93	32	29
10.00	63	60	21	18	15.63	78	75	30	27
10.23	60	57	21	18	15.74	42	39	23	20
10.30	69	66	22	19	15.95	69	66	29	26
10.50	57	54	21	18	16.00	63	60	28	25
10.50	66	63	22	19	16.00	75	72	30	27
10.73	63	60	22	19	16.00	90	87	32	29
10.80	84	81	24	21	16.12	81	78	31	28
10.95	81	78	24	21	16.20	57	54	27	24
11.00	60	57	22	19	16.24	96	93	33	30
11.00	69	66	23	20	16.43	72	69	30	27
11.20	51	48	21	18	16.46	66	63	29	26
11.31	57	54	22	19	16.50	93	90	33	30
11.40	39	36	19	16	16.50	102	99	34	31
11.50	63	60	23	20	16.62	84	81	32	29
11.50	72	69	24	21	16.74	99	96	34	31
11.73	69	66	24	21	16.79	90	87	33	30
11.81	60	57	23	20	16.91	75	72	31	28
11.88	102	99	27	24	16.98	81	78	32	29
12.00	66	63	24	21	17.00	54	51	27	24
12.00	75	72	25	22	17.00	96	93	34	31
12.00	99	96	27	24	17.11	87	84	33	30
12.25	45	42	21	18	17.29	93	90	34	31
12.31	63	60	24	21	17.40	78	75	32	29
12.50	69	66	25	22	17.50	66	63	30	27
12.50	78	75	26	23	17.50	99	96	35	32
12.60	87	84	28	25	17.77	60	57	29	26
12.67	60	57	24	21	17.88	81	78	33	30
12.80	66	63	25	22	17.96	87	84	34	31
12.92	93	90	28	25	18.00	51	48	27	24
13.00	72	69	26	23	18.00	102	99	36	33
13.00	81	78	27	24	18.29	99	96	36	33
13.10	90	87	28	25	18.36	84	81	34	31
13.24	78	75	27	24	18.40	72	69	32	29
13.30	69	66	26	23	18.46	90	87	35	32

续表

i_{xe}^{b}	z_b	z_e	z_c	z_d	i_{xe}^{b}	z_b	z_e	z_c	z_d
18.60	66	63	31	28	24.75	57	54	33	30
18.60	96	93	36	33	24.80	51	48	31	28
18.81	81	78	34	31	24.96	87	84	41	38
18.86	75	72	33	30	25.00	48	45	30	27
18.95	93	90	36	33	25.00	63	60	35	32
19.00	60	57	30	27	25.00	78	75	39	36
19.20	39	36	24	21	25.15	96	93	43	40
19.29	84	81	35	32	25.20	66	63	36	33
19.33	90	87	36	33	25.37	81	78	40	37
19.38	63	60	31	28	25.44	69	66	37	34
19.44	96	93	37	34	25.60	99	96	45	42
19.46	72	69	33	30	25.71	72	69	38	35
19.59	102	99	38	35	25.74	84	81	41	38
19.77	87	84	36	33	25.80	93	90	43	40
19.90	75	72	34	31	26.00	42	39	28	25
19.93	99	96	38	35	26.00	75	72	39	36
20.00	57	54	30	27	26.13	87	84	42	39
20.17	69	66	33	30	26.23	96	93	44	41
20.25	84	81	36	33	26.53	90	87	43	40
20.35	78	75	35	32	26.60	60	57	35	32
20.58	72	69	34	31	26.65	81	78	41	38
20.72	87	84	37	34	26.67	99	96	45	42
20.80	81	78	36	33	26.79	66	63	37	34
20.80	99	96	39	36	26.94	93	90	44	41
21.00	48	45	28	25	26.97	69	66	38	35
21.00	66	63	33	30	27.00	39	36	27	24
21.00	75	72	35	32	27.00	84	81	42	39
21.25	54	51	30	27	27.35	48	45	31	28
21.37	69	66	34	31	27.43	75	72	40	37
21.46	57	54	31	28	27.70	78	75	41	38
21.67	93	90	39	36	27.74	90	87	44	41
21.71	87	84	38	35	27.77	99	97	46	43
21.76	72	69	34	31	28.00	45	42	30	27
21.86	81	78	37	34	28.00	81	78	42	39
22.00	36	33	24	21	28.13	93	90	45	42
22.00	63	60	33	30	28.20	102	99	47	44
22.18	90	87	39	36	28.32	84	81	43	40
22.30	84	81	38	35	28.46	63	60	37	34
22.64	93	90	40	37	28.50	60	57	36	33
22.75	87	84	39	36	28.60	69	66	39	36
22.98	81	78	38	35	28.65	87	84	44	41
23.00	72	69	36	33	28.75	72	69	40	37
23.10	102	99	42	39	28.90	54	51	34	31
23.20	90	87	40	37	28.94	75	72	41	38
23.37	75	72	37	34	29.00	42	39	29	26
23.40	84	81	39	36	29.00	90	87	45	42
23.45	63	60	34	31	29.17	78	75	42	39
23.58	99	96	42	39	29.33	51	48	33	30
23.75	78	75	38	35	29.36	93	90	46	43
23.83	87	84	40	37	29.42	81	78	43	40
24.00	39	36	26	23	29.70	84	81	44	41
24.00	69	66	36	33	29.73	96	93	47	44
24.27	90	87	41	38	30.00	48	45	32	29
24.55	84	81	40	37	30.00	87	84	45	42

注：1. 本表的传动比为 $i_{xe}^{b}=8\sim30$，其传动比可按下式计算，即

$$i_{xe}^{b}=\frac{z_c z_e}{z_c z_e - z_b z_d}$$

2. 本表内的所有齿轮的模数均相同，且各种方案均满足下列条件，即

$$z_b - z_c = z_e - z_d = z_p \quad z_b - z_e = z_c - z_d = e$$

3. 本表适用于行星轮数 $n_p=3$的 E 型传动（有的也适用于 $n_p=2$的传动），其中心轮齿数 z_b 和 z_e 均为 n_p 的倍数。

4. 本表内的齿数均满足关系式 $z_b>z_e$ 和 $z_c>z_d$。

3.2.5　3Z(Ⅰ) 型行星传动的配齿公式

在 3Z 型的三个基本构件：中心轮 a、b 和 e 中，若太阳轮 a 输入，内齿轮 b 固定，内齿轮 e 输出，3Z 型行星传动的传动比为 i_{ae}^{b}，即

$$i_{ae}^{b}=\frac{n_a-n_b}{n_e-n_b}=\frac{n_a-n_b}{n_x-n_b}\times\frac{n_x-n_b}{n_e-n_b}=i_{ax}^{b}i_{xe}^{b}$$

由上式可知，3Z(Ⅰ) 型行星传动的传动比 i_{ae}^{b} 可看作两个 2Z-X 型行星传动的传动比之乘积。再由普遍关系式(2-4) 可得

$$i_{ae}^{b}=i_{ax}^{b}i_{xe}^{b}=\frac{i_{ax}^{b}}{i_{ex}^{b}}=\frac{1-i_{ab}^{x}}{1-i_{eb}^{x}}$$

这个公式与表 2-1 中所对应的公式完全相同。所以，任何一个具有固定中心轮的 3Z 型行星传动都可以看作两个具有固定同一个中心轮的 2Z-X 型行星传动的串联。一个是单排的 2Z-X(A) 型行星传动；而另一个是具有双联行星轮 c-d 的 2Z-X(E) 型行星传动。在 2Z-X(A) 型行星传动中，通常是传动比 $i_{ax}^{b}>1$；而 2Z-X(E) 行星传动的传动比为

$$i_{xe}^{b}=\frac{1}{1-i_{eb}^{x}}$$

式中，$i_{eb}^{x}=\frac{z_b z_d}{z_c z_e}$，若通过配齿计算使得 i_{eb}^{x} 值接近于 1 时，则其传动比 i_{xe}^{b} 趋于无穷大。由上述讨论可知，当对 3Z(Ⅰ) 型传动进行合理的配齿计算时，应用该类型行星传动就可以获得绝对值很大的传动比 i_{ae}^{b}。

根据 3Z(Ⅰ) 型传动的传动比公式

$$i_p=i_{ae}^{b}=\frac{1+\frac{z_b}{z_a}}{1-\frac{z_b z_d}{z_c z_e}} \tag{3-49}$$

和安装条件

$$z_a+z_b=C_1 n_p \tag{3-50}$$

$$z_a+z_e=C_2 n_p \tag{3-51}$$

式中　n_p——行星轮数目；

C_1、C_2——正整数。

将公式(3-50) 减去公式(3-51)，可得齿数差

$$z_p=z_b-z_e=(C_1-C_2)n_p \tag{3-52}$$

令 $K=C_1-C_2$，则得

$$Z_p=Kn_p\qquad K=1,\ 2,\ 3,\ 4,\ 5,\ 6 \tag{3-53}$$

所以

$$z_e=z_b-z_p \tag{3-54}$$

其同心条件为

$$z_b-z_c=z_e-z_d$$

即有

$$z_b-z_e=z_c-z_d=z_p \tag{3-55}$$

所以

$$z_d=z_c-z_p \tag{3-56}$$

再按同心条件

$$z_a+2z_c=z_b$$

则得

$$z_c=\frac{z_b-z_a}{2} \tag{3-57}$$

将公式(3-54)、公式(3-56) 和公式(3-57) 代入传动比 i_p 公式(3-49)，经整理化简后可得齿数 z_b 的一元二次方程式为

$$z_b^2-(z_a+z_p)z_b-(i_p-1)z_az_p=0 \tag{3-58}$$

可解得

$$z_b=\frac{1}{2}\left[\sqrt{(z_a+z_p)^2+4z_az_p(i_p-1)}+(z_a+z_p)\right] \tag{3-59}$$

则由公式(3-54) 可求得 z_e，即

$$z_e=z_b-z_p$$

如果 z_b-z_a 为偶数，则 z_c 可按公式(3-57) 计算，即

$$z_c=\frac{1}{2}(z_b-z_a)$$

显见，由上式所求得的 z_c 值仅适用于非变位或高度变位的行星传动。

如果 z_b-z_a 为奇数，即在采用角度变位的行星传动中，则 z_c 可按下式计算，即

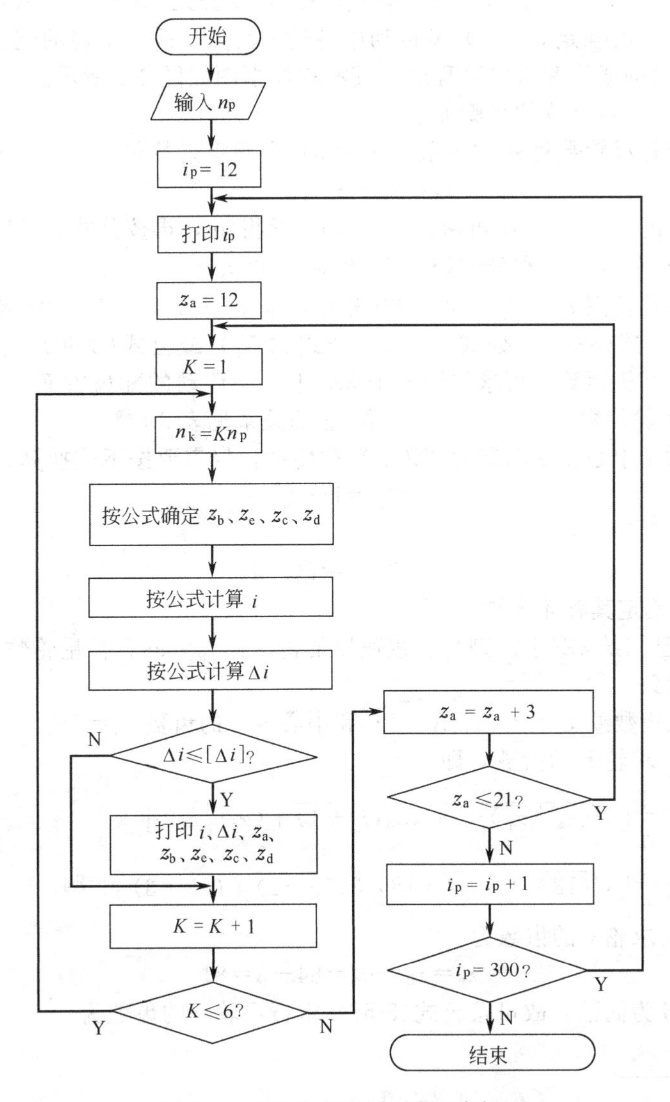

图 3-5　3Z(Ⅰ)型通用配齿程序框图

$$z_c=\frac{1}{2}(z_b-z_a)\pm 0.5 \tag{3-60}$$

按公式(3-57)、公式(3-60) 所确定的 z_c 值是不相同的，所以它们所对应的实际传动比 i_{ae}^{b} 值也是不相同的。

当选取行星轮数 $n_p=3$ 时，即可取 $z_p=3$，6，9，12，15 和 18。从而，可以获得许多组不同齿数的 3Z(Ⅰ) 型传动方案。但必须验算传动比 $i=i_{ae}^{b}$，允许其传动比误差为

$$\Delta i=\frac{|i_p-i|}{i_p}\leqslant\Delta i_p \tag{3-61}$$

式中　i_p ——给定的传动比值；

i ——实际的传动比值；

Δi_p ——许用的传动比误差，一般，可取 $\Delta i_p=0.02\sim0.04$。

再根据对 3Z(Ⅰ) 型行星齿轮传动的结构紧凑和外廓尺寸小的要求，最后，只需要在上述许多组方案中选取其中 1～2 组较好的配齿方案。

按照上述公式(3-59)、公式(3-54)、公式(3-57) 或公式(3-60)、公式(3-56)，就可以根据给定的传动比 $i_p\approx i_{ae}^{b}$确定 3Z(Ⅰ) 型传动中各轮的齿数。采用上述的配齿公式可以编制该 3Z(Ⅰ) 型行星传动的通用配齿电算程序，其源程序框图如图 3-5 所示。

3Z(Ⅰ) 型传动配齿计算的步骤如下。

首先，应选取行星轮数目 n_p（一般取 $n_p=3$）和确定齿数差

$$z_p=z_b-z_e=z_c-z_d$$

以及选取中心轮 a 齿数 z_a 后，则可由公式(3-59) 求得 z_b，再按公式(3-54) 可得 z_e。然后，按公式(3-57) 或公式(3-60) 和公式(3-56) 求得 z_c 和 z_d。

按给定的传动比范围 $i_p=i_{ae}^{b}=12\sim300$ 和中心轮 a 齿数 $z_a=12\sim21$ 及齿数差 $z_p=Kn_p$ ($K=1\sim6$)，按照公式(3-59)、公式(3-54)、公式(3-57) 或公式(3-60)、公式(3-56)，通过编制程序和电子计算机运算，可求得许多个 3Z(Ⅰ) 型传动的配齿方案。3Z(Ⅰ) 型行星传动的传动比 i_{ae}^{b}与各轮齿数 z_a、z_b、z_e、z_c 和 z_d 的关系见表 3-5[1]。

应该指出，对于中心轮 e 固定的 3Z(Ⅰ) 型传动，仅需要按下式换算，即

$$i_{ab}^{e}=1-i_{ae}^{b}$$

或

$$|i_{ab}^{e}|=i_{ae}^{b}-1$$

而仍可采用表 3-5 确定其各轮齿数。

【例题 3-3】 已知某 3Z(Ⅰ) 型行星减速器的传动比 $i_p=99$，行星轮数 $n_p=3$。试计算该行星传动的各轮齿数。

解　首先选取齿数差 $z_p=3$（即 $K=1$）和中心轮 a 的齿数 $z_a=18$。

按公式(3-59) 求轮 b 的齿数，即

$$z_b=\frac{1}{2}\left[\sqrt{(z_a+z_p)^2+4z_az_p(i_p-1)}+(z_a+z_p)\right]$$

$$=\frac{1}{2}\left[\sqrt{(18+3)^2+4\times18\times3(99-1)}+(18+3)\right]=84$$

按公式(3-54) 求轮 e 的齿数为

$$z_e=z_b-z_p=84-3=81$$

因 $z_b-z_a=66$ 为偶数，故可按公式(3-57) 求行星轮 c 的齿数为

---

[1] 本表与参考文献 19 上 3K 型配齿表比较，已补充和扩展了许多组配齿方案；故本表的大部分内容应为著作权所有，未经本书作者允许不得翻印。

表 3-5　3Z（Ⅰ）型行星齿轮传动的配齿

i_{ae}^{b}	z_a	z_b	z_e	z_c	z_d	i_{ae}^{b}	z_a	z_b	z_e	z_c	z_d
11.579	15	60	48	22	10	16.404	15	60	51	22	13
11.778	21	72	60	25	13	16.429①	21	81	69	30	18
11.935	18	81	63	31	13	16.456	15	84	66	34	16
12.000①	18	66	54	24	12	16.489	21	72	63	25	16
12.000①	21	63	54	21	12	16.714①	21	99	81	39	21
12.048①	21	87	69	33	15	16.818	21	90	75	35	20
12.486	15	54	45	19	10	16.867①	18	84	69	33	18
12.571①	21	81	66	30	15	16.889①	18	66	57	24	15
12.667①	15	75	57	30	12	16.977	18	93	75	37	19
12.837	21	90	72	34	16	17.034	12	45	39	16	10
13.045	18	69	57	25	13	17.100①	15	69	57	27	15
13.119	21	66	57	22	13	17.101	18	75	63	29	17
13.222①	18	60	51	21	12	17.175	15	78	63	31	16
13.444①	18	84	66	33	15	17.286	15	84	66	35	17
13.453	21	84	69	31	16	17.475	12	63	51	25	13
13.455	21	90	72	35	17	17.500①	12	54	45	21	12
13.500①	21	75	63	27	15	17.522	21	72	63	26	17
13.554	12	57	45	22	10	17.547	21	84	72	31	19
13.600①	15	63	51	24	12	17.613	15	60	51	23	14
13.631	15	78	60	31	13	17.618	12	69	54	29	14
13.882	18	69	57	26	14	17.634	21	102	84	40	22
14.000①	18	78	63	30	15	17.708	18	57	51	19	13
14.025①	15	72	57	28	13	17.829①	21	93	78	36	21
14.154	21	84	69	32	17	17.962	18	87	72	34	19
14.286①	21	93	75	36	18	18.000①	15	51	45	18	12
14.377	15	78	60	32	14	18.115	15	78	63	32	17
14.488	18	63	54	22	13	18.308	18	69	60	25	16
14.520	21	78	66	28	16	18.333①	12	78	60	33	15
14.547	12	51	42	19	10	18.333①	18	78	66	30	18
14.571①	21	57	51	18	12	18.372	21	102	84	41	23
14.700	15	48	42	16	10	18.400①	15	87	69	36	18
14.817	15	66	54	25	13	18.455	15	72	60	28	16
14.933①	15	57	48	21	12	18.462	21	84	72	32	20
15.000①	12	72	54	30	12	18.778	18	96	78	39	21
15.000①	18	72	60	27	15	18.846	18	87	72	35	20
15.086①	21	87	72	33	18	18.857	21	75	66	27	18
15.140	21	96	78	37	19	18.867	21	96	81	37	22
15.238①	21	69	60	24	15	19.000①	12	72	57	30	15
15.300①	12	66	51	27	12	19.000①	21	63	57	21	15
15.345	21	78	66	29	17	19.200①	15	63	54	24	15
15.400①	15	81	63	33	15	19.276	12	57	48	22	13
15.525	18	63	54	23	14	19.333①	21	105	87	42	24
15.804	18	81	66	32	17	19.360①	15	81	66	33	18
16.000①	12	60	48	24	12	19.483	18	69	60	26	17
16.000①	15	75	60	30	15	19.547	15	90	72	37	19
16.000①	18	90	72	36	18	19.558	15	72	60	29	17
16.046	21	90	75	34	19	19.608	18	81	69	31	19
16.123	15	48	42	17	11	19.622	12	81	63	34	16
16.160	18	75	63	28	16	19.643①	21	87	75	33	21
16.175	12	75	57	31	13	19.711	21	96	81	38	23

续表

i_{ae}^{b}	z_a	z_b	z_e	z_c	z_d	i_{ae}^{b}	z_a	z_b	z_e	z_c	z_d
19.831	18	99	81	40	22	23.722	15	78	66	32	20
19.977	15	54	48	19	13	23.800①	15	57	51	21	15
20.000①	18	90	75	36	21	23.823	18	105	87	44	26
20.240①	21	78	69	28	19	23.886	18	75	66	29	20
20.250①	12	66	54	27	15	23.904	15	96	78	41	23
20.319	21	108	90	43	25	24.000①	15	69	60	27	18
20.462	15	90	72	38	20	24.000①	21	69	63	24	18
20.645	15	84	69	34	19	24.000①	21	105	90	42	27
20.653	18	81	69	32	20	24.051	21	114	96	47	29
20.677	18	99	81	41	23	24.371	21	84	75	31	22
20.714	21	66	60	22	16	24.434	15	90	75	37	22
20.745	12	57	48	23	14	24.458	21	96	84	37	25
20.800①	21	99	84	39	24	24.526	12	87	69	38	20
20.854	15	66	57	25	16	24.539	18	87	75	35	23
20.860	21	90	78	34	22	24.581	18	63	57	23	17
21.000①	12	48	42	18	12	24.668	12	81	66	34	19
21.000①	15	75	63	30	18	24.671	12	63	54	25	16
21.000①	18	60	54	21	15	24.678	18	99	84	40	25
21.000①	18	72	63	27	18	25.000①	12	72	60	30	18
21.116	21	108	90	44	26	25.000①	18	48	45	15	12
21.187	18	93	78	37	22	25.000①	18	108	90	45	27
21.391	21	78	69	29	20	25.143	21	117	99	48	30
21.581	12	75	60	32	17	25.195	21	108	93	43	28
21.647	15	54	48	20	14	25.200①	15	99	81	42	24
21.667	15	93	75	39	21	25.300①	15	81	69	33	21
21.686	15	84	69	35	20	25.403	12	51	45	20	14
21.778①	18	102	84	42	24	25.500	12	39	36	13	10
21.896	12	69	57	28	16	25.552	21	96	84	38	26
21.917	21	102	87	40	25	25.556①	18	78	69	30	21
22.000①	12	84	66	36	18	25.564	21	54	51	16	13
22.000①	18	84	72	33	21	25.577	15	90	75	38	23
22.143①	21	111	93	45	27	25.641	21	84	75	32	23
22.145	15	42	39	13	10	25.731	18	99	84	41	26
22.155	18	93	78	38	23	25.836	15	72	63	28	19
22.230	15	66	57	26	17	25.912	21	72	66	25	19
22.491	15	78	66	31	19	25.946	12	81	66	35	20
22.572	18	75	66	28	19	26.000①	12	90	72	39	21
22.667①	12	60	51	24	15	26.000①	18	90	78	36	24
22.833	21	102	87	41	26	26.053	15	60	54	22	16
22.857①	21	81	72	30	21	26.184	21	108	93	44	29
22.906	18	105	87	43	25	26.204	18	111	93	46	28
22.939	18	63	57	22	16	26.258	21	120	102	49	31
23.040①	15	87	72	36	21	26.351	12	63	54	26	17
23.100①	12	78	63	33	18	26.667①	18	66	60	24	18
23.143①	21	93	81	36	24	26.817	12	75	63	31	19
23.193	21	114	96	46	28	26.928	15	84	72	34	22
23.379	12	51	45	19	13	26.929①	21	99	87	39	27
23.388	18	87	75	34	22	27.040①	15	93	78	39	24
23.400①	18	96	81	39	24	27.067①	18	102	87	42	27
23.403	12	87	69	37	19	27.177	21	120	102	50	32

续表

i_{ae}^{b}	z_a	z_b	z_e	z_c	z_d	i_{ae}^{b}	z_a	z_b	z_e	z_c	z_d
27.192	18	111	93	47	29	30.732	12	69	60	28	19
27.280	18	81	72	31	22	30.784	18	117	99	50	32
27.238①	21	87	78	33	24	30.857①	21	57	54	18	15
27.381	15	72	63	29	20	31.000①	21	105	93	42	30
27.429①	21	111	96	45	30	31.000①	18	108	93	45	30
27.502	18	93	81	37	25	31.086	21	117	102	48	33
27.516	12	93	75	40	22	31.352	15	78	69	31	22
27.534	21	72	66	26	20	31.360①	15	99	84	42	27
27.600①	12	84	69	36	21	31.500	15	48	45	16	13
27.614	15	102	84	44	26	31.590	15	108	90	47	29
27.973	15	60	54	23	17	31.680	21	78	72	28	22
28.000①	12	54	48	21	15	31.714①	21	129	111	54	36
28.000①	15	45	42	15	12	31.764	15	90	78	37	25
28.038	18	51	48	16	13	31.949	18	99	87	40	28
28.286	15	84	72	35	23	31.962	12	99	81	43	25
28.326	12	75	63	32	20	32.000①	21	93	84	36	27
28.333①	21	123	105	51	33	32.111	18	120	102	51	33
28.341	21	102	90	40	28	32.237	12	81	69	34	22
28.435	18	105	90	43	28	32.432	18	87	78	34	25
28.444①	18	114	96	48	30	32.437	21	120	105	49	34
28.500①	12	66	57	27	18	32.460	18	111	96	46	31
28.543	15	96	81	40	25	32.500①	12	42	39	15	12
28.702	21	114	99	46	31	32.500①	12	90	75	39	24
28.735	18	81	72	32	23	32.510	21	108	96	43	31
28.746	12	93	75	41	23	32.625	12	69	60	29	20
28.759	18	93	81	38	26	32.927	15	66	60	25	19
28.835	18	69	63	25	19	32.959	21	132	114	55	37
28.883	21	90	81	34	25	32.967	15	66	60	25	19
29.000①	15	105	87	45	27	32.972	15	102	87	43	28
29.304	12	87	72	37	22	33.000①	18	72	66	27	21
29.333①	15	75	66	30	21	33.063	12	57	51	23	17
29.514	21	126	108	52	34	33.067	15	111	93	48	30
29.526	21	102	90	41	29	33.250	15	90	78	38	26
29.571①	21	75	69	27	21	33.300	12	99	81	44	26
29.574	18	105	90	44	29	33.313	18	99	82	41	29
29.724	18	117	99	49	31	33.466	18	123	105	52	34
29.763	21	114	99	47	32	33.481	21	78	72	29	23
29.788	15	96	81	41	26	33.571	21	120	105	50	35
30.000①	15	87	75	36	24	33.683	18	111	96	47	32
30.250①	12	78	66	33	21	33.775	21	96	87	37	28
30.273	21	90	81	35	26	33.786	21	108	96	44	32
30.333①	12	96	78	42	24	33.906	12	81	69	35	23
30.333①	18	96	84	39	27	33.962	21	60	57	19	16
30.400①	15	63	57	24	18	34.000①	18	54	51	18	15
30.419	15	108	90	46	28	34.000①	21	132	114	56	38
30.493	21	126	108	53	35	34.028	18	87	78	35	26
30.556	18	84	75	33	24	34.320	15	102	87	44	29
30.686	18	69	63	26	20	34.548	15	48	45	17	14
30.710	12	87	72	38	23	34.576	15	114	96	49	31
30.721	12	57	51	22	16	34.597	18	123	105	53	35

续表

i_{ae}^{b}	z_a	z_b	z_e	z_c	z_d	i_{ae}^{b}	z_a	z_b	z_e	z_c	z_d
34.971①	21	123	108	51	36	39.048①	21	141	123	60	42
35.000①	12	72	63	30	21	39.062	12	63	57	25	19
35.000①	12	102	84	45	27	39.086①	21	129	114	54	39
35.000①	18	102	90	42	30	39.172	15	108	93	47	32
35.100	15	66	60	26	20	39.286	15	84	75	35	26
35.100①	15	93	81	39	27	39.566	12	75	66	32	23
35.200①	15	81	72	33	24	39.667①	18	120	105	51	36
35.200①	18	114	99	48	33	39.766	18	93	84	38	29
35.286①	21	135	117	57	39	39.775	12	99	84	43	28
35.286	21	96	87	38	29	40.000①	12	108	90	48	30
35.357①	21	111	99	45	33	40.000①	18	78	72	30	24
35.397	18	75	69	28	22	40.000①	18	108	96	45	33
35.714①	21	81	75	30	24	40.000①	21	63	60	21	18
35.833	15	114	96	50	32	40.000①	21	117	105	48	36
35.875	12	93	78	41	26	40.111①	18	132	114	57	39
36.000①	12	60	54	24	18	40.343	15	120	102	53	35
36.000①	12	84	72	36	24	40.600①	15	99	87	42	30
36.000①	15	105	90	45	30	40.600	15	72	66	28	22
36.000①	18	90	81	36	27	40.680	21	102	93	41	32
36.000①	18	126	108	54	36	40.960①	15	111	96	48	33
36.400	21	126	111	52	37	41.307	18	123	108	52	37
36.595	21	138	120	58	40	41.440	12	99	84	44	29
36.690	12	45	42	16	13	41.600①	15	87	78	36	27
36.729	18	105	93	43	31	41.617	18	135	117	58	40
36.742	12	105	87	46	28	41.704	21	120	108	49	37
36.750	18	117	102	49	34	41.723	12	63	57	26	20
36.964	21	114	102	46	34	41.842	18	111	99	46	34
37.000	15	96	84	40	28	41.854	12	111	93	49	31
37.143①	21	99	90	39	30	41.874	21	132	117	56	41
37.400①	15	117	99	51	33	41.889①	18	96	87	39	30
37.400	15	84	75	34	25	42.000①	15	123	105	54	36
37.431	18	129	111	55	37	42.167①	12	78	69	33	24
37.458	12	75	66	31	22	42.250①	12	90	78	39	27
37.500	18	57	54	19	16	42.429①	21	87	81	33	27
37.697	21	138	120	59	41	42.451	15	54	51	19	16
37.720	15	108	93	46	31	42.625	18	81	75	31	25
37.800①	15	69	63	27	21	42.636	15	102	90	43	31
37.800①	12	96	81	42	27	42.667①	21	105	96	42	33
38.019	21	84	78	31	25	42.703	18	123	108	53	38
38.028	18	93	84	37	28	42.788	15	114	99	49	34
38.060	18	117	102	50	35	42.891	18	135	117	59	41
38.156	12	87	75	37	25	43.000①	21	147	129	63	45
38.188	12	105	87	47	29	43.028	15	72	66	29	23
38.199	18	105	93	44	32	43.163	21	120	108	50	38
38.332	21	114	102	47	35	43.408	12	111	93	50	32
38.400①	15	51	48	18	15	43.420	18	111	99	47	35
38.615	15	96	84	41	29	43.429①	21	135	120	57	42
38.633	18	129	111	56	38	43.500①	12	102	87	45	30
39.000	15	120	102	52	34	43.500	21	66	63	22	19
39.048	21	102	93	40	31	43.690	15	126	108	55	37

续表

i_{ae}^{b}	z_a	z_b	z_e	z_c	z_d	i_{ae}^{b}	z_a	z_b	z_e	z_c	z_d
43.981	15	90	81	37	28	48.647	15	132	114	58	40
44.068	18	99	90	40	31	48.671	15	108	96	46	34
44.333①	18	60	57	21	18	48.963	12	117	99	53	35
44.344	15	114	99	50	35	48.974	18	117	105	50	38
44.379	15	102	90	44	32	49.000①	12	96	84	42	30
44.000①	18	126	111	54	39	49.000①	18	144	126	63	45
44.439	21	150	132	64	46	49.072	15	78	72	31	25
44.444①	18	138	120	60	42	49.400①	18	132	117	57	42
44.575	12	93	81	40	28	49.661	21	144	129	61	46
44.701	21	108	99	43	34	49.714①	21	93	87	36	30
44.851	12	81	72	34	25	49.836	15	120	105	53	38
44.898	18	81	75	32	26	49.875	12	51	48	19	16
44.929①	21	123	111	51	39	49.933	21	156	138	68	50
44.929	21	90	84	34	28	50.000①	12	84	75	36	27
45.000①	12	48	45	18	15	50.000①	12	108	93	48	33
45.000①	12	66	60	27	21	50.143	21	129	117	54	42
45.012	21	138	123	58	43	50.163	15	132	114	59	41
45.120	15	126	108	56	38	50.286①	21	69	66	24	21
45.333①	12	114	96	51	33	50.400①	15	57	54	21	18
45.333①	18	114	102	48	36	50.519	18	87	81	34	28
45.610	12	105	90	46	31	50.544	15	108	96	46	34
45.664	21	150	132	65	47	50.552	15	105	96	43	34
46.000①	15	75	69	30	24	50.656	18	147	129	64	46
46.025	18	141	123	61	43	50.735	21	114	105	46	37
46.131	18	129	114	55	40	51.000①	12	120	102	54	36
46.240①	15	117	102	51	36	51.000①	18	120	108	51	39
46.368	21	138	123	59	44	51.095	15	96	87	40	31
46.455	21	108	99	44	35	51.221	18	135	120	58	43
46.500	15	105	93	45	33	51.384	12	69	63	29	23
46.569	12	93	81	41	29	51.476①	21	159	141	69	51
46.730	21	126	114	52	40	51.494	12	99	87	43	31
46.867	15	129	111	57	39	51.750	18	63	60	23	20
47.091	21	90	84	35	29	51.840①	15	123	108	54	39
47.143①	21	153	135	66	48	51.845	12	111	96	49	34
47.174	12	81	72	35	26	52.000①	15	135	117	60	42
47.289	18	117	105	49	37	52.041	21	132	120	55	43
47.300	12	117	99	52	34	52.075	18	147	129	65	47
47.372	18	141	123	62	44	52.409	21	96	90	37	31
47.405	12	105	90	47	32	52.576	18	105	96	44	35
47.613	18	129	114	56	41	52.612	21	114	105	47	38
47.667①	18	84	78	33	27	52.789	18	135	120	59	44
48.000①	21	141	126	60	45	52.800①	15	111	99	48	36
48.176	15	120	105	52	37	52.800①	21	147	132	63	48
48.222①	18	102	93	42	33	52.910	12	87	78	37	28
48.281	21	126	114	53	41	53.000①	18	87	81	35	29
48.293	18	63	60	22	19	53.043	21	162	144	70	52
48.402	12	69	63	28	22	53.068	18	123	111	52	40
48.533①	15	93	84	39	30	53.079	12	123	105	55	37
48.571①	21	111	102	45	36	53.325	15	96	87	41	32
48.646	21	156	138	67	49	53.650	12	99	87	44	32

续表

i_{ae}^{b}	z_a	z_b	z_e	z_c	z_d	i_{ae}^{b}	z_a	z_b	z_e	z_c	z_d
53.684	21	132	120	56	44	58.778①	18	156	138	69	51
53.770	12	111	96	50	35	58.913	12	105	93	46	34
53.778①	18	150	132	66	48	59.043	21	168	150	74	56
53.870	15	138	120	61	43	59.054	15	60	57	23	20
53.884	15	126	111	55	44	59.181	18	129	117	55	43
54.179	21	72	69	25	22	59.079	18	93	87	37	31
54.392	21	162	144	71	53	59.150	21	120	111	50	41
54.538	21	150	135	64	49	59.191	12	129	111	58	40
54.667①	18	138	123	60	45	59.360	15	144	126	64	46
54.754	21	96	90	38	32	59.373	21	138	126	59	47
54.851	12	123	105	56	38	59.500①	12	54	51	21	18
54.857①	21	117	108	48	39	59.644	21	156	141	67	52
54.861	18	123	111	53	41	59.648	18	111	102	47	38
55.000①	12	72	66	30	24	59.912	15	132	117	58	43
55.000①	15	81	75	33	27	60.200①	18	144	129	63	48
55.000①	15	60	57	22	19	60.417	18	69	66	25	22
55.000①	18	108	99	45	36	60.461	21	102	96	40	34
55.106	15	114	102	49	37	60.536	12	117	102	53	38
55.474	15	138	120	62	44	60.584	18	159	141	70	52
55.509	18	153	135	67	49	60.714①	21	171	153	75	57
55.643①	21	135	123	57	45	61.051	15	144	126	65	47
55.648	15	126	111	56	41	61.072	12	129	111	59	41
55.747	15	138	120	62	44	61.082	18	129	117	56	44
56.000①	15	99	90	42	33	61.145	15	102	93	44	35
56.000①	18	66	63	24	21	61.222	21	156	141	68	53
56.000①	18	90	84	36	30	61.232	12	105	93	46	34
56.000①	21	165	147	72	54	61.286	15	84	78	35	29
56.042	21	150	135	65	50	61.429	21	141	129	60	48
56.100①	12	114	99	51	36	61.524	21	123	114	51	42
56.250	12	102	90	45	33	61.635	12	93	84	40	31
56.578	18	141	126	61	46	61.714①	21	75	72	27	24
57.000①	12	126	108	57	39	61.779	18	93	87	38	32
57.000①	18	126	114	54	42	61.780	15	132	117	59	44
57.000	18	153	135	68	50	61.941	15	120	108	52	40
57.109	15	114	102	50	38	62.047	12	75	69	32	26
57.150	21	120	111	49	40	62.147	18	159	141	71	53
57.400①	15	141	123	63	45	62.201	18	147	132	64	49
57.480	18	111	102	46	37	62.222①	18	114	105	48	39
57.571	21	72	69	26	23	62.410	21	174	156	76	58
57.571①	21	99	93	39	33	62.988	21	102	96	41	35
57.632	21	168	150	73	55	63.000①	12	120	105	54	39
57.637	21	138	126	59	47	63.067①	15	147	129	66	48
57.760①	15	129	114	57	42	63.086①	21	159	144	69	54
57.826①	21	153	138	66	51	63.333①	12	132	114	60	42
58.233	18	141	126	62	47	63.333①	18	132	120	57	45
58.344	15	84	78	34	28	63.520①	21	144	132	61	49
58.480	12	117	102	52	37	63.883	21	174	156	77	59
58.500①	12	90	81	39	30	63.943	18	147	132	65	50
58.741	12	75	69	31	25	63.946	21	126	117	52	43
58.742	15	102	93	43	34	64.000①	12	108	96	48	36

续表

i_{ae}^{b}	z_a	z_b	z_e	z_c	z_d	i_{ae}^{b}	z_a	z_b	z_e	z_c	z_d
64.000①	15	63	60	24	21	69.444①	18	168	150	75	57
64.000①	15	105	96	45	36	69.498	15	108	99	47	38
64.000①	15	135	120	60	45	69.688	21	150	138	64	52
64.000①	18	162	144	72	54	69.752	21	78	75	29	26
64.075	15	120	108	53	41	69.889①	18	120	111	51	42
64.295	18	69	66	26	23	69.920	18	153	138	68	53
64.391	12	93	84	41	32	70.000①	18	138	126	60	48
64.800①	15	87	81	36	30	70.080	12	81	75	34	28
64.853	18	117	108	49	40	70.300①	12	126	111	57	42
64.978	21	162	147	70	55	70.541	21	168	153	73	58
65.000①	18	96	90	39	33	70.560①	15	141	126	63	48
65.057	12	57	54	22	19	70.714①	21	183	165	81	63
65.116	15	150	132	67	49	71.027	12	99	90	43	34
65.348	21	144	132	62	50	71.122	21	132	123	55	46
65.515	12	123	108	55	40	71.140	15	156	138	70	52
65.619①	21	177	159	78	60	71.220	18	99	93	41	35
65.627	18	135	123	58	46	71.400	18	171	153	76	58
65.637	12	135	117	61	43	71.440	15	126	114	55	43
66.000①	12	78	72	33	27	71.609	21	150	138	64	52
66.000①	18	150	135	66	51	71.615	15	90	84	38	32
66.000①	21	105	99	42	36	71.795	21	108	102	44	38
66.000	21	78	75	28	25	72.067	18	156	141	69	54
66.068	21	126	117	52	43	72.250①	12	114	102	51	39
66.260	15	138	123	61	46	72.268	21	168	153	74	59
66.600①	15	123	111	54	42	72.406	18	141	129	61	49
66.630	21	162	147	71	56	72.416	12	141	123	64	46
66.832	12	111	99	49	37	72.533①	15	111	102	48	39
66.894	15	150	132	68	50	72.538	21	186	168	82	64
66.923	15	108	99	46	37	72.670	18	123	114	52	43
67.164	18	117	108	49	40	72.928	15	144	129	64	49
67.379	21	180	162	79	61	72.950	12	129	114	58	43
67.500①	21	147	135	63	51	73.005	15	156	138	70	52
67.517	18	165	147	74	56	73.109	18	171	153	76	58
67.627	12	135	117	62	44	73.368	21	132	123	56	47
67.636	18	135	123	59	47	73.709	12	81	75	35	29
67.667①	12	96	87	42	33	73.857	21	153	141	66	54
67.701	12	123	108	55	40	73.872	18	75	72	28	25
68.091	18	153	138	67	52	74.100①	15	129	117	57	45
68.233	15	138	123	62	47	74.136	21	186	168	83	65
68.305	18	99	93	40	34	74.247	18	159	144	70	55
68.415	15	90	84	37	31	74.286①	21	81	78	30	27
68.571①	21	129	120	54	45	74.287①	21	171	156	75	66
68.571①	21	165	150	72	57	74.515	12	141	123	65	47
68.914	21	180	162	80	62	74.524	18	141	129	61	49
69.000①	15	153	135	69	51	74.667①	18	102	96	42	36
69.000①	18	72	69	27	24	75.000①	21	111	105	45	39
69.084	21	108	102	43	37	75.005	15	144	129	65	50
69.146	15	66	63	25	22	75.111①	18	174	156	78	60
69.176	15	126	114	55	43	75.125	18	123	114	53	44
69.314	12	111	99	50	38	75.200①	15	159	141	72	54

续表

i_{ae}^{b}	z_a	z_b	z_e	z_c	z_d	i_{ae}^{b}	z_a	z_b	z_e	z_c	z_d
75.250	12	117	105	52	40	81.328	18	105	99	44	38
75.267	12	129	114	58	43	81.476①	21	195	177	87	69
75.400①	15	93	87	39	33	81.600①	15	117	108	51	42
75.636	15	114	105	49	40	81.667①	15	165	147	75	57
76.000①	12	60	57	24	21	81.736	12	147	129	68	50
76.000①	21	135	126	57	48	81.745	18	147	135	65	53
76.000①	21	189	171	84	66	82.000①	15	135	123	60	48
76.141	21	156	144	67	55	82.098	15	150	135	68	53
76.164	18	159	144	71	56	82.237	12	63	60	25	22
76.332	21	174	159	76	61	82.352	21	180	165	80	65
76.811	15	132	120	58	46	82.417	12	87	81	37	31
77.000①	12	144	126	66	48	82.674	18	165	150	74	59
77.000①	18	144	132	63	51	82.745	15	96	90	40	34
77.141	18	177	159	79	61	82.880	21	162	150	70	58
77.429	15	162	144	73	55	83.077	21	84	81	32	29
77.440①	15	147	132	66	51	83.105	18	183	165	82	64
77.500①	12	102	93	45	36	83.233	12	135	120	61	46
77.888	21	192	174	85	67	83.333①	18	78	75	30	27
77.896	12	117	105	53	41	83.429	21	198	180	88	70
78.000①	12	84	78	36	30	83.531	18	129	120	56	47
78.000①	12	132	117	60	45	83.810①	21	141	132	60	51
78.000①	18	126	117	54	45	83.985	15	168	150	76	58
78.134	21	174	159	77	62	84.168	12	123	111	55	43
78.156	21	156	144	68	56	84.229	21	180	165	80	65
78.174	18	75	72	29	26	84.276	12	105	96	47	38
78.198	18	105	99	43	37	84.333①	12	150	132	69	51
78.277	21	114	108	46	40	84.333①	18	150	138	66	54
78.385	15	114	105	50	41	84.571①	21	117	111	48	42
78.400①	18	162	147	72	57	84.640①	15	153	138	69	54
78.680	12	138	129	58	49	84.845	15	138	126	61	49
78.923	18	177	159	80	62	84.882	15	120	111	52	43
78.962	21	84	81	31	28	84.891	15	72	69	28	25
79.200①	15	69	66	27	24	84.960	18	183	165	83	65
79.205	15	132	120	59	47	84.988	21	162	150	71	59
79.286	15	96	90	40	34	85.000①	18	108	102	45	39
79.382	15	162	144	74	56	85.000①	18	168	153	75	60
79.518	18	147	135	64	52	85.151①	21	198	180	89	71
79.528	12	147	129	67	49	86.026	15	168	150	77	59
79.548	21	192	174	86	68	86.100①	12	138	123	63	48
79.916	15	150	135	67	52	86.372	12	87	81	37	31
80.229①	21	177	162	78	63	86.400①	21	183	168	81	66
80.500①	21	159	147	69	57	86.556①	18	132	123	57	48
80.670	18	165	150	73	58	86.618	21	144	135	61	52
80.784	12	135	120	61	46	86.800①	15	99	93	42	36
80.931	18	129	120	55	46	86.964	18	153	141	67	55
81.000①	18	180	162	81	63	86.973	12	153	135	70	52
81.000①	12	120	108	54	42	86.978	12	123	111	56	44
81.049	21	138	129	59	50	87.111①	18	186	168	84	66
81.085	12	105	96	46	37	87.143①	21	201	183	90	72
81.173	21	114	108	47	41	87.223	15	156	141	70	55

续表

i_{ae}^{b}	z_a	z_b	z_e	z_c	z_d	i_{ae}^{b}	z_a	z_b	z_e	z_c	z_d
87.360	18	171	156	76	61	93.586	12	129	117	58	46
87.371	15	138	126	62	50	94.316	18	177	162	79	64
87.429①	21	165	153	72	60	94.500①	12	66	63	27	24
87.806	15	120	111	52	43	94.600①	12	144	129	66	51
87.838	12	63	60	26	23	94.643	21	171	159	75	63
88.000①	12	108	99	48	39	94.662	15	126	117	55	46
88.000①	21	87	84	33	30	94.676	15	102	96	44	38
88.042	21	120	114	49	43	94.714①	21	123	117	51	45
88.400①	15	171	153	78	60	94.743	18	159	147	70	58
88.601	21	186	171	82	67	94.751	12	159	141	73	55
88.660	18	81	78	31	28	94.851	15	162	147	73	58
88.756	18	111	105	46	40	94.937	21	150	141	64	55
89.018	12	141	126	65	50	95.077	21	192	177	85	70
89.111	21	144	135	61	52	95.080	21	210	192	94	76
89.159	21	204	186	91	73	95.219	12	111	102	50	44
89.291	12	153	135	71	53	95.400①	15	177	159	81	63
89.291	18	189	171	85	67	95.556①	18	138	129	60	51
89.300	18	153	141	68	56	95.699	18	195	177	88	70
89.451	18	171	156	76	61	95.755	12	93	87	40	34
89.510	15	156	141	71	56	95.937	15	144	132	65	53
89.636	18	135	126	58	49	96.000①	15	75	72	30	27
89.905	21	168	156	73	61	96.000①	15	105	99	45	39
89.967	15	72	69	29	26	96.000①	18	114	108	48	42
90.250①	12	126	114	57	45	96.495	18	177	162	80	65
90.300①	15	141	129	63	51	96.560	12	129	117	59	47
90.552	21	186	171	83	68	96.928	21	210	192	95	77
90.808	15	174	156	79	61	97.104	21	192	177	86	71
90.944	21	204	186	92	74	97.179	12	159	141	73	55
90.956	15	102	96	43	37	97.188	18	159	147	71	59
91.000①	12	90	84	39	33	97.216	21	174	162	76	64
91.122	21	120	114	50	44	97.243	15	126	147	74	59
91.200①	15	123	114	54	45	97.545	21	90	87	35	32
91.218	18	189	171	86	68	97.555	21	150	141	65	56
91.599	12	141	126	65	50	97.653	12	147	132	67	52
91.809	12	111	102	49	40	97.699	18	195	177	89	71
91.867①	18	174	159	78	63	97.760	15	126	117	56	47
92.000①	12	156	138	72	54	97.898	15	180	162	82	64
92.000①	18	156	144	69	57	98.378	21	126	120	52	46
92.000①	21	147	138	63	54	98.786	18	141	132	61	52
92.103	18	111	105	47	41	99.000①	15	105	99	45	39
92.106	21	168	156	74	62	99.000①	15	147	135	66	54
92.160①	15	159	144	72	57	99.000①	18	84	81	33	30
92.382	18	135	126	59	50	99.000①	18	180	165	81	66
92.800①	21	189	174	84	69	99.048	21	213	195	96	78
92.936	15	174	156	80	62	99.167①	12	114	105	51	42
93.000①	21	207	189	93	75	99.429①	21	195	180	87	72
93.066	21	90	87	34	31	99.510	21	174	162	77	65
93.280	15	144	132	64	52	99.982	18	117	111	49	43
93.388	18	81	78	32	29	100.000①	12	132	120	60	48
93.444①	18	192	174	87	69	100.000①	12	162	144	75	57

续表

i_{ae}^{b}	z_a	z_b	z_e	z_c	z_d	i_{ae}^{b}	z_a	z_b	z_e	z_c	z_d
100.000[1]	15	165	150	75	60	106.828	12	117	108	53	44
100.000[1]	18	162	150	72	60	107.200	21	180	168	80	68
100.000[1]	18	198	180	90	72	107.407	15	108	102	47	41
100.036[1]	12	93	87	41	35	107.494	21	222	204	100	82
100.113	15	180	162	83	65	107.557	15	186	168	86	68
100.365	12	147	132	68	53	107.663	12	69	66	29	26
100.571[1]	21	153	144	66	57	107.667[1]	18	120	114	51	45
101.192	21	216	198	97	79	107.826	15	78	75	32	29
101.333[1]	15	129	120	57	48	108.100[1]	15	153	141	69	57
101.415	12	69	66	28	25	108.160[1]	15	171	156	78	63
101.539	18	183	168	82	67	108.248	15	132	123	59	50
101.644	21	126	120	53	47	108.312	21	96	93	37	34
101.677	18	141	132	62	53	108.333[1]	12	168	150	78	60
101.783	21	198	183	88	73	108.333[1]	18	168	156	75	63
102.114	15	150	138	67	55	108.380	18	147	138	64	55
102.143[1]	21	177	165	78	66	108.717	21	204	189	91	76
102.234	15	78	75	31	28	109.029	18	189	174	85	70
102.329	18	201	183	91	73	109.182	18	207	189	94	76
102.667[1]	15	183	165	84	66	109.286	21	132	126	55	49
102.798	15	168	153	76	61	109.466	21	222	204	101	83
102.855	18	165	153	73	61	109.524[1]	21	159	150	69	60
102.857[1]	21	93	90	36	33	109.531	12	153	138	71	56
102.863	12	165	147	76	58	109.929[1]	21	183	171	81	69
103.102	21	216	198	98	80	109.936	18	87	84	35	32
103.200	12	117	108	52	43	110.092	12	99	93	43	37
103.426	15	108	102	46	40	110.200[1]	15	189	171	87	69
103.500[1]	12	150	135	69	54	110.250	12	138	126	63	51
103.504	12	135	123	61	49	110.893	21	204	189	92	77
103.545	18	117	111	50	44	111.000[1]	12	120	111	54	45
103.637	21	156	147	67	58	111.066	15	174	159	79	64
103.805	18	183	168	83	68	111.300	18	171	159	76	64
103.884	21	198	183	89	74	111.308	12	171	153	79	61
104.403	18	201	183	92	74	111.328	18	207	189	95	77
104.780	18	87	84	34	31	111.349	15	156	144	70	58
104.812	21	180	168	79	67	111.383	18	189	174	86	71
104.902	15	150	138	68	56	111.416	18	147	138	65	56
104.975	15	132	123	58	49	111.714[1]	21	225	207	102	84
105.000[1]	12	96	90	42	36	111.873	18	123	117	52	46
105.000[1]	18	144	135	63	54	112.000[1]	15	111	105	48	42
105.286[1]	21	219	201	99	81	112.000[1]	15	135	126	60	51
105.295	15	168	153	77	62	112.694	21	186	174	82	70
105.401	12	165	147	77	59	112.717	21	162	153	70	61
105.409	18	165	153	74	62	112.737	21	132	126	56	50
105.429[1]	21	129	123	54	48	112.800[1]	12	156	141	72	57
106.286[1]	21	201	186	90	75	112.877	15	192	174	88	70
106.379	21	156	147	68	59	113.158	21	96	93	38	35
106.400[1]	18	186	171	84	69	113.371[1]	21	207	192	96	78
106.642	12	135	123	62	50	113.668	15	174	159	80	65
106.687	12	153	138	70	55	113.778	18	210	192	96	78
106.778[1]	18	204	186	93	75	113.922	12	141	129	64	52

续表

i_{ae}^{b}	z_a	z_b	z_e	z_c	z_d	i_{ae}^{b}	z_a	z_b	z_e	z_c	z_d
113.956	12	171	153	80	62	120.938	15	114	108	50	44
113.964	18	171	159	77	65	120.983	15	162	150	73	61
113.987	21	228	210	103	85	121.000[①]	12	144	132	66	54
114.067[①]	18	192	177	87	72	121.000[①]	18	216	198	99	81
114.268	15	156	144	71	59	121.176	15	84	81	34	31
114.400[①]	15	81	78	33	30	121.600[①]	18	153	144	67	58
114.700	12	99	93	44	38	122.000[①]	18	198	183	90	75
114.889[①]	18	150	141	66	57	122.179	21	168	159	73	64
115.000[①]	12	72	69	30	27	122.232	18	93	90	37	34
115.176	21	186	174	83	71	122.361	15	180	165	83	68
115.257	12	123	114	55	46	122.500[①]	12	162	147	75	60
115.268	15	192	174	89	71	122.591	12	75	72	31	28
115.584	21	162	153	71	62	122.767	21	234	216	106	88
115.654	18	123	117	53	47	122.844	12	177	159	83	65
115.821	15	138	129	61	52	122.852	18	177	165	80	68
115.879	21	210	195	94	79	123.200[①]	15	141	132	63	54
116.000[①]	18	90	87	36	33	123.245	15	198	180	91	73
116.022	21	228	210	104	86	123.270	21	216	201	97	82
116.121	12	159	144	73	58	123.437	21	192	180	86	74
116.256	18	213	195	97	79	123.500[①]	12	126	117	57	48
116.640[①]	15	177	162	81	66	123.553	18	219	201	100	82
116.695	15	114	108	49	43	124.034	15	162	150	74	62
116.714[①]	21	135	129	57	51	124.402	21	138	132	59	53
116.785	18	195	180	88	73	124.431	18	129	123	55	49
117.000[①]	12	174	156	81	63	124.700	21	102	99	40	37
117.000[①]	18	174	162	78	66	124.808	18	201	186	91	76
117.225	12	141	129	65	53	124.840	12	147	135	67	55
117.600[①]	15	159	147	72	60	125.143[①]	21	237	219	108	90
118.000[①]	15	195	177	90	72	125.170	21	168	159	74	65
118.000[①]	21	189	177	84	72	125.222[①]	18	156	147	69	60
118.130	21	210	195	95	80	125.428	12	105	99	46	40
118.333[①]	21	231	213	105	87	125.440[①]	15	183	168	84	69
118.419	18	153	144	67	58	125.597	21	216	201	97	82
118.476	18	213	195	98	80	125.800[①]	15	117	111	51	45
118.857[①]	21	99	96	39	36	125.846	18	219	201	101	83
118.857[①]	21	165	156	72	63	125.955	12	165	150	76	61
119.097	12	159	144	74	59	126.000[①]	12	180	162	84	66
119.105	12	123	114	56	47	126.000[①]	18	180	168	81	69
119.226	18	195	180	89	74	126.067[①]	15	201	183	93	75
119.268	15	138	129	62	53	127.200	15	144	135	64	55
119.653	15	180	165	83	68	127.286	15	84	81	35	32
120.000[①]	12	102	96	45	39	127.337	18	201	186	92	77
120.000[①]	18	126	120	54	48	127.500[①]	15	165	153	75	63
120.079	18	177	165	79	67	127.543	21	240	222	109	91
120.087	12	177	159	82	64	127.818	18	93	90	38	35
120.670	21	234	216	106	88	127.981	12	129	120	58	49
120.686	21	213	198	96	81	128.229[①]	21	219	204	99	84
120.764	21	138	132	58	52	128.307	12	147	135	68	56
120.766	15	198	180	91	73	128.429	18	129	123	56	50
120.861	21	192	180	85	73	128.445[①]	18	222	204	99	84

续表

i_{ae}^{b}	z_a	z_b	z_e	z_c	z_d	i_{ae}^{b}	z_a	z_b	z_e	z_c	z_d
128.560	15	186	171	85	70	136.000①	21	105	102	42	39
128.571①	21	141	135	60	54	136.000①	21	108	102	48	42
128.571①	21	171	162	75	66	136.111①	18	228	210	105	87
128.902	18	159	150	70	61	136.189	12	171	156	79	64
128.922	15	204	186	94	76	136.258	12	153	141	70	58
129.062	12	165	150	77	62	136.638	21	144	138	62	56
129.191	18	183	171	82	70	136.667①	12	132	123	60	51
129.199	12	183	165	85	67	136.830	21	246	228	113	95
129.314	21	198	186	88	76	137.345	15	210	192	97	79
129.488	12	75	72	32	29	137.500①	12	78	75	33	30
129.703	21	240	222	110	92	137.656	18	135	129	58	52
129.914	21	102	99	41	38	137.788	15	192	177	88	73
130.200①	18	204	189	93	78	137.800①	15	171	159	78	66
130.364	12	105	99	47	41	138.053	21	204	192	92	80
130.756	15	120	114	52	46	138.636	18	189	177	85	73
130.823	15	144	135	65	56	138.644	12	189	171	88	70
130.890	21	222	207	100	85	138.667①	18	210	195	96	81
131.018	15	168	156	76	64	138.667①	21	177	168	78	69
131.072	18	225	207	103	85	138.738	21	228	213	103	88
131.374	15	186	171	86	71	138.813	18	231	213	106	88
131.489	15	204	186	95	77	139.112	15	150	141	67	58
131.984	21	198	186	89	77	139.333①	21	249	231	114	96
132.021	21	174	165	76	67	139.429	12	171	156	80	65
132.048	12	129	120	59	50	139.829	18	165	156	73	64
132.066	12	183	165	86	68	139.890	12	153	141	71	59
132.074	18	183	171	83	71	140.000①	15	210	192	98	80
132.143①	21	243	225	111	93	140.400①	15	123	117	54	48
132.250①	12	150	138	69	57	140.706	15	192	177	89	74
132.229	18	159	150	71	62	140.816	21	204	192	92	80
132.600①	12	168	153	78	63	141.000①	21	147	141	63	57
132.814	21	144	138	61	55	141.017	18	99	96	40	37
133.000①	18	132	126	57	51	141.215	21	228	213	104	89
133.097	18	207	192	94	79	141.252	18	231	213	107	89
133.292	21	222	207	101	86	141.372	12	135	126	61	52
133.438	18	225	207	104	86	141.452	15	174	162	79	67
134.200①	15	168	156	77	65	141.621	12	189	171	89	71
134.333①	18	96	93	39	36	141.629	18	189	177	86	74
134.400①	15	87	84	36	33	141.654	18	213	198	97	82
134.400①	15	207	189	96	78	141.717	15	90	87	37	34
134.560①	15	189	174	87	72	141.764	12	111	105	49	43
134.607	21	246	228	112	94	141.861	21	252	234	116	98
134.933①	15	147	138	66	57	141.872	18	135	129	59	53
135.000①	21	201	189	90	78	142.231	21	108	105	43	40
135.137	21	174	165	77	68	142.245	21	180	171	79	70
135.269	15	120	114	53	47	142.911	15	150	141	68	59
135.333①	12	186	168	87	69	143.000①	15	213	195	99	81
135.333①	18	186	174	84	72	143.100①	12	174	159	81	66
135.714	18	207	192	95	80	143.302	18	165	156	74	65
136.000①	12	108	102	48	42	143.929①	21	207	195	93	81
136.000①	18	162	153	72	63	144.000①	12	156	144	72	60

续表

i_{ae}^{b}	z_a	z_b	z_e	z_c	z_d	i_{ae}^{b}	z_a	z_b	z_e	z_c	z_d
144.000①	15	195	180	90	75	151.867①	15	219	201	102	84
144.000①	18	234	216	108	90	151.972	12	159	147	74	62
144.000①	21	231	216	105	90	152.111	18	240	222	111	93
144.147	21	252	234	116	98	152.229①	21	237	222	108	93
144.358	18	213	198	98	83	152.286	15	180	168	82	70
144.766	15	174	162	80	68	152.849	21	186	177	82	73
145.000①	12	192	174	90	72	153.000①	12	114	108	51	45
145.000①	18	192	180	87	75	153.143①	21	213	201	96	84
145.435	21	150	144	64	58	153.269	18	219	204	101	86
145.486	21	180	171	80	71	153.315	12	81	78	35	32
145.634	15	126	120	55	49	153.760①	15	201	186	93	78
145.658	12	135	126	62	53	154.000①	12	180	165	84	69
145.766	12	81	78	34	31	154.000①	18	102	99	42	39
146.035	15	126	198	100	82	154.000①	21	153	147	66	60
146.667①	18	138	132	60	54	154.286①	21	111	108	45	42
146.714	21	255	237	117	99	154.286①	21	261	243	120	102
146.766	18	237	219	109	91	154.819	18	171	162	77	68
146.815	21	234	219	106	91	154.962	18	243	225	112	94
146.823	12	177	162	82	67	154.991	15	222	204	103	85
147.029	12	111	105	50	44	155.000①	12	198	180	93	75
147.034	18	99	96	41	38	155.000①	18	198	186	90	78
147.078	21	210	198	94	82	155.120	21	240	225	109	94
147.200①	15	153	144	69	60	155.429	12	141	132	65	55
147.222①	18	168	159	75	66	155.532	15	156	147	71	62
147.335	15	198	183	91	76	155.732	15	180	168	83	71
147.400①	18	216	201	99	84	155.800①	15	129	123	57	51
147.813	21	108	105	44	41	155.981	18	141	135	62	56
148.175	12	159	147	73	61	156.000①	15	93	90	39	36
148.346	15	90	87	38	35	156.215	21	186	177	83	74
148.414	18	195	183	88	76	156.250①	12	162	150	75	63
148.422	12	195	177	91	73	156.388	21	216	204	97	85
148.500①	15	177	165	81	69	156.400①	18	222	207	102	87
148.777	15	216	198	101	83	157.202	15	204	189	94	79
149.143①	21	183	174	81	72	157.857	12	183	168	85	70
149.289	18	237	219	110	92	158.526	18	201	189	91	79
149.306	21	258	240	118	100	158.534	12	201	183	94	76
149.367	21	234	219	107	92	158.628	21	156	150	67	61
149.445	21	150	144	65	59	158.889①	18	174	165	78	69
149.935	21	210	198	95	83	159.100	12	117	111	52	46
150.195	12	177	162	83	68	159.339	21	216	204	98	86
150.359	15	198	183	92	77	159.600①	15	183	171	84	72
150.400①	15	126	120	56	50	159.934	12	141	132	65	56
150.476	18	219	204	100	85	160.000①	15	159	150	72	63
150.500①	12	138	129	63	54	160.000①	21	189	180	84	75
151.200	18	171	162	76	67	160.332	15	204	189	95	80
151.510	12	195	177	92	74	160.445①	18	246	228	114	96
151.517	18	195	183	89	77	160.593	12	165	153	76	64
151.547	18	141	135	61	55	160.686①	21	243	228	111	96
151.558	15	156	147	70	61	160.903	21	114	111	46	43
151.655	21	258	240	119	101	161.000①	15	225	207	105	87

续表

i_{ae}^{b}	z_a	z_b	z_e	z_c	z_d	i_{ae}^{b}	z_a	z_b	z_e	z_c	z_d
161.000①	18	144	138	63	57	172.287	12	207	189	98	80
161.135	18	105	102	43	40	172.293	18	207	195	95	83
161.303	15	132	126	58	52	172.391	21	162	156	70	64
161.361	12	183	168	86	71	172.429①	21	225	213	102	90
161.732	12	201	183	95	77	172.927	12	189	174	89	74
161.738	18	201	189	92	80	173.333①	15	165	156	75	66
162.000①	12	84	81	36	33	173.510	12	171	159	79	67
162.643①	21	219	207	99	87	173.714①	21	117	114	48	45
162.824	21	156	150	68	62	174.240①	15	213	198	99	84
163.016	18	177	168	79	70	174.878	12	147	138	68	59
163.520	15	186	174	85	73	175.000①	15	234	216	110	92
163.834	21	192	183	85	76	175.000①	18	108	105	45	42
163.840①	15	207	192	96	81	175.154	15	192	180	88	76
163.857	15	96	93	40	37	175.200①	18	234	219	108	93
164.537	15	162	153	73	64	175.200	21	198	189	88	79
164.555	12	165	153	77	65	175.276	18	183	174	82	73
164.693	12	117	111	53	47	176.000①	12	210	192	99	81
165.000①	12	144	135	66	57	176.000①	18	150	144	66	60
165.300①	12	186	171	87	72	176.000①	18	210	198	96	84
165.333①	12	204	186	96	78	176.776	21	162	156	71	65
165.333①	18	204	192	93	81	177.000①	12	192	177	90	75
165.667①	18	228	213	105	90	177.436	12	123	117	55	49
165.984	21	222	210	100	88	177.637	12	171	159	80	68
166.105	18	147	141	65	59	177.772	15	138	132	61	55
166.332	15	132	126	59	53	177.897	15	216	201	100	85
166.781	18	177	168	80	71	178.049	15	168	159	76	67
166.855	21	114	111	47	44	178.286①	21	255	240	117	102
167.098	15	186	174	86	74	178.817	21	198	189	89	80
167.325	21	192	183	86	77	178.864	15	192	180	89	77
167.389	15	210	195	97	82	179.005	21	228	216	104	92
167.571①	21	159	153	69	63	179.143	12	87	84	38	35
167.585	18	105	102	44	41	179.188	18	183	174	83	74
168.687	15	162	153	74	65	179.200①	15	99	96	42	39
168.971	18	207	195	94	82	179.750	18	213	201	97	85
168.978	12	207	189	97	79	180.167①	12	150	141	69	60
169.000①	12	168	156	78	66	180.718	21	120	117	49	46
169.291	12	189	174	88	73	181.125	12	195	180	91	76
170.000①	21	273	255	126	108	181.329	18	153	147	67	61
170.152	12	147	138	67	58	181.714①	21	165	159	72	66
170.400①	15	231	213	108	90	182.250①	12	174	162	81	69
170.625	15	210	195	98	83	182.375	15	168	159	77	68
170.757	18	147	141	65	59	182.500①	21	231	219	105	93
170.940	12	87	84	37	34	182.584	18	111	108	46	43
171.000①	12	120	114	54	48	182.857①	21	201	192	90	81
171.000①	18	180	171	81	72	183.000①	15	195	183	90	78
171.007	15	96	93	41	38	183.063	15	138	132	62	56
171.100①	15	189	177	87	75	183.182	18	213	201	98	86
171.238①	21	195	186	87	78	183.358	12	123	117	56	50
171.890	18	231	216	107	92	183.556①	18	186	177	84	75
172.000①	15	135	129	60	54	184.893	12	195	180	92	77

续表

i_{ae}^{b}	z_a	z_b	z_e	z_c	z_d	i_{ae}^{b}	z_a	z_b	z_e	z_c	z_d
184.960①	15	219	204	102	87	199.075	21	210	201	94	85
185.000①	18	240	225	111	96	199.622	15	204	192	94	82
185.542	12	153	144	70	61	199.871	15	228	213	106	91
186.200	18	153	147	67	61	200.200①	15	249	231	117	99
186.726	21	168	162	73	67	200.595	15	144	138	65	59
186.928	12	177	165	82	70	200.845	12	183	171	85	73
186.947	21	204	195	91	82	201.130	18	195	186	88	79
187.000①	18	216	204	99	87	201.599	12	159	150	73	64
187.200①	15	171	162	78	69	201.600①	12	204	189	96	81
187.597	15	102	99	43	40	201.600①	15	177	168	81	72
187.981	18	189	180	85	76	201.633	21	174	168	76	70
188.500①	12	90	87	39	36	201.676	21	126	123	52	49
189.000①	15	141	135	63	57	202.310	18	159	153	71	65
189.100①	12	198	183	93	78	202.942	21	210	201	95	86
189.469	18	111	108	47	44	203.023	12	129	123	59	53
190.000①	12	126	120	57	51	203.500①	21	243	231	111	99
190.000①	15	243	225	114	96	203.596	15	204	192	95	83
190.488	12	153	144	71	62	203.714①	21	297	279	138	120
190.689	21	204	195	92	83	204.000①	15	105	102	45	42
190.861	18	219	207	100	88	205.303	12	183	171	86	74
191.030	15	198	186	92	80	205.334	18	195	186	89	80
191.220	12	177	165	83	71	205.368	18	117	114	49	46
191.298	21	168	162	74	68	205.993	12	207	192	97	82
191.667①	18	156	150	69	63	206.392	21	174	168	77	71
192.039	18	189	180	86	77	206.400①	21	273	258	126	111
192.095	15	174	165	79	70	206.673	15	180	171	82	73
192.857①	21	237	225	108	96	206.765	12	159	150	74	65
193.359	12	201	186	94	79	206.800①	15	147	141	66	60
194.286①	21	123	120	51	48	206.971	12	93	90	41	38
194.404	18	219	207	101	89	207.238①	21	213	204	96	87
194.857①	21	207	198	93	84	207.360①	15	231	216	108	93
195.000①	21	291	273	135	117	208.000①	15	207	195	96	84
195.040	15	144	138	64	58	208.000①	18	162	156	72	66
195.269	15	102	99	44	41	208.370	21	126	123	53	50
195.300①	15	201	189	93	81	209.012	18	255	240	118	103
196.000①	12	156	147	72	63	210.000①	12	132	126	60	54
196.000①	12	180	168	84	72	210.000①	12	228	210	108	90
196.000①	15	225	210	105	90	210.000①	18	198	189	90	81
196.000①	18	270	252	126	108	210.000①	18	228	216	105	93
196.429①	21	171	165	75	69	210.026	12	207	192	98	83
196.556①	18	192	183	87	78	210.250①	12	186	174	87	75
196.596	15	174	165	80	71	210.667①	15	255	237	120	102
196.771	12	129	123	58	52	211.351	15	180	171	83	74
196.800①	21	267	252	123	108	211.584	21	216	207	97	88
197.219	18	159	153	70	64	211.714①	21	177	171	78	72
197.260	12	201	186	95	80	212.333①	18	255	240	119	104
197.333①	18	114	111	48	45	212.456	15	210	198	97	85
198.113	12	93	90	40	37	212.500①	12	162	153	75	66
198.333①	12	222	204	105	87	212.687	18	117	114	50	47
198.333①	18	222	210	102	90	212.936	15	108	105	46	43

续表

i_{ae}^{b}	z_a	z_b	z_e	z_c	z_d	i_{ae}^{b}	z_a	z_b	z_e	z_c	z_d
213.109	15	150	144	67	61	229.667①	12	168	159	78	69
213.776	18	165	159	73	67	229.929	15	216	204	101	89
214.500①	12	210	195	99	84	230.180	12	195	183	91	79
214.723	18	201	192	91	82	230.400①	15	111	108	48	45
215.262	12	189	177	88	76	230.842	21	132	129	56	53
215.576	21	216	207	98	89	231.000①	12	138	132	63	57
216.000①	18	258	243	120	105	231.000①	18	171	165	76	70
216.000①	21	129	126	54	51	231.977	15	156	150	70	64
216.228①	21	279	264	129	114	232.000①	15	189	180	87	78
216.533①	15	183	174	84	75	232.400①	15	267	249	126	108
216.563	15	210	198	98	86	232.460	12	219	204	103	88
217.000①	12	96	93	42	39	233.143①	21	225	216	102	93
217.106	12	135	129	61	55	233.159	21	186	180	82	76
217.110	21	180	174	79	73	233.259	18	207	198	95	86
218.322	12	165	156	76	67	234.155	18	267	252	125	110
218.927	15	150	144	68	62	234.333①	12	240	222	114	96
219.027	12	213	198	100	85	234.333①	18	240	228	111	99
219.074	18	201	192	92	83	234.600①	15	219	207	102	90
219.086	18	165	159	74	68	234.969	12	195	183	92	80
219.886	12	189	177	89	77	235.111①	18	294	276	138	120
220.000①	21	219	210	99	90	235.712	12	171	162	79	70
221.000①	18	120	117	51	48	236.529	18	171	165	77	71
221.131	15	108	105	47	44	236.571①	21	291	276	135	120
221.400①	15	261	243	123	105	236.800	12	99	96	44	41
221.714①	21	309	291	144	126	237.143①	21	261	249	120	108
221.786	15	186	177	85	76	237.238	18	123	120	53	55
222.000①	12	234	216	111	93	237.431	15	192	183	88	79
222.000①	18	234	222	108	96	238.000①	18	270	255	126	111
222.057	21	180	174	80	74	238.059	15	156	150	71	65
223.125	15	240	225	112	107	238.222①	18	210	201	96	87
223.688	12	135	129	62	56	238.294	21	186	180	83	77
223.709	12	165	156	77	68	238.442	12	141	135	64	58
223.776	21	132	129	55	52	238.641	18	243	231	112	100
223.889①	18	204	195	93	84	238.857①	21	135	132	57	54
224.473	21	222	213	100	91	239.103	15	246	231	116	101
225.000①	12	192	180	90	78	239.323	15	222	210	103	91
225.000①	18	168	162	75	69	239.874	15	114	111	49	46
225.400①	15	153	147	69	63	240.250①	12	198	186	93	81
225.643①	21	255	243	117	105	240.476①	21	321	303	150	132
225.690	15	216	204	100	88	241.319	12	171	162	80	71
226.196	18	237	225	109	97	241.500①	12	222	207	105	90
226.286①	21	285	270	132	117	241.988	21	228	219	104	95
226.639	15	186	177	86	77	242.460	15	192	183	89	80
226.867①	18	264	249	123	108	242.667①	18	174	168	78	72
227.286	12	99	96	43	40	243.243	18	213	204	98	89
227.571①	21	183	177	81	75	243.360①	15	249	234	117	102
227.800①	12	216	201	102	87	243.667①	15	273	255	129	111
228.592	21	222	213	101	92	243.695	15	222	210	104	92
228.761	18	207	198	94	85	244.000①	21	189	183	84	78
229.484	18	123	120	52	49	244.800①	15	159	153	72	66

续表

i_{ae}^{b}	z_a	z_b	z_e	z_c	z_d	i_{ae}^{b}	z_a	z_b	z_e	z_c	z_d
245.354	12	141	135	65	59	287.566	15	210	201	97	88
245.444[①]	18	300	282	141	123	288.000[①]	15	123	120	54	51
245.597	12	201	189	94	82	288.000[①]	21	147	144	63	60
246.000[①]	18	126	123	54	51	289.000[①]	12	216	204	102	90
246.667[①]	21	231	222	105	96	289.357	18	231	222	106	97
247.000[①]	12	246	228	117	99	289.524	21	249	240	114	105
247.000[①]	18	246	234	114	102	290.195	12	243	228	115	100
247.018	21	138	135	58	55	290.343	18	135	132	59	56
247.500[①]	12	174	165	81	72	290.434	21	204	198	92	86
247.888	18	213	204	98	89	291.400[①]	15	297	279	141	123
248.000[①]	15	195	186	90	81	291.428[①]	21	321	306	150	135
248.500[①]	15	225	213	105	93	291.629	12	111	108	49	46
248.594	15	114	111	50	47	291.684	12	153	147	71	65
248.890	18	177	171	80	74	291.881	12	189	180	88	79
249.400[①]	18	276	261	129	114	292.600[①]	15	243	231	114	102
249.780	21	192	186	85	79	292.859	18	189	183	86	80
250.551	12	201	189	95	83	293.125	15	210	201	98	89
250.725	12	225	210	107	92	293.381	15	174	168	79	73
251.395	21	234	225	106	97	294.442	18	231	222	107	98
251.426	12	249	231	118	100	294.849	12	219	207	103	91
277.778[①]	18	318	300	150	132	295.392	21	324	309	151	136
277.931	12	213	201	100	88	295.840[①]	15	273	258	129	114
278.480	18	225	216	103	94	296.178	18	267	255	125	113
278.540	12	183	174	86	77	296.714[①]	21	207	201	93	87
278.571[①]	21	201	195	90	84	296.930	21	150	147	64	61
278.723	15	168	162	77	71	297.666[①]	18	300	285	141	126
279.216	21	144	141	62	59	297.859	15	246	234	115	103
279.857	12	237	222	113	98	298.150	12	189	180	89	80
280.000[①]	12	108	105	48	45	298.549	15	126	123	55	52
280.000[①]	18	186	180	84	78	298.928[①]	21	291	279	135	123
280.286[①]	21	345	327	162	144	299.200[①]	15	213	204	99	90
281.600[①]	15	207	198	96	87	299.666[①]	18	192	186	87	81
281.714	18	135	132	58	55	300.000[①]	12	156	150	72	66
282.240[①]	15	267	252	126	111	300.000[①]	18	138	135	60	57
282.625	15	240	228	112	100	300.255	15	174	168	80	74
283.217	12	213	201	101	89	300.300[①]	12	246	231	117	102
283.889[①]	18	228	219	105	96	300.300	12	219	207	104	92
284.111	12	153	147	70	64	300.444[①]	18	330	312	156	138
284.735	21	204	198	91	85	301.000[①]	12	270	252	129	111
285.000[①]	12	240	225	114	99	301.000[①]	18	270	258	126	114
285.167[①]	12	186	177	87	78	301.333[①]	21	357	339	168	150
285.200[①]	18	294	279	138	123	302.459	12	111	108	50	47
286.000[①]	15	171	165	78	72	302.760	15	246	234	116	104
286.000[①]	21	285	273	132	120	305.000[①]	12	192	183	90	81
286.671	18	189	183	85	79	305.117	21	150	147	65	62
287.000[①]	12	264	246	126	108	251.645	15	162	156	73	67
287.000[①]	18	264	252	123	111	253.000[①]	12	144	138	66	60

续表

i_{ae}^{b}	z_a	z_b	z_e	z_c	z_d	i_{ae}^{b}	z_a	z_b	z_e	z_c	z_d
253.000①	18	216	207	99	90	265.000①	15	165	159	75	69
253.357	15	228	216	106	94	265.427	21	240	231	109	100
253.609	15	198	189	91	82	266.000①	12	180	171	84	75
253.768	12	177	168	82	73	266.634	12	207	195	98	86
254.458	21	138	135	59	56	266.778①	18	312	294	147	129
254.639	18	177	171	80	74	266.971	21	198	192	88	82
254.932	18	129	126	55	52	267.000①	15	285	267	135	117
255.102	21	192	186	86	80	267.447	18	183	177	82	76
255.200①	15	279	261	132	114	267.791	15	234	222	109	97
255.513	18	249	237	116	106	268.019	12	147	141	68	62
255.600①	12	228	213	108	93	268.223①	18	222	213	102	93
256.000①	12	204	192	96	84	268.412	15	120	117	52	49
256.000①	15	255	240	120	105	268.629	12	105	102	47	44
256.000①	18	306	288	144	126	268.800①	21	390	294	144	129
257.829①	21	303	288	141	126	268.960①	15	261	246	123	108
257.861	15	228	216	107	95	269.923	21	240	231	110	101
257.991	15	162	156	74	68	270.100①	12	234	219	111	96
258.170	18	219	210	100	91	270.321	15	204	195	94	85
258.400①	15	117	114	51	48	271.403	21	144	141	61	58
258.458	12	105	102	46	43	272.113	15	168	162	76	70
258.815	15	198	189	92	83	272.250①	12	210	198	99	87
259.596	12	177	168	83	74	272.333①	18	132	129	57	54
260.000①	12	252	234	120	102	272.482	21	198	192	89	83
260.000①	18	252	240	117	105	272.491	12	183	174	85	76
260.000①	21	333	315	156	138	273.000①	18	288	273	135	120
260.572①	21	237	228	108	99	273.333①	18	258	246	120	108
260.777	12	147	141	67	61	273.416	18	183	177	83	77
261.000①	18	180	174	81	75	273.541	18	225	216	103	94
261.000①	21	195	189	87	81	274.857①	21	243	234	111	102
261.514	12	207	195	97	85	275.162	12	237	222	112	97
262.800①	15	231	219	108	96	275.704	15	204	195	95	86
262.857①	21	141	138	60	57	276.000①	12	150	144	69	63
262.961	18	219	210	101	92	277.500①	15	237	225	111	99
263.124	18	129	126	56	53	277.657	15	120	117	53	50
264.531	18	255	243	118	106	308.320	15	126	123	56	53
264.533	15	201	192	93	84						

① 配齿方案，具有关系式 $z_a+z_c=z_b-z_c=z_e-z_d$。这些传动方案可以做成高度变位或不变位的。其余的传动方案，只能做成角度变位的。

注：1. 本表适用于所有齿轮的模数均相同的3Z(Ⅰ)型传动。

2. 表中所有的 z_a、z_b 和 z_e 都是3的倍数(个别的也是2的倍数)，故适用于行星轮数 $n_p=3$ 的传动(个别的也适用于 $n_p=2$ 的传动)。

3. 表中全部为 $z_b>z_e$，$z_c>z_d$ 和 $z_c>z_a$；而且绝大多数的齿数差 $z_p=z_b-z_e=z_c-z_d\geqslant 3$。

4. 因表中全部为 $z_b-z_e=z_c-z_d$，则有 $\alpha_b'=\alpha_e'$ 和 $x_{\Sigma b}=x_{\Sigma e}$。而对于标有①的传动方案，则有 $\alpha_a'=\alpha_b'=\alpha_e'=\alpha=20°$ 和 $x_{\Sigma a}=x_{\Sigma b}=x_{\Sigma e}=0$。

5. 表中的3Z(Ⅰ)型传动的传动比可按下式计算，即

$$i_{ae}^{b}=\frac{1+\dfrac{z_b}{z_a}}{1-\dfrac{z_b z_d}{z_e z_c}}=\frac{(z_a+z_b)z_e z_c}{z_a(z_e z_c-z_b z_d)}$$

传动比 i_{ae}^{b} 值均为正的，即表示3Z(Ⅰ)型传动的中心轮a和内齿轮e的转动方向相同。

$$z_c=\frac{1}{2}(z_b-z_a)=\frac{1}{2}(84-18)=33$$

再按公式(3-56) 求行星轮 d 的齿数为

$$z_d=z_c-z_p=33-3=30$$

验算该 3Z(Ⅰ) 型行星减速器的传动比 i_{ae}^{b}，即

$$i_{ae}^{b}=\frac{1+\dfrac{z_b}{z_a}}{1-\dfrac{z_b z_d}{z_e z_c}}=\frac{1+\dfrac{84}{18}}{1-\dfrac{84\times 30}{81\times 33}}=99$$

3.2.6　3Z(Ⅱ) 型行星传动的配齿公式

由图 1-4(b)可见，3Z(Ⅱ) 型行星传动最显著的结构特点是：它仅用了一个行星轮 c 代替了 3Z(Ⅰ) 型中的双联行星轮 c-d；换言之，它采用了使行星轮 c 与 d 合为一体的结构。可见，3Z(Ⅱ) 型是一种具有单齿圈行星轮 c 的 3Z 型行星传动。随着行星传动技术的不断发展，近 20 年来在国内外的行星齿轮减速器中，已出现了这种新型的 3Z(Ⅱ) 型行星齿轮传动。

3Z(Ⅱ) 型传动不仅具有 3Z(Ⅰ) 型传动的优点，而且还弥补了 3Z(Ⅰ) 型传动的不足：改善了传动性能，制造安装容易。由于行星轮由双联齿轮变成为单齿圈的齿轮，这不仅使制造容易、装配方便，且有利于提高齿轮的精度和减少表面粗糙度，即使在传动比很大时，仍能获得较高的传动效率。

因 $z_c=z_d$，据 3Z(Ⅰ) 型的传动比公式(3-49) 可得其传动比公式为

$$i_p=i_{ae}^{b}=\frac{1+\dfrac{z_b}{z_a}}{1-\dfrac{z_b}{z_e}}=\left(1+\frac{z_b}{z_a}\right)\left(\frac{z_e}{z_e-z_b}\right) \tag{3-62}$$

根据装配条件，即保证各行星轮能匀称装入中心轮 a、e 和 b 之间的条件

$$z_a+z_b=C_1 n_p$$
$$z_a+z_e=C_2 n_p$$

式中　n_p ——行星轮个数；

C_1、C_2 ——正整数。

由公式(3-62) 可知，要想使传动比 i_{ae}^{b} 值增大，且结构紧凑，就应尽量使得齿数 z_e 与 z_b 的差值小一些，但从满足装配条件来看，它们的最小差值应使得

$$z_e-z_b=\pm n_p \tag{3-63}$$

将关系式 $z_e=z_b+n_p$ 代入式(3-62)，经整理化简后可得齿数 z_b 的一元二次方程式

$$z_b^2+(z_a+n_p)z_b-(i_p-1)z_a n_p=0 \tag{3-64}$$

可解得（舍去一个解）

$$z_b=\frac{1}{2}\left[\sqrt{(z_a+n_p)^2+4(i_p-1)z_a n_p}-(z_a+n_p)\right] \tag{3-65}$$

则由公式(3-63) 可求得 z_e，即

$$z_e=z_b+n_p \tag{3-66}$$

如果 z_e-z_a 为偶数，则行星轮齿数 z_c 为

$$z_c=\frac{1}{2}(z_e-z_a)-1 \tag{3-67}$$

如果 z_e-z_a 为奇数，则 z_c 为

$$z_c=\frac{1}{2}(z_e-z_a)-0.5 \tag{3-68}$$

以上公式(3-63)、公式(3-65) 和公式(3-67)、公式(3-68) 就是据给定的传动比i_p确定3Z(Ⅱ) 型传动各轮齿数的配齿公式。首先在确定行星轮个数n_p（一般取$n_p=3$）和确定最少齿数z_a后，由公式(3-65) 可求得齿数z_b。然后，再按公式(3-66)、公式(3-67) 或公式(3-68) 求得z_e和z_c值。显见，3Z(Ⅱ) 型行星传动各轮齿数的确定是比较简单方便的。

据给定的传动比范围$i_p=i_{ae}^b=64\sim330$，按配齿公式(3-65)～公式(3-68)，通过编制源程序和电子计算机运算，可求得3Z(Ⅱ) 型传动的许多个配齿方案。该3Z(Ⅱ) 型行星传动的传动比i_{ae}^b与各轮齿数的关系见表3-6❶。

【例题3-4】 已知3Z(Ⅱ) 型行星传动的传动比$i_p=i_{ae}^b=230$，行星轮数$n_p=3$。试计算该3Z(Ⅱ) 型行星传动的各轮齿数。

解 据i_p值的大小，可预先选取中心轮a的齿数$z_a=15$，再按公式(3-65) 计算齿数z_b，即

$$z_b=\frac{1}{2}\left[\sqrt{(z_a+n_p)^2+4z_an_p(i_p-1)}-(z_a+n_p)\right]$$

$$=\frac{1}{2}\left[\sqrt{(15+3)^2+4\times3\times15(230-1)}-(15+3)\right]$$

$$=92.91\approx93$$

取$z_b=93$。

由公式(3-63) 可得

$$z_e=z_b+n_p=93+3=96$$

因$z_e-z_a=96-15=81$为奇数，则按公式(3-68) 可得

$$z_c=\frac{1}{2}(z_e-z_a)-0.5=\frac{1}{2}(96-15)-0.5=40$$

经配齿计算可得各轮齿数为

$$z_a=15$$

$$z_b=93$$

$$z_e=96$$

$$z_c=40$$

再验算其传动比i_{ae}^b值

$$i_{ae}^b=\frac{1+\dfrac{z_b}{z_a}}{1-\dfrac{z_b}{z_e}}=\frac{1+\dfrac{93}{15}}{1-\dfrac{93}{96}}=230.4$$

其传动比误差为

$$\Delta i=\frac{|i_p-i_{ae}^b|}{i_p}=\frac{|230-230.4|}{230}=0.17\%<4\%$$

可见，该配齿计算结果完全满足其传动比要求。

最后，应该指出的是：为了使3Z(Ⅱ) 型传动能正常啮合（即应满足同心条件等)，则必须将其各啮合齿轮副进行角度变位，或将其中的两个啮合齿轮副进行角度变位和另一个啮合齿轮副进行高度变位。

---

❶ 本表系著作权所有，未经本书作者允许不得翻印。

表 3-6　3Z(Ⅱ)型行星齿轮传动的配齿[①]

i_{ae}^{b}	z_a	z_b	z_e	z_c	i_{ae}^{b}	z_a	z_b	z_e	z_c
38.400	15	33	36	10	86.400	20	61	64	21
39.000	18	36	39	10	87.400	15	54	57	20
40.000	21	39	42	10	88.000	21	63	66	22
44.200	15	36	39	11	88.500	16	56	59	21
44.333	18	39	42	11	89.636	22	65	68	22
45.000	12	33	36	11	89.706	17	58	61	21
45.000	21	42	45	11	89.846[①]	26	70	73	23
50.000	18	42	45	13	90.999	18	60	63	22
50.286	21	45	48	13	91.000[①]	30	75	78	23
50.400	15	39	42	13	91.304	23	67	70	23
52.000	12	36	39	13	92.368	19	62	65	22
56.000	18	45	48	14	93.000[①]	24	69	72	23
57.000	15	42	45	14	93.500[①]	28	74	77	24
59.500	12	39	42	14	93.800	20	64	67	23
64.000	15	45	48	16	94.500	12	51	54	20
67.500	12	42	45	16	94.769	13	53	56	21
69.000	18	51	54	17	95.286	14	55	58	21
69.440	25	59	62	18	95.286	21	66	69	23
70.000	14	46	49	17	95.345[①]	29	76	79	24
71.400	15	48	51	17	96.000	15	57	60	22
72.500	20	55	58	18	96.462[①]	26	73	76	24
72.875	16	50	53	18	96.818	22	68	71	24
73.500[①]	24	60	63	19	96.875	16	59	62	22
73.600[①]	30	66	69	19	97.200[①]	30	78	81	25
74.412	17	52	55	18	97.882	17	61	64	23
75.400[①]	25	62	65	19	98.222[①]	27	75	78	25
76.000	12	45	48	17	98.391	23	70	73	24
76.000	18	54	57	19	99.000	18	63	66	23
77.632	19	56	59	19	100.000	24	72	75	25
78.000	14	49	52	18	100.000[①]	28	77	80	25
79.200	15	51	54	19	100.211	19	65	68	24
79.200[①]	30	69	72	20	101.500	20	67	70	25
79.300	20	58	61	20	101.640	25	74	77	25
79.750[①]	24	63	66	20	102.857	21	69	72	25
80.500	16	53	56	19	103.308	26	76	79	26
81.000	21	60	63	20	103.600[①]	30	81	84	26
81.600[①]	25	65	68	21	104.273	22	71	74	25
81.882	17	55	58	20	104.385	13	56	59	22
83.333	18	57	60	20	104.500	12	54	57	22
83.462[①]	26	67	70	21	104.571	14	58	61	23
84.842	19	59	62	21	105.000	15	60	63	23
85.000	12	48	51	19	105.625	16	62	65	24
85.000[①]	30	72	75	22	106.412	17	64	67	24
85.333[①]	27	69	72	22	106.714[①]	28	80	83	27
85.615	13	50	53	19	107.250	24	75	78	26
86.250[①]	24	66	69	22	107.333	18	66	69	25

续表

i_{ae}^{b}	z_a	z_b	z_e	z_c	i_{ae}^{b}	z_a	z_b	z_e	z_c
108.368	19	68	71	25	128.143	28	89	92	31
108.448①	29	82	85	27	128.273	22	80	83	30
108.800	25	77	80	27	129.348	23	82	85	30
109.500	20	70	73	26	129.655	29	91	94	32
110.200①	30	84	87	28	130.500	24	84	87	31
110.385	26	79	82	27	131.200	30	93	96	32
110.714	21	72	75	26	131.720	25	86	89	31
112.000	22	74	77	27	133.000	26	88	91	32
112.000	27	81	84	28	134.118	17	73	76	29
113.384	23	76	79	27	134.125	16	71	74	28
113.643	28	83	86	28	134.333	18	75	78	29
114.286	14	61	64	24	134.400	15	69	72	28
114.400	15	63	66	25	134.737	19	77	80	30
114.462	13	59	62	24	135.000	14	67	70	27
114.750	16	65	68	25	135.300	20	79	82	30
114.750	24	78	81	28	135.714	28	92	95	33
115.000	12	57	60	23	136.000	13	65	68	27
115.294	17	67	70	26	136.000	21	81	84	31
115.310	29	85	88	29	137.138	29	94	97	33
116.000	18	69	72	26	137.500	12	63	66	26
116.200	25	80	83	28	137.739	23	85	88	32
116.842	19	71	74	27	138.600	30	96	99	34
117.000①	30	87	90	29	138.750	24	87	90	32
117.692	26	82	85	29	139.840	25	89	92	33
117.800	20	73	76	27	141.000	26	91	94	33
118.857	21	75	78	28	142.222	27	93	96	34
119.222	27	84	87	29	143.500	28	95	98	34
120.000	22	77	80	28	144.000	18	78	81	31
120.786	28	86	89	30	144.158	19	80	83	31
121.217	23	79	82	29	144.375	16	74	77	30
122.379	29	88	91	30	144.500	20	82	85	32
122.500	24	81	84	29	144.828	29	97	100	35
123.840	25	83	86	30	145.000	15	72	75	29
124.000	30	90	93	31	145.000	21	84	87	32
124.200	15	66	69	26	145.636	22	86	89	33
124.250	16	68	71	27	146.000	14	70	73	29
124.429	14	64	67	26	146.200	30	99	102	35
124.529	17	70	73	27	146.391	23	88	91	33
125.000	13	62	65	25	147.250	24	90	93	34
125.000	18	72	75	28	147.462	13	68	71	28
125.231	26	85	88	30	148.200	25	92	95	34
125.632	19	74	77	28	149.231	26	94	97	35
126.000	12	60	63	25	149.500	12	66	69	28
126.400	20	76	79	29	150.333	27	96	99	35
127.286	21	78	81	29	151.500	28	98	101	36
127.313	32	94	97	32	152.724	29	100	103	36

续表

i_{ae}^{b}	z_a	z_b	z_e	z_c	i_{ae}^{b}	z_a	z_b	z_e	z_c
153.895	19	83	86	33	187.200	30	114	117	43
154.000	18	81	84	32	188.500	12	75	78	32
154.000	20	85	88	33	189.125	16	86	89	36
154.000	30	102	105	37	191.400	15	84	87	35
154.286	21	87	90	34	193.500	24	105	108	41
154.353	17	79	82	32	193.600	25	107	110	42
154.727	22	89	92	34	193.846	26	109	112	42
155.000	16	77	80	31	194.222	27	111	114	43
155.304	23	91	94	35	194.714	28	113	116	43
156.000	15	75	78	31	195.000	20	97	100	39
156.000	24	93	96	35	195.310	29	115	118	44
156.800	25	95	98	36	196.000	19	95	98	39
157.429	14	73	76	30	196.000	30	117	120	44
157.692	26	97	100	36	197.333	18	93	96	38
158.667	27	99	102	37	201.250	16	89	92	37
159.714	28	101	104	37	202.500	12	78	81	34
160.828	29	103	106	38	203.500	24	108	111	43
162.000	12	69	72	29	203.667	27	114	117	44
162.000	30	105	108	38	204.000	15	87	90	37
163.800	20	88	91	35	204.000	28	116	119	45
164.333	18	84	87	34	204.448	29	118	121	45
165.000	17	82	85	33	205.000	21	102	105	41
165.000	24	96	99	37	205.000	30	120	123	46
165.640	25	98	101	37	206.000	20	100	103	41
166.000	16	80	83	33	209.000	18	96	99	40
166.385	26	100	103	38	213.333	27	117	120	46
167.400	15	78	81	32	213.440	25	113	116	45
169.286	14	76	79	32	213.500	28	119	122	46
170.200	30	108	111	40	213.750	16	92	95	39
173.714	21	93	96	37	213.750	24	111	114	44
173.900	20	91	94	36	214.200	30	123	126	47
174.250	24	99	102	38	215.000	22	107	110	43
174.720	25	101	104	39	216.000	21	105	108	43
175.000	12	72	75	31	217.000	12	81	84	35
175.000	18	87	90	35	217.000	15	90	93	38
175.308	26	103	106	39	217.300	20	103	106	42
176.000	17	85	88	35	221.000	14	88	91	38
176.000	27	105	108	40	221.000	18	99	102	41
176.786	28	107	110	40	223.345	29	124	127	48
177.655	29	109	112	41	223.385	26	118	121	47
178.600	30	111	114	41	223.600	30	126	129	49
179.200	15	81	84	34	223.720	25	116	119	46
183.636	22	98	101	39	224.250	24	114	117	46
183.750	24	102	105	40	225.000	23	112	115	45
184.300	20	94	97	38	226.000	22	110	113	45
184.615	13	77	80	33	226.625	16	95	98	40
185.000	19	92	95	37	228.900	20	106	109	44
185.000	27	108	111	41	230.400	15	93	96	40
186.000	18	90	93	37	232.000	12	84	87	37

续表

i_{ae}^{b}	z_a	z_b	z_e	z_c	i_{ae}^{b}	z_a	z_b	z_e	z_c
233.103	29	127	130	50	266.000	26	130	133	53
233.200	30	129	132	50	267.240	25	128	131	52
233.333	18	102	105	43	267.500	16	104	107	45
234.240	25	119	122	48	268.750	24	126	129	52
235.000	14	91	94	39	272.727	22	122	125	51
235.000	24	117	120	47	273.000	15	102	105	44
236.000	23	115	118	47	273.600	30	141	144	56
238.857	21	111	114	46	275.000	28	137	140	55
239.875	16	98	101	42	276.000	27	135	138	55
240.800	20	109	112	45	278.300	20	118	121	50
243.000	30	132	135	52	278.720	25	131	134	54
243.158	19	107	110	45	280.000	12	93	96	41
243.667	27	126	129	50	280.500	24	129	132	53
244.200	15	96	99	41	281.875	16	107	110	46
245.000	25	122	125	49	284.200	30	144	147	58
246.000	18	105	108	44	285.000	29	142	145	57
246.000	24	120	123	49	286.000	18	114	117	49
247.500	12	87	90	38	286.000	28	140	143	57
249.412	17	103	106	44	287.222	27	138	141	56
250.714	21	114	117	47	288.000	15	105	108	46
253.000	20	112	115	47	288.000	21	123	126	52
253.000	30	135	138	53	290.440	25	134	137	55
253.500	16	101	104	43	291.400	20	121	123	51
254.222	27	129	132	52	292.500	24	132	135	55
255.000	26	127	130	51	294.913	23	130	133	54
256.000	25	125	128	51	295.000	30	147	150	59
257.250	24	123	126	50	295.286	14	103	106	45
258.400	15	99	102	43	296.000	29	145	148	59
259.000	18	108	111	46	296.625	16	110	113	48
263.200	30	138	141	55	297.000	12	96	99	43
263.500	12	90	93	40	297.214	28	143	146	58
264.286	14	97	100	42	298.667	27	141	144	58
265.000	27	132	135	53	300.000	18	117	120	50
265.500	20	115	118	48	332.50	12	102	105	46

① 配齿方案，$i_{ae}^{b}=38.4\sim72.50$ 和 $i_{ae}^{b}=162\sim300$ 配齿方案是新增加的，即在参考文献1中原来是没有的。

注：1. 本表的传动比为 $i_{ae}^{b}=64\sim300$，其传动比可按下式计算，即

$$i_{ae}^{b}=\left(1+\frac{z_b}{z_a}\right)\times\frac{z_e}{z_e-z_b}$$

2. 表中的中心轮a的齿数为 $z_a=12\sim30$（仅有一个 $z_a>30$），且大都满足下列关系式，即

$$z_a\leqslant z_c\text{（除标有①外）}$$

$$z_b<z_e$$

3. 本表适用于行星轮数 $n_p=3$ 的3Z型传动（有的也适用于 $n_p=2$ 的传动），且满足下列安装条件，即

$$\frac{z_a+z_b}{n_p}=C\text{（整数）}\quad\frac{z_a+z_e}{n_p}=C'\text{（整数）}$$

4. 本表中的各轮齿数关系也适合于中心轮e固定的3K型传动；但应按下式换算，即

$$i_{ab}^{e}=1-i_{ae}^{b}\text{或}|i_{ab}^{e}|=i_{ae}^{b}-1$$

第4章　行星齿轮传动的几何尺寸和啮合参数计算

4.1　标准直齿圆柱齿轮的基本参数

根据渐开线及其传动性质可知，标准直齿圆柱齿轮的基本参数有五个：齿数 z、模数 m、压力角 α、齿顶高系数 h_a^* 和顶隙系数 c^*。在确定上述基本参数后，齿轮的齿形及几何尺寸就完全确定了。

齿数 z——齿轮整个圆周上轮齿的总数。在啮合齿轮副中，小齿轮和大齿轮分别用 z_1 和 z_2 表示。

模数 m——分度圆上的齿距 p 与圆周率 π（无理数）的比值，即

$$m=p/\pi \tag{4-1}$$

模数 m 是齿轮的一个基本参数，其单位为 mm（毫米）。因齿距 $p=\pi m$，若模数 m 增大，则齿轮的齿距 p 就增大；齿轮的轮齿及各部分尺寸均相应地增大。为了齿轮的设计、制造和测量等工作的标准化，模数 m 的数值已经标准化。渐开线圆柱齿轮模数可参见表4-1。

表 4-1　渐开线圆柱齿轮模数（GB/T 1357—2008）　　/mm

第一系列	1	1.25	1.5		2		2.5		3				4
第二系列		1.125	1.375	1.75		2.25		2.75		(3.25)	3.5	(3.75)	
第一系列		5		6			8		10		12		16
第二系列	4.5		5.5		(6.5)	7		9		(11)		14	
第一系列		20		25		32		40		50			
第二系列	18		22		28		36		45				

注：1. 对斜齿轮是指法向模数 m_n。

2. 应优先采用第一系列，括号内的模数尽可能不用。

在此应该指出，由于在齿轮的不同圆周上，其齿距 p 不相同，故其模数 m 也是不同的；只有分度圆上的模数 m 是标准值。

因齿轮分度圆的周长为 $\pi d=zp$，即可得 $d=\frac{p}{\pi}z$；再由（4-1）式可得齿轮的分度圆直径为

$$d=mz \tag{4-2}$$

上式表示，当给定一个齿轮的模数 m 和齿数 z，齿轮的分度圆直径 d 就确定了。

压力角 α——国家标准（GB/T 1356—2001）规定：分度圆压力角 $\alpha=20°$，即该压力角等于基准齿形的齿形角。

因此，齿轮的分度圆应当定义为：齿轮上具有标准模数 m 和标准压力角 $\alpha=20°$ 的圆称为分度圆。因为，$d=d_b/\cos\alpha$，式中基圆直径为

$$d_b=d\cos\alpha \tag{4-3}$$

由公式(4-3) 可见，当齿轮的分度圆直径 d 确定后，如果再规定渐开线在分度圆上的压力角 α 的数值，则基圆直径 d_b 就确定了。而齿轮的渐开线齿形仅取决于基圆的大小。

齿顶高系数 h_a^* ——按 GB/T 1356—2001 规定：正常齿 $h_a^*=1$，短齿 $h_a^*=0.8$。

顶隙系数 c^* ——按 GB/T 1357—2001 规定：正常齿 $c^*=0.25$，短齿 $c^*=0.3$。

一对渐开线圆柱直齿轮的正确啮合条件是：两齿轮的模数 m 相等，分度圆压力角 α 相等，即

$$\left.\begin{aligned}m_1=m_2=m\\ \alpha_1=\alpha_2=\alpha\end{aligned}\right\} \tag{4-4}$$

对于渐开线圆柱斜齿轮，通常用分度圆柱的螺旋角 β（简称螺旋角）表示斜齿轮轮齿的倾斜程度。为了减少啮合传动的轴向力，斜齿轮的螺旋角一般不宜过大，通常取 $\beta=8°\sim20°$；车辆和坦克等齿轮箱中采用的斜齿轮有时可取 $\beta=20°\sim35°$。

由于斜齿轮的轮齿为螺旋形，在垂直于螺旋线方向的剖面（即法面上），其上的齿形与端面上的齿形不相同。因此，斜齿轮有两种参数：法面参数和端面参数。各参数在法面上和端面上的关系如下。

法面模数 m_n 与端面模数 m_t 的关系为

$$m_n=m_t\cos\alpha \tag{4-5}$$

法面压力角 α_n 与端面压力角 α_t 的关系为

$$\tan\alpha_n=\tan\alpha_t\cos\beta \tag{4-6}$$

因法面齿顶高与端面齿顶高是相等的，即

$$h_a=h_{an}^*m_n=h_{at}^*m_t$$

仿上，它们的齿根高 h_f 也是相等的，即

$$h_f=(h_{an}^*+c_n^*)m_n=(h_{at}^*+c_t^*)m_t$$

所以，法面齿顶高系数 h_{an}^* 与端面齿顶高系数 h_{at}^* 的关系为

$$h_{an}^*=h_{at}^*/\cos\beta \tag{4-7}$$

仿上，法面顶隙系数 c_n^* 与端面顶隙系数 c_t^* 的关系为

$$c_n^*=c_t^*/\cos\beta \tag{4-8}$$

采用滚齿刀加工斜齿轮时，滚齿刀的进刀方向垂直于轮齿法面，所以，一般规定斜齿轮的法面参数 m_n、α_n、h_{an}^* 和 c_n^* 为标准值，并与直齿轮的参数标准值相同。所以，斜齿圆柱齿轮的分度圆为法向模数 m_n、法向压力角 α_n 均为标准值的基准圆。

一对斜齿轮要正确啮合，除了应满足直齿轮的两个条件（$m_{t2}=m_{t1}$ 和 $\alpha_{t2}=\alpha_{t1}$）外，还应使其螺旋角 β 相匹配。所以，斜齿轮的正确啮合条件为

$$\left.\begin{aligned}m_{n1}=m_{n2}=m_n\\ \alpha_{n1}=\alpha_{n2}=\alpha_n\\ \beta_1=\pm\beta_2\end{aligned}\right\} \tag{4-9}$$

式中　β——斜齿轮的螺旋角，一般取 $\beta=8°\sim20°$，内啮合传动取“+”号；外啮合传动取“—”号；

m_n——斜齿轮的法面模数，应取标准值；

α_n——斜齿轮的法面压力角，应取标准值。

对于行星齿轮传动的啮合参数和几何尺寸计算，首先需要将 2Z-X 型和 3Z 型等行星传动分解成其对应的若干个相互啮合的齿轮副。2Z-X 型行星传动的啮合齿轮副如图 4-1 所示。例如，2Z-X(A) 型行星传动可以分解为 a-c 外啮合齿轮副和 c-b 内啮合齿轮副［见图 4-1(a)］。2Z-X(B) 型行星传动可以分解为 a-c 外啮合齿轮副和 d-b 内啮合齿轮副［见图 4-1(b)］。2Z-X(D)型行星传动可以分解为 a-c 和 d-b 两个外啮合齿轮副［见图 4-1(c)］。而 2Z-X(E) 型行星传动可以分解为 b-c 和 d-e 两个内啮合齿轮副。

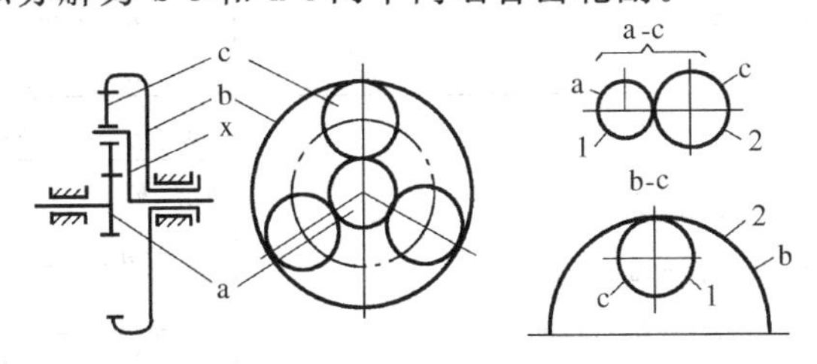

(a) 2Z-X(A) 型啮合齿轮副

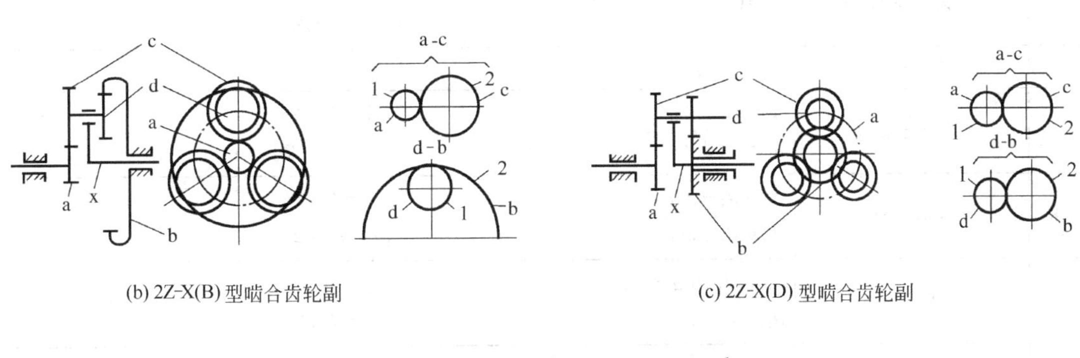

(b) 2Z-X(B) 型啮合齿轮副　　(c) 2Z-X(D) 型啮合齿轮副

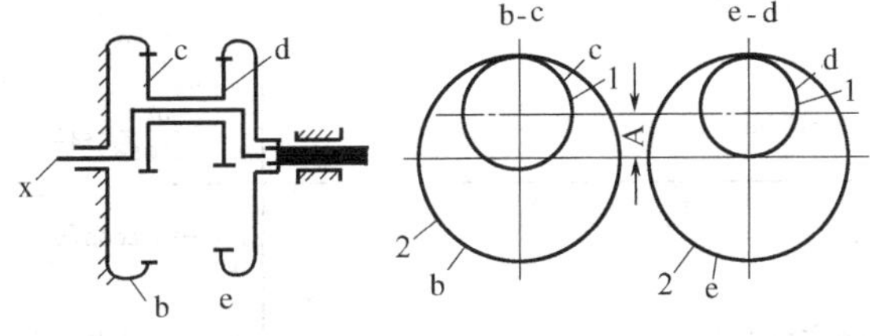

(d) 2Z-X(E) 型啮合齿轮副

图 4-1　2Z-X 型行星传动啮合齿轮副

3Z(Ⅰ) 型行星传动可以分解为 a-c 外啮合齿轮副和 c-b 及 d-e 两个内啮合齿轮副。参见图 4-2。在每个齿轮副的啮合传动中，较小的齿轮都用下角标 1 表示，较大的齿轮都用下角标 2 表示。

在按范成法加工齿轮时，外齿轮一般选用齿轮滚刀加工或选用插齿刀加工，内齿轮通常选用插齿刀加工。据上述各种不同的加工情况，对于外啮合和内啮合齿轮传动的几何尺寸需按其对应的计算公式求得。

关于标准圆柱齿轮传动的几何尺寸计算公式见表 4-2。

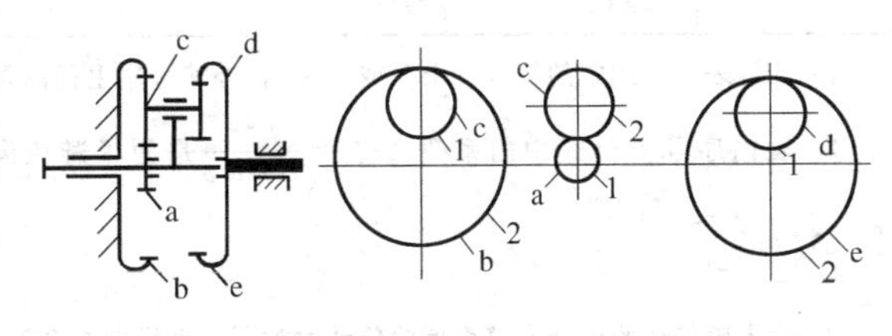

图 4-2　3Z 型行星传动啮合齿轮副

表 4-2　标准圆柱齿轮传动的几何尺寸计算公式

序号	名　称		计算公式	
			直　齿　轮	斜　齿　轮
1	模数 m		m 取标准值	$m_t=m_n/\cos\beta$ m_n 取标准值
2	压力角 α		α 取标准值	$\alpha_t=\arctan(\tan\alpha_n/\cos\beta)$ α_n 取标准值
3	分度圆直径 d		$d_1=mz_1$ $d_2=mz_2$	$d_1=m_t z_1=m_n z_1/\cos\beta_1$ $d_2=m_t z_2=m_n z_2/\cos\beta_2$
4	齿顶高 h_a	外啮合	$h_{a1}=h_{a2}=mh_a^*=m$	$h_{a1}=h_{a2}=h_{an}^* m_n=m_n$
		内啮合	$h_{a1}=h_a^* m=m$ $h_{a2}=(h_a^*-\Delta h^*)m$ $=(1-7.55/z_2)m$	$h_{a1}=h_{an}^* m_n$ $h_{a2}=(h_{an}^*-\Delta h_{an}^*)m_n$ $=\left(1-\dfrac{7.55\cos^3\beta}{z_2}\right)m_n$
5	齿根高 h_f		$h_f=(h_a^*+c^*)m=1.25m$	$h_f=(h_{an}^*+c_n^*)m_n$ $=1.25m_n$
6	全齿高 h		$h=h_a+h_f$	$h=h_a+h_f$
7	齿顶圆直径 d_a		$d_{a1}=d_1+2h_a$ $d_{a2}=d_2\pm 2h_a$	$d_{a1}=d_1+2h_a$ $d_{a2}=d_2\pm 2h_a$
8	齿根圆直径 d_f		$d_{f1}=d_1-2h_f$ $d_{f2}=d_2\mp 2h_f$	$d_{f1}=d_1-2h_f$ $d_{f2}=d_2\mp 2h_f$
9	基圆直径 d_b		$d_{b1}=d_1\cos\alpha$ $d_{b2}=d_2\cos\alpha$	$d_{b1}=d_1\cos\alpha_t$ $d_{b2}=d_2\cos\alpha_t$
10	中心距 a		$a=\dfrac{1}{2}(d_2\pm d_1)$ $=\dfrac{1}{2}m(z_2\pm z_1)$	$a=\dfrac{1}{2}(d_2\pm d_1)$ $=\dfrac{m_n}{2\cos\beta}(z_2\pm z_1)$
11	齿顶压力角 α_a		$\alpha_{a1}=\arccos\dfrac{d_{b1}}{d_{a1}}$ $\alpha_{a2}=\arccos\dfrac{d_{b2}}{d_{a2}}$	$\alpha_{at1}=\arccos\dfrac{d_{b1}}{d_{a1}}$ $\alpha_{at2}=\arccos\dfrac{d_{b2}}{d_{a2}}$
12	重合度 ε	端面重合度 ε_α	$\varepsilon_\alpha=\dfrac{1}{2\pi}[z_1(\tan\alpha_{a1}-\tan\alpha)$ $\pm z_2(\tan\alpha_{a2}-\tan\alpha)]$	$\varepsilon_\alpha=\dfrac{1}{2\pi}[z_1(\tan\alpha_{at1}-\tan\alpha_t)$ $\pm z_2(\tan\alpha_{at2}-\tan\alpha_t)]$
		纵向重合度 ε_β	$\varepsilon_\beta=0$	$\varepsilon_\beta=\dfrac{b\sin\beta}{\pi m_n}$ b 为轮齿宽度
		总重合度 ε_γ	$\varepsilon_\gamma=\varepsilon_\alpha$	$\varepsilon_\gamma=\varepsilon_\alpha+\varepsilon_\beta$

注：1. 表内公式中的符号“±”或“∓”，外啮合用上面的符号，内啮合用下面的符号。

2. 表内序号 4 公式中的系数 $\Delta h_a^*=\dfrac{h_a^{*2}}{z_2\tan^2\alpha}$ 是为了避免齿廓干涉所需减少的齿顶高系数；当 $h_a^*=1$，$\alpha=20°$ 时，$\Delta h_a^*\approx\dfrac{7.55}{z_2}$。

3. 斜齿轮传动的重合度较直齿轮传动增加了一个纵向重合度 $\varepsilon_\beta=\dfrac{b\sin\beta}{\pi m_n}$，故其重合度大，传动平稳。

4.2　行星齿轮传动中的变位齿轮

4.2.1　变位齿轮传动的类型

在行星齿轮传动中，除采用标准齿轮传动外，还可以采用变位齿轮传动。根据两个相互啮合齿轮的变位系数之和，变位齿轮传动可分为下列两种类型。

① 高度变位齿轮传动（或称等移距变位齿轮传动），其变位系数和为 $x_\Sigma = x_2 \pm x_1 = 0$，即 $x_2 = \mp x_1$。

② 角度变位齿轮传动（或称不等移距变位齿轮传动），其变位系数和为 $x_\Sigma = x_2 \pm x_1 \neq 0$。当 $x_\Sigma = x_2 \pm x_1 > 0$ 时，称为正传动；当 $x_\Sigma = x_2 \pm x_1 < 0$ 时，称为负传动。

（1）高度变位齿轮传动

在行星齿轮传动中，采用高度变位的主要目的在于：可以避免根切、减小机构的尺寸和质量；还可以改善齿轮副的磨损情况以及提高其承载能力。

由于啮合齿轮副中的小齿轮采用正变位（$x_1 > 0$），当其齿数比 $u = \frac{z_2}{z_1}$ 一定时，可以使小齿轮的齿数 $z_1 < z_{\min}$，而不会产生根切现象，从而可以减小齿轮的外形尺寸和质量。同样，由于小齿轮采用正变位，其齿根厚度增大，齿根的最大滑动率减小，因而，可改善耐磨损情况和提高其承载能力。

在采用高度变位的齿轮传动时，通常，外啮合齿轮副中的小齿轮采用正变位（$x_1 > 0$），大齿轮采用负变位（$x_2 < 0$）。内齿轮的变位系数和与其啮合的外齿轮相同，即 $x_2 = x_1$。例如，对于2Z-X(A) 型传动，当传动比 $i_{ax}^{b} > 4$ 时，中心轮 a 采用正变位，而行星轮 c 和内齿轮 b 均采用负变位，其变位系数关系为

$$x_c = x_b = -x_a < 0$$

但是，当传动比 $i_{ax}^{b} < 4$ 时，中心轮 a 可采用负变位，行星轮 c 和内齿轮 b 均采用正变位，其变位系数关系为

$$x_c = x_b = -x_a > 0$$

最后，应该指出：在行星齿轮传动中，采用高度变位可以改善其传动性能，但确有一定的限度。因此，在行星齿轮传动中，较为广泛的是采用角度变位传动。

关于高度变位圆柱齿轮传动的几何尺寸计算公式见表 4-3。

（2）角度变位齿轮传动

在行星齿轮传动中，应用较多的是角度变位中的正传动（$x_\Sigma > 0$）；采用角度变位正传动的主要目的在于：凑合中心距，避免轮齿根切，减小齿轮机构的尺寸；减少齿面磨损和提高使用寿命以及提高其承载能力等。

由于采用正变位，可使齿轮副中的小齿轮的齿数 $z_1 < z_{\min}$，而仍不产生根切，从而可使齿轮传动的尺寸减小。由于啮合齿轮副中的两齿轮均可以采用正变位，即 $x_1 > 0$ 和 $x_2 > 0$，从而增大了其啮合角 α' 和轮齿的齿根厚度以及使轮齿的齿根高减小。这样不仅可以改善其耐磨损情况，还能提高其强度，因此，也就提高了其承载能力。另外，只要适当地选取变位系数，便可以获得齿轮副的不同啮合角 α'，从而可以配凑它们的中心距 a'，以实现正确的啮合。但是，采用正变位时，使其啮合角 α' 增大后，却使得其重合度 ε 减小了，故需要验算其变位后的重合度。

表 4-3　高度变位圆柱齿轮传动的几何尺寸计算公式

序号	名　　称		计算公式：直　齿　轮	计算公式：斜　齿　轮
1	分度圆直径 d		$d_1=mz_1$ $d_2=mz_2$	$d_1=m_tz_1=m_nz_1/\cos\beta$ $d_2=m_tz_2=m_nz_2/\cos\beta$
2	齿顶高 h_a	外啮合	$h_{a1}=(h_a^*+x_1)m$ $h_{a2}=(h_a^*+x_2)m$	$h_{a1}=(h_{an}^*+x_{n1})m_n$ $h_{a2}=(h_{an}^*+x_{n2})m_n$
		内啮合	$h_{a1}=(h_a^*+x_1)m$ $h_{a2}=(h_a^*-\Delta h_a^*-x_2)m$ $=[1-\frac{7.55(1-x_2)^2}{z_2}-x_2]m$	$h_{a1}=(h_{an}^*+x_{n1})m_n$ $h_{a2}=(h_{an}^*-\Delta h_{an}^*-x_{n2})m$ $=[1-\frac{7.55(1-x_2)^2\cos^3\beta}{z_2}-x_{n2}]m_n$
3	齿根高 h_f		$h_{f1}=(h_a^*+c^*-x_1)m$ $h_{f2}=(h_a^*+c^*\mp x_2)m$	$h_{f1}=(h_{an}^*+c_n^*-x_{n1})m_n$ $h_{f2}=(h_{an}^*+c_n^*\mp x_{n2})m_n$
4	齿高 h		$h_1=h_{a1}+h_{f1}$ $h_2=h_{a2}+h_{f2}$	$h_1=h_{a1}+h_{f1}$ $h_2=h_{a2}+h_{f2}$
5	齿顶圆直径 d_a		$d_{a1}=d_1+2h_{a1}$ $d_{a2}=d_2\pm 2h_{a2}$	$d_{a1}=d_1+2h_{a1}$ $d_{a2}=d_2\pm 2h_{a2}$
6	齿根圆直径 d_f		$d_{f1}=d_1-2h_{f1}$ $d_{f2}=d_2\mp 2h_{f2}$	$d_{f1}=d_1-2h_{f1}$ $d_{f2}=d_2\mp 2h_{f2}$
7	基圆直径 d_b		$d_{b1}=d_1\cos\alpha$ $d_{b2}=d_2\cos\alpha$	$d_{b1}=d_1\cos\alpha_t$ $d_{b2}=d_2\cos\alpha_t$
8	中心距 a		$a=\frac{1}{2}(d_2\pm d_1)$ $=\frac{m}{2}(z_2\pm z_1)$	$a=\frac{1}{2}(d_2\pm d_1)$ $=\frac{m_n}{2\cos\beta}(z_2\pm z_1)$
9	齿顶圆压力角 α_a		$\alpha_{a1}=\arccos\frac{d_{b1}}{d_{a1}}$ $\alpha_{a2}=\arccos\frac{d_{b2}}{d_{a2}}$	$\alpha_{at1}=\arccos\frac{d_{b1}}{d_{a1}}$ $\alpha_{at2}=\arccos\frac{d_{b2}}{d_{a2}}$
10	重合度 ε	端面重合度 ε_α	$\varepsilon_\alpha=\frac{1}{2\pi}[z_1(\tan\alpha_{a1}-\tan\alpha)$ $\pm z_2(\tan\alpha_{a2}-\tan\alpha)]$	$\varepsilon_\alpha=\frac{1}{2\pi}[z_1(\tan\alpha_{at1}-\tan\alpha)$ $\pm z_2(\tan\alpha_{at2}-\tan\alpha)]$
		纵向重合度 ε_β	$\varepsilon_\beta=0$	$\varepsilon_\beta=\frac{b\sin\beta}{\pi m_n}$ b 为轮齿宽度
		总重合度 ε_γ	$\varepsilon_\gamma=\varepsilon_\alpha$	$\varepsilon_\gamma=\varepsilon_\alpha+\varepsilon_\beta$

注:1. 表内有符号“±”或“∓”处,外啮合用上面的符号,内啮合用下面的符号。

2. 表内序号 2 公式中的系数 $\Delta h_a^*=\frac{(h_a^*-x_2)^2}{z_2}$是为了避免过渡曲线干涉所需减少的齿顶高系数;当 $h_a^*=1$,$\alpha=20°$时,$\Delta h_a^*=\frac{7.55(1-x_2)^2}{z_2}$。

4.2.2　2Z-X 型行星传动的角度变位

对于 2Z-X 型行星传动都可以分为如下两个啮合齿轮副：a-c 齿轮副［图 4-1(a)］，b-c 齿轮副；或 b-d 齿轮副［图 4-1(b)］；或 b-d 齿轮副［图 4-1(c)］；和 e-d 齿轮副［图 4-1(d)］。

在具有一个外啮合和一个内啮合齿轮副［图 4-1(a)］的 2Z-X(A) 型传动中，在 a-c 齿轮副的啮合角 α'_{ac} 比齿形角 $\alpha=20°$大很多（例如 $\alpha'_{ac}=25°\sim27°$），而 c-b 齿轮副的啮合角 α'_{bc} 等于 20°或接近 20°（如 $\alpha'_{bc}=18°\sim21°$）的情况下，采用角度变位的正传动特别有效。在行星齿轮传动中，采用角度变位的优点并不仅限于传动机构获得最小尺寸与质量的可能性，而且，可使 a-c 齿轮副与 b-c 齿轮副采用了不同的啮合角 α'后，标准的（不变位的）的同心条件（参见表 3-1）就可以不必遵守；这一点在很多情况下具有重要的实际意义。由于在行星传动中采用了角度变位而消除了不变位的同心条件的限制，因此，可使得在保证满足给定的传动比条件下的齿数的选择变得简便多了，且在很多场合下改善了其结构。与上述情况相反，如果进行角度变位使两齿轮副的啮合角相等，即 $\alpha'_{ac}=\alpha'_{bc}$，则内齿轮 b 的直径显著增加，且使其变位系数 x_b 的数值变得相当大，这样就会导致内齿轮 b 的齿形系数 Y_F 值减少得较多（见图 7-22），因而就降低了它的轮齿弯曲强度。由此可见，进行使啮合角 $\alpha'_{ac}=\alpha'_{bc}$ 的角度变位是不合理的。

如前所述，为了研究的方便起见，可把 2Z-X 型传动分为 a-c 和 b-c（或 b-d）两个相互啮合的齿轮副。在上述两个齿轮副中，其公用的字母符号（z_Σ、a'、x_Σ 和 α'等）上，应写上相应的下角标 a 与 b（或 ac 和 bc）。

按照上述规定，对于 2Z-X(A) 型传动中的 a-c 齿轮副与 b-c 齿轮副，则其齿轮副的齿数和为

$$\begin{cases} z_{\Sigma a}=z_a+z_c(\text{外啮合}) \\ z_{\Sigma b}=z_b-z_c(\text{内啮合}) \end{cases} \tag{4-10}$$

齿轮副的变位系数和为

$$\begin{cases} x_{\Sigma a}=x_a+x_c(\text{外啮合}) \\ x_{\Sigma b}=x_b-x_c(\text{内啮合}) \end{cases} \tag{4-11}$$

标准（非变位）中心距

$$\begin{cases} a_{ac}=0.5m\ (z_a+z_c)\ (\text{外啮合}) \\ a_{bc}=0.5m\ (z_b-z_c)\ (\text{内啮合}) \end{cases} \tag{4-12}$$

齿轮副的啮合角余弦

$$\begin{cases} \cos\alpha'_{ac}=\dfrac{a_{ac}}{a'_{ac}}\cos\alpha \\ \cos\alpha'_{bc}=\dfrac{a_{bc}}{a'_{bc}}\cos\alpha \end{cases} \tag{4-13}$$

式中　a'_{ac}、a'_{bc}——齿轮副 a-c、b-c 的角度变位中心距。

现考虑到两齿轮副角度变位后的中心距应相等，即 $a'_{ac}=a'_{bc}$；根据公式(4-10)～公式(4-12) 可得

$$\frac{\cos\alpha'_{ac}}{\cos\alpha'_{bc}}=\frac{a_{ac}}{a_{bc}}=\frac{z_a+z_c}{z_b-z_c}=\frac{z_{\Sigma a}}{z_{\Sigma b}} \tag{4-14}$$

4.2.3　3Z(Ⅰ) 型行星传动的角度变位

对于 3Z(Ⅰ) 型行星传动，可以分为 a-c、b-c 和 e-d 三个啮合齿轮副（图 4-2）。

在上述三个啮合齿轮副中，其公用的字母符号都应写上相应的下角标 a、b 和 e（或 ac、bc 和 ed）。

在 3Z(Ⅰ) 型行星传动中，若各个齿轮副的齿数和相等（$z_{\Sigma a}=z_{\Sigma b}=z_{\Sigma c}$），即满足下列条件

$$z_a+z_c=z_b-z_c=z_e-z_d \tag{4-15}$$

因为，在单级行星齿轮传动中的模数 m 一般都是相同的，则它们的标准（非变位）中心距相等，即 $a_{ac}=a_{bc}=a_{ed}$ 和它们的啮合角也相等，即 $\alpha'_{ac}=\alpha'_{bc}=\alpha'_{ed}=\alpha$。在上述情况下，各个啮合齿轮副必须是标准（非变位）传动或高度变位传动。此时，各齿轮副的变位系数和 x_Σ 都应该等于零，即 $x_{\Sigma a}=x_{\Sigma b}=x_{\Sigma e}=0$。

但是，在大多数的情况下，3Z(Ⅰ）型传动中各个啮合齿轮副的齿数和 z_Σ 是不能满足式(4-15）条件的。因此，为了使得各齿轮副的实际啮合中心距相等，就不可避免地要采取角度变位传动。对于在表 3-5 中所列出的全部 3Z(Ⅰ）型传动方案中都具有 $z_b-z_c=z_e-z_d$，即 $a_{bc}=a_{ed}$ 的条件。但是，在表 3-5 中没有标注星号的 3Z(Ⅰ）型传动方案中，各个啮合齿轮副的齿数或有

$$z_a+z_c<z_b-z_c \tag{4-16}$$

即

$$a_{ac}<a_{bc}$$

或有

$$z_a+z_c>z_b-z_c \tag{4-17}$$

即

$$a_{ac}>a_{bc}$$

在符合式(4-16）条件的 3Z(Ⅰ）型传动方案中，建议采用角度变位中心距 $a'=a_{bc}=a_{ed}$ 作为三个齿轮副中的公用值。因此，就有 $a_{ac}<a'$ 的关系，则可得 a-c 齿轮副的变位系数和 $x_{\Sigma a}>0$，即该齿轮副必须采取角度变位的正传动。而齿轮副 b-c 和 e-d 的变位系数和均为零，即 $x_{\Sigma b}=x_{\Sigma e}=0$，则应采取高度变位传动或标准齿轮传动。

在符合公式(4-17）条件的 3Z(Ⅰ）型传动方案中，建议采用角度变位中心距 $a'\approx a_{ac}-(0.3\sim0.5)(a_{ac}-a_{bc})$ 作为三个齿轮副中的公用值。因此，就有 $a_{ac}>a'$、$a'>a_{bc}$ 和 $a'>a_{ed}$ 的关系，则可得 $x_{\Sigma a}<0$、$x_{\Sigma b}>0$ 和 $x_{\Sigma e}>0$，即在该 3Z(Ⅰ）型传动的三个齿轮副中都应采用角度变位传动，其中 a-c 齿轮副为角度变位的负传动。

在特殊的情况下，3Z(Ⅰ）型传动中各齿轮副的齿数和关系为

$$z_{\Sigma b}<z_{\Sigma a}<z_{\Sigma e}$$

即

$$z_b-z_c<z_a+z_c<z_e-z_d$$

则有中心距

$$a_{bc}<a_{ac}<a_{ed}$$

对此传动方案，建议采用角度变位中心距 $a'=a_{ed}$ 作为三个齿轮副中的公用值。因此，就有 $a_{bc}<a'$ 和 $a_{ac}<a'$，则可得 a-c 和 b-c 齿轮副的变位系数和都应大于零，即 $x_{\Sigma a}>0$ 和 $x_{\Sigma b}>0$，这就表明它们都应采用角度变位的正传动。由于 $a_{ed}=a'$，则得 e-d 齿轮副的变位系数和 $x_{\Sigma e}=0$，这表明该齿轮副应采用标准传动或高度变位传动［如在具有单齿圈行星轮的 3Z(Ⅱ）型传动中］。

根据上述方法所选定的角度变位中心距 a'，便可以对各个齿轮副进行其啮合参数和几何尺寸的计算（具体的计算公式和步骤参见表 4-4 和表 4-5)。

4.3 角度变位齿轮传动的啮合参数计算

如前所述，在行星齿轮传动中，当其中某个齿轮副的标准中心距 a 与角度变位中心距

a'不相等时，则该齿轮副必须采用角度变位传动。而且，还必须对该齿轮副进行其啮合参数的计算。计算时应遵照前面的规定，将该齿轮副中的较小齿轮用下角标 1 表示；较大齿轮用下角标 2 表示。

根据《机械原理》和《机械零件设计手册》中的有关内容，对于需要采用角度变位传动的齿轮副（直齿轮的）可以按如下公式计算其啮合参数。

(1) 已知 a'、z_Σ 和 m，求 x_Σ 和 Δy

未变位时的中心距为

$$a=\frac{m(z_2 \pm z_1)}{2} \tag{4-18}$$

中心距变动系数为

$$y=\frac{a'-a}{m} \tag{4-19}$$

一对变位齿轮作无侧隙啮合时，其啮合角为

$$\alpha'=\arccos\left(\frac{a}{a'}\cos\alpha\right) \tag{4-20}$$

根据无侧隙啮合方程，可求得变位系数和为

$$\begin{aligned} x_\Sigma &=\frac{z_\Sigma(\mathrm{inv}\alpha'-\mathrm{inv}\alpha)}{2\tan\alpha} \\ &=\frac{(z_2 \pm z_1)(\mathrm{inv}\alpha'-\mathrm{inv}\alpha)}{2\tan\alpha} \end{aligned} \tag{4-21}$$

齿顶高变动系数为

$$\Delta y=x_\Sigma-y=(x_2 \pm x_1)-y \tag{4-22}$$

式中　a——齿轮副的标准中心距，mm；

α——压力角，其标准值为 $\alpha=20°$；

$\mathrm{inv}\alpha$——标准压力角 α 的渐开线函数，且有 $\mathrm{inv}\alpha=\tan\alpha-\alpha$；

$\mathrm{inv}\alpha'$——啮合角的渐开线函数。

(2) 已知 x_Σ、z_Σ 和 m，求 a'和 Δy

根据无侧隙啮合方程，可求得啮合角 α'为

$$\begin{aligned} \mathrm{inv}\alpha' &=\frac{2x_\Sigma\tan\alpha}{z_\Sigma}+\mathrm{inv}\alpha \\ &=\frac{2(x_2 \pm x_1)\tan\alpha}{z_2 \pm z_1}+\mathrm{inv}\alpha \end{aligned} \tag{4-23}$$

在求得渐开线函数 $\mathrm{inv}\alpha'$值后，可查表 4-7 得到 α'值。

中心距变动系数为

$$\begin{aligned} y &=\frac{z_\Sigma}{2}\left(\frac{\cos\alpha}{\cos\alpha'}-1\right) \\ &=\frac{(z_2 \pm z_1)}{2}\left(\frac{\cos\alpha}{\cos\alpha'}-1\right) \end{aligned} \tag{4-24}$$

角度变位后的实际中心距为

$$\begin{aligned} a' &=my+a \\ &=my+\frac{m(z_2 \pm z_1)}{2} \end{aligned} \tag{4-25}$$

齿顶高变动系数为

$$\begin{aligned} \Delta y &=x_\Sigma-y \\ &=(x_2 \pm x_1)-y \end{aligned} \tag{4-26}$$

以上各公式中的“±”符号，“+”号用于外啮合；“−”号用于内啮合。

另外，由上述公式(4-18)～公式(4-22)可知：对于高度变位传动，因其变位后的中心距 $a'=a$，变位系数和 $x_\Sigma=x_2\pm x_1=0$，故其中心距变动系数 $y=0$，齿顶高变动系数 $\Delta y=0$，其啮合角 $\alpha'=\alpha=20°$。

角度变位齿轮传动啮合参数的计算公式见表4-4。

表4-4　角度变位齿轮传动的啮合参数计算公式

名　称	符号	计算公式(已知 a' 求 x_Σ)	
		直齿轮副	斜齿轮副
标准中心距	a	$a=\dfrac{mz_\Sigma}{2}=\dfrac{m}{2}(z_2\pm z_1)$	$a=\dfrac{m_n z_\Sigma}{2\cos\beta}=\dfrac{m_n(z_2\pm z_1)}{2\cos\beta}$
中心距变动系数	y	$y=\dfrac{a'-a}{m}$	$y_n=\dfrac{a'-a}{m_n}$
啮合角	α'	$\alpha'=\arccos\left(\dfrac{a}{a'}\cos\alpha\right)$或 $\mathrm{inv}\alpha'=\dfrac{2(x_2\pm x_1)}{z_2\pm z_1}\tan\alpha+\mathrm{inv}\alpha$	$\alpha_t'=\arccos\left(\dfrac{a}{a'}\cos\alpha_t\right)$或 $\mathrm{inv}\alpha'=\dfrac{2(x_{n2}\pm x_{n1})}{z_2\pm z_1}\tan\alpha_t+\mathrm{inv}\alpha_t$
变位系数和	x_Σ	$x_\Sigma=\dfrac{z_2\pm z_1}{2\tan\alpha}(\mathrm{inv}\alpha'-\mathrm{inv}\alpha)$	$x_\Sigma=\dfrac{z_2\pm z_1}{2\tan\alpha}(\mathrm{inv}\alpha_t'-\mathrm{inv}\alpha_t)$
齿顶高变动系数	Δy	$\Delta y=x_\Sigma-y$ $=(x_2\pm x_1)-y$	$\Delta y=x_{\Sigma n}-y_n$ $=(x_{n2}\pm x_{n1})-y_n$
实际中心距	a'	$a'=\dfrac{\cos\alpha}{\cos\alpha'}a$ 或 $a'=\dfrac{m}{2}(z_2\pm z_1)+my$	$a'=\dfrac{\cos\alpha_t}{\cos\alpha_t'}a$

注：表中 α_t 为斜齿轮的端面压力角，且有 $\alpha_t=\arctan\dfrac{\tan\alpha_n}{\cos\beta}$，其中 β 为螺旋角；α_n 为法面压力角，α_n 系标准值。

现举例说明采用角度变位的3Z(Ⅰ)型传动的啮合参数计算。

【例题4-1】 已知3Z(Ⅰ)型的传动比 $i_p=87.36$；各轮齿数 $z_a=18$、$z_b=171$、$z_e=156$、$z_c=76$ 和 $z_d=61$。试进行该3Z(Ⅰ)型传动的啮合参数的计算。

解　首先将该3Z(Ⅰ)型传动分为：a-c、b-c和e-d三个齿轮副。

因为

$$z_{\Sigma a}=z_a+z_c=18+76=94$$

$$z_{\Sigma b}=z_b-z_c=171-76=z_e-z_d=156-61=95$$

即有 $a_{ac}<a_{bc}$ 符合公式(4-16)的条件，因此，可采用公用实际中心距为

$$a'=a_{bc}=a_{ed}=0.5m\ (z_b-z_c)=0.5\times(171-76)m=47.5m$$

此时，b-c和e-d啮合齿轮副的变位系数之和 $x_{\Sigma b}=x_{\Sigma e}=0$，即为非变位或高度变位。

现仅需求a-c啮合齿轮副中的变位系数和 $x_{\Sigma a}$ 即可。

因在该齿轮副中是中心距 a 的齿数少于行星轮c的齿数，即 $z_a<z_c$，故 $z_1=z_a$ 和 $z_2=z_c$（见图4-2）。显然，对于a-c齿轮副非变位的标准中心距为

$$a_{ac}=0.5mz_{\Sigma a}=0.5m\ (z_1+z_2)=0.5m(18+76)=47m$$

按公式(4-19)可求得其中心距变动系数为

$$y_a=\frac{a'-a}{m}=\frac{47.5m-47m}{m}=0.5$$

再按公式(4-20)可求得其啮合角为

$$\alpha_{ac}'=\arccos\left(\frac{a}{a'}\cos\alpha\right)$$

$$=\arccos\left(\frac{47m}{47.5m}\cos20°\right)$$

$$=21°36'$$

按公式(4-21) 可得其变位系数和为

$$x_{\Sigma a}=\frac{(z_2+z_1)(\text{inv}\alpha'-\text{inv}\alpha)}{2\tan\alpha}$$

$$=\frac{(76+18)(\text{inv}21°36'-\text{inv}20°)}{2\tan20°}$$

$$=0.521$$

按公式(4-22) 可得其齿顶高变动系数为

$$\Delta y=x_{\Sigma a}-y_a=0.521-0.5=0.021$$

根据内啮合齿轮副 c-b 为非变位传动，则有

$$x_2=x_c=x_{\Sigma a}-x_1=0$$

所以

$$x_1=x_a=x_{\Sigma a}=0.521$$

对于啮合齿轮副 c-b 和 e-d 皆为非变位传动，则有

$$x_1=x_c=x_d=0$$

$$x_2=x_b=x_e=0$$

对于 3Z(Ⅱ) 型行星传动，由于它采用了一个公共的行星轮 c，因此，该 3Z(Ⅱ) 型传动可以分为 a-c、b-c 和 e-c 三个啮合齿轮副。在 3Z(Ⅱ) 型行星传动中，因各个齿轮副的齿数和 z_Σ 通常是不能满足公式(4-15) 的条件。所以，为了使得各齿轮副的实际啮合中心距 a' 相等，就不可避免地要采取角度变位传动。在对该 3Z(Ⅱ) 型行星传动进行了配齿计算后，所得到的各个啮合齿轮副的齿数和 z_Σ 均是不相等的；而且，各齿轮副的齿数和还具有如下的关系式（参见表 3-6）为

$$z_{\Sigma e}>z_{\Sigma a}>z_{\Sigma b}$$

即

$$z_e-z_c>z_a+z_c>z_b-z_c \tag{4-27}$$

由于该 3Z(Ⅱ) 型行星传动中各齿轮的模数 m 是相同的，故各啮合齿轮副未变位的中心距 a 也是不相等的，且具有关系式为

$$a_{ec}>a_{ac}>a_{bc} \tag{4-28}$$

在符合公式(4-27) 条件 3Z(Ⅱ) 型传动中，建议采用角度变位中心距 $a'=a_{ec}$ 作为三个齿轮副中的公共中心距值。由此可见，就会有 $a'>a_{ac}$ 和 $a'>a_{bc}$ 的关系，则可得 a-c 齿轮副和 b-c 齿轮副的变位系数和均大于零，即 $x_{\Sigma a}>0$ 和 $x_{\Sigma b}>0$，由此表明，上述两个齿轮副必须采取角度变位的正传动。而齿轮副 e-c 的变位系数和 $x_{\Sigma e}$ 应等于零，即 $x_{\Sigma e}=0$，则表示该啮合齿轮副应采取高度变位传动，且有 $x_e=x_c$ 的关系。

关于 3Z(Ⅱ) 型行星传动啮合角的计算如下。

如前所述，在 3Z(Ⅱ) 型行星传动中，由于它具有单齿圈行星轮，即 $z_c=z_d$，因而其各齿轮副的标准中心距 a 均不相等。为了凑合中心距和改善啮合性能，3Z(Ⅱ) 型传动就必须进行角度变位；且至少使其有两个啮合角 α' 不等于压力角 α，即 $\alpha'\neq\alpha=20°$。

据有关文献介绍[15]，在所有的变位情况下，内齿轮 e 的变位系数 x_e 可推荐选用 $x_e=+0.25$，而内齿轮 e 和 b 的顶圆直径为 $(d_a)_e=(d_a)_b=(d)_e-1.4m$。而行星轮 c 的顶圆直径 $(d_a)_c$ 应由 a-c 齿轮副（外啮合）的几何尺寸计算确定，以避免在切齿加工和啮合传动时的齿廓干涉。

从避免轮齿根切、提高轮齿工作面的接触疲劳强度和抗胶合强度等方面考虑，c-e 齿轮副的啮合角 α_e' 值的选取，应使其中心轮 a 所得到的变位系数为 $x_a=0.3$。当齿数差（z_e-z_a）

为奇数和变位系数 $x_c = x_e = +0.25$ 时，可以满足变位系数 $x_a \approx 0.3$ 的条件。当齿数差（$z_e - z_a$）为偶数时，e-c 齿轮副的啮合角 α_e' 可根据 z_e 值由图 4-3 的线图选取，以满足变位系数 $x_a = 0.3$ 的条件。

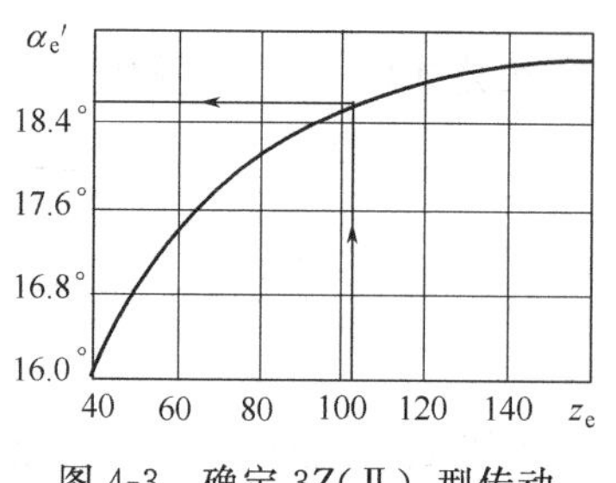

图 4-3　确定 3Z(Ⅱ) 型传动啮合角的线图

若允许中心轮 a 产生微根切，则可使该中心轮 a 的变位系数为 $x_a = 0.2 \sim 0.25$。当齿数差（$z_e - z_a$）为奇数和变位系数 $x_c = x_e = 0.27 \sim 0.32$ 时，即可满足变位系数 $x_a = 0.2 \sim 0.25$ 的条件。此时，c-e 齿轮副的啮合角 $\alpha_{ce}' = 20°$ 为高度变位。

【例题 4-2】 已知 3Z(Ⅱ) 型的传动比 $i_p = i_{ae}^{b} = 179.2$，各轮齿数 $z_a = 15$，$z_b = 81$，$z_e = 84$ 和 $z_c = 34$，行星轮数 $n_p = 3$。试求该 3Z(Ⅱ) 型行星减速器的变位系数和啮合角。

解　首先，应将 3Z(Ⅱ) 型传动分为 a-c、b-c 和 e-c 三个齿轮副。因为，齿数差 $(z_e - z_a) = 69$ 为奇数，则可取 $x_c = x_e = +0.25$，即在 e-c 齿轮副中，变位系数和 $x_{\Sigma e} = x_e - x_c = 0$ 为高度变位，其啮合角为 $\alpha_{ec}' = \alpha = 20°$，中心距为 $a_{ec}' = a_{ec} = \frac{1}{2} m (z_e - z_c) = \frac{m}{2}(84 - 34) = 25m$。

对于 b-c 啮合，据同心条件可得其角度变位的中心距为 $a_{bc}' = a_{ec}' = 25m$ 而其标准中心距为 $a_{bc} = \frac{1}{2} m (z_b - z_c) = 23.5m$。根据表 4-4 中的公式，则得其中心距变动系数为

$$y_b = \frac{a_{bc}' - a_{bc}}{m} = 1.5$$

其啮合角 α_{bc}' 为

$$\alpha_{bc}' = \arccos\left(\frac{a_{bc}}{a_{bc}'}\cos\alpha\right) = 27°57'20''$$

变位系数和为

$$x_{\Sigma b} = x_b - x_c = \frac{z_b - z_c}{2\tan\alpha}(\mathrm{inv}\alpha_b' - \mathrm{inv}\alpha) = 1.798$$

因 $x_c = +0.25$，则得

$$x_b = x_{\Sigma b} + x_c = 1.798 + 0.25 = 2.048$$

对于 a-c 啮合，因其标准中心距为 $a_{ac} = \frac{1}{2} m (z_a + z_c) = 24.5m$，仿上可得

$$y_a = 0.5,\ \alpha_{ac}' = 22°56'32'',\ x_{\Sigma a} = 0.534$$

因 $x_c = +0.25$，则得

$$x_a = x_{\Sigma a} - x_c = 0.534 - 0.25 = 0.284$$

4.4　变位方式和变位系数的选择

如前所述，在行星齿轮传动中，合理地采用变位齿轮，使齿轮副可以实现如下的目的：避免轮齿的根切，凑合中心距，保证满足同心条件，改善齿轮的传动性能和提高其承载能力，以及提高齿轮的使用寿命等。

通过前面对行星齿轮传动所进行的啮合参数计算，可以求得各个齿轮副的变位系数和 x_Σ。但是，在每个啮合齿轮副中，根据已求得的变位系数和 x_Σ 值及其关系式 $x_\Sigma = x_2 \pm x_1$，应如何对大、小齿轮的变位系数进行合理的分配呢？即如何确定齿轮副中大、小齿轮的变位系数 x_1 和 x_2 值呢？这乃是个变位方式的选用和各轮的变位系数的确定问题。现在仅对上述两个问题分别简要地阐述如下。

4.4.1　变位方式的选用

齿轮变位方式的选用，主要应根据以下几个因素：

① 各个啮合齿轮副中小齿轮的齿数 z_1 的多少；

② 各个啮合齿轮副中的齿数之和 $z_\Sigma = z_2 \pm z_1$ 值的大小；

③ 各个啮合齿轮副中的非变位中心距 a 与变位后的实际中心距 a' 的关系，$a < a'$ 或 $a = a'$。

例如，对于 3Z(Ⅰ) 型行星齿轮传动（见图 4-2）有 a-c、b-c 和 e-d 三个啮合齿轮副。

在 a-c 啮合齿轮副中，若有

$$z_1 = z_a < z_{min}$$
$$z_{\Sigma_a} = z_1 + z_2 > 2z_{min}$$
$$a_{ac} < a'_{ac}$$

据上述条件，该啮合齿轮副的变位目的是为了避免小齿轮 $z_1 < z_{min}$ 时产生轮齿根切、凑合中心距和改善啮合性能。其变位方式是采用角度变位的正传动：$x_{\Sigma a} = x_2 + x_1 > 0$。

在 b-c 啮合齿轮副中，若有

$$z_1 = z_c > z_{min}$$
$$z_{\Sigma b} = z_2 - z_1 > 2z_{min}$$
$$a_{bc} < a'_{bc}$$

据此条件，该啮合齿轮副的变位目的是为了凑合中心距和改善啮合性能。其变位方式亦是采用角度变位的正传动 $x_{\Sigma b} = x_2 - x_1 > 0$

在 e-d 啮合齿轮副中，若有

$$z_1 = z_d > z_{min}$$
$$z_{\Sigma e} = z_2 - z_1 > 2z_{min}$$
$$a_{ed} = a'_{ed}$$

据此条件，该齿轮副的变位目的是为了改善啮合性能和修复啮合齿轮副保持其标准中心距不变。其变位方式应采用高度变位（即等移距变位）$x_{\Sigma e} = x_2 - x_1 = 0$，即 $x_2 = x_1$。

4.4.2　选择变位系数的限制条件

对于行星传动中的啮合齿轮副，为了提高其承载能力，改善传动质量，希望增大齿轮副的啮合角 α'。但是，为了增加传动的平稳性，增加重合度 ε，则需要减小其啮合度 α'。这些问题均取决于如何正确地选取变位系数。在选取变位系数时，一般应注意下列的限制条件。

① 保证无侧隙啮合的几何条件　对于变位传动的齿轮副，要保证它们进行无侧隙啮合，就必须满足无侧隙啮合方程式，即

$$\text{inv}\alpha' = \frac{2(x_2 \pm x_1)}{z_2 \pm z_1}\tan\alpha + \text{inv}\alpha$$

即

$$x_\Sigma = x_2 \pm x_1 = \frac{z_2 \pm z_1}{2\tan\alpha}(\text{inv}\alpha' - \text{inv}\alpha) \tag{4-29}$$

由上式可见，齿轮副的变位系数和 x_Σ 为齿数和 z_Σ 与啮合角 α' 的函数。

② 保证被切制的齿轮不发生根切现象　用齿条型刀具加工标准齿轮时，不产生根切的最少齿数 z_{min} 为

$$z_{min} = \frac{2h_a^*}{\sin\alpha}$$

不根切的最小变位系数 x_{min} 为

$$x_{min} = h_a^* \frac{z_{min} - z_1}{z_{min}}$$

当 $h_a^*=1$，$\alpha=20°$时，$z_{\min}=17$，则得

$$x_{\min}=\frac{17-z_1}{17} \tag{4-30}$$

所以

$$x_{\Sigma\min}=x_{1\Sigma\min}+x_{2\min}=\frac{34-z_{\Sigma}}{17} \tag{4-31}$$

对于一些传递功率较小或强度要求不高的齿轮传动，可以允许轮齿有轻微根切；但根切后不得缩短轮齿的有效工作齿廓或减少重合度。实际应用时允许有轻微根切的最小变位系数 $x'_{\min}$，当 $h_a^*=1$，$\alpha=20°$时，可得

$$x'_{\min}=\frac{14-z_1}{17} \tag{4-32}$$

③ 保证被切制的齿轮不产生齿顶变尖　轮齿的齿顶厚 s_a 可按下式计算，即

$$s_a=d_a\left(\frac{\pi}{2z}+\frac{2x}{z}\tan\alpha\right)-d_a(\text{inv}\alpha_a-\text{inv}\alpha) \tag{4-33}$$

式中　d_a——齿顶圆直径，$d_a=mz+2m(h_a^*+x-\Delta y)$；

α_a——齿顶压力角，$\alpha_a=\arccos\dfrac{d_b}{d_a}$。

上式表明：变位系数 x 值越大，齿顶圆直径 d_a 越大，齿顶压力角 α_a 也越大（见图4-6）；而齿顶厚 s_a 就越小。同时，齿顶圆直径 d_a 还与齿顶高变动系数 Δy 有关，即与啮合齿轮副的两个变位系数 x_1 和 x_2 有关。因此，一个齿轮的齿顶厚 s_a 受到参与啮合的两齿轮的变位系数 x_1、x_2 的影响。当给定 s_a 值后，便可以用公式(4-33) 和公式(4-29) 联立求解，求得变位系数 x_1 与 x_2 值，即可求得保证不产生齿顶变尖的变位系数 x_1 和 x_2。

④ 保证必要的重合度 ε　为了保证齿轮传动的平稳性，重合度 ε 必须大于1，一般大多要求 $\varepsilon\geqslant1.2$。直齿圆柱齿轮啮合齿轮副的重合度计算公式为

$$\varepsilon=\frac{1}{2\pi}[z_1(\tan\alpha_{a1}-\tan\alpha')\pm z_2(\tan\alpha_{a2}-\tan\alpha')] \tag{4-34}$$

或写成

$$2\pi\varepsilon+(z_1\pm z_2)\tan\alpha'=z_1\tan\alpha_{a1}\pm z_2\tan\alpha_{a2} \tag{4-35}$$

式中齿顶压力角为

$$\alpha_{a1}=\arccos\frac{d_{b1}}{d_{a1}}=\arccos\frac{z_1\cos\alpha}{z_1+2h_a^*+2x_1-2\Delta y}$$

$$\alpha_{a2}=\arccos\frac{d_{b2}}{d_{a2}}=\arccos\frac{z_2\cos\alpha}{z_2+2h_a^*+2x_2-2\Delta y}$$

若已知齿轮副的齿数（z_1、z_2）和齿形参数（h_a^* 和 α），当给定其重合度 ε 值（如 $\varepsilon=1.2$），在选定啮合角 α'时，公式(4-35) 的左端为常数，而其右端为变位系数 x_1 和 x_2 的函数。将公式(4-34) 与公式(4-29) 联立求解，即可得变位系数 x_1 和 x_2 值，即求得了重合度为 ε（如 $\varepsilon=1.2$）的限制曲线上的点。

⑤ 保证齿轮啮合时不干涉　由于轮齿根部有一段齿廓是由刀具齿顶圆角加工出来的过渡曲线，当此过渡曲线与另一齿轮的渐开线齿廓接触时，不能保证正确啮合，甚至可能使齿轮“卡住”，这种现象叫做过渡曲线干涉。

对于齿条型刀具加工的外齿轮啮合时，啮合齿轮副中的小齿轮 z_1 齿根不产生干涉的条件是

$$\tan\alpha'-\frac{z_2}{z_1}(\tan\alpha_{a2}-\tan\alpha')\geqslant\tan\alpha-\frac{4(h_a^*-x_1)}{z_1\sin2\alpha} \tag{4-36}$$

大齿轮 z_2 齿根不产生干涉的条件是

$$\tan\alpha' - \frac{z_1}{z_2}(\tan\alpha_{a1} - \tan\alpha') \geqslant \tan\alpha - \frac{4(h_a^* - x_2)}{z_2 \sin 2\alpha} \tag{4-37}$$

对于齿数 z_1 和 z_2 及齿形参数（h_a^*、α）都一定的齿轮副，如果给定啮合角 α'（即给定变位系数和 x_Σ），可将公式(4-34) 与公式(4-29) 联立求解，便可得到大齿轮 2 齿根不干涉的变位系数 x_1 和 x_2。

根据上述限制条件可以绘制封闭线图。对于不同的齿数 z_1 和 z_2 值，按上述限制条件，则可得到不同齿轮副的封闭线图。在封闭图的许用范围内的变位点（x_1 和 x_2）都是允许选取的值，即所获得的 x_1 和 x_2 值均可满足上述各限制条件。

4.4.3　选择变位系数的方法

选择变位系数的具体方法有解析法、封闭图法和查表法等。现仅介绍利用封闭线图选择变位系数的方法。

图 4-4 所示为选择变位系数的线图（$h_a^*=1$、$\alpha=20°$）。线图右侧的横坐标表示齿轮副的齿数和 z_Σ，纵坐标表示变位系数和 x_Σ，许用区（阴影线）内的各射线表示同一啮合角 α'（如 19°、20°、…、25°、26°等）时的变位系数和 x_Σ 与齿数和 z_Σ 的函数关系。根据 z_Σ 及其他具体要求，可在其许用区内选择 x_Σ。

在确定变位系数和 x_Σ 后，再用该图左侧的斜线（对应不同齿数比 u）分配变位系数 x_1 和 x_2 值。左侧线图的纵坐标仍表示 x_Σ，而横坐标表示小齿轮的变位系数 x_1（从原点 O 向左为 x_1 正值，向右为负值）。根据变位系数和 x_Σ 及齿数比 $u=\frac{z_2}{z_1}$，利用左侧线图可求得 x_1；而 $x_2=x_\Sigma-x_1$。

按上述线图选取的变位系数 x_1 和 x_2，可以保证：加工时轮齿不产生根切或只有微根切；齿顶厚 $s_a>0.4m$（模数），重合度 $\varepsilon\geqslant1.2$（少数情况下 $\varepsilon=1.1\sim1.2$）；啮合时轮齿不干涉，且两轮的滑动系数 η 近似相等。关于上述图线的具体用法现举例说明如下。

【例题 4-3】（即图 4-4 中例 1）　已知行星传动中的齿轮副齿数 $z_1=21$，$z_2=33$，模数 $m=2.5\text{mm}$，中心距 $a'=70\text{mm}$。试确定其变位系数 x_1、x_2。

解　① 按公式(4-20)求啮合角 α' 为

$$\begin{aligned}\alpha' &= \arccos\left[\frac{m}{2a'}(z_2+z_1)\cdot\cos\alpha\right]\\ &= \arccos\left[\frac{2.5}{2\times70}(33+21)\cdot\cos20°\right]\\ &= 25°1'26''\end{aligned}$$

② 在图 4-4 中，由原点 O 按 $\alpha'=25°1'26''$作射线，与 $z_\Sigma=z_1+z_2=54$ 的直线相交于 A_1 点。因 A_1 在许用区内，故可以选取。A_1 点的纵坐标就是所求的变位系数和 $x_\Sigma=1.12$。

另外，该变位系数和 x_Σ 也可按无侧隙啮合方程式(4-21) 求得。

③ 根据齿数比 $u=\frac{z_2}{z_1}=\frac{33}{21}=1.57$，则可按左图的斜线 2 分配变位系数，即自 A_1 点作水平线与斜线 2 交于 C_1 点，C_1 点的横坐标 $x_1=0.55$。则 $x_2=x_\Sigma-x_1=1.12-0.55=0.57$。

【例题 4-4】（即图 4-4 中例 2）　已知齿轮副的齿数 $z_1=17$，$z_2=100$，要求尽可能提高其齿面接触强度。试确定各齿轮的变位系数。

解　欲提高其齿面接触强度，应按最大啮合角 α'_{max} 选取变位系数和。在图 4-4 的横坐标上找到 $z_\Sigma=z_1+z_2=17+100=117$ 的点，通过该点作条垂线与右线图的上边界线交于 A_2 点；A_2 点处的 α'值就是 $z_\Sigma=117$ 所对应的最大许用啮合角 [α'_{max}]。而 A_2 点的纵坐标值为 $x_\Sigma=2.54$（若需要圆整中心距 a'，可适当调整 x_Σ 值）。

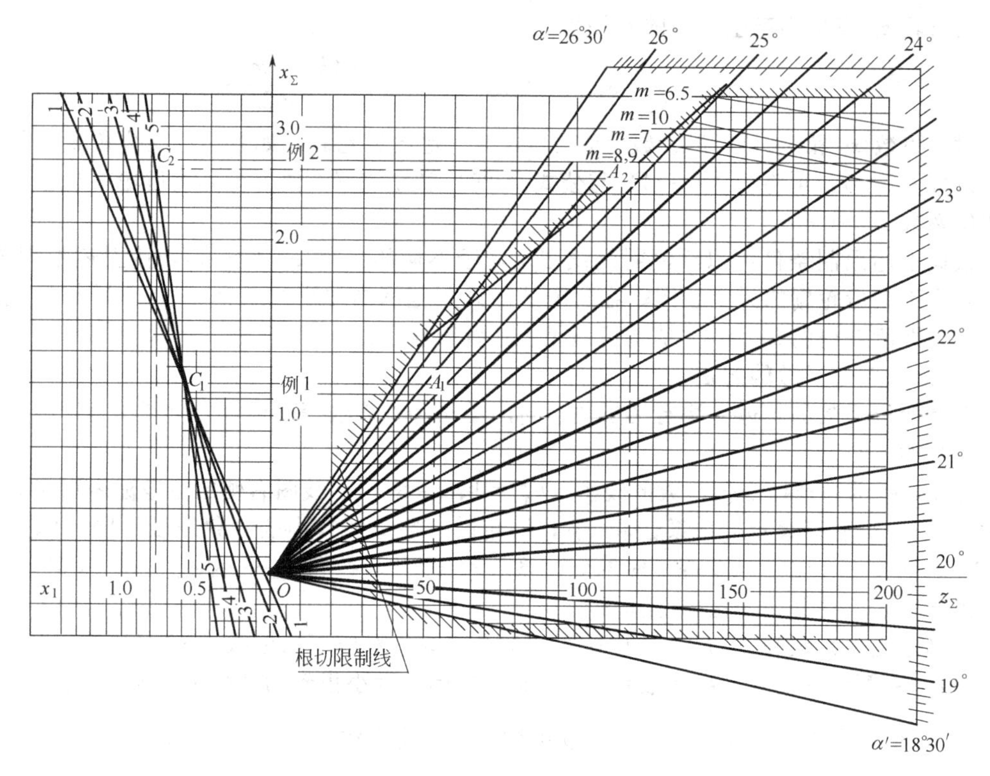

图 4-4　选择变位系数

注：斜线1，u=1.0～1.2；斜线2，u>1.2～1.6；斜线3，u>1.6～2.2；斜线4，u>2.2～3.0；斜线5，u>3.0

再根据齿数比 $u=\frac{z_2}{z_1}=\frac{100}{17}=5.9$，故应按左图的斜线5分配变位系数，即自 A_2 点作水平线与斜线5交于 C_2 点，C_2 点的横坐标为 $x_1=0.77$。则 $x_2=x_\Sigma-x_1=2.54-0.77=1.77$。

如前所述，变位齿数随着正变位系数 x 值的增大，齿顶逐渐变尖；当变位系数 x 达到 x_m 值时，齿顶厚等于零，即 $s_a=0$。显然，齿顶变尖是不允许的；然而齿顶厚太小也是不允许的。因此，就必须限制选取过大的变位系数，则应使得所选取的变位系数 $x<x_m$。

在实际应用时，还可以根据齿轮工作情况选择所需要的齿顶厚度 s_a，并计算其所对应的最大变位系数 x_{max} 值。当选择的变位系数 x 值小于最大变位系数 x_{max} 值时，则表示齿顶不会变尖。但是，当给定齿顶厚 s_a 时，欲求得其对应的最大变位系数 x_{max} 值，必须对所求的最大变位系数 x_{max} 联立求解下列超越方程，即

$$\begin{cases} s_a=d_a\left[\dfrac{\pi}{2z}+\dfrac{2x_{max}}{z}\tan\alpha+\mathrm{inv}\alpha-\mathrm{inv}\left(\arccos\dfrac{d_b}{d_a}\right)\right] \\ d_a=d+2m(x_{max}+h_a^*-\Delta y) \end{cases}$$

式中符号同前。

但求解超越方程的这种方法是相当复杂的，因为计算必须具有很高的精确度。不过由以上联立方程式中可知，变位系数 x 仅与两个参数 z 和 s_a 有关。所以，可以用一组线图的形式来表示出这个问题的解答，即 $x=f(z,s_a)$ 线图，如图 4-5 所示。

据有关文献介绍，最小允许齿顶厚平均值可取 $s_a=0.3m$。若所设计的行星传动齿轮的轮齿的磨损并不大，比如低转速的输出齿轮，则取其齿顶厚为 $s_a=0.2m$。若所设计的行星

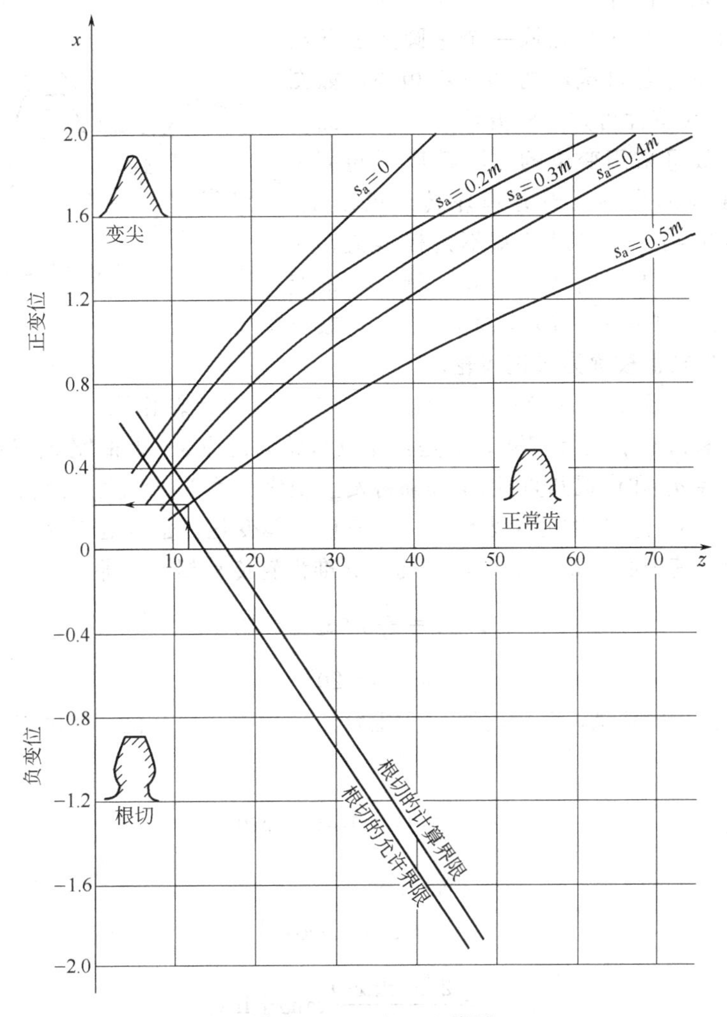

图 4-5　$x=f(z,s_a)$线图

传动齿轮的轮齿的磨损较严重，比如高转速的输入齿轮，则应取其齿顶厚为 $s_a=(0.4\sim0.5)m$。若轮齿磨损得越严重，则 s_a 值越大。若齿轮实际的齿顶厚 s_a 值小于上述所应取的最小允许值，那么，仍将这样的轮齿称为变尖齿。

另外，还可以采用如下公式计算小齿轮的变位系数 x_1 值，即

$$x_1=0.5\left[x_\Sigma-\frac{z_2-z_1}{z_2+z_1}(x_\Sigma-\Delta y)\right]+\Delta x \tag{4-38}$$

若该小齿轮为输入齿轮时，$\Delta x=0.08\sim0.12$；若小齿轮为输出齿轮时，$\Delta x=0\sim-0.04$。然后，按下式可求得大齿轮的变位系数 x_2 值，即

$$x_2=x_\Sigma\mp x_1 \tag{4-39}$$

式中，正号“+”适用于内啮合；负号“−”适用于外啮合。

4.5　角度变位齿轮传动的几何尺寸计算

由于变位齿轮和标准齿轮所采用的刀具和分度运动的传动比都是一样的，故这两种齿轮的模数 m 和压力角 α 完全相同。所以，当它们具有相同的齿数时，则这两种齿轮的分度圆

和基圆也是相同的。由此可知，变位齿轮的齿廓曲线和标准齿轮的齿廓曲线是在同一个基圆上展开出来的渐开线，只不过各自截取的部位不相同，如图 4-6 所示。据渐开线特性可知，渐开线上各点的曲率半径是不同的。故可采用变位的方法截取不同部位的渐开线作为轮齿的齿廓以改善齿轮传动的质量。但是，变位齿轮的某些几何尺寸却不是标准值。它们将随着变位类型的不同而产生变化。例如，正变位齿轮的齿厚 s 和齿顶高 h_a 增大，而齿根高 h_f 减小等。所以，变位齿轮也被称为修正齿轮。

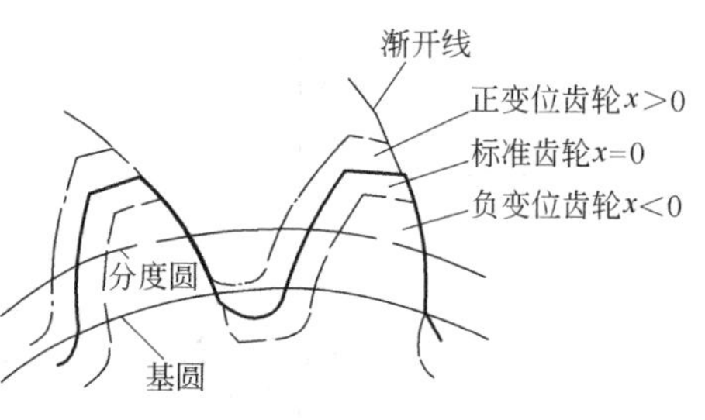

图 4-6　变位齿轮和标准齿轮的齿廓曲线

如果变位齿轮的系数 z、模数 m 和压力角 α 都与标准齿轮相同，则它们的分度圆直径 d、基圆直径 d_b 和齿距 p 也都相同。但是，变位齿轮的齿厚 s、齿槽宽 e、齿顶高 h_a、齿根高 h_f、齿顶圆直径 d_a 和齿根圆直径 d_f 等都将发生变化。关于一对变位齿轮啮合的中心距 a' 和啮合角 α'，对于不同类型的变位齿轮传动，它们可能变化，也可能不变化。例如，对于高度变位齿轮传动，其中心距 a' 和啮合角 α' 均与标准齿轮传动相同，即

$$a'=a=\frac{1}{2}m(z_2\pm z_1)$$

$$\alpha'=\alpha=20°$$

对于角度变位齿轮传动，其中心距 a' 和啮合角 α' 均要产生变化，即由表 4-4 可知实际中心距为

$$a'=\frac{1}{2}m(z_2\pm z_1)+ym$$

啮合角为

$$\alpha'=\arccos\left(\frac{a}{a'}\cos\alpha\right)$$

或

$$\mathrm{inv}\alpha'=\frac{2(x_2\pm x_1)}{z_2\pm z_1}\tan\alpha+\mathrm{inv}\alpha$$

式中符号意义同前。式中正负号，正号“＋”适用于外啮合，负号“－”适用于内啮合。

角度变位齿轮传动的几何尺寸计算公式见表 4-5。渐开线函数 $\mathrm{inv}\alpha_k$ 见表 4-7。

【例题 4-5】 已知内啮合直齿轮副 $\alpha=20°$，$h_a^*=1$，$z_1=40$，$z_2=90$，$m=3\text{mm}$，$x_1=0.3$，$x_2=2.08$；采用 $z_0=25$，$h_{a0}^*=1.25$ 的插齿刀加工。试求其中心距 a' 和齿顶圆直径 d_{a1}、d_{a2}。

解　插齿刀按中等磨损程度考虑，取 $x_0=0$；插齿刀的齿顶圆直径为 $d_{a0}=m(z_0+2h_{a0}^*)=3(25+2\times1.25)=82.5\text{mm}$。

(1) 中心距 a'

先按公式(4-23) 求啮合角 α'

$$\begin{aligned}\mathrm{inv}\alpha'&=\frac{2(x_2-x_1)}{z_2-z_1}\tan\alpha+\mathrm{inv}\alpha\\&=\frac{2(2.08-0.3)}{90-40}\tan20°+\mathrm{inv}20°\\&=0.040819\end{aligned}$$

查表 4-7 可得 $\alpha'=27°33'$

中心距变动系数

表 4-5　角度变位齿轮传动的几何尺寸计算

名　称			代号	计算公式：直　齿　轮	计算公式：斜　齿　轮
变位系数			x	x_1 $x_2=x_\Sigma\mp x_1$	x_{n1} $x_{n2}=x_{n\Sigma}\mp x_{n1}$
分度圆直径			d	$d_1=mz_1$ $d_2=mz_2$	$d_1=m_tz_1=\frac{m_nz_1}{\cos\beta}$ $d_2=m_tz_2=\frac{m_nz_2}{\cos\beta}$
滚齿法	齿顶高		h_a	$h_{a1}=(h_a^*+x_1\mp\Delta y)m$ $h_{a2}=(h_a^*\pm x_2\mp\Delta y)m$	$h_{a1}=(h_{an}^*+x_{n1}\mp\Delta y_n)m_n$ $h_{a2}=(h_{an}^*\pm x_{n2}\mp\Delta y_n)m_n$
滚齿法	齿根高		h_f	$h_{f1}=(h_a^*+C^*-x_1)m$ $h_{f2}=(h_a^*+C^*\mp x_2)m$	$h_{f1}=(h_{an}^*+C_n^*-x_{n1})m_n$ $h_{f2}=(h_{an}^*+C_n^*\mp x_{n2})m_n$
滚齿法	齿高		h	$h_1=h_{a1}+h_{f1}$ $h_2=h_{a2}+h_{f2}$	$h_1=h_{a1}+h_{f1}$ $h_2=h_{a2}+h_{f2}$
滚齿法	齿顶圆直径	外啮合	d_a	$d_{a1}=d_1+2h_{a1}$ $d_{a2}=d_2+2h_{a2}$	$d_{a1}=d_1+2h_{a1}$ $d_{a2}=d_2+2h_{a2}$
滚齿法	齿顶圆直径	内啮合	d_a	$d_{a1}=d_1+2h_{a1}$ $d_{a2}=d_2-2h_{a2}$ 为了避免小齿轮过渡曲线干涉，d_{a2}应满足下式，即 $d_{a2}\geqslant\sqrt{d_{b2}^2+(2a'\sin\alpha'+2\rho)^2}$ 式中　$\rho=m\left(\frac{z_1\sin\alpha}{2}-\frac{h_a^*-x_1}{\sin\alpha}\right)$	$d_{a1}=d_1+2h_{a1}$ $d_{a2}=d_2-2h_{a2}$ 为了避免小齿轮过渡曲线干涉，d_{a2}应满足下式，即 $d_{a2}\geqslant\sqrt{d_{b2}^2+(2a'\sin\alpha_t'+2\rho)^2}$ 式中　$\rho=m\left(\frac{z_1\sin\alpha_t}{2}-\frac{h_{at}^*-x_{t1}}{\sin\alpha_t}\right)$
滚齿法	齿根圆直径		d_f	$d_{f1}=d_1-2h_{f1}$ $d_{f2}=d_2\mp 2h_{f2}$	$d_{f1}=d_1-2h_{f1}$ $d_{f2}=d_2\mp 2h_{f2}$
插齿法	齿根圆直径		d_f	$d_{f1}=2a_{01}'-d_{a0}$ $d_{f2}=2a_{02}'\mp d_{a0}$	$d_{f1}=2a_{01}'-d_{a0}$ $d_{f2}=2a_{02}'\mp d_{a0}$
插齿法	齿顶圆直径	外啮合	d_a	$d_{a1}=2a'-d_{f2}-2C^*m$ $d_{a2}=2a'-d_{f1}-2C^*m$	$d_{a1}=2a'-d_{f2}-2C_n^*m_n$ $d_{a2}=2a'-d_{f1}-2C_n^*m_n$
插齿法	齿顶圆直径	内啮合	d_a	$d_{a1}=d_{f2}-2a'-2C^*m$ $d_{a2}=2a'+d_{f1}+2C^*m$ 为了避免小齿轮齿根过渡曲线干涉，d_{a2}应满足下式，即 $d_{a2}\geqslant\sqrt{d_{b2}^2+(2a'\sin\alpha'+2\rho_{01\min})^2}$ 式中　$\rho_{01\min}=a_{01}'\sin\alpha_{01}'-\frac{1}{2}\sqrt{d_{a0}^2-d_{b0}^2}$	$d_{a1}=d_{f2}-2a'-2C_n^*m_n$ $d_{a2}=2a'+d_{f1}+2C_n^*m_n$ 为了避免小齿轮齿根过渡曲线干涉，d_{a2}应满足下式，即 $d_{a2}\geqslant\sqrt{d_{b2}^2+(2a'\sin\alpha_t'+2\rho_{01\min})^2}$ 式中　$\rho_{01\min}=a_{01}'\sin\alpha_{t01}'-\frac{1}{2}\sqrt{d_{a0}^2-d_{b0}^2}$
节圆直径			d'	$d_1'=2a'\frac{z_1}{z_2\pm z_1}$ $d_2'=2a'\frac{z_2}{z_2\pm z_1}$	$d_1'=2a'\frac{z_1}{z_2\pm z_1}$ $d_2'=2a'\frac{z_2}{z_2\pm z_1}$
基圆直径			d_b	$d_{b1}=d_1\cos\alpha$ $d_{b2}=d_2\cos\alpha$	$d_{b1}=d_1\cos\alpha_t$ $d_{b2}=d_2\cos\alpha_t$
齿顶圆压力角			α_a	$\alpha_{a1}=\arccos\frac{d_{b1}}{d_{a1}}$ $\alpha_{a2}=\arccos\frac{d_{b2}}{d_{a2}}$	$\alpha_{at1}=\arccos\frac{d_{b1}}{d_{a1}}$ $\alpha_{at2}=\arccos\frac{d_{b2}}{d_{a2}}$

续表

名称		代号	计算公式	
			直齿轮	斜齿轮
重合度	端面重合度	ε_α	$\varepsilon_\alpha=\frac{1}{2\pi}[z_1(\tan\alpha_{a1}-\tan\alpha')\pm z_2(\tan\alpha_{a2}-\tan\alpha')]$	$\varepsilon_\alpha=\frac{1}{2\pi}[z_1(\tan\alpha_{at1}-\tan\alpha_t')\pm z_2(\tan\alpha_{at2}-\tan\alpha_t')]$
	纵向重合度	ε_β	$\varepsilon_\beta=0$	$\varepsilon_\beta=\frac{b\sin\beta}{\pi m_n}$
	总重合度	ε_γ	$\varepsilon_\gamma=\varepsilon_\alpha$	$\varepsilon_\gamma=\varepsilon_\alpha+\varepsilon_\beta$

注：1. 表内有符号“±”或“∓”处，外啮合用上面的符号，内啮合用下面的符号。

2. 表内公式中，a_0'为切齿时的中心距，d_{a0}为插齿刀的齿顶圆直径，$d_{a0}=m(z_0+2h_{a0}^*)$。其中，z_0 和 h_{a0}^* 可由表 4-6 查得。

$$y=\frac{z_2-z_1}{2}\left(\frac{\cos\alpha}{\cos\alpha'}-1\right)=\frac{90-40}{2}\left(\frac{\cos20°}{\cos27°33'}-1\right)$$
$$=1.4969$$

中心距 a' 为

$$a'=m\left(\frac{z_2-z_1}{2}+y\right)=3\left(\frac{90-40}{2}+1.4969\right)$$
$$=79.49(\text{mm})$$

(2) 齿顶圆直径 d_a

按公式(4-23) 求切齿时的啮合角 α_0'

$$\text{inv}\alpha_{01}'=\frac{2(x_1+x_0)}{z_1+z_0}\tan\alpha+\text{inv}\alpha$$
$$=\frac{2(0.3+0)}{40+25}\tan20°+\text{inv}20°$$
$$=0.018264$$

由表 4-7 查得 $\alpha_{01}'=21°20'$

仿上

$$\text{inv}\alpha_{02}'=\frac{2(x_2-x_0)}{z_2-z_0}\tan\alpha+\text{inv}\alpha$$
$$=\frac{2(2.08-0)}{90-25}\tan20°+\text{inv}20°$$
$$=0.038198$$

由表 4-7 查得 $\alpha_{02}'=26°59'$

切齿时中心距变动系数 y_0

$$y_{01}=\frac{z_1+z_0}{2}\left(\frac{\cos\alpha}{\cos\alpha_{01}'}-1\right)=\frac{40+25}{2}\left(\frac{\cos20°}{\cos21°20'}-1\right)$$
$$=0.2865$$

$$y_{02}=\frac{z_2-z_0}{2}\left(\frac{\cos\alpha}{\cos\alpha_{02}'}-1\right)=\frac{90-25}{2}\left(\frac{\cos20°}{\cos26°59'}-1\right)$$
$$=1.770$$

切齿时的中心距 a_0'

$$a_{01}'=m\left(\frac{z_1+z_0}{2}+y_{01}\right)=3\left(\frac{40+25}{2}+0.2865\right)$$
$$=98.36(\text{mm})$$

$$a_{02}'=m\left(\frac{z_2-z_0}{2}+y_{02}\right)=3\left(\frac{90-25}{2}+1.770\right)$$
$$=102.81(\text{mm})$$

齿根圆直径 d_f

$$d_{f1}=2a_{01}'-d_{a0}=2\times98.36-82.5=114.22(\text{mm})$$
$$d_{f2}=2a_{02}'+d_{a0}=2\times102.81+82.5=288.12(\text{mm})$$

齿顶圆直径 d_a

$$d_{a1}=d_{f2}-2a'-2C^{*}m=288.12-2\times79.49-2\times0.25\times3$$
$$=127.64(\text{mm})$$
$$d_{a2}=2a'+d_{f1}-2C^{*}m=2\times79.49+114.22-2\times0.25\times3$$
$$=271.7(\text{mm})$$

表 4-6　直齿插齿刀的基本参数（GB/T 6081—2001）

型式	m/mm	z_0	d_0/mm	d_{a0}/mm	h_{a0}^{*}
锥柄直齿插齿刀	公称分度圆直径 25mm				
	1.00	26	26.00	28.72	1.25
	1.25	20	25.00	28.38	
	1.50	18	27.00	31.04	
	1.75	15	26.25	30.89	
	2.00	13	26.00	31.24	
	2.25	12	27.00	32.90	
	2.50	10	25.00	31.26	
	2.75	10	27.50	34.48	
	公称分度圆直径 38mm				
	1.00	38	38.0	40.72	1.25
	1.25	30	37.5	40.88	
	1.50	25	37.5	41.54	
	1.75	22	38.5	43.24	
	2.00	19	38.0	43.40	
	2.25	16	36.0	41.98	
	2.50	15	37.5	44.26	
	2.75	14	38.5	45.88	
	3.00	12	36.0	43.74	
	3.25	12	39.0	47.58	
	3.50	11	38.5	47.52	
	3.75	10	37.5	46.88	
碗形直齿插齿刀	公称分度圆直径 50mm				
	1.00	50	50.00	52.72	1.25
	1.25	40	50.00	53.38	
	1.50	34	51.00	55.04	
	1.75	29	50.75	55.49	
	2.00	25	50.00	55.40	
	2.25	22	49.50	55.56	
	2.50	20	50.00	56.76	
	2.75	18	49.50	56.92	
	3.00	17	51.00	59.10	
	3.25	15	48.75	57.33	
	3.50	14	49.00	58.44	

型式	m/mm	z_0	d_0/mm	d_{a0}/mm	h_{a0}^{*}
碗形直齿插齿刀	公称分度圆直径 75mm				
	1.00	76	76.00	78.72	1.25
	1.25	60	75.00	78.38	
	1.50	50	75.00	79.04	
	1.75	43	75.25	79.99	
	2.00	38	76.00	81.40	
	2.25	34	76.50	82.56	
	2.50	30	75.00	81.76	
	2.75	28	77.00	84.42	
	3.00	25	75.00	83.10	
	3.25	24	78.00	86.78	
	3.50	22	77.00	86.44	
	3.75	20	75.00	85.14	
	4.00	19	76.00	86.80	
盘形直齿插齿刀	公称分度圆直径 75mm				
	1.00	76	76.00	78.50	1.25
	1.25	60	75.00	78.56	
	1.50	50	75.00	79.56	
	1.75	43	75.25	80.67	
	2.00	38	76.00	82.24	
	2.25	34	76.50	83.48	
	2.50	30	75.00	82.34	
	2.75	28	77.00	84.92	
	3.00	25	75.00	83.34	
	3.25	24	78.00	86.96	
	3.50	22	77.00	86.44	
	3.75	20	75.00	84.90	
	4.00	19	76.00	86.32	

续表

型式	m/mm	z_0	d_0/mm	d_{a0}/mm	h_{a0}^*
	公称分度圆直径 100mm				
盘形直齿插齿刀、碗形直齿插齿刀	1.00	100	100.00	102.62	1.25
	1.25	80	100.00	103.94	
	1.50	68	102.00	107.14	
	1.75	58	101.50	107.62	
	2.00	50	100.00	107.00	
	2.25	45	101.25	109.09	
	2.50	40	100.00	108.36	
	2.75	36	99.00	107.86	
	3.00	34	102.00	111.54	
	3.25	31	100.75	110.71	
	3.50	29	101.50	112.08	
	3.75	27	101.25	112.35	
	4.00	25	100.00	111.46	
	4.50	22	99.00	111.78	1.3
	5.00	20	100.00	113.90	
	5.50	19	104.50	119.68	
	6.00	18	108.00	124.56	
	公称分度圆直径 125mm				
盘形直齿插齿刀、碗形直齿插齿刀	4.0	31	124.00	136.80	1.3
	4.5	28	126.00	140.14	
	5.0	25	125.00	140.20	
	5.5	23	126.50	143.00	
	6.0	21	126.00	143.52	
	6.5	19	123.50	141.96	
	7.0	18	126.00	145.74	
	8.0	16	128.00	149.92	
	公称分度圆直径 160mm				
盘形直齿插齿刀	6.0	27	162.00	178.20	1.25
	6.5	25	162.50	180.06	
	7.0	23	161.00	179.90	
	8.0	20	160.00	181.60	
	9.0	18	162.00	186.30	
	10.0	16	160.00	187.00	
	公称分度圆直径 200mm				
	8	25	200.00	221.60	1.25
	9	22	198.00	222.30	
	10	20	200.00	227.00	
	11	18	198.00	227.70	
	12	17	204.00	236.40	

注：1. 分度圆压力角皆为 $\alpha=20°$。

2. 表中 h_{a0}^* 是在插齿刀的原始截面中的值。

表 4-7　渐开线函数表 $\mathrm{inv}\alpha=\tan\alpha-\alpha$

(′)	0°	1°	2°	3°	4°	5°
0	0.0000000000	0.00000177	0.00001418	0.00004790	0.00011364	0.00022220
1	0.0000000000	0.00000186	0.00001454	0.00004871	0.00011507	0.00022443
2	0.0000000001	0.00000196	0.00001491	0.00004952	0.00011651	0.00022668
3	0.0000000002	0.00000205	0.00001528	0.00005034	0.00011796	0.00022895
4	0.0000000005	0.00000215	0.00001565	0.00005117	0.00011943	0.00023123
5	0.0000000010	0.00000225	0.00001603	0.00005201	0.00012090	0.00023352
6	0.0000000018	0.00000236	0.00001642	0.00005286	0.00012239	0.00023583
7	0.0000000028	0.00000247	0.00001682	0.00005372	0.00012389	0.00023816
8	0.0000000042	0.00000258	0.00001722	0.00005458	0.00012541	0.00024049
9	0.0000000060	0.00000270	0.00001762	0.00005546	0.00012693	0.00024285
10	0.0000000082	0.00000281	0.00001804	0.00005634	0.00012847	0.00024522
11	0.0000000109	0.00000294	0.00001846	0.00005724	0.00013002	0.00024761
12	0.0000000142	0.00000306	0.00001888	0.00005814	0.00013158	0.00025001
13	0.0000000180	0.00000319	0.00001931	0.00005906	0.00013316	0.00025243
14	0.0000000225	0.00000333	0.00001975	0.00005998	0.00013474	0.00025486
15	0.0000000277	0.00000346	0.00002020	0.00006091	0.00013634	0.00025731
16	0.0000000336	0.00000360	0.00002065	0.00006186	0.00013796	0.00025977
17	0.0000000403	0.00000375	0.00002111	0.00006281	0.00013958	0.00026225
18	0.0000000479	0.00000389	0.00002158	0.00006377	0.00014122	0.00026474
19	0.0000000563	0.00000405	0.00002205	0.00006474	0.00014287	0.00026726
20	0.0000000656	0.00000420	0.00002253	0.00006573	0.00014453	0.00026978
21	0.0000000760	0.00000436	0.00002301	0.00006672	0.00014621	0.00027233

续表

(′)	0°	1°	2°	3°	4°	5°
22	0.0000000874	0.00000452	0.00002351	0.00006772	0.00014790	0.00027489
23	0.0000000998	0.00000469	0.00002401	0.00006873	0.00014960	0.00027746
24	0.0000001134	0.00000486	0.00002452	0.00006975	0.00015132	0.00028005
25	0.0000001282	0.00000504	0.00002503	0.00007078	0.00015305	0.00028266
26	0.0000001442	0.00000522	0.00002555	0.00007183	0.00015479	0.00028528
27	0.0000001615	0.00000540	0.00002608	0.00007288	0.00015655	0.00028792
28	0.0000001801	0.00000559	0.00002662	0.00007394	0.00015831	0.00029058
29	0.0000002001	0.00000579	0.00002716	0.00007501	0.00016010	0.00029325
30	0.0000002215	0.00000598	0.00002771	0.00007610	0.00016189	0.00029594
31	0.0000002444	0.00000618	0.00002827	0.00007719	0.00016370	0.00029864
32	0.0000002689	0.00000639	0.00002884	0.00007829	0.00016552	0.00030137
33	0.0000002949	0.00000660	0.00002941	0.00007941	0.00016736	0.00030410
34	0.0000003225	0.00000682	0.00002999	0.00008053	0.00016921	0.00030686
35	0.0000003518	0.00000704	0.00003058	0.00008167	0.00017107	0.00030963
36	0.0000003828	0.00000726	0.00003117	0.00008281	0.00017294	0.00031242
37	0.0000004156	0.00000749	0.00003178	0.00008397	0.00017483	0.00031522
38	0.0000004502	0.00000772	0.00003239	0.00008514	0.00017674	0.00031805
39	0.0000004867	0.0000796	0.00003301	0.00008632	0.00017866	0.00032088
40	0.0000005251	0.00000821	0.00003364	0.00008751	0.00018059	0.00032374
41	0.0000005655	0.00000846	0.00003427	0.00008871	0.00018253	0.00032661
42	0.0000006079	0.00000871	0.00003491	0.00008992	0.00018449	0.00032950
43	0.0000006524	0.00000897	0.00003556	0.00009114	0.00018646	0.00033241
44	0.0000006989	0.00000923	0.00003622	0.00009237	0.00018845	0.00033533
45	0.0000007477	0.00000950	0.00003689	0.00009362	0.00019045	0.00033827
46	0.0000007987	0.00000978	0.00003757	0.00009487	0.00019247	0.00034123
47	0.0000008519	0.00001005	0.00003825	0.00009614	0.00019450	0.00034421
48	0.0000009074	0.00001034	0.00003894	0.00009742	0.00019654	0.00034720
49	0.0000009653	0.00001063	0.00003964	0.00009870	0.00019860	0.00035021
50	0.0000010257	0.00001092	0.00004035	0.00010000	0.00020067	0.00035324
51	0.0000010884	0.00001123	0.00004107	0.00010132	0.00020276	0.00035628
52	0.0000011537	0.00001153	0.00004179	0.00010264	0.00020486	0.00035934
53	0.0000012216	0.00001184	0.00004252	0.00010397	0.00020698	0.00036242
54	0.0000012921	0.00001216	0.00004327	0.00010532	0.00020911	0.00036552
55	0.0000013652	0.00001248	0.00004402	0.00010668	0.00021125	0.00036864
56	0.0000014410	0.00001281	0.00004478	0.00010805	0.00021341	0.00037177
57	0.0000015196	0.00001315	0.00004554	0.00010943	0.00021559	0.00037492
58	0.0000016010	0.00001349	0.00004632	0.00011082	0.00021778	0.00037809
59	0.0000016852	0.00001383	0.00004711	0.00011223	0.00021998	0.00038128

(′)	6°	7°	8°	9°	10°	11°
0	0.00038448	0.00061151	0.00091449	0.00130481	0.00179406	0.00239409
1	0.00038770	0.00061591	0.00092025	0.00131212	0.00180311	0.00240510
2	0.00039094	0.00062033	0.00092603	0.00131946	0.00181221	0.00241614
3	0.00039420	0.00062476	0.00093184	0.00132682	0.00182133	0.00242722
4	0.00039748	0.00062922	0.00093767	0.00133422	0.00183048	0.00243833
5	0.00040077	0.00063371	0.00094353	0.00134164	0.00183966	0.00244947
6	0.00040409	0.00063821	0.00094941	0.00134909	0.00184888	0.00246065
7	0.00040742	0.00064273	0.00095531	0.00135656	0.00185812	0.00247187
8	0.00041077	0.00064728	0.00096124	0.00136407	0.00186740	0.00248312
9	0.00041414	0.00065184	0.00096719	0.00137160	0.00187670	0.00249440
10	0.00041752	0.00065643	0.00097317	0.00137916	0.00188604	0.00250572
11	0.00042093	0.00066104	0.00097917	0.00138675	0.00189541	0.00251707
12	0.00042435	0.00066567	0.00098520	0.00139437	0.00190482	0.00252846
13	0.00042779	0.00067033	0.00099126	0.00140201	0.00191425	0.00253988
14	0.00043125	0.00067500	0.00099733	0.00140968	0.00192371	0.00255133
15	0.00043473	0.00067970	0.00100344	0.00141739	0.00193321	0.00256283
16	0.00043823	0.00068442	0.00100956	0.00142512	0.00194274	0.00257435
17	0.00044175	0.00068916	0.00101572	0.00143287	0.00195230	0.00258592

续表

(′)	6°	7°	8°	9°	10°	11°
18	0.00044528	0.00069392	0.00102190	0.00144066	0.00196189	0.00259751
19	0.00044884	0.00069870	0.00102810	0.00144847	0.00197151	0.00260914
20	0.00045241	0.00070351	0.00103433	0.00145632	0.00198116	0.00262081
21	0.00045601	0.00070834	0.00104058	0.00146419	0.00199085	0.00263251
22	0.00045962	0.00071319	0.00104686	0.00147209	0.00200057	0.00264425
23	0.00046325	0.00071806	0.00105317	0.00148002	0.00201032	0.00265603
24	0.00046690	0.00072296	0.00105950	0.00148798	0.00202010	0.00266783
25	0.00047057	0.00072788	0.00106585	0.00149596	0.00202992	0.00267968
26	0.00047426	0.00073282	0.00107223	0.00150398	0.00203976	0.00269156
27	0.00047797	0.00073778	0.00107864	0.00151202	0.00204964	0.00270347
28	0.00048169	0.00074277	0.00108507	0.00152010	0.00205955	0.00271543
29	0.00048544	0.00074777	0.00109153	0.00152820	0.00206950	0.00272741
30	0.00048921	0.00075280	0.00109801	0.00153633	0.00207947	0.00273944
31	0.00049299	0.00075786	0.00110453	0.00154449	0.00208948	0.00275149
32	0.00049680	0.00076293	0.00111106	0.00155268	0.00209952	0.00276359
33	0.00050062	0.00076803	0.00111762	0.00156090	0.00210960	0.00277572
34	0.00050447	0.00077315	0.00112421	0.00156915	0.00211970	0.00278789
35	0.00050833	0.00077830	0.00113083	0.00157742	0.00212984	0.00280009
36	0.00051222	0.00078346	0.00113747	0.00158573	0.00214001	0.00281233
37	0.00051612	0.00078865	0.00114413	0.00159407	0.00215022	0.00282460
38	0.00052005	0.00079387	0.00115082	0.00160243	0.00216045	0.00283691
39	0.00052399	0.00079910	0.00115754	0.00161083	0.00217072	0.00284926
40	0.00052795	0.00080436	0.00116429	0.00161925	0.00218103	0.00286164
41	0.00053194	0.00080965	0.00117106	0.00162771	0.00219136	0.00287407
42	0.00053594	0.00081495	0.00117786	0.00163619	0.00220173	0.00288652
43	0.00053997	0.00082028	0.00118468	0.00164471	0.00221213	0.00289902
44	0.00054401	0.00082563	0.00119153	0.00165325	0.00222257	0.00291155
45	0.00054808	0.00083101	0.00119841	0.00166182	0.00223304	0.00292411
46	0.00055216	0.00083641	0.00120532	0.00167043	0.00224354	0.00293672
47	0.00055627	0.00084183	0.00121225	0.00167906	0.00225407	0.00294936
48	0.00056039	0.00084728	0.00121920	0.00168773	0.00226464	0.00296203
49	0.00056454	0.00085275	0.00122619	0.00169642	0.00227525	0.00297475
50	0.00056870	0.00085824	0.00123320	0.00170514	0.00228588	0.00298750
51	0.00057289	0.00086376	0.00124024	0.00171390	0.00229655	0.00300029
52	0.00057710	0.00086930	0.00124731	0.00172268	0.00230725	0.00301311
53	0.00058133	0.00087487	0.00125440	0.00173150	0.00231799	0.00302597
54	0.00058558	0.00088046	0.00126152	0.00174034	0.00232876	0.00303887
55	0.00058985	0.00088607	0.00126866	0.00174922	0.00233956	0.00305181
56	0.00059414	0.00089171	0.00127584	0.00175812	0.00235040	0.00306478
57	0.00059845	0.00089737	0.00128304	0.00176706	0.00236127	0.00307779
58	0.00060278	0.00090305	0.00129027	0.00177603	0.00237218	0.00309084
59	0.00060714	0.00090876	0.00129752	0.00178503	0.00238312	0.00310393

(′)	12°	13°	14°	15°	16°	17°
0	0.00311705	0.00397539	0.00498191	0.00614980	0.00749271	0.00902471
1	0.00313021	0.00399091	0.00500001	0.00617071	0.00751665	0.00905193
2	0.00314341	0.00400648	0.00501816	0.00619167	0.00754065	0.00907920
3	0.00315665	0.00402209	0.00503636	0.00621268	0.00756470	0.00910653
4	0.00316992	0.00403774	0.00505460	0.00623373	0.00758880	0.00913392
5	0.00318323	0.00405343	0.00507288	0.00625484	0.00761295	0.00916137
6	0.00319658	0.00406916	0.00509121	0.00627599	0.00763716	0.00918887
7	0.00320997	0.00408493	0.00510959	0.00629719	0.00760142	0.00921643
8	0.00322340	0.00410075	0.00512801	0.00631844	0.00768573	0.00924404
9	0.00323686	0.00411660	0.00514648	0.00633974	0.00771010	0.00927172
10	0.00325037	0.00413250	0.00516499	0.00636109	0.00773452	0.00929945
11	0.00326391	0.00414844	0.00518354	0.00638249	0.00775899	0.00932723
12	0.00327748	0.00416442	0.00520215	0.00640394	0.00778352	0.00935508

续表

(′)	12°	13°	14°	15°	16°	17°
13	0.00329110	0.00418044	0.00522080	0.00642544	0.00780810	0.00938298
14	0.00330476	0.00419651	0.00523949	0.00644698	0.00783273	0.00941094
15	0.00331845	0.00421262	0.00525823	0.00646858	0.00785742	0.00943896
16	0.00333218	0.00422877	0.00527701	0.00649023	0.00788216	0.00946703
17	0.00334595	0.00424496	0.00529584	0.00651192	0.00790695	0.00949516
18	0.00335976	0.00426119	0.00531472	0.00653367	0.00793180	0.00952336
19	0.00337361	0.00427747	0.00533364	0.00655546	0.00795670	0.00955160
20	0.00338750	0.00429379	0.00535261	0.00657731	0.00798165	0.00957991
21	0.00340142	0.00431015	0.00537163	0.00659920	0.00800666	0.00960827
22	0.00341539	0.00432655	0.00539069	0.00662115	0.00803172	0.00963670
23	0.00342939	0.00434300	0.00540979	0.00664314	0.00805684	0.00966518
24	0.00344343	0.00435948	0.00542895	0.00666519	0.00808201	0.00969371
25	0.00345751	0.00437602	0.00544815	0.00668728	0.00810723	0.00972231
26	0.00347163	0.00439259	0.00546739	0.00670943	0.00813251	0.00975097
27	0.00348579	0.00440920	0.00548669	0.00673162	0.00815784	0.00977968
28	0.00349999	0.00442586	0.00550603	0.00675387	0.00818323	0.00980845
29	0.00351423	0.00444257	0.00552541	0.00677616	0.00820867	0.00983728
30	0.00352851	0.00445931	0.00554484	0.00679851	0.00823417	0.00986617
31	0.00354282	0.00447610	0.00556432	0.00682091	0.00825972	0.00989512
32	0.00355718	0.00449293	0.00558385	0.00684335	0.00828532	0.00992412
33	0.00357157	0.00450980	0.00560342	0.00686585	0.00831098	0.00995319
34	0.00358601	0.00452672	0.00562304	0.00688840	0.00833670	0.00998231
35	0.00360048	0.00454368	0.00564271	0.00691100	0.00836247	0.01001150
36	0.00361500	0.00456068	0.00566242	0.00693365	0.00838829	0.01004074
37	0.00362955	0.00457773	0.00568218	0.00695636	0.00841417	0.01007004
38	0.00364414	0.00459482	0.00570199	0.00697911	0.00844010	0.01009940
39	0.00365878	0.00461195	0.00572184	0.00700191	0.00846609	0.01012882
40	0.00367345	0.00462913	0.00574174	0.00702477	0.00849214	0.01015830
41	0.00368816	0.00464635	0.00576169	0.00704767	0.00851824	0.01018783
42	0.00370292	0.00466362	0.00578169	0.00707063	0.00854439	0.01021743
43	0.00371771	0.00468092	0.00580173	0.00709364	0.00857060	0.01024709
44	0.00373254	0.00469828	0.00582182	0.00711670	0.00859687	0.01027681
45	0.00374742	0.00471567	0.00584196	0.00713981	0.00862319	0.01030658
46	0.00376233	0.00473311	0.00586215	0.00716297	0.00864957	0.01033642
47	0.00377729	0.00475059	0.00588239	0.00718619	0.00867600	0.01036631
48	0.00379228	0.00476812	0.00590267	0.00720946	0.00870249	0.01039627
49	0.00380732	0.00478569	0.00592300	0.00723277	0.00872903	0.01042628
50	0.00382239	0.00480331	0.00594338	0.00725614	0.00875563	0.01045636
51	0.00383751	0.00482097	0.00596380	0.00727957	0.00878228	0.01048650
52	0.00385267	0.00483867	0.00598428	0.00730304	0.00880900	0.01051669
53	0.00386786	0.00485642	0.00600480	0.00732656	0.00883576	0.01054695
54	0.00388310	0.00487421	0.00602537	0.00735014	0.00886259	0.01057726
55	0.00389838	0.00489205	0.00604599	0.00737377	0.00888947	0.01060764
56	0.00391370	0.00490993	0.00606665	0.00739745	0.00891640	0.01063808
57	0.00392906	0.00492786	0.00603737	0.00742119	0.00894339	0.01066857
58	0.00394446	0.00494583	0.00610813	0.00744497	0.00897044	0.01069913
59	0.00395990	0.00496385	0.00612894	0.00746881	0.00899755	0.01072975

(′)	18°	19°	20°	21°	22°	23°
0	0.01076043	0.01271506	0.01490438	0.01734489	0.02005379	0.02304909
1	0.01079117	0.01274958	0.01494295	0.01738779	0.02010131	0.02310154
2	0.01082197	0.01278416	0.01498159	0.01743077	0.02014892	0.02315408
3	0.01085283	0.01281881	0.01502030	0.01747382	0.02019660	0.02320671
4	0.01088376	0.01285353	0.01505908	0.01751694	0.02024436	0.02325942
5	0.01091474	0.01288831	0.01509793	0.01756014	0.02029221	0.02331221
6	0.01094579	0.01292316	0.01513685	0.01760341	0.02034013	0.02336509
7	0.01097689	0.01295807	0.01517584	0.01764676	0.02038813	0.02341805

续表

(′)	18°	19°	20°	21°	22°	23°
8	0.01100806	0.01299305	0.01521490	0.01769019	0.02048621	0.02347110
9	0.01103929	0.01302810	0.01525404	0.01773369	0.02048438	0.02352424
10	0.01107058	0.01306321	0.01529324	0.01777726	0.02053262	0.02357746
11	0.01110193	0.01309838	0.01533251	0.01782091	0.02058094	0.02363077
12	0.01113335	0.01313363	0.01537185	0.01786464	0.02062935	0.02368416
13	0.01116482	0.01316894	0.01541126	0.01790844	0.02067783	0.02373764
14	0.01119636	0.01320431	0.01545075	0.01795231	0.02072640	0.02379120
15	0.01122796	0.01323975	0.01549030	0.01799627	0.02077504	0.02384485
16	0.01125962	0.01327526	0.01552993	0.01804029	0.02082377	0.02389859
17	0.01129134	0.01331083	0.01556963	0.01808440	0.02087258	0.02395241
18	0.01132313	0.01334647	0.01560939	0.01812858	0.02092147	0.02400632
19	0.01135497	0.01338218	0.01564923	0.01817283	0.02097044	0.02406032
20	0.01138688	0.01341795	0.01568914	0.01821716	0.02101949	0.02411440
21	0.01141885	0.01345379	0.01572913	0.01826157	0.02106862	0.02416857
22	0.01145089	0.01348970	0.01576918	0.01830606	0.02111783	0.02422283
23	0.01148298	0.01352567	0.01580930	0.01835062	0.02116713	0.02427717
24	0.01151514	0.01356172	0.01584950	0.01839525	0.02121650	0.02433160
25	0.01154736	0.01359782	0.01588977	0.01843997	0.02126596	0.02438611
26	0.01157965	0.01363400	0.01593011	0.01848476	0.02131550	0.02444072
27	0.01161199	0.01367024	0.01597052	0.01852963	0.02136512	0.02449541
28	0.01164440	0.01370655	0.01601100	0.01857457	0.02141483	0.02455018
29	0.01167687	0.01374292	0.01605156	0.01861959	0.02146461	0.02460505
30	0.01170941	0.01377937	0.01609218	0.01866469	0.02151448	0.02466000
31	0.01174201	0.01381588	0.01613288	0.01870986	0.02156443	0.02471504
32	0.01177467	0.01385246	0.01617365	0.01875511	0.02161446	0.02477017
33	0.01180739	0.01388910	0.01621450	0.01880044	0.02166458	0.02482538
34	0.01184018	0.01392582	0.01625541	0.01884585	0.02171477	0.02488069
35	0.01187303	0.01396260	0.01629640	0.01889133	0.02176505	0.02493608
36	0.01190594	0.01399945	0.01633746	0.01893689	0.02181541	0.02499155
37	0.01193892	0.01403637	0.01637860	0.01898253	0.02186586	0.02504712
38	0.01197196	0.01407335	0.01641980	0.01902824	0.02191638	0.02510278
39	0.01200506	0.01411041	0.01646108	0.01007404	0.02196699	0.02515852
40	0.01203823	0.01414753	0.01650243	0.01911991	0.02201769	0.02521435
41	0.01207146	0.01418472	0.01654386	0.01916586	0.02206846	0.02527027
42	0.01210476	0.01422197	0.01658536	0.01921188	0.02211932	0.02532628
43	0.01213811	0.01425930	0.01662693	0.01925799	0.02217626	0.02538237
44	0.01217154	0.01429670	0.01666857	0.01930417	0.02222129	0.02543856
45	0.01220502	0.01433416	0.01671029	0.01935043	0.02227240	0.02549483
46	0.01223858	0.01437169	0.01675208	0.01939677	0.02232359	0.02555120
47	0.01227219	0.01440929	0.01679304	0.01944319	0.02237486	0.02560765
48	0.01230587	0.01444696	0.01683588	0.01948969	0.02242622	0.02566419
49	0.01233961	0.01448470	0.01687789	0.01953626	0.02247767	0.02572082
50	0.01237342	0.01452251	0.01691998	0.01958292	0.02252919	0.02577754
51	0.01240729	0.01456038	0.01696214	0.01962965	0.02258080	0.02583435
52	0.01244123	0.01459833	0.01700437	0.01967646	0.02263250	0.02589125
53	0.01247523	0.01463634	0.01704667	0.01972335	0.02268428	0.02594823
54	0.01250930	0.01467443	0.01708905	0.01977032	0.02273614	0.02600531
55	0.01254343	0.01471258	0.01713151	0.01981736	0.02278809	0.02606248
56	0.01257762	0.01475080	0.01717404	0.01986449	0.02284012	0.02611974
57	0.01261188	0.01478909	0.01721664	0.01991170	0.02289223	0.02617708
58	0.01264621	0.01482745	0.01725932	0.01995898	0.02294443	0.02623452
59	0.01268060	0.01486588	0.01730207	0.02000635	0.02299672	0.02629205

(′)	24°	25°	26°	27°	28°	29°
0	0.02634966	0.02997534	0.03394698	0.03828655	0.04301724	0.04816357
1	0.02640737	0.03003864	0.03401623	0.03836212	0.04309954	0.04825301
2	0.02646517	0.03010204	0.03408558	0.03843781	0.04318195	0.04834257
3	0.02652306	0.03016553	0.03415504	0.03851360	0.04326448	0.04843225
4	0.02658104	0.03022912	0.03422459	0.03858950	0.04334712	0.04852206

续表

(′)	24°	25°	26°	27°	28°	29°
5	0.02663911	0.03029281	0.03429425	0.03866551	0.04342908	0.04861199
6	0.02669727	0.03035659	0.03436401	0.03874163	0.04351275	0.04870205
7	0.02675552	0.03042047	0.03443387	0.03881785	0.04359574	0.04879222
8	0.02681386	0.03048444	0.03450384	0.03889419	0.04367885	0.04888253
9	0.02687229	0.03054851	0.03457391	0.03897064	0.04376208	0.04897295
10	0.02693082	0.03061268	0.03464408	0.03904719	0.04384542	0.04906350
11	0.02698943	0.03067695	0.03471436	0.03912386	0.04392887	0.04915417
12	0.02704814	0.03074131	0.03478474	0.03920063	0.04401245	0.04924497
13	0.02710694	0.03080577	0.03485522	0.03927752	0.04409614	0.04933589
14	0.02716583	0.03087033	0.03492581	0.03935452	0.04417994	0.04942693
15	0.02722481	0.03093498	0.03499650	0.03943162	0.04426387	0.04951810
16	0.02728388	0.03099974	0.03506729	0.03950884	0.04434791	0.04960940
17	0.02734305	0.03106459	0.03513819	0.03958616	0.04443207	0.04970081
18	0.02740230	0.03112953	0.03520919	0.03966360	0.04451634	0.04979236
19	0.02746165	0.03119458	0.03528030	0.03974115	0.04460074	0.04988402
20	0.02752109	0.03125972	0.03535151	0.03981881	0.04468525	0.04997582
21	0.02758063	0.03132497	0.03542282	0.03989658	0.04476988	0.05006774
22	0.02764025	0.03139031	0.03549424	0.03997446	0.04485463	0.05015978
23	0.02769997	0.03145574	0.03556576	0.04005245	0.04493949	0.05025195
24	0.02775978	0.03152128	0.03563739	0.04013055	0.04502448	0.05034424
25	0.02781968	0.03158692	0.03570912	0.04020876	0.04510958	0.05043666
26	0.02787968	0.03165265	0.03578096	0.04028709	0.04519480	0.05052921
27	0.02793977	0.03171848	0.03585290	0.04036553	0.04528014	0.05062188
28	0.02799995	0.03178441	0.03592495	0.04044407	0.04536559	0.05071468
29	0.02806022	0.03185044	0.03599710	0.04052273	0.04545117	0.05080760
30	0.02812059	0.03191657	0.03606936	0.04060151	0.04553686	0.05090065
31	0.02818105	0.03198280	0.03614172	0.04068039	0.04562268	0.05099382
32	0.02824160	0.03204913	0.03621419	0.04075939	0.04570861	0.05108713
33	0.02830225	0.03211556	0.03628676	0.04083849	0.04579466	0.05118056
34	0.02836299	0.03218208	0.03635944	0.04091771	0.04588083	0.05127411
35	0.02842382	0.03224871	0.03643223	0.04099705	0.04596712	0.05136780
36	0.02848475	0.03231543	0.03650512	0.04107649	0.04605353	0.05146161
37	0.02854577	0.03238226	0.03657811	0.04115605	0.04614006	0.05155554
38	0.02860689	0.03244918	0.03665122	0.04123572	0.04622671	0.05164961
39	0.02866809	0.03251621	0.03672443	0.04131551	0.04631348	0.05174380
40	0.02872940	0.03258333	0.03679774	0.04139540	0.04640037	0.05183812
41	0.02879079	0.03265056	0.03687116	0.04147541	0.04648738	0.05193257
42	0.02885229	0.03271788	0.03694469	0.04155553	0.04657451	0.05202714
43	0.02891387	0.03278531	0.03701833	0.04163577	0.04666176	0.05212184
44	0.02897555	0.03285283	0.03709207	0.04171612	0.04674913	0.05221668
45	0.02903732	0.03292046	0.03716592	0.04179658	0.04683663	0.05231163
46	0.02909919	0.03298819	0.03723988	0.04187716	0.04692424	0.05240672
47	0.02916116	0.03305601	0.03731394	0.04195785	0.04701197	0.05250194
48	0.02922322	0.03312394	0.03738811	0.04203866	0.04709983	0.05259728
49	0.02928537	0.03319197	0.03746239	0.04211958	0.04718780	0.05269276
50	0.02934762	0.03326010	0.03753677	0.04220061	0.04727590	0.05278836
51	0.02940996	0.03332833	0.03761126	0.04228176	0.04736412	0.05288409
52	0.02947240	0.03339666	0.03768586	0.04236302	0.04745246	0.05297995
53	0.02953493	0.03346510	0.03776057	0.04244439	0.04754092	0.05307594
54	0.02959756	0.03353363	0.03783539	0.04252588	0.04762950	0.05317206
55	0.02966029	0.03360227	0.03791031	0.04260749	0.04771821	0.05326831
56	0.02972311	0.03367101	0.03798534	0.04268921	0.04780704	0.05336468
57	0.02978602	0.03373985	0.03806048	0.04277104	0.04789599	0.05346119
58	0.02984903	0.03380879	0.03813573	0.04285299	0.04798506	0.05355783
59	0.02991214	0.03387784	0.03821109	0.04293506	0.04807425	0.05365460
(′)	30°	31°	32°	33°	34°	35°
0	0.05375149	0.05980855	0.06636399	0.07344894	0.08109657	0.08934230
1	0.05384852	0.05991364	0.06647765	0.07357169	0.08122900	0.08948501
2	0.05394568	0.06001887	0.06659145	0.07369460	0.08136159	0.08962789

续表

(′)	30°	31°	32°	33°	34°	35°
3	0.05404297	0.06012424	0.06670540	0.07381767	0.08149435	0.08977095
4	0.05414039	0.06022974	0.06681949	0.07394090	0.08162727	0.08991419
5	0.05423794	0.06033539	0.06693374	0.07406428	0.08176037	0.09005761
6	0.05433562	0.06044117	0.06704813	0.07418782	0.08189362	0.09020120
7	0.05443343	0.06054709	0.06716267	0.07431151	0.08202705	0.09034498
8	0.05453138	0.06065315	0.06727735	0.07443536	0.08216064	0.09048892
9	0.05462945	0.06075936	0.06739219	0.07455937	0.08229441	0.09063305
10	0.05472766	0.06086570	0.06750717	0.07468354	0.08242833	0.09077736
11	0.05482599	0.06097218	0.06762231	0.07480787	0.08256243	0.09092184
12	0.05492446	0.06107880	0.06773759	0.07493235	0.08269669	0.09106650
13	0.05502307	0.06118556	0.06785302	0.07505699	0.08283113	0.09121135
14	0.05512180	0.06129246	0.06796860	0.07518179	0.08296573	0.09135637
15	0.05522066	0.06139950	0.06808433	0.07530675	0.08310050	0.09150157
16	0.05531966	0.06150669	0.06820021	0.07543187	0.08323543	0.09164694
17	0.05541879	0.06161401	0.06831623	0.07555715	0.08337054	0.09179250
18	0.05551806	0.06172147	0.06843241	0.07568258	0.08350582	0.09193824
19	0.05561745	0.06182903	0.06854874	0.07580818	0.08364126	0.09208416
20	0.05571698	0.06193682	0.06866521	0.07593393	0.08377687	0.09223026
21	0.05581664	0.06204471	0.06878184	0.07605984	0.08391266	0.09237654
22	0.05591643	0.06215274	0.06889862	0.07618591	0.08404861	0.09252299
23	0.05601636	0.06226091	0.06901554	0.07631215	0.08418473	0.09266963
24	0.05611642	0.06236922	0.06913262	0.07643854	0.08432103	0.09281645
25	0.05621662	0.06247767	0.06924985	0.07656509	0.08445749	0.09296346
26	0.05631694	0.06258627	0.06936723	0.07669180	0.08459412	0.09311064
27	0.05641741	0.06269501	0.06948476	0.07681868	0.08473093	0.09325800
28	0.05651800	0.06280389	0.06960244	0.07694571	0.08486790	0.09340555
29	0.05661873	0.06291291	0.06972027	0.07707291	0.08500505	0.09355327
30	0.05671959	0.06302207	0.06983825	0.07720026	0.08514237	0.09370118
31	0.05682059	0.06313138	0.06995639	0.07732778	0.08527985	0.09384927
32	0.05692172	0.06324083	0.07007468	0.07745546	0.08541751	0.09399755
33	0.05702299	0.06335042	0.07019311	0.07758329	0.08555535	0.09414600
34	0.05712439	0.06346016	0.07031171	0.07771130	0.08569335	0.09429464
35	0.05722593	0.06357004	0.07043045	0.07783946	0.08583152	0.09444346
36	0.05732760	0.06368006	0.07054934	0.07796778	0.08596987	0.09459247
37	0.05742941	0.06379023	0.07066839	0.07809627	0.08610839	0.09474166
38	0.05753135	0.06390054	0.07078759	0.07822492	0.08624708	0.09489103
39	0.05763342	0.06401099	0.07090695	0.07835373	0.08638595	0.09504058
40	0.05773564	0.06412159	0.07102645	0.07848270	0.08652498	0.09519032
41	0.05783799	0.06423233	0.07114611	0.07861184	0.08666419	0.09534025
42	0.05794047	0.06434321	0.07126592	0.07874114	0.08680358	0.09549035
43	0.05804309	0.06445424	0.07138589	0.07887060	0.08694313	0.09564064
44	0.05814584	0.06456542	0.07150601	0.07900023	0.08708286	0.09579112
45	0.05824874	0.06467674	0.07162628	0.07913002	0.08722277	0.09594178
46	0.05835176	0.06478820	0.07174671	0.07925997	0.08736285	0.09609263
47	0.05845493	0.06489981	0.07186729	0.07939008	0.08750310	0.09624366
48	0.05855823	0.06501157	0.07198803	0.07952036	0.08764353	0.09639487
49	0.05866167	0.06512347	0.07210892	0.07965081	0.08778413	0.09654628
50	0.05876524	0.06523551	0.07222996	0.07978142	0.08792490	0.09669786
51	0.05886896	0.06534770	0.07235116	0.07991219	0.08806585	0.09684964
52	0.05897280	0.06546004	0.07247252	0.08004313	0.08820698	0.09700160
53	0.05907679	0.06557252	0.07259402	0.08017423	0.08834828	0.09715374
54	0.05918091	0.06568515	0.07271569	0.08030550	0.08848975	0.09730608
55	0.05928518	0.06579792	0.07283751	0.08043693	0.08863140	0.09745859
56	0.05938957	0.06591084	0.07295948	0.08056853	0.08877323	0.09761130
57	0.05949411	0.06602391	0.07308161	0.08070029	0.08891523	0.09776419
58	0.05959879	0.06613712	0.07320390	0.08083222	0.08905741	0.09791727
59	0.05970360	0.06625048	0.07332634	0.08096431	0.08919977	0.09807054

续表

(′)	36°	37°	38°	39°	40°	41°
0	0.09822400	0.10778223	0.11806051	0.12910562	0.14096793	0.15370174
1	0.09837764	0.10794751	0.11823818	0.12929649	0.14117286	0.15392169
2	0.09853147	0.10811299	0.11841606	0.12948758	0.14137804	0.15414189
3	0.09868549	0.10827866	0.11859415	0.12967890	0.14158345	0.15436235
4	0.09883970	0.10844454	0.11877246	0.12987044	0.14178911	0.15458306
5	0.09899410	0.10861063	0.11895098	0.13006222	0.14199502	0.15480404
6	0.09914868	0.10877691	0.11912971	0.13025422	0.14220116	0.15502528
7	0.09930346	0.10894339	0.11930866	0.13044645	0.14240755	0.15524677
8	0.09945842	0.10911008	0.11948783	0.13063891	0.14261418	0.15546853
9	0.09961357	0.10927696	0.11966720	0.13083159	0.14282106	0.15569055
10	0.09976892	0.10944405	0.11984680	0.13102451	0.14302818	0.15591283
11	0.09992445	0.10961134	0.12002661	0.13121766	0.14323555	0.15613537
12	0.10008017	0.10977883	0.12020663	0.13141103	0.14344316	0.15635817
13	0.10023609	0.10994653	0.12038687	0.13160464	0.14365102	0.15658123
14	0.10039219	0.11011442	0.12056732	0.13179847	0.14385912	0.15680456
15	0.10054848	0.11028252	0.12074800	0.13199254	0.14406747	0.15702815
16	0.10070497	0.11045083	0.12092888	0.13218683	0.14427606	0.15725200
17	0.10086164	0.11061933	0.12110999	0.13238136	0.14448490	0.15747611
18	0.10101851	0.11078804	0.12129131	0.13257612	0.14469398	0.15770048
19	0.10117557	0.11095696	0.12147285	0.13277111	0.14490332	0.15792512
20	0.10133282	0.11112608	0.12165460	0.13296633	0.14511290	0.15815003
21	0.10149026	0.11129540	0.12183658	0.13316178	0.14532272	0.15837519
22	0.10164789	0.11146492	0.12201877	0.13335747	0.14553280	0.15860063
23	0.10180572	0.11163465	0.12220117	0.13355339	0.14574312	0.15882632
24	0.10196374	0.11180459	0.12238380	0.13374954	0.14595369	0.15905228
25	0.10212195	0.11197473	0.12256665	0.13394592	0.14616451	0.15927851
26	0.10228035	0.11214508	0.12274971	0.13414253	0.14637558	0.15950500
27	0.10243895	0.11231563	0.12293299	0.13433938	0.14658689	0.15973176
28	0.10259774	0.11248639	0.12311649	0.13453646	0.14679846	0.15995878
29	0.10275672	0.11265735	0.12330021	0.13473378	0.14701027	0.16018607
30	0.10291590	0.11282852	0.12348415	0.13493133	0.14722234	0.16041362
31	0.10307527	0.11299989	0.12366831	0.13512912	0.14743465	0.16064145
32	0.10323483	0.11317148	0.12385269	0.13532713	0.14764722	0.16086954
33	0.10339459	0.11334326	0.12403730	0.13552539	0.14786003	0.16109790
34	0.10355454	0.11351526	0.12422212	0.13572388	0.14807310	0.16132652
35	0.10371469	0.11368746	0.12440716	0.13592260	0.14828642	0.16155542
36	0.10387504	0.11385987	0.12459242	0.13612156	0.14849998	0.16178458
37	0.10403557	0.11403249	0.12477790	0.13632076	0.14871380	0.16201401
38	0.10419631	0.11420532	0.12496361	0.13652019	0.14892788	0.16224371
39	0.10435723	0.11437835	0.12514954	0.13671986	0.14914220	0.16247368
40	0.10451836	0.11455159	0.12533569	0.13691976	0.14935678	0.16270391
41	0.10467968	0.11472504	0.12552206	0.13711990	0.14957161	0.16293442
42	0.10484119	0.11489870	0.12570865	0.13732028	0.14978669	0.16316520
43	0.10500290	0.11507257	0.12589547	0.13752090	0.15000202	0.16339625
44	0.10516481	0.11524665	0.12608250	0.13772175	0.15021761	0.16362757
45	0.10532692	0.11542094	0.12626977	0.13792284	0.15043346	0.16385916
46	0.10548922	0.11559543	0.12645725	0.13812417	0.15064955	0.16409102
47	0.10565172	0.11577014	0.12664496	0.13832574	0.15086590	0.16432316
48	0.10581441	0.11594505	0.12683289	0.13852755	0.15108251	0.16455556
49	0.10597731	0.11612018	0.12702105	0.13872959	0.15129937	0.16478824
50	0.10614040	0.11629552	0.12720943	0.13893188	0.15151649	0.16502119
51	0.10630369	0.11647106	0.12739804	0.13913440	0.15173386	0.16525442
52	0.10646717	0.11664682	0.12758687	0.13933716	0.15195149	0.16548791
53	0.10663086	0.11682279	0.12777592	0.13954017	0.15216937	0.16572168
54	0.10679474	0.11699897	0.12796520	0.13974341	0.15238751	0.16595573
55	0.10695883	0.11717537	0.12815471	0.13994689	0.15260590	0.16619005
56	0.10712311	0.11735197	0.12834444	0.14015062	0.15282456	0.16642464
57	0.10728759	0.11752879	0.12853439	0.14035458	0.15304347	0.16665951
58	0.10745227	0.11770582	0.12872458	0.14055879	0.15326264	0.16689465
59	0.10761715	0.11788306	0.12891499	0.14076324	0.15348206	0.16713006

续表

(′)	42°	43°	44°	45°	46°	47°
0	0.16736576	0.18202351	0.19774390	0.21460184	0.23267886	0.25206396
1	0.16760173	0.18227661	0.19801533	0.21489289	0.23299097	0.25239867
2	0.16783797	0.18253000	0.19828707	0.21518429	0.23330344	0.25273377
3	0.16807449	0.18278369	0.19855913	0.21547603	0.23361627	0.25306926
4	0.16831129	0.18303768	0.19883151	0.21576810	0.23392947	0.25340514
5	0.16854837	0.18329196	0.19910421	0.21606052	0.23424304	0.25374142
6	0.16878572	0.18354654	0.19937722	0.21635327	0.23455697	0.25407809
7	0.16902335	0.18380142	0.19965055	0.21664637	0.23487126	0.25441514
8	0.16926126	0.18405659	0.19992419	0.21693981	0.23518592	0.25475260
9	0.16949945	0.18431206	0.20019816	0.21723359	0.23550095	0.25509045
10	0.16973792	0.18456783	0.20047245	0.21752771	0.23581635	0.25542869
11	0.16997666	0.18482390	0.20074705	0.21782217	0.23613211	0.25576733
12	0.17021568	0.18508027	0.20102198	0.21811698	0.23644824	0.25610636
13	0.17045499	0.18533693	0.20129722	0.21841213	0.23676474	0.25644579
14	0.17069457	0.18559390	0.20157279	0.21870762	0.23708161	0.25678561
15	0.17093444	0.18585117	0.20184868	0.21900346	0.23739885	0.25712583
16	0.17117458	0.18610873	0.20212488	0.21929964	0.23771646	0.25746645
17	0.17141501	0.18636660	0.20240142	0.21959617	0.23803443	0.25780747
18	0.17165571	0.18662476	0.20267827	0.21989304	0.23835278	0.25814888
19	0.17189670	0.18688323	0.20295544	0.22019026	0.23867150	0.25849070
20	0.17213797	0.18714200	0.20323294	0.22048782	0.23899059	0.25883291
21	0.17237952	0.18740107	0.20351076	0.22078573	0.23931005	0.25917552
22	0.17262136	0.18766044	0.20378890	0.22108399	0.23962989	0.25951854
23	0.17286348	0.18792012	0.20406737	0.22138259	0.23995009	0.25986195
24	0.17310588	0.18818010	0.20434616	0.22168155	0.24027068	0.26020576
25	0.17334856	0.18844038	0.20462528	0.22198085	0.24059163	0.26054998
26	0.17359153	0.18870096	0.20490472	0.22228049	0.24091296	0.26089460
27	0.17383478	0.18896185	0.20518449	0.22258049	0.24123466	0.26123962
28	0.17407832	0.18922304	0.20546458	0.22288084	0.24155674	0.26158504
29	0.17432214	0.18948454	0.20574500	0.22318154	0.24187919	0.26193087
30	0.17456624	0.18974634	0.20602575	0.22348258	0.24220202	0.26227711
31	0.17481063	0.19000845	0.20630682	0.22378398	0.24252523	0.26262374
32	0.17505531	0.19027086	0.20658822	0.22408573	0.24284881	0.26297078
33	0.17530027	0.19053358	0.20686994	0.22438783	0.24317277	0.26331823
34	0.17554552	0.19079661	0.20715200	0.22469028	0.24349711	0.26366609
35	0.17579105	0.19105994	0.20743438	0.22499308	0.24382182	0.26401435
36	0.17603688	0.19132358	0.20771710	0.25529624	0.24414692	0.26436301
37	0.17628298	0.19158752	0.20800014	0.22559975	0.24447239	0.26471209
38	0.17652938	0.19185178	0.20828351	0.22590361	0.24479824	0.26506157
39	0.17677607	0.19211634	0.20856721	0.22620783	0.24512448	0.26541146
40	0.17702304	0.19238121	0.20885124	0.22651240	0.24545109	0.26576177
41	0.17727030	0.19264639	0.20913561	0.22681732	0.24577809	0.26611248
42	0.17751785	0.19291187	0.20942030	0.22712260	0.24610546	0.26646360
43	0.17776569	0.19317767	0.20970532	0.22742824	0.24643322	0.26681513
44	0.17801382	0.19344378	0.20999068	0.22773423	0.24676136	0.26716707
45	0.17826224	0.19371019	0.21027637	0.22804058	0.24708988	0.26751942
46	0.17851094	0.19397692	0.21056239	0.22834729	0.24741879	0.26787219
47	0.17875994	0.19424396	0.21084875	0.22865435	0.24774808	0.26822537
48	0.17900923	0.19451131	0.21113543	0.22896177	0.24807775	0.26857896
49	0.17925881	0.19477897	0.21142246	0.22926955	0.24840781	0.26893297
50	0.17950869	0.19504694	0.21170981	0.22957768	0.24873825	0.26928739
51	0.17975885	0.19531523	0.21199750	0.22988618	0.24906908	0.26964222
52	0.18000931	0.19558383	0.21228553	0.23019503	0.24940029	0.26999747
53	0.18026005	0.19585274	0.21257389	0.23050425	0.24973189	0.27035314
54	0.18051110	0.19612196	0.21286258	0.23081382	0.25006388	0.27070922
55	0.18076243	0.19639150	0.21315162	0.23112376	0.25039626	0.27106571
56	0.18101406	0.19666135	0.21344099	0.23143405	0.25072902	0.27142263
57	0.18126598	0.19693152	0.21373069	0.23174471	0.25106217	0.27177996
58	0.18151819	0.19720200	0.21402074	0.23205573	0.25139571	0.27213771
59	0.18177070	0.19747279	0.21431112	0.23236711	0.25172964	0.27249588

续表

(′)	48°	49°	50°	51°	52°	53°
0	0.27285447	0.29515707	0.31908897	0.34477924	0.37237042	0.40202032
1	0.27321348	0.29554225	0.31950235	0.34522310	0.37284725	0.40253289
2	0.27357291	0.29592787	0.31991623	0.34566749	0.37332466	0.40304609
3	0.27393276	0.29631395	0.32033059	0.34611240	0.37380264	0.40355991
4	0.27429303	0.29670048	0.32074544	0.34655785	0.37428119	0.40407436
5	0.27465373	0.29708747	0.32116079	0.34700383	0.37476032	0.40458943
6	0.27501484	0.29747491	0.32157662	0.34745034	0.37524002	0.40510512
7	0.27537638	0.29786281	0.32199295	0.34789738	0.37572030	0.40562143
8	0.27573834	0.29825116	0.32240977	0.34834495	0.37620115	0.40613838
9	0.27610073	0.29863998	0.32282709	0.34879306	0.37668259	0.40665595
10	0.27646354	0.29902925	0.32324489	0.34924170	0.37716460	0.40717414
11	0.27682677	0.29941897	0.32366320	0.34969087	0.37764719	0.40769297
12	0.27719044	0.29980916	0.32408199	0.35014058	0.37813036	0.40821243
13	0.27755452	0.30019980	0.32450129	0.35059083	0.37861411	0.40873251
14	0.27791904	0.30059091	0.32492107	0.35104161	0.37909845	0.40925323
15	0.27828398	0.30098247	0.32534136	0.35149293	0.37958336	0.40977458
16	0.27864934	0.30137450	0.32576214	0.35194479	0.38006886	0.41029656
17	0.27901514	0.30176698	0.32618343	0.35239719	0.38055494	0.41081918
18	0.27938137	0.30215993	0.32660521	0.35285013	0.38104161	0.41134243
19	0.27974802	0.30255335	0.32702749	0.35330361	0.38152886	0.41186632
20	0.28011510	0.30294722	0.32745027	0.35375763	0.38201670	0.41239084
21	0.28048262	0.30334156	0.32787355	0.35421219	0.38250513	0.41291600
22	0.28085056	0.30373636	0.32829733	0.35466729	0.38299414	0.41344180
23	0.28121894	0.30413163	0.32872162	0.35512294	0.38348374	0.41396824
24	0.28158775	0.30452737	0.32914641	0.35557913	0.38397394	0.41449532
25	0.28195699	0.30492357	0.32957170	0.35603586	0.38446472	0.41502304
26	0.28232666	0.30532024	0.32999749	0.35649314	0.38495609	0.41555140
27	0.28269677	0.30571737	0.33042379	0.35695097	0.38544806	0.41608041
28	0.28306731	0.30611497	0.33085060	0.35740934	0.38594062	0.41661005
29	0.28343829	0.30651305	0.33127791	0.35786826	0.38643377	0.41714035
30	0.28380970	0.30691159	0.33170573	0.35832773	0.38692751	0.41767129
31	0.28418155	0.30731060	0.33213406	0.35878775	0.38742185	0.41820287
32	0.28455383	0.30771008	0.33256289	0.35924832	0.38791679	0.41873510
33	0.28492655	0.30811003	0.33299223	0.35970944	0.38841233	0.41926798
34	0.28529970	0.30851045	0.33342209	0.36017111	0.38890846	0.41980151
35	0.28567330	0.30891135	0.33385245	0.36063333	0.38940519	0.42033569
36	0.28604733	0.30931272	0.33428332	0.36109610	0.38990252	0.42087052
37	0.28642180	0.30971456	0.33471471	0.36155943	0.39040045	0.42140600
38	0.28679672	0.31011687	0.33514660	0.36202331	0.39089898	0.42194214
39	0.28717207	0.31051966	0.33557901	0.36248775	0.39139811	0.42247893
40	0.28754786	0.31092293	0.33601194	0.36295274	0.39189784	0.42301637
41	0.28792409	0.31132667	0.33644537	0.36341829	0.39239818	0.42355447
42	0.28830077	0.31173089	0.33687932	0.36388440	0.39289912	0.42409323
43	0.28867788	0.31213558	0.33731379	0.36435106	0.39340067	0.42463264
44	0.28905544	0.31254075	0.33774877	0.36481828	0.39390282	0.42517271
45	0.28943345	0.31294640	0.33818427	0.36528606	0.39440558	0.42571344
46	0.28981189	0.31335253	0.33862029	0.36575441	0.39490894	0.42625483
47	0.29019079	0.31375914	0.33905682	0.36622331	0.39541292	0.42679688
48	0.29057012	0.31416623	0.33949388	0.36669277	0.39591750	0.42733959
49	0.29094990	0.31457380	0.33993145	0.36716280	0.39642269	0.42788297
50	0.29133013	0.31498185	0.34036955	0.36763339	0.39692850	0.42842701
51	0.29171081	0.31539038	0.34080816	0.36810454	0.39743491	0.42897171
52	0.29209193	0.31579940	0.34124729	0.36857626	0.39794194	0.42951708
53	0.29247350	0.31620890	0.34168695	0.36904854	0.39844958	0.43006312
54	0.29285552	0.31661888	0.34212713	0.36952139	0.39895784	0.43060982
55	0.29323798	0.31702935	0.34256784	0.36999481	0.39946671	0.43115720
56	0.29362090	0.31744030	0.34300907	0.37046879	0.39997620	0.43170524
57	0.29400427	0.31785173	0.34345082	0.37094334	0.40048630	0.43225395
58	0.29438808	0.31826366	0.34389310	0.37141847	0.40099702	0.43280334
59	0.29477235	0.31867607	0.34433590	0.37189416	0.40150836	0.43335339

续表

(′)	54°	55°	56°	57°	58°	59°
0	0.43390412	0.46821692	0.50517658	0.54502729	0.58804356	0.63453522
1	0.43445553	0.46881058	0.50581635	0.54571748	0.58878903	0.63534146
2	0.43500761	0.46940498	0.50645693	0.54640854	0.58953546	0.63614876
3	0.43556036	0.47000012	0.50709831	0.54710049	0.59028286	0.63695714
4	0.43611379	0.47059599	0.50774049	0.54779333	0.59103123	0.63776657
5	0.43666790	0.47119261	0.50838348	0.54848704	0.59178057	0.63857708
6	0.43722269	0.47178996	0.50902728	0.54918165	0.59253088	0.63938865
7	0.43777816	0.47238806	0.50967189	0.54987713	0.59328217	0.64020130
8	0.43833431	0.47298690	0.51031731	0.55057351	0.59403444	0.64101502
9	0.43889114	0.47358648	0.51096354	0.55127078	0.59478767	0.64182982
10	0.43944866	0.47418680	0.51161059	0.55196893	0.59554189	0.64264570
11	0.44000686	0.47478787	0.51225845	0.55266798	0.59629709	0.64346265
12	0.44056574	0.47538969	0.51290712	0.55336792	0.59705326	0.64428069
13	0.44112531	0.47599225	0.51355662	0.55406876	0.59781042	0.64509980
14	0.44168556	0.47659557	0.51420693	0.55477050	0.59856857	0.64592001
15	0.44224651	0.47719963	0.51485806	0.55547313	0.59932770	0.64674130
16	0.44280814	0.47780444	0.51551001	0.55617666	0.60008782	0.64756367
17	0.44337046	0.47841001	0.51616278	0.55688109	0.60084893	0.64838714
18	0.44393347	0.47901633	0.51681637	0.55758642	0.60161103	0.64921170
19	0.44449718	0.47962340	0.51747079	0.55829265	0.60237412	0.65003735
20	0.44506157	0.48023123	0.51812604	0.55899979	0.60313820	0.65086410
21	0.44562666	0.48083981	0.51878211	0.55970784	0.60390328	0.65169194
22	0.44619245	0.48144915	0.51943901	0.56041679	0.60466936	0.65252088
23	0.44675893	0.48205925	0.52009674	0.56112665	0.60543644	0.65335093
24	0.44732611	0.48267012	0.52075530	0.56183743	0.60620451	0.65418208
25	0.44789398	0.48328174	0.52141469	0.56254911	0.60697359	0.65501433
26	0.44846255	0.48389412	0.52207491	0.56326171	0.60774368	0.65584769
27	0.44903183	0.48450727	0.52273597	0.56397522	0.60851476	0.65668215
28	0.44960180	0.48512118	0.52339786	0.56468965	0.60928686	0.65751773
29	0.45017247	0.48573585	0.52406060	0.56540499	0.61005996	0.65835441
30	0.45074385	0.48635129	0.52472416	0.56612125	0.61083407	0.65919221
31	0.45131593	0.48696750	0.52538857	0.56683844	0.61160920	0.66003113
32	0.45188872	0.48758448	0.52605382	0.56755654	0.61238538	0.66087116
33	0.45246221	0.48820223	0.52671991	0.56827557	0.61316249	0.66171231
34	0.45303640	0.48882074	0.52738684	0.56899552	0.61394065	0.66255458
35	0.45361131	0.48944004	0.52805462	0.56971640	0.61471984	0.66339798
36	0.45418692	0.49006010	0.52872325	0.57043821	0.61550004	0.66424250
37	0.45476325	0.49068094	0.52939272	0.57116094	0.61628127	0.66508814
38	0.45534028	0.49130255	0.53006303	0.57188461	0.61706352	0.66593492
39	0.45591803	0.49192494	0.53073420	0.57260920	0.61784680	0.66678282
40	0.45649649	0.49254811	0.53140622	0.57333473	0.61863110	0.66763186
41	0.45707566	0.49317206	0.53207909	0.57406120	0.61941643	0.66848203
42	0.45765554	0.49379678	0.53275282	0.57478860	0.62020279	0.66933333
43	0.45823615	0.49442229	0.53342740	0.57551694	0.62099018	0.67018578
44	0.45881747	0.49504858	0.53410283	0.57624621	0.62177860	0.67103936
45	0.45939950	0.49567566	0.53477913	0.57697643	0.62256806	0.67189409
46	0.45998226	0.49630351	0.53545628	0.57770759	0.62335855	0.67274996
47	0.46056574	0.49693216	0.53613429	0.57843969	0.62415008	0.67360697
48	0.46114993	0.49756159	0.53681316	0.57917274	0.62494266	0.67446513
49	0.46173485	0.49819181	0.53749290	0.57990673	0.62573627	0.67532444
50	0.46232050	0.49882282	0.53817349	0.58064168	0.62653092	0.67618490
51	0.46290686	0.49945462	0.53885496	0.58137757	0.62732662	0.67704652
52	0.46349395	0.50008721	0.53953729	0.58211441	0.62812337	0.67790929
53	0.46408177	0.50072060	0.54022049	0.58285220	0.62892117	0.67877321
54	0.46467032	0.50135477	0.54090456	0.58359095	0.62972001	0.67963830
55	0.46525959	0.50198975	0.54158949	0.58433066	0.63051991	0.68050454
56	0.46584959	0.50262552	0.54227530	0.58507132	0.63132086	0.68137195
57	0.46644032	0.50326209	0.54296199	0.58581294	0.63212286	0.68224053
58	0.46703179	0.50389945	0.54364954	0.58655552	0.63292592	0.68311027
59	0.46762398	0.50453762	0.54433798	0.58729906	0.63373004	0.68398117

4.6　公法线长度 W 和量柱测量距 M

在加工齿轮时，一般用测量齿厚来控制切削深度。常用的测量齿厚的方法有：公法线长度 W 和量柱测量距 M 等。

(1) 公法线长度 W

将卡尺的卡爪跨 k 个轮齿与不同侧齿廓相切于 A、B 两点（见图 4-7），线段 AB 就是两侧齿廓的公共法线，故称为公法线，用符号 W 表示。

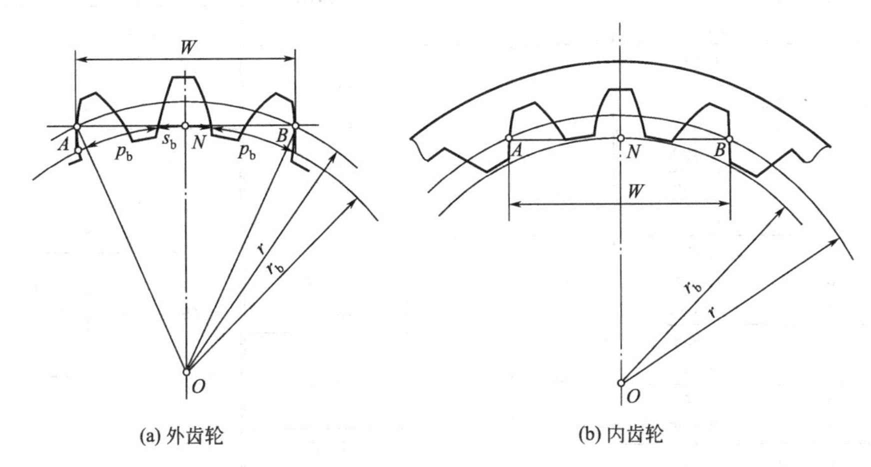

图 4-7　公法线长度的测量

测量公法线不用齿顶圆做定位基准，测量方便，精度较高；还可以放宽对齿顶圆的精度要求，故广泛应用于各种外齿轮的测量。但对齿宽 $b<W_n\sin\beta$ 的斜齿轮（W_n 为法向公法线长度）和受量具尺寸限制的大型齿轮不适用。

公法线长度 W 和跨测齿数 k 的计算公式如下。

标准齿轮：

跨测齿数或跨测槽数（内齿轮）k 为

$$k=\frac{\alpha}{180°}z+0.5 \tag{4-40}$$

计算所得的 k 值按“4 舍 5 入”取整。

公法线长度 W 为

$$W=W_k^* m \tag{4-41}$$

其中，$W_k^*=\cos\alpha[\pi(k-0.5)+z\mathrm{inv}\alpha]$　(4-42)

对于直齿轮，当 $\alpha=20°$，$m=1\mathrm{mm}$ 时，W_k^* 值可根据 k 值的大小，由表 4-8 查得。

变位齿轮：

跨测齿数或跨测槽数（内齿轮）k 为

$$k=\frac{z}{180°}\arccos\left(\frac{z\cos\alpha}{z+2x}\right)+0.5 \tag{4-43}$$

k 也可按齿数 z 和变位系数 x 的大小，由图 4-8 查得。

表 4-8　跨 k 齿的公法线长度 W_k^*　（$\alpha=\alpha_n=20°$，$m=m_n=1$mm）　/mm

z'	k	W_k^*
7	2	4.526
8	2	4.540
9	2	4.554
10	2	4.568
11	2	4.582
12	2	4.596
	3	7.548
13	2	4.610
	3	7.562
14	2	4.624
	3	7.576
15	2	4.638
	3	7.590
16	2	4.652
	3	7.604
17	2	4.666
	3	7.618
	4	10.571
18	3	7.632
	4	10.585
19	3	7.646
	4	10.599
20	2	4.708
	3	7.660
	4	10.613
21	2	4.722
	3	7.674
	4	10.627
22	2	4.736
	3	7.688
	4	10.641
23	3	7.702
	4	10.655
24	3	7.716
	4	10.669
	5	13.621
25	3	7.730
	4	10.683
	5	13.635
26	3	7.744
	4	10.697
	5	13.649
27	3	7.758
	4	10.711
	5	13.663
28	3	7.772
	4	10.725
	5	13.677
29	3	7.786
	4	10.739
	5	13.691

z'	k	W_k^*
30	3	7.800
	4	10.753
	5	13.705
31	3	7.814
	4	10.767
	5	13.719
32	3	7.828
	4	10.781
	5	13.733
33	3	7.842
	4	10.795
	5	13.747
34	4	10.809
	5	13.761
	6	16.713
35	4	10.823
	5	13.775
	6	46.727
36	4	10.837
	5	13.789
	6	16.741
37	4	10.851
	5	13.803
	6	16.755
38	4	10.865
	5	13.817
	6	16.769
39	4	10.879
	5	13.831
	6	16.783
	7	19.735
40	4	10.893
	5	13.845
	6	16.797
	7	19.749
41	4	10.907
	5	13.859
	6	16.811
	7	19.763
42	4	10.921
	5	13.873
	6	16.825
	7	19.777
43	4	10.935
	5	13.887
	6	16.839
	7	19.791
44	4	10.949
	5	13.901
	6	16.853
	7	19.805

z'	k	W_k^*
45	5	13.915
	6	16.867
	7	19.819
	8	22.771
46	5	13.929
	6	16.881
	7	19.833
	8	22.785
47	5	13.943
	6	16.895
	7	19.847
	8	22.799
48	5	13.957
	6	16.909
	7	19.861
	8	22.813
49	5	13.971
	6	16.923
	7	19.875
	8	22.827
50	5	13.985
	6	16.937
	7	19.889
	8	22.841
51	5	13.999
	6	16.951
	7	19.903
	8	22.855
52	5	14.013
	6	16.966
	7	19.917
	8	22.869
53	5	14.027
	6	16.979
	7	19.931
	8	22.883
54	5	14.041
	6	16.993
	7	19.945
	8	22.897
	9	25.849
55	6	17.007
	7	19.959
	8	22.911
	9	25.863
56	6	17.021
	7	19.973
	8	22.925
	9	25.877
57	6	17.035
	7	19.987
	8	22.939

续表

z'	k	W_k^*
57	9	25.891
58	6	17.049
	7	20.001
	8	22.953
	9	25.905
59	6	17.063
	7	20.015
	8	22.967
	9	25.919
60	6	17.077
	7	20.029
	8	22.981
	9	25.933
	10	28.886
61	6	17.091
	7	20.043
	8	22.995
	9	25.947
	10	28.900
62	6	17.105
	7	20.057
	8	23.009
	9	25.961
	10	28.914
63	6	17.119
	7	20.071
	8	23.023
	9	25.975
	10	28.928
64	7	20.085
	8	23.037
	9	25.989
	10	28.942
65	7	20.099
	8	23.051
	9	26.003
	10	28.956
66	7	20.113
	8	23.065
	9	26.017
	10	28.970
67	7	20.127
	8	23.079
	9	26.031
	10	28.984
68	7	20.141
	8	23.093
	9	26.045
	10	28.998
	11	31.950
69	7	20.155
	8	23.107
	9	26.059
	10	29.012
	11	31.964
70	7	20.169
	8	23.121
	9	26.073
	10	29.026
	11	31.978

z'	k	W_k^*
71	7	20.183
	8	23.135
	9	26.087
	10	29.040
	11	31.992
72	7	20.197
	8	23.149
	9	26.101
	10	29.054
	11	32.006
73	8	23.163
	9	26.115
	10	29.068
	11	32.020
74	8	23.177
	9	26.129
	10	29.082
	11	32.034
75	8	23.191
	9	26.144
	10	29.096
	11	32.048
	12	35.000
76	8	23.205
	9	26.158
	10	29.110
	11	32.062
	12	35.014
77	8	23.219
	9	26.172
	10	29.124
	11	32.076
	12	35.028
78	8	23.233
	9	26.186
	10	29.138
	11	32.090
	12	35.042
79	8	23.247
	9	26.200
	10	29.152
	11	32.104
	12	35.056
80	9	26.214
	10	29.166
	11	32.118
	12	35.070
81	9	26.228
	10	29.180
	11	32.132
	12	35.084
82	9	26.242
	10	29.194
	11	32.146
	12	35.098
83	9	26.256
	10	29.208
	11	32.160
	12	35.112
	13	38.064

z'	k	W_k^*
84	9	26.270
	10	29.222
	11	32.174
	12	35.126
	13	38.078
85	9	26.284
	10	29.236
	11	32.188
	12	35.140
	13	38.092
86	9	26.298
	10	29.250
	11	32.202
	12	35.154
	13	38.106
87	9	26.312
	10	29.264
	11	32.216
	12	35.168
	13	38.120
88	9	26.326
	10	29.278
	11	32.230
	12	35.182
	13	38.134
89	9	26.340
	10	29.292
	11	32.244
	12	35.196
	13	38.148
90	9	26.354
	10	29.306
	11	32.258
	12	35.210
	13	38.162
91	10	29.320
	11	32.272
	12	35.224
	13	38.176
	14	41.128
92	10	29.334
	11	32.286
	12	35.238
	13	38.190
	14	41.142
93	10	29.348
	11	32.300
	12	35.252
	13	38.204
	14	41.156
94	10	29.362
	11	32.314
	12	35.266
	13	38.218
	14	41.170
95	10	29.376
	11	32.328
	12	35.280
	13	38.232
	14	41.148

续表

z'	k	W_k^*
96	10	29.390
	11	32.342
	12	35.294
	13	38.246
	14	41.198
97	10	29.404
	11	32.356
	12	35.308
	13	38.260
	14	41.212
98	10	29.418
	11	32.370
	12	35.322
	13	38.274
	14	41.226
99	10	29.432
	11	32.384
	12	35.336
	13	38.288
	14	41.240
100	11	32.398
	12	35.350
	13	38.302
	14	41.254
	15	44.206
102	11	32.426
	12	35.378
	13	38.330
	14	41.282
	15	44.234
104	11	32.454
	12	35.406
	13	38.358
	14	41.310
	15	44.262
105	11	32.468
	12	35.420
	13	38.372
	14	41.324
	15	44.276
106	11	32.482
	12	35.434
	13	38.386
	14	41.338
	15	44.290
108	11	32.510
	12	35.462
	13	38.414
	14	41.366
	15	44.318
110	12	35.490
	13	38.442
	14	41.394
	15	44.346
	16	47.298
111	12	35.504
	13	38.456
	14	41.408
	15	44.360
	16	47.312
112	12	35.518
	13	38.470

z'	k	W_k^*
112	14	41.422
	15	44.374
	16	47.326
113	12	35.532
	13	38.484
	14	41.436
	15	44.388
	16	47.340
114	12	35.546
	13	38.498
	14	41.450
	15	44.402
	16	47.354
115	12	35.560
	13	38.512
	14	41.464
	15	44.416
	16	47.368
116	12	35.574
	13	38.526
	14	41.478
	15	44.430
	16	47.382
117	13	38.540
	14	41.492
	15	44.444
	16	47.396
	17	50.348
118	13	38.554
	14	41.506
	15	44.458
	16	47.410
	17	50.362
119	13	38.568
	14	41.520
	15	44.472
	16	47.424
	17	50.376
120	13	38.582
	14	41.534
	15	44.486
	16	47.438
	17	50.390
121	13	38.596
	14	41.548
	15	44.500
	16	47.453
	17	50.405
122	13	38.610
	14	41.526
	15	44.514
	16	47.467
	17	50.419
123	13	38.624
	14	41.576
	15	44.528
	16	47.481
	17	50.433
124	13	38.638
	14	41.590
	15	44.542
	16	47.495
	17	50.447

z'	k	W_k^*
125	14	41.604
	15	44.556
	16	47.509
	17	50.461
	18	53.413
126	14	41.618
	15	44.570
	16	47.523
	17	50.475
	18	53.427
127	14	41.632
	15	44.585
	16	47.537
	17	50.489
	18	53.441
128	14	41.646
	15	44.598
	16	47.551
	17	50.503
	18	53.455
129	14	41.660
	15	44.612
	16	47.565
	17	50.517
	18	53.469
130	14	41.674
	15	44.626
	16	47.579
	17	50.531
	18	53.483
132	14	41.702
	15	44.654
	16	47.607
	17	50.559
	18	53.511
133	14	41.716
	15	44.668
	16	47.621
	17	50.573
	18	53.525
134	15	44.682
	16	47.635
	17	50.587
	18	53.539
	19	56.491
135	15	44.697
	16	47.649
	17	50.601
	18	53.553
	19	56.505
136	15	44.711
	16	47.633
	17	50.615
	18	53.567
	19	56.519
138	15	44.739
	16	47.691
	17	50.643
	18	53.595
	19	56.547
139	15	44.753
	16	47.705

续表

z'	k	W_k^*
139	17	50.657
	18	53.609
	19	56.561
140	15	44.767
	16	47.719
	17	50.671
	18	53.623
	19	56.575
141	15	44.781
	16	47.733
	17	50.685
	18	53.637
	19	56.589
142	15	44.795
	16	47.747
	17	50.699
	18	53.651
	19	56.603
143	15	44.809
	16	47.761
	17	50.713
	18	53.665
	19	56.617
144	16	47.775
	17	50.727
	18	53.679
	19	56.631
	20	59.583
145	16	47.789
	17	50.741
	18	53.693
	19	56.645
	20	59.597
146	16	47.803
	17	50.755
	18	53.707
	19	56.659
	20	59.611
147	16	47.817
	17	50.769
	18	53.721
	19	56.673
	20	59.625
148	16	47.831
	17	50.783
	18	53.735
	19	56.687
	20	59.639
150	17	50.811
	18	53.763
	19	56.715
	20	59.667
	21	62.619
152	17	50.839
	18	53.791
	19	56.743
	20	59.695
	21	62.648

z'	k	W_k^*
153	17	50.853
	18	53.805
	19	56.757
	20	59.709
	21	62.662
154	17	50.867
	18	53.819
	19	56.771
	20	59.723
	21	62.676
155	17	50.881
	18	53.833
	19	56.785
	20	59.737
	21	62.690
156	17	50.895
	18	53.847
	19	56.799
	20	59.751
	21	62.704
157	17	50.909
	18	53.861
	19	56.813
	20	59.765
	21	62.718
158	17	50.923
	18	53.875
	19	56.827
	20	59.779
	21	62.732
159	18	53.889
	19	56.841
	20	59.793
	21	62.746
	22	65.698
160	18	53.903
	19	56.855
	20	59.807
	21	62.760
	22	65.712
161	18	53.917
	19	56.869
	20	59.821
	21	62.774
	22	65.726
162	18	53.931
	19	56.883
	20	59.835
	21	62.788
	22	65.740
164	18	53.959
	19	56.911
	20	59.863
	21	62.816
	22	65.768
165	18	53.973
	19	56.925
	20	59.877
	21	62.830
	22	65.782

z'	k	W_k^*
166	18	53.987
	19	56.939
	20	59.891
	21	62.844
	22	65.769
168	19	56.967
	20	59.919
	21	62.872
	22	65.824
	23	68.776
169	19	56.981
	20	59.933
	21	62.886
	22	65.838
	23	68.796
170	19	56.995
	20	59.947
	21	62.900
	22	65.852
	23	68.804
171	19	57.009
	20	59.962
	21	62.914
	22	65.866
	23	68.818
172	19	57.023
	20	59.976
	21	62.928
	22	65.880
	23	68.832
174	19	57.051
	20	60.004
	21	62.956
	22	65.908
	23	68.860
175	19	57.065
	20	60.018
	21	62.970
	22	65.922
	23	63.874
176	20	60.032
	21	62.984
	22	65.936
	23	68.888
	24	71.840
177	20	60.046
	21	62.998
	22	65.950
	23	68.002
	24	71.854
178	20	60.060
	21	63.012
	22	65.964
	23	68.916
	24	71.868
180	20	60.088
	21	63.040
	22	65.992
	23	68.944
	24	71.896

注：1. W_k^* 为 $m=1$mm 时的公法线长度；当 $m\neq 1$mm 时，其公法线长度 $W_k=W_k^* m$。

2. 对直齿轮，表中 $z'=z$；对斜齿轮，$z'=z\dfrac{\mathrm{inv}\alpha_t}{\mathrm{inv}20°}$。按此式算出的 z' 后面有小数部分时，其整数部分公法线值查本表，而小数部分的公法线长度，利用参考文献 [2] 中的表 2-23，按插入法进行补偿计算。

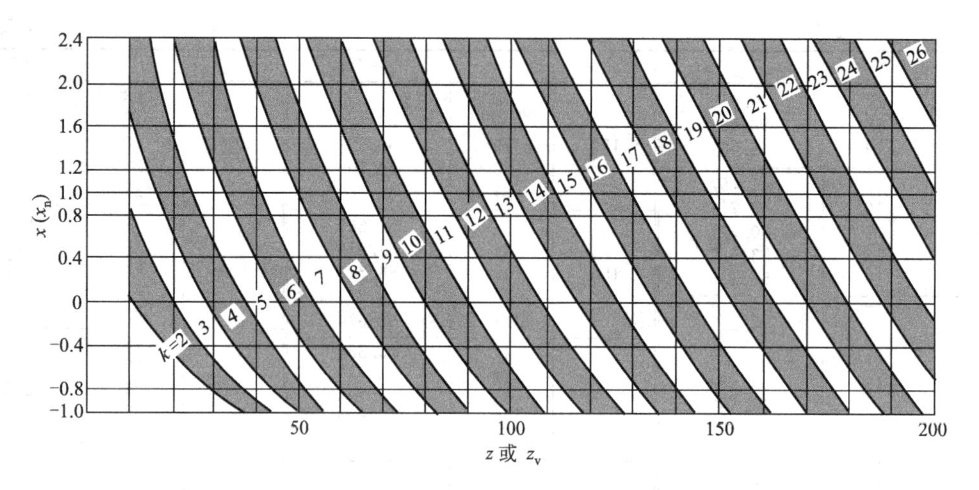

图 4-8　测量公法线长度跨齿数 k（$\alpha_n=\alpha=20°$）

公法线长度 W 为

$$W=\ (W^*+2x\sin\alpha) \tag{4-44}$$

其中，W^* 值仍可按表 4-8 查得。

（2）量柱测量距 M

将两个量柱（球）放入沿直径相对的两齿槽中，测量两量柱（球）外侧［外齿轮，见图 4-9（a）、（b）］或内侧［内齿轮，见图 4-9（c）、（d）］间的距离，称之为量柱测量距 M，用以控制齿轮的厚度。

量柱测量距 M 值，不用齿顶圆做定位基准，方法简单，测量结果较准确。M 值大多用于内齿轮或小模数（$m<1.0$mm）齿轮的测量中，但对大型齿轮测量不方便。

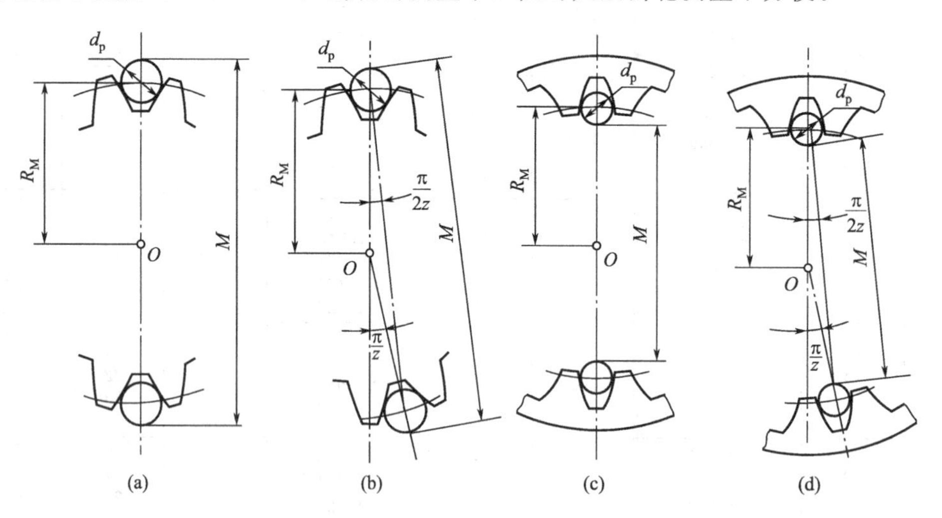

图 4-9　量柱（球）跨距的测量

量柱测量距 M 和量柱直径 d_p 的计算公式如下。

标准齿轮：

量柱直径 d_p

外齿轮的量柱直径 d_p 可按齿数 z 查图 4-10。

内齿轮的量柱直径 $d_p=1.65m$

上述计算所得的 d_p 值需圆整成量柱的标准值，以便采用标准的量柱来测量。量柱测量距 M

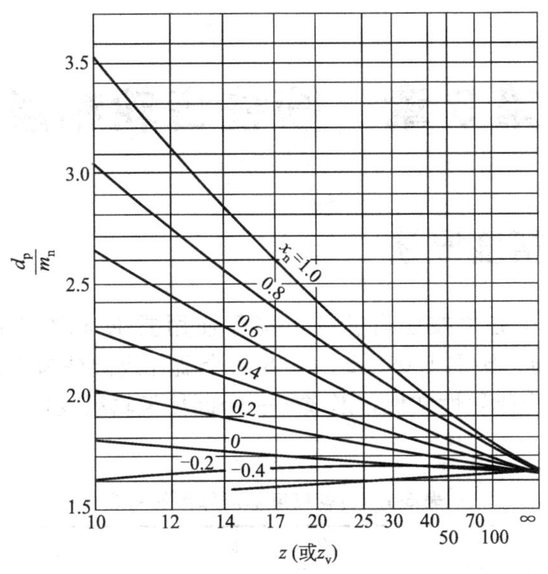

图 4-10　测量外齿轮用的圆柱（球）直径 d_p/m_n（$\alpha=\alpha_n=20°$）

偶数齿

$$M=\frac{mz\cos\alpha}{\cos\alpha_M}\pm d_p \tag{4-45}$$

奇数齿

$$M=\frac{mz\cos\alpha}{\cos\alpha_M}\cos\frac{90^\circ}{z}\pm d_p \tag{4-46}$$

式中，α_M 为量柱中心所在圆的压力角，按下式计算

$$\mathrm{inv}\alpha_M=\mathrm{inv}\alpha\pm\frac{d_p}{mz\cos\alpha}\mp\frac{\pi}{2z} \tag{4-47}$$

式中的“±”或“∓”，上面的符号用于外齿轮，下面的符号用于内齿轮。

变位齿轮：

量柱直径 d_p

外齿轮的量柱直径 d_p 可按齿数 z 查图 4-10。

内齿轮的量柱直径 $d_p=1.65m$

量柱测量距 M

偶数齿

$$M=\frac{mz\cos\alpha}{\cos\alpha_M}\pm d_p \tag{4-48}$$

奇数齿

$$M=\frac{mz\cos\alpha}{\cos\alpha_M}\cos\frac{90^\circ}{z}\pm d_p \tag{4-49}$$

式中，α_M 意义同前，其计算公式为

$$\mathrm{inv}\alpha_M=\mathrm{inv}\alpha\pm\frac{d_p}{mz\cos\alpha}\mp\frac{\pi}{2z}+\frac{2x\tan\alpha}{z} \tag{4-50}$$

上式中的“±”或“∓”，上面的符号用于外齿轮；下面的符号用于内齿轮。

由图 4-9 可见：

外齿轮的量柱测量距 M 应大于齿顶圆直径 d_a，即 $M>d_a$；内齿轮的量柱测量距 M 应小于齿顶圆直径 d_a，即 $M<d_a$。

第5章 圆柱齿轮精度

5.1 圆柱齿轮精度概述

在进行齿轮设计时，必须按照齿轮的工况等使用要求选取其精度等级。国家颁布了GB/T 10095.1—2008与GB/T 10095.2—2008两个渐开线圆柱齿轮精度标准和配套使用的有关检验实施规范的四个指导性文件，形成了一个圆柱齿轮精度标准和技术文件体系，见表5-1。

表5-1 齿轮精度标准体系的构成

序号	项 目	名 称	采用ISO标准程度及文件号
1	GB/T 10095—2008	圆柱齿轮 精度制 第1部分:轮齿同侧齿面偏差的定义和允许值	等同采用ISO 1328-1:1995
2	GB/T 10095—2008	圆柱齿轮 精度制 第2部分:径向综合偏差与径向跳动的定义和允许值	等同采用ISO 1328-2:1997
3	GB/Z 18620.1—2008	圆柱齿轮 检验实施规范 第1部分:轮齿同侧齿面的检验	等同采用ISO/TR 10064-1:1992
4	GB/Z 18620.2—2008	圆柱齿轮 检验实施规范 第2部分:径向综合偏差、径向跳动、齿厚和侧隙的检验	等同采用ISO/TR 10064-2:1996
5	GB/Z 18620.3—2008	圆柱齿轮 检验实施规范 第3部分:齿轮坯、轴中心距和轴线平行度的检验	等同采用ISO/TR 10064-3:1996
6	GB/Z 18620.4—2008	圆柱齿轮 检验实施规范 第4部分:表面结构和轮齿接触斑点的检验	等同采用ISO/TR 10064-4:1998

关于齿轮精度标准的适用范围：GB/T 10095.1—2008和GB/T 10095.2—2008适用于基本齿廓符合GB/T 1356—2008《通用机械和重型机械用圆柱齿轮标准基本齿条齿廓》规定的单个渐开线圆柱齿轮，而不适用于渐开线圆柱齿轮副。

上述两项标准适用的齿轮规格参数，见表5-2。

表5-2 齿轮精度标准适用范围 /mm

标 准	法向模数	分度圆直径 d	齿 宽
GB/T 10095.1—2008	≥0.5～70		≥4～1000
GB/T 10095.2—2008	≥0.2～10		

使用该标准的前提条件是：使用GB/T 10095.1—2008的各方，均应十分熟悉GB/Z 18620.1—2008《圆柱齿轮 检验实施规范 第1部分：轮齿同侧齿面的检验》所叙述的检验方法和步骤。若不使用上述方法和技术而采用GB/T 10095.1规定的偏差允许值，则是不适宜的。

5.2　齿轮偏差的定义及其代号

齿轮各项偏差的定义及其代号见表 5-3。

表 5-3　齿轮偏差的定义及其代号

序号	名　称	代号	定　　　义	标准号
1	齿距偏差			GB/T 10095.1—2008
1.1	单个齿距偏差	f_{pt} $\pm f_{pt}$	在端平面上，在接齿高中部的一个齿轮轴线同心的圆上，实际齿距与理论齿距的代数差(见图 5-1)	
1.2	齿距累积偏差	F_{pk}	任意 k 个齿距的实际弧长与理论弧长的代数差(见图 5-1)。理论上它等于这 k 个齿距的各单个齿距偏差的代数和	
1.3	齿距累积总偏差	F_p	齿轮同侧齿面任意弧段($k=1$ 至 $k=z$)内的最大齿距累积偏差。它表现为齿距累积偏差曲线的总幅值	
2	齿廓偏差		实际齿廓偏差设计齿廓的量，该量在端平面内沿垂直于渐开线齿廓的方向计值	GB/T 10095.1—2008
2.1	齿廓总偏差	F_α	在计值范围(L_α)内，包容实际齿廓迹线的两条设计齿廓迹线间的距离[见图 5-2(a)]	
2.2	齿廓形状偏差	$f_{f\alpha}$	在计值范围内，包容实际齿廓迹线的两条与平均齿廓迹线完全相同曲线间的距离。且两条曲线与平均齿廓迹线的距离为常数[见图 5-2(b)]	
2.3	齿廓倾斜偏差	$f_{H\alpha}$	在计值范围内与平均齿廓迹线相交的两条设计齿廓迹线间的距离[见图 5-2(c)]	
3	螺旋线偏差		在端基圆切线方向上测得的实际螺旋线偏差设计螺旋线的量	GB/T 10095.1—2008
3.1	螺旋线总偏差	F_β	在计量范围内，包容实际螺旋线迹线的两条设计螺旋线迹线间的距离[见图 5-3(a)]	
3.2	螺旋线形状偏差	$f_{f\beta}$	在计值范围内，包容实际螺旋线迹线的两条与平均螺旋线迹线完全相同的曲线间的距离。且两条曲线与平均螺旋线迹线的距离为常数[见图 5-3(b)]	
3.3	螺旋线倾斜偏差	$f_{H\beta}$	在计值范围的两端与平均螺旋线迹线相交的两条设计螺旋线迹线间的距离[见图 5-3(c)]	
4	切向综合偏差			GB/T 10095.1—2008
4.1	切向综合总偏差	F_i'	被测齿轮与测量齿轮单面啮合检验时，被测齿轮一转内，齿轮分度圆上实际圆周位移与理论圆周位移的最大差值(见图 5-4)	
4.2	一齿切向综合偏差	f_i'	在一个齿距内的切向综合偏差(见图 5-4)	
5	径向综合偏差			GB/T 10095.2—2008
5.1	径向综合总偏差	F_i''	在径向(双面)综合检验时，产品齿轮的左、右齿面同时与测量齿轮接触，并转过一整圈时，出现的中心距最大值和最小值之差(见图 5-5)	
5.2	一齿径向综合偏差	f_i''	当产品齿轮啮合一整圈时，对应一个齿距(360°/z)的径向综合偏差值(见图 5-5)	
6	径向跳动公差	F_r	当测头(球形、圆柱形、砧形)相继置于每个齿槽内时，从它到齿轮轴线的最大和最小径向距离之差。检查中，测头在近似齿高中部与左右齿面接触(见图 5-6)	GB/ 10095.2—2008

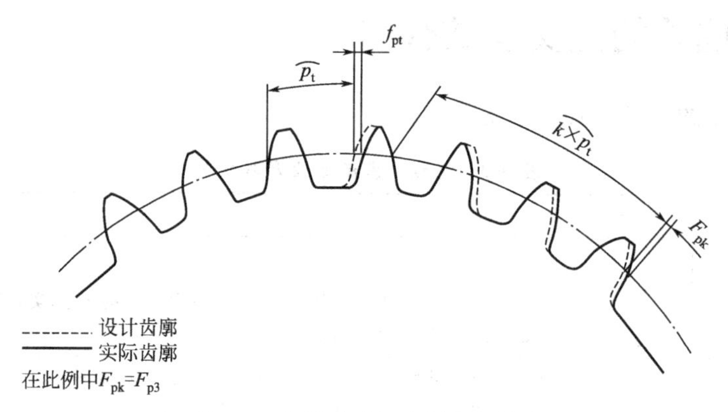

图 5-1　齿距偏差与齿距累积偏差

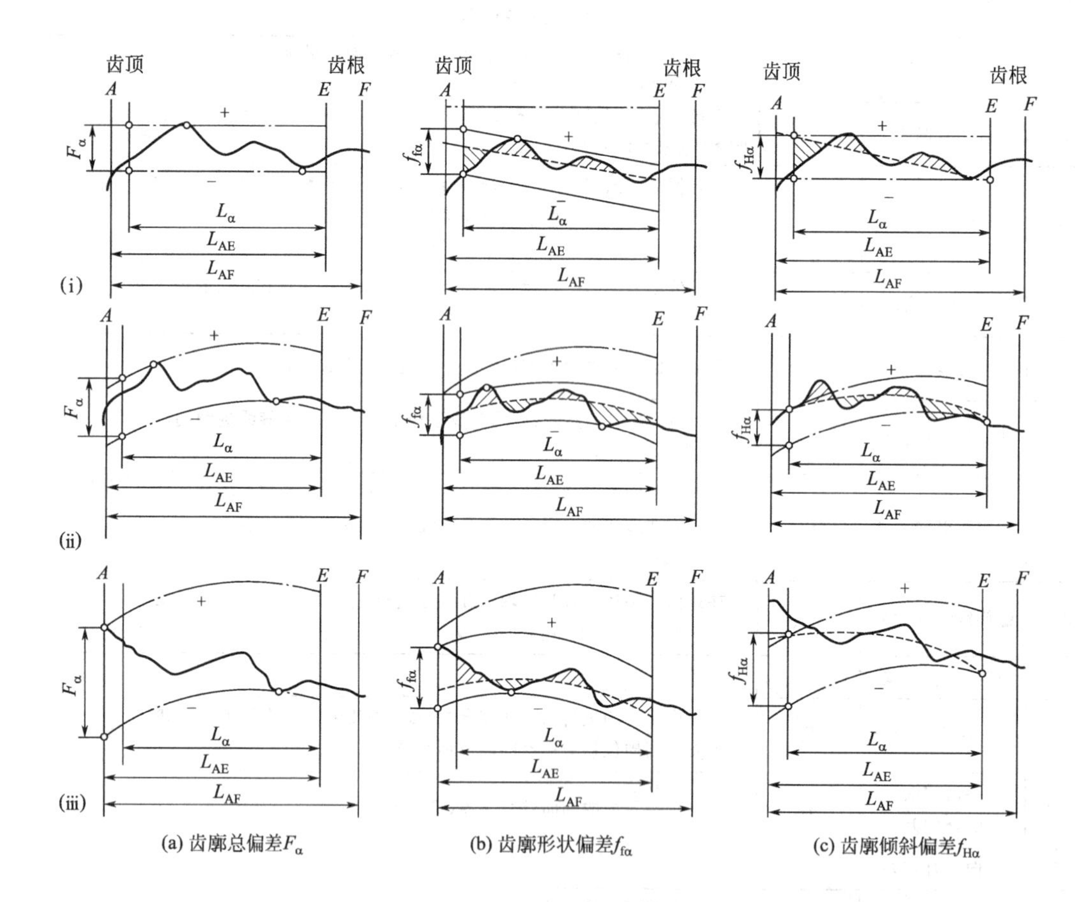

图 5-2　齿廓偏差

L_{AF}—可用长度；L_{AE}—有效长度；L_α—齿廓计值范围

点划线—设计齿廓；粗实线—实际齿廓；虚线—平均齿廓

（ⅰ）设计齿廓：未修形的渐开线　实际齿廓：在减薄区内具有偏向体内的负偏差；

（ⅱ）设计齿廓：修形的渐开线（举例）　实际齿廓：在减薄区内具有偏向体内的负偏差；

（ⅲ）设计齿廓：修形的渐开线（举例）　实际齿廓：在减薄区内具有偏向体外的正偏差

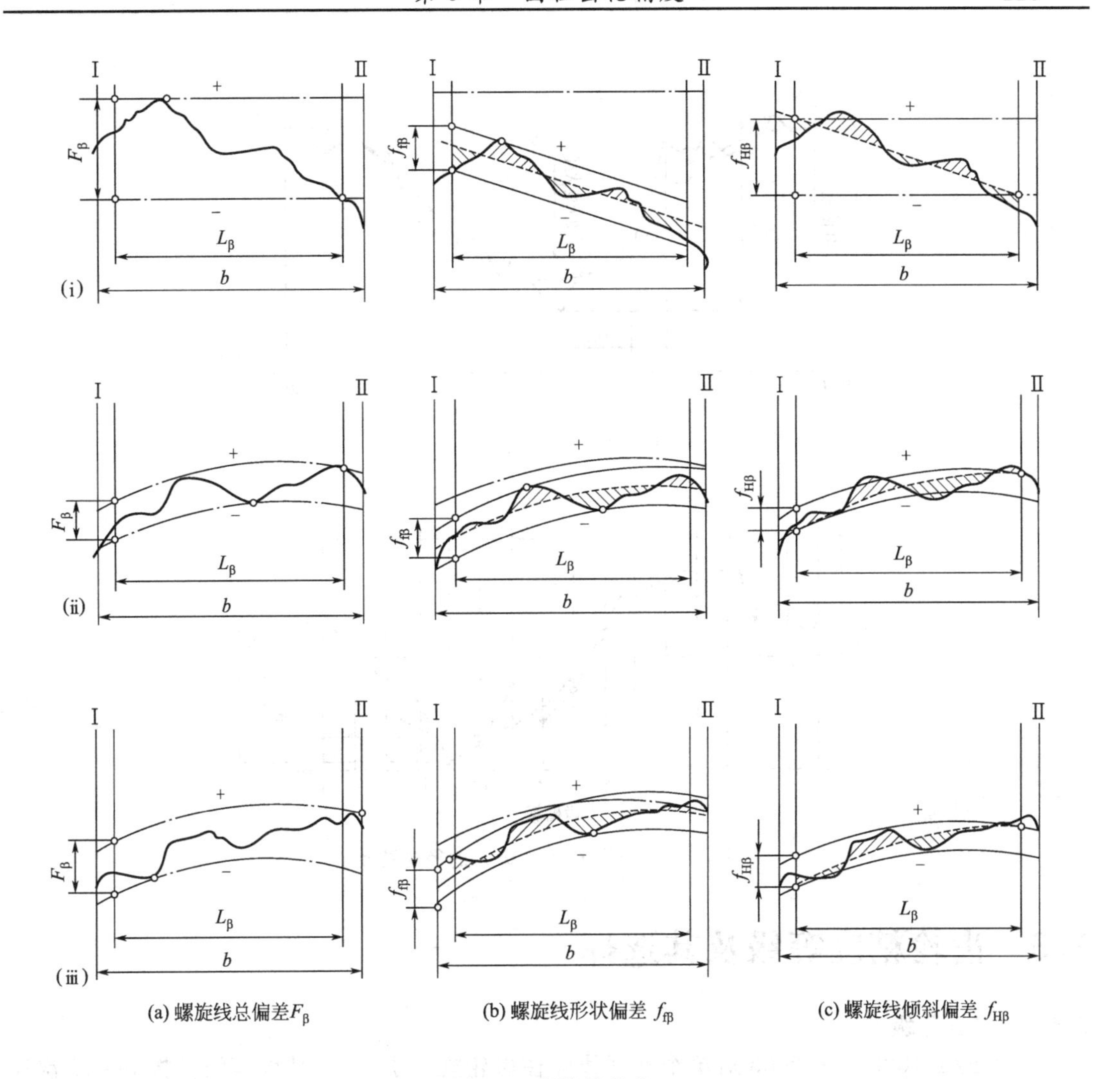

(a) 螺旋线总偏差F_β　　(b) 螺旋线形状偏差 $f_{f\beta}$　　(c) 螺旋线倾斜偏差 $f_{H\beta}$

图 5-3　螺旋线偏差

b—齿轮螺旋线长度（与齿宽成正比）；L_β—螺旋线计值范围

点划线—设计螺旋线；粗实线—实际螺旋线；虚线—平均螺旋线

（ⅰ）设计螺旋线：未修形的螺旋线　实际螺旋线：在减薄区内具有偏向体内的负偏差；

（ⅱ）设计螺旋线：修形的螺旋线（举例）　实际螺旋线：在减薄区内具有偏向体内的负偏差；

（ⅲ）设计螺旋线：修形的螺旋线（举例）　实际螺旋线：在减薄区内具有偏向体外的正偏差

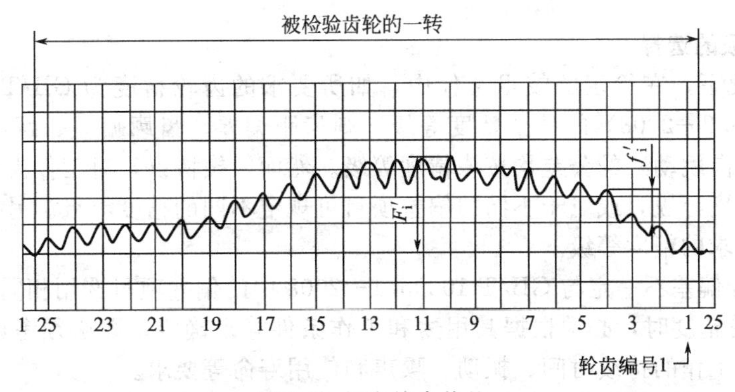

图 5-4　切向综合偏差

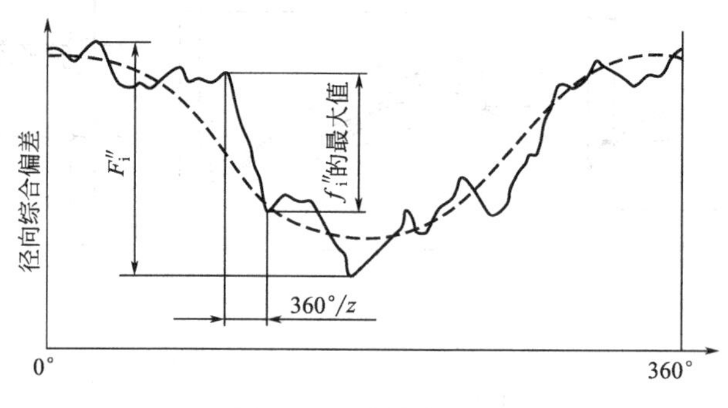

图 5-5 径向综合偏差

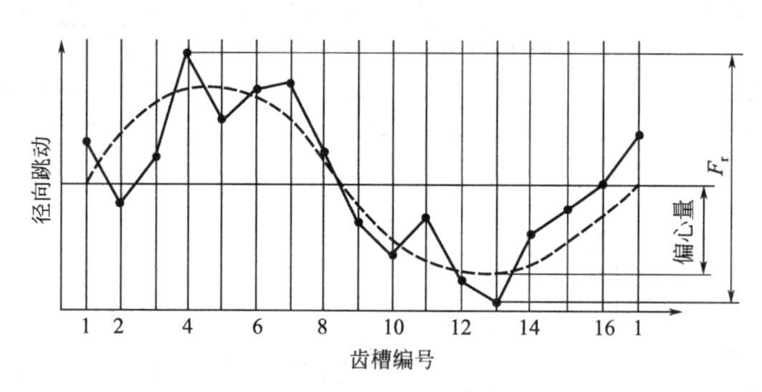

图 5-6 一个齿轮（16 齿）的径向跳动

5.3 齿轮精度等级及其选择

5.3.1 精度等级

① GB/T 10095.1—2008 对单个渐开线圆柱齿轮规定了 13 个精度等级，按 0～12 次序由高到低顺序排列。0～2 级精度的齿轮要求非常高，各项偏差的允许值很小，是有待发展的精度等级。通常将 3～5 级称为高精度等级；6～8 级称为中等精度等级；9～12 级称为低精度等级。上述标准包含各项偏差：f_{pt}、F_{pk}、F_p、F_α、F_i'、f_i'。

② GB/T 10095.2—2008 对单个渐开线圆柱齿轮的径向偏差（F_i''、f_i''）规定了 4～12 共 9 个精度等级，其中 4 级精度最高，12 级精度最低。但是，对于径向跳动公差 F_r 仍规定为 12 个精度等级。

5.3.2 精度等级的选择

① 一般情况下，在给定的技术文件中，如所要求的齿轮精度为 GB/T 10095.1—2008（或 GB/T 10095.2—2008）的某个精度等级，则齿距偏差、齿廓偏差、螺旋线偏差（或径向综合偏差、径向跳动）的公差均按该精度等级。然而，按协议，对工作齿面或非工作齿面可规定不同的精度等级，或对于不同的偏差项目可规定不同的精度等级。另外，也可只对工作齿面规定所要求的精度等级。

② 径向综合偏差不一定与 GB/T 10095.1—2008 中的偏差项目选用相同的精度等级。

③ 选择齿轮精度时，必须根据其用途和工作条件等来确定。即必须考虑齿轮的工作速度、传递功率、工作的持续时间、振动、噪声和使用寿命等要求。

精度等级的选用，一般有计算法和经验法两种方法。目前采用较多的主要是表格法（经验法)。表 5-4 列出各类机械传动中所应用的齿轮精度等级。表 5-5 列出各精度等级齿轮的适用范围。

表 5-4　各类机械传动所应用的齿轮精度等级

产品类型	精度等级	产品类型	精度等级	产品类型	精度等级
测量齿轮	2～5	轻型汽车	5～8	轧钢机	6～10
涡轮机齿轮	3～6	载重汽车	6～9	矿用绞车	6～10
金属切削机床	3～8	航空发动机	4～8	起重机械	7～10
内燃机车	6～7	拖拉机	6～9	农业机械	8～11
汽车底盘	5～8	通用减速器	6～9	现代兵器	5～8

表 5-5　各精度等级齿轮的适用范围

精度等级	工作条件与适用范围	圆周速度/m·s^{-1}		齿面的最后加工
		直齿	斜齿	
3	用于最平稳且无噪声的极高速下工作的齿轮;特别精密的分度机构齿轮;特别精密机械中的齿轮;控制机构齿轮;检测 5、6 级的测量齿轮	>50	>75	特精密的磨齿和珩磨;用精密滚刀滚齿或单边剃齿后的大多数不经淬火的齿轮
4	用于精密分度机构的齿轮;特别精密机械中的齿轮;高速涡轮机齿轮;控制机构齿轮;检测 7 级的测量齿轮	>40	>70	精密磨齿;大多数用精密滚刀滚齿和珩齿或单边剃齿
5	用于高平稳且低噪声的高速传动中的齿轮;精密机构中的齿轮;涡轮机传动的齿轮;检测 8、9 级的测量齿轮 重要的航空、船用齿轮箱齿轮	>20	>40	精密磨齿;大多数用精密滚刀加工,进而研齿或剃齿
6	用于高速下平稳工作,需要高效率及低噪声的齿轮;航空、汽车用齿轮;读数装置中的精密齿轮;机床传动链齿轮;机床传动齿轮	到 15	到 30	精密磨齿或剃齿
7	在中速或大功率下工作的齿轮;机床变速箱进给齿轮;减速器齿轮;起重机齿轮;汽车以及读数装置中的齿轮	到 10	到 15	无需热处理的齿轮,用精确刀具加工 对于淬硬齿轮必须精整加工(磨齿、研齿、珩磨)
8	一般机器中无特殊精度要求的齿轮;机床变速齿轮;汽车制造业中不重要齿轮;冶金、起重机械齿轮;通用减速器的齿轮;农业机械中的重要齿轮	到 6	到 10	滚、插齿均可,不用磨齿;必要时剃齿或研齿
9	用于不提出精度要求的粗糙工作的齿轮;因结构上考虑,受载低于计算载荷的传动用齿轮;低速不重要工作机械的动力齿轮;农机齿轮	到 2	到 4	不需要特殊的精加工工序

5.4　齿轮检验

指导性技术文件 GB/Z 18620.1—2008 是渐开线圆柱齿轮轮齿同侧齿面的检测实施规范，即齿距、齿廓、螺旋线等偏差和切向综合偏差的检验实施规范，作为 GB/T 10095.1—

2008的补充，它提供了齿轮测量方法和测量结果分析方面的建议。

指导性文件GB/Z 18620.2—2008是渐开线圆柱齿轮的综合偏差、径向跳动、齿厚和侧隙的检验实施规范，即涉及双面接触的测量方法和测量结果的分析；并补充了GB/T 10095.2—2008。

(1) 齿距偏差（f_{pt}、F_{pk}、F_p）的检验

齿轮偏差的检验要求见表5-6。

表5-6 齿轮偏差检验要求

序号	项目	检验要求
1	齿距偏差 f_{pt} F_{pk} F_p	①除另有规定外，应在接近齿高和齿宽中部的位置进行测量，对于f_{pt}，需对每个轮齿的两侧齿面都进行测量 ②当齿宽$b>250$mm时，应增加两个测量部位，即在各距齿端约15%的齿宽处测量 ③除另有规定外，F_{pk}值被限定在不大于1/8的圆周上评定。F_{pk}适用于齿距数k为2到小于$z/8$的范围。通常检验$F_{pz/8}$值就足够了。如果对于特殊的应用场合（如高速齿轮）还需检验较小的弧段并规定相应的齿距数k
2	齿廓偏差 F_α $f_{f\alpha}$ $f_{H\alpha}$	①齿廓偏差在齿轮端面内沿垂直于渐开线齿廓的方向计值。如果在齿面的法向测量，应将测量值除以$\cos\beta_b$后再与公差值进行比较 ②齿廓偏差应在齿宽中部位置测量，当齿宽$b>250$mm时，应增加两个测量部位，即在各距齿端每侧约15%齿宽处测量。除另有规定外，应至少测三个轮齿的两侧齿面，这三个轮齿应取在沿齿轮圆周近似三等分位置处
3	螺旋线偏差 F_β $f_{f\beta}$ $f_{H\beta}$	①螺旋线偏差是在端面基圆切线方向测得的实际螺旋线与设计螺旋线之间的差值，如果偏差是在齿面的法向测量，则应除以$\cos\beta_b$，换算成端面的偏差量，然后再与公差值比较 ②螺旋线偏差应在沿圆周均布的至少不少于3个轮齿的两侧面的齿高中部测量
4	切向综合偏差 F_i' f_i'	①"测量齿轮"的精度影响测量结果，其精度至少比被测齿轮的精度高4个等级。否则，须考虑测量齿轮的制造精度所带来的影响 检验时，可用齿条、蜗杆、测头等测量元件代替"测量齿轮"，但应在协议中予以规定 ②检验时，被测齿轮与测量齿轮处于公称中心距下，并施加很轻的载荷，以较低的速度保证齿面接触且保持单面啮合状态，直到获得一整圈的偏差曲线图为止 ③总重合度ε_γ影响f_i'的测量。当测量齿轮和被测齿轮的齿宽不同时，按较小的齿宽计算ε_γ 如果对轮齿的齿廓和螺旋线进行了较大的修形，检测时ε_γ和系数k会受到较大的影响。在评定测量结果时，需考虑这些因素。在此情况下，需对检验条件和记录曲线的评定规定专门的协议
5	径向综合偏差 F_i'' f_i''	①检验时，测量齿轮应在"有效长度L_{AE}"上与产品齿轮（被测齿轮）保持双面啮合 ②应特别注意测量齿轮的精度和参数设计，如应有足够的啮合深度，使其与产品齿轮的整个实际有效齿廓接触，而不应与非有效部分或齿根接触 ③当检验精密齿轮时，供需双方应协商所用测量齿轮的精度和测量步骤 ④检验斜齿轮时，因纵向重合度ε_β影响测量结果。在使用标准附录给出的公差时，应使其测量齿轮与产品齿轮啮合时的ε_β小于或等于0.5
6	径向跳动 F_r	检验时，应将测头（球形、圆柱形和砧形）在齿轮旋转时逐齿放置在齿槽中，并与齿的两侧齿面接触，测头的直径应选择得使其接触到齿槽的中间部位，并应置于齿宽中部。砧形测头的尺寸应选择得使其在齿槽中大致在分度圆的位置接触两齿面

（2）检验项目

标准没有规定齿轮公差组和检验组。对产品齿轮可采用两种不同的检验形式来评定和验收其制造质量。一种检验形式是综合检验，另一种是单项检验；但两种检验形式不能同时采用。

① 综合检验：其检验项目有 F''_{i} 与 f''_{i}。

② 单项检验：按照齿轮的使用要求，可选择下列检验组中的一组来评定和验收齿轮精度。

a. f_{pt}、F_{p}、F_{α}、F_{β}、F_{r}；

b. f_{pt}、F_{pk}、F_{p}、F_{α}、F_{β}、F_{r}；

c. f_{pt}与 F_{r}（仅用于 10～12 级）。

（3）各项齿轮偏差的允许值

齿轮的单个齿距偏差 f_{pt}、齿距累积总偏差 F_{p}、齿廓总偏差 F_{α}、齿廓形状偏差 $f_{\mathrm{f\alpha}}$、齿廓倾斜偏差 $f_{\mathrm{H\alpha}}$、螺旋线总偏差 F_{β}、螺旋线形状偏差 $f_{\mathrm{f\beta}}$、螺旋线倾斜偏差 $f_{\mathrm{H\beta}}$、一齿切向综合偏差 f'_{i}（测量一齿切向综合偏差时，其值受总重合度 ε_{γ} 影响，故标准给出了 f'_{i}/k 比值）、径向综合总偏差 F''_{i}、一齿径向综合偏差 f''_{i}、径向跳动 F_{r} 等允许值，见表 5-7～表 5-17。

表 5-7　单个齿距偏差 f_{pt}

分度圆直径 d/mm	法向模数 m_{n}/mm	精度等级					
		4	5	6	7	8	9
		$\pm f_{\mathrm{pt}}/\mu\mathrm{m}$					
$5\leqslant d\leqslant 20$	$0.5\leqslant m_{\mathrm{n}}\leqslant 2$	3.3	4.7	6.5	9.5	13.0	19.0
	$2<m_{\mathrm{n}}\leqslant 3.5$	3.7	5.0	7.5	10.0	15.0	21.0
$20<d\leqslant 50$	$0.5<m_{\mathrm{n}}\leqslant 2$	3.5	5.0	7.0	10.0	14.0	20.0
	$2<m_{\mathrm{n}}\leqslant 3.5$	3.9	5.5	7.5	11.0	15.0	22.0
	$3.5<m_{\mathrm{n}}\leqslant 6$	4.3	6.0	8.5	12.0	17.0	24.0
	$6<m_{\mathrm{n}}\leqslant 10$	4.9	7.0	10.0	14.0	20.0	28.0
$50<d\leqslant 125$	$0.5\leqslant m_{\mathrm{n}}\leqslant 2$	3.8	5.5	7.5	11.0	15.0	21.0
	$2<m_{\mathrm{n}}\leqslant 3.5$	4.1	6.0	8.5	12.0	17.0	23.0
	$3.5<m_{\mathrm{n}}\leqslant 6$	4.6	6.5	9.0	13.0	18.0	26.0
	$6<m_{\mathrm{n}}\leqslant 10$	5.0	7.5	10.0	15.0	21.0	30.0
	$10<m_{\mathrm{n}}\leqslant 16$	6.5	9.0	13.0	18.0	25.0	35.0
$125<d\leqslant 280$	$0.5\leqslant m_{\mathrm{n}}\leqslant 2$	4.2	6.0	8.5	12.0	17.0	24.0
	$2<m_{\mathrm{n}}\leqslant 3.5$	4.6	6.5	9.0	13.0	18.0	26.0
	$3.5<m_{\mathrm{n}}\leqslant 6$	5.0	7.0	10.0	14.0	20.0	28.0
	$6<m_{\mathrm{n}}\leqslant 10$	5.5	8.0	11.0	16.0	23.0	32.0
	$10<m_{\mathrm{n}}\leqslant 16$	6.5	9.5	13.0	19.0	27.0	38.0
$280<d\leqslant 560$	$0.5\leqslant m_{\mathrm{n}}\leqslant 2$	4.7	6.5	9.5	13.0	19.0	27.0
	$2<m_{\mathrm{n}}\leqslant 3.5$	5.0	7.0	10.0	14.0	20.0	29.0
	$3.5<m_{\mathrm{n}}\leqslant 6$	5.5	8.0	11.0	16.0	22.0	31.0
	$6<m_{\mathrm{n}}\leqslant 10$	6.0	8.5	12.0	17.0	25.0	35.0
	$10<m_{\mathrm{n}}\leqslant 16$	7.0	10.0	14.0	20.0	29.0	41.0
$560<d\leqslant 1000$	$0.5<m_{\mathrm{n}}\leqslant 2$	5.5	7.5	11.0	15.0	21.0	30.0
	$2<m_{\mathrm{n}}\leqslant 3.5$	5.5	8.0	11.0	16.0	23.0	32.0
	$3.5<m_{\mathrm{n}}\leqslant 6$	6.0	8.5	12.0	17.0	24.0	35.0
	$6<m_{\mathrm{n}}\leqslant 10$	7.0	9.5	14.0	19.0	27.0	38.0
	$10<m_{\mathrm{n}}\leqslant 16$	8.0	11.0	16.0	22.0	31.0	44.0
$1000<d\leqslant 1600$	$2\leqslant m_{\mathrm{n}}\leqslant 3.5$	6.5	9.0	13.0	18.0	26.0	36.0
	$3.5<m_{\mathrm{n}}\leqslant 6$	7.0	9.5	14.0	19.0	27.0	39.0
	$6<m_{\mathrm{n}}\leqslant 10$	7.5	11.0	15.0	21.0	30.0	42.0
	$10<m_{\mathrm{n}}\leqslant 16$	8.5	12.0	17.0	24.0	34.0	48.0
$1600<d\leqslant 2500$	$3.5\leqslant m_{\mathrm{n}}\leqslant 6$	7.5	11.0	15.0	21.0	30.0	43.0
	$6<m_{\mathrm{n}}\leqslant 10$	8.5	12.0	17.0	23.0	33.0	47.0
	$10<m_{\mathrm{n}}\leqslant 16$	9.5	13.0	19.0	26.0	37.0	53.0

表 5-8　齿距累积总偏差 F_p

分度圆直径 d/mm	法向模数 m_n/mm	精度等级					
		4	5	6	7	8	9
		F_p/μm					
$5 \leqslant d \leqslant 20$	$0.5 \leqslant m_n \leqslant 2$	8.0	11.0	16.0	23.0	32.0	45.0
	$2 < m_n \leqslant 3.5$	8.5	12.0	17.0	23.0	33.0	47.0
$20 < d \leqslant 50$	$0.5 \leqslant m_n \leqslant 2$	10.0	14.0	20.0	29.0	41.0	57.0
	$2 < m_n \leqslant 3.5$	10.0	15.0	21.0	30.0	42.0	59.0
	$3.5 < m_n \leqslant 6$	11.0	15.0	22.0	31.0	44.0	62.0
	$6 < m_n \leqslant 10$	12.0	16.0	23.0	33.0	46.0	65.0
$50 < d \leqslant 125$	$0.5 \leqslant m_n \leqslant 2$	13.0	18.0	26.0	37.0	52.0	74.0
	$2 < m_n \leqslant 3.5$	13.0	19.0	27.0	38.0	53.0	76.0
	$3.5 < m_n \leqslant 6$	14.0	19.0	28.0	39.0	55.0	78.0
	$6 < m_n \leqslant 10$	14.0	20.0	29.0	41.0	58.0	82.0
	$10 < m_n \leqslant 16$	15.0	22.0	31.0	44.0	62.0	88.0
$125 < d \leqslant 280$	$0.5 \leqslant m_n \leqslant 2$	17.0	24.0	35.0	49.0	69.0	98.0
	$2 < m_n \leqslant 3.5$	18.0	25.0	35.0	50.0	70.0	100.0
	$3.5 < m_n \leqslant 6$	18.0	25.0	36.0	51.0	72.0	102.0
	$6 < m_n \leqslant 10$	19.0	26.0	37.0	53.0	75.0	106.0
	$10 < m_n \leqslant 16$	20.0	28.0	39.0	56.0	79.0	112.0
$280 < d \leqslant 560$	$0.5 \leqslant m_n \leqslant 2$	23.0	32.0	46.0	64.0	91.0	129.0
	$2 < m_n \leqslant 3.5$	23.0	33.0	46.0	65.0	92.0	131.0
	$3.5 < m_n \leqslant 6$	24.0	33.0	47.0	66.0	94.0	133.0
	$6 < m_n \leqslant 10$	24.0	34.0	48.0	68.0	97.0	137.0
	$10 < m_n \leqslant 16$	25.0	36.0	50.0	71.0	101.0	143.0
$560 < d \leqslant 1000$	$0.5 \leqslant m_n \leqslant 2$	29.0	41.0	59.0	83.0	117.0	166.0
	$2 < m_n \leqslant 3.5$	30.0	42.0	59.0	84.0	119.0	168.0
	$3.5 < m_n \leqslant 6$	30.0	43.0	60.0	85.0	120.0	170.0
	$6 < m_n \leqslant 10$	31.0	44.0	62.0	87.0	123.0	174.0
	$10 < m_n \leqslant 16$	32.0	45.0	64.0	90.0	127.0	180.0
$1000 < d \leqslant 1600$	$2 \leqslant m_n \leqslant 3.5$	37.0	52.0	74.0	105.0	148.0	209.0
	$3.5 < m_n \leqslant 6$	37.0	53.0	75.0	106.0	149.0	211.0
	$6 < m_n \leqslant 10$	38.0	54.0	76.0	108.0	152.0	215.0
	$10 < m_n \leqslant 16$	39.0	55.0	78.0	111.0	156.0	221.0
$1600 < d \leqslant 2500$	$3.5 \leqslant m_n \leqslant 6$	45.0	64.0	91.0	129.0	182.0	257.0
	$6 < m_n \leqslant 10$	46.0	65.0	92.0	130.0	184.0	261.0
	$10 < m_n \leqslant 16$	47.0	67.0	94.0	133.0	189.0	267.0

表 5-9　齿廓总偏差 F_α

分度圆直径 d/mm	法向模数 m_n/mm	精度等级					
		4	5	6	7	8	9
		F_α/μm					
$5 \leqslant d \leqslant 20$	$0.5 \leqslant m_n \leqslant 2$	3.2	4.6	6.5	9.0	13.0	18.0
	$2 < m_n \leqslant 3.5$	4.7	6.5	9.5	13.0	19.0	26.0
$20 < d \leqslant 50$	$0.5 \leqslant m_n \leqslant 2$	3.6	5.0	7.5	10.0	15.0	21.0
	$2 < m_n \leqslant 3.5$	5.0	7.0	10.0	14.0	20.0	29.0
	$3.5 < m_n \leqslant 6$	6.0	9.0	12.0	18.0	25.0	35.0
	$6 < m_n \leqslant 10$	7.5	11.0	15.0	22.0	31.0	43.0
$50 < d \leqslant 125$	$0.5 \leqslant m_n \leqslant 2$	4.1	6.0	8.5	12.0	17.0	23.0
	$2 < m_n \leqslant 3.5$	5.5	8.0	11.0	16.0	22.0	31.0
	$3.5 < m_n \leqslant 6$	6.5	9.5	13.0	19.0	27.0	38.0
	$6 < m_n \leqslant 10$	8.0	12.0	16.0	23.0	33.0	46.0
	$10 < m_n \leqslant 16$	10.0	14.0	20.0	28.0	40.0	56.0
$125 < d \leqslant 280$	$0.5 \leqslant m_n \leqslant 2$	4.9	7.0	10.0	14.0	20.0	28.0
	$2 < m_n \leqslant 3.5$	6.5	9.0	13.0	18.0	25.0	36.0
	$3.5 < m_n \leqslant 6$	7.5	11.0	15.0	21.0	30.0	42.0
	$6 < m_n \leqslant 10$	9.0	13.0	18.0	25.0	36.0	50.0
	$10 < m_n \leqslant 16$	11.0	15.0	21.0	30.0	43.0	60.0
$280 < d \leqslant 560$	$0.5 \leqslant m_n \leqslant 2$	6.0	8.5	12.0	17.0	23.0	33.0
	$2 < m_n \leqslant 3.5$	7.5	10.0	15.0	21.0	29.0	41.0
	$3.5 < m_n \leqslant 6$	8.5	12.0	17.0	24.0	34.0	48.0
	$6 < m_n \leqslant 10$	10.0	14.0	20.0	28.0	40.0	56.0
	$10 < m_n \leqslant 16$	12.0	16.0	23.0	33.0	47.0	66.0
$560 < d \leqslant 1000$	$0.5 \leqslant m_n \leqslant 2$	7.0	10.0	14.0	20.0	28.0	40.0
	$2 < m_n \leqslant 3.5$	8.5	12.0	17.0	24.0	34.0	48.0
	$3.5 < m_n \leqslant 6$	9.5	14.0	19.0	27.0	38.0	54.0
	$6 < m_n \leqslant 10$	11.0	16.0	22.0	31.0	44.0	62.0
	$10 < m_n \leqslant 16$	13.0	18.0	26.0	36.0	51.0	72.0
$1000 < d \leqslant 1600$	$2 \leqslant m_n \leqslant 3.5$	9.5	14.0	19.0	27.0	39.0	55.0
	$3.5 < m_n \leqslant 6$	11.0	15.0	22.0	31.0	43.0	61.0
	$6 < m_n \leqslant 10$	12.0	17.0	25.0	35.0	49.0	70.0
	$10 < m_n \leqslant 16$	14.0	20.0	28.0	40.0	56.0	80.0
$1600 < d \leqslant 2500$	$3.5 \leqslant m_n \leqslant 6$	12.0	17.0	25.0	35.0	49.0	70.0
	$6 < m_n \leqslant 10$	14.0	19.0	27.0	39.0	55.0	78.0
	$10 < m_n \leqslant 16$	15.0	22.0	31.0	44.0	62.0	88.0

表 5-10 齿廓形状偏差 $f_{f\alpha}$

分度圆直径 d/mm	法向模数 m_n/mm	精度等级 4	5	6	7	8	9
		$f_{f\alpha}$/μm					
$5\leqslant d\leqslant 20$	$0.5\leqslant m_n\leqslant 2$	2.5	3.5	5.0	7.0	10.0	14.0
	$2<m_n\leqslant 3.5$	3.6	5.0	7.0	10.0	14.0	20.0
$20<d\leqslant 50$	$0.5\leqslant m_n\leqslant 2$	2.8	4.0	5.5	8.0	11.0	16.0
	$2<m_n\leqslant 3.5$	3.9	5.0	8.0	11.0	16.0	22.0
	$3.5<m_n\leqslant 6$	4.8	7.0	9.5	14.0	19.0	27.0
	$6<m_n\leqslant 10$	6.0	8.5	12.0	7.0	24.0	34.0
$50<d\leqslant 125$	$0.5\leqslant m_n\leqslant 2$	3.2	4.5	6.5	9.0	13.0	18.0
	$2<m_n\leqslant 3.5$	4.3	6.0	8.5	12.0	17.0	24.0
	$3.5<m_n\leqslant 6$	5.0	7.5	10.0	15.0	21.0	29.0
	$6<m_n\leqslant 10$	6.5	9.0	13.0	18.0	25.0	36.0
	$10<m_n\leqslant 16$	7.5	11.0	15.0	22.0	31.0	44.0
$125<d\leqslant 280$	$0.5\leqslant m_n\leqslant 2$	3.8	5.5	7.5	11.0	15.0	21.0
	$2<m_n\leqslant 3.5$	4.9	7.0	9.5	14.0	19.0	28.0
	$3.5<m_n\leqslant 6$	6.0	8.0	12.0	16.0	23.0	33.0
	$6<m_n\leqslant 10$	7.0	10.0	14.0	20.0	28.0	39.0
	$10<m_n\leqslant 16$	8.5	12.0	17.0	23.0	33.0	47.0
$280<d\leqslant 560$	$0.5\leqslant m_n\leqslant 2$	4.5	6.5	9.0	13.0	18.0	26.0
	$2<m_n\leqslant 3.5$	5.5	8.0	11.0	16.0	22.0	32.0
	$3.5<m_n\leqslant 6$	6.5	9.0	13.0	18.0	26.0	37.0
	$6<m_n\leqslant 10$	7.5	11.0	15.0	22.0	31.0	43.0
	$10<m_n\leqslant 16$	9.0	13.0	18.0	26.0	36.0	51.0
$560<d\leqslant 1000$	$0.5\leqslant m_n\leqslant 2$	5.5	7.5	11.0	15.0	22.0	31.0
	$2<m_n\leqslant 3.5$	6.5	9.0	13.0	18.0	26.0	37.0
	$3.5<m_n\leqslant 6$	7.5	11.0	15.0	21.0	30.0	42.0
	$6<m_n\leqslant 10$	8.5	12.0	17.0	24.0	34.0	48.0
	$10<m_n\leqslant 16$	10.0	14.0	20.0	28.0	40.0	56.0
$1000<d\leqslant 1600$	$2\leqslant m_n\leqslant 3.5$	7.5	11.0	15.5	21.0	30.0	42.0
	$3.5<m_n\leqslant 6$	8.5	12.0	17.0	24.0	34.0	48.0
	$6<m_n\leqslant 10$	9.5	14.0	19.0	27.0	38.0	54.0
	$10<m_n\leqslant 16$	11.0	15.0	22.0	31.0	44.0	62.0
$1600<d\leqslant 2500$	$3.5\leqslant m_n\leqslant 6$	9.5	13.0	19.0	27.0	38.0	54.0
	$6<m_n\leqslant 10$	11.0	15.0	21.0	30.0	43.0	60.0
	$10<m_n\leqslant 16$	12.0	17.0	24.0	34.0	48.0	68.0

表 5-11 齿廓倾斜偏差 $f_{H\alpha}$

分度圆直径 d/mm	法向模数 m_n/mm	精度等级 4	5	6	7	8	9
		$\pm f_{H\alpha}$/μm					
$5\leqslant d\leqslant 20$	$0.5\leqslant m_n\leqslant 2$	2.1	2.9	4.2	6.0	8.5	12.0
	$2<m_n\leqslant 3.5$	3.0	4.2	6.0	8.5	12.0	17.0
$20<d\leqslant 50$	$0.5\leqslant m_n\leqslant 2$	2.3	3.3	4.6	6.5	9.5	13.0
	$2<m_n\leqslant 3.5$	3.2	4.5	6.5	9.0	13.0	18.0
	$3.5<m_n\leqslant 6$	3.9	5.5	8.0	11.0	16.0	22.0
	$6<m_n\leqslant 10$	4.8	7.0	9.5	14.0	19.0	27.0
$50<d\leqslant 125$	$0.5\leqslant m_n\leqslant 2$	2.6	3.7	5.5	7.5	11.0	15.0
	$2<m_n\leqslant 3.5$	3.5	5.0	7.0	10.0	14.0	20.0
	$3.5<m_n\leqslant 6$	4.3	6.0	8.5	12.0	17.0	24.0
	$6<m_n\leqslant 10$	5.0	7.5	10.0	15.0	21.0	29.0
	$10<m_n\leqslant 16$	6.5	9.0	13.0	18.0	25.0	35.0
$125<d\leqslant 280$	$0.5\leqslant m_n\leqslant 2$	3.1	4.4	6.0	9.0	12.0	18.0
	$2<m_n\leqslant 3.5$	4.0	5.5	8.0	11.0	16.0	23.0
	$3.5<m_n\leqslant 6$	4.7	6.5	9.5	13.0	19.0	27.0
	$6<m_n\leqslant 10$	5.5	8.0	11.0	16.0	23.0	32.0
	$10<m_n\leqslant 16$	6.5	9.5	13.0	19.0	27.0	38.0
$280<d\leqslant 560$	$0.5\leqslant m_n\leqslant 2$	3.7	5.5	7.5	11.0	15.0	21.0
	$2<m_n\leqslant 3.5$	4.6	6.5	9.0	13.0	18.0	26.0
	$3.5<m_n\leqslant 6$	5.5	7.5	11.0	15.0	21.0	30.0
	$6<m_n\leqslant 10$	6.5	9.0	13.0	18.0	25.0	35.0
	$10<m_n\leqslant 16$	7.5	10.0	15.0	21.0	29.0	42.0
$560<d\leqslant 1000$	$0.5\leqslant m_n\leqslant 2$	4.5	6.5	9.0	13.0	18.0	25.0
	$2<m_n\leqslant 3.5$	5.5	7.5	11.0	15.0	21.0	30.0
	$3.5<m_n\leqslant 6$	6.0	8.5	12.0	17.0	24.0	34.0
	$6<m_n\leqslant 10$	7.0	10.0	14.0	20.0	28.0	40.0
	$10<m_n\leqslant 16$	8.0	11.0	16.0	23.0	32.0	46.0
$1000<d\leqslant 1600$	$2\leqslant m_n\leqslant 3.5$	6.0	8.5	12.0	17.0	25.0	35.0
	$3.5<m_n\leqslant 6$	7.0	10.0	14.0	20.0	28.0	39.0
	$6<m_n\leqslant 10$	8.0	11.0	16.0	22.0	31.0	44.0
	$10<m_n\leqslant 16$	9.0	13.0	18.0	25.0	36.0	50.0
$1600<d\leqslant 2500$	$3.5\leqslant m_n\leqslant 6$	8.0	11.0	16.0	22.0	31.0	44.0
	$6<m_n\leqslant 10$	8.5	12.0	17.0	25.0	35.0	49.0
	$10<m_n\leqslant 16$	10.0	14.0	20.0	28.0	39.0	55.0

表 5-12 螺旋线总偏差 F_β

分度圆直径 d/mm	齿宽 b/mm	精度等级 4	5	6	7	8	9
		F_β/μm					
5≤d≤20	4≤b≤10	4.3	6.0	8.5	12.0	17.0	24.0
	10<b≤20	4.9	7.0	9.5	14.0	19.0	28.0
	20<b≤40	5.5	8.0	11.0	16.0	22.0	31.0
	40<b≤80	6.5	9.5	13.0	19.0	26.0	37.0
20<d≤50	4≤b≤10	4.5	6.5	9.0	13.0	18.0	25.0
	10<b≤20	5.0	7.0	10.0	14.0	20.0	29.0
	20<b≤40	5.5	8.0	11.0	16.0	23.0	32.0
	40<b≤80	6.5	9.5	13.0	19.0	27.0	38.0
	80<b≤160	8.0	11.0	16.0	23.0	32.0	46.0
50<d≤125	4≤b≤10	4.7	6.5	9.5	13.0	19.0	27.0
	10<b≤20	5.5	7.5	11.0	15.0	21.0	30.0
	20<b≤40	6.0	8.5	12.0	17.0	24.0	34.0
	40<b≤80	7.0	10.0	14.0	20.0	28.0	39.0
	80<b≤160	8.5	12.0	17.0	24.0	33.0	47.0
	160<b≤250	10.0	14.0	20.0	28.0	40.0	56.0
125<d≤280	4≤b≤10	5.0	7.0	10.0	14.0	20.0	29.0
	10<b≤20	5.5	8.0	11.0	16.0	22.0	32.0
	20<b≤40	6.5	9.0	13.0	18.0	25.0	36.0
	40<b≤80	7.5	10.0	15.0	21.0	29.0	41.0
	80<b≤160	8.5	12.0	17.0	25.0	35.0	49.0
	160<b≤250	10.0	14.0	20.0	29.0	41.0	58.0
280<d≤560	10≤b≤20	6.0	8.5	12.0	17.0	24.0	34.0
	20<b≤40	6.5	9.5	13.0	19.0	27.0	38.0
	40<b≤80	7.5	11.0	15.0	22.0	31.0	44.0
	80<b≤160	9.0	13.0	18.0	26.0	36.0	52.0
	160<b≤250	11.0	15.0	21.0	30.0	43.0	60.0
560<d≤1000	10≤b≤20	6.5	9.5	13.0	19.0	26.0	37.0
	20<b≤40	7.5	10.0	15.0	21.0	29.0	41.0
	40<b≤80	8.5	12.0	17.0	23.0	33.0	47.0
	80<b≤160	9.5	14.0	19.0	27.0	39.0	55.0
	160<b≤250	11.0	16.0	22.0	32.0	45.0	63.0
1000<d≤1600	20≤b≤40	8.0	11.0	16.0	22.0	31.0	44.0
	40<b≤80	9.0	12.0	18.0	25.0	35.0	50.0
	80<b≤160	10.0	14.0	20.0	29.0	41.0	58.0
	160<b≤250	12.0	17.0	24.0	33.0	47.0	67.0
1600<d≤2500	20≤b≤40	8.5	12.0	17.0	24.0	34.0	48.0
	40<b≤80	9.5	13.0	19.0	27.0	38.0	54.0
	80<b≤160	11.0	15.0	22.0	31.0	43.0	61.0
	160<b≤250	12.0	18.0	25.0	35.0	50.0	70.0

表 5-13 螺旋线形状偏差 $f_{f\beta}$ 和螺旋线倾斜偏差 $f_{H\beta}$

分度圆直径 d/mm	齿宽 b/mm	精度等级 4	5	6	7	8	9
		$f_{f\beta}$，$\pm f_{H\beta}$/μm					
5≤d≤20	4≤b≤10	3.1	4.4	6.0	8.5	12.0	17.0
	10<b≤20	3.5	4.9	7.0	10.0	14.0	20.0
	20<b≤40	4.0	5.5	8.0	11.0	16.0	22.0
	40<b≤80	4.7	6.5	9.5	13.0	19.0	26.0
20<d≤50	4≤b≤10	3.2	4.5	6.5	9.0	13.0	18.0
	10<b≤20	3.6	5.0	7.0	10.0	14.0	20.0
	20<b≤40	4.1	6.0	8.0	12.0	16.0	23.0
	40<b≤80	4.8	7.0	9.5	14.0	19.0	27.0
	80<b≤160	6.0	8.0	12.0	16.0	23.0	33.0
50<d≤125	4≤b≤10	3.4	4.8	6.5	9.5	13.0	19.0
	10<b≤20	3.8	5.5	7.5	11.0	15.0	21.0
	20<b≤40	4.3	6.0	8.5	12.0	17.0	24.0
	40<b≤80	5.0	7.0	10.0	14.0	20.0	28.0
	80<b≤160	6.0	8.5	12.0	17.0	24.0	34.0
	160<b≤250	7.0	10.0	14.0	20.0	28.0	40.0
125<d≤280	4≤b≤10	3.6	5.0	7.0	10.0	14.0	20.0
	10<b≤20	4.0	5.5	8.0	11.0	16.0	23.0
	20<b≤40	4.5	6.5	9.0	13.0	18.0	25.0
	40<b≤80	5.0	7.5	10.0	15.0	21.0	29.0
	80<b≤160	6.0	8.5	12.0	17.0	25.0	35.0
	160<b≤250	7.5	10.0	15.0	21.0	29.0	41.0
280<d≤560	10≤b≤20	4.3	6.0	8.5	12.0	17.0	24.0
	20<b≤40	4.8	7.0	9.5	14.0	19.0	27.0
	40<b≤80	5.5	8.0	11.0	16.0	22.0	31.0
	80<b≤160	6.5	9.0	13.0	18.0	26.0	37.0
	160<b≤250	7.5	11.0	15.0	22.0	30.0	43.0
560<d≤1000	10≤b≤20	4.7	6.5	9.5	13.0	19.0	26.0
	20<b≤40	5.0	7.5	10.0	15.0	21.0	29.0
	40<b≤80	6.0	8.5	12.0	17.0	23.0	33.0
	80<b≤160	7.0	9.5	14.0	19.0	27.0	39.0
	160<b≤250	8.0	11.0	16.0	23.0	32.0	45.0
1000<d≤1600	20≤b≤40	5.5	8.0	11.0	16.0	22.0	32.0
	40<b≤80	6.5	9.0	13.0	18.0	25.0	35.0
	80<b≤160	7.5	10.0	15.0	21.0	29.0	41.0
	160<b≤250	8.5	12.0	17.0	24.0	34.0	47.0
1600<d≤2500	20≤b≤40	6.0	8.5	12.0	17.0	24.0	34.0
	40<b≤80	6.5	9.5	13.0	19.0	27.0	38.0
	80<b≤160	7.5	11.0	15.0	22.0	31.0	44.0
	160<b≤250	9.0	12.0	18.0	25.0	35.0	50.0

表 5-14　比值 f'_i/k

分度圆直径 d/mm	法向模数 m_n/mm	精度等级 4	5	6	7	8	9
		$(f'_i/k)/\mu m$					
$5\leqslant d\leqslant 20$	$0.5\leqslant m_n\leqslant 2$	9.5	14.0	19.0	27.0	38.0	54.0
	$2<m_n\leqslant 3.5$	11.0	16.0	23.0	32.0	45.0	64.0
$20<d\leqslant 50$	$0.5\leqslant m_n\leqslant 2$	10.0	14.0	20.0	29.0	41.0	58.0
	$2<m_n\leqslant 3.5$	12.0	17.0	24.0	34.0	48.0	68.0
	$3.5<m_n\leqslant 6$	14.0	19.0	27.0	38.0	54.0	77.0
	$6<m_n\leqslant 10$	16.0	22.0	31.0	44.0	63.0	89.0
$50<d\leqslant 125$	$0.5\leqslant m_n\leqslant 2$	11.0	16.0	22.0	31.0	44.0	62.0
	$2<m_n\leqslant 3.5$	13.0	18.0	25.0	36.0	51.0	72.0
	$3.5<m_n\leqslant 6$	14.0	20.0	29.0	40.0	57.0	81.0
	$6<m_n\leqslant 10$	16.0	23.0	33.0	47.0	66.0	93.0
	$10<m_n\leqslant 16$	19.0	27.0	38.0	54.0	77.0	109.0
$125<d\leqslant 280$	$0.5\leqslant m_n\leqslant 2$	12.0	17.0	24.0	34.0	49.0	69.0
	$2<m_n\leqslant 3.5$	14.0	20.0	28.0	39.0	56.0	79.0
	$3.5<m_n\leqslant 6$	15.0	22.0	31.0	44.0	62.0	88.0
	$6<m_n\leqslant 10$	18.0	25.0	35.0	50.0	70.0	100.0
	$10<m_n\leqslant 16$	20.0	29.0	41.0	58.0	82.0	115.0
$280<d\leqslant 560$	$0.5\leqslant m_n\leqslant 2$	14.0	19.0	27.0	39.0	54.0	77.0
	$2<m_n\leqslant 3.5$	15.0	22.0	31.0	44.0	62.0	87.0
	$3.5<m_n\leqslant 6$	17.0	24.0	34.0	48.0	68.0	96.0
	$6<m_n\leqslant 10$	19.0	27.0	38.0	54.0	76.0	108.0
	$10<m_n\leqslant 16$	22.0	31.0	44.0	62.0	88.0	124.0
$560<d\leqslant 1000$	$0.5<m_n\leqslant 2$	15.0	22.0	31.0	44.0	62.0	87.0
	$2<m_n\leqslant 3.5$	17.0	24.0	34.0	49.0	69.0	97.0
	$3.5<m_n\leqslant 6$	19.0	27.0	38.0	53.0	75.0	106.0
	$6<m_n\leqslant 10$	21.0	30.0	42.0	59.0	84.0	118.0
	$10<m_n\leqslant 16$	24.0	33.0	47.0	67.0	95.0	134.0
$1000<d\leqslant 1600$	$2\leqslant m_n\leqslant 3.5$	19.0	27.0	38.0	54.0	77.0	108.0
	$3.5<m_n\leqslant 6$	21.0	29.0	41.0	59.0	83.0	117.0
	$6<m_n\leqslant 10$	23.0	32.0	46.0	65.0	91.0	129.0
	$10<m_n\leqslant 16$	26.0	36.0	51.0	73.0	103.0	145.0
$1600<d\leqslant 2500$	$3.5\leqslant m_n\leqslant 6$	23.0	32.0	46.0	65.0	92.0	130.0
	$6<m_n\leqslant 10$	25.0	35.0	50.0	71.0	100.0	142.0
	$10<m_n\leqslant 16$	28.0	39.0	56.0	79.0	111.0	158.0

注：1. 一齿切向综合偏差 f'_i 值应等于表中值（f'_i/k）乘以 k。

2. k 值可参见表 5-18。

表 5-15　径向综合总偏差 F''_i

分度圆直径 d/mm	法向模数 m_n/mm	精度等级 4	5	6	7	8	9
		$F''_i/\mu m$					
$5\leqslant d\leqslant 20$	$0.2\leqslant m_n\leqslant 0.5$	7.5	11	15	21	30	42
	$0.5<m_n\leqslant 0.8$	8.0	12	16	23	33	46
	$0.8<m_n\leqslant 1.0$	9.0	12	18	25	35	50
	$1.0<m_n\leqslant 1.5$	10	14	19	27	38	54
	$1.5<m_n\leqslant 2.5$	11	16	22	32	45	63
	$2.5<m_n\leqslant 4.0$	14	20	28	39	56	79
$20<d\leqslant 50$	$0.2\leqslant m_n\leqslant 0.5$	9.0	13	19	26	37	52
	$0.5<m_n\leqslant 0.8$	10	14	20	28	40	56
	$0.8<m_n\leqslant 1.0$	11	15	21	30	42	60
	$1.0<m_n\leqslant 1.5$	11	16	23	32	45	64
	$1.5<m_n\leqslant 2.5$	13	18	26	37	52	73
	$2.5<m_n\leqslant 4.0$	16	22	31	44	63	89
	$4.0<m_n\leqslant 6.0$	20	28	39	56	79	111
$50<d\leqslant 125$	$0.2\leqslant m_n\leqslant 0.5$	12	16	23	33	46	66
	$0.5<m_n\leqslant 0.8$	12	17	25	35	49	70
	$0.8<m_n\leqslant 1.0$	13	18	26	36	52	73
	$1.0<m_n\leqslant 1.5$	14	19	27	39	55	77
	$1.5<m_n\leqslant 2.5$	15	22	31	43	61	86
	$2.5<m_n\leqslant 4.0$	18	25	36	51	72	102
	$4.0<m_n\leqslant 6.0$	22	31	44	62	88	124
$125<d\leqslant 280$	$0.2\leqslant m_n\leqslant 0.5$	15	21	30	42	60	85
	$0.5<m_n\leqslant 0.8$	16	22	31	44	63	89
	$0.8<m_n\leqslant 1.0$	16	23	33	46	65	92
	$1.0<m_n\leqslant 1.5$	17	24	34	48	68	97
	$1.5<m_n\leqslant 2.5$	19	26	37	53	75	106
	$2.5<m_n\leqslant 4.0$	21	30	43	61	86	121
	$4.0<m_n\leqslant 6.0$	25	36	51	72	102	144
$280<d\leqslant 560$	$0.2\leqslant m_n\leqslant 0.5$	19	28	39	55	78	110
	$0.5<m_n\leqslant 0.8$	20	29	40	57	81	114
	$0.8<m_n\leqslant 1.0$	21	29	42	59	83	117
	$1.0<m_n\leqslant 1.5$	22	30	43	61	86	122
	$1.5<m_n\leqslant 2.5$	23	33	46	65	92	131
	$2.5<m_n\leqslant 4.0$	26	37	52	73	104	146
	$4.0<m_n\leqslant 6.0$	30	42	60	84	119	169

表 5-16　一齿径向综合偏差 f_i''

分度圆直径 d/mm	法向模数 m_n/mm	精度等级 4	5	6	7	8	9
		f_i''/μm					
$5\leqslant d\leqslant 20$	$0.2\leqslant m_n\leqslant 0.5$	1.0	2.0	2.5	3.5	5.0	7.0
	$0.5<m_n\leqslant 0.8$	2.0	2.5	4.0	5.5	7.5	11
	$0.8<m_n\leqslant 1.0$	2.5	3.5	5.0	7.0	10	14
	$1.0<m_n\leqslant 1.5$	3.0	4.5	6.5	9.0	13	18
	$1.5<m_n\leqslant 2.5$	4.5	6.5	9.5	13	19	26
	$2.5<m_n\leqslant 4.0$	7.0	10	14	20	29	41
$20<d\leqslant 50$	$0.2\leqslant m_n\leqslant 0.5$	1.5	2.0	2.5	3.5	5.0	7.0
	$0.5<m_n\leqslant 0.8$	2.0	2.5	4.0	5.5	7.5	11
	$0.8<m_n\leqslant 1.0$	2.5	3.5	5.0	7.0	10	14
	$1.0<m_n\leqslant 1.5$	3.0	4.5	6.5	9.0	13	18
	$1.5<m_n\leqslant 2.5$	4.5	6.5	9.5	13	19	26
	$2.5<m_n\leqslant 4.0$	7.0	10	14	20	29	41
	$4.0<m_n\leqslant 6.0$	11	15	22	31	43	61
$50<d\leqslant 125$	$0.2\leqslant m_n\leqslant 0.5$	1.5	2.0	2.5	3.5	5.0	7.5
	$0.5<m_n\leqslant 0.8$	2.0	3.0	4.0	5.5	8.0	11
	$0.8<m_n\leqslant 1.0$	2.5	3.5	5.0	7.0	10	14
	$1.0<m_n\leqslant 1.5$	3.0	4.5	6.5	9.0	13	18
	$1.5<m_n\leqslant 2.5$	4.5	6.5	9.5	13	19	26
	$2.5<m_n\leqslant 4.0$	7.0	10	14	20	29	41
	$4.0<m_n\leqslant 6.0$	11	15	22	31	44	62
$125<d\leqslant 280$	$0.2\leqslant m_n\leqslant 0.5$	1.5	2.0	2.5	3.5	5.5	7.5
	$0.5<m_n\leqslant 0.8$	2.0	3.0	4.0	5.5	8.0	11
	$0.8<m_n\leqslant 1.0$	2.5	3.5	5.0	7.0	10	14
	$1.0<m_n\leqslant 1.5$	3.0	4.5	6.5	9.0	13	18
	$1.5<m_n\leqslant 2.5$	4.5	6.5	9.5	13	19	27
	$2.5<m_n\leqslant 4.0$	7.5	10	15	21	29	41
	$4.0<m_n\leqslant 6.0$	11	15	22	31	44	62
$280<d\leqslant 560$	$0.2\leqslant m_n\leqslant 0.5$	1.5	2.0	2.5	4.0	5.5	7.5
	$0.5<m_n\leqslant 0.8$	2.0	3.0	4.0	5.5	8.0	11
	$0.8<m_n\leqslant 1.0$	2.5	3.5	5.0	7.5	10	15
	$1.0<m_n\leqslant 1.5$	3.5	4.5	6.5	9.0	13	18
	$1.5<m_n\leqslant 2.5$	5.0	6.5	9.5	13	19	27
	$2.5<m_n\leqslant 4.0$	7.5	10	15	21	29	41
	$4.0<m_n\leqslant 6.0$	11	15	22	31	44	62

表 5-17　径向跳动公差 F_r

分度圆直径 d/mm	法向模数 m_n/mm	精度等级 4	5	6	7	8	9
		F_r/μm					
$5\leqslant d\leqslant 20$	$0.5\leqslant m_n\leqslant 2.0$	6.5	9.0	13	18	25	36
	$2.0<m_n\leqslant 3.5$	6.5	9.5	13	19	27	38
$20<d\leqslant 50$	$0.5<m_n\leqslant 2.0$	8.0	11	16	23	32	46
	$2.0<m_n\leqslant 3.5$	8.5	12	17	24	34	47
	$3.5<m_n\leqslant 6.0$	8.5	12	17	25	35	49
	$6.0<m_n\leqslant 10$	9.5	13	19	26	37	52
$50<d\leqslant 125$	$0.5\leqslant m_n\leqslant 2.0$	10	15	21	29	42	59
	$2.0<m_n\leqslant 3.5$	11	15	21	30	43	61
	$3.5<m_n\leqslant 6.0$	11	16	22	31	44	62
	$6.0<m_n\leqslant 10$	12	16	23	33	46	65
	$10<m_n\leqslant 16$	12	18	25	35	50	70
$125<d\leqslant 280$	$0.5\leqslant m_n\leqslant 2.0$	14	20	28	39	55	78
	$2.0<m_n\leqslant 3.5$	14	20	28	40	56	80
	$3.5<m_n\leqslant 6.0$	14	20	29	41	58	82
	$6.0<m_n\leqslant 10$	15	21	30	42	60	85
	$10<m_n\leqslant 16$	16	22	32	45	63	89
$280<d\leqslant 560$	$0.5\leqslant m_n\leqslant 2.0$	18	26	36	51	73	103
	$2.0<m_n\leqslant 3.5$	18	26	37	52	74	105
	$3.5<m_n\leqslant 6.0$	19	27	38	53	75	106
	$6.0<m_n\leqslant 10$	19	27	39	55	77	109
	$10<m_n\leqslant 16$	20	29	40	57	81	114
$560<d\leqslant 1000$	$0.5\leqslant m_n\leqslant 2.0$	23	33	47	66	94	133
	$2.0<m_n\leqslant 3.5$	24	34	48	67	95	134
	$3.5<m_n\leqslant 6.0$	24	34	48	68	96	136
	$6.0<m_n\leqslant 10$	25	35	49	70	98	139
	$10<m_n\leqslant 16$	25	36	51	72	102	144
$1000<d\leqslant 1600$	$2.0\leqslant m_n\leqslant 3.5$	30	42	59	84	118	167
	$3.5<m_n\leqslant 6.0$	30	42	60	85	120	169
	$6.0<m_n\leqslant 10$	30	43	61	86	122	172
	$10<m_n\leqslant 16$	31	44	63	88	125	177
$1600<d\leqslant 2500$	$3.5\leqslant m_n\leqslant 6.0$	36	51	73	103	145	206
	$6.0<m_n\leqslant 10$	37	52	74	104	148	209
	$10<m_n\leqslant 16$	38	53	75	107	151	213

齿轮的齿距累积偏差 F_{pk}、切向综合总偏差 F_i' 应按表 5-18 中的偏差计算式或关系式计算。

表 5-18　5 级精度齿轮允许值计算式

项目代号	计　算　式	级间公比 φ	项目代号	计　算　式	级间公比 φ
f_{pt}	$0.3(m_n+0.4\sqrt{d})+4$	$\sqrt{2}$	F_i'	F_p+f_i'	$\sqrt{2}$
F_{pk}	$f_{pt}+1.6\sqrt{(k-1)m_n}$		f_i'	$k(4.3+f_{pt}+F_\alpha)$ $=k(9+0.3m_n+3.2\sqrt{m_n}+0.34\sqrt{d})$ 当 $\varepsilon_\gamma<4$ 时，$k=0.2\left(\frac{\varepsilon_\gamma+4}{\varepsilon_\gamma}\right)$ 当 $\varepsilon_\gamma\geqslant4$ 时，$k=0.4$	
F_p	$0.3m_n+1.25\sqrt{d}+7$				
F_α	$3.2\sqrt{m_n}+0.22\sqrt{d}+0.7$				
$f_{f\alpha}$	$2.5\sqrt{m_n}+0.17\sqrt{d}+0.5$				
$f_{H\alpha}$	$2\sqrt{m_n}+0.14\sqrt{d}+0.5$		F_i''	$F_i+f_i''=3.2m_n+1.01\sqrt{d}+6.4$	
f_β	$0.1\sqrt{d}+0.63\sqrt{b}+4.2$		f_i''	$2.96m_n+0.01\sqrt{d}+0.8$	
$f_{f\beta}=f_{H\beta}$	$0.07\sqrt{d}+0.45\sqrt{b}+3$		F_r	$0.8F_p=0.24m_n+1.0\sqrt{d}+5.6$	

5.5　齿轮坯

齿轮坯是指在轮齿加工前供制造齿轮用的工件。齿轮坯的尺寸偏差和形状位置误差均直接影响到齿轮的加工和检验，也影响到轮齿啮合和运行。

GB/Z　18620.3—2008 对齿轮坯推荐了有关的数值和要求。关于齿轮坯术语和定义、齿轮坯精度等内容，读者可参阅参考文献 [2]。

5.6　轮齿接触斑点

GB/Z 18620.4—2008 提供了齿轮轮齿接触斑点的检测方法，对获得与分析接触斑点的方法进行解释，还给出了对齿轮精度估计的指导。

检验产品齿轮副在其箱体内啮合所产生的接触斑点，可评估轮齿间载荷分布。产品齿轮和测量齿轮的接触斑点，可用于评估装配后齿轮螺旋线和齿廓精度。

(1) 检测条件

产品齿轮和测量齿轮在轻载下的轮齿齿面接触斑点，可以从安装在机架上的两相啮合的齿轮得到，但两轴线的平行度偏差在产品齿轮齿宽上要小于 0.005mm；并且测量齿轮的齿宽也不小于产品齿轮的齿宽。相配的产品齿轮副的接触斑点，也可在相啮合机架上得到，但用于获得轻载接触斑点所施加的载荷，应能恰好保证被测齿面保持稳定的接触。

用于检验用的印痕涂料有装配工选用的蓝色涂料和其他专用涂料；涂层厚度为 0.006～0.012mm。

(2) 接触斑点的判断

接触斑点可以给出齿长方向配合不准确的程度，包括齿长方向的不准确配合和波纹度，也可以给出齿廓不准确的程度。

① 与测量齿轮相啮合的接触斑点。

图 5-7～图 5-10 所示的是产品齿轮与测量齿轮对滚产生的典型的接触斑点示意图。

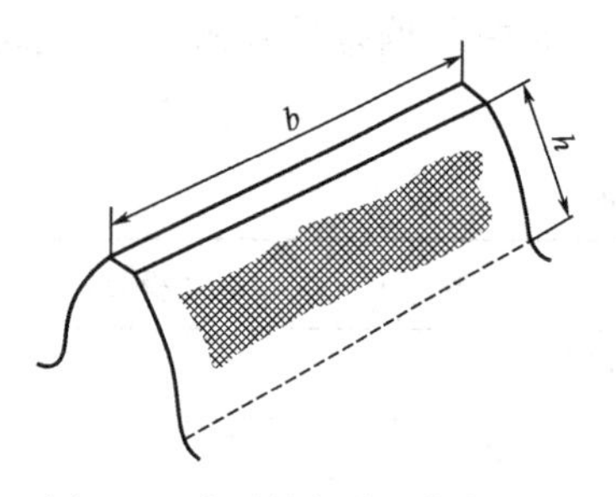

图 5-7　典型的规范：接触近似为齿宽 b 的 80%、有效齿面高度 h 的 70%，齿端修薄

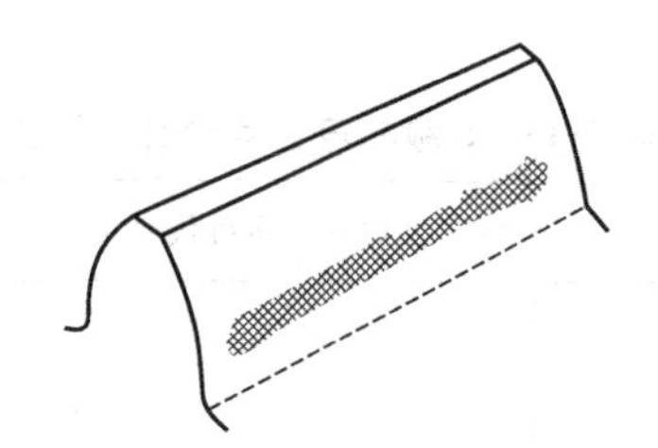

图 5-8　齿长方向配合正确，有齿廓偏差

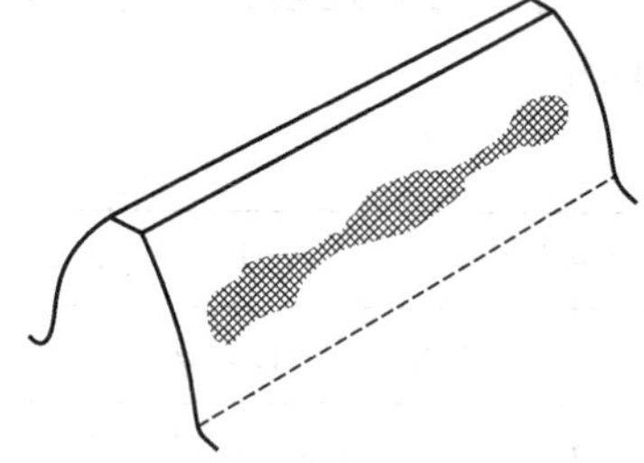

图 5-9　波纹度

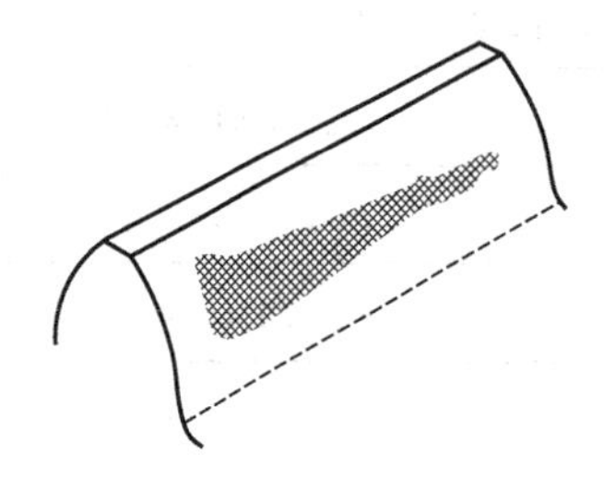

图 5-10　有螺旋线偏差，齿廓正确，有齿端修薄

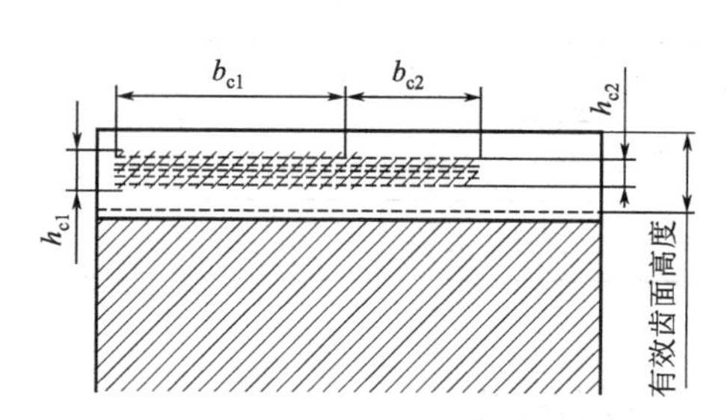

图 5-11　接触斑点分布的示意

② 齿轮精度和接触斑点。图 5-11 和表 5-19、表 5-20 给出了在齿轮装配后（空载）检测时，所预计的齿轮精度等级和接触斑点分布之间关系的一般指示；但不能理解为证明齿轮精度等级的替代方法。然而，实际的接触斑点不一定与图 5-11 中所示的一致；在啮合机架上所获得的齿轮检查结果应当是相似的。图 5-11 和表 5-19、表 5-20 对齿廓和螺旋线修形的齿面不适用。

表 5-19　斜齿轮装配后的接触斑点

精度等级按 GB/T 10095	b_{c1}占齿宽的	h_{c1}占有效齿面高度的	b_{c2}占齿宽的	h_{c2}占有效齿面高度的
4 级及更高	50%	50%	40%	30%
5 和 6	45%	40%	35%	20%
7 和 8	35%	40%	35%	20%
9～12	25%	40%	25%	20%

表 5-20　直齿轮装配后的接触斑点

精度等级按 GB/T 10095	b_{c1}占齿宽的	h_{c1}占有效齿面高度的	b_{c2}占齿宽的	h_{c2}占有效齿面高度的
4 级及更高	50%	70%	40%	50%
5 和 6	45%	50%	35%	30%
7 和 8	35%	50%	35%	30%
9～12	25%	50%	25%	30%

5.7　中心距公差

中心距公差是设计者规定的允许公差。公称中心距是在考虑最小侧隙及两齿轮的齿顶和其相啮合的非渐开线齿廓齿根部分的干涉后确定的。

在齿轮只是单向带载荷运转、而不经常反转的情况下，最大侧隙的控制不是一个重要的考虑因素，此时中心距公差主要考虑重合度。

在主要传递运动用的齿轮传动中，必须控制其侧隙；如果轮齿上的载荷经常反向时，则选择中心距公差时必须仔细地考虑下列因素：

① 轴、箱体和轴承的偏斜；

② 由于箱体的偏差和轴承的间隙导致齿轮轴线的倾斜；

③ 零件的安装误差；

④ 轴承跳动；

⑤ 温度的影响（随箱体和齿轮零件的温差，及其不同的材质，使中心距产生变化）；

⑥ 旋转件的离心伸胀；

⑦ 其他因素，例如：润滑剂污染的允许程度及非金属材料的熔胀。

标准 GB/Z 18620.3—2008 没有推荐中心距公差。设计者可以借鉴某些成熟齿轮传动产品的设计来确定中心距公差，也可以参照使用表 5-21 中的齿轮副中心距极限偏差数值。

表 5-21 中心距极限偏差 ± f_a 值 /μm

齿轮精度等级		1～2	3～4	5～6	7～8	9～10	11～12
f_a		$\frac{1}{2}$IT4	$\frac{1}{2}$IT6	$\frac{1}{2}$IT7	$\frac{1}{2}$IT8	$\frac{1}{2}$IT9	$\frac{1}{2}$IT11
齿轮副的中心距 a/mm	＞6～10	2	4.5	7.5	11	18	45
	＞10～18	2.5	5.5	9	13.5	21.5	55
	＞18～30	3	6.5	10.5	16.5	26	65
	＞30～50	3.5	8	12.5	19.5	31	80
	＞50～80	4	9.5	15	23	37	90
	＞80～120	5	11	17.5	27	43.5	110
	＞120～180	6	12.5	20	31.5	50	125
	＞180～250	7	14.5	23	36	57.5	145
	＞250～315	8	16	26	40.5	65	160
	＞315～400	9	18	28.5	44.5	70	180
	＞400～500	10	20	31.5	48.5	77.5	200
	＞500～630	11	22	35	55	87	220
	＞630～800	12.5	25	40	62	100	250
	＞800～1000	14.5	28	45	70	115	280
	＞1000～1250	17	33	52	82	130	330
	＞1250～1600	20	39	62	97	155	390
	＞1600～2000	24	46	75	115	185	460

注：本表引自 GB 10095—1988；齿轮精度为第Ⅱ公差组精度等级。

5.8 侧隙

侧隙是指两个相配齿轮的工作齿面相接触时，在两个非工作齿面之间所形成的间隙，如图 5-12 所示。

GB/Z 18620.2 给出了渐开线圆柱齿轮侧隙的检验实施规范，并在附录中提供了齿轮啮合时选择齿厚公差和最小侧隙的方法及其建议的数值。

(1) 术语及定义

关于齿厚和侧隙的术语及定义参见表 5-22。

表 5-22 术语及定义

术 语	定 义
公称齿厚	在分度圆柱上法向平面的"公称齿厚"s_n是指齿厚理论值，该齿轮与具有理论齿厚的相配齿轮在基本中心距之下无侧隙啮合。公称齿厚可用下列公式计算，即 对外齿轮 $s_n=m_n[\frac{\pi}{2}+2\tan\alpha_n x]$ 对内齿轮 $s_n=m_n[\frac{\pi}{2}-2\tan\alpha_n x]$ 对斜齿轮，s_n值应在法向平面内测量
齿厚的"最大和最小极限"	齿厚的"最大和最小极限"s_{ns}和 s_{ni}是指齿厚的两个极端的允许尺寸，齿厚的实际尺寸应该位于这两个极端尺寸之间(含极端尺寸)，见图 5-13
齿厚的极限偏差	齿厚上偏差和下偏差(E_{ss}和 E_{si})统称齿厚的极限偏差。见图 5-13 $E_{ss}=s_{ns}-s_n$ $E_{si}=s_{ni}-s_n$
齿厚公差	齿厚公差 T_s是指齿厚上偏差与下偏差之差 $T_s=E_{ss}-E_{si}$
实际齿厚	实际齿厚 $s_{nactual}$是指通过测量确定的齿厚
功能齿厚	功能齿厚 s_{func}是指用经标定的测量齿轮在径向综合(双面)啮合测试所得到的最大齿厚值 这种测量包含了齿廓、螺旋线、齿距等要素偏差的综合影响，类似于最大实体状态的概念，它绝不可超过设计齿厚
实效齿厚	齿轮的"实效齿厚"是指测量所得的齿厚加上轮齿各要素偏差及安装所产生的综合影响的量，类似于"功能齿厚"的含义 这是最终包容条件，包含了所有的影响因素，这些影响因素确定最大实体状态时，必须予以考虑 相配齿轮的要素偏差，在啮合的不同角度位置时，可能产生叠加的影响，也可能产生相互抵消的影响，想把个别的轮齿要素偏差从"实效齿厚"中区分出来，是不可能做到的
侧隙	侧隙是两个相配齿轮的工作齿面相接触时，在两个非工作齿面之间所形成的间隙，如图 5-12 所示 注：图 5-12 是按最紧中心距位置绘制的，如中心距有所增加，则侧隙也将增大，最大实效齿厚(最小侧隙)由于轮齿各要素偏差的综合影响以及安装的影响，与测量齿厚的量是不相同的，类似于功能齿厚，这是最终包容条件，它包含了所有影响因素，这些影响因素在确定最大实体状态时，必须予以考虑 通常，在稳定的工作状态下的侧隙(工作侧隙)与齿轮在静态条件下安装于箱体内所测得的侧隙(装配侧隙)是不相同的(小于它)
圆周侧隙	圆周侧隙 j_{wt}(见图 5-14)是当固定两相啮合齿轮中的一个，另一个齿轮所能转过的节圆弧长的最大值
法向侧隙	法向侧隙 j_{bn}(见图 5-14)是当两个齿轮的工作齿面互相接触时，其非工作齿面之间的最短距离。它与圆周侧隙 j_{wt}的关系，按下面的公式表示，即 $j_{bn}=j_{wt}\cos\alpha_{wt}\cos\beta_b$
径向侧隙	径向侧隙 j_r(见图 5-14)是将两个相配齿轮的中心距缩小，直到左侧和右侧齿面都接触时，这个缩小的量为径向侧隙，即 $j_r=\frac{j_{wt}}{2\tan\alpha_{wt}}$
最小侧隙	最小侧隙 j_{wtmin}是节圆上的最小圆周侧隙，即当具有最大允许实效齿厚的轮齿与也具有最大允许实效齿厚相配轮齿相啮合时，在静态条件下在最紧允许中心距时的圆周侧隙(见图 5-12) 所谓最紧中心距，对外齿轮来说是指最小的工作中心距，而对内齿轮来说是指最大的工作中心距
最大侧隙	最大侧隙 j_{wtmax}是节圆上的最大圆周侧隙，即当具有最小允许实效齿厚的轮齿与也具有最小允许实效齿厚相配轮齿相啮合时，在静态条件下在最大允许中心距时的圆周侧隙(图 5-12)

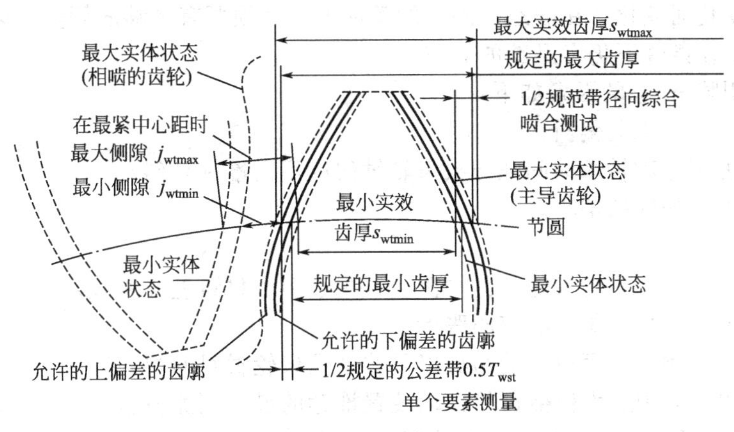

图 5-12　端平面上齿厚

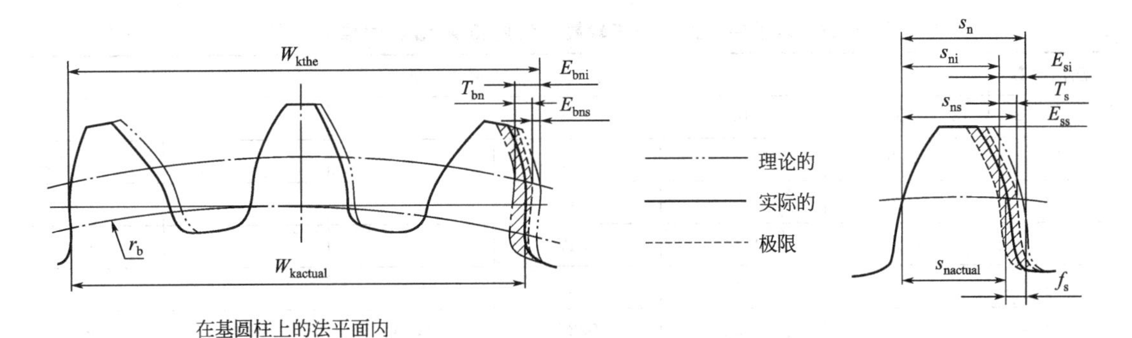

图 5-13　公法线长度和齿厚的允许偏差

s_n—公称齿厚；s_{ni}—齿厚的最小极限；s_{ns}—齿厚的最大极限；$s_{nactual}$—实际齿厚

E_{si}—齿厚允许的下偏差；E_{ss}—齿厚允许的上偏差；f_s—齿厚偏差

T_s—齿厚公差，$T_s = E_{ss} - E_{si}$

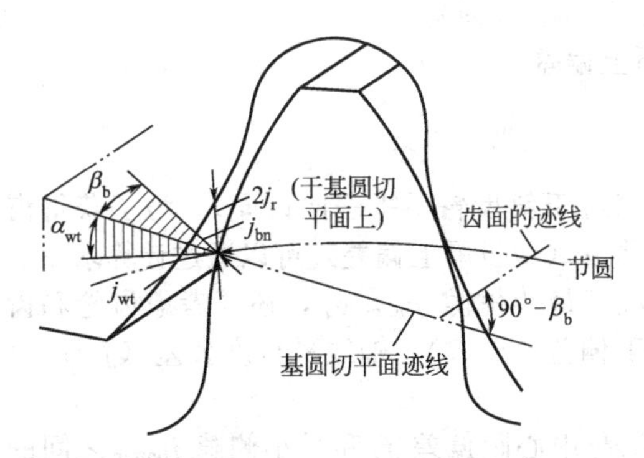

图 5-14　圆周侧隙 j_{wt}、法向侧隙 j_{bn}与径向侧隙 j_r之间的关系

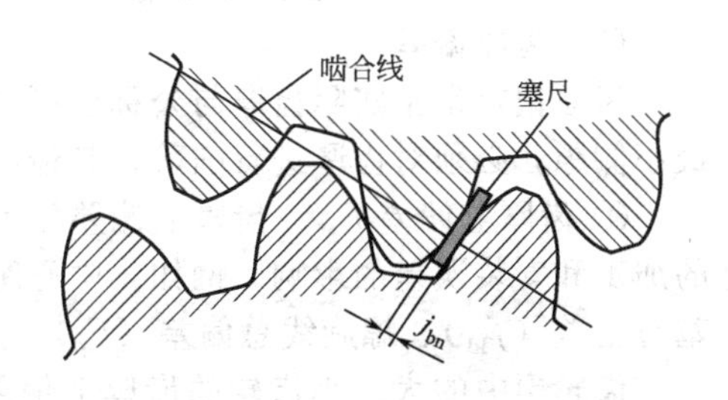

图 5-15　用塞尺测量侧隙（法向平面）

(2) 侧隙及其计算

在一对装配好的齿轮副中，在其两工作齿面接触时，侧隙 j 是指两非工作齿面的间隙；它是在节圆上齿槽宽度超过轮齿齿厚的量。侧隙可以在法平面上或沿啮合线（见图 5-15）测量，但应在端平面上或啮合平面（基圆切平面）上计算和确定。

侧隙受一对齿轮运行时的中心距以及每个齿轮的实际齿厚的控制。运动时还因速度、温度、载荷等的变化而变化。在静态可测量的条件下，必须要有足够的侧隙，以保证在带载荷运行最不利的工作条件下仍有足够的侧隙。

影响最小侧隙 j_{bnmin} 的因素如下：

① 箱体、轴和轴承的偏斜。

② 因箱体的偏差和轴承的间隙导致齿轮轴线的不对准和歪斜。

③ 安装误差，如轴的偏心。

④ 轴的径向圆跳动。

⑤ 温度影响（由箱体与齿轮零件的温差、中心距和材料差异所致）。

⑥ 旋转构件（如齿轮等）的离心胀大。

⑦ 其他因素，例如，润滑剂的污染以及非金属齿轮材料的熔胀。

表 5-23 列出了对中、大模数齿轮传动装置推荐的最小侧隙 j_{bnmin}。这些齿轮传动装置的齿轮和箱体均是用黑色金属制造的；工作时节圆线速度小于 15m/s；其箱体、轴和轴承均采用常用商业制造公差。

表 5-23　对于中、大模数齿轮最小法向侧隙 j_{bnmin} 的推荐数据　　/mm

法向模数	最小中心距 a_i					
m_n	50	100	200	400	800	1600
1.5	0.09	0.11	—	—	—	—
2	0.10	0.12	0.15	—	—	—
3	0.12	0.14	0.17	0.24	—	—
5	—	0.18	0.21	0.28	—	—
8	—	0.24	0.27	0.34	0.47	—
12	—	—	0.35	0.42	0.55	—
18	—	—	—	0.54	0.67	0.94

啮合齿轮副的侧隙 j_{bn} 与齿厚上偏差 E_{ss} 之间存在如下的关系式：

$$j_{bn}=|(E_{ss1}+E_{ss2})|\cos\alpha_n \tag{5-1}$$

式中　E_{ss1}、E_{ss2}——小齿轮与大齿轮的齿厚上偏差；

α_n——法向压力角。

（3）齿厚偏差

齿厚偏差是指实际齿厚与公称齿厚之差（对于斜齿轮系指法向齿厚）。为了获得齿轮副最小侧隙，必须对齿厚进行削薄，其最小削薄量（即齿厚上偏差）可以通过计算求得。

① 齿厚上偏差 E_{ss}　齿厚上偏差除了取决于最小侧隙 j_{bnmin} 外，还要考虑齿轮和齿轮副的加工和安装误差的影响。例如，中心距的下偏差（$-f_a$），轴线平行度公差（$f_{\Sigma\beta}$、$f_{\Sigma\delta}$）、基节偏差（f_{pt}）、螺旋线总偏差（F_β）等。

齿轮副中的大、小齿轮的齿厚上偏差 E_{ss} 与中心距偏差 f_a 和最小侧隙 j_{bnmin} 之间的关系式为

$$E_{ss1}+E_{ss2}=-2f_a\tan\alpha_n-\frac{j_{bnmin}+J_n}{\cos\alpha_n} \tag{5-2}$$

式中，E_{ss1}、E_{ss2} 的意义同前；α_n 的意义同前；f_a 为中心距偏差；J_n 为齿轮和齿轮副的加工和安装误差对侧隙减小的补偿量。且有：

$$J_n=\sqrt{f_{pb1}^2+f_{pb2}^2+2F_\beta^2+(f_{\Sigma\delta}\sin\alpha_n)^2+(f_{\Sigma\beta}\cos\alpha_n)^2} \tag{5-3}$$

式中，f_{pb1}、f_{pb2}分别为小齿轮与大齿轮的基节偏差；F_β为螺旋线总偏差；$f_{\Sigma\delta}$、$f_{\Sigma\beta}$分别为齿轮副轴线平行度公差；且有：$f_{\Sigma\delta}=2f_{\Sigma\beta}$和 $f_{\Sigma\beta}=0.5\left(\frac{L}{b}\right)F_\beta$。其中，$L$ 为轴承中间距；b 为齿宽；F_β为螺旋线总偏差。

在求得两个齿轮的齿厚上偏差之和后，便可将此值分配给大齿轮和小齿轮。分配的方法有等值分配和不等值分配两种。

等值分配，即　$E_{ss1}=E_{ss2}$，则得

$$E_{ss}=-f_a\tan\alpha_n-\frac{j_{bnmin}+J_n}{2\cos\alpha_n} \tag{5-4}$$

不等值分配，一般可使小齿轮的减薄量小些，大齿轮的减薄量大些，以致使小齿轮轮齿的强度与大齿轮轮齿的强度相匹配。在进行齿轮承载能力计算时，必须验证加工后的齿厚是否变薄，如果 $|E_{ss}/m_n|>0.05$，则在任何情况下变薄现象都会出现；这是应该避免的现象。

② 齿厚公差 J_s　齿厚公差的选择，基本上与轮齿的精度无关。在很多应用场合，允许用较宽的齿厚公差或工作侧隙。这样做不会影响齿轮的传动性能和承载能力。却可获得较经济的制造成本。除非十分必要，不应选择很紧的齿厚公差。如果出于工作运行的原因必须控制最大侧隙时，则需对各影响因素进行认真研究，对有关齿轮的精度等级、中心距公差和测量方法予以仔细规定。

当设计者在无经验的情况下，首次选择齿厚公差时，可按下列公式计算所需的齿厚公差，即

$$T_s=\sqrt{F_r^2+b_r^2}\times 2\tan\alpha_n \tag{5-5}$$

式中　F_r——径向跳动公差；

　　b_r——切齿径向进刀公差，可按表 5-24 选取。

表 5-24　b_r切齿径向进刀公差

齿轮精度等级	4	5	6	7	8	9
b_r	1.26IT7	IT8	1.26IT8	IT9	1.26IT9	IT10

注：表中 IT7～IT10 为标准公差等级（GB/T 1800.3—1998）。

③ 齿厚下偏差 E_{si}　齿厚下偏差等于齿厚上偏差 E_{ss}减去齿厚公差 T_s，即

$$E_{si}=E_{ss}-T_s \tag{5-6}$$

④ 齿厚偏差代用项目

a. 公法线长度偏差。当齿厚有减薄量时，公法线长度也变小。因此，齿厚偏差 E_s也可用公法线长度偏差 E_w代替。

公法线长度偏差 E_w是指公法线实际长度与公称长度之差。GB/Z 18620.2—2008 给出了齿厚极限偏差与公法线长度极限偏差的关系式。

公法线长度上偏差

$$E_{ws}=E_{ss}\cos\alpha_n \tag{5-7}$$

公法线长度下偏差

$$E_{wi}=E_{si}\cos\alpha_n \tag{5-8}$$

公法线测量对内齿轮是不适用的。另外，对斜齿轮而言，公法线测量受齿轮齿宽的限制，只有满足下列公式条件时，才可能进行测量。即

$$b>1.015W_k\sin\beta_b \tag{5-9}$$

式中　b——齿轮宽度；

W_k——跨 k 个齿的公法线长度；

β_b——齿轮的基圆螺旋角。

b. 量柱测量距 M 的偏差。当斜齿轮齿宽太窄，或内齿轮不允许作公法线测量时，可以用间接检验齿厚的方法，即把两个球体或圆柱（销子）置于尽可能在直径上相对的齿槽内，然后测量量柱测量距 M 的尺寸。

GB/Z 18620.2—2008 给出了齿厚极限偏差的关系式。

偶数齿时，

量柱测量距 M 的上偏差

$$E_{Ms} \approx E_{ss} \cos\alpha_t / \sin\alpha_{mt} \cos\beta_b \tag{5-10}$$

量柱测量距 M 的下偏差

$$E_{Mi} \approx E_{si} \cos\alpha_t / \sin\alpha_{mt} \cos\beta_b \tag{5-11}$$

奇数齿时，

量柱测量距 M 的上偏差

$$E_{Ms} \approx E_{ss} \frac{\cos\alpha_t}{\sin\alpha_{mt} \cos\beta_b} \cos\left(\frac{90^\circ}{z}\right) \tag{5-12}$$

量柱测量距 M 的下偏差

$$E_{Mi} \approx E_{si} \frac{\cos\alpha_t}{\sin\alpha_{mt} \cos\beta_b} \cos\left(\frac{90^\circ}{z}\right) \tag{5-13}$$

式中 α_{mt}——工作端面压力角。

齿厚极限偏差 E_s 和公法线平均长度极限偏差 E_w；可以根据齿轮精度等级、分度圆直径 d 和法向模数 m_n 采用有关的表格查得（查阅参考文献［6］）。

5.9 图样标注

（1）齿轮零件图上应注明的数据

齿轮零件图是进行加工、检验和装配的重要原始依据，也是组织生产和质量管理的极重要的技术文件。齿轮零件图反映了设计者为保证齿轮的性能要求，对产品制造质量提出的技术要求。应按照 GB/T 6443—1986《渐开线圆柱齿轮图样上注明的尺寸数据》的规定，进行尺寸数据的标注。一般，在其图样上应标注以下三个方面的内容。

① 在齿轮视图上标注的内容　在齿轮的视图上应标注：分度圆直径 d、齿顶圆直径 d_a 及其公差、齿宽 b、孔（或轴）径及其公差、定位面及其要求，形位公差和表面粗糙度等。

② 参数表中的内容　在图样的参数表中，应标注的内容有：模数 m、齿数 z、齿形角 α、齿顶高系数 h_a^*、顶隙系数 c^*；螺旋角 β、螺旋方向（左或右）；径向变位系数 x；齿厚及其上、下偏差，或公法线长度 W 及其上、下偏差，或量柱测量距 M 及其上、下偏差；精度等级；齿轮副中心距 a 及其极限偏差 f_a；配对齿轮的图号及其齿数。主要检测项目：f_{pt}、F_{pk}、F_p、F_α 和 F_β。

图样上的参数表，通常应放在图样的右上角。参数表中列出的参数项目可根据需要增减；检验项目根据功能要求从 GB/T 10095.1—2008 或 GB/T 10095.2—2008 中选取。见图 5-16。

③ 技术要求的内容　技术要求一般应标注齿轮的材料和热处理方法及其硬度。齿轮内在质量检验等级。未注的圆角 R 值、棱角倒钝、表面处理。未注公差尺寸和未注形位公差等级。该技术要求一般应放在图样的右下角。见图 5-16。

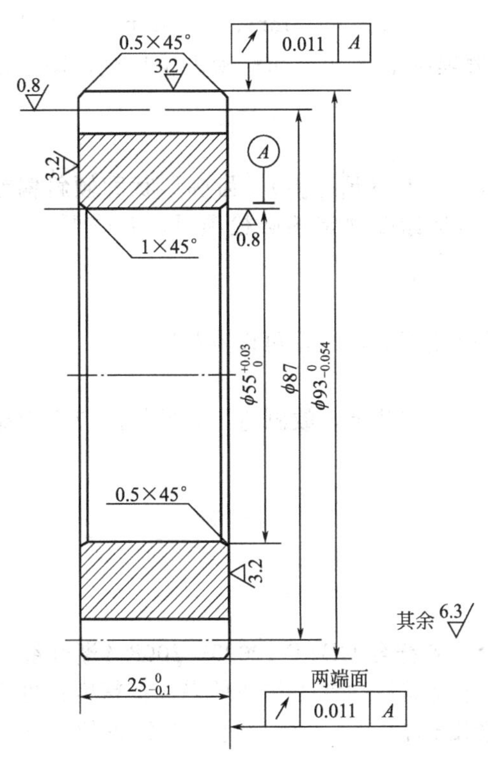

齿数	z	29	螺旋角	β	0°
模数	m	3	变位系数	x	0
齿形角	α	20°	中心距	a	61.5
齿顶高系数	h_a^*	1	配对图号		
顶隙系数	c^*	0.25	齿轮齿数	z	12
齿轮精度等级　6　GB/T 10095.1—2008					
齿距累积总偏差	F_p	0.027	单个齿距偏差	f_{pt}	±0.0085
径向跳动公差	F_r	0.021	切向综合偏差	f_i'	0.018
齿廓总偏差	F_α	0.011	螺旋线偏差	F_β	0.012
跨测齿数	k	4	公法线长度	W	$32.22^{-0.102}_{-0.140}$

	行星齿轮	20CrMnMo	0.69
件号	名　称	材　料	质量

技术要求

1. 材料的化学成分和力学性能符合 GB/T 3077—1999 的规定。
2. 热处理：齿部渗碳淬火，齿面硬度 56～60HRC，心部硬度 35～40HRC，渗碳层深度 0.6～0.8mm。
3. 齿轮内在质量检验按 MQ 级（GB/T 8539—2000）执行。
4. 未注尺寸公差按 IT10 级加工。
5. 未注形位公差按 C 级（GB 1184—1980）。
6. 齿根圆滑过渡，棱角倒钝。

图 5-16　齿轮零件图

(2) 精度等级的标注

关于齿轮精度等级在图样上的标注，新标准未做规定；它规定了在上述参数表内标注齿轮精度等级时，应注明 GB/T 10095.1—2008 或 GB/T 10095.2—2008。

关于齿轮精度等级的标注方法：

① 齿轮的各检验项目为同一精度等级时，可标注精度等级和标准号。例如，齿轮各检验项目均为 7 级，则标注为

精度等级　7　GB/T 10095.1—2008

② 齿轮各检验项目的精度等级不相同时，若其齿廓总偏差 F_α 为 7 级，单个齿距偏差 f_{pt}、齿距累积总偏差 F_p、螺旋线总偏差 F_β 和径向跳动公差 F_r 均为 8 级；则标注为

精度等级　7 (F_α)，8 (f_{pt}、F_p、F_β、F_r)

GB/T 10095.　2—2008

5.10　采用两项新标准应注意的几个问题

(1) 关于小模数齿轮精度

对于模数 $m<1.0$mm 的渐开线圆柱齿轮（简称为微型齿轮），原国家标准 GB/T 2363—1990《小模数渐开线圆柱齿轮精度》，对小模数齿轮规定了 16 项误差项目（其中 4 项是控制齿轮副侧隙的项目），并推荐了 5 项齿轮传动误差。

将新标准 GB/T 10095.1—2008 和 GB/T 10095.2—2008 与 GB/T 2363—1990 对照一下，在模数 $m\geqslant0.2\sim1.0$mm 的范围内共有 10 个模数交叉，即 $m=0.2$mm、0.25mm、

0.3mm、(0.35mm)、0.4mm、0.5mm、0.6mm、(0.7mm)、0.8mm、(0.9mm)(括号内的模数为第二系列)。对于上述模数的齿轮，采用哪项标准来评定和检验齿轮精度，需由采购方和供货方协商确定。

(2) 非必检项目

国家标准 GB/T 10095.1—2008 规定：切向综合误差(F_i'、f_i')、齿廓形状和倾斜偏差($f_{f\alpha}$、$f_{H\alpha}$)、螺旋线形状和倾斜偏差($f_{f\beta}$、$f_{H\beta}$)不是标准规定的必检项目。若需要检验，则应在订货协议中明确规定。

(3) 精度等级

齿轮工作面和非工作面的精度等级一般情况下是相同的，但也可以不相同。

(4) 测量齿轮的精度

由于测量齿轮的精度影响切向综合偏差(F_i'、f_i')的结果，故测量齿轮的精度应至少比被测量齿轮的精度高 4 级。

5.11　行星传动的齿轮精度选择

(1) 行星传动的齿轮精度

在行星传动中的齿轮大都采用渐开线圆柱齿轮，应符合 GB/T 10095—2008《渐开线圆柱齿轮精度》的规定。该行星传动中的各个齿轮应根据其用途和工作条件来选择精度；也可以参照表 5-4 中的类型对行星传动中的齿轮进行精度选择。对于行星传动中各轮的精度等级，现推荐如下。

① 中心轮 a、行星轮 c 和 d，可采用 6～7 级。

② 内齿轮 b 和 e 可采用 7～8 级。

③ 轮齿工作面的表面粗糙度：齿轮精度为 6 级，可选其表面粗糙度为 $Ra \leqslant 1.6\mu m$。齿轮精度为 7～8 级，均可选其表面粗糙度为 $Ra \leqslant 3.2\mu m$。

(2) 齿顶圆直径偏差

行星传动中各轮的齿顶圆直径 d_a 偏差，应根据其所采用的精度等级而确定。现简介如下。

① 中心轮 a、行星轮 c 和 d　齿轮 a、c 和 d 的精度为 6 级，其齿顶圆直径 d_a 可采用基轴制偏差为 h7。精度为 7～8 级，d_a 可采用基轴制偏差为 h8。

② 内齿轮 b 和 e　内齿轮 b 和 e 的精度为 6 级，其齿顶圆直径 d_a 可采用基孔制偏差为 H7。精度为 7 级，其齿顶圆直径 d_a 可采用基孔制偏差为 H8。精度为 8 级，其 d_a 可采用偏差为 H9。

一般各齿轮齿顶圆的表面粗糙度为 $Ra = 3.2\mu m$。若采用齿顶圆定位，即将它加工为定位面，其表面粗糙度为 $Ra = 1.6\mu m$；非定位面的表面粗糙度为 $Ra \leqslant 6.3\mu m$。

另外，有关参考资料推荐了 4～9 级精度齿轮齿面粗糙度的数值，参见表 5-25。

表 5-25　齿面粗糙度　　$/\mu m$

齿轮精度等级	4		5		6		7		8		9	
齿面状况	硬	软	硬	软	硬	软	硬	软	硬	软	硬	软
齿面粗糙度 Ra	≤0.4	≤0.8		≤1.6	≤0.8	<1.6	≤1.6	≤3.2		≤6.3	≤3.2	≤6.3

第6章　行星齿轮传动的效率

6.1　行星齿轮传动效率概述

6.1.1　行星齿轮传动效率的组成

行星齿轮传动的效率是评价其传动性能优劣的重要指标之一。对于不同传动类型的行星齿轮传动，其效率 η 值的大小也是不相同的。对于同一类型的行星齿轮传动，其效率 η 值也可能随传动比 i_p 的变化而变化。在同一类型的行星齿轮传动中，当输入件、输出件不同时，其效率 η 值也不相同。而且，行星齿轮传动效率变化范围很大，其 η 值可高达0.98，低的可接近于零；甚至 $\eta<0$，即可自锁。

欲求得行星齿轮传动的效率 η 值，首先应分析和了解它的传动损失。在行星齿轮传动中，其主要的功率损失为如下三种。

① 啮合齿轮副中的摩擦损失（简称啮合损失），其相应的效率为 η_m。它是由于轮齿的齿廓滑动而引起的摩擦损失；η_m 值可以用计算方法求得。

② 轴承中摩擦损失，其相应的效率为 η_n。由于各齿轮大都是安装在转轴上的，而这些转轴通常是借助于轴承支承的。轴承损失尽管也可以用计算的方法求得，但计算的误差较大；特别是对于滑动轴承的摩擦损失的计算误差更大。

③ 液力损失，其相应效率为 η_s。它是由于润滑油的搅动和飞溅而引起的功率损失。至今还没有针对行星齿轮传动可使用的计算公式。通常，在低速的简单齿轮传动（即定轴齿轮传动）中，其液力损失与啮合损失相比较要小得多。但是，对于行星齿轮传动，如果各齿轮均在油池中工作，其液力损失就要比简单齿轮传动中的液力损失大得多。尤其是当转臂x的转速 n_x 较大时，行星轮要在很短的时间内把润滑油从内齿轮b（或e轮）的齿根挤出，需要克服的液体阻力很大。因此，在高速行星齿轮传动中应力求避免采用油池润滑。

所以，行星齿轮传动的总效率 η 可表示为

$$\eta=\eta_m\eta_n\eta_s \tag{6-1}$$

在此应该指出的是：由于行星齿轮传动中存在着行星运动，故行星齿轮传动的效率与定轴齿轮传动的效率是不相同的，但在它们的效率计算方法上又有相同之处。一般，行星齿轮传动的效率 η 可由其转化机构（即其转臂x固定）所得到的效率 η^x（或用损失系数 ψ^x）表示，即由 $\eta=f(\eta^x)$ 或 $\eta=\varphi(\psi^x)$ 表示。

在此还应指出，关于效率 η 的写法与行星齿轮传动的传动比的写法相类似，η 和 ψ 的上角标表示固定构件，两个下角标分别表示输入件和输出件。例如，2Z-X(A)型行星传动［见图1-2(a)］，当中心轮a输入，转臂x输出和内齿轮b固定时，其传动效率可表示为 η_{ax}^b。而在转臂x固定的转化机构中，可用效率 η^x 或损失系数 ψ^x 表示，其下角标可以省略。

若忽略行星传动中轴承的摩擦损失（因大都采用滚动轴承，故该摩擦损失很小），行星齿轮传动的啮合效率为

$$\eta=\frac{-P_B}{P_A}=\frac{P_A-P_T}{P_A}=1-\frac{P_T}{P_A} \tag{6-2}$$

式中　P_A ——输入件所传递的输入功率，kW；

　　　P_B ——输出件所传递的输出功率，kW；

P_T ——摩擦损失的功率；kW。

在行星齿轮传动中，各构件之间的运动关系和作用力是一定的，故其各啮合齿轮副的摩擦损失功率 P_T 应该为定值。

仿上，在其转化机构中，其啮合效率为

$$\eta^x=\frac{-P_B^x}{P_A^x}=\frac{P_A^x-P_T^x}{P_A^x}=1-\frac{P_T^x}{P_A^x} \tag{6-3}$$

由于其转化机构各啮合齿轮副上的作用力与行星齿轮传动中的作用力是相同的。而且，在行星齿轮传动变为转化机构后，各构件之间的相对运动速度是不变的。所以，行星齿轮传动的摩擦损失功率 P_T 应该与转化机构中的摩擦损失功率 P_T^x 相等，即

$$P_T=P_T^x \tag{6-4}$$

而由公式(6-3) 可得

$$P_T=P_T^x=(1-\eta^x)P_A^x=P_A^x\psi^x \tag{6-5}$$

式中　P_A^x——转化机构中输入构件的输入功率；

η^x ——转化机构的传动效率；

ψ^x ——转化机构中的功率损失系数。

6.1.2　啮合功率法

现在，计算行星齿轮传动效率的方法很多，在设计计算中，较常用的行星齿轮传动效率的计算方法有下列三种：啮合功率法；力偏移法；传动比法（M. A. Крейнес 克莱依涅斯法）。其中，啮合功率法是应用较普遍的方法。因此，本章着重讨论啮合功率法。所谓啮合功率法就是利用啮合功率的概念来确定行星齿轮传动效率的一种方法。该方法是根据在行星齿轮传动与其转化机构中的摩擦功率损失相等的假设，即 $P_T=P_T^x$。通过转化机构的摩擦功率损失的关系式 $P_T^x=f(\eta^x,\ P^x)$，再将行星齿轮传动的传动效率 η 与其转化机构的传动效率 η^x 联系起来，最后可求得行星齿轮传动效率 η 的计算公式。

在行星齿轮传动中，因输入件的转速 n_1 的方向与输入的转矩 T_1 的方向相同，故其传递功率 $P_1=T_1n_1>0$ 为输入功率；输出件转速 n_2 的方向与输出的转矩 T_2 的方向相反，其功率 $P_2=T_2n_2<0$ 为输出功率。如果功率 $P=Tn$ 中的转速 n 是相对某一构件而取的，则在功率符号 P 的右上角应注出该相对构件的代号。例如，构件 a 的转速是相对构件 c 而取的，则记为

$$P_a^c=T_a(n_a-n_c)$$

如果构件 a 的转速是相对于转臂 x 而取的，则得

$$P_a^x=T_a(n_a-n_x)$$

在此，将 P_a^x 称为啮合功率，其方向是由转化机构的输入件流向输出件。P^x 是表示在转化机构中所传递的功率，但并非实际存在的功率。它只是具有功率量纲，而不是能量的概念；P_a^x 值可能超过行星齿轮传动输入功率 P_a 的许多倍。严格说来，由于 P^x 与行星齿轮传动的实际功率 P 的概念不相同，故 P^x 不能称为功率；但是，它却与功率 P 的量纲是一样的。因此，为了研究行星齿轮传动的传动效率而借用了一个相当于功率的术语，且称之为啮合功率。啮合功率 P^x 标志着在行星齿轮传动中的摩擦损失。啮合功率 P^x 越大，则行星传动的传动效率越低。

用符号 φ 表示齿轮传动的啮合功率与传动功率（由绝对转速 n 得到的，而该转速 n 是相对于固定构件的）之比值，且称 φ 为行星齿轮传动的啮合功率系数（或称相对功率系数）。例如，对于行星齿轮传动的中心轮 a，则其啮合功率系数为

$$\varphi_a=\frac{P_a^x}{P_a}=\frac{T_a(n_a-n_x)}{T_an_a}=1-i_{xa}^b=\frac{i_{ab}^x}{i_{ab}^x-1} \tag{6-6}$$

由上式可知，对于 $i^{x}<0$ 的 2Z-X 型行星传动负号机构，则可得 $\varphi_{a}<1$，这表明它们的啮合功率 P_{a}^{x}小于所传递的功率 P_{a}；因此，其摩擦损失小于转臂固定时的准行星传动的摩擦损失。当传动比 i_{ab}^{x}趋近于 1 时，则 φ_{a} 值趋于无穷大。这表明该行星齿轮传动的摩擦损失比转臂固定时的准行星传动的摩擦损失大很多。对于 $i^{x}>0$ 的 2Z-X 型行星传动正号机构，则得 $\varphi_{a}>1$，这表明它们的啮合功率 P_{a}^{x}大于所传递的功率 P_{a}；因此，其摩擦损失较大，故它们的传动效率较低。

另外，由于相对转速（$n_{a}-n_{x}$）可能为正，也可能为负；据公式(6-6) 可分析出如下两点。

① 啮合功率 P_{a}^{x}可能为正，也可能为负。当 $P_{a}^{x}>0$ 时，构件 a 为转化机构的输入件，P_{a}^{x}为转化机构的输入功率；当 $P_{a}^{x}<0$ 时，构件 a 为转化机构的输出件，P_{a}^{x}为其输出功率。

② 啮合功率系数 φ_{a} 可能为正，也可能为负。当 $\varphi_{a}>0$ 时，啮合功率 P_{a}^{x}与所传递的功率 P_{a} 的符号相同，这说明构件 a 在行星传动中与其转化机构中的输入或输出地位是相同的；当 $\varphi_{a}<0$ 时，P_{a}^{x}与 P_{a} 的符号相反，这说明构件 a 在行星齿轮传动中与其转化机构中的输入、输出地位是不相同的。

由此可见，在转化机构中啮合功率 P^{x} 的流动方向与其对应的行星传动中传递功率 P 的流动方向也不一定相同。而在啮合功率 P^{x} 的流动过程中同样也存在着摩擦功率损失 P_{T}^{x}。

如前所述，由于行星齿轮传动与其转化机构中各构件间的相对转速、齿廓间的啮合作用力和摩擦系数都是完全相同的，故行星齿轮传动与其转化机构的摩擦功率损失的大小应基本相等，即 $P_{T}=P_{T}^{x}$。人们称此“结论”为啮合功率法原理。再根据 $P_{T}=P_{T}^{x}$原理，可以进一步推导 P_{T} 与啮合功率 P_{a}^{x}的关系式。然后，根据啮合功率 P_{a}^{x}的不同情况，便可以分别求得其转化机构的传动效率 η^{x}。最后根据啮合功率系数 φ_{a} 的不同情况，便可以推导出行星齿轮传动的效率 η^{b} 计算公式。

6.1.3　啮合功率流方向的判定

采用啮合功率法以建立效率的计算公式是通过啮合功率流向的判定来进行的。首先应明确行星齿轮传动中各构件输入、输出关系，再找出构件在行星齿轮传动中的实际功率与其在转化机构中的啮合功率之间的关系；最后就可以判定各构件在转化机构中的啮合功率的正负，即 $P^{x}>0$ 或 $P^{x}<0$，从而可知道构件在转化机构中为输入件，或为输出件。因为，啮合功率总是由转化机构中的输入件流向输出件。所以，在找出输入件和输出件后，就可以正确地判定啮合功率的流向。

例如，在图 1-2(a) 所示的 2Z-X(A) 型行星齿轮传动中，内齿轮 b 固定，中心轮 a 输入，转臂 x 输出。由此可知，中心轮 a 在行星齿轮传动中的实际功率 P_{a} 为正，即 $P_{a}>0$。因为该行星齿轮传动是 2Z-X 型中的负号机构，即 $i_{ab}^{x}<0$，再根据公式(6-6) 可得其啮合功率系数

$$\varphi_{a}=\frac{P_{a}^{x}}{P_{a}}=\frac{i_{ab}^{x}}{i_{ab}^{x}-1}>0$$

因为，$P_{a}>0$，所以，可得啮合功率 P_{a}^{x}为正，即 $P_{a}^{x}>0$。这样就表明，中心轮 a 在行星齿轮传动中是输入件，在其转化机构中它仍然是输入件。则由此可判定：啮合功率 P_{a}^{x}是由中心轮 a 流向内齿轮 b。

在 2Z-X(A) 型行星传动中，如果内齿轮 b 固定，中心轮 a 输出，转臂 x 输入。由此可知，中心轮 a 在行星齿轮传动中的实际功率 P_{a} 为负，即 $P_{a}<0$。因该行星齿轮传动仍是 2Z-X 型的负号机构，即 $i_{ab}^{x}<0$，此时 $P_{a}<0$，根据公式(6-6) 可得其啮合功率系数

$$\varphi_a=\frac{P_a^x}{P_a}=\frac{i_{ab}^x}{i_{ab}^x-1}>0$$

现已知 $P_a<0$，则可得啮合功率 P_a^x 为负，即 $P_a^x<0$。这样就表明，中心轮 a 在行星齿轮传动中是输出件，在其转化机构中它仍是输出件。则由此可判定：此时啮合功率 P_a^x 是由内齿轮 b 流向中心轮 a。

由上述可知，对于 2Z-X(A) 型行星齿轮传动，当内齿轮 b 固定时，因为该行星齿轮传动为负号机构，即有 $i_{ab}^x<0$，则得啮合功率系数 $\varphi_a>0$。所以，在行星齿轮传动和转化机构中，中心轮 a 的输入、输出的地位不变，即中心轮 a 在行星齿轮传动中是输入件或输出件，在其转化机构中它仍然是输入件或输出件。

在此应该指出：啮合功率 P^x 与实际功率 P 是一样的，它总是由输入件流向输出件。

6.2　行星齿轮传动的效率计算

6.2.1　2Z-X 型行星齿轮传动效率计算公式

在 2Z-X 型行星齿轮传动中，假设 P_A 和 P_B 分别为行星传动中输入件和输出件所传递的实际功率。P_T 为行星齿轮传动中的摩擦损失功率。

根据前面的规定，输入件所传递的功率为正值，即 $P_A>0$，而输出件所传递的功率 P_B 为负值，即 $P_B<0$。根据一般的效率计算概念，故可得行星齿轮传动的效率公式为

$$\eta=\frac{-P_B}{P_A}=\frac{|P_B|}{P_A} \tag{6-7}$$

因输入功率 $P_A=-P_B+P_T=|P_B|+P_T$，则得

$$\eta=\frac{|P_B|}{|P_B|+P_T}=\frac{1}{1+\frac{P_T}{|P_B|}} \tag{6-8}$$

或

$$\eta=\frac{P_A-P_T}{P_A}=1-\frac{P_T}{P_A} \tag{6-9}$$

在行星齿轮传动中，如果中心轮 a 输入，即 $P_a>0$，由公式(6-9) 可得其传动效率公式为

$$\eta_{ax}^b=1-\frac{P_T}{P_a} \tag{6-10}$$

如果 a 轮输出，即 $P_a<0$，由公式(6-8) 可得其传动效率公式为

$$\eta_{xa}^b=\frac{1}{1+\frac{P_T}{|P_a|}} \tag{6-11}$$

据公式(6-6) 可得啮合功率 P_a^x 的关系式为

$$P_a^x=\varphi_a P_a=\frac{i_{ab}^x}{i_{ab}^x-1}P_a \tag{6-12}$$

由式(6-12) 可见，啮合功率 P_a^x 可以通过中心轮 a 所传递的功率 P_a 来表示。

现在，再根据啮合功率法原理 $P_T=P_T^x$，进一步推导 P_T 与 P_a^x 的关系式。

在行星齿轮传动的转化机构中，中心轮 a 可能是输入件，也可能是输出件。如果 a 轮输入，即 $P_a^x>0$，仿照公式(6-10) 可得其转化机构的传动效率为

$$\eta_{ab}^x=1-\frac{P_T^x}{P_a^x}$$

则得

$$P_{T}^{x}=(1-\eta_{ab}^{x})P_{a}^{x}=P_{T} \tag{6-13}$$

如果 a 轮输出，即 $P_{a}^{x}<0$，仿照公式(6-11) 可得其转化机构的传动效率为

$$\eta_{ba}^{x}=\frac{1}{1+\dfrac{P_{T}^{x}}{|P_{a}^{x}|}}$$

则得

$$P_{T}^{x}=\frac{1-\eta_{ba}^{x}}{\eta_{ba}^{x}}|P_{a}^{x}|=P_{T} \tag{6-14}$$

为了要明确 P_{T}^{x}应当用哪一个公式计算，就必须知道啮合功率 P_{a}^{x}值的正负号。为此，现在分别讨论在行星齿轮传动中，中心轮 a 为输入件和转臂 x 为输入件的两种不同的情况（内齿轮 b 固定)。

① 中心轮 a 输入时，即 $P_{a}>0$，$P_{x}<0$。

先假定系数 $\varphi_{a}>0$，则由公式(6-6) 可知，$i_{ab}^{x}>1$ 或 $i_{ab}^{x}<0$。再由式(6-12) 可知$P_{a}^{x}>0$。再根据公式(6-10)、公式(6-14) 和公式(6-12)，则得行星齿轮传动效率为

$$\eta_{ax}^{b}=\frac{1-i_{ab}^{x}\eta_{ab}^{x}}{1-i_{ab}^{x}}=1-\frac{i_{ab}^{x}}{i_{ab}^{x}-1}(1-\eta_{ab}^{x}) \tag{6-15}$$

再假定系数 $\varphi_{a}<0$，即 $1>i_{ab}^{x}<0$。仿上，可知 $P_{a}^{x}<0$。再根据公式(6-10)、公式(6-14) 和公式(6-12)，则得行星齿轮传动效率为

$$\eta_{ax}^{b}=\frac{\eta_{ab}^{x}-i_{ab}^{x}}{(1-i_{ab}^{x})\eta_{ab}^{x}}=1-\frac{i_{ab}^{x}(1-\eta_{ab}^{x})}{\eta_{ab}^{x}-\eta_{ab}^{x}i_{ab}^{x}} \tag{6-16}$$

② 转臂 x 输入时，即 $P_{x}>0$，$P_{a}<0$。

先假定系数 $\varphi_{a}>0$，即 $i_{ab}^{x}>1$ 或 $i_{ab}^{x}<0$。由公式(6-12) 可知 $P_{a}^{x}<0$。再根据公式(6-11)、公式(6-14) 和公式(6-12)，则得行星齿轮传动效率为

$$\eta_{xa}^{b}=\frac{(i_{ab}^{x}-1)\eta_{ba}^{x}}{i_{ab}^{x}-\eta_{ab}^{x}}=1-\frac{i_{ab}^{x}(1-\eta_{ba}^{x})}{i_{ab}^{x}-\eta_{ba}^{x}} \tag{6-17}$$

再假定系数 $\varphi_{a}<0$，即 $1>i_{ab}^{x}>0$。仿上，可知 $P_{a}^{x}>0$。再根据公式(6-11)、公式(6-13) 和公式(6-12)，则得行星齿轮传动效率为

$$\eta_{xa}^{b}=\frac{1-i_{ab}^{x}}{1-i_{ab}^{x}\eta_{ab}^{x}}=1-\frac{i_{ab}^{x}(1-\eta_{ab}^{x})}{1-i_{ab}^{x}\eta_{ab}^{x}} \tag{6-18}$$

为了计算简便，在上述公式中用（$1-\psi^{x}$）代替效率 η^{x}，即 $\eta^{x}=1-\psi^{x}$；其中，ψ^{x} 为转化机构中的损失系数。

现将 2Z-X 型行星传动效率计算公式归纳如下。

(1) 2Z-X 型负号机构（$i^{x}<0$）

① 中心轮 a 输入时（$P_{a}>0$，$P_{x}<0$）。

根据公式(6-15)，则得行星齿轮传动效率为

$$\eta_{ax}^{b}=1-\frac{i_{ab}^{x}}{i_{ab}^{x}-1}\psi^{x} \tag{6-19}$$

对于 2Z-X(A) 型行星齿轮传动，因 $i_{ab}^{x}=-p$，则得其传动效率为

$$\eta_{ax}^{b}=1-\frac{p}{1+p}\psi^{x} \tag{6-20}$$

将上式列入表 6-1 中为公式（1)。

对于 2Z-X(B) 型行星传动，因 $i_{ab}^{x}=-\frac{z_b z_c}{z_d z_a}$，则得其传动效率为

$$\eta_{ax}^{b}=1-\frac{z_b z_c}{z_a z_d+z_b z_c}\psi^{x} \tag{6-21}$$

将上式列入表 6-1 中为公式（2）。

② 转臂 x 输入时（$P_x>0$，$P_a<0$）。

根据公式(6-17)，可得行星齿轮传动效率为

$$\eta_{xa}^{b}=1-\frac{i_{ab}^{x}\psi^{x}}{i_{ab}^{x}-1+\psi^{x}}\approx 1-\frac{i_{ab}^{x}}{i_{ab}^{x}-1}\psi^{x} \tag{6-22}$$

因损失系数 ψ^{x} 占分母中很小的一部分，可以忽略不计，故可得上式的右边。

对于 2Z-X(A) 型传动，仿上，可得行星齿轮传动效率为

$$\eta_{xa}^{b}=1-\frac{p\psi^{x}}{1+p-\psi^{x}}\approx 1-\frac{p}{1+p}\psi^{x} \tag{6-23}$$

对于 2Z-X(B) 型传动，仿上，可得行星齿轮传动效率为

$$\eta_{xa}^{b}=1-\frac{z_b z_c}{z_a z_d+z_b z_c}\psi^{x} \tag{6-24}$$

由公式(6-20) 与公式(6-21)、公式(6-22) 与公式(6-23) 比较可知，对于 2Z-X(A) 型和 2Z-X(B) 型传动（$i^{x}<0$），其传动效率公式与中心轮 a 输入，还是转臂 x 输入无关，即有 $\eta_{ax}^{b}=\eta_{xa}^{b}$。

(2) 2Z-X 型正号机构（$i^{x}>0$）

① 中心轮 a 输入时（$P_a>0$，$P_x<0$）。

据转臂固定的传动比 i_{ab}^{x} 的范围，可将其分为下列两种情况。

a. $1>i_{ab}^{x}>0$，根据公式(6-16)，可得其传动效率为

$$\eta_{ax}^{b}=1-\frac{i_{ab}^{x}\psi^{x}}{1-i_{ab}^{x}-(1-i_{ab}^{x})\psi^{x}} \tag{6-25}$$

对于 2Z-X(D) 型传动应以传动比 $i_{ab}^{x}=\frac{z_c z_b}{z_a z_d}$ 代入上式，则得其传动效率为

$$\eta_{ax}^{b}=1-\frac{i_{ab}^{x}\psi^{x}}{1-i_{ab}^{x}-(1-i_{ab}^{x})\psi^{x}}=1-\frac{z_c z_b\psi^{x}}{z_a z_d-z_c z_b-(z_a z_d-z_c z_b)\psi^{x}} \tag{6-26}$$

$$\psi^{x}=\psi_{za}^{x}+\psi_{zb}^{x}+\psi_{n}^{x}$$

将上式列入表 6-1 中为公式（3）。

对于 2Z-X(E) 型行星传动应以 $i_{eb}^{x}=\frac{z_b z_d}{z_c z_e}$ 代替上式中的 i_{ab}^{x}，则可得其效率 η_{ex}^{b} 的计算公式，且列入表 6-1 中为（7）式。

b. $i_{ab}^{x}>1$，根据公式(6-15)，可得

$$\eta_{ax}^{b}=1-\frac{i_{ab}^{x}}{i_{ab}^{x}-1}\psi^{x} \tag{6-27}$$

对于 2Z-X(D) 型传动应以 i_{ab}^{x} 代入上式，则得

$$\eta_{ax}^{b}=1-\frac{i_{ab}^{x}}{i_{ab}^{x}-1}\psi^{x}=1-\frac{z_b z_c}{z_b z_c-z_a z_d}\psi^{x} \tag{6-28}$$

$$\psi^{x}=\psi_{2a}^{x}+\psi_{2b}^{x}+\psi_{n}^{x}$$

将上式列入表 6-1 中为公式（5）。

对于 2Z-X(E) 型行星传动，应以传动比 $i_{eb}^{x}=\frac{z_d z_b}{z_e z_c}$ 代替公式(6-28) 中的 i_{ab}^{x}，则得其传

动效率为

$$\eta_{ex}^{b}=1-\frac{i_{eb}^{x}}{i_{eb}^{x}-1}\psi^{x}=1-\frac{z_{b}z_{d}}{z_{b}z_{d}-z_{e}z_{c}}\psi^{x} \tag{6-29}$$

$$\psi^{x}=\psi_{zb}^{x}+\psi_{ze}^{x}+\psi_{n}^{x}$$

将上式列入表 6-1 中为公式（9）。

② 当转臂 x 输入时（$P_x>0$，$P_a<0$）。

a. $1>i_{ab}^{x}>0$，根据公式(6-18)，可得

$$\eta_{xa}^{b}=1-\frac{i_{ab}^{x}\psi^{x}}{1-i_{ab}^{x}(1-\psi^{x})} \tag{6-30}$$

对于 2Z-X(D) 型，仿上，应以 i_{ab}^{x} 代入上式，则得其传动效率为

$$\eta_{xa}^{x}=1-\frac{i_{ab}^{x}\psi^{x}}{1-i_{ab}^{x}(1-\psi^{x})}=1-\frac{z_{c}z_{b}\psi^{x}}{z_{a}z_{d}-z_{c}z_{b}(1-\psi^{x})} \tag{6-31}$$

将上式列入表 6-1 中为公式（4）。

对于 2Z-X(E) 型行星传动，仿上，应以 i_{eb}^{x} 代入公式(6-30) 则得其传动效率为

$$\eta_{xe}^{b}=1-\frac{i_{eb}^{x}\psi^{x}}{1-i_{eb}^{x}(1-\psi^{x})}=1-\frac{z_{d}z_{b}\psi^{x}}{z_{c}z_{e}-z_{d}z_{b}(1-\psi^{x})} \tag{6-32}$$

将上式列入表 6-1 中为公式（8）。

b. $i_{ab}^{x}>1$，根据公式(6-17)，可得其传动效率为

$$\eta_{xa}^{b}=1-\frac{i_{ab}^{x}\psi^{x}}{i_{ab}^{x}-1+\psi^{x}} \tag{6-33}$$

对于 2Z-X(D) 型传动应以 i_{ab}^{x} 代入上式中，则得其传动效率为

$$\eta_{xa}^{b}=1-\frac{i_{ab}^{x}\psi^{x}}{i_{ab}^{x}-1+\psi^{x}}=1-\frac{z_{c}z_{b}\psi^{x}}{z_{c}z_{b}-z_{a}z_{d}(1-\psi^{x})} \tag{6-34}$$

将上式列入表 6-1 中为公式（6）。

对于 2Z-X(E) 型传动，当 $i_{eb}^{x}>1$，应以传动比 i_{eb}^{x} 代替公式(6-33) 中的 i_{ab}^{x}，则得其传动效率为

$$\eta_{xe}^{b}=1-\frac{i_{eb}^{x}\psi^{x}}{i_{eb}^{x}-1+\psi^{x}}=1-\frac{z_{b}z_{d}\psi^{x}}{z_{b}z_{d}-z_{e}z_{c}(1-\psi^{x})} \tag{6-35}$$

$$\psi^{x}=\psi_{mb}^{x}+\psi_{me}^{x}+\psi_{n}^{x}$$

将上式列入表 6-1 中为公式（10）。

现将 2Z-X 型行星齿轮传动效率计算公式列于表 6-1。

6.2.2 转化机构的功率损失系数 ψ^{x} 计算

关于损失系数 ψ^{x} 的计算问题现讨论如下。

在转化机构中，其损失系数 ψ^{x} 等于啮合损失系数 ψ_{m}^{x} 和轴承损失系数 ψ_{n}^{x} 之和，即

$$\psi^{x}=1-\eta^{x}=\sum\psi_{m}^{x}+\sum\psi_{n}^{x} \tag{6-36}$$

例如，对于 2Z-X(A) 型行星传动，其啮合损失系数 ψ_{m}^{x} 之和为

$$\sum\psi_{m}^{x}=\psi_{ma}^{x}+\psi_{mb}^{x}$$

式中 ψ_{ma}^{x}——转化机构中中心轮 a 与行星轮 c 之间的啮合损失；

ψ_{mb}^{x}——转化机构中中心轮 b 与行星轮 c 之间的啮合损失。

（1）啮合损失系数 ψ_{m}^{x} 的确定

在转化机构中，当仅考虑齿轮副的啮合摩擦损失时，一对圆柱（直齿和斜齿）齿轮传动的啮合损失系数 ψ_{m}^{x} 可按下列公式计算，即

表 6-1　2Z-X型行星齿轮传动效率计算公式

传动类型	转化机构传动比 i^{x}	效率计算公式
2Z-X(A) [图1-2(a)]	$i_{ab}^{x}<0$	$\eta_{ax}^{b}=\eta_{xa}^{b}=1-\dfrac{p}{p+1}\psi^{x}$　(1)
2Z-X(B) [图1-2(b)]	$i_{ab}^{x}<0$	$\eta_{ax}^{b}=\eta_{xa}^{b}=1-\dfrac{i_{ab}^{x}}{i_{ab}^{x}-1}\psi^{x}=1-\dfrac{z_c z_b}{z_c z_b+z_a z_d}$　(2)
2Z-X(D) [图1-3(a)]	$1>i_{ab}^{x}>0$	$\eta_{ax}^{b}=1-\dfrac{i_{ab}^{x}\psi^{x}}{1-i_{ab}^{x}-(1-i_{ab}^{x})\psi^{x}}=1-\dfrac{z_c z_b\psi^{x}}{z_a z_d-z_c z_b-(z_a z_d-z_c z_b)\psi^{x}}$　(3)
		$\eta_{xa}^{b}=1-\dfrac{i_{ab}^{x}\psi^{x}}{1-i_{ab}^{x}(1-\psi^{x})}=1-\dfrac{z_c z_b\psi^{x}}{z_a z_d-z_c z_b(1-\psi^{x})}$　(4)
	$i_{ab}^{x}>1$	$\eta_{ax}^{b}=1-\dfrac{i_{ab}^{x}}{i_{ab}^{x}-1}\psi^{x}=1-\dfrac{z_c z_b\psi^{x}}{z_c z_b-z_a z_d}$　(5)
		$\eta_{xa}^{b}=1-\dfrac{i_{ab}^{x}\psi^{x}}{i_{ab}^{x}-1+\psi^{x}}=1-\dfrac{z_c z_b\psi^{x}}{z_c z_b-z_a z_d(1-\psi^{x})}$　(6)
2Z-X(E) [图1-3(b)或图1-3(c)]	$1>i_{eb}^{x}>0$	$\eta_{ex}^{b}=1-\dfrac{i_{eb}^{x}\psi^{x}}{1-i_{eb}^{x}-(1-i_{eb}^{x})\psi^{x}}=1-\dfrac{z_d z_b\psi^{x}}{z_c z_e-z_d z_b-(z_c z_e-z_d z_b)\psi^{x}}$　(7)
		$\eta_{xe}^{b}=1-\dfrac{i_{eb}^{x}\psi^{x}}{1-i_{eb}^{x}(1-\psi^{x})}=1-\dfrac{z_d z_b\psi^{x}}{z_c z_e-z_d z_b(1-\psi^{x})}$　(8)
	$i_{eb}^{x}>1$	$\eta_{ex}^{b}=1-\dfrac{i_{eb}^{x}\psi^{x}}{i_{eb}^{x}-1}=1-\dfrac{z_d z_b\psi^{x}}{z_d z_b-z_e z_c}$　(9)
		$\eta_{xe}^{b}=1-\dfrac{i_{eb}^{x}\psi^{x}}{i_{eb}^{x}-1+\psi^{x}}=1-\dfrac{z_d z_b\psi^{x}}{z_d z_b-z_e z_c(1-\psi^{x})}$　(10)

注：1. 表内公式中的参数 $p=\dfrac{z_b}{z_a}$。

2. 表内公式中的损失系数 $\psi^{x}=\psi_{ma}^{x}+\psi_{mb}^{x}+\psi_{n}^{x}$；各啮合齿轮副的损失系数 ψ_{m}^{x} 可按公式(6-36)计算；轴承的损失系数 ψ_{n}^{x} 可按公式(6-43)计算。

3. 若行星轮数 $n_p\geqslant3$，在计算 ψ_{n}^{x} 时，只需考虑行星轮轴承的损失；当 $n_p=1$ 时，必须考虑行星轮轴承和基本构件轴承的损失。

4. 若需要求效率 η_{bx}^{a} 和 η_{xb}^{a} 值，可仿照公式(6-15)～公式(6-18)推导出其效率计算公式。

$$\psi_{m}^{x}=\frac{\pi}{2}\varepsilon f_m\left(\frac{1}{z_1}\pm\frac{1}{z_2}\right)$$

当重合度取 $\varepsilon=1.5$ 时，则得

$$\psi_{m}^{x}=2.3f_m\left(\frac{1}{z_1}\pm\frac{1}{z_2}\right)\tag{6-37}$$

式中　z_1——齿轮副中的小齿轮齿数；

z_2——齿轮副中的大齿轮齿数；

f_m——啮合摩擦系数，一般取 $f_m=0.06\sim0.10$；若齿面经过跑合，可取 $f_m\leqslant0.05$。

正号"+"适合于外啮合；负号"－"适合于内啮合。

据有关文献介绍，啮合摩擦系数 $f_m=1.25f$，其中摩擦系数 f 值可根据滚动速度之和 v_Σ 由图6-1查得。滚动速度之和 v_Σ 按下式计算，即

$$v_\Sigma=2v\sin\alpha'$$

式中　v——轮齿接触点的速度，m/s；

α'——啮合角，(°)。

关于计算精确的损失系数 ψ_{m}^{x} 值的方法。

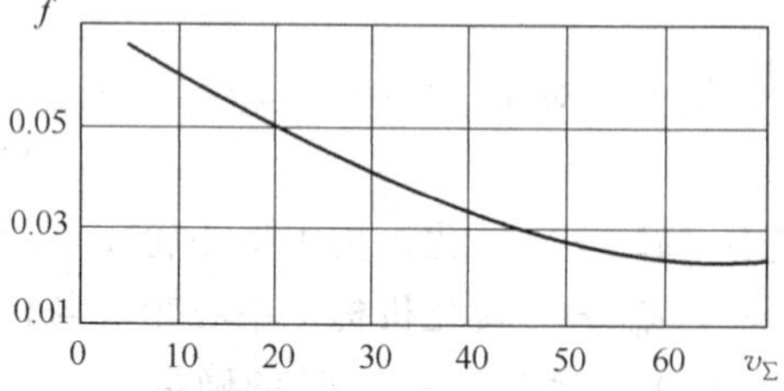

图 6-1　据 v_Σ 值确定接触点的摩擦因数 f 值

对于直齿轮传动，精确的 ψ_{m}^{x} 值可按下式计算，即

$$\psi_{m}^{x}=2\pi f_{m}\left(\frac{1}{z_1}\pm\frac{1}{z_2}\right)(1-\varepsilon_{\alpha}+0.5\varepsilon_{\alpha}^{2})k_{\varepsilon} \tag{6-38}$$

对于斜齿轮传动，精确的 ψ_{m}^{x} 值可按下式计算

$$\psi_{m}^{x}=2\pi f_{m}\left(\frac{1}{z_1}\pm\frac{1}{z_2}\right)[(\varepsilon_{\alpha1}^{2}+\varepsilon_{\alpha2}^{2})/(\varepsilon_{\alpha1}+\varepsilon_{\alpha2})] \tag{6-39}$$

$$\varepsilon_{\alpha}=\varepsilon_{\alpha1}+\varepsilon_{\alpha2} \tag{6-40}$$

式中　ε_{α} ——端面重合度；

$\varepsilon_{\alpha1}$ ——按齿轮 1 的齿顶啮合线长度计算的部分端面重合度；

$\varepsilon_{\alpha2}$ ——按齿轮 2 的齿顶啮合线长度计算的部分端面重合度。

它们可按下式确定

$$\varepsilon_{\alpha1}=\frac{z_1}{2\pi}(\tan\alpha_{\alpha1}-\tan\alpha') \tag{6-41}$$

$$\varepsilon_{\alpha2}=\frac{z_2}{2\pi}(\pm\tan\alpha_{\alpha2}\mp\tan\alpha') \tag{6-42}$$

系数 k_{ε} 为 $\varepsilon_{\alpha1}$ 和 $\varepsilon_{\alpha2}$ 两值中较大值对 ε_{α} 之比值；即可记为 $k_{\varepsilon}=\max\{\varepsilon_{\alpha1}/\varepsilon_{\alpha}, \varepsilon_{\alpha2}/\varepsilon_{\alpha}\}$。式中上面的符号用于外啮合；下面的符号用于内啮合。

(2) 轴承损失系数 ψ_{n}^{x} 的确定

在转化机构中，轴承摩擦损失系数 ψ_{n}^{x} 可按下式计算，即

$$\psi_{n}^{x}=\frac{\sum_{i=1}^{k}T_{mi}n_i'}{T_{e}n_{e}} \tag{6-43}$$

式中　T_{mi} ——轴承的摩擦力矩，N·m；

n_i' ——轴承的转速，r/min；

T_{e} ——输出轴的转矩，N·m；

n_{e} ——输出轴的转速，r/min；

k ——该行星机构的轴承数目。

在计算行星轮轴承摩擦损失系数时，上式中的轴承转速 n' 表示行星轮的相对转速，即 $n'=n_{c}-n_{x}$。当转臂 x 的转速 n_{x} 很大时，在确定行星轮轴承的摩擦力矩 T_{m} 时应考虑离心力的影响，故在应用下面的公式(6-44)、公式(6-45) 计算轴承的摩擦力矩时，行星轮上的载荷 F 不仅有啮合作用力，而且还有离心力的作用。

① 滚动轴承的摩擦力矩计算　滚动轴承的摩擦力矩 T_{m} 可按下式进行近似计算，即

$$T_{m}=0.5\mu Fd/1000\ (\mathrm{N\cdot m}) \tag{6-44}$$

式中　μ ——轴承的摩擦系数；

F ——轴承上的载荷，N；

d ——轴承的内径，mm。

向心圆柱滚子轴承（2000 型）　$\mu=0.0011$

双列向心球面滚子轴承（3000 型）　$\mu=0.0018$

向心滚针轴承（4000 型）　$\mu=0.0025$

单列圆锥滚子轴承（7000 型）　$\mu=0.0018$

在正常使用和正确选用润滑油时，对于各种不同型式的轴承，其摩擦系数 μ 值如下。

向心球轴承（0000 型）：

单列向心球轴承　　$\mu=0.0010$

双列向心球轴承　　$\mu=0.0015$

向心推力球轴承（6000 型）：

单列向心推力球轴承　　$\mu=0.0020$

双列向心推力球轴承　　$\mu=0.0024$

② 滑动轴承的摩擦力矩计算　在液体摩擦状态下工作的滑动轴承，当采用运动黏度为 $v=47\sim53\text{mm}^2/\text{s}$ 的 50 号机械油润滑时，其摩擦力矩 T_m 可按下式计算

$$T_m=2.64\times10^{-3}dB\left[v^x(0.1)^{0.8}+\frac{45F}{dl}\right]/1000\ (\text{N}\cdot\text{m}) \tag{6-45}$$

式中　F ——轴承上的载荷，N；

d ——轴颈的直径，mm；

B ——轴承的宽度，mm；

v ——轴颈表面的圆周速度，且有 $v=\dfrac{\text{d}n}{19100}$，m/s，其中 n 为轴颈的转速，r/min；对于行星轮 c 的轴承，其转速 $n=n_c-n_x$；

x ——圆周速度 v 的指数。

v^x 值可由图 6-2 查得。

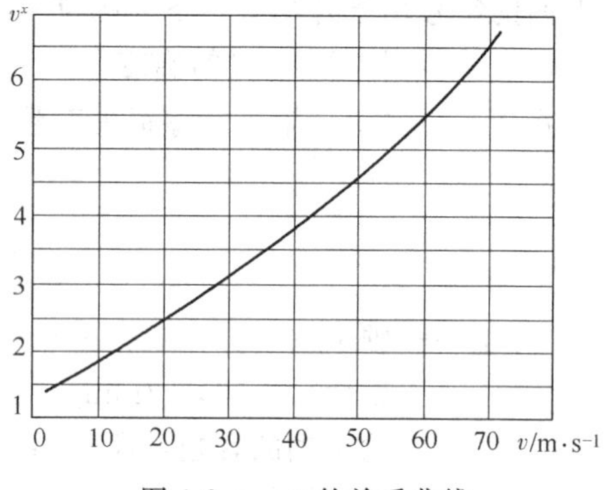

图 6-2　v-v^x 的关系曲线

由表 6-1 可知，行星齿轮传动的效率 η_p 可由该行星传动转化机构的损失系数 ψ^x（或其传动效率 η^x）表示，即 $\eta_p=f(\psi^x)$或 $\eta_p=\varphi(\eta^x)$。

如果不能忽略液力损失时，则行星齿轮机构的效率为

$$\eta_p'=\eta_s f(\psi^x) \tag{6-46}$$

式中　η_s ——考虑液力损失的效率。

应该指出，表 6-1 只给出了较普遍采用的 2Z-X型传动不考虑液力损失时的计算公式。再由表 6-1 中的公式可知，传动效率 η 值与传动比 i 存在一定的关系。对于 2Z-X(A) 型和 2Z-X(B) 型以及 2Z-X(E) 型传动的传动比与效率的关系曲线，如图 6-3 所示。

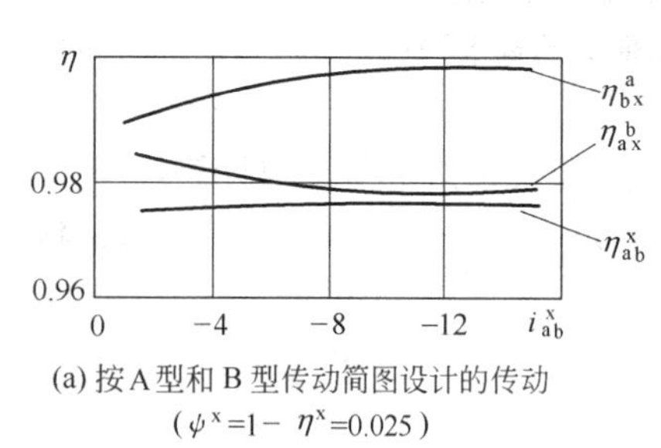

(a) 按 A 型和 B 型传动简图设计的传动
（$\psi^x=1-\eta^x=0.025$）

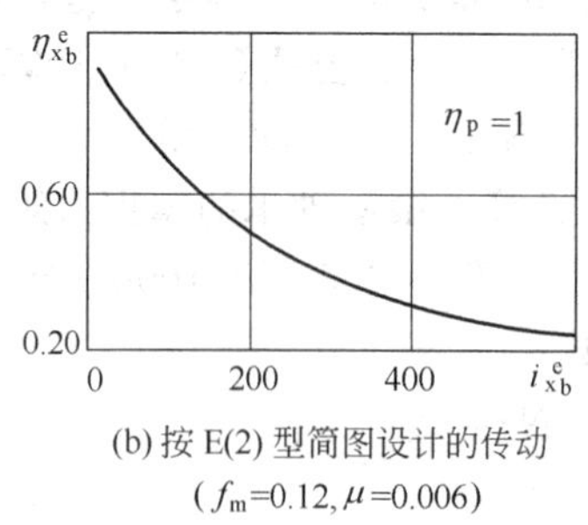

(b) 按 E(2) 型简图设计的传动
（$f_m=0.12$, $\mu=0.006$）

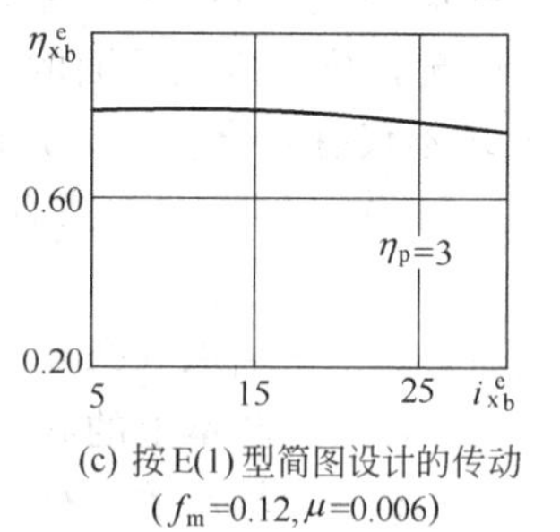

(c) 按 E(1) 型简图设计的传动
（$f_m=0.12$, $\mu=0.006$）

图 6-3　2Z-X 型传动效率的概略值曲线

6.2.3　3Z 型行星齿轮传动效率计算公式

3Z 型行星传动效率计算公式仍可采用啮合功率法求得，即可以仿照求 2Z-X 型行星传动效率的方法进行推导。因 3Z 型传动可以视为由两个 2Z-X 型传动串联而成的。若其基本构件中的 a 轮输入、e 轮输出和 b 轮固定时，则 3Z 型传动的效率等于相应的两个 2Z-X 型传动

效率的乘积，即

$$\eta_{ae}^{b}=\eta_{ax}^{b}\eta_{xe}^{b} \tag{6-47}$$

但必须指出，由于 3Z 型传动的结构较复杂，三个中心轮 a、b 和 e 为其基本构件，而转臂 x 不是基本构件。其转化机构中的啮合功率的流向不易判断；即在转化机构中，可能其中一个中心轮为输入件，另两个中心轮为输出件；也可能其中两个中心轮为输入件，另一个中心轮为输出件。因此，在推导 3Z 型传动的效率公式时，必须判定其转化机构中的啮合功率流方向后，才能推导出正确的结果。

现以图 1-4(a) 所示的 3Z(Ⅰ) 型行星传动为例来说明其传动效率计算公式（仅考虑啮合摩擦损失）的推导方法。

在图 1-4(a) 所示的 3Z(Ⅰ) 型传动中，a 轮输入、e 轮输出、b 轮固定，即有 $P_a^b>0$，$P_e^b<0$ 和 $n_b=0$。另外，在后面的推导中，假设 3Z 型行星传动各轮的模数 m 是相同的，即有 $\frac{z_a}{z_b}=\frac{d_a}{d_b}$。

按公式(6-6) 可得机构的啮合功率系数为

$$\varphi_a=\frac{P_a^x}{P_a^b}=\frac{T_a(n_a-n_x)}{T_a(n_a-n_b)}=1-i_{xa}^{b}=\frac{i_{ab}^{x}}{i_{ab}^{x}-1} \tag{6-48}$$

式中 $i_{ab}^x=-\frac{z_a}{z_b}=-p<0$；由公式(6-48) 可得 $\varphi_a>0$，即 $P_a^x>0$；且知 $1>\varphi_a>0$。

仿上，可得 e 轮的啮合功率系数为

$$\varphi_e=\frac{P_e^x}{P_e^b}=1-i_{xe}^{b}=\frac{i_{eb}^{x}}{i_{eb}^{x}-1} \tag{6-49}$$

$$i_{eb}^{x}=\frac{z_b z_d}{z_e z_c}=\frac{d_b' d_d'}{d_e' d_c'}=\frac{(d_b' d_d'+d_b' d_e'-d_b' d_e')}{(d_c' d_e'+d_b' d_e'-d_b' d_e')}=\frac{[d_b' d_d'-d_b'(d_e'-d_d')]}{[d_b' d_e'-d_e'(d_b'-d_c')]} \tag{6-50}$$

式中　d_b'、d_e' ——中心轮 b、e 的节圆直径；

d_c'、d_d' ——行星轮 c、d 的节圆直径。

因为，$d_e'-d_d'=d_b'-d_c'$，则传动比 i_{eb}^x 值有如下两种情况。

当 $d_b'>d_e'$ 时，即 $1>i_{eb}^x>0$，则由公式(6-49) 可得 $\varphi_e<0$，即有 $P_e^x>0$；且知 $P_a^x>0$，$P_e^x>0$ 和 $P_b^x<0$。这种情况说明：在转化机构中，a 轮和 e 轮输入，b 轮输出，啮合功率从轮 a 和轮 e 流向轮 b。

当 $d_b'<d_e'$ 时，即 $i_{eb}^x>1$；则可得 $\varphi_e>1$，即有 $P_e^x<0$；且知 $|P_e^x|>|P_a^x|$ 和 $P_b^x>0$。这种情况说明：在转化机构中，a 轮和 b 轮输入，e 轮输出；啮合功率从轮 a 和轮 b 流向轮 e。

由此可知，根据 $d_b'>d_e'$ 或 $d_b'<d_e'$ 和 b 轮固定，a 轮输入（e 轮输出）或 e 轮输入（a 轮输出）；或 e 轮固定，a 轮输入（b 轮输出）或 b 轮输入（a 轮输出）的不同结构型式，对于图 1-4 所示的 3Z 型传动效率（仅考虑啮合摩擦损失）的计算公式可按下列 8 种情况进行讨论。

① $d_b'>d_e'$，b 轮固定，a 轮输入，e 轮输出，即 $P_a>0$，$P_e<0$。

该 3Z 型传动的效率关系式为

$$\eta_{ae}^{b}=-\frac{P_e}{P_a}=-\frac{T_e n_e}{T_a n_a}=-\frac{T_e}{T_a}i_{ea}^{b} \tag{6-51}$$

因上式中的传动比 i_{ea}^b 可以求得，如果能求得 $\frac{T_e}{T_a}$ 值，便可以得到效率 η_{ae}^b 的计算公式。

如前所述，在此 3Z 型传动中，因 $i_{ab}^x<0$ 和 $0<i_{eb}^x<1$，即有 $P_a^x>0$、$P_e^x>0$ 和 $P_b^x<0$。故可知，在转化机构中，a 轮和 e 轮均输入，b 轮输出。根据转化机构的功率平衡条件可得

$$P_a^x\eta_{ab}^x+P_e^x\eta_{eb}^x+P_b^x=0$$

即

$$T_a n_a^x \eta_{ab}^x + T_e n_e^x \eta_{eb}^x + T_b n_b^x = 0$$

则得

$$T_a i_{ab}^x \eta_{ab}^x + T_e i_{eb}^x \eta_{eb}^x + T_b = 0 \tag{6-52}$$

再据不计摩擦损失时的力矩平衡条件

$$T_a + T_b + T_e = 0$$

即

$$T_b = -T_a - T_e \tag{6-53}$$

将公式(6-53) 代入公式(6-52) 可得

$$-\frac{T_e}{T_a} = \frac{i_{ab}^x \eta_{ab}^x - 1}{i_{eb}^x \eta_{eb}^x - 1} \tag{6-54}$$

将公式(6-54) 代入公式(6-51) 中，则得其传动效率公式为

$$\eta_{ae}^b = \frac{1 - i_{ab}^x \eta_{ab}^x}{1 - i_{eb}^x \eta_{eb}^x} i_{ea}^b \tag{6-55}$$

将公式(6-55) 列入表 6-2 中公式（1）的左边。

下面确定 3Z 型传动效率的近似公式：因 $i_{ea}^b = i_{ex}^b i_{xa}^b = \frac{1 - i_{eb}^x}{1 - i_{ab}^x}$，故可将公式(6-55) 写成为

$$\eta_{ae}^b = \frac{1 - i_{ab}^x \eta_{ab}^x}{1 - i_{ab}^x} \times \frac{1 - i_{eb}^x}{1 - i_{eb}^x \eta_{eb}^x} \tag{6-56}$$

由公式(6-25) 和公式(6-30) 可得

$$\eta_{ae}^b = \eta_{ax}^b \eta_{xe}^b \tag{6-57}$$

当支座为滚动轴承时，可近似取 $\eta_{ax}^b = 0.98$。再由表 6-1 可得

$$\eta_{xe}^b = \frac{1 - i_{eb}^x}{1 - i_{eb}^x (1 - \psi_{eb}^x)} = \frac{i_{ex}^b}{i_{ex}^b + i_{eb}^x \psi_{eb}^x} = \frac{1}{1 + (i_{xe}^b - 1)\psi_{eb}^x} \tag{6-58}$$

因 $i_{ae}^b = i_{ax}^b i_{xe}^b = (1 - i_{ab}^x) i_{xe}^b = (1 + p) i_{xe}^b$，即有

$$i_{xe}^b = \frac{i_{ae}^b}{1 + p} \tag{6-59}$$

将公式(6-59) 代入公式(6-58)，则得

$$\eta_{xe}^b = \frac{1}{1 + \left(\frac{i_{ae}^b}{1 + p} - 1\right)\psi_{eb}^x} \tag{6-60}$$

最后，可得该 3Z 型传动效率的近似公式

$$\eta_{ae}^b \approx \frac{0.98}{1 + \left(\frac{i_{ae}^b}{1 + p} - 1\right)\psi_{eb}^x} \tag{6-61}$$

将上式列入表 6-2 中公式（1）的右边。

② $d_b' > d_e'$，b 轮固定，e 轮输入，a 轮输出，即 $P_e > 0$，$P_a < 0$。

如前所述，在该 3Z 传动中，因 $i_{ab}^x < 0$ 和 $0 < i_{eb}^x < 1$，即有 $P_a^x < 0$、$P_e^x < 0$ 和 $P_b^x > 0$。故可知，其啮合功率从轮 b 分别流向轮 a 和轮 e。

仿上，可得其传动效率公式为

$$\eta_{ea}^b = \frac{\left(1 - \frac{i_{eb}^x}{\eta_{be}^x}\right) i_{ae}^b}{1 - i_{ab}^x / \eta_{ba}^x} \tag{6-62}$$

将上式列入表 6-2 中公式（2）的左边。

仿上，因 $i_{ae}^b = i_{ax}^b i_{xe}^b$，故可将公式(6-62) 写成为

$$\eta_{ea}^{b}=\frac{(\eta_{be}^{x}-i_{eb}^{x})/\eta_{be}^{x}}{1-i_{ab}^{x}/\eta_{ba}^{x}}i_{ax}^{b}i_{xe}^{b}=\left(\frac{i_{ax}^{b}/\eta_{be}^{x}}{1-i_{ab}^{x}/\eta_{be}^{x}}\right)(\eta_{be}^{x}-i_{eb}^{x})i_{xe}^{b}$$

将上式括号内之值近似地等于 0.98；另一部分为$(\eta_{be}^{x}-i_{eb}^{x})i_{xe}^{b}=(1-\psi_{be}^{x}-i_{eb}^{x})i_{xe}^{b}=1-i_{xe}^{b}\psi_{be}^{x}=1-\left(\frac{i_{ae}^{b}}{1+p}\right)\psi_{be}^{x}$。代入上式，最后可得该 3Z 型传动效率的近似公式

$$\eta_{ea}^{b}\approx 0.98\left[1-\left|\frac{i_{ae}^{b}}{1+p}\right|\psi_{be}^{x}\right] \tag{6-63}$$

将上式列入表 6-2 中公式（2）的右边。

③ $d_{b}'<d_{e}'$，b 轮固定，a 轮输入，e 轮输出，即 $P_{a}>0$，$P_{e}<0$。

如前所述，在该 3Z 型传动中，因 $i_{ab}^{x}<0$ 和 $i_{eb}^{x}>1$，即有 $P_{a}^{x}>0$，$P_{b}^{x}>0$ 和 $P_{e}^{x}<0$。故可知，啮合功率从轮 a 和轮 b 流向轮 e，即在转化机构中，a 轮和 b 轮输入，e 轮输出。根据转化机构的功率平衡条件可得

$$T_{a}n_{a}^{x}\eta_{ae}^{x}+T_{b}n_{b}^{x}\eta_{be}^{x}+T_{e}n_{e}^{x}=0$$

则得

$$T_{a}i_{ae}^{x}\eta_{ae}^{x}+T_{b}i_{be}^{x}\eta_{be}^{x}+T_{e}=0 \tag{6-64}$$

仿上，据力矩平衡条件可得

$$T_{e}=-T_{a}-T_{e} \tag{6-65}$$

将公式(6-65) 代入公式(6-64)，可得

$$-\frac{T_{e}}{T_{a}}=\frac{(1-i_{ab}^{x}\eta_{ae}^{x}/\eta_{be}^{x})}{(1-i_{eb}^{x}/\eta_{be}^{x})} \tag{6-66}$$

将公式(6-66) 代入公式(6-51)，则得

$$\eta_{ae}^{b}=\frac{1-i_{ab}^{x}\eta_{ae}^{x}/\eta_{be}^{x}}{1-i_{eb}^{x}/\eta_{be}^{x}}i_{ea}^{b} \tag{6-67}$$

将公式(6-67) 列入表 6-2 中公式（3）的左边。

仿上，因 $i_{ea}^{b}=i_{ex}^{b}i_{xa}^{b}$，故可将式(6-67) 写成为

$$\eta_{ae}^{b}=\frac{1-i_{ab}^{x}\eta_{ae}^{x}/\eta_{be}^{x}}{1-i_{eb}^{x}/\eta_{be}^{x}}i_{ex}^{b}i_{xa}^{b}=\frac{1-i_{ab}^{x}\eta_{ae}^{x}/\eta_{be}^{x}}{1-i_{eb}^{x}/\eta_{be}^{x}}\times\frac{1-i_{eb}^{x}}{1-i_{ab}^{x}}=\frac{1-i_{ab}^{x}\eta_{ae}^{x}/\eta_{be}^{x}}{1-i_{ab}^{x}}\eta_{be}^{x}\times\frac{1-i_{eb}^{x}}{\eta_{be}^{x}-i_{eb}^{x}}$$

将上式括号内之值近似地等于 0.98；另一部分为

$$\frac{1-i_{eb}^{x}}{1-\psi_{be}^{x}-i_{eb}^{x}}=\frac{1}{1-\dfrac{\psi_{be}^{x}}{1-i_{eb}^{x}}}=\frac{1}{1-i_{xe}^{b}\psi_{be}^{x}}=\frac{1}{1-\dfrac{i_{ae}^{b}}{1+p}\psi_{be}^{x}}$$

因 $i_{xe}^{b}=i_{ae}^{b}/(1+p)$；但考虑到传动比 i_{ae}^{b}可能为正，也可能为负，而传动效率 η_{ae}^{b}应为正值，故取 $[-i_{ae}^{b}/(1+p)]$ 为$+|i_{ae}^{b}/(1+p)|$。最后，可得该 3Z 型传动效率的近似公式为

$$\eta_{ae}^{b}\approx\frac{0.98}{1+\left|\dfrac{i_{ae}^{b}}{1+p}\right|\psi_{be}^{x}} \tag{6-68}$$

将上式列入表 6-2 中公式（3）的右边。

④ $d_{b}'<d_{e}'$，b 轮固定，e 轮输入，a 轮输出，即 $P_{e}>0$，$P_{a}<0$。

可得该 3Z 型传动效率的计算公式为

$$\eta_{ea}^{b}=\frac{1-i_{eb}^{x}\eta_{eb}^{x}}{1-i_{ab}^{x}\eta_{eb}^{x}/\eta_{ea}^{x}}i_{ae}^{b}\approx 0.98\left[1-\left|\frac{i_{ae}^{b}}{1+p}+1\right|\psi_{eb}^{x}\right] \tag{6-69}$$

将上式列入表 6-2 中的公式（4）。

⑤ $d_{b}'>d_{e}'$，e 轮固定，a 轮输入，b 轮输出，即 $P_{a}^{e}>0$，$P_{b}^{e}<0$。

可得图 1-4(c) 所示的 3Z 型传动效率的计算公式为

$$\eta_{ab}^{e}=\frac{1-i_{ae}^{x}\eta_{ae}^{x}}{1-i_{be}^{x}\eta_{be}^{x}}i_{ba}^{e}\approx\frac{0.98}{1+\left|\dfrac{i_{ab}^{e}}{1+p'}-1\right|\psi_{be}^{x}} \tag{6-70}$$

将上式列入表 6-2 中的公式（5）。

⑥ $d'_b>d'_e$，e 轮固定，b 轮输入，a 轮输出，即 $P_b^e>0$，$P_a^e<0$。

可得该 3Z 型传动效率的计算公式为

$$\eta_{ba}^{e}=\frac{1-\dfrac{i_{be}^{x}}{\eta_{eb}^{x}}}{1-\dfrac{i_{ae}^{x}}{\eta_{ea}^{x}}}i_{ab}^{e}\approx0.98\left[1-\left|\frac{i_{ab}^{e}}{1+p'}\right|\psi_{be}^{x}\right] \tag{6-71}$$

将上式列入表 6-2 中的公式（6）。

⑦ $d'_b<d'_e$，e 轮固定，a 轮输入，b 轮输出，即 $P_a^e>0$，$P_b^e<0$。

可得该 3Z 型传动效率的计算公式为

$$\eta_{ab}^{e}=\frac{1-i_{ae}^{x}\dfrac{\eta_{ab}^{x}}{\eta_{eb}^{x}}}{1-\dfrac{i_{be}^{x}}{\eta_{eb}^{x}}}i_{ba}^{e}\approx\frac{0.98}{1+\left|\dfrac{1-i_{ab}^{e}}{1+p}-1\right|\psi_{eb}^{x}} \tag{6-72}$$

将上式列入表 6-2 中的公式（7）。

⑧ $d'_b<d'_e$，e 轮固定，b 轮输入，a 轮输出，即 $P_b^e>0$，$P_a^e<0$。

可得该 3Z 型传动效率的计算公式为

$$\eta_{ba}^{e}=\frac{1-i_{be}^{x}\eta_{be}^{x}}{1-i_{ae}^{x}\dfrac{\eta_{be}^{x}}{\eta_{ba}^{x}}}i_{ab}^{e}\approx0.98\left[1-\left|\frac{1-i_{ab}^{e}}{1+p}\right|\psi_{be}^{x}\right] \tag{6-73}$$

将上式列入表 6-2 中的公式（8）。

对于中心轮 b 和 e 节圆直径的关系 $d'_b>d'_e$ 和 $d'_b<d'_e$ 的不同情况，为什么必须采用表 6-2中不同的效率计算公式呢？现就这个问题再简要地说明如下。

首先研究如图 6-4 所示的 b 轮固定，即 $\omega_b=0$ 时的速度图。

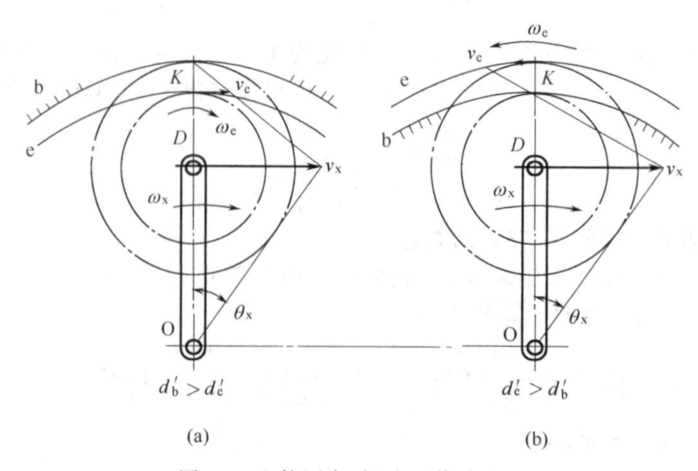

图 6-4　b 轮固定时 3Z 型传动速度

表 6-2　3Z 型行星传动效率计算公式

条件	计算公式	序号
(1) $d'_b > d'_e$	$\eta_{ae}^{b}=\frac{1-i_{ab}^{x}\eta_{ab}^{x}}{1-i_{eb}^{x}\eta_{eb}^{x}}i_{ea}^{b}\approx\frac{0.98}{1+\left\lvert\frac{i_{ae}^{b}}{1+p}-1\right\rvert\psi_{eb}^{x}}$	(1)
	$\eta_{ea}^{b}=\frac{1-i_{eb}^{x}/\eta_{be}^{x}}{1-i_{ab}^{x}/\eta_{ab}^{x}}i_{ae}^{b}\approx0.98\left[1-\left(\frac{i_{ae}^{b}}{1+p}\right)\psi^{x}\right]$	(2)
(2) $d'_b < d'_e$	$\eta_{ae}^{b}=\frac{1-i_{ab}^{x}\eta_{ae}^{x}/\eta_{be}^{x}}{1-i_{eb}^{x}/\eta_{be}^{x}}i_{ea}^{b}\approx\frac{0.98}{1+\left\lvert\frac{i_{ae}^{b}}{1+p}\right\rvert\psi_{be}^{x}}$	(3)
	$\eta_{ea}^{b}=\frac{1-i_{eb}^{x}\eta_{eb}^{x}}{1-i_{ab}^{x}\eta_{eb}^{x}/\eta_{ea}^{x}}i_{ae}^{b}\approx0.98\left[1-\left\lvert\frac{i_{ae}^{b}}{1+p}+1\right\rvert\psi_{eb}^{x}\right]$	(4)
(3) $d'_b > d'_e$	$\eta_{ab}^{e}=\frac{1-i_{ae}^{x}\eta_{ae}^{x}}{1-i_{be}^{x}\eta_{be}^{x}}i_{ba}^{e}\approx\frac{0.98}{1+\left\lvert\frac{i_{ab}^{e}}{1+p'}-1\right\rvert\psi_{be}^{x}}$	(5)
	$\eta_{ba}^{e}=\frac{1-i_{be}^{x}/\eta_{eb}^{x}}{1-i_{ae}^{x}/\eta_{ea}^{x}}i_{ab}^{e}\approx0.98\left[1-\left\lvert\frac{i_{ab}^{e}}{1+p'}\right\rvert\psi_{be}^{x}\right]$	(6)
(4) $d'_b < d'_e$	$\eta_{ab}^{e}=\frac{1-i_{ae}^{x}\eta_{ab}^{x}/\eta_{eb}^{x}}{1-i_{be}^{x}/\eta_{eb}^{x}}i_{ba}^{e}\approx\frac{0.98}{1+\left\lvert\frac{1-i_{ab}^{e}}{1+p}-1\right\rvert\psi_{eb}^{x}}$	(7)
	$\eta_{ba}^{e}=\frac{1-i_{be}^{x}\eta_{be}^{x}}{1-i_{ae}^{x}\eta_{be}^{x}/\eta_{ba}^{x}}i_{ab}^{e}\approx0.98\left[1-\left\lvert\frac{1-i_{ab}^{e}}{1+p}\right\rvert\psi_{be}^{x}\right]$	(8)

注：1. 表内的传动效率公式只考虑了啮合摩擦损失。

2. 表内公式中，系数 $p=\frac{z_b}{z_a}$，$p'=\frac{z_e z_c}{z_a z_d}$；对于 3Z(Ⅱ) 型行星传动，因 $z_c=z_d$，则得 $p'=\frac{z_e}{z_a}$。

3. 表内公式中的损失系数 $\psi_{be}^{x}=\psi_{mb}^{x}+\psi_{me}^{x}$，其中 ψ_{mb}^{x} 和 ψ_{me}^{x} 为 b-c 和 e-d 啮合齿轮副的损失系数，可按公式(6-37) 计算。

若 b 轮固定时：

① 如果节圆直径 $d'_b > d'_e$ [见图 6-4(a)]，因角速度 ω_x 与 ω_e 的旋转方向相同，故可得

$$i_{xe}^{b}=\frac{\omega_x}{\omega_e}>0$$

即

$$i_{xe}^{b}=\frac{i_{ae}^{b}}{1+p}>0$$

② 如果节圆直径 $d'_e > d'_b$ [见图 6-4(b)]，因角速度 ω_x 与 ω_e 的旋转方向相反，故可得

$$i_{xe}^{b}=\frac{\omega_x}{\omega_e}<0$$

即

$$i_{xe}^{b}=\frac{i_{ae}^{b}}{1+p}<0$$

再来研究如图 6-5 所示的 e 轮固定，即 $\omega_e=0$ 时的速度图。

若 e 轮固定时：

① 如果节圆直径 $d'_b > d'_e$ [见图 6-5(a)]，因角速度 ω_x 与 ω_b 的旋转方向相反，故可得

$$i_{xb}^{e}=\frac{\omega_x}{\omega_b}<0$$

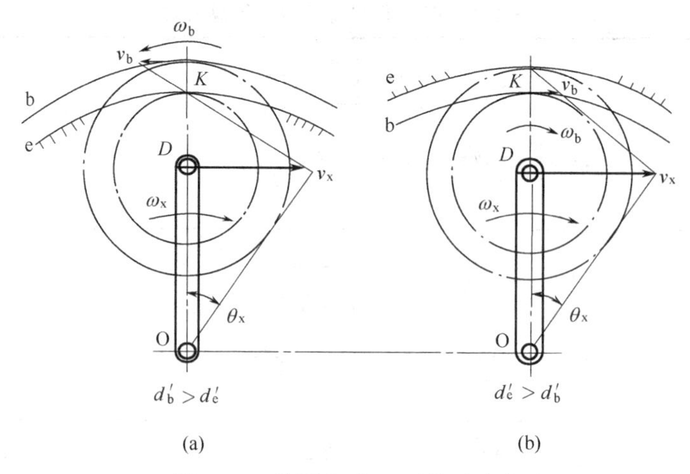

图 6-5　e 轮固定时 3Z 型传动速度

即

$$i_{xb}^{e}=\frac{i_{ab}^{e}}{1+p'}<0$$

② 如果节圆直径 $d'_b<d'_e$ [见图 6-5(b)]，因角速度 ω_x 与 ω_b 的旋转方向相同，故可得

$$i_{xb}^{e}=\frac{\omega_x}{\omega_b}>0$$

即

$$i_{xb}^{e}=\frac{i_{ab}^{e}}{1+p'}>0$$

由于传动比 $i_{xe}^{b}>0$ 或 $i_{xb}^{e}>0$ 和 $i_{xe}^{b}<0$ 或 $i_{xb}^{e}<0$ 的不同情况，即表示行星齿轮传动所传递的功率流方向不相同，则使得啮合功率 P^x 的符号不会相同，即在其转化机构中啮合功率流的方向会产生变化。换句话说，由于节圆直径 $d'_b>d'_e$ 或 $d'_b<d'_e$ 的不同情况，就会使得在转化机构中各构件哪个输入和哪个输出的情况亦有所不同。所以，对于固定同一构件的 3Z 型传动，在节圆直径 $d'_b>d'_e$ 或 $d'_b<d'_e$ 的不同情况时，则必须采用表 6-2 内的不同的传动效率计算公式。

应该指出，表 6-2 中的 3Z 型传动的效率计算公式仅考虑到啮合摩擦损失。当必须考虑行星轮的轴承摩擦损失时，则其传动效率为 $\eta_p=\eta_m\eta_n$，即考虑啮合摩擦损失的效率 η_m 可按表 6-2 中的公式进行计算，然后乘以考虑行星轮轴承摩擦损失的轴承效率 η_n。该 η_n 值可按下式确定。

当轮 a 输入时，轴承效率

$$\eta_n=\frac{1}{1+(P_{Tn}/|P_e|)\eta_{ae}^{b}} \tag{6-74}$$

当轮 e 输入时，轴承效率

$$\eta_n=1-\frac{P_{Tn}}{P_e\eta_{ea}^{b}} \tag{6-75}$$

式中　P_{Tn}——行星轮轴承的摩擦损失功率；

P_e——齿轮 e 所传递的功率。

它们的比值 P_{Tn}/P_e 可按下式确定

$$\frac{P_{Tn}}{|P_e|}=\left|\left(1-\frac{i_{ae}^{b}}{1+p}\right)\right|\frac{z_e}{z_d}\times\frac{n_p\sum T_m}{T_e}$$

式中　$\sum T_m$ ——一只行星轮轴承中摩擦力矩的总和；其中，T_m 可按公式(6-44) 计算。

现在来考虑啮合摩擦损失和轴承摩擦损失后的 3Z 型传动效率公式。

在设计时，为了估算行星轮轴承摩擦损失后的效率 η_n，可采用如下近似公式计算

$$\eta_n = 1 - 0.004 \times \frac{|i_p|}{p+1} \eta_m \tag{6-76}$$

式中　i_p ——传动比 i_{ae}^b（或 i_{ab}^e）的数值。

当 a 轮输入，且只考虑齿轮啮合摩擦损失时，3Z 传动的效率 η_m 可采用如下近似公式计算，即

$$\eta_m = \frac{0.97}{1 + \frac{|i_p|}{p+1} \psi_{be}^x} \tag{6-77}$$

对于内啮合，根据公式(6-37) 则有

$$\psi_m^x = 2.3 \frac{f}{z_1} \left(1 - \frac{1}{i}\right)$$

$$i = \frac{z_2}{z_1}$$

因 $\psi_{be}^x = \psi_{mb}^x + \psi_{me}^x$，则得

$$\psi_{be}^x = 2.3 f \left[\frac{1}{z_c}\left(1 - \frac{1}{i_{cb}^x}\right) + \frac{1}{z_d}\left(1 - \frac{1}{i_{de}^x}\right)\right]$$

当传动比 $|i_p| > 30$，i_{cb}^x 与 i_{de}^x 值彼此很接近，并取 $i_{cb}^x \approx i_{de}^x \approx 0.25$ 左右；且 z_c 与 z_d 值也相差很小，即可取 $z_c \approx z_d$。考虑到上述的情况，则得

$$\psi_{be}^x \approx 2.76 \frac{f}{z_c}$$

概略计算时，取 $f = 0.12$，则得

$$\psi_{be}^x \approx \frac{0.33}{z_c}$$

将上式代入公式(6-77)，则得确定 3Z 型传动只考虑齿轮啮合摩擦损失时的近似公式为

$$\eta_m = \frac{0.97}{1 + \frac{0.33|i_p|}{z_c(p+1)}} \tag{6-78}$$

如前所述，3Z 型传动效率的大概数值是这样确定的：先按公式(6-78) 确定只考虑齿轮啮合摩擦损失的效率 η_m，再按公式(6-76) 确定只考虑轴承摩擦损失后的效率 η_n，最后确定当中心轮 a 输入且考虑啮合和滚动轴承的摩擦损失时的 3Z 型传动效率为

$$\eta_p = \eta_m \eta_n \tag{6-79}$$

一般认为，考虑了滚动轴承摩擦损失而得到的效率 η_p 将减少（1～2)%，即 $\eta_n \approx 0.98 \sim 0.99$，所以，$\eta_p \approx (0.98 \sim 0.99)\eta_m$。

对于图 1-4 所示的 3Z 型传动，其逆传动是否产生自锁呢？现简要地讨论如下。

当 $d_b' > d_e'$ 时，若中心轮 a 输入或 e 轮输入（a 轮输出），其传动效率 η_{ae}^b 和 η_{ea}^b 等于其对应的两个 2Z-X 型的效率的乘积，即 $\eta_{ae}^b = \eta_{ax}^b \eta_{xe}^b$ 和 $\eta_{ea}^b = \eta_{ex}^b \eta_{xa}^b$。其传动比 $i_{ae}^b = i_{ax}^b i_{xe}^b$，因 $i_{xe}^b = \frac{1}{i_{ex}^b} = \frac{1}{1 - i_{eb}^x} = \frac{i_{ae}^b}{1+p}$。当 i_{eb}^x 接近 1 时，$\frac{i_{ae}^b}{1+p}$ 值变得很大。由表 6-2 中的公式（1）和（2）可见，其传动效率 η_{ae}^b 和 η_{ea}^b 值都将会变得很小；且当 $\eta_{eb}^x < i_{eb}^x < \frac{1}{\eta_{eb}^x}$ 时，可使逆传动效率 $\eta_{ea}^b < 0$。这个结果表明，e 轮输入运动时，3Z 型机构将发生自锁。

当 $d'_b<d'_e$ 时，随着$\frac{i_{ae}^{b}}{1+p}$值增至很大时，其逆传动效率 $\eta_{ea}^{b}<0$，表示 3Z 型传动将发生自锁。

由此可知，在选用 3Z 型传动来传递动力时，为了避免其传动效率 η_{ae}^{b}和 η_{ea}^{b}值过小，其传动比 i_{ae}^{b}不要选得太大，一般可取 $i_{ae}^{b}=20\sim100$ 较合理。对于 3Z 型传动所传递的功率较小时，可取其传动比为 $i_{ae}^{b}=50\sim300$。

在选择 3Z 型传动型式及进行概略计算时，利用图 6-6 可以很快地确定 3Z 型的传动效率值。由于图 6-6 中的图线是根据公式(6-79) 而作出的，故利用图 6-6 所确定的 η_p 值是中心轮 a 输入，且考虑了啮合摩擦损失和滚动轴承摩擦损失后的 3Z 型传动效率的概略值。

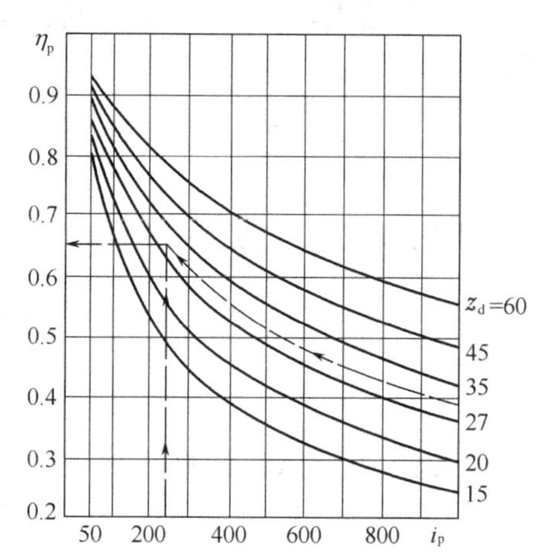

图 6-6　确定 3Z 型传动效率 η_p 值（a 轮输入）

由表 6-2 中的公式和图 6-6 中的图线可分析出如下两点。

① 3Z 型传动效率 η_p 值是随着传动比 $|i_p|$ 值的增加而减少的。

② 当所需的 3Z 型传动比 $|i_p|$ 很大时，为了获得更高的传动效率 η_p 值，可建议采用由 3Z 型与 2Z-X 型（或简单齿轮传动）所组成的组合机构；或采用由两个 3Z 型串联而组成的双级行星齿轮传动较为合理(参见第 9 章的封闭行星齿轮传动)。

以上分析了“啮合功率法”求行星齿轮传动的传动效率的方法及其效率公式。实际计算 3Z 型传动效率时可以直接利用表 6-2 内所列出的公式，不必再推导了。但在应用公式时必须注意：在 3Z 型传动中，哪一个是固定件，哪一个是输入件和输出件，以及节圆直径 $d'_b>d'_e$ 或 $d'_b<d'_e$ 的不同情况，以便采用表内相应的计算其传动效率的公式。另外，还应当指出：在上述研究效率的方法中，除采用了“行星传动与其转化机构的摩擦损失功率近似相等”的假设外，并没有考虑轮齿数目与功率损耗的关系，以及行星传动和转化机构轴承中摩擦损失的差别。所以，表 6-2 内列出的所有计算 3Z 型传动效率的公式都是近似的。

6.2.4　行星齿轮传动效率计算示例

现举例说明关于 2Z-X 型和 3Z 型行星传动效率计算公式的应用。

【例题 6-1】 在 2Z-X(E) 型传动中［见图 1-3(b)］，已知各轮的齿数为 $z_b=102$，$z_e=99$，$z_c=36$ 和 $z_d=33$。内齿轮 b 固定，转臂 x 输入，内齿轮 e 输出。试求该行星传动的效率η_{xe}^{b}值。

解　因 $i_{eb}^{x}=\frac{z_d z_b}{z_e z_c}=\frac{33\times102}{99\times36}=0.94444$，$1>i_{eb}^{x}>0$，故可按表 6-1 中的公式（8）计算其效率，即

$$\eta_{xe}^{b}=1-\frac{z_b z_d \psi_m^x}{z_c z_e - z_d z_b(1-\psi^x)}$$

再按公式(6-37) 求损失系数 ψ_m^x，即

$$\psi_m^x=2.3f_m\left[\left(\frac{1}{z_d}-\frac{1}{z_e}\right)+\left(\frac{1}{z_c}-\frac{1}{z_b}\right)\right]$$

现取 $f_m=0.1$，由上式可得

$$\psi_m^x=0.23\left[\left(\frac{1}{33}-\frac{1}{99}\right)+\left(\frac{1}{36}-\frac{1}{102}\right)\right]=0.00878$$

最后将各轮齿数 z_b、z_e、z_c、z_d 值和 ψ^x 值代入上式得

$$\eta_{xe}^{b}=1-\frac{102\times33\times0.00878}{99\times36-102\times33(1-0.00878)}=0.87$$

所以，按效率计算公式可求得该 2Z-X 型的传动效率 $\eta_{xe}^{b}=0.87$。

【例题 6-2】 已知 3Z(Ⅰ) 型传动各轮齿数如下：$z_a=18$，$z_b=90$，$z_c=36$，$z_d=33$，$z_e=87$。试确定该 3Z 型［见图 1-4(a)］的传动效率 η_{ae}^{b} 值和 η_p 值。

解　因 b 轮固定，a 轮输入和 e 轮输出，且知 $d_b'>d_e'$。所以，应采用表 6-2 中的公式 (1) 计算其效率值，即

$$\eta_{ae}^{b}=\frac{0.98}{1+\left|\frac{i_{ae}^{b}}{1+p}-1\right|\psi_{eb}^{x}}$$

$$p=\frac{z_b}{z_a}=\frac{90}{18}=5$$

$$i_{ae}^{b}=\frac{1+\frac{z_b}{z_a}}{1-\frac{z_b z_d}{z_c z_e}}=\frac{1+\frac{90}{18}}{1-\frac{90\times33}{36\times87}}=116$$

再按公式(6-37) 计算齿轮啮合副 c-b 和 d-e 的啮合损失系数 ψ_{eb}^{x} 值。其中摩擦因数取 $f=0.1$，则得

$$\psi_{me}^{x}=2.3f\left(\frac{1}{z_d}-\frac{1}{z_e}\right)=2.3\times0.1\left(\frac{1}{33}-\frac{1}{87}\right)=0.0043$$

$$\psi_{mb}^{x}=2.3f\left(\frac{1}{z_c}-\frac{1}{z_b}\right)=2.3\times0.1\left(\frac{1}{36}-\frac{1}{90}\right)=0.0038$$

$$\psi_{eb}^{x}=\psi_{me}^{x}+\psi_{mb}^{x}=0.0043+0.0038=0.0081$$

将 p、i_{ae}^{b} 和 ψ_{eb}^{x} 值代入效率公式，则得其传动效率为

$$\eta_{ae}^{b}=\frac{0.98}{1+\left|\frac{116}{1+5}-1\right|\times0.0081}=0.85$$

再考虑到滚动轴承的摩擦损失，即可取 $\eta_n=0.98$，则可得到该 3Z 型行星齿轮传动效率为

$$\eta_p=\eta_n\eta_{ae}^{b}=0.98\times0.85=0.833$$

6.3　差动行星齿轮传动的效率计算

如前所述，在工程上差动行星齿轮传动多采用 2Z-X(A) 型 ($i^x<0$) 的差动传动。差动行星传动的效率计算公式仍可用啮合功率法来进行推导。在差动行星传动中，可能是一个基本构件输入，另两个基本构件输出；也可能是两个基本构件输入，另一个基本构件输出。在推导差动行星传动的效率计算公式时，首先必须明确基本构件中的输入件和输出件，然后再按公式(6-7) 进行具体的演算。

现以 2Z-X(A) 型差动行星传动［见图 1-1(a)］为例来说明确定其传动效率的方法和计算公式。

在 2Z-X(A) 型差动行星传动中，中心轮 a、b 和转臂 x 三个基本构件按差动运转的输入与输出的组合关系。三个基本构件中的一个基本构件输入和两个基本构件输出的组合情况与三个基本构件中的两个基本构件输入和一个基本构件输出的组合情况，这两种情况的组合之

和为 $C=C_3^1+C_3^2=3+3=6$，即应有如下的六种组合：

① 中心轮 a、b 为输入件，转臂 x 为输出件；

② 转臂 x 为输入件，中心轮 a、b 为输出件；

③ 中心轮 b 和转臂 x 为输入件，中心轮 a 为输出件；

④ 中心轮 a 为输入件，中心轮 b 和转臂 x 为输出件；

⑤ 中心轮 a 和转臂 x 为输入件，中心轮 b 为输出件；

⑥ 中心轮 b 为输入件，中心轮 a 和转臂 x 为输入件。

根据差动行星传动的角速度关系

$$i_{ab}^{x}=\frac{\omega_a^x}{\omega_b^x}=\frac{\omega_a-\omega_x}{\omega_b-\omega_x}=-p$$

即有

$$\left.\begin{aligned}\omega_a-\omega_x&=p(\omega_x-\omega_b)\\ \omega_a&=(1+p)\omega_x-p\omega_b\end{aligned}\right\}\tag{6-80}$$

当给定中心轮 a 和 b 的角速度 ω_a、ω_b 同向，且 $\omega_a>\omega_b>0$ 时，如果 $\omega_a>\omega_x$，由上式可得 $\omega_x>\omega_b$，则得 $\omega_a>\omega_x>\omega_b$。

当给定中心轮 a 和 b 的角速度 ω_a、ω_b 同向，且 $\omega_b>\omega_a>0$ 时，如果 $\omega_a<\omega_x$，仿上可得 $\omega_x<\omega_b$，则得 $\omega_b>\omega_x>\omega_a$。

当给定中心轮 a 和 b 的角速度 ω_a 与 ω_b 方向相反，且 $\omega_a>\omega_b$ 和 $\omega_b<0$ 时，如果 $\omega_a>\omega_x$，仿上可得 $\omega_x>\omega_b$，则得 $\omega_a>\omega_x>\omega_b$。

当给定中心轮 a 和 b 的角速度 ω_a 与 ω_b 方向相反，且 $\omega_a<\omega_b$ 和 $\omega_a<0$ 时，如果 $\omega_a<\omega_x$，仿上可得 $\omega_x<\omega_b$，则得 $\omega_b>\omega_x>\omega_a$。

由上述可知，差动行星传动各构件间的角速度关系可归纳为下列四种情况：

① $\omega_b>0$，$\omega_a>\omega_x>\omega_b$；

② $\omega_a>0$，$\omega_a<\omega_x<\omega_b$；

③ $\omega_b<0$，$\omega_a>\omega_x>\omega_b$；

④ $\omega_a<0$，$\omega_a<\omega_x<\omega_b$。

上述每种情况的角速度关系均可按其运动的输入、输出关系进行组合，各基本构件的六种组合情况见表 6-3。

表 6-3　各基本构件的输入与输出关系

组合方案	1	2	3	4	5	6
输入件	a、b	x	b、x	a	a、x	b
输出件	x	a、b	a	b、x	b	a、x

由此可以得到总共 24 种差动行星传动方案。但是，经过仔细分析后得知：在情况①和②中，均可以采用第 1 种和第 2 种组合方案；在情况③中，可以采用第 3 种和第 4 种组合方案；在情况④中，可以采用第 5 种和第 6 种组合方案。实际上，在差动传动各构件间的角速度关系的四种情况中，只能采用上述 8 种可行的传动方案。因此，现仅对于上述 8 种传动方案分别推导其效率计算公式如下。

(1) $\omega_a>\omega_x>\omega_b>0$

① 中心轮 a 和 b 输入，转臂 x 输出。

中心轮 a 和 b 输入，即输入功率 $P_a=T_a\omega_a>0$ 和 $P_b=T_b\omega_b>0$；转臂 x 输出，即输出功率 $P_x=T_x\omega_x<0$。因各基本构件 a、b 和 x 的角速度关系为 $\omega_a>\omega_x>\omega_b>0$，则转矩 T_a 与

T_b 的方向相同，而转矩 T_x 与 T_a 的方向相反（见图 6-7）。

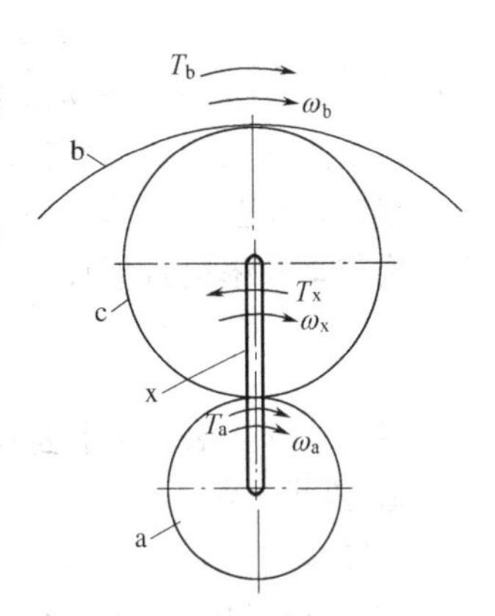

图 6-7　基本构件上的转矩方向（轮 a、b 输入）

由于传递功率是由中心轮 a 和 b 输入，从转臂 x 输出。据公式(6-7) 可得其传动效率公式为

$$\eta_{(ab)x}=\frac{|P_x|}{P_a+P_b}=\frac{|T_x\omega_x|}{T_a\omega_a+T_b\omega_b} \tag{6-81}$$

据已知的角速度关系可得

$$\omega_a^x=\omega_a-\omega_x>0$$

和

$$\omega_b^x=\omega_b-\omega_x<0$$

则构件 a 的啮合功率系数为

$$\psi_a=\frac{P_a^x}{P_a}=\frac{T_a(\omega_a-\omega_x)}{T_a\omega_a}>0$$

因 $P_a>0$，则得其啮合功率 $P_a^H>0$。

可得构件 b 的啮合功率系数为

$$\psi_b=\frac{P_b^x}{P_b}=\frac{T_b(\omega_b-\omega_x)}{T_b\omega_b}<0$$

因 $P_b>0$，则得其啮合功率 $P_b^x<0$。

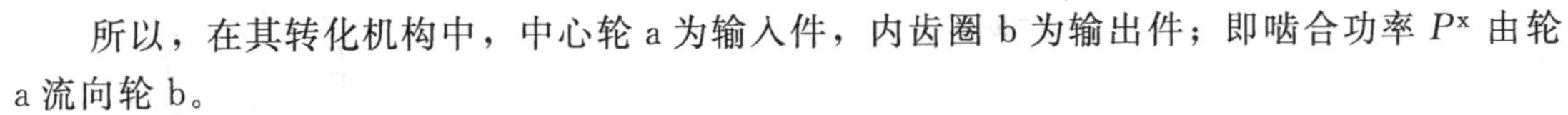
所以，在其转化机构中，中心轮 a 为输入件，内齿圈 b 为输出件；即啮合功率 P^x 由轮 a 流向轮 b。

据转化机构的功率平衡条件

$$T_a\omega_a^x\eta_{ab}^x+T_b\omega_b^x=0$$

因为，传动比 $i_{ab}^x=\frac{\omega_a^x}{\omega_b^x}$，则得

$$T_a i_{ab}^x\eta_{ab}^x+T_b=0$$

由于 $i_{ab}^x=-z_b/z_a=-p$，则得

$$-pT_a\eta_{ab}^x+T_b=0 \tag{6-82}$$

再根据力矩平衡条件

$$T_a+T_b+T_x=0$$

即有

$$T_b=-T_a-T_x \tag{6-83}$$

由公式(6-82) 和公式(6-83) 可得

$$\begin{cases}T_b=pT_a\eta_{ab}^x\\ T_x=-T_a(p\eta_{ab}^x+1)\end{cases} \tag{6-84}$$

将公式(6-84) 代入公式(6-83)，则得其效率公式为

$$\eta_{(ab)x}=\frac{|-T_a(p\eta_{ab}^x+1)\omega_x|}{T_a\omega_a+pT_a\eta_{ab}^x\omega_b}=\frac{|(p\eta_{ab}^x+1)\omega_x|}{\omega_a+p\eta_{ab}^x\omega_b} \tag{6-85}$$

再由公式(6-80) 可得 $(1+p)\omega_x=\omega_a+p\omega_b$ 以及 $\eta_{ab}^x=1-\psi_{ab}^x$；代入上式，则得

$$\eta_{(ab)x}=\frac{|\omega_x+p\omega_x-p\omega_x\psi_{ab}^x|}{\omega_a+p\omega_b-p\omega_b\psi_{ab}^x}=\frac{|\omega_a+p\omega_b-p\omega_b\psi_{ab}^x+p\omega_b\psi_{ab}^x-p\omega_x\psi_{ab}^x|}{\omega_a+p\omega_b-p\omega_b\psi_{ab}^x}$$

$$=1-\left|\frac{p\omega_x-p\omega_b}{\omega_a+p\omega_b-p\omega_b\psi_{ab}^x}\right|\psi_{ab}^x \tag{6-86}$$

再将 $p\omega_b=(1+p)\omega_x-\omega_a$ 代入上式，则得

$$\eta_{(ab)x}=1-\left|\frac{p\omega_x-(1+p)\omega_x+\omega_a}{\omega_a+(1+p)\omega_x-\omega_a-p\omega_b\psi_{ab}^x}\right|\psi_{ab}^x=1-\left|\frac{\omega_a-\omega_x}{(1+p)\omega_x-p\omega_b\psi_{ab}^x}\right|\psi_{ab}^x \tag{6-87}$$

将上式列入表 6-4 中公式（1）的左边。

因为，在公式(6-87）分母中的（$p\omega_b\psi_{ab}^x$）值很小，故可以忽略。因此，则得该行星差动机构传动效率的近似计算公式为

$$\eta_{(ab)x}=1-\left|\frac{\omega_a-\omega_x}{(1+p)\omega_x}\right|\psi_{ab}^x \tag{6-88}$$

将上式列入表 6-4 中公式（1）的右边。

② 转臂 x 输入，中心轮 a 和 b 输出。

转臂 x 输入，即输入功率 $P_x=T_x\omega_x>0$，中心轮 a 和 b 输出，即输出功率 $P_a=T_a\omega_a<0$ 和 $P_b=T_b\omega_b<0$。因 $\omega_a>\omega_x>\omega_b>0$，则转矩 T_a 和 T_b 均与 T_x 方向相反（见图 6-8）。

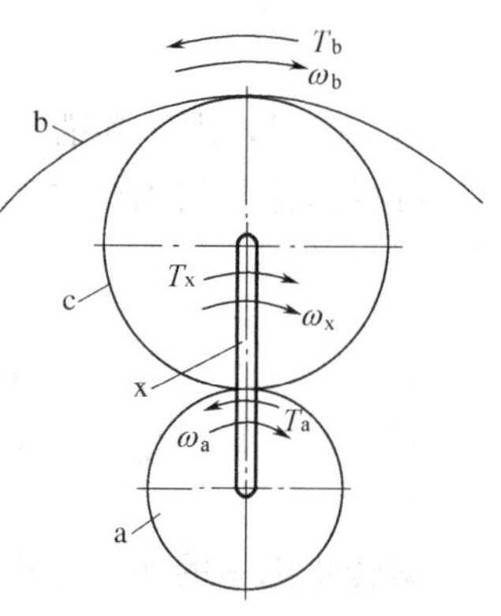

图 6-8　转矩 T_a、T_b 和 T_x 的方向（转臂 x 输入）

由于传递功率是由转臂 x 输入，分别从中心轮 a 和 b 输出。据公式(6-7）可得其传动效率公式为

$$\eta_{x(ab)}=\left|\frac{P_a+P_b}{P_x}\right|=\left|\frac{T_a\omega_a+T_b\omega_b}{T_x\omega_x}\right| \tag{6-89}$$

现已知

$$\omega_a^x=\omega_a-\omega_x>0$$

和

$$\omega_b^x=\omega_b-\omega_x<0$$

则可得构件 a 的啮合功率系数为

$$\psi_a=\frac{P_a^x}{P_a}=\frac{T_a(\omega_a-\omega_x)}{T_a\omega_a}>0$$

因 $P_a<0$，则得啮合功率 $P_a^x<0$。

可得构件 b 的啮合功率系数为

$$\psi_b=\frac{P_b^x}{P_b}=\frac{T_b(\omega_b-\omega_x)}{T_b\omega_b}<0$$

因 $P_b<0$，则得啮合功率 $P_b^x>0$。

所以，在其转化机构中，内齿轮 b 为输入件，中心轮 a 为输出件，即啮合功率 P^x 由轮 b 流向轮 a。

可得如下关系式

$$T_b\omega_b^x\eta_{ba}^x+T_a\omega_a^x=0$$

即

$$T_b i_{ba}^x\eta_{ba}^x+T_a=0$$

因为

$$i_{ba}^x=\frac{1}{i_{ab}^x}=-\frac{1}{p}$$

所以

$$-\frac{1}{p}T_b\eta_{ba}^x+T_a=0 \tag{6-90}$$

仿上，据力矩平衡条件

即有

$$T_a=-T_b-T_x \tag{6-91}$$

则可得

$$\begin{cases} T_a = \dfrac{1}{p} T_b \eta_{ba}^x \\ T_x = -T_b \left(\dfrac{1}{p} \eta_{ba}^x + 1 \right) \end{cases} \tag{6-92}$$

将公式(6-92) 代入公式(6-89)，则得其效率计算公式为

$$\eta_{x(ab)} = \left| \frac{\dfrac{1}{p} T_b \eta_{ba}^x \omega_a + T_b \omega_b}{T_b \left(\dfrac{1}{p} \eta_{ba}^x + 1 \right) \omega_x} \right| = \left| \frac{\eta_{ba}^x \omega_a + p\omega_b}{\eta_{ba}^x \omega_x + p\omega_x} \right|$$

再考虑到关系式 $\eta_{ba}^x = 1 - \psi_{ba}^x$ 和 $\omega_a + p\omega_b = (1+p)\omega_x$，则得其效率计算公式为

$$\eta_{x(ab)} = \left| \frac{(1+p)\omega_x - \psi_{ba}^x \omega_a - \psi_{ba}^x \omega_x + \psi_{ba}^x \omega_x}{(1+p)\omega_x - \psi_{ba}^x \omega_x} \right| = 1 - \left| \frac{\omega_a - \omega_x}{(1+p)\omega_x - \omega_x \psi_{ba}^x} \right| \psi_{ba}^x$$

$$\approx 1 - \left| \frac{\omega_a - \omega_x}{(1+p)\omega_x} \right| \psi_{ba}^x \tag{6-93}$$

将上式列入表 6-4 中作为公式（2）。

（2）$\omega_b > \omega_x > \omega_a > 0$

① 中心轮 a 和 b 输入，转臂 x 输出。

据公式(6-7) 可得其传动效率公式为

$$\eta_{(ab)x} = \left| \frac{P_x}{P_a + P_b} \right| = \left| \frac{T_x \omega_x}{T_a \omega_a + T_b \omega_b} \right| \tag{6-94}$$

则得其效率计算公式为

$$\eta_{(ab)x} = \left| \frac{T_b \left(\dfrac{1}{p} \eta_{ba}^x + 1 \right) \omega_x}{\dfrac{1}{p} T_b \eta_{ba}^x \omega_a + T_b \omega_b} \right| = \left| \frac{(1+p)\omega_x - \omega_x \psi_{ba}^x}{\omega_a + p\omega_b - \omega_a \psi_{ba}^x} \right|$$

$$= 1 - \left| \frac{\omega_x - \omega_a}{(1+p)\omega_x - \omega_a \psi_{ba}^x} \right| \psi_{ba}^x \approx 1 - \left| \frac{\omega_x - \omega_a}{(1+p)\omega_x} \right| \psi_{ba}^x \tag{6-95}$$

将上式列入表 6-4 中作为公式（3）。

② 转臂 x 输入，中心轮 a 和 b 输出。

可得其效率计算公式为

$$\eta_{x(ab)} = \left| \frac{pT_a \eta_{ab}^x \omega_b + T_a \omega_a}{T_a (p\eta_{ab}^x + 1)\omega_x} \right| = \left| \frac{p\omega_b - p\omega_b \psi_{ab}^x + \omega_a}{p\omega_x - p\omega_x \psi_{ab}^x + \omega_x} \right| = 1 - \left| \frac{p(\omega_b - \omega_x)}{(1+p)\omega_x - p\omega_x \psi_{ab}^x} \right| \psi_{ab}^x$$

$$= 1 - \left| \frac{\omega_x - \omega_a}{(1+p)\omega_x - p\omega_x \psi_{ab}^x} \right| \psi_{ab}^x \approx 1 - \left| \frac{\omega_x - \omega_a}{(1+p)\omega_x} \right| \psi_{ab}^x \tag{6-96}$$

将上式列入表 6-4 中作为公式（4）。

对于角速度 $\omega_a > \omega_x > \omega_b$，且 $\omega_b < 0$ 的情况，当内齿轮 b 和转臂 x 输入、中心轮 a 输出时以及中心轮 a 输入、内齿轮 b 和转臂 x 输出时，仿上，可以推导出其效率计算公式，列入表 6-4 中为公式（5）和公式（6）。

对于角速度 $\omega_b > \omega_x > \omega_a$，且 $\omega_a < 0$ 的情况，当中心轮 a 和转臂 x 输入、内齿轮 b 输出时以及当内齿轮 b 输入、中心轮 a 和转臂 x 输出时，仿上，可以推导出其效率计算公式，列入表 6-4 中为公式（7）和公式（8）。

应该指出，对于 2Z-X(B) 型［见图 1-2(b)］和 2Z-X(E) 型［见图 1-3(b)］差动行星传动，也可以按照上述方法推导出其效率计算公式，但需要计算其对应的特性参数（内传动

表 6-4 2Z-X(A)型差动行星传动的效率计算公式

角速度关系	输入件	输出件	效率公式
$\omega_a>\omega_x>\omega_b>0$	a、b	x	$\eta_{(ab)x}=1-\left\|\dfrac{\omega_a-\omega_x}{(1+p)\omega_x-p\omega_b\psi_{ab}^x}\right\|\psi_{ab}^x\approx1-\left\|\dfrac{\omega_a-\omega_x}{(1+p)\omega_x}\right\|\psi_{ab}^x$ (1)
	x	a、b	$\eta_{x(ab)}=1-\left\|\dfrac{\omega_a-\omega_x}{(1+p)\omega_x-\omega_x\psi_{ba}^x}\right\|\psi_{ba}^x\approx1-\left\|\dfrac{\omega_a-\omega_x}{(1+p)\omega_x}\right\|\psi_{ba}^x$ (2)
$\omega_b>\omega_x>\omega_a>0$	a、b	x	$\eta_{(ab)x}=1-\left\|\dfrac{\omega_x-\omega_a}{(1+p)\omega_x-\omega_a\psi_{ba}^x}\right\|\psi_{ba}^x\approx1-\left\|\dfrac{\omega_x-\omega_a}{(1+p)\omega_x}\right\|\psi_{ba}^x$ (3)
	x	a、b	$\eta_{x(ab)}=1-\left\|\dfrac{\omega_x-\omega_a}{(1+p)\omega_x-p\omega_x\psi_{ab}^x}\right\|\psi_{ab}^x\approx1-\left\|\dfrac{\omega_x-\omega_a}{(1+p)\omega_x}\right\|\psi_{ab}^x$ (4)
$\omega_a>\omega_x>\omega_b$ 且有 $\omega_b<0$	b、x	a	$\eta_{(bx)a}=1-\left\|\dfrac{\omega_a-\omega_x}{\omega_a-\omega_x\psi_{ba}^x}\right\|\psi_{ba}^x\approx1-\left\|\dfrac{\omega_a-\omega_x}{\omega_a}\right\|\psi_{ba}^x$ (5)
	a	b、x	$\eta_{a(bx)}=1-\left\|\dfrac{\omega_a-\omega_x}{\omega_a}\right\|\psi_{ab}^x$ (6)
$\omega_b>\omega_x>\omega_a$ 且有 $\omega_a<0$	a、x	b	$\eta_{(ax)b}=1-\left\|\dfrac{\omega_b-\omega_x}{\omega_b+\omega_x\psi_{ab}^x}\right\|\psi_{ab}^x\approx1-\left\|\dfrac{\omega_b-\omega_x}{\omega_b}\right\|\psi_{ab}^x$ (7)
	b	a、x	$\eta_{b(ax)}=1-\left\|\dfrac{\omega_b-\omega_x}{\omega_b}\right\|\psi_{ba}^x$ (8)

注：1. 表内公式中的 $\psi_{ab}^x=\psi_{ba}^x=\psi_{ma}^x+\psi_{mb}^x+\psi_n^x$。且有 $\psi_{ba}^x=\psi_{ab}^x$。

2. 表内公式中的 $p=\dfrac{z_b}{z_a}$。

比）p。譬如，对于 2Z-X(B) 型差动传动，其特性参数为 $p=z_c z_b/z_a z_d$；而对于 2Z-X(E) 型差动传动，其特性参数为 $p=z_c z_e/z_b z_d$。

【例题 6-3】 对于图 1-1(a) 所示的 2Z-X(A) 型差动行星传动，其转臂 x 输入，中心轮 a、b 输出；转臂 x 的转速为 $n_x=1000\text{r/min}$，中心轮 a 的转速为 $n_a=2000\text{r/min}$。现已知其各轮齿数为 $z_a=20$，$z_c=40$ 和 $z_b=100$。试求该差动行星传动的效率值。

解 首先求其特性参数 $p=z_b/z_a=100/20=5$。

据公式(6-80) 可求得内齿轮 b 的转速为

$$n_b=\frac{(1+p)n_x-n_a}{p}=\frac{(5+1)\times1000-2000}{5}=800(\text{r/min})$$

得知 $n_a>n_x>n_b>0$，则可按表 6-4 中的公式 (2) 计算其效率值，即

$$\eta_{x(ab)}=1-\left|\frac{n_a-n_x}{(1+p)n_x}\right|\psi_{ba}^x$$

式中的损失系数为 $\psi_{ba}^x=\psi_{ab}^x=\psi_{ma}^x+\psi_{mb}^x$；按公式(6-37) 求其啮合损失系数 ψ_m^x，即

$$\psi_m^x=2.3f\left(\frac{1}{z_1}\pm\frac{1}{z_2}\right)$$

现取摩擦系数 $f=0.1$。

故

$$\psi_{ma}^x=2.3\times0.1\left(\frac{1}{z_a}+\frac{1}{z_c}\right)=0.23\left(\frac{1}{20}+\frac{1}{40}\right)=0.01725$$

$$\psi_{mb}^x=0.23\left(\frac{1}{z_c}-\frac{1}{z_b}\right)=0.23\left(\frac{1}{40}-\frac{1}{100}\right)=0.00345$$

所以

$$\psi_{ba}^{x}=\psi_{ma}^{x}+\psi_{mb}^{x}=0.01725+0.00345=0.0207$$

则得其效率值为

$$\eta_{x(ab)}=1-\left|\frac{2000-1000}{(1+5)\times1000}\right|\times0.0207=1-0.00345\approx0.99$$

再考虑到滚动轴承的摩擦损失，则得其效率值为

$$\eta=\eta_{x(ab)}-0.02\times\eta_{x(ab)}=0.99-0.02\times0.99=0.97$$

通过对上述差动行星机构效率公式的具体推导以及对表 6-4 中效率公式的分析，现仅说明如下三点。

① 表 6-4 中的效率计算公式不仅适用于 2Z-X(A) 型的差动传动，也适用于其他种类的 2Z-X 型的行星齿轮传动。

② 表 6-4 中的公式（1）～公式（4），其输入件为 a、b 或 x，输出件为 x 或 a、b，但是，可以将公式（1）～公式（4）统一写为公式（1）。因为，它们的近似公式是相同的。公式（5）、公式（6）可以统一写为公式（6）。公式（7）、公式（8）可以统一写为公式（8）。

由上述可知，仅需要采用表中的公式（1）、公式（6）和公式（8）三个公式就可以代替公式（1）～公式（8）。

③ 表 6-4 中的差动行星传动效率公式与国内外有关文献中的效率公式不完全相同；但是，借助于差动行星传动的角速度关系式(6-80）和传动比 $i_{ab}^{x}=-p$，则可以将它们变换为表 6-4 中所列的效率计算公式的统一形式。

第7章 行星齿轮传动的受力分析及强度计算

7.1 行星齿轮传动的受力分析

7.1.1 普通齿轮传动的受力分析

为了对行星齿轮传动中的齿轮、轴和轴承等零件进行强度计算，便需要分析行星齿轮传动中各构件的受力情况。行星齿轮传动的主要受力构件有中心轮、行星轮、转臂、内齿轮和行星齿轮轴及轴承等。在进行受力分析时，首先假设行星齿轮传动为等速旋转，多个行星轮受载均匀，且不考虑摩擦力和构件自重的影响。因此，在输入转矩的作用下各构件处于平衡状态，构件间的作用力等于反作用力。在此平衡状态下，分析和计算各构件上所受的力和力矩。

为了计算轮齿上的作用力，首先需要求得行星齿轮传动中输入件所传递的额定转矩。在已知原动机（电动机等）的名义功率 P 和同步转速 n 的条件下，其输入件所传递的转矩 T_A 可按下式计算，即

$$T_A=9549\frac{P_1}{n_1}\ (\text{N}\cdot\text{m}) \tag{7-1}$$

式中 P_1——输入件所传递的名义功率，kW；

n_1——输入件的转速，r/min。

在行星齿轮传动中，该输入转矩 T_A 通常应取决于工作机所需的额定转矩 T_B（或额定功率 P_2）。当工作机在变负荷下工作时，该额定转矩 T_B 是指在较繁重的、连续的正常工作条件下使用的转矩（或功率），如起重机的最大起重量产生的力矩。

在行星齿轮传动中，一个啮合齿轮副的受力分析与计算与普通定轴齿轮传动是相同的。在圆柱齿轮传动中，若忽略齿面间的摩擦力的影响，其法向作用力 F_n 可分解为如下的三个分力，即

切向力
$$F_t=\frac{2000T_1}{d_1}\ (\text{N}) \tag{7-2}$$

径向力
$$F_r=\frac{F_t\tan\alpha_n}{\cos\beta}\ (\text{N}) \tag{7-3}$$

轴向力
$$F_a=F_t\tan\beta\ (\text{N}) \tag{7-4}$$

法向力 F_n 与切向力 F_t 的关系式为

$$F_n=\frac{F_t}{\cos\beta\times\cos\alpha_n}\ (\text{N})$$

对于直齿圆柱齿轮传动，由于轮齿的螺旋角 $\beta=0$，法面压力角 $\alpha_n=\alpha$，故其轴向力 $F_a=0$，则可得

切向力
$$F_t=\frac{2000T_1}{d_1}\ (\text{N}) \tag{7-5}$$

径向力
$$F_r=F_t\tan\alpha\ (\text{N}) \tag{7-6}$$

法向力
$$F_n=\frac{F_t}{\cos\alpha}\ (\text{N}) \tag{7-7}$$

式中　T_1——啮合齿轮副中小齿轮传递的转矩，N·m；
β——斜齿轮分度圆上的螺旋角，(°)；
d_1——小齿轮分度圆直径，mm；
α——分度圆压力角，通常 $\alpha=20°$。

7.1.2　行星齿轮传动的受力分析

在行星齿轮传动中，由于其行星轮的数目通常大于 1，即 $n_p>1$，且均匀对称地分布于中心轮之间；所以，在 2Z-X 型行星传动中，各基本构件（中心轮 a、b 和转臂 x）对传动主轴上的轴承所作用的总径向力等于零。因此，为了简便起见，本书在行星齿轮传动的受力分析图中均未绘出各构件的径向力 F_r，且用一条垂直线表示一个构件，同时用符号 F 代表切向力 F_t。为了分析各构件所受的切向力 F，现提示如下三点。

① 在转矩的作用下，行星齿轮传动中各构件均处于平衡状态，因此，构件间的作用力应等于反作用力。

② 如果在某一构件上作用有三个平行力，则中间的力与两边的力的方向应相反。

③ 为了求得构件上两个平行力的比值，则应研究它们对第三个力的作用点的力矩。

在 2Z-X(A) 型行星齿轮传动中，其受力分析图是由运动的输入件开始，然后依次确定各构件上所受的作用力和转矩。对于直齿圆柱齿轮的啮合齿轮副只需绘出切向力 F，如图 7-1 所示。由于在输入件中心轮 a 上受有 n_p 个行星轮 c 同时施加的作用力 F_{ca} 和输入转矩 T_A 的作用。当行星轮数目 $n_p\geqslant2$ 时，各个行星轮上的载荷均匀（或采用载荷分配不均匀系数 K_p 进行补偿），因此，只需要分析和计算其中的一套即可。在此首先应计算输入件中心轮 a 在每一套中（即在每个功率分流上）所承受的输入转矩为

$$T_1=\frac{T_a}{n_p}=9549\,\frac{P_1}{n_p n_1} \tag{7-8}$$

式中　T_a——中心轮 a 所传递的转矩，N·m；
n_p——行星轮数目。

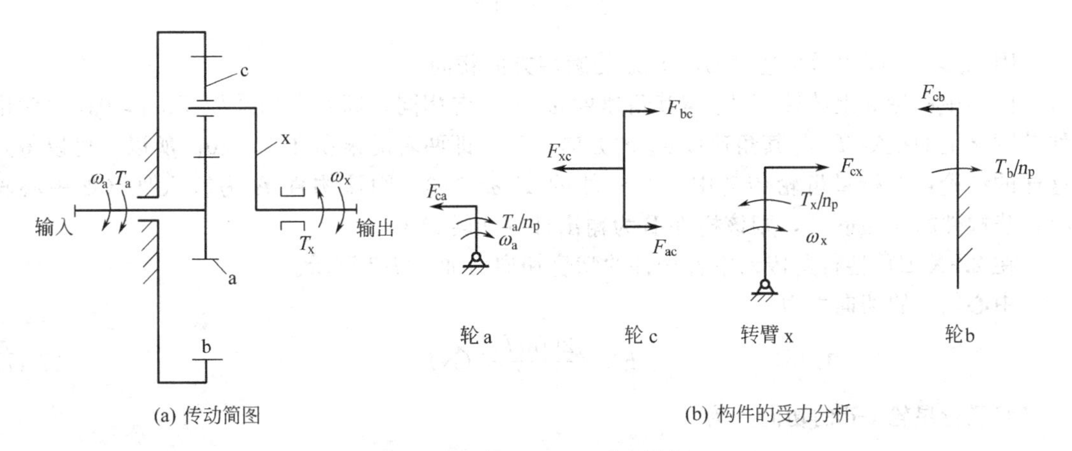

图 7-1　2Z-X（A）型受力分析

按照上述提示进行受力分析计算，则可得行星轮 c 作用于中心轮 a 的切向力为

$$F_{ca}=\frac{2000T_1}{d_a'}=\frac{2000T_a}{n_p d_a'}\ \text{(N)} \tag{7-9}$$

而行星轮 c 上所受的三个切向力分别如下。

中心轮 a 作用于行星轮 c 的切向力为

$$F_{ac}=-F_{ca}=-\frac{2000T_a}{n_p d'_a}\ \text{(N)} \tag{7-10}$$

内齿轮 b 作用于行星轮 c 的切向力为

$$F_{bc}=F_{ac}=-\frac{2000T_a}{n_p d'_a}\ \text{(N)} \tag{7-11}$$

转臂 x 作用于行星轮 c 的切向力为

$$F_{xc}=-2F_{ac}=\frac{4000T_a}{n_p d'_a}\ \text{(N)} \tag{7-12}$$

在转臂 x 上所受的作用力为

$$F_{cx}=-F_{xc}=-\frac{4000T_a}{n_p d'_a}\ \text{(N)} \tag{7-13}$$

在转臂 x 上所受的力矩为

$$T_x=n_p F_{cx} r_x=-\frac{4000T_a}{d'_a}r_x\ \text{(N·m)} \tag{7-14}$$

在内齿轮 b 上所受的切向力为

$$F_{cb}=-F_{bc}=\frac{2000T_a}{n_p d'_a}\ \text{(N)} \tag{7-15}$$

在内齿轮 b 上所受的力矩为

$$T_b=n_p F_{cb}\frac{d'_b}{2000}=T_a\frac{d'_b}{d'_a}\ \text{(N·m)} \tag{7-16}$$

式中　d'_a——中心轮 a 的节圆直径，mm；

d'_b——内齿轮 b 的节圆直径，mm；

r_x——转臂 x 的回转半径，mm。

由图 7-1(b) 可见，在输入件中心轮 a 上，外力矩 T_a 使其产生顺时针方向的旋转，在输出件转臂 x 上，作用力 F_{cx} 使其也产生顺时针方向的旋转。由表 2-1 中的传动比公式可得

$$i_{ax}^{b}=\frac{\omega_a}{\omega_x}=1+p$$

因 $i_{ax}^{b}>0$，即表示角速度 ω_x 与 ω_a 的旋转方向相同。

由于中心轮 a 上的转矩 T_a 与其角速度 ω_a 的方向相同，即两者的乘积 $T_a\omega_a>0$；而输出件转臂 x 上的扭矩 T_x 与其角速度 ω_x 的方向相反，即两者的乘积 $T_x\omega_x<0$。所以，可以得到这样的结论：在行星齿轮传动中，若构件的 $T_A\omega_A>0$，则该构件 A 为输入件（如中心轮 a）；若构件的 $T_B\omega_B<0$，则该构件 B 为输出件（如转臂 x）。

在 2Z-X(B) 型行星传动中各构件的啮合切向力如图 7-2 所示。

中心轮 a 的切向力为

$$F_{ca}=\frac{2000T_a}{n_p d'_a}\ \text{(N)} \tag{7-17}$$

双联行星轮 c-d 的切向力为

$$F_{ac}=-F_{ca}=-\frac{2000T_a}{n_p d'_a}\ \text{(N)} \tag{7-18}$$

$$F_{bd}=\frac{d'_c}{d'_d}F_{ac}=-\frac{2000d'_c T_a}{n_p d'_d d'_a}\ \text{(N)} \tag{7-19}$$

$$F_{xc}=-(F_{ac}+F_{bd})=\frac{2000T_a}{n_p d'_a}\left(1+\frac{d'_c}{d'_d}\right)\ \text{(N)} \tag{7-20}$$

转臂 x 的切向力为

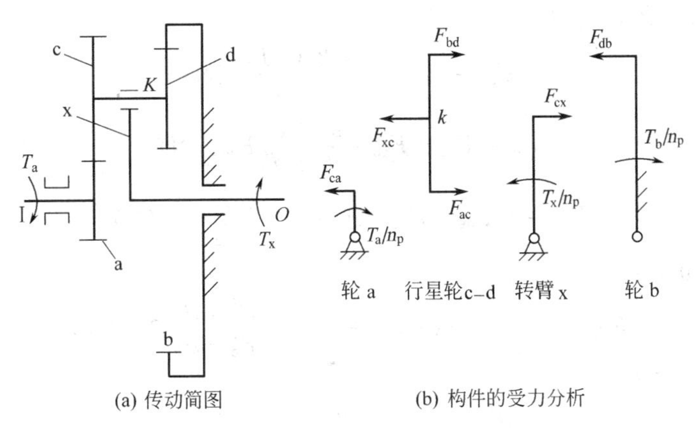

(a) 传动简图　　(b) 构件的受力分析

图 7-2　2Z-X（B）型受力分析

$$F_{cx}=-F_{xc}=-\frac{2000T_a}{n_p d'_a}\left(1+\frac{d'_c}{d'_d}\right)\ (\mathrm{N}) \tag{7-21}$$

转矩 T_x 为

$$T_x=\frac{n_p r_x F_{cx}}{1000}=-i_{ax}^{b}T_a(\mathrm{N\cdot m}) \tag{7-22}$$

内齿轮 b 的切向力为

$$F_{db}=-F_{bd}=\frac{2000d'_c T_a}{n_p d'_d d'_a}\ (\mathrm{N}) \tag{7-23}$$

转矩 T_b 为

$$T_b=\frac{n_p d'_b F_{db}}{2000}=(i_{ax}^{b}-1)T_a(\mathrm{N\cdot m}) \tag{7-24}$$

同理，由于 T_a 与 ω_a 的旋转方向相同，即 $T_a\omega_a>0$，故中心轮 a 为输入件。由于 T_x 与 ω_x 的旋转方向相反，即 $T_x\omega_x<0$，故转臂 x 为输出件。行星齿轮传动的其他类型（C 型、D 型和 E 型传动等）的受力分析，可以通过仿上得到各构件上的啮合作用力的计算公式。

在 3Z(Ⅰ) 型行星传动中，各构件（中心轮 a、b、e 和双联行星轮 c-d 及转臂 x）的切向力如图 7-3 所示。

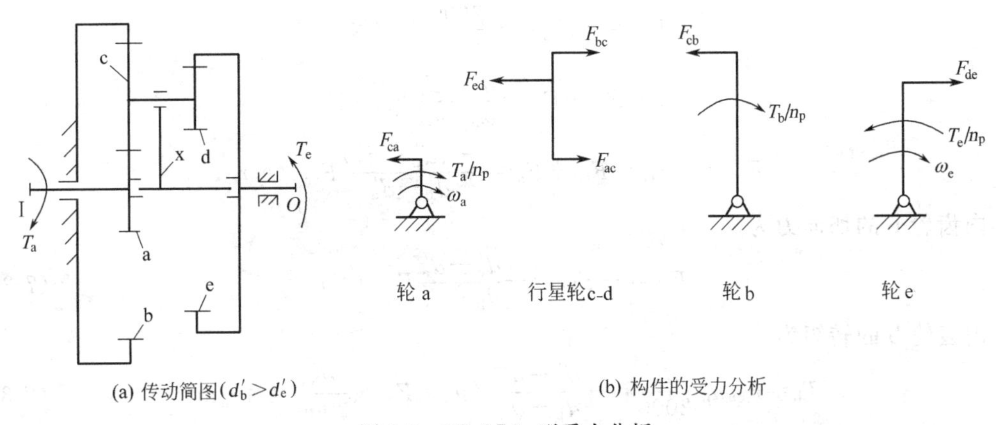

(a) 传动简图($d'_b>d'_e$)　　(b) 构件的受力分析

图 7-3　3Z（Ⅰ）型受力分析

中心轮 a 的切向力为

$$F_{ca}=\frac{2000T_a}{n_p d'_a}\ (\mathrm{N}) \tag{7-25}$$

双联行星轮 c-d 的切向力为

$$F_{ac}=-F_{ca}=-\frac{2000T_a}{n_p d_a'} \text{ (N)} \tag{7-26}$$

$$F_{bc}=F_{ed}-F_{ac}=\frac{d_c'+d_d'}{d_c'-d_d'}F_{ac} \text{ (N)} \tag{7-27}$$

$$F_{ed}=-F_{de}=F_{bc}+F_{ac}=\frac{-2d_c'}{d_c'-d_d'}F_{ac} \text{ (N)} \tag{7-28}$$

内齿轮 b 的切向力为

$$F_{cb}=-F_{bc}=-(F_{ed}-F_{ac})=-\frac{d_c'+d_d'}{d_c'-d_d'}F_{ac} \text{ (N)} \tag{7-29}$$

内齿轮 b 的转矩为

$$T_b=F_{cb}n_p\frac{d_b'}{2000}=-\frac{d_c'+d_d'}{d_c'-d_d'}\times n_p\times\frac{d_b'}{2000}F_{ac} \text{ (N·m)} \tag{7-29a}$$

内齿轮 e 的切向力为

$$F_{de}=\frac{2000i_{ae}^{b}}{n_p d_e'}T_a \text{ (N)} \tag{7-30}$$

内齿轮 e 的转矩为

$$T_e=-n_p\frac{d_e'}{2000}F_{de}=-i_{ae}^{b}T_a \text{ (N·m)} \tag{7-30a}$$

式中 d_c'、d_d' 和 d_e'——行星轮 c、d 和内齿轮 e 的节圆直径，mm。

其他符号意义同前。

据转矩平衡式 $T_a+T_b+T_e=0$，经整理可得 $T_b=-(T_a+T_e)=(i_{ae}^{b}-1)T_a$。

在此应该指出，在 3Z(Ⅰ) 型行星齿轮传动中，因转臂 x 不承受外载荷的作用，故其切向力为零，即 $F_{cx}=F_{dx}=0$。

仿上，在 3Z(Ⅱ) 型行星传动中，因其行星轮 c 和 d 合为一体，即有 $Z_c=Z_d$。若节圆直径 $d'_b>d'_e$，则可得中心轮 a 的切向力为

$$F_{ca}=\frac{2000}{n_p d_a'}T_a \text{ (N)} \tag{7-31}$$

单齿圈行星轮 c 的切向力为

$$F_{ac}=-F_{ca}=-\frac{2000}{n_p d_a'}T_a \text{ (N)} \tag{7-31a}$$

$$F_{bc}=F_{ec}-F_{ac}=\frac{d_e'-d_a'}{d_b'-d_e'}F_{ac} \text{ (N)} \tag{7-31b}$$

$$F_{ec}=-F_{ce}=F_{bc}+F_{ac}=\frac{-(d_b'-d_a')}{d_b'-d_e'}F_{ac} \text{ (N)} \tag{7-31c}$$

内齿轮 b 的切向力为

$$F_{cb}=-F_{bc}=-\frac{d_e'-d_a'}{d_b'-d_e'}F_{ac} \text{ (N)} \tag{7-31d}$$

内齿轮 b 的转矩为

$$T_b=F_{cb}n_p\frac{d_b'}{2000}=-\frac{d_e'-d_a'}{d_b'-d_e'}\times n_p\times F_{ac}\times\frac{d_b'}{2000} \text{ (N·m)} \tag{7-31e}$$

根据转矩平衡式

$$T_a+T_b+T_e=0$$

即得

$$T_b=-(T_a+T_e)$$

因 $T_e=-i_{ae}^{b}T_a$，代入可得

$$T_b = i_{ae}^b T_a - T_a = (i_{ae}^b - 1)\ T_a\ (\mathrm{N \cdot m})$$

内齿轮 e 的切向力为

$$F_{ce} = \frac{-2000 i_{ae}^b}{n_p d_e'} T_a\ (\mathrm{N}) \tag{7-31f}$$

内齿轮 e 的转矩为

$$T_e = n_p \frac{d_e'}{2000} F_{ce} = -i_{ae}^b T_a\ (\mathrm{N \cdot m}) \tag{7-31g}$$

7.2　行星齿轮传动基本构件上的转矩

如前所述，在行星齿轮传动中均具有三个基本构件 A、B 和 C（见图 7-4）。若它的摩擦损失忽略不计，即暂不考虑传动效率的话，在行星齿轮传动转矩平衡时，作用在基本构件 A、B 和 C 上的外转矩代数和等于零，且它们所传递的功率代数和也等于零，即

$$T_A + T_B + T_C = 0 \tag{7-32}$$

$$T_A \omega_A + T_B \omega_B + T_C \omega_C = 0 \tag{7-33}$$

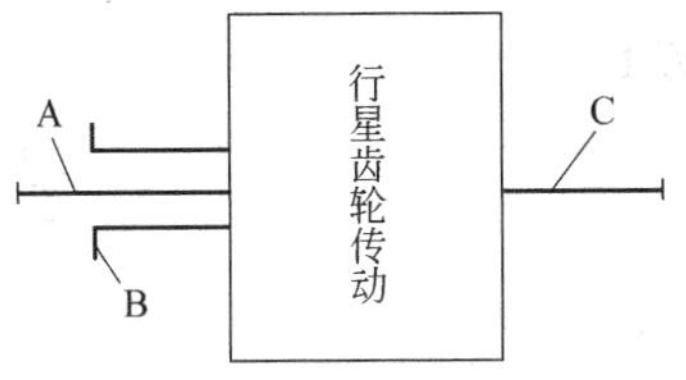

图 7-4　具有三个基本构件的行星齿轮传动

式中　T_A、T_B、T_C——分别为基本构件 A、B、C 上的外转矩；

ω_A、ω_B、ω_C——分别为基本构件 A、B、C 上的角速度。

应该指出，在上述公式中的外转矩和功率应带入正、负号。若外转矩 T_A 与角速度 ω_A 的转向相同，其功率为正值，即 $P_A = T_A \omega_A > 0$，称为输入功率；则该构件 A 为输入件。若外转矩 T_B 与角速度 ω_B 的转向相反时，其功率为负值，即 $P_B = T_B \omega_B < 0$，称为输出功率；则该构件 B 为输出件。

如果取相对于构件 C 的角速度时，因 $\omega_C^C = 0$，则由式(7-33) 可得

$$T_A \omega_A^C + T_B \omega_B^C = 0$$

则得

$$-\frac{T_A}{T_B} = \frac{\omega_B^C}{\omega_A^C} = \frac{1}{i_{AB}^C} \tag{7-34}$$

仿上

$$-\frac{T_A}{T_C} = \frac{1}{i_{AC}^B} \tag{7-35}$$

和

$$-\frac{T_B}{T_C} = \frac{1}{i_{BC}^A} \tag{7-36}$$

上式表明，作用在两个基本构件上带负号的转矩之比值应等于它们相对于第三个基本构件的角速度之比值的倒数。这是行星齿轮传动中各基本构件间的转矩普遍关系式；利用这个关系式可方便地求得各种类型的行星传动基本构件上的转矩关系式。现对于常用的行星齿轮传动基本构件上的转矩关系讨论如下。

在 2Z-X(A) 型行星传动中，其基本构件为中心轮 a、b 和转臂 x。按转矩普遍关系式 (7-34) 可得

$$-\frac{T_a}{T_x} = \frac{1}{i_{ax}^b} = \frac{1}{1 - i_{ab}^x} = \frac{1}{1 + p}$$

所以

$$T_a = -\frac{1}{1+p} T_x \tag{7-37}$$

仿上

$$-\frac{T_{b}}{T_{x}}=\frac{1}{i_{bx}^{a}}=\frac{1}{1-i_{ba}^{x}}=\frac{p}{1+p}$$

所以

$$T_{b}=-\frac{p}{1+p}T_{x} \tag{7-38}$$

在 2Z-X(B) 型行星传动中，其基本构件为中心轮 a、b 和转臂 x。按公式(7-34) 可得各基本构件的转矩关系式，即

$$-\frac{T_{a}}{T_{x}}=\frac{1}{i_{ax}^{b}}=\frac{1}{1-i_{ab}^{x}}=\frac{1}{1+\frac{z_{b}z_{c}}{z_{a}z_{d}}}=\frac{z_{a}z_{d}}{z_{a}z_{d}+z_{b}z_{c}}$$

所以

$$T_{a}=-\frac{z_{a}z_{d}}{z_{d}z_{a}+z_{b}z_{c}}T_{x} \tag{7-39}$$

仿上

$$-\frac{T_{b}}{T_{x}}=\frac{1}{i_{bx}^{a}}=\frac{1}{1-i_{ba}^{x}}=\frac{1}{1+\frac{z_{a}z_{d}}{z_{b}z_{c}}}=\frac{z_{b}z_{c}}{z_{b}z_{c}+z_{a}z_{d}}$$

所以

$$T_{b}=-\frac{z_{b}z_{c}}{z_{a}z_{d}+z_{b}z_{c}}T_{x} \tag{7-40}$$

对于 2Z-X(C) 型、2Z-X(D) 型和 2Z-X(E) 型行星传动，仿上，可得其基本构件上的转矩关系式见表 7-1。

3Z 型行星传动的基本构件为中心轮 a、b 和 e。按转矩普遍关系式(7-34) 可得其基本构件上的转矩关系如下。

对于 3Z(Ⅰ) 型，因为

$$-\frac{T_{a}}{T_{e}}=\frac{1}{i_{ae}^{b}}$$

由公式(2-23) 和公式(2-24) 得

$$i_{ae}^{b}=\frac{1-i_{ab}^{x}}{1-i_{eb}^{x}}=\frac{1+\frac{z_{b}}{z_{a}}}{1-\frac{z_{b}z_{d}}{z_{e}z_{c}}}$$

所以

$$T_{a}=-\frac{z_{a}}{z_{a}+z_{b}}\left(1-\frac{z_{b}z_{d}}{z_{e}z_{c}}\right)T_{e} \tag{7-41}$$

仿上

$$T_{b}=-\frac{z_{b}}{z_{a}+z_{b}}\left(1+\frac{z_{a}z_{d}}{z_{c}z_{e}}\right)T_{e} \tag{7-42}$$

对于 3Z(Ⅱ) 型传动，因 $z_{c}=z_{d}$，故可得

$$T_{a}=-\frac{z_{a}}{z_{a}+z_{b}}\left(1-\frac{z_{b}}{z_{e}}\right)T_{e} \tag{7-43}$$

$$T_{b}=-\frac{z_{b}}{z_{a}+z_{b}}\left(1+\frac{z_{a}}{z_{e}}\right)T_{e} \tag{7-44}$$

对于 3Z(Ⅲ) 型传动，其扭矩 T_{a} 和 T_{b} 关系式与 3Z(Ⅰ) 型相同。

上述常用行星齿轮传动基本构件上的转矩关系式列于表 7-1。

表 7-1　作用在行星齿轮传动基本构件上的转矩关系

传动类型	转矩关系式	
2Z-X(A)	$T_a=-\frac{1}{1+p}T_x$	$T_b=-\frac{p}{1+p}T_x$
2Z-X(B)	$T_a=-\frac{z_a z_d}{z_a z_d+z_b z_c}T_x$	$T_b=-\frac{z_b z_c}{z_a z_d+z_b z_c}T_x$
2Z-X(C)	$T_a=-\frac{z_a}{z_a+z_b}T_x$	$T_b=-\frac{z_b}{z_a+z_b}T_x$
2Z-X(D)	$T_a=-\frac{z_a z_d}{z_a z_d-z_b z_c}T_x$	$T_b=-\frac{z_b z_c}{z_b z_c-z_a z_d}T_x$
2Z-X(E)	$T_b=-\frac{z_b z_d}{z_b z_d-z_e z_c}T_x$	$T_e=-\frac{z_e z_c}{z_e z_c-z_b z_d}T_x$
3Z(Ⅰ)	$T_a=-\frac{1}{1+p}\left(1-\frac{z_b z_d}{z_e z_c}\right)T_e$　或　$T_e=-i_{ae}^{b}T_a$ $T_b=-\frac{p}{1+p}\left(1+\frac{z_a z_d}{z_c z_e}\right)T_e$　或　$T_b=(i_{ae}^{b}-1)T_a$	
3Z(Ⅱ)	$T_a=-\frac{1}{1+p}\left(1-\frac{z_b}{z_e}\right)T_e$　或　$T_e=-i_{ae}^{b}T_a$ $T_b=-\frac{p}{1+p}\left(1+\frac{z_a}{z_e}\right)T_e$　或　$T_b=(i_{ae}^{b}-1)T_a$	
3Z(Ⅲ)	$T_a=-\frac{1}{1+p}\left(1-\frac{z_b z_d}{z_c z_e}\right)T_e$ $T_b=-\frac{p}{1+p}\left(1+\frac{z_a z_d}{z_c z_e}\right)T_e$	

注：1. 表中的 $p=z_b/z_a$ 为 A 型的特性参数。

2. 若考虑到传动效率，对于 E 型，当转臂 x 输入时，$T_x=-\frac{1}{\eta_{xb}^{e}}\frac{z_b z_d-z_c z_e}{z_b z_d}T_b$；当转臂 x 输出时，$T_x=-\eta_{bx}^{e}\times\frac{z_b z_d-z_c z_e}{z_b z_d}T_b$。

3. 若考虑到传动效率，3Z(Ⅰ) 型，当中心轮 a 输入时，$T_a=-\frac{1}{1+p}\left(1-\frac{z_b z_d}{z_a z_c}\right)\frac{1}{\eta_{ae}^{b}}T_e$；当中心轮 a 输出时，$T_a=-\frac{p}{1+p}\left(1-\frac{z_b z_d}{z_a z_c}\right)\eta_{ea}^{b}T_e$。3Z(Ⅱ) 型，当轮 a 输入时，且有 $z_c=z_d$，$T_a=-\frac{1}{1+p}\left(1-\frac{z_b}{z_e}\right)\frac{1}{\eta_{ae}^{b}}T_e$。

7.3　行星轮支承上和基本构件轴上的作用力

7.3.1　行星轮轴承上的作用力

在行星齿轮传动中，对于各种不同的传动类型，其行星轮上所受的作用力也是不相同的。表 7-2 列出各种不同传动类型的圆柱行星轮及其轴承上的作用力计算简图。

圆柱中心轮与行星轮相啮合时，行星轮上的切向力 F_{ic} 可按如下公式计算，即

$$F_{ic}=\frac{2000T_i}{n_p d_i'}\ (\mathrm{N}) \tag{7-45}$$

例如，在 2Z-X(A) 型行星齿轮传动中，中心轮 a 作用于行星轮 c 上的切向力 F_{ac} 可按公式(7-10) 计算，即

$$F_{ac}=\frac{-2000T_a}{n_p d_a'}\ (\mathrm{N})$$

式中，符号与前面相同。

对于各种不同传动类型的圆柱行星轮上的切向力 F 的计算公式也列于表 7-2。

在行星齿轮传动中，行星轮的轴承不仅要承受啮合作用力对其施加的载荷；而且还要承受行星齿轮的离心力 F_L 对其施加的载荷。尤其是当转臂 x 的转速 n_x 很高时，行星齿轮的

离心力 F_{LC} 在其轴承上所引起的载荷可能超过它的啮合作用力。例如，对于图 1-2(b) 所示的 2Z-X(B) 型行星传动，行星轮在啮合作用力和离心力的作用下，分析该行星轮轴承上的受力情况，如图 7-5 所示。

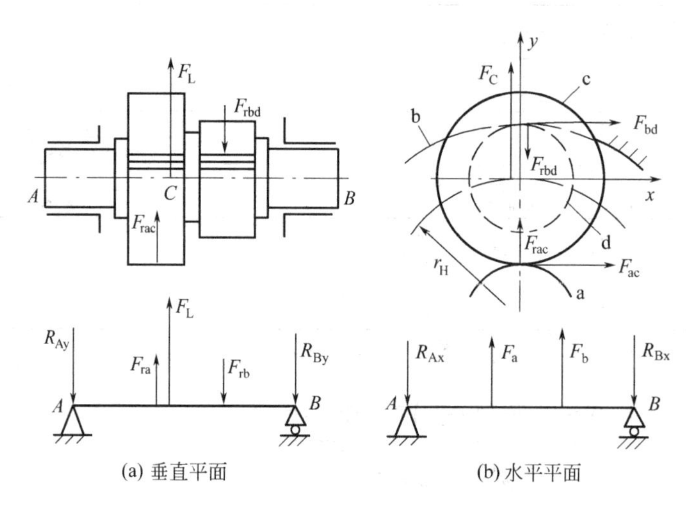

图 7-5　2Z-X(B) 型传动行星轮的受力简图

在转臂 x 旋转时行星轮所产生的离心力 F_L 可按下式计算，即

$$F_L=\frac{G_C}{g}\omega_x^2 r_x=V_c^x\rho\left(\frac{2\pi n_x}{60}\right)^2 r_x=11.0\times10^{-6}V_c^x\rho n_x^2 r_x \tag{7-46}$$

式中　G_C——行星轮的重量，N；

g——重力加速度，$g=9.8\text{m/s}^2$；

ω_x——转臂 x 的角速度，s^{-1}；

V_c^x——行星轮相对于转臂的回转部分的体积，mm^3；

r_x——转臂 x 的回转半径，mm；

ρ——行星轮的材料密度，kg/mm^3；

n_x——转臂 x 的转速，r/min。

而该离心力 F_L 应作用在行星轮的重心 C 处。

对于 2Z-X(A) 型行星传动，其行星轮的离心力 F_L 仍可按公式(7-46) 计算。

对于钢制行星轮 c，其材料密度 $\rho=7.8\times10^{-6}\text{kg/mm}^3$；行星轮的相对体积 $V_c^x=\lambda_o V=\lambda_o\dfrac{\pi d_c^2}{4}b$。

将 ρ 和 V_c^x 的关系式代入公式(7-46)，则可得 2Z-X(A) 型传动行星轮的离心力 F_L 为

$$F_L=6.73\times10^{-11}d_c^2 b n_x^2 r_x\lambda_o \tag{7-47}$$

式中　d_c——行星轮 c 的分度圆直径，mm；

b——行星轮的宽度，mm；

λ_o——行星轮的折算系数，相对于转臂 x 转动的行星轮及其轴承的质量与直径为 d_c、宽度为 b 的实心钢制圆柱体质量之比值的系数，$\lambda_o=\dfrac{G_c^x/g}{\pi(d_c/4)b\rho}$。

当滚动轴承安装在行星轮内时，$\lambda_o=0.5\sim0.7$；当滚动轴承安装转臂 x 内时，$\lambda_o=1\sim1.3$。

按照上述方法对其他传动类型的行星齿轮传动进行分析，则可得到行星轮轴承上作用力计算简图，均列于表 7-2。

7.3.2　基本构件及其输出轴上的作用力

在行星齿轮传动啮合时，基本构件及其输出轴不仅受到来自行星轮的啮合作用力，而且在轴的伸出端上还受到其他连接零件的作用力。譬如，在输出轴的伸出端装有齿轮或皮带轮时，则基本构件输出轴及其轴承上还承受由这些零件施加的作用力。

当基本构件输出轴的伸出端安装有不同的零件时，其承受作用力的情况也是不相同的。当输出轴的伸出端安装齿轮时，就必须考虑到齿轮的啮合作用力；当输出轴的伸出端安装联轴器时，还必须考虑到可能出现的弯矩或横向力。如果在输出轴的伸出端安装有弹性圆柱销联轴器的半联轴器或套筒联轴器的套筒，则必须考虑到由于制造安装误差和弹性零件磨损的不均匀性，将引起圆柱销间的载荷分配不均匀，从而在输出轴上产生集中的作用力。在进行输出轴和轴承计算时，该集中的作用力的大小可按如下公式计算，即

$$Q=(0.2\sim0.35)\frac{2000T}{D}$$

式中　T——传动轴上的转矩，N·m；

D——圆柱销中心分布圆的直径，mm。

如果在输出轴上安装有齿轮联轴器时，则该轴上除了作用有转矩 T 外，还作用有弯矩 M，该弯矩的大小可按下式计算，即

$$M=k_\alpha T$$

当联轴器采用润滑油或清洁的润滑脂润滑（润滑良好）时，取系数 $k_\alpha=0.07$；当润滑脂变得较脏污（润滑不良）时，取 $k_\alpha=0.13$；当不能保证及时提供润滑时，可取 $k_\alpha=0.3$。

在行星齿轮传动中，其基本构件的轴上，由齿轮啮合所产生的作用力，在大多数情况下，只传递一部分载荷。当行星轮数目大于 1，即 $n_p>1$ 时，由于存在着制造和装配误差，使行星轮间的载荷分配不均匀，则基本构件的轴承上所承受的作用力的大小可按下式计算，即

$$F_z=\frac{2T}{d\cos\beta\cos\alpha_n}\times\frac{K_p-1}{n_p-1}K_z \tag{7-48}$$

该力的矢量是和转臂 x 一起旋转的。

式中　d——传动轴的直径，mm；

β——轮齿的螺旋角；

α_n——法面压力角；

K_z——制造和安装误差的修正系数；当误差为最不利的组合（此情况很少出现）时，取系数 $K_z=1$；在一般计算时，可取 $K_z=0.8$。

当作用力 F_z 较小及其影响可忽略时，则可取行星轮间载荷分布不均匀系数 $K_p\leqslant1.2$。

在 2Z-X(A) 型和 2Z-X(B) 型行星传动中，其中心轮上的总轴向力为

$$F_a=F\tan\beta=\frac{2000T}{d}\tan\beta$$

表 7-2　行星轮轴的支承反力计算简图

序号	传动类型	行星轮上作用力的计算简图	行星轮轴的支承反力		切向力计算公式
			垂直平面	水平平面	
1	2Z-X(A)	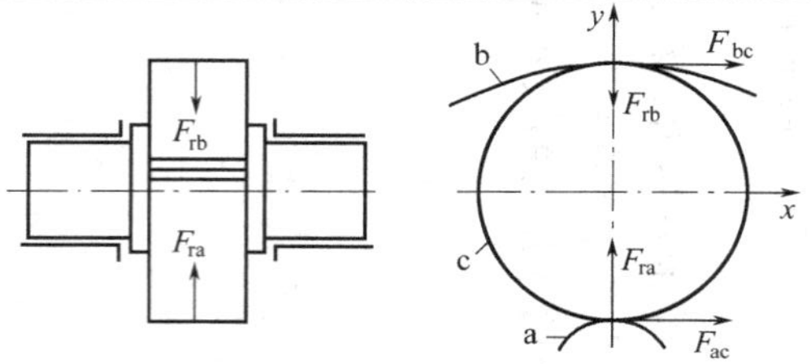 F_{rb} F_{ra}; y, x, b, c, a, F_{bc}, F_{rb}, F_{ra}, F_{ac}	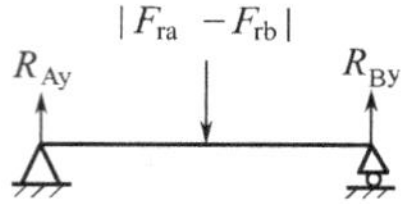 R_{Ay} $\|F_{ra}-F_{rb}\|$ R_{By}	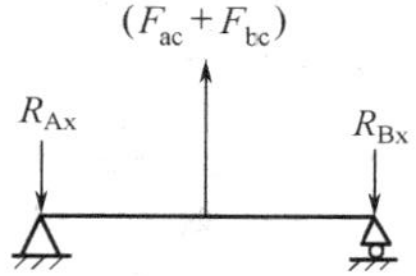 R_{Ax} $(F_{ac}+F_{bc})$ R_{Bx}	$F_{ac}=\frac{2000T_a}{n_p d'_a}$ $F_{bc}=\frac{2000T_b}{n_p d'_b}$ 当 $x_a+x_c=x_b-x_c$ 时 则 $F_{ac}=F_{bc}$ $F_{ra}=F_{rb}$
2	2Z-X(B)	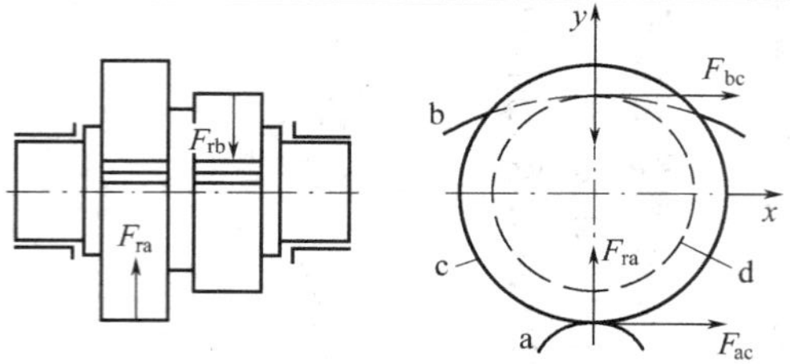 F_{rb} F_{ra}; y, x, b, c, d, a, F_{bc}, F_{ra}, F_{ac}	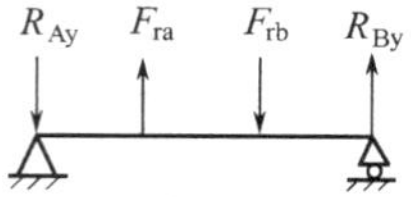 R_{Ay} F_{ra} F_{rb} R_{By}	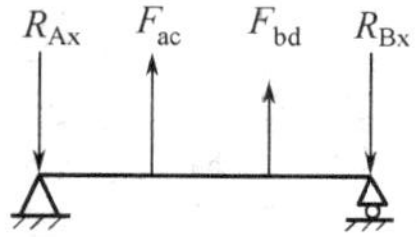 R_{Ax} F_{ac} F_{bd} R_{Bx}	$F_{ac}=\frac{2000T_a}{n_p d'_a}$ $F_{bd}=\frac{2000T_b}{n_p d'_b}$
4	2Z-X(D)	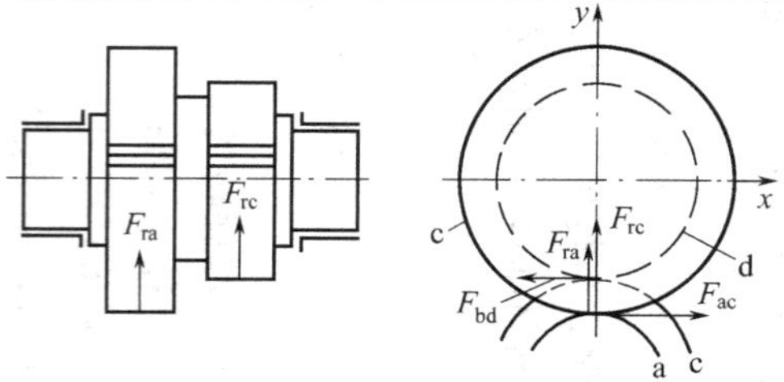 F_{ra} F_{rc}; y, x, c, d, a, c, F_{ra}, F_{rc}, F_{bd}, F_{ac}	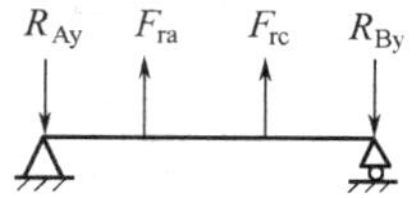 R_{Ay} F_{ra} F_{rc} R_{By}	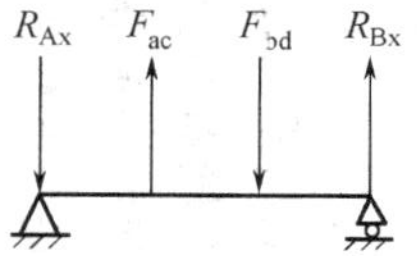 R_{Ax} F_{ac} F_{bd} R_{Bx}	$F_{ac}=\frac{2000T_a}{n_p d'_a}$ $F_{bd}=\frac{2000T_b}{n_p d'_b}$
5、6	2Z-X(E)	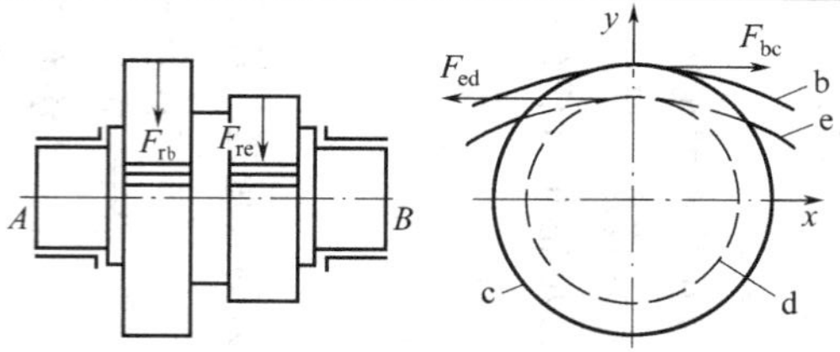 F_{rb} F_{re} A B; y, x, b, e, c, d, F_{ed}, F_{bc}	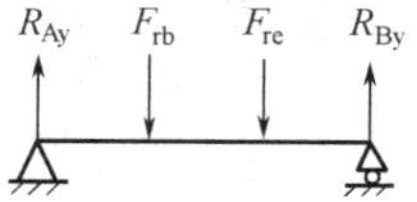 R_{Ay} F_{rb} F_{re} R_{By}	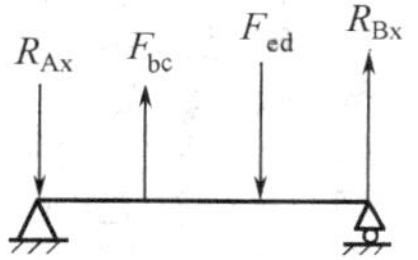 R_{Ax} F_{bc} F_{ed} R_{Bx}	当 $n_p \geqslant 2$ 时 $F_{bc}=\frac{2000T_b}{n_p d'_b}$ $F_{ed}=\frac{2000T_e}{n_p d'_e}$

续表

序号	传动类型	行星轮上作用力的计算简图	行星轮轴的支承反力		切向力计算公式
			垂直平面	水平平面	
7	3Z(Ⅰ)	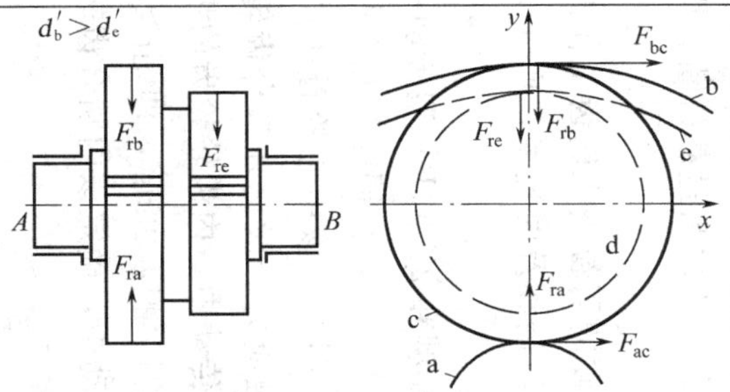 $d'_b > d'_e$；F_{rb}，F_{re}，F_{ra}，A，B；y，x，F_{bc}，b，e，d，c，a，F_{re}，F_{rb}，F_{ra}，F_{ac}	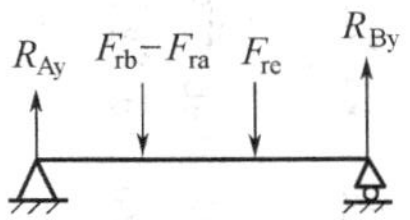 R_{Ay}，$F_{rb}-F_{ra}$，F_{re}，R_{By}	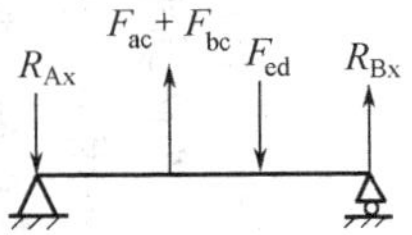 R_{Ax}，$F_{ac}+F_{bc}$，F_{ed}，R_{Bx}	$F_{ac}=\frac{2000T_a}{n_p d'_a}$ $F_{bc}=\frac{2000T_b}{n_p d'_b}$ $F_{ed}=\frac{2000T_e}{n_p d'_e}$ 当 $x_a+x_c=x_b-x_c$ 时 则 $F_{ac}=F_{ca}=F_{cb}=F_{bc}$
8	3Z(Ⅱ)	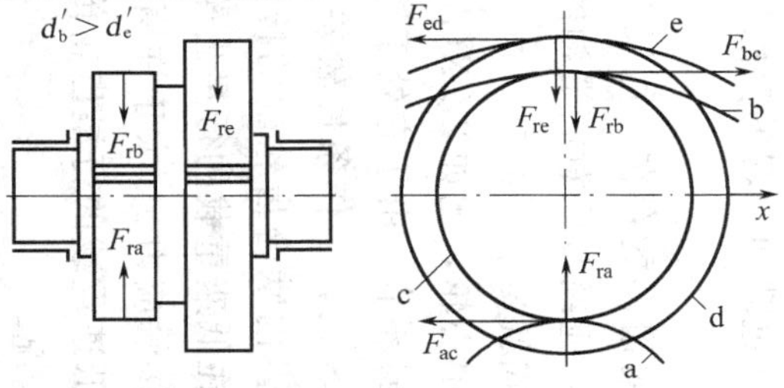 $d'_b > d'_e$；F_{rb}，F_{re}，F_{ra}；F_{ed}，e，F_{bc}，b，x，c，d，a，F_{re}，F_{rb}，F_{ra}，F_{ac}	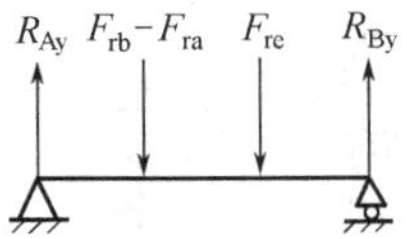 R_{Ay}，$F_{rb}-F_{ra}$，F_{re}，R_{By}	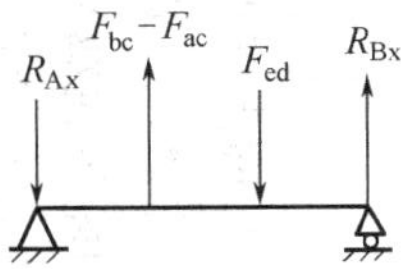 R_{Ax}，$F_{bc}-F_{ac}$，F_{ed}，R_{Bx}	$F_{ac}=\frac{2000T_a}{n_p d'_a}$ $F_{bc}=\frac{2000T_b}{n_p d'_b}$ $F_{ed}=\frac{2000T_e}{n_p d'_e}$ 当 $x_a+x_c=x_b-x_c$ 时 则 $F_{ac}=F_{ca}=F_{cb}=F_{bc}$
9	3Z(Ⅲ)	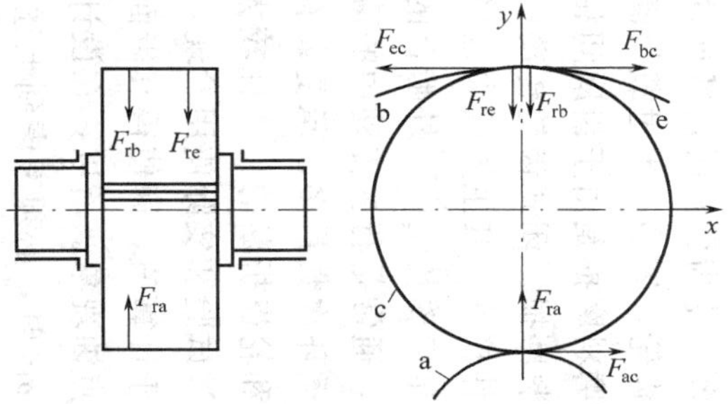 F_{rb}，F_{re}，F_{ra}；y，F_{ec}，F_{bc}，b，e，x，c，a，F_{re}，F_{rb}，F_{ra}，F_{ac}	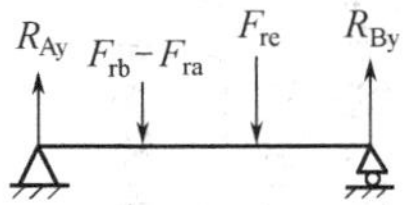 R_{Ay}，$F_{rb}-F_{ra}$，F_{re}，R_{By}	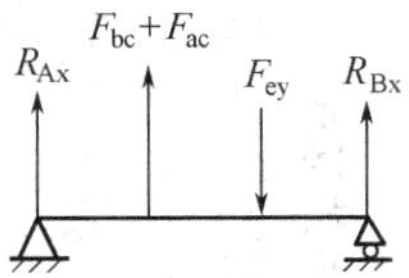 R_{Ax}，$F_{bc}+F_{ac}$，F_{ey}，R_{Bx}	$F_{ac}=\frac{2000T_a}{n_p d'_a}$ $F_{bc}=\frac{2000T_b}{n_p d'_b}$ $F_{ec}=\frac{2000T_e}{n_p d'_e}$

注：1. 本表中各个序号的传动简图见表 1-1；各传动类型与前述相同；序号 3 和 10 未列出。

2. 在一般情况下，A 型传动的 a-c 齿轮副与 c-b 齿轮副的啮合角不相等，即 $\alpha'_{ac} \neq \alpha'_{bc}$，所以，$F_{ac} \neq F_{bc}$，$F_{ra} \neq F_{rb}$。

3. 计算行星轮心轴和轴承时，作用在齿轮节圆上的力，应乘以载荷分布不均匀系数 K_{Hp}。

对于 2Z-X(A) 型行星传动，行星轮 c 作用于转臂 x 上的轴向力 F_{ax}等于零。对于具有斜轮齿中心轮 a 和行星轮 c 的 2Z-X(B) 型行星传动，作用在转臂 x 上的轴向力为 $F_{ax}=F_{cx}\tan\beta$；作用在中心轮 a 上的轴向力为 $F_{aa}=F_{ca}\tan\beta$。

在具有一个行星轮（$n_p=1$）的行星齿轮传动中，啮合时作用在基本构件上的作用力，以同样大小作用在行星轮上。对于 2Z-X(E) 型行星传动的行星轮和内齿轮 e 轴的支承反力的计算可见参考文献 [19]。

7.4 行星齿轮传动中轮齿的失效形式和常用的齿轮材料

7.4.1 轮齿的失效形式

在行星齿轮传动中，各齿轮轮齿较常见的失效形式有齿面点蚀、齿面磨损和轮齿折断。

在行星齿轮传动中，各齿轮的轮齿工作时，其齿面接触应力是按脉动循环变化的。若齿面接触应力超出材料的接触持久极限，则轮齿在载荷的多次重复作用下，齿面表层产生细小的疲劳裂纹，裂纹的蔓延扩展，使表层金属微粒剥落而形成疲劳点蚀。轮齿出现疲劳点蚀后，严重影响传动的稳定性，且致使产生振动和噪声，影响传动的正常工作，甚至引起行星传动的破坏。

提高齿面硬度、减小齿面粗糙度，提高润滑油黏度和接触精度，以及进行合理的变位均能提高齿面抗点蚀能力。

软齿面（≤350HB）的闭式齿轮传动常因点蚀而失效。在开式齿轮传动中，由于齿面磨损严重，点蚀还来不及出现，其表面层就被磨掉。故开式齿轮传动的失效形式是齿面磨损和轮齿折断。

在行星齿轮传动中，轮齿在载荷的多次重复作用下，齿根弯曲应力超过材料的弯曲持久极限时，齿根部分将产生疲劳裂纹。裂纹逐渐扩展，最终致使轮齿产生疲劳折断。另外，还有过载折断，轮齿因短时过载或冲击过载而引起的突然折断，称之为过载折断。用淬火钢或铸铁制成齿轮，容易产生过载折断。

齿面磨料磨损是由于齿廓间相对滑动的存在，如果有硬的屑粒进入轮齿工作面间，则将会产生磨料磨损。闭式齿轮传动中，应经常注意润滑油的清洁和及时更换。而开式齿轮传动的工作条件较差，其主要的失效形式就是磨料磨损。

在行星齿轮传动中，外啮合的中心轮，比如 2Z-X(A) 型和 2Z-X(B) 型传动中的齿轮 a（太阳轮），通常是行星传动中的薄弱环节。由于它处于输入轴上，且同时与几个行星轮相啮合，应力循环次数最多，承受载荷较大，工作条件较差。因此，该中心轮首先产生齿面点蚀，磨损和轮齿折断的可能性较大。内啮合齿轮副的接触应力一般比外啮合齿轮副要小得多。但经过试验和实际使用发现，在低速重载的行星齿轮传动中，内齿轮轮齿的齿面接触强度可能低于计算值，即使得其齿面接触应力 σ_H 大于许用的接触应力 σ_{Hp}，即 $\sigma_H>\sigma_{Hp}$；从而出现齿面点蚀现象。所以，在设计低速重载的行星齿轮传动中，确定该内啮合齿轮副的许用接触应力 σ_{Hp}时，必须考虑到上述情况。

在 2Z-X(A) 型传动中，作为中间齿轮的行星轮 c 在行星齿轮传动中总是承受双向弯曲载荷。因此，行星轮 c 易出现轮齿疲劳折断。必须指出：在行星传动中的轮齿折断具有很大的破坏性。如果行星轮 c 中的某个轮齿折断，其碎块掉落在内齿轮 b 的轮齿上，当行星轮 c 与轮 b 相啮合时，使得 b-c 啮合传动卡死，从而产生过载现象而烧毁电机，或使整个行星减速器全部损坏。所以，在设计行星齿轮传动时，合理地提高轮齿的弯曲强度，增加其工作的可靠性是非常重要的。

7.4.2 常用的齿轮材料

在行星齿轮传动中，齿轮材料的选择应综合地考虑到齿轮传动的工作情况（如载荷性质和大小、工作环境等），加工工艺和材料来源及经济性等条件。由于齿轮材料及其热处理是影响齿轮承载能力和使用寿命的关键因素，也是影响齿轮生产质量和加工成本的主要条件。选择齿轮材料的一般原则是：既要满足其性能要求，保证齿轮传动的工作可靠、安全；同时，又要使其生产成本较低。例如，对于高速重载、冲击较大的运输车辆和装甲车辆的行星齿轮传动装置应选用渗碳钢 20CrMnTi 或力学性能相当的其他材料（如 30CrMnTi 等）。经渗碳或表面淬火，以便使得其齿面硬度较高，心部韧性较好。对于中、低速重载的重型机械和较重型军用工程机械的行星齿轮传动装置应选用调质钢 40Cr、35SiMn 和 35CrMnSi 等材料。经正火、调质或表面淬火，以使其获得机械强度、硬度和韧性等综合性能较好。对于载荷较平稳的一般机械传动装置中的行星齿轮传动，可选用 45、40Cr 或力学性能相当的其他材料，如 50SiMn、42CrMo 和 37SiMn2MoV 等，经正火或调质处理，以获得相当的强度和硬度等力学性能。除考虑齿轮的工作条件外，选择齿轮材料时还要考虑齿轮的构造和材料的供应情况。总之，对于要求结构紧凑、外形尺寸小的行星传动中的齿轮，一般都是采用优质钢材，如优质碳素钢和合金结构钢，以便使得行星齿轮传动装置的结构紧凑、质量小及承载能力高。

制造齿轮的钢材，一般应根据其齿面的硬度要求，按如下两种情况来进行选择。

(1) 软齿面（≤350HB）齿轮材料的选择

由于软齿面的硬度较低，故其承载能力不很高。对于这类齿轮一般应选用中碳钢 40、45、50 以及中碳合金钢 40Cr、45Cr、40MnB、35SiMn、38SiMnMo、35CrMnSi、35SiMn2MoV 等。选用这类材料的齿轮，一般在毛坯热处理后进行切齿，可以消除热处理变形对齿轮精度的影响。

对于上述材料较常用的热处理方法有以下两种。

① 调质处理（即淬火后高温回火）　上述材料经调质处理后，可以获得良好的综合力学性能（即具有较高的强度和硬度及较好的韧性），其硬度在 200～300HB 的范围内，适用于中速、中等载荷下工作的齿轮。齿面的精加工可在热处理后进行，以消除热处理变形，保持齿轮的精度。

② 正火处理（加热保温后空气中冷却）　正火处理后的综合力学性能不如调质处理，其硬度在 160～210HB 范围内，多用于直径很大，强度要求不高的齿轮传动。

(2) 硬齿面（>350HB）齿轮材料的选择

由于硬齿面的硬度较高，所以其承载能力较大。对于这类齿轮一般应选用中碳钢 35、45 和中碳合金钢 40Cr、35SiMn、40MnB 以及渗碳钢（低碳合金钢）20Cr、20CrMnTi、20MnVB，氮化钢 38CrMoAlA 等。选用这类材料的齿轮必须在切制轮齿后进行热处理（硬化处理）。

对于上述材料通常可采用下列三种热处理方法。

① 表面淬火　中碳钢和中碳合金钢经表面淬火后轮齿表面硬度高，接触强度较高，抗点蚀能力强，耐磨性能好。由于轮齿心部具有较高的韧性，故可承受一定的冲击载荷。同时，轮齿表面经硬化后产生了残余压缩应力，较大地提高了齿根强度。表面淬火通常可达到的硬度范围为：中碳合金钢 45～55HRC，优质碳素钢 40～50HRC。

② 渗碳淬火　低碳钢和低碳合金钢经渗碳淬火后，齿面硬度很高，接触强度高、抗点蚀能力很强，耐磨性能很好。轮齿心部具有很好的韧性，表面经硬化后产生了残余压缩应力，大大地提高了齿根强度。渗碳淬火后一般齿面硬度为 56～62HRC。由于热处理变形较大，热处理后应磨齿，则增加了加工成本；但是可以获得高精度的齿轮。

表 7-3　齿轮常用材料及其力学性能

材料牌号		热处理方法	截面尺寸		力学性能		硬度		应用举例
			直径 D /mm	壁厚 s /mm	σ_b /N·mm^{-2}	σ_s /N·mm^{-2}	HB	HRC	
调质钢	45	正火	≤100	≤50	588	294	169～217		适用于中速、中载车床和钻床变速箱次要齿轮以及汽车、拖拉机中不重要齿轮
			101～300	51～150	569	284	162～217		
			301～500	151～250	549	275	162～217		
		调质	≤100	≤50	647	373	229～286		
			101～300	51～150	628	343	217～255		
			301～500	151～250	608	314	197～255		
		表面淬火						40～50	
	40Cr	调质	≤100	≤50	735	539	241～286		适用于中速、中载和承受一定冲击载荷的齿轮
			101～300	51～150	686	490	241～286		
			301～500	151～250	637	441	229～269		
			501～800	251～400	588	343	217～255		
		表面淬火						48～55	
	35CrMo	调质	≤100	≤50	735	539	241～286		适用于截面尺寸较大、承受较大载荷、要求较高的齿轮。例如，用于起重运输机械、建筑机械、冶金、矿山和工程机械等设备中的重要齿轮
			101～300	51～150	686	490	241～286		
			301～500	151～250	637	441	229～269		
			501～800	251～800	588	392	217～255		
		表面淬火						46～55	
	35SiMn	调质	≤100	≤50	785	510	229～286		适用于中速、中载，并承受一定冲击载荷的机床变速箱齿轮；可代替 40Cr。例如，可做球磨机齿轮
			101～300	51～150	735	441	217～269		
			301～400	151～200	686	392	217～255		
			401～500	201～250	637	373	196～255		
		表面淬火						45～55	
	42SiMn	调质	≤100	≤50	785	510	229～286		同 35SiMn，可代替 35SiMn
			101～200	51～100	735	461	217～269		
			201～300	101～150	686	441	217～255		
			301～500	151～250	637	373	196～255		
		表面淬火						45～55	
	40MnB	调质	≤200	≤100	735	490	241～286		适用于中速、中载及承受一定的冲击载荷的齿轮，可代替 35CrMo
			201～300	101～150	686	441	241～286		
		表面淬火						45～55	
	38SiMnMo	调质	≤100	≤50	735	588	229～286		适用于截面尺寸大、高速、中载，并要求有足够韧性的重要齿轮
			101～300	51～150	686	539	217～269		
			301～500	151～250	637	490	196～241		
			501～800	251～400	588	392	187～241		
		表面淬火						45～55	
	37SiMn2MoV	调质	≤200	≤100	863	686	269～302		适用于高强度、重载荷、截面尺寸较大，并有足够韧性的重要齿轮。可代替 30CrNiMo
			201～400	101～200	814	637	241～286		
			401～600	201～300	765	588	241～269		
		表面淬火						50～55	

续表

类别	材料牌号	热处理方法	截面尺寸		力学性能		硬度		应用举例
			直径 D /mm	壁厚 s /mm	σ_b /N·mm^{-2}	σ_s /N·mm^{-2}	HB	HRC	
渗碳钢、氮化钢	20Cr	渗碳淬火回火	≤60		637	392		56～62	适用于中速、中载与表面耐磨的齿轮；也可用于承受中等冲击的齿轮
	20CrMnTi	渗碳淬火回火	15		1079	834		56～62	适用于高速、中载、承受冲击和耐磨的齿轮及截面尺寸较大的齿轮
	20CrMnMo	渗碳淬火回火	15		1170	883		56～62	适用于表面硬度高、耐磨和心部韧性高的齿轮
	20CrNi3	渗碳淬火回火	25		931	735		56～62	适用于中速、重载和承受冲击的齿轮，可做大型轧钢机、挖掘机和坦克的传动齿轮
	20CrNi2Mo	渗碳淬火回火	25		1176	980		56～62	同20CrNi3，可用做汽轮机、高速鼓风机和透平压缩机的高速齿轮
	38CrMoAl	调质氮化	30		980	834	229～269	HV>850	适用于表面硬度高、高耐磨性、高疲劳强度的齿轮
	30CrMoSiA	调质氮化	100		1079	883	210～280	47～51	适用于重载、表面硬度高、耐磨和心部韧性高的齿轮
铸钢	ZG310-570	正火			570	310	163～197		一般齿轮和内齿圈
	ZG340-640	正火			640	340	179～207		适用于起重运输机减速器中的齿轮
	ZG35SiMn	正火、回火 调质			569 637	343 412	163～217 197～248	表面淬火 45～53	适用于承受磨损的齿轮
	ZG42SiMn	正火、回火 调质			588 637	373 441	163～217 197～248	表面淬火 45～53	适用于承受磨损的齿轮，可代替ZG35SiMn
	ZG50SiMn	正火、回火			683	441	217～255		适用于表面硬度高，耐磨损的齿轮
	ZG35CrMo	正火、回火 调质			588 686	392 539	179～241 179～241		适用于承受冲击与磨损的齿轮
	ZG35CrMnSi	正火、回火 调质			686 785	343 588	163～217 197～269		适用于承受冲击与磨损的齿轮

③ 氮化　氮化钢经氮化后，可以获得很高的齿面硬度，一般可达62～67HRC，具有较强的抗点蚀和耐磨性能，心部具有较高的韧性。为提高心部强度，对中碳钢需先进行调质处理。由于氮化是一种化学热处理，加热温度低，故其变形很小，氮化后不需要磨齿。氮化的硬化层很薄，故其承载能力不及渗碳淬火后的齿轮，因此它不适用于冲击载荷下的工作条件。氮化处理的成本高。

氮化后齿轮主要用于接触强度高和耐磨性要求很高的行星齿轮传动装置。

由于软齿面的工艺过程较简单，适用于一般中、小功率的行星齿轮传动。通常，应考虑到啮合齿轮副中的小齿轮受载次数较多、易磨损，故在选择材料和热处理时，应使小齿轮齿面硬度稍高一些（比大齿轮约高20～40HB）；齿数比大，硬度差也大。对于采用硬齿面的行星齿轮传动，其啮合齿轮副中的大、小齿轮的齿面硬度应大致相同。

为了提高抗齿面胶合的能力，建议在行星齿轮传动中，各啮合齿轮副中的小齿轮和大齿轮应选用不同牌号的材料来制造。对于重要行星传动的齿轮，轮齿表面应采用高频淬火，并沿齿沟进行。对于用滚刀切制的齿轮，被加工齿轮的齿面硬度一般不应超过300HB；个别的情况下，对于尺寸较小的齿轮允许其硬度达到320～350HB。

齿轮常用材料及其力学性能见表7-3。

7.5　行星齿轮传动的强度计算

7.5.1　齿轮传动主要参数的初算

如前所述，在计算行星齿轮传动强度时，也是将各种传动类型的行星齿轮传动分解成其对应的若干个相互啮合的齿轮副。然后，再将每个啮合齿轮副视为单个的齿轮传动。在设计行星齿轮传动时，其主要参数（小轮分度圆直径 d_1 和模数 m 等）可先按类比法，即参照已有的相同类型的行星齿轮传动来进行初步确定；或者根据具体的工作条件、结构尺寸和安装条件等来确定。较常用的办法是按齿面接触强度初算小齿轮的分度圆直径 d_1 或按轮齿弯曲强度初算齿轮模数 m。对于闭式齿轮传动可按齿面接触强度的初算公式(7-49) 确定齿轮副中小轮的直径 d_1，然后再进行弯曲强度的校核计算。对于开式齿轮传动，一般只按齿根弯曲强度的初算公式(7-50) 确定齿轮模数 m 值，再增大10%～20%。在上述主要尺寸确定之后，原则上应进行强度校核计算。对于低精度的、不重要的齿轮传动或安全系数较大的齿轮，也可以不进行强度校核计算。在此，应该指出：对于具有短期间断工作方式的齿轮传动，可按齿根弯曲强度的初算公式(7-50) 来确定齿轮模数 m，且可以不进行接触强度校核计算。

(1) 按齿面接触强度初算小齿轮分度圆直径 d_1

小齿轮分度圆直径 d_1 的初算公式为

$$d_1 = K_d \sqrt[3]{\frac{T_1 K_A K_{H\Sigma} K_{Hp}}{\phi_d \sigma_{Hlim}^2} \times \frac{u \pm 1}{u}} \ (\text{mm}) \tag{7-49}$$

式中　K_d——算式系数，对于钢对钢配对的齿轮副，直齿轮传动 $K_d=768$，斜齿轮传动 $K_d=720$；对于钢对非钢配对的齿轮副，应对上述算式系数 K_d 进行修正；修正系数 K_x 见表7-4；

T_1——啮合齿轮副中小齿轮的名义转矩，N·m；应是功率分流后的值，见公式(7-8)；

K_A——使用系数，见表7-7；

$K_{H\Sigma}$——综合系数，见表7-5；

K_{Hp}——计算接触强度的行星轮载荷分布不均匀系数，见第8章8.3；

ϕ_d——小齿轮齿宽系数，见表7-6；

表 7-4　修正系数 K_x

小齿轮	钢			铸　钢			球墨铸铁		灰铸铁
大齿轮	铸钢	球墨铸铁	灰铸铁	铸钢	球墨铸铁	灰铸铁	球墨铸铁	灰铸铁	灰铸铁
修正系数 K_x	0.997	0.970	0.906	0.994	0.967	0.898	0.943	0.880	0.836

表 7-5　综合系数 K_H 、K_F

行星轮数 n_p	$K_{H\Sigma}$	$K_{F\Sigma}$	行星轮数 n_p	$K_{H\Sigma}$	$K_{F\Sigma}$
≤3	1.8～2.4	1.6～2.2	>3	2～2.7	1.8～2.4

表 7-6　行星齿轮传动齿宽系数 ϕ_d

传动类型	a-c 齿轮副	b-c 齿轮副	e-d 齿轮副（或 e-c）	b-d 齿轮副
2Z-X(A)	$\phi_{da}\leqslant 0.75$ $\phi_{dc}=\frac{z_a}{z_c}\phi_{da}$	$\phi_{db}\leqslant 0.10\sim 0.18$		
2Z-X(B)	$\phi_{da}\leqslant 0.75$ $\phi_{dc}=\frac{z_a}{z_c}\phi_{da}$			$\phi_{db}=\frac{z_d}{z_b}\phi_{dd}\leqslant 0.2$ $\phi_{dd}=\frac{z_c}{z_d}\times\frac{b_d}{b_c}\phi_{dc}$
2Z-X(D)	$\phi_{da}=\frac{z_c}{z_a}\phi_{dc}$ $\phi_{dc}=\frac{z_d}{z_c}\times\frac{b_c}{b_d}\phi_{dd}$			$\phi_{db}=\frac{z_d}{z_b}\phi_{dd}$ $\phi_{dd}\leqslant 0.3\sim 0.35$
2Z-X(E)		$\phi_{db}=\frac{z_c}{z_b}\phi_{dc}$ $\phi_{dc}=\frac{z_d}{z_c}\times\frac{b_c}{b_d}\phi_{dd}$	$\phi_{de}=\frac{z_d}{z_e}\phi_{dd}$ $\phi_{dd}\leqslant 0.3\sim 0.35$	
3Z(Ⅰ) ($z_b>z_e$)	$\phi_{da}=\frac{z_c}{z_d}\phi_{dc}$	$\phi_{db}=\frac{z_c}{z_b}\phi_{dc}$ $\phi_{dc}=\frac{z_d}{z_c}\times\frac{b_c}{b_d}\phi_{dd}$	$\phi_{de}=\frac{z_d}{z_e}\phi_{dd}\leqslant 0.2$ $\phi_{dd}\leqslant 0.3\sim 0.35$	
3Z(Ⅱ) ($z_e>z_b$)	$\phi_{dc}\leqslant 0.75$ （应使齿宽 $b_a\geqslant b_c$）	$\phi_{db}=\frac{z_c}{z_b}\phi_{dc}\leqslant 0.2$	$\phi_{de}=\frac{z_a}{z_e}\phi_{dc}\leqslant 0.2$	

注：1. 对于按空间静定条件设计的 2Z-X(A) 型传动，ϕ_d 允许增大为 $\phi_{da}\geqslant 0.75\sim 2$（直齿）。

2. 表中 b_c、b_d 为 c 轮和 d 轮的工作齿宽。

3. 表中 $\phi_d=\frac{b}{d}$，且有 $\phi_a=\frac{b}{a}=2\phi_d\ (u\pm)$；"+" 号用于外啮合，"−" 号用于内啮合。

4. 表中 3Z(Ⅱ) 型传动的 ϕ_d 值仅供参考。应使齿宽 $b_c=b_b+b_e+\Delta b$，取 $\Delta b=3\sim 4\text{mm}$。

u——齿数比，即 $u=z_2/z_1$；

σ_{Hlim}——试验齿轮的接触疲劳极限，N/mm^2；按图 7-11～图 7-15 选取；且取 σ_{Hlim1} 和 σ_{Hlim2} 中的较小值。

式中，"+" 号用于外啮合，"−" 号用于内啮合。

(2) 按齿根弯曲强度初算齿轮模数 m

齿轮模数 m 的初算公式为

$$m=K_m\sqrt[3]{\frac{T_1K_AK_{F\Sigma}K_{Fp}Y_{Fa1}}{\phi_d z_1^2\sigma_{Flim}}}\tag{7-50}$$

式中　K_m——算式系数，对于直齿轮传动 $K_m=12.1$，对于斜齿轮传动 $K_m=11.5$；

$K_{F\Sigma}$——综合系数，见表 7-5；

K_{Fp}——计算弯曲强度的行星轮间载荷分布不均匀系数，见公式(8-12)；

Y_{Fa1}——小齿轮齿形系数，见图 7-22；

z_1——齿轮副中小齿轮齿数；

σ_{Flim}——试验齿轮弯曲疲劳极限，N/mm²；按图 7-26～图 7-30 选取，且取 σ_{Flim1} 和 $\sigma_{Flim2}\dfrac{Y_{Fa1}}{Y_{Fa2}}$ 中的较小值。

上述公式(7-49)、公式(7-50) 适用于 2Z-X 型和 3Z 型行星齿轮传动中的各个类型，在一般工况下，两式应同时计算，且取其中较大值。

采用上述公式计算所得的模数 m 值，应调整为表 2-2 中的数值。

7.5.2　齿轮传动强度的校核计算

(1) 齿面接触强度的校核计算

根据国家标准“渐开线圆柱齿轮承载能力计算方法”(GB/T 3480—1997)，该标准系把赫兹应力作为齿面接触应力的计算基础，并用来评价齿轮的接触强度。赫兹应力是齿面间应力的主要指标，但不是产生点蚀的唯一原因。例如，在接触应力计算中未考虑滑动的大小和方向、摩擦系数和润滑状态等，这些都会影响到齿面的实际接触应力。

齿面接触强度校核计算时，取节点和单对齿啮合区内界点的接触应力中的较大值，而小齿轮和大齿轮的许用接触应力 σ_{Hp} 要分别计算。下列公式适用于端面重合度 $\varepsilon_\alpha<2.5$ 的齿轮副。

① 齿面接触应力 σ_H　在行星齿轮传动的啮合齿轮副中，其齿面接触应力 σ_H 可按下式计算，即

$$\sigma_{H1}=\sigma_{H0}\sqrt{K_A K_V K_{H\beta} K_{H\alpha1} K_{Hp1}} \tag{7-51}$$

$$\sigma_{H2}=\sigma_{H0}\sqrt{K_A K_V K_{H\beta} K_{H\alpha2} K_{Hp2}} \tag{7-52}$$

$$\sigma_{H0}=Z_H Z_E Z_\varepsilon Z_\beta\sqrt{\frac{F_t}{d_1 b}\times\frac{u\pm1}{u}} \tag{7-53}$$

式中　K_V——动载荷系数；

$K_{H\beta}$——计算接触强度的齿向载荷分布系数；

$K_{H\alpha}$——计算接触强度的齿间载荷分配系数；

K_{Hp}——计算接触强度的行星轮间载荷分配不均匀系数；

σ_{H0}——计算接触应力的基本值，N/mm²；

F_t——端面内分度圆上的名义切向力，N；可按公式(7-2) 求得；

d_1——小齿轮分度圆直径，mm；

b——工作齿宽，指齿轮副中的较小齿宽，mm；

u——齿数比，即 $u=\dfrac{z_2}{z_1}$；

Z_H——节点区域系数；

Z_E——弹性系数，$\sqrt{\text{N/mm}^2}$；

Z_ε——重合度系数；

Z_β——螺旋角系数，直齿轮 $\beta=0$，$Z_\beta=1$。

式中，“+”号用于外啮合，“－”号用于内啮合。

② 许用接触应力 σ_{HP}　许用接触应力 σ_{HP} 可按下式计算，即

$$\sigma_{HP}=\frac{\sigma_{Hlim}}{S_{Hmin}}Z_{NT}Z_L Z_v Z_R Z_W Z_X \tag{7-54}$$

式中　σ_{Hlim}——试验齿轮的接触疲劳极限，N/mm^2；

S_{Hmin}——计算接触强度的最小安全系数；

Z_{NT}——计算接触强度的寿命系数；

Z_L——润滑剂系数；

Z_v——速度系数；

Z_R——粗糙度系数；

Z_W——工作硬化系数；

Z_X——接触强度计算的尺寸系数。

③ 强度条件　校核齿面接触应力的强度条件：大、小齿轮的计算接触应力中的较大 σ_H 值均应不大于其相应的许用接触应力 σ_{HP}，即

$$\sigma_H \leqslant \sigma_{HP} \tag{7-55}$$

或者校核齿轮的安全系数：大、小齿轮的接触安全系数 S_H 值应分别大于其对应的最小安全系数 S_{Hmin}（见表 7-11），即

$$S_H > S_{Hmin} \tag{7-56}$$

且有

$$S_{H1} = \frac{\sigma_{Hlim1} Z_{NT1} Z_L Z_v Z_R Z_{W1} Z_X}{\sigma_{H1}}$$

$$S_{H2} = \frac{\sigma_{Hlim2} Z_{NT2} Z_L Z_v Z_R Z_{W2} Z_X}{\sigma_{H2}}$$

④ 有关系数和接触疲劳极限

a. 使用系数 K_A。考虑由齿轮啮合外部因素引起的附加动载荷影响的系数。它与原动机和工作机的特性、轴和联轴器系统的质量和刚度及运行状态等因素有关。K_A 的作用是使名义载荷 F_t 变为当量载荷 $F_e = K_A F_t$。K_A 值应通过实际测量确定之，或参考表 7-7 选取。

表 7-7　使用系数 K_A

原动机工作特性	工作机的工作特性			
	均匀平稳	轻微冲击	中等冲击	严重冲击
均匀平稳（电动机、汽轮机、燃气轮机）	1.00	1.25	1.50	1.75
轻微冲击[电动机（常启动）、燃气轮机（大的）]	1.10	1.35	1.60	1.85
中等冲击（多缸内燃机）	1.25	1.50	1.75	2.0
严重冲击（单缸内燃机）	1.50	1.75	2.0	≥2.25
工作机工作特性举例	发电机、带式运输机、螺旋输送机、轻型升降机、轻型离心机、离心泵、齿轮传动装置、电动葫芦、通风机、机床进刀传动装置	链式运输机、机床主驱动装置、重型升降机、起重机的齿轮传动装置、重心离心机、多缸活塞泵、给水泵、挤压机（普通型）、矿用通风机	橡胶挤压机、球磨机（轻型）、木工机械、提升装置、单缸活塞泵等	挖掘机、橡胶混炼机、破碎机（石料）、压砖机、钻探机、球磨机（重型）、轧钢机

b. 动载荷系数 K_V。考虑齿轮制造精度、运转速度对轮齿内部附加动载荷影响的系数。K_V 的精确值可通过实际测量，或按 GB 3480—1997 的一般方法确定。其近似值可根据小齿轮相对于转臂 x 的节点线速度 v^x 和齿轮精度，由图 7-6 查得。

在行星齿轮传动中，小齿轮相对于转臂 x 的节点线速度 v^x 可按下式计算

$$v^x=\frac{\pi d'_1(n_1-n_x)}{60\times 10^3}\approx\frac{d'_1(n_1-n_x)}{19100}\ (\text{m/s}) \tag{7-57}$$

式中　d'_1 ——小齿轮的节圆直径，mm；

n_1 ——小齿轮的转速，r/min；

n_x ——转臂 x 的转速，r/min。

$n_1^x=(n_1-n_x)$为小齿轮相对于转臂 x 的转速。

对于 2Z-X 型和 3Z 型行星传动中的相对转速（n_1-n_x）可查表 2-1 中的有关公式计算求得。

对传动精度系数 $C\leqslant 5$ 的高精度齿轮，在良好的安装和合适的润滑条件下，动载系数为 $K_v=1.0\sim1.1$。传动精度系数 C 可按下式计算，即

$$C=-0.5048\ln(z)-1.14\ln(m)+2.852\ln(f_{pt})+3.32$$

式中　f_{pt}——单个齿距偏差，μm；按 GB/T 10095—2001，可由表 5-7 查得。

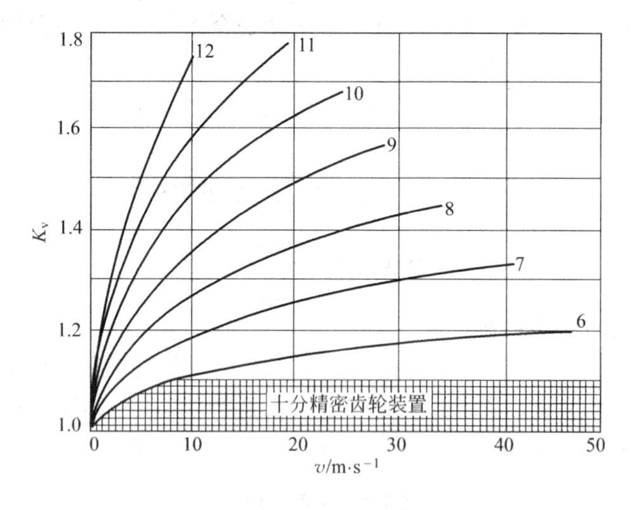

图 7-6　动载系数 K_V

注：6～12 为齿轮传动精度系数。

应分别以 z_1、f_{pt1}和 z_2、f_{pt2}代入上式计算，取较大值，并将 C 值圆整，$C=6\sim12$。

对于其他齿轮，动载系数 K_v 值可按图 7-6 选取，也可按如下公式计算，即

$$K_V=\left[\frac{A}{A+\sqrt{200v^x}}\right]^{-B} \tag{7-58}$$

式中　$A=50+56(1.0-B)$

$B=0.25(C-5.0)^{0.667}$

上式的应用条件：

ⅰ. 法向模数 $m_n=1.25\sim50$mm；

ⅱ. 齿数 $z=6\sim1200$；

ⅲ. 传动精度系数 $C=6\sim12$；

ⅳ. 齿轮节线速度 $v_{max}\leqslant\frac{[A+(14-C)]^2}{200}$。

c. 齿向载荷分布系数 $K_{H\beta}$。考虑沿齿宽方向载荷分布不均匀对齿面接触应力影响的系数。该系数 $K_{H\beta}$主要与齿轮加工误差、箱体轴孔偏差、啮合刚度、大小轮轴的平行度、跑合情况、齿宽系数和行星轮数目等有关。对于轮齿修形后使其接触情况良好的齿轮副；或经过仔细跑合后使载荷沿齿向均匀分布，则可取 $K_{H\beta}=1$。在无法实现时，对于中等或较重载荷工况，对调质齿轮的 $K_{H\beta}$值可按表 7-8 公式计算。表中精度等级为齿轮第Ⅲ公差组精度。

表 7-8　调质齿轮 $K_{H\beta}$ 的计算公式

跑合情况	精度等级	对称支承 $(s/l<0.1)$	非对称支承 $(0.1<s/l<0.3)$	悬臂支承 $(s/l<0.3)$
装配时检验调整或对研跑合	5	$K_{H\beta}=1.10+0.18\left(\frac{b}{d_1}\right)^2+0.12\times10^{-3}b$	$K_{H\beta}=1.10+0.18\left[1+0.6\left(\frac{b}{d_1}\right)^2\right]\times\left(\frac{b}{d_1}\right)^2+0.12\times10^{-3}b$	$K_{H\beta}=1.10+0.18\left[1+6.7\left(\frac{b}{d_1}\right)^2\right]\times\left(\frac{b}{d_1}\right)^2+0.12\times10^{-3}b$
	6	$K_{H\beta}=1.11+0.18\left(\frac{b}{d_1}\right)^2+0.15\times10^{-3}b$	$K_{H\beta}=1.11+0.18\left[1+0.6\left(\frac{b}{d_1}\right)^2\right]\times\left(\frac{b}{d_1}\right)^2+0.15\times10^{-3}b$	$K_{H\beta}=1.11+0.18\left[1+6.7\left(\frac{b}{d_1}\right)^2\right]\times\left(\frac{b}{d_1}\right)^2+0.15\times10^{-3}b$
	7	$K_{H\beta}=1.12+0.18\left(\frac{b}{d_1}\right)^2+0.23\times10^{-3}b$	$K_{H\beta}=1.12+0.18\left[1+0.6\left(\frac{b}{d_1}\right)^2\right]\times\left(\frac{b}{d_1}\right)^2+0.23\times10^{-3}b$	$K_{H\beta}=1.12+0.18\left[1+6.7\left(\frac{b}{d_1}\right)^2\right]\times\left(\frac{b}{d_1}\right)^2+0.23\times10^{-3}b$
装配时检验调整或对研跑合	8	$K_{H\beta}=1.15+0.18\left(\frac{b}{d_1}\right)^2+0.31\times10^{-3}b$	$K_{H\beta}=1.15+0.18\left[1+0.6\left(\frac{b}{d_1}\right)^2\right]\times\left(\frac{b}{d_1}\right)^2+0.31\times10^{-3}b$	$K_{H\beta}=1.15+0.18\left[1+6.7\left(\frac{b}{d_1}\right)^2\right]\times\left(\frac{b}{d_1}\right)^2+0.31\times10^{-3}b$

注：l 为齿轮轴的轴承跨距；s 为齿轮到跨距中心的距离。

对于重要的行星齿轮传动，考虑到行星齿轮传动的特点，其齿向载荷分布系数 $K_{H\beta}$ 和 $K_{F\beta}$ 采用下述方法确定。

接触强度计算

$$K_{H\beta}=1+(\theta_b-1)\mu_H \tag{7-59}$$

弯曲强度计算

$$K_{F\beta}=1+(\theta_b-1)\mu_F \tag{7-60}$$

式中　μ_H——齿轮相对于转臂 x 的圆周速度 v^x 及大齿轮齿面硬度 HB_2 对 $K_{H\beta}$ 的影响系数，参见图 7-7(a)；

μ_F——齿轮相对于转臂 x 的圆周速度 v^x 及大齿轮齿面硬度 HB_2 对 $K_{F\beta}$ 的影响系数，见图 7-7(b)；

θ_b——齿宽和行星轮数 n_p 对 $K_{H\beta}$ 和 $K_{F\beta}$ 的影响系数；对于圆柱直齿的行星传动，如果转臂 x 刚性好，行星轮对称布置或者采用调位轴承，因而使其中心轮 a 和行星轮的轴线偏斜可以忽略不计时，θ_b 值可由图 7-8 查取。

如果 2Z-X(A) 型和 2Z-X(B) 型行星齿轮传动的内齿轮宽度与行星轮分度圆直径的比

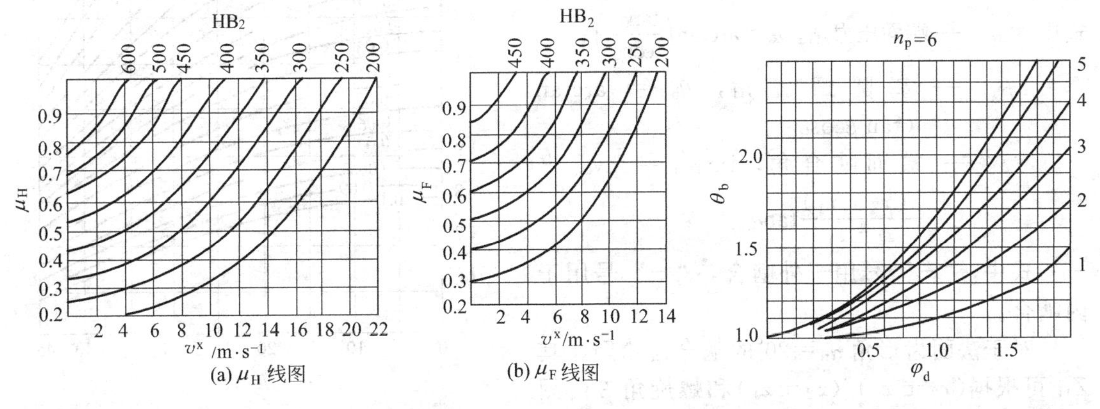

图 7-7　确定 μ_H 及 μ_F　　图 7-8　确定 θ_b

值小于或等于 1 时，则取齿向载荷分布系数 $K_{H\beta}=K_{F\beta}=1$。

d. 齿间载荷分配系数 $K_{H\alpha}$、$K_{F\alpha}$。齿间载荷分配系数是考虑同时啮合的各对轮齿间载荷分配不均匀影响的系数。它与轮齿制造误差（特别是基节误差）、受载后轮齿变形、齿廓修形、重合度和跑合效果等因素有关。可以采用实测和精确分析求得。一般，$K_{H\alpha}$ 和 $K_{F\alpha}$ 值可由表 7-9 查得。

表 7-9　齿间载荷分配系数 $K_{H\alpha}$、$K_{F\alpha}$

K_AF_t/b		≥100N/mm							<100N/mm
精度等级Ⅱ组		5	6	7	8	9	10	11～12	5 级及更低
硬齿面直齿轮	$K_{H\alpha}$	1.0		1.1	1.2	$1/Z_\varepsilon^2\geqslant1.2$			
	$K_{F\alpha}$					$1/Y_\varepsilon\geqslant1.2$			
硬齿面斜齿轮	$K_{H\alpha}$	1.0	1.1	1.2	1.4	$\dfrac{\varepsilon_a}{\cos^2\beta_b}\geqslant1.4$			
	$K_{F\alpha}$								
非硬齿面直齿轮	$K_{H\alpha}$	1.0			1.1	1.2	$1/Z_\varepsilon^2\geqslant1.2$		
	$K_{F\alpha}$						$1/Y_\varepsilon\geqslant1.2$		
非硬齿面斜齿轮	$K_{H\alpha}$	1.0		1.1	1.2	1.4	$\dfrac{\varepsilon_a}{\cos^2\beta_b}\geqslant1.4$		
	$K_{F\alpha}$								

注：1. 小齿轮和大齿轮精度等级不相同时，则按精度等级较低的取值。

2. 硬齿面与软齿面相啮合的齿轮副，$K_{H\alpha}$、$K_{F\alpha}$ 取平均值。

3. 经修形的 6 级精度硬齿面斜齿轮，取 $K_{H\alpha}=K_{F\alpha}=1$。

4. 表右部第 5、8 行若计算得 $K_{F\alpha}>\varepsilon_\gamma/\varepsilon_\alpha Y_\varepsilon$，则取 $K_{F\alpha}=\varepsilon_\gamma/\varepsilon_\alpha Y_\varepsilon$。

5. 表中 Z_ε 为重合度系数，Y_ε 为弯曲强度计算的重合度系数。

6. 本表也适用于灰铸铁和球墨铸铁齿轮的计算。

e. 行星轮间载荷分配不均匀系数 K_{Hp}。考虑在各个行星轮间载荷分配不均匀对齿面接触应力影响的系数。它与转臂 x 和齿轮及其箱体等的制造和安装误差、受载荷后构件的变形及齿轮传动的结构等因素有关。K_{Hp} 值的计算可参见第 8 章 8.3 中的有关公式。

f. 节点区域系数 Z_H。考虑节点处齿廓曲率对接触应力的影响，并将分度圆上的切向力折算为节圆上的法向力的系数。Z_H 值可按下式计算，即

$$Z_H=\sqrt{\frac{2\cos\beta_b\cos\alpha_t'}{\cos^2\alpha_t\sin\alpha_t'}} \tag{7-61}$$

式中　α_t ——端面压力角，$\alpha_t=\arctan\left(\dfrac{\tan\alpha_n}{\cos\beta}\right)$；

β_b —— 基圆螺旋角，$\beta_b=\arctan(\tan\beta\cos\alpha_t)$；

α_t' —— 端面啮合角，$\mathrm{inv}\alpha_t'=\mathrm{inv}\alpha_t+\dfrac{2(x_2\pm x_1)}{z_2\pm z_1}\tan\alpha_n$。

式中，“＋”号用于外啮合，“－”号用于内啮合。

对于法面齿形角 $\alpha_n=20°$ 的啮合齿轮副，其 Z_H 可根据 $(x_2\pm x_1)/(z_2\pm z_1)$ 和螺旋角 β 由图 7-9 查得。

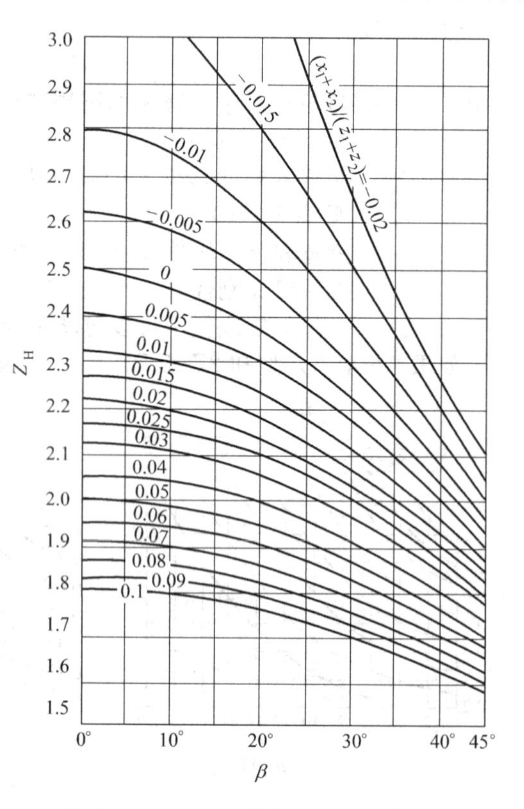

图 7-9　$\alpha_n=20°$ 时的节点区域系数 Z_H

g. 弹性系数 Z_E。考虑材料弹性模量 E 和泊松比 ν 对接触应力影响的系数。Z_E 值可按下列公式计算，即

$$Z_E=\sqrt{\frac{1}{\pi\left(\frac{1-\nu_1^2}{E_1}+\frac{1-\nu_2^2}{E_2}\right)}} \tag{7-62}$$

对于常用齿轮材料组合的 Z_H 值可参见表 7-10 查得。

表 7-10　弹性系数 Z_E

配对材料 小齿轮-大齿轮	Z_E $/\sqrt{N/mm^2}$	配对材料 小齿轮-大齿轮	Z_E $/\sqrt{N/mm^2}$
钢-钢	189.8	铸钢-铸钢	188.0
钢-铸钢	188.9	铸钢-球墨铸铁	180.5
钢-球墨铸铁	181.4	球墨铸铁-球墨铸铁	173.9

注：本表按泊松比 $\nu=0.3$，弹性模量，钢 $E=206000N/mm^2$，铸钢 $E=202000N/mm^2$，球墨铸铁 $E=173000N/mm^2$，按公式(7-62) 计算所得 Z_E 值。

h. 重合度系数 Z_ε。考虑重合度对单位齿宽载荷 $F_{t/b}$ 的影响，而使计算接触应力减小的系数。Z_ε 值可由公式(7-63)、公式(7-64) 和公式(7-65) 求得；也可根据啮合齿轮副的端面重合度 ε_α 和纵向重合度 ε_β 由图 7-10 查得。

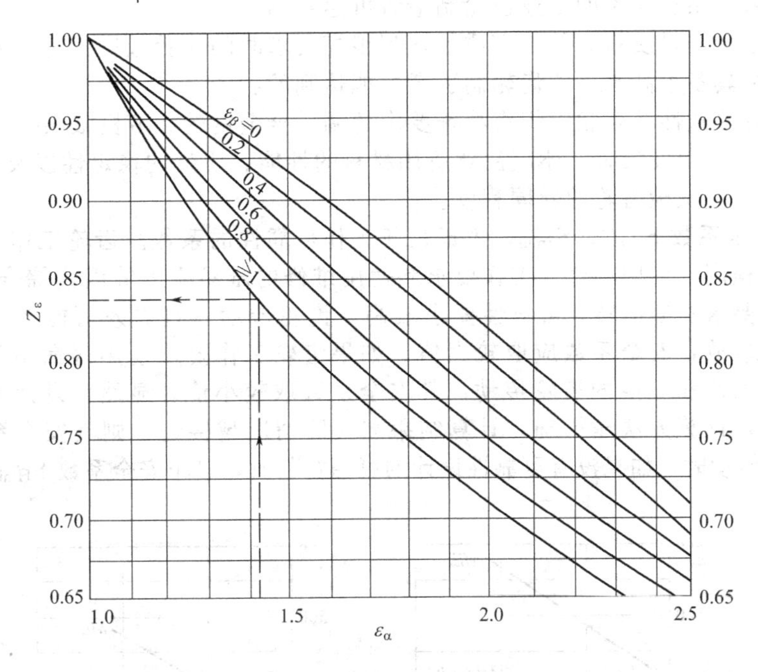

图 7-10　重合度系数 Z_ε

直齿轮

$$Z_\varepsilon=\sqrt{\frac{4-\varepsilon_\alpha}{3}} \tag{7-63}$$

斜齿轮

当 $\varepsilon_\beta<1$ 时

$$Z_\varepsilon=\sqrt{\frac{4-\varepsilon_\alpha}{3}(1-\varepsilon_\beta)+\frac{\varepsilon_\beta}{\varepsilon_\alpha}} \tag{7-64}$$

当 $\varepsilon_\beta\geqslant1$ 时

$$Z_\varepsilon=\sqrt{\frac{1}{\varepsilon_\alpha}} \tag{7-65}$$

$$\varepsilon_{\alpha}=\frac{z_1}{2\pi}(\tan\alpha_{\mathrm{at1}}-\tan\alpha_{\mathrm{t}}')\pm\frac{z_2}{2\pi}(\tan\alpha_{\mathrm{at2}}-\tan\alpha_{\mathrm{t}}')$$

$$\varepsilon_{\beta}=\frac{b\sin\beta}{\pi m_{\mathrm{n}}}$$

ε_{α} 计算式中的符号“±”，“+”用于外啮合传动，“-”用于内啮合传动。

ε_{β} 计算式中，当大小齿轮的齿宽 b 不一样时，采用其中较小值。

i. 螺旋角系数 Z_{β}。考虑螺旋角造成的接触线倾斜对接触应力影响的系数。Z_{β} 值可按下式计算，即

$$Z_{\beta}=\sqrt{\cos\beta} \tag{7-66}$$

j. 试验齿轮的接触疲劳极限 σ_{Hlim}。某种材料的齿轮经长期持续的重复载荷作用后（通常不小于 5×10^7 次），齿面不出现进展性点蚀时的极限应力。其主要因素有材料成分，力学性能，热处理及硬化层深度，毛坯种类（锻、轧、铸）和残余应力等。σ_{Hlim} 值可由齿轮的负荷运转试验得到。通常在进行齿轮传动设计时，可由图 7-11～图 7-15 查得。图中的 σ_{Hlim} 值是试验齿轮的失效概率为 1%时的轮齿接触疲劳极限。图中的 ML、MQ、ME 和 MX 线表示齿轮材料和热处理质量等级。它们的含义说明如下。

ML ——齿轮材料质量和热处理质量达到最低要求时的疲劳极限 σ_{Hlim} 值线。

MQ ——齿轮材料质量和热处理质量达到中等要求时的疲劳极限 σ_{Hlim} 值线。此中等要求是指有经验的工业齿轮制造者可达到的。

ME ——齿轮材料质量和热处理质量达到很高要求时的疲劳极限 σ_{Hlim} 值线。此要求是指具备很高水平的齿轮制造者才能达到的。

MX ——对淬透性及金相组织有特殊要求的调质合金钢的疲劳极限 σ_{Hlim} 值线。

在选取材料疲劳极限时，还应注意所用材料的性能、质量的稳定性以及齿轮精度以外的制造质量同上述试验齿轮的异同程度。

k. 最小安全系数 S_{Hmin}、S_{Fmin}。考虑齿轮工作可靠性的系数。齿轮工作的可靠性要求应根据其重要程度、使用场合、工作要求和使用维修的难易程度等因素综合考虑来确定。如果齿轮工作要求长期运转，可靠性要求较高；齿轮传动一旦失效可能造成较严重的经济损失或安全事故，安全系数应取较大值。如果齿轮工作要求使用寿命不长，可靠性要求不高，容易维修和更换的齿轮传动，其安全系数取较小值。显然，设计时所采取的原始数据越准确，计算方法越精确，计算结果与实际情况越接近，则其安全系数可取得小些。设计齿轮传动时，如果没有可靠性设计的可用资料时，最小安全系数 S_{Hmin} 和 S_{Fmin} 可由表 7-11 查得。

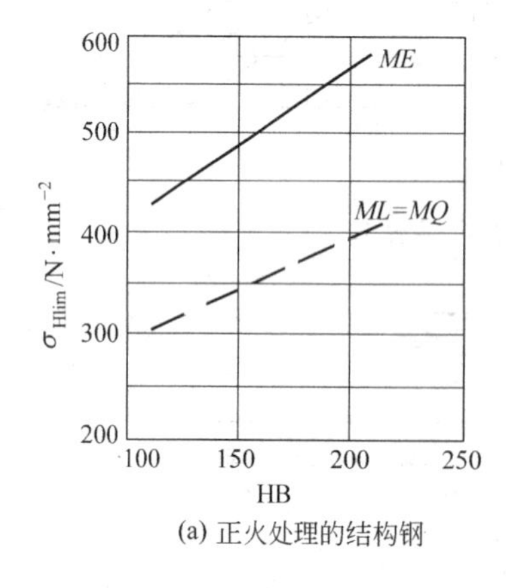

(a) 正火处理的结构钢

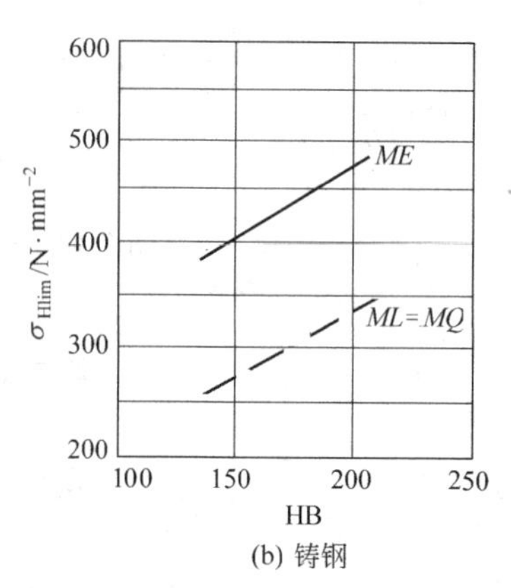

(b) 铸钢

图 7-11　正火处理的结构钢和铸钢的 σ_{Hlim}

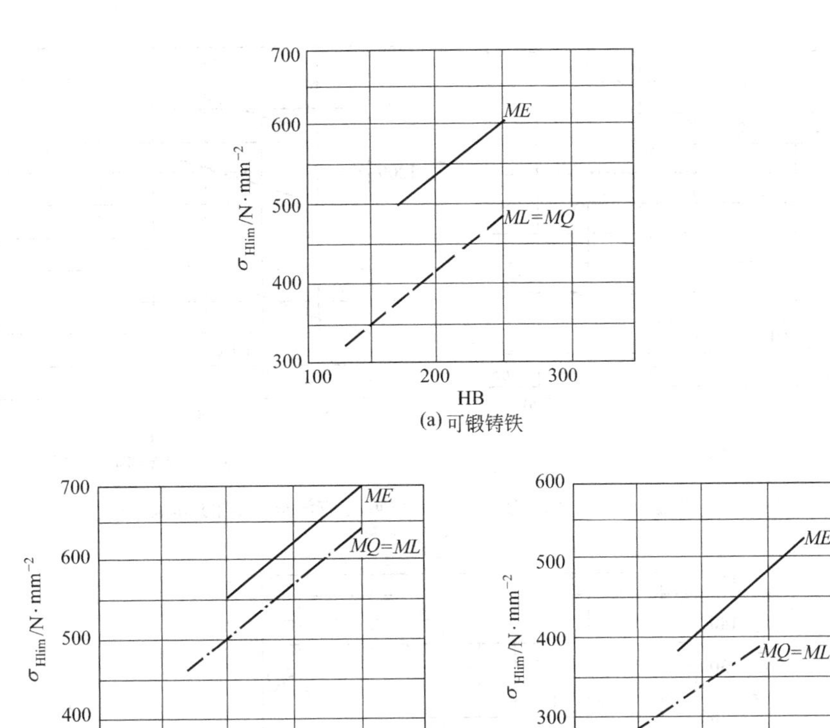

图 7-12　铸铁的 σ_{Hlim}

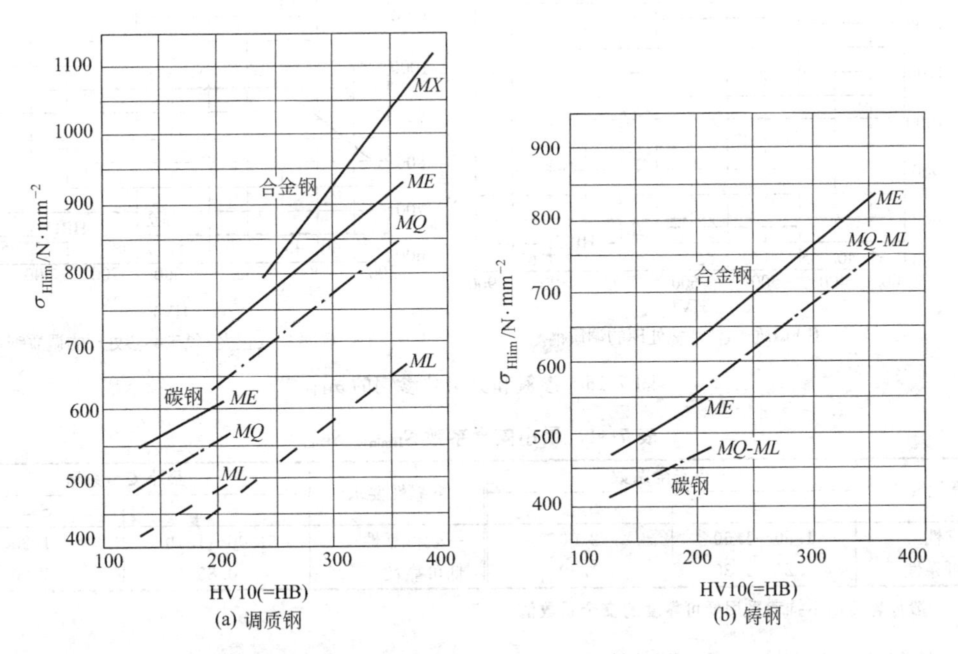

图 7-13　调质处理的碳钢、合金钢及铸钢的 σ_{Hlim}

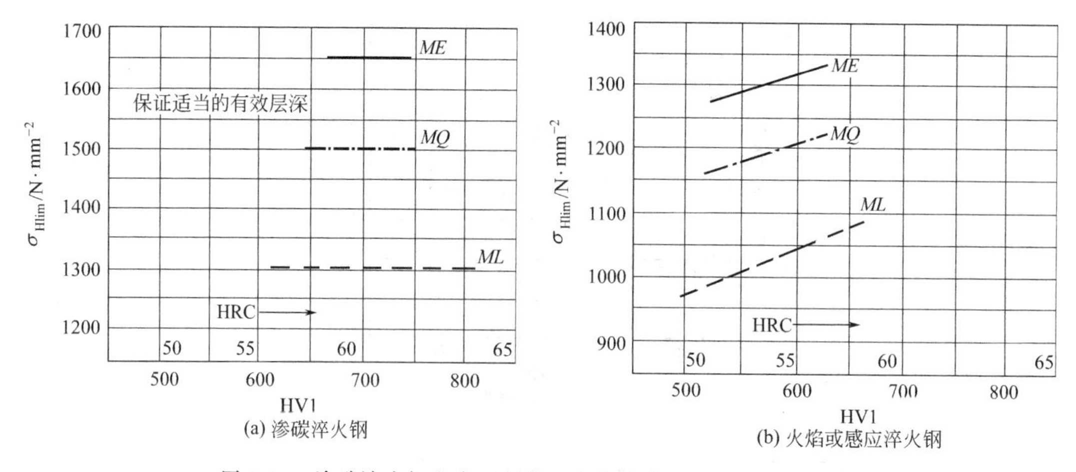

(a) 渗碳淬火钢　　(b) 火焰或感应淬火钢

图 7-14　渗碳淬火钢和表面硬化（火焰或感应淬火）钢的 σ_{Hlim}

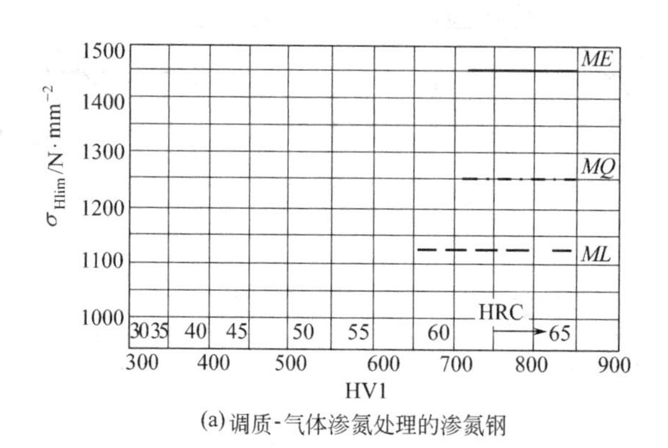

(a) 调质-气体渗氮处理的渗氮钢

(b) 调质-气体渗氮处理的调质钢　　(c)调质或正火-氮碳共渗处理的调质钢

图 7-15　渗氮和氮碳共渗钢的 σ_{Hlim}

表 7-11　最小安全系数 S_{Hmin}、S_{Fmin}

可靠性要求	最小安全系数		可靠性要求	最小安全系数	
	S_{Hmin}	S_{Fmin}		S_{Hmin}	S_{Fmin}
高可靠性	1.50～1.60	2.00	一般可靠性	1.00～1.10	1.25
较高可靠性	1.25～1.30	1.60	低可靠性	0.85	1.00

注：一般齿轮传动不推荐采用低可靠度的安全系数值。

1. 接触强度计算的寿命系数 Z_{NT}。考虑齿轮寿命小于或大于持久寿命条件循环次数 N_c 时（见图 7-16），其可承受的接触应力值与其相应的条件循环次数 N_c 时疲劳极限应力的比

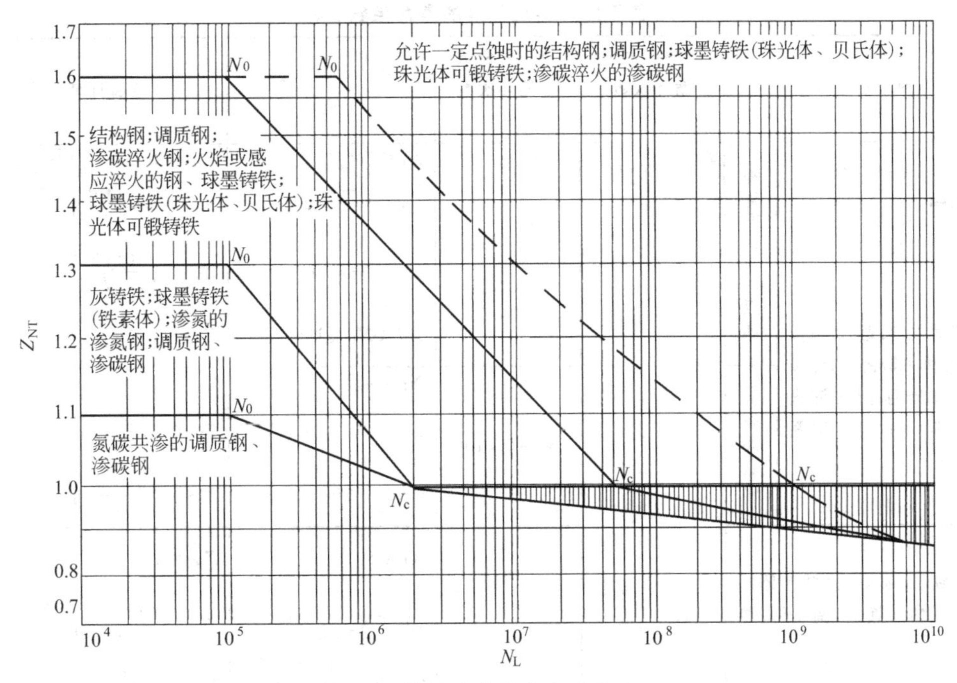

图 7-16　接触强度的寿命系数 Z_{NT}

例的系数。它与一对相啮合齿轮的材料、热处理、直径、模数、齿面粗糙度、节线速度及使用的润滑剂等有关。

当齿轮在定载荷工况工作时，应力循环次数 N_L 为齿轮设计寿命期内单侧齿面的啮合次数；双向工作时，按啮合次数较多的一侧计算。当齿轮在变载荷工况下工作时，可近似地按名义载荷 F_t 乘以使用系数 K_A 来校核其强度。

寿命系数 Z_{NT} 通常可由表 7-12 中的公式计算或由图 7-16 查得。

在简单齿轮传动中，应力循环次数 N_L 可按下式计算，即

$$N_L = 60nt$$

在行星齿轮传动中，各种传动类型齿轮的应力循环次数 $N_L = 60n^x t$；寿命系数 Z_{NT} 可按表 7-13 中的有关公式进行计算或由图 7-16 查得。

m. 润滑油膜影响系数 Z_L、Z_v、Z_R。齿面间的润滑油膜影响齿面承载能力。润滑区的油黏度（其影响用 Z_L 来考虑）、相啮合齿间的相对速度（其影响用 Z_v 来考虑）、齿面粗糙度（其影响用 Z_R 来考虑）对齿面间润滑油膜状况均会产生影响。系数 Z_L、Z_v 和 Z_R 可分别由图 7-17、图 7-18 和图 7-19 查得。

图 7-17 中 ν_{50} 为在 50℃时润滑油的名义运动黏度，mm^2/s（cSt）；ν_{40} 为在 40℃润滑油的名义运动黏度，mm^2/s（cSt）。图 7-18 中 v 为节点线速度，m/s；对于行星传动中的各齿轮可以相对线速度 v^x 代替 v。v^x 的计算见公式(7-57)。图 7-19 中 R_{z10} 为齿面相对（峰-谷）平均粗糙度，R_{z10} 值可按下式计算，即

$$R_{z10} = \frac{R_{z1} + R_{z2}}{2} \sqrt[3]{\frac{10}{\rho_{red}}} \tag{7-67}$$

式中　R_{z1}——小齿轮的齿面微观不平度 10 点高度，μm；可近似取 $R_z \approx 6R_a$；

R_{z2}——大齿轮的齿面微观不平度 10 点高度，μm；仿上，可取 $R_z \approx 6R_a$；

ρ_{red}——节点处诱导曲率半径，mm。

$$\rho_{red} = \rho_1 \rho_2 (\rho_1 \pm \rho_2)$$

式中　ρ_1、ρ_2——小轮及大轮节点处曲率半径；“+”号用于外啮合，“−”号用于内啮合。

表 7-12　接触强度的寿命系数 Z_{NT}

材料及热处理		静强度最大循环次数 N_0	持久寿命条件循环次数 N_c	应力循环次数 N_L	Z_{NT}计算公式	
结构钢 调质钢 球墨铸铁(珠光体、贝氏体)珠光体可锻铸铁;渗碳淬火的渗碳钢;感应淬火或火焰淬火的钢和球墨铸铁	允许有一定的点蚀	$N_0=6\times10^5$	$N_c=10^9$	$N_L\leqslant6\times10^5$	$Z_{NT}=1.6$	
				$6\times10^5<N_L\leqslant10^7$	$Z_{NT}=1.3\left(\frac{10^7}{N_L}\right)^{0.0738}$	(1)
				$10^7<N_L\leqslant10^9$	$Z_{NT}=\left(\frac{10^9}{N_L}\right)^{0.057}$	(2)
				$10^9<N_L\leqslant10^{10}$	$Z_{NT}=\left(\frac{10^9}{N_L}\right)^{0.0706}$	(3)
	不允许点蚀	$N_0=10^5$	$N_c=5\times10^7$	$N_L\leqslant10^5$	$Z_{NT}=1.6$	
				$10^5<N_L\leqslant5\times10^7$	$Z_{NT}=\left(\frac{5\times10^7}{N_L}\right)^{0.0756}$	(4)
				$5\times10^7<N_L\leqslant10^{10}$	$Z_{NT}=\left(\frac{5\times10^7}{N_L}\right)^{0.0306}$	(5)
灰铸铁、球墨铸铁(铁素体);渗氮处理的渗氮钢、调质钢、渗碳钢			$N_c=2\times10^6$	$N_L\leqslant10^5$	$Z_{NT}=1.3$	
				$10^5<N_L\leqslant2\times10^6$	$Z_{NT}=\left(\frac{2\times10^6}{N_L}\right)^{0.0875}$	(6)
				$2\times10^6<N_L\leqslant10^{10}$	$Z_{NT}=\left(\frac{2\times10^6}{N_L}\right)^{0.0191}$	(7)
氮碳共渗的调质钢、渗碳钢				$N_L\leqslant10^5$	$Z_{NT}=1.1$	
				$10^5<N_L\leqslant2\times10^6$	$Z_{NT}=\left(\frac{2\times10^6}{N_L}\right)^{0.0318}$	(8)
				$2\times10^6<N_L\leqslant10^{10}$	$Z_{NT}=\left(\frac{2\times10^6}{N_L}\right)^{0.0191}$	(9)

注:当优选材料、制造工艺和润滑剂,并经生产实践验证时,公式(3)、(5)、(7)和(9)可取 $Z_{NT}=1.0$。

表 7-13　行星齿轮传动中各齿轮的应力循环次数 N_L

传动类型	啮合齿轮副		齿数比 $u=z_2/z_1$	应力循环次数 N_L 小齿轮 N_{L1}	应力循环次数 N_L 大齿轮 N_{L2}
2Z-X(A) 2Z-X(B) 2Z-X(D) 3Z	a-c	$z_a<z_c$	z_c/z_a	$60(n_a-n_x)n_pt$	N_{L1}/un_p
		$z_a>z_c$	z_a/z_c	$N_{L2}u/n_p$	$60(n_a-n_x)n_pt$
2Z-X(A) 3Z	b-c		z_b/z_c	$N_{L2}u/n_p$	$60(n_b-n_x)n_pt$
2Z-X(B) 2Z-X(E)	b-d		z_b/z_d	$N_{L2}u/n_p$	$60(n_b-n_x)n_pt$
2Z-X(E) 3Z	e-d		z_e/z_d	$N_{L2}u/n_p$	$60(n_e-n_x)n_pt$
2Z-X(D)	b-d	$z_b>z_d$	z_b/z_d	$N_{L2}u/n_p$	$60(n_b-n_x)n_pt$
		$z_b<z_d$	z_d/z_b	$60(n_b-n_x)n_pt$	N_{L1}/un_p

注:1. 表内公式中的 t 为啮合齿轮副的总工作时间(h),当齿轮在双向载荷作用下工作时,t 为轮齿啮合次数最多的一侧的总工作时间。

2. 各轮的相对转速(n_a-n_x)、(n_b-n_x)和(n_e-n_x)的计算公式见表 2-1。

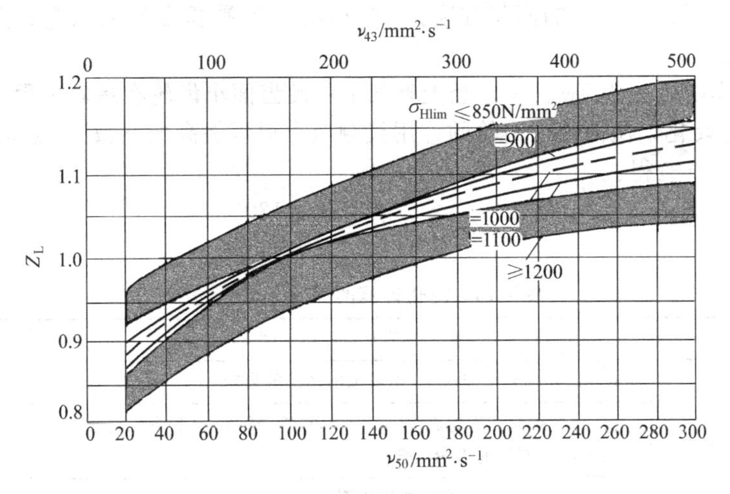

图 7-17　润滑剂系数 Z_L

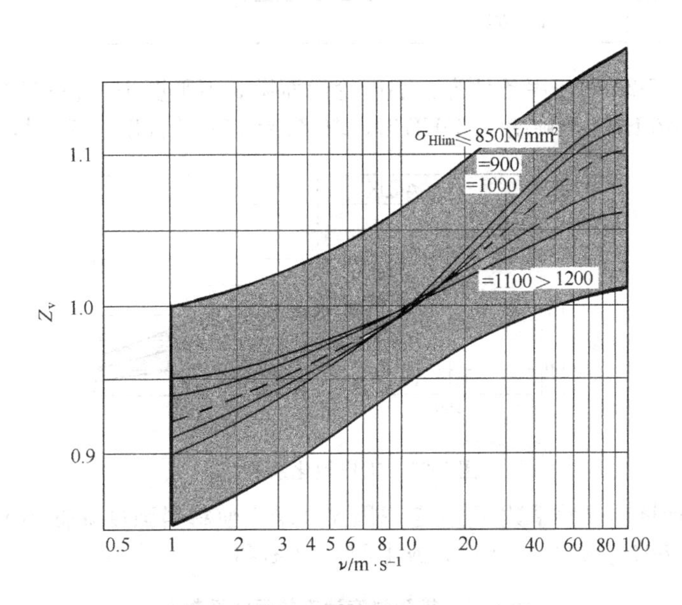

图 7-18　速度系数 Z_v

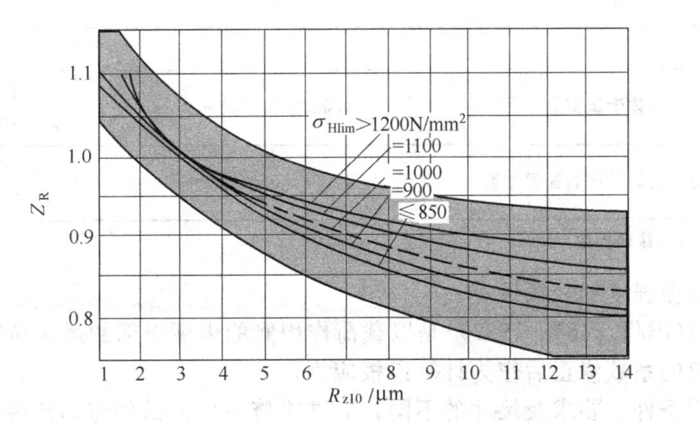

图 7-19　粗糙度系数 Z_R

关于 Z_L、Z_v 和 Z_R 计算的简化方法。($Z_L Z_v Z_R$) 的乘积在持久强度和静强度设计时可由表 7-14 查得。

n. 齿面工作硬化系数 Z_W。考虑经光整加工的硬齿面小齿轮在运转过程中对调质钢大齿轮齿面产生冷作硬化，从而使大齿轮的许用接触应力得以提高的系数。Z_W 值可由式 (7-68) 计算，或由图 7-20 查得。

$$Z_W = 1.2 - \frac{HB - 130}{1700} \tag{7-68}$$

表 7-14　简化计算的 ($Z_L Z_v Z_R$) 值

计算类型	加工工艺及齿面粗糙度 R_{z10}	$(Z_L Z_v Z_R)_{N_0, N_c}$
持久强度($N_L \geqslant N_c$)	$R_{z10} > 4\mu m$ 经展成法滚、插或刨削加工的齿轮	0.85
	研、磨或剃齿的齿轮副($R_{z10} > 4\mu m$)；滚、插、研磨的齿轮与 $R_{z10} \leqslant 4\mu m$ 的磨或剃齿的齿轮啮合	0.92
	$R_{z10} < 4\mu m$ 的磨削或剃的齿轮副	1.00
静强度($N_L \leqslant N_0$)	各种加工方法	1.00

以上公式和图 7-20 的使用条件为：小齿轮齿面微观不平度 10 点高度 $R_z < 6\mu m$，大齿轮齿面硬度为 130～470HB。当硬度<130HB 时，取 $Z_W = 1.2$；当硬度>470 时，取 $Z_W = 1.0$。

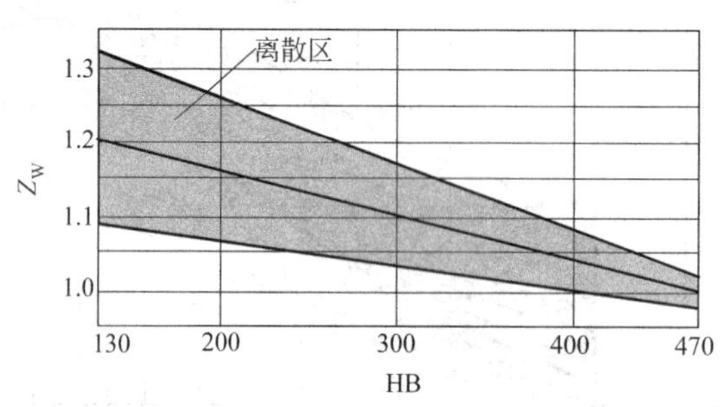

图 7-20　工作硬化系数 Z_W

o. 接触强度计算的尺寸系数 Z_X。考虑因尺寸增大使材料强度降低的尺寸效应因素的系数。Z_X 值可按表 7-15 所列公式计算，或由图 7-21 查得。

表 7-15　接触强度计算的尺寸系数 Z_X

材　　料	Z_X	备　　注
调质钢、结构钢	1.0	
短时间液体渗氮钢；气体渗氮钢	$1.067 - 0.0056m_n$	$m_n < 12$ 时，取 $m_n = 12$ $m_n > 30$ 时，取 $m_n = 30$
渗碳淬火钢、感应或火焰淬火表面硬化钢	$1.076 - 0.0109m_n$	$m_n < 7$ 时，取 $m_n = 7$ $m_n > 30$ 时，取 $m_n = 30$

注：表中 m_n 为齿轮法向模数，mm。

(2) 齿根弯曲强度的校核计算

国家标准 (GB/T 3480—1997) 是以载荷作用侧的齿廓根部的最大拉应力作为名义弯曲应力，并经相应的系数修正后作为计算齿根应力。

考虑到使用条件、要求及尺寸的不同，标准将修正后的试件弯曲疲劳极限作为许用齿根应力。给出的轮齿弯曲强度计算公式适用于齿根以内轮缘厚度不小于 $3.5m_n$ 的圆柱齿轮。

① 齿根应力 σ_F　在行星齿轮传动的啮合齿轮副中，其齿根应力 σ_F 可按下式计算，即

$$\sigma_F = \sigma_{F0} K_A K_V K_{F\beta} K_{F\alpha} K_{Fp} \quad (7\text{-}69)$$

$$\sigma_{F0} = \frac{F_t}{bm_n} Y_{Fa} Y_{Sa} Y_\varepsilon Y_\beta \quad (7\text{-}70)$$

式中　K_A、K_V——意义同前；

$K_{F\beta}$——计算弯曲强度的齿向载荷分布系数；

$K_{F\alpha}$——计算弯曲强度的齿间载荷分配系数；

K_{Fp}——计算弯曲强度的行星轮间载荷分配不均匀系数；

σ_{F0}——齿根应力的基本值，N/mm²，对大、小齿轮应分别确定；

Y_{Fa}——载荷作用于齿顶时的齿形系数；

Y_{Sa}——载荷作用于齿顶时的应力修正系数；

Y_ε——计算弯曲强度的重合度系数；

Y_β——计算弯曲强度的螺旋角系数；

b——工作齿宽，mm；若大、小齿轮宽度不同时，宽轮的计算工作齿宽不应大于窄轮齿宽加上一个模数 m_n。

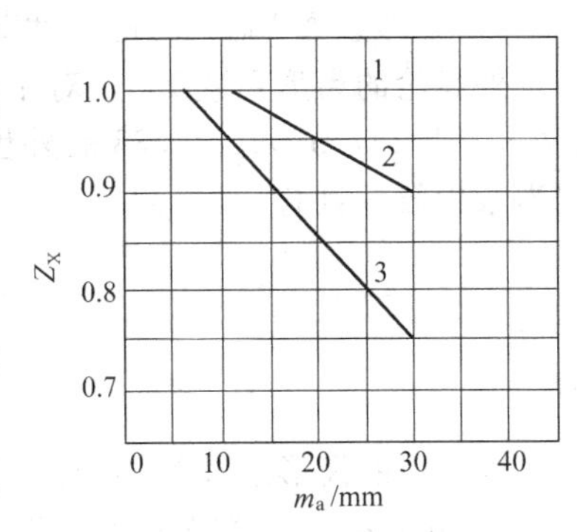

图 7-21　接触强度计算的尺寸系数 Z_X

1—结构钢、调质钢、静强度计算时的所有材料；2—短时间液体渗氮钢，气体渗氮钢；3—渗碳淬火钢、感应或火焰淬火表面硬化钢

② 许用齿根应力 σ_{FP}　许用齿根应力 σ_{FP} 可按下式计算，对大、小齿轮的 σ_{FP} 要分别确定。

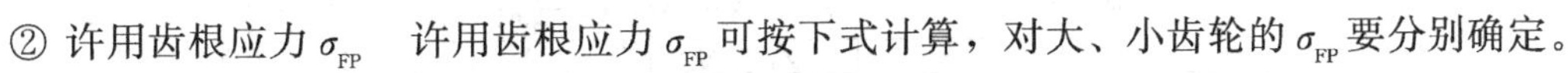

$$\sigma_{FP} = \frac{\sigma_{Flim} Y_{ST} Y_{NT}}{S_{Fmin}} Y_{\delta relT} Y_{RrelT} Y_X \quad (7\text{-}71)$$

式中　σ_{Flim}——试验齿轮的齿根弯曲疲劳极限，N/mm²；

Y_{ST}——试验齿轮的应力修正系数，采用本书的 σ_{Flim} 值时，取 $Y_{ST}=2.0$；

Y_{NT}——计算弯曲强度的寿命系数；

$Y_{\delta relT}$——相对齿根圆角敏感系数；

Y_{RrelT}——相对齿根表面状况系数；

Y_X——计算弯曲强度的尺寸系数；

S_{Fmin}——计算弯曲强度的最小安全系数，见表 7-11。

③ 强度条件　校核齿根应力的强度条件为计算齿根应力 σ_F 应不大于许用齿根应力 σ_{FP}，即

$$\sigma_F \leqslant \sigma_{FP} \quad (7\text{-}72)$$

④ 有关系数和弯曲疲劳极限

a. 弯曲强度计算中的切向力 F_t、使用系数 K_A 和动载系数 K_v 的确定方法与接触强度相同。

b. 齿向载荷分布系数 $K_{F\beta}$。考虑沿齿宽载荷分布对齿根弯曲应力的影响。$K_{F\beta}$ 值可按公式(7-60) 计算或按如下公式计算，即

$$K_{F\beta} = (K_{H\beta})^N \quad (7\text{-}73)$$

式中　$K_{H\beta}$——接触强度计算的齿向载荷分布系数，按表 7-8 中对应的计算公式求得；

N——幂指数，$N=\dfrac{(b/h)^2}{1+(b/h)+(b/h)^2}$；

b——齿宽，mm，对人字齿齿轮，用单个斜齿轮的齿宽；

h——齿高，mm。

b/h 应取大、小齿轮中的较小值。

c. 齿间载荷分配系数 $K_{F\alpha}$。弯曲强度计算的齿间载荷分配系数 $K_{F\alpha}$ 的计算方法与接触强度计算的齿间载荷分配系数 $K_{H\alpha}$ 完全相同，即 $K_{F\alpha}=K_{H\alpha}$，可由表 7-9 查得。

d. 齿形系数 Y_{Fa}。考虑当载荷作用于齿顶时齿形对名义弯曲应力的影响。

外齿轮的齿形系数 Y_{Fa}，对于齿形符合 GB 1356—2001 规定，即 $\alpha_n=20°$，$h_a/m_n=1.0$，$h_f/m_n=1.25$，$\rho_f/m_n=0.38$ 的外齿轮，其齿形系数 Y_{Fa} 可由图 7-22 查得。图中 z_n 为斜齿轮的当量齿数。且有

$$z_{n1}=\frac{z_1}{\cos^3\beta}$$

和

$$z_{n2}=\frac{z_2}{\cos^3\beta}$$

内齿轮的齿形系数 Y_{Fa} 可近似地按替代齿条计算。在近似计算中，当 $h_f=1.25m_n$，$h_a=m_n$，$\rho_f=0.15m_n$ 时，取 $Y_{Fa}=2.053$。当 $h_a=0.8m_n$，$h_f=1.1m_n$ 时，取 $Y_{Fa}=1.828$。

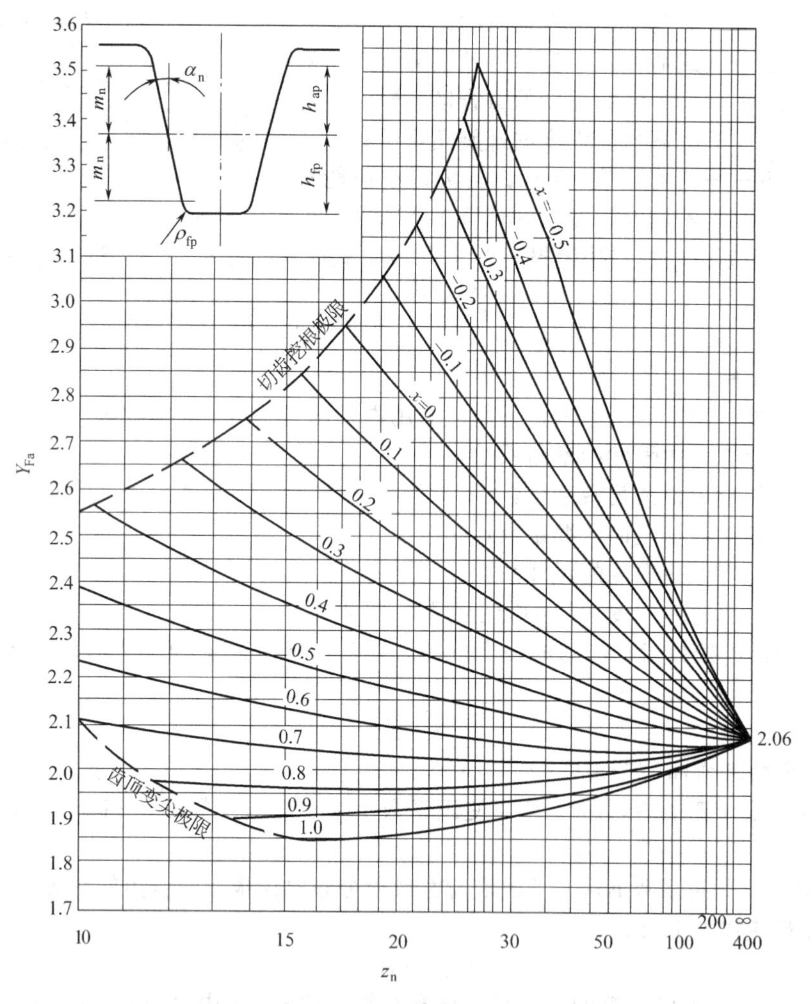

图 7-22　外齿轮齿形系数 Y_{Fa}

注：$\alpha_n=20°$；$h_{ap}/m_n=1.0$，$h_{fp}/m_n=1.25$；$\rho_{fp}/m_n=0.38$。
对内齿轮，当 $\rho_F=0.15m_n$，$h_{fp}=1.25m_n$，$h_{ap}=m_n$ 时，$Y_{Fa}=2.053$。

对于其他非标准齿形参数的内齿轮，其齿形系数 Y_{Fa} 可按下式计算，即

$$Y_{Fa}=\frac{6\left(\dfrac{h_{Fa}}{m_n}\right)}{\left(\dfrac{s_{Fa}}{m_n}\right)^2} \tag{7-74}$$

式中齿根弦齿厚 s_{Fa} 和弯曲力臂 h_{Fa} 可用作图法（见图 7-23）求得。

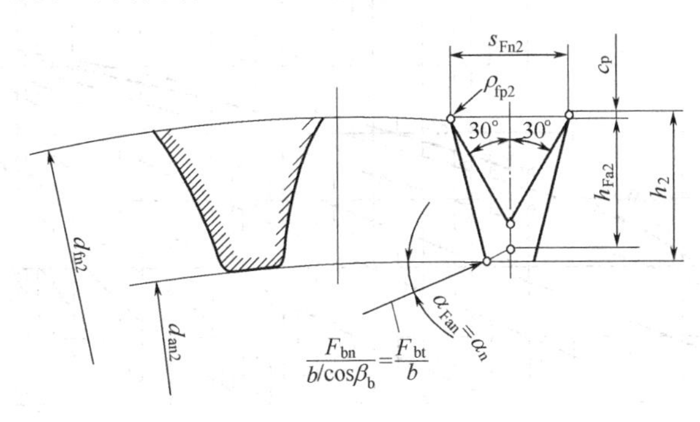

图 7-23　影响内齿轮齿形系数 Y_{Fa} 的各参数

e. 应力修正系数 Y_{Sa}。将名义弯曲应力换算成齿根局部应力的系数。它考虑了齿根过渡曲线处的应力集中和其他应力对齿根应力的影响。

对于用齿条刀具加工的外齿轮，符合如下规定：$\alpha_n=20°$，$h_{ap}/m_n=1.0$，$h_{fp}/m_n=1.25$，$\rho_{fp}/m_n=0.38$ 的外齿轮，其应力修正系数 Y_{Sa} 可按图 7-24 查得。图中的 z_n 为斜齿轮的当量齿数。

对于内齿轮的应力修正系数 Y_{Sa}，在近似计算中，当 $h_{fp}=1.25m_n$，$h_{ap}=m_n$，$\rho_{fp}=0.15m_n$ 时，取 $Y_{Sa}=2.65$。对于短齿（$h_a^*=0.8$）和有齿顶倒角的齿轮而言，使用图 7-24 中的 Y_{Sa} 值，其承载能力偏于安全的。

f. 重合度系数 Y_ε。将载荷由齿顶转换到单对齿啮合区外界点的系数。Y_ε 值可按下式计算，即

$$Y_\varepsilon=0.25+\frac{0.75}{\varepsilon_{\alpha n}} \tag{7-75}$$

当量齿轮的端面重合度

$$\varepsilon_{\alpha n}=\frac{\varepsilon_\alpha}{\cos^2\beta_b}$$

基圆螺旋角 β_b 可按下式计算，即

$$\beta_b=\arccos\left[\sqrt{1-(\sin\beta\cos\alpha_n)^2}\right]$$

g. 弯曲强度计算的螺旋角系数 Y_β。考虑螺旋角造成的接触线倾斜对齿根应力产生影响的系数。Y_β 值可按下式计算，即

$$Y_\beta=1-\varepsilon_\beta\frac{\beta}{120°}\geqslant Y_{\beta\min} \tag{7-76}$$

其中 $Y_{\beta\min}$ 值按下式求得

$$Y_{\beta\min}=1-0.25\varepsilon_\beta\geqslant 0.75 \tag{7-77}$$

以上式中，当纵向重合度 $\varepsilon_\beta>1$ 时，可按 $\varepsilon_\beta=1$ 计算，当纵向重合度 $\varepsilon_\beta<0.75$ 时，取 $Y_\beta=0.75$；当 $\beta>30°$时，按 $\beta=30°$计算。

螺旋角系数 Y_β 也可根据螺旋角 β 和纵向重合度 ε_β 由图 7-25 查得。

h. 试验齿轮的弯曲疲劳极限 σ_{Flim}。某种材料的齿轮经长期持续的重复载荷作用（通常其应力循环次数不少于 3×10^6）后，齿根保持不破坏时的极限应力。它的主要影响因素有材料成分，力学性能，热处理及硬化层深度，结构（锻、轧、铸），残余应力和材料缺陷等。σ_{Flim} 值可根据材料和齿面硬度由图 7-26～图 7-30 查得。图中的 σ_{Flim} 值是试验齿轮的失效概率为 1%时的轮齿弯曲疲劳极限。图中硬化齿轮的疲劳极限值对渗碳齿轮适用于有效硬化层深度（加工后的）$\delta\geqslant0.15m_n$，对于氮化齿轮，其有效硬化层深度 $\delta=0.4$～0.6mm。

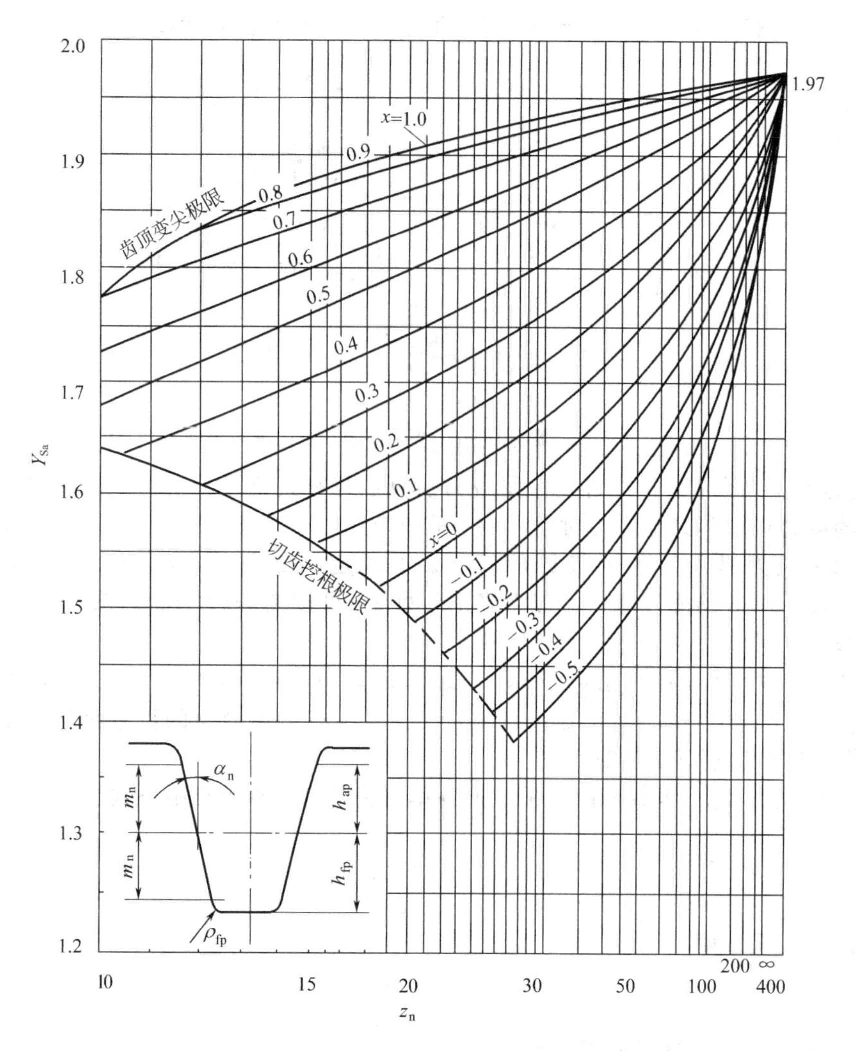

图 7-24　外齿轮应力修正系数 Y_{Sa}

注：$\alpha_n=20°$；$h_{ap}/m_n=1.0$，$h_{fp}/m_n=1.25$；$\rho_{fp}/m_n=0.38$。

对内齿轮，当 $\rho_F=0.15m_n$，$h_{fp}=1.25m_n$，$h_{ap}=m_n$ 时，$Y_{Sa}=2.65$。

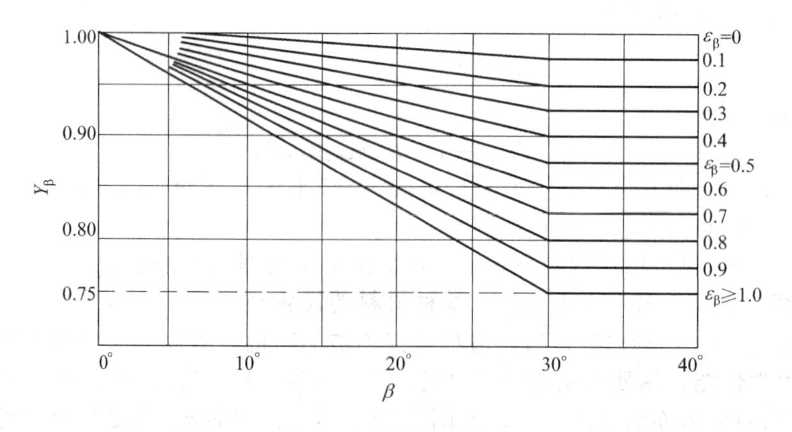

图 7-25　螺旋角系数 Y_β

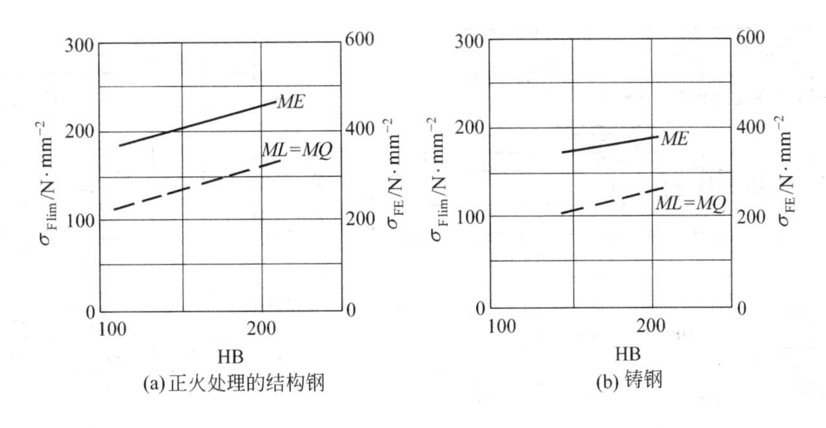

(a) 正火处理的结构钢　　(b) 铸钢

图 7-26　正火处理的结构钢和铸钢的 σ_{Flim} 和 σ_{FE}

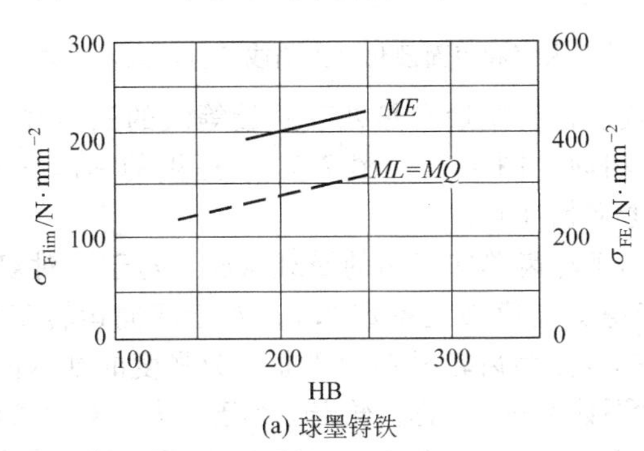

(a) 球墨铸铁

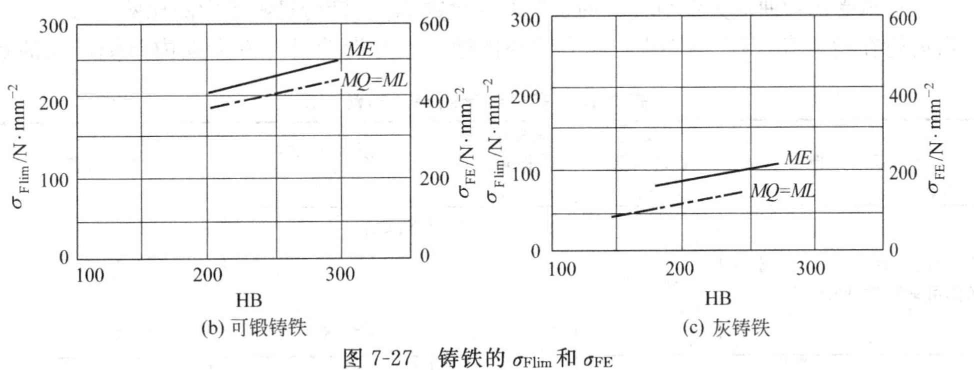

(b) 可锻铸铁　　(c) 灰铸铁

图 7-27　铸铁的 σ_{Flim} 和 σ_{FE}

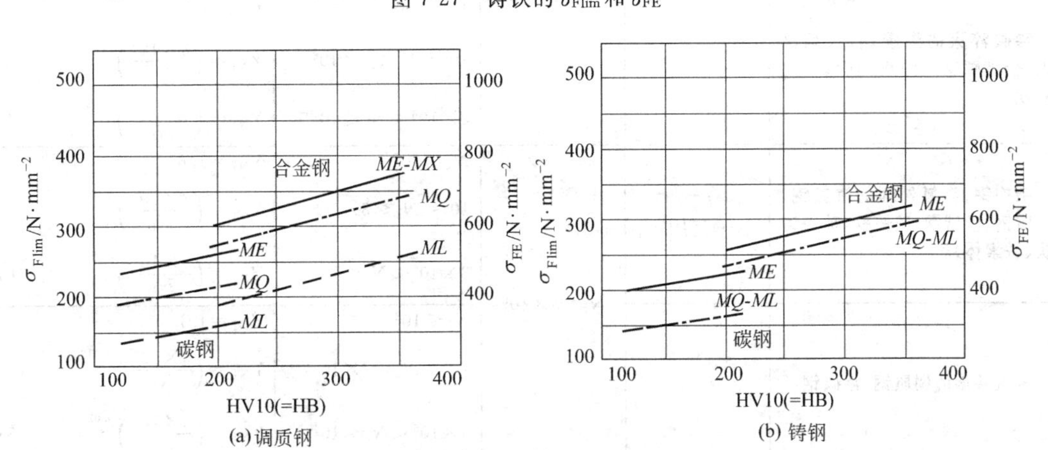

(a) 调质钢　　(b) 铸钢

图 7-28　调质处理的碳钢、合金钢及铸钢的 σ_{Flim} 和 σ_{FE}

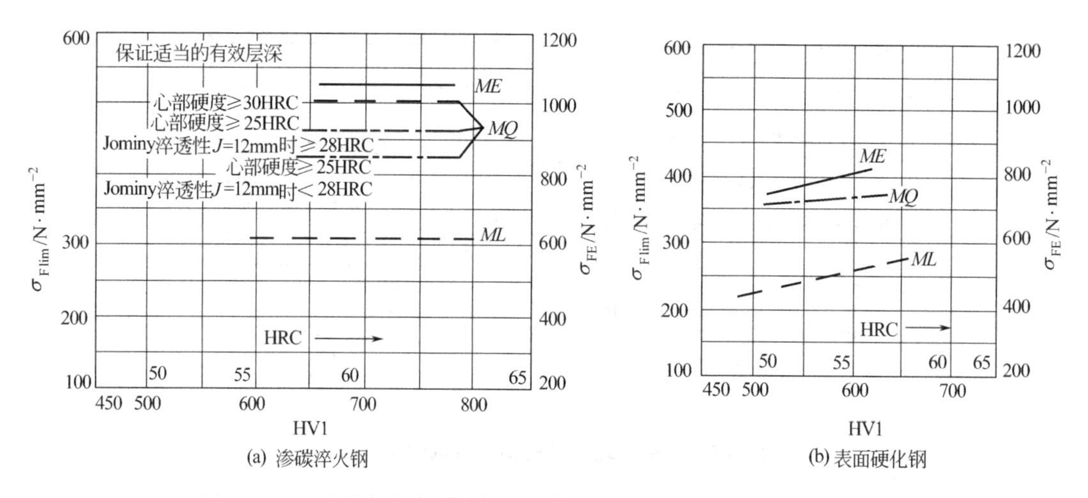

图 7-29　渗碳淬火钢和表面硬化（火焰或感应淬火）钢的 σ_{Flim} 和 σ_{FE}

在上述图中均给出了代表材料质量和热处理质量等级的三条线 ML、MQ 和 ME，其意义与图 7-11～图 7-15 中的相同。图 7-26～图 7-30 中提供的 σ_{Flim} 值是标准运转条件下得到的，具体的条件可查阅参考文献［4］。

以上图中的 σ_{Flim} 值适用于轮齿单向弯曲的受载状况；对于受对双向弯曲的齿轮（如中间轮、行星轮），应将图中查得 σ_{Flim} 值乘上系数 0.7；对于双向运转工作的齿轮，其 σ_{Flim} 值所乘系数可稍大于 0.7。图中，σ_{FE} 为齿轮材料的弯曲疲劳强度的基本值；且有 $\sigma_{FE}=2\sigma_{Flim}$。

i. 弯曲强度计算的寿命系数 Y_{NT}。考虑齿轮寿命小于或大于寿命条件循环次数 N_c 时（见图 7-31），其可承受的弯曲应力值与相应的条件循环次数 N_c 时疲劳极限应力的比例系数。

当齿轮在定载荷工况工作时，应力循环次数 N_L 为齿轮设计寿命期内单侧齿面的啮合次

表 7-16　弯曲强度的寿命系数 Y_{NT}

材料及热处理	静强度最大循环次数 N_0	持久寿命条件循环次数 N_c	应力循环次数 N_L	Y_{NT}计算公式	
球墨铸铁(珠光体、贝氏体)；珠光体可锻铸铁；调质钢	$N_0=10^4$	$N_c=3\times10^6$	$N_L\leqslant10^4$	$Y_{NT}=2.5$	
			$10^4<N_L\leqslant3\times10^6$	$Y_{NT}=\left(\frac{3\times10^6}{N_L}\right)^{0.16}$	(1)
			$3\times10^6<N_L\leqslant10^{10}$	$Y_{NT}=\left(\frac{3\times10^6}{N_L}\right)^{0.02}$	(2)
渗碳淬火的渗碳钢；火焰淬火、全齿廓感应淬火的钢；球墨铸铁			$N_L\leqslant10^3$	$Y_{NT}=2.5$	
			$10^3<N_L\leqslant3\times10^6$	$Y_{NT}=\left(\frac{3\times10^6}{N_L}\right)^{0.115}$	(3)
			$3\times10^6<N_L\leqslant10^{10}$	$Y_{NT}=\left(\frac{3\times10^6}{N_L}\right)^{0.02}$	(4)
结构钢；渗氮处理的渗氮钢、调质钢、渗碳钢；灰铸铁、球墨铸铁(铁素体)	$N_0=10^3$	$N_c=3\times10^6$	$N_L\leqslant10^3$	$Y_{NT}=1.6$	
			$10^3<N_L\leqslant3\times10^6$	$Y_{NT}=\left(\frac{3\times10^6}{N_L}\right)^{0.05}$	(5)
			$3\times10^6<N_L\leqslant10^{10}$	$Y_{NT}=\left(\frac{3\times10^6}{N_L}\right)^{0.02}$	(6)
氮碳共渗的调质钢、渗碳钢			$N_L\leqslant10^3$	$Y_{NT}=1.1$	
			$10^3<N_L\leqslant3\times10^6$	$Y_{NT}=\left(\frac{3\times10^6}{N_L}\right)^{0.012}$	(7)
			$3\times10^6<N_L\leqslant10^{10}$	$Y_{NT}=\left(\frac{3\times10^6}{N_L}\right)^{0.02}$	(8)

注：当优选材料、制造工艺和润滑剂，并经生产实践验证时，公式（2）、（4）、（6）和（8）可取 $Y_{NT}=1.0$。

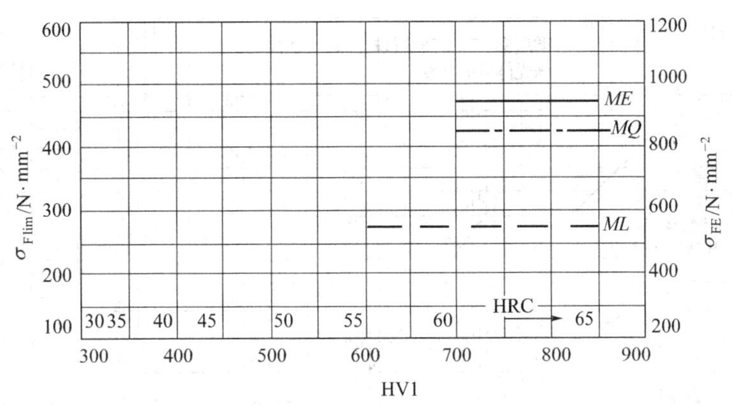

(a) 调质 - 气体渗氮处理的渗氮钢（不含铝）

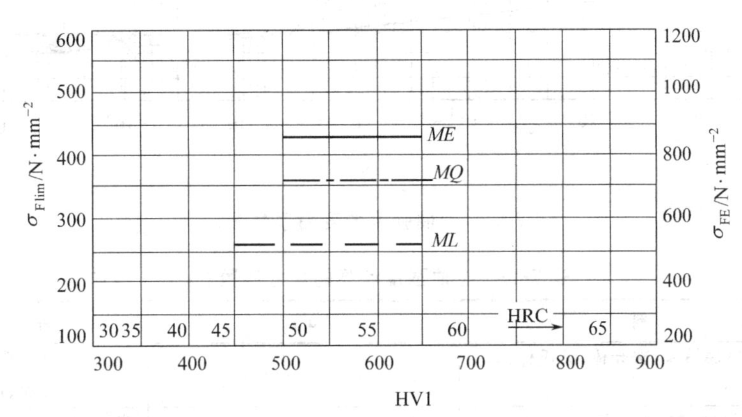

(b) 调质 - 气体渗氮处理的调质钢

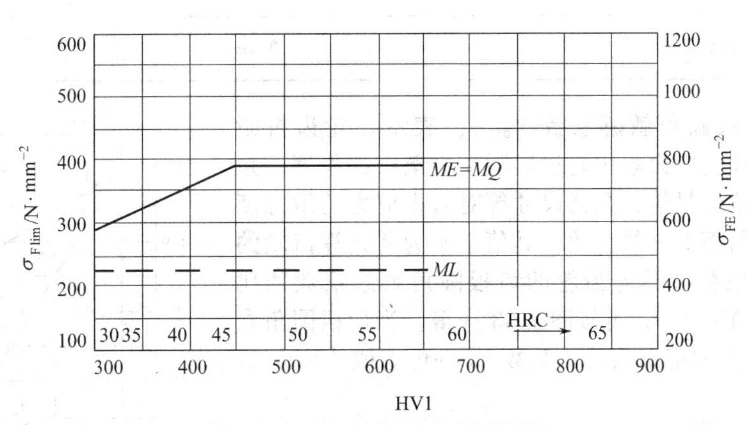

(c) 调质或正火 - 氮碳共渗处理的调质钢

图 7-30　氮化及碳氮共渗钢的 σ_{Flim} 和 σ_{FE}

数；双向工作时，按啮合次数较多的一面计算。当齿轮在变载荷工况下工作时，可近似地按名义载荷 F_t 乘以使用系数 K_A 来核算其强度。

寿命系数 Y_{NT} 通常可由表 7-16 中的公式计算或由图 7-31 查得。表中的应力循环次数 N_L 应按表 7-13 中的公式计算。

j. 弯曲强度计算的尺寸系数 Y_X。考虑因尺寸增大使材料强度降低的尺寸效应因素的系数，且用于弯曲强度计算。Y_X 值可按表 7-17 中的公式计算或由图 7-32 查得。

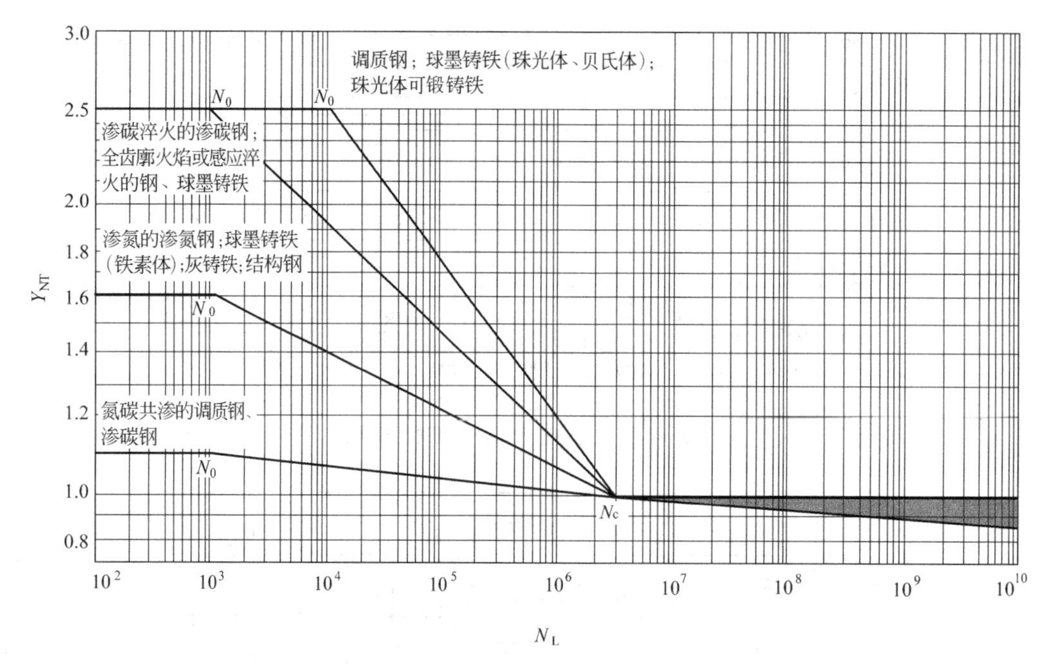

图 7-31　弯曲强度的寿命系数 Y_{NT}

表 7-17　弯曲强度计算的尺寸系数 Y_X

材　　料	Y_X	备　　注
结构钢、调质钢、球墨铸铁(珠光体、贝氏体)、珠光体可锻铸铁	$1.03-0.006m_n$	当 $m_n<5$ 时，取 $m_n=5$mm 当 $m_n>30$ 时，取 $m_n=30$mm
渗碳淬火钢和全齿廓感应或火焰淬火钢、渗氮钢或氮碳共渗钢	$1.05-0.01m_n$	当 $m_n<5$ 时，取 $m_n=5$mm 当 $m_n>25$ 时，取 $m_n=25$mm
灰铸铁、球墨铸铁(铁素体)	$1.075-0.015m_n$	当 $m_n<5$ 时，取 $m_n=5$mm 当 $m_n>25$ 时，取 $m_n=25$mm

k. 相对齿根圆角敏感系数 $Y_{\delta relT}$。表示在轮齿折断时，齿根处的理论应力集中超过实际应力集中的程度，是考虑所计算齿轮的材料、几何尺寸等对齿根应力的敏感度与试验齿轮不同而引进的系数。其值定义为所计算齿轮的齿根圆角敏感系数与试验齿轮的齿根圆角敏感系数的比值，即 $Y_{\delta relT}=Y_\delta/Y_{\delta T}$；可按图 7-33 查得。当齿根圆角参数在 $1.5<q_s<4$ 的范围内时，系数 $Y_{\delta relT}$ 可近似地取为 1，其误差小于 5%。

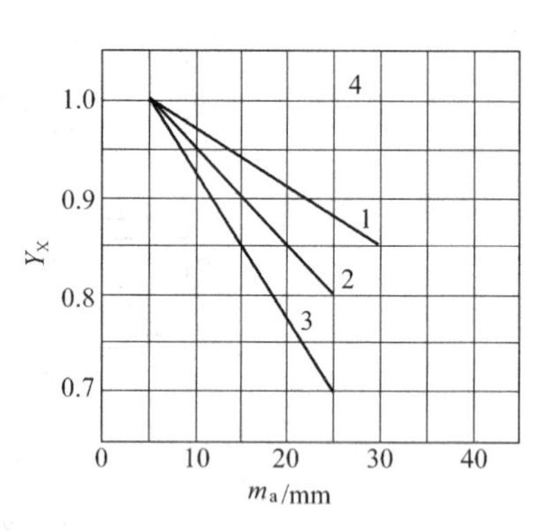

图 7-32　弯曲强度计算的尺寸系数 Y_X

1—结构钢、调质钢、球墨铸铁(珠光体、贝氏体)、珠光体可锻铸铁；2—渗碳淬火钢和全齿廓感应或火焰淬火钢，渗氮或氮碳共渗钢；3—灰铸铁，球墨铸铁（铁素体）；4—静强度计算时的所有材料

齿根圆角参数 q_s 可按下式计算，即

$$q_s=\frac{s_{Fn}}{2\rho_F} \tag{7-78}$$

式中　s_{Fn}——齿根危险截面齿厚，mm；

ρ_F——30°切线切点处曲率半径，mm。

s_{Fn} 和 ρ_F 可按如下公式计算，即

$$s_{Fn}=m_n\left[z_n\sin\left(\frac{\pi}{2}-\theta\right)+\sqrt{3}\left(\frac{G}{\cos\theta}-\frac{\rho_{fp}}{m_n}\right)\right]$$

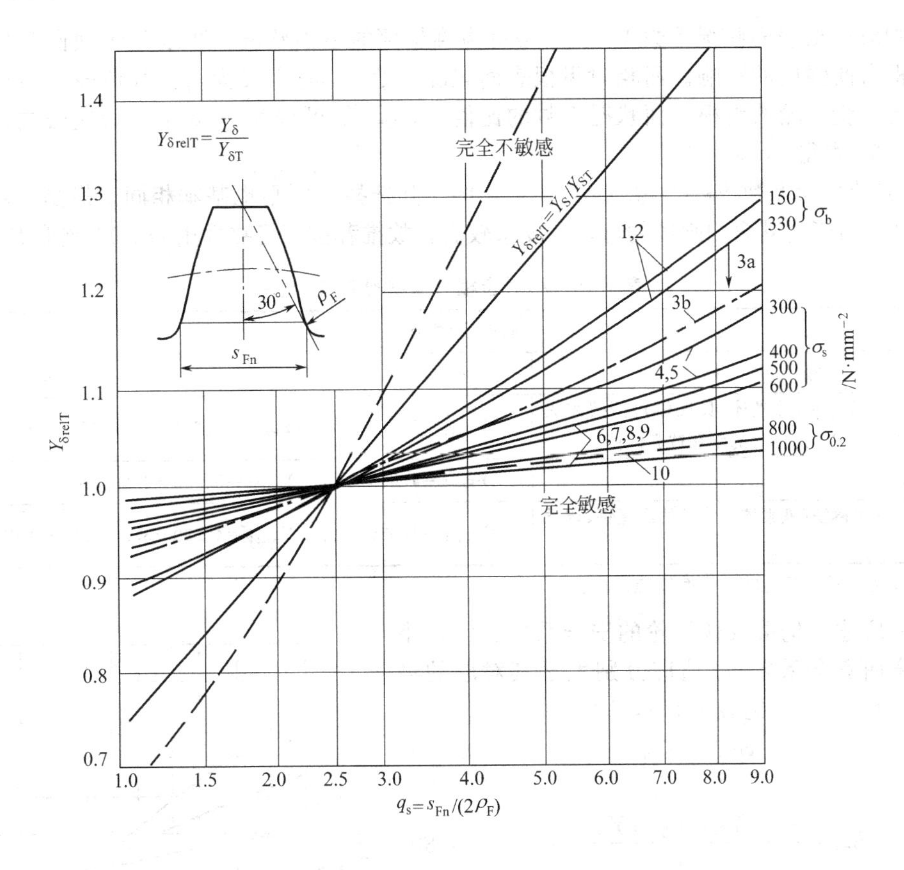

图 7-33　持久寿命时的相对齿根圆角敏感系数 $Y_{\delta relT}$

1—灰铸铁（$\sigma_b=150N/mm^2$）；2—灰铸铁、球墨铸铁（$\sigma_b=300N/mm^2$）；3a—球墨铸铁（珠光体）；3b—渗氮钢、调质钢；4—结构钢（$\sigma_s=300N/mm^2$）；5—结构钢（$\sigma_s=400N/mm^2$）；6—调质钢、球墨铸铁（$\sigma_s=500N/mm^2$）；7—调质钢、球墨铸铁（$\sigma_s=600N/mm^2$）；8—调质钢、球墨铸铁（$\sigma_s=800N/mm^2$）；9—调质钢、球墨铸铁（$\sigma_s=1000N/mm^2$）；10—渗碳淬火钢、火焰或感应淬火的钢

$$\rho_F=m_n\left[\frac{\rho_{fp}}{m_n}+\frac{2G^2}{\cos\theta(z_n\cos^2\theta-2G)}\right]$$

$$G=\frac{\rho_{fp}}{m_n}-\frac{h_{fp}}{m_n}+x$$

由图 7-22 可知，$\frac{h_{fp}}{m_n}=1.25$，$\frac{\rho_{fp}}{m_n}=0.38$。

$$\theta=\frac{H}{1-\frac{2G}{z_n}}\ (\mathrm{rad})$$

$$H=\frac{2}{z_n}\left(\frac{\pi}{2}-\frac{E}{m_n}\right)-\frac{\pi}{3}$$

$$E=\frac{\pi m_n}{4}-h_{fp}\tan\alpha_n-(1-\sin\alpha_n)\frac{\rho_{fp}}{\cos\alpha_n}$$

如果按公式(7-78) 计算所得到的 q_s 值为 $1.5<q_s<4$，则可取相对齿根圆角敏感系数 $Y_{\delta relT}=1$。

l. 相对齿根表面状况系数 Y_{RrelT}。考虑齿廓根部的表面状况，主要是齿根圆角处的粗糙度对齿根弯曲强度的影响。而相对齿根表面状况系数 Y_{RrelT} 定义为所计算齿轮的齿根表面状况系数与试验齿轮的齿根表面状况系数的比值。Y_{RrelT} 值可按表 7-18 中的相应公式计算，也可由图 7-34 查得。

m. 最小安全系数 S_{Fmin}。意义与 S_{Hmin} 相同，其选择的原则也基本相同。但是，对于行星齿轮传动，由于对其弯曲强度的可靠性要求较高，故推荐按高可靠性由表 7-11 查取 S_{Fmin} 值。

表 7-18　相对齿根表面状况系数 Y_{RrelT}

取值、计算公式		
材　　料	$R_z<1\mu m$	$1\mu m \leqslant R_z < 40\mu m$
调质钢，球墨铸铁（珠光体、贝氏体），渗碳淬火钢，火焰和全齿廓感应淬火的钢和球墨铸铁	$Y_{RrelT}=1.120$	$Y_{RrelT}=1.674-0.529(R_z+1)^{0.1}$
结构钢	$Y_{RrelT}=1.070$	$Y_{RrelT}=5.306-4.203(R_z+1)^{0.01}$
灰铸铁，球墨铸铁（铁素体），渗氮的渗氮钢、调质钢	$Y_{RrelT}=1.025$	$Y_{RrelT}=4.299-3.259(R_z+1)^{0.005}$

注：R_z 为齿根表面微观不平度 10 点高度。

如前所述，仍可校核齿轮的安全系数：大、小齿轮的弯曲安全系数 S_F 值应分别大于其对应的最小安全系数 S_{Fmin}（见表 7-11），即

$$S_F > S_{Fmin} \tag{7-79}$$

且有

$$S_{F1}=\frac{\sigma_{Flim1}Y_{NT1}Y_{\delta relT}Y_{RrelT}Y_X}{\sigma_{F1}} \tag{7-80}$$

$$S_{F2}=\frac{\sigma_{Flim2}Y_{NT2}Y_{\delta relT}Y_{RrelT}Y_X}{\sigma_{F2}} \tag{7-81}$$

（3）齿轮副中转矩 T_1 的计算公式

对于公式(7-9)、公式(7-49) 和公式(7-50) 中的转矩 T_1，即各齿轮副中小齿轮的名义转矩 T_1 应按下列关系式计算。

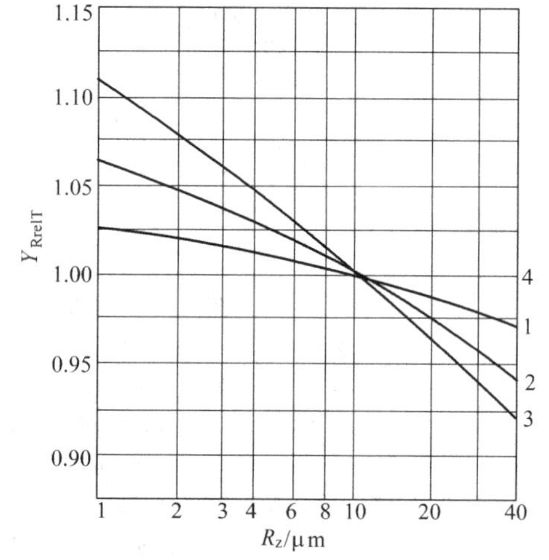

图 7-34　相对齿根表面状况系数 Y_{RrelT}
1—灰铸铁，铁素体球墨铸铁，渗氮处理的渗氮钢、调质钢；2—结构钢；3—调质钢，球墨铸铁（珠光体、铁素体），渗碳淬火钢，全齿廓感应或火焰淬火钢；4—静强度计算时的所有材料

对于 2Z-X 型行星传动中的 A、B、C、D 型和 3Z 型中的 a-c 啮合齿轮副，若 $z_c \geqslant z_a$，则小齿轮的转矩 T_1 和齿数比 u 可按如下公式计算，即

$$T_1=\frac{T_a}{n_p}\ (N \cdot m) \tag{7-82}$$

$$u=\frac{z_c}{z_a}=\frac{1}{2}(p-1) \tag{7-83}$$

若 $z_c<z_a$，则转矩 T_1 和齿数比 u 为

$$T_1=\frac{T_a}{n_p u}\ (N \cdot m) \tag{7-84}$$

$$u=\frac{z_a}{z_c}=\frac{2}{p-1} \tag{7-85}$$

式中　n_p ——行星轮数目；

u ——齿数比，$u=\frac{z_2}{z_1}$；

p ——行星排的特性参数，$p=z_b/z_a$；

T_a ——输入件中心轮 a 所传递的转矩，T_a 可按公式(7-1) 计算，N·m。

对于 2Z-X 型行星传动中的 A 型、E 型和 3Z 型中的 b-c 啮合齿轮副，小齿轮的转矩 T_1 和齿数比 u 可按如下公式计算，即

$$T_1=\frac{T_b}{n_p u}\ (\mathrm{N\cdot m}) \tag{7-86}$$

$$u=\frac{z_b}{z_c} \tag{7-87}$$

对于 2Z-X(B) 型行星传动中的 b-d 啮合齿轮副，转矩 T_1 和齿数比u 为

$$T_1=\frac{T_b}{n_p u}\ (\mathrm{N\cdot m}) \tag{7-88}$$

$$u=\frac{z_b}{z_d} \tag{7-89}$$

对于 2Z-X(D) 型中的 b-d 啮合齿轮副，若 $z_d \geqslant z_b$，则小齿轮的转矩 T_1 和齿数比 u 为

$$T_1=\frac{T_b}{n_p}\ (\mathrm{N\cdot m}) \tag{7-90}$$

$$u=\frac{z_d}{z_b} \tag{7-91}$$

若 $z_d < z_b$，则转矩 T_1 和齿数比 u 为

$$T_1=\frac{T_b}{n_p u}\ (\mathrm{N\cdot m}) \tag{7-92}$$

$$u=\frac{z_b}{z_d} \tag{7-93}$$

对于 2Z-X(E) 型和 3Z 型行星传动中的 e-d 啮合齿轮副，小齿轮的转矩 T_1 和齿数比 u 为

$$T_1=\frac{T_e}{n_p u}\ (\mathrm{N\cdot m}) \tag{7-94}$$

$$u=\frac{z_e}{z_d} \tag{7-95}$$

在 3Z(Ⅱ) 型行星传动中，因 $z_d=z_c$，则其齿数比 u 为

$$u=\frac{z_e}{z_c} \tag{7-96}$$

转矩 T_b 与 T_e 之间的关系式为

$$-\frac{T_b}{T_e}=\frac{1}{i_{be}^{a}}=\frac{i_{ae}^{b}-1}{i_{ae}^{b}}=\frac{i_{ab}^{e}}{i_{ab}^{e}-1} \tag{7-97}$$

转矩 T_e 与 T_a 之间的关系式为

$$T_e=i_{ae}^{b}T_a \tag{7-98}$$

转矩 T_a 与 T_b 之间的关系式为

$$T_b=-i_{ab}^{e}T_a \tag{7-99}$$

当中心轮 a 输入转速 n_a，且考虑到传动效率 η_{ae}^{b} 或 η_{ab}^{e} 时，转矩 T_a 与 T_e 及 T_a 与 T_b 之间的关系式为

$$T_e=-i_{ae}^{b}\eta_{ae}^{b}T_a$$

$$T_b=-i_{ab}^{e}\eta_{ab}^{e}T_a$$

式中　η_{ae}^{b}、η_{ab}^{e}—— 3Z 型行星传动的效率，可以按表 6-2 中对应的公式计算。

第 8 章　行星齿轮传动的均载机构

8.1　行星轮间载荷分布不均匀性分析

如前所述，行星齿轮传动具有结构紧凑、质量小、体积小、承载能力大等优点。这些都是由于在其结构上采用了多个（$n_p \geqslant 2$）行星轮的传动方式，充分利用了同心轴齿轮之间的空间，使用了多个行星轮来分担载荷，形成功率分流，并合理地采用了内啮合传动；从而，才使其具备了上述的许多优点。这对于传递动力的行星齿轮传动来说，采用多个行星轮的结构型式确是非常合理的。如果各行星轮间的载荷分布是均匀的，随着行星轮数 n_p 的增加，其结构更加紧凑、承载能力更大。例如，在传动比和名义功率相同的情况下，采用四个行星轮的行星齿轮传动装置的外形尺寸，仅为具有一个行星轮的行星齿轮传动的一半；在相同结构尺寸的情况下，行星齿轮传动所传递的转矩为普通定轴齿轮传动的 4～5 倍。但是，当人们在设计这种传动效率高、体积小和传动比大的行星齿轮传动时，即使在设计过程中作了许多细致的工作，如果在结构上疏忽了由输入齿轮（如中心轮 a）传到各个行星轮的载荷分布的不均匀性问题，那么，就不能很好地发挥行星齿轮传动的优越性。现在不少的行星齿轮传动装置正是在行星轮间的载荷均匀分布上不同程度地存在着一些问题，而没有能够充分地发挥行星齿轮传动的优越性。这是由于设计者错误地、且过分地强调其传动比大、结构紧凑和承载能力大等优点，却片面地断定载荷是按行星轮的个数 n_p 平均分配的。实际上，由于不可避免的制造和安装误差，以及构件的变形等因素的影响，致使行星轮间的载荷分布是不均匀的。较严重的情况是：有时载荷可能是集中在某一个行星轮上，而其他的（n_p-1）个行星轮则被闲置，而不能起着传递动力的作用。这就是某些行星齿轮减速器产生异常的工作情况或出现事故的原因所在。因此，在设计行星齿轮传动时，认真地解决行星轮间载荷分配的不均匀性问题，这对于充分发挥其优越性就显得非常重要了。为了解决这个问题，近十几年来，在国内外的行星齿轮传动中已出现了许多的均载机构，目前该均载机构大多数仍是依靠机械的方法来实现行星轮间载荷均衡的目的。

所谓行星轮间载荷分布均匀（或称载荷均衡），就是指输入的中心轮传递给各行星轮的

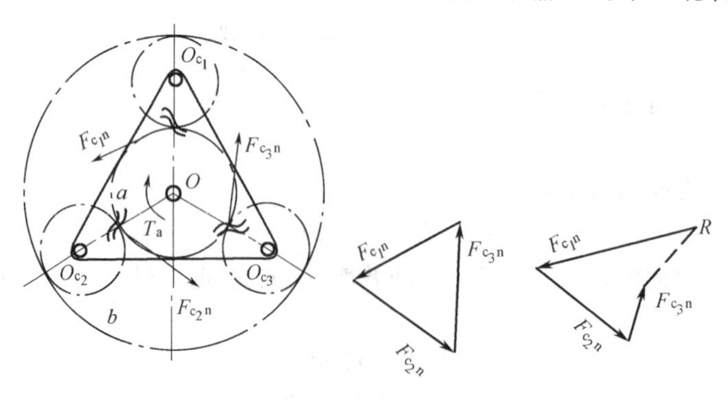

(a) 载荷均匀分布　(b) 等边的力三角形　(c) 载荷分布不均匀

图 8-1　2Z-X(A)型行星轮间的载荷分布

啮合作用力的大小相等。例如，在图 8-1 所示的 2Z-X(A)型行星传动，设中心轮 a 上输入一个转矩 T_a，在理想的制造精度和刚度的条件下，中心轮 a 上的轮齿就会与 n_p 个行星轮 c 上的轮齿相接触（啮合），则各行星轮 c_1、c_2 和 c_3（$n_p=3$）对中心轮 a 的法向作用力 F_{c_1n}、F_{c_2n}和 F_{c_3n}的大小是相等的。现取中心轮 a 为受力对象，法向作用力 F_{c_1n}、F_{c_2n}和 F_{c_3n}组成为一个等边的力三角形［见图 8-1(b)］，即各行星轮作用于中心轮 a 上的力的主矢为零，$F_{c_1n}+F_{c_2n}+F_{c_3n}=0$；而其主矩的大小则等于转矩 T_a。因此，中心轮 a 可达到无径向载荷地传递转矩。但是，在没有采取任何均载措施的情况下，实际上行星轮间的载荷分布是不均匀的；即使采用了某种均载机构，在行星齿轮传动工作的过程中，行星轮间的载荷分布也并非完全是均衡的。行星轮间载荷分布不均衡的原因，可以大致分为由齿轮本身的各种制造误差，轴承、转臂和齿轮箱体等的制造和安装误差两部分所组成的。而行星齿轮传动零件的制造误差将使轮齿工作齿廓间形成间隙或过盈。各基本构件和行星轮轴线的位移，及各齿轮的运动误差，例如，中心轮轴线的位移，轴承轴线或内齿轮与箱体配合的径向位移和转臂上安装行星轮的心轴孔的位移，以及双联行星轮工作齿形的相对位移，中心轮 a、b 的运动误差和行星轮与中心轮啮合的运动误差等，将形成中心轮与行星轮啮合时的间隙或过盈。由于上述这些行星轮与中心轮啮合时的总间隙或过盈的存在，当中心轮 a 或 b 和转臂 x 的轴线都不能自由偏移而实现自由调整时，就可能出现中心轮 a 或 b 仅与一个行星轮接触的情况，而中心轮与其余行星轮的啮合处就会产生间隙 Δ_2、$\Delta_3 \cdots \Delta_n$（见图 8-2）。

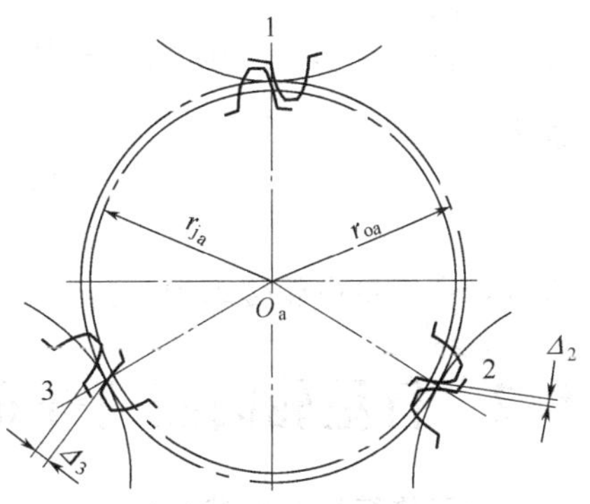

图 8-2　未采取均载措施行星轮的啮合情况

在输入转矩 T_a 的作用下，由于齿轮、轴和轴承等零件的变形，而使齿轮 a 旋转某一角度 φ_a，如果弧线$\widehat{r_a\varphi_a}$的数值小于齿轮最小侧隙的数值，即$\widehat{r_a\varphi_a}<\Delta_{min}$；那么，其所有的载荷（切向力）$\sum F_t=\dfrac{2T_a}{d_a}$就全都由一个与中心轮 a 相接触的行星轮 c_1 传递，即 $F_{tmax}=\sum F_t$。

当行星轮间的载荷分布均匀时，中心轮 a 与每个行星轮啮合处的平均切向力为

$$F_{tKp}=\frac{\sum F_t}{n_p}=\frac{2000T_a}{n_p d_a} \tag{8-1}$$

式中　$\sum F_t$ ——中心轮 a 与各行星轮啮合处的切向力之和，N；

n_p ——行星轮数，一般取 $n_p=2\sim4$；

T_a ——中心轮 a 输入的转矩，N · m；

d_a ——中心轮 a 的分度圆直径，mm。

当行星轮间载荷分布不均匀时，其行星轮上所受的最大载荷 F_{tmax}与各行星轮所受的平均载荷 F_{tKp}的比值，称为行星轮间载荷分布不均匀系数 K_p；即行星轮间载荷分布不均匀系数为

$$K_p=\frac{F_{tmax}}{F_{tKp}}=\frac{n_p d_a}{2000T_a}F_{tmax} \tag{8-2}$$

在计算行星齿轮传动的齿轮强度时，应按行星轮上所受的最大载荷 F_{tmax}来进行。由公式(8-2) 可得最大载荷的计算公式为

$$F_{tmax}=K_p F_{tKp}=\frac{2000K_p T_a}{n_p d_a} \tag{8-3}$$

显然，当所有的载荷$\sum F_t$ 全都由一个行星轮承受，即 $F_{tmax}=\sum F_t$ 时，由公式(8-1)、

公式(8-2) 可得，其载荷分布不均匀系数为

$$K_{\mathrm{p}}=\frac{F_{\mathrm{tmax}}}{F_{\mathrm{tKp}}}=\frac{n_{\mathrm{p}}F_{\mathrm{tKp}}}{F_{\mathrm{tKp}}}=n_{\mathrm{p}}$$

即此时其载荷分布不均匀系数 K_{p} 等于行星轮个数 n_{p}。

在理想的均载情况下，所有的载荷 $\sum F_{\mathrm{t}}$ 由 n_{p} 个行星轮承受，即各行星轮间的载荷均匀分布；其平均切向力为 $F_{\mathrm{tKp}}=\frac{\sum F_{\mathrm{t}}}{n_{\mathrm{p}}}=\frac{2000T_{\mathrm{a}}}{n_{\mathrm{p}}d_{\mathrm{a}}}=F_{\mathrm{tmax}}$。仿上，则可得其载荷分配不均匀系数为

$$K_{\mathrm{p}}=\frac{F_{\mathrm{tmax}}}{F_{\mathrm{tKp}}}=\frac{F_{\mathrm{tKp}}}{F_{\mathrm{tKp}}}=1$$

所以，在行星齿轮传动中，其行星轮间载荷分布不均匀系数 K_{p} 的数值范围为 $1\leqslant K_{\mathrm{p}}\leqslant n_{\mathrm{p}}$。

8.2　行星轮间载荷分布均匀的措施

为了使行星轮间载荷分布均匀，起初，人们只努力提高齿轮的加工精度，从而使得行星齿轮传动的制造和装配变得比较困难。后来通过实践采取了对行星齿轮传动的基本构件径向不加限制的专门措施和其他可进行自动调位的方法，即采用各种机械式的均载机构，以达到各行星轮间载荷分布均匀的目的。从而，有效地降低了行星齿轮传动的制造精度和较容易装配，且使行星齿轮传动输入的功率能通过所有的行星轮进行传递，即可进行功率分流。

在选用行星齿轮传动中的均载机构时，根据该机构的功用和工作情况，应对其提出如下几点要求。

① 均载机构在结构上应组成静定系统，能较好地补偿制造和装配误差及零件的变形，且使载荷分布不均匀系数 K_{p} 值最小。

② 均载机构的补偿动作要可靠、均载效果要好。为此，应使均载构件上所受的力较大，因为，作用力大才能使其动作灵敏、准确。

③ 在均载过程中，均载构件应能以较小的自动调整位移量补偿行星齿轮传动存在的制造误差。

④ 均载机构应制造容易，结构简单、紧凑，布置方便，不得影响到行星齿轮传动的传动性能。

⑤ 均载机构本身的摩擦损失应尽量小，效率要高。

⑥ 均载机构应具有一定的缓冲和减振性能；至少不应增加行星齿轮传动的振动和噪声。

为了使行星轮间载荷分布均匀，有多种多样的均载方法。对于主要靠机械的方法来实现均载的系统（简称为机械均载系统），其结构类型可分为如下两种。

（1） 静定系统

该机械系统的均载原理是通过系统中附加的自由度来实现均载的。采用基本构件自动调位的均载机构是属于静定系统。当行星轮间的载荷不均衡时，构件按照所受到的作用力的不同情况，可在其自由度的范围内相应地进行自动调位，从而，使行星轮间载荷分布均匀。

较常见的静定均载系统有如下两种组成方案。

① 具有浮动基本构件的系统。所谓“浮动基本构件”，就是指某个基本构件没有径向的支承，则称它为浮动基本构件。例如，采用中心轮 a 或内齿轮 b、e 为浮动构件的三行星轮系统。该系统如图 8-3～图 8-10 所示。由于该均载机构具有结构简单，均载效果好等优点，故它已获得了较广泛的应用。

② 全部构件都是刚性连接的，而行星轮在工作过程中可以进行自动调位的杠杆系统。

例如，采用杠杆联动的均载机构，使 $n_p=2\sim4$ 个行星轮浮动，即行星轮可以自动调整位置，以实现行星轮间载荷分布均匀（见图 8-11 和图 8-12）。

（2）静不定系统

较常见的静不定系统有下列两种组成方案。

① 完全刚性构件的均载系统。这种系统完全依靠构件的高精度，即使其零件的制造和装配误差很小来保证获得均载的效果。但采用这种均载方法将使得行星齿轮传动的制造和装配变得非常困难和复杂，且成本较高。因此，很少采用它。

② 采用弹性件的均载系统。这种均载方法是采用具有弹性的齿轮和弹性支承，在不均衡载荷的作用下，使弹性件产生相应的弹性变形，以实现均载的机械系统。例如，将内齿轮制成薄壁壳体结构，或用弹性件将内齿轮连接在箱体上，以及采用具有弹性衬套或柔性销轴的行星轮。该均载系统如图 8-17、图 8-18 所示。

现将目前国内外较常采用的几种均载机构简介如下。

（1）基本构件浮动的均载机构

如前所述，基本构件浮动，就是将行星传动中的基本构件之一（或两个）不进行径向定位支承。当行星轮间载荷分布不均匀时，即在不平衡的径向力作用下，允许某个基本构件产生径向移动，以实现自动调位的目的，从而，使各行星轮间的载荷均衡。

浮动的基本构件可以是行星传动中的外齿中心轮、内齿轮和转臂 x。而转臂 x 浮动的均载机构不适用于转臂的转速较高的场合。

基本构件浮动常采用的方法是将构件与可移式联轴器（齿轮联轴器和十字滑块联轴器等）相连接。在行星齿轮传动中只要有一个基本构件浮动就可以起到均载作用；若两个基本构件同时浮动，则均载效果更好。

① 中心轮 a 浮动　图 8-3 所示为中心轮 a 浮动的 2Z-X(A)型行星传动。为了清晰起见，在图 8-3(a)中仍用万向联轴器来表示该均载机构。实际上多用齿轮联轴器（双齿或单齿的）。中心轮 a 通过齿轮联轴器与高速轴 I 相连接。当输入轴 I 上施加力矩 T_a 时，中心轮 a 与 $n_p=3$ 个行星轮啮合，各齿轮副的啮合处便产生啮合作用力 F_{n1}、F_{n2} 和 F_{n3}。若行星轮各轴心在圆周上是匀称地布置的，由于齿轮联轴器对中心轮 a 在径向上的自动补偿作用，最终可使各啮合作用力相等，且组成等边的力三角形［图 8-3(b)］；而各力形成的力矩与外力矩 T_a 平衡，即使各行星轮间的载荷分布均匀。故在此情况下，其载荷分布不均匀系数 K_p 值等于 1。

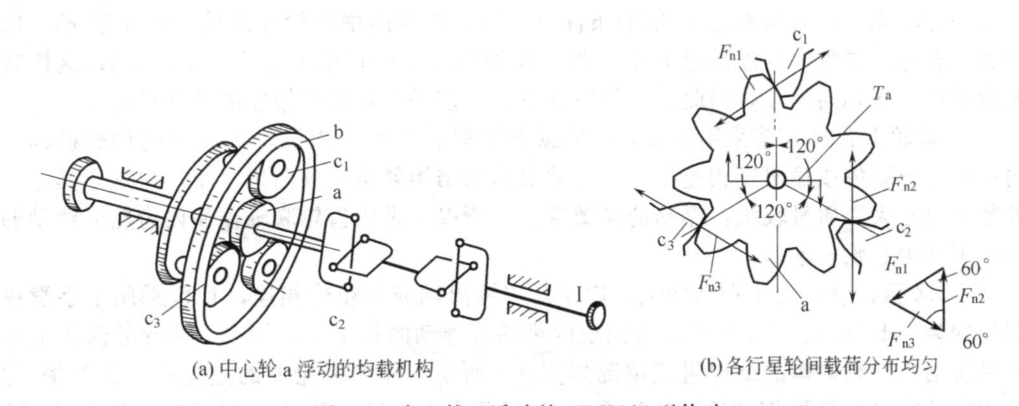

图 8-3　中心轮 a 浮动的 2Z-X(A)型传动

由于中心轮 a 的体积小、质量小，结构简单，浮动灵活；与其连接的均载机构较容易制造，且便于安装，故使中心轮 a 浮动的方法已获得了较广泛的应用。尤其是当行星轮数

$n_p=3$，应用于中、低速行星传动时，其均载效果更好。但当 $n_p>3$ 和应用于高速传动时，均载效果不好，且噪声大；故此时需采用其他均载机构。

齿轮联轴器是通过轮齿相互啮合来传递扭矩的。由于它有较多的轮齿同时工作，所以，该联轴器传递转矩的能力较大。其主要缺点是缺乏缓冲和吸振能力。

若采用双齿联轴器作为均载机构［见图 8-4（a）］，一般，其允许径向位移为 $E=0.4\sim6.3$mm，允许角位移 $\alpha\leqslant30'$；采用鼓形齿时，允许角位移 $\alpha=3°$。由此可见，双齿联轴器允许被连接轴线间有一定的径向位移和角位移，故其浮动效果好。它不仅可使各行星轮间载荷分布均匀，且可使啮合轮齿沿齿宽方向的载荷分布获得改善。图 8-4(a)所示为采用双齿联轴器使中心轮 a 浮动的 2Z-X（A）型行星传动简图。

双齿联轴器的齿套长度 L（见图 8-5）可近似计算为

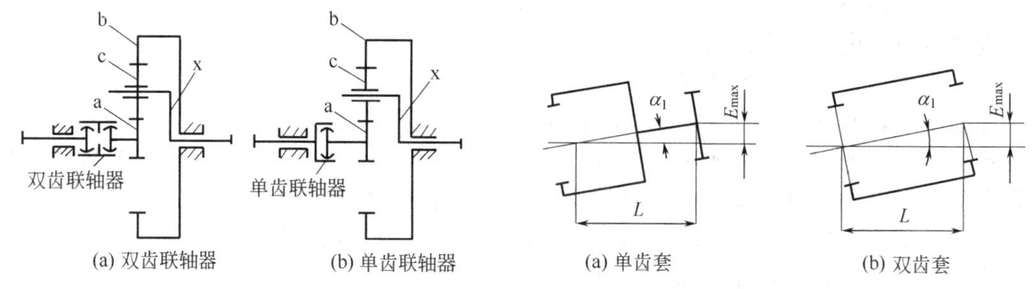

(a) 双齿联轴器　(b) 单齿联轴器

图 8-4　用齿轮联轴器浮动中心轮 a 的传动简图

(a) 单齿套　(b) 双齿套

图 8-5　联轴器齿套长度计算简图

$$L\geqslant\frac{E_{max}}{\tan\alpha_1} \tag{8-4}$$

式中　E_{max}——中心轮 a 的最大浮动量，mm；

α_1——联轴器齿套允许的最大偏斜角。

齿套的轮齿宽度 b 为

$$b\leqslant\frac{1}{3}d_s \tag{8-5}$$

式中　d_s——联轴器齿轮的分度圆直径，mm。

齿套内、外齿的制造精度一般为 8 级。

若采用单齿联轴器作为均载机构［见图 8-4(b)］，由于单齿联轴器只能允许产生角位移，在一定的允许最大偏斜角 α_1 值的条件下，与其连接的中心轮 a 的最大浮动量 E_{max} 也是一定的。若它需要更大的浮动量 E 值，则需要较长的齿套长度 L［见图 8-5(a)］，这样就会增大行星传动的轴向尺寸，因此，一般情况下，大多采用双齿联轴器的均载机构。

② 内齿轮 b 浮动　若采用双齿联轴器或单齿联轴器作为内齿轮 b 浮动的均载机构，通常内齿轮是与箱体或输出轴相连接。该均载机构的结构紧凑，轴向尺寸小；但是，其浮动构件的径向尺寸大、质量较大，浮动的灵敏度差。所以，采用齿轮联轴器使内齿轮 b 浮动的均载效果不如中心轮 a 浮动。

对于 3Z 型传动，由于在结构上内齿轮是与输出轴或与箱体相连，且可采用十字滑块联轴器使内齿轮 b 浮动。图 8-6 所示为固定内齿圈 b 浮动的行星齿轮传动，其行星轮数 $n_p=3$。该行星传动的均载机构的结构组成情况如图 8-7 所示，在内齿轮 b 的左侧有一条凹槽“J”，齿轮固定环右侧的矩形榫“K”与凹槽“J”相配合；而固定环的左侧还有一条凹槽“A”。其左侧的凹槽“A”与右侧的矩形榫“K”是位于互相垂直的两个直径上。端盖右侧的矩形榫“B”与齿轮固定环左侧的凹槽“A”相配合。

由图 8-7 可见，该均载机构是内齿轮 b、齿轮固定环和端盖三个构件组成的刚性可移式

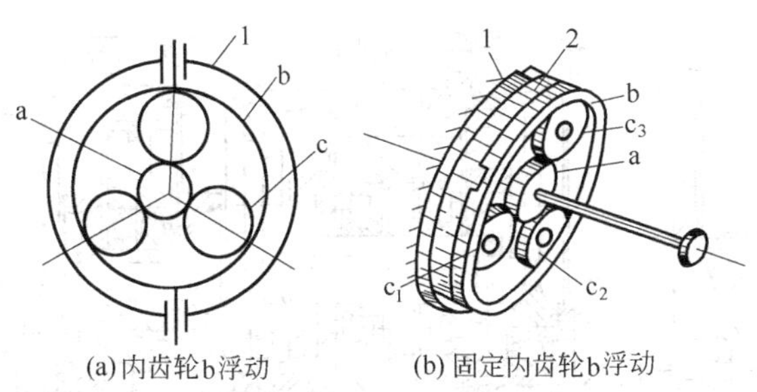

图 8-6　内齿轮 b 浮动的行星齿轮传动

1—端盖；2—齿轮固定环

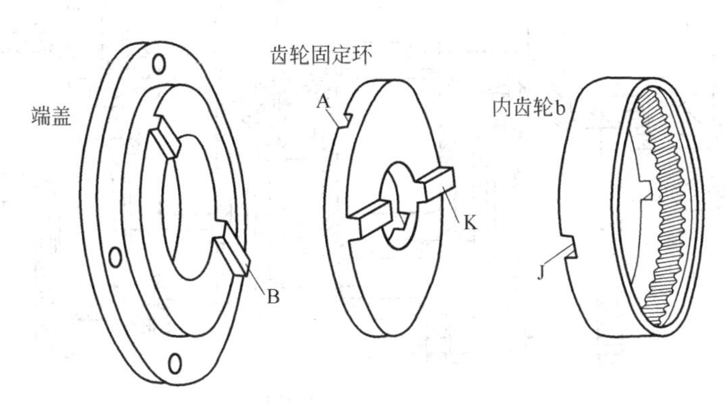

图 8-7　齿圈 b 浮动的均载机构结构

联轴器，即十字滑块联轴器。它允许内齿轮 b 的轴线产生径向位移。在行星齿轮传动中，若因齿轮等零件的制造和装配误差或轮齿变形的影响，而使内齿轮 b 的轴线与 n_p 个行星轮的分布圆中心不同心时，则在某个行星轮与中心轮 a 之间就会产生径向力 F_r（此时，行星齿轮传动就不是无径向载荷的传动）；在该径向力 F_r 的作用下，可使内齿轮 b 的轴线沿径向发生位移，即使内齿轮 b 的凹槽 J 沿齿轮固定环的矩形榫 K 滑动，或齿轮固定环的凹槽 A 沿端盖的矩形榫 B 滑动，从而，使主动中心轮 a 能同时与三个行星轮 c 相啮合，而达到无径向载荷的扭矩传递的目的，即使行星轮间载荷分布均匀；各切向力等值

$$F_{t1}=F_{t2}=F_{t3}=\frac{2000T_a}{n_p d_a}$$

③ 转臂 x 浮动　在图 8-8 所示的行星传动中，其中间级和低速级均采用转臂 x 浮动的结构，转臂 x 通过双齿联轴器与输出轴相连接，该浮动方式可使转臂 x 无需另设支承，从而简化了结构；尤其适用于多级行星齿轮传动，可以合理地布置结构。但由于转臂 x 的质量较大，在转速较高和制造精度低的情况下，会产生较大的离心力，从而影响到均载效果。所以，采用转臂 x 浮动的均载装置只适用于传递功率 P 较小的，中、低速的行星齿轮传动。

④ 中心轮与转臂 x 同时浮动　在行星齿轮传动中，采用两个基本构件同时浮动比采用两个基本构件单独浮动时的均载效果要好。在图 8-8 所示的双级行星传动中，高速级采用了中心轮 a 浮动，低速级采用了转臂 x′单独浮动，中间级采用了中心轮 a′与转臂 x 同时浮动。对于该双级行星齿轮传动是采用中心轮 a 和转臂 x′的单独浮动，以及中心轮 a′与转臂 x 同时浮动的均载机构。

⑤ 中心轮 a 与内齿轮 b 同时浮动　图 8 9 所示的为中心轮 a 与内齿轮 b 同时浮动的 2Z-X (A) 型传动简图。该行星传动中的中心轮 a 和内齿轮 b 均采用双齿联轴器进行浮动；而且，内齿轮 b 与箱体相连接。由于中心轮 a 的尺寸小、质量小（与该行星传动中的其他齿轮相比较），

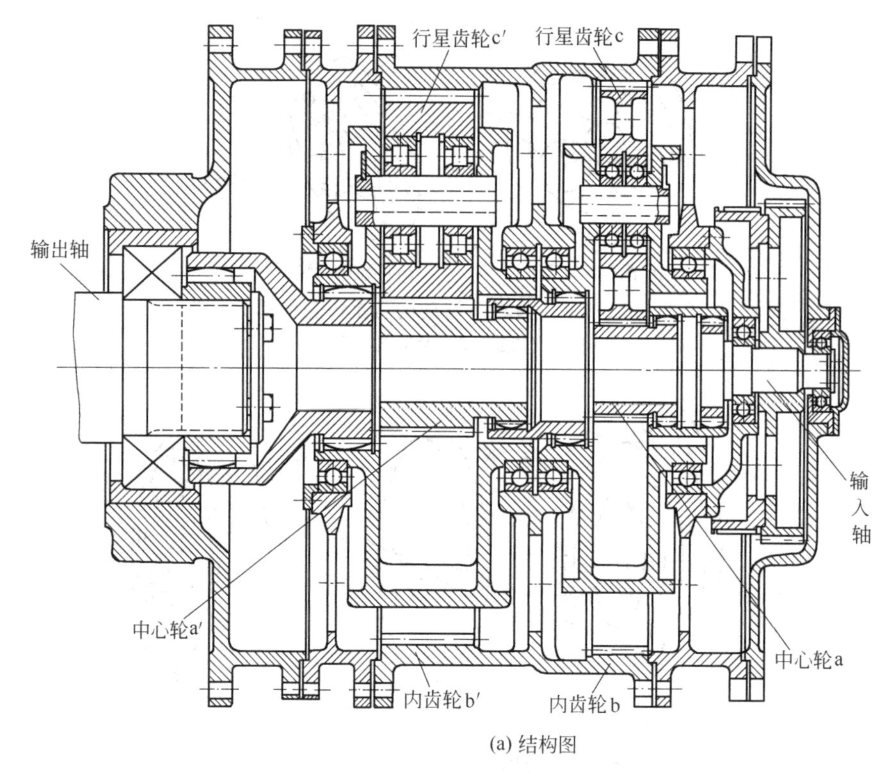

(a) 结构图

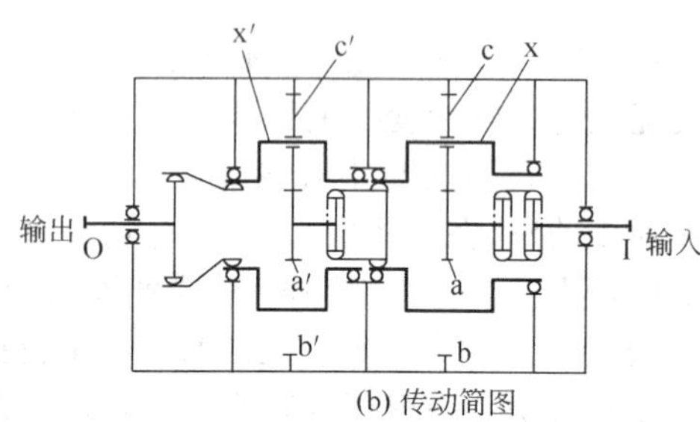

(b) 传动简图

图 8-8　中心轮 a′与转臂 x 同时浮动的双级 2Z-X(A)型传动

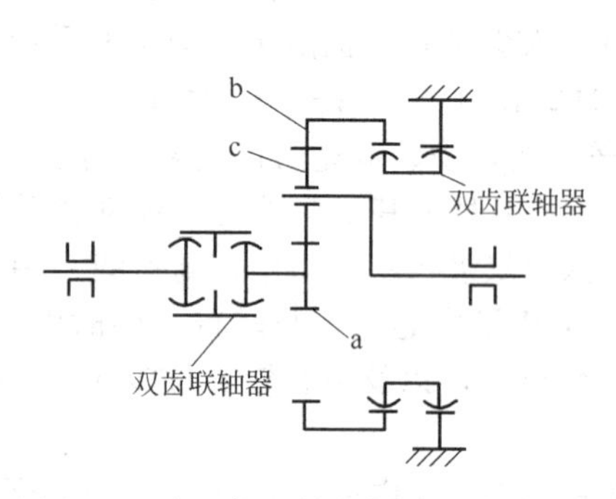

图 8-9　中心轮 a 与内齿轮 b 同时浮动

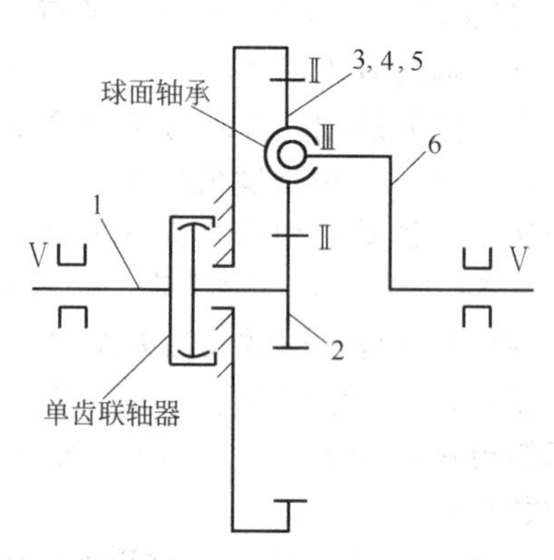

图 8-10　2Z-X(A)型行星传动静定结构
1—输入轴；2—太阳轮；3～5—行星轮；
6—输出轴

转动时的离心力较小。而内齿轮 b 虽然其尺寸较大和质量较大，但它却与箱体固连在一起。因此，该均载机构可适用于高转速的行星齿轮传动；噪声小、运转平稳，均载效果好。

⑥ 组成静定结构的浮动　图 8-10 所示为 2Z-X(A)型行星传动静定结构的示意图，该行星传动的行星轮数 $n_p=3$。为了组成静定结构，中心轮 a 采用单齿联轴器与输入轴连接，且在每个行星轮内装一个球面调心滚动轴承（3000 型）。该均载机构的优点是整个行星传动中无多余约束，结构简单，均载效果好，且可使沿齿长方向载荷分布均匀。但由于行星轮内只装有一个滚动轴承，当行星轮只允许安装较小尺寸的轴承时，其承载能力较小和使用寿命较短。

对于行星齿轮传动的多余约束数 q 可按马雷谢夫（А. П. Малышев）公式计算，即

$$q=W-6n+\sum_{k=1}^{5}kp_k=W-6n+5p_5+4p_4+3p_3+2p_2+p_1 \tag{8-6}$$

式中　W——机构的自由度数；

n——活动构件数；

p_1、p_2、…、p_5——Ⅰ、Ⅱ、…、Ⅴ级运动副的数目。

由图 8-10 可知，该行星齿轮传动的行星轮数 $n_p=3$，自由度数 $W=1$，$n=6$，$p_5=2$，$p_4=1$，$p_3=3$，$p_2=6$ 和 $p_1=0$。代入上式，则得其多余约束数 q 为

$$q=1-6\times6+5\times2+4\times1+3\times3+2\times6+0=0$$

可见，该行星传动的结构组成为静定系统。关于无多余约束机构（$q=0$）传动简图的拟定，可参阅参考文献［3］。

（2）杠杆联动均载机构

采用杠杆联动的均载机构，一般都设有带偏心的行星轮轴和杠杆系统。当行星轮间载荷不均衡时，通过杠杆系统的自动调位作用，即在不平衡载荷的作用下使杠杆系统产生联动，而使其达到新的平衡位置，以实现行星轮间载荷分布均匀的目的。这种类型的均载机构适用于具有行星轮数 $n_p=2\sim4$ 的 2Z-X 型传动。

① 两行星轮联动机构　将两个行星轮对称安装（见图 8-11），在两个行星轮偏心轴 O_1、O_2 上分别固定一对互相啮合的扇形齿轮，其作用相当于杠杆。当某个行星轮先承受载荷，其偏心轴产生旋转时，由于扇形齿轮的相互啮合作用，而另一个行星轮的偏心轴就要产生反向旋转，且两齿轮的转角相等，从而，使两行星轮间的载荷均衡。

扇形齿轮上的切向力为

$$F_s=\frac{2e}{R}F_t \tag{8-7}$$

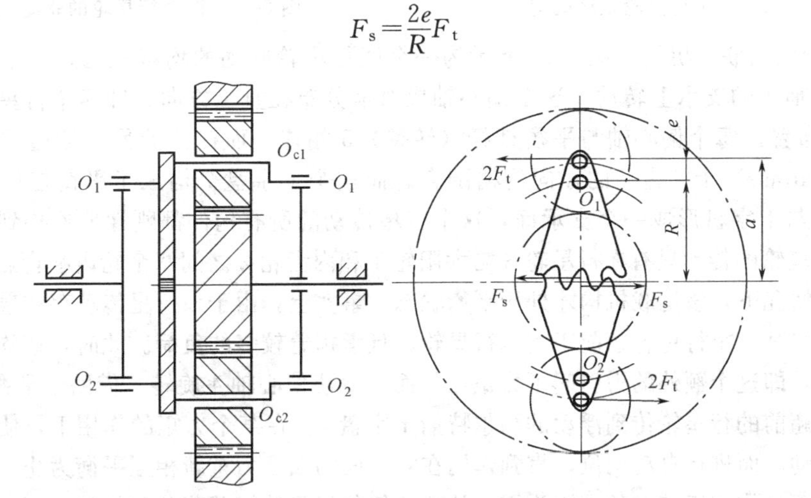

图 8-11　两行星轮联动装置

式中　R——扇形齿轮节点到偏心轴中心的距离（杠杆回转半径），mm，$R=a-e$（a 为中心距）；

e——偏心距，mm，可取 $e=\frac{R}{30}$；

F_t——齿轮的切向力，N。

② 三行星轮联动机构　如图 8-12 所示，三个行星轮及其偏心轴互成 120°布置。每个偏心轴 1 与平衡杠杆 2 固连；杠杆 2 的另一端通过拨销与浮动环 3 相连。当行星轮间的载荷不均衡时，作用在浮动环 3 上的三个径向力 F_{r1}、F_{r2}、F_{r3} 也不相等，便促使浮动环 3 产生移动或转动，直到上述三力平衡为止，即使 $F_{r1}=F_{r2}=F_{r3}$；且形成一个等边的力三角形。

作用于浮动环销轴上的径向力为

$$F_r=\frac{2F_te}{L}=\frac{2e}{R\cos30°}F_t \tag{8-8}$$

式中　e——偏心距，mm，$e=R/20$；

R——偏心轴到浮动环中心的距离，mm，$R=a-e$（a 为中心距）；

L——平衡杠杆的长度 $L=R\cos30°$。

另外，圆销分布圆半径为 $r=0.5R$。

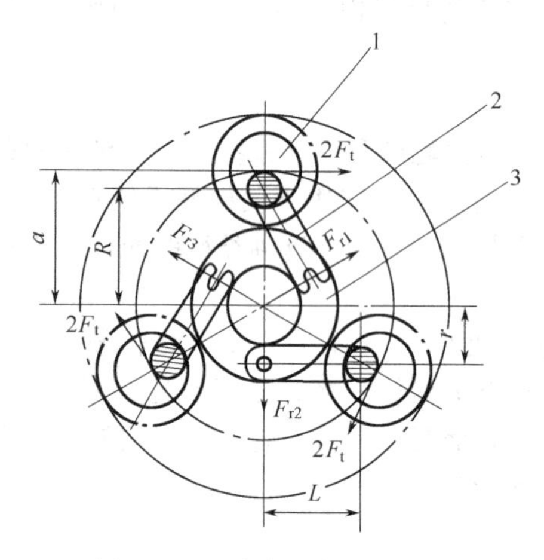

图 8-12　三个行星轮联动机构

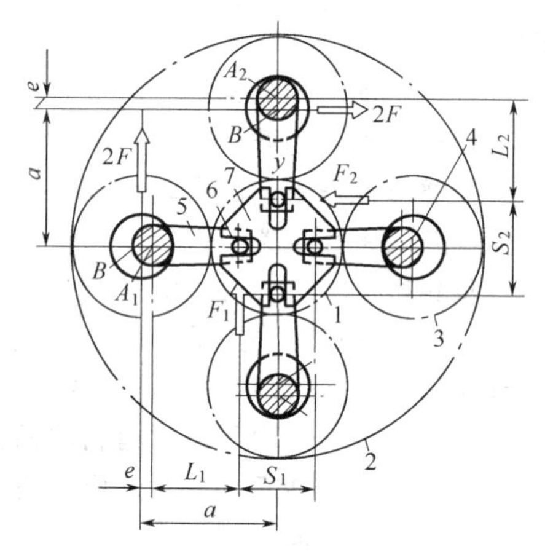

图 8-13　四个行星轮的联动机构

③ 四行星轮联动机构　图 8-13 所示为一个四行星轮联动的均载机构，四个行星轮可自由地在偏心轴 4 的支承上转动，这个偏心轴成对地分布在直径方向，即四个行星轮及其偏心轴互成 90°布置。每个偏心轴与平衡杠杆（转臂）5 相连，而杠杆的另一端通过圆销 6 与马尔特斯（Maltase）十字盘 7 的径向沟槽配合。而这个十字盘 7 构成了平衡杠杆之间的确定连接，杠杆与十字盘形成一个支承面，这个行星传动的所有构件都刚性地连接到支承面上。

四个行星轮的传动只有在行星轮 3 与太阳轮 1 和内齿轮 2 之间八个轮齿啮合点都传递等值的作用力的情况下，该均载机构才处于平衡状态。事实上，由于该行星传动存在着制造和安装误差，而使得某一个行星轮超前于其他行星轮，且承担着较多的负荷。此时，该均载机构处于不平衡状态，即这个额外的力引起了力矩，从而，促使偏心轴 4 旋转。借助于平衡杠杆 5，使某些负荷由超前的行星轮传到浮动的马尔特斯十字盘 7。在某个力矩的作用下，使十字盘 7 产生移动或转动，而进行自动调位，直到作用在它上面的四个力重新相互平衡为止；即使各个作用力相等，而且作用于其上的力矩为零。从而，使各行星轮间载荷分配均匀。

四行星轮联动机构的均载原理简述如下：在图 8-13 所示的均载机构中，行星轮偏心轴

中心用 $A_1 \cdots A_4$ 表示，每个偏心轴中心与行星轮中心的偏心距为 e。作用于行星轮中心 B 上的负荷为 $2F$，对偏心轴中心 A 产生的力矩为 $2Fe$，这个力矩应由杠杆上的圆销 6 所受的负荷 F_1（或 F_2）产生的力矩 F_1L_1（或 F_2L_2）来平衡。

由图 8-14 可见，杠杆的力矩平衡条件为

$$\left.\begin{aligned} F_1L_1 &= 2Fe \\ F_2L_2 &= 2Fe \end{aligned}\right\} \tag{8-9}$$

十字盘的力矩平衡条件为

$$F_1S_1 = F_2S_2 \tag{8-10}$$

所以，行星轮间载荷均衡条件为

$$\frac{L_1}{S_1} = \frac{L_2}{S_2} \tag{8-11}$$

式中　S_1、S_2 ——分布在同一直径上的两圆销间的距离；

L_1 ——作用力 F_1 到偏心轴中心 A_1 间的距离；

L_2 ——作用力 F_2 到偏心轴中心 A_2 间的距离。

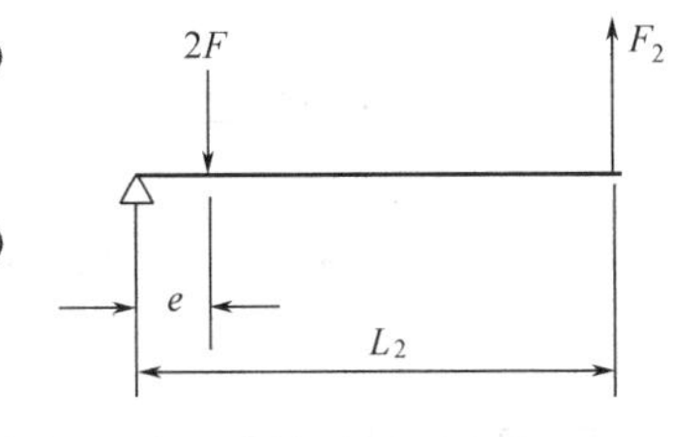

图 8-14　杠杆的力矩平衡

设计时，可选取

$$L_1 = L_2 = 14e$$

偏心距 $e = \frac{a}{20} \sim \frac{a}{40}$；其中，$a$ 为行星轮 c 与中心轮 a 的中心距。

(3) 采用弹性件的均载机构

采用弹性件的均载机构是通过弹性件的变形使各行星轮间载荷分布均匀，其优点是零件数量较少，减振性能好；但零件的制造精度要求高，弹性件的结构尺寸应合理选取。否则，将会影响均载效果。

采用弹性件均载较常用的结构型式有如下两种。

① 采用弹性齿轮均载　将齿轮本身制成具有弹性的结构。例如，采用薄壁的内齿轮、用塑料制成的行星轮和采用压入弹性体的行星轮。图 8-15 所示为采用弹性体的行星轮结构，它是在轮壳 1 和轮缘 2 之间压入弹性体 3。

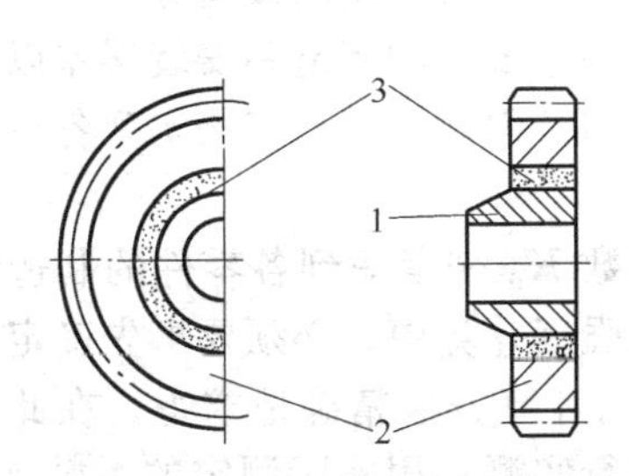

图 8-15　采用弹性体的行星轮结构

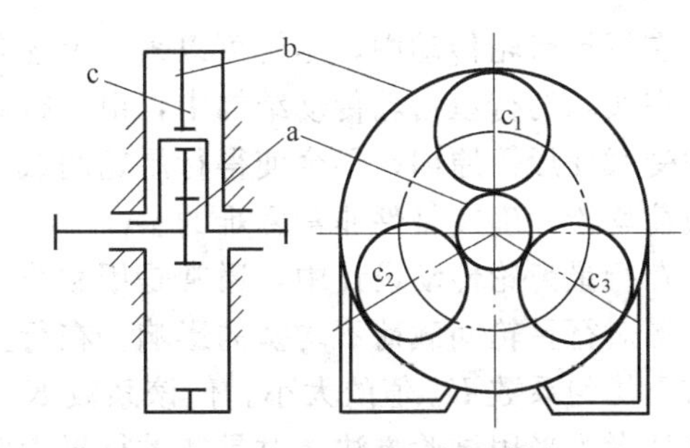

图 8-16　具有弹性行星轮的 2Z-X(A)型行星传动

图 8-16 所示为具有弹性行星轮的行星齿轮传动。假设由于制造和安装误差的存在，使中心轮 a 的作用力只集中在行星轮 c_1 上。此时，轮 a 与行星轮 c_2 和 c_3 尚未接触。但由于弹性行星轮 c_1 所承受的作用力超过其正常的平均值；因而使它产生一定的变形。当其所产生的变形量大于造成载荷分布不均匀的误差时，随着中心轮 a 的继续运转，它便与行星轮 c_2 和 c_3 接触，于是，使中心轮 a 与各行星轮均接触；且各行星轮与内齿轮 b 也都接触。从而，达到使行星轮间载荷分布均匀的目的。

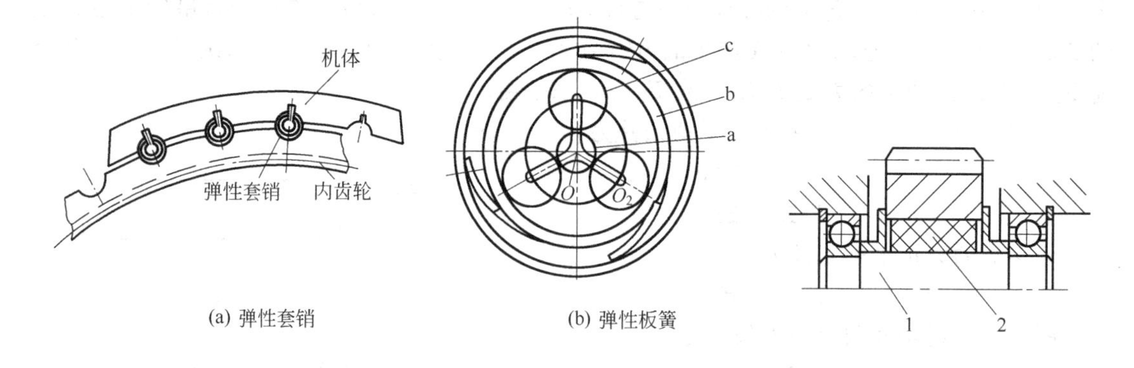

(a) 弹性套销 (b) 弹性板簧

图 8-17 采用弹性支承的均载机构

图 8 18 具有弹性件的均载机构
1—行星轮心轴；2—橡胶或塑料衬套

② 采用弹性支承均载 采用弹性套销将内齿轮连接于箱体上［见图 8-17(a)］和采用板簧将内齿轮 b 支承在箱体上［见图 8-17(b)］。再如图 8-18 所示，采用弹性尼龙套与行星轮的心轴相配合。当载荷只作用于某一个行星轮时，这个较大的载荷使该行星轮的弹性支承，或通过该行星轮使内齿轮的弹性支承产生相应的弹性变形，而补偿了误差的影响，则可使中心轮 a 与各行星轮均接触，各行星轮与内齿轮也都接触。从而，使各行星轮间的载荷分布均匀。

如前面所说的，在行星齿轮传动设计中，力图使行星轮间的载荷分布均匀确是个不能忽视的问题；否则，行星齿轮传动所具有的许多优点就难于在所设计的行星齿轮传动中体现出来。由前面介绍的均载机构可知，能使行星轮间载荷分布均匀的办法可以是多种多样的，目前较常采用的是基本构件浮动和弹性体支承的措施。尤其是将中心轮之一进行径向浮动的均载方法，致使行星轮间载荷均匀分布的情况较好。

8.3 行星轮间载荷分布不均匀系数 K_p 的确定

在行星齿轮传动中，尽管可以采用上述各种均载机构力求使行星轮间载荷分布均匀，但是，在实际的行星齿轮传动结构中，由于行星齿轮传动中各个零件的制造和安装误差以及构件的受载变形等原因，仍会使得行星轮间载荷分布得不均匀。因此，要想完全实现各行星轮间载荷均衡，确实是件非常困难的事。

在行星齿轮传动设计中，通常是用载荷分布不均匀系数 K_p 来考虑到各零件的制造误差和变形对行星轮间载荷不均衡的影响。在行星齿轮传动的强度计算中，必须要事先确定载荷分布不均匀系数 K_p 值的大小。但该系数 K_p 值目前很难用计算方法精确地求得。在此，建议设计者可采用试验方法，对具体的行星齿轮传动装置进行实测；用实际测定的系数 K_p 值校核该行星传动的承载能力。目前，在进行行星齿轮传动设计时，一般还是根据设计经验和有关文献中推荐的数据和线图来确定系数 K_p 值。

根据有关文献提供的实验数据，在无均载机构的行星齿轮传动中，行星轮间载荷分布不均匀系数 K_p 与行星轮数 n_p 的关系为

当 $n_p=3$ 时 $K_p=1.35\sim1.45$

当 $n_p=4$ 时 $K_p=1.4\sim1.5$

当 $n_p=5$ 时 $K_p=1.45\sim1.6$

在齿面接触强度计算中，其行星轮间载荷分布不均匀系数用符号 K_{Hp} 表示。在齿根弯

曲强度计算中，用符号 K_{Fp} 表示。载荷分布不均匀系数 K_{Fp} 与 K_{Hp} 的近似关系式为

$$K_{Fp}=1+1.5(K_{Hp}-1) \tag{8-12}$$

8.3.1　2Z-X 型行星传动 K_p 值的确定

（1）无均载机构的行星齿轮传动的 K_p 值

对于无均载机构的 2Z-X(A)型和 2Z-X(B)型行星齿轮传动，其载荷分布不均匀系数 K_{Hp} 值可按图 8-19 查得。图中 σ_{Hlim} 为试验齿轮的接触疲劳极限。由图 8-19 可见，行星齿轮传动在无均载机构时的 K_{Hp} 值较大；粗略计算时，可取 $K_{Hp}=1.35\sim1.55$（调质钢）。

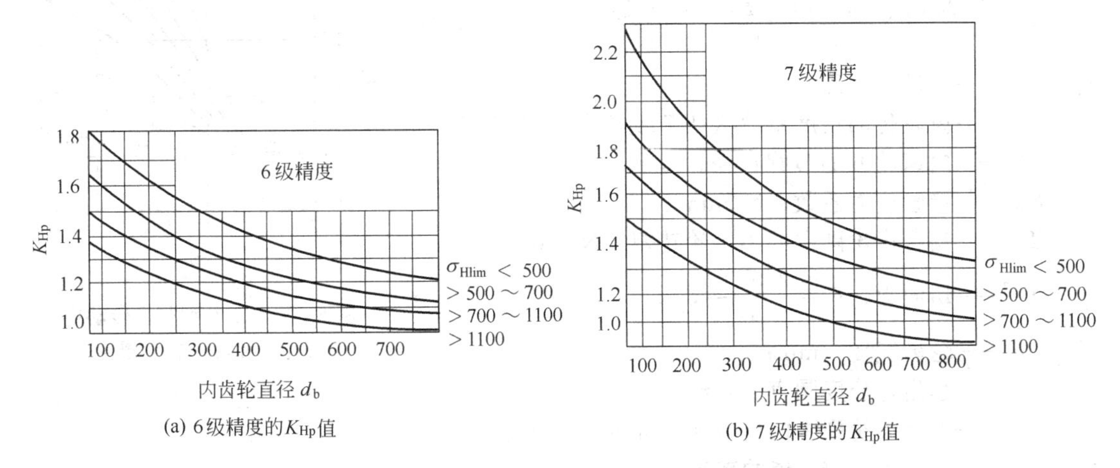

(a) 6 级精度的 K_{Hp} 值　　(b) 7 级精度的 K_{Hp} 值

图 8-19　无均载机构的 A 型、B 型传动的 K_{Hp} 值

应当指出，对于大多数的行星齿轮传动经运转后，由于受载最大的轮齿的变形、磨损和疲劳点蚀的产生，可使行星轮的载荷分布趋于均匀；即其系数 K_{Hp} 值可逐渐减小，最终可能使系数 $K_{Hp}<1.3$。

对于不被压装在机座内的、且具有弹性的内齿轮（其本身可能产生变形），或安装在弹性轴上（该轴在啮合力的作用下会产生弹性变形），其载荷分布不均匀系数 K_{Hp} 的概略值可按下式计算，即

$$K_{Hp}=1+0.5(K'_{Hp}-1) \tag{8-13}$$

式中　K'_{Hp} ——由图 8-19 中的线图确定的系数值。

（2）有均载机构的行星齿轮传动的 K_p 值

对于采用齿轮联轴器作为其均载机构的 2Z-X(A)型和 2Z-X(B)型行星传动，其齿轮的制造精度不低于 7 级，圆周速度 $v\leqslant15$m/s 时，其系数 K_{Hp} 值可按表 8-1 选取。对于其齿轮精度低于 7 级的情况，应适当地增大系数 K_{Hp} 值。例如，8 级精度，系数 K_{Hp} 值增大 10%～15%；9 级精度，系数 K_{Hp} 值增大 15%～20%。

表 8-1　2Z-X（A）型和 2Z-X（B）型行星传动的 K_{Hp} 值（$n_p=3$）

齿轮精度等级	浮动的基本构件			
	中心轮 a	内齿轮 b	转臂 x	中心轮 a 和转臂 x
6	1.05	1.10	1.20	1.10
7	1.10	1.15	1.25	1.15

注：1. 中心轮 a 和内齿轮 b 同时浮动时，可按中心轮 a 浮动取 K_{Hp} 值，或按图 8-19 查取。

2. 表中的 K_{Hp} 值适用于行星轮数 $n_p=3$。

对于采用杠杆联动均载的行星齿轮传动，两行星轮联动均载时，取 $K_{Hp}=1.05\sim1.10$；

三行星轮（或四行星轮）联动均载时，取 $K_{Hp}=1.10\sim1.15$。

在 2Z-X(A)型和 2Z-X(B)型（$n_p=3$）的行星传动中，中心轮 a 和内齿轮 b 同时浮动，且内齿轮 b 为柔性轮缘时，其系数 K_{Hp}值可按图 8-20 查得。

图中，浮动内齿轮 b 具有柔性轮缘，齿轮精度为 5～8 级。上面图中的 A 值可按下式计算，即

$$A=\frac{20i(i-1)\sqrt{(C-3)(1+0.01d_b')}}{(i-2)d_b' K_0} \tag{8-14}$$

$$K_0=\frac{2000T_1}{bd_1^2}\times\frac{(u+1)}{u}=\frac{F_t}{bd_1}\times\frac{(u+1)}{u} \tag{8-15}$$

式中 i——传动比，即 i_{ax}^b；

C——齿轮传动精度系数（如 7 级精度，即 $C=7$）；

d_b'——内齿轮 b 的节圆直径，mm；

K_0——接触应力系数；N/mm^2；

T_1——啮合齿轮副中的小齿轮转矩，N·m；

F_t——切向力，$F_t=\frac{2000T_1}{d_1}$，N；

b——轮齿宽度，mm；

d_1——小齿轮分度圆直径，mm；

u——啮合齿轮副中的齿数比，即 $u=z_2/z_1$。

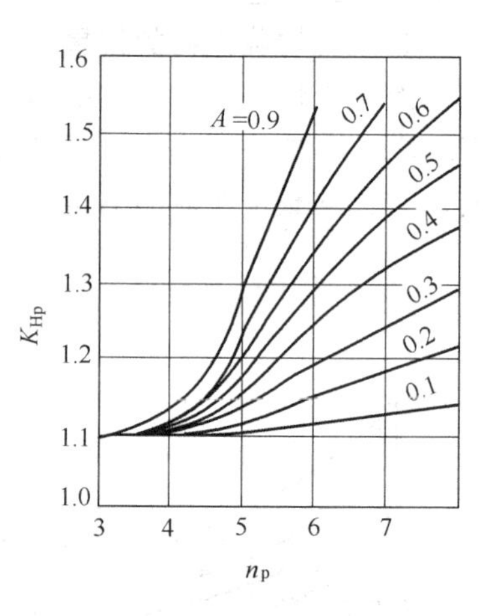

图 8-20 A、B 型行星传动中心轮 a 和内齿轮 b 浮动时的 K_{Hp}

8.3.2 3Z 型行星传动 K_p 值的确定

在 3Z 型行星传动中，一般采取行星轮数 $n_p=3$，其行星轮间载荷分布不均匀系数 K_{Hp}值随着所采用的均载机构的不同而不相同。即使采用相同的均载机构，当选取不同的基本构件浮动时，其载荷分布不均匀系数 K_{Hp}值也是不相同的。在 3Z 型行星传动中各啮合齿轮副 a-c、c-b 和 d-e 的载荷分布不均匀系数分别用符号 K_{Hpa}、K_{Hpb}和 K_{Hpe}表示。现对于基本构件浮动的四种不同的情况，分别确定其载荷分布不均匀系数 K_{Hp}如下。

① 两中心轮同时浮动时　当两个中心轮 a 和 b 同时浮动时，其行星轮间载荷分布不均匀系数为

$$K_{Hpa}=K_{Hpb}=K_{Hpe}=1.1\sim1.15$$

② 中心轮 a 浮动或内齿轮 b 为柔性时　当中心轮 a 浮动或内齿轮 b 为柔性构件支承时，其行星轮间载荷分布不均匀系数为

$$K_{Hpa}=1.1\sim1.2$$

当内齿轮 e 为柔性构件支承时，其行星轮间载荷分布不均匀系数为

$$K_{Hpe}=1.1$$

③ 内齿轮 e 浮动时　当内齿轮 e 浮动（如采用齿轮联轴器）时，其行星轮间载荷分布不均匀系数为

$$K_{Hpa}=1.7\sim2.0$$
$$K_{Hpe}=1.0\sim1.15$$

如果双联行星轮的直径 $d_c>d_d$，则内齿轮 b 的载荷分布不均匀系数 K_{Hpb}可按下式计算，即

$$K_{Hpb}=K_{Hpe}+(K_{Hpa}-1)\frac{z_b}{z_a\,|\,i_{ab}^e\,|} \tag{8-16}$$

如果双联行星轮的直径 $d_c<d_d$，则内齿轮 b 的载荷分布不均匀系数 K_{Hpb}可按下式计算，即

$$K_{\mathrm{Hpb}}=K_{\mathrm{Hpe}}+0.5(K_{\mathrm{Hpa}}-1)\frac{z_{\mathrm{b}}}{z_{\mathrm{a}}|i_{\mathrm{ab}}^{\mathrm{e}}|} \tag{8-17}$$

④ 内齿轮 b 浮动时　当内齿轮 b 浮动（如采用十字滑块联轴器或齿轮联轴器）时，其行星轮间载荷分布不均匀系数为

$$K_{\mathrm{Hpa}}=1.2\sim2.0$$

$$K_{\mathrm{Hpb}}=1.0\sim1.15$$

如果双联行星轮的直径 $d_{\mathrm{c}}>d_{\mathrm{d}}$，则内齿轮 e 的载荷分布不均匀系数 K_{Hpe} 可按下式计算

$$K_{\mathrm{Hpe}}=K_{\mathrm{Hpb}}+0.5(K_{\mathrm{Hpa}}-1)\frac{z_{\mathrm{c}}z_{\mathrm{e}}}{z_{\mathrm{a}}z_{\mathrm{d}}|i_{\mathrm{ae}}^{\mathrm{b}}|} \tag{8-18}$$

如果双联行星轮的直径 $d_{\mathrm{c}}<d_{\mathrm{d}}$，则内齿轮 e 的载荷分布不均匀系数 K_{Hpe} 可按下式计算，即

$$K_{\mathrm{Hpe}}=K_{\mathrm{Hpb}}+(K_{\mathrm{Hpa}}-1)\frac{z_{\mathrm{c}}z_{\mathrm{e}}}{z_{\mathrm{a}}z_{\mathrm{d}}|i_{\mathrm{ae}}^{\mathrm{b}}|} \tag{8-19}$$

在无均载机构的 3Z 型行星传动中，行星轮数为 $n_{\mathrm{p}}=2\sim4$ 时，通常，可取行星轮间载荷分布的不均匀系数为 $K_{\mathrm{Hpb}}=K_{\mathrm{Hpe}}=1.5$ 和 $K_{\mathrm{Hpa}}=1.2\sim2$。

8.4　浮动的齿轮联轴器

8.4.1　概述

在行星齿轮传动中，采用浮动的齿轮联轴器作为其均载机构已获得了广泛的应用。它是利用内、外齿轮副的啮合，以实现两半联轴器的连接。齿轮联轴器具有结构紧凑，承载能力大，工作可靠；补偿性能好，即具有综合补偿两轴相对位移的能力；使用速度范围广等许多优点。正是由于它能较好地保证行星齿轮传动中的基本构件在实现行星轮间载荷均衡的过程中所需要的自由度，从而补偿了由于制造和装配误差对行星轮间载荷分布均匀的不良影响。因此，浮动的齿轮联轴器已被认为是行星齿轮传动中性能良好的均载机构之一，而被广泛地采用。但是，在行星齿轮传动中所采用的浮动齿轮联轴器（单齿联轴器和双齿联轴器），目前尚未制定标准系列，同时也不能直接地选用标准齿式联轴器（JB/ZQ 4222～4223—1986）。

浮动齿轮联轴器一般是由内齿圈Ⅰ和外齿半联轴套Ⅱ等零件组成（见图 8-21）。按浮动中心轮的啮合型式可分为外啮合中心轮 a 的齿轮联轴器（见图 8-21）和内啮合中心轮 b 的齿轮联轴器（见图 8-22）。在这些结构型式中又有单齿联轴器［见图 8-21(a)、(b)，图 8-22(a)、(b)］和双齿联轴器［见图 8-21(c)、(d)，图 8-22(c)、(d)］两种型式。再按其轮齿截面形状又可分为直齿式和鼓形齿式［见图 8-23(a)、(b)］等型式。

为了减少轮齿的磨损和相对移动的阻力，在相互啮合的两轮齿间应留有适当的齿侧间隙。同时，当浮动齿轮联轴器的轴线偏移时，仍可使润滑油通过齿侧间隙渗入啮合处，以避免轮齿被咬住，而保证该啮合齿轮副的正常运转。

为了补偿浮动齿轮联轴器两轴轴线的相对角位移，将外齿半联轴套的齿顶外圆制成球面［见图 8-23(a)］，球面的中心应在齿轮轴线上。如上所述，为了使润滑油能渗入啮合处，轮齿间的齿侧间隙较一般齿轮传动的轮齿间隙要大。为了能得到较大的相对角位移，而有利于改善轮齿的接触条件和提高齿轮联轴器传递转矩的能力，则可采用鼓形轮齿［见图 8-23(b)］。采用鼓形轮齿时，其许用相对角位移可达 $\alpha_{1\mathrm{p}}=3°$。从而，提高了鼓形齿联轴器的补偿性能。同时，也提高了该齿轮联轴器传递转矩的能力：通常，可提高 15%～20%。

在实际使用中，一般单齿联轴器可适用于具有较长齿间距离 l_1 的半联轴套Ⅱ的场合

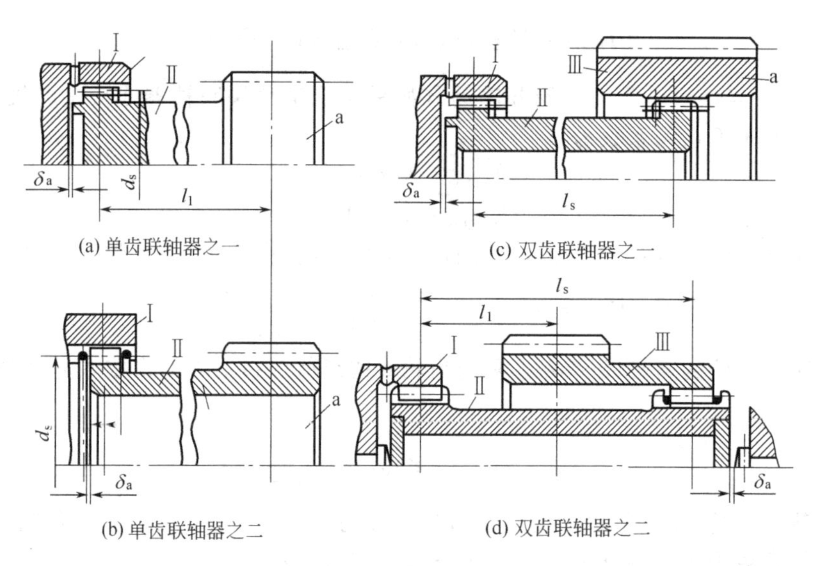

(a) 单齿联轴器之一　(b) 单齿联轴器之二　(c) 双齿联轴器之一　(d) 双齿联轴器之二

图 8-21　外啮合中心轮 a 的齿轮联轴器

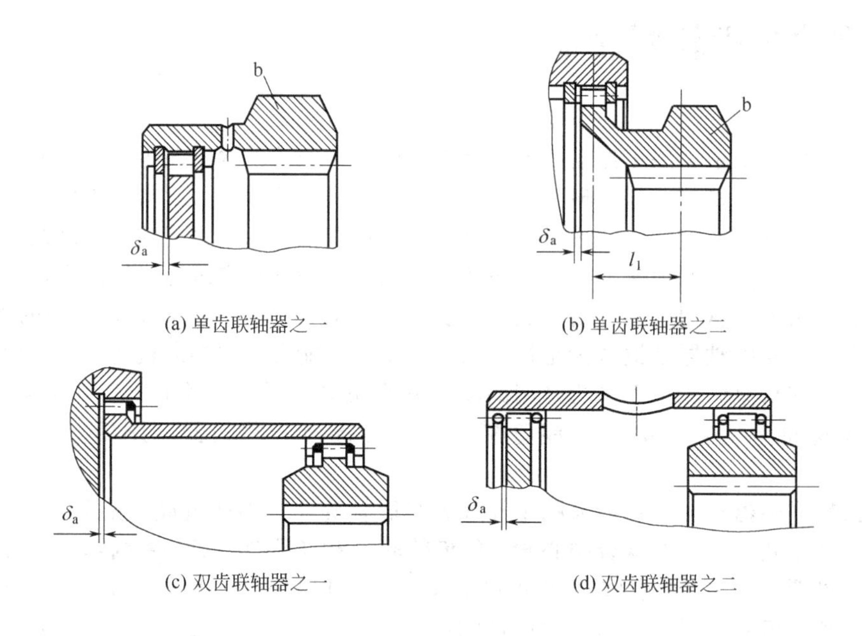

(a) 单齿联轴器之一　(b) 单齿联轴器之二　(c) 双齿联轴器之一　(d) 双齿联轴器之二

图 8-22　内啮合中心轮 b 的齿轮联轴器

（见图 8-21）。最小许用长度 l_1 可根据齿轮联轴器的轴线倾斜角 α_1 估算出来。而双齿联轴器与单齿联轴器相比，在同样的许用长度 l_1 和轴线倾斜角 α_1 时，其结构要复杂一些，但它能够保证载荷沿中心轮 a 的齿宽分布较均匀。

对于内啮合中心轮 b 浮动的齿轮联轴器，由于其轮齿的齿宽系数 φ_d 较小，即 $\varphi_d=\dfrac{b_s}{d_s}=0.02\sim0.03$。因此，该齿轮联轴器可采用直齿圆柱齿轮副的啮合传动。对于外啮合中心轮 a 或其他构件浮动的中间零件（转轴和半联轴套）组成的齿轮联轴器，当其直径较小时，所承受的载荷可能较大；其轮齿的齿宽系数 φ_d 较大，即 $\varphi_d=\dfrac{b_s}{d_s}=0.2\sim0.3$。因此，对于该齿轮联轴器应采用鼓形齿较好（见图 8-23）。

根据对齿轮联轴器的浮动效果分析可知，在结构尺寸允许的情况下，应尽量增大其分度圆直径 d_s 和长度 l_s。而半联轴套Ⅱ的齿宽 b_s 可按强度条件确定。内齿圈Ⅰ的齿宽 b_2 应稍大于 b_s；一般取 $b_2=(1.15\sim1.25)b_s$。齿套长度 l_s 与行星齿轮传动需要的浮动量 E 和联轴器允许的最大轴线倾斜角 α_1 有关（参见图 8-5）。

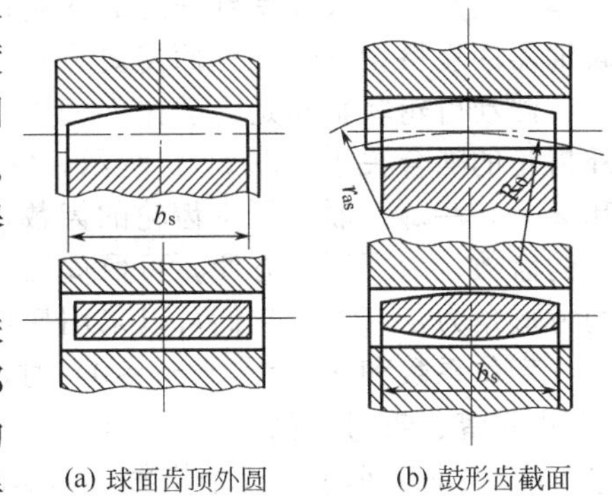

(a) 球面齿顶外圆　　(b) 鼓形齿截面

图 8-23　浮动联轴器的轮齿截面形状

在行星齿轮传动的浮动齿轮联轴中，一般是半联轴套Ⅱ外齿轮的齿顶圆直径 d_{as}或轮齿侧面作为定心部位。该齿顶圆直径 d_{as}与内齿圈Ⅰ的齿根圆直径 d_{f2} 的名义值相等，即 $d_{as}=d_{f2}$。且将外齿轮的齿顶制成半径为 r_{as}的球面。内啮合齿轮副轮齿直径 d_{as}和 d_{f2}之间的配合一般选取 H9/h8 或 F8/h7；被浮动的齿轮为柔性轮缘时，它们的配合间隙可略小一些。在高速行星齿轮传动中采用的浮动齿轮联轴器是以具有较小间隙的外齿顶圆直径 d_{as}作为定心部位［见图 8-24(a)］，且有 $d_{a1}=d_{f2}$关系；其啮合轮齿直径 d_{a1}和 d_{f2}之间的配合关系：当与具有刚性内齿轮轮缘的轮齿啮合时，应采取 G7/g6 或 H8/h7 配合。当与具有薄壁零件（内齿轮轮缘或联接轴套）的轮齿啮合时，则应采取 F8/f7 配合。

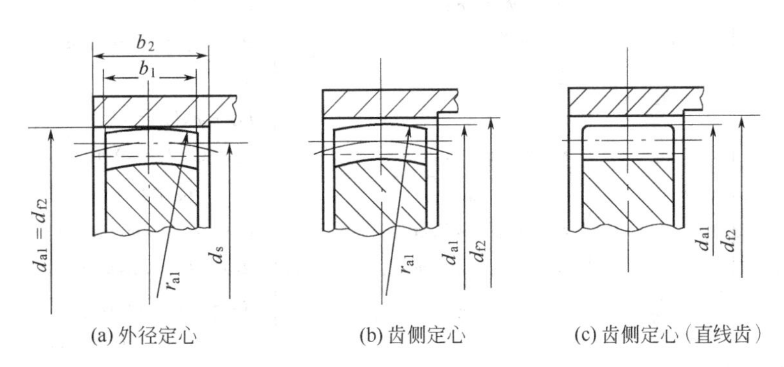

(a) 外径定心　　(b) 齿侧定心　　(c) 齿侧定心（直线齿）

图 8-24　齿轮联轴器的定位方式

当采用齿侧为其定心部位［见图 8-24(b)、(c)］时，齿侧间隙 j_n 的大小取决于连接零件允许的位移和轴线倾斜的大小以及联轴器的制造安装精度。在齿侧定心的齿轮联轴器中，通常，齿侧间隙 j_n 的概略值为：对于在刚性零件上加工的半联轴套Ⅱ（或内齿圈套筒Ⅰ）约取 $j_n=0.05m$（m 为联轴器中的齿轮模数）；在薄壁柔性零件上加工的半联轴套Ⅱ（或内齿圈套筒Ⅰ）约取 $j_n=0.08m$。外齿联轴套轮齿的顶圆可以制成球面的，也可以是圆柱形的。在齿轮联轴器中采用齿侧定心的优点是具有自动定心作用，而有利于联轴器的齿间载荷沿齿宽均匀分布。因此，可以相应地提高该齿轮联轴器的承载能力。

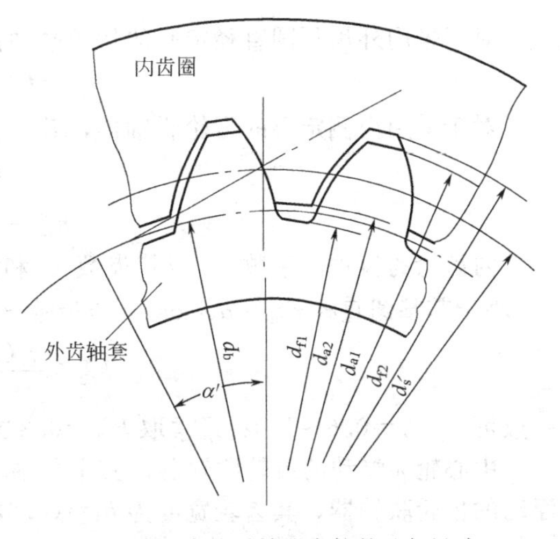

图 8-25　齿轮联轴器齿轮的几何尺寸

8.4.2　浮动齿轮联轴器的几何尺寸计算

如前所述，在行星齿轮传动中作为均载机构的浮动齿轮联轴器，由于它的外齿半联轴套Ⅱ或内齿圈Ⅰ与中心轮 a 或中心轮 b 连接成为一体，故其结构尺寸受到一定的限制；因此，其啮合参数和几何尺寸，通常不能按标准齿轮联轴器的规格型号选用。而需要将它与行星齿轮传动一起进行自行设计。

浮动齿轮联轴器是传动比 $i=1$ 的内啮合传动，其轮齿的齿廓曲线通常采用渐开线；内、外齿轮的啮合关系如图 8-25 所示；它们是模数相等和齿数相等的啮合齿轮副，即 $m_1=m_2$ 和 $z_s=z_1=z_2$。联轴器中齿轮的齿数，一般 $z_s=30\sim80$，若速度高，直径 d_s 大时，可取较多的齿数；为了测量方便，可取偶数齿。模数 m 可以通过齿轮联轴的强度计算求得。常用的齿形角为 $\alpha=20°$。它们可以采用变位齿轮传动或非变位齿轮传动。若采用高度变位齿轮传动（变位系数和 $x_\Sigma=x_2-x_1=0$）时，联轴器中的外齿轮和内齿轮的变位系数为 $x=x_1=x_2$（大小相等、符号相同），一般可取 $x=0.3\sim0.5$。为了避免齿顶变尖，变位后外齿轮的齿顶厚 s_{a1} 应保证不小于 0.4 个模数，即 $s_{a1}\geqslant0.4m$。采用高度变位方式有利于提高外齿轮轮齿的齿根弯曲强度。同时，对于齿数较少的内齿轮，采用该变位方式还有利于避免插齿加工时的轮齿顶切现象。

浮动齿轮联轴器齿轮的几何尺寸计算公式见表 8-2。

表 8-2　浮动齿轮联轴器齿轮的几何尺寸计算

项　　目	代　号	几何尺寸计算公式	
		非变位齿轮传动	高度变位齿轮传动
分度圆直径	d_s	$d_{s1}=d_{s2}=mz_s$	$d_{s1}=d_{s2}=mz_s$
节圆直径	d_s'	$d_{s1}'=d_{s2}'=mz_s$	$d_{s1}'=d_{s2}'=mz_s+2xm$
齿顶高	h_a	$h_{a1}=h_{a1}^*m$	$h_{a1}=m(h_{a1}^*+x)$
		$h_{a2}=h_{a2}^*m$	$h_{a2}=m(h_{a2}^*-x)$
齿根高	h_f	$h_{f1}=h_{f1}^*m=1.25m$	$h_{f1}=(1.25-x)m$
		$h_{f2}=h_{f2}^*m$	$h_{f2}=(h_{f2}^*+x)m$
齿顶圆直径	d_a	$d_{as1}=d_{s1}+2h_{a1}^*m$	$d_{as1}=d_{s1}+2m(h_{a1}^*+x)$
		$d_{as2}=d_{s2}-2h_{a2}^*m$	$d_{as2}=d_{s2}-2m(h_{a2}^*-x)$
齿根圆直径	d_f	$d_{fs1}=d_{s1}-2.5m$	$d_{fs1}=d_{s1}-2m(1.25-x)$
		$d_{fs2}=d_{s2}+2h_{f2}^*m$	$d_{fs2}=d_{s2}+2m(h_{f2}^*+x)$
啮合角	α'	$\alpha'=\alpha=20°$	$\alpha'=\arccos\left(\dfrac{d_s\cos\alpha}{d_s'}\right)$

注：1. h_{a1}^*、h_{a2}^* 分别为外齿轮和内齿轮的齿顶高系数；一般取 $h_{a1}^*=1.0$，$h_{a2}^*=0.8$。
2. h_{f1}^*、h_{f2}^* 分别为外齿轮和内齿轮的齿根高系数；一般取 $h_{f1}^*=1.25$，$h_{f2}^*=1\sim1.25$。

对于采用外齿顶圆直径定心的齿轮联轴器，其 h_{a1}^* 和 h_{f2}^* 值为

$$h_{a1}^*=h_{f2}^*=0.8\sim1.0$$

对于采用齿侧定心的齿轮联轴器，其 h_{a1}^* 和 h_{f2}^* 值为

$$h_{a1}^*=0.8\sim1.0$$

$$h_{f2}^*=1.25$$

内齿轮的齿顶高系数 h_{a2}^* 与其齿数 z_s 和压力角 α 有关，为了避免内齿轮的齿顶圆直径 d_{as2} 小于其基圆直径 $d_{b2}=d_{s2}\cos\alpha$，当齿数 $z_s<35$ 时，h_{a2}^* 值可按下式验算，即

$$h_{a2}^*\leqslant\frac{z_s(1-\cos\alpha)}{2}+x \tag{8-20}$$

一般可取 $h_{a2}^*=0.6\sim1.0$；通常取 $h_{a2}^*=0.8$ 或 1.0。

中心轮 a 浮动的齿轮联轴器，其半联轴套Ⅱ的齿轮宽度为 $b_s=(0.2\sim0.3)d_s$。内齿轮 b 浮动的齿轮联轴器，其齿轮宽度为 $b_s=(0.02\sim0.03)d_s$。

中心轮 a 浮动的齿轮联轴器，其轴套外壳的壁厚为

$$h_s=(0.05\sim0.1)d_s$$

若 d_s 值较小时，系数取较大值；反之取较小值。

内齿轮 b 浮动的齿轮联轴器，为了减少因内齿轮轮缘变形引起的其轮齿间载荷分布不均匀现象，其轴套外壳应制成薄壁的，外壳截面厚度 h_s 为

$$h_s=(0.02\sim0.04)\rho_s$$

式中　ρ_s ——轴套外壳中性层的半径。

对于鼓形齿浮动联轴器，其刀具位移圆半径 R_0 和鼓形半径 R 可按下列公式计算。

刀具位移圆半径

$$R_0=b_{s1}'\sin\alpha'/2\Delta\alpha \tag{8-21}$$

切向鼓形半径

$$R_t=R_0/\tan\alpha' \tag{8-22}$$

法向鼓形半径

$$R_n=\frac{R_0}{\sin\alpha'}=\frac{b_{s1}'}{2\alpha_1} \tag{8-23}$$

式中　b_{s1}' ——外齿半联轴套Ⅱ在倾斜角 α_1 范围内的工作齿宽，$b_{s1}'=(0.90\sim0.95)b_{s1}$；

α_1 ——轴线倾斜角；鼓形齿 $\alpha_1=1.5°\sim2°$，最大可达 3°。

对于斜齿轮啮合传动的联轴器，其模数 m、啮合角 α'、变位系数 x、齿顶高系数 h_a^* 和齿根高系数 h_f^* 均为端面参数。

一般，刀具位移圆半径 R_0 可取：

当齿宽 $b_{s1}<0.2d_{s1}$ 时，$R_0\approx0.18d_{s1}$；

当齿宽 $b_{s1}>0.2d_{s1}$ 时，$R_0>0.2d_{s1}$，R_0 还可以适当增大，但其最大值 $R_{0\max}<0.9d_{s1}$。

为了保证浮动构件的活动自由度，球面齿顶两端面的轴向隙 δ_a'（见图 8-21）应取为 $\delta_a'=0.5\sim1.5$mm；弹性挡圈与齿轮端面之间的轴向间隙 δ_a（见图 8-22）可按下式估算，即

$$\delta_a=d_s'E/l_s \tag{8-24}$$

式中　d_s'——联轴器齿轮的节圆直径，mm；

l_s ——外齿半联轴套Ⅱ上两端齿轮齿宽中线之间的距离，mm；

E ——浮动构件的径向位移。

8.4.3　浮动齿轮联轴器的强度计算

在浮动齿轮联轴器中，由于其内外齿轮的齿数相等，基本上属于零齿差的内啮合齿轮副。根据该啮合传动的受载荷情况，它的失效形式主要是齿面点蚀和齿面磨损。一般，不会产生轮齿折断。因此，对于该齿轮联轴器只需按轮齿表面挤压或接触强度计算，而不必验算其轮齿的齿根弯曲强度。为了便于选取齿轮的模数 m，可以采用有关参考资料提供的，关于齿轮联轴器的齿数 z、分度圆直径 d_s 和模数 m 之间的关系图线（见图 8-26），图中两条斜虚线之间的区域为选取的可行域；以此确定 z_s、d_s 和 m 的概略值。

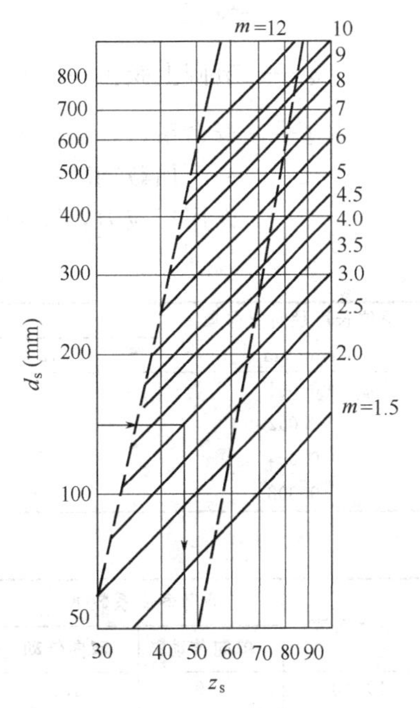

图 8-26　联轴器的齿数 z_s、分度圆直径 d_s 和模数 m 之间的关系图线

浮动齿轮联轴器中齿轮的材料可以参照表 6-3 选取。一般可选用中碳合金钢和低碳合金钢。例如，外啮合中心轮 a 的齿轮联轴器，其半联轴套Ⅱ（见图 8-21）上的齿轮，可选用低碳合金钢 20CrMo、20CrMnMo、20CrNi2MoA 和 18Cr2Ni4W。内啮合中心轮 b 的齿轮联

轴器，其内齿圈Ⅱ（见图 8-22）可选用 42CrMo、35CrMo、40CrNiMo 和 40CrMn。为了提高该联轴器齿轮轮齿表面的耐磨性，通常，推荐采用表面淬火钢或碳钢（即上述的低碳合金钢），以提高其轮齿表面的硬度。热处理后，再进行磨齿或珩齿，以保证获得较高的精度和较低的表面粗糙度。对于制造设备条件较差的齿轮制造厂，如果没有磨齿机加工鼓形齿或内齿圈，则应用调质钢（即上述的中碳合金钢）或氮化钢（如 38CrMoAlA 和 30CrMoSiA），通过调质或氮化处理，以提高其齿面的耐磨性能。对于高速下运转的齿轮联轴器，应采用高强度合金钢制造，轮齿表面需经表面淬火或氮化处理，并相应地提高轮齿的制造精度和降低其表面粗糙度。例如，用于高速传动的齿轮联轴器，其外齿半联轴套材料为 35CrMoA，齿面经氮化处理硬度可达 500HV。内齿圈材料为 25Cr2MoVA，齿面经氮化处理硬度可达 650HV。为了提高轮齿表面的抗胶合性能，一般应使外齿轮的轮齿表面硬度稍高于内齿轮的齿面硬度，其齿面硬度差为 30～50HB。

关于齿轮联轴器的强度计算，一般只进行其轮齿的切应力计算、轮齿挤压应力计算和鼓形齿的接触应力计算。现分别讨论如下。

（1）轮齿切应力计算

假设轮齿在其节线上发生剪切，则所产生的切应力为

$$\tau = \frac{2000 T_s K_C K_A K_m}{d_s' z b s_c K_N} \leqslant \tau_p (\mathrm{N/mm^2}) \tag{8-25}$$

式中　T_s——传递转矩，N·m；

K_C——载荷不均匀系数，一般 $K_C=2$，当制造精度不高时，$K_C=3$；

K_A——使用系数，见表 7-7；

K_m——轮齿载荷分布系数，见表 8-3；

d_s'——节圆直径，mm；

z——齿数；

b——齿宽，mm；

s_c——节圆上弦齿厚，且有 $s_c \approx \frac{d_s'}{2z}$，mm；

K_N——寿命系数，见表 8-4，根据加载循环次数而定；通常每开动和停止一次，才算一个加载循环；

τ_p——许用切应力，N/mm²，见表 8-5。

表 8-3　轮齿载荷分布系数 K_m

单位长度径向位移量 e /cm·cm^{-1}	齿宽 b/mm			
	12	25	50	100
0.001	1	1	1	1.5
0.002	1	1	1.5	2
0.004	1	1.3	2	2.5
0.008	1.5	2	2.5	3

表 8-4　寿命系数 K_N、K_W

循环次数	疲劳寿命系数 K_N		磨损寿命系数 K_W	循环次数	疲劳寿命系数 K_N		磨损寿命系数 K_W
	单向传动	双向传动			单向传动	双向传动	
1×10^3	1.8	1.8		1×10^7	0.3	0.2	1.4
1×10^4	1.0	1.0	4	1×10^8			1.0
1×10^5	0.5	0.4	2.8	1×10^9			0.7
1×10^6	0.4	0.3	2.0	1×10^{10}			0.5

表 8-5　许用应力 τ_p、σ_{cp}和 σ_{HP}

材　料	硬　度		许用切应力 τ_p/N·mm^{-2}	许用挤压应力/N·mm^{-2}	
	HB	HRC		直齿 σ_{cp}	鼓形齿 σ_{HP}
钢	160～200		140	10.5	42
钢	230～260		210	14	56
钢	302～351	33～38	230	21	84
表面淬火钢		48～53	280	23	84
渗碳淬火钢		58～63	350	35	140
整体淬火钢		42～46	315		

(2) 轮齿挤压应力计算

① 直线齿的轮齿挤压应力　作用在直线齿齿侧的挤压应力为

$$\sigma_c = \frac{2000 T_s K_A K_m}{d_s' zbhK_W} \leqslant \sigma_{cp} \quad (\mathrm{N/mm^2}) \tag{8-26}$$

式中　h——轮齿接触径向高度，mm；

K_W——轮齿磨损寿命系数，见表 8-4，根据齿轮转速而定；

σ_{cp}——许用挤压应力，N/mm²，见表 8-5。

其他代号意义同前。

② 鼓形齿的接触应力　鼓形齿轮联轴器内外齿轮之间的接触情况可近似地看作为一个圆柱体与一个平面的相互接触。其接触应力须用赫兹公式计算，即

$$\sigma_H = 1900 \frac{K_A}{K_W} \sqrt{\frac{2000 T_s}{d_s' zhr_2}} \leqslant \sigma_{HP} \quad (\mathrm{N/mm^2}) \tag{8-27}$$

$$r_2 = \frac{b^2}{8A} \quad (\mathrm{mm}) \tag{8-28}$$

式中　r_2——鼓形圆弧半径，mm；

A——鼓形量，$A=\frac{be}{2}$；

e——单位长度的径向位移量，$e=\frac{E}{L}$；

L——齿套长度；

E——浮动构件需要的浮动量，mm（见图 8-5）。

其他代号意义同前。

③ 内齿套的环向应力（破断应力）　通常内齿套的厚度为 $\delta \geqslant 3m$（m 为齿轮模数）时，其环向应力可不进行验算。

对于中、低速传动的齿轮联轴器的齿轮，其制造精度不应低于 8 级；高速联轴器的齿轮，其制造精度应达 7 级或高于 7 级。

齿轮联轴器的齿轮精度和齿面粗糙度可按表 8-6 选取。

表 8-6 齿轮联轴器的齿轮精度和齿面粗糙度

齿面硬度 HB	精度等级						
	5	6		7		8	
	轮齿圆周速度/m·s^{-1} ≤						
≤350	>18	18		12		6	
>350	>15	15		10		5	
加工方法	滚加工外齿轴套						
	—			插齿加工内齿圈			
齿面粗糙度 $Ra/\mu m$	0.4	0.4	0.8	0.8	1.6	1.6	3.2
模数 m/mm		≤8 $d_s<1250$	其他	≤8 $d_s<1250$	其他	≤8	>8

第9章 封闭行星齿轮传动设计计算

9.1 概述

根据《机械原理》可知，普通定轴齿轮传动和简单的行星齿轮传动都是基本的齿轮传动。它们均是具有一个自由度的基本齿轮传动；而差动行星齿轮传动［见图1-1(a)］是具有两个自由度的基本齿轮传动。如果将两个（或多个）简单行星齿轮传动相互串联起来，则可形成双级（或多级）行星齿轮传动；如果将一个普通定轴齿轮传动或简单行星齿轮传动与一个差动行星齿轮传动进行封闭式连接，则可形成封闭行星齿轮传动。总之，由上述齿轮机构组合所得到的齿轮传动，可以称之为组合行星齿轮传动。较常见的组合行星齿轮传动有双级行星齿轮传动和封闭行星齿轮传动两种。通常，将封闭行星齿轮传动中的差动行星齿轮传动（具有两个自由度）称为原始齿轮机构；而将其中起着封闭作用的普通定轴齿轮传动或简单的行星齿轮传动称为封闭机构。两个机构组合后形成的封闭行星齿轮传动仅具有一个自由度（参见图9-7～图9-12）。

由于封闭行星齿轮传动具有结构紧凑，传动比更大，其体积比双级行星齿轮传动更小；即具有更大的增矩性能和广阔的传动比范围。对于封闭行星齿轮传动技术，近十几年来，在工业发达国家的现代机械传动中发展得相当迅速，应用日益广泛。近几年来，随着我国对外引进了许多先进的现代机械设备和传动技术，该项先进的机械传动技术进入了我国的机械设计领域，并引起了我国齿轮界人士的极大关注和重视，且在我国也开始对封闭行星齿轮传动的研究和发展；目前已逐渐地获得了应用和推广。例如，在我国已引进的机械设备和国产化的产品：工程机械、起重机械、建筑机械和现代兵器以及航空工业中均获得了较好的应用。

9.1.1 双级行星齿轮传动

目前，双级行星齿轮传动大都采用两个2Z-X(A)型行星传动串联起来形成许多不同结构型式的双级行星齿轮传动，如图9-1和图9-6所示。它们的共同特点是前一个2Z-X(A)型行星传动的输出件与后一个2Z-X(A)型行星传动的输入件连接起来。这些双级行星齿轮传动的传动代号可以由其基本行星齿轮传动的代号所组成。现规定：其传动代号的第一部分为高速级基本齿轮传动，第二部分为低速级基本齿轮传动。对于高速级齿轮传动的基本构件用角标1表示；对于低速级齿轮传动的基本构件用角标2表示。例如，图9-1所示的双级行星齿轮传动是由两个2Z-X(A)型基本行星行动串联而成的，故可以用代号$A_{a_1x_1}^{b_1}A_{a_2x_2}^{b_2}$表示。由于该双级行星齿轮传动的两个内齿轮$b_1$和$b_2$都与机架连接在一起，因此，其结构紧凑，且具有2Z-X(A)型相同的传动特点。图中I为输入轴；O为输出轴。

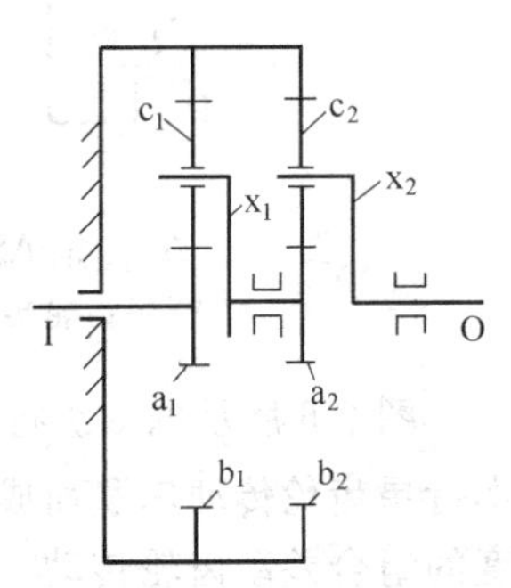

图9-1 $A_{a_1x_1}^{b_1}A_{a_2x_2}^{b_2}$型双级行星齿轮传动简图

图9-2所示的双级行星齿轮传动是由一个A_{ab}^{x}型的准行星齿轮传动与一个A_{ax}^{b}型的基本行星齿轮串联而成的，故可用代号$A_{a_1b_1}^{x_1}A_{a_2x_2}^{b_2}$表示。实际上，它是一个由定轴齿轮传动与行星齿轮传动所组成的双级行星齿轮传动。

图 9-3 所示的双级行星齿轮传动是由一个 A_{ax}^{b} 型基本行星齿轮传动与一个 $A_{a(xb)}$ 型基本差动齿轮传动串联而成的，其传动代号为 $A_{a_1x_1}^{b_1}A_{a_2(b_2x_2)}$。显然，该双级差动行星齿轮传动是一个具有两个自由度的组合差动齿轮传动。因此，它可以进行运动的分解和合成，且适用于传动比较大的行星差速器。

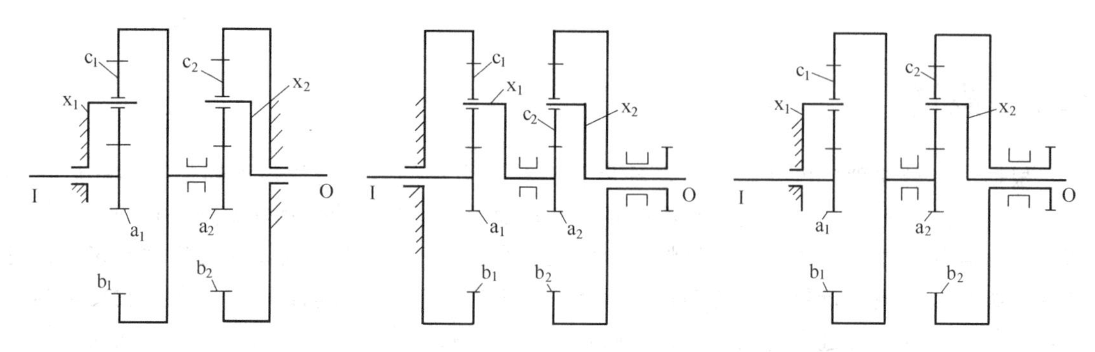

图 9-2　$A_{a_1b_1}^{x_1}A_{a_2x_2}^{b_2}$ 型双级行星齿轮传动简图

图 9-3　$A_{a_1x_1}^{b_1}A_{a_2(b_2x_2)}$ 型双级差动行星齿轮传动简图

图 9-4　$A_{a_1b_1}^{x_1}A_{a_2(x_2b_2)}$ 型双级差动行星齿轮传动简图

图 9-4 所示的双级行星齿轮传动是由一个 A_{ab}^{x} 型准行星齿轮传动与一个 $A_{a(xb)}$ 型的基本差动齿轮传动串联而成的，其传动代号为 $A_{a_1b_1}^{x_1}A_{a_2(x_2b_2)}$。显然，该双级差动行星齿轮传动是一个具有两个自由度的组合差动齿轮传动。因此，它也可以进行运动的分解和合成，且适用于传动比较大的行星差速器。

图 9-5 所示的双级行星齿轮传动是由一个 $A_{(ax)b}$ 型基本差动齿轮传动与一个 A_{ax}^{b} 型基本行星齿轮传动串联而成的，其传动代号为 $A_{(a_1x_1)b_1}A_{a_2x_2}^{b_2}$。显然，它也是一个具有两个自由度的组合差动齿轮传动。它更适用于运动的合成：输入两个运动，即输入角速度 ω_{a_1} 和 ω_{x_1}；而仅输出一个运动 ω_{x_2}。

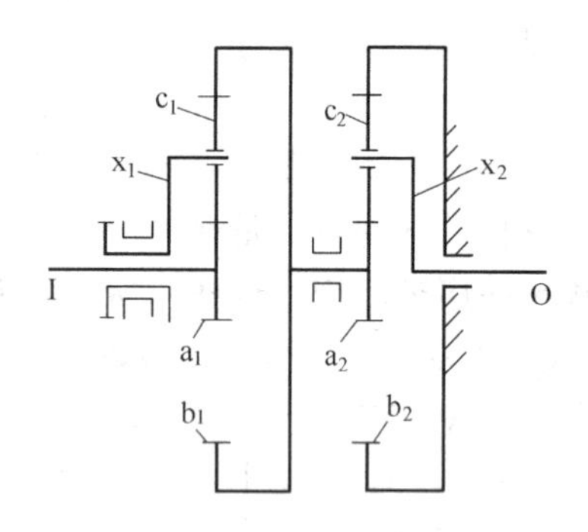

图 9-5　$A_{(a_1x_1)b_1}A_{a_2x_2}^{b_2}$ 型双级差动行星齿轮传动简图

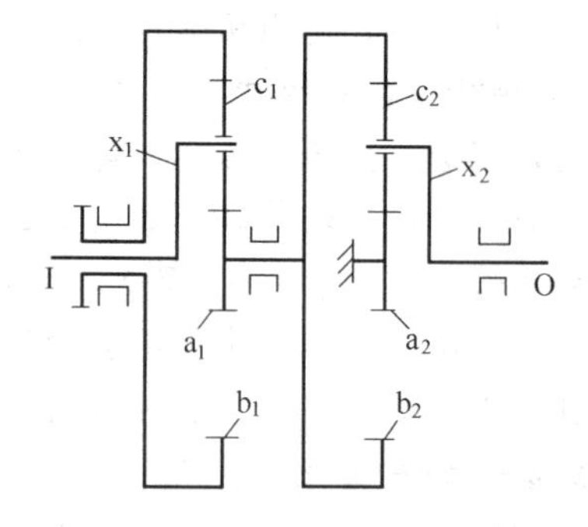

图 9-6　$A_{(b_1x_1)a_1}A_{b_2x_2}^{a_2}$ 型双级差动行星齿轮传动简图

图 9-6 所示的双级行星齿轮传动是由一个 $A_{(bx)a}$ 型基本差动齿轮传动与一个 A_{bx}^{a} 型的基本行星齿轮传动串联而成的，其传动代号为 $A_{(b_1x_1)a_1}A_{b_2x_2}^{a_2}$。显然，它也是一个具有两个自由度的组合差动齿轮传动。

仿上，如果高速级为 2Z-X(A)型行星传动（内齿轮 b_1 固定），而低速级为 3Z 型行星传动（内齿轮 b_2 固定）进行串联所组成的双级行星齿轮传动，其传动代号为 $A_{a_1x_1}^{b_1}(3Z)_{a_2e_2}^{b_2}$。同理，如果高速级为 3Z 型行星传动（内齿轮 b_1 固定），而低速级为 2Z-X(A)型行星传动

（内齿轮 b_2 固定）进行串联所组成的双级行星齿轮传动，则可用代号$(3Z)_{a_1e_1}^{b_1}A_{a_2x_2}^{b_2}$表示。显然，凡含有 3Z 型行星传动的双级行星齿轮传动，其传动比更大，传动比范围更广阔。

上述仅由两个 2Z-X(A)型行星传动串联所组成 AA 型双级行星齿轮传动的传动类型及其主要特点见表 9-1。

表 9-1　AA 型双级行星齿轮传动的传动类型及其主要特点

序号	传动类型	传动简图	传动比 i 范围	传递功率 P/kW	传动效率 η	主要特点
1	$A_{a_1x_1}^{b_1}A_{a_2x_2}^{b_2}$	图 9-1	$i_{a_1x_2}^{(b_1b_2)}=10\sim60$	P 不限	0.94～0.97	传动比较大，主要特点与 2Z-X(A)型相同。适用于任何工况下的大、小功率的传动
2	$A_{a_1b_1}^{x_1}A_{a_2x_2}^{b_2}$	图 9-2	$i_{a_1x_2}^{(x_1b_2)}=10\sim60$			同 $A_{a_1x_1}^{b_1}A_{a_2x_2}^{b_2}$，由于高速级转臂 x_1 被固定，故适用于高速行星传动
3	$A_{a_1x_1}^{b_1}A_{a_2(b_2x_2)}$	图 9-3	若 b_2 固定 $i_{a_1x_2}^{(b_1b_2)}=10\sim60$；若 x_2 固定 $i_{a_1b_2}^{(b_1x_2)}=-6\sim-54$			性能特点与 $A_{a_1x_1}^{b_1}A_{a_2x_2}^{b_2}$ 相同。可进行运动的分解和合成，适用于行星差速器
4	$A_{a_1b_1}^{x_1}A_{a_2(b_2x_2)}$	图 9-4	若 b_2 固定 $i_{a_1x_2}^{(x_1b_2)}=10\sim60$；若 x_2 固定 $i_{a_1b_2}^{(x_1x_2)}=-6\sim-54$	P 不限	0.94～0.97	同 $A_{a_1x_1}^{b_1}A_{a_2x_2}^{b_2}$，由于高速级转臂 x_1 被固定，可用于传动比较大的行星差速器
5	$A_{(a_1x_1)b_1}A_{a_2x_2}^{b_2}$	图 9-5	若 x_1 固定 $i_{a_1x_2}^{(x_1b_2)}=-6\sim-54$			特点与 $A_{a_1x_1}^{b_1}A_{a_2(b_2x_2)}$ 相同
6	$A_{(b_1x_1)a_1}A_{b_2x_2}^{a_2}$	图 9-6	若 x_1 固定 $i_{b_1x_2}^{(x_1a_2)}=-\frac{3}{4}\sim-\frac{9}{64}$			特点同 $A_{a_1x_1}^{b_1}A_{a_2(b_2x_2)}$。可进行运动的合成。主要用于行星差动增速器

9.1.2　封闭行星齿轮传动

如前所述，用普通定轴齿轮传动或简单行星齿轮传动将差动齿轮传动的两个中心轮或一个中心轮和转臂 x 封闭起来所得到的仅具有一个自由度的组合行星齿轮传动，称为封闭行星齿轮传动，如图 9-7～图 9-12 所示。通常，将封闭行星齿轮传动中的差动齿轮传动称为原始机构；而将其中起着封闭作用的普通定轴齿轮传动或简单行星齿轮传动称为封闭机构。

目前，在各种机械传动中，应用较多是以 2Z-X(A)型行星齿轮传动为基础组成的封闭行星齿轮传动。因此，本章只讨论具有 2Z-X(A)型的封闭行星齿轮传动。对于封闭行星齿轮传动的传动代号也可以由其基本的齿轮传动的代号组合而成，即可用两个加括号的字母(AA) 表示。如果其封闭机构为一个普通定轴齿轮传动，则在该封闭行星齿轮传动的代号中应含有定轴齿轮传动的代号 d，即用符号 d 作为定轴齿轮传动的代号。

图 9-7(a)所示的封闭行星齿轮传动是由两个并列布置的普通定轴齿轮传动 $d_{a_2b_2}$ 和 $d_{a_3b_3}$ 与一个差动齿轮传动 $A_{x_1(a_1b_1)}$ 组合而成的，该封闭行星齿轮传动的组合方式框图如图 9-7(b)所示。按照以上的规定，其传动代号为 $(Ad)_{x_1b_3}$；这两个下角标表示：在该封闭行星齿轮传动中，转臂 x_1 为输入件，定轴齿轮 b_3 为输出件。它的传动特点是输入轴 I 的一个运动 ω_{x_1}（角速度），通过差动齿轮传动的两个基本构件 a_1 和 b_1，同时传输给两个定轴齿轮副的齿轮 a_2 和 a_3，最后在输出轴 O 上合成一个输出运动 ω_{b_3}（角速度）。

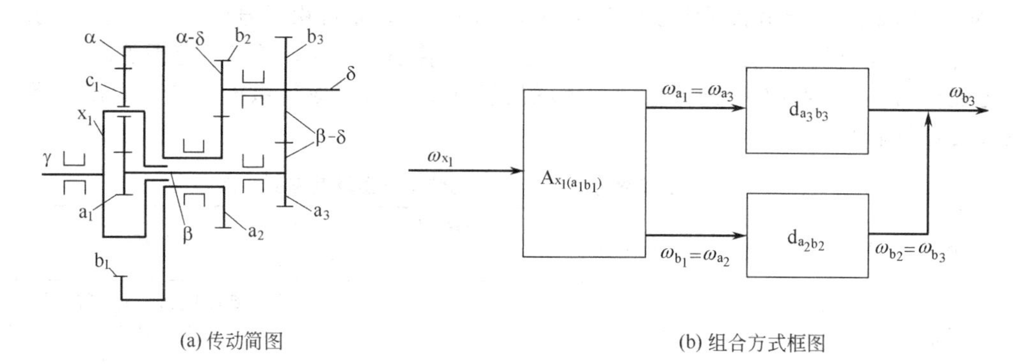

(a) 传动简图　　(b) 组合方式框图

图 9-7　$(Ad)_{x_1b_3}$ 型封闭行星齿轮机构

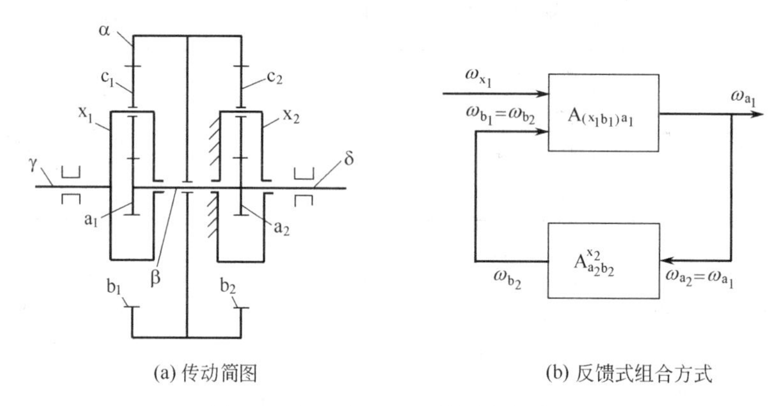

(a) 传动简图　　(b) 反馈式组合方式

图 9-8　$(AA)^{x_2}_{x_1(a_1a_2)}$ 型封闭行星齿轮

图 9-8(a)所示的封闭行星齿轮传动是由一个具有两个自由度的差动齿轮传动 $A_{(x_1b_1)a_1}$ 与一个基本的准行星齿轮传动 $A^{x_2}_{a_2b_2}$ 组合而成，该封闭行星传动的组合方式框图如图 9-8(b)所示。其传动代号为$(AA)^{x_2}_{x_1(a_1a_2)}$；其中，转臂 x_1 为输入件，中心轮 a_1 和 a_2 均为输出件。它的传动特点是差动齿轮传动的一个输出运动（角速度 ω_{a_1}）经过准行星齿轮传动转换成为另一个输出运动（ω_{b_2}）后，再以 $\omega_{b_1}=\omega_{b_2}$ 的运动反馈给原来的差动齿轮传动，故称它为反馈式封闭行星齿轮传动。由于该封闭行星传动有补偿运动的作用，因此，它可用于齿轮加工机床中来校正齿轮传动系统的误差。

图 9-9(a)和图 9-10(a)所示的封闭行星齿轮传动也是由一个差动齿轮传动与一个简单的行星齿轮传动组合而成的，它们的组合方式框图分别如图 9-9(b)和图 9-10(b)所示。其传动代号分别为$(AA)^{x_2}_{a_1(x_1b_2)}$和$(AA)^{x_2}_{a_1(b_1b_2)}$。它们的传动特点是输入功率 P_γ 传给差动齿轮传动后可以进行功率分流：一方面直接输出功率 P_β（或 P_α）；同时，差动齿轮传动又将部分功率 P_α（或 P_β）传给行星齿轮传动，且经其变换后的输出功率与前者的输出功率合在一起进行输出，其输出功率为 P_δ。由于该封闭行星传动可以进行功率分流，故称它们为功率分流式封闭行星齿轮传动。显见，也可以将功率分流式的组合方式看作为运动分解式的组合方式。另外，如果将图 9-9(b)所示的组合方式框图中的输入与输出调换一下，则可得到如图 9-9(c)所示的功率汇合式的组合方式；即该组合方式也可看作为运动合成的组合方式。

图 9-11(a)所示的封闭行星齿轮传动也是由一个差动齿轮传动和一个简单行星齿轮传动组合而成的，该封闭行星传动的组合方式框图如图 9-11(b) 所示。其传动代号为$(AA)^{b_2}_{x_1(a_1a_2)}$。它的传动特点是：原输入轴 A 的运动（ω_{a_2}）一方面直接传给差动齿轮传动；同时，输入运动又传给简单行星齿轮传动，且经其转换后便输出一个运动（ω_{x_2}），再将该运

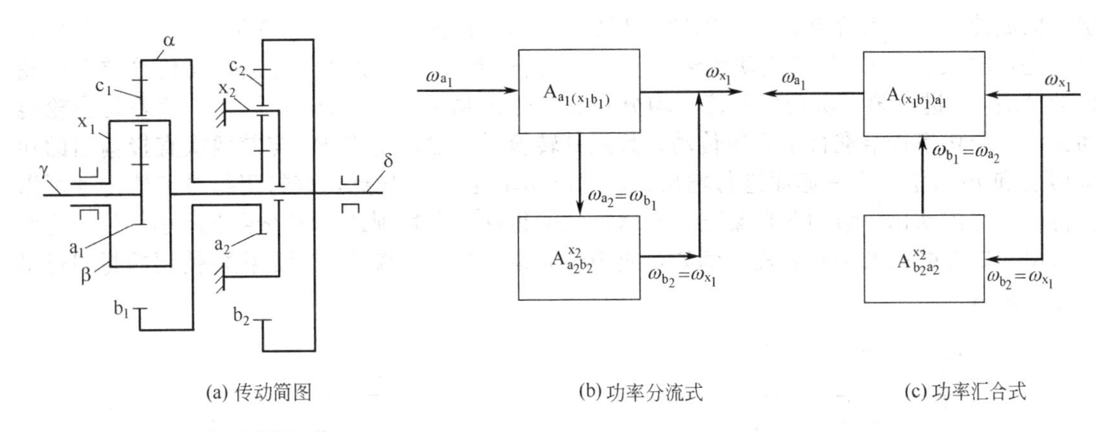

(a) 传动简图　　(b) 功率分流式　　(c) 功率汇合式

图 9-9　$(AA)_{a_1(x_1b_2)}^{x_2}$ 型封闭行星齿轮传动

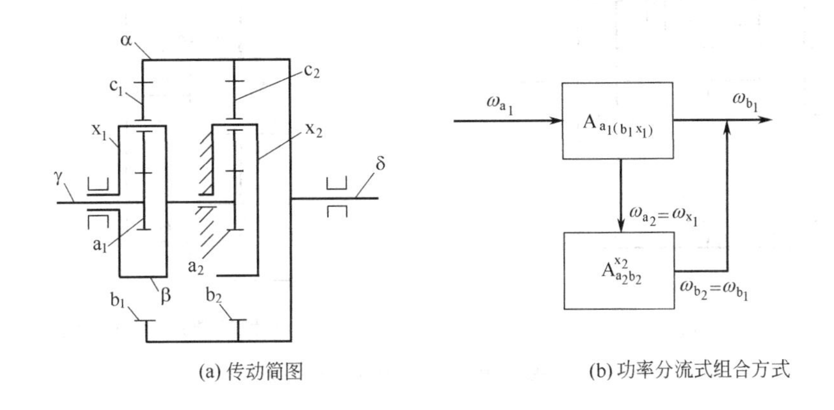

(a) 传动简图　　(b) 功率分流式组合方式

图 9-10　$(AA)_{a_1(b_1b_2)}^{x_2}$ 型封闭行星齿轮传动

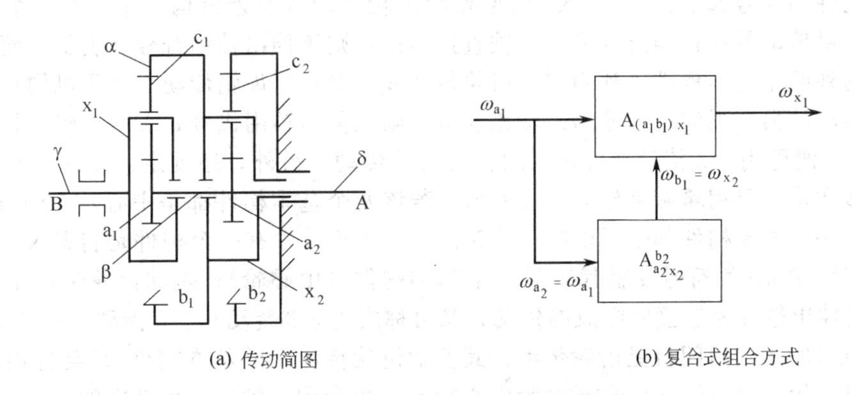

(a) 传动简图　　(b) 复合式组合方式

图 9-11　$(AA)_{x_1(a_1a_2)}^{b_2}$ 型封闭行星齿轮传动

动传给差动齿轮传动（即 $\omega_{b_1}=\omega_{x_2}$）。然后，便将两个运动（$\omega_{a_1}$ 和 ω_{b_1}）复合成为一个输出运动 ω_{x_1}；经输出轴 B 传递。因此，将该封闭行星齿轮传动称为复合式封闭行星齿轮传动。

根据对图 9-11(b)和图 9-8(b)的分析比较可知，如果将图 9-8(b)所示的反馈式组合框图中的输入运动（ω_{x_1}）与其输出运动（ω_{a_1}）调换一下，则可以由反馈式组合方式变成为如图 9-11(b)所示的复合式组合方式。

图 9-12(a)所示的封闭行星齿轮传动是由两个差动行星齿轮传动和一个准行星齿轮传动

组合而成的，它的组合方式框图如图 9-12(b)所示。其传动代号为$(AAA)^{x_3}_{a_1(b_1b_2b_3)}$。其传动特点是：输入功率 P_γ 传给差动齿轮传动 $A_{a_1(x_1b_1)}$ 进行第一次功率分流后，又传给差动齿轮传动 $A_{a_2(x_2b_2)}$ 进行第二次功率分流，均分别直接输出功率 P_{b_1} 和 P_{b_2}；同时，该差动齿轮传动又将部分功率传给准行星齿轮传动，且经其转换后的输出功率 P_{b_3} 与前两次直接输出的功率（P_{b_1} 和 P_{b_2}）汇合在一起而进行输出；该输出功率为 P_δ。显见，该封闭行星齿轮传动可以获得较大的传动比，结构非常紧凑，且增矩性能很好。它特别适用于安装空间小，传动比大和输出转矩大的机械传动装置。例如，应用于起重设备中的绞车和行走机构使用的封闭行星齿轮减速器。

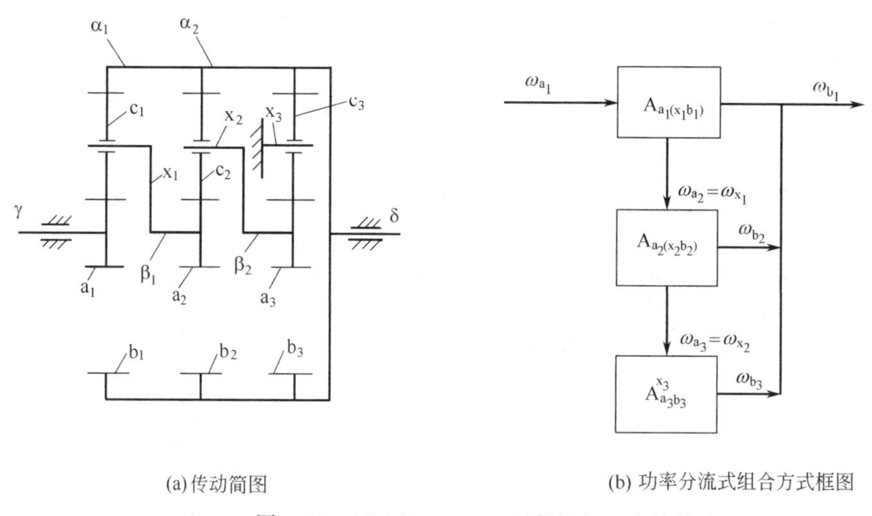

(a) 传动简图　　(b) 功率分流式组合方式框图

图 9-12　$(AAA)^{x_3}_{a_1(b_1b_2b_3)}$ 型封闭行星齿轮传动

为了设计研究方便起见，在此还特别规定封闭行星齿轮传动中各基本构件的一些代号，这样就可以方便地应用前面所列出的传动比和效率计算公式。因此，现规定封闭行星齿轮传动各基本构件的代号如下：在 2Z-X(A)型差动齿轮传动（原始机构）中，某一个基本构件与该封闭行星传动的一根伸出（输入）轴直接相连，则该伸出轴用符号 γ 表示；而差动齿轮传动中的另外两个基本构件可利用定轴齿轮传动或简单行星齿轮传动（封闭机构）与该封闭行星齿轮传动的另一根伸出（输出）轴相连接，则该伸出轴用代号 δ 表示。按照其伸出轴的代号 γ 和 δ，便可用 γ-δ 传动来代表封闭行星齿轮传动。另外，还规定：差动齿轮传动中的另外两个基本构件可用希腊字母 α 和 β 表示。若该两个基本构件都是中心轮，则符号 α 和 β 分别代表哪一个基本构件都是可以的；若该两个基本构件中有一个构件是转臂 x，则必须用符号 β 代表转臂 x，而符号 α 就代表另一个基本构件（中心轮）；差动齿轮传动中的基本构件 α 和 β 与伸出轴 δ 相连接所组成的传动，又可称之为 α-δ 传动和 β-δ 传动。

图 9-7(a)所示的封闭行星齿轮传动，其差动齿轮传动中的基本构件 x_1 与伸出轴 γ 直接相连，构件 α 代表中心轮 b_1，构件 β 为中心轮 a_1；再利用定轴齿轮传动中的齿轮 b_2 和 b_3 与伸出轴 δ 相连接，α-δ 传动为 b_1-a_2-b_2，β-δ 传动为 a_1-a_3-b_3。

图 9-8(a)所示的封闭行星齿轮传动，其中构件 x_1 与伸出轴 γ 相连，构件 α 为内齿轮 b_1，构件 β 为中心轮 a_1，构件 a_1 和 a_2（中心轮）与伸出轴 δ 相连接；α-δ 传动为 b_1-b_2-c_2-a_2，β-δ 传动为 a_1-a_2。

图 9-9(a)所示的封闭行星齿轮传动，其中构件 a_1（中心轮）与伸出轴 γ 相连，构件 α 为 b_1（中心轮），转臂 x_1 必须用符号 β 代表，构件 x_1 和 b_2 与伸出轴 δ 相连；α-δ 传动为 b_1-a_2-c_2-b_2，β-δ 传动为 x_1-b_2。

图 9-10(a)～图 9-12(a)所示的封闭行星齿轮传动，代号 α、β、γ 和 δ 的标注在图中已注明了，故在此不再赘述。

(Ad) 型和 (AA) 型及 (AAA) 型封闭行星齿轮传动的合理传动比范围和传动效率值见表 9-2。

表 9-2　封闭行星传动的传动比范围和效率值

方　案	代　　号	传动简图	传动比范围 ($i_{\gamma\delta}$)	传动效率 (η)
1	$(\mathrm{Ad})_{x_1 b_3}$	图 9-7(a)	－(0.5～3)	0.94～0.98
2	$(\mathrm{AA})^{x_2}_{x_1(a_1 a_2)}$	图 9-8(a)	－0.25～－0.2	0.94～0.98
3	$(\mathrm{AA})^{x_2}_{a_1(x_1 b_2)}$	图 9-9(a)	8～72	0.94～0.98
4	$(\mathrm{AA})^{x_2}_{a_1(b_1 b_2)}$	图 9-10(a)	－(10～80)	0.94～0.98
5	$(\mathrm{AA})^{b_2}_{x_1(a_1 a_2)}$	图 9-11(a)	0.3～0.5	0.93～0.97
6	$(\mathrm{AAA})^{x_3}_{a_1(b_1 b_2 b_3)}$	图 9-12(a)	－(26～728)	0.92～0.96

封闭行星齿轮传动（即 γ-δ 传）比双级行星齿轮传动在结构上具有许多的优点。此外，在图 9-9(a)等所示的封闭行星齿轮传动中，由于其低速级的转臂 x_2（或 x_3）被固定不动，故该转臂上的行星轮轴承不受离心力作用；同时，其高速级的转臂 x_1 具有与低速轴 δ（输出轴）相同的角速度，即 $\omega_{x_1}=\omega_{b_2}$。因此，在其高速级行星轮轴承上作用的离心力也将大大地小于双级行星齿轮传动上高速级行星轮轴承上所受的离心力。

对于 γ-δ 传动，当伸出轴 δ 为输入轴时，由 δ 轴输入的动力可以经过 α-δ 和 β-δ 两条路传递到输出轴 γ [见图 9-11(a)]。从而，可进一步提高其承载能力，或在承受相同的载荷条件下可使其结构更加紧凑。总之，封闭行星齿轮传动是一项新的传动技术，它具有许多独特的优点，故在现代机械传动上它已获得了较广泛的应用。

9.2　封闭行星齿轮传动的结构公式和结构简图

经研究分析可知，上述封闭行星齿轮传动一般应具有如下几点性质。

① 每个封闭行星齿轮传动系由若干个简单的行星齿轮传动（含转臂 x 被固定的准行星齿轮传动）所组成，它们不能再分解为更独立的单元机构。

② 在空间具有固定的旋转轴线，且承受外载荷的构件称为基本构件。在 2Z-X 型行星传动中，通常有三个基本构件 a、b 和 x，它们的角速度间的关系为

$$i_{ab}^{x}=\frac{\omega_a-\omega_x}{\omega_b-\omega_x}$$

2Z-X 型行星传动的运动学方程式为

$$\left.\begin{aligned}&\omega_a+p\omega_b-(1+p)\omega_x=0\\&\omega_b+\frac{1}{p}\omega_a-\frac{1+p}{p}\omega_x=0\\&\omega_x-\frac{1}{1+p}\omega_a-\frac{p}{1+p}\omega_b=0\end{aligned}\right\}\text{[见公式(2-7)]}$$

③ 每个封闭行星齿轮传动中的简单行星齿轮传动的转臂 x，在空间应具有固定的旋转（公转）轴线（即 x 绕主轴线旋转）；或者转臂 x 是固定的（即使其变为准行星齿轮传动）。

封闭行星齿轮传动的自由度 W 可按以下结构公式计算，即

$$W=n_0-k \tag{9-1}$$

式中　n_0 ——运动的基本构件数；

　　k ——简单的行星齿轮传动数目；或称行星排数目。

例如，图 9-8(a)所示的反馈式封闭行星齿轮传动，其简单的行星齿轮传动数 $k=2$，运动的基本构件数 $n_0=3$，即有基本构件：$\gamma(x_1)$、$\delta(a_1、a_2)$和 $\alpha(b_1、b_2)$。注意：中心轮 a_1 和 a_2 连成一体，且与输出轴 δ 相连，它们只能算作一个运动基本构件。同理，中心轮 b_1 和 b_2 连成一体用符号 α 表示，也只能看作一个运动基本构件。所以，按上述结构公式可得该 $(AA)^{x_2}_{x_1(a_1a_2)}$ 型封闭行星齿轮传动的自由度 W 为

$$W=n_0-k=3-2=1$$

上述结构公式表明，当计算较复杂的封闭行星齿轮传动的自由度 W 时，能够仅以其运动基本构件数 n_0 和组成的简单行星齿轮传动数 k 来考虑。所以，上述各封闭行星齿轮传动的传动简图就可用含有 n_0 和 k_x 的结构简图代替。图 9-8(a)、图 9-9(a)和图 9-10(a)所示的封闭行星齿轮传动的传动简图均可以用其结构简图 9-13 代表。而图 9-14 所示的结构简图可以看作图 9-11(a)所示的各复合式封闭行星齿轮传动的传动简图的代表简图。

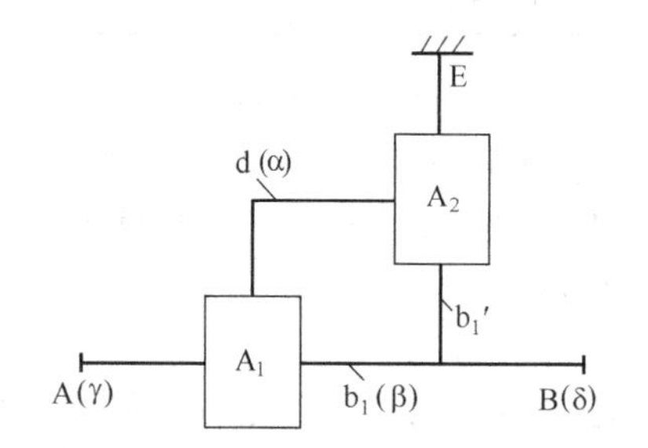

图 9-13　封闭行星齿轮传动的结构简图

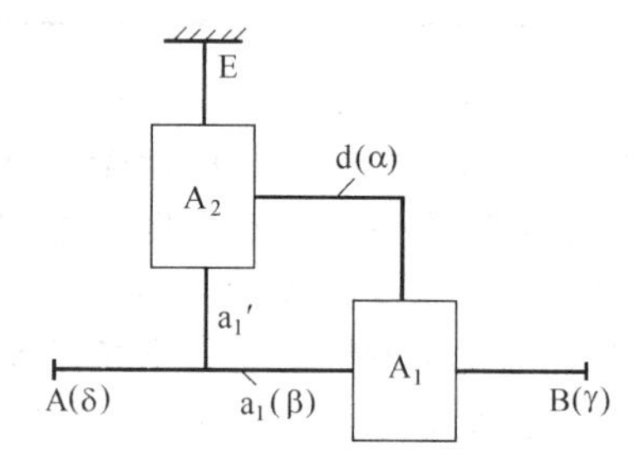

图 9-14　复合式封闭行星齿轮传动的结构简图

由图 9-13 和图 9-14 可见，封闭行星齿轮传动的结构简图包括两个简单行星齿轮传动 A_1 和 A_2；输入构件 A、输出构件 B 以及支承件 E 和辅助构件 d。图 9-8(a)中的转臂 x_1 就是图 9-13 中的输入件 A（输入轴 γ），中心轮 a_2 为输出件 B（输出轴 δ），固定构件 x_2 为支承件 E，内齿轮 b_1 和 b_2 连接起来为辅助件 d。所以，传动简图 9-8(a)可以用结构简图 9-13 代替。仿上，图 9-9(a)中的中心轮 a_1 为输入件A(γ)，内齿轮 b_2 为输出件 B(δ)，转臂 x_2 被固定为支承件 E，中心轮 b_1 与 a_2 相连接为辅助件 d。仿上，图 9-10(a)中的中心轮 a_1 为输入件 A(γ)，内齿轮 b_2 为输出件 B(δ)，转臂 x_2 为支承件 E，转臂 x_1 与中心轮 a_2 相连接为辅助件 d。所以，传动简图 9-9(a)和图 9-10(a)均可以用结构图 9-13 代替。

对于传动简图 9-11(a)所示的复合式封闭行星齿轮传动，它的中心轮 a_1 与 a_2 相连接为输入件 A(δ)，转臂 x_1 为输出件 B(γ)，固定内齿轮 b_2 为支承件 E，内齿轮 b_1 与转臂 x_2 相连接为辅助件 d。所以，传动简图 9-11(a)可以用结构简图 9-14 代替。

9.3　封闭行星齿轮传动的传动比计算

9.3.1　双级行星齿轮传动的传动比计算公式

在由两个 2Z-X(A)型行星齿轮传动串联而成的双级行星齿轮传动（见图 9-1～图 9-6）中，其传动比 i_p 通常是由两个单级行星齿轮传动的传动比 i_1 和 i_2 之乘积确定，即 $i_p=i_1i_2$。其中，i_1 为高速级传动比；i_2 为低速级传动比。而各基本行星齿轮传动（单级）的传动比 i_1 和 i_2 可按表 2-1 中的公式计算。

对于前面的各种双级行星齿轮传动，由于其组合方式的不同，故其传动比的计算公式也是不相同的。现分别推导其传动比计算公式如下。

(1) $A_{a_1x_1}^{b_1}A_{a_2x_2}^{b_2}$ 型双级行星齿轮传动的传动比计算

对于图 9-1 所示的 $A_{a_1x_1}^{b_1}A_{a_2x_2}^{b_2}$ 型双级行星齿轮传动，当中心轮 a_1 为输入件，转臂 x_2 为输出件，内齿轮 b_1 和 b_2 固定，且转臂 x_1 与中心轮 a_2 相连接（即 $\omega_{x_1}=\omega_{a_2}$）时，按照相对角速度之比的定义，则可得

$$i_{a_1x_2}^{(b_1b_2)}=\frac{\omega_{a_1}-\omega_{b_1}}{\omega_{x_2}-\omega_{b_2}}=\frac{\omega_{a_1}-\omega_{b_1}}{\omega_{x_1}-\omega_{b_1}}\times\frac{\omega_{a_2}-\omega_{b_2}}{\omega_{x_2}-\omega_{b_2}}$$
$$=i_{a_1x_1}^{b_1}i_{a_2x_2}^{b_2}=(1-i_{a_1b_1}^{x_1})(1-i_{a_2b_2}^{x_2})$$

因两个单级行星齿轮传动转化机构的传动比为

$$i_{a_1b_1}^{x_1}=-\frac{z_{b_1}}{z_{a_1}}=-p_1$$

和

$$i_{a_2b_2}^{x_2}=-\frac{z_{b_2}}{z_{a_2}}=-p_2$$

代入上式，则可得 $A_{a_1x_1}^{b_1}A_{a_2x_2}^{b_2}$ 型双级行星齿轮传动的传动比计算公式为

$$i_{a_1x_2}^{(b_1b_2)}=(1+p_1)(1+p_2) \tag{9-2}$$

因为

$$i_{a_1x_2}^{(b_1b_2)}=\frac{\omega_{a_1}}{\omega_{x_2}}=(1+p_1)(1+p_2)$$

则可得中心轮 a_1 的角速度 ω_{a_1} 计算公式为

$$\omega_{a_1}=(1+p_1)(1+p_2)\omega_{x_2} \tag{9-3}$$

按相对角速度之比的定义，可得

$$\frac{\omega_{a_2}-\omega_{b_2}}{\omega_{x_2}-\omega_{b_2}}=i_{a_2x_2}^{b_2}=1+p_2$$

因 $\omega_{b_2}=0$ 和 $\omega_{x_1}=\omega_{a_2}$，则可得中心轮 a_2 和转臂 x_1 的角速度 ω_{a_2} 和 ω_{x_1} 的计算公式为

$$\omega_{a_2}=\omega_{x_1}=(1+p_2)\omega_{x_2} \tag{9-4}$$

同理，行星轮相对于转臂的角速度 $\omega_{c_1}-\omega_{x_1}$ 和 $\omega_{c_2}-\omega_{x_2}$ 可由下式求得

$$\frac{\omega_{c_1}-\omega_{b_1}}{\omega_{x_1}-\omega_{b_1}}=i_{c_1x_1}^{b_1}=1-i_{c_1b_1}^{x_1}=1-\frac{z_{b_1}}{z_{c_1}}$$
$$\frac{\omega_{c_2}-\omega_{b_2}}{\omega_{x_2}-\omega_{b_2}}=i_{c_2x_2}^{b_2}=1-i_{c_2b_2}^{x_2}=1-\frac{z_{b_2}}{z_{c_2}}$$

因 $\omega_{b_1}=\omega_{b_2}=0$，$z_{c_1}=(z_{b_1}-z_{a_1})/2$ 和 $z_{c_2}=(z_{b_2}-z_{a_2})/2$。

代入上式，经整理后，则得

$$\left.\begin{aligned}\omega_{c_1}-\omega_{x_1}&=\frac{2p_1}{1-p_1}\omega_{x_1}\\ \omega_{c_2}-\omega_{x_2}&=\frac{2p_2}{1-p_2}\omega_{x_2}\end{aligned}\right\} \tag{9-5}$$

(2) $A_{a_1b_1}^{x_1}A_{a_2x_2}^{b_2}$ 型双级行星齿轮传动的传动比计算

对于图 9-2 所示的 $A_{a_1b_1}^{x_1}A_{a_2x_2}^{b_2}$ 型双级行星齿轮传动，因转臂 x_1 和内齿轮 b_2 均固定，即 $\omega_{x_1}=\omega_{b_2}=0$，且中心轮 b_1 与 a_2 相连接，即 $\omega_{b_1}=\omega_{a_2}$，中心轮 a_1 输入，转臂 x_2 输出。仿上，则可得

$$i_{a_1x_2}^{(x_1b_2)}=\frac{\omega_{a_1}-\omega_{x_1}}{\omega_{x_2}-\omega_{b_2}}=\frac{\omega_{a_1}-\omega_{x_1}}{\omega_{b_1}-\omega_{x_1}}\times\frac{\omega_{a_2}-\omega_{b_2}}{\omega_{x_2}-\omega_{b_2}}$$
$$=i_{a_1b_1}^{x_1}i_{a_2x_2}^{b_2}=i_{a_1b_1}^{x_1}(1-i_{a_2b_2}^{x_2})$$

因为，其转化机构的传动比为

$$i_{a_1b_1}^{x_1}=-\frac{z_{b_1}}{z_{a_1}}=-p_1$$

和
$$i_{a_2b_2}^{x_2}=-\frac{z_{b_2}}{z_{a_2}}=-p_2$$

代入上式，则可得该双级行星齿轮传动的传动比计算公式为

$$i_{a_1x_2}^{(x_1b_2)}=-p_1(1+p_2) \tag{9-6}$$

因为，$\frac{\omega_{a_1}-\omega_{x_1}}{\omega_{x_2}-\omega_{b_2}}=i_{a_1x_2}^{(x_1b_2)}=-p_1(1+p_2)$和$\omega_{x_1}=\omega_{b_2}=0$，则得中心轮$a_1$的角速度$\omega_{a_1}$的计算公式为

$$\omega_{a_1}=-p_1(1+p_2)\omega_{x_2} \tag{9-7}$$

仿上，可得中心轮a_2和b_1的角速度$\omega_{a_2}=\omega_{b_1}$的计算公式为

$$\omega_{a_2}=\omega_{b_1}=(1+p_2)\omega_{x_2} \tag{9-8}$$

同理，行星相对于转臂的角速度$\omega_{c_1}-\omega_{x_1}$和$\omega_{c_2}-\omega_{x_2}$可由下式求得

$$\frac{\omega_{c_1}-\omega_{x_1}}{\omega_{b_1}-\omega_{x_1}}=i_{c_1b_1}^{x_1}=\frac{z_{b_1}}{z_{c_1}}$$

$$\frac{\omega_{c_2}-\omega_{x_2}}{\omega_{b_2}-\omega_{x_2}}=i_{c_2b_2}^{x_2}=\frac{z_{b_2}}{z_{c_2}}$$

因$\omega_{x_1}=\omega_{b_2}=0$，$z_{c_1}=(z_{b_1}-z_{a_1})/2$和$z_{c_2}=(z_{b_2}-z_{a_2})/2$，则可得行星轮相对于转臂的角速度为

$$\left.\begin{aligned}\omega_{c_1}-\omega_{x_1}&=-\frac{2p_1}{1-p_1}\omega_{b_1}\\ \omega_{c_2}-\omega_{x_2}&=\frac{2p_2}{1-p_2}\omega_{x_2}\end{aligned}\right\} \tag{9-9}$$

(3) $A_{a_1x_1}^{b_1}A_{a_2(b_2x_2)}$型双级行星齿轮传动的传动比计算

对于图9-3所示的双级行星齿轮传动，因它是由$A_{a_1x_1}^{b_1}$型行星齿轮传动和$A_{a_2(b_2x_2)}$型差动齿轮传动所组成，故其传动比为

$$i_p=i_{a_1x_1}^{b_1}i_{a_2(b_2x_2)} \tag{9-10}$$

式中，行星齿轮传动的传动比$i_{a_1x_1}^{b_1}=1-i_{a_1b_1}^{x_1}=1+p_1$；而在差动齿轮传动中，其基本构件的角速度之间的关系可按公式(2-6)确定，即

$$\omega_{a_2}=i_{a_2b_2}^{x_2}\omega_{b_2}+i_{a_2x_2}^{b_2}\omega_{x_2}$$

$$i_{a_2b_2}^{x_2}=-\frac{z_{b_2}}{z_{a_2}}=-p_2$$

$$i_{a_2x_2}^{b_2}=1-i_{a_2b_2}^{x_2}=1+p_2$$

所以
$$\omega_{a_2}=-p_2\omega_{b_2}+(1+p_2)\omega_{x_2}$$

若中心轮b_2固定，即$\omega_{b_2}=0$，可得

$$i_{a_2x_2}^{b_2}=1+p_2$$

则得其传动比计算公式为

$$i_{a_1x_2}^{(b_1b_2)}=i_{a_1x_1}^{b_1}i_{a_2x_2}^{b_2}=(1+p_1)(1+p_2) \tag{9-11}$$

仿上，因此时$\omega_{b_1}=\omega_{b_2}=0$和$\omega_{a_2}=\omega_{x_1}$，则可得

$$\omega_{a_1}=(1+p_1)(1+p_2)\omega_{x_2}$$

$$\omega_{a_2}=\omega_{x_1}=(1+p_2)\omega_{x_2}$$

$$\omega_{c_1}-\omega_{x_1}=\frac{2p_1}{1-p_1}\omega_{x_1}$$

$$\omega_{c_2}-\omega_{x_2}=\frac{2p_2}{1-p_2}\omega_{x_2}$$

若转臂x_2固定，即$\omega_{x_2}=0$，则可得

$$i_{a_2b_2}^{x_2}=-p_2$$

则得其传动比计算公式为

$$i_{a_1b_2}^{(b_1x_2)}=i_{a_1x_1}^{b_1}i_{a_2b_2}^{x_2}=-(1+p_1)p_2 \tag{9-12}$$

同理，因此时 $\omega_{b_1}=\omega_{x_2}=0$ 和 $\omega_{a_2}=\omega_{x_1}$，则可得

$$\omega_{a_1}=(1+p_1)\omega_{x_1}$$

$$\omega_{a_2}=\omega_{x_1}=-p_2\omega_{b_2}$$

$$\omega_{c_1}-\omega_{x_1}=\frac{2p_1}{1-p_1}\omega_{x_1}$$

$$\omega_{c_2}-\omega_{x_2}=-\frac{2p_2}{1-p_2}\omega_{b_2}$$

(4) $A_{a_1b_1}^{x_1}A_{a_2(b_2x_2)}$ 型双级行星齿轮传动的传动比计算

对于图 9-4 所示的双级行星齿轮传动，因它是由 $A_{a_1b_1}^{x_1}$ 型准行星齿轮传动和 $A_{a_2(b_2x_2)}$ 型差动齿轮传动所组成的，故其传动比为

$$i_p=i_{a_1b_1}^{x_1}i_{a_2(b_2x_2)} \tag{9-13}$$

式中，准行星齿轮传动的传动比 $i_{a_1b_1}^{x_1}=-\frac{z_{b_1}}{z_{a_1}}=-p_1$；而差动齿轮传动基本构件的角速度关系式为

$$\omega_{a_2}=-p_2\omega_{b_2}+(1+p_2)\omega_{x_2}$$

若中心轮 b_2 固定，即 $\omega_{b_2}=0$，则可得

$$i_{a_2x_2}^{b_2}=1+p_2$$

则得其传动比计算公式为

$$i_{a_1x_2}^{(x_1b_2)}=i_{a_1b_1}^{x_1}i_{a_2x_2}^{b_2}=-p_1(1+p_2) \tag{9-14}$$

因此时 $\omega_{x_1}=\omega_{b_2}=0$ 和 $\omega_{a_2}=\omega_{b_1}$，则可得

$$\omega_{a_1}=-p_1(1+p_2)\omega_{x_2}$$

$$\omega_{a_2}=\omega_{b_1}=(1+p_2)\omega_{x_2}$$

$$\omega_{c_1}-\omega_{x_1}=\frac{2p_1}{1-p_1}\omega_{x_1}$$

$$\omega_{c_2}-\omega_{x_2}=\frac{2p_2}{1-p_2}\omega_{x_2}$$

若转臂 x_2 固定，即 $\omega_{x_2}=0$，则可得

$$i_{a_2b_2}^{x_2}=-p_2$$

则可得其传动比公式为

$$i_{a_1b_2}^{(x_1x_2)}=i_{a_1b_1}^{x_1}i_{a_2b_2}^{x_2}=p_1p_2 \tag{9-15}$$

因此时 $\omega_{x_1}=\omega_{x_2}=0$ 和 $\omega_{a_2}=\omega_{b_1}$，则可得

$$\omega_{a_1}=p_1p_2\omega_{b_2}$$

$$\omega_{a_2}=\omega_{b_1}=-p_2\omega_{b_2}$$

$$\omega_{c_1}-\omega_{x_1}=-\frac{2p_1}{1-p_1}\omega_{b_1}$$

$$\omega_{c_2}-\omega_{x_2}=-\frac{2p_2}{1-p_2}\omega_{b_2}$$

(5) $A_{(a_1x_1)b_1}A_{a_2x_2}^{b_2}$ 型双级行星齿轮传动的传动比计算

对于图 9-5 所示的双级行星齿轮传动，因它是由 $A_{(a_1x_1)b_1}$ 型差动齿轮传动和 $A_{a_2x_2}^{b_2}$ 型行星齿轮传动所组成，故其传动比为

$$i_p = i_{(a_1x_1)b_1} i_{a_2x_2}^{b_2} \tag{9-16}$$

$$i_{a_2x_2}^{b_2} = 1 + p_2$$

在差动齿轮传动中，仿上，可得各基本构件的角速度关系式为

$$\omega_{a_1} = -p_1\omega_{b_1} + (1+p_1)\omega_{x_1}$$

若中心轮 a_1 固定，即 $\omega_{a_1}=0$，可得

$$i_{x_1b_1}^{a_1} = \frac{p_1}{1+p_1}$$

则可得其传动比公式为

$$i_{x_1x_2}^{(a_1b_2)} = i_{x_1b_1}^{a_1} i_{a_2x_2}^{b_2} = \frac{p_1}{1+p_1}(1+p_2) \tag{9-17}$$

角速度 ω_{x_1}、ω_{a_2}、$(\omega_{c_1}-\omega_{x_1})$和$(\omega_{c_2}-\omega_{x_2})$的计算公式列入表 9-3 的序号 5 中。

若转臂 x_1 固定，即 $\omega_{x_1}=0$，可得

$$i_{a_1b_1}^{x_1} = -p_1$$

则得其传动比公式为

$$i_{a_1x_2}^{(x_1b_2)} = i_{a_1b_1}^{x_1} i_{a_2x_2}^{b_2} = -p_1(1+p_2) \tag{9-18}$$

角速度 ω_{a_1}、ω_{a_2}、$(\omega_{c_1}-\omega_{x_1})$和$(\omega_{c_2}-\omega_{x_2})$的计算公式列入表 9-3 的序号 5 中。

(6) $A_{(b_1x_1)a_1}A_{b_2x_2}^{a_2}$ 型双级行星齿轮传动的传动比计算

对于图 9-6 所示的双级行星齿轮传动，因它是由 $A_{(b_1x_1)a_1}$ 型差动齿轮传动和 $A_{b_2x_2}^{a_2}$ 型行星齿轮传动所组成的，故其传动比为

$$i_p = i_{(b_1x_1)a_1} i_{b_2x_2}^{a_2} \tag{9-19}$$

$$i_{b_2x_2}^{a_2} = (1+p_2)/p_2$$

若中心轮 b_1 固定，即 $\omega_{b_1}=0$，则可得

$$i_{x_1a_1}^{b_1} = \frac{1}{1+p_1}$$

则得其传动比公式为

$$i_{x_1x_2}^{(b_1a_2)} = i_{x_1a_1}^{b_1} i_{b_2x_2}^{a_2} = \frac{1}{1+p_1} \times \frac{1+p_2}{p_2} \tag{9-20}$$

角速度 ω_{a_1}、ω_{x_1}、$(\omega_{c_1}-\omega_{x_1})$和$(\omega_{c_2}-\omega_{x_2})$的计算公式列于表 9-3 的序号 6 中。

若转臂 x_1 固定，即 $\omega_{x_1}=0$，可得

$$i_{b_1a_1}^{x_1} = -\frac{1}{p_1}$$

则得其传动比公式为

$$i_{b_1x_2}^{(x_1a_2)} = i_{b_1a_1}^{x_1} i_{b_2x_2}^{a_2} = -\frac{1}{p_1} \times \frac{1+p_2}{p_2} = -\frac{1+p_2}{p_1p_2} \tag{9-21}$$

角速度 ω_{a_1}、ω_{b_1}、$(\omega_{c_1}-\omega_{x_1})$和$(\omega_{c_2}-\omega_{x_2})$的计算公式列于表 9-3 的序号 6 中。

由两个 2Z-X(A)型行星齿轮传动串联所组成的上述双级行星齿轮传动的传动比和各构件角速度的计算公式列于表 9-3。

表 9-3　双级 2Z-X(A)型行星齿轮传动的传动比和角速度公式

序号	传动代号	传动比公式	角速度公式	
			基本构件	行星轮
1	$A^{b_1}_{a_1 x_1} A^{b_2}_{a_2 x_2}$ (图 9-1)	$i^{(b_1 b_2)}_{a_1 x_2}=i^{b_1}_{a_1 x_1} i^{b_2}_{a_2 x_2}$ $=(1+p_1)(1+p_2)$	$\omega_{b_1}=\omega_{b_2}=0$ $\omega_{a_1}=(1+p_1)(1+p_2)\omega_{x_2}$ $\omega_{a_2}=\omega_{x_1}=(1+p_2)\omega_{x_2}$	$\omega_{c_1}-\omega_{x_1}=\dfrac{2p_1}{1-p_1}\omega_{x_1}$ $\omega_{c_2}-\omega_{x_2}=\dfrac{2p_2}{1-p_2}\omega_{x_2}$
2	$A^{x_1}_{a_1 b_1} A^{b_2}_{a_2 x_2}$ (图 9-2)	$i^{(x_1 b_2)}_{a_1 x_2}=i^{x_1}_{a_1 b_1} i^{b_2}_{a_2 x_2}$ $=-p_1(1+p_2)$	$\omega_{x_1}=\omega_{b_2}=0$ $\omega_{a_1}=-p_1(1+p_2)\omega_{x_2}$ $\omega_{a_2}=\omega_{b_1}=(1+p_2)\omega_{x_2}$	$\omega_{c_1}-\omega_{x_1}=-\dfrac{2p_1}{1-p_1}\omega_{b_1}$ $\omega_{c_2}-\omega_{x_2}=\dfrac{2p_2}{1-p_2}\omega_{x_2}$
3	$A^{b_1}_{a_1 x_1} A_{a_2(b_2 x_2)}$ (图 9-3)	若中心轮 b_2 固定 $i^{(b_1 b_2)}_{a_1 x_2}=i^{b_1}_{a_1 x_1} i^{b_2}_{a_2 x_2}$ $=(1+p_1)(1+p_2)$ 若转臂 x_2 固定 $i^{(b_1 x_2)}_{a_1 b_2}=i^{b_1}_{a_1 x_1} i^{x_2}_{a_2 b_2}$ $=-p_2(1+p_1)$	$\omega_{b_1}=\omega_{b_2}=0$ $\omega_{a_1}=(1+p_1)(1+p_2)\omega_{x_2}$ $\omega_{a_2}=\omega_{x_1}=(1+p_2)\omega_{x_2}$ $\omega_{b_1}=\omega_{x_2}=0$ $\omega_{a_1}=(1+p_1)\omega_{x_1}$ $\omega_{a_2}=\omega_{x_1}=-p_2\omega_{b_2}$	$\omega_{c_1}-\omega_{x_1}=\dfrac{2p_1}{1-p_1}\omega_{x_1}$ $\omega_{c_2}-\omega_{x_2}=\dfrac{2p_2}{1-p_2}\omega_{x_2}$ $\omega_{c_1}-\omega_{x_1}=\dfrac{2p_1}{1-p_1}\omega_{x_1}$ $\omega_{c_2}-\omega_{x_2}=-\dfrac{2p_2}{1-p_2}\omega_{b_2}$
4	$A^{x_1}_{a_1 b_1} A_{a_2(b_2 x_2)}$ (图 9-4)	若中心轮 b_2 固定 $i^{(x_1 b_2)}_{a_1 x_2}=i^{x_1}_{a_1 b_1} i^{b_2}_{a_2 x_2}$ $=-p_1(1+p_2)$ 若转臂 x_2 固定 $i^{(x_1 x_2)}_{a_1 b_2}=i^{x_1}_{a_1 b_1} i^{x_2}_{a_2 b_2}$ $=p_1 p_2$	$\omega_{x_1}=\omega_{b_2}=0$ $\omega_{a_1}=-p_1(1+p_2)\omega_{x_2}$ $\omega_{a_2}=\omega_{b_1}=(1+p_2)\omega_{x_2}$ $\omega_{x_1}=\omega_{x_2}=0$ $\omega_{a_1}=p_1 p_2\omega_{b_2}$ $\omega_{a_2}=\omega_{b_1}=-p_2\omega_{b_2}$	$\omega_{c_1}-\omega_{x_1}=-\dfrac{2p_1}{1-p_1}\omega_{b_1}$ $\omega_{c_2}-\omega_{x_2}=\dfrac{2p_2}{1-p_2}\omega_{x_2}$ $\omega_{c_1}-\omega_{x_1}=-\dfrac{2p_1}{1-p_1}\omega_{b_1}$ $\omega_{c_2}-\omega_{x_2}=-\dfrac{2p_2}{1-p_2}\omega_{b_2}$
5	$A_{(a_1 x_1)b_1} A^{b_2}_{a_2 x_2}$ (图 9-5)	若中心轮 a_1 固定 $i^{(a_1 b_2)}_{x_1 x_2}=i^{a_1}_{x_1 b_1} i^{b_2}_{a_2 x_2}$ $=\dfrac{p_1}{1+p_1}(1+p_2)$ 若转臂 x_1 固定 $i^{(x_1 b_2)}_{a_1 x_2}=i^{x_1}_{a_1 b_1} i^{b_2}_{a_2 x_2}$ $=-p_1(1+p_2)$	$\omega_{a_1}=\omega_{b_2}=0$ $\omega_{x_1}=\dfrac{p_1}{1+p_1}(1+p_2)\omega_{x_2}$ $\omega_{a_2}=\omega_{b_1}=(1+p_2)\omega_{x_2}$ $\omega_{x_1}=\omega_{b_2}=0$ $\omega_{a_1}=-p_1(1+p_2)\omega_{x_2}$ $\omega_{a_2}=\omega_{b_1}=(1+p_2)\omega_{x_2}$	$\omega_{c_1}-\omega_{x_1}=-\dfrac{2}{1-p_1}\omega_{x_1}$ $\omega_{c_2}-\omega_{x_2}=\left(1+\dfrac{2p_2}{1-p_2}\right)\omega_{x_2}$ $\omega_{c_1}-\omega_{x_1}=-\dfrac{2p_1}{1-p_1}\omega_{b_1}$ $\omega_{c_2}-\omega_{x_2}=\dfrac{2p_2}{1-p_2}\omega_{x_2}$
6	$A_{(b_1 x_1)a_1} A^{a_2}_{b_2 x_2}$ (图 9-6)	若中心轮 b_1 固定 $i^{(b_1 a_2)}_{x_1 x_2}=i^{b_1}_{x_1 a_1} i^{a_2}_{b_2 x_2}$ $=\dfrac{1}{1+p_1}\times\dfrac{1+p_2}{p_2}$ 若转臂 x_1 固定 $i^{(x_1 a_2)}_{b_1 x_2}=i^{x_1}_{b_1 a_1} i^{a_2}_{b_2 x_2}$ $=-\dfrac{1+p_2}{p_1 p_2}$	$\omega_{b_1}=\omega_{a_2}=0$ $\omega_{a_1}=\omega_{b_2}=\dfrac{1+p_2}{p_2}\omega_{x_2}$ $\omega_{x_1}=\dfrac{1+p_2}{(1+p_1)p_2}\omega_{x_2}$ $\omega_{x_1}=\omega_{a_2}=0$ $\omega_{a_1}=\omega_{b_2}=\dfrac{1+p_2}{p_2}\omega_{x_2}$ $\omega_{b_1}=-\dfrac{1+p_2}{p_1 p_2}\omega_{x_2}$	$\omega_{c_1}-\omega_{x_1}=\dfrac{2p_1}{1-p_1}\omega_{x_1}$ $\omega_{c_2}-\omega_{x_2}=\dfrac{2}{1-p_2}\omega_{x_2}$ $\omega_{c_1}-\omega_{x_1}=-\dfrac{2p_1}{1-p_1}\omega_{b_1}$ $\omega_{c_2}-\omega_{x_2}=\dfrac{2}{1-p_2}\omega_{x_2}$

注：本表中公式内的 $p_1=z_{b_1}/z_{a_1}$；$p_2=z_{b_2}/z_{a_2}$。

【例题 9-1】 已知双级 $A_{a_1x_1}^{b_1}A_{a_2x_2}^{b_2}$ 型行星齿轮传动（见图 9-1）的各轮齿数为 $z_{a_1}=15$，$z_{b_1}=78$，$z_{c_1}=32$，$z_{a_2}=20$，$z_{b_2}=80$，$z_{c_2}=30$ 和 $n_{a_1}=1440\text{r/min}$。试求该双级行星传动的传动比 $i_{a_1x_2}^{(b_1b_2)}$、中心轮 a_2 的转速和行星轮相对于转臂的转速（$n_{c_1}-n_{x_1}$）及（$n_{c_2}-n_{x_2}$）。

解　当中心轮 b_1 和 b_2 均固定时，按表 9-3 序号 1 中的有关公式，可求其传动比为

$$i_{a_1x_2}^{(b_1b_2)}=(1+p_1)(1+p_2)$$

因为

$$p_1=\frac{z_{b_1}}{z_{a_1}}=\frac{78}{15}=5.2$$

$$p_2=\frac{z_{b_2}}{z_{a_2}}=\frac{80}{20}=4$$

则可得

$$i_{a_1x_2}^{(b_1b_2)}=(1+5.2)(1+4)=31$$

因为

$$n_{a_2}=n_{x_1}=(1+p_2)n_{x_2}$$

而

$$n_{x_2}=\frac{n_{a_1}}{i_{a_1x_2}^{(b_1b_2)}}=\frac{1440}{31}=46.45(\text{r/min})$$

所以

$$n_{a_2}=n_{x_1}=(1+4)\times46.45=232.25(\text{r/min})$$

因为

$$n_{c_1}-n_{x_1}=\frac{2p_1}{1-p_1}n_{x_1}=\frac{2\times5.2}{1-5.2}\times232.25=-575.1(\text{r/min})$$

$$n_{c_2}-n_{x_2}=\frac{2p_2}{1-p_2}n_{x_2}=\frac{2\times4}{1-4}\times46.45=-123.87(\text{r/min})$$

$$n_{x_2}=\frac{n_{a_1}}{i_{a_1x_2}^{(b_1b_2)}}=\frac{1450}{36.45}\approx40(\text{r/min})$$

所以

$$n_{a_2}=n_{x_1}=(1+p_2)n_{H_2}$$
$$=(1+4)\times40=200(\text{r/min})$$

再按公式(9-5)求行星轮相对于转臂的转速，则得

$$n_{c_1}-n_{x_1}=\frac{2p_1}{1-p_1}n_1=\frac{2\times6.29}{1-6.29}\times200$$
$$=-475.6(\text{r/min})$$

和

$$n_{c_2}-n_{x_2}=\frac{2p_2}{1-p_2}n_{x_2}=\frac{2\times4}{1-4}\times40$$
$$=-106.67(\text{r/min})$$

9.3.2　封闭行星齿轮传动的传动比计算公式

封闭行星齿轮传动的运动学主要研究该行星传动的传动比计算。在讨论给定的封闭行星齿轮传动（即 γ-δ 传动）时，首先，应按照前述的基本构件代号，在其传动简图上标出符号 γ、δ、α 和 β，以便进行其传动比计算。

对于图 9-7(a)所示的封闭行星齿轮传动，因它是由差动齿轮传动（原始机构）和定轴齿轮传动（封闭机构）所组成。前者的基本构件 x_1（转臂）与输入轴 γ 相连接；其他两个基本构件中心轮 b_1 和 a_1，分别用符号 α 和 β 表示。定轴齿轮 b_2 和 b_3 成为一个刚性连接件，且与输出轴 δ 相连接。现在推导该 γ-δ 传动的传动比计算公式。

首先写出该封闭行星齿轮传动的运动学方程式和角速度关系式为

$$\begin{cases}\omega_{a_1}+p_1\omega_{b_1}-(1+p_1)\omega_{x_1}=0 & \text{(a)}\\[2mm] \dfrac{\omega_{a_2}}{\omega_{b_2}}=-\dfrac{z_{b_2}}{z_{a_2}} & \text{(b)}\\[2mm] \dfrac{\omega_{a_3}}{\omega_{b_3}}=-\dfrac{z_{b_3}}{z_{a_3}} & \text{(c)}\end{cases}$$

因 $\omega_{a_1}=\omega_{a_3}$，$\omega_{b_1}=\omega_{a_2}$ 和 $\omega_{b_2}=\omega_{b_3}$；求其传动比 $i_{x_1b_3}=i_{\gamma\delta}$。将 ω_{a_1} 和 ω_{b_1} 的关系式代入

(a) 式得

$$\omega_{a_3}+p_1\omega_{a_2}-(1+p_1)\omega_{x_1}=0 \tag{d}$$

由 (b) 式可得

$$\omega_{a_2}=-\frac{z_{b_2}}{z_{a_2}}\omega_{b_2}=-\frac{z_{b_2}}{z_{a_2}}\omega_{b_3} \tag{e}$$

由 (c) 式可得

$$\omega_{a_3}=-\frac{z_{b_3}}{z_{a_3}}\omega_{b_3} \tag{f}$$

将 (e)、(f) 式代入 (d) 式可得

$$-\frac{z_{b_3}}{z_{a_3}}\omega_{b_3}+p_1\left(-\frac{z_{b_2}}{z_{a_2}}\omega_{b_3}\right)-(1+p_1)\omega_{x_1}=0 \tag{g}$$

经整理后可得其传动比公式为

$$i_{\gamma\delta}=i_{x_1b_3}=\frac{\omega_{x_1}}{\omega_{b_3}}=-\left(\frac{1}{1+p_1}\frac{z_{b_3}}{z_{a_3}}+\frac{p_1}{1+p_1}\frac{z_{b_2}}{z_{a_2}}\right) \tag{9-22}$$

则得，输入件 x_1 的角速度为

$$\omega_{x_1}=i_{\gamma\delta}\omega_{b_3}$$

由相对角速度关系式可得

$$\frac{\omega_{c_1}-\omega_{x_1}}{\omega_{b_1}-\omega_{x_1}}=i_{c_1b_1}^{x_1}=\frac{z_{b_1}}{z_{c_1}}$$

再按关系式可得 $z_{c_1}=\frac{z_{b_1}-z_{a_1}}{2}$，经化简整理后可得行星轮 c_1 的相对角速度计算公式为

$$\omega_{c_1}-\omega_{x_1}=\left(i_{\gamma\delta}+\frac{z_{b_2}}{z_{a_2}}\right)\frac{2p_1}{1-p_1}\omega_{b_3} \tag{9-23}$$

对于图 9-8(a)所示的 γ-δ 传动，因它是由 $A_{x_1(a_1b_1)}$ 型差动齿轮传动和 $A_{b_2a_2}^{x_2}$ 型准行星齿轮传动所组成。转臂 x_1 与输入轴 γ 相连接，内齿轮 b_1 和 b_2 连成为一体，中心轮 a_1 和 a_2 相连接，且与输出轴 δ 连在一起。

首先写出其运动方程式为

$$\begin{cases}\omega_{a_1}+p_1\omega_{b_1}-(1+p_1)\omega_{x_1}=0 & \text{(a)}\\ \omega_{a_2}+p_2\omega_{b_2}-(1+p_2)\omega_{x_2}=0 & \text{(b)}\end{cases}$$

因 $\omega_{b_1}=\omega_{b_2}$，$\omega_{a_1}=\omega_{a_2}$ 和 $\omega_{x_2}=0$。求传动比 $i_{\gamma\delta}=i_{x_1(a_1a_2)}^{x_2}$。将以上关系式代入(a)、(b)式，则可得

$$\begin{cases}\omega_{a_2}+p_1\omega_{b_2}-(1+p_1)\omega_{x_1}=0 & \text{(c)}\\ \omega_{a_2}+p_2\omega_{b_2}=0 & \text{(d)}\end{cases}$$

由(d)式可得 $\omega_{b_2}=-\frac{\omega_{a_2}}{p_2}$，代入(c)式，可得

$$\omega_{a_2}-p_1\frac{\omega_{a_2}}{p_2}-(1+p_1)\omega_{x_1}=0$$

经整理后可得其传动比公式为

$$i_{\gamma\delta}=i_{x_1a_2}=\frac{\omega_{x_1}}{\omega_{a_2}}=\left(1-\frac{p_1}{p_2}\right)\frac{1}{1+p_1}$$

$$=\frac{p_2-p_1}{(1+p_1)p_2} \tag{9-24}$$

则可得输入件 x_1 的角速度为

$$\omega_{x_1}=\frac{p_2-p_1}{(1+p_1)p_2}\omega_{a_2}$$

再由相对角速度关系式可得

$$\frac{\omega_{c_1}-\omega_{x_1}}{\omega_{b_1}-\omega_{x_1}}=\frac{z_{b_1}}{z_{c_1}}=i_{c_1b_1}^{x_1}$$

$$\frac{\omega_{c_2}-\omega_{x_2}}{\omega_{a_2}-\omega_{x_2}}=i_{c_2a_2}^{x_2}=-\frac{z_{a_2}}{z_{c_2}}$$

因 $z_{c_1}=(z_{b_1}-z_{a_1})/2$ 和 $z_{c_2}=(z_{b_2}-z_{a_2})/2$ 及 $\omega_{x_2}=0$。

代入上式，经整理后可得行星轮的相对角速度公式为

$$\omega_{c_1}-\omega_{x_1}=\frac{2p_1(1+p_2)}{(p_1-1)(p_1-p_2)}\omega_{x_1} \tag{9-25}$$

$$\omega_{c_2}-\omega_{x_2}=-\frac{2}{p_2-1}\omega_{a_2} \tag{9-26}$$

对于图9-9(a)所示的γ-δ传动，因它是由 $A_{a_1(x_1b_1)}$ 型差动齿轮传动和 $A_{a_2b_2}^{x_2}$ 准行星齿轮传动所组成。中心轮 a_1 与输入轴γ相连接，内齿轮 b_1 与中心轮 a_2 连成一体，转臂 x_1 与内齿轮 b_2 相连接，且与输出轴δ连接。

首先写出其运动方程式为

$$\begin{cases}\omega_{a_1}+p_1\omega_{b_1}-(1+p_1)\omega_{x_1}=0 & \text{(a)}\\ \omega_{a_2}+p_2\omega_{b_2}-(1+p_2)\omega_{x_2}=0 & \text{(b)}\end{cases}$$

因 $\omega_{x_1}=\omega_{b_2}$，$\omega_{b_1}=\omega_{a_2}$ 和 $\omega_{x_2}=0$；求传动比 $i_{\gamma\delta}=i_{a_1b_2}^{x_2}$。仿上，则可得

$$\begin{cases}\omega_{a_1}+p_1\omega_{a_2}-(1+p_1)\omega_{b_2}=0 & \text{(c)}\\ \omega_{a_2}+p_2\omega_{b_2}=0 & \text{(d)}\end{cases}$$

由(d)式得 $\omega_{a_2}=-p_2\omega_{b_2}$，代入(c)式可得

$$\omega_{a_1}+p_1(-p_2\omega_{b_2})-(1+p_1)\omega_{b_2}=0$$

可得

$$\omega_{a_1}=[p_1p_2+(1+p_1)]\omega_{b_2} \tag{e}$$

则可得其传动比计算公式为

$$i_{\gamma\delta}=i_{a_1b_2}^{x_2}=\frac{\omega_{a_1}}{\omega_{b_2}}=p_1p_2+(1+p_1)$$

$$=1+p_1(1+p_2) \tag{9-27}$$

再由相对角速度关系式，可得

$$\frac{\omega_{c_1}-\omega_{x_1}}{\omega_{b_1}-\omega_{x_1}}=\frac{z_{b_1}}{z_{c_1}}=i_{c_1b_1}^{x_1}$$

$$\frac{\omega_{c_2}-\omega_{x_2}}{\omega_{b_2}-\omega_{x_2}}=\frac{z_{b_2}}{z_{c_2}}=i_{c_2b_2}^{x_2}$$

因 $z_{c_1}=(z_{b_1}-z_{a_1})/2$，$z_{c_2}=(z_{b_2}-z_{a_2})/2$ 和 $\omega_{x_2}=0$。代入上式，经整理后可得行星轮的相对角速度公式为

$$\omega_{c_1}-\omega_{x_1}=-\frac{2p_1(1+p_2)}{p_1-1}\omega_{x_1} \tag{9-28}$$

$$\omega_{c_2}-\omega_{x_2}=\frac{2p_2}{p_2-1}\omega_{b_2} \tag{9-29}$$

对于图9-10(a)所示的γ-δ传动，因它是由 $A_{a_1(x_1b_1)}$ 型差动齿轮传动和 $A_{a_2b_2}^{x_2}$ 型准行星齿轮传动所组成。中心轮 a_1 与输入轴γ相连接，转臂 x_1 与中心轮 a_2 连成一体，内齿轮 b_1 与 b_2 相连接，且与输出轴δ连接。

仿上，先写出其运动方程式为

$$\begin{cases}\omega_{a_1}+p_1\omega_{b_1}-(1+p_1)\omega_{x_1}=0 & \text{(a)}\\ \omega_{a_2}+p_2\omega_{b_2}-(1+p_2)\omega_{x_2}=0 & \text{(b)}\end{cases}$$

因 $\omega_{x_1}=\omega_{a_2}$，$\omega_{b_1}=\omega_{b_2}$ 和 $\omega_{x_2}=0$；求传动比 $i_{\gamma\delta}=i_{a_1b_2}^{x_2}$。仿上，则可得

$$\begin{cases}\omega_{a_1}+p_1\omega_{b_2}-(1+p_1)\omega_{a_2}=0 & \text{(c)}\\ \omega_{a_2}+p_2\omega_{b_2}=0 & \text{(d)}\end{cases}$$

由(d)式得 $\omega_{a_2}=-p_2\omega_{b_2}$，代入(c)式可得

$$\omega_{a_1}+p_1\omega_{b_2}+(1+p_1)p_2\omega_{b_2}=0$$

可得

$$\omega_{a_1}=-[p_1+(1+p_1)p_2]\omega_{b_2} \tag{e}$$

则可得其传动比计算公式为

$$i_{\gamma\delta}=i_{a_1b_2}^{x_2}=\frac{\omega_{a_1}}{\omega_{b_2}}=1-(1+p_1)(1+p_2) \tag{9-30}$$

仿上，可得行星轮的相对角速度公式为

$$\omega_{c_1}-\omega_{x_1}=-\frac{2p_1(p_2+1)}{p_2(p_1-1)}\omega_{x_1}$$

$$\omega_{c_2}-\omega_{x_2}=\frac{2p_2}{p_2-1}\omega_{b_2}$$

对于图 9-11(a)所示的 γ-δ 传动，因它是由 $A_{x_1(a_1b_1)}$ 型差动齿轮传动和 $A_{x_2a_2}^{b_2}$ 型行星齿轮传动所组成。转臂 x_1 与伸出轴 γ 相连接，内齿轮 b_1 与转臂 x_2 连成一体，中心轮 a_1 与 a_2 相连接，且与伸出轴 δ 连接。

仿上，写出其运动方程式为

$$\begin{cases}\omega_{a_1}+p_1\omega_{b_1}-(1+p_1)\omega_{x_1}=0 & \text{(a)}\\ \omega_{a_2}+p_2\omega_{b_2}-(1+p_2)\omega_{x_2}=0 & \text{(b)}\end{cases}$$

因 $\omega_{b_1}=\omega_{x_2}$，$\omega_{a_1}=\omega_{a_2}$ 和 $\omega_{b_2}=0$；求传动比 $i_{\gamma\delta}=i_{x_1a_2}^{b_2}$。仿上，则可得

$$\begin{cases}\omega_{a_2}+p_1\omega_{x_2}-(1+p_1)\omega_{x_1}=0 & \text{(c)}\\ \omega_{a_2}-(1+p_2)\omega_{x_2}=0 & \text{(d)}\end{cases}$$

由(d)式得 $\omega_{x_2}=\frac{1}{1+p_2}\omega_{a_2}$，代入(c)式可得

$$\omega_{a_2}+\frac{p_1}{1+p_2}\omega_{a_2}-(1+p_1)\omega_{x_1}=0$$

可得

$$\omega_{x_1}=\frac{1+p_1+p_2}{(1+p_1)(1+p_2)}\omega_{a_2} \tag{e}$$

则可得其传动比计算公式为

$$i_{\gamma\delta}=i_{x_1a_2}^{b_2}=\frac{\omega_{x_1}}{\omega_{a_2}}=\frac{1+p_1+p_2}{(1+p_1)(1+p_2)} \tag{9-31}$$

仿上，可求得行星轮的相对角速度公式为

$$\omega_{c_1}-\omega_{x_1}=-\frac{2p_1p_2}{(p_1-1)(1+p_1+p_2)}\omega_{x_1}$$

$$\omega_{c_2}-\omega_{x_2}=-\frac{2p_2}{p_1-1}\omega_{x_2}$$

对于图 9-12(a)所示的 γ-δ 传动，因它是由两个差动齿轮传动：$A_{a_1(x_1b_1)}$ 型、$A_{a_2(x_2b_2)}$ 型和 $A_{a_3b_3}^{x_2}$ 型准行星齿轮传动所组成。中心轮 a_1 与输入轴 γ 相连接，转臂 x_1、x_2 分别与中心

轮 a_2 和 a_3 连成一体，内齿轮 b_1、b_2 和 b_3 相连接，且与输出轴 δ 连接。

仿上，写出其运动方程式为

$$\begin{cases}\omega_{a_1}+p_1\omega_{b_1}-(1+p_1)\omega_{x_1}=0 & \text{(a)}\\ \omega_{a_2}+p_2\omega_{b_2}-(1+p_2)\omega_{x_2}=0 & \text{(b)}\\ \omega_{a_3}+p_3\omega_{b_3}-(1+p_3)\omega_{x_3}=0 & \text{(c)}\end{cases}$$

因 $\omega_{x_1}=\omega_{a_2}$，$\omega_{x_2}=\omega_{a_3}$，$\omega_{b_1}=\omega_{b_2}=\omega_{b_3}$ 和 $\omega_{x_3}=0$；求传动比 $i_{\gamma\delta}=i_{a_1b_3}^{x_3}$。仿上，则可得

$$\begin{cases}\omega_{a_1}+p_1\omega_{b_3}-(1+p_1)\omega_{a_2}=0 & \text{(d)}\\ \omega_{a_2}+p_2\omega_{b_3}-(1+p_2)\omega_{a_3}=0 & \text{(e)}\\ \omega_{a_3}+p_3\omega_{b_3}=0 & \text{(f)}\end{cases}$$

由（f）式得 $\omega_{a_3}=-p_3\omega_{b_3}$，代入（e）式，可得

$$\omega_{a_2}+p_2\omega_{b_3}+(1+p_2)p_3\omega_{b_3}=0$$

即得

$$\omega_{a_2}=-(p_2+p_2p_3+p_3)\omega_{b_3}$$

代入(d)式,可得

$$\omega_{a_1}+p_1\omega_{b_3}+(1+p_1)(p_2+p_2p_3+p_3)\omega_{b_3}$$

可得

$$\omega_{a_1}=-[p_1+(1+p_1)(p_2+p_2p_3+p_3)]\omega_{b_3} \tag{g}$$

经化简整理后，可得其传动比计算公式为

$$i_{\gamma\delta}=i_{a_1b_3}^{x_3}=1-(1+p_1)(1+p_2)(1+p_3) \tag{9-32}$$

仿上，可求得行星轮的相对角速度公式为

$$\omega_{c_1}-\omega_{x_1}=-\frac{2p_1(1+p_2)(1+p_3)}{(p_1-1)(p_2+p_2p_3+p_3)}\omega_{x_1}$$

$$\omega_{c_2}-\omega_{x_2}=-\frac{2p_2(1+p_3)}{(p_2-1)p_3}\omega_{x_2}$$

$$\omega_{c_3}-\omega_{x_3}=\frac{2p_3}{p_3-1}\omega_{b_3}$$

现将上述各封闭行星齿轮传动的传动比及其基本构件角速度的计算公式列于表9-4。

对于上述的封闭行星传动的传动比计算公式还可以方便地采用该封闭行星传动的结构简图进行推导。现在采用封闭行星传动的结构简图9-13来推导图9-8(a)所示的反馈式封闭行星传动的传动比公式。

当 $\omega_E=0$ 时，其传动比为

$$i_{AB}^{E}=i_{Ad}^{E}i_{dB}^{E} \tag{9-33}$$

当 $\omega_B=0$ 时，其传动比为

$$i_{AE}^{B}=i_{Ad}^{B}i_{dE}^{B} \tag{9-34}$$

根据行星传动的普遍关系式(2-4) 和公式(9-34) 则得传动比关系式为

$$i_{AB}^{E}=1-i_{AE}^{B}=1-i_{Ad}^{B}i_{dE}^{B} \tag{9-35}$$

由图9-8(a)可知

$$i_{Ad}^{B}=i_{x_1b_1}^{a_1}=\frac{1}{i_{b_1x_1}^{a_1}}=\frac{1}{1-i_{b_1a_1}^{x_1}}=\frac{p_1}{1+p_1}$$

$$i_{dE}^{B}=i_{b_2x_2}^{a_2}=1-i_{b_2a_2}^{x_2}=\frac{1+p_2}{p_2}$$

表 9-4　封闭行星传动的传动比及其基本构件角速度的计算公式

序号	传动代号	传动比公式	角速度公式	
			基本构件	行星轮
1	$(Ad)_{x_1 b_3}$ [图 9-7(a)]	$i_{\gamma\delta}=-\left(\frac{1}{1+p_1}\times\frac{z_{b_3}}{z_{a_3}}+\frac{p_1}{1+p_1}\times\frac{z_{b_2}}{z_{a_2}}\right)$　(1)	$\omega_{a_1}=\omega_{a_3}$ $\omega_{b_1}=\omega_{a_2}$ $\omega_{b_2}=\omega_{b_3}$ $\omega_{x_1}=i_{\gamma\delta}\omega_{b_3}$ $\omega_{a_1}=-\frac{z_{b_3}}{z_{a_3}}\omega_{b_3}$ $\omega_{b_1}=-\frac{z_{b_2}}{z_{a_2}}\omega_{b_3}$	$\omega_{c_1}-\omega_{x_1}=\left(i_{\gamma\delta}-\frac{z_{b_2}}{z_{a_2}}\right)\times\frac{2z_{b_1}}{z_{b_1}-z_{a_1}}\omega_{b_3}$
2	$(AA)^{x_2}_{x_1(a_1a_2)}$ [图 9-8(a)]	$i_{\gamma\delta}=\frac{p_2-p_1}{(1+p_1)p_2}$　(2)	$\omega_{x_2}=0$ $\omega_{a_2}=\omega_{a_1}$ $\omega_{x_1}=\frac{1}{1+p_1}\left(\frac{p_2-p_1}{p_2}\right)\omega_{a_2}$ $\omega_{b_1}=\omega_{b_2}=-\frac{1}{p_2}\omega_{a_2}$	$\omega_{c_1}-\omega_{x_1}=\frac{2p_1(1+p_2)\omega_{x_1}}{(p_1-1)(p_1-p_2)}$ $\omega_{c_2}-\omega_{x_2}=-\frac{2}{p_2-1}\omega_{a_2}$
3	$(AA)^{x_2}_{a_1(x_1b_2)}$ [图 9-9(a)]	$i_{\gamma\delta}=1+p_1(1+p_2)$　(3)	$\omega_{x_2}=0,\omega_{b_2}=\omega_{x_1}$ $\omega_{a_1}=[p_1(1+p_2)+1]\omega_{b_2}$ $\omega_{b_1}=\omega_{a_2}=-p_2\omega_{b_2}$	$\omega_{c_1}-\omega_{x_1}=-\frac{2p_1(1+p_2)}{p_1-1}\omega_{x_1}$ $\omega_{c_2}-\omega_{x_2}=\frac{2p_2}{p_2-1}\omega_{b_2}$
4	$(AA)^{x_2}_{a_1(b_1b_2)}$ [图 9-10(a)]	$i_{\gamma\delta}=1-(1+p_1)(1+p_2)$　(4)	$\omega_{x_2}=0,\omega_{b_2}=\omega_{b_1}$ $\omega_{a_1}=[1-(1+p_1)(1+p_2)]\times\omega_{b_2}$ $\omega_{a_2}=\omega_{x_1}=-p_2\omega_{b_2}$	$\omega_{c_1}-\omega_{x_1}=-\frac{2p_1(p_2+1)}{p_2(p_1-1)}\omega_{x_1}$ $\omega_{c_2}-\omega_{x_2}=\frac{2p_2}{p_2-1}\omega_{b_2}$
5	$(AA)^{b_2}_{x_1(a_1a_2)}$ [图 9-11(a)]	$i_{\gamma\delta}=\frac{1+p_1+p_2}{(1+p_1)(1+p_2)}$ $i_{\delta\gamma}=\frac{(1+p_1)(1+p_2)}{1+p_1+p_2}$　(5)	$\omega_{b_2}=0,\omega_{a_2}=\omega_{a_1}$ $\omega_{x_1}=\frac{1+p_1+p_2}{(1+p_1)(1+p_2)}\omega_{a_2}$ $\omega_{x_2}=\omega_{b_1}=\frac{1}{1+p_2}\omega_{a_2}$	$\omega_{c_1}-\omega_{x_1}=\frac{-2p_1p_2\omega_{x_1}}{(p_1-1)(1+p_1+p_2)}$ $\omega_{c_2}-\omega_{x_2}=-\frac{2p_2}{p_1-1}\omega_{x_2}$
6	$(AAA)^{x_3}_{a_1b_3}$ [图 9-12(a)]	$i_{\gamma\delta}=1-(1+p_1)(1+p_2)(1+p_3)$	$\omega_{x_3}=0,\omega_{b_1}=\omega_{b_2}=\omega_{b_3}$ $\omega_{a_2}=\omega_{x_1},\omega_{a_3}=\omega_{x_2}$ $\omega_{a_1}=[1-(1+p_1)(1+p_2)(1+p_3)]\omega_{b_3}$ $\omega_{a_2}=-(p_2+p_2p_3+p_3)\omega_{b_3}$ $\omega_{a_3}=-p_3\omega_{b_3}$	$\omega_{c_1}-\omega_{x_1}=-\frac{2p_1(1+p_2)(1+p_3)}{(p_1-1)(p_2+p_2p_3+p_3)}\omega_{x_1}$ $\omega_{c_2}-\omega_{x_2}=-\frac{2p_2(1+p_3)}{(p_2-1)p_3}\omega_{x_2}$ $\omega_{c_3}-\omega_{x_3}=\frac{2p_3}{p_3-1}\omega_{b_3}$

注：1. 本表公式中的 $p_1=z_{b_1}/z_{a_1}$；$p_2=z_{b_2}/z_{a_2}$；$p_3=z_{b_3}/z_{a_3}$。
2. 传动比 $i_{\delta\gamma}=1/i_{\gamma\delta}$。

代入式(9-35)，则得该封闭行星传动的传动比公式为

$$i_{\gamma\delta}=i_{AB}^{E}=1-i_{Ad}^{B}i_{dE}^{B}=1-\frac{p_1}{1+p_1}\times\frac{1+p_2}{p_2}$$

$$=\frac{p_2-p_1}{(1+p_1)p_2} \tag{9-35a}$$

上式即是表 9-4 中序号 2 的传动比计算公式。

再由图 9-9(a)可知

$$i_{Ad}^{B}=i_{a_1b_1}^{x_1}=-p_1$$

$$i_{dE}^{B}=i_{a_2x_2}^{b_2}=1-i_{a_2b_2}^{x_2}=1+p_2$$

代入公式(9-35)，则得该封闭行星传动的传动比公式为

$$i_{\gamma\delta}=i_{AB}^{E}=1-i_{Ad}^{B}i_{dE}^{B}=1-(-p_1)(1+p_2)$$

$$=1+p_1(1+p_2)$$

上式即是表 9-4 中序号 3 的传动比计算公式。

另外，由图 9-10(a)可知

$$i_{Ad}^{B}=i_{a_1x_1}^{b_1}=1+p_1$$

$$i_{dE}^{B}=i_{a_2x_2}^{b_2}=1+p_2$$

代入式(9-35) 则得该封闭行星传动的传动比公式为

$$i_{\gamma\delta}=i_{AB}^{E}=1-i_{Ad}^{B}i_{dE}^{B}=1-(1+p_1)(1+p_2)$$

上式即是表 9-4 中序号 4 的传动比计算公式。

现在采用复合式封闭行星传动的结构简图 9-14 来推导图 9-11(a)所示的复合式封闭行星传动的传动比计算公式。

当 $\omega_E=0$ 时，其传动比关系式为

$$i_{BA}^{E}=1-i_{BE}^{A}=1-i_{Bd}^{A}i_{dE}^{A} \tag{9-36}$$

由图 9-11(a)可知

$$i_{Bd}^{A}=i_{x_1b_1}^{a_1}=\frac{1}{i_{b_1x_1}^{a_1}}=\frac{1}{1-i_{b_1a_1}^{x_1}}=\frac{p_1}{1+p_1}$$

$$i_{dE}^{A}=i_{x_2b_2}^{a_2}=\frac{1}{i_{b_2x_2}^{a_2}}=\frac{1}{1-i_{b_2a_2}^{x_2}}=\frac{p_2}{1+p_2}$$

代入式(9-36) 则得该复合式封闭行星传动的传动比公式为

$$i_{\gamma\delta}=i_{AB}^{E}=1-i_{Bd}^{A}i_{dE}^{A}=1-\frac{p_1}{1+p_1}\times\frac{p_2}{1+p_2}=\frac{1+p_1+p_2}{(1+p_1)(1+p_2)} \tag{9-36a}$$

且有传动比公式为

$$i_{\delta\gamma}=i_{AB}^{E}=\frac{(1+p_1)(1+p_2)}{1+p_1+p_2}$$

上式即是表 9-4 中序号 5 的传动比计算公式。

【例题 9-2】 已知 $(Ad)_{x_1b_3}$型封闭行星传动[见图9-7(a)]的各轮齿数 $z_{a_1}=18$、$z_{c_1}=27$、$z_{b_1}=72$ 和齿数比$\frac{z_{b_3}}{z_{a_3}}=\frac{3}{2}$，$\frac{z_{b_2}}{z_{a_2}}=\frac{1}{2}$以及转臂 x_1 的转速 $n_{x_1}=140\text{r/min}$。试计算该封闭行星传动的传动比 $i_{\gamma\delta}$和各基本构件的转速 n_{a_1}、n_{b_1} 和 n_{b_3} 及 $n_{c_1}-n_{x_1}$。

解 按表 9-4 序号 1 中的传动比 $i_{\gamma\delta}$公式，即

$$i_{\gamma\delta}=-\left(\frac{p_1}{1+p_1}\,\frac{z_{b_2}}{z_{a_2}}+\frac{1}{1+p_1}\,\frac{z_{b_3}}{z_{a_3}}\right)$$

因 $p_1=\frac{z_{b_1}}{z_{a_1}}=\frac{72}{18}=4$ 和$\frac{z_{b_2}}{z_{a_2}}=\frac{1}{2}$、$\frac{z_{b_3}}{z_{a_3}}=\frac{3}{2}$；代入上式，则得

$$i_{\gamma\delta}=-\left(\frac{4}{1+4}\times\frac{1}{2}+\frac{1}{1+4}\times\frac{3}{2}\right)=-0.7$$

再按表 9-4 序号 1 中的有关公式计算各基本构件的转速

$$n_{b_3}=\frac{n_{x_1}}{i_{\gamma\delta}}=\frac{140}{-0.7}=-200\ (\text{r/min})$$

$$n_{a_1}=-\frac{z_{b_3}}{z_{a_3}}n_{b_3}=-\frac{3}{2}(-200)=300\ (\text{r/min})$$

$$n_{b_1}=-\frac{z_{b_2}}{z_{a_2}}n_{b_3}=-\frac{1}{2}(-200)=100\ (\text{r/min})$$

行星轮 c_1 相对于转臂 x_1 的转速为

$$n_{c_1}-n_{x_1}=\left(i_{\gamma\delta}-\frac{z_{b_2}}{z_{a_2}}\right)\times\frac{2z_{b_1}}{z_{b_1}-z_{a_1}}n_{b_3}$$

$$=(-0.7-0.5)\times\frac{2\times72}{72-18}\times(-200)$$

$$=640\ (\text{r/min})$$

【例题 9-3】 已知$(AA)^{x_2}_{a_1(x_1b_2)}$型封闭行星传动［见图 9-9(a)］的各轮齿数为 $z_{a_1}=20$、$z_{a_2}=22$、$z_{b_1}=94$、$z_{b_2}=88$ 和轮 b_2 的转速 $n_{b_2}=42$r/min。试求该 γ-δ 传动的传动比 $i_{\gamma\delta}$ 和各基本构件的转速 n_{a_1}、n_{b_1}、n_{x_1} 以及行星轮相对于转臂的转速 $n_{c_1}-n_{x_1}$ 和 $n_{c_2}-n_{x_2}$。

解　按表 9-4 序号 3 中的传动比公式，即

$$i_{\gamma\delta}=1+p_1(1+p_2)$$

因为 $p_1=\frac{z_{b_1}}{z_{a_1}}=\frac{94}{20}$和 $p_2=\frac{z_{b_2}}{z_{a_2}}=\frac{88}{22}$；代入上式，则得

$$i_{\gamma\delta}=1+\frac{94}{20}\left(1+\frac{88}{22}\right)=24.5$$

再按表 9-4 序号 3 中的有关公式计算各基本构件的转速为

$$n_{a_1}=i_{\gamma\delta}n_{b_2}=24.5\times42=1029\ (\text{r/mim})$$

$$n_{b_1}=n_{a_2}=-p_2n_{b_2}=-\frac{88}{22}\times42=-168\ (\text{r/min})$$

$$n_{x_1}=n_{b_2}=42\ \text{r/min}$$

行星轮相对于转臂的转速为

$$n_{c_1}-n_{x_1}=-\frac{2p_1(1+p_2)}{p_1-1}n_{x_1}$$

$$=-\frac{2\times4.7\times(1+4.0)}{4.7-1}\times42=-12.7\ (\text{r/min})$$

$$n_{c_2}-n_{x_2}=\frac{2p_2}{p_2-1}=\frac{2\times4.0}{4.0-1}=2.67\ (\text{r/min})$$

另外，根据角速度的普遍关系式，可以得到基本构件 γ、α、β 之间的角速度关系式为

$$\omega_\gamma=i^\beta_{\gamma\alpha}\omega_\alpha+i^\alpha_{\gamma\beta}\omega_\beta$$

将上式除以构件 δ 的角速度 ω_δ，则可得

$$\frac{\omega_\gamma}{\omega_\delta}=i^\beta_{\gamma\alpha}\frac{\omega_\alpha}{\omega_\delta}+i^\alpha_{\gamma\beta}\frac{\omega_\beta}{\omega_\delta}$$

若构件 γ 为输入件，构件 δ 为输出件时，则得封闭行星齿轮传动比 $i_{\gamma\delta}$ 计算公式为

$$i_{\gamma\delta}=i^\beta_{\gamma\alpha}i_{\alpha\delta}+i^\alpha_{\gamma\beta}i_{\beta\delta}\tag{9-37}$$

令

$$i^\beta_{\gamma\delta}=i^\beta_{\gamma\alpha}i_{\alpha\delta}\tag{9-38}$$

$$i_{\gamma\delta}^{\alpha}=i_{\gamma\beta}^{\alpha}i_{\beta\delta} \tag{9-39}$$

则得其传动比公式为

$$i_{\gamma\delta}=i_{\gamma\delta}^{\beta}+i_{\gamma\delta}^{\alpha} \tag{9-40}$$

式中　$i_{\gamma\delta}^{\beta}$——构件β固定，构件γ输入和构件δ输出时的传动比；

$i_{\gamma\delta}^{\alpha}$——构件α固定，构件γ输入和构件δ输出时的传动比。

若构件δ输入，构件γ输出，其传动比为

$$i_{\delta\gamma}=\frac{1}{i_{\gamma\delta}}=\frac{1}{i_{\gamma\delta}^{\beta}+i_{\gamma\delta}^{\alpha}} \tag{9-41}$$

上述公式(9-37) 可用来确定图 9-7(a)～图 9-12(a)等任何结构型式的封闭行星齿轮传动比 $i_{\gamma\delta}$。按照前面的规定，γ为输入件，δ为输出件，符号α通常是代表中心轮 b_1，β是代表转臂 x_1 或中心轮 a_1 [见图 9-7(a)～图 9-11(a)所示的传动简图]。

关于α-δ传动和β-δ传动，它们可以是机械的、电力的或液力的传动。

按照公式(9-37) 可以推导出表 9-4 中各传动代号封闭行星齿轮传动的传动比 $i_{\gamma\delta}$。现举例说明如下。

对于图 9-9(a)所示的γ-δ传动，根据公式(9-37) 可求其传动比 $i_{\gamma\delta}$，即

$$i_{\gamma\delta}=i_{\gamma\delta}^{\alpha}+i_{\gamma\delta}^{\beta}=i_{\gamma\beta}^{\alpha}i_{\beta\delta}+i_{\gamma\alpha}^{\beta}i_{\alpha\delta}$$

$$i_{\gamma\beta}^{\alpha}=i_{a_1x_1}^{b_1}=1-i_{a_1b_1}^{x_1}=1+p_1$$

$$i_{\beta\delta}=i_{x_1b_2}=1\text{（因转臂 }x_1\text{ 与中心轮 }b_2\text{ 连成一体）}$$

$$i_{\gamma\alpha}^{\beta}=i_{a_1b_1}^{x_1}=-p_1\text{ 和 }i_{\alpha\delta}=i_{a_2b_2}^{x_2}=-p_2$$

因为

$$i_{\gamma\delta}^{\alpha}=i_{\gamma\beta}^{\alpha}i_{\beta\delta}=1+p_1\text{ 和 }i_{\gamma\delta}^{\beta}=i_{\gamma\alpha}^{\beta}i_{\alpha\delta}=p_1p_2$$

则得其传动比为

$$i_{\gamma\delta}=i_{\gamma\delta}^{\alpha}+i_{\gamma\delta}^{\beta}=1+p_1+p_1p_2=1+p_1(1+p_2) \tag{a}$$

以上公式（a）与表 9-4 中的序号 3 中的传动比公式（3）完全相同。

因为

$$i_{\gamma\delta}=i_{a_1b_2}=\frac{\omega_{a_1}}{\omega_{b_2}}=1+p_1(1+p_2)$$

所以

$$\omega_{a_1}=[1+p_1(1+p_2)]\omega_{b_2} \tag{b}$$

因为

$$i_{\alpha\delta}=i_{a_2b_2}^{x_2}=\frac{\omega_{a_2}}{\omega_{b_2}}=-p_2$$

所以

$$\omega_{b_1}=\omega_{a_2}=-p_2\omega_{b_2}=-p_2\omega_{x_1} \tag{c}$$

由图 9-9(a)可知 $\omega_{x_1}=\omega_{b_2}$，$\omega_{b_1}=\omega_{a_2}$ 和 $\omega_{x_2}=0$，现求行星轮相对于转臂的角速度。按角速度关系式(2-7) 可得

$$\omega_{c_1}=i_{c_1x_1}^{b_1}\omega_{x_1}+i_{c_1b_1}^{x_1}\omega_{b_1}=(1-i_{c_1b_1}^{x_1})\omega_{x_1}+i_{c_1b_1}^{x_1}\omega_{b_1}$$

$$\begin{aligned}\omega_{c_1}-\omega_{x_1}&=\frac{z_{b_1}}{z_{c_1}}\omega_{b_1}-\frac{z_{b_1}}{z_{c_1}}\omega_{x_1}=\frac{2z_{b_1}}{z_{b_1}-z_{a_1}}(\omega_{b_1}-\omega_{x_1})\\&=\frac{2p_1}{p_1-1}(\omega_{a_2}-\omega_{x_1})=\frac{2p_1}{p_1-1}(-p_2\omega_{x_1}-\omega_{x_1})\\&=\frac{-2p_1}{p_1-1}(p_2+1)\omega_{x_1}\end{aligned} \tag{d}$$

仿上

$$\omega_{c_2}=i_{c_2x_2}^{b_2}\omega_{x_2}+i_{c_2b_2}^{x_2}\omega_{b_2}$$

因 $\omega_{x_2}=0$，则可得

$$\omega_{c_2}-\omega_{x_2}=\frac{z_{b_2}\omega_{b_2}}{z_{c_2}}=\frac{2p_2}{p_2-1}\omega_{b_2}$$

同理，对于表 9-4 中的其他传动方案封闭行星传动的传动比 $i_{\gamma\delta}$ 或 $i_{\delta\gamma}$ 和各构件的角速度均可以求得。

9.4　封闭行星齿轮传动的受力分析

如前所述，在行星齿轮传动中，如果具有 A、B 和 C（见图 7-4）三个基本构件，摩擦损失忽略不计，按公式(7-32）和公式(7-33）可得如下转矩关系式

$$\begin{cases} T_A + T_B + T_C = 0 \\ T_A n_A + T_B n_B + T_C n_C = 0 \end{cases} \tag{9-42}$$

且输入件 A 为 $T_A n_A > 0$；输出件 B 为 $T_B n_B < 0$。

由上式可得

$$-\frac{T_A}{T_B} = \frac{n_B^C}{n_A^C} = \frac{1}{i_{AB}^C} \tag{9-43}$$

$$-\frac{T_A}{T_C} = \frac{1}{i_{AC}^B}$$

$$-\frac{T_B}{T_C} = \frac{1}{i_{BC}^A}$$

上式表明，作用在两个基本构件上带负号的转矩之比值应等于它们相对于第三个基本构件的转速之比值的倒数。

现对于双级行星齿轮传动和封闭行星齿轮传动两种不同的组合情况，分别讨论它们各基本构件上的转矩计算公式。

9.4.1　双级行星齿轮传动的转矩计算公式

对于由两个 2Z-X(A)型行星齿轮传动串联而成的双级行星齿轮传动，按照其具体的连接情况，推导各基本构件上的转矩关系。

(1) $A_{a_1x_1}^{b_1}A_{a_2x_2}^{b_2}$ 型双级行星齿轮传动基本构件上的转矩关系

图 9-1 所示的双级行星传动按照公式(9-43）可得

$$-\frac{T_{a_1}}{T_{x_2}} = \frac{1}{i_{a_1x_2}^{(b_1b_2)}}$$

则得中心轮 a_1 的转矩关系式为

$$T_{a_1} = -\frac{1}{i_{a_1x_2}^{(b_1b_2)}}T_{x_2} = -\frac{1}{(1+p_1)(1+p_2)}T_{x_2} \tag{9-44}$$

仿上

$$-\frac{T_{a_2}}{T_{x_2}} = \frac{1}{i_{a_2x_2}^{b_2}}$$

所以，中心轮 a_2 的转矩关系式为

$$T_{a_2} = -T_{x_1} = \frac{-1}{i_{a_2x_2}^{b_2}}T_{x_2} = -\frac{1}{1+p_2}T_{x_2} \tag{9-45}$$

仿上

$$\frac{T_{b_2}}{T_{x_2}} = -\frac{1}{i_{b_2x_2}^{a_2}} = -\frac{1}{1-i_{b_2a_2}^{x_2}} = -\frac{p_2}{1+p_2}$$

所以

$$T_{b_2} = -\frac{p_2}{1+p_2}T_{x_2} \tag{9-46}$$

因为

$$\frac{T_{b_1}}{T_{x_1}}=-\frac{1}{i_{b_1x_1}^{a_1}}=-\frac{p_1}{1+p_1}$$

可得

$$T_{b_1}=-\frac{p_1}{1+p_1}T_{x_1}$$

将式(9-45) 代入上式可得内齿轮 b_1 的转矩关系式为

$$T_{b_1}=-\frac{p_1}{(1+p_1)(1+p_2)}T_{x_2} \tag{9-47}$$

(2) $A_{a_1b_1}^{x_1}A_{a_2x_2}^{b_2}$ 型双级行星齿轮传动基本构件上的转矩关系

图 9-2 所示的双级行星传动按照公式(9-43) 可得

$$\frac{T_{a_1}}{T_{x_2}}=-\frac{1}{i_{a_1x_2}^{(x_1b_2)}}=\frac{1}{p_1(1+p_2)}$$

所以

$$T_{a_1}=\frac{1}{p_1(1+p_2)}T_{x_2} \tag{9-48}$$

仿上可得

$$T_{a_2}=-T_{b_1}=-\frac{1}{1+p_2}T_{x_2} \tag{9-49}$$

$$T_{b_2}=-\frac{p_2}{1+p_2}T_{x_2} \tag{9-50}$$

仿上，可得

$$\frac{T_{x_1}}{T_{b_1}}=-\frac{1}{i_{x_1b_1}^{a_1}}=-i_{b_1x_1}^{a_1}=-(1-i_{b_1a_1}^{x_1})=-\frac{1+p_1}{p_1}$$

将式(9-49) 代入上式可得

$$T_{x_1}=-\frac{1+p_1}{p_1(1+p_2)}T_{x_2} \tag{9-51}$$

现将图 9-1 和图 9-2 所示的双级行星齿轮传动的转矩关系式(9-44)～公式(9-51)列于表 9-5。对于图 9-3～图 9-6 所示的双级行星齿轮传动基本构件上的转矩关系式，按照公式(9-43) 仿上也可以求得，也列于表 9-5 中的序号 3～6 中。

表 9-5　双级行星齿轮传动基本构件上的转矩关系　　/N·m

序号	传动代号	转矩关系式	
		输入构件	中间构件
1	$A_{a_1x_1}^{b_1}A_{a_2x_2}^{b_2}$ (图 9-1)	$T_{a_1}=-\frac{1}{(1+p_1)(1+p_2)}T_{x_2}$	$T_{a_2}=-T_{x_1}=-\frac{1}{1+p_2}T_{x_2}$ $T_{b_2}=-\frac{p_2}{1+p_2}T_{x_2}$ $T_{b_1}=\frac{-p_1}{(1+p_1)(1+p_2)}T_{x_2}$
2	$A_{a_1b_1}^{x_1}A_{a_2x_2}^{b_2}$ (图 9-2)	$T_{a_1}=\frac{1}{p_1(1+p_2)}T_{x_2}$	$T_{a_2}=-T_{b_1}=-\frac{1}{1+p_2}T_{x_2}$ $T_{b_2}=-\frac{p_2}{1+p_2}T_{x_2}$ $T_{x_1}=-\frac{1+p_1}{p_1(1+p_2)}T_{x_2}$

续表

序号	传动代号	转矩关系式	
		输入构件	中间构件
3	$A^{b_1}_{a_1 x_1} A_{a_2(x_2 b_2)}$ （图 9-3）	若中心轮 b_2 固定时 $T_{a_1}=-\dfrac{1}{(1+p_1)(1+p_2)}T_{x_2}$ 若转臂 H_2 固定时 $T_{a_1}=\dfrac{1}{(1+p_1)p_2}T_{b_2}$	$\begin{cases} T_{a_2}=-T_{x_1}=-\dfrac{1}{1+p_2}T_{x_2} \\ T_{b_2}=-\dfrac{p_2}{1+p_1}T_{x_2} \\ T_{b_1}=-\dfrac{p_1}{(1+p_1)(1+p_2)}T_{x_2} \end{cases}$ $\begin{cases} T_{a_2}=-T_{x_1}=\dfrac{1}{p_2}T_{b_2} \\ T_{x_2}=-\dfrac{1+p_2}{p_2}T_{b_2} \\ T_{b_1}=\dfrac{p_1}{(1+p_1)p_2}T_{b_2} \end{cases}$
4	$A^{x_1}_{a_1 b_1} A_{a_2(b_2 x_2)}$ （图 9-4）	若中心轮 b_2 固定时 $T_{a_1}=\dfrac{1}{p_1(1+p_2)}T_{x_2}$ 若转臂 x_2 固定时 $T_{a_1}=\dfrac{1}{p_1 p_2}T_{b_2}$	$\begin{cases} T_{a_2}=-T_{b_1}=-\dfrac{1}{1+p_2}T_{x_2} \\ T_{b_2}=-\dfrac{p_2}{1+p_2}T_{x_2} \\ T_{x_1}=-\dfrac{1+p_1}{p_1(1+p_2)}T_{x_2} \end{cases}$ $\begin{cases} T_{a_2}=-T_{b_1}=\dfrac{1}{p_2}T_{b_2} \\ T_{x_2}=-\dfrac{1+p_2}{p_2}T_{b_2} \\ T_{x_1}=\dfrac{1+p_1}{p_1 p_2}T_{b_2} \end{cases}$
5	$A_{(a_1 x_1) b_1} A^{b_2}_{a_2 x_2}$ （图 9-5）	若中心轮 a_1 固定时 $T_{x_1}=-\dfrac{1+p_1}{p_1(1+p_2)}T_{x_2}$ 若转臂 x_1 固定时 $T_{a_1}=\dfrac{1}{p_1(1+p_2)}T_{x_2}$	$\begin{cases} T_{a_2}=-T_{b_1}=-\dfrac{1}{1+p_2}T_{x_2} \\ T_{a_1}=\dfrac{1}{p_1(1+p_2)}T_{x_2} \\ T_{b_2}=-\dfrac{p_2}{1+p_2}T_{x_2} \end{cases}$ $\begin{cases} T_{a_2}=-T_{b_1}=-\dfrac{1}{1+p_2}T_{x_2} \\ T_{b_2}=-\dfrac{p_2}{1+p_2}T_{x_2} \\ T_{x_1}=-\dfrac{1+p_1}{p_1(1+p_2)}T_{x_2} \end{cases}$
6	$A_{(b_1 x_1) a_1} A^{a_2}_{b_2 x_2}$ （图 9-6）	若中心轮 b_1 固定时 $T_{x_1}=-\dfrac{(1+p_1)p_2}{1+p_1}T_{x_2}$ 若转臂 x_1 固定时 $T_{b_1}=\dfrac{p_1 p_2}{1+p_2}T_{x_2}$	$\begin{cases} T_{b_2}=-T_{a_1}=-\dfrac{p_2}{1+p_2}T_{x_2} \\ T_{a_2}=-\dfrac{1}{1+p_2}T_{x_2} \\ T_{b_1}=\dfrac{p_1 p_2}{1+p_2}T_{x_2} \end{cases}$ $\begin{cases} T_{b_2}=-T_{a_1}=-\dfrac{p_2}{1+p_2}T_{x_2} \\ T_{a_2}=-\dfrac{1}{1+p_2}T_{x_2} \\ T_{x_1}=-\dfrac{(1+p_1)p_2}{1+p_2}T_{x_2} \end{cases}$

注：本表公式中的 $p_1=z_{b_1}/z_{a_1}$；$p_2=z_{b_2}/z_{a_2}$。

9.4.2 封闭行星齿轮传动的转矩计算公式

对于由一个 2Z-X(A)型差动齿轮传动和一个定轴齿轮传动或简单行星齿轮传动所组成的封闭行星齿轮传动（即 γ-δ 传动），按照不同的封闭情况，推导其基本构件上的转矩关系。

图 9-7(a)所示的 γ-δ 传动，按照公式(9-43) 可得转臂 x_1 的转矩关系式

$$T_\gamma=T_{x_1}=-\frac{1}{i_{\gamma\delta}}T_\delta$$

$$=\frac{1}{\dfrac{p_1 z_{b_2}}{(1+p_1)z_{a_2}}+\dfrac{z_{b_3}}{(1+p_1)z_{a_3}}}T_\delta \tag{9-52}$$

仿上，可得内齿轮 b_1 的转矩关系式

$$T_{b_1}=-T_{a_2}=-\frac{1}{i_{b_1x_1}^{a_1}}T_{x_1}=-\frac{p_1}{p_1+1}T_{x_1}$$

将公式(9-52) 代入上式可得

$$T_{b_1}=\frac{-1}{\dfrac{z_{b_2}}{z_{a_2}}+\dfrac{z_{b_3}}{z_{a_3}p_1}}T_\delta \tag{9-53}$$

仿上，可得中心轮 a_1 的转矩关系式为

$$T_{a_1}=-\frac{1}{i_{a_1x_1}^{b_1}}T_{x_1}=-\frac{1}{1+p_1}T_{x_1}$$

$$=\frac{-1}{\dfrac{p_1 z_{b_2}}{z_{a_2}}+\dfrac{z_{b_3}}{z_{a_3}}}T_\delta \tag{9-54}$$

因为

$$T_{b_2}n_{b_2}=-T_{a_2}n_{a_2}$$

即可得

$$T_{b_2}=-\frac{n_{a_2}}{n_{b_2}}T_{a_2}=\frac{z_{b_2}}{z_{a_2}}T_{a_2}$$

将公式(9-53) 代入上式可得

$$T_{b_2}=\frac{z_{b_2}}{z_{a_2}}\times\frac{1}{\dfrac{z_{b_2}}{z_{a_2}}+\dfrac{z_{b_3}}{z_{a_3}p_1}}T_\delta \tag{9-55}$$

因为

$$T_{b_3}n_{b_3}=-T_{a_3}n_{a_3}$$

可得

$$T_{b_3}=-\frac{n_{a_3}}{n_{b_3}}T_{a_3}=\frac{z_{b_3}}{z_{a_3}}T_{a_3}$$

又因为

$$T_{a_3}=-T_{a_1}$$

$$=-\frac{1}{\dfrac{p_1 z_{b_2}}{z_{a_2}}+\dfrac{z_{b_3}}{z_{a_3}}}T_\delta$$

所以

$$T_{b_3}=\frac{z_{b_3}}{z_{a_3}}\ \frac{1}{\dfrac{p_1 z_{b_2}}{z_{a_2}}+\dfrac{z_{b_3}}{z_{a_3}}}T_\delta \tag{9-56}$$

图 9-8(a)所示的 γ-δ 传动，按照公式(9-43) 可得其基本构件上的转矩关系式为

$$T_{\gamma}=T_{x_1}=-\frac{1}{i_{\gamma\delta}}T_{\delta}$$

$$=-\frac{(1+p_1)p_2}{p_2-p_1}T_{\delta} \tag{9-57}$$

$$T_{b_1}=-T_{b_2}=-\frac{1}{i_{b_1x_1}^{a_1}}T_{x_1}=-\frac{p_1}{1+p_1}T_{x_1}$$

$$=\frac{p_1p_2}{p_2-p_1}T_{\delta} \tag{9-58}$$

$$T_{a_1}=-\frac{1}{i_{a_1x_1}^{b_1}}T_{x_1}=-\frac{1}{1+p_1}T_{x_1}$$

$$=\frac{p_2}{p_2-p_1}T_{\delta} \tag{9-59}$$

$$T_{a_2}=-\frac{1}{i_{a_2b_2}^{x_2}}T_{b_2}=\frac{1}{p_2}T_{b_2}$$

因为
$$T_{b_2}=-T_{b_1}=-\frac{p_1p_2}{p_2-p_1}T_{\delta}$$

代入上式，则得

$$T_{a_2}=-\frac{p_1}{p_2-p_1}T_{\delta} \tag{9-60}$$

按照（9-42）式可得转臂 x_2 上的转矩关系式为

$$T_{x_2}=-(T_{a_2}+T_{b_2})=-\left(-\frac{p_1}{p_2-p_1}-\frac{p_1p_2}{p_2-p_1}\right)T_{\delta}$$

$$=\frac{p_1+p_1p_2}{p_2-p_1}T_{\delta} \tag{9-61}$$

图 9-9(a)所示的 γ-δ 传动，仿上可得其基本构件上的转矩关系式为

$$T_{\gamma}=T_{a_1}=-\frac{1}{i_{\gamma\delta}}T_{\delta}$$

$$=-\frac{1}{1+p_1(1+p_2)}T_{\delta} \tag{9-62}$$

$$T_{b_1}=-T_{a_2}=-\frac{1}{i_{b_1a_1}^{x_1}}T_{a_1}=p_1T_{a_1}$$

$$=\frac{-p_1}{1+p_1(1+p_2)}T_{\delta} \tag{9-63}$$

$$T_{x_1}=-\frac{1}{i_{x_1a_1}^{b_1}}T_{a_1}=-(1+p_1)T_{a_1}$$

$$=\frac{1+p_1}{1+p_1(1+p_2)}T_{\delta} \tag{9-64}$$

因为
$$T_{b_2}=-\frac{1}{i_{b_2a_2}^{x_2}}T_{a_2}=p_2T_{a_2}$$

又因为
$$T_{a_2}=-T_{b_1}=\frac{p_1}{1+p_1(1+p_2)}T_{\delta}$$

代入上式，则得内齿轮 b_2 上的转矩关系式为

$$T_{b_2}=\frac{p_1p_2}{1+p_1(1+p_2)}T_{\delta} \tag{9-65}$$

仿上，可得

$$T_{x_2}=-(T_{a_2}+T_{b_2})=-\left[\frac{p_1}{1+p_1(1+p_2)}+\frac{p_1p_2}{1+p_1(1+p_2)}\right]T_\delta$$

$$=\frac{-p_1(1+p_2)}{1+p_1(1+p_2)}T_\delta \tag{9-66}$$

图 9-10(a)所示的 γ-δ 传动，仿上可得其基本构件上的转矩关系式为

$$T_\gamma=T_{a_1}=-\frac{1}{i_{\gamma\delta}}T_\delta$$

$$=-\frac{1}{1-(1+p_1)(1+p_2)}T_\delta \tag{9-67}$$

$$T_{b_1}=-\frac{1}{i_{b_1a_1}^{x_1}}T_{a_1}=p_1T_{a_1}$$

$$=-\frac{p_1}{1-(1+p_1)(1+p_2)}T_\delta \tag{9-68}$$

$$T_{x_1}=-T_{a_2}=-\frac{1}{i_{x_1a_1}^{b_1}}T_{a_1}=-(1+p_1)T_{a_1}$$

$$=\frac{1+p_1}{1-(1+p_1)(1+p_2)}T_\delta \tag{9-69}$$

$$T_{b_2}=-\frac{1}{i_{b_2a_2}^{x_2}}T_{a_2}=p_2T_{a_2}$$

$$=-\frac{(1+p_1)p_2}{1-(1+p_1)(1+p_2)}T_\delta \tag{9-70}$$

$$T_{x_2}=-\frac{1}{i_{x_2a_2}^{b_2}}T_{a_2}=-(1+p_2)T_{a_2}$$

$$=\frac{(1+p_1)(1+p_2)}{1-(1+p_1)(1+p_2)}T_\delta \tag{9-71}$$

图 9-11(a)所示的 γ-δ 传动，仿上，可得其基本构件上的转矩关系为

$$T_\gamma=T_{x_1}=-\frac{1}{i_{\gamma\delta}}T_\delta$$

$$=-\frac{(1+p_1)(1+p_2)}{1+p_1+p_2}T_\delta \tag{9-72}$$

$$T_{b_1}=-T_{x_2}=-\frac{1}{i_{b_1x_1}^{a_1}}T_{x_1}=\frac{-1}{1-i_{b_1a_1}^{x_1}}T_{x_1}=-\frac{p_1}{1+p_1}T_{x_1}$$

$$=\frac{p_1(1+p_2)}{1+p_1+p_2}T_\delta \tag{9-73}$$

$$T_{a_1}=-\frac{1}{i_{a_1x_1}^{b_1}}T_{x_1}=-\frac{1}{1+p_1}T_{x_1}$$

$$=\frac{1+p_2}{1+p_1+p_2}T_\delta \tag{9-74}$$

$$T_{a_2}=-\frac{1}{i_{a_2x_2}^{b_2}}T_{x_2}=-\frac{1}{1+p_2}T_{x_2}$$

$$=\frac{p_1}{1+p_1+p_2}T_\delta \tag{9-75}$$

$$T_{b_2}=-(T_{x_2}+T_{a_2})$$

$$=-\left[\frac{-p_1(1+p_2)}{1+p_1+p_2}+\frac{p_1}{1+p_1+p_2}\right]T_\delta$$

$$=\frac{p_1p_2}{1+p_1+p_2}T_\delta \tag{9-76}$$

图 9-12(a)所示的 γ-δ 传动，仿上可得其基本构件上的转矩关系式为

$$T_\gamma=T_{a_1}=-\frac{1}{i_{\gamma\delta}}T_\delta$$

$$=-\frac{1}{1-(1+p_1)(1+p_2)(1+p_3)}T_\delta \tag{9-77}$$

$$T_{x_1}=-T_{a_2}=-\frac{1}{i_{x_1a_1}^{b_1}}T_{a_1}=-(1+p_1)T_{a_1}$$

$$=\frac{(1+p_1)}{1-(1+p_1)(1+p_2)(1+p_3)}T_\delta \tag{9-78}$$

$$T_{b_1}=-T_{b_2}=-\frac{1}{i_{b_1x_1}^{a_1}}T_{x_1}=-\frac{p_1}{1+p_1}T_{x_1}$$

$$=-\frac{p_1}{1-(1+p_1)(1+p_2)(1+p_3)}T_\delta \tag{9-79}$$

$$T_{x_2}=-T_{a_3}=-\frac{1}{i_{x_2a_2}^{b_2}}T_{a_2}=-(1+p_2)T_{a_2}$$

$$=\frac{(1+p_1)(1+p_2)}{1-(1+p_1)(1+p_2)(1+p_3)}T_\delta \tag{9-80}$$

$$T_{b_2}=-T_{b_1}=\frac{p_1}{1-(1+p_1)(1+p_2)(1+p_3)}T_\delta \tag{9-81}$$

$$T_{b_3}=-\frac{1}{i_{b_3a_3}^{x_3}}T_{a_3}=\frac{(1+p_1)(1+p_2)p_3}{1-(1+p_1)(1+p_2)(1+p_3)}T_\delta \tag{9-82}$$

$$T_{x_3}=-(T_{a_3}+T_{b_3})=-\left[\frac{(1+p_1)(1+p_2)+(1+p_1)(1+p_2)p_3}{1-(1+p_1)(1+p_2)(1+p_3)}\right]T_\delta$$

$$=-\frac{(1+p_1)(1+p_2)(1+p_3)}{1-(1+p_1)(1+p_2)(1+p_3)}T_\delta \tag{9-83}$$

现将图 9-7(a)～图 9-12(a)所示的 γ-δ 传动基本构件上的转矩关系式列于表 9-6。

表 9-6 封闭行星传动基本构件上的转矩关系式 /N·m

序号	传动代号	转矩关系式	
		输入构件	中间构件
1	$(Ad)_{x_1 b_3}$ [图 9-7(a)]	$T_\gamma = T_{x_1} = \dfrac{1}{\dfrac{p_1 z_{b_2}}{1+p_1 z_{a_2}} + \dfrac{1}{1+p_1}\dfrac{z_{b_3}}{z_{a_3}}} T_\delta$	$T_{b_1} = -T_{a_2} = \dfrac{-1}{\dfrac{z_{b_2}}{z_{a_2}} + \dfrac{z_{b_3}}{z_{a_3}} \times \dfrac{1}{p_1}} T_\delta$ $T_{a_1} = -T_{a_3} = -\dfrac{1}{\dfrac{p_1 z_{b_2}}{z_{a_2}} + \dfrac{z_{b_3}}{z_{a_3}}} T_\delta$ $T_{b_3} = \dfrac{z_{b_3}}{z_{a_3}} \times \dfrac{1}{\dfrac{p_1 z_{b_2}}{z_{a_2}} + \dfrac{z_{b_3}}{z_{a_3}}} T_\delta$ $T_{b_2} = \dfrac{z_{b_2}}{z_{a_2}} \times \dfrac{1}{\dfrac{z_{b_2}}{z_{a_2}} + \dfrac{z_{b_3}}{p_1 z_{a_3}}} T_\delta$
2	$(AA)^{x_2}_{x_1 (a_1 a_2)}$ [图 9-8(a)]	$T_\gamma = T_{x_1} = -\dfrac{(1+p_1)p_2}{p_2 - p_1} T_\delta$	$T_{b_1} = -T_{b_2} = \dfrac{p_1 p_2}{p_2 - p_1} T_\delta$ $T_{a_1} = \dfrac{p_2}{p_2 - p_1} T_\delta$ $T_{a_2} = -\dfrac{p_1}{p_2 - p_1} T_\delta$ $T_{x_2} = \dfrac{p_1 + p_1 p_2}{p_2 - p_1} T_\delta$
3	$(AA)^{x_2}_{a_1 (x_1 b_2)}$ [图 9-9(a)]	$T_\gamma = T_{a_1} = -\dfrac{1}{1+p_1(1+p_2)} T_\delta$	$T_{b_1} = -T_{a_2} = -\dfrac{p_1}{1+p_1(1+p_2)} T_\delta$ $T_{x_1} = \dfrac{1+p_1}{1+p_1(1+p_2)} T_\delta$ $T_{b_2} = \dfrac{p_1 p_2}{1+p_1(1+p_2)} T_\delta$ $T_{H_2} = -\dfrac{p_1(1+p_2)}{1+p_1(1+p_2)} T_\delta$
4	$(AA)^{x_2}_{a_1 (b_1 b_2)}$ [图 9-10(a)]	$T_\gamma = T_{a_1} = \dfrac{1}{(1+p_1)(1+p_2)-1} T_\delta$	$T_{b_1} = \dfrac{p_1}{(1+p_1)(1+p_2)-1} T_\delta$ $T_{x_1} = -T_{a_2} = -\dfrac{1+p_1}{(1+p_1)(1+p_2)-1} T_\delta$ $T_{b_2} = \dfrac{(1+p_1)p_2}{(1+p_1)(1+p_2)-1} T_\delta$ $T_{x_2} = -\dfrac{(1+p_1)(1+p_2)}{(1+p_1)(1+p_2)-1} T_\delta$
5	$(AA)^{b_2}_{x_1 (a_1 a_2)}$ [图 9-11(a)]	$T_\gamma = T_{x_1} = -\dfrac{(1+p_1)(1+p_2)}{1+p_1+p_2} T_\delta$	$T_{b_1} = -T_{x_2} = \dfrac{p_1(1+p_2)}{1+p_1+p_2} T_\delta$ $T_{a_1} = \dfrac{1+p_2}{1+p_1+p_2} T_\delta$ $T_{a_2} = \dfrac{p_1}{1+p_1+p_2} T_\delta$ $T_{b_2} = \dfrac{p_1 p_2}{1+p_1+p_2} T_\delta$

续表

序号	传动代号	转矩关系式	
		输入构件	中间构件
6	$(AAA)^{x_3}_{a_1(b_1b_2b_3)}$ (图 9-12(a))	$T_\gamma=T_{a_1}$ $=-\dfrac{1}{1-(1+p_1)(1+p_2)(1+p_3)}T_\delta$	$T_{x_1}=-T_{a_2}$ $=\dfrac{1+p_1}{1-(1+p_1)(1+p_2)(1+p_3)}T_\delta$ $T_{b_1}=-T_{b_2}=-\dfrac{p_1}{1-(1+p_1)(1+p_2)(1+p_3)}T_\delta$ $T_{x_2}=-T_{a_3}=\dfrac{(1+p_1)(1+p_2)}{1-(1+p_1)(1+p_2)(1+p_3)}T_\delta$ $T_{b_2}=-T_{b_1}=\dfrac{p_1}{1-(1+p_1)(1+p_2)(1+p_3)}T_\delta$ $T_{b_3}=\dfrac{(1+p_1)(1+p_2)p_3}{1-(1+p_1)(1+p_2)(1+p_3)}T_\delta$ $T_{x_3}=-\dfrac{(1+p_1)(1+p_2)(1+p_3)}{1-(1+p_1)(1+p_2)(1+p_3)}T_\delta$

注：本表公式中的 $p_1=z_{b_1}/z_{a_1}$；$p_2=z_{b_2}/z_{a_2}$；$p_3=z_{b_3}/z_{a_3}$。

9.5　封闭行星齿轮传动的传动效率

9.5.1　双级行星齿轮传动的传动效率计算

关于由两个 2Z-X(A)型基本行星齿轮传动串联而成的双级行星传动的效率计算，由于该双级行星传动均是由两个 2Z-X(A) 型基本行星齿轮传动串联而成的，故其传动效率 η_p 通常由两个基本行星齿轮传动效率 η_1 和 η_2 的乘积来确定，即 $\eta_p=\eta_1\eta_2$；其中 η_1 为高速级的传动效率，η_2 为低速级的传动效率。而各个基本行星齿轮传动的效率 η_1 和 η_2 可按表 6-1 和表 6-4 中的公式计算。对于各双级行星齿轮传动的效率的计算公式现推导如下。

(1) $A^{b_1}_{a_1x_1}A^{b_2}_{a_2x_2}$ 型的传动效率

由于该双级行星齿轮传动（见图 9-1）是由两个 2Z-X(A)型基本行星齿轮传动串联而成的，故其传动效率为 $\eta_{a_1x_2}=\eta^{b_1}_{a_1x_1}\eta^{b_2}_{a_2x_2}$。

由表 6-1 可得

$$\eta^{b_1}_{a_1x_1}=1-\frac{p_1}{1+p_1}\psi^{x_1}$$

$$\eta^{b_2}_{a_2x_2}=1-\frac{p_2}{1+p_2}\psi^{x_2}$$

所以，其传动效率的计算公式为

$$\eta_{a_1x_2}=\left(1-\frac{p_1}{1+p_1}\psi^{x_1}\right)\left(1-\frac{p_2}{1+p_2}\psi^{x_2}\right) \tag{9-84}$$

式中各符号意义类同表 6-1；且将公式(9-84) 列入表 9-7。

(2) $A^{x_1}_{a_1b_1}A^{b_2}_{a_2x_2}$ 型的传动效率

由于该双级行星齿轮传动（见图 9-2）是由 $A^{x_1}_{a_1b_1}$ 型准行星传动和 $A^{b_2}_{a_2x_2}$ 型基本行星齿轮传动串联而成的，故其传动效率为 $\eta_{a_1x_2}=\eta^{x_1}_{a_1b_1}\eta^{b_2}_{a_2x_2}$。

因传动效率

$$\eta^{x_1}_{a_1b_1}=\eta^{x_1}=1-\psi^{x_1}$$

再由表 6-1 可得

$$\eta^{b_2}_{a_2x_2}=\left(1-\frac{p_2}{1+p_2}\psi^{x_2}\right)$$

代入上式，则得其传动效率的计算公式为

$$\eta_{a_1x_2}=(1-\psi^{x_1})\left(1-\frac{p_2}{1+p_2}\psi^{x_2}\right) \tag{9-85}$$

将公式(9-85) 列入表 9-7。

(3) $A^{b_1}_{a_1x_1}A_{a_2(b_2x_2)}$型的传动效率

由于该双级行星齿轮传动（见图 9-3）是由 $A^{b_1}_{a_1x_1}$型基本行星齿轮传动和 $A_{a_2(b_2x_2)}$型基本差动齿轮传动串联而成的，故其传动效率为 $\eta_{a_1(b_2x_2)}=\eta^{b_1}_{a_1x_1}\eta_{a_2(b_2x_2)}$。可得

$$\eta^{b_1}_{a_1x_1}=\left(1-\frac{p_1}{1+p_1}\psi^{x_1}\right)$$

当 $\omega_{a_2}>\omega_{x_2}>\omega_{b_2}$，且有 $\omega_{b_2}<0$ 时，再由表 6-4 中的公式（6）可得

$$\eta_{a_2(b_2x_2)}=1-\left(\frac{\omega_{a_2}-\omega_{x_2}}{\omega_{a_2}}\right)\psi^{x_2}_{a_2b_2}$$

代入上式，则得其传动效率的计算公式为

$$\eta_{a_1(b_2x_2)}=\left(1-\frac{p_1}{1+p_1}\psi^{x_1}\right)\left[1-\left(\frac{\omega_{a_2}-\omega_{x_2}}{\omega_{a_2}}\right)\psi^{x_2}_{a_2b_2}\right] \tag{9-86}$$

将公式(9-86) 列入表 9-7。

(4) $A^{x_1}_{a_1b_1}A_{a_2(b_2x_2)}$型的传动效率

由于该双级行星齿轮传动（见图 9-4）是由 $A^{x_1}_{a_1b_1}$型准行星传动和 $A_{a_2(b_2x_2)}$型基本差动齿轮传动串联而成的。可得其传动效率的计算公式为

$$\eta_{a_1(b_2x_2)}=\eta^{x_1}_{a_1b_1}\eta_{a_2(b_2x_2)}=(1-\psi^{x_1})\left[1-\left(\frac{\omega_{a_2}-\omega_{x_2}}{\omega_{a_2}}\right)\psi^{x_2}_{a_2b_2}\right] \tag{9-87}$$

其中，$\eta_{a_2(b_2x_2)}$由表 9-4 中的公式（6）可得。

将公式(9-87) 列入表 9-7。

(5) $A_{(a_1x_1)b_1}A^{b_2}_{a_2x_2}$型的传动效率

由于该双级行星齿轮传动（见图 9-5）是由 $A_{(a_1x_1)b_1}$型基本差动齿轮传动与 $A^{b_2}_{a_2x_2}$型基本行星齿轮传动串联而成的，故其传动效率为 $\eta_{(a_1x_1)x_2}=\eta_{(a_1x_1)b_1}\eta^{b_2}_{a_2x_2}$。

当 $\omega_{a_1}<\omega_{x_1}<\omega_{b_1}$，且有 $\omega_{a_1}<0$ 时，由表 6-4 中的公式（7）可得

$$\eta_{(a_1x_1)b_1}=\left(1-\left|\frac{\omega_{b_1}-\omega_{x_1}}{\omega_{b_1}}\right|\psi^{x_1}_{a_1b_1}\right)$$

可得

$$\eta^{b_2}_{a_2x_2}=1-\frac{p_2}{1+p_2}\psi^{x_2}$$

所以，其传动效率的计算公式为

$$\eta_{(a_1x_1)x_2}=\left(1-\left|\frac{\omega_{b_1}-\omega_{x_1}}{\omega_{b_1}}\right|\psi^{x_1}_{a_1b_1}\right)\left(1-\frac{p_2}{1+p_2}\psi^{x_2}\right) \tag{9-88}$$

将公式(9-88) 列入表 9-7。

(6) $A_{(b_1x_1)a_1}A^{a_2}_{b_2x_2}$型

当 $\omega_{a_1}>\omega_{x_1}>\omega_{b_1}$，且有 $\omega_{b_1}<0$ 时，由表 6-4 中的公式（5）可得

$$\eta_{(b_1x_1)a_1}=\left[1-\left(\frac{\omega_{a_1}-\omega_{x_1}}{\omega_{a_1}}\right)\psi^{x_1}_{b_1a_1}\right]$$

再由表 6-1 可得

$$\eta^{a_2}_{b_2x_2}=1-\frac{1}{1+p_2}\psi^{x_2}$$

所以，其传动效率的计算公式为

$$\eta_{(b_1x_1)x_2}=\eta_{(b_1x_1)a_1}\eta_{b_2x_2}^{a_2}=\left[1-\left(\frac{\omega_{a_1}-\omega_{x_1}}{\omega_{a_1}}\right)\psi^{x_1}\right]\left(1-\frac{1}{1+p_2}\psi^{x_2}\right) \tag{9-89}$$

将公式(9-89) 列入表 9-7。

表 9-7　双级行星齿轮传动的传动效率计算公式

序号	传动代号	效率计算公式
1	$A_{a1x1}^{b1}A_{a2x2}^{b2}$	$\eta_{a1x2}=\eta_{a1x1}^{b1}\eta_{a2x2}^{b2}=\left(1-\frac{p_1}{1+p_1}\psi^{x1}\right)\left(1-\frac{p_2}{1+p_2}\psi^{x2}\right)$
2	$A_{a1b1}^{x1}A_{a2x2}^{b2}$	$\eta_{a1x2}=\eta_{a1b1}^{x1}\eta_{a2x2}^{b2}=(1-\psi^{x1})\left(1-\frac{p_2}{1+p_2}\psi^{x2}\right)$
3	$A_{a1x1}^{b1}A_{a2(b2x2)}$	$\eta_{a1(b2x2)}=\eta_{a1x1}^{b1}\eta_{a2(b2x2)}=\left(1-\frac{p_1}{1+p_1}\psi^{x1}\right)\left[1-\left(\frac{\omega_{a2}-\omega_{x2}}{\omega_{a2}}\right)\psi^{x2}\right]$
4	$A_{a1b1}^{x1}A_{a2(b2x2)}$	$\eta_{a1(b2x2)}=\eta_{a1b1}^{x1}\eta_{a2(b2x2)}=(1-\psi^{x1})\left[1-\left(\frac{\omega_{a2}-\omega_{x2}}{\omega_{a2}}\right)\omega_{x2}\right]$
5	$A_{(a1x1)b1}A_{a2x2}^{b2}$	$\eta_{(a1x1)x2}=\eta_{(a1x1)b1}\eta_{a2x2}^{b2}=\left(1-\left\lvert\frac{\omega_{b1}-\omega_{x1}}{\omega_{b1}}\right\rvert\psi^{x1}\right)\left(1-\frac{p_2}{1+p_2}\psi^{x2}\right)$
6	$A_{(b1x1)a1}A_{b2x2}^{a2}$	$\eta_{(b1x1)x2}=\eta_{(b1x1)a1}\eta_{b2x2}^{a2}=\left[1-\left(\frac{\omega_{a1}-\omega_{x1}}{\omega_{a1}}\right)\psi^{x1}\right]\left(1-\frac{1}{1+p_2}\psi^{x2}\right)$

注：1. 各序号的传动简图见表 9-1。

2. 表内公式中 $p_1=z_{b1}/z_{a1}$；$p_2=z_{b2}/z_{a2}$。

3. 表内公式中 $\psi^{x1}=\psi_{ma1}^{x1}+\psi_{mb1}^{x1}+\psi_{n}^{x1}$；$\psi^{x2}=\psi_{ma2}^{x2}+\psi_{mb2}^{x2}+\psi_{n}^{x2}$。

9.5.2　封闭行星齿轮传动的传动效率计算

在 γ-δ 传动中，通常采用 2Z-X(A)型差动齿轮传动作为其原始机构，其基本构件用符号 α、β 和 γ 表示。在一般情况下，对于封闭行星齿轮传动，应根据构件 γ 或构件 δ 为输入件的不同情况，其传动效率的计算公式也是不相同的，现分别讨论如下。

当构件 γ 为输入件时，其输入功率 $P_\gamma>0$，则 γ-δ 传动的效率公式为

$$\eta_{\gamma\delta}=1-\frac{P_T}{P_\gamma} \tag{9-90}$$

式中　P_γ —— γ-δ 传动中构件 γ 所传递的功率；

P_T —— γ-δ 传动中的摩擦损失功率。

当构件 δ 为输入件（$P_\delta>0$）时，γ-δ 传动的效率公式为

$$\eta_{\delta\gamma}=\frac{|P_\gamma|}{|P_\gamma|+P_T} \tag{9-91}$$

公式(9-90)、公式(9-91) 中的摩擦损失功率为

$$P_T=P_{T(\alpha\text{-}\beta\text{-}\gamma)}+P_{T(\alpha\text{-}\delta)}+P_{T(\beta\text{-}\delta)} \tag{9-92}$$

式中　$P_{T(\alpha\text{-}\beta\text{-}\gamma)}$ —— α-β-γ 差动机构中的摩擦损失功率；

$P_{T(\alpha\text{-}\delta)}$ —— α-δ 传动中的摩擦损失功率；

$P_{T(\beta\text{-}\delta)}$ —— β-δ 传动中的摩擦损失功率。

如果 α-δ 和 β-δ 传动的损失系数 $\psi_{\alpha\text{-}\delta}$ 和 $\psi_{\beta\text{-}\delta}$ 均不超过 0.1，则可根据不考虑功率流 P_α 和 P_β 的实际方向，而得到的摩擦损失功率 $P_{T(\alpha\text{-}\delta)}$ 和 $P_{T(\beta\text{-}\delta)}$ 的近似计算公式来确定 γ-δ 传动效率，其误差值是较小的。如果功率损失系数 $\psi_{\alpha\text{-}\delta}$ 和 $\psi_{\beta\text{-}\delta}$ 值（或两者之一）均等于或大于 0.1，则摩擦损失功率 $P_{T(\alpha\text{-}\delta)}$ 和 $P_{T(\beta\text{-}\delta)}$ 的计算就应考虑到功率流 P_α 和 P_β 的实际方向；其传动效率可按公式(9-90) 或公式(9-91) 确定。

① 当损失系数 $\psi_{\alpha\text{-}\delta}<0.1$ 和 $\psi_{\beta\text{-}\delta}<0.1$ 时 γ-δ 传动的效率计算。

如果在 γ-δ 传动中，其 α-δ 和 β-δ 传动的损失系数 $\psi_{\alpha\text{-}\delta}$、$\psi_{\beta\text{-}\delta}$ 均不超过 0.1，则摩擦损失功率为

$$P_{T(\alpha-\delta)}=|(i_{\gamma\delta}^{\beta}/i_{\gamma\delta})P_{\gamma}|\psi_{\alpha-\delta}$$
$$P_{T(\beta-\delta)}=|(i_{\gamma\delta}^{\alpha}/i_{\gamma\delta})P_{\gamma}|\psi_{\beta-\delta} \tag{9-93}$$

采用2Z-X型差动齿轮传动作为α-β-γ传动的摩擦损失功率如下。

如果构件γ为转臂x，则得

$$P_{T(\alpha-\beta-\gamma)}=|P_{\gamma}(i_{\gamma\delta}^{\beta}-i_{\gamma\alpha}^{\beta}i_{\gamma\delta})/i_{\gamma\delta}|\psi^{x} \tag{9-94}$$

如果构件γ为中心轮，而构件β为转臂x，则得

$$P_{T(\alpha-\beta-\gamma)}=|P_{\gamma}(i_{\gamma\delta}-i_{\beta\delta})/i_{\gamma\delta}|\psi^{x} \tag{9-95}$$

式中　$\psi_{\alpha-\delta}$——α-δ传动的损失系数；

$\psi_{\beta-\delta}$——β-δ传动的损失系数；

ψ^{x}——转臂x固定时，α-β-γ机构的损失系数。

将公式(9-93)、公式(9-94)或公式(9-95)代入公式(9-92)；再分别按构件γ或构件δ为输入件的不同情况，将所得到的摩擦损失功率P_T值代入公式(9-90)或公式(9-91)，则可得到γ-δ传动的效率计算公式，且列入表9-8。

表9-8　当$\psi_{\alpha-\delta}<0.1$和$\psi_{\beta-\delta}<0.1$时γ-δ传动效率的计算公式

输入件	α-β-γ差动传动中构件γ为转臂x，构件α、β为中心轮
γ	$\eta_{\gamma\delta}=1-\lvert i_{\delta\gamma}\rvert[\lvert i_{\gamma\delta}^{\beta}-i_{\gamma\alpha}^{\beta}i_{\gamma\delta}\rvert\psi^{x}+\lvert i_{\gamma\delta}^{\beta}\rvert\psi_{\alpha-\delta}+\lvert i_{\gamma\delta}^{\alpha}\rvert\psi_{\beta-\delta}]$　(1)
δ	$\eta_{\delta\gamma}=\dfrac{1}{1+\lvert i_{\delta\gamma}\rvert[\lvert i_{\gamma\delta}^{\beta}-i_{\gamma\alpha}^{\beta}i_{\gamma\delta}\rvert\psi^{x}+\lvert i_{\gamma\delta}^{\beta}\rvert\psi_{\alpha-\delta}+\lvert i_{\gamma\delta}^{\alpha}\rvert\psi_{\beta-\delta}]}$　(2)
输入件	α-β-γ差动传动中构件γ为中心轮，构件β为转臂x
γ	$\eta_{\gamma\delta}=1-\lvert i_{\delta\gamma}\rvert[\lvert i_{\gamma\delta}-i_{\beta\delta}\rvert\psi^{x}+\lvert i_{\gamma\delta}^{\beta}\rvert\psi_{\alpha-\delta}+\lvert i_{\gamma\delta}^{\alpha}\rvert\psi_{\beta-\delta}]$　(3)
输入件	α-β-γ差动传动中构件γ为转臂x，构件α、β为中心轮
δ	$\eta_{\delta\gamma}=\dfrac{1}{1+\lvert i_{\delta\gamma}\rvert[\lvert i_{\gamma\delta}-i_{\beta\delta}\rvert\psi^{x}+\lvert i_{\gamma\delta}^{\beta}\rvert\psi_{\alpha-\delta}+\lvert i_{\gamma\delta}^{\alpha}\rvert\psi_{\beta-\delta}]}$　(4)

注：本表中的公式适用以2Z-X型负号机构（$i^{x}<0$）和2Z-X型正号机构（$i_{ab}^{x}<0.5$和$i_{ab}^{x}>2$）作为α-β-γ差动传动的γ-δ传动。

② 损失系数$\psi_{\alpha-\delta}\geqslant0.1$或$\psi_{\beta-\delta}\geqslant0.1$时γ-δ传动的效率计算。

如果在γ-δ传动中，其α-δ和β-δ传动的损失系数$\psi_{\alpha-\delta}\geqslant0.1$或$\psi_{\beta-\delta}\geqslant0.1$，则其摩擦损失功率为

$$P_{T(\alpha-\delta)}=|P_{\alpha}|\frac{\psi_{\alpha-\delta}}{\eta_{\alpha-\delta}}=\left|\frac{i_{\gamma\delta}^{\beta}}{i_{\gamma\delta}}P_{\gamma}\right|\frac{\psi_{\alpha-\delta}}{\eta_{\alpha-\delta}}$$
$$P_{T(\beta-\delta)}=|P_{\beta}|\frac{\psi_{\beta-\delta}}{\eta_{\beta-\delta}}=\left|\frac{i_{\gamma\delta}^{\alpha}}{i_{\gamma\delta}}P_{\gamma}\right|\frac{\psi_{\beta-\delta}}{\eta_{\beta-\delta}}$$

对于α-β-γ差动齿轮传动的摩擦损失功率$P_{T(\alpha-\beta-\gamma)}$仍可按公式(9-94)或公式(9-95)计算。

将上述已求得的摩擦损失功率值代入公式(9-92)就可得到表9-9中的公式(1)。仿上，则可得到γ-δ传动摩擦损失功率P_T的其他计算公式，即表9-9中的公式(2)～公式(12)。

在求得γ-δ传动的摩擦损失功率P_T后，再按公式(9-90)、公式(9-91)则可得到γ-δ传动的效率计算公式。

对于γ-δ传动的不同结构型式，现推导其传动效率$\eta_{\gamma\delta}$和$\eta_{\delta\gamma}$的计算公式如下。

(1) $(Ad)_{x_1b_3}$型的效率计算

在该γ-δ传动［见图9-7(a)］中，其α-β-γ差动齿轮传动的构件γ为转臂x_1，构件α为中心轮b_1和构件β为中心轮a_1。

① 当构件γ为输入轴（$P_{\gamma}>0$）时的效率公式

a. 求传动比$i_{\gamma\delta}$。

表 9-9　γ-δ 封闭行星齿轮传动摩擦损失功率的计算公式

$i_{\gamma\delta}^{\beta}$和 $i_{\gamma\delta}^{\alpha}$值的符号	输入件	α-β-γ 差动传动中构件 γ 为转臂 x，构件 α、β 为中心轮	
$i_{\gamma\delta}^{\beta}i_{\gamma\delta}^{\alpha}>0$（符号相同）	δ	$P_T=\lvert i_{\delta\gamma}\rvert\left[\lvert i_{\gamma\delta}^{\beta}-i_{\gamma\alpha}^{\beta}i_{\gamma\alpha}\rvert\psi^x+\lvert i_{\gamma\delta}^{\beta}\rvert\frac{\psi_{\alpha\text{-}\delta}}{\eta_{\alpha\text{-}\delta}}+\lvert i_{\gamma\delta}^{\alpha}\rvert\frac{\psi_{\beta\text{-}\delta}}{\eta_{\beta\text{-}\delta}}\right]\lvert P_\gamma\rvert$	(1)
	γ	$P_T=\lvert i_{\delta\gamma}\rvert[\lvert i_{\gamma\delta}^{\beta}-i_{\gamma\alpha}^{\beta}i_{\gamma\delta}\rvert\psi^x+\lvert i_{\gamma\delta}^{\beta}\rvert\psi_{\alpha\text{-}\delta}+\lvert i_{\gamma\delta}^{\alpha}\rvert\psi_{\beta\text{-}\delta}]\lvert P_\gamma\rvert$	(2)
$i_{\gamma\delta}^{\beta}i_{\gamma\delta}^{\alpha}<0$ $\lvert i_{\gamma\delta}^{\beta}\rvert>\lvert i_{\gamma\delta}^{\alpha}\rvert$	δ	$P_T=\lvert i_{\delta\gamma}\rvert\left[\lvert i_{\gamma\delta}^{\beta}-i_{\gamma\alpha}^{\beta}i_{\gamma\delta}\rvert\psi^x+\lvert i_{\gamma\delta}^{\beta}\rvert\frac{\psi_{\alpha\text{-}\delta}}{\eta_{\alpha\text{-}\delta}}+\lvert i_{\gamma\delta}^{\alpha}\rvert\psi_{\beta\text{-}\delta}\right]\lvert P_\gamma\rvert$	(3)
	γ	$P_T=\lvert i_{\delta\gamma}\rvert\left[\lvert i_{\gamma\delta}^{\beta}-i_{\gamma\alpha}^{\beta}i_{\gamma\delta}\rvert\psi^x+\lvert i_{\gamma\delta}^{\beta}\rvert\psi_{\alpha\text{-}\delta}+\lvert i_{\gamma\delta}^{\alpha}\rvert\frac{\psi_{\beta\text{-}\delta}}{\eta_{\beta\text{-}\delta}}\right]\lvert P_\gamma\rvert$	(4)
$i_{\gamma\delta}^{\beta}i_{\gamma\delta}^{\alpha}<0$ $\lvert i_{\gamma\delta}^{\beta}\rvert<\lvert i_{\gamma\delta}^{\alpha}\rvert$	δ	$P_T=\lvert i_{\delta\gamma}\rvert\left[\lvert i_{\gamma\delta}^{\beta}-i_{\gamma\alpha}^{\beta}i_{\gamma\delta}\rvert\psi^x+\lvert i_{\gamma\delta}^{\beta}\rvert\psi_{\alpha\text{-}\delta}+\lvert i_{\gamma\delta}^{\alpha}\rvert\frac{\psi_{\beta\text{-}\delta}}{\eta_{\beta\text{-}\delta}}\right]\lvert P_\gamma\rvert$	(5)
	γ	$P_T=\lvert i_{\delta\gamma}\rvert\left[\lvert i_{\gamma\delta}^{\beta}-i_{\gamma\alpha}^{\beta}i_{\gamma\delta}\rvert\psi^x+\lvert i_{\gamma\delta}^{\beta}\rvert\frac{\psi_{\alpha\text{-}\delta}}{\eta_{\alpha\text{-}\delta}}+\lvert i_{\gamma\delta}^{\alpha}\rvert\psi_{\beta\text{-}\delta}\right]\lvert P_\gamma\rvert$	(6)
$i_{\gamma\delta}^{\beta}i_{\gamma\delta}^{\alpha}>0$（符号相同）	δ	$P_T=\lvert i_{\delta\gamma}\rvert\left[\lvert i_{\gamma\delta}^{\beta}-i_{\beta\delta}\rvert\psi^x+\lvert i_{\gamma\delta}^{\beta}\rvert\frac{\psi_{\alpha\text{-}\delta}}{\eta_{\alpha\text{-}\delta}}+\lvert i_{\gamma\delta}^{\alpha}\rvert\frac{\psi_{\beta\text{-}\delta}}{\eta_{\beta\text{-}\delta}}\right]\lvert P_\gamma\rvert$	(7)
	γ	$P_T=\lvert i_{\delta\gamma}\rvert[\lvert i_{\gamma\delta}-i_{\beta\delta}\rvert\psi^x+\lvert i_{\gamma\delta}^{\beta}\rvert\psi_{\alpha\text{-}\delta}+\lvert i_{\gamma\delta}^{\alpha}\rvert\psi_{\beta\text{-}\delta}]\lvert P_\gamma\rvert$	(8)
$i_{\gamma\delta}^{\beta}i_{\gamma\delta}^{\alpha}<0$ $\lvert i_{\gamma\delta}^{\beta}\rvert>\lvert i_{\gamma\delta}^{\alpha}\rvert$	δ	$P_T=\lvert i_{\delta\gamma}\rvert\left[\lvert i_{\gamma\delta}-i_{\beta\delta}\rvert\psi^x+\lvert i_{\gamma\delta}^{\beta}\rvert\frac{\psi_{\alpha\text{-}\delta}}{\eta_{\alpha\text{-}\delta}}+\lvert i_{\gamma\delta}^{\alpha}\rvert\psi_{\beta\text{-}\delta}\right]\lvert P_\gamma\rvert$	(9)
	γ	$P_T=\lvert i_{\delta\gamma}\rvert\left[\lvert i_{\gamma\delta}-i_{\beta\delta}\rvert\psi^x+\lvert i_{\gamma\delta}^{\beta}\rvert\psi_{\alpha\text{-}\delta}+\lvert i_{\gamma\delta}^{\alpha}\rvert\frac{\psi_{\beta\text{-}\delta}}{\eta_{\beta\text{-}\delta}}\right]\lvert P_\gamma\rvert$	(10)
$i_{\gamma\delta}^{\beta}i_{\gamma\delta}^{\alpha}<0$ $\lvert i_{\gamma\delta}^{\beta}\rvert<\lvert i_{\gamma\delta}^{\alpha}\rvert$	δ	$P_T=\lvert i_{\delta\gamma}\rvert\left[\lvert i_{\gamma\delta}-i_{\beta\delta}\rvert\psi^x+\lvert i_{\gamma\delta}^{\beta}\rvert\psi_{\alpha\text{-}\delta}+\lvert i_{\gamma\delta}^{\alpha}\rvert\frac{\psi_{\beta\text{-}\delta}}{\eta_{\beta\text{-}\delta}}\right]\lvert P_\gamma\rvert$	(11)
	γ	$P_T=\lvert i_{\delta\gamma}\rvert\left[\lvert i_{\gamma\delta}-i_{\beta\delta}\rvert\psi^x+\lvert i_{\gamma\delta}^{\beta}\rvert\frac{\psi_{\alpha\text{-}\delta}}{\eta_{\alpha\text{-}\delta}}+\lvert i_{\gamma\delta}^{\alpha}\rvert\psi_{\beta\text{-}\delta}\right]\lvert P_\gamma\rvert$	(12)

注：1. ψ^x —— α-β-γ 差动传动转臂 x 固定时的功率损失系数，即 $\psi^x=\psi_{a\text{-}c}^x+\psi_{c\text{-}b}^x$；

2. $\eta_{\alpha\text{-}\delta}$、$\eta_{\beta\text{-}\delta}$——分别为 α-δ 传动和 β-δ 传动的传动效率，即 $\eta_{\alpha\text{-}\delta}=1-\psi_{\alpha\text{-}\delta}$和 $\eta_{\beta\text{-}\delta}=1-\psi_{\beta\text{-}\delta}$。

据表 9-9 可知，为了求得 γ-δ 传动的摩擦损失功率 P_T 必须先计算传动比 $i_{\gamma\delta}$，同时还要确定 $i_{\gamma\delta}^{\beta}$和 $i_{\gamma\delta}^{\alpha}$值的符号。

按公式(9-37) 可得传动比 $i_{\gamma\delta}$计算公式，即

$$i_{\gamma\delta}=i_{\gamma\delta}^{\beta}+i_{\gamma\delta}^{\alpha}=i_{\gamma\alpha}^{\beta}i_{\alpha\delta}+i_{\gamma\beta}^{\alpha}i_{\beta\delta}$$

$$i_{\gamma\alpha}^{\beta}=i_{x_1b_1}^{a_1}=\frac{1}{1-i_{b_1a_1}^{x_1}}=\frac{p_1}{1+p_1}$$

$$i_{\alpha\delta}=i_{a_2b_2}=-\frac{z_{b_2}}{z_{a_2}}$$

$$i_{\gamma\beta}^{\alpha}=i_{x_1a_1}^{b_1}=\frac{1}{1-i_{a_1b_1}^{x_1}}=\frac{1}{1+p_1}$$

$$i_{\beta\delta}=i_{a_3b_3}=-\frac{z_{b_3}}{z_{a_3}}$$

所以，γ-δ 传动的传动比为

$$i_{\gamma\delta}=i_{\gamma\alpha}^{\beta}i_{\alpha\delta}+i_{\gamma\beta}^{\alpha}i_{\beta\delta}=-\frac{p_1}{1+p_1}\times\frac{z_{b_2}}{z_{a_2}}-\frac{1}{1+p_1}\times\frac{z_{b_3}}{z_{a_3}}=-\frac{1}{1+p_1}\left(\frac{z_{b_2}}{z_{a_2}}p_1+\frac{z_{b_3}}{z_{a_3}}\right)\tag{9-96}$$

而且，可得

$$i_{\gamma\delta}^{\beta}i_{\gamma\delta}^{\alpha}=\frac{p_1z_{b_2}}{(1+p_1)z_{a_2}}\times\frac{z_{b_3}}{(1+p_1)z_{a_3}}>0$$

即 $i_{\gamma\delta}^{\beta}$和 $i_{\gamma\delta}^{\alpha}$值的符号相同。

b. 计算损失系数。

$$\psi^{x_1}=\psi_{\alpha\text{-}\beta\text{-}\gamma}^{x_1}=\psi_{a_1c_1}^{x_1}+\psi_{c_1b_1}^{x_1}$$

$$\psi_{\alpha\text{-}\delta}=\psi_{a_2b_2},\eta_{\alpha\text{-}\delta}=1-\psi_{\alpha\text{-}\delta}=1-\psi_{a_2b_2}$$
$$\psi_{\beta\text{-}\delta}=\psi_{a_1a_2},\eta_{\beta\text{-}\delta}=1-\psi_{\beta\text{-}\delta}=1-\psi_{a_3b_3}$$

其中，各啮合齿轮副的损失系数 $\psi^{x_1}_{a_1c_1}$、$\psi^{x_1}_{c_1b_1}$、$\psi_{a_2b_2}$ 和 $\psi_{a_3b_3}$ 可按公式(6-37)计算，即 $\psi^{x_1}=2.3f_m\left(\dfrac{1}{z_1}\pm\dfrac{1}{z_2}\right)$。

c. 计算摩擦损失功率 P_T。

因已知 $i^{\beta}_{\gamma\delta}i^{\alpha}_{\gamma\delta}>0$，且 $i^{\beta}_{\gamma\delta}$ 和 $i^{\alpha}_{\gamma\delta}$ 值的符号相同，故 P_T 可按表9-9中的公式（2）计算，即

$$P_T=|i_{\delta\gamma}|[|i^{\beta}_{\gamma\delta}-i^{\beta}_{\gamma\alpha}i_{\gamma\delta}|\psi^{x_1}+|i^{\beta}_{\gamma\delta}|\psi_{\alpha\text{-}\delta}+|i^{\alpha}_{\gamma\delta}|\psi_{\beta\text{-}\delta}]|P_\gamma|$$

因为

$$|i^{\beta}_{\gamma\delta}-i^{\beta}_{\alpha\delta}|=\left|-\frac{p_1}{1+p_1}\times\frac{z_{b_2}}{z_{a_2}}-\frac{p_1}{1+p_1}i_{\gamma\delta}\right|=\frac{p_1}{1+p_1}\left(\frac{z_{b_2}}{z_{a_2}}+|i_{\gamma\delta}|\right)$$
$$|i^{\beta}_{\gamma\delta}|=\left|-\frac{p_1}{1+p_1}\times\frac{z_{b_2}}{z_{a_2}}\right|=\frac{p_1}{1+p_1}\times\frac{z_{b_2}}{z_{a_2}}$$
$$|i^{\alpha}_{\gamma\delta}|=\left|-\frac{1}{1+p_1}\times\frac{z_{b_3}}{z_{a_3}}\right|=\frac{1}{1+p_1}\times\frac{z_{b_3}}{z_{a_3}}$$

代入上式，则得

$$P_T=\left|\frac{1}{i_{\gamma\delta}}\right|\left[\frac{p_1}{1+p_1}\left(\frac{z_{b_2}}{z_{a_2}}+|i_{\gamma\delta}|\right)\psi^{x_1}+\frac{p_1}{1+p_1}\times\frac{z_{b_2}}{z_{a_2}}\psi_{\alpha\text{-}\delta}+\frac{1}{1+p_1}\times\frac{z_{b_3}}{z_{a_3}}\psi_{\beta\text{-}\delta}\right]P_\gamma$$

再将已求得的 P_T 值代入公式(9-90)，则得 γ-δ 传动效率的计算公式为

$$\eta_{\gamma\delta}=1-\frac{P_T}{P_\gamma}=1-\frac{1}{|i_{\gamma\delta}|}\left[\frac{p_1}{1+p_1}\left(\frac{z_{b_2}}{z_{a_2}}+|i_{\gamma\delta}|\right)\psi^{x_1}+\frac{p_1}{1+p_1}\times\frac{z_{b_2}}{z_{a_2}}\psi_{\alpha\text{-}\delta}+\frac{1}{1+p_1}\times\frac{z_{b_3}}{z_{a_3}}\psi_{\beta\text{-}\delta}\right]\tag{9-97}$$

将上式列入表9-10中作为公式（1）。

② 当构件 δ 为输入轴（$P_\delta>0$）时的效率公式　由于构件 δ 为输入轴，故其摩擦损失功率 P_T 应按表9-9中的公式（1）计算，即

$$P_T=\frac{1}{|i_{\gamma\delta}|}\left[|i^{\beta}_{\gamma\delta}-i^{\beta}_{\gamma\alpha}i_{\gamma\delta}|\psi^{x_1}+|i^{\beta}_{\gamma\delta}|\psi_{\alpha\text{-}\delta}+|i^{\alpha}_{\gamma\delta}|\frac{\psi_{\beta\text{-}\delta}}{\eta_{\beta\text{-}\delta}}\right]|P_\gamma|$$
$$=\frac{1}{|i_{\gamma\delta}|}\left[\frac{p_1}{1+p_1}\left(\frac{z_{b_2}}{z_{a_2}}+|i_{\gamma\delta}|\right)\psi^{x_1}+\frac{p_1}{1+p_1}\times\frac{z_{b_2}}{z_{a_2}}\times\frac{\psi_{\alpha\text{-}\delta}}{\eta_{\alpha\text{-}\delta}}+\frac{1}{1+p_1}\times\frac{z_{b_3}}{z_{a_3}}\times\frac{\psi_{\beta\text{-}\delta}}{\eta_{\beta\text{-}\delta}}\right]|P_\gamma|$$

再将已求得的 P_T 值代入公式(9-91)，则得 γ-δ 传动效率的计算公式为

$$\eta_{\delta\gamma}=\frac{|P_\gamma|}{|P_\gamma|+P_T}$$
$$=\frac{1}{1+\dfrac{1}{|i_{\gamma\delta}|}\left[\dfrac{p_1}{1+p_1}\left(\dfrac{z_{b_2}}{z_{a_2}}+|i_{\gamma\delta}|\right)\psi^{x_1}+\dfrac{p_1}{1+p_1}\times\dfrac{z_{b_2}}{z_{a_2}}\times\dfrac{\psi_{\alpha\text{-}\delta}}{\eta_{\alpha\text{-}\delta}}+\dfrac{1}{1+p_1}\times\dfrac{z_{b_3}}{z_{a_3}}\times\dfrac{\psi_{\beta\text{-}\delta}}{\eta_{\beta\text{-}\delta}}\right]}\tag{9-98}$$

将上式列入表9-10中作为公式（2）。

(2) $(AA)^{x_2}_{x_1(a_1a_2)}$ 型的效率计算

在该 γ-δ 传动［见图9-8(a)］中，其 α-β-γ 差动齿轮传动的构件 γ 为转臂 x_1，构件 α 为中心轮 b_1 和构件 β 为中心轮 a_1。

① 当构件 γ 为输入轴（$P_\gamma>0$）时的效率公式

a. 求传动比 $i_{\gamma\delta}$。

因为

$$i^{\beta}_{\gamma\alpha}=i^{a_1}_{x_1b_1}=\frac{p_1}{1+p_1}$$
$$i_{\alpha\delta}=i_{b_2a_2}=-\frac{1}{p_2}$$
$$i^{\beta}_{\gamma\beta}=i^{b_1}_{x_1a_1}=\frac{1}{1+p_1}$$

$$i_{\beta\delta}=i_{a_1a_2}=1$$

所以，据公式(9-37) 可得 γ-δ 传动的传动比为

$$i_{\gamma\delta}=i_{\gamma\delta}^{\beta}+i_{\gamma\delta}^{\alpha}=i_{\gamma\alpha}^{\beta}i_{\alpha\delta}+i_{\gamma\beta}^{\alpha}i_{\beta\delta}=-\frac{p_1}{1+p_1}\times\frac{1}{p_2}+\frac{1}{1+p_1}=\frac{1}{1+p_1}\left(\frac{p_2-p_1}{p_2}\right)\tag{9-99}$$

且可得

$$i_{\gamma\delta}^{\beta}i_{\gamma\delta}^{\alpha}=-\frac{p_1}{(1+p_1)p_2}\times\frac{1}{1+p_1}<0$$

$$|i_{\gamma\delta}^{\beta}|=\frac{p_1}{(1+p_1)p_2}$$

$$|i_{\gamma\delta}^{\alpha}|=\frac{1}{1+p_1}$$

当 $p_1>p_2$ 时

$$|i_{\gamma\delta}^{\beta}|=\frac{p_1}{(1+p_1)p_2}>|i_{\gamma\delta}^{\alpha}|=\frac{1}{1+p_1}$$

当 $p_1<p_2$ 时

$$|i_{\gamma\delta}^{\beta}|=\frac{p_1}{(1+p_1)p_2}<|i_{\gamma\delta}^{\alpha}|=\frac{1}{1+p_1}$$

b. 计算损失系数。

$$\psi^{x_1}=\psi_{\alpha\text{-}\beta\text{-}\gamma}^{x_1}=\psi_{a_1g_1}^{x_1}+\psi_{g_1b_1}^{x_1}$$

$$\psi_{\alpha\text{-}\delta}^{x_2}=\psi_{b_2a_2}^{x_2}=\psi_{a_2g_2}^{x_2}+\psi_{g_2b_2}^{x_2}$$

$$\eta_{\alpha\text{-}\delta}=1-\psi_{\alpha\text{-}\delta}^{x_2}=1-\psi_{b_2a_2}^{x_2}$$

因构件 β 直接与输出轴 δ 相连接，故

$$\psi_{\beta\text{-}\delta}^{x_2}=0$$

$$\eta_{\beta\text{-}\delta}^{x_2}=1$$

以上式中各啮合齿轮副的损失系数 $\psi_{a_1c_1}^{x_1}$、$\psi_{c_1b_1}^{x_1}$、$\psi_{a_2c_2}^{x_2}$ 和 $\psi_{c_2b_2}^{x_2}$ 可按公式(6-37) 计算。

c. 计算摩擦损失功率 P_T。

因已知 $i_{\gamma\delta}^{\beta}i_{\gamma\delta}^{\alpha}<0$

当 $p_1>p_2$ 时，$|i_{\gamma\delta}^{\beta}|>|i_{\gamma\delta}^{\alpha}|$，故 P_T 可按表 9-9 中的公式（4）计算，即

$$P_T=|i_{\delta\gamma}|\left[|i_{\gamma\delta}^{\beta}-i_{\gamma\alpha}^{\beta}i_{\gamma\delta}|\psi^{x_1}+|i_{\gamma\delta}^{\beta}|\psi_{\alpha\text{-}\delta}+|i_{\gamma\delta}^{\alpha}|\frac{\psi_{\beta\text{-}\delta}}{\eta_{\beta\text{-}\delta}}\right]P_\gamma$$

因为

$$|i_{\gamma\delta}^{\beta}-i_{\gamma\alpha}^{\beta}i_{\gamma\delta}|=\left|-\frac{p_1}{(1+p_1)p_2}-\frac{p_1}{1+p_1}i_{\gamma\delta}\right|=\frac{p_1}{(1+p_1)p_2}+\frac{p_1}{1+p_1}|i_{\gamma\delta}|$$

$$|i_{\gamma\delta}^{\beta}|=\frac{p_1}{(1+p_1)p_2}$$

$$\psi_{\beta\text{-}\delta}=0$$

代入上式，则得

$$P_T=\frac{1}{|i_{\gamma\delta}|}\left[\left(\frac{p_1}{(1+p_1)p_2}+\frac{p_1}{1+p_1}|i_{\gamma\delta}|\right)\psi^{x_1}+\frac{p_1}{(1+p_1)p_2}\psi_{\gamma\text{-}\delta}\right]P_\gamma$$

当 $p_1<p_2$ 时，$|i_{\gamma\delta}^{\beta}|<|i_{\gamma\delta}^{\alpha}|$，故 P_T 可按表 9-9 中的公式（6）计算，即

$$P_T=\frac{1}{|i_{\gamma\delta}|}\left[|i_{\gamma\delta}^{\beta}-i_{\gamma\delta}^{\beta}i_{\gamma\alpha}|\psi^{x_1}+|i_{\gamma\delta}^{\beta}|\frac{\psi_{\alpha\text{-}\delta}}{\eta_{\alpha\text{-}\delta}}+|i_{\gamma\delta}^{\alpha}|\psi_{\beta\text{-}\delta}\right]P_\gamma$$

$$\approx\frac{1}{|i_{\gamma\delta}|}\left[\left(\frac{p_1}{(1+p_1)p_2}+\frac{p_1}{1+p_1}|i_{\gamma\delta}|\right)\psi^{x_1}+\frac{p_1}{(1+p_1)p_2}\psi_{\alpha\text{-}\delta}\right]P_\gamma$$

但因按上述两式求得的 P_T 值近似相等，故再将已求得的 P_T 代入公式(9-90)，则得 γ-δ 传动效率的计算公式为

$$\eta_{\gamma\delta}=1-\frac{P_T}{P_\gamma}=1-\frac{1}{|i_{\gamma\delta}|}\left[\left(\frac{p_1}{(1+p_1)p_2}+\frac{p_1}{1+p_1}|i_{\gamma\delta}|\right)\psi^{x_1}+\frac{p_1}{(1+p_1)p_2}\psi_{\alpha\text{-}\delta}\right]$$

将上式列入表9-10中作为公式（3）。

② 当构件δ为输入轴（$P_\delta>0$）时的效率公式　由于构件δ为输入轴，当$p_1>p_2$时，P_T可按表9-9中的公式（3）计算；当$p_1<p_2$时，P_T可按表9-9中的公式（5）计算。但因按公式（3）和（5）求得的P_T值近似相等，故再将已求得的P_T值代入公式(9-91)，则得γ-δ传动效率的计算公式为

$$\eta_{\delta\gamma}=\frac{|P_\gamma|}{|P_\gamma|+P_T}=\frac{1}{1+\frac{1}{|i_{\gamma\delta}|}\left[\left(\frac{p_1}{(1+p_1)p_2}+\frac{p_1}{1+p_1}|i_{\gamma\delta}|\right)\psi^{x_1}+\frac{p_1}{(1+p_1)p_2}\psi_{\alpha\text{-}\delta}\right]}$$

将上式列入表9-10中作为公式（4）。

(3) $(AA)^{x_2}_{a_1(x_1b_2)}$型的效率计算

在该γ-δ传动［见图9-9(a)］中，其α-β-γ差动机构的构件γ为中心轮a_1，构件β为转臂x_1。

① 当构件γ为输入轴（$P_\gamma>0$）时的效率公式

a. 求传动比$i_{\gamma\delta}$。

因为

$$i^\beta_{\gamma\alpha}=i^{x_1}_{a_1b_1}=-p_1$$

$$i_{\alpha\delta}=i^{x_2}_{a_2b_2}=-p_2$$

$$i^\alpha_{\gamma\beta}=i^{b_1}_{a_1x_1}=1-i^{x_1}_{a_1b_1}=1+p_1$$

$$i_{\beta\delta}=i_{x_1b_2}=1$$

所以，据公式(9-37)可得γ-δ传动的传动比为

$$i_{\gamma\delta}=i^\beta_{\gamma\delta}+i^\alpha_{\gamma\delta}=i^\beta_{\gamma\alpha}i_{\alpha\delta}+i^\alpha_{\gamma\beta}i_{\beta\delta}=p_1p_2+(1+p_1)$$

且可得

$$i^\beta_{\gamma\delta}i^\alpha_{\gamma\delta}=p_1p_2(1+p_1)>0$$

即$i^\beta_{\gamma\delta}$和$i^\alpha_{\gamma\delta}$值的符号相同。

b. 计算损失系数。

$$\psi^{x_1}=\psi^{x_1}_{\alpha\text{-}\beta\text{-}\gamma}=\psi^{x_1}_{a_1c_1}+\psi^{x_1}_{c_1b_1}$$

$$\psi^{x_2}_{\alpha\text{-}\delta}=\psi^{x_2}_{a_2c_2}+\psi^{x_2}_{c_2b_2}$$

$$\eta^{x_2}_{\alpha\text{-}\delta}=1-\psi^{x_2}_{\alpha\text{-}\delta}$$

因构件β直接与输出轴δ相连接，故

$$\psi^{x_2}_{\beta\text{-}\delta}=0$$

$$\eta^{x_2}_{\beta\text{-}\delta}=1$$

c. 计算摩擦损失功率P_T。

因已知$i^\beta_{\gamma\delta}i^\alpha_{\gamma\delta}>0$，且它们的符号相同，故$P_T$可按表9-9中的公式（8）计算，即

$$P_T=|i_{\delta\gamma}|\left[|i_{\gamma\delta}-i_{\beta\delta}|\psi^{x_1}+|i^\beta_{\gamma\delta}|\psi^{x_2}_{\alpha\text{-}\delta}+|i^\alpha_{\gamma\delta}|\psi^{x_2}_{\beta\text{-}\delta}\right]|P_\gamma|$$

因$|i_{\gamma\delta}-i_{\beta\delta}|=|i_{\gamma\delta}-1|$，$|i^\beta_{\gamma\delta}|=p_1p_2$，$|i^\alpha_{\gamma\delta}|=1+p_1$和$\psi^{x_2}_{\beta\text{-}\delta}=0$；代入上式，则得

$$P_T=\frac{1}{|i_{\gamma\delta}|}\left[(|i_{\gamma\delta}-1|)\psi^{x_1}+p_1p_2\psi^{x_2}_{\alpha\text{-}\delta}\right]P_\gamma$$

再将已求得的P_T值代入公式(9-91)，则得γ-δ传动效率的计算公式为

$$\eta_{\gamma\delta}=1-\frac{P_T}{P_\gamma}=1-\frac{1}{|i_{\gamma\delta}|}\left[(|i_{\gamma\delta}-1|)\psi^{x_1}+p_1p_2\psi^{x_2}_{\alpha\text{-}\delta}\right]=1-\left[\left(1-\frac{1}{|i_{\gamma\delta}|}\right)\psi^{x_1}+\frac{p_1p_2}{|i_{\gamma\delta}|}\psi^{x_2}_{\alpha\text{-}\delta}\right]$$

将上式列入表9-10中作为公式（5）。

② 当构件δ为输入轴（$P_\delta>0$）时的效率公式　由于构件δ为输入轴，故其摩擦损失功

率 P_T 应按表 9-9 中的公式（7）计算；仿上，可得

$$P_T=\frac{1}{i_{\gamma\delta}}\left[(i_{\gamma\delta}-1)\psi^{x_1}+p_1p_2\frac{\psi_{\alpha\text{-}\delta}^{x_2}}{\eta_{\alpha\text{-}\delta}^{x_2}}\right]|P_\gamma|$$

再将已求得的 P_T 值代入公式(9-91)，则得 γ-δ 传动效率的计算公式为

$$\eta_{\delta\gamma}=\frac{|P_\gamma|}{|P_\gamma|+P_T}=\frac{1}{1+\left[\left(1-\frac{1}{i_{\gamma\delta}}\right)\psi^{x_1}+\frac{p_1p_2}{i_{\gamma\delta}}\times\frac{\psi_{\alpha\text{-}\delta}^{x_2}}{\eta_{\alpha\text{-}\delta}^{x_2}}\right]}$$

$$\approx\frac{1}{1+\left[\left(1-\frac{1}{i_{\gamma\delta}}\right)\psi^{x_1}+\frac{p_1p_2}{i_{\gamma\delta}}\psi_{\alpha\text{-}\delta}^{x_2}\right]}$$

将上式列入表 9-10 中作为公式（6）。

(4) $(AA)^{x_2}_{a_1(b_1b_2)}$ 型的效率计算

在该 γ-δ 传动［见图 9-10(a)］中，其 α-β-γ 差动机构的构件 γ 为中心轮 a_1，构件 β 为转臂 x_1。

① 当构件 γ 为输入轴（$P_\gamma>0$）时的效率公式

a. 求传动比 $i_{\gamma\delta}$。

因为

$$i_{\gamma\alpha}^{\beta}=i_{a_1b_1}^{x_1}=-p_1$$

$$i_{\alpha\delta}=i_{b_1b_2}=1$$

$$i_{\gamma\beta}^{\alpha}=i_{a_1x_1}^{b_1}=1+p_1$$

$$i_{\beta\delta}=i_{a_2b_2}^{x_2}=-p_2$$

所以，据公式(9-37) 可得 γ-δ 传动的传动比为

$$i_{\gamma\delta}=i_{\gamma\delta}^{\beta}+i_{\gamma\delta}^{\alpha}=i_{\gamma\alpha}^{\beta}i_{\alpha\delta}+i_{\gamma\beta}^{\alpha}i_{\beta\delta}=-p_1-p_2(1+p_1)=-[p_1+(1+p_1)p_2]$$

且可得

$$i_{\gamma\delta}^{\beta}i_{\gamma\delta}^{\alpha}=p_1p_2(1+p_1)>0$$

即 $i_{\gamma\delta}^{\beta}$ 和 $i_{\gamma\delta}^{\alpha}$ 值的符号相同。

b. 计算损失系数。

$$\psi^{x_1}=\psi_{\alpha\text{-}\beta\text{-}\gamma}^{x_1}=\psi_{a_1c_1}^{x_1}+\psi_{c_1b_1}^{x_1}$$

因构件 α 直接与输出轴 δ 相连接，故

$$\psi_{\alpha\text{-}\delta}^{x_2}=0$$

$$\eta_{\alpha\text{-}\delta}^{x_2}=1$$

$$\psi_{\beta\text{-}\delta}^{x_2}=\psi_{a_2c_2}^{x_2}+\psi_{c_2b_2}^{x_2}$$

$$\eta_{\beta\text{-}\delta}^{x_2}=1-\psi_{\beta\text{-}\delta}^{x_2}$$

c. 计算摩擦损失功率 P_T。

因已知 $i_{\gamma\delta}^{\beta}i_{\gamma\delta}^{\alpha}>0$，且它们的符号相同，故 P_T 可按表 9-9 中的公式（8）计算，即

$$P_T=|i_{\delta\gamma}|[|i_{\gamma\delta}-i_{\beta\delta}|\psi^{x_1}+|i_{\gamma\delta}^{\beta}|\psi_{\alpha\text{-}\delta}^{x_2}+|i_{\gamma\delta}^{\alpha}|\psi_{\beta\text{-}\delta}^{x_2}]|P_\gamma|$$

因为

$$|i_{\gamma\delta}^{\beta}-i_{\beta\delta}^{\beta}|=|i_{\gamma\delta}|+p_2$$

$$|i_{\gamma\delta}^{\beta}|=p_1$$

$$|i_{\gamma\delta}^{\alpha}|=p_2(1+p_1)$$

$$\psi_{\alpha\text{-}\delta}^{x_2}=0$$

代入上式，则得

$$P_T=\frac{1}{|i_{\gamma\delta}|}[(|i_{\gamma\delta}|+p_2)\psi^{x_1}+p_2(1+p_1)\psi_{\beta\text{-}\delta}^{x_2}]P_\gamma$$

再将已求得的 P_T 值代入公式(9-90)，则得 γ-δ 传动效率的计算公式为

$$\eta_{\gamma\delta}=1-\frac{P_T}{P_\gamma}=1-\frac{1}{|i_{\gamma\delta}|}[(|i_{\gamma\delta}|+p_2)\psi^{x_1}+p_2(1+p_1)\psi_{\beta\text{-}\delta}^{x_2}]$$
$$=1-\left[\left(1+\frac{p_2}{|i_{\gamma\delta}|}\right)\psi^{x_1}+\frac{p_2(1+p_1)}{|i_{\gamma\delta}|}\psi_{\beta\text{-}\delta}^{x_2}\right]$$

将上式列入表 9-10 中作为公式（7）。

② 当构件 δ 为输入轴（$P_\delta>0$）时的效率公式　由于构件 δ 为输入轴，故其摩擦损失功率 P_T 应按表 9-9 中的公式（7）计算，可得

$$P_T=\frac{1}{|i_{\gamma\delta}|}\left[(|i_{\gamma\delta}|+p_2)\psi^{x_1}+p_2(1+p_1)\frac{\psi_{\beta\text{-}\delta}^{x_2}}{\eta_{\beta\text{-}\delta}^{x_2}}\right]|P_\gamma|$$

再将已求得的 P_T 值代入公式(9-91)，则得 γ-δ 传动效率的计算公式为

$$\eta_{\delta\gamma}=\frac{|P_\gamma|}{|P_\gamma|+P_T}=\frac{1}{1+\frac{1}{|i_{\gamma\delta}|}\left[(|i_{\gamma\delta}|+p_2)\psi^{x_1}+p_2(1+p_1)\frac{\psi_{\beta\text{-}\delta}^{x_2}}{\eta_{\beta\text{-}\delta}^{x_2}}\right]}$$
$$=\frac{1}{1+\left[\left(1+\frac{p_2}{|i_{\gamma\delta}|}\right)\psi^{x_1}+\frac{p_2(1+p_1)}{|i_{\gamma\delta}|}\frac{\psi_{\beta\text{-}\delta}^{x_2}}{\eta_{\beta\text{-}\delta}^{x_2}}\right]}\approx\frac{1}{1+\left[\left(1+\frac{p_2}{|i_{\gamma\delta}|}\right)\psi^{x_1}+\frac{p_2(1+p_1)}{|i_{\gamma\delta}|}\psi_{\beta\text{-}\delta}^{x_2}\right]}$$

将上式列入表 9-10 中作为公式（8）。

(5) $(AA)_{x_1(a_1a_2)}^{b_2}$ 型的效率计算

在该 γ-δ 传动［见图 9-11(a)］中，其 α-β-γ 差动齿轮传动的构件 γ 为转臂 x_1，构件 α、β 为中心轮。

① 当构件 γ 为输入轴（$P_\gamma>0$）时的效率公式

a. 求传动比 $i_{\gamma\delta}$。

因为

$$i_{\gamma\alpha}^{\beta}=i_{x_1b_1}^{a_1}=\frac{p_1}{1+p_1}$$
$$i_{\alpha\delta}=i_{x_2a_2}^{b_2}=\frac{1}{1+p_2}$$
$$i_{\gamma\beta}^{\alpha}=i_{x_1a_1}^{b_1}=\frac{1}{1+p_1}$$
$$i_{\beta\delta}=i_{a_1a_2}=1$$

所以，据公式(9-37) 可得 γ-δ 传动的传动比为

$$i_{\gamma\delta}=i_{\gamma\delta}^{\beta}+i_{\gamma\delta}^{\alpha}=i_{\gamma\alpha}^{\beta}i_{\alpha\delta}+i_{\gamma\beta}^{\alpha}i_{\beta\delta}=\frac{p_1}{(1+p_1)(1+p_2)}+\frac{1}{1+p_1}=\frac{1+p_1+p_2}{(1+p_1)(1+p_2)}$$

且可得

$$i_{\gamma\delta}^{\beta}i_{\gamma\delta}^{\alpha}=\frac{p_1}{(1+p_1)^2(1+p_2)}>0$$

即 $i_{\gamma\delta}^{\beta}$ 和 $i_{\gamma\delta}^{\alpha}$ 值的符号相同。

b. 计算损失系数。

$$\psi^{x_1}=\psi_{\alpha\text{-}\beta\text{-}\gamma}^{x_1}=\psi_{a_1c_1}^{x_1}+\psi_{c_1b_1}^{x_1}$$
$$\psi_{\alpha\text{-}\delta}^{x_2}=\psi_{a_2c_2}^{x_2}$$
$$\eta_{\alpha\text{-}\delta}^{x_2}=1-\psi_{\alpha\text{-}\delta}^{x_2}$$

因构件 β 直接与输出轴 δ 相连接，故

$$\psi_{\beta\text{-}\delta}^{x_2}=0$$

$$\eta_{\beta\text{-}\delta}^{x_2}=1$$

c. 计算摩擦损失功率 P_T。

因已知 $i_{\alpha\delta}^{\beta}i_{\gamma\delta}^{\alpha}>0$，且它们的符号相同，故 P_T 可按表 9-9 中的公式（2）计算，即

$$P_T=|i_{\delta\gamma}|[|i_{\gamma\delta}^{\beta}-i_{\gamma\alpha}^{\beta}i_{\gamma\delta}|\psi^{x_1}+|i_{\gamma\delta}^{\beta}|\psi_{\alpha\text{-}\delta}^{x_2}+|i_{\gamma\delta}^{\alpha}|\psi_{\beta\text{-}\delta}^{x_2}]|P_\gamma|$$

因为 $$|i_{\gamma\delta}^{\beta}-i_{\gamma_\alpha}^{\beta}i_{\gamma\delta}|=\left|\frac{p_1}{(1+p_1)(1+p_2)}-\frac{p_1}{1+p_1}i_{\gamma\delta}\right|=\frac{p_1}{(1+p_1)(1+p_2)}|1-(1+p_2)i_{\gamma\delta}|$$

$$|i_{\gamma\delta}^{\beta}|=\frac{p_1}{(1+p_1)(1+p_2)}$$

$$|i_{\gamma\delta}^{\alpha}|=\frac{1}{1+p_2}$$

$$\psi_{\beta\text{-}\delta}^{x_2}=0$$

代入上式，则得

$$P_T=\frac{1}{|i_{\gamma\delta}|}\ \frac{p_1}{(1+p_1)(1+p_2)}[(|1-(1+p_2)i_{\gamma\delta}|)\psi^{x_1}+\psi_{\alpha\text{-}\delta}^{x_2}]P_\gamma$$

再将已求得的 P_T 值代入公式(9-90)，则得 γ-δ 传动效率的计算公式为

$$\eta_{\gamma\delta}=1-\frac{P_T}{P_\gamma}=1-\frac{p_1}{(1+p_1)(1+p_2)}\left[\left(\left|\frac{1}{i_{\gamma\delta}}-(1+p_2)\right|\right)\psi^{x_1}+\frac{\psi_{\alpha\text{-}\delta}^{x_2}}{|i_{\gamma\delta}|}\right]$$

将上式列入表 9-10 中作为公式（9）。

② 当构件 δ 为输入轴（$P_\delta>0$）时的效率公式　由于构件 δ 为输入轴，故其摩擦损失功率 P_T 应按表 9-9 中的公式（1）计算，可得

$$P_T=\frac{1}{|i_{\gamma\delta}|}\ \frac{p_1}{(1+p_1)(1+p_2)}\left[(|1-(1+p_2)i_{\gamma\delta}|)\psi^{x_1}+\frac{\psi_{\alpha\text{-}\delta}^{x_2}}{\eta_{\alpha\text{-}\delta}^{x_2}}\right]|P_\gamma|$$

$$=\frac{p_1}{(1+p_1)(1+p_2)}\left[\left(\left|\frac{1}{i_{\gamma\delta}}-(1+p_2)\right|\right)\psi^{x_1}+\frac{\psi_{\alpha\text{-}\delta}^{x_2}}{\eta_{\alpha\text{-}\delta}^{x_2}|i_{\gamma\delta}|}\right]|P_\gamma|$$

再将已求得的 P_T 值代入公式(9-91)，则得 γ-δ 传动效率的计算公式为

$$\eta_{\delta\gamma}=\frac{|P_\gamma|}{|P_\gamma|+P_T}=\frac{1}{1+\frac{p_1}{(1+p_1)(1+p_2)}\left[\left(\left|\frac{1}{i_{\gamma\delta}}-(1+p_2)\right|\right)\psi^{x_1}+\frac{\psi_{\alpha\text{-}\delta}^{x_2}}{|i_{\gamma\delta}|\eta_{\alpha\text{-}\delta}^{x_2}}\right]}$$

$$\approx\frac{1}{1+\frac{p_1}{(1+p_1)(1+p_2)}\left[\left(\left|\frac{1}{i_{\gamma\delta}}-(1+p_2)\right|\right)\psi^{x_1}+\frac{\psi_{\alpha\text{-}\delta}^{x_2}}{|i_{\gamma\delta}|}\right]}$$

将上式列入表 9-10 中作为公式（10）。

【例题 9-4】　试计算例题 9-2［图 9-7(a)］中的 γ-δ 传动的效率 $\eta_{\gamma\delta}$ 和 $\eta_{\delta\gamma}$ 值。

解　首先判断损失系数 $\psi_{\alpha\text{-}\delta}$ 和 $\psi_{\beta\text{-}\delta}$ 是否均小于 0.1。

现已知传动比 $i_{\gamma\delta}=-0.7$，$p_1=\frac{z_{b_1}}{z_{a_1}}=\frac{64}{16}=4$，$\frac{z_{b_2}}{z_{a_2}}=0.5$ 和 $\frac{z_{b_3}}{z_{a_3}}=1.5$ 以及 $i_{\gamma\delta}^{\beta}=-0.4$，$i_{\gamma\alpha}^{\beta}=0.8$，$i_{\gamma\delta}^{\alpha}=0.3$。

再求损失系数

$$\psi^{x_1}=\psi_{\alpha\text{-}\beta\text{-}\gamma}^{x_1}=\psi_{a_1c_1}^{x_1}+\psi_{c_1b_1}^{x_1}$$

按公式(6-37) 可求一对齿轮传动的损失系数，即

$$\psi_{12}^{x_1}=2.3f_m\left(\frac{1}{z_1}\pm\frac{1}{z_2}\right)$$

表 9-10 封闭行星齿轮传动传动效率的计算公式

序号	传动代号	输入轴	γ-δ 传动效率公式
1	$(\mathrm{Ad})_{x_1 a_2}$	γ	$\eta_{\gamma\delta}=1-\frac{1}{\lvert i_{\gamma\delta}\rvert}\left[\frac{p_1}{1+p_1}\left(\frac{z_{b_2}}{z_{a_2}}+\lvert i_{\gamma\delta}\rvert\right)\psi^{x_1}+\frac{p_1}{1+p_1}\times\frac{z_{b_2}}{z_{a_2}}\psi_{\alpha\text{-}\delta}+\frac{1}{1+p_1}\times\frac{z_{b_3}}{z_{a_3}}\psi_{\beta\text{-}\delta}\right]$ (1)
		δ	$\eta_{\delta\gamma}=\cfrac{1}{1+\frac{1}{\lvert i_{\gamma\delta}\rvert}\left[\frac{p_1}{1+p_1}\left(\frac{z_{b_2}}{z_{a_2}}+\lvert i_{\gamma\delta}\rvert\right)\psi^{x_1}+\frac{p_1}{1+p_1}\times\frac{z_{b_2}}{z_{a_2}}\psi_{\alpha\text{-}\delta}+\frac{1}{1+p_1}\times\frac{z_{b_3}}{z_{a_3}}\psi_{\beta\text{-}\delta}\right]}$ (2)
2	$(\mathrm{AA})^{x_2}_{x_1(a_1 a_2)}$	γ	$\eta_{\gamma\delta}=1-\frac{1}{\lvert i_{\gamma\delta}\rvert}\left[\left(\frac{p_1}{(1+p_1)p_2}+\frac{p_1}{1+p_1}\lvert i_{\gamma\delta}\rvert\right)\psi^{x_1}+\frac{p_1}{(1+p_1)p_2}\psi_{\alpha\text{-}\delta}\right]$ (3)
		δ	$\eta_{\delta\gamma}=\cfrac{1}{1+\frac{1}{\lvert i_{\gamma\delta}\rvert}\left[\left(\frac{1}{p_2+p_1p_2}+\frac{p_1}{1+p_1}\lvert i_{\gamma\delta}\rvert\right)\psi^{x_1}+\frac{p_1}{(1+p_1)p_2}\psi_{\alpha\text{-}\delta}\right]}$ (4)
3	$(\mathrm{AA})^{x_2}_{a_1(x_1 b_2)}$	γ	$\eta_{\gamma\delta}=1-\left[\left(1-\frac{1}{\lvert i_{\gamma\delta}\rvert}\right)\psi^{x_1}+\frac{p_1p_2}{\lvert i_{\gamma\delta}\rvert}\psi^{x_2}_{\alpha\text{-}\delta}\right]$ (5)
		δ	$\eta_{\delta\gamma}=\cfrac{1}{1+\left[\left(1-\frac{1}{\lvert i_{\gamma\delta}\rvert}\right)\psi^{x_1}+\frac{p_1p_2}{\lvert i_{\gamma\delta}\rvert}\psi^{x_2}_{\alpha\text{-}\delta}\right]}$ (6)
4	$(\mathrm{AA})^{x_2}_{a_1(b_1 b_2)}$	γ	$\eta_{\gamma\delta}=1-\left[\left(1+\frac{p_2}{\lvert i_{\gamma\delta}\rvert}\right)\psi^{x_1}+\frac{(1+p_1)p_2}{\lvert i_{\gamma\delta}\rvert}\psi^{x_2}_{\beta\text{-}\delta}\right]$ (7)
		δ	$\eta_{\delta\gamma}=\cfrac{1}{1+\left[\left(1+\frac{p_2}{\lvert i_{\gamma\delta}\rvert}\right)\psi^{x_1}+\frac{(1+p_1)p_2}{\lvert i_{\gamma\delta}\rvert}\psi^{x_2}_{\beta\text{-}\delta}\right]}$ (8)
5	$(\mathrm{AA})^{b_2}_{x_1(a_1 a_2)}$	γ	$\eta_{\gamma\delta}=1-\frac{p_1}{(1+p_1)(1+p_2)}\left[\left(\left\lvert\frac{1}{i_{\gamma\delta}}-(1+p_2)\right\rvert\right)\psi^{x_1}+\frac{\psi^{x_2}_{\alpha\text{-}\delta}}{\lvert i_{\gamma\delta}\rvert}\right]$ (9)
		δ	$\eta_{\delta\gamma}=\cfrac{1}{1+\frac{p_1}{(1+p_1)(1+p_2)}\left[\left(\left\lvert\frac{1}{i_{\gamma\delta}}-(1+p_2)\right\rvert\right)\psi^{x_1}+\frac{\psi^{x_2}_{\alpha\text{-}\delta}}{\lvert i_{\gamma\delta}\rvert}\right]}$ (10)

注：1. 本表内的公式适用于 2Z-X 型负号机构($i^x<0$)和 2Z-X 型正号机构($i^x<0.5$ 和 $i^x>2$)作为 α-β-γ 差动机构的 γ-δ 传动。

2. ψ^x 为 α-β-γ 差动齿轮传动转臂 x 固定时的损失系数；$\psi_{\alpha\text{-}\delta}$、$\psi_{\beta\text{-}\delta}$分别为 α-δ 传动和 β-δ 传动的损失系数。

3. 本表内的公式(2)、(4)、(6)和(8)中取 $\psi_{\alpha\text{-}\delta}\approx\frac{\psi_{\alpha\text{-}\delta}}{\eta_{\alpha\text{-}\delta}}$或 $\psi_{\beta\text{-}\delta}\approx\frac{\psi_{\beta\text{-}\delta}}{\eta_{\beta\text{-}\delta}}$。

取摩擦系数 $f_m=0.08$，故可得

$$\psi^{x_1}_{a_1c_1}=2.3\times0.08\left(\frac{1}{16}+\frac{1}{24}\right)=0.01917$$

$$\psi^{x_1}_{c_1b_1}=2.3\times0.08\left(\frac{1}{24}-\frac{1}{64}\right)=0.00479$$

则得

$$\psi^{x_1}=\psi^{x_1}_{a_1c_1}+\psi^{x_1}_{c_1b_1}=0.01917+0.00479=0.02396$$

$$\psi_{\beta\text{-}\delta}=\psi_{a_3b_3}=0.184\left(\frac{1}{24}+\frac{1}{36}\right)=0.01278$$

$$\psi_{\alpha\text{-}\delta}=\psi_{a_2b_2}=0.184\left(\frac{1}{20}+\frac{1}{40}\right)=0.0138$$

但因损失系数 $\psi_{\alpha\text{-}\delta}<0.1$ 和 $\psi_{\beta\text{-}\delta}<0.1$，且知构件 γ 为转臂 x_1；故可直接用表 9-10 中的公式（1）和公式（2）计算其传动效率，即

$$\eta_{\gamma\delta}=1-\frac{1}{|i_{\gamma\delta}|}\left[|i^{\beta}_{\gamma\delta}-i^{\beta}_{\gamma\alpha}i_{\gamma\delta}|\psi^{x_1}+|i^{\beta}_{\gamma\delta}|\psi_{\alpha\text{-}\delta}+|i^{\alpha}_{\gamma\delta}|\psi_{\beta\text{-}\delta}\right]$$

$$=1-\frac{1}{0.7}[|1-0.4+0.8\times0.7|\times0.02396+0.4\times0.0138+0.3\times0.01278]$$

$$=0.9812$$

$$\eta_{\delta\gamma}=\frac{1}{1+|i_{\delta\gamma}|[|i_{\gamma\delta}^{\beta}-i_{\gamma\alpha}^{\beta}i_{\gamma\delta}|\psi^{x_1}+|i_{\gamma\delta}^{\beta}|\psi_{\alpha\text{-}\delta}+|i_{\gamma\delta}^{\alpha}|\psi_{\beta\delta}]}$$

$$=\frac{1}{1+\frac{1}{0.7}[|-0.4+0.8\times0.7|\times0.02396+0.4\times0.0138+0.3\times0.01278]}$$

$$=0.9815$$

【例题 9-5】 试计算例题 9-3［图 9-9(a)］中的 γ-δ 传动的效率 $\eta_{\gamma\delta}$和 $\eta_{\delta\gamma}$值。

解　① 求传动比

由例题9-3 得知 $i_{\gamma\delta}=24.5$，$i_{\gamma\alpha}^{\beta}=-\frac{94}{20}$，$i_{\gamma\delta}^{\alpha}=\frac{114}{20}$，$i_{\gamma\delta}^{\beta}=\frac{94}{20}\times\frac{88}{22}$；$i_{\beta\delta}=1$。

② 求损失系数

$$\psi^{x_1}=\psi_{\alpha\text{-}\beta\text{-}\gamma}^{x_1}=\psi_{a_1x_1}^{x_1}+\psi_{x_1b_1}^{x_1}$$

按公式(6-37) 求一对齿轮传动的损失系数

$$\psi_{a_1c_1}^{x_1}=0.184\left(\frac{1}{20}+\frac{1}{37}\right)=0.01417$$

$$\psi_{c_1b_1}^{x_1}=0.184\left(\frac{1}{37}-\frac{1}{94}\right)=0.003015$$

则

$$\psi^{x_1}=\psi_{a_1c_1}^{x_1}+\psi_{c_1b_1}^{x_1}=0.01417+0.03015=0.01719$$

仿上，得

$$\psi_{\alpha\text{-}\delta}=\psi_{a_2\text{-}b_2}^{x_2}=\psi_{a_2c_2}^{x_2}+\psi_{c_2b_2}^{x_2}=0.01394+0.003485=0.01742$$

因构件 β 直接与轴 δ 相连接，故

$$\psi_{\beta\text{-}\delta}=\psi_{x_1\text{-}b_2}^{x_2}=0$$

③ 计算传动效率 $\eta_{\gamma\delta}$和 $\eta_{\delta\gamma}$

因损失系数 $\psi_{\alpha\text{-}\delta}<0.1$ 和 $\psi_{\beta\text{-}\delta}=0<0.1$，且知构件 γ 为中心轮 a_1；故可直接用表 9-8 中的公式（3）和公式（4）计算其传动效率，即

$$\eta_{\gamma\delta}=1-\frac{1}{|i_{\gamma\delta}|}[|i_{\gamma\delta}-i_{\beta\delta}|\psi^{x_1}+|i_{\gamma\delta}^{\beta}|\psi_{\alpha\text{-}\delta}+|i_{\gamma\delta}^{\alpha}|\psi_{\beta\text{-}\delta}]$$

$$=1-\frac{1}{24.5}[|24.5-1|\times0.01719+18.8\times0.01742+0]=0.970$$

$$\eta_{\delta\gamma}=\frac{1}{1+|i_{\delta\gamma}|[|i_{\gamma\delta}-i_{\beta\delta}|\psi^{x_1}+|i_{\gamma\delta}^{\beta}|\psi_{\alpha\text{-}\delta}+|i_{\gamma\delta}^{\alpha}|\psi_{\beta\text{-}\delta}]}$$

$$=\frac{1}{1+\frac{1}{24.5}[|24.5-1|\times0.01719+18.8\times0.01742+0]}=0.971$$

9.5.3　用克莱依涅斯（M. A. Крейнес）公式计算封闭行星传动的效率

前苏联学者克莱依涅斯提出了一种计算行星齿轮传动效率的新方法——传动比法。应用该传动比法可以较方便地求得行星齿轮传动的效率。为了较清楚地了解这种方法，首先分析和推导该效率计算公式的表达式。

在行星齿轮传动中，假设 P_A 和 P_B 分别为其输入件 A 和输出件 B 所传递的功率。按前面的规定，输入件传递的功率 $P_A>0$，而输出件的输出功率 $P_B<0$。由此可得行星传动的效率公式为

$$\eta=-\frac{P_B}{P_A}=-\frac{T_B\omega_B}{T_A\omega_A}$$

因为

$$i_{AB}=\frac{\omega_A}{\omega_B}$$

且记取

$$\tilde{i}_{AB}=-\frac{\widetilde{T}_B}{T_A}$$

则可得行星齿轮传动效率的表达式为

$$\eta_{AB}=\frac{\tilde{i}_{AB}}{i_{AB}} \tag{9-100}$$

式中　P_A——输入件 A 传递的功率；

P_B——输出件 B 的输出功率；

T_A——输入件 A 上的转矩，N·m；

$\widetilde{T}_B$——考虑到摩擦损失时，输出件 B 上的转矩，N·m；

i_{AB}——运动学传动比；

$\tilde{i}_{AB}$——动力学传动比；即考虑到摩擦损失时的输出件 B 上的转矩与输入件 A 上的转矩之比值。

上式称为克莱依涅斯（M. A. Крейнес）公式。

对于封闭行星齿轮传动（构件 E 固定），其传动比 i_{AB}^E 应该是组成它的各个传动的运动内传动比 i_1^x、i_2^x、$\cdots i_n^x$ 的函数$\left(\text{显然，对于 2Z-X(A)型行星传动，} i^x=\frac{z_b}{z_a}\right)$，即

$$i_{AB}^E=f(i_1^x、i_2^x、\cdots i_n^x) \tag{9-101}$$

同理，γ-δ 传动中的动力学传动比 $\tilde{i}_{AB}^E$ 也应该是相应的各个传动的动力内传动比 $\tilde{i}_1^x$、$\tilde{i}_2^x$、$\cdots\tilde{i}_n^x$ 的函数，即

$$\tilde{i}_{AB}^E=f(\tilde{i}_1^x、\tilde{i}_2^x、\cdots\tilde{i}_n^x) \tag{9-102}$$

所以，封闭行星齿轮传动的效率公式为

$$\eta_{AB}^E=\frac{\tilde{i}_{AB}^E}{i_{AB}^E}=\frac{f(\tilde{i}_1^x、\tilde{i}_2^x、\cdots\tilde{i}_n^x)}{f(i_1^x、i_2^x、\cdots i_n^x)} \tag{9-103}$$

式中各个动力学内传动比应按下式计算，即

$$\left.\begin{aligned}\tilde{i}_1^x&=i_1^x(\eta_1^x)^{y_1}\\ \tilde{i}_2^x&=i_2^x(\eta_2^x)^{y_2}\\ &\vdots\\ \tilde{i}_n^x&=i_n^x(\eta_n^x)^{y_n}\end{aligned}\right\} \tag{9-104}$$

式中　η^x——转臂 x 固定时，行星齿轮传动的效率，即其转化机构的效率；

y——幂指数，$y_1=\pm1$，$y_2=\pm1\cdots$，$y_n=\pm1$。

当 $|i_n^x|$ 增大，而 $|i_{AB}^E|$ 也随之增大时，则 $y_n=+1$；反之，当 $|i_n^x|$ 增大，$|i_{AB}^E|$ 却随之减小时，则 $y_n=-1$。

对于较复杂的封闭行星传动，其幂指数 y_n 可按下式确定，即

$$y_n=\text{sign}\,\frac{P_n^x}{P_A}\quad\text{（sign 的数学含义是表示符号）}$$

式中　P_A—— γ-δ 传动中输入件 A 传递的功率；

P_n^x——转化机构中的功率。

若 $\frac{P_n^x}{P_A}>0$，则符号 $\text{sign}\,\frac{P_n^x}{P_A}$ 表示为+1；反之，若 $\frac{P_n^x}{P_A}<0$，则符号 $\text{sign}\,\frac{P_n^x}{P_A}$ 表示为−1。

因为，如下关系式成立

$$\frac{P_n^x}{P_A}=\frac{i_n^x}{i_{AB}^E}\frac{\partial i_{AB}^E}{\partial i_n^x}$$

故可得

$$y_n = \mathrm{sign}\,\frac{i_n^{\mathrm{x}}}{i_{\mathrm{AB}}^{\mathrm{E}}}\frac{\partial\, i_{\mathrm{AB}}^{\mathrm{E}}}{\partial\, i_n^{\mathrm{x}}},\ n=1.2 \tag{9-105}$$

若 $\dfrac{i_n^{\mathrm{x}}}{i_{\mathrm{AB}}^{\mathrm{E}}}\dfrac{\partial\, i_{\mathrm{AB}}^{\mathrm{E}}}{\partial\, i_n^{\mathrm{x}}}>0$，则 $y_n=+1$；

$\dfrac{i_n^{\mathrm{x}}}{i_{\mathrm{AB}}^{\mathrm{E}}}\dfrac{\partial\, i_{\mathrm{AB}}^{\mathrm{E}}}{\partial\, i_n^{\mathrm{x}}}<0$，则 $y_n=-1$。

在 γ-δ 传动中，对于不同的封闭连接情况，其传动效率计算公式也是不相同的。现对于两种不同的封闭连接情况分别讨论如下。

(1) 输出构件 B 封闭的 γ-δ 传动的效率计算

如图 9-13 所示的 γ-δ 传动结构简图，由于其输出构件 B 与封闭机构 A_2 中的构件 b_1' 相连接，故称之为构件 B 封闭的 γ-δ 传动。

原始机构 A_1 的基本构件 A、B 和 d 之间的运动关系，按照角速度关系式(2-6) 可得

$$\omega_{\mathrm{d}} = i_{\mathrm{dA}}^{\mathrm{B}}\omega_{\mathrm{A}} + i_{\mathrm{dB}}^{\mathrm{A}}\omega_{\mathrm{B}} \tag{a}$$

用角速度 ω_{B} 除 (a) 式，则得

$$\frac{\omega_{\mathrm{d}}}{\omega_{\mathrm{B}}} = i_{\mathrm{dA}}^{\mathrm{B}}\frac{\omega_{\mathrm{A}}}{\omega_{\mathrm{B}}} + i_{\mathrm{dB}}^{\mathrm{A}} \tag{b}$$

即得

$$i_{\mathrm{dB}}^{\mathrm{E}} = i_{\mathrm{dA}}^{\mathrm{B}}\, i_{\mathrm{AB}}^{\mathrm{E}} + i_{\mathrm{dB}}^{\mathrm{A}} \tag{c}$$

式中　$i_{\mathrm{dB}}^{\mathrm{E}}$——含输出构件 B 的封闭机构 A_2 的传动比；即当构件 E 固定时，辅助构件 d 与输出构件 B 的角速度之比；

$i_{\mathrm{AB}}^{\mathrm{E}}$——构件 E 固定，输入构件 A 与输出构件 B 的角速度之比；即 γ-δ 传动的传动比。

因 $i_{\mathrm{dA}}^{\mathrm{B}}=\dfrac{1}{1-i_{\mathrm{AB}}^{\mathrm{d}}}$ 和 $i_{\mathrm{dB}}^{\mathrm{A}}=\dfrac{i_{\mathrm{AB}}^{\mathrm{d}}}{i_{\mathrm{AB}}^{\mathrm{d}}-1}$，代入 (b) 式，经化简整理后可得 γ-δ 传动的传动比计算公式为

$$i_{\mathrm{AB}}^{\mathrm{E}} = i_{\mathrm{AB}}^{\mathrm{d}} + i_{\mathrm{dB}}^{\mathrm{E}}(1-i_{\mathrm{AB}}^{\mathrm{d}}) \tag{9-106}$$

若将 $i_{\mathrm{dB}}^{\mathrm{E}}=1-i_{\mathrm{dE}}^{\mathrm{B}}$ 和 $i_{\mathrm{AB}}^{\mathrm{d}}=1-i_{\mathrm{Ad}}^{\mathrm{B}}$ 代入上式，经化简整理后可得 γ-δ 传动的传动比公式为

$$i_{\mathrm{AB}}^{\mathrm{E}} = 1 - i_{\mathrm{Ad}}^{\mathrm{B}}\, i_{\mathrm{dE}}^{\mathrm{B}} \tag{9-107}$$

式中　$i_{\mathrm{Ad}}^{\mathrm{B}}$——当构件 B 固定时，原始机构 A_1 的传动比；

$i_{\mathrm{dE}}^{\mathrm{B}}$——当构件 B 固定时，封闭机构 A_2 的传动比。

根据公式(9-102) 和公式(9-104) 可得

$$\tilde{i}_{\mathrm{AB}}^{\mathrm{E}} = 1 - i_{\mathrm{Ad}}^{\mathrm{B}}(\eta_{\mathrm{Ad}}^{\mathrm{B}})^{y_1}\, i_{\mathrm{dE}}^{\mathrm{B}}(\eta_{\mathrm{dE}}^{\mathrm{B}})^{y_2}$$

代入公式(9-100)，则可得 γ-δ 传动的效率计算公式为

$$\eta_{\mathrm{AB}}^{\mathrm{E}} = \frac{\tilde{i}_{\mathrm{AB}}^{\mathrm{E}}}{i_{\mathrm{AB}}^{\mathrm{E}}} = \frac{1}{i_{\mathrm{AB}}^{\mathrm{E}}}\left[1 - i_{\mathrm{Ad}}^{\mathrm{B}}(\eta_{\mathrm{Ad}}^{\mathrm{B}})^{y_1}\, i_{\mathrm{dE}}^{\mathrm{B}}(\eta_{\mathrm{dE}}^{\mathrm{B}})^{y_2}\right] \tag{9-108}$$

幂指数 y_1 和 y_2 值仍可按公式(9-105) 确定，即

$$y_1 = \mathrm{sign}\,\frac{i_{\mathrm{Ad}}^{\mathrm{B}}}{i_{\mathrm{AB}}^{\mathrm{E}}}\frac{\partial\, i_{\mathrm{AB}}^{\mathrm{E}}}{\partial\, i_{\mathrm{Ad}}^{\mathrm{B}}} = \mathrm{sign}\left(\frac{i_{\mathrm{AB}}^{\mathrm{E}}-1}{i_{\mathrm{AB}}^{\mathrm{E}}}\right)$$

$$y_2 = \mathrm{sign}\,\frac{i_{\mathrm{dE}}^{\mathrm{B}}}{i_{\mathrm{AB}}^{\mathrm{E}}}\frac{\partial\, i_{\mathrm{AB}}^{\mathrm{E}}}{\partial\, i_{\mathrm{dE}}^{\mathrm{B}}} = \mathrm{sign}\left(\frac{i_{\mathrm{AB}}^{\mathrm{E}}-1}{i_{\mathrm{AB}}^{\mathrm{E}}}\right)$$

可记为

$$y=y_1=y_2=\mathrm{sign}\left(\frac{i_{AB}^{E}-1}{i_{AB}^{E}}\right) \tag{9-109}$$

即可得指数

$$y=\begin{cases}+1 & 若\ 0>i_{AB}^{E}>1\\ -1 & 若\ 0<i_{AB}^{E}<1\end{cases}$$

所以，γ-δ 传动的效率计算公式为

$$\eta_{AB}^{E}=\frac{1-i_{Ad}^{B}i_{dE}^{B}(\eta_{Ad}^{B}\eta_{dE}^{B})^{y}}{i_{AB}^{E}} \tag{9-110}$$

式中　η_{Ad}^{B}、η_{dE}^{B}——简单行星齿轮传动的效率，可按表 6-3 中的有关公式求得。

如前所述，图 9-8(a)、图 9-9(a)和图 9-10(a)所示的封闭行星齿轮传动均属于输出构件 B 封闭的 γ-δ 传动，故其传动效率的计算均可按公式(9-110) 求得。

对于图 9-12(a)所示的封闭行星齿轮传动，它与图 9-10(a)相似，且其对应的结构简图如图 9-15 所示。由于该结构简图的输出构件 B 与封闭机构 A_3 中的构件 b_3 相连接，因此，它也属于输出构件 B 封闭的 γ-δ 传动。

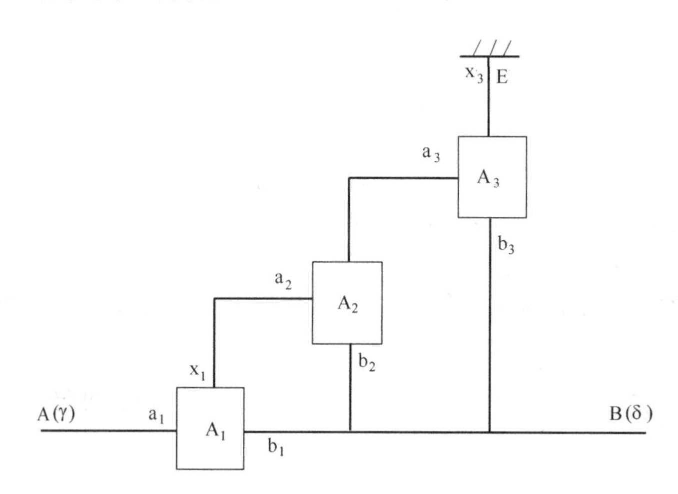

图 9-15　封闭行星齿轮传动结构简图

因其动力学传动比为

$$\begin{aligned}\tilde{i}_{AB}^{E}&=1-i_{Ad_1}^{B}(\eta_{Ad_1}^{B})^{y_1}i_{d_1d_2}^{B}(\eta_{d_1d_2}^{B})^{y_2}i_{d_2E}^{B}(\eta_{d_2E}^{B})^{y_3}\\&=1-i_{Ad_1}^{B}i_{d_1d_2}^{B}i_{d_2E}^{B}(\eta_{Ad_1}^{B}\eta_{d_1d_2}^{B}\eta_{d_2E}^{B})^{y}\end{aligned} \tag{9-111}$$

代入公式(9-103)，则得该 γ-δ 传动的效率计算公式为

$$\eta_{AB}^{E}=\frac{1-i_{Ad_1}^{B}i_{d_1d_2}^{B}i_{d_2E}^{B}(\eta_{Ad_1}^{B}\eta_{d_1d_2}^{B}\eta_{d_2E}^{B})^{y}}{i_{AB}^{E}} \tag{9-112}$$

式中　$i_{Ad_1}^{B}$——原始机构 A_1 的传动比；

$i_{d_1d_2}^{B}$——次原始机构 A_2 的传动比；

$i_{d_2E}^{B}$——封闭机构 A_3 的传动比。

幂指数 y 仍可按公式(9-105) 求得，即

$$y_n=\mathrm{sign}\,\frac{i_{Ad}^{B}\,\partial\, i_{AB}^{E}}{i_{AB}^{E}\,\partial\, i_{Ad}^{B}}\qquad n=1,\ 2,\ 3 \tag{9-113}$$

对于图 9-12(a)所示的连接封闭情况，各机构传动比的关系式为

$$i_{Ad_1}^{B}=i_{a_1x_1}^{b_1}$$

$$i_{d_1 d_2}^{B}=i_{a_2 x_2}^{b_2}$$
$$i_{d_2 E}^{B}=i_{a_3 x_3}^{b_3}$$
$$i_{AB}^{E}=1-i_{a_1 x_1}^{b_1} i_{a_2 x_2}^{b_2} i_{a_3 x_3}^{b_3}$$

代入上式，可得其效率计算公式为

$$\eta_{AB}^{E}=\frac{1-i_{a_1 x_1}^{b_1} i_{a_2 x_2}^{b_2} i_{a_3 x_3}^{b_3}(\eta_{a_1 x_1}^{b_1}\eta_{a_2 x_2}^{b_2}\eta_{a_3 x_3}^{b_3})^{y}}{1-i_{a_1 x_1}^{b_1} i_{a_2 x_2}^{b_2} i_{a_3 x_3}^{b_3}} \tag{9-114}$$

幂指数为

$$y_1=\operatorname{sign}\frac{i_{Ad_1}^{B}\partial i_{AB}^{E}}{i_{AB}^{E}\partial i_{Ad_1}^{B}}=\operatorname{sign}\frac{i_{a_1 x_1}^{b_1}\partial(1-i_{a_1 x_1}^{b_1} i_{a_2 x_2}^{b_2} i_{a_3 x_3}^{b_3})}{(1-i_{a_1 x_1}^{b_1} i_{a_2 x_2}^{b_2} i_{a_3 x_3}^{b_3})\partial i_{a_1 x_1}^{b_1}}=\operatorname{sign}\frac{i_{a_1 x_1}^{b_1} i_{a_2 x_2}^{b_2} i_{a_3 x_3}^{b_3}}{i_{a_1 x_1}^{b_1} i_{a_2 x_2}^{b_2} i_{a_3 x_3}^{b_3}-1}>0$$

因为 $i_{a_1 x_1}^{b_1}$、$i_{a_2 x_2}^{b_2}$ 和 $i_{a_3 x_3}^{b_3}$ 均大于 1，所以 $y_1=+1$；同理，$y_2=y_3=+1$；即 $y=y_1=y_2=y_3=+1$。

按照公式(6-19) 经变换整理后可得

$$\eta_{ax}^{b}=\frac{1-i_{ab}^{x}\eta_{ab}^{x}}{1-i_{ab}^{x}}$$

例如，在图 9-12(a)所示的 γ-δ 传动中，若取 $z_{a_1}=z_{a_2}=z_{a_3}=18$ 和 $z_{b_1}=z_{b_2}=z_{b_3}=72$。计算其效率 η_{AB}^{E}值。

求各传动比 $i_{a_1 x_1}^{b_1}$、$i_{a_2 x_2}^{b_2}$ 和 $i_{a_3 x_3}^{b_3}$ 的值为

$$i_{a_1 x_1}^{b_1}=i_{a_2 x_2}^{b_2}=i_{a_3 x_3}^{b_3}=1-i_{a_1 b_1}^{x_1}=1+\frac{z_{b_1}}{z_{a_1}}=1+\frac{72}{18}=5$$

因其转化机构的效率 η^{x} 为

$$\eta_{ab}^{x}=\eta\eta'=0.97\times0.99=0.9603$$

其中，外啮合齿轮副 a-c 的效率 $\eta=0.97$；内啮合齿轮副 c-b 的效率 $\eta'=0.99$。

所以，效率 η_{ax}^{b}值为

$$\eta_{a_1 x_1}^{b_1}=\eta_{a_2 x_2}^{b_2}=\eta_{a_3 x_3}^{b_3}=\frac{1-i_{a_1 b_1}^{x_1}\eta_{a_1 b_1}^{x_1}}{1-i_{a_1 b_1}^{x_1}}=\frac{1-(-4)\times0.9603}{1-(-4)}=0.968$$

其中，各转化机构的传动比为 $i_{a_1 b_1}^{x_1}=i_{a_2 b_2}^{x_2}=i_{a_3 b_3}^{x_3}=-\frac{z_{b_1}}{z_{a_1}}=-\frac{72}{18}=-4$。

按公式(9-109)计算该 γ-δ 传动的效率 η_{AB}^{E}为

$$\eta_{AB}^{E}=\frac{1-i_{a_1 x_1}^{b_1} i_{a_2 x_2}^{b_2} i_{a_3 x_3}^{b_3}(\eta_{a_1 x_1}^{b_1}\eta_{a_2 x_2}^{b_2}\eta_{a_3 x_3}^{b_3})}{1-i_{a_1 x_1}^{b_1} i_{a_2 x_2}^{b_2} i_{a_3 x_3}^{b_3}}=\frac{1-5\times5\times5(0.968\times0.968\times0.968)}{1-5\times5\times5}=0.906$$

由此可见，图 9-12(a)所示的 γ-δ 传动的效率较高；同时，其传动比大、体积小、质量小；它非常适用于工程机械、起重运输机械、重型车辆和航空航天装置中的机械传动机构。

(2) 输入构件 A 封闭的 γ-δ 传动的效率计算

如图 9-14 所示的 γ-δ 传动结构简图，由于其输入构件 A 与封闭机构 A_2 中的构件 a_1'相连接，故称之为构件 A 封闭的 γ-δ 传动。原始机构 A_1 的基本构件 A、B 和 d 之间的运动关系式为

$$\omega_d=i_{dA}^{B}\omega_A+i_{dB}^{A}\omega_B \tag{a}$$

用角速度 ω_A 除上式，可得

$$i_{dA}^{E}=i_{dA}^{B}+i_{dB}^{A}\frac{1}{i_{AB}^{E}} \tag{b}$$

式中　i_{dA}^{E}——封闭机构 A_2 的传动比；

　　　i_{AB}^{E}——封闭行星齿轮传动的传动比。

因为

$$i_{dA}^{B}=\frac{1}{i_{Ad}^{B}}=\frac{1}{1-i_{AB}^{d}} \tag{c}$$

$$i_{dB}^{A}=\frac{1}{i_{Bd}^{A}}=\frac{1}{1-i_{BA}^{d}}=\frac{i_{AB}^{d}}{i_{AB}^{d}-1} \tag{d}$$

将式（c）和（d）代入（b）式，经化简后可得

$$i_{dA}^{E}=\frac{i_{AB}^{d}-i_{AB}^{E}}{(i_{AB}^{d}-1)i_{AB}^{E}} \tag{e}$$

式中　i_{AB}^{d}——当辅助构件 d 固定时，原始机构 A_1 的传动比。

由（e）式经化简后可得 γ-δ 传动的传动比公式为

$$i_{AB}^{E}=\frac{i_{AB}^{d}}{i_{dA}^{E}(i_{AB}^{d}-1)+1} \tag{9-115}$$

再将关系式为

$$i_{AB}^{d}=\frac{1}{1-i_{Bd}^{A}}$$

$$i_{dA}^{E}=1-i_{dE}^{A}$$

代入上式，经化简整理后可得 γ-δ 传动的传动比计算公式为

$$i_{AB}^{E}=\frac{1}{1-i_{Bd}^{A}i_{dE}^{A}} \tag{9-116}$$

式中　i_{Bd}^{A}——当构件 A 固定时，原始机构 A_1 的传动比；

i_{dE}^{A}——当构件 A 固定时，封闭机构 A_2 的传动比。

仿上，根据公式(9-103) 和公式(9-104) 可得

$$\tilde{i}_{AB}^{E}=\frac{1}{1-i_{Bd}^{B}(\eta_{Bd}^{A})^{y_1}i_{dE}^{A}(\eta_{dE}^{A})^{y_2}}=\frac{1}{1-i_{Bd}^{A}i_{dE}^{A}(\eta_{Bd}^{A}\eta_{dE}^{A})^{y}}$$

代入公式(9-103) 可得 γ-δ 传动的效率计算公式为

$$\eta_{AB}^{E}=\frac{\tilde{i}_{AB}^{E}}{i_{AB}^{E}}=\frac{1}{i_{AB}^{E}[1-i_{Bd}^{A}i_{dE}^{A}(\eta_{Bd}^{A}\eta_{dE}^{A})^{y}]} \tag{9-117}$$

仿上，按照公式(9-100) 可得

$$y_1=\operatorname{sign}\frac{i_{Bd}^{A}\partial i_{AB}^{E}}{i_{AB}^{E}\partial i_{B}^{A}}=\operatorname{sign}(i_{AB}^{E}-1)$$

$$y_2=\operatorname{sign}\frac{i_{dE}^{A}\partial i_{AB}^{E}}{i_{AB}^{E}\partial i_{dE}^{A}}=\operatorname{sign}(i_{AB}^{E}-1)$$

记取

$$y=y_1=y_2=\operatorname{sign}\ (i_{AB}^{E}-1) \tag{9-118}$$

即可得幂指数

$$y=\begin{cases}+1 & 若\ i_{AB}^{E}>1\\ -1 & 若\ i_{AB}^{E}<1\end{cases}$$

式中　η_{Bd}^{A}、η_{dE}^{A}——简单行星齿轮传动的效率，可按表 6-3 中的有关公式求得。

如前所述，图 9-11(a)所示的封闭行星齿轮传动属于输入构件 A 封闭的 γ-δ 传动，故其传动效率可按公式(9-117) 计算。

【例题 9-6】 对于图 9-9(a)所示的封闭行星齿轮传动，已知其特性参数为 $p_1=\frac{z_{b_1}}{z_{a_1}}=\frac{84}{18}$ 和 $p_2=\frac{z_{b_2}}{z_{a_2}}=\frac{90}{22}$及其传动比 $i_{\gamma\delta}=24.76$。试计算该 γ-δ 传动的传动效率 η_{AB}^{E}。

解　如前所述，图 9-9(a)可以用结构简图图 9-13 代替，它属于输出构件 B 封闭的 γ-δ 传动，故应按公式(9-110) 计算其传动效率，即

$$\eta_{AB}^{E}=\frac{1-i_{Ad}^{B}i_{dE}^{B}\ (\eta_{Ad}^{B}\eta_{dE}^{B})^{y}}{i_{AB}^{E}}$$

原始机构 A_1 的传动比为

$$i_{Ad}^{B}=i_{a_1b_1}^{x_1}=-p_1=-\frac{84}{18}$$

封闭机构 A_2 的传动比为

$$i_{dE}^{B}=i_{a_2x_2}^{b_2}=1-i_{a_2b_2}^{x_2}=1+p_2=1+\frac{90}{22}$$

简单行星齿轮传动的效率为

$$\eta_{Ad}^{B}=\eta_{a_1b_1}^{x_1}=\eta\eta'$$

其中，取外啮合齿轮副 a_1-c_1 的传动效率 $\eta=0.97$；内啮合齿轮副 c_1-b_1 的效率 $\eta'=0.99$。

故得原始机构的效率为

$$\eta_{Ad}^{B}=\eta_{a_1b_1}^{x_1}=0.97\times0.99=0.9603$$

而封闭机构 A_2 的效率 $\eta_{dE}^{B}=\eta_{a_2x_2}^{b_2}$。

由表 6-3 可得

$$\eta_{dE}^{B}=\eta_{a_2x_2}^{b_2}=\frac{1+p_2\eta^{x_2}}{1+p_2}=\frac{1+\frac{90}{22}\times0.9603}{1+\frac{90}{22}}=0.968$$

因 $i_{AB}^{E}=i_{\gamma\delta}=24.76>1$，故幂指数 $y=+1$。

代入上式，则得该 γ-δ 传动的效率为

$$\eta_{AB}^{E}=\frac{1-\left(-\frac{84}{18}\right)\left(1+\frac{90}{22}\right)(0.9603\times0.968)}{24.76}=0.9323$$

显然，上述效率 η_{AB}^{E}值与例题 9-6 所求得的效率 $\eta_{\gamma\delta}$值是不相同的，但其误差值较小。对于上述 η_{AB}^{E}和 $\eta_{\gamma\delta}$值究竟哪一个更接近于该 γ-δ 传动的实际效率值 η，只有通过对它进行效率试验才能最后确定和修正。

9.5.4　封闭行星齿轮传动的功率流方向和封闭功率

由前述可知，封闭行星齿轮传动的效率 η_{AB}^{E}值不仅与 γ-δ 传动的基本构件哪个作为输入件和输出件有关，而且还与其传动比 $i_{\gamma\delta}$、$i_{\gamma\delta}^{\beta}$（构件 β 固定，构件 γ 输入和构件 δ 输出时的传动比）和 $i_{\gamma\delta}^{\alpha}$（构件 α 固定，构件 γ 输入和构件 δ 输出时的传动比）的大小和符号“+”或“－”有关。换句话说，γ-δ 传动的效率 $\eta_{\gamma\delta}$值与其功率流的方向有关；而功率流的方向又取决于 γ-δ 传动的传动型式、结构组成和运动状况等。

如果 γ-δ 传动的传动型式、结构组成和各轮的齿数选择不当；或其输入构件 A 或输出构件 B 选择不当；将会使 γ-δ 传动产生封闭功率（也称为循环功率）。它与啮合功率 P^{x} 一样，只是具有功率量纲，但不是能量的概念。人们将这种功率封闭（循环）流动的现象，称之为功率倒流。它直接影响到构件的受力和强度，且使其摩擦功率损失增大。为了避免产生封闭功率，而实现功率方向的顺流，就必须合理地选择 γ-δ 传动的结构型式和结构组成等。为此，应该首先了解在 γ-δ 传动中功率流方向以及如何判断 γ-δ 传动中是否存在着封闭功率的问题。

为了清楚地说明在 γ-δ 传动中的功率流方向，现特采用下述的简图来表示 γ-δ 传动，即

用一个正方块表示 α-β-γ 差动齿轮传动（原始机构 A_1），而 α-δ 传动和 β-δ 传动用两对齿轮的型式表示，如表 9-11 中的插图所示。

一般情况下，如果不考虑 γ-δ 传动中的摩擦功率损失，按其能量的平衡关系，则可得

$$P_\delta=-P_\gamma=P_\alpha+P_\beta \tag{9-119}$$

式中　P_δ、P_γ ——构件 δ 和 γ 所传递的功率。

P_α 和 P_β 均为封闭机构内部构件上流过的功率，且为代数值；功率 P_α 和 P_β 的关系式为

$$P_\alpha=T_\alpha n_\alpha$$

$$P_\beta=T_\beta n_\beta$$

现将功率 P_α 和 P_β 换算为传递功率 P_δ、P_γ 和传动比 $i_{\gamma\delta}$、$i_{\gamma\delta}^{\alpha}$及 $i_{\gamma\delta}^{\beta}$表达的形式。

因为

$$i_{\alpha\gamma}=\frac{n_\alpha}{n_\gamma}=\frac{n_\delta i_{\alpha\delta}}{n_\delta i_{\gamma\delta}}=\frac{i_{\alpha\delta}}{i_{\gamma\delta}}$$

$$i_{\beta\gamma}=\frac{n_\beta}{n_\gamma}=\frac{n_\delta i_{\beta\delta}}{n_\delta i_{\gamma\delta}}=\frac{i_{\beta\delta}}{i_{\gamma\delta}}$$

所以

$$n_\alpha=\frac{i_{\alpha\delta}}{i_{\gamma\delta}}n_\gamma$$

$$n_\beta=\frac{i_{\beta\delta}}{i_{\gamma\delta}}n_\gamma$$

再据 α-β-γ 原始机构中转矩与传动比的关系：作用在两个基本构件上带负号的转矩之比值应等于它们对第三个基本构件的角速度之比值的倒数，即按公式(9-43) 得

$$-\frac{T_\beta}{T_\gamma}=\frac{1}{i_{\beta\gamma}^{\alpha}}=i_{\gamma\beta}^{\alpha}$$

$$-\frac{T_\alpha}{T_\gamma}=\frac{1}{i_{\alpha\gamma}^{\beta}}=i_{\gamma\alpha}^{\beta}$$

则得

$$T_\beta=-i_{\gamma\beta}^{\alpha}T_\gamma$$

$$T_\alpha=-i_{\gamma\alpha}^{\beta}T_\gamma$$

将 n_α、n_β、T_α、T_β 和 $i_{\gamma\delta}=i_{\gamma\delta}^{\beta}+i_{\gamma\delta}^{\alpha}$及 $P_\gamma=-P_\delta$ 代入 P_α、P_β 关系式，则得

$$P_\alpha=T_\alpha n_\alpha=-(i_{\gamma\alpha}^{\beta}T_\gamma)\left(\frac{i_{\alpha\delta}}{i_{\gamma\delta}}n_\gamma\right)=-\frac{i_{\gamma\delta}^{\beta}i_{\alpha\delta}}{i_{\gamma\delta}}P_\gamma=-\frac{i_{\gamma\delta}^{\beta}}{i_{\gamma\delta}}P_\gamma=\frac{i_{\gamma\delta}-i_{\gamma\delta}^{\alpha}}{i_{\gamma\delta}}P_\delta=\frac{i_{\gamma\delta}^{\beta}}{i_{\gamma\delta}}P_\delta \tag{9-120}$$

$$P_\beta=T_\beta n_\beta=-(i_{\gamma\beta}^{\alpha}T_\gamma)\left(\frac{i_{\beta\delta}}{i_{\gamma\delta}}n_\gamma\right)=-\frac{i_{\gamma\beta}^{\alpha}i_{\beta\delta}}{i_{\gamma\delta}}P_\gamma=-\frac{i_{\gamma\delta}^{\alpha}}{i_{\gamma\delta}}P_\gamma=\frac{i_{\gamma\delta}-i_{\gamma\delta}^{\beta}}{i_{\gamma\delta}}P_\delta=\frac{i_{\gamma\delta}^{\alpha}}{i_{\gamma\delta}}P_\delta \tag{9-121}$$

(1) 当 $i_{\gamma\delta}^{\alpha}i_{\gamma\delta}^{\beta}>0$ 时功率流方向

在 γ-δ 传动中，当 $i_{\gamma\delta}^{\alpha}i_{\gamma\delta}^{\beta}>0$ 时，即 $i_{\gamma\delta}^{\alpha}$与 $i_{\gamma\delta}^{\beta}$的符号相同；如果构件 δ 为输入件，即$P_\delta>0$，传递功率 P 从构件 δ 起，再分为两条支路：功率 P_α 和 P_β 分别通过 α-δ 与 β-δ 传动，然后一起流入 α-β-γ 差动齿轮传动，最后流到输出件 γ [见表 9-11 中的图(a)]。该 γ-δ 传动所传递的功率为

$$P=P_\delta=P_\alpha+P_\beta=\frac{i_{\gamma\delta}^{\alpha}+i_{\gamma\delta}^{\beta}}{i_{\gamma\delta}}P_\delta=-P_\gamma$$

如果构件 γ 为输入件，即 $P_\gamma>0$，传递功率 P 从构件 γ 起，通过 α-β-γ 差动齿轮传动再分为两条支路：功率 P_α 和 P_β 分别经由 α-δ 与 β-δ 传动，最后流到输出件 δ [见表 9-11 中的图(b)]。该 γ-δ 传动所传递的功率为

$$P=P_\gamma=P_\alpha+P_\beta=-\frac{i_{\gamma\delta}^{\alpha}+i_{\gamma\delta}^{\beta}}{i_{\gamma\delta}}P_\delta=-P_\delta$$

由表 9-11 中的图（a）和图（b）可见，由于此时在封闭行星传动（即 γ-δ 传动）中没有封闭功率存在，仅存在两条支路的摩擦功率损失。当两条支路：α-δ 和 β-δ 传动的摩擦功率损失较小时，则该 γ-δ 传动的总效率较高。如果其中某一支路的摩擦功率损失较大，则应控制使其流过的功率较小；而应使大部分功率经由另一支路流过，以提高该封闭行星传动的总效率。

所谓封闭功率（又称循环功率）就是在 α-δ 传动（或 β-δ 传动）、α-β-γ 原始机构与 β-δ 传动（或 α-δ 传动）封闭回路中循环的那一部分附加功率，用符号 P_y 表示。

（2）当 $i_{\gamma\delta}^{\alpha} i_{\gamma\delta}^{\beta}<0$ 时功率流方向

在 γ-δ 传动中，当 $i_{\gamma\delta}^{\alpha} i_{\gamma\delta}^{\beta}<0$ 时，其功率流方向应按下列两种情况分析。

① 如果 $|i_{\gamma\delta}^{\beta}|>|i_{\gamma\delta}^{\alpha}|$，当构件 δ 为输入件，即 $P_\delta>0$ 时，由公式(9-120) 知，$P_\alpha>0$；再由公式(9-121) 知，$P_\beta<0$。即功率 P_α 从构件 δ 起，经 α-δ 传动流入 α-β-γ 原始机构，最后流到输出件 γ。而功率 P_β 从 α-β-γ 原始机构起，经过 β-δ 传动流入构件 δ。这一流入构件 δ 的功率流 P_β 好像附在传递功率 P 上，并与其一起沿 α-δ 传动返回到 α-β-γ 原始机构中。由此可见，在 α-β-γ 原始机构上存在着功率流的两条支路；传递功率 P 流到输出件 γ 上驱动负载；而功率 P_β 经 β-δ 传动又回到构件 δ 上。所以，功率 P_β 就是在封闭回路中循环的附加功率，即功率 P_β 就是该 γ-δ 传动中的封闭功率，亦即 $P_y=P_\beta$；故该功率流 P_β 可用一条封闭线表示，如表 9-11 中的图（c）所示。

此时，γ-δ 传动所传递的功率为

$$P=P_\delta=P_\alpha+P_\beta=P_\alpha-|P_\beta|$$

则得

$$P_\alpha=P+|P_\beta|=P+|P_y|$$

和

$$P_y=P_\beta=\frac{i_{\gamma\delta}^{\alpha}}{i_{\gamma\delta}}P \tag{9-122}$$

当构件 γ 为输入件，即 $P_\gamma>0$ 时，可得 $P_\alpha<0$ 和 $P_\beta>0$。而功率流 P、P_α 和 P_β 的方向却与上述相反［见表 9-11 中的图(d)］。

此时，γ-δ 传动所传递的功率为

$$P=P_\gamma=P_\alpha+P_\beta=|P_\alpha|-|P_y|$$

则得

$$|P_\alpha|=P+|P_\beta|=P+|P_y|$$

和

$$P_y=P_\beta=\frac{i_{\gamma\delta}^{\alpha}}{i_{\gamma\delta}}P \tag{9-123}$$

总之，在 $|i_{\gamma\delta}^{\beta}|>|i_{\gamma\delta}^{\alpha}|$ 的条件下，无论构件 δ 和构件 γ 哪一个为输入件，γ-δ 传动中的封闭功率均为 $P_y=P_\beta$；再将功率 P_β 的关系式(9-121) 代入，则得

$$P_y=P_\beta=\frac{i_{\gamma\delta}^{\alpha}}{i_{\gamma\delta}^{\alpha}+i_{\gamma\delta}^{\beta}}P=\frac{1}{1-\varphi_0}P \tag{9-124}$$

式中系数 $\varphi_0=-\dfrac{i_{\gamma\delta}^{\beta}}{i_{\gamma\delta}^{\alpha}}>1$。

现将封闭功率 P_y 与传递功率 P 之比值的绝对值用系数 K_y 表示，即令

$$K_y=\frac{|P_y|}{P}=\left|\frac{1}{1-\varphi_0}\right| \tag{9-125}$$

② 如果 $|i_{\gamma\delta}^{\alpha}|>|i_{\gamma\delta}^{\beta}|$，当构件 δ 为输入件，即 $P_\delta>0$，仿上，可得 $P_\beta>0$ 和 $P_\alpha<0$；其功率流 P_β 和 P_α 的方向如表 9-11 中的图（e）所示。

此时，γ-δ 传动所传递的功率为

$$P=P_\delta=P_\beta-|P_\alpha|=P_\beta-|P_y|$$

则得

$$P_\beta=P+|P_\alpha|=P+|P_y|$$

表 9-11　γ-δ 传动中的封闭功率和功率流方向

$i_{\gamma\delta}^{\alpha}$ 和 $i_{\gamma\delta}^{\beta}$ 值的符号	输入构件		封闭功率和传递功率
	δ	γ	
$i_{\gamma\delta}^{\alpha} i_{\gamma\delta}^{\beta}>0$	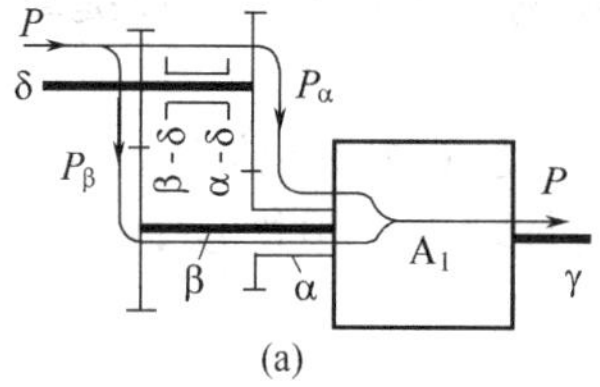 (a)	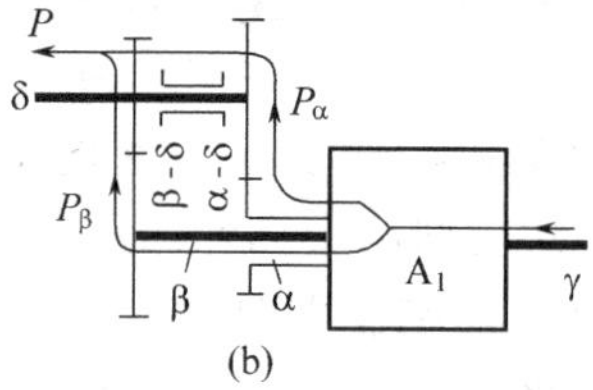 (b)	$P_y=0$ $P=P_\alpha+P_\beta$
$i_{\gamma\delta}^{\alpha} i_{\gamma\delta}^{\beta}<0$ $\lvert i_{\gamma\delta}^{\beta}\rvert>\lvert i_{\gamma\delta}^{\alpha}\rvert$	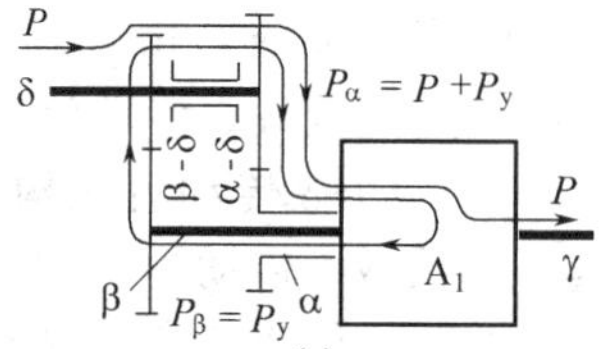 (c)	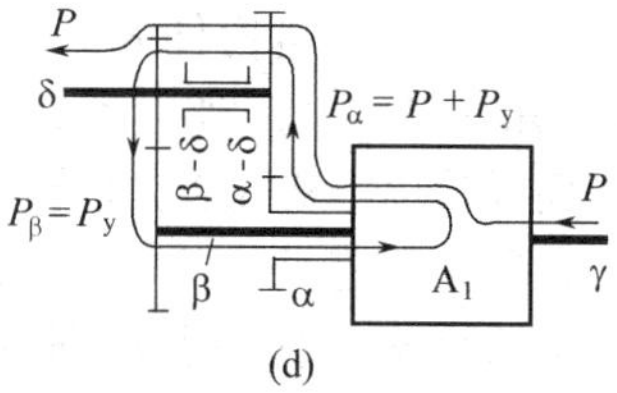 (d)	$P_y=P_\beta=\frac{i_{\gamma\delta}^{\alpha}}{i_{\gamma\delta}}P$ $P=P_\alpha-P_y$
$i_{\gamma\delta}^{\alpha} i_{\gamma\delta}^{\beta}<0$ $\lvert i_{\gamma\delta}^{\beta}\rvert<\lvert i_{\gamma\delta}^{\alpha}\rvert$	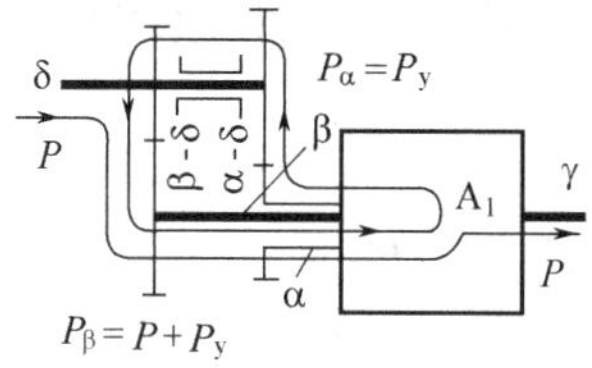 (e)	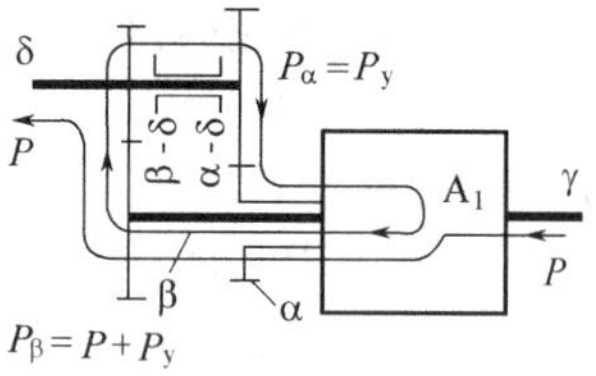 (f)	$P_y=P_\alpha=\frac{i_{\gamma\delta}^{\beta}}{i_{\gamma\delta}}P$ $P=P_\beta-P_y$

和

$$P_y=P_\alpha=\frac{i_{\gamma\delta}^{\beta}}{i_{\gamma\delta}}P \tag{9-126}$$

当构件 γ 为输入件，即 $P_\gamma>0$ 时，可得 $P_\alpha>0$ 和 $P_\beta<0$；其功率流 P_α 和 P_β 的方向如表 9-11 中的图(f)所示。

此时，γ-δ 传动所传递的功率为

$$P=P_\gamma=P_\alpha+P_\beta=\lvert P_\beta\rvert-P_\alpha$$

则得

$$\lvert P_\beta\rvert=P+P_\alpha=P+P_y$$

和

$$P_y=P_\alpha=\frac{i_{\gamma\delta}^{\beta}}{i_{\gamma\delta}}P$$

总之，在 $\lvert i_{\gamma\delta}^{\alpha}\rvert>\lvert i_{\gamma\delta}^{\beta}\rvert$ 的条件下，无论构件 δ 和构件 γ 哪一个为输入件，γ-δ 传动中的封闭功率均为 $P_y=P_\alpha$；再将功率 P_α 的关系式(9-120) 代入，则得

$$P_y=P_\alpha=\frac{i_{\gamma\delta}^{\beta}}{i_{\gamma\delta}^{\alpha}+i_{\gamma\delta}^{\beta}}P=\frac{1}{1-\varphi_0'}P \tag{9-127}$$

式中系数 $\varphi_0'=-\frac{i_{\gamma\delta}^{\alpha}}{i_{\gamma\delta}^{\beta}}>1$。

此时，封闭功率系数

$$K_y=\frac{\lvert P_y\rvert}{P}=\left|\frac{1}{1-\varphi_0'}\right| \tag{9-128}$$

最后，应该指出，封闭功率系数 K_y 是 γ-δ 传动中的一个重要的指标。显然，系数 K_y 值越大，γ-δ 传动中的摩擦功率损失也就越大。由于封闭功率 P_y 致使封闭行星传动中的轴承和齿轮等零件承受着附加载荷；且随着封闭功率 P_y 对封闭行星传动的传递功率 P 的比值

的增大，即系数 K_y 值的增大，则使 $i_{\gamma\delta}^{\alpha}i_{\gamma\delta}^{\beta}<0$ 时的 γ-δ 传动的效率值下降。

若 $i_{\gamma\delta}^{\beta}$ 与 $i_{\gamma\delta}^{\alpha}$ 的绝对值之差值 $|i_{\gamma\delta}^{\beta}|-|i_{\gamma\delta}^{\alpha}|$（或 $|i_{\gamma\delta}^{\alpha}|-|i_{\gamma\delta}^{\beta}|$）越小，即系数 φ_0（或系数 φ_0'）值越接近 1；则传动比 $i_{\gamma\delta}$ 的绝对值越大。但当系数 φ_0 值（或 φ_0' 值）接近于 1 时，则封闭功率系数 K_y 值增大。这表明在 γ-δ 传动中有很大的封闭功率 P_y，也必将使其产生很大的摩擦功率损失，从而使封闭行星传动的传动效率降低。

综上所述，在具有封闭回路的 γ-δ 传动中，当有封闭（循环）功率 P_y 时，封闭行星传动可以获得较大的传动比 $i_{\gamma\delta}$，但其传动效率低。而封闭回路中构件 α（或构件 β）的功率 P_α（或 P_β）远超过该封闭行星传动的传递功率 P。

如果 γ-δ 传动的封闭回路中没有封闭（循环）功率 P_y 时，则该封闭行星传动的传动比 $i_{\gamma\delta}$ 较小，但它具有较高的传动效率；而且该封闭回路中的构件 α（或构件 β）所流过的功率 P_α（或 P_β）小于封闭行星传动的传递功率 P。

为了方便地判断在 γ-δ 传动中是否存在着封闭功率 P_y 和计算封闭功率 P_y 的大小，首先必须会计算传动比 $i_{\gamma\delta}$、$i_{\gamma\delta}^{\alpha}$ 和 $i_{\gamma\delta}^{\beta}$ 的值。

对于图 9-7(a)～图 9-12(a)所示的封闭行星齿轮传动的传动比 $i_{\gamma\delta}$ 计算公式已在表 9-4 中列出。另外，γ-δ 传动的传动比 $i_{\gamma\delta}$ 还可以按公式(9-40) 计算。而传动比 $i_{\gamma\delta}^{\beta}$ 和 $i_{\gamma\delta}^{\alpha}$ 应按公式(9-38)、公式(9-39) 计算。

按照公式(9-40) 可用来推导各种结构型式封闭行星齿轮传动的传动比 $i_{\gamma\delta}$ 计算公式。在 9.1.2 节中已对图 9-7～图 9-11 所示的封闭行星传动的传动比 $i_{\gamma\delta}$ 的计算公式进行了较详细的推导；故在此无需赘述。

【例题 9-7】 试计算例题 9-2［图 9-7(a)］中的 γ-δ 传的传动比 $i_{\gamma\delta}$、$i_{\gamma\delta}^{\beta}$ 和 $i_{\gamma\delta}^{\alpha}$；且判断该 γ-δ 传动是否存着封闭功率。现已知各轮的齿数 $z_{a_1}=16$、$z_{b_1}=64$，$z_{b_2}/z_{a_2}=0.5$ 和 $z_{b_3}/z_{a_3}=1.5$；$p_1=z_{b_1}/z_{a_1}=\frac{64}{16}=4$。

解　先求传动比 $i_{\gamma\delta}^{\beta}$ 和 $i_{\gamma\delta}^{\alpha}$

$$i_{\gamma\alpha}^{\beta}=i_{x_1b_1}^{a_1}=\frac{1}{1-i_{b_1a_1}^{x_1}}=\frac{p_1}{p_1+1}=\frac{4}{4+1}=0.8$$

$$i_{\alpha\delta}=i_{a_2b_2}=-\frac{z_{b_2}}{z_{a_2}}=-0.5$$

所以
$$i_{\gamma\delta}^{\beta}=i_{\gamma\alpha}^{\beta}i_{\alpha\delta}=0.8\times(-0.5)=-0.4$$

仿上
$$i_{\gamma\beta}^{\alpha}=i_{x_1a_1}^{b_1}=\frac{1}{i_{a_1x_1}^{b_1}}=\frac{1}{1-i_{a_1b_1}^{x_1}}=\frac{1}{1+p_1}=\frac{1}{1+4}=0.2$$

$$i_{\beta\delta}=i_{a_3b_3}=-\frac{z_{b_3}}{z_{a_3}}=-1.5$$

所以
$$i_{\gamma\delta}^{\alpha}=i_{\gamma\beta}^{\alpha}i_{\beta\delta}=0.2\times(-1.5)=-0.3$$

则得该 γ-δ 传动比 $i_{\gamma\delta}$ 为

$$i_{\gamma\delta}=i_{\gamma\delta}^{\beta}+i_{\gamma\delta}^{\alpha}=-0.4+(-0.3)$$

$$i_{\gamma\delta}=i_{\gamma\delta}^{\beta}+i_{\gamma\delta}^{\alpha}=-0.4+(-0.3)=-0.7$$

因为
$$i_{\gamma\delta}^{\beta}i_{\gamma\delta}^{\alpha}=(-0.4)\times(-0.3)=0.12>0$$

所以，该 γ-δ 传动中不存在封闭功率，即 $P_y=0$。

9.5.5　封闭行星齿轮传动的计算示例

【例题 9-8】 现已知某航空发动机的功率分流式封闭行星齿轮减速器的传动简图如图 9-9(a)所示。其各轮齿数为 $z_{a_1}=z_{a_2}=35$，$z_{c_1}=z_{c_2}=31$ 和 $z_{b_1}=z_{b_2}=97$，即得特性参数 $p_1=$

$p_2=\frac{z_{b_1}}{z_{a_1}}=\frac{97}{35}=2.7714$。其输入功率 $P_A=2700\text{kW}$，输入转速 $n_A=12300\text{r/min}$。试求该封闭行星齿轮减速器的传动比 $i_{\gamma\delta}$、基本构件上的转矩 T、传动效率 $\eta_{\gamma\delta}$ 和封闭功率 P_y 的大小。

解　按表9-4序号3中的公式（3）可求得其传动比 $i_{\gamma\delta}$ 为

$$i_{\gamma\delta}=i_{a_1b_2}^{x_2}=\frac{n_A}{n_B}=1+p_1(1+p_2)=1+2.7714(1+2.7714)=11.452$$

其输出转速 n_B 为

$$n_B=n_{x_1}=n_{b_2}=\frac{n_A}{i_{\gamma\delta}}=\frac{12300}{11.452}=1074(\text{r/min})$$

行星轮 c 相对转臂 x 的转速为

$$n_{c_1}-n_{x_1}=-\frac{2p_1(1+p_2)}{p_1-1}n_{x_1}=-\frac{2\times2.7714(1+2.7714)}{2.7714-1}\times1074=\quad 12674.17(\text{r/min})$$

$$n_{c_2}-n_{x_2}=\frac{2p_2}{p_2-1}n_{b_2}=\frac{2\times2.7714}{2.7714-1}\times1074=3360.60(\text{r/min})$$

中心轮 b_1 和 a_2 的转速 $n_{b_1}=n_{a_2}$ 为

$$n_{b_1}=n_{a_2}=-p_2n_{b_2}=-2.7714\times1074=-2976.48\ (\text{r/min})$$

由此可见，在差动行星齿轮传动中，其行星轮 c_1 相对于转臂 x_1 的转速（$n_{c_1}-n_{x_1}$）较高，因此，对该行星齿轮轴上的滚动轴承的要求也就较高。

因该封闭行星齿轮减速器的输入转矩 T_A 按公式(7-1) 可得

$$T_A=T_{a_1}=9549\frac{P_A}{n_A}=9549\times\frac{2700}{12300}=2096.122(\text{N}\cdot\text{m})$$

再由公式(9-62) 求得输出轴B上的转矩 T_B 为

$$T_B=-i_{\gamma\delta}T_A=-11.452\times2096.122=-24004.79(\text{N}\cdot\text{m})$$

按公式(9-63)～公式(9-66) 可求得其各基本构件上的转矩为

$$T_{b_1}=-T_{a_2}=\frac{-p_1}{1+p_1(1+p_2)}T_B=\frac{-2.7714\times(-24004.79)}{1+2.7714(1+2.7714)}=+5809.16(\text{N}\cdot\text{m})$$

$$T_{x_1}=\frac{1+p_1}{1+p_1(1+p_2)}T_B=\frac{(1+2.7714)(-24004.79)}{1+2.7714(1+2.7714)}=-7905.27(\text{N}\cdot\text{m})$$

$$T_{b_2}=\frac{p_1p_2}{1+p_1(1+p_2)}T_B=\frac{2.7714\times2.7714\times(-24004.79)}{1+2.7714(1+2.7714)}=-16099.52(\text{N}\cdot\text{m})$$

$$T_{x_2}=\frac{p_1(1+p_2)}{1+p_1(1+p_2)}T_B=\frac{2.7714(1+2.7714)}{1+2.7714(1+2.7714)}(-24004.79)=-21908.68(\text{N}\cdot\text{m})$$

再按公式(9-110) 计算该封闭行星齿轮减速器的传动效率 η_{AB}^E 为

$$\eta_{AB}^E=\eta_{a_1b_2}^{x_2}=\frac{1-i_{Ad}^Bi_{dE}^B(\eta_{Ad}^B\eta_{dE}^B)^y}{i_{AB}^E}$$

因 $i_{Ad}^B=i_{a_1b_1}^{x_1}=-p_1=-2.7714$；$i_{dE}^B=i_{a_2x_2}^{b_2}=1+p_2=3.7714$；$i_{AB}^E=11.452$。根据公式(9-109)，因 $i_{AB}^E>1$，则可得幂指数 $y=+1$。

再按表6-2中的有关公式可得

$$\eta_{Ad}^B=\eta_{a_1b_1}^{x_1}=\eta\eta'=0.97\times0.99=0.9603$$

$$\eta_{dE}^B=\eta_{a_2x_2}^{b_2}=\frac{1+p_2\eta^{x_2}}{1+p_2}=\frac{1+2.7714\times0.9603}{1+2.7714}=0.9708$$

则可得该封闭行星齿轮减速器的传动效率为

$$\eta_{AB}^E=\eta_{a_1b_2}^{x_2}=\frac{1-i_{Ad}^Bi_{dE}^B(\eta_{Ad}^B\eta_{dE}^B)^y}{i_{AB}^E}=\frac{1-(-2.7714)\times3.7714(0.9603\times0.9708)^{+1}}{11.452}$$

$=0.938\approx 0.94$

由此可见，该功率分流式封闭行星齿轮减速器的传动效率较高，适合于传递较大的功率。

最后，还应按公式(9-38)、公式(9-39) 来判断该 γ-δ 传动是否存在封闭功率 P_y 为

因为

$$i_{\gamma\delta}^{\beta}=i_{\gamma\alpha}^{\beta}i_{\alpha\delta}$$

$$i_{\gamma\delta}^{\alpha}=i_{\gamma\beta}^{\alpha}i_{\beta\delta}$$

其中

$$i_{\gamma\alpha}^{\beta}=i_{a_1b_1}^{x_1}=-p_1=-2.7714$$

$$i_{\alpha\delta}=i_{a_2b_2}^{x_2}=-p_2=-2.7714$$

$$i_{\gamma\beta}^{\alpha}=i_{a_1x_1}^{b_1}=1+p_1=3.7714$$

$$i_{\beta\delta}=i_{x_1b_2}=1\ (\text{因转臂 } x_1 \text{ 与内齿轮 } b_2 \text{ 连成一体})$$

则得

$$i_{\gamma\delta}^{\alpha}i_{\gamma\delta}^{\beta}=i_{\gamma\beta}^{\alpha}i_{\beta\delta}i_{\gamma\alpha}^{\beta}i_{\alpha\delta}=3.7714\times 1\times(-2.7714)\times(-2.7714)=28.97>0$$

所以，由表 9-11 可知，当 $i_{\gamma\delta}^{\alpha}i_{\gamma\delta}^{\beta}>0$ 时，该 γ-δ 传动的封闭功率 $P_y=0$。

根据公式(9-119) 可得功率的平衡关系式为

$$P_A=P_\gamma=-(P_\alpha+P_\beta)=-(P_{x_1}+P_{b_2})=-P_\delta=-P_B$$

因为　$P_{x_1}=T_{x_1}n_{x_1}$ 和 $P_{b_2}=T_{b_2}n_{b_2}$

即得

$$P_{x_1}=T_{x_1}n_{x_1}=\frac{(-7905.27)\times 1074}{9549}=-889.227(\mathrm{kW})$$

$$P_{b_2}=T_{b_2}n_{b_2}=\frac{(-16099.52)\times 1074}{9549}=-1810.773(\mathrm{kW})$$

代入上式，则得

$$P_A=-(P_{x_1}+P_{b_2})=-[-889.227+(-1810.773)]=2700(\mathrm{kW})=-P_B$$

所以，该封闭行星齿轮减速器满足其功率平衡关系式，即其封闭功率 $P_y=0$。因而，表明它的传动效率较高。同时，也可以知道该 γ-δ 传动的功率分流情况：经差动行星传动 A_1 的转臂 x_1 传给输出轴 B 的功率为 $P_{x_1}=\frac{889.227}{2700}=0.329\approx 0.33$；即 33%$P_A$ 是通过转臂 x_1 传给输出轴 B 的。仿上，可知经封闭机构 A_2 的内齿轮 b_2 传给输出轴 B 的功率为 $P_{b_2}=\frac{1810.773}{2700}=0.67$；即 67%$P_A$ 是通过内齿轮 b_1 再经过封闭机构 A_2 传给输出轴 B 的。

第10章　行星齿轮传动的结构设计

在设计行星齿轮传动时，首先应根据所设计的行星齿轮传动的名义功率（或所需的转矩）、转速和传动比选取其结构类型；再根据给定的传动比进行配齿计算，即确定各轮的齿数。然后进行行星齿轮传动的啮合参数和几何尺寸的计算。在上述的设计计算工作完成之后，就应该进行行星齿轮传动的结构设计。结构设计是一项非常重要的工作，设计者必须仔细认真地做好它。一般，应先收集和参考与其相同类型的行星齿轮传动结构图例，并研究清楚其各基本构件的大概形状；以便进一步构思所设计的行星齿轮传动的初步结构。接着就可对各基本构件的结构进行具体的设计，同时绘制各基本构件的结构草图。最后在绘制行星齿轮传动的结构草图时，应注意处理好各构件之间的连接关系，安排好各构件的支承结构以及均载机构的设置等。总而言之，关于行星齿轮传动的结构设计，其设计内容应包括确定中心轮、行星轮和转臂的结构及其支承结构以及均载机构的设置等。

10.1　中心轮的结构及其支承结构

10.1.1　中心轮的结构

在行星齿轮传动中，其中心轮的结构取决于行星传动类型、传动比的大小、传递转矩的大小和支承方式以及所采用的均载机构。

对于不浮动的中心轮 a，当传递的转矩较小时，可以将齿轮和其支承轴做成一个整体，即采用齿轮轴的结构；当它传递的转矩较大时或中心轮 a 的直径 d 较大时，也可以把齿轮与轴分开来制造，然后用平键或花键将具有内孔的齿轮套装在轴上。中心轮 a 可以安装在其本身轴的两个支承位置的中间（见图 10-1)，也可以安装在轴的一端，形成悬臂安装。在行星轮数 $n_p=3$ 的行星齿轮传动中，由于各齿轮副的啮合力呈轴线对称作用，而且无径向载荷；因此，对于悬臂布置的中心轮 a 也不会引起沿齿宽方向上的载荷集中现象。

在 3Z 型行星齿轮传动中，当中心轮 a 的两支承之一安装在内齿轮 e 的输出轴上，另一支承安装在箱体上，而且其轴又是转臂 x 的支承时，中心轮 a 可以制成为较细长的齿轮轴结构，如图 10-2 所示。

在行星齿轮传动中，内齿中心轮（即内齿轮）的结构主要与其安装方式和所采用的均载机构的结构型式等有关。同时，还应考虑到内齿轮的加工工艺性和装配等问题。例如，插齿加工所需的退刀槽宽度和插齿刀的最小外径（d_{0a}）min 的空间位置。通常，内齿轮可以做成一个环形齿圈，故又可将内齿中心轮称为内齿圈。在一些较重要的行星齿轮传动中，固定的内齿轮 b 或 e 可以用凸缘和铰制用紧定螺钉、销钉或键在其圆周方向上加以固定，如图 10-3 所示。在较特殊的情况下，为了减小行星齿轮传动的外廓尺寸和避免采用各种紧固件，内齿轮 b 可以在上述圆柱环形槽上或者在可拆卸的箱体内壁上直接切制其轮齿（见图 10-4)。此时，圆柱环形槽或箱体本身的材料必须满足内齿轮轮齿的强度要求。

对于旋转的或固定的内齿轮，还可以将其制成薄壁圆筒结构，以增加内齿轮本身的柔性，则可以得到缓和冲击和使行星轮间载荷分配均匀的良好效果。

当内齿轮 b 采用具有外齿轴套的齿轮联轴器浮动时（见图 10-1)，与内齿轮 b 相啮合的浮动轴套外齿轮的轮齿，其啮合参数（模数 m、压力角 α、齿顶高系数 h_a^* 和顶隙系数 C^* 等）应与内齿轮 b 的轮齿相同，以便于齿轮的加工和测量。当采用具有内齿圈的齿轮联轴器

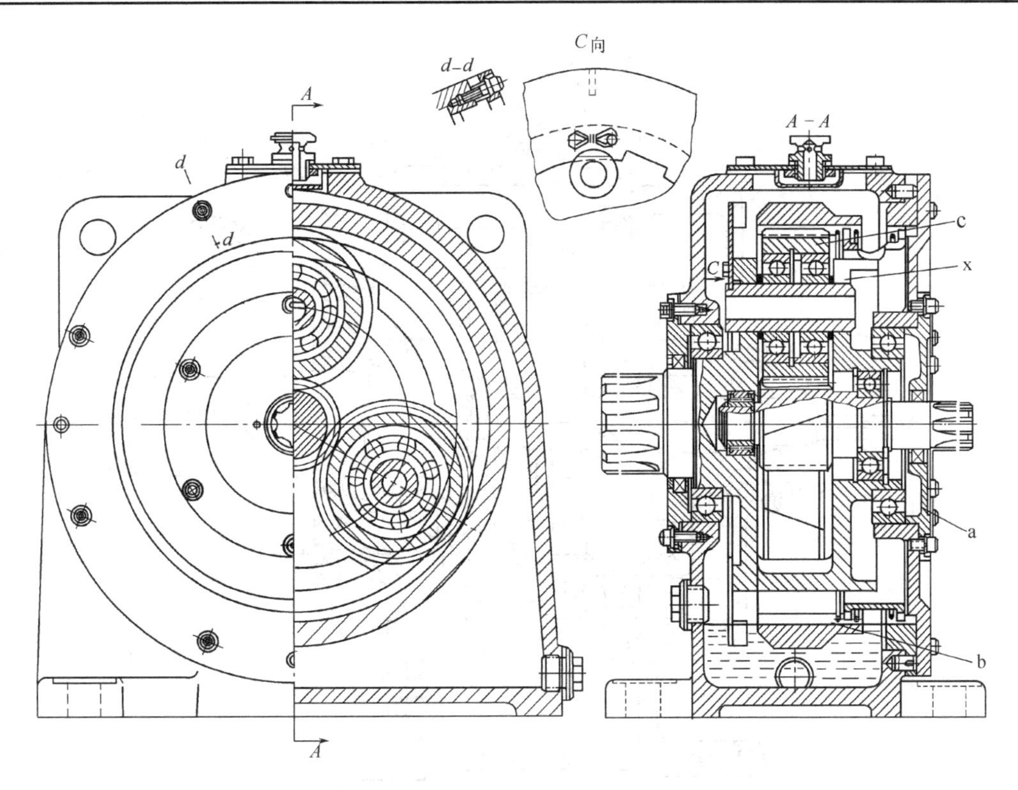

图 10-1　内齿轮 b 浮动的 2Z-X(A)型行星传动

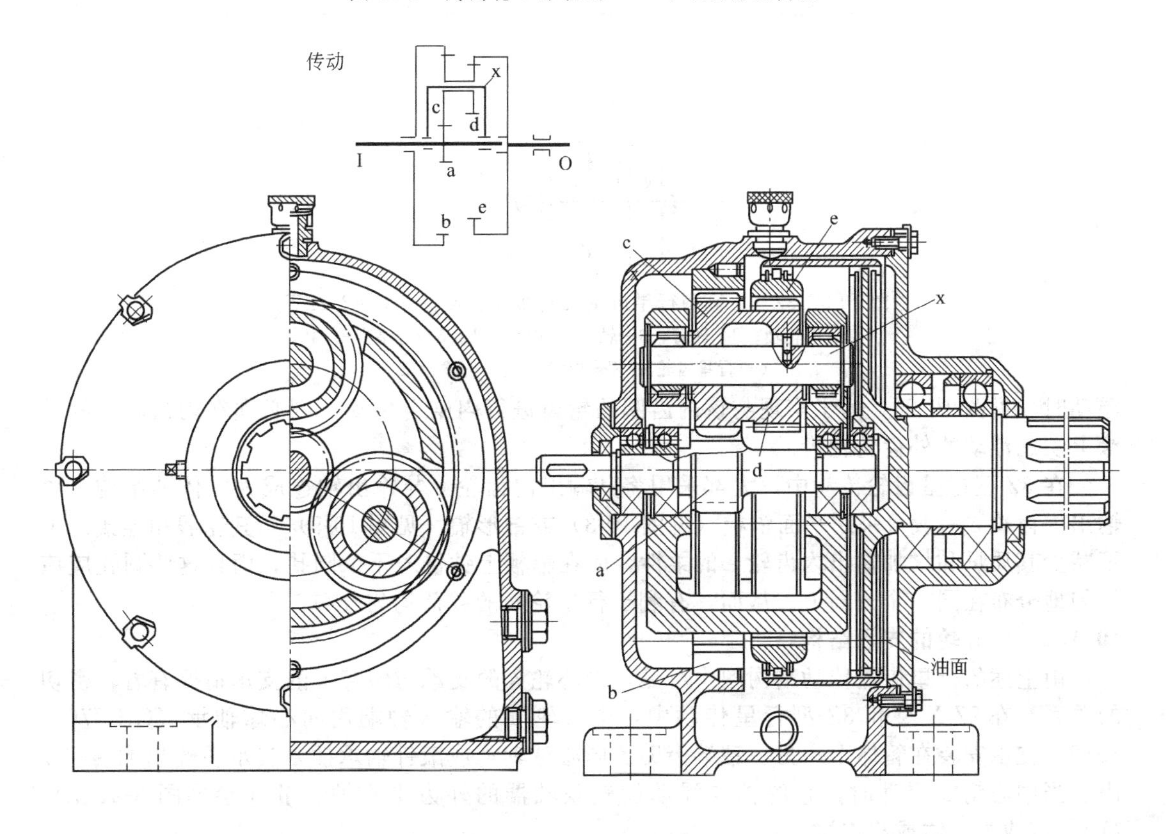

图 10-2　3Z(Ⅰ)型行星减速器

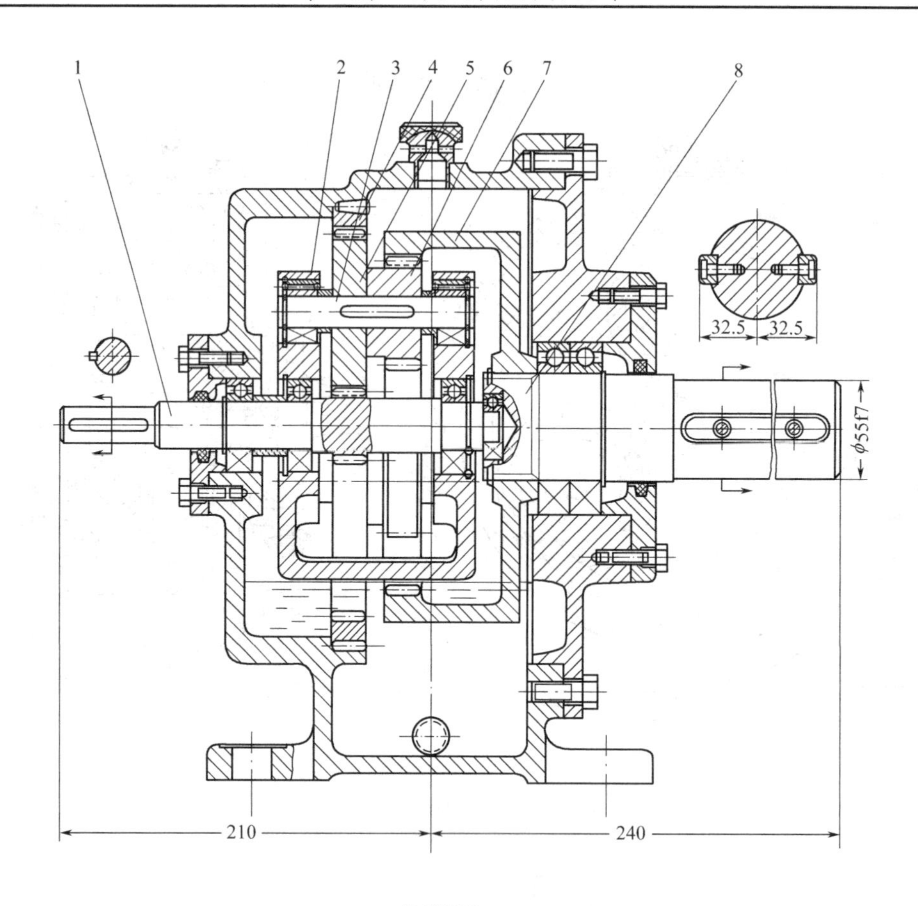

传动原理

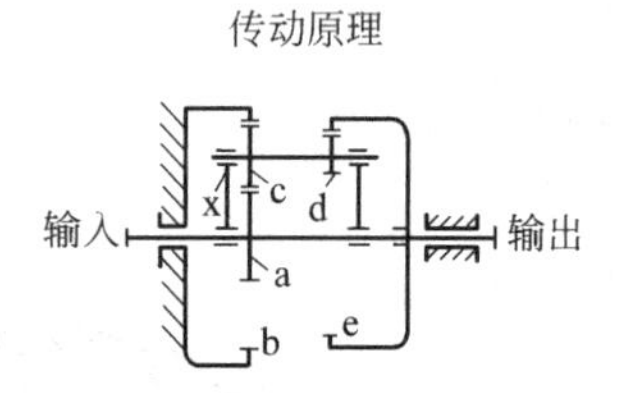

图 10-3　3Z（Ⅰ）型行星齿轮减速器（输入功率 $P=2.2$kW）

1—齿轮轴；2—转臂；3—轴；4—内齿轮 b；5—行星齿轮 c；
6—行星齿轮 d；7—内齿轮 e；8—输出轴

浮动时（见图 10-2），为了实现与该内齿圈的轮齿进行内啮合传动，则必须在内齿轮 e 的外缘上切制浮动的外齿轮轮齿。

在 3Z 型行星齿轮传动中，大都采用将其输出内齿轮 e 与输出轴连成为一体的结构。该输出内齿轮 e 一般可采用平面辐板（见图 10-3）或锥形辐（见图 10-5）与其轮毂相连接。为了减少其质量和增加输出内齿轮 e 的柔性，应在辐板上钻铣若干个圆孔；而且这些圆孔应该均匀地分布在同一个圆周上。从而，有利于行星轮间的载荷均匀分布。

10.1.2　中心轮的支承结构

由上述的行星齿轮传动结构图中可见，中心轮 a 的支承与转臂 x 的支承情况有着较密切的关系。在 2Z-X 型和 3Z 型行星传动中，中心轮 a 的输入轴端用向心球轴承（GB 276—1982）支承安装在箱体上，另一轴端借助于向心球轴承或滚针轴承插入支承在输出的转臂 x 内。当中心轮 a 浮动时，它的轴与浮动齿轮联轴器的外齿半联轴套Ⅱ［参见图 8-21(a)、(b)］制成为一体或相连接。

在 2Z-X(A)型行星齿轮传动中，当输入的中心轮 a 不浮动时，中心轮 a 应采取两端支承的方式（见图 10-1）；其输入轴的一端采用向心球轴承，由转臂 x 支承；另一端采用滚针轴承，且插入到输出的转臂 x 内。

在 2Z-X(B)型行星齿轮传动中，当中心轮 a 不浮动时，在轮 a 轴的输入端应采用两个向心球轴承（0000 型），将其支承在箱体上，如图 10-6 所示。两个轴承的安装距离应尽可能增大些，这样才有利于减轻轴承的负荷。而中心轮 a 轴的另一端，其轴颈直径最小，故可采用较小尺寸的向心球轴承，而支承在转臂 x 上。

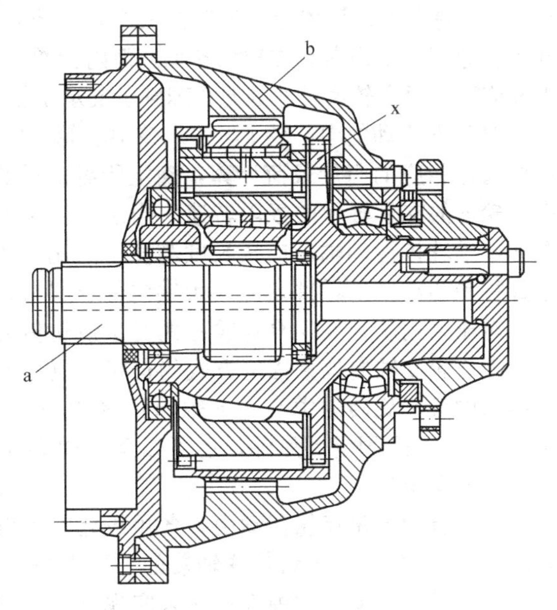

图 10-4　内齿轮 b 与箱体合一的 2Z-X(A)型行星减速器

在 2Z-X(D)型行星齿轮传动中，两中心轮 a 和 b（见图 10-7）通常采用向心球轴承或调心球轴承（1000 型）或调心滚子轴承（3000）呈悬臂支承方式。但轮 a 和轮 b 的伸出轴端均采用两个轴承来支承着，两个轴承之间的安装距离应尽可能远一些，以利于减轻轴承的负荷。而且，两个中心轮 a 和 b 及其轴承应有可靠的轴向定位；即使有些轴向移动也应控制在一定限度之内。

对于传递中、小功率（$P \leqslant 100\mathrm{kW}$）的 2Z-X(D)型差动行星齿轮传动（见图 10-8），中心轮 a 和 b 的轴可以采取相互插入的支承方式。它们之间应采用具有自动调心特性的调心球轴承（1000 型）为宜，结构上应便于装拆。被插入中心轮 b 的另一端应安装两个轴承；两个轴承之间的距离也应尽可能远一些。其中一个向心球轴承被支承在转臂 x 上；另一个轴承也需要具有自动调心功能。例如，选用调心滚子轴承（3000 型），它被安装在箱体上。

对于 3Z 型行星齿轮传动，其中心轮 a 一般是采取两端支承的方式（见图 10-3）：中心轮

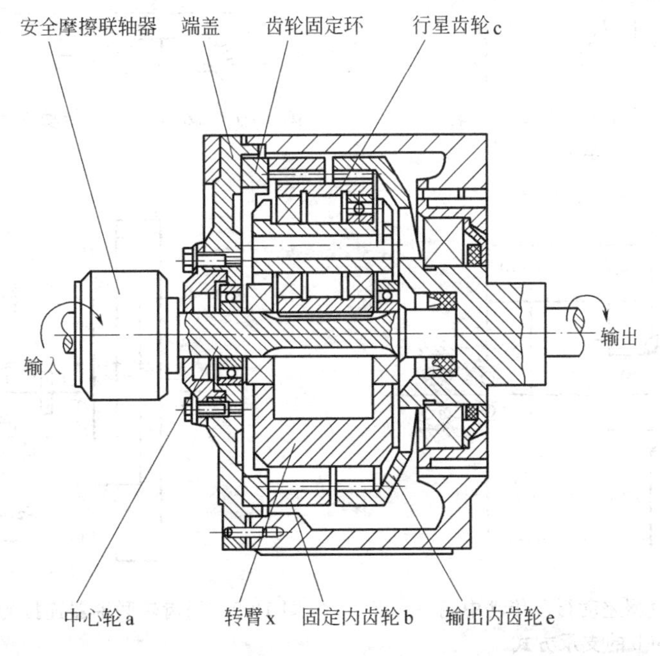

图 10-5　3Z(Ⅱ) 型行星齿轮减速器结构

a 轴的左端支承在箱体上，该轴的右端插入支承于内齿圈 e 内。转臂 x 又支承在中心轮 a 的轴上。它们均采用向心球轴承支承。而内齿圈 e 与输出轴应牢固地连接成为一体而旋转。该输出轴应采用两个较大尺寸的向心球轴承支承于箱体的右侧端盖上，端盖用螺钉与箱体相连接。

对于不浮动的中心轮 a，如果该中心轮 a 的支承轴承承受着外载，则应以载荷的大小和性质通过相应的当量载荷计算，确定所需轴承的型号。但在高速行星齿轮传动中，还应验算中心轮 a 的支承轴承的极限转速。当滚动轴承不能满足使用要求时，则可以选用滑动轴承。在此，推荐该滑动轴承应按长度与直径之比 $l/d \leqslant 0.5 \sim 0.6$ 的值进行设计。为了便于拆装和检查行星传动中的零件，应采用轴向剖分式滑动轴承。

对于采用斜齿轮啮合齿轮副的行星齿轮传动，由于存在着轴向力的作用，因此，对于非浮动中心轮 a 轴向位置固定方式的选择，应根据其所承受的作用力大小和方向而决定之。对于浮动的且又旋转的中心轮 a 轴向位置的固定，一般可通过浮动齿轮联轴器上的弹性挡圈（见图 8-21）来固定。另外，还可以采用向心球面球轴承（90000 型）或向心球面滚子轴承来进行轴向定位。

在多级的行星齿轮传动中，各单级之间可以用齿轮联轴器作为浮动的中间构件相互连接起来（见图 10-9）；该齿轮联轴器的外齿半联轴套与浮动中心轮 a 的轴向定位，通常是采用圆形截面或矩形截面的弹性挡圈来实现（见图 8-21）。而该中心轮 a 的轴向固定，应采用一些辅助的措施。例如，采用止推垫圈、球面顶块和向心球轴承等来固定。

如前所述，内齿轮可以借助于十字滑块联轴器，即通过齿轮固定环 2（见图 8-6）将内齿轮与箱体的端盖 1 连接起来。另外，内齿轮也可以借助于各种弹性元件，如采用弹性销等实现内齿轮与箱体的连接 [见图 8-17(a)]，且使内齿轮浮动，以实现行星轮间载荷分布均匀的目的。

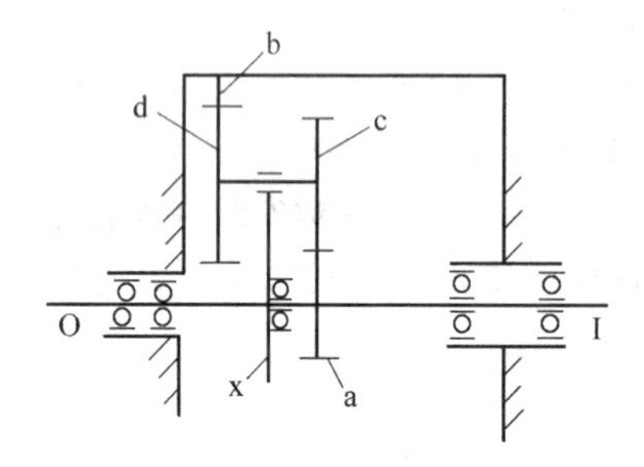

图 10-6　2Z-X(B) 型传动中轮 a 的支承方式

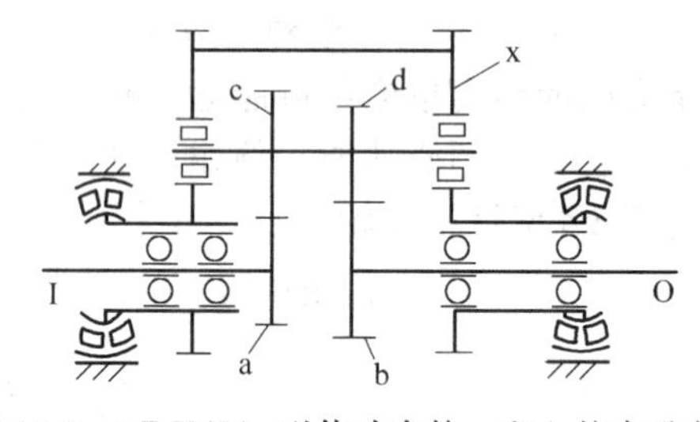

图 10-7　2Z-X(D) 型传动中轮 a 和 b 的支承方式

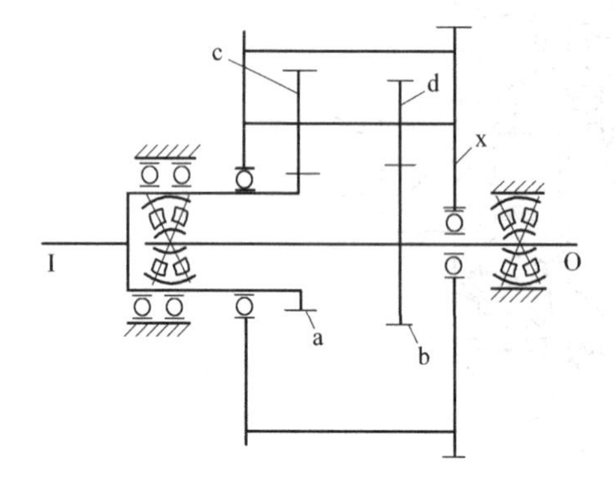

图 10-8　D 型差动行星传动中轮 a 和 b 的支承方式

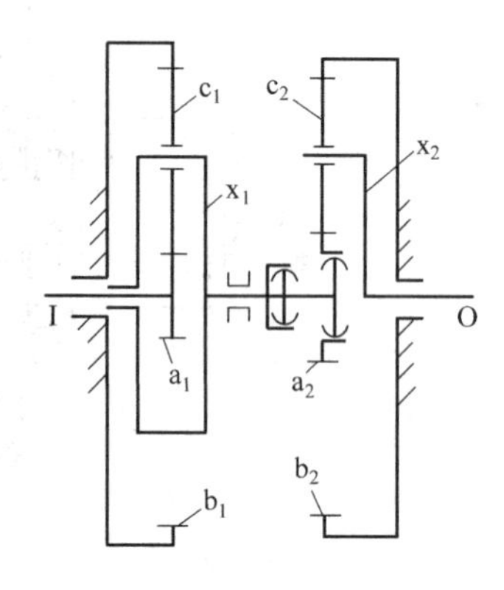

图 10-9　用齿轮联轴器连接的双级行星齿轮传动

在 3Z 型行星齿轮传动中，在大多数的情况下，由于结构配置上的原因，旋转内齿轮均安装在输出轴（或输入轴）的悬臂端。而该输出轴（或输入轴）应采用两个较大的向心球轴承来支承着；它们被支承于箱体的端盖上。当内齿轮的支承方式在结构上为两端布置时，则有利于提高其啮合性能，但必须考虑到各构件装配的可能性。对于旋转的浮动内齿轮，可以采用双齿联轴器的内齿圈与输出轴相连接（见图 10-2）；在内齿轮 e 的外轮缘上和输出轴的端面辐板上均制作了外齿轮，且与联轴器的内齿圈上的轮齿相啮合。

10.2　行星轮结构及其支承结构

10.2.1　行星轮的结构

行星轮的结构应根据行星齿轮传动的类型、承载能力的大小、行星轮转速的高低和所选用的轴承类型及其安装形式而确定。

在大多数的行星传动中，行星轮应具有内孔，以便在该内孔中安装轴承或与心轴相配合。同时，这种带有内孔的行星轮结构，可以保证在一个支承和支承组件上的安装方便和定位精确。为了减少 n_p 个行星轮间的尺寸差异，可以将同一个行星齿轮传动中的行星轮组合起来一次进行加工，这样制造的行星轮可以装配在整体式转臂上（见图 10-16）。

对于直齿行星轮，应加工出符合技术要求的端面，以便借助于滚动轴承或弹性挡圈作轴向固定。在行星齿轮传动中，对于单齿圈行星轮，若采用斜齿轮，则会产生一定的轴向分力。此时，必须固定行星轮及其轴承的轴向位置。对于具有 c 轮和 d 轮组合的双联行星轮，若采用斜齿轮，可以选用 c 轮和 d 轮螺旋角 β_c 和 β_d 相配匹的、方向相反的斜齿行星轮，以便使其轴向力减至最小值或使其轴向力等于零。若采用人字齿行星轮，无需进行轴向位置固定；且在行星齿轮传动的工作过程中，该行星轮将会在不平衡的轴向力作用下产生轴向位移，则有利于半人字齿行星轮间的载荷均匀分布。

对于整体式的双联行星轮，若其轮齿为软齿面（HB≤350），需经调质后，再精切轮齿。为了减少双联行星轮的轴向尺寸，较少齿数的行星轮需采用插齿刀加工（见图 10-10），大齿轮采用滚刀加工。但在大齿轮与小齿轮之间必须留有退刀槽，该退刀槽的宽度 b_t 可按表 10-1 选取。

表 10-1　插齿退刀槽宽度 b_t　/mm

模数 m_n	螺旋角 β				模数 m_n	螺旋角 β			
	0°	15°	23°	30°		0°	15°	23°	30°
1.5	5	5.5	6.5	7.5	5～6	8	10	12	15
2～3	6	7	8	10	8	10	12	15	18
4	7	8.5	10	12	10	11	15	18	22

注：刀具的切削刃位于齿廓的法向平面内。

如果双联行星轮的轮齿为硬齿面（HB＞350），经表面淬火、渗碳或氮化后，再进行磨削加工。为了磨削轮齿和装配的方便起见，则应采用组合式的行星轮结构（见图 10-11）；即可将双联行星轮的两齿轮分开，分别进行磨削加工，然后再组装到行星轮轴上。具体的装配步骤是：先用花键或半圆键将大齿轮固定在小齿轮的轮体上，经试装合适后再用圆螺母 1 紧固，然后，再配钻圆柱销孔，并打上销钉 2，以固定大、小齿轮之间的相互位置。这种行星轮的组合结构，装配时其大、小齿轮之间的轮齿相对位置可进行局部调整，所以，无需满足限制各轮齿数的安装条件。

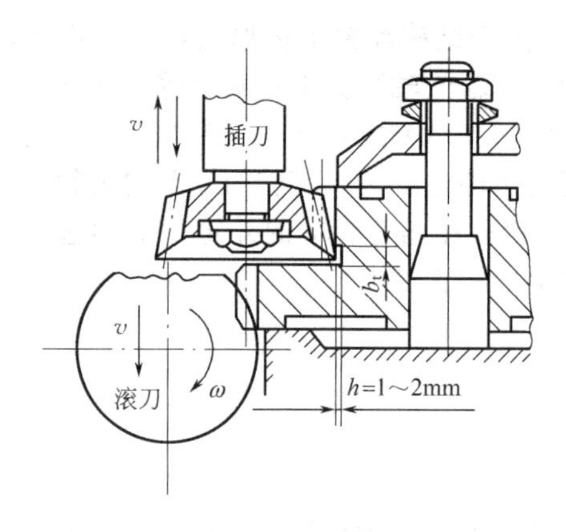

图 10-10　整体式双联行星轮加工示意

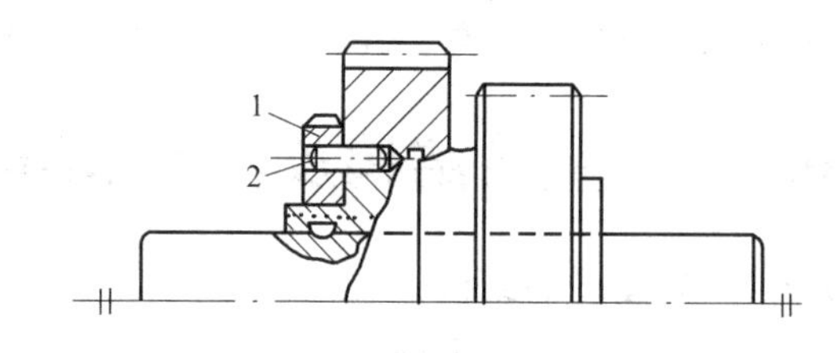

图 10-11　组合式双联行星轮结构

1—圆螺母；2—销钉

据受力分析可知，行星轮上的转矩是平衡的，当支承行星轮的轴承安装在转臂 x 上时，行星轮与轴的装配不一定要用键连接，采用圆柱定位销就行（见图 10-14）；这样既简化了加工，又便于装拆。

为了使行星轮间的载荷分配均匀，双联行星轮在同一传动机构中，其 n_p 个行星轮上的 c、d 两齿轮的相对位置必须一致，以达到在相同的啮合齿轮副中各齿轮的运动情况相同；否则，不仅影响到行星轮间的载荷分布均衡性，而且有可能使行星齿轮机构不能运转。

在高速行星齿轮传动中，作为一个完整部件的行星轮结构，不仅需要相对于本身轴线的动平衡，而且要求其 n_p 个行星轮的重量应相等，以保证行星轮部件安装在转臂 x 上的动平衡。

10.2.2　行星轮的支承结构

由行星齿轮传动的原理可知，行星轮是支承在动轴上的齿轮，即通过各类轴承将行星轮安装在转臂 x 的动轴上。而在行星齿轮传动中，行星轮的轴承是属于承受载荷最大的支承构件。在一般用途的机械传动中，如起重运输机械的主传动、军事装备、火炮和坦克以及航空飞行器的驱动装置中，大都采用滚动轴承作为行星轮的支承。对于长期运动的、大功率的重载装置中的行星齿轮传动及船舶动力装置中的行星齿轮传动，一般系采用滑动轴承作为行星轮的支承。此外，在高速的或径向尺寸受到限制的行星齿轮传动中，因采用滚动轴承，一般难于满足使用寿命的要求，因此，也可采用滑动轴承作为行星轮的支承。

(1) 采用滚动轴承的行星轮支承结构

目前，在行星齿轮传动中一般大都采用滚动轴承的行星轮支承结构。为了减少行星齿轮传动的轴向尺寸，将使用寿命较大的滚动轴承直接装入行星轮的轮缘内是较合理。但是，由于轴承的外圈旋转（一般情况是滚动轴承的内圈旋转），将使得滚动轴承的寿命有所降低(除球面轴承外)。

对于直齿的 2Z-X(A) 型传动，可在行星轮的轮缘中仅安装一个滚动轴承作为其支承，但所选用的轴承必须具有限制其内外圈相对移动的特性。例如，单列向心球轴承（0000 型)、双列向心球面球轴承（1000 型）和双列向心球面滚子轴承（3000 型）等。对于斜齿轮和双联行星轮结构，不允许在行星轮的轮缘内仅安装一个滚动轴承作为其支承。这是由于行星轮在传动时受有啮合力产生的倾翻力矩的作用，从而使得其受力情况变得较差，即会使该滚动轴承的寿命降低。

常用的行星轮支承结构，如图 10-12 所示。一般情况下，行星轮可用两个滚动轴承来支承，如图 10-12(a)～(f)所示。由于轴承的安装误差和轴的变形等而引起的行星轮偏斜，则选用具有自动调心性能的球面滚子轴承（3000 型）是较为有效的［见图 10-12(e)］。但是，

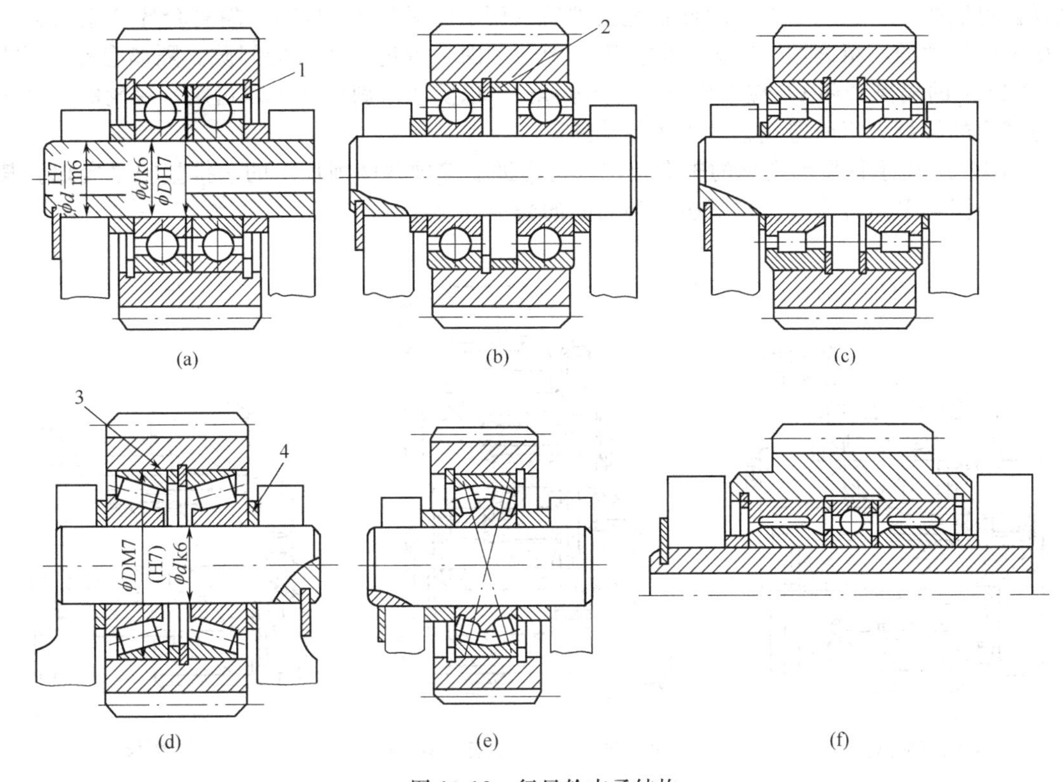

图 10-12　行星轮支承结构

1—弹性挡圈；2，3—隔离套环；4—隔离套

只有在使用一个浮动基本构件的行星传动中，行星轮才能选用上述自动调心轴承作为支承。

采用具有双向或仅为单向限制外圈轴向位移的成对轴承，同样也可以安装在行星轮轮缘内［见图 10-12(a)～(d)］。为了避免轴承在载荷作用下，由于原始径向游隙（轴承未装上行星轮之前的）和轴径配合公差的不同而形成的行星轮偏斜，必须预先选定互相配套的一对轴承。为了减小行星轮在载荷作用下产生的偏斜角，可适当增大两轴承之间的距离；此时，允许轴承的外圈突出到行星轮的轮缘之外［见图 10-12(b)、图 10-12(c)］。

窄系列和宽系列的单列向心短圆柱滚子轴承（2000 型）允许内外圈轴线的偏斜角为 $\Delta\alpha=2'\sim4'$。由于采用鼓形圆柱滚子轴承，该类型轴承在偏斜的条件下不会影响其寿命。

为了减小径向尺寸或当行星轮直径较小，若装入普通标准轴承而不能满足承载能力的要求时，则需采用专用的非标准轴承，即可以采用无内（外）圈或无内外圈的滚子轴承结构（见图 10-13）。在此，行星轮的心轴和它的轮缘内表面都变成为轴承的滚道。该心轴和行星轮应选用滚动轴承钢或渗碳合金钢，经热处理后其硬度为 61～65HRC。

非标准（内外圈）的、带有圆柱滚子的行星轮支承，可以具有较小的径向尺寸和承受较大的径向载荷的能力。在结构上可采用双列短圆柱滚子，并使用隔离套筒将两列短滚子隔开，以代替长圆柱滚子［见图 10-13(a)］；这种支承型式是较合理的。

在图 10-13(b)所示的结构中，滚子轴承的内圈与心轴为动配合$\frac{H7}{h6}$或$\frac{H8}{h7}$，在内圈与心轴之间的环形间隙里，供有润滑的压力油。内圈在滚子摩擦力的作用下能够相对于心轴旋转，从而有利于延长滚动轴承的寿命。

当采用滚针轴承作为行星轮支承时，由于它对轴的变形或安装误差非常敏感，故不允许内外圈的轴线倾斜［见图 10-12(f)、图 10-13(c)］。

在行星轮支承中，采用矩形截面的弹性挡圈 1（见图 10-12）来进行其轴向位置的固定。

这样做可以在行星轮轮缘的内表面上免去轴肩（用于轴承轴向固定）。隔离套环 2 用来补偿沟槽轴向尺寸的不精确性；因为该沟槽安装弹性挡圈 1 后仍有较大的间隙。隔离套环 3（或图 10-14 上的隔离套环 1）应车成直角（不倒角），以防止因斜齿轮或双齿圈行星轮的啮合作用力产生的倾翻力矩而造成轴承外圈的偏斜。

图 10-13 所示行星轮支承的轴向定位，可借助于淬硬并磨削加工的止推垫圈来实现。某些组合垫圈可采用阶梯式，以减少接触面间的磨损。

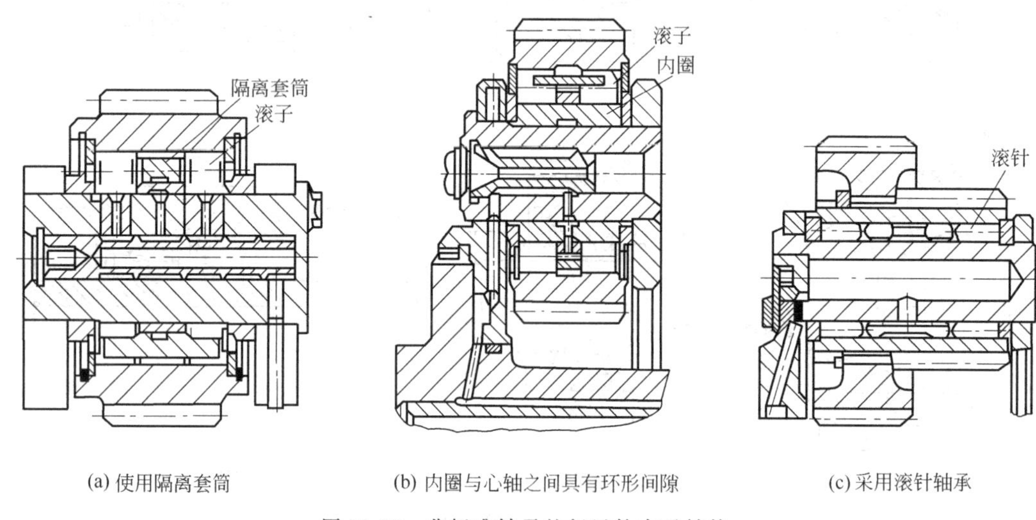

图 10-13　非标准轴承的行星轮支承结构

当行星轮的直径很小，在行星轮轮缘内根本不能容纳可满足承载能力要求的轴承时，则可采用将滚动轴承安装在转臂侧板上的行星轮支承结构，如图 10-14 所示。这种支承结构较显著的优点是由于两支承间的距离增大了，则可以减小由轴承径向游隙引起的行星轮的偏斜角。但它的缺点是使转臂的结构变得较复杂，整个机构的轴向尺寸有所增大。所以，对用于支承行星轮的径向尺寸大的滚动轴承，只能装在转臂的侧板上。在此情况下，可以说是靠增大行星机构的轴向尺寸来提高滚动轴承的承载能力和使用寿命的。为了便于装配起见，可以采用双侧板分开式的转臂（见图 10-18）。

采用内圈一侧无挡边的单列向心短圆柱滚子轴承的支承结构［见图 10-14(d)］，能够增大滚动体的直径，以提高轴承的承受载荷能力。当上述支承结构的径向尺寸受到限制时，则可采用无内圈（心轴兼作内圈）的轴承结构，如图 10-14(h)所示。

采用成对使用的单列圆锥滚子轴承（7000 型）作为行星轮支承时，其工作能力取决于轴向游隙❶的调整。对于轴向游隙的调整，一般是靠调整轴承中较松配合的非旋转圈来实现的。因此，对于滚动轴承装在行星轮轮缘内的支承结构，要求加工转臂侧板内端面和隔离套 4（见图 10-12）；对于滚动轴承装在转臂侧板孔内的支承结构，要求采用隔离套环 1（见图 10-14）。对于承受由啮合作用力引起的倾翻力矩作用的斜齿轮和双齿圈行星轮，精确地调整其轴向游隙值是非常重要的。对于心轴较短的行星轮轴承，其轴向游隙值可减少到接近于零。如果行星轮不能采用上述的单列圆锥滚子轴承作为其支承的话，则应选用高精度的、径向游隙小的不能调整游隙的单列向心短圆柱滚子轴承（内圈一侧无挡边的）或滚针轴承，如图 10-14(e)或图 10-14(g)所示。

---

❶ 轴向游隙：当一个套圈固定不动时，另一个套圈沿轴承的轴向，由一个极端位置移到另一个极端位置的移动量。

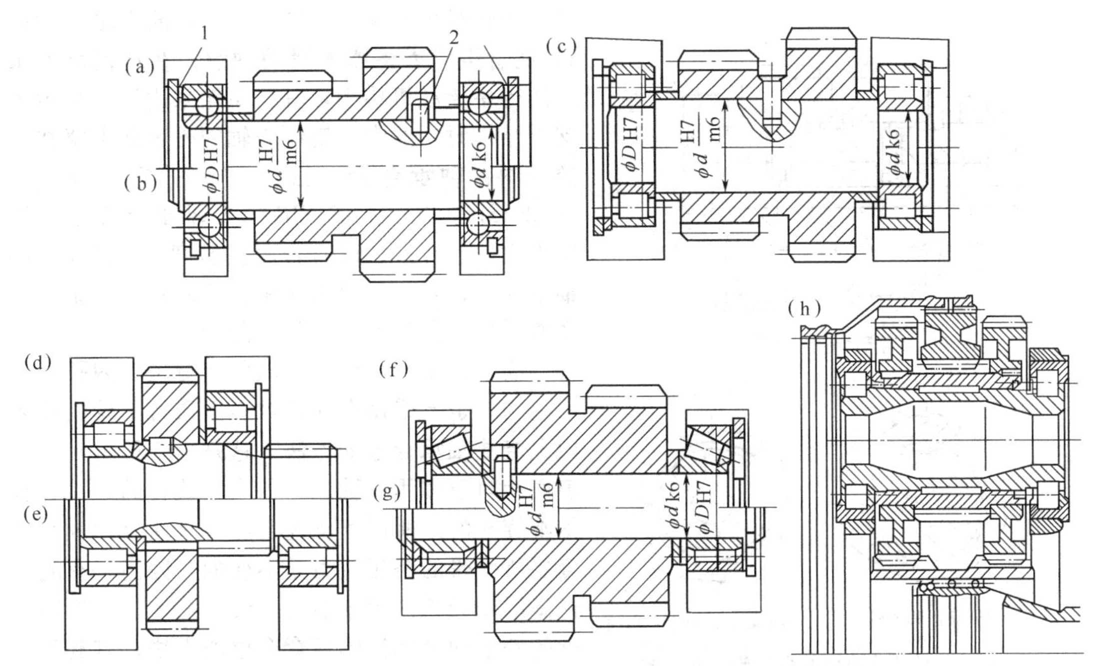

图 10-14　轴承装在转臂侧板上的几种不同的行星轮支承结构

1—隔离套环；2—圆柱销

滚动轴承内圈与行星轮心轴、外圈与行星轮轮缘内孔或转臂侧板孔的配合将影响轴承游隙，轴承游隙的大小不仅影响它的运转精度、温升和噪声，也影响到轴承的寿命。同时，还影响到行星轮的偏斜程度。对于旋转精度和支承刚度要求较高的行星轮，应尽可能地消除其轴承的游隙。一般轴承孔与心轴的配合取（特殊的）基孔制；轴承外圈与孔的配合取基轴制。对于直接装在行星轮轮缘内的滚动轴承，由于该轴承的外圈为旋转圈，因此，外圈通常取具有过盈的过渡配合，如 n6、m6、k6、js6 等；内圈通常取较松的过渡配合，如 J7、J6、H7、G7 等。对于装在转臂侧板上支承行星轮的滚动轴承，由于该轴承的内圈为旋转圈，故该轴承内、外圈的配合，正好与上述配合情况相反。滚动轴承内圈与行星轮心轴、外圈与行星轮轮缘内孔或与转臂侧板上的孔的具体配合示例可参见图 10-12 和图 10-14。为了提高装配质量，在装配时，对于紧配合的旋转圈可采用加热（油中的预热温度为 80～100℃）或冷却的方法进行装配。

对于图 10-12 和图 10-14 所示的各种行星轮支承结构，其轴承的拆卸都很方便；最好仍使用拆卸器。图 10-12(a)、(e)、(f)所示的支承结构，其滚动轴承组件本身均便于拆卸。图 10-12(b)和(d)上的隔离套环 2 和隔离套 4 可使滚动轴承组件便于拆卸。在图 10-14(a)和(b)所示的支承结构上，可采用拔去圆柱销 2 的办法，将轴承外圈从转臂侧板孔内移出。拆卸图 10-12(c)所示的轴承组件时，可能会使内外圈的止推挡边产生损坏。在拆卸图 10-14(c)所示的轴承组件时，为了避免损坏轴承挡边，应在行星轮端面和轴承外圈之间设置开有切口的弹性挡圈。

(2) 采用滑动轴承的行星轮支承结构

在低速重载或转速特别高的行星传动中，采用滑动轴承作为行星轮的支承是较合理的。滑动轴承具有较强的承受冲击和振动的能力，工作较平稳，径向尺寸较小，制造容易、安装方便。但它的缺点是启动摩擦力矩较大，非液体摩擦滑动轴承的摩擦损失较大；轴向尺寸也较大。此外，还需要自行设计和加工，又需要消耗价格昂贵的有色金属。

目前，已被广泛采用的行星轮滑动轴承的支承结构，如图 10-15 所示。由上图可见，行

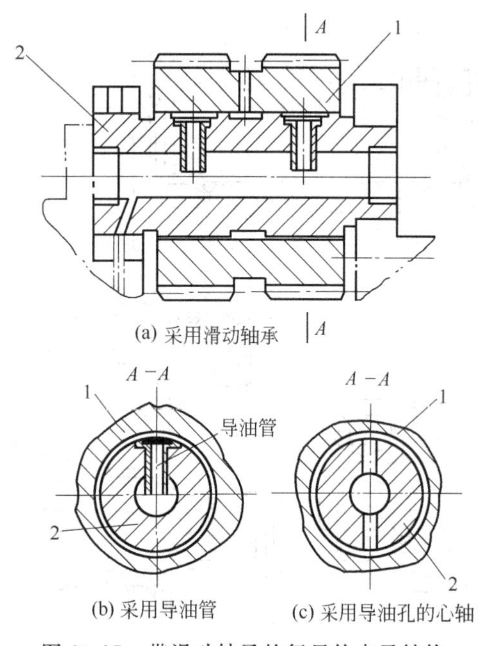

图 10-15 带滑动轴承的行星轮支承结构
1—轴瓦；2—轴颈

星轮的轮缘为轴瓦 1，与其相配合的心轴为轴颈 2，两者组成为整体式滑动轴承。在现代高速重载的行星传动机构中，其行星轮采用滑动轴承的支承结构时，通常在钢制心轴的外表面上浇注抗磨材料：轴承合金（巴氏合金），它的牌号为 ZChSnSb8-4 和 ZChSnSb11-6。轴承合金层的厚度为 1～3mm，心轴的表面粗糙度为 $R_a 6.3$；心轴本身的材料为低碳结构钢。随着轴承合金层厚度的增加，其疲劳强度将会降低。

通常，不采用将衬套压装在行星轮内孔的支承结构，也不采用在衬套内表面或行星轮内孔表面上浇注轴承合金的方法。这是由于行星轮内孔表面相对于作用在轴承上的力是旋转的，而心轴是不旋转的。所以，浇注在心轴表面上的轴承合金层所承受的挤压应力是不变的，因而，有利于提高滑动轴承的承载能力和疲劳寿命。采用在心轴的外表面上浇注轴承合金层的方法，有利于提高行星轮的传动精度。因为行星轮是以精加工后的内孔作为其基准来切制轮齿的。而采用将衬套压装在行星轮内孔的结构，其衬套上轴承合金层的加工，要以行星轮的轮齿作为定位基准，从而降低了制造和安装精度，影响到行星轮的传动平稳性。同时，该轴承衬套内表面所承受的载荷是变化的，因此，便降低了轴承合金的疲劳强度和寿命。

当滑动轴承的长径比 $l/d \geqslant 1 \sim 1.5$ 时，在结构上可将其分成左右对称、相等的两部分，每一部分均开有导油孔和油沟。在转臂旋转（含正反转）的行星齿轮传动中，导油孔的方向为半径方向［见图 10-15(b)］。润滑油从心轴中心输入，在离心力的作用下，再经导流管流往心轴外侧表面的油沟内。显见，在心轴上开出油沟会使轴承和心轴的承载能力有所下降。但是，由于润滑油流入油沟后，可使心轴外侧表面分布润滑油，从而使滑动轴承的温升下降，以避免轴承过渡发热而产生胶合。

另外，在人字齿轮的行星传动中，行星轮端面与转臂侧板端面之间应规定留有适当的间隙，且不宜采用推力滑动轴承的行星轮支承结构。

10.3 转臂的结构及其支承结构

10.3.1 转臂的结构

转臂 x 是行星齿轮传动中的一个较重要的构件。一个结构合理的转臂 x 应当是外廓尺寸小，质量小，具有足够的强度和刚度，动平衡性好，能保证行星轮间的载荷分布均匀，而且应具有良好的加工和装配工艺。从而，可使行星齿轮传动具有较大的承载能力、较好的传动平稳性以及较小的振动和噪声。

由于在转臂 x 上一般安装有 n_p 个行星轮的心轴或轴承，故它的结构较复杂，制造和安装精度要求较高。尤其，当转臂 x 作为行星齿轮传动的输出基本构件时，它所承受的外转矩最大，即承受着输出转矩。

目前，较常用的转臂结构有双侧板整体式、双侧板分开式和单侧板式三种类型。

(1) 双侧板整体式转臂

在行星轮数 $n_p \geqslant 2$ 的 2Z-X 型传动中，一般采用如图 10-16 所示的双侧板整体式转臂。在 3Z 型传动中，由于转臂 x 不承受外力矩的作用，也不是行星传动的输入或输出构件（此时它不是基本构件），故可采用如图 10-17所示的双侧板整体式转臂（其侧板两端面无凸缘）。由于双侧板整体式转臂的刚性较好，因此，它已获得较广泛的应用。当传动比［如 2Z-X(A) 型的传动比 $i_{ax}^{b} >4$］较大时，行星轮的轴承一般应安装在行星轮轮缘孔内，故在此情况下采用这种结构类型的转臂较合理。

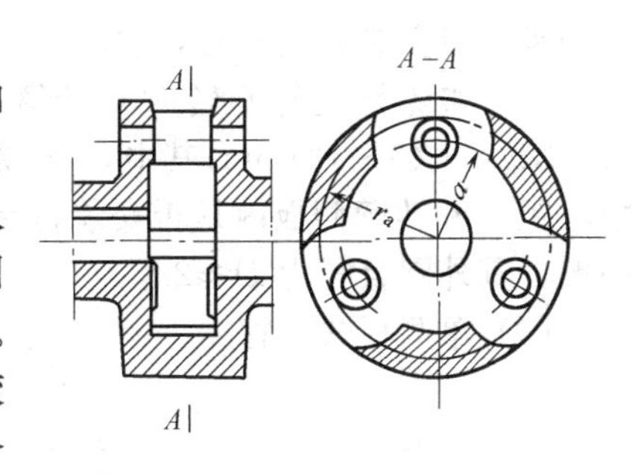

图 10-16　双侧板整体式转臂

对于尺寸较小的整体式转臂结构，可以采用整体锻造毛坯来制造，但其切削加工量较大。因此，对于尺寸较大的整体式转臂结构，则可采用铸造和焊接的方法，以获得形状和尺寸较接近于实际转臂的毛坯。但在制造转臂的工艺过程中，应注意消除铸造或焊接的内应力和其他缺陷；否则将会影响到转臂的强度和刚度，而致使其产生较大的变形，从而，影响行星齿轮机构的正常运转。

在此，还应该指出的是：在加工转臂时，应尽可能地提高转臂 x 上的行星轮心轴孔（或轴承孔）的位置精度和同轴度，以减小行星轮间载荷分布的不均匀性。

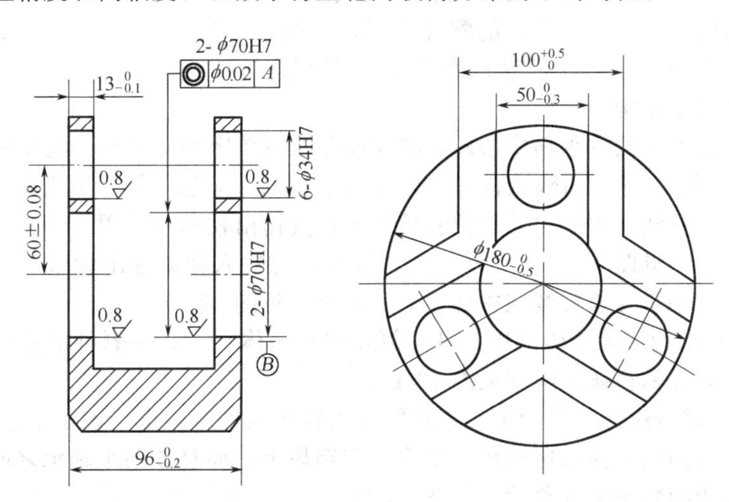

图 10-17　3Z 型的双侧板整体式转臂

(2) 双侧板分开式转臂

双侧板分开式转臂（见图 10-18）的结构特点是将一块侧板装配到另一块侧板上，故又称之为装配式转臂；其结构较复杂。这主要与行星齿轮传动机构的安装工艺有关。当传动比较小，例如，2Z-X(A) 型的传动比 $i_{ax}^{b}<4$ 时，因行星轮的直径较小，行星轮的轴承通常需要安装在转臂的侧板孔内。此时，采用双侧板分开式的转臂，可使其装配较方便。另外，为了简化转臂毛坯的制造（如采用模锻成型），采用分开式的转臂结构，与整体式的转臂结构比较在制造工艺上要方便得多。

在双侧板整体式和双侧板分开式转臂中，均可采用连接板（连接块）将两块侧板连接在一起。整体式转臂的毛坯是采用锻造或铸造或焊接的方式得到的，即在其毛坯上已将两侧板与连接板制成一个整体。而分开式转臂的两块侧板是采用不同的毛坯分别制造的，然后用螺钉将一块侧板连接到另一块侧板（含连接板的）上（见图 10-18）。这样的连接方式便于安装和拆卸。转臂 x 中所需连接板的数目一般应等于行星轮数 n_p。如果两侧板上不安装行星轮轴承（只安装心轴）时，它们的壁厚一般为 $\delta=(0.2\sim0.3)a'$，其中 a'为实际的啮合中心距。为了避免行星轮旋转时与转臂 x 产生碰撞，在转臂上需要切制的沟槽宽度，一般为 $b_c=(d_a)_c+(5\sim10)\text{mm}$；其中，$(d_a)_c$ 为行星轮的齿顶圆直径。而转臂的外圆直径 D 与啮合中心距 a'和转臂侧板内是否安装行星轮轴承以及转臂与润滑油面的高度的大小等都有关系。一般，其外圆直径为 $D\approx2d_c$，其中，d_c 为行星轮分度圆直径。

（3）单侧板式转臂

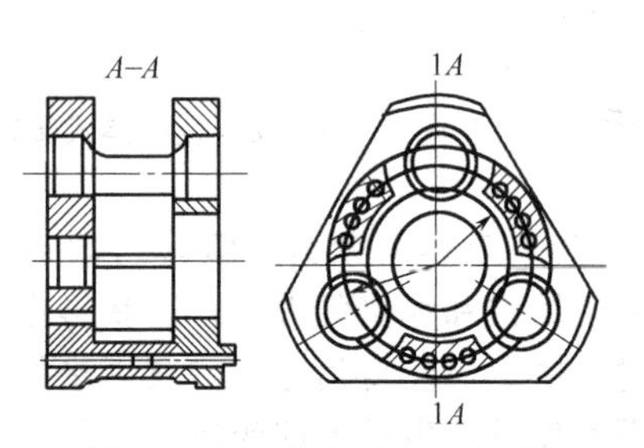

图 10-18　双侧板分开式转臂

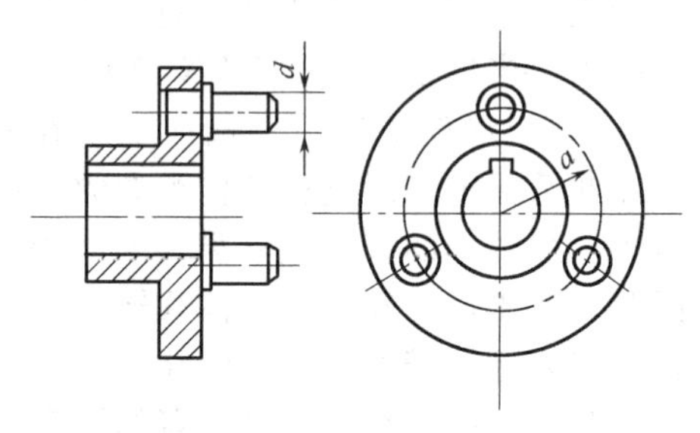

图 10-19　单侧板式转臂

由图 10-19 可见，单侧板式转臂的结构较简单。但最明显的缺点是其行星轮为悬臂布置，受力情况不好。转臂 x 上安装行星轮的轴应按悬臂梁计算，轴径 d 应按弯曲强度和刚度确定。轴径与转臂 x 上轴孔之间的配合长度，一般可按关系式 $l=(1.5\sim2.5)d$ 选取。轴与孔应采取过盈配合，如采取 H7/u6 和 H8/u7 的配合。

10.3.2　转臂的支承结构

如前所述，转臂 x 的支承与中心轮 a 的支承存在着较密切的关系。在 2Z-X 型和 3Z 型行星齿轮传动中，当中心轮 a 为输入件时，转臂 x 靠近输入端的一侧可采用两个大小不同的向心球轴承分别支承安装在中心轮 a 的轴和箱体上；其输出轴端应采用一个较大的向心球轴承支承安装在箱体上（见图 10-1）。另外，当转臂 x 不与输入轴或输出轴联成为一体时，它通常采用两个向心球轴承支承安装在中心轮 a 的轴上（见图 10-3）。

在 2Z-X(A) 型行星齿轮传动中，其一侧安装在箱体上，另一侧可采用两个向心球轴承支承安装在中心轮 a 和箱体之间（见图 10-1）。

在 2Z-X(B) 型行星齿轮传动中，当转臂 x 为输出构件时，由于该输出轴的转矩为最大，故在其输出端应采用两个向心球轴承支承安装在箱体上；而且该两个轴承之间的距离应尽可能远一些，以利于减轻轴承的负荷（见图 10-6）。

在 2Z-X(D) 型行星齿轮传动中，转臂 x 一般可采用四个向心球轴承分别支承安装在中心轮 a 和 b 上，其外侧还需采用一个调心球轴承（1000 型）支承安装在箱体上（见图 10-7）；或者其一侧采用两个向心球轴承支承安装在中心轮 a 和箱体之间，另一侧采用一个向心球轴承支承安装在中心轮 b 上（见图 10-8）。

对于 3Z 型行星齿轮传动，由于其转臂 x 仅起着支持行星轮心轴的作用，而不承受外载荷，故该转臂 x 一般可以采用两个向心球轴承支承安装在中心轮 a 的轴上（见图 10-3 和图 10-5）。

总之，如果转臂 x 的轴是承受着外载荷，则应以所承受载荷的大小和性质通过相应的当量载荷计算，确定其所需采用的轴承型号。如果转臂 x 的轴不承受外载荷（即不承原动机或工作机械的径向和轴向载荷），当行星轮数 $n_p\geqslant3$ 时，该转臂 x 所需的滚动轴承可按其支承构件（例如中心轮 a）的轴颈来选取。通常，为了减小外形尺寸，可选取轻型或特轻型的向心球轴承。但在高速运行的行星齿轮传动中，必须验算转臂 x 的支承轴承的极限转速。当其支承的滚动轴不能满足使用要求时，则可选用滑动轴承。推荐该滑动轴承应按长度与直径之

比 $l/d \leqslant 0.5 \sim 0.6$ 的值进行设计。为了便于检查和拆装行星齿轮传动中的零件，应采用轴向剖分式的滑动轴承。

在斜齿轮啮合的行星传动中，由于存在着轴向力的作用，对于该转臂 x 的支承需要采用向心推力轴承（6000 型）。在需要采用滑动轴承支承的行星齿轮传动中，对于非浮动转臂 x 的轴向位置固定，可采用带轴肩的轴瓦（浇铸巴氏合金的）。

对于浮动的且又旋转的转臂 x 轴向位置的固定，一般可通过齿轮联轴器上的弹性挡圈来固定。此外，仍可以采用调心球轴承（1000 型）或调心滚子轴承（3000 型）来进行轴向定位。并且，还应将该转臂 x 与其他构件相互隔开。因为在行星齿轮传动中，行星轮与转臂 x 一起会沿着中心轮 a 的轴向产生移动。所以，如果不将它与其他构件隔开，它将会在行星齿轮传动的运转过程中与其他构件产生碰撞，甚至于损坏构件，而致使行星齿轮传动产生完全破坏的严重后果。

10.3.3　转臂的制造精度

由于在转臂 x 上支承和安装着 $n_p \geqslant 3$ 个行星轮的心轴，因此，转臂 x 的制造精度对行星齿轮传动的工作性能、运动的平稳性和行星轮间载荷分布的均匀性等都有较大的影响。在制定其技术条件时，应合理地提出精度要求，且严格地控制其形位偏差和孔距公差等。

（1）中心距极限偏差 f_a

在行星齿轮传动中，转臂 x 上各行星轮轴孔与转臂轴线的中心距偏差的大小和方向，可能增加行星轮的孔距相对误差 δ_1 和转臂 x 的偏心量，且引起行星轮产生径向位移；从而影响到行星轮的均载效果。所以，在行星齿轮传动设计时，应严格地控制中心距极限偏差 f_a 值。要求各中心距的偏差大小相等、方向相同；一般应控制中心距极限偏差 $f_a = 0.01 \sim 0.02$mm 的范围内。该中心距极限偏差 $\pm f_a$ 之值应根据中心距 a' 值，按齿轮精度等级按照表 10-2 选取；或按下式计算，即

$$f_a \leqslant \pm \frac{8\sqrt[3]{a'}}{1000} \ (\text{mm}) \tag{10-1}$$

式中　a'——齿轮副的实际中心距，mm。

表 10-2　中心距极限偏差 $\pm f_a$　/μm

精度等级	f_a	齿轮副的中心距 a											
		>6～10	10～18	18～30	30～50	50～80	80～120	120～180	180～250	250～315	315～400	400～500	500～630
7～8	$\frac{1}{2}$IT8	11	13.5	16.5	19.5	23	27	31.5	36	40.5	44.5	48.5	55
9～10	$\frac{1}{2}$IT9	18	21.5	26	31	37	43.5	50	57.5	65	70	77.5	87

（2）各行星轮轴孔的孔距相对偏差 δ_1

由于各行星轮轴孔的孔距相对偏差 δ_1 对行星轮间载荷分布的均匀性影响很大，故必须严格控制 δ_1 值的大小。而 δ_1 值主要取决于各轴孔的分度误差，即取决于机床和工艺装备的精度。一般，δ_1 值可按下式计算，即

$$\delta_1 \leqslant \pm(3 \sim 4.5)\frac{\sqrt{a'}}{1000} \quad (\text{mm}) \tag{10-2}$$

括号中的数值，高速行星齿轮传动取小值，一般中低速行星传动取较大值。

（3）转臂 x 的偏心误差 e_x

转臂 x 的偏心误差 e_x，推荐 e_x 值不大于相邻行星轮轴孔的孔距相对偏差 δ_1 的 1/2，即

$$e_x \leqslant \frac{1}{2}\delta_1 \ (\text{mm}) \tag{10-3}$$

（4）各行星轮轴孔平行度公差

各行星轮轴孔对转臂 x 轴线的平行度公差 $f_x{}'$ 和 $f_y{}'$ 可按相应的齿轮接触精度要求确定，即 $f_x{}'$ 和 $f_y{}'$ 是控制齿轮副接触精度的公差，其值可按下式计算，即

$$f_x{}' = f_x \frac{B}{b} \ (\mu\text{m}) \tag{10-4}$$

$$f_y{}' = f_y \frac{B}{b} \ (\mu\text{m}) \tag{10-5}$$

式中　f_x 和 f_y ——在全齿宽上，x 方向和 y 方向的轴线平行度公差，μm；按 GB/T 10095—2008 选取；

B ——转臂 x 上两臂轴孔对称线（支点）间的距离；

b ——齿轮宽度。

（5）平衡性要求

为了保证行星齿轮传动运转的平稳性，对中、低速行星传动的转臂 x 应进行静平衡；一般，许用不平衡力矩 T_p 可按表 10-3 选取。对于高速行星传动，其转臂 x 应在其上全部零件装配完成后进行该部件的动平衡。

表 10-3　转臂 x 的许用不平衡力矩 T_p

转臂外圆直径 D/mm	<200	200～300	350～500
许用不平衡力矩 T_p/N·m	0.15	0.25	0.50

（6）浮动构件的轴向间隙

如前所述，在行星齿轮传动中，上述各基本构件（中心轮 a、b 和 e 以及转臂 x）均可以进行浮动，以便使其行星轮间载荷均匀分布。但是，在进行各浮动构件的结构设计时，应注意在每个浮动构件的两端与其相邻零件间需留有一定的轴向间隙，通常，选取轴向间隙 δ=0.5～1.5mm，否则，使相邻两零件接触后，不仅会影响浮动和均载效果，而且还会导致摩擦发热和产生噪声。轴向间隙的大小通常是通过控制有关零件轴向尺寸的制造偏差和装配时固定有关零件的轴向位置或修配有关零件的端面来实现。对于小尺寸、小规格的行星齿轮传动其轴向间隙可取小值，对于较大尺寸、大规格的行星传动其轴向间隙可取较大值。

10.4　机体的结构设计

机体是上述各基本构件的安装基础，也是行星齿轮传动中的重要组成部分。在进行机体的结构设计时，要根据制造工艺、安装工艺和使用维护及经济性等条件来决定其具体的结构型式。

对于单件生产和要求质量较轻的非标准行星齿轮传动，一般采用焊接机体。对于中、小规格的机体在进行大批量的生产时，通常采用铸造机体。

按照行星传动的安装型式的不同，可将机体分为卧式、立式和法兰式（见图 10-20）。按其结构的不同，又可将机体分为整体式和剖分式。

图 10-20(a) 所示为卧式整体铸造机体，其特点是结构简单、紧凑，能有效地吸收振动和噪声，还具有良好的耐腐蚀性。通常多用于专用的行星齿轮传动中，且有一定的生产批量。

铸造机体应尽量避免壁厚突变，应设法减少壁厚差，以免产生疏松和缩孔等铸造缺陷。

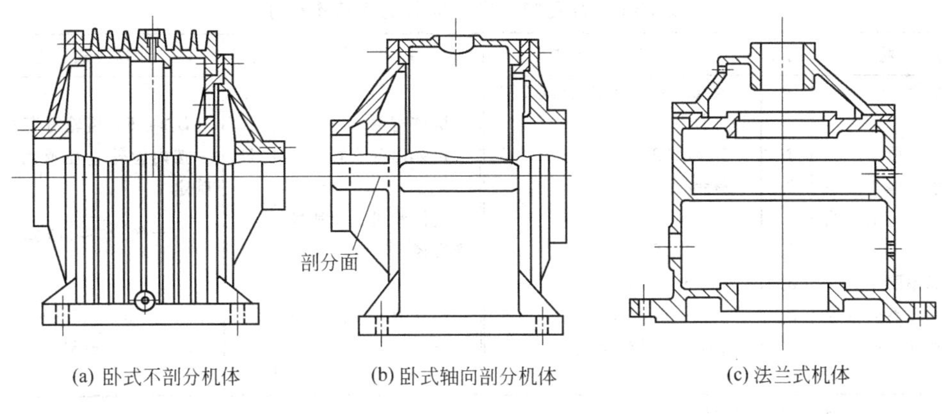

(a) 卧式不剖分机体　(b) 卧式轴向剖分机体　(c) 法兰式机体

图 10-20　机体结构形式

图 10-20(b) 所示为轴向剖分式机体结构，通常用于大规格的、单件生产的行星齿轮传动中；它可以铸造，也可以焊接。采用轴向剖分式机体的显著优点是安装和维修较方便，便于进行调试和测量。

图 10-20(c) 所示为立式法兰式机体结构，它可适用于与立式电动机相组合的场合。成批量生产时可以铸造；单件生产时可以焊接。

铸造机体的一般材料为灰铸铁，如 HT150 和 HT200 等；若机体承受较大的载荷，且有振动和冲击的作用可用铸钢，如 ZG45 和 ZG55 等。为了减小质量，机体也可以采用铝合金来铸造，如 ZL101 和 ZL102 等。

铸造机体的壁厚 δ 可按表 10-4 选取或按公式(10-6) 计算；对于重要的行星传动可取两者中的较大值。

表 10-4　铸造机体的壁厚　/mm

尺寸系数 K_δ	壁厚 δ	尺寸系数 K_δ	壁厚 δ	尺寸系数 K_δ	壁厚 δ
≤0.6	6	>1.25～1.6	>10～13	>3.2～4.0	>21～25
>0.6～0.8	7	>1.6～2.0	>13～15	>4.0～5.0	>25～30
>0.8～1.0	8	>2.0～2.5	>15～17	>5.0～6.3	>30～35
>1.0～1.25	>8～10	>2.5～3.2	>17～21		

注：1. 尺寸系数 $K_\delta=\dfrac{3D+B}{1000}$

D—机体内壁直径，mm；B—机体宽度，mm。

2. 对有散热片的机体，表中 δ 值应降低 10%～20%。
3. 表中 δ 值适合于灰铸铁，对于其材料可按其性能适当增减。
4. 对于焊接机体，表中 δ 可作参考，一般应降低 30%左右使用。

$$\delta=0.56K_tK_d\sqrt[4]{T_D}\geqslant 6\text{mm} \tag{10-6}$$

式中　K_t ——机体表面的形状系数，对于无散热片的机体 $K_t=1.0$；有散热片的机体 $K_t=0.8\sim0.9$；

K_d ——与内齿轮直径有关的系数，当内齿轮 b 分度圆直 $d_b\leqslant 650$mm 时，$K_d=1.8\sim2.2$；当内齿轮 b 分度圆直径 $d_b>650$mm 时，$K_d=2.2\sim2.6$；

T_D ——作用于机体上的转矩，N·m。

机体其他有关尺寸的确定可参见表 10-5 和图 10-21。

由于行星齿轮传动具有质量小、体积小等优点。但其散热面积也相应地较小。尤其是当行星传动的速度较高、功率较大时，其工作温度就会很高。为了增大散热面积，应在机体外表面制作出一些散热片。散热片的结构尺寸参见图 10-22。图中的尺寸可按下式计算，即

表 10-5　行星减（增）速器机体结构尺寸　　/mm

名　　称	代号	计算公式和方法	名　　称	代号	计算公式和方法
机体壁厚	δ	见表 10-4 或按公式（10-6）计算	加强筋斜度	α	$\alpha=2°$
			机体宽度	B	$B\geqslant 4.5\times$齿轮宽度 b
前机盖壁厚	δ_1	$\delta_1=0.8\delta\geqslant 6$	机体内壁直径	D	按内齿轮直径及固定方式确定
后机盖壁厚	δ_2	$\delta_2=\delta$			
机盖(机体)法兰凸缘厚度	δ_3	$\delta_3=1.25\mathrm{d}_1$	机体和机盖紧固螺栓直径	d_1	$d_1=(0.85\sim1)\delta\geqslant 8$
加强筋厚度	δ_4	$\delta_4=\delta$			
轴承端盖螺栓直径	d_2	$d_2=0.8\mathrm{d}_1\geqslant 8$	地脚螺栓孔的位置	c_1	$c_1=1.2d+(5\sim8)$
地脚螺栓直径	d	$d=3.1\sqrt[4]{T_{\mathrm{D}}}\geqslant 12$		c_2	$c_2=d+(5\sim8)$
机体底座凸缘厚度	h	$h=(1\sim1.5)d$			

注：1. 尺寸 c_1 和 c_2 要按扳手空间要求校核。

2. 本表未包括的尺寸，可参考普通圆柱齿轮减速器的设计资料确定。

3. 对于焊接机体，表 10-5 中的尺寸关系可作参考。

4. T_{D} 的意义与公式（10-6）相同。

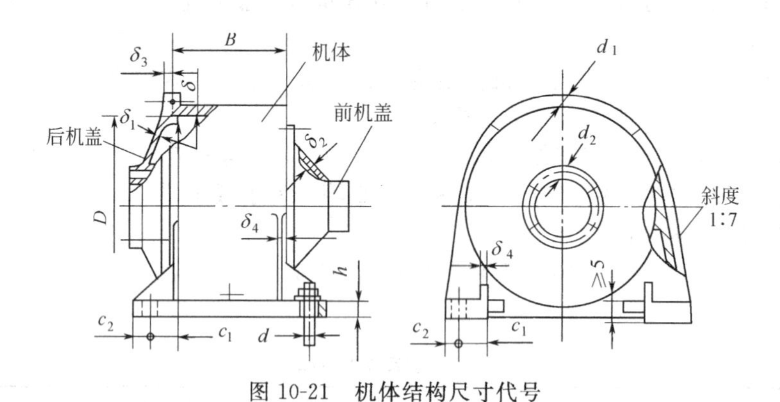

图 10-21　机体结构尺寸代号

$h_1=(2.5\sim4)\delta$

$b=2.5\delta$

$r_1=0.25\delta$

$r_2=0.25\delta$

$\delta_1=0.8\delta$

行星齿轮减速器的机体与普通圆柱齿轮减速器的机体一样，也需要设置通气帽、观察孔、起吊环(钩)、油标和放油塞等。关于这些附件的结构可以参考普通齿轮减速器的有关资料。

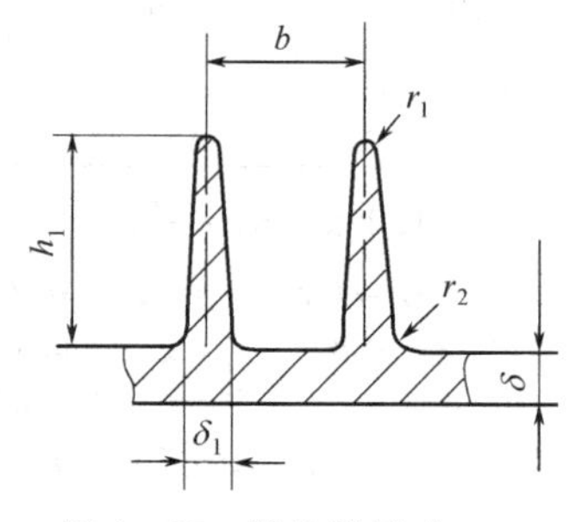

图 10-22　散热筋尺寸

第11章 行星齿轮传动设计指导

11.1 行星齿轮传动的设计计算步骤

在设计行星齿轮传动时，一般应根据该行星传动的使用要求、工作状况和所需齿轮的机械特性等来进行。首先应了解和掌握该行星齿轮传动的已知条件；通常，已知的其原始数据为输入功率 P_1(kW)、输入转速 n_1(r/min)、传动比 i_p、工作特性和载荷工况等。

行星齿轮传动的设计计算步骤推荐如下。

(1) 选取行星齿轮传动的传动类型和传动简图

选取行星齿轮传动的传动类型主要应根据该行星传动的用途、工作特点、传动比和传递功率范围以及其传动效率等，并参照表1-1中的内容来选定符合设计要求的行星齿轮传动的传动类型和传动简图。

(2) 进行行星齿轮传动的配齿计算

按照第3章的3.1所阐述的内容，并灵活地运用普遍关系式(2-4)和与传动类型有关的传动比计算公式（见表2-1)；或参考查阅与其传动类型对应的配齿表（见表3-2～表3-6)；以便根据给定的传动比 i_p 值确定该行星齿轮传动的各轮齿数。在此应该指出：在进行配齿计算时，不仅应考虑到需满足给定的传动比条件，还应该尽量地缩小该行星齿轮传动的外廓尺寸和质量。最后，还应按照表2-1中所对应的有关传动比计算公式验算其实际的传动比 i 值。

(3) 初步计算齿轮的主要参数

按照第4章的4.1所阐述的内容，先将已选定的行星齿轮传动的传动类型分解为两个(a-c和c-b)或三个（a-c、c-b和d-e）啮合齿轮副（见图4-1和图4-2)。再根据该行星传动的工作特点、齿轮的承载能力和使用寿命及其成本等因素，选择齿轮材料和热处理及其齿面硬度。

按齿面接触强度的初算公式(7-49)计算中心轮a的分度圆直径 d_1。再按齿根弯曲强度的初算公式(7-50)计算齿轮的模数 m。

(4) 啮合参数计算

在将所选定的行星齿轮传动类型分成两个或三个啮合齿轮副后，应根据为了改善齿轮的传动性能、满足啮合的同心条件和强度条件等，确定某个啮合齿轮副是否需要进行变位修正。对于非标准的啮合齿轮副，应根据其变位的目的，正确选用变位方式，合理地选取各齿轮副的公共啮合中心距 a' 值。再根据已知条件和参照表4-4中的有关公式进行其啮合参数的计算。以求得各齿轮副的中心距变动系数 y、变位系数和 x_Σ 及其齿顶高变动系数 Δy 等。最后，对于各个齿轮副应分别采用图4-4或图4-5；或采用公式(4-38)和公式(4-39)计算，以确定各齿轮副中大、小齿轮的变位系数 x_1、x_2 值。

(5) 几何尺寸计算

按照所设计的行星齿轮传动的传动类型和齿轮副的不同啮合方式（内啮合或外啮合)，对于标准圆柱齿轮传动，可按照表4-2中的有关公式进行其几何尺寸计算。对于变位齿轮传动的齿轮副，可按照表4-3或表4-5中的有关公式进行其几何尺寸计算。

(6) 行星齿轮传动装配条件的验算

对于所设计的行星齿轮传动，首先应按公式(3-7)验算其邻接条件。再根据该行星齿轮传动是否采用角度变位的情况，按其传动类型采用表 3-1 中所对应的计算公式验算其同心条件。

在行星齿轮传动中，通常采用的其行星轮数目为 $n_p \geqslant 2$。对于具有 $n_p \geqslant 2$ 个行星轮的行星齿轮传动，除了应满足上述的邻接条件和同心条件外，其各轮的齿数关系还必须满足其安装条件。为了安装装配的方便性，应设法使各中心轮的齿数均为行星轮数目 n_p 的倍数，这样就可以保证满足其安装条件。但是，必须按照所设计的行星齿轮传动的不同传动类型，采用与其对应的安装条件，即可参照公式(3-20)～公式(3-26) 进行其安装条件的验算。

(7) 齿轮精度等级的选择

按照第 5 章 5.3 中的表 5-4 和表 5-5 进行齿轮精度等级的选择。同时，可以按照表 5-7～表 5-17 查取各项齿轮偏差。

(8) 计算行星齿轮传动的效率

应根据所设计的行星齿轮传动的传动类型，按照表 6-1 或表 6-2 中所对应的效率计算公式计算该行星齿轮传动的啮合效率。对于 3Z 型行星传动的效率计算，首先应根据内齿轮 b 和 e 的节圆直径的不同关系（$d'_b > d'_e$ 或 $d'_b < d'_e$），判断其功率流的方向；而选用表 6-2 中与其相对应的效率计算公式，以求得该 3Z 型行星传动的啮合效率 η 值。另外，还可以采用上述表格中的有关公式，验算所设计的行星齿轮传动的自锁性，以判定其防止逆传动的性能。

(9) 选取和计算载荷分布不均匀系数 K_p

为了使行星轮间载荷分布均匀，以提高行星齿轮传动的承载能力。在设计行星齿轮传动时，一般应设法采取行星轮间载荷分布均匀的措施。由第 8 章中的 8.2 可知，通常可采用基本构件浮动的均载机构；或采用杠杆联动的均载机构；以及采用弹性件和弹性支承的均载措施。但是，对于无均载机构或有均载机构的行星齿轮传动仍需要正确地选取和计算其行星轮间载荷分布不均匀系数 K_p。一般，应根据行星齿轮传动的不同传动类型和基本构件的浮动情况，先选取齿面接触强度的行星轮间载荷分布不均匀系数 K_{Hp}，然后，再按公式(8-12) 计算其齿根弯曲强度的载荷分布不均匀系数 K_{Fp} 值。

(10) 行星齿轮传动的结构设计

在选取了行星齿轮传动的传动类型和传动简图，完成了其配齿计算、啮合参数计算和几何尺寸计算及其啮合效率计算后，就必须对该行星齿轮传动进行合理的结构设计。通常，应先参考与其传动类型大致相同的结构图例，研究和构思其基本构件的雏形，即初步确定采用什么形状的中心轮 a 结构：是齿轮轴的整体结构，还是将齿轮 a 与轴分开的结构。内齿轮 b 或 e 是采用环形齿圈的，还是与箱体或输出轴连成一体的结构。对于行星轮的结构必须考虑到行星轮转速的高低和所采用轴承的类型及其安装型式。而行星轮的支承结构大都采用滚动轴承的支承方式。但是，对于长期运行的、大功率和重载荷的行星齿轮传动，一般需采用滑动轴承作为行星轮的支承。在一般情况下，行星轮内可装入两个滚动轴承作为其支承，如图 10-12 所示。当行星轮直径很小，在其轮缘内不能安装符合使用要求的滚动轴承时，则可将其支承的滚动轴承安装在转臂的侧板上，如图 10-14 所示。转臂的结构应考虑到其承载能力、运转的平稳性和良好的加工工艺性等。双侧板整体式转臂的刚性较好，故其应用较广泛。为了装配方便，可采用双侧板分开式的转臂。当转臂受力较小，行星轮转速较低，行星轮的平衡性较好时，可采用结构简单的单侧板式转臂。此外，根据行星齿轮传动的不同安装型式，可采用卧式、立式和法兰式的机体结构。总之，行星齿轮传动的结构设计是整个设计工作中的一个非常重要的环节，应较多地参考一些具体的结构图例，且仔细认真地进行该项设计工作。

(11) 行星齿轮传动的强度验算

在对各基本构件进行了结构设计之后，就应该对该行星齿轮传动中的各个齿轮进行强度验算。在验算行星齿轮传动的强度时，其基本的原始参数为：齿轮的材料及其力学性能和热处理，齿数比 $u=z_2/z_1$，几何参数 b、d_1、m、x_1 和 x_2 等。

行星齿轮传动的承载能力一般是由其齿面接触强度和齿根弯曲强度条件来决定的。软齿面(HB≤350)钢制齿轮的承载能力主要取决于齿面接触强度，故通常先按齿面接触强度，即先按其初算公式(6-49)确定其主要几何参数 d_1；然后按齿根弯曲强度公式(7-72)进行验算。而硬齿面(HB>350)钢制齿轮的承载能力主要取决齿根弯曲强度，故应先按齿根弯曲强度的初算公式(7-50)计算齿轮的模数 m；然后按齿面接触强度条件公式(7-55)进行验算。

对于长期工作的行星齿轮传动，应对其各个啮合齿轮副分别按公式(7-55) 验算其齿面接触强度和按公式(7-72) 验算其齿根弯曲强度。而对于具有短期间断工作特点的行星齿轮传动，仅需按公式(7-72) 进行其齿根弯曲强度的验算。

对于各啮合齿轮副中的小齿轮所传递的转矩 T_1 应按公式(7-8) 或公式(7-82)～公式(7-94) 进行验算。

11.2 行星齿轮传动设计计算示例

(1) 已知条件

试为某石油机械装置设计所需配用的行星齿轮减速器，已知该行星传动的输入功率 $P_1=22\text{kW}$，输入转速 $n_1=1500\text{r/min}$，传动比 $i_p=134$，允许的传动比偏差为 $\Delta i_p=0.01$，短期间断的工作方式，每天工作 16h，要求使用寿命 8 年；且要求该行星齿轮传动结构紧凑、外廓尺寸较小和传动效率较高。

(2) 设计计算

根据本章 11.1 中推荐的行星齿轮传动设计计算步骤，现进行具体的设计计算如下。

① 选取行星齿轮传动的传动类型和传动简图　根据上述设计要求：短期间断、传动比大、结构紧凑和外廓尺寸较小。据表 1-1 中的各传动类型的工作特点可知，3Z 型适用于短期间断的工作方式，结构紧凑，传动比大。为了装配方便，结构更加紧凑，选用具有单齿圈行星轮的 3Z(Ⅱ)型行星传动较合理，其传动简图如图 1-4(b)所示。

② 配齿计算　据 3Z(Ⅱ)型行星传动的传动比 i_p 值和按其配齿计算公式(3-65)～公式(3-68) 可求得内齿轮 b、e 和行星轮 c 的齿数 z_b、z_e 和 z_c。现考虑到该行星齿轮传动的外廓尺寸较小，故选择中心轮 a 的齿数 $z_a=15$ 和行星轮数目 $n_p=3$。为了使内齿轮 b 与 e 的齿数差尽可能小，即应取 $z_e-z_b=n_p=3$。再将 z_a、n_p 和 i_p 值代入公式(3-65)，则得内齿轮 b 的齿数 z_b 为

$$
\begin{aligned}
z_b &= \frac{1}{2}\left[\sqrt{(z_a+n_p)^2+4z_a n_p(i_p-1)}-(z_a+n_p)\right] \\
&= \frac{1}{2}\left[\sqrt{(15+3)^2+4\times15\times3(134-1)}-(15+3)\right] \\
&= 68.88\approx69
\end{aligned}
$$

按公式(3-66) 可得内齿轮 e 的齿数 z_e 为

$$z_e=z_b+n_p=69+3=72$$

因 $z_e-z_a=72-15=57$ 为奇数，应按公式(3-68) 求得行星轮 c 的齿数 z_c 为

$$z_c=\frac{1}{2}(z_e-z_a)-0.5=\frac{1}{2}(72-15)-0.5=28$$

再按公式(3-62) 验算其实际的传动比 i_{ae}^{b} 为

$$i_{ae}^{b}=\left(1+\frac{z_b}{z_a}\right)\left(\frac{z_e}{z_e-z_b}\right)=\left(1+\frac{69}{15}\right)\left(\frac{72}{72-69}\right)=134.4$$

其传动比误差 Δi 为

$$\Delta i=\frac{|i_p-i_{ae}^{b}|}{i_p}=\frac{|134-134.4|}{134}=0.003<\Delta i_p=0.01$$

故满足传动比误差的要求，即得该行星齿轮传动实际的传动比为 $i_{ae}^{b}=134.4$。最后确定该行星传动各轮的齿数为 $z_a=15$、$z_b=69$、$z_e=72$ 和 $z_c=28$。

另外，也可以据传动比 $i=134.4$ 由表 3-6 中直接查得上述各轮的齿数。

(3) 初步计算齿轮的主要参数

齿轮材料和热处理的选择：中心轮 a 和行星轮 c 均采用 20CrMnTi，渗碳淬火，齿面硬度 58～62HRC，据图 7-14 和图 7-29，取 $\sigma_{Hlim}=1400N/mm^2$ 和 $\sigma_{Flim}=340N/mm^2$，中心轮 a 和行星轮 c 的加工精度 6 级；内齿轮 b 和 e 均采用 42CrMo，调质硬度 217～259HB，据图 7-13 和图 7-28，取 $\sigma_{Hlim}=780N/mm^2$ 和 $\sigma_{Flim}=260N/mm^2$，内齿轮 b 和 e 的加工精度 7 级。

按弯曲强度的初算公式(7-50) 计算齿轮的模数 m 为

$$m=K_m\sqrt[3]{\frac{T_1K_AK_{F\Sigma}K_{Fp}Y_{Fa1}}{\phi_d z_1^2\sigma_{Flim}}}$$

现已知 $z_1=15$，$\sigma_{Flim}=340N/mm^2$。小齿轮名义转矩 $T_1=9549\frac{P_1}{n_pn_1}=9549\times\frac{22}{3\times1500}=46.68N\cdot m$；取算式系数 $K_m=12.1$；按表 7-6 取使用系数 $K_A=1.5$；按表 7-5 取综合系数 $K_{F\Sigma}=1.8$；取接触强度计算的行星轮间载荷分布不均匀系数 $K_{Hp}=1.2$，由公式(8-12) 可得 $K_{Fp}=1+1.5(K_{Hp}-1)=1+1.5(1.2-1)=1.3$；由图 7-22 查得齿形系数$Y_{Fa1}=2.67$；由表 7-6 查得齿宽系数 $\phi_d=0.6$。则得齿轮模数 m 为

$$m=12.1\sqrt[3]{\frac{46.68\times1.5\times1.8\times1.3\times2.67}{0.6\times15^2\times340}}=2.57(mm)$$

取齿轮模数 $m=3mm$。

(4) 啮合参数计算

在三个啮合齿轮副 a-c、b-c 和 e-c 中，其标准中心距 a 为

$$a_{ac}=\frac{1}{2}m(z_a+z_c)=\frac{1}{2}\times3(15+28)=64.5(mm)$$

$$a_{bc}=\frac{1}{2}m(z_b-z_c)=\frac{1}{2}\times3(69-28)=61.5(mm)$$

$$a_{ec}=\frac{1}{2}m(z_e-z_c)=\frac{1}{2}\times3(72-28)=66(mm)$$

由此可见，三个齿轮副的标准中心距均不相等，且有 $a_{ec}>a_{ac}>a_{bc}$。因此，该行星齿轮传动不能满足非变位的同心条件。为了使该行星传动既能满足给定的传动比 $i_p=134.4$ 的要求，又能满足啮合传动的同心条件，即应使各齿轮副的啮合中心距 a'相等，则必须对该 3Z(Ⅱ) 型行星传动进行角度变位。

根据各标准中心距之间的关系 $a_{ec}>a_{ac}>a_{bc}$，现选取其啮合中心距为 $a'=a_{ec}=66mm$ 作为各齿轮副的公用中心距值。

已知 $z_a+z_c=43$，$z_b-z_c=41$ 和 $z_e-z_c=44$，$m=3mm$，$a'=66mm$ 及压力角 $\alpha=20°$，按公式(4-19) ～公式(4-22) 计算该 3Z(Ⅱ)型行星传动角度变位的啮合参数。对各齿轮副的啮合参数计算结果见表 11-1。

表 11-1　3Z（Ⅱ）型行星传动啮合参数计算

项　目	计　算　公　式	a-c 齿轮副	b-c 齿轮副	e-c 齿轮副
中心距变动系数 y	$y=\dfrac{a'-a}{m}$	$y_a=0.5$	$y_b=1.5$	$y_e=0$
啮合角 α'	$\alpha'=\arccos\left(\dfrac{a}{a'}\cos\alpha\right)$	$\alpha'_{ac}=23°18'$	$\alpha'_{bc}=28°53'$	$\alpha'_{ec}=\alpha=20°$
变位系数和 x_{Σ}	$x_{\Sigma}=\dfrac{z_{\Sigma}}{2\tan\alpha}(\mathrm{inv}\alpha'-\mathrm{inv}\alpha)$	$x_{\Sigma ac}=0.5377$	$x_{\Sigma bc}=1.8377$	$x_{\Sigma ec}=0$ $(x_1=x_2)$
齿顶高变动系数 Δy	$\Delta y=x_{\Sigma}-y$	$\Delta y_a=0.0377$	$\Delta y_b=0.3377$	$\Delta y_e=0$
重合度 ε	$\varepsilon=\dfrac{1}{2\pi}[z_1(\tan\alpha_{a1}-\tan\alpha')\pm z_2(\tan\alpha_{a2}-\tan\alpha')]$	$\varepsilon_a=1.4016$	$\varepsilon_b=1.480$	$\varepsilon_e=1.7374$

注：1. 表内公式中的“±”号，外啮合取“+”，内啮合取“−”。

2. 表内公式中的 α_a 为齿顶压力角，且有 $\alpha_a=\arccos\left(\dfrac{d_b}{d_a}\right)$。

确定各齿轮的变位系数 x。

① a-c 齿轮副　在 a-c 齿轮副中，由于中心轮 a 的齿数 $z_a=15<z_{min}=17$，$z_a+z_c=43>2z_{min}=34$ 和中心距 $a_{ac}=64.5\text{mm}<a'=66\text{mm}$。由此可知，该齿轮副的变位目的是避免小齿轮 a 产生根切、凑合中心距和改善啮合性能。其变位方式应采用角度变位的正传动，即

$$x_{\Sigma ac}=x_a+x_c>0$$

当齿顶高系数 $h_a^*=1$，压力角 $\alpha=20°$时，避免根切的最小变位系数 x_{min} 为

$$x_{min}=\frac{17-z_a}{17}=\frac{17-15}{17}=0.1176$$

按公式(4-38) 可求得中心轮 a 的变位系数 x_a 为

$$\begin{aligned}x_a&=0.5\left[x_{\Sigma ac}-\frac{z_c-z_a}{z_c+z_a}(x_{\Sigma ac}-\Delta y_a)\right]+\Delta x\\&=0.5\left[0.5377-\frac{28-15}{28+15}(0.5377-0.0377)\right]+0.08\\&=0.2732>x_{min}=0.1176\end{aligned}$$

按公式(4-39) 可得行星轮 c 的变位系数 x_c 为

$$x_c=x_{\Sigma ac}-x_a=0.5377-0.2732=0.2645$$

② b-c 齿轮副　在 b-c 齿轮副中，$z_c=28>z_{min}=17$，$z_b-z_c=41>2z_{min}=34$ 和 $a_{bc}=61.5\text{mm}<a'=66\text{mm}$。据此可知，该齿轮副的变位目的是为了凑合中心距和改善啮合性能。故其变位方式也应采用角度变位的正传动，即 $x_{\Sigma bc}=x_b-x_c>0$。

现已知其变位系数和 $x_{\Sigma bc}=1.8377$ 和 $x_c=0.2645$，则可得内齿轮 b 的变位系数为 $x_b=x_{\Sigma bc}+x_c=1.8377+0.2645=2.1022$。

③ e-c 齿轮副　在 e-c 齿轮副中，$z_c>z_{min}$，$z_e-z_c=44>2z_{min}=34$ 和 $a_{ec}=a'=66\text{mm}$。由此可知，该齿轮副的变位目的是为了改善啮合性能和修复啮合齿轮副。故其变位方式应采用高度变位，即 $x_{\Sigma ec}=x_e-x_c=0$。则可得内齿轮 e 的变位系数为 $x_e=x_c=0.2645$。

(5) 几何尺寸计算

对于该 3Z(Ⅱ)型行星齿轮传动可按表 4-5 中的计算公式进行其几何尺寸的计算。各齿轮副的几何尺寸的计算结果见表 11-2。

关于用插齿刀加工内齿轮，其齿根圆直径 d_{f2}的计算。

已知模数 $m=3\text{mm}$，插齿刀齿数 $z_0=25$，齿顶高系数 $h_{a0}^*=1.25$，变位系数 $x_0=0$（中等磨损程度）。试求被插制内齿轮的齿根圆直径 d_{f2}。

齿根圆直径 d_{f2} 按下式计算，即

$$d_{f2}=d_{a0}+2a'_{02} \tag{11-1}$$

式中 d_{a0}——插齿刀的齿顶圆直径；

a'_{02}——插齿刀与被加工内齿轮的中心距。

$$d_{a0}=mz_0+2m(h^*_{a0}+x_0)=3\times25+2\times3(1.25+0)=82.5(\text{mm})$$

现对内啮合齿轮副 b-c 和 e-c 分别计算如下。

① b-c 内啮合齿轮副（$x_2=2.1022$，$z_b=69$）。

$$\text{inv}\alpha'_{02}=\frac{2(x_2-x_0)\tan\alpha}{z_b-z_0}+\text{inv}\alpha$$

$$=\frac{2(2.1022-0)\tan20^\circ}{69-25}+\text{inv}20^\circ=0.049683$$

由表 4-6 查得 $\alpha'_{02}=29^\circ17'$。

$$y_{02}=\frac{z_b-z_0}{2}\left(\frac{\cos\alpha}{\cos\alpha'_{02}}-1\right)=\frac{69-25}{2}\left(\frac{\cos20^\circ}{\cos29^\circ17'}-1\right)=1.7021$$

加工中心距 a'_{02} 为

$$a'_{02}=m\left(\frac{z_b-z_0}{2}+y_{02}\right)=3\left(\frac{69-25}{2}+1.7021\right)=71.1063(\text{mm})$$

按公式(11-1) 计算内齿轮 b 齿根圆直径为

$$d_{f2}=d_{a0}+2a'_{02}=82.5+2\times71.1063=224.7126\text{mm}$$（填入表 11-2 中）。

表 11-2 3Z（Ⅱ）型行星传动几何尺寸计算 /mm

项目		计算公式	a-c 齿轮副	b-c 齿轮副	e-c 齿轮副
变位系数 x		x_1 $x_2=x_\Sigma\mp x_1$	$x_1=0.2732$ $x_2=0.2645$	$x_1=0.2645$ $x_2=2.1022$	$x_1=0.2645$ $x_2=0.2645$
分度圆直径 d		$d_1=mz_1$ $d_2=mz_2$	$d_1=45$ $d_2=84$	$d_1=84$ $d_2=207$	$d_1=84$ $d_2=216$
基圆直径 d_b		$d_{b1}=d_1\cos\alpha$ $d_{b2}=d_2\cos\alpha$	$d_{b1}=42.2862$ $d_{b2}=78.9342$	$d_{b1}=78.9342$ $d_{b2}=194.5164$	$d_{b1}=78.9342$ $d_{b2}=202.9736$
节圆直径 d'		$d'_1=2a'\dfrac{z_1}{z_2\pm z_1}$ $d'_2=2a'\dfrac{z_2}{z_2\pm z_1}$	$d'_1=46.0465$ $d'_2=85.9535$	$d'_1=90.1463$ $d'_2=222.1463$	$d'_1=84$ $d'_2=216$
齿顶圆直径 d_a	外啮合	$d_{a1}=d_1+2m(h^*_a+x_1-\Delta y)$ $d_{a2}=d_2+2m(h^*_a+x_2-\Delta y)$	$d_{a1}=52.413$ $d_{a2}=91.3608$		
	内啮合	$d_{a1}=d_1+2m(h^*_a+x_1)$ $d_{a2}=d_2-2m(h^*_a-x_2+\Delta y)$ $(x_\Sigma=x_2-x_1>0)$		$d_{a1}=91.587-\Delta e$ $=91.244$ $d_{a2}=211.587$	
		$d_{a1}=d_1+2m(h^*_a+x_1)-\Delta e$ $d_{a2}=d_2-2m(h^*_a-x_2)$ $d_{a2}=d_{f1}+2a'+2c^*m$(插齿) $\left(x_1=x_2,\Delta e=\dfrac{15.2(h^*_a-x)^2m}{z_2}\right)$		$(\Delta e=0.3426)$	$d_{a1}=91.587-\Delta e$ $=91.244$ $d_{a2}=211.587$
齿根圆直径 d_f	外啮合	$d_{f1}=d_1-2m(h^*_a+c^*-x_1)$ $d_{f2}=d_2-2m(h^*_a+c^*-x_2)$	$d_{f1}=39.1392$ $d_{f2}=78.087$		
	内啮合	$d_{f1}=d_1-2m(h^*_a+c^*-x_1)$ 用插齿刀加工： $d_{f2}=d_{a0}+2a'_{02}$		$d_{f1}=78.087$ $d_{f2}=224.7126$	$d_{f1}=78.087$ $d_{f2}=225.0204$

注：1. 表内公式中，d_{a0} 为插齿刀的齿顶圆直径；a'_{02} 为插齿刀与被加工齿轮之间的中心距。

2. 表中的径向间径 $\Delta e=2\Delta h^*_a m$，其中 $\Delta h^*_a=7.6(1-x)^2/z_2$。

② e-c 内啮合齿轮副（$x_2=0.2645$，$z_e=72$）。

仿上，$\mathrm{inv}\alpha'_{02}=\dfrac{2(x_2-x_0)\tan\alpha}{z_2-z_0}+\mathrm{inv}\alpha$

$$=\frac{2(0.2645-0)\tan20°}{72-25}+\mathrm{inv}20°=0.019001$$

由表 4-6 查得 $\alpha'_{02}=21°37'$。

$$y_{02}=\frac{z_e-z_0}{2}\left(\frac{\cos\alpha}{\cos\alpha'_{02}}-1\right)=\frac{72-25}{2}\left(\frac{\cos20°}{\cos21°37'}-1\right)=0.2534$$

$$a'_{02}=m\left(\frac{z_2-z_0}{2}+y_{02}\right)=3\left(\frac{72-25}{2}+0.2534\right)=71.2602(\mathrm{mm})$$

则得内齿轮 e 的齿根圆直径为

$d_{f2}=d_{a0}+2a'_{02}=82.5+2\times71.2602=225.0204\mathrm{mm}$（填入表 11-2 中）。

(6) 装配条件的验算

对于所设计的上述行星齿轮传动应满足如下的装配条件。

① 邻接条件　按公式(3-7) 验算其邻接条件，即

$$d_{ac}<2a'_{ac}\sin\frac{\pi}{n_p}$$

将已知的 d_{ac}、a'_{ac}和 n_p 值代入上式，则得

$$91.3608\mathrm{mm}<2\times66\times\sin\frac{180°}{3}=114.3154\ (\mathrm{mm})$$

即满足邻接条件。

② 同心条件　按公式(3-15) 验算该 3Z(Ⅱ)型行星传动的同心条件，即

$$\frac{z_a+z_c}{\cos\alpha'_{ac}}=\frac{z_b-z_c}{\cos\alpha'_{bc}}=\frac{z_e-z_c}{\cos\alpha'_{ec}}$$

各齿轮副的啮合角为 $\alpha'_{ac}=23°18'$、$\alpha'_{bc}=28°53'$和 $\alpha'_{ec}=\alpha=20°$；且知 $z_a=15$、$z_b=69$、$z_e=72$ 和 $z_c=28$。代入上式，即得

$$\frac{15+28}{\cos23°18'}=\frac{69-28}{\cos28°53'}=\frac{72-28}{\cos20°}=46.82$$

则满足同心条件。

③ 安装条件　按公式(3-25) 验算其安装条件，即得

$$\begin{cases}\dfrac{z_a+z_b}{n_p}=\dfrac{15+69}{3}=28\ (\text{整数})\\[2ex]\dfrac{z_b+z_e}{n_p}=\dfrac{69+72}{3}=47\ (\text{整数})\end{cases}$$

所以，满足其安装条件。

(7) 选择各个齿轮的精度

按照表 5-4 各类机械传动所应用的齿轮精度和表 5-5 各精度等级齿轮的适用范围。本设计示例为石油机械，可选择其各个齿轮精度为 7～8 级。

齿轮工作图上可标注为：齿轮精度　7GB/T 10095－2008。

(8) 传动效率的计算

由表 11-2 中的几何尺寸计算结果可知，内齿轮 b 的节圆直径 $d'_b=222.1463\mathrm{mm}$ 大于内齿轮 e 的节圆直径 $d'_e=216\mathrm{mm}$，即 $d'_b>d'_e$，故该 3Z（Ⅱ）行星传动的传动效率 η^b_{ae}可采用表 6-2 中的公式（1）进行计算，即

$$\eta^b_{ae}=\frac{0.98}{1+\left|\dfrac{i^b_{ae}}{1+p}-1\right|\psi^x_{be}}$$

已知 $i^b_{ae}=134.4$ 和 $p=z_b/z_a=\dfrac{69}{15}=4.6$

其啮合损失系数

$$\psi_{be}^{x}=\psi_{mb}^{x}+\psi_{me}^{x}$$

ψ_{mb}^{x}和 ψ_{me}^{x}可按公式(6-37) 计算，即有

$$\psi_{mb}^{x}=2.3f_{m}\left(\frac{1}{z_{c}}-\frac{1}{z_{b}}\right)$$

$$\psi_{me}^{x}=2.3f_{m}\left(\frac{1}{z_{c}}-\frac{1}{z_{e}}\right)$$

取轮齿的啮合摩擦因数 $f_m=0.1$，且将 z_c、z_b 和 z_e 代入上式，可得

$$\psi_{mb}^{x}=2.3\times0.1\left(\frac{1}{28}-\frac{1}{69}\right)=0.00488$$

$$\psi_{me}^{x}=2.3\times0.1\left(\frac{1}{28}-\frac{1}{72}\right)=0.00502$$

即有

$$\psi_{be}^{x}=\psi_{mb}^{x}+\psi_{me}^{x}=0.00488+0.00502=0.0099$$

所以，其传动效率为

$$\eta_{ae}^{b}=\frac{0.98}{1+\left|\frac{134.4}{1+4.6}-1\right|\times0.0099}=0.80$$

可见，该行星齿轮传动的传动效率较高，可以满足短期间断工作方式的使用要求。

(9) 结构设计

根据 3Z(Ⅱ)型行星传动的工作特点、传递功率的大小和转速的高低等情况，对其进行具体的结构设计。首先应确定中心轮（太阳轮）a 的结构，因为它的直径 d 较小，所以，轮 a 应该采用齿轮轴的结构型式；即将中心轮 a 与输入轴连成一个整体。且按该行星传动的输入功率 P 和转速 n 初步估算输入轴的直径 d_A，同时进行轴的结构设计。为了便于轴上零件的装拆，通常将轴制成阶梯形。总之，在满足使用要求的情况下，轴的形状和尺寸应力求简单，以便于加工制造。

内齿轮 b 采用了十字滑块联轴器的均载机构进行浮动；即采用齿轮固定环将内齿轮 b 与箱体的端盖连接起来，从而可以将其固定。内齿轮 e 采用了将其与输出轴连成一体的结构，且采用平面辐板与其轮毂相连接。

行星轮 c 采用带有内孔的结构，它的齿宽 b 应当加大；以便保证该行星轮 c 与中心轮 a 的啮合良好，同时还应保证其与内齿轮 b 和 e 相啮合。在每个行星轮的内孔中，可安装两个滚动轴承来支承着。而行星轮轴在安装到转臂 x 的侧板上之后，还采用了矩形截面的弹性挡圈来进行轴向固定。

由于该 3Z 型行星传动的转臂 x 不承受外力矩，也不是行星传动的输入或输出构件；而且还具有 $n_p=3$ 个行星轮。因此，其转臂 x 采用了双侧板整体式的结构型式（见图 10-17)。该转臂 x 可以采用两个向心球轴承支承在中心轮 a 的轴上。

转臂 x 上各行星轮轴孔与转臂轴线的中心距极限偏差 f_a 可按公式(10-1) 计算。现已知啮合中心距 $a'=66$mm，则得

$$f_a\leqslant\pm\frac{8\sqrt[3]{a'}}{1000}=\pm\frac{8\sqrt[3]{66}}{1000}=0.032\ (\text{mm})$$

取 $f_a=32\mu$m

各行星轮轴孔的孔距相对偏差 δ_1 可按公式(10-2) 计算，即

$$\delta_1\leqslant(3\sim4.5)\frac{\sqrt{a'}}{1000}=(3\sim4.5)\frac{\sqrt{66}}{1000}=0.024\sim0.036\ (\text{mm})$$

取 $\delta_1=0.030\text{mm}=30\mu$m

转臂 x 的偏心误差 e_x 约为孔距相对偏差 δ_1 的 1/2，即

$$e_x\approx\frac{\delta_1}{2}=15\mu\text{m}$$

在对所设计的行星齿轮传动进行了其啮合参数和几何尺寸计算，验算其装配条件，且进行了结构设计之后，便可以绘制该行星齿轮传动结构图（或装配图）。本设计示例的结构图如图 11-1 所示。

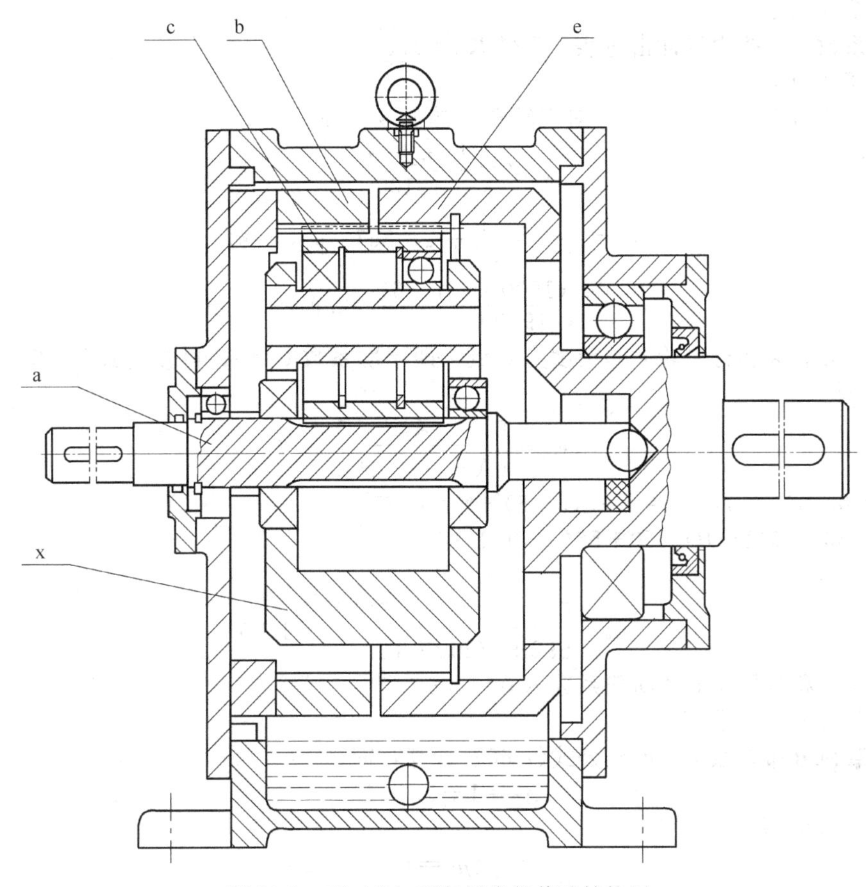

图 11-1　3Z（Ⅱ）型行星齿轮传动结构图

（10）齿轮强度验算

由于 3Z(Ⅱ)型行星齿轮传动具有短期间断的工作特点，且具有结构紧凑、外廓尺寸较小和传动比大的特点。针对其工作特点，只需按其齿根弯曲应力的强度条件公式(7-72) 进行校核计算，即

$$\sigma_F \leqslant \sigma_{FP}$$

首先按公式(7-69) 计算齿轮的齿根应力，即

$$\sigma_F = \sigma_{F0} K_A K_v K_{F\beta} K_{F\alpha} K_{Fp}$$

其中，齿根应力的基本值 σ_{F0} 可按公式(7-70) 计算，即

$$\sigma_{F0} = \frac{F_t}{bm} Y_{Fa} Y_{Sa} Y_\varepsilon Y_\beta$$

许用齿根应力 σ_{FP} 可按公式(7-71) 计算，即

$$\sigma_{FP} = \frac{\sigma_{Flim} Y_{ST} Y_{NT}}{S_{Fmin}} Y_{\delta relT} Y_{RrelT} Y_X$$

现将该 3Z(Ⅱ)行星传动按照三个齿轮副 a-c、b-c 和 e-c 分别验算如下。

① a-c 齿轮副

A. 名义切向力 F_t。

中心轮 a 的切向力 $F_t = F_{tca}$ 可按公式(7-31) 计算；已知 $T_a = 140.1\text{N} \cdot \text{m}$，$n_p = 3$ 和 $d'_a = 46.047\text{mm}$。则得

$$F_t=\frac{2000T_a}{n_p d'_a}=\frac{2000\times 140.1}{3\times 46.047}=2028\ (\text{N})$$

B. 有关系数。

使用系数 K_A。

使用系数 K_A 按中等冲击查表 7-7 得 $K_A=1.5$。

动载荷系数 K_v。

先按公式(7-57) 计算轮 a 相对于转臂 x 的速度，即

$$v^x=\frac{d'_a(n_a-n_x)}{19100}$$

其中
$$n_x=\frac{n_a}{1+p}=\frac{1500}{1+4.6}=267.86\ (\text{m/s})$$

所以
$$v^x=\frac{46.047(1500-267.86)}{19100}=2.97\approx 3\ (\text{m/s})$$

已知中心轮 a 和行星轮 c 的精度为 6 级，即精度系数 $C=6$；再按公式(7-58) 计算动载系数 K_v，即

$$K_v=\left[\frac{A}{A+\sqrt{200v^x}}\right]^{-B}$$

式中　$B=0.25(C-5)^{0.667}=0.25(6-5)^{0.667}=0.25$

$A=50+56(1-B)=50+56(1-0.25)=92$

则得

$$K_v=\left[\frac{92}{92+\sqrt{200\times 3}}\right]^{-0.25}=1.06$$

中心轮 a 和行星轮 c 的动载系数 $K_v=1.06$。

齿向载荷分布系数 $K_{F\beta}$。

齿向载荷分布系数 $K_{F\beta}$可按公式(7-60) 计算，即

$$K_{F\beta}=1+(\theta_b-1)\mu_F$$

由图 7-7(b)得

$$\mu_F=1$$

$$\phi_d=\frac{0.5a'}{d_a}=\frac{0.5\times 66}{45}=0.73$$

由图 7-8 得 $\theta_b=1.3$，代入上式，则得

$$K_{F\beta}=1+(1.3-1)\times 1=1.3$$

齿间载荷分配系数 $K_{F\alpha}$。

齿间载荷分配系数 $K_{F\alpha}$由表 7-9 可查得

$$K_{F\alpha}=1.1$$

行星轮间载荷分配系数 K_{Fp}。

行星轮间载荷分配系数 K_{Fp}按公式(8-12) 计算，

即
$$K_{Fp}=1+1.5(K_{Hp}-1)$$

已取 $K_{Hp}=1.2$，则得

$$K_{Fp}=1+1.5(1.2-1)=1.3$$

齿形系数 Y_{Fa}。

齿形系数 Y_{Fa}由图 7-22 查得

$$Y_{Fa1}=2.58\qquad Y_{Fa2}=2.33$$

应力修正系数 Y_{Sa}。

应力修正系数 Y_{Sa}由图 7-24 查得

$$Y_{Sa1}=1.63\qquad Y_{Sa2}=1.73$$

重合度系数 Y_ε。

重合度系数 Y_ε 可按公式(7-75) 计算，即

$$Y_\varepsilon=0.25+\frac{0.75}{\varepsilon_{ac}}=0.25+\frac{0.75}{1.4}=0.78$$

螺旋角系数 Y_β。

螺旋角系数 Y_β 由图 7-25 得

$$Y_\beta=1$$

因行星轮 c 不仅与中心轮 a 啮合，且同时与内齿轮 b 和 e 相啮合，故取齿宽 $b=60$mm。

C. 计算齿根弯曲应力 σ_F。

按公式(7-69) 计算齿根弯曲应力 σ_F，即

$$\sigma_{F1}=\frac{F_t}{bm}Y_{Fa1}Y_{Sa1}Y_\varepsilon Y_\beta K_A K_v K_{F\beta}K_{F\alpha}K_{Fp}$$

$$=\frac{2028}{60\times3}\times2.58\times1.63\times0.78\times1\times1.5\times1.06\times1.3\times1.1\times1.3=109\ (\text{N/mm}^2)$$

$$\sigma_{F2}=\frac{2028}{60\times3}\times2.33\times1.73\times0.78\times1\times1.5\times1.06\times1.3\times1.1\times1.3=105\ (\text{N/mm}^2)$$

取弯曲应力 $\sigma_F=110\text{N/mm}^2$。

D. 计算许用齿根应力 σ_{FP}。

按公式(7-71) 计算许用齿根应力 σ_{FP}，即

$$\sigma_{FP}=\frac{\sigma_{Flim}}{S_{Fmin}}Y_{ST}Y_{NT}Y_{\delta relT}Y_{RrelT}Y_X$$

已知齿根弯曲疲劳极限 $\sigma_{Flim}=340\text{N/mm}^2$。

由表 7-11 查得最小安全系数 $S_{Fmin}=1.6$。

式中各系数 Y_{ST}、Y_{NT}、$Y_{\delta relT}$、Y_{RrelT}和 Y_X 取值如下。

应力系数 Y_{ST}，按所给定的 σ_{Flim} 区域图取 σ_{Flim} 时，取 $Y_{ST}=2$。

寿命系数 Y_{NT}按表 7-16 中的（4）式计算，即

$$Y_{NT}=\left(\frac{3\times10^6}{N_L}\right)^{0.02}$$

式中应力循环次数 N_L 按表 7-13 中的相应公式计算，且可按每年工作 300 天，每天工作 16h，即

$$N_L=60(n_a-n_x)n_p t=60(1500-267.86)\times3=1.06\times10^9$$

则得

$$Y_{NT}=\left(\frac{3\times10^6}{1.06\times10^9}\right)^{0.02}=0.89$$

齿根圆角敏感系数 $Y_{\delta relT}$按图 7-33 查得 $Y_{\delta relT}=1$。

相对齿根表面状况系数 Y_{RrelT}按表 7-18 中对应公式计算，即

$$Y_{RrelT}=1.674-0.529(R_z+1)^{0.1}$$

取齿根表面微观不平度 $R_z=12.5\mu$m，代入上式得

$$Y_{RrelT}=1.674-0.529(12.5+1)^{0.1}=0.98$$

尺寸系数 Y_X 按表 6-17 中对应的公式计算，即

$$Y_X=1.05-0.01m_n=1.05-0.01\times3=1.02$$

代入公式(7-71) 可得许用齿根应力为

$$\sigma_{FP}=\frac{340}{1.6}\times2\times0.89\times1\times0.98\times1.02=378(\text{N/mm}^2)$$

因齿根应力 $\sigma_F=110\text{N/mm}^2$ 小于许用齿根应力 $\sigma_{FP}=378\text{N/mm}^2$，即 $\sigma_F<\sigma_{FP}$。所以，a-c 齿轮副满足齿根弯曲强度条件。

② b-c 齿轮副　在内啮合齿轮副 b-c 中只需要校核内齿轮 b 的齿根弯曲强度，即仍按公式(7-69) 计算其齿根弯曲应力 σ_{F2} 及按公式(7-71) 计算许用齿根应力 σ_{FP}。已知 $z_2=z_b=69$，$\sigma_{Flim}=260\text{N/mm}^2$。

仿上，通过查表或采用相应的公式计算，可得到取值与外啮合不同的系数为 $K_v=1.11$，

$K_{F\beta}=1.26$，$K_{F\alpha2}=1.1$，$K_{Fp}=1$，$Y_{Fa2}=2.053$，$Y_{Sa2}=2.65$，$Y_{\varepsilon2}=0.76$，$Y_{NT}=0.92$，$Y_{\delta relT}=1.03$ 和 $Y_X=1.01$。代入上式则得

$$\sigma_{F2}=\frac{F_t}{bm}Y_{Fa2}Y_{Sa2}Y_{\varepsilon2}Y_{\beta}K_AK_vK_{F\beta}K_{F\alpha2}K_{Fp2}$$

$$=\frac{2028}{60\times3}\times2.053\times2.65\times0.76\times1\times1.5\times1.11\times1.26\times1.1\times1=108\ (\text{N/mm}^2)$$

取
$$\sigma_F=110\text{N/mm}^2$$

$$\sigma_{FP}=\frac{\sigma_{Flim}}{S_{Fmin}}Y_{ST}Y_{NT}Y_{\delta relT}Y_{RrelT}Y_X=\frac{260}{1.6}\times2\times0.92\times1.03\times0.98\times1.01=305\ (\text{N/mm}^2)$$

可见，$\sigma_{Fp}>\sigma_{F2}$，故 b-c 齿轮副满足齿根弯曲强度条件。

③ e-c 齿轮副　仿上，e-c 齿轮副只需要校核内齿轮 e 的齿根弯曲强度，即仍按公式(7-69) 计算 σ_{F2} 和按公式(7-71) 计算 σ_{FP}。仿上，与内齿轮 b 不同的系数为 $K_{FP}=1.02$ 和 $Y_{\varepsilon}=0.68$。代入上式，则得

$$\sigma_{F2}=\frac{F_t}{bm}Y_{Fa2}Y_{Sa2}Y_{\varepsilon2}Y_{\beta}K_AK_vK_{F\beta}K_{F\alpha}K_{Fp}$$

$$=\frac{2028}{60\times3}\times2.053\times2.65\times0.68\times1\times1.5\times1.11\times1.26\times1.1\times1.02=98\ (\text{N/mm}^2)$$

因
$$\sigma_{F1}=105\text{N/mm}^2$$

取
$$\sigma_F=105\text{N/mm}^2$$

$$\sigma_{FP}=\frac{\sigma_{Flim}}{S_{Fmin}}Y_{ST}Y_{NT}Y_{\delta relT}Y_{RrelT}Y_X=\frac{260}{1.6}\times2\times0.92\times1.03\times0.98\times1.01=305\ (\text{N/mm}^2)$$

可见，$\sigma_{FP}>\sigma_F$，故 e-c 齿轮副满足弯曲强度条件。

11.3 行星齿轮传动结构图例

图 11-2～图 11-13 所示为行星齿轮传动结构图例。

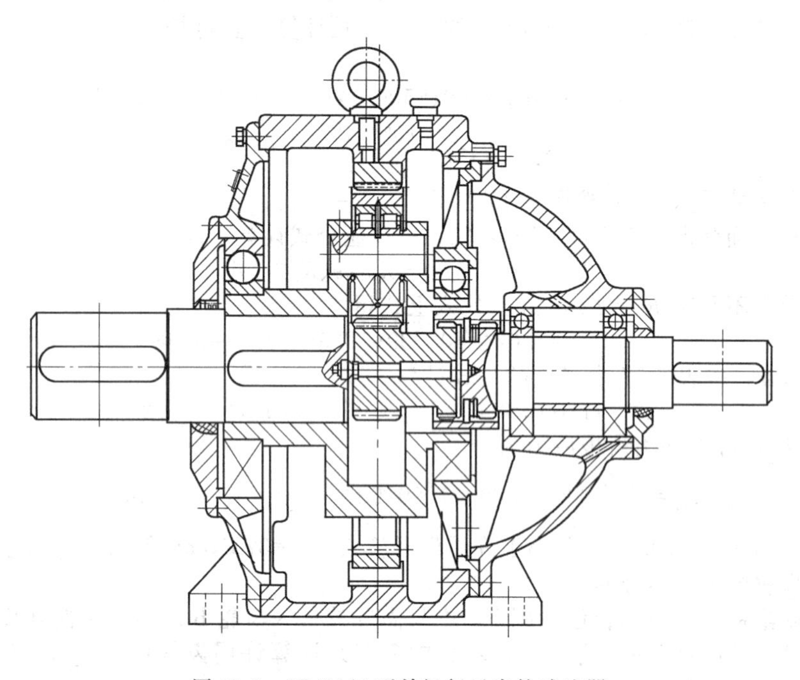

图 11-2　2Z-X(A)型单级行星齿轮减速器

（太阳轮 a 浮动，$i_{ax}^{b}>4.5$，$z_a<z_c$）

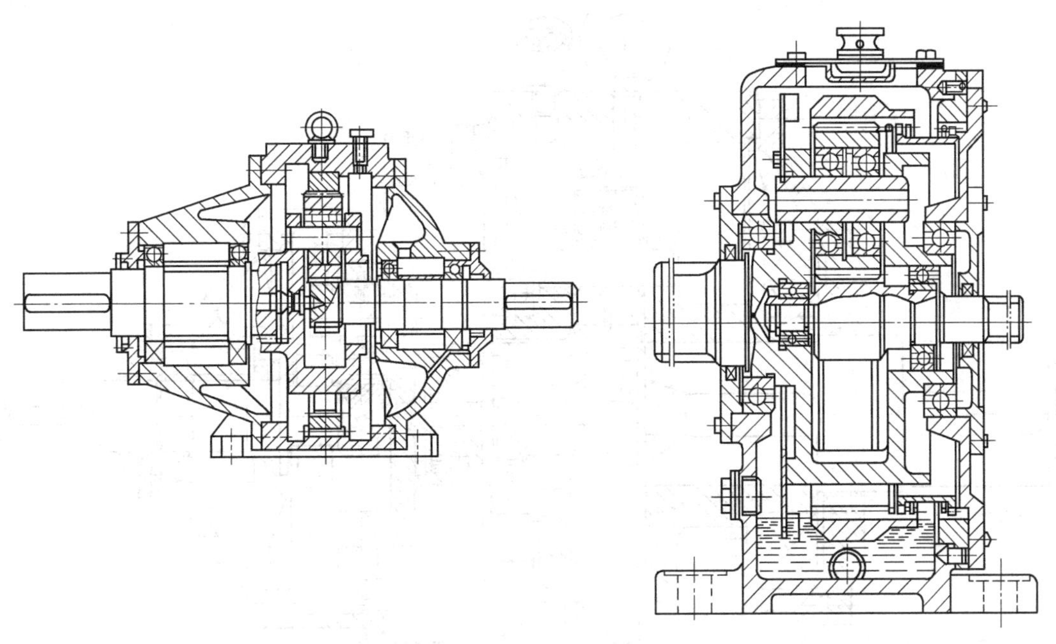

图 11-3　2Z-X(A)型单级行星减速器
(行星架浮动)

图 11-4　2Z-X(A)型行星减速器
(内齿轮浮动)

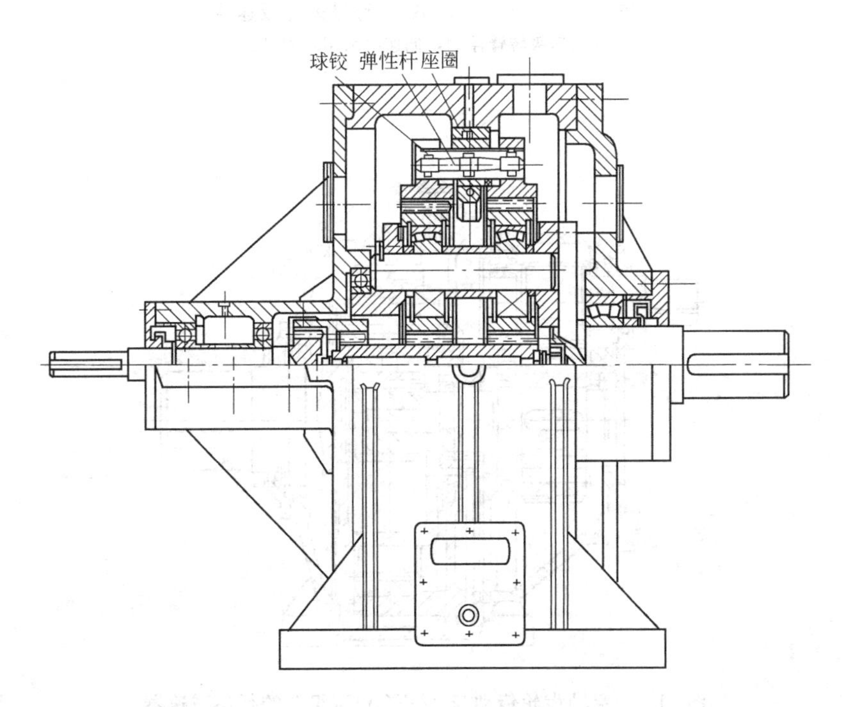

图 11-5　双排 2Z-X(A)型大规格行星减速器
(两排内齿轮之间采用弹性杆均载，高速端的端盖为轴向剖分式)

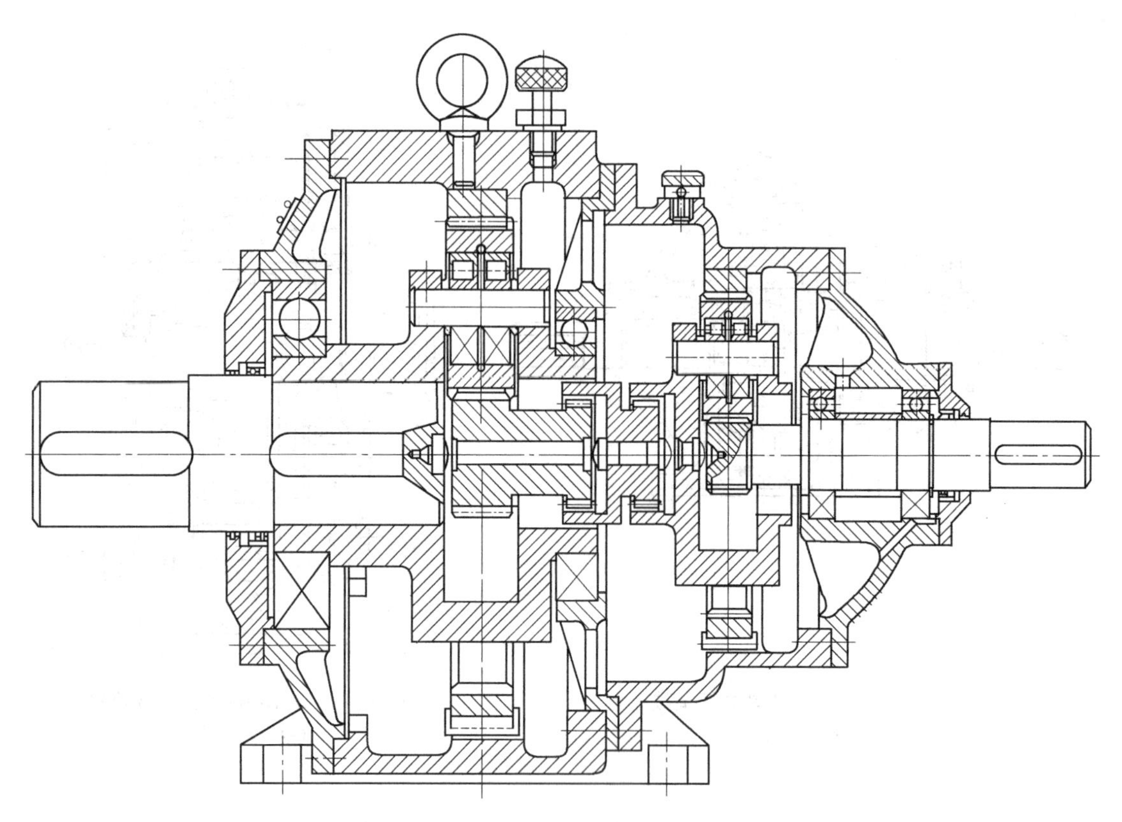

图 11-6　两级 2Z-X(A)型行星齿轮减速器

（高速级转臂浮动，低速级太阳轮浮动）

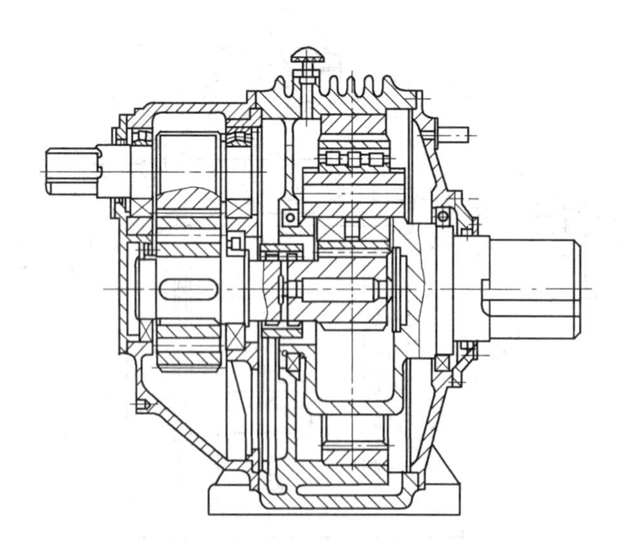

图 11-7　定轴齿轮传动与 2Z-X(A)型组合的行星减速器

（低速级太阳轮浮动）

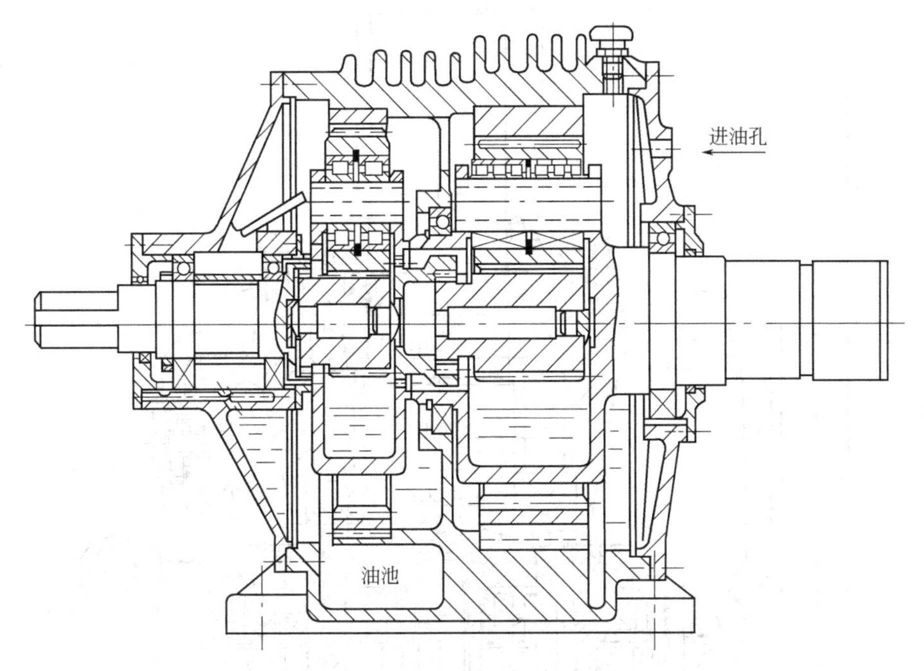

图 11-8　两级 2Z-X(A)型大规格行星减速器
(高速级及低速级均为太阳轮浮动)

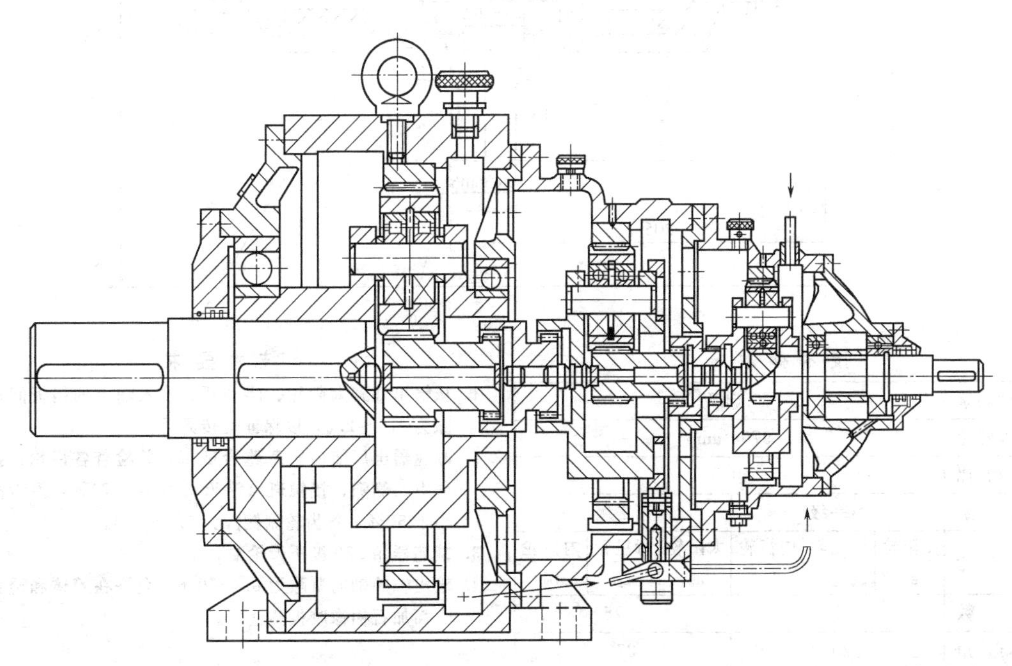

图 11-9　2Z-X(A)型三级行星减速器
(一级 行星架浮动；二级 太阳轮与行星架同时浮动；三级 太阳轮浮动)

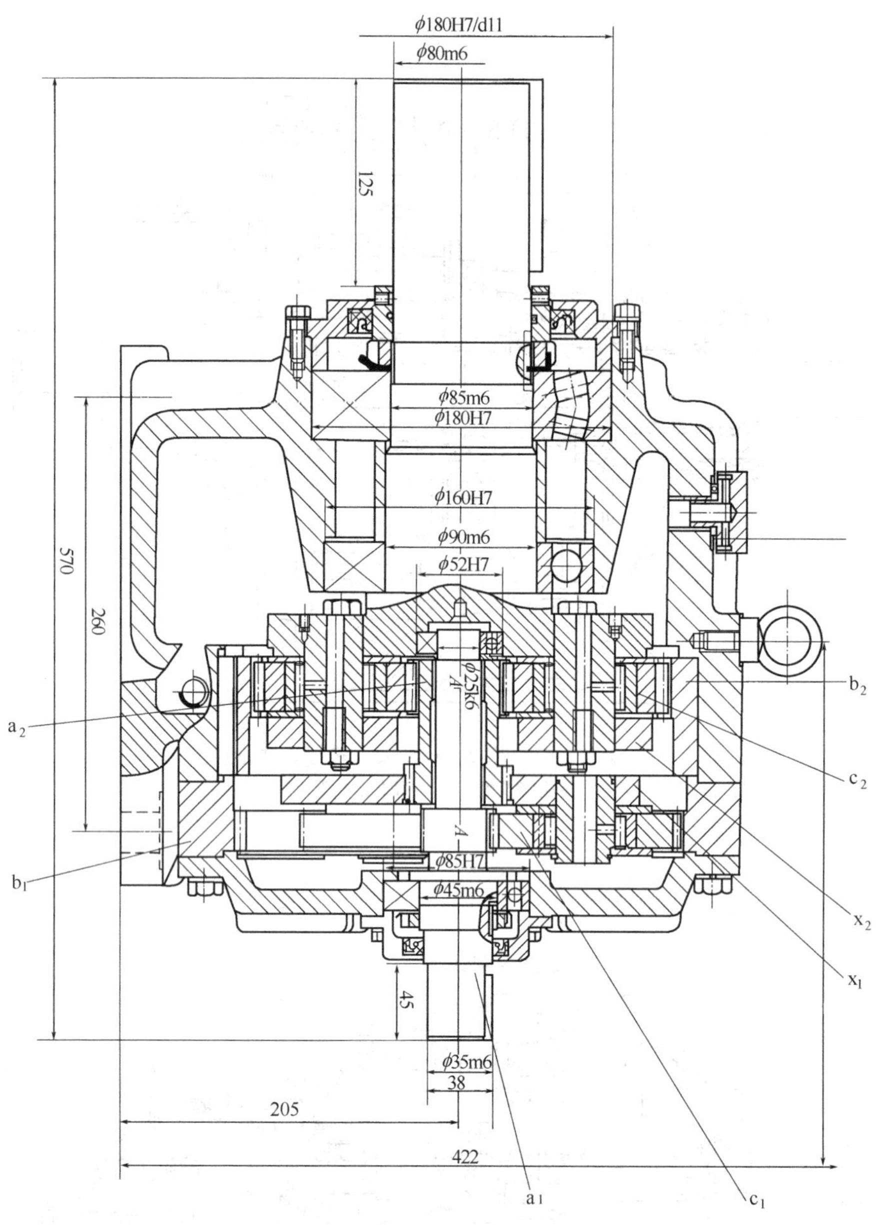

技术参数表

传动功率	5.5kW					
输入转速	970r/min					
传动比	40.5					
级别	第一级			第二级		
齿轮	太阳轮 a_1	行星轮 c_1	内齿轮 b_1	太阳轮 a_2	行星轮 c_2	内齿轮 b_2
模数	2			2.75		
齿形角	20°			27°		
齿数	20	55	130	20	34	88

技术要求

1. 从输出轴到太阳轮、浮动环、输入轴上的挡板间总间隙为 1.8～2.5，以保证运转灵活。
2. 减速器出厂前应轻载跑合试车，并检查各齿轮；接触斑点与侧隙，接触斑点沿齿长不小于 70%，沿齿高不小于 50%，各齿轮副侧隙为 0.2～0.3。
3. 减速器用 220 极压齿轮油。
4. 输出轴的轴向游隙为 0.4～0.6，允许在箱体和透盖结合面加石棉橡胶板调整之。

图 11-10　二级 2Z-X(A)型行星齿轮减速器

(行星轮浮动)

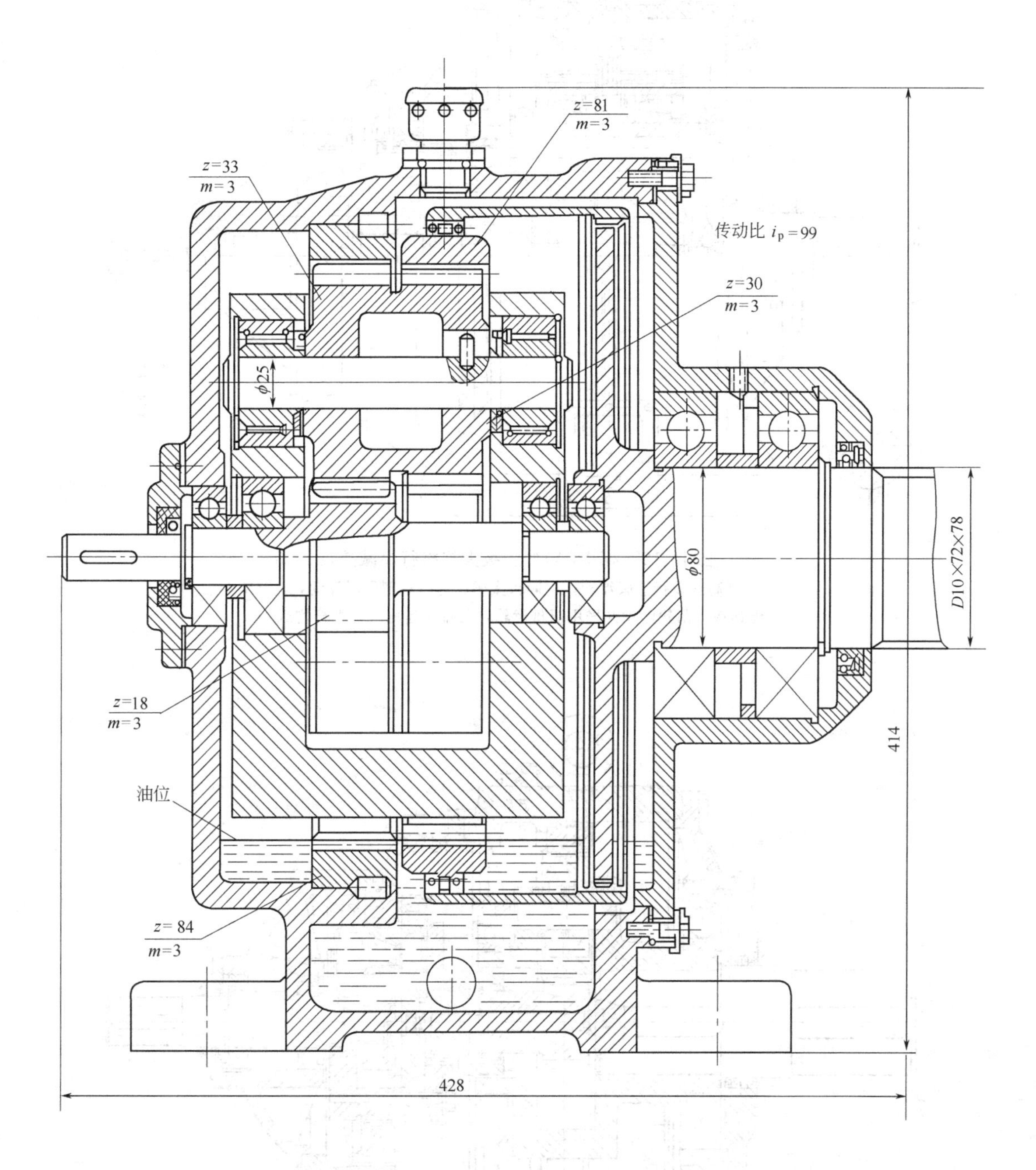

图 11-11　3Z(Ⅰ)型行星齿轮减速器

(内齿轮 e 浮动)

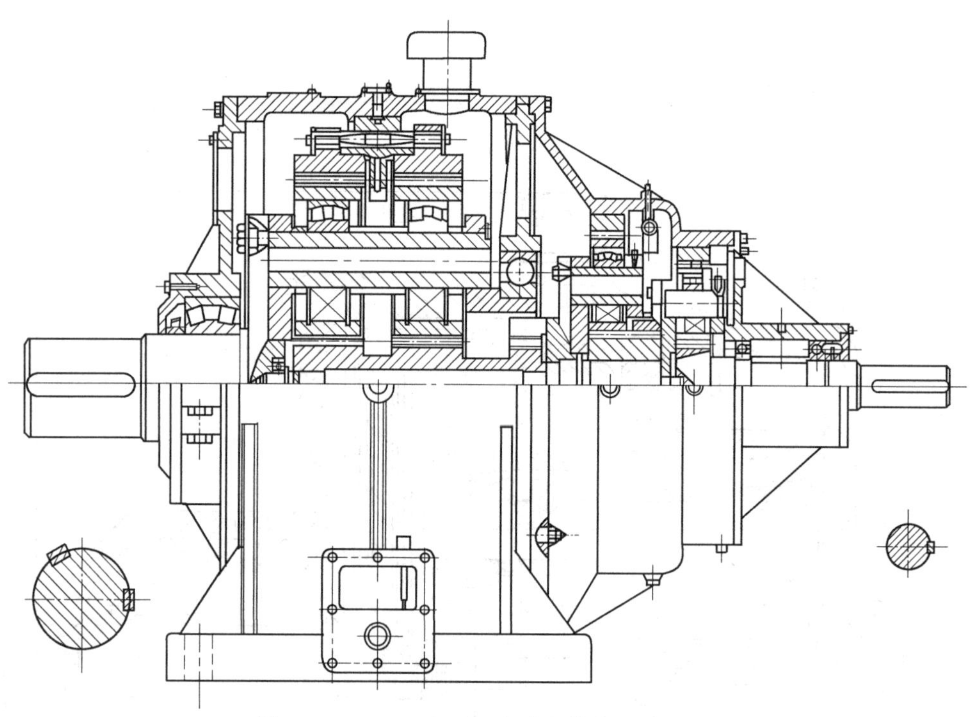

图 11-12　2Z-X(A)型三级大规格行星减速器
(高速级行星架浮动，中间级太阳轮与行星架同时浮动，
低速级太阳轮浮动并采用双排齿轮，两排内齿轮以弹性杆均载)

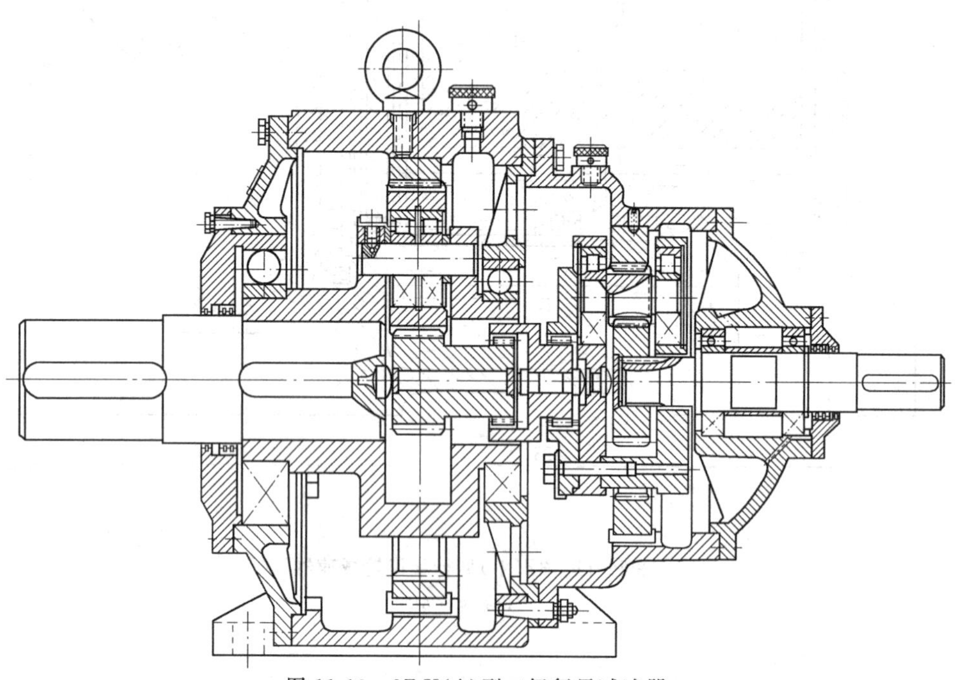

图 11-13　2Z-X(A)型二级行星减速器
(高速级行星架浮动，低速级太阳轮浮动)

第12章　行星齿轮变速传动设计

12.1　概述

如前所述，在一个齿轮传动机构中，一般只进行减速传动或增速传动，即它仅输出一个转速 n_2。而目前在各种机械传动装置中，却需要齿轮传动机构同时提供若干个不同转速 n_2 的变速传动。由于在许多机械传动装置上被广泛采用的原动机（电动机和内燃机等），其转矩变化范围较小，而各种机械传动装置的使用情况又十分复杂。为了解决这种矛盾，在机械传动装置中需要设置齿轮变速传动机构，即设置齿轮变速箱。

齿轮变速传动的主要用途如下：

① 在一定范围内，改变齿轮传动输出轴的转速和转矩，以适应工作机械经常变化的工况和运转速度的需要；

② 实现机动车辆前进和倒退的行驶速度；

③ 实现空挡，即在原动机运转和主离合器结合的情况下，使工作机仍能停止工作。

根据齿轮变速传动挡数的多少，可将它分为有级变速传动和无级变速传动。所谓有级变速传动就是具有有限的若干个定值传动比的齿轮变速传动。而能使其传动比在一定范围内连续变化为任意值（无限多个）的齿轮变速传动，则称之为无级变速传动。另外，根据齿轮传动的类型又可将其分为普通齿轮（定轴式）变速传动和行星齿轮变速传动两种。

行星齿轮变速传动与普通齿轮变速传动相比较，它主要的优点是结构紧凑、承载能力大、工作可靠，传动比大和传动效率高，换挡轻便、迅速，容易实现自动换挡等。因此，行星齿轮变速传动在现代坦克、装甲车辆和起重运输机械等履带车辆，冶金矿山机械和工程机械中已获得日益广泛的应用。

当分离所有的控制元件（制动器和离合器）时，根据齿轮变速传动所具有的自由度数，行星齿轮变速传动可分为两自由度的行星变速传动、三自由度的行星变速传动和四自由度的行星变速传动等。

根据行星变速传动所具有的自由度数目的不同，它可由若干个控制元件（制动器和离合器）和简单行星齿轮传动所组成。在多级行星变速传动中，所采用的具有三个基本构件的简单行星齿轮传动［大都是2Z-X(A)型传动］，称为单元行星传动或称为行星排。

在具有三个基本构件（中心轮 a、b 和转臂 x）的 2Z-X(A)型行星传动中，除行星轮 c 外，其他三个构件均可根据传动比的要求，任选其中的两个构件，一个为输入件 A，另一个为输出件 B。如果用制动或其他方法给三个构件中的任何一个构件固定或使其转速为某个定值时，则整个行星齿轮传动的运动就被确定下来；此时其他两个构件就分别成为输入件或输出件。

对于单元行星齿轮传动（即行星排），若采用上述方法制动一个构件，且确定其余两个构件为输入件和输出件，则根据不同的选择便可以得到六个不同传动比的传动方案，如图12-1所示。图中，A 为输入轴、B 为输出轴、Z 为制动器。

第一传动方案［见图12-1(a)］，用制动器 Z 制动内齿轮 b（即 $n_b=0$），中心轮 a 输入，转臂 x 输出，则其传动比为

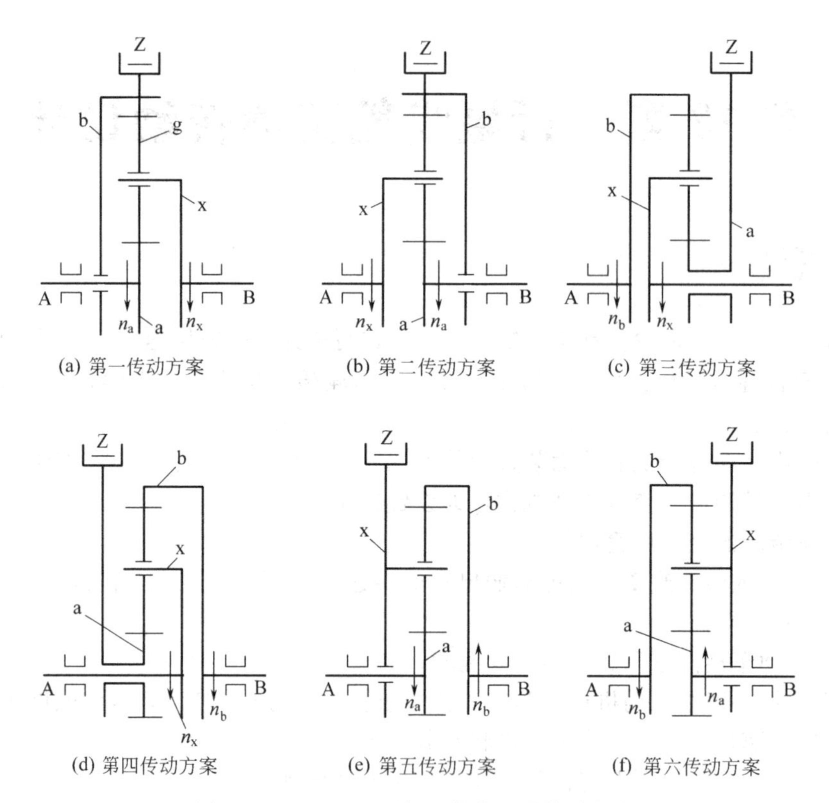

图 12-1　2Z-X(A)型行星排的六种传动方案

$$i_{ax}^{b}=\frac{n_a}{n_x}=1+p$$

因 2Z-X(A)型行星排的特性参数为 $p=\frac{z_b}{z_a}>1$，所以传动比 $i_{ax}^{b}>1$，故该单元行星传动为减速传动，且表示在行星变速传动中，该传动方案可以作为第一挡使用。

第二传动方案［见图 12-1(b)］，制动内齿轮 b（即 $n_b=0$），转臂 x 输入，中心轮 a 输出，其传动比为

$$i_{xa}^{b}=\frac{n_x}{n_a}=\frac{1}{1+p}<1$$

可见，因 $i_{xa}^{b}<1$，故该单元行星传动为增速传动。在行星齿轮变速传动中该传动方案可以作为第四挡使用。

第三传动方案［见图 12-1(c)］，制动中心轮 a（即 $n_a=0$），内齿轮 b 输入，转臂 x 输出，其传动比为

$$i_{bx}^{a}=\frac{n_b}{n_x}=\frac{1+p}{p}>1$$

可见，该单元行星传动为减速传动。在行星齿轮变速传动中该传动方案可以作为第二挡使用。

第四传动方案［见图 12-1(d)］，制动中心轮 a（即 $n_a=0$），转臂 x 输入，内齿轮 b 输出，其传动比为

$$i_{xb}^{a}=\frac{n_x}{n_b}=\frac{p}{1+p}<1$$

可见，该单元行星传动为增速传动。在行星齿轮变速传动中该传动方案可以作为第三挡

使用。

第五传动方案［见图 12-1(e)］，制动转臂 x（即 $n_x=0$），中心轮 a 输入，内齿轮 b 输出，其传动比为

$$i_{ab}^{x}=\frac{n_a}{n_b}=-p(|i_{ab}^{x}|>1)$$

式中“－”号表示转速 n_b 与 n_a 旋转方向相反；且表示该单元行星传动为减速传动。在行星齿轮变速传动中该传动方案可以作为倒挡减速使用。

第六传动方案［见图 12-1(f)］，制动转臂 x（即 $n_x=0$），内齿轮 b 输入，中心轮 a 输出，其传动比为

$$i_{ba}^{x}=\frac{n_b}{n_a}=-\frac{1}{p}(|i_{ba}^{x}|<1)$$

可见，该单元行星传动为增速传动；且转速 n_a 与 n_b 旋转方向相反。在行星齿轮变速传动中该传动方案可以作为倒挡增速使用。

图 12-1 所示的单元行星齿轮传动六个传动方案的传动比 i_p 和效率 η 值见表 12-1。

表 12-1　2Z-X(A)型行星排的传动比和传动效率

传动方案	传动比 i_p	传动效率 η	行星排的特性参数 p						功　用
			1.4	1.6	3.0	4.0	5.0	7.0	
1	$i_{ax}^{b}=1+p$	$\eta_{ax}^{b}=\frac{1+p\eta^x}{1+p}$	$\frac{2.4}{0.976}$	$\frac{2.6}{0.975}$	$\frac{4}{0.97}$	$\frac{5}{0.968}$	$\frac{6}{0.967}$	$\frac{8}{0.965}$	减速传动
2	$i_{xa}^{b}=\frac{1}{1+p}$	$\eta_{xa}^{b}=\frac{(1+p)\eta^x}{\eta^x+p}$	$\frac{0.417}{0.978}$	$\frac{0.385}{0.977}$	$\frac{0.25}{0.97}$	$\frac{0.2}{0.968}$	$\frac{0.167}{0.966}$	$\frac{0.125}{0.965}$	增速传动
3	$i_{bx}^{a}=\frac{1+p}{p}$	$\eta_{bx}^{a}=\frac{\eta^x+p}{1+p}$	$\frac{1.715}{0.984}$	$\frac{1.63}{0.985}$	$\frac{1.33}{0.99}$	$\frac{1.25}{0.992}$	$\frac{1.2}{0.994}$	$\frac{1.14}{0.995}$	减速传动
4	$i_{xb}^{a}=\frac{p}{1+p}$	$\eta_{xb}^{a}=\frac{(1+p)\eta^x}{1+p\eta^x}$	$\frac{0.583}{0.985}$	$\frac{0.615}{0.986}$	$\frac{0.76}{0.99}$	$\frac{0.8}{0.992}$	$\frac{0.835}{0.994}$	$\frac{0.877}{0.995}$	增速传动
5	$i_{ab}^{x}=-p$	$\eta_{ab}^{x}=\eta^x$	$\frac{-1.4}{0.96}$	$\frac{-1.6}{0.96}$	$\frac{-3}{0.96}$	$\frac{-4}{0.96}$	$\frac{-5}{0.96}$	$\frac{-7}{0.96}$	倒挡减速传动
6	$i_{ba}^{x}=-\frac{1}{p}$	$\eta_{ba}^{x}=\eta^x$	$\frac{-0.715}{0.96}$	$\frac{-0.625}{0.96}$	$\frac{-0.33}{0.96}$	$\frac{-0.25}{0.96}$	$\frac{-0.2}{0.96}$	$\frac{-0.143}{0.96}$	倒挡增速传动

注：1. 分子为由 p 决定的传动比 i_p 值；分母为由 p 决定的传动效率 η 值。

2. η^x 为行星排转臂固定时的传动效率，一般可取 $\eta^x=\eta_{ac}\eta_{cb}=0.97\times0.99=0.96$。

在此，应该特别指出如下两点。

① 若将单元行星传动中的两个基本构件连接成为一体转动，比如，将中心轮 a 与内齿轮 b 连成一体，即 $n_a=n_b$，则其第三个构件的转速必然与前两个构件的转速相等，即有 $n_x=n_a=n_b$。显见，该行星齿轮传动成为一个整体旋转；人们将这样的组合，称为等价组合。此时，行星齿轮传动中所有的构件（包括行星轮 c）之间都没有相对运动。这种组合情况在行星齿轮变速传动中，则可以形成为直接挡传动，其传动比 $i_p=1$。这个重要结论，也可以由行星齿轮传动的构件运动特性方程式(2-7) 得到证明。例如，将中心轮 a 与内齿轮 b 连成一体旋转，即 $n_b=n_a$，按上述运动特性方程式可得

$$n_a+pn_b-(1+p)n_x=0$$

将 $n_a=n_b$ 代入上式，则可得

$$n_x=\frac{n_a+pn_a}{1+p}=n_a=n_b$$

同理，若将内齿轮 b 与转臂 x 连成一体，即 $n_x = n_b$；或将中心轮 a 与转臂 x 连成一体，即 $n_x = n_a$，均可以得到上述完全相同的结果。

② 如果单元行星齿轮传动中的所有构件均不制动，或者也不与另一单元行星齿轮传动的构件相连接，即它们都可以自由转动，则该单元行星齿轮传动就完全失去了传动作用，即在该行星传动中的各构件之间没有确定的相对运动。

12.2　行星齿轮变速传动的自由度和结构简图

在实际使用的行星齿轮变速传动中，大都采用了多个行星排组合成的多级行星变速传动。为此，在本章中主要研究的是行星齿轮变速传动的结构组成、行星齿轮变速传动的运动学和行星齿轮变速传动的受力分析等问题。

12.2.1　行星齿轮变速传动的自由度

根据《机械原理》可知，由于行星齿轮机构为平面机构，故其自由度可按下列公式计算。

$$W = 3n - 2p_L - p_H \tag{12-1}$$

式中　n ——运动构件数；

p_L ——运动低副数；

p_H ——运动高副数。

在行星齿轮传动中，可取 $p_L = n$，则可得

$$W = n - p_H \tag{12-2}$$

在多级行星变速传动中，其运动构件数 n 等于其运动基本构件数 n_0 和行星排数 k，即 $n = n_0 + k$。一般，在 2Z-X(A)型的每个行星排中都具有两个高副，即 $p_H = 2k$。

将上述 n 和 p_H 的关系式代入式(12-2)，则得多级行星变速机构的自由度计算公式如下。

$$W = n_0 - k \tag{12-3}$$

式中　n_0 ——运动的基本构件总数；

k ——行星排的总数。

由于式(12-3) 表明了变速传动的自由度 W 与其结构参数 k 和 n_0 的关系；且与其结构简图相对应，故将它称为结构公式。

【例题 12-1】 某个多级行星变速机构的传动简图如图 12-2(a)所示，试求该行星变速机构的自由度。

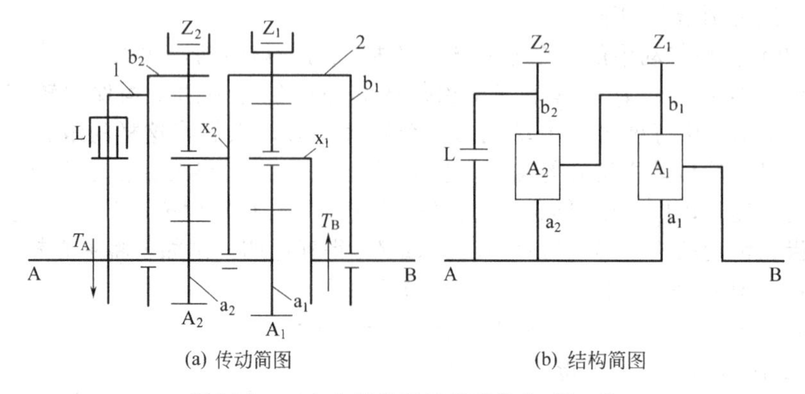

图 12-2　二自由度的行星变速传动（$k=2$）

解　由于该行星变速机构有四个运动的基本构件（构件 A、B、1 和 2）和两个行星排（A_1、A_2），即 $n_0=4$ 和 $k=2$，按式(12-3) 可求得其自由度为

$$W=n_0-k=4-2=2$$

因此，该行星变速机构具有两个自由度。

【例题 12-2】　某多级行星变速传动的传动简图如图 12-3(a)所示，试求该行星变速传动的自由度。

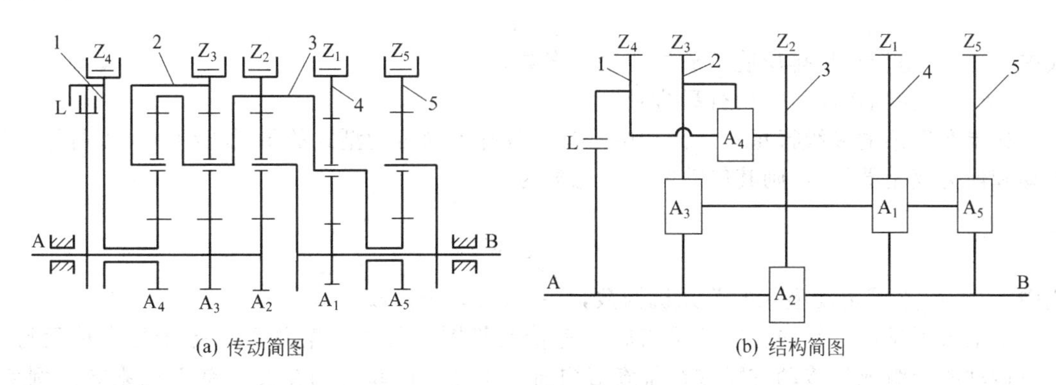

图 12-3　多级行星变速传动（$k=5$）

解　由于该行星变速传动有七个运动的基本构件（A、B 和 1～5）和五个行星排（A_1～A_5），即 $n_0=7$ 和 $k=5$。按结构公式(12-2)，则得其自由度为 $W=n_0-k=2$。故该多级行星变速传动具有两个自由度。

12.2.2　行星齿轮变速传动的结构简图

由于每个简单的行星传动（$k=1$）具有三个运动的基本构件，即 $k=1$ 和 $n_0=3$，故可得其自由度 $W=2$。对于简单的行星齿轮传动可用一个矩形图和三条直线来表示[图12-4(a)]，称它为结构链，其中三条直线代表基本构件。

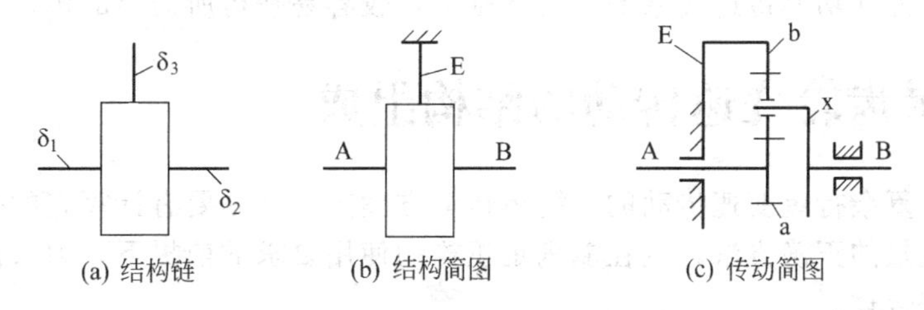

图 12-4　简单行星齿轮传动的结构链和结构简图

在结构链中，若基本构件 δ_1、δ_2、δ_3 分别为输入件 A、输出件 B 和固定构件 E，且不指明哪些构件是中心轮 a 和 b，哪个构件是转臂 x，则这种结构链称为简单行星传动的结构简图［图 12-4(b)］。如果在结构简图中，构件的符号用中心轮 a、b 和转臂 x 等的符号代替之，则可得到简单行星传动的传动简图［见图 12-4(c)］。2Z-X(A)型行星传动具有 $n_0!=3!=6$ 个不同的传动方案（见图 12-1）；图 12-4(c)所示的 A_{ax}^{b} 型行星传动简图只是其中的一个方案图。

图 12-2(b)所示的就是图 12-2(a)传动简图所对应的结构简图。在结构简图中，符号“—”表示制动器，符号“＝”表示离合器。行星排号为 A_1、A_2 等。

对于较复杂的多级行星变速传动都是由 n_0 个运动的基本构件和 k 个行星排（简单的 A 型行星传动）所组成的。由结构公式(12-2) 可知，当计算多级行星变速传动时，能够仅以其基本构件和行星排来考虑。因此，多级行星变速传动的传动方案简图可用其对应的结构简

图来代替。图 12-3(b)所示的就是图 12-3(a)传动简图所对应的结构简图。显然，上述结构简图清楚地表明了基本构件与行星排的相互联系以及各行星排之间的联系；并且还指出了在此基础上设计出按给定的传动比个数（挡数）可能组合的传动方案简图。

按照一个已知的结构简图（即知道 n_0 和 k)，便能够得到它所组成的全部传动方案图。对于由 k 个相同传动型式的行星排所组成的多级行星变速传动，其传动方案的总数 y 可按下式计算，即

$$y=t^k \tag{12-4}$$

式中　t ——每个行星排所能组成的传动方案数；

k ——相同传动型式的行星排数。

如果在复杂的多级行星变速传动中，具有各种不同传动型式的单元机构（譬如行星齿轮传动和液力变矩器等)，则其传动方案的总数为

$$y=\prod_{j=1}^{s}(t^k)j \tag{12-5}$$

式中　j ——不同传动型式的单元机构数，$j=1,\ 2,\ \cdots,\ s$。

由上式可见，已知的多级行星齿轮变速传动简图的传动方案总数 y 等于每个单元行星齿轮传动所能组成的传动方案数 t 和该结构简图中含有的单元行星传动数 k 的乘方。例如，对于图 12-4(b)所示的简单行星传动的结构简图，其每个单元行星传动的传动方案数 $t=6$；单元行星传动数 $k=1$；所以，该结构简图的传动方案总数为 $y=6$，如图 12-1 所示。

对于图 12-2(b)所示的结构简图，因 $k=2$，$t=6$，则其传动方案总数为 $y=6^2=36$。对于图 12-3(b)所示的结构简图，因 $k=5$，$t=6$，则其传动方案总数为 $y=6^5=7776$。

由此可见，对于多级行星变速传动，若据图 12-3(b)所示的结构简图，要逐一地将其所对应的传动方案图全都绘制出来是非常繁琐的，且再要对这些传动方案图都进行分析就更加困难。而采用图 12-3(b)所示的结构简图来对其传动方案进行运动学、力和力矩以及传动效率的分析计算较为方便、清晰。因此，用一个结构简图则包括了所有的传动方案。而且在对其进行运动学、力和功率传递关系的分析基础上，较容易获得所需要的传动方案图。

12.3　行星齿轮变速传动的结构组成

为了确定较复杂行星变速传动的最简单传动方案图，必须要有计算它的基本构件、行星排和控制元件数量的正确方法，且在能满足机构的使用要求的前提下，力求使它们的数量最少，结构组成较合理。

12.3.1　控制元件数和传动挡数的确定

在机械工程上，实际使用的行星变速传动，一般具有的自由度为 $W=2,\ 3,\ 4,\ \cdots$。所以，在仅有一个原动机（内燃机或电动机）的传动方案中，为了使行星变速传动得到仅具有一个自由度的传动，则必须消除（$W-1$）个自由度。因此，在行星变速传动中，一般都需要设置若干个控制元件（制动器和离合器)，其总的控制元件数为

$$m=Z+L \tag{12-6}$$

式中　Z ——制动器数；

L ——离合器数。

当行星变速传动被接入一个控制元件后，则可使该行星变速传动中的两构件成为刚性连接，从而使它的运动基本构件数 n_0 减少 1。据结构公式(12-3) 可知，则行星变速传动的自由度数 W 也减少 1。如果行星变速传动在接入控制元件前具有 W 个自由度，但当同时接入（$W-1$）个控制元件时，则可使其变成为仅有一个自由度的行星变速传动。

为了使其能获得几种不同的传动比，行星变速传动应具有的控制元件数为

$$m>W-1 \tag{12-7}$$

行星变速传动的传动挡数 n_d（即变速的级数），可由同时被接入的控制元件数 m 中取（$W-1$）的组合数确定。即行星变速传动的挡数 n_d 应满足下列不等式

$$n_d \leqslant C_m^{W-1}=\frac{m!}{(m-W+1)!\ (W-1)!} \tag{12-8}$$

如果现已知行星变速传动的挡数 n_d（含直接挡），试确定它所需要的控制元件数。一般，应按下述两种情况分别求得其所需的控制元件数。

① 对于自由度 $W=2$ 的行星变速传动，由式(12-8) 可得

$$n_d=C_m^{W-1}=C_m^1=m \tag{12-9}$$

② 对于自由度 $W\geqslant 3$ 的行星变速传动，挡数 n_d 又可按下述两种情况求得。

a. 当 $m=W$ 时，由公式(12-9) 可得

$$n_d=C_m^{m-1}=C_m^1=m \tag{12-10}$$

所以，只要 $m=W$，所有的变速机构的控制元件数 m 都等于传动挡数 n_d，即 $m=n_d$。

b. 当 $m>W$ 时，由式(12-8) 可得

$$\left.\begin{aligned}&\text{当 } W=3 \text{ 时}\quad n_d=C_m^2=\frac{m(m-1)}{2!}>m\\&\text{当 } W=4 \text{ 时}\quad n_d=C_m^3=\frac{m(m-1)(m-2)}{3!}>m\end{aligned}\right\} \tag{12-11}$$

依此类推。

因此，在一般情况下，其控制元件数为

$$m\geqslant W \tag{12-12}$$

应该指出，对于多自由度的行星变速传动，同时接入的控制元件越多，则会使该行星变速传动的控制过程变得越复杂。而采用减少控制元件数 m 的方法，可以力求简化传动方案图。从而使设计出的行星变速机构利用（$W-1$）个控制元件，以实现挡数为 $n_d=C_m^{W-1}$ 的行星变速传动。

根据公式(12-8)、公式(12-12)，可以得到自由度数 W、控制元件数 m 和传动挡数 n_d 之间的关系。自由度 $W=2$，3，…，6，7 所对应的控制元件数 m 和传动挡数 n_d 的计算结果见表 12-2。

表 12-2　W、m 与 n_d 之间的关系

自由度数 W	控制元件数 m					
	2	3	4	5	6	7
	传动挡数 n_d					
2	2	3	4	5	6	7
3	1	3	6	10	15	21
4	—	1	4	10	20	35
5	—	—	1	5	15	35
6	—	—	—	1	6	21
7	—	—	—	—	1	7

注：因表中粗折线以上的 n_d 值均满足 $m>W$ 的条件，故其挡数 $n_d\geqslant m$。

对于在同一类行星变速传动中，最多可设置的离合器数应少于控制元件数，即 $L<m$；再由公式(12-7)，则可得

$$L\leqslant W-1 \tag{12-13}$$

为了使行星变速传动获得传动比 $i=1$ 的直接挡，取摩擦离合器数 $L=W-1$，这样做是合理的。因为，增大 L 数可以简化传动结构。

据公式(12-6)，则得行星变速传动所需的制动器为

$$Z=m-L \tag{12-14}$$

12.3.2　行星排数 k 的确定

对于具有 W 个自由度的行星变速传动，除了应具有相应的控制元件数 m 外，还须相应地具有组成其所需的行星排数 k。若使 k 数减少 1，也可能会破坏行星变速传动的传动方案图的正确联系，或者改变其自由度数；或者增加其控制元件数量，从而使其控制过程变得复杂化。

通常组成行星变速传动所需的行星排数 k 应满足下列关系式

$$\begin{cases} k=0.5W & 若\ W=2,4,6,8,\cdots \\ k=W-1 & 若\ W=2,3,4,\cdots \\ k>W-1 & 若\ W=2,3,4,\cdots \end{cases} \tag{12-15}$$

只有当 $k>W-1$ 的情况下，才能满足控制元件数 $m>W$ 的条件，从而可使行星变速传动实现其挡数 $n_d>m$ 的变速传动。否则，其挡数 $n_d=m$。在许多常见的（$m>W$）的行星变速传动中，一般取行星排数为

$$k=m-(W-1) \tag{12-16}$$

若 $m=n_d$ 时，则可得

$$k=n_d-(W-1) \tag{12-17}$$

最后，可按结构公式(12-3) 验算。

若采用减少行星排数量的方法来简化多级行星变速传动的结构，就必须建立利用较多数量的控制元件的传动方案图。而在这一类型的结构中，其控制元件并未被充分利用。可是，采用上述方法所设计的这类行星变速传动，实际上在机械工程中已获得了广泛的应用。

根据给定的行星变速传动的传动挡数 n_d（即传动比个数），采用上述公式，便可以在保证用最少的控制元件数的条件下而获得实现规定的传动挡数所需的控制元件数 m、行星排数 k 和运动的基本构件数 n_0。现举例说明如下。

【例题 12-3】 若规定所设计的行星变速传动具有三个传动比，即其挡数 $n_d=3$；试确定该变速传动的自由度数 W 和它所需要的控制元件数 m、行星排数 k 和基本构件数 n_0。

解　据表 12-2 可知，当 $n_d=3$ 时，若行星变速传动的自由度为 $W=2$ 和 $W=3$，则所需的控制元件数 $m=3$。所以，该行星变速传动可能有两种传动方案。

方案 1　$W=2$，$m=3$。按公式(12-13) 可得 $L=W-1=1$；按公式(12-6) 可得 $Z=m-L=2$。再由公式(12-16)，则得 $k=m-(W-1)=2$。据结构公式(12-3)，可得 $n_0=W+k=4$。

方案 2　$W=3$，$m=3$。可得 $L=W-1=2$，$Z=m-L=1$；则得 $k=m-(W-1)=1$，$n_0=W+k=4$。

通过对上述两方案的分析，可以看出：

① 两方案的共同点是 $m=3$ 和 $n_0=4$。

② 两方案的不同点是方案 1 的 $W=2$、$L=1$、$Z=2$ 和 $k=2$；方案 2 的 $W=3$、$L=2$、$Z=1$ 和 $k=1$。

一般，为了使设计的行星变速传动的结构简单、紧凑，操纵方便，则应尽量取 L 值较

小者。因为，摩擦离合器的结构较制动器复杂。所以，在此选取方案 1 较为合理 [见图 12-2(a)]。因为，$k=1$ 时，自由度 $W<3$ 和 $n_0<4$；所以，传动方案 2 在结构上是一种不可能实现的方案。

【例题 12-4】 若需某行星变速传动具有六个排挡，即 $n_d=6$（含直接挡）。试确定该多级行星变速传动的 W、m、k 和 n_0 值。

解 据查表 12-2 可知，若 $n_d=6$，则 $W=2$ 或 $W=3$。因此，现拟定如下两个传动方案。

方案 1　$W=2$，按公式(12-9) 得 $m=n_d=6$；按公式(12-13) 得 $L=W-1=1$，由公式(12-6) 得 $Z=m-L=5$。再按公式(12-16) 得 $k=m-(W-1)=5$。据结构公式(12-3) 得 $n_0=k+W=7$。

方案 2　$W=3$，按公式(12-11) 得 $m=4$；再仿上得 $L=2$、$Z=2$、$k=2$ 和 $n_0=5$。

如果需要 $W=2$，且使其离合器个数 L 尽量少，则可选取传动方案 1 [见图 12-3(a)]。如果需要 $W=3$，且使行星排数 k 尽量少，则可选取方案 2 [见图 12-1(b)]。

12.4　行星齿轮变速传动的传动比计算

12.4.1　单元行星齿轮传动的传动比计算

研究单元行星传动运动学时，仍采用前面的符号和简图。单元行星传动的传动比可用分析法和图解法求得。在此仅讨论分析计算法。分析计算法可借助于转臂固定的方法导出其运动学特性方程式，通过该运动学方程式便能够确定单元行星机构的传动比。

在行星变速传动中大都采用 2Z-X(A)型单元行星传动。因此，现在着重分析 2Z-X(A)型单元行星传动（见图 12-1）的传动比计算。

假设单元行星传动的所有构件均可以旋转。如果转臂 x 被制动，中心轮 a 输入和内齿轮 b 输出 [见图 12-1(e)]，则使其变成准行星传动（普通齿轮传动），中心轮 a 的相对转速 (n_a-n_x)与内齿轮 b 的相对转速（n_b-n_x）之比等于其齿数 z_a 与 z_b 之反比，即

$$\frac{n_a-n_x}{n_b-n_x}=-\frac{z_b}{z_a}=-p$$

式中　p ——该单元行星传动的特性系数，$p=\frac{z_b}{z_a}$。

负号“－”表示内齿轮 b 与轮 a 的转向相反。

按上式经过换算整理后，则可得到与公式(2-7) 完全相同的运动学方程式，即构件的转速方程

$$n_a+pn_b-(1+p)n_x=0$$

上述运动学方程式对于各种类型的单元行星传动都是正确的。如果知道了输入件和制动件，据此方程式便可求出其传动比。

① 若内齿轮 b 被制动，即 $n_b=0$，则运动学方程式为 $n_a-(1+p)n_x=0$，当中心轮 a 输入和转臂 x 输出 [见图 12-1(a)]，其传动比计算式为

$$i_{ax}^{b}=\frac{n_a}{n_x}=1+p$$

为了要得到较小尺寸的行星传动和便于将行星轮安装在滚动轴承上，实际的 2Z-X(A)型传动的特性参数 p 值一般不小于 1.5，也不大于 5；即有 $p=1.5\sim5$（但坦克变速箱中已出现了 $p>5$ 的 A 型传动)。因此，可得传动比为 $i_{ax}^{b}=2.6\sim6$。

当转臂 x 输入和轮 a 输出时 [见图 12-1(b)]，则其传动比为

$$i_{xa}^{b}=\frac{n_x}{n_a}=\frac{1}{1+p}$$

同理，可得 $i_{xa}^{b}=0.17\sim0.40$。

② 若中心轮 a 被制动，即 $n_a=0$，则运动方程式为 $n_b p-(1+p)n_x=0$，当内齿轮 b 输入和转臂 x 输出时［见图 12-1(c)］，其传动比为

$$i_{bx}^{a}=\frac{n_b}{n_x}=\frac{1+p}{p}$$

仿上，可得

$$i_{bx}^{a}=1.2\sim1.63$$

当转臂 x 输入和内齿轮 b 输出时［见图 12-1(d)］，其传动比为

$$i_{xb}^{a}=\frac{n_x}{n_b}=\frac{p}{1+p}$$

一般，$i_{xb}^{a}=0.60\sim0.83$。

③ 若转臂 x 被制动，即 $n_x=0$，则得到普通的齿轮传动（准行星传动）。

当中心轮 a 输入和内齿轮 b 输出时［见图 12-1(e)］，则其传动比为

$$i_{ab}^{x}=\frac{n_a}{n_b}=-p$$

一般，$i_{ab}^{x}=-1.5\sim-5$。

当内齿轮 b 输入和轮 a 输出时［见图 12-1(f)］，则其传动比为

$$i_{ba}^{x}=\frac{n_b}{n_a}=-\frac{1}{p}$$

一般，$i_{ba}^{x}=-0.20\sim-0.667$。

从上述所得到的传动比值来看，2Z-X(A)型单元行星传动不容易得到在 0.4～0.6，0.83～1.2，1.63～2.6 等区间内的传动比值。此外，它还难于实现小于 0.17 和大于 6 的传动比值。

对于 2Z-X(D)型单元行星传动［见图 1-3(a)］，由公式(12-18)，仿上，可得其传动比为

$$i_{xa}^{b}=-\frac{1}{p'-1}$$

式中　p'——D 型单元行星传动的特性参数，$p'=\frac{z_c z_b}{z_a z_d}$。

负号“－”表示从动件轮 a 与主动件 x 的转向相反。

关于单元行星传动中各轮齿数的选取，可据其传动比 i_p 值，采用前述相同的方法（参见第 3 章 3.2）来确定。

12.4.2　行星变速传动各挡的传动比计算

如前所述，在较常见的行星齿轮变速传动中，大都采用 2Z-X(A)型行星排作为其组成单元。然后，按各个行星排被控制的具体情况（是否制动或闭锁），按照公式(2-7) 写出其相应的运动学方程式，即写出各个行星排的构件转速方程组为

$$\begin{cases} n_{a_1}+p_1 n_{b_1}-(1+p_1)n_{x_1}=0 \\ n_{a_2}+p_2 n_{b_2}-(1+p_2)n_{x_2}=0 \\ \quad\vdots \qquad\quad \vdots \qquad\qquad \vdots \\ n_{a_k}+p_k n_{b_k}-(1+p_k)n_{x_k}=0 \end{cases} \tag{12-18}$$

式中　n_a、n_b 和 n_x——分别为各个行星排中心轮 a、b 和转臂 x 的转速；

p——各个行星排的特性参数，$p=\frac{z_b}{z_a}$；

k ——行星排数目。

对于由 k 个行星排组成的、具有 n_d 个挡数的行星齿轮变速传动，其传动比 i 的计算是按其不同的挡位：1、2、…、n_d 挡和在该挡位时各个行星排中基本构件的被控制情况来分别进行计算的；即应按公式(12-18) 来分别计算各挡的传动比 i_1、i_2、…、i_{nd}。现举例说明如下。

图 12-5 所示的行星齿轮变速传动是由两个行星排 A_1、A_2、四个控制元件（两个摩擦离合器 L 和两个制动器 Z）所组成。它是一个三自由度的、四个挡位的（含直接挡）的行星变速传动。在四个挡位中有三个前进挡和一个倒挡；每结合两个控制元件就可以形成一个挡位，也就可以其相应的传动比值。现将各挡位的传动比计算公式推导如下。

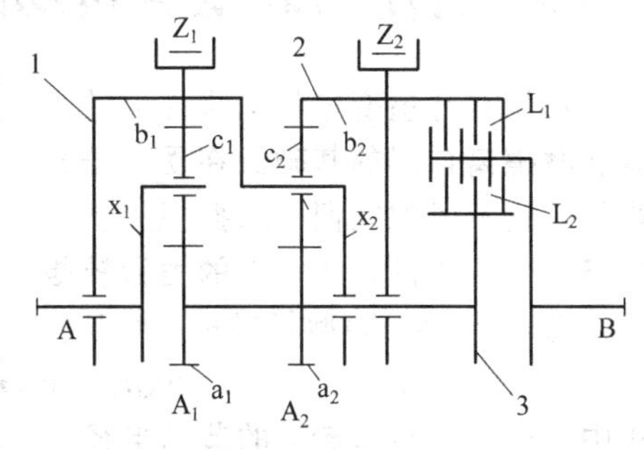

图 12-5　三自由度行星变速传动传动简图

① 一挡（直接挡）　采用闭锁两个摩擦离合器的方法得到。当离合器 L_1 和 L_2 闭锁时，使两个行星排结合成为一个整体旋转，各构件之间均没有相对运动，即 $n_{x_1}=n_{b_1}=n_{a_1}=n_{a_2}=n_{x_2}=n_{b_2}$；则可得其传动比为

$$i_1=i_{x_1b_2}=\frac{n_{x_1}}{n_{b_2}}=1 \tag{12-19}$$

② 二挡　用结合制动器 Z_2 和闭锁离合器 L_2 得到的，两个行星排均工作。功率从输入轴 A 经转臂 x_1 分成两路：第一路经齿轮 a_1 和离合器 L_2 传到输出轴 B；第二路经内齿轮 b_1（转臂 x_2）、齿轮 c_2、轮 a_2 和离合器 L_2 传到输出轴 B。现已知 $n_{b_2}=0$，求其传动比 i_2。

据式(12-18)，可写出行星排的构件运动方程组为

$$\begin{cases}n_{a_1}+p_1n_{b_1}-(1+p_1)n_{x_1}=0\\ n_{a_2}-(1+p_2)n_{x_2}=0\end{cases}$$

由构件间的连接关系得知 $n_{a_1}=n_{a_2}$、$n_{b_1}=n_{x_2}$ 和 $p_1=p_2=\dfrac{z_{b_1}}{z_{a_1}}$

经换算整理可得其传动比计算公式为

$$i_2=i_{x_1a_2}^{b_2}=\frac{n_{x_1}}{n_{a_2}}=\frac{1+p_1+p_2}{(1+p_1)(1+p_2)} \tag{12-20}$$

③ 三挡　结合制动器 Z_1 和闭锁离合器 L_2 得到的只有第一个行星排工作。全部功率从输入轴 A 经转臂 x_1、行星轮 c_1、轮 a_1（轮 a_2）和离合器 L_2 传到输出轴 B。现已知制动器 Z_1 被制动，即有 $n_{b_1}=0$，求其传动比 i_3。

据式(12-18) 可得

$$n_{a_1}-(1+p_1)n_{x_1}=0$$

则其传动比计算公式为

$$i_3=i_{x_1a_1}^{b_1}=i_{x_1a_2}^{b_1}=\frac{n_{x_1}}{n_{a_2}}=\frac{1}{1+p_1} \tag{12-21}$$

④ 倒挡　制动 Z_1 和闭锁 L_1 得到的；两个行星排串联起来工作。功率从输入轴 A 经转臂 x_1、轮 a_1、a_2，行星轮 c_2 和内齿轮 b_2，再经离合器 L_1 传到输出轴 B。现已知 $n_{b_1}=n_{x_2}=0$，求其传动比 i_{-1}。

因

$$i_{-1}=i_{x_1b_2}=\frac{n_{x_1}}{n_{b_2}}=i_{x_1a_1}^{b_1}i_{a_2b_2}^{x_2}$$

又因为

$$i_{x_1a_1}^{b_1}=\frac{1}{1+p_1}\text{和 }i_{a_2b_2}^{x_2}=-p_2$$

则可得其传动比计算公式为

$$i_{-1}=\frac{n_{x_1}}{n_{b_2}}=\frac{-p_2}{1+p_1}\tag{12-22}$$

12.5　行星齿轮变速传动的受力分析

作用在行星变速传动构件上的力和转矩是计算齿轮、轴、轴承和其他零件以及计算制动器和摩擦离合器的基础。在受力分析中，假定所有构件都是等速旋转，各行星轮间载荷分布均匀，且不考虑它们的摩擦损失。

12.5.1　行星排各构件上的力和转矩

对于 2Z-X(A)型行星排，由行星轮 c 的力平衡条件（见图 12-6）可得

$$F_{bc}r_c=F_{ac}r_c$$

式中　r_c——行星轮 c 的节圆半径，mm。

即可得

$$F_{bc}=F_{ac}\tag{12-23}$$

$$F_{xc}=2F_{ac}\tag{12-24}$$

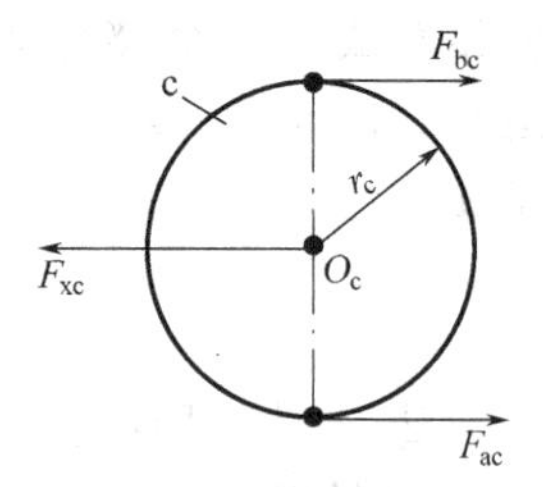

图 12-6　行星轮的受力分析

如果中心轮 a 为输入件，则在轮 a 轴上的转矩 T_a 可按发动机的转矩确定。因行星轮 c 作用于轮 a 的力与轮 a 作用于行星轮 c 的力大小相等、方向相反，即 $F_{ca}=F_{ac}$。据 a 轮上的转矩平衡条件，则可得

$$F_{ac}=F_{ca}=\frac{T_a}{r_a}\tag{12-25}$$

式中　r_a——轮 a 的节圆半径，mm。

而作用在转臂 x 上的转矩 T_x 为

$$T_x=F_{cx}r_x=2F_{ac}(r_a+r_c)=2F_{ac}\left(r_a+\frac{r_b-r_a}{2}\right)=F_{ac}(r_b+r_a)\tag{12-26}$$

将公式(12-25) 代入公式(12-26)，且有 $p=\frac{r_b}{r_a}=\frac{z_b}{z_a}$，则可得

$$T_x=-(1+p)T_a\tag{12-27}$$

作用在内齿轮 b 上的转矩 T_b 为

$$T_b=F_{cb}r_b$$

将公式(12-23) 和公式(12-24) 代入上式，则可得

$$T_b=F_{ac}r_b=\frac{T_a}{r_a}r_b=pT_a\tag{12-28}$$

将公式(12-27) 和公式(12-28) 相除，则得 T_x 与 T_b 的关系式

$$T_x=\frac{1+p}{p}T_b\tag{12-29}$$

应该着重指出，上述计算作用在 2Z-X(A)型行星排上的转矩关系公式(12-27)、公式(12-28) 和公式(12-29)，对于任何工作情况都是正确的；故可用以求出在任何复杂的行星变速传动中的所有转矩。

另外，对于 2Z-X(D)型行星排各构件上的力和转矩，可以仿上进行分析（或参阅第 7 章 7.2）；故在此不再赘述。

12.5.2　制动转矩的计算

在任何带有制动元件的行星变速传动中作用有三个外力矩，它们决定着变速传动机构的平衡状况，即三个转矩的代数和等于零，则转矩平衡方程式为

$$T_A + T_B + T_Z = 0$$

式中　T_A ——输入轴传递的转矩，Nm；

T_B ——输出轴传递的转矩，Nm；

T_Z ——制动转矩，Nm。

行星齿轮传动的传动比可以表示为

$$i_{AB} = -\frac{T_B}{T_A}$$

即有

$$T_B = -i_{AB} T_A$$

将上式代入转矩平衡方程式，则得制动转矩的计算公式为

$$T_Z = (i_{AB} - 1) T_A \tag{12-30}$$

当确定制动转矩时，需要考虑传动比的符号；对于倒挡的传动比 i_{-1}，则应代入带负号的传动比值。

12.5.3　摩擦离合器闭锁力矩的计算

在行星变速传动中闭锁离合器的力矩 T_L 是内力矩，它由作用在该变速器构件上的力来确定。下面研究可能的闭锁方式和相应的摩擦离合器的闭锁力矩 T_L 的关系。

① 如果中心轮 a 输入，转臂 x 输出（见图 12-7），即 $T_A = T_a$、$T_B = T_x$ 和 $T_L = T_b$，或 $T_L = T_x$；可求得在三种不同闭锁方式下摩擦离合器力矩 T_L 的计算公式。

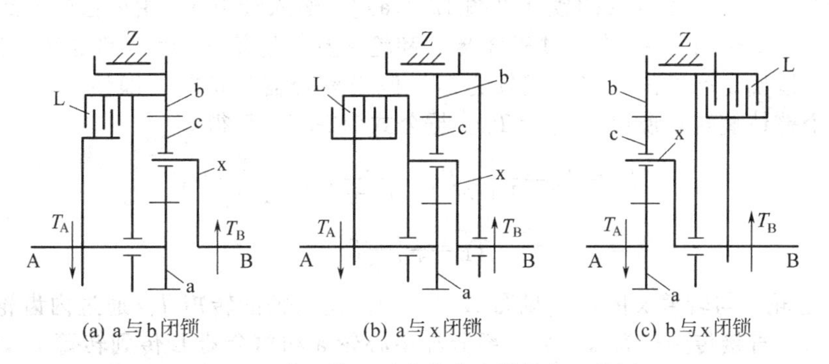

图 12-7　轮 a 输入时摩擦离合器的布置简图

a. 离合器 L 将中心轮 a 与内齿轮 b 闭锁［见图 12-7(a)］。若已知输入转矩 T_A，该转矩可从两路由输入轴 A 传到转臂 x：一路经过轮 a、行星轮 c 传到转臂 x；另一路经过离合器 L、内齿轮 b、行星轮 c 传到转臂 x。由于两路转矩的数值是未知的，故尚不能直接地确定摩擦离合器和闭锁力矩。

由前述可知，输出轴上的转矩绝对值等于行星排传动比与输入轴上转矩的乘积，即 $T_B = iT_A$。但由于摩擦离合器 L 是处于闭锁状态，即有 $n_a = n_b$，故该行星排变成为一个整体旋转，$n_x = n_a = n_b$，则其传动比 $i = 1$（直接挡）。所以，$T_B = T_A$。现已知 $T_A = T_a$ 和 $T_B = T_x$，即 $T_x = T_a$。而摩擦离合器的闭锁力矩 T_L 等于内齿轮 b 的转矩 T_b。按公式(12-29)可得

$$T_L = T_b = \frac{p}{1+p} T_x = \frac{p}{1+p} T_a$$

所以，T_L 的计算公式为

$$T_{\mathrm{L}}=\frac{p}{1+p}T_{\mathrm{A}} \tag{12-31}$$

由上式可知，摩擦离合器的闭锁力矩 T_{L} 小于输入轴传递的转矩 T_{A}。

b. 离合器L将轮a与转臂x闭锁［图12-7(b)］。已知输入转矩 T_{A}，由于离合器L直接将输入轴A与输出轴B相连接，即 $T_{\mathrm{A}}=T_{\mathrm{B}}$，亦即 $T_{\mathrm{a}}=T_{\mathrm{x}}$；而内齿轮b是自由构件，故可得

$$T_{\mathrm{L}}=T_{\mathrm{x}}=T_{\mathrm{a}}=T_{\mathrm{A}}$$

所以，T_{L} 的计算公式为

$$T_{\mathrm{L}}=T_{\mathrm{A}} \tag{12-32}$$

c. 离合器L将内齿轮b与转臂x闭锁［见图12-7(c)］。已知输入转矩 T_{A}，该转矩 T_{A} 可由两路传到转臂x：一路经行星轮c传到转臂x，另一路经齿圈b和离合器L传到转臂x。

由于摩擦离合器的闭锁力矩 T_{L} 等于内齿轮b的转矩 T_{b}，据公式(12-29) 可得

$$T_{\mathrm{L}}=T_{\mathrm{b}}=pT_{\mathrm{a}}=pT_{\mathrm{A}}$$

所以，T_{L} 的计算公式为

$$T_{\mathrm{L}}=pT_{\mathrm{A}} \tag{12-33}$$

由以上各式可见，当中心轮a主动，转臂x从动时，第一闭锁方案[见图12-7(a)]，其离合器L所承受的摩擦力矩 T_{L} 为最小值，且具有较小的结构尺寸。所以，对于 $\mathrm{A}_{\mathrm{ax}}^{\mathrm{b}}$ 型行星排选择第一闭锁方案较合理。

② 如果内齿轮b输入，转臂x输出［见图12-8］，即 $T_{\mathrm{A}}=T_{\mathrm{b}}$、$T_{\mathrm{B}}=T_{\mathrm{x}}$ 和 $T_{\mathrm{L}}=T_{\mathrm{a}}$，可求得闭锁方式与摩擦离合器力矩的关系。

a. 将内齿轮b与中心轮a闭锁［见图12-8(a)］。输入转矩 T_{A} 由内齿轮b经两路传到转臂x：一路经行星轮c；另一路经过离合器L和轮a及行星轮c。因两路的转矩值是未知的，故尚不能直接地确定摩擦离合器的闭锁力矩。但当离合器闭锁时，即使 $n_{\mathrm{b}}=n_{\mathrm{a}}$，故该行星排变成为一个整体旋转；所以，$T_{\mathrm{A}}=T_{\mathrm{B}}$。据公式(12-27) 可得

$$T_{\mathrm{L}}=T_{\mathrm{a}}=\frac{1}{1+p}T_{\mathrm{x}}=\frac{1}{1+p}T_{\mathrm{B}}=\frac{1}{1+p}T_{\mathrm{A}}$$

所以

$$T_{\mathrm{L}}=\frac{1}{1+p}T_{\mathrm{A}} \tag{12-34}$$

b. 将中心轮a与转臂x闭锁［见图12-8(b)］。输入轴的转矩 T_{A} 通过内齿轮b传到行星轮c后，一部分直接传到转臂x；另一部分经中心轮a和离合器L传到转臂x。因为，$T_{\mathrm{A}}=T_{\mathrm{b}}$ 和 $T_{\mathrm{L}}=T_{\mathrm{a}}$，再利用中心轮a的转矩 T_{a} 和内齿轮b的转矩 T_{b} 的关系式(12-28)，则可得到摩擦离合器的闭锁力矩 T_{L} 与输入转矩 T_{A} 的关系式为

$$T_{\mathrm{L}}=T_{\mathrm{a}}=\frac{1}{p}T_{\mathrm{b}}=\frac{1}{p}T_{\mathrm{A}}$$

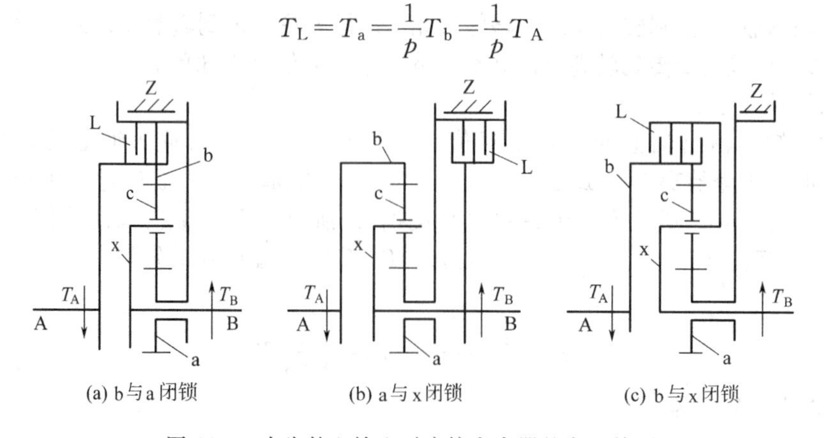

图12-8　内齿轮b输入时摩擦离合器的布置简图

所以
$$T_L=\frac{1}{p}T_A \tag{12-35}$$

c. 将内齿轮 b 与转臂 x 闭锁［见图 12-8(c)］。由于离合器 L 直接将输入轴 A 与输出构件 x（转臂）相连接，所以，该离合器的闭锁力矩 T_L 应等于输入轴所传递的全部转矩 T_A，即
$$T_L=T_A \tag{12-36}$$

由以上各式可见，当内齿轮 b 输入，转臂 x 输出时，第一闭锁方案［见图 12-8(a)］的摩擦离合器所承受的力矩 T_L 为最小值，故第一闭锁方案最为有利。

为了获得较小尺寸的摩擦离合器，利用以上各式求得其所承受的力矩 T_L 后，便能够合理地选择控制元件。但是，实际上由于结构布置上的困难，要使最有利的行星排构件闭锁，并不是都能够实现的。在此情况下，则应当从离合器的结构和外形尺寸的观点出发来选择最适当的闭锁方案。

12.6　行星齿轮变速传动的效率计算

在行星齿轮传动中，其功率是在牵连运动和相对运动中传递的。借助于相对运动传递功率时，在轮齿啮合点上会产生摩擦损失；而以牵连运动传递功率时，则不会产生摩擦损失。所以，以牵连运动传递的功率部分越大，则该行星齿轮传动的传动效率就越高。

如前所述，目前确定行星齿轮传动效率的方法很多。由于在行星齿轮变速传动中具有若干个挡位，而每个挡位的传动效率值均不相同；故在此应采用较简单的克列依涅斯(M. A. Kpeйhec）法计算其传动效率。

12.6.1　行星排的功率方程式

对于 2Z-X(A)型行星排，当考虑其啮合点的摩擦损失时，若用不同的构件为输入件或输出件时，可分别写出该行星排中输入件和输出件相对于转臂 x（即转臂 x 被制动）运动的功率方程式，现分别讨论如下。

① 当中心轮 a 输入、内齿轮 b 输出时，则可得相对运动的功率方程式为
$$T_a(n_a-n_x)\eta^x+T_b(n_b-n_x)=0$$
用（n_b-n_x）除方程式各项，即有
$$T_a\frac{n_a-n_x}{n_b-n_x}\eta^x+T_b\frac{n_b-n_x}{n_b-n_x}=0$$
则得
$$-T_a p\eta^x+T_b=0 \tag{12-37}$$
式中　η^x——在相对运动中，2Z-X(A)型行星排的传动效率，可用下式计算，即
$$\eta^x=\eta_{ac}\eta_{cb}=0.97\times0.99=0.96$$

② 当内齿轮 b 输入、中心轮 a 输出时，则可得功率方程式为
$$T_a(n_a-n_x)+T_b(n_b-n_x)\eta^x=0$$
仿上，可得
$$-T_a p+T_b\eta^x=0$$
或
$$-T_a p(\eta^x)^{-1}+T_b=0 \tag{12-38}$$

将公式(12-37) 和公式(12-38) 写成下列通式，即
$$-T_a p(\eta^x)^y+T_b=0 \tag{12-39}$$

若中心轮 a 输入，内齿轮 b 输出时，指数 $y=+1$，则输入件轮 a 的功率为正值，即
$$T_a(n_a-n_x)>0$$

若内齿轮 b 输入，中心轮 a 输出时，指数 $y=-1$，则输出件轮 a 的功率为负值，即

$$T_a(n_a - n_x) < 0$$

如果忽略啮合点的摩擦损失[即$(\eta^x)^y=1$]，则该行星排相对运动的功率方程式为

$$-T_a p + T_b = 0 \tag{12-40}$$

由公式(12-39) 和公式(12-40) 可见，它们的不同之处仅在于转矩 T_a 的乘数：当考虑到摩擦损失时，其乘数等于 $p(\eta^x)^y$；而不考虑摩擦损失[即$(\eta^x)^y=1$]时其乘数等于 p。

12.6.2 行星齿轮变速传动效率的计算

现在讨论多级行星变速传动的功率。行星变速传动的输出功率 P_B 与其输入功率 P_A 的比值，称为该变速传动的传动效率，即

$$\eta_p = \frac{P_B}{P_A} = \frac{-T_B n_B}{T_A n_A} = \frac{(-T_B/T_A)}{(n_A/n_B)}$$

式中，转速的比值$\frac{n_A}{n_B}=i_p$ 为运动学传动比；转矩的比值$\frac{-T_B}{T_A}=\tilde{i}_p$ 为动力学传动比，因为转矩 T_B 考虑了行星变速传动的摩擦损失。

则得

$$\eta_p = \frac{\tilde{i}_p}{i_p} \quad p=1,2,\cdots,n \tag{12-41}$$

由上式可知，多级行星变速传动的传动效率等于其动力学传动比 $\tilde{i}_p$ 与其运动学传动比 i_p 之比值。而多级行星变速传动的运动学传动比都是行星排特性参数 p 的函数；即

$$i_p = f(p_1, p_2, \cdots, p_n) \tag{12-42}$$

据上述公式(12-39) 和公式(12-40) 可知，为了求得多级行星变速传动的动力学传动比(考虑摩擦损失)，需要先知道运动学传动比 i_p (即知道各特性参数 p 值)，并在每个 p 值上乘以 $(\eta^x)^y$；则可得其动力学传动比为

$$\tilde{i}_p = f[p_1(\eta^x)^{y_1}, p_2(\eta^x)^{y_2}, \cdots, p_n(\eta^x)^{y_n}] \tag{12-43}$$

$$y_j = \text{sign}\,\frac{p_j}{i_p} \times \frac{\partial i_p}{\partial p_j} \quad j=1,2,\cdots,n \tag{12-44}$$

sign 的数学含义是表示符号。

指数 $y_j=1$，其符号取决于公式(12-44)。若符号“sign”为正号“+”，则 $y_j=+1$；若符号“sign”为负号“－”，则 $y_j=-1$。

12.6.3 计算行星齿轮变速传动效率的步骤

关于计算多级行星变速传动传动效率的一般步骤如下。

① 采用运动学方程式(12-18) 求出行星变速传动各个排挡的运动学传动比，即

$$i_p = f(p_1, p_2, \cdots, p_n)$$

② 求动力学传动比，即

$$\tilde{i}_p = f[p_1(\eta^x)^{y_1}, p_2(\eta^x)^{y_2}, \cdots, p_n(\eta^x)^{y_n}]$$

③ 按公式(12-44) 来确定指数 y_j 的符号。

④ 按公式(12-41) 来计算多级行星变速传动各排挡的传动效率，即

$$\eta_p = \frac{\tilde{i}_p}{i_p} \quad p=1,2,\cdots,n$$

⑤ 试比较各排挡的传动效率值。

【例题 12-5】 已知某个两自由度、三排挡行星变速传动，如图 12-2(a)所示。其三级传动比为 $i_1=4.6$，$i_2=2.2$，$i_3=1$。头挡结合制动器 z_1，二挡结合制动器 z_2，三挡（直接挡）闭锁离合器 L。采用的行星轮个数为 $n_p=4$。试求：

① 确定各轮的齿数；

② 确定中心轮 a 的计算（最大）力矩 T_a、制动力矩 T_Z 和摩擦离合器力矩 T_L；

③ 计算头挡和二挡的传动效率。

解　① 确定各轮的齿数。

由行星变速传动的运动简图可见，头挡，即结合制动器 Z_1 时，第一个行星排工作；二挡，即结合制动器 Z_2 时，两个行星排都参与工作；即得复合式封闭行星传动[见图9-11(a)]。

a. 求第一个行星排中各轮的齿数。

头挡仅第一个行星排工作，此时，由公式(12-18) 可得其运动学方程式为

$$n_{a_1}+n_{b_1}p_1-(1+p_1)n_{x_1}=0$$

因内齿数 b_1 被制动，即 $n_{b1}=0$，可得

$$n_{a_1}-(1+p_1)n_{x_1}=0$$

则得头挡传动比 i_1 的计算公式

$$i_1=\frac{n_{a_1}}{n_{x_1}}=1+p_1$$

即有

$$p_1=i_1-1=4.6-1=3.6$$

当 $p_1>3$ 时，中心轮 a_1 的齿数 z_{a_1} 为最少。据行星排的装配条件，可得

$$z_{a_1}=\frac{n_pC_1}{1+p_1}=\frac{4C_1}{1+3.6}$$

取正整数 $C_1=23$，则得

$$z_{a_1}=\frac{4\times 23}{4.6}=20$$

而

$$z_{b_1}=p_1z_{a_1}=3.6\times 20=72$$

$$z_{c_1}=\frac{z_{b_1}-z_{a_1}}{2}=26$$

b. 求第二个行星排中各轮的齿数。

由于在二挡时两个行星排都工作，它们的运动方程式为

$$\begin{cases}n_{a_1}+p_1n_{b_1}-(1+p_1)n_{x_1}=0 & (12\text{-}45)\\ n_{a_2}+p_2n_{b_2}-(1+p_2)n_{x_2}=0 & (12\text{-}46)\end{cases}$$

因结合制动器 Z_2，即 $n_{b_2}=0$；且由该变速传动的运动简图可知，$n_{a_1}=n_{a_2}$，$n_{b_1}=n_{x_2}$。由公式(12-46) 可得

$$n_{a_1}=(1+p_2)n_{x_2}$$

即有

$$n_{x_2}=\frac{n_{a_1}}{1+p_2}=n_{b_1}$$

再将其代入公式(12-45)，可得

$$n_{a_1}=(1+p_1)n_{x_1}-\frac{p_1}{1+p_2}n_{a_1}$$

则得二挡传动比为

$$i_2=\frac{n_{a_2}}{n_{x_1}}=\frac{n_{a_1}}{n_{x_1}}=\frac{(1+p_1)(1+p_2)}{1+p_1+p_2}$$

已知 $i_2=2.2$ 和 $p_1=3.6$，则可得 $p_2=2.3$。

因 $p_2<3$，故在第二个行星排中行星轮 c_2 应为最少齿数的齿轮。据行星排的装配条件，可得

$$z_{c_2}=\frac{n_p(p_2-1)C_2}{2(p_2+1)}=\frac{4\times 1.3C_2}{2\times 3.3}$$

取正整数 $C_2=33$，则得

$$z_{c_2}=26$$

$$z_{a_2}=z_{c_2}\frac{2}{p_2-1}=26\ \frac{2}{1.3}=40$$

$$z_{b_2}=p_2 z_{a_2}=2.3\times 40=92$$

② 确定中心轮 a 的计算转矩 T_a、制动力矩 T_Z 和摩擦离合器力矩 T_L。

a. 求制动力矩 T_Z。

假定机构输入轴上的转矩 T_A 为已知，先由外部制动力矩 T_Z 开始来确定各力矩较方便。据公式(12-30) 可得

$$T_{Z_1}=(i_1-1)T_A=(4.6-1)T_A=3.6T_A$$

$$T_{Z_2}=(i_2-1)T_A=(2.2-1)T_A=1.2T_A$$

b. 求中心轮 a 的转矩 T_{a_1} 和 T_{a_2}。

先求中心轮 a_2 的转矩 T_{a_2}。由于第二个行星排的中心轮 a_2 仅在二挡（即制动 Z_2）时才传递转矩 T_{a_2}。由它的运动简图可知，该行星变速传动内齿轮 b_2 的力矩为 $T_{b_2}=T_{Z_2}=1.2T_A$。

再据公式(12-28) 可得

$$T_{a_2}=\frac{T_{b_2}}{p_2}=\frac{1.2}{2.3}T_A=0.52T_A$$

而转矩 T_{a_2} 是确定第二个行星排各轮所需尺寸的计算力矩。

当该变速传动在一挡（制动 Z_1）工作时，中心轮 a_1 传递的转矩为 $T_{a_1}=T_A$。此时，据公式(12-28) 可得内齿轮 b_1，所受的力矩为 $T_{b_1}=T_{Z_1}=3.6T_A$。

当该变速传动在二挡工作时，中心轮 a_1 传递的转矩 T'_{a_1} 可按式(12-27) 求得

$$T'_{a_1}=\frac{1}{1+p_1}T_{x_1}=\frac{1}{1+p_1}T_B=\frac{i_2}{1+p_1}T_A=\frac{2.2}{1+3.6}T_A=0.48T_A$$

因 $T_{a_1}>T'_{a_1}$，所以，中心轮 a_1 的计算转矩应是头挡时所传递的转矩 $T_{a_1}=T_A$。

c. 求摩擦离合器的闭锁力矩 T_L

当闭锁摩擦离合器 L 时，可以使该变速传动得到传动比 $i_3=1$ 的直接挡。功率从输入轴 A 经离合器 L 和中心轮 a_1 和 a_2 传到输出轴 B。因为，考虑到转矩 $T_A=T_B$，故离合器的闭锁力矩 T_L 应由从输出轴 B 方面来确定。在直接挡传动时，离合器 L 将输入轴 A 与内齿轮 b_2 闭锁，即有

$$T_L=T_{b_2}$$

因转矩 $T_B=T_{H1}$，再据公式(12-29)，可得

$$T_{b_1}=\frac{p_1}{1+p_1}T_B$$

按第二个行星排的转臂 x_2 和第一个行星排的内齿轮 b_1 的转矩平衡条件，可得

$$T_{x_2}=T_{b1}=\frac{p_1}{1+p_1}T_B$$

再应用公式(12-29)，可得

$$T_{b_2}=\frac{p_2}{1+p_2}T_{x_2}=\frac{p_1 p_2}{(1+p_1)(1+p_2)}T_B$$

因 $T_B=T_A$，则得闭锁力矩 T_L 为

$$T_L=\frac{p_1 p_2}{(1+p_1)(1+p_2)}T_A=\frac{3.6\times 2.3}{(1+3.6)(1+2.3)}T_A=0.55T_A$$

③ 确定各挡的传动效率。

a. 求头挡的传动效率 η_1。

在头挡时，已求得其运动学传动比为

$$i_1=1+p_1$$

其动力学传动比为

$$\tilde{i}_1=1+p_1(\eta^x)^{y_1}$$

现按公式(12-44) 确定 y_1 的符号

$$y_1=\text{sign}\,\frac{p_1}{i_1}\times\frac{\partial i_1}{\partial p_1}=\text{sign}\,\frac{p_1}{1+p_1}\times\frac{\partial(1+p_1)}{\partial p_1}=+1$$

则由公式(12-41) 可得头挡的传动效率为

$$\eta_1=\frac{\tilde{i}_1}{i_1}=\frac{1+p_1\eta^x}{1+p_1}=\frac{1+3.6\times0.96}{1+3.6}=0.9687$$

b. 求二挡的传动效率 η_2。

在二挡时，将已求得的运动学传动比 i_2 的关系式，变换一下形式为

$$i_2=\frac{(1+p_1)(1+p_2)}{1+p_1+p_2}=1+\frac{p_1p_2}{1+p_1+p_2}$$

其动力学传动比为

$$\tilde{i}_2=1+\frac{p_1(\eta^x)^{y_1}p_2(\eta^x)^{y_2}}{1+p_1(\eta^x)^{y_1}+p_2(\eta^x)^{y_2}}$$

仿上，确定 y_1 和 y_2 的符号

$$y_1=\text{sign}\,\frac{p_1}{i_2}\times\frac{\partial i_2}{\partial p_1}=\text{sign}\,\frac{p_1}{i_2}\times\frac{\partial\left(1+\frac{p_1p_2}{1+p_1+p_2}\right)}{\partial p_1}$$

$$=\text{sign}\left\{\frac{p_1}{i_2}\left[0+\frac{p_2(1+p_2)}{(1+p_1+p_2)^2}\right]\right\}=+1$$

$$y_2=\text{sign}\,\frac{p_2}{i_2}\times\frac{\partial i_2}{\partial p_2}=\text{sign}\,\frac{p_2}{i_2}\times\frac{\partial\left(1+\frac{p_1p_2}{1+p_1+p_2}\right)}{\partial p_2}$$

$$=\text{sign}\left\{\frac{p_2}{i_2}\left[0+\frac{p_1(1+p_1)}{(1+p_1+p_2)^2}\right]\right\}=+1$$

则可得二挡的传动效率为

$$\eta_2=\frac{\tilde{i}_2}{i_2}=\frac{1+\frac{p_1p_2\eta^x\eta^x}{1+p_1\eta^x+p_2\eta^x}}{1+\frac{p_1p_2}{1+p_1+p_2}}$$

$$=\frac{1+\frac{3.6\times2.3\times0.96^2}{1+3.6\times0.96+2.3\times0.96}}{2.2}=0.9750$$

据计算结果可知，头挡和二挡的传动效率值较接近：$\eta_2\approx\eta_1=0.9687$。

12.7　行星齿轮变速传动的计算示例和图例

12.7.1　行星齿轮变速传动的计算示例

已知某军用履带车辆传动装置的行星齿轮变速箱的传动简图如图 12-5 所示；其自由度数 $W=3$，挡位数 $n_d=4$（三个前进挡和一个倒挡）。试计算：

① 该行星齿轮变速箱所需的控制元件数 m、行星排数 k 和基本构件数 n_0；

② 各挡位的传动比 i_p；

③ 各构件的转矩 T、制动力矩 T_Z 和闭锁力矩 T_L；

④ 各个挡位的传动效率 η_p。

解　①控制元件数 m、行星排数 k 和基本构件数 n_0 的计算。

当自由度数 $W=3$ 时，其控制元件数 m 可按公式(12-11) 计算，即

$$m<C_m^2=\frac{m(m-1)}{2!}=n_d$$

因挡位数 $n_d=3$ 代入上式，则得

$$m^2-m-8=0$$

由上述方程可求解得 $m\approx3.4$；又因 $C_m^2>m>W$，则可得控制元件数 $m=W+1=3+1=4$

按公式(12-13) 可求得所需摩擦离合器数 L 为

$$L=W-1=3-1=2$$

再按公式(12-14) 可得其制动器数 Z 为

$$Z=m-L=4-2=2$$

按公式(12-17) 可得其行星排数 k 为

$$k=n_d-(W-1)=4-(3-1)=2$$

最后，可按其结构公式(12-3) 求得其运动基本构件数 n_0 为

$$n_0=W+k=3+2=5$$

由图 12-5 可知，其运动基本构件为 A、B、1、2 和 3 共五个基本构件。

② 各挡位的传动比 i_p 计算。

该行星齿轮变速箱的两个行星排中各齿轮的模数 m 相同，且知 $m=4$mm；两个行星排的特性参数为 $p_1=p_2=3.105$。因 $p_1=\frac{z_{b_1}}{z_{a_1}}$ 和 $p_2=\frac{z_{b_2}}{z_{a_2}}$；一般中心轮 a 的齿数 $z_a>17$。现选取 $z_{a_1}=z_{a_2}=19$，则得内齿轮 b 的齿数为

$$z_{b_1}=p_1z_{a_1}=3.105\times19=59$$

$$z_{b_2}=p_2z_{a_2}=3.105\times19=59$$

其行星轮 c 的齿数 z_c 为

$$z_{c_1}=z_{c_2}=\frac{z_{b_1}-z_{a_1}}{2}=\frac{59-19}{2}=20$$

由于该行星齿轮变速箱具有三个前进挡和一个倒挡，每结合两个控制元件便可以获得一个挡位。其各挡位结合控制元件的组合方法见表 12-3。

表 12-3　结合控制元件的组合方法

排挡	Z_1	Z_2	L_1	L_2	传动比	排挡	Z_1	Z_2	L_1	L_2	传动比
一挡	－	－	＋	＋	$i_1=1$	三挡	＋	－	－	＋	$i_3=0.2436$
二挡	－	＋	－	＋	$i_2=0.4278$	倒挡	＋	－	＋	－	$i_{-1}=-0.7564$

a. 一挡（直接挡）的传动比 i_1。

若将两个摩擦离合器 L_1 和 L_2 都闭锁起来，则使得两个行星排 A_1、A_2 连接成为一个整体而旋转，则其传动比 i_1 为

$$i_1=i_{AB}=i_{x_1b_2}=1$$

b. 二挡的传动比 i_2。

若将制动器 Z_2 制动和离合器 L_2 闭锁，则使得两个行星排 A_1 和 A_2 均参与工作。其传动比 i_2 可按公式(12-20) 计算，即

$$i_2 = i_{x_1a_2}^{b_2} = \frac{1+p_1+p_2}{(1+p_1)(1+p_2)} = \frac{1+3.105+3.105}{(1+3.105)(1+3.105)}$$
$$=0.4278$$

c. 三挡的传动比 i_3。

若将制动器 Z_1 制动和离合器 L_2 闭锁；此时只有第一个行星排 A_1 参与工作。其传动比 i_3 可按公式(12-21) 计算，即

$$i_3 = i_{x_1a_2}^{b_1} = \frac{1}{1+p_1} = \frac{1}{1+3.105}$$
$$=0.2436$$

d. 倒挡的传动比 i_{-1}。

若将制动器 Z_1 制动和离合器 L_1 闭锁，其两个行星排 A_1 和 A_2 均参与工作；则其传动比 i_{-1}可按公式(12-22) 计算，即

$$i_{-1} = -\frac{p_2}{1+p_1} = -\frac{3.105}{1+3.105} = -0.7564$$

将各挡位传动比 i_1、i_2、i_3 和 i_{-1}的计算结果列入表 12-3。

③ 各构件的转矩 T、闭锁力矩 T_L 和制动力矩 T_Z 的计算。

若已知电动机的额定功率 P 和转速 n_1，按公式(7-1) 可求得行星齿轮变速箱输入轴 A 的转矩 T_A。由于各构件的转矩 T、闭锁力矩 T_L 和制动力矩 T_Z 在各个挡位都是不一样的。所以，它们应按各个挡位的受力情况分别计算。

在第一挡位时，其传动比 $i_1=1$（直接挡）。因闭锁力矩 $T_{L_1}=T_{b_2}$ 和 $T_{L_2}=T_{a_2}$；而且输出转矩 $T_B=T_{a_2}$ 和 $T_B=-i_1T_A=-T_A$。所以，其闭锁力矩 T_{L_2} 为

$$T_{L_2}=T_{a_2}=T_B=-T_A$$

按公式(12-28) 可得转矩 $T_{b_2}=p_2T_{a_2}$。

所以，闭锁力矩 T_{L_1} 为

$$T_{L_1}=T_{b_2}=p_2T_{a_2}=-p_2T_A=-3.105T_A$$

因制动器 Z_1 和 Z_2 均未制动，故它们的制动力矩为 $T_{Z_1}=T_{Z_2}=0$。

在第二挡位时，其传动比 $i_2=0.4278$。因为，$T_{x_1}=T_A$，$T_{L_2}=T_B=-i_2T_A$。

所以，闭锁力矩 T_{L_2} 为

$$T_{L_2}=T_B=-i_2T_A=-0.4278T_A$$

因 $T_{a_2}=T_{a_1}$，再按公式(12-27) 和公式(12-28) 可得

$$T_{a_1}=-\frac{1}{1+p_1}T_{x_1}=-\frac{1}{1+3.105}T_A=-0.2436T_A$$

$$T_{b_2}=p_2T_{a_2}=-\frac{p_2}{1+p_1}T_{x_1}=-\frac{3.105}{1+3.105}T_A=-0.7564T_A$$

因制动力矩 $T_{Z_2}=T_{b_2}$，所以，

$$T_{Z_2}=T_{b_2}=-0.7564T_A$$

在第三挡位时，其传动比 $i_3=0.2436$。因 $T_{x_1}=T_A$ 和 $T_{L_2}=T_{a_2}=T_{a_1}=T_B$。由公式(12-27) 可得

$$T_{a_1}=-\frac{1}{1+p_1}T_{x_1}=-\frac{1}{1+3.105}T_A=-0.2436T_A$$

所以，可得其闭锁力矩 T_{L_2} 为

$$T_{L_2}=T_{a_2}=T_{a_1}=-\frac{1}{1+p_1}T_A=-0.2436T_A$$

因制动力矩 $T_{Z_1}=T_{b_1}$，由公式(12-27) 和公式(12-28) 可得其制动力矩 T_{Z_1} 为

$$T_{Z_1}=T_{b_1}=p_1T_{a_1}=-\frac{p_1}{1+p_1}T_{x_1}=-\frac{p_1}{1+p_1}T_A$$

$$=-\frac{3.105}{1+3.105}T_A=-0.7564T_A$$

在倒挡传动时，其传动比 $i_{-1}=-0.7564$。因为，$T_{x_1}=T_A$，$T_{L_1}=T_{b_2}$ 和 $T_{Z_1}=T_{b_1}$。仿上，可得闭锁力矩为

$$T_{L_1}=T_{b_2}=p_2T_{a_2}=p_2T_{a_1}=-\frac{p_2}{1+p_1}T_{x_1}=-\frac{p_2}{1+p_1}T_A$$

$$=-\frac{3.105}{1+3.105}T_A=-0.7564T_A$$

仿上，可得其制动力矩为

$$T_{Z_1}=T_{b_1}=p_1T_{a_1}=-\frac{p_1}{1+p_1}T_{x_1}=-\frac{p_1}{1+p_1}T_A$$

$$=-\frac{3.105}{1+3.105}T_A=-0.7564T_A$$

④ 各挡位的传动效率。

按照克列依涅斯法，即按公式(12-41) 计算该行星齿轮变速箱各挡位的传动效率，即

$$\eta_p=\frac{\tilde{i}_p}{i_p}\qquad p=1,\ 2,\ \cdots,\ n$$

a. 一挡（直接挡）的传动效率。

在一挡时，由于各构件之间均没有相对运动，故其运动学传动比为

$$i_p=i_1=1$$

其动力学传动比为

$$\tilde{i}_p=\tilde{i}_1=1$$

所以，其一挡的传动效率（忽略轴承的摩擦功率损失）为

$$\eta_1=1$$

b. 二挡的传动效率。

在二挡时，其运动学传动比为

$$i_p=i_2=\frac{1+p_1+p_2}{(1+p_1)(1+p_2)}=0.4278$$

其动力学传动比为

$$\tilde{i}_p=\tilde{i}_2=\frac{1+p_1(\eta^x)^{y_1}+p_2(\eta^x)^{y_2}}{[1+p_1(\eta^x)^{y_1}][1+p_2(\eta^x)^{y_2}]}$$

先确定幂指数 y_1 和 y_2 的符号

$$y_1=\text{sign}\,\frac{p_1}{i_2}\times\frac{\partial i_2}{\partial p_1}$$

$$=\text{sign}\left\{\frac{p_1}{i_2}\ \frac{\partial\left[\dfrac{1+p_1+p_2}{(1+p_1)(1+p_2)}\right]}{\partial p_1}\right\}$$

$$=\text{sign}\left\{\frac{p_1}{i_2}\left[\frac{(-1)(1+p_1+p_2)}{(1+p_1)^2(1+p_2)}+\frac{1}{(1+p_1)(1+p_2)}\right]\right\}$$

$$=\text{sign}\left\{\frac{3.105}{0.4278}\left[\frac{-(1+3.105+3.105)}{(1+3.105)^2(1+3.105)}+\frac{1}{(1+3.105)(1+3.105)}\right]\right\}$$

$$=\text{sign}\{-0.3258\}=-1$$

$$y_2 = \text{sign}\frac{p_2}{i_2}\frac{\partial i_2}{\partial p_2}$$

$$= \text{sign}\left\{\frac{p_2}{i_2}\times\frac{\partial\left[\frac{1+p_1+p_2}{(1+p_1)(1+p_2)}\right]}{\partial p_2}\right\}$$

$$= \text{sign}\left\{\frac{p_2}{i_2}\left[\frac{(-1)(1+p_1+p_2)}{(1+p_1)(1+p_2)^2}+\frac{1}{(1+p_1)(1+p_2)}\right]\right\}$$

$$= \text{sign}\left\{\frac{3.105}{0.4278}\left[\frac{-(1+3.105+3.105)}{(1+3.105)(1+3.105)^2}+\frac{1}{(1+3.105)(1+3.105)}\right]\right\}$$

$$= \text{sign}\{-0.3258\} = -1$$

将已知的 p_1、p_2 值和 $\eta^x=0.96$ 代入上式可得其动力学传动比为

$$\widetilde{i}_2 = \frac{1+p_1\frac{1}{\eta^x}+p_2\frac{1}{\eta^x}}{\left(1+p_1\frac{1}{\eta^x}\right)\left(1+p_2\frac{1}{\eta^x}\right)}$$

$$= \frac{1+3.105\times\frac{1}{0.96}+3.105\times\frac{1}{0.96}}{\left(1+3.105\times\frac{1}{0.96}\right)\left(1+3.105\times\frac{1}{0.96}\right)} = 0.4165$$

所以，按式(12-41)可得其二挡的传动效率为

$$\eta_2 = \frac{\widetilde{i}_2}{i_2} = \frac{0.4165}{0.4278} = 0.9736$$

c. 三挡的传动效率。

在三挡时，其运动学传动比为

$$i_p = i_3 = \frac{1}{1+p_1} = 0.2436$$

其动力学传动比为

$$\widetilde{i}_p = \widetilde{i}_3 = \frac{1}{1+p_1(\eta^x)^{y_1}}$$

先确定幂指数 y_1 的符号

$$y_1 = \text{sign}\frac{p_1}{i_3}\times\frac{\partial i_3}{\partial p_1} = \text{sign}\left[\frac{p_1}{i_3}\;\frac{\partial\left(\frac{1}{1+p_1}\right)}{\partial p_1}\right]$$

$$= \text{sign}\left\{\frac{p_1}{i_3}\left[\frac{(-1)}{(1+p_1)^2}\right]\right\}$$

$$= \text{sign}\left\{\frac{3.105}{0.2436}\left[\frac{-1}{(1+3.105)^2}\right]\right\}$$

$$= \text{sign}\{-0.7564\} = -1$$

代入上式可得其动力学传动比为

$$\widetilde{i}_3 = \frac{1}{1+p_1\frac{1}{\eta^x}} = \frac{1}{1+3.105\times\frac{1}{0.96}} = 0.2362$$

所以，由公式(12-41) 可得三挡的传动效率为

$$\eta_3 = \frac{\widetilde{i}_3}{i_3} = \frac{0.2362}{0.2463} = 0.9696$$

d. 倒挡的传动效率。

在倒挡时，其运动学传动比为

$$i_p = i_{-1} = -\frac{p_2}{1+p_1} = -0.7564$$

其动力学传动比为

$$\widetilde{i}_{\mathrm{p}} = \widetilde{i}_{-1} = -\frac{p_2\ (\eta^{\mathrm{x}})^{y_2}}{1+p_1\ (\eta^{\mathrm{x}})^{y_1}}$$

先确定幂指数 y_1 和 y_2 的符号

$$\begin{aligned} y_1 &= \mathrm{sign}\,\frac{p_1}{i_{-1}} \times \frac{\partial i_{-1}}{\partial p_1} = \mathrm{sign}\left[\frac{p_1}{i_{-1}} \times \frac{\partial\left(\dfrac{-p_2}{1+p_1}\right)}{\partial p_1}\right] \\ &= \mathrm{sign}\left[\frac{p_1}{i_{-1}} \times \frac{p_2}{(1+p_1)^2}\right] \\ &= \mathrm{sign}\left[\frac{3.105}{-0.7564} \times \frac{3.105}{(1+3.105)^2}\right] \\ &= \mathrm{sign}[-0.7564] = -1 \end{aligned}$$

$$\begin{aligned} y_2 &= \mathrm{sign}\,\frac{p_2}{i_{-1}} \times \frac{\partial i_{-1}}{\partial p_2} = \mathrm{sign}\left[\frac{p_2}{i_{-1}} \times \frac{\partial\left(\dfrac{-p_2}{1+p_1}\right)}{\partial p_2}\right] \\ &= \mathrm{sign}\left[\frac{p_2}{i_{-1}} \times \frac{(-1)}{1+p_1}\right] \\ &= \mathrm{sign}\left[\frac{3.105}{-0.7564} \times \frac{(-1)}{1+3.105}\right] \\ &= \mathrm{sign}[1] = +1 \end{aligned}$$

代入上式可得其动力学传动比为

$$\widetilde{i}_{-1} = -\frac{p_2\eta^{\mathrm{x}}}{1+p_1\dfrac{1}{\eta^{\mathrm{x}}}} = -\frac{3.105\times0.96}{1+3.105\times\dfrac{1}{0.96}} = -0.7040$$

所以，由公式(12-41) 可得到倒挡的传动效率为

$$\eta_{-1} = \frac{\widetilde{i}_{-1}}{i_{-1}} = \frac{-0.7040}{-0.7564} = 0.9307$$

通过上述计算可知：

① 由于该行星齿轮变速箱的输入件为转臂 x_1，故求得其各挡的传动比均小于 1（除直接挡的传动比 $i_1=1$ 外）；即表示该行星变速箱在二挡、三挡和倒挡时均起着增速器的作用；

② 该行星齿轮变速箱各挡的传动效率都较高，且可知 $\eta_1>\eta_2>\eta_3>\eta_{-1}$； $\eta_2=0.9736$ 与 $\eta_3=0.9696$ 较接近；倒挡的传动效 $\eta_{-1}=0.9307$，此效率值最低；然而，在履带车辆行驶中，倒挡使用的时间最短，使用的次数也较少。所以，该行星齿轮变速箱各挡传动效率值的分配是合理的。

12.7.2 行星齿轮变速传动的结构图例

图 12-9 所示为曾在英国施特劳斯尔（Stlousle）坦克上获得应用的卡塔尔（Katale）行星变速传动是由两个行星排（A_1、A_2）和四个控制元件（两个电磁制动器 Z_1、Z_2 和两个电磁离合器 L_3、L_4）组成的三个自由度的行星变速箱。上述控制元件均是采用电磁铁进行结合的。

输入轴 A 与发动机相连接，在轴 A 上安装着太阳轮 a_1 和电磁离合器 L_4 的圆板 R_1。同时，第一个行星排 A_1 的内齿轮 b_1 活套在轴 A 上，而且内齿轮 b_1 与制动片 1 制成为一个整体。它的转臂 x_1 活套在输出轴 B 上。

输出轴 B 上用平键固连着转臂 x_2；第二个行星排 A_2 的行星轮 c_2 的轴又活套在转臂 x_2

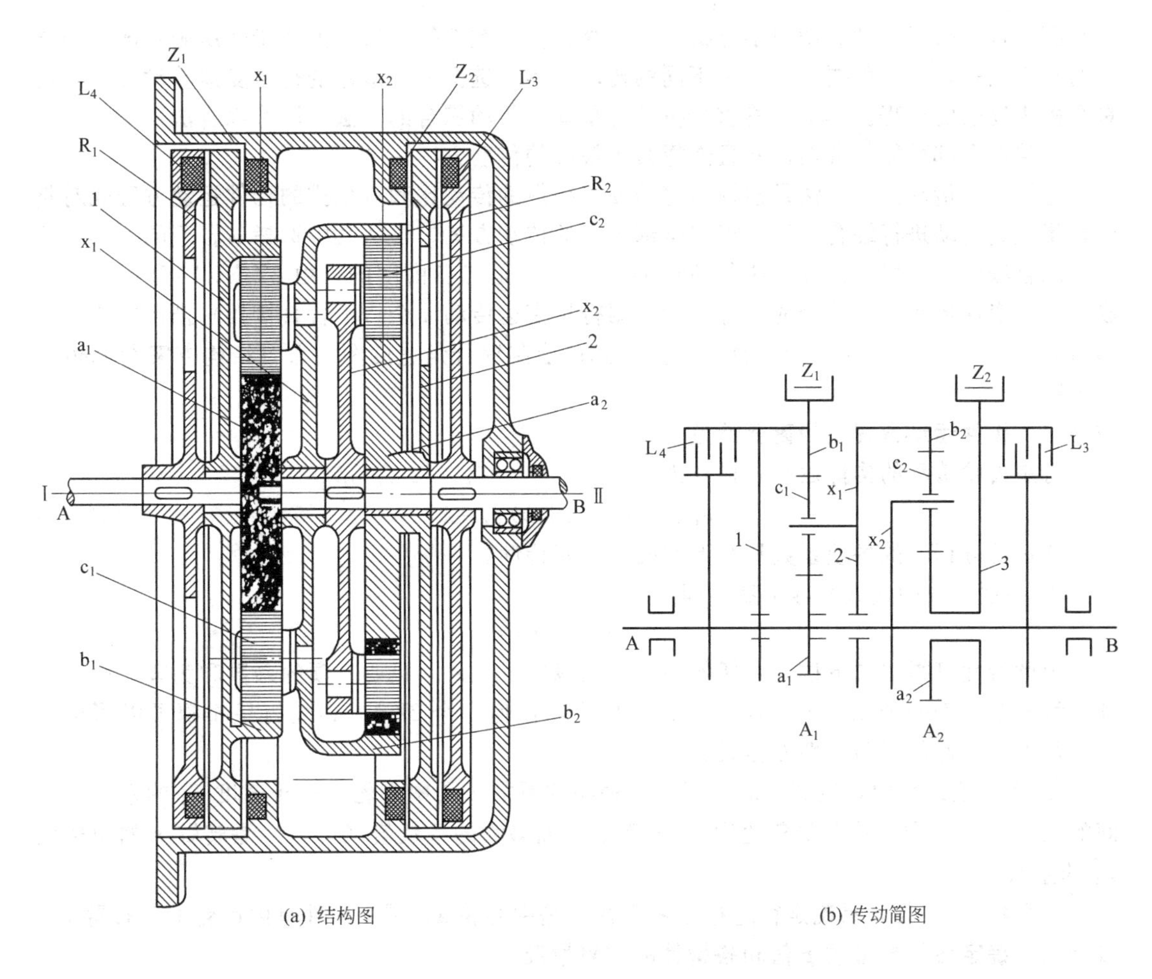

图 12-9 ［英］卡塔尔行星变速箱结构

的轴上。太阳轮 a_2 与制动器 Z_2 的制动片 2 制成为一个整体。且活套在轴 B 上，输出轴 B 上还固连着电磁离合器 L_3 的圆板 R_2。

该行星变速箱具有四个排挡，即 $n_d=4$（含直接挡）。

第一挡：结合电磁制动器 Z_1、Z_2，内齿轮 b_1 和中心轮 a_2 被制动；则得 $i_1=i^{b_1}_{a_1x_1}i^{a_2}_{b_2x_2}$。

第二挡：结合制动器 Z_1，内齿轮 b_1 被制动；闭锁电磁离合器 L_3，使中心轮 a_2 与输出轴 B 连接成一体，即与转臂 x_2 连成一体，从而使第二行星排 A_2 变成为一个整体旋转；则得 $i_2=i^{b_2}_{a_1x_1}$。

第三挡：结合制动器 Z_2，使中心轮 a_2 制动；闭锁离合器 L_4，从而使第一个行星排 A_1 变成为一个整体旋转，即 $n_{a_1}=n_{b_1}=n_{x_1}$；则得 $i_3=i^{a_2}_{b_2x_2}$。

第四挡：同时闭锁两个离合器 L_3 和 L_4，以实现该变速器的直接挡，即 $i_4=\frac{n_A}{n_B}=1$。

卡塔尔行星变速箱不仅适用于坦克，而且在汽车中也曾获得了应用，其排挡数可为 2～8 个，传递转矩为 30～1300N·m。显然，它也可用于工程机械、起重运输机械和其他机动车辆上。

12.8 行星齿轮变速传动的综合方法

多级行星变速传动的设计与简单行星齿轮传动相类似，可以据给定的传动比确定其运动方案图；且进行运动学和动力学分析以及计算其传动效率等。通过上述步骤所确定的传动方案通常不只是一个，而要在许多个不同的传动方案中选择一个最好的行星变速传动方案，这是个极为复杂的过程。本节要着重分析的行星变速传动综合的方法（简称综合法）能找出行星变速传动全部可能的方案，并且选择其中最好的传动方案。

行星变速传动的综合法是根据给定的 n 个挡数的传动比和行星排的构件运动方程式对整个行星变速传动进行综合分析，拟定全部可能的传动方案，再从其中选择最合理的方案。这就是综合法的指导思想。综合法的研究对象，一般是二自由度的、由 2Z-X(A)型行星排组成的行星变速传动。其综合的内容包括：据行星变速传动 n 个（不含直接挡）排挡的传动比为 i_1，i_2，…，i_n，写出 n 个构件运动方程式；绘制综合角速度图；布置结构方案图和传动方案图。

12.8.1 构件运动方程式的重要特性

行星齿轮传动的构件运动方程式为

$$\omega_a + p\omega_b - (1+p)\omega_x = 0 \tag{12-47}$$

该运动方程式的各项系数具有下列两个重要特性。

① 各项系数的代数和等于零，即

$$1 + p - (1+p) = 0$$

由此特性可得出如下推论：任何一个三项线性方程式，只要三项的系数和为零，则此线性方程式就代表一个 2Z-X(A)型行星排。反之，任何一个 2Z-X(A)型行星排都可以写出一个满足上述特性的三项线性方程式。

② 在三项系数中，按其绝对值而言，最小的系数 1 是中心轮 a 的角速度 ω_a 的系数；中间的系数值 p 是内齿轮 b 的角速度 ω_b 的系数；而最大的系数值（$1+p$）是转臂 x 的角速度 ω_x 的系数。

根据特性(2)便容易确定行星排中哪个构件是中心轮 a，哪个构件是内齿轮 b 和转臂 x。

12.8.2 确定各行星排的 p 值和各构件的布置情况

根据以上推论，我们可以写出一个三项线性方程式表示一个行星排的普遍运动方程式为

$$a\omega_a + b\omega_b + h\omega_x = 0 \tag{12-48}$$

式中 a、b、h ——常数，$a+b+h=0$。

通常，可采用一个行星排来完成一个传动比 i。在行星排的三个基本构件中，一为输入件 A，一为输出件 B，则另一构件为制动件 Z。

仿上，可以写出另一个三项线性方程式表示一个行星排的普遍运动方程式为

$$A\omega_A + Z\omega_Z - B\omega_B = 0 \tag{12-49}$$

将方程式(12-49) 转换为方程式(12-48) 时，它们的系数 A、B、Z 与 a、b、h 不是对应的关系。但是，在进行行星变速传动的设计时，必须确定行星排中哪个基本构件是输入件，哪个基本构件是输出件和制动件，即应确定行星排中各构件的布置情况。

为了使行星排获得具有一个自由度的行星传动，就必须使其控制元件制动，即使 $\omega_Z=0$，则上述方程为 $A\omega_A - B\omega_B = 0$。由此可得行星排的传动比为

$$i_{AB} = \frac{\omega_A}{\omega_B} = \frac{B}{A} = i_k \qquad k=1,2,\cdots,n$$

若已知某个行星排的传动比 i_k，且该传动比是在制动某个基本构件时得到的，则该行星排的基本运动方程式为

$$\omega_A - \frac{B}{A}\omega_B + \frac{Z}{A}\omega_Z = 0 \tag{12-50}$$

现已知$\frac{B}{A}=i_k$；再据特性（1）可得$\frac{Z}{A}=\frac{B}{A}-1=i_k-1$。因此，最后可得到用传动比 i_k 表示系数的运动方程式，即得行星变速传动的操纵件方程式为

$$\omega_A-i_k\omega_B+(i_k-1)\omega_Z=0 \qquad k=1,2,\cdots,n \tag{12-51}$$

对于方程式(12-48)，当转臂 x 固定时，即 $\omega_x=0$，则行星排的特性系数 p 为

$$p=-\frac{\omega_a}{\omega_b}=\frac{b}{a}$$

因 $p>1$，故 $|b|>|a|$，且 b 与 a 的符号相同。再由特性（1）可得 $h=-(b+a)$，即 $|h|=|b+a|$；而且 h 与 b 或 a 的符号相反。最后可得

$$|h|>|b|>|a| \tag{12-52}$$

由此可见，按其绝对值而言，最小的系数 a 是中心轮 a 的角速度 ω_a 的系数，中间的系数 b 是内齿轮 b 的，而最大的系数 h 是转臂 x 角速度 ω_x 的。所以，根据系数绝对值 $|h|$、$|b|$ 和 $|a|$ 的相对大小，便可确定 ω_a、ω_b 和 ω_x 所代表的基本构件。

若用绝对值最小的一个系数 a 去除方程式中各项，则可得

$$\frac{a}{a}=1$$

$$\frac{b}{a}=p$$

$$\frac{h}{a}=\frac{-(b+a)}{a}=-(1+p)$$

由此所得到的三个系数分别为 1、p 和 $-(1+p)$，且满足 $|1+p|>|p|>1$。若用这三个系数便可以写出一个三项线性方程式，即为（12-47）构件运动方程式。仿上，可以验证特性①和②的正确性。

在设计行星变速传动时，我们需要解决的主要问题是：首先，如何根据已知各挡的传动比 i_k 确定行星排的特性参数 p_k 值；其次，确定 ω_A、ω_B、ω_Z 与 ω_a、ω_b、ω_x 之间的关系，即决定行星排中各构件的布置情况，亦即决定中心轮 a、内齿轮 b 和转臂 x，哪一个为输入件，哪一个为输出件，哪一个制动；再次，如何将 n 个行星排组合成具有 n 挡（不含直接挡）的行星变速传动。现举例说明如下：

【例题 12-6】 已知某行星变速传动的两个排挡（非直接挡）的传动比为 $i_1=3.2$ 和 $i_2=1.7$。试确定各行星排的特性参数 p_k 值和各构件的布置情况。

解　按式(12-51) 写出其操纵件方程式如下

$$\omega_A+2.2\omega_{Z_1}-3.2\omega_B=0 \tag{12-53}$$

$$\omega_A+0.7\omega_{Z_2}-1.7\omega_B=0 \tag{12-54}$$

由方程式(12-53) 可见，系数 2.2 与 ω_A 的系数 1 符号相同，且 $2.2>1$，故可得它的系数为 $a_1=1$，$b_1=2.2$，$h_1=-3.2$。则得 $p_1=\frac{b_1}{a_1}=2.2$，且可以确定 ω_A 为 ω_a、ω_{Z_1} 为 ω_b、ω_B 为 ω_x。所以，对于传动比为 $i_1=3.2$ 的行星排 A_1，其中心轮 a 为输入件、内齿轮 b 为制动件、转臂 x 为输出件；其各构件的布置情况如图 12-1(a)所示。

再由方程式(12-54) 可见，因该式中的最小系数 0.7 小于 1，故可用 0.7 除各项，而可得如下方程式

$$\omega_{Z_2}+1.43\omega_A-2.43\omega_B=0$$

可得系数为 $a_2=1$，$b_2=1.43$，$h_2=-2.43$。则得 $p_2=1.43$，ω_{Z_2} 为 ω_a、ω_A 为 ω_b、ω_B 为 ω_x。由此可知，其内齿轮 b 为输入件、转臂 x 为输出件、中心轮 a 为制动件；其各构件

的布置情况如图 12-1(c)所示。

由此可见，按照上述方法可以对 n 个行星排进行初步的运动简图设计，以确定各构件的作用及其尺寸关系以及它们的布置情况。至于如何将 n 个行星排组合成为具有 n 个排挡的行星变速传动，这个问题下面将要着重研究解决。

12.8.3 行星齿轮变速传动的运动方程组

对于一个具有二自由度（$W=2$）的多级行星变速传动，要获得 n 个不同传动比的排挡，则需要配置 m 个控制元件和 $k=n$ 个行星排；由结构公式(12-2) 可得其运动构件数 $n_0=k+W=n+2$。

设某行星变速传动的传动比为 i_1，i_2，i_3，…，i_n（不含 $i=1$ 的直接挡）。通常，行星变速传动的各个排挡都是单独由一个相应的行星排实现的。据操纵件方程式(12-51)，则可以写出该行星变速传动的运动方程组为

$$\begin{cases}\omega_A+(i_1-1)\omega_{Z_1}-i_1\omega_B=0\\ \omega_A+(i_2-1)\omega_{Z_2}-i_2\omega_B=0\\ \omega_A+(i_3-1)\omega_{Z_3}-i_3\omega_B=0\\ \qquad\vdots\\ \omega_A+(i_n-1)\omega_{Z_n}-i_n\omega_B=0\end{cases} \tag{12-55}$$

上述方程组中每个运动方程式均对应一个独立的行星排。但由于这些行星排是组成同一个行星变速传动的，显然，它们的输入件 A 和输出件 B 都要刚性地连接在一起，即 A 和 B 是各行星排公共的；当制动任何一个控制元件时，才能得到相应排挡的传动比 i_k。由于各排挡的传动比值不相同，各个方程式是彼此独立的，而各制动构件的角速度 ω_Z 在任何时候也是不相同的，且彼此又有一定的关系。对于输入件和输出件的角速度 ω_A、ω_B 分别为行星变速传动中同一构件的角速度。由此可见，各行星排中的输入件和输出件应相互连接起来，只有这样才能组成为一个完整的行星变速传动。但是，如何将 n 个行星排进行组合和设置摩擦离合器，以获得传动比 $i_{n+1}=1$ 的直接挡；这是必须通过绘制综合角速度图和布置结构方案图以及确定行星变速传动的运动简图进行解决的。

12.8.4 行星齿轮变速传动的综合角速度图

为了对二自由度的行星变速传动进行运动分析和为了求得摩擦离合器 L 最有利的安装位置，则需要绘制行星变速传动的综合角速度图。

在 2Z-X(A)型行星排中，其任一构件的角速度 ω_k，可用输入件的角速度 ω_A 和输出件的角速度 ω_B 表示为下述线性方程式

$$\omega_k=a_k\omega_A+b_k\omega_B \tag{12-56}$$

$$a_k+b_k=1 \qquad k=1,\ 2,\ 3,\ \cdots,\ n$$

如果以输入构件 A 的角速度 ω_A 为计量单位，即 $\omega_A=1$，则可得

$$\bar{\omega}_k=a_k+b_k\bar{\omega}_B \tag{12-57}$$

当制动任一构件时，则可得制动件的角速度为

$$\bar{\omega}_Z=\bar{\omega}_k=a_k+b_k\bar{\omega}_B \tag{12-58}$$

据式(12-51) 可求得

$$a_k=-\frac{1}{i_k-1}$$

$$b_k=\frac{i_k}{i_k-1}$$

故可得

$$\bar{\omega}_Z=\frac{i_k}{i_k-1}\bar{\omega}_B-\frac{1}{i_k-1} \tag{12-59}$$

现取 $\bar{\omega}_B$ 为横坐标，$\bar{\omega}=\bar{\omega}_k=\bar{\omega}_Z$ 为纵坐标，组成直角坐标系 $\bar{\omega}_B O\bar{\omega}$。式(12-56) 可以在上述直角坐标系中绘出一条直线为 $\bar{\omega}=\bar{\omega}_Z=f(\bar{\omega}_B)$（见图 12-10）。

由于 $i_k=1$ 的直接挡是由摩擦离合器 L 闭锁行星排中的任意两构件而获得的。当闭锁两构件时，即 $\bar{\omega}_A=\bar{\omega}_B$，则该行星变速传动可作为一个整体旋转，即 $\bar{\omega}_Z=\bar{\omega}_A=\bar{\omega}_B=1$。因此，所有的线图均应通过（1，1）点，即该点对应于截取 $\bar{\omega}=\bar{\omega}_A=\bar{\omega}_B=1$ 的坐标。

当行星变速传动中的任一构件被制动时，即 $\bar{\omega}_Z=0$，则由公式(12-59) 可得

$$\bar{\omega}_B=\frac{1}{i_k}\qquad k=1,\ 2,\ 3,\ \cdots,\ n$$

由此可知，角速度线图在横坐标 $\bar{\omega}_B$ 上截取的线段为各传动比的倒数，即$\overline{Ox}=\frac{1}{i_k}$。例如，在横坐标轴 $\bar{\omega}_B$ 上按各传动比 i_1，i_2，i_3，…，i_n 的倒数取几个点，即有 $x_1=\frac{1}{i_1}$，$x_2=\frac{1}{i_2}$，…，$x_n=\frac{1}{i_n}$；再将上述各点与坐标点（1，1）连接为各条直线，则可得到行星变速传动综合角速度图的一般形式，如图 12-10 所示。

若已知行星变速传动各挡的传动比为 i_1，i_2，i_3，i_4（倒挡传动比)，绘制其综合角速度图的具体步骤如下（见图 12-10）。

① 在直角坐标 $\bar{\omega}O\bar{\omega}_B$ 上取坐标点（1，1)，且过该点画出一条 $\bar{\omega}=\bar{\omega}_A=1$ 的水平直线，它是输入件 A 的角速度线。

② 在横坐标 $\bar{\omega}_B$ 上标出 $\frac{1}{i_k}$ 的各点，即有 $x_1\left(\frac{1}{i_1},\ 0\right)$，$x_2\left(\frac{1}{i_2},\ 0\right)$，$x_3\left(\frac{1}{i_3},\ 0\right)$，$x_4\left(\frac{1}{i_4},\ 0\right)$；且通过坐标点（1，1）和点$\left(\frac{1}{i_k},\ 0\right)$画出 $k=4$ 条直线。上述 k 条直线表示在各排挡下制动构件角速度与输出件角速度的关系：$\bar{\omega}=\bar{\omega}_k=f(\bar{\omega}_B)$（即有 $\bar{\omega}_k=\bar{\omega}_{Z_k}$，$k=1,\ 2,\ \cdots,\ n$)。

③ 通过坐标原点 O 和坐标点（1，1）画出直线 $\bar{\omega}=\bar{\omega}_B$，这是输出件的角速度线。

④ 通过各坐标点$\left(\frac{1}{i_k},\ 0\right)$画出平行于纵坐标轴的虚线 1，2，3，4。而通过点（1，0）平行于纵坐标的直线为直接挡 $i_k=1$ 的传动。

上述平行于纵坐标的 k 条直线（虚线）与通过点（1，1）的 $\bar{\omega}=\bar{\omega}_k$ 角速度线束相交。各交点的纵坐标值，即代表着在某一排挡的传动比 i_k 时，各被制动构件的相应角速度值。例如，在倒挡时，虚线 4 与 $\bar{\omega}=\bar{\omega}_4$ 的交点 A，虚线 4 与 $\bar{\omega}=\bar{\omega}_B$ 的交点 B，与 $\bar{\omega}=\bar{\omega}_1$ 的交点 C，与 $\bar{\omega}=\bar{\omega}_2$ 的交点 D，与 $\bar{\omega}=\bar{\omega}_3$ 的交点 E。这些交点在虚线 4 上截取的各线段$\overline{AB}$、$\overline{AC}$、$\overline{AD}$和$\overline{AE}$表示在传动比 i_4 时各构件的角速度值；即 $\bar{\omega}_4=-\overline{AB}$，$\bar{\omega}_1=-\overline{AC}$，$\bar{\omega}_2=-\overline{AD}$，$\bar{\omega}_3=-\overline{AE}$。

同理，当在空挡（$\bar{\omega}_B=0$）时，则各构件的角速度值为 $\bar{\omega}_A=\overline{Ol}$，$\bar{\omega}_4=\overline{Op}$，$\bar{\omega}_1=-\overline{Om}$，$\bar{\omega}_2=-\overline{On}$，$\bar{\omega}_3=-\overline{Oq}$。也可以得到其他各排挡（传动比）时，各构件的角速度之值。由此可见，每条平行于纵坐标的虚线都决定着在某个排挡传动比时的行星变速传动的工作情况。

由上述综合角速度图可分析出下列几点。

① 具有两个自由度的行星变速传动基本构件的角速度仅取决于传动比的大小，而与它的运动简图无关。

② 当传动比接近于 1 时，即 $i_k\approx1$，处于这种传动中的制动件最大角速度极大；在这种

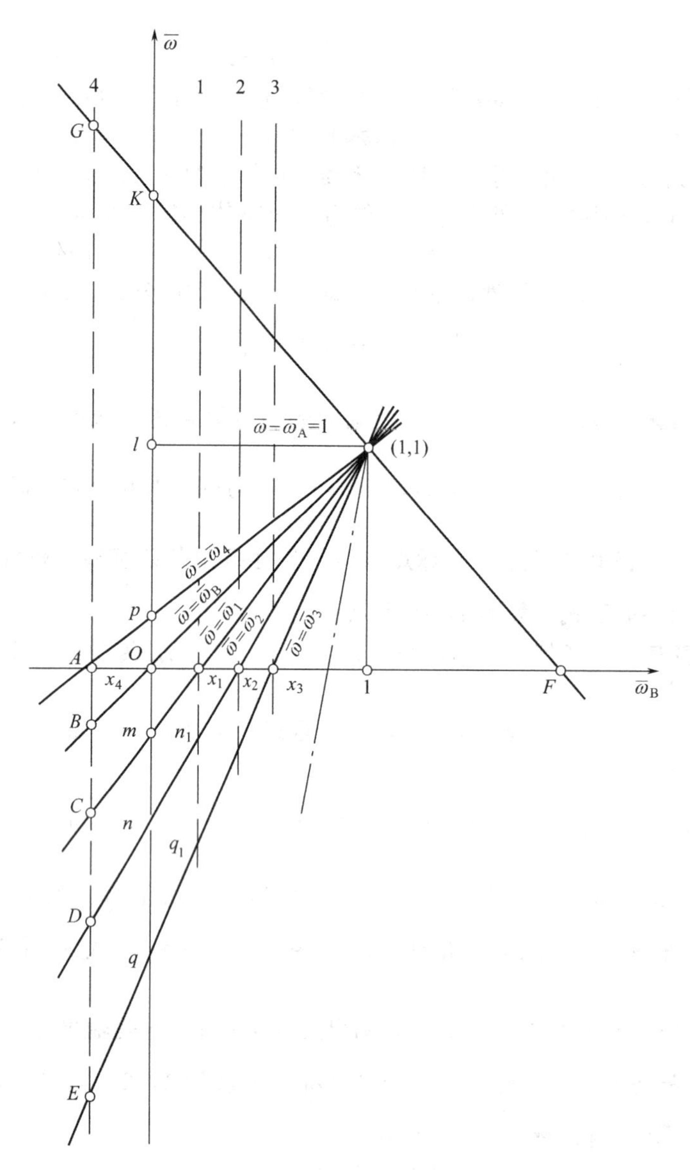

图 12-10 行星变速传动的综合角速度

情况下，最大角速度可能变得大到不能容许的地步；当 $i_k \to 1$（点划线）时，$\bar{\omega}_k = \infty$。因此，这种排挡的传动比在行星变速传动中应当避免。

③ 当行星变速传动为倒挡 $\left(\frac{1}{i_k} < 0\right)$ 时，构件的角速度达到最大值；即 $\overline{AB} > \overline{Op}$，$\overline{BC} > \overline{Om}$，…。

④ 当某一排挡的传动比 $i_k < 1$ 时，即可获得增速传动（GKF 线），增速传动制动件的角速度大于输入件的角速度；如空挡时，$\overline{OK} > \overline{Ol} = \bar{\omega}_A$。

利用综合角速度图可以确定基本构件的相对角速度。安装在行星变速传动基本构件间的滚动轴承的工作可靠性取决于这些构件的相对角速度。而基本构件间的相对角速度等于它们的绝对角速度之差。例如，在一挡（i_1）时，由虚线 1 可知，各制动构件的角速度为 $\bar{\omega}_1 = \bar{\omega}_{Z_1} = 0$，$\bar{\omega}_2 = \bar{\omega}_{Z_2} = -\overline{x_1 n_1}$，$\bar{\omega}_3 = \bar{\omega}_{Z_3} = -\overline{x_1 q_1}$。第二与第三构件间的相对角速度等于线段

$\overline{n_1q_1}$，即 $\omega_2-\omega_3=\overline{n_1q_1}$。

由图 12-10 可见，当行星变速传动在空挡（$\bar{\omega}_B=0$）时，各构件相对角速度也可用一些线段确定之。例如，$\omega_A-\omega_3=\overline{lq}$，$\omega_A-\omega_2=\overline{ln}$，$\omega_1-\omega_2=\overline{mn}$和 $\omega_1-\omega_3=\overline{mq}$等。而各构件间的力矩（在闭锁它们的情况下），与它们的相对角速度成反比。换言之，纵坐标轴上的线段$\overline{Ol}$是闭锁力矩 T_L 的倒数值。因此，当 $\bar{\omega}_B=0$（空挡）时，如果离合器处在两个具有最大相对角速度的构件之间，则摩擦离合器的闭锁力矩为最小。由上图可见，在空挡时，最大的相对角速度为 $\omega_A-\omega_3=\overline{lq}$，故将摩擦离合器 L 安装在输入构件 A 和三挡制动构件之间（即将构件 A 和 3 闭锁），则可使该行星变速传动的闭锁力矩 T_L 最小。

如前所述，直接挡可用连接任意两个构件的方法得到。然而，如果离合器将构件 A 和 3 闭锁，则该离合器所传递的扭矩最小。所以，应选取在输入件 A 和构件 3 之间安装摩擦离合器 L 的方案；因为，这是摩擦离合器最有利的安装位置。

12.8.5　行星齿轮变速传动综合的基本程序

假设已知 n 个排挡的传动比为 i_1，i_2，i_3，…，i_n。试用综合法确定行星变速传动的最好传动方案。通常，行星变速传动综合的基本程序如下。

① 据 n 个排挡的传动比值，按公式(12-51) 写出 n 个彼此独立的基本构件运动方程式，即可得其原始方程组为

$$\begin{cases}\omega_A+(i_1-1)\omega_1-i_1\omega_B=0\\ \omega_A+(i_2-1)\omega_2-i_2\omega_B=0\\ \omega_A+(i_3-1)\omega_3-i_3\omega_B=0\\ \vdots\\ \omega_A+(i_n-1)\omega_n-i_n\omega_B=0\end{cases}$$

式中　$\omega_1=\omega_{Z_1}$，$\omega_2=\omega_{Z_2}$，$\omega_3=\omega_{Z_3}$，…，$\omega_n=\omega_{Z_n}$。

根据上述构件运动方程组可得到 n 个行星排的传动方案图；同时，也可以绘制行星变速传动的传动简图。但是，这个行星变速传动的传动简图不一定是最好的。

② 写出所需的派生运动方程式。具有 n 个排挡（不含直接挡）的行星变速传动的运动基本构件数 n_0 等于（$n+2$)，由三个构件参加可组成一个方程式。所以，能够描述该行星变速传动的方程式总数等于由（$n+2$）中取 3 的组合数，即

$$C_{n+2}^3=\frac{(n+2)(n+1)n}{3!}\tag{12-60}$$

当 $n=3$ 时　$$C_5^3=\frac{5\times4\times3}{3\times2\times1}=10$$

当 $n=4$ 时　$$C_6^3=\frac{6\times5\times4}{3\times2\times1}=20$$

依此类推。

因为，描述变速传动所需的方程式数大大地超过基本构件运动方程式的数目，即 $C>n$，而不足的运动方程式数目为（$C-n$）。为此，可以对原始方程组中 ω_A、ω_B 进行消元处理，则可导出（$C-n$）个派生方程式。应该指出的是，每个新的派生方程式都要不同于已写出的方程式(基本方程式和先前写出的派生方程式)，即各个方程式中的角速度组合都应该不相同。最后要得含有 C 个运动方程式的方程组。

③ 绘制综合角速度图。为了获得 $i_{n+1}=1$ 的直接挡，便需要在变速传动中设置一个摩擦离合器 L，用以闭锁变速传动中的任意两构件，以实现直接挡。

根据行星变速传动 n 个排挡数，在直角坐标系 $\bar{\omega}O\bar{\omega}_B$ 中绘制综合角速度图（见图 12-

10)。先按$\frac{1}{i_1}$，$\frac{1}{i_2}$，$\frac{1}{i_3}$，…，$\frac{1}{i_n}$在横坐标$\bar{\omega}_B$上截取相应的点x_1，x_2，x_3，…，x_n；再按前述的具体步骤绘制综合角速度图；最后选取摩擦离合器L的最有利的安装位置。

④ 布置结构方案图。在选出合理的方程组和确定了摩擦离合器L最有利的安装位置后，就应考虑如何布置结构方案图。为了做出具有n个不同传动比的行星变速传动，必须采用n个行星排。如何合理地安排各行星排的前后次序，这是一个较重要的问题。安排行星排次序的一般原则如下。

a. 摩擦离合器所闭锁的两构件应该相互靠近，且最好配置于外侧。

b. 尽量使具有相同构件为输入件或输出件的行星排相互靠近。

c. 不与另外的行星排相连接的构件应尽量安排在最外侧。

d. 输入件与输出件应置于容易引出的位置。

e. 应注意同名构件联接和控制构件引出的方便性。

绘制结构简图的符号同前，其结构键如图12-11所示。

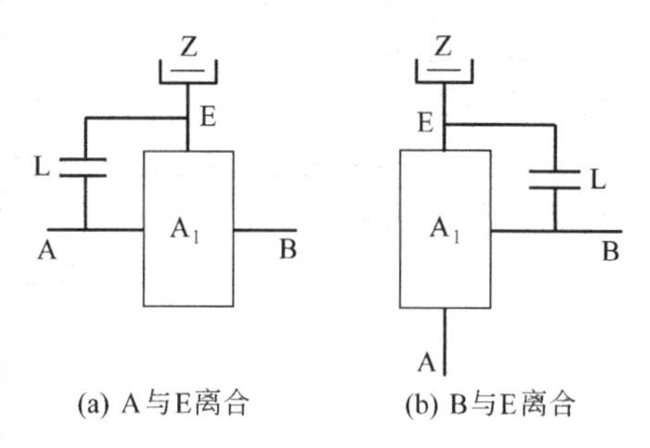

(a) A与E离合　(b) B与E离合

图12-11　行星变速传动的结构键

一为制动器Z；=为摩擦离合器L；

A—输入件；B—输出件；E—被制动件

⑤ 确定行星变速传动的运动简图。将新方程组中的C个方程式简化成最简单的形式，即使方程式的最小系数等于1，且将方程式的各项系数按其绝对值由小到大的顺序排列。

按照挡数n值的大小，在方程组中选择n个方程式组成一个行星变速传动的传动方案。选择n个方程式的一般原则如下。

a. 所选择的n个方程式中的特性参数p值应彼此接近，且便于进行设计。

b. 在所选的n个方程式中，应该至少有一次包括所有n个制动件的角速度ω_1，ω_2，ω_3，…，ω_n和主动件的角速度ω_A以及从动件的角速度ω_B。

c. 在n个方程式中，不应该选取特性参数p值接近1或大于4.5的方程式。

d. 所选择的n个方程式都应是独立的；其中任一个方程式不应是同一组合中的另两个方程式导出的。

再根据行星排的第二个特性确定各行星排中的输入件、输出件和制动件；并绘出n个方程式所对应的行星排运动简图。然后，将各行星排中同名的构件连接在一起，最后就可以得到n个排挡（除直接挡外）的行星变速传动运动简图。为了进一步说明行星变速传动综合的基本程序的具体应用，现特举例如下。

【例题12-7】 已知某一个二自由度的行星变速传动应实现各排挡的传动比为$i_1=3$、$i_2=1.8$、$i_3=-3.2$（倒挡）和$i_4=1$（直接挡）。试用综合法确定能实现上述各排挡传动比的行星变速传动运动简图。

解　据题意可知，自由度数$W=2$，挡数$n=3$（不包括直接挡）；则可得行星排个数$k=n=3$和该机构的运动基本构件数$n_0=k+W=5$，以及它的制动元件数$Z=n=3$，即该变速传动需要设置三个制动元件Z_1、Z_2、Z_3，一个主动件A和一个从动件B。同时，为了获得$i_4=1$的直接挡，还需要一个摩擦离合器L，用以闭锁变速传动中的任意两构件，以实现其直接挡的传动。故该变速传动所需的控制元件数$m=Z+L=4$。

为了能获得最好的传动方案，需要对该行星变速传动进行综合，其综合的具体步骤如下。

① 写出原始方程式　按已知的$n=3$个非直接挡传动比值，据操纵方程式(12-51)写出

下列三个原始方程式

$$\begin{cases} \omega_A + 2\omega_1 - 3\omega_B = 0 & (12\text{-}61) \\ \omega_A + 0.8\omega_2 - 1.8\omega_B = 0 & (12\text{-}62) \\ \omega_A + 3.2\omega_B - 4.2\omega_3 = 0 & (12\text{-}63) \end{cases}$$

因公式(12-62) 中有一个系数的绝对值小于1，故需用 0.8 除其各项，则可得

$$\omega_2 + 1.25\omega_A - 2.25\omega_B = 0 \quad (12\text{-}64)$$

② 写出所需的派生运动方程式　现已知，$n=3$，故据公式(12-60) 可得，描述该行星变速传动的方程式总数为 $C=10$。尚需要写出七个派生运动方程式，派生方程式应写成最简单的形式；即方程式中的角速度系数绝对值最小者应等于1，其余的系数按大小次序排列。现将新的运动方程组（含原始运动方程式和派生运动方程式）列入表 12-4。表中行星排构件的布置为$\frac{\mathrm{b}}{\mathrm{a}}\mathrm{H}$，上、中、下的字母分别代表内齿轮 b、转臂 x 和中心轮 a。

表 12-4　行星变速传动的运动方程式

运动方程式		p 值	行星排构件的布置 $\left(\frac{\mathrm{b}}{\mathrm{a}}\mathrm{x}\right)$	派生方法
$\omega_A+2\omega_1-3\omega_B=0$	(1)	2	$\frac{1}{\mathrm{A}}\mathrm{B}$	(原始方程式)
$\omega_2+1.25\omega_A-2.25\omega_B=0$	(2)	1.25	$\frac{\mathrm{A}}{2}\mathrm{B}$	(原始方程式)
$\omega_A+3.2\omega_B-4.2\omega_3=0$	(3)	3.2	$\frac{\mathrm{B}}{\mathrm{A}}3$	(原始方程式)
$\omega_A+1.03\omega_1-2.03\omega_3=0$	(4)	1.03	$\frac{1}{\mathrm{A}}3$	由式(1)+(3)消去 ω_B
$\omega_2+1.95\omega_A-2.95\omega_3=0$	(5)	1.95	$\frac{\mathrm{A}}{2}3$	由式(2)+(3)消去 ω_B
$\omega_A+2\omega_2-3\omega_1=0$	(6)	2	$\frac{2}{\mathrm{A}}1$	由式(2)−(1)消去 ω_B
$\omega_1+2.1\omega_3-3.1\omega_B=0$	(7)	2.1	$\frac{3}{1}\mathrm{B}$	由式(3)−(1)消去 ω_A
$\omega_2+5.25\omega_3-6.25\omega_B=0$	(8)	5.25	$\frac{3}{2}\mathrm{B}$	由式(3)−(2)消去 ω_A
$\omega_2+1.5\omega_B-2.5\omega_1=0$	(9)	1.5	$\frac{\mathrm{B}}{2}1$	由式(1)−(2)消去 ω_A
$\omega_2+1.01\omega_3-2.01\omega_1=0$	(10)	1.01	$\frac{3}{2}1$	由式(4)−(5)消去 ω_A

注：表中的 $\omega_1=\omega_{Z_1}$、$\omega_2=\omega_{Z_2}$ 和 $\omega_3=\omega_{Z_3}$。

据运动方程式的特性②，可确定方程式 (1) 中的 $a_1=1$、$b_1=2$、$h_1=-3$ 和 $p_1=\frac{b}{a}=2$。再据构件角速度系数关系式(12-52)，可确定行星排 A_1 中的 ω_A 为 ω_{a_1}、ω_1（即 ω_{Z_1}）为 ω_{b_1}、ω_B 为 ω_{x_1}，即制动件为内齿轮 b_1，输入件为中心轮 a_1 和输出件为转臂 x_1；故得该行星排构件的布置为$\frac{\mathrm{b}_1}{\mathrm{a}_1}\mathrm{x}_1=\frac{1}{\mathrm{A}}\mathrm{B}$；如图 12-1(a)所示。

仿上，可确定方程式(2) 中的 $a_2=1$、$b_2=1.25$、$h_2=-2.25$ 和 $p_2=1.25$。同理，可确定 ω_2 为 ω_{a_2}、ω_A 为 ω_{b_2}、ω_B 为 ω_{x_2}；故该行星排构件的布置为$\frac{\mathrm{b}_2}{\mathrm{a}_2}\mathrm{x}_2=\frac{\mathrm{A}}{2}\mathrm{B}$，如图

12-1(c)所示。

仿上，可确定方程式（3）中的 $a_3=1$、$b_3=3.2$、$h_3=-4.2$ 和 $p_3=3.2$；且可得该行星排构件的布置为$\frac{b_3}{a_3}x_3=\frac{B}{A}3$，如图 12-1(e)所示。其余方程式的 p 值和各行星排构件的布置情况均列入表 12-4。

因合理的 p 值范围为 $1.5<p<5$，由表 12-4 中的方程组可见，方程式（2）、（4）、（8）、（9）、（10）的 p 值太小或太大，故在行星变速传动的传动方案中不宜选取这些方程式（行星排）。而方程式（1）、（3）、（5）、（6）、（7）代表的行星排是较适宜选用的。可根据前述选择 n 个方程式的原则，而采用不同的组合；即可从以上五个方程式中选择 $n=3$ 个方程式的不同组合；即得不同的传动方案。

根据选择 n 个方程式的一般原则，可在上述五个方程式中选取下列的方程式（行星排）的组合方案：方案Ⅰ为（1）、（6）、（7）；方案Ⅱ为（5）、（3）、（7）；方案Ⅲ为（1）、（6）、（5）。

先绘制方案Ⅰ中各行星排的结构简图（见图 12-12），以便查明同名的构件相连接的可能性，以及向外引出输入件 A、输出件 B 和制动件 Z 的可能性。

由各行星排的结构简图（见图 12-12）可见，按 A_1、A_6、A_7 的次序布置行星排是不合理的，因为输出件 B 不能连接，一挡的制动件 Z_1 也不能连接成为一体；所以，方案Ⅰ中的行星排应按 A_6、A_1、A_7 的次序布置［见图 12-14(a)］。

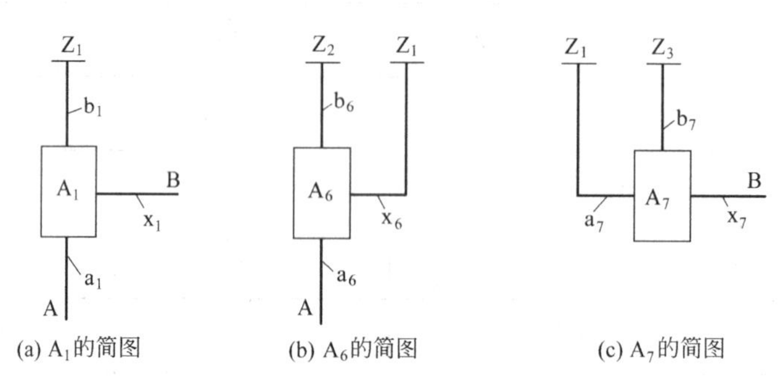

(a) A_1的简图　(b) A_6的简图　(c) A_7的简图

图 12-12　A_1、A_6、A_7 行星排的结构简图

仿上，可以绘出方案Ⅱ中各行星排的结构简图。为了使制动器 Z_3（各行星排的）能组装成一体，所以，方案Ⅱ中的行星排应按 A_5、A_3、A_7 的次序布置［见图 12-14(b)］；即各行星排的布置次序可以保持不变。

仿上，也可以绘出方案Ⅲ中各行星排的结构简图。为了使输入构件 A 能方便地连接起来以及使制动器 Z_1 和 Z_2 均能组装成一体，所以，方案Ⅲ中的行星排应按（5）、（6）、（1）的次序布置［见图 12-14(c)］。

③ 绘制综合角速度图　为了确定摩擦离合器最合适的安装位置，需要绘制行星变速传动的综合角速度图。据该行星变速传动的各挡传动比，再按前述的绘图具体步骤，可绘制其综合角速度图，如图 12-13 所示。其横坐标轴上的各点为 x_1（0.33，0），x_2（0.56，0）和 x_3（−0.31，0）；即$\frac{1}{i_1}=0.33$，$\frac{1}{i_2}=0.56$ 和$\frac{1}{i_3}=-0.31$。

由上述综合角速度图可见，该行星变速传动的空挡（$\bar{\omega}_B=0$）时，各构件间最大的相对角速度为 $\omega_A-\omega_2=\overline{ln}$，故可将摩擦离合器 L 安装在输入轴 A 和二挡的制动构件（内齿轮 b_6）之间［见图 12-14(a)］，则可使该行星变速传动的闭锁力矩 T_L 最小。所以，该行星变速传动应选取在输入轴 A 和二挡制动构件（b_6）之间安装摩擦离合器 L 的方案；即选取

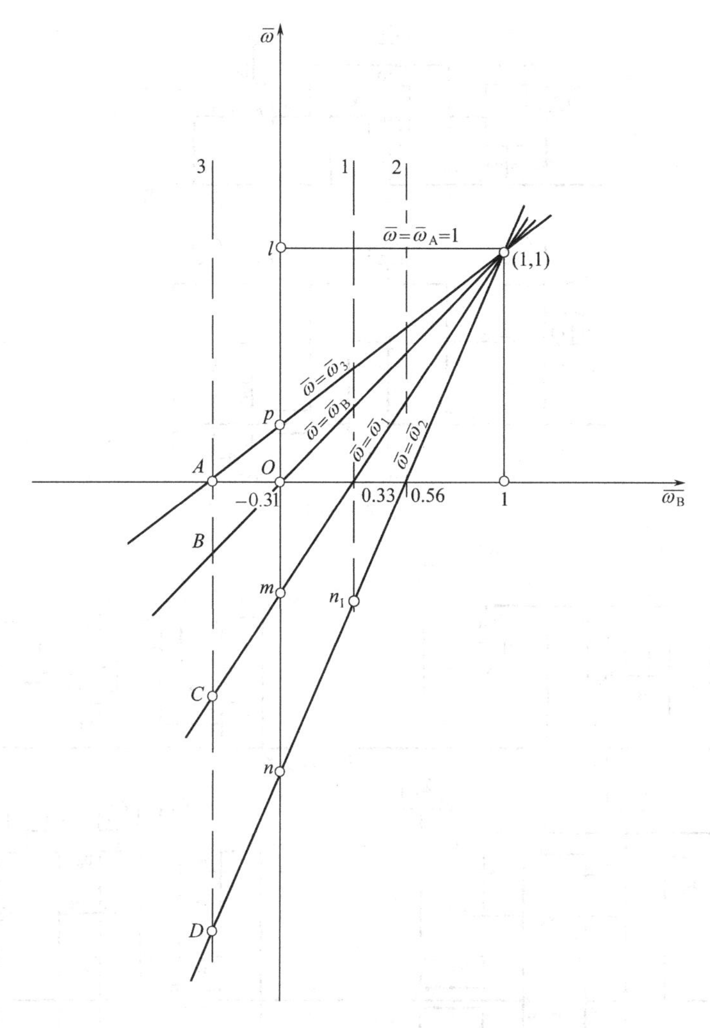

图 12-13　综合角速度图例

A_6-A_1-A_7 行星排组合的传动方案。

④ 绘制结构简图和运动简图　按照所选用的 $n=3$ 个方程式，绘制上述三个组合方案的行星变速传动的结构简图和运动简图。一般，应在先前已绘制各行星排的结构简图的基础上，认真解决好同名构件相互连接和输入件、输出件及制动件向外引出等问题之后，便可以着手绘制三个组合方案的行星变速传动的结构简图和运动简图，如图 12-14 所示。

如前所述，为了便于连接输出件 B 和使制动器 Z_1 组装成一体，方案Ⅰ中行星排的布置次序应改为 A_6、A_1、A_7。而方案Ⅱ中行星排的布置次序为 A_5、A_3、A_7，其同名输入构件 A（内齿轮 b_5 和中心轮 a_3）和输出构件 B（内齿轮 b_3 和转臂 x_7）可以连接，而且制动器 Z_3（控制制动构件转臂 x_5、转臂 x_3 和内齿轮 b_7 的）能方便地组装成为一体；输入件 A 和输出件 B 也能向外引伸出来。所以，方案Ⅱ中行星排的布置次序可以保持不变。

为了便于连接输入件 A 和使制动器 Z_2 组装成一体，方案Ⅲ中行星排的布置次序应改为 A_5、A_6、A_1。

为了从上述三个传动方案中选择一个最好的运动方案简图，以便进行设计计算和绘制工程图，还必须根据下列要求从结构上进行比较，并从中选择最好的传动方案。这五点要求如下。

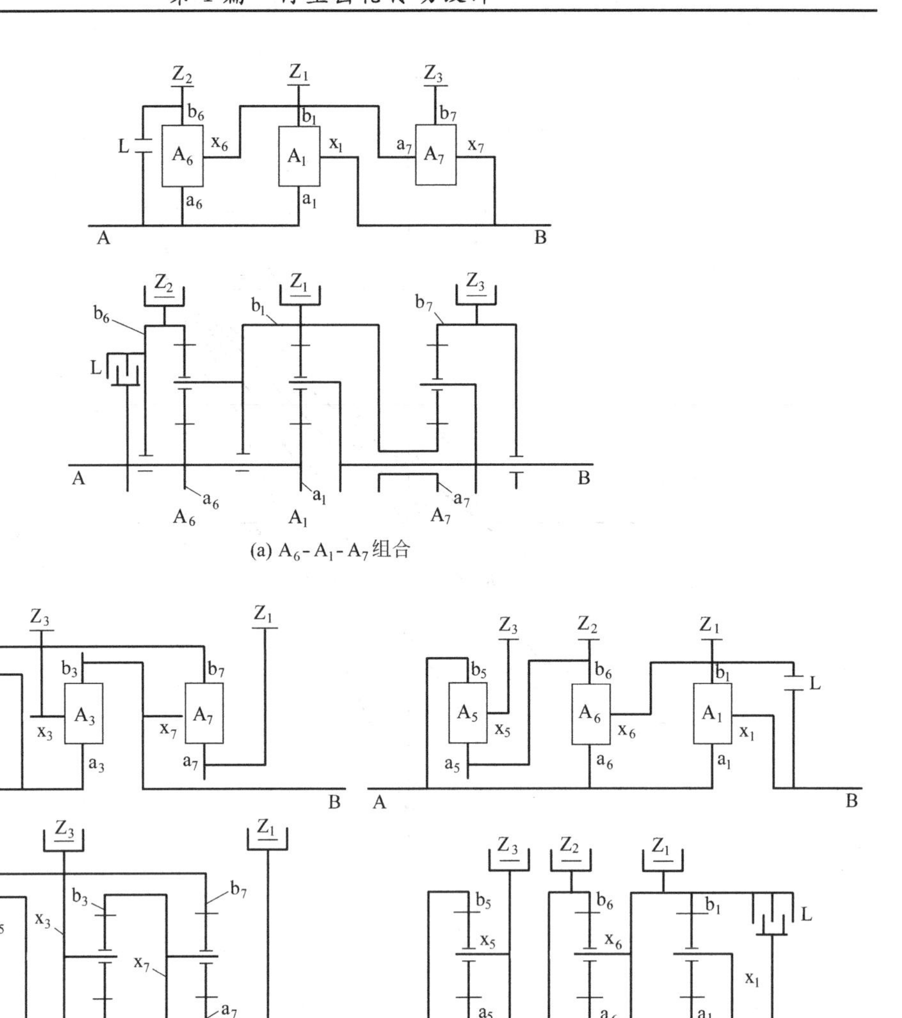

(a) A_6-A_1-A_7组合

(b) A_5-A_3-A_7组合

(c) A_5-A_6-A_1组合

图 12-14　行星变速传动的结构简图和运动简图

① 行星变速传动应具有最高的效率，首先是较常用排挡的传动效率应较高。

② 行星轮在承受载荷下的相对转速(n_c-n_x)$\leqslant$5000～7000r/min 和空挡下的相对转速要小。

③ 闭锁的摩擦元件要易于从变速箱体中向外移出。

④ 按照行星变速传动的综合角速度图，应使离合器 L 较容易地布置在最有利的（即使其闭锁力矩 T_L 最小）位置上。

⑤ 支承点应能方便地布置在靠近各制动鼓中间的位置上。

第2篇

微型行星齿轮传动设计

第13章　微型行星齿轮传动概论

13.1　微型行星齿轮传动的发展及其特点

13.1.1　微型行星齿轮传动的发展概况

所谓微型行星齿轮传动，就是微小化的行星齿轮传动。微小化是指该行星传动装置的基本构件的外形尺寸很小，即其中心轮a、行星轮c、内齿轮b和e，以及转臂（行星架）、机体和轴承等均实行微小化了。它最显著的特点是：该行星传动中的全部齿轮均采用了小模数$m<1.0$mm。微型行星齿轮传动既具有行星传动的特点；又具有齿轮微小化的特点。换言之，它既具有结构紧凑、体积小、重量轻、传动比大，传动效率高和同轴性好等优点；又具有行星传动微小化的外形尺寸，体积小、重量轻，极小的安装和运行空间；还具有较大的增加转矩的功能；尤其适用于中、小功率的动力传动或用于传递运动或控制传动机构的动作。因此，微型行星齿轮传动已较广泛地应用于空间技术、航空设备、现代兵器、小型汽车、电动工具、精密机械、仪器仪表、医疗器械、机器人和机械手臂等高精技术领域和部门；尤其适用于各种伺服控制系统中。人们可以预见，微型行星齿轮传动技术在现代军用和民用工业中具有极广阔的应用前景。

近十年来，微型行星齿轮传动技术，在我国逐渐地发展起来了，研发和生产微型行星齿轮减速器的企业和公司已达到数十家。20世纪80年代末，我国微型行星齿轮减速器的研发和试制工作处于起始阶段，采用的齿轮模数$m=0.4\sim0.5$mm，齿轮的加工精度7～8级；其传动型式大都是2Z-X(A)型及其多级串联的型式。此后，3Z(Ⅱ)型微型行星齿轮减速器才开始设计和试制，仅生产了几台3Z(Ⅱ)型的样机。21世纪初，我国先后从国外进口了若干台微型行星齿轮减速器，开始进行反求设计和仿造了一些微型行星齿轮减速器的产品；其齿轮模数$m=0.4\sim0.5$mm，加工精度约为7级。近几年来，我国从国外购进了各种先进的机床设备和较高精度的工装模具等，采用了先进的机械加工方法，提高了齿轮的加工精度。而且，对于从国外引进的微型行星齿轮减速器实行国产化，且设计和研制了齿轮模数$m=0.3$mm的微型行星齿轮减速器，提高了加工精度，使用了淬火热处理，齿面硬度可达32～42HRC。目前，我国少有的几家企业，已可研制出模数$m=0.15\sim0.2$mm的微型行星齿轮减速器，其加工精度可达5～6级。这就是我国当前在微型行星齿轮传动方面的技术水平。目前国外可以加工制造的微型行星齿轮减速器，其齿轮模数$m=0.08$mm，外形尺寸的直径为D=5mm。

13.1.2　微型齿轮传动的传动比及其符号

在微型齿轮传动中，一般用n表示转速，以每分钟的转数表示之，即r/min；ω表示角速度，以每秒弧度表示之，即rad/s。

在由两个微型齿轮组成的定轴齿轮副中，若a轮输入，b轮输出，其传动比计算公式为

$$i_{ab}=\frac{n_a}{n_b}=\frac{\omega_a}{\omega_b}=\pm\frac{z_b}{z_a} \tag{13-1}$$

式中　i_{ab}——a轮输入，b轮输出的传动比；

n_a——齿轮a的转速，r/min；

n_b——齿轮b的转速，r/min；

ω_a——齿轮 a 的角速度，rad/s；

ω_b——齿轮 b 的角速度，rad/s；

z_a、z_b——齿轮 a 和 b 的齿数。

在微型齿轮副中，若 b 轮输入，a 轮输出时，其传动比计算公式为

$$i_{ba}=\frac{n_b}{n_a}=\frac{\omega_b}{\omega_a}=\pm\frac{z_a}{z_b} \tag{13-2}$$

以上两式具有如下关系式：

$$i_{ab}i_{ba}=i_{ab}\times\frac{1}{i_{ab}}=1 \tag{13-3}$$

且有

$$i_{ba}=\frac{1}{i_{ab}} \tag{13-4}$$

上式表示：齿轮 b 由主动变成为从动后，其传动比互为倒数关系。

在微型行星齿轮传动中，构件 A 相对于构件 C 的转速与构件 B 相对于构件 C 的转速之比值，即其传动比公式为

$$i_{AB}^{C}=\frac{n_A-n_C}{n_B-n_C}$$

式中　n_A——构件 A 的转速，r/min；

n_B——构件 B 的转速，r/min；

n_C——构件 C 的转速，r/min。

在微型行星齿轮传动中，中心轮 a 相对于轮臂（行星架）x 的转速与内齿轮 b 相对于转臂（行星架）x 转速的比值，即其传动比公式为

$$i_{ab}^{x}=\frac{n_a-n_x}{n_b-n_x}$$

式中　n_a——中心轮 a 的转速，r/min；

n_b——内齿轮 b 的转速，r/min；

n_x——转臂（行星架）x 的转速，r/min。

对于两个或三个或 N 个微型定轴传动的齿轮系，其传动比的计算公式为

$$i_{1N}=i_{12}i_{34}\cdots i_{(N-1)N}=\frac{n_1}{n_N}=\frac{\omega_1}{\omega_N}$$

$$=(-1)^m\frac{z_2z_4z_6\cdots z_{N+1}}{z_1z_3z_5\cdots z_N} \tag{13-5}$$

式中　n_1——输入齿轮的转速，r/min；

n_N——输出齿轮的转速，r/min；

ω_1——输入齿轮的角速度，rad/s；

ω_N——输出齿轮的角速度，rad/s；

i_{1N}——1 轮输入，N 轮输出时的传动比；

z_1、z_3、z_5、…、z_N——齿轮系中主动齿轮的齿数；

z_2、z_4、z_6、…、z_{N+1}——齿轮系中从动齿轮的齿数；

m——齿轮系中外啮合的次数。

13.1.3　微型行星齿轮传动的特点

如前所述，微型行星齿轮传动就是一种齿轮微小化的行星齿轮传动，它既具有行星齿轮传动的许多特点。也具有齿轮微小化的特点。通常，该行星齿轮传动具有结构紧凑、体积小、重量轻、传动比大、同轴性好和传动效率高等优点。

由于在该行星传动中使用了小模数的刚性齿轮，故其传动的平稳性和可靠性较好。再由

于该微型齿轮能传递的转矩较小，故微型行星齿轮传动大都应用于传递运动和控制机构的动作。

微型行星齿轮传动由于做到了基本构件的微小化，就可以使得该行星传动具有微小的外形尺寸，体积小、重量轻，可获得极小的安装和运行空间，还可以获得较大的增加转矩的功能等特点。

在微型行星齿轮传动中，为了获得较大的传动比，通常采用齿数较少的中心轮 a；而对于较少齿数齿轮的加工应提出较高的精度要求也是其特点之一。

由于对微型齿轮的径向公差精度和齿侧间隙精度要求较高。因此，对微型齿轮加工的机床设备与工具的精度均有较高的要求。甚至，其外界环境因素，如振动、冲击力、温度和湿度变化等也会影响微型齿轮的加工精度。这是对于微型齿轮加工的又一个特点。

在设计微型行星齿轮传动时，一般不进行强度计算和刚度核算，其模数 m 的确定，通常可采用类比的方法，由齿轮传动的结构尺寸选定。在微型齿轮材料方面，除采用各种金属材料外，例如，碳素钢、合金钢、铝合金、黄铜和青铜等，为了减少机械传动的噪声，提高抗振动性能及改善其加工性能等，微型齿轮还可以应用非金属材料，例如，胶木、尼龙和工程塑料等。

13.2　微型齿轮与普通齿轮的主要差别

为了微型行星齿轮传动设计计算工作的方便起见，在本书中现特别规定如下：齿轮模数 $m \geqslant 1.0$mm 的渐开线圆柱齿轮，称之为普通齿轮；而小模数（$m<1.0$mm）的渐开线圆柱齿轮，称之为微型齿轮。

在设计微型行星齿轮传动时，首先了解一下微型齿轮与普通齿轮的主要差别是很有必要的。微型齿轮与普通齿轮之间究竟有哪些差别呢？经作者初步研究分析后得知它们之间存在着如下的差别。

（1）国标和模数的范围均不同

① 普通齿轮的模数范围　按国际 GB/T 1357—2008 规定，普通齿轮的模数范围为 $m=1\sim50$mm。其模数 m 系列如下。

第一系列：1、1.25、2、2.5、3、4、5、6、8、10、12、16、20、25、32、40、50。

第二系列：1.75、2.25、2.75、3.5、4.5、5.5、7、9、11、14、18、22、28、36、45。

② 微型齿轮的模数范围　按国际 GB/T 2363—1990 规定，微型齿轮的模数范围为 $m<1.0$mm。其模数 m 系列如下。

第一系列：0.1、0.12、0.15、0.2、0.25、0.3、0.4、0.5、0.6、0.8。

第二系列：0.35、0.7、0.9。

（2）基准齿形不同

① 普通齿轮的基本齿廓参数　按国际 GB/T 1356—2001 规定，普通齿轮基本齿廓参数如下：

a. 齿形角 $\alpha=20°$；

b. 齿顶高 $h_a=h_a^* m$（$h_a^*=1$）；

c. 顶隙 $c=c^* m$（$c^*=0.25$）；

d. 齿距 $p=\pi m$；

e. 齿根圆角半径 $\rho_f=\rho_f^* m$（$\rho_f^* \approx 0.38$）。

② 微型齿轮基准齿形参数　按国际 GB/T 2362—1990 规定，其基准齿形可参见后面表 13-4，微型齿轮基准齿形参数如下：

a. 齿形角 $\alpha=20°$；

b. 齿顶高 $h_a=h_a^* m$（$h_a^*=1$）；

c. 径向间隙 $c=c^* m$（$c^*=0.35$）；

d. 齿距 $p=\pi m$；

e. 齿根圆角半径 $\rho_f \leqslant \rho_f^* m$（$\rho_f^* \leqslant 0.2$）。

将上述两种齿轮的基准齿形（廓）参数对照比较一下，可知它们的顶隙系数 c^* 不相同，普通齿轮的顶隙系数 $c^*=0.25$；而微型齿轮的顶隙系数 $c^*=0.35$；它们的齿根圆角半径系数 ρ_f^* 也不相同，前者为 $\rho_f^* \approx 0.38$；后者为 $\rho_f^* \leqslant 0.2$。

（3）侧隙种类的不同

标准对齿轮及齿轮副规定 12 个精度等级；精度由高到低依次用数字 1～12 表示。1、2、3 级是发展级，未给出具体数值，第 12 级的精度最低。齿轮副中两个齿轮的精度等级一般是相同的，也允许取不同的精度等级。两种齿轮的各项公差和极限偏差都分成Ⅰ、Ⅱ、Ⅲ三个组（见第 16 章 16.2）。上述这些规定，对于普通齿轮（$m \geqslant 1.0$mm）和微型齿轮（$m<1.0$mm）都是相同的。但是，它们对侧隙规定是不相同的，现简述如下。

① 普通齿轮的侧隙　对于普通齿轮，其齿轮副的侧隙要求根据工作条件用最大法向侧隙 j_{nmax}（或端面侧隙 j_{tmax}）与最小法向侧隙 j_{nmin}（或端面侧隙 j_{tmin}）规定。其齿厚极限偏差共分 14 种，以大写英文字母 C、D、E、F、G、H、J、K、L、M、N、P、R、S 表示，各代号的偏差数值为齿距极限偏差 f_{pt} 的倍数。见图 13-1。

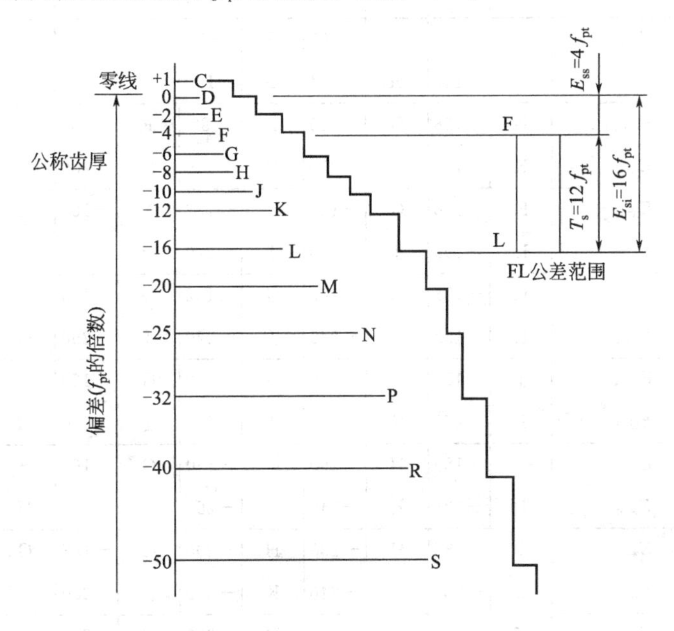

偏差代号	偏差数值	偏差代号	偏差数值
C	$+1f_{pt}$	K	$-12f_{pt}$
D	0	L	$-16f_{pt}$
E	$-2f_{pt}$	M	$-20f_{pt}$
F	$-4f_{pt}$	N	$-25f_{pt}$
G	$-6f_{pt}$	P	$-32f_{pt}$
H	$-8f_{pt}$	R	$-40f_{pt}$
J	$-10f_{pt}$	S	$-50f_{pt}$

图 13-1　齿厚（或公法线长度）极限偏差

② 微型齿轮的侧隙

a. 标准对微型齿轮传动侧隙只规定最小圆周侧隙 j_{tmin}，它与精度无关。

b. 圆周侧隙种类有 5 种，按最小圆周侧隙 j_{tmin} 值从小到大的顺序，用小写英文字母 h、g、f、e、d 表示；其中，h 为零（参见图 16-1）。

c. 评定微型齿轮传动侧隙的指标：双齿中心距偏差 $\Delta E''_a$、量柱测量距偏差 $\Delta E'_M$、公法线平均长度偏差 ΔE_w 及齿厚偏差 ΔE_s；其精度等级与Ⅰ组检验项目的精度等级一致。

d. 有特殊要求时，允许自行规定侧隙要求。

(4) 齿轮的公法线平均长度极限偏差

① 普通齿轮的公法线平均长度极限偏差 E_w　普通齿轮的公法线平均长度极限偏差 E_w 应按照其精度等级、分度圆直径 d、法向模数 m_n 和偏差代号 K-L、L-M、H-K、H-J 等，由公法线平均长度极限偏差 E_w 表中查得。7 级精度公法线平均长度极限偏差 E_w 参考值如表 13-1 所列。

表 13-1　7 级精度公法线平均长度极限偏差 E_w 参考值　　/μm

分度圆直径 d/mm	偏差名称	法向模数 m_n/mm											
		>1～3.5		>3.5～6.3		>6.3～10		>10～16		>16～25		>25～40	
		偏差代号	偏差数值	偏差代号	偏差数值	偏差代号	偏差数值	偏差代号	偏差数值	偏差代号	偏差数值	偏差代号	偏差数值
≤80	E_{wms}	G	−84	F	−72	F	−80						
	E_{wmi}	J	−140	G	−108	G	−120						
>80～125	E_{wms}	G	−84	G	−108	F	−80						
	E_{wmi}	J	−140	H	−144	G	−120						
>125～180	E_{wms}	H	−128	G	−120	F	−88	F	−100	F	−128		
	E_{wmi}	K	−192	J	−200	G	−176	H	−200	G	−192		
>180～250	E_{wms}	H	−128	G	−120	G	−132	F	−100	F	−128		
	E_{wmi}	K	−192	J	−200	J	−220	H	−200	G	−192		
>250～315	E_{wms}	H	−128	H	−160	G	−132	G	−150	F	−128		
	E_{wmi}	K	−192	K	−240	J	−220	J	−250	G	−192		
>315～400	E_{wms}	J	−160	H	−160	G	−132	G	−150	F	−128		
	E_{wmi}	L	−256	K	−240	J	−220	J	−250	H	−256		
>400～500	E_{wms}	J	−180	H	−160	G	−150	G	−168	F	−144	F	−180
	E_{wmi}	L	−288	K	−240	J	−250	J	−280	H	−288	G	−270
>500～630	E_{wms}	J	−180	H	−160	H	−200	G	−168	G	−216	F	−180
	E_{wmi}	L	−288	K	−240	K	−300	J	−280	J	−360	G	−270
>630～800	E_{wms}	K	−216	J	−200	H	−200	H	−224	G	−216	F	−180
	E_{wmi}	L	−288	L	−320	K	−300	K	−336	J	−360	G	−270
>800～1000	E_{wms}	K	−240	J	−220	J	−250	H	−224	G	−216	F	−180
	E_{wmi}	L	−320	L	−352	L	−400	K	−336	J	−360	H	−360

注：1. 本表 7 级精度为第Ⅱ公差组的精度。

2. Ⅱ组精度 5～10 级的公法线平均长度极限偏差 E_w 值，可见参考文献［4］第 14 篇第 1 章。

公法线长度极限偏差的上偏差 E_{wms} 及下偏差 E_{wmi} 可从图 13-1 中选用。例如，上偏差选用 F（等于 $-4f_{pt}$），下偏差选用 L（等于 $-16f_{pt}$），则公法线平均长度极限偏差用代号 FL 表示。

普通齿轮的公法线长度为 $W=W^{*}m$，其中，$\alpha=20°$且 $m=1$ 的齿轮公法线长度 W^{*} 可以按齿数 z 和跨测齿数 k 由“跨 k 齿的公法线长度”表查得（详见参考文献 [4] 第 14 篇第 1 章）。

② 微型齿轮的公法线平均长度极限偏差 E_w　微型齿轮的公法线平均长度极限偏差（E_w）应按照其精度等级、分度圆直径 d [$d\leqslant 12$mm、$d>$（12～20）mm、$d>$（20～32）mm、…、$d>$（315～400）mm]、法向模数 m_n 和侧隙种类（h、g、f、e、d），由表 16-3～表 16-8 查得。

（5）关于量柱直径 d_p 和量柱测量距 M

① 普通齿轮的量柱直径 d_p 和量柱测量距 M

普通齿轮的量柱直径，一般取

$$d_p=(1.68\sim1.90)m \quad （外齿轮）$$

$$d_p=1.65m \quad （内齿轮）$$

或按图 4-10 查得。

量柱测量距 M 可按有关公式计算求得。

② 微型齿轮的量柱直径 d_p 和量柱测量距 M　微型齿轮的量柱直径 d_p 值应按其模数 m 的大小，由表 15-4 查得。由表 15-4 可知，各个模数 m 对应着不相同的量柱（俗称三针）直径 d_p 值，即 $d_p=km$，系数 k 与模数 m 值的大小有关。例如，$m=0.3$mm，$d_p=0.572$mm；$m=0.5$mm，$d_p=0.866$mm（其他模数的 d_p 值参见表 15-4）。量柱测量距 M 可按有关公式计算求得。

（6）中心距极限偏差 f_a

① 普通齿轮副的中心距极限偏差 f_a　普通齿轮副的中心距极限偏差 $\pm f_a$ 值应按齿轮副的精度等级和中心距 a，由表 13-2 查得（可参见表 5-21）。

表 13-2　普通齿轮副的中心距极限偏差 $\pm f_a$　/μm

精度等级	中心距 a/mm											
	<120	>120～180	>180～250	>250～315	>315～400	>400～500	>500～630	>630～800	>800～1000	>1000～1250	>1250～1600	>1600～2000
5、6	17.5	20	23	26	28.5	31.5	35	40	45	52	62	75
7、8	27	31.5	36	40.5	44.5	48.5	55	62	70	82	97	115
9、10	43.5	50	57.5	65	70	77.5	87	100	115	130	155	185

② 微型齿轮副的中心距极限偏差 f_a　微型齿轮副的中心距极限偏差 $\pm f_a$ 值应按齿轮副的精度等级和中心距 a，由表 13-3 查得。

表 13-3　微型齿轮副的中心距极限偏差 $\pm f_a$　/μm

中心距 a/mm \ 精度等级	5	6	7	8	9	10
≤3	6	7	8	10	12	14
>3～6	7	8	10	12	14	16
>6～10	8	10	12	14	16	20
>10～18	10	12	14	16	18	22
>18～30	12	14	16	18	20	24
>30～50	14	16	18	20	24	30
>50	16	18	20	24	30	40

总之，微型齿轮与普通齿轮在上述几个方面是完全不相同的。在设计微型行星齿轮时，要做到心中有数，不要将它们混为一谈。正确地理解和掌握两种齿轮在上述这些问题的差别可帮助读者顺利地进行微型行星齿轮传动设计计算工作。

13.3　微型行星齿轮传动的主要类型

微型行星齿轮传动按其使用情况而言，其传动类型较多，按一般的渐开线行星齿轮传动分类，可以分为 2Z-X、3Z 和 Z-X-V 三种基本传动类型的微型行星齿轮传动。根据行星齿轮传动的啮合方式来分类，又可将它分为 NGW、NW、WW、NN 和 NGWN 五种传动类型的微型行星齿轮传动；其基本代号为 N——内啮合齿轮副，W——外啮合齿轮副，G——同时与两个中心轮啮合的公共齿轮。例如，NGW 型行星传动，它具有一个内啮合 N（即 b-c 齿轮副），一个外啮合 W（即 a-c 齿轮副）及同时与中心轮 a 和 b 相啮合的公共齿轮 G（即行星轮 c）。

按齿轮的啮合原理来分类：

① 渐开线微型齿轮传动，包括小模数渐开线圆柱齿轮传动，计时仪器、伺服机构和调整校正机构中使用的渐开线微型行星齿轮传动。

② 摆线齿轮传动，包括各种钟表和计时仪器的传动系统中和用于压力表、水电计量仪表的传动机构中的微小齿轮传动。

近几年来，作者接触到国内外的微型行星齿轮传动，较常见的是 2Z-X(A)(即 NGW)和 3Z(即 NGWN)两种类型，其中应用较多的是 2Z-X(A)型多级串联形式和 3Z(Ⅱ)型的微型行星齿轮传动。

对于上述的三种基本传动类型，原则上，它们都可以用来做成微型行星齿轮减速器。但是，由于选取不同的传动类型而制作出来的微型行星齿轮减速器，其传动性能、传动比范围的大小和功能用途等均不会完全相同。

对于 2Z-X(A)型微型行星齿轮传动（见图 14-1)，由于该行星传动具有结构简单、制造方便、体积小、重量轻和传动效率高等特点，适用于任何工况条件下的大小功率的动力传动。目前，国内外使用较多的是 2Z-X(A)型多级串联形式组成的微型行星齿轮减速器。它广泛地应用于电子设备、控制开关、电动玩具、医疗器械、电动窗帘机和仪器仪表中。

对于 3Z(Ⅱ)型微型行星齿轮传动，作者从国外的文献中较早地发现，3Z(Ⅱ)型——具有单齿圈行星轮的 3Z 型微型行星齿轮传动（见图 14-2）作为微型行星齿轮减速器确是一种优选。因为，该 3Z(Ⅱ)型行星齿轮传动具有许多独特的优点；它采用了单个行星轮代替 3Z(Ⅰ)型［见图 1-4(a)］中的双联行星轮，而使其结构简化了，制造安装容易；其传动比范围较大，通常为 $i=40\sim332$。特别适用于短期间断工作的中、小功率的动力传动。因此，人们称 3Z(Ⅱ)型微型行星齿轮传动是一种结构紧凑和传动比大的、奇异型的行星齿轮传动。目前，它已广泛地应用于空间技术、航空设备、现代兵器、精密机械、电动工具、医疗器械、仪器仪表、机器人和工业机械手等各领域和部门；特别适用于各种伺服控制系统中。因此，本书第 2 篇着重讨论的微型行星齿轮传动仅是 2Z-X(A)型和 3Z(Ⅱ)型两种传动类型的设计计算及其应用实例。

13.4　微型齿轮的基准齿形和模数系列

13.4.1　微型齿轮的基准齿形

如前所述，微型齿轮是指小模数渐开线圆柱齿轮。其模数 $m<1$mm 的基准齿形见表 13-4。

表 13-4　小模数渐开线圆柱齿轮基准齿形（GB/T 2362—1990）

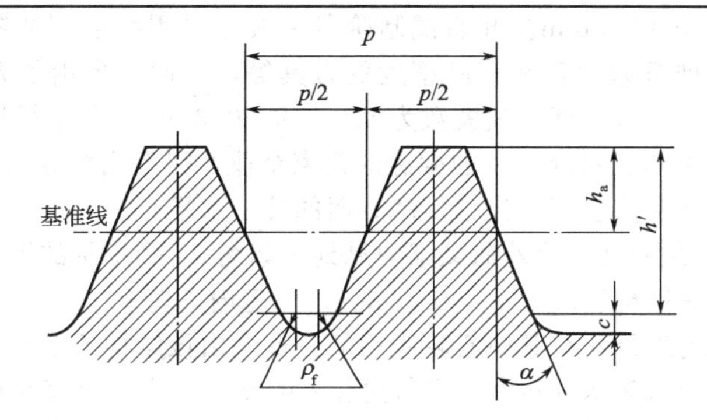

参数名称	代号	数值	说明	参数名称	代号	数值	说明
齿形角	α	20°		齿距	p	πm_n	
齿顶高	h_a	m_n	中线上的齿厚和齿槽宽度相等	径向间隙	c	$0.35m_n$	中线上的齿厚和齿槽宽度相等
工作齿高	h'	$2m_n$		齿根圆角半径	ρ_f	$\leqslant 0.2m_n$	($\rho_f^* = 0.2$)

13.4.2　微型齿轮的模数系列

按国际 GB/T 2363—1990 规定，小模数渐开线齿轮（即微型齿轮）的模数范围为 $m_n < 1.0$mm。小模数渐开线齿轮模数系列见表 13-5。

表 13-5　小模数渐开线齿轮模数系列　　/mm

第一系列	第二系列	第一系列	第二系列	第一系列	第二系列	第一系列	第二系列
0.1		0.25		0.5			0.9
0.12		0.3		0.6		1	
0.15			0.35		0.7		
0.2		0.4		0.8			

注：1. 对于斜齿圆柱齿轮是指法向模数 m_n。
2. 优先选用第一系列。

13.5　微型行星齿轮传动的发展动向

当前，研制和开发的微型行星齿轮减速器仅是以实现微型机器为目标的第一个阶段。为了解决微型行星齿轮减速器进一步地微小化和实用化的问题，尚需要人们做更多的研究工作。为了使今后微型行星齿轮传动的研究工作有较为明确的方向，特提示关于微型行星齿轮传动的发展动向，简述如下。

（1）微型行星齿轮传动的进一步微小化

微型行星齿轮减速器微小化的问题是人们不断追求的目标之一。早在 20 世纪 80 年代，国内研制的微型行星齿轮减速器，各齿轮的模数大都为 $m=0.4 \sim 0.5$mm，整机的外形尺寸较大。采用了普通的滚齿和插齿制造工艺，齿轮精度也不高，约为 8 级左右。随着我国工业现代化水平不断提高，在国内各种现代的机械设备中，尤其在我国航空航天领域中，需要使用更加微小化的、精度较高的行星齿轮减速器。在21世纪初，我国研发的微型行星齿轮减速器可达到的模数为$m=0.3$mm。开始试制阶段一般是采用线切割的制造工艺。后来，随着我国不断地进口各种机床设备和较高精度的刀具等，从而，采用了先进的机械切削的方法，提高了微型齿轮的制造精度，其模数为$m=0.2\sim0.3$mm。微型行星齿轮减速器的外径D可以缩小到16mm左右。目前，我国少有的几家企业，研发出模数为$m=0.15$mm的微型齿轮。这就是我国当前在微型行星齿轮传动方面的技术水平。

在20世纪后期，我们已从国外的文献中见到了如图13-2所示的国外设计的微型行星齿轮减速器的剖面图。其结构组成如下：中心轮a、固定内齿轮b、输出内齿轮e、行星齿轮c（三个），行星齿轮均匀地配置在其中心轮圆周的三处。由该结构的剖面图可见，该微型行星齿轮减速器没有采用行星架X（转臂）和行星轮c的支承轴承。也就是说，行星轮c是浮动的，没有设置行星轮轴及其轴承。行星轮c同时与中心轮a、固定内齿轮b和输出内齿轮c相啮合，且被中心轮a、b、e支承着。N为连接内齿轮e与输出轴的齿轮联轴器。输出轴采用了滑动轴承H，以减少其径向尺寸。从而，使得该行星齿轮减速器的外径D（包括机体在内）缩小到5mm。

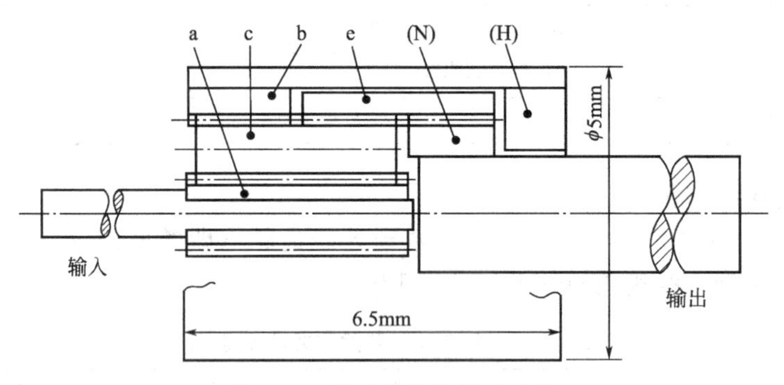

图13-2 微型行星齿轮减速器

为了尽量使行星齿轮减速器微小化，则需用很小直径的齿轮。因齿轮的分度圆直径为$d=mz$。因此，需采用更小的模数m和减少各轮的齿数z。图13-2所示的行星齿轮减速器，行星轮c的齿数$z_c=11$，中心轮齿数$z_a=15$；内齿轮b和e的齿数为$z_b=36$和$z_e=39$。各齿轮的模数均为$m=0.08$mm。

由此可见，为了使微型行星齿轮传动进一步微小化，就必须使各齿轮的模数m变得更小；在保证给定传动比的条件下，尽量减少各齿轮的齿数z；同时，应使行星轮c浮动（无支承）和输出轴采用滑动轴承。这些做法就是实现微型行星齿轮传动进一步微小化的有效措施。

（2）采取模块式组合方法

将简单的2Z-X(A)型(NGW型)行星齿轮传动串联起来，可获得较大的传动比i_p；同时其结构紧凑、简单，质量小、体积小和传动效率较高；它还可以适用于任何工况下的大小功率的行星齿轮传动装置。若仅采用某一个传动比i_I的单排2Z-X(A)型行星传动，将它实行多级串联组合，其串联组合后的传动比为$i_p=i_I^n$，$n=2$，3，4，…级数。它可以实现的多级串联组合的传动比i_p，仅为n级的乘方数。故这样串联得到的传动比i_p值的个数较为有限。

若采用由A、B、C、D…基本模块参与的组合，这些模块虽然都是2Z-X(A)型行星传动，但它们各自的传动比i_{I}、i_{II}、i_{III}、i_{IV}、…值均不相同，采用模块式组合（搭积木式）方法，把它们串联起来，则可以使这个多级的微型行星齿轮减速器获得许多个不相同的传动比i_p值。根据用户的需要进行模块式组合，操作灵活机动，传动比i_p范围较广（参见第17

章 17.3 的有关内容）。

（3）实现机电一体化

在微型机械传动装置中，不仅需要可以传递动力的微型传动机构——微型行星齿轮减速器，而且还需要能自带动力驱动装置的微型行星齿轮减速器。也就是说，微型机械传动装置更需要由微电动机与微型行星齿轮减速器组合成为一体的、结构紧凑的行星齿轮传动装置，或称之为微型低速电动机。使它具备动力驱动和减速增矩传动两种功能，从而有效地实现驱动、减速和增加转矩的目的。因此，对于具备上述功能的机电一体化的微型行星齿轮传动装置，其特征是：这种微型行星齿轮减速器的输入轴与其输出轴具有同轴性，而电动机应与其工作负荷紧凑地连接在一起。在结构上可以将电动机的轴与微型行星齿轮减速器的输入轴相连接，即电动机的轴与中心轮 a 的齿轮轴位于同一主轴线上，且相互连接起来。而微型行星齿轮减速器的输出轴（与转臂 X 或输出内齿轮 e 连成为一体的）成为该组合齿轮传动机构的输出轴，由此构成微电动机与微型行星齿轮减速器组合成一体的内装式行星齿轮传动装置。换句话说，将微电动机与微型行星齿轮减速器两者合一而成为一种微型低速电动机。它的输出轴就可以直接与工作机相连接。从而，使该微电动机既可以减速，又增加了转矩。这就使微电动机扩宽了其用途，且增加了使用的方便性。现在关键的问题在于：为了使这种带有微电动机的微型行星齿轮减速器能够达到实用化的程度，则需要选取一种与微型行星齿轮减速器外形尺寸差不多的、具有优良性能的、价格适中的微电动机，且其功率的大小也应与微型行星齿轮减速器相匹配。

（4）微型齿轮的加工新方法和新材料

微型齿轮是组成微型行星齿轮减速器的基本构件。研究和寻找微型齿轮的加工新方法和新材料是一件很重要的事情。因为，微型齿轮加工的难易程度和加工时间的长短，会直接影响到该微型行星齿轮传动装置的加工和装配的难易程度，以及加工制造成本的大小。显然，微型齿轮制造精度的高低，也会直接影响到微型行星齿轮传动的工作性能和品质。为此，研究和探讨加工微型齿轮的新方法——使微型齿轮的加工变得既方便简单，同时又不需要耗费较多的工时。从而，可以有效地提高加工能力和效率，降低微型行星齿轮传动的制造成本。目前加工微型齿轮较常用的方法仍然是采用机械切削的方法：滚齿，插齿和磨齿等。对于极细长的内齿轮，还可以进行拉削加工（即拉齿）。对于件数较少的微型齿轮也可以采用钢丝放电加工的切削方法，即线切割加工方法。例如，使用直径为 25μm 的钨丝作为电极，在油中进行放电加工。尽管采用这种线切割加工方法能够加工金属材料的微型齿轮和较高精度要求的微小零件，但是，采用线切割方法所需的加工时间仍较长。通常加工一个微型齿轮约需 1～2h；一台线切割加工机床加工一台微型行星齿轮减速器所需的 5～6 个微型齿轮约需要耗费一天多时间。显然，线切割加工方法仅适用于试制阶段，加工少数几个微型齿轮。目前这样的加工能力和低效率，将会使微型行星齿轮减速器的制造成本变得较高，同时，也不利于对微型行星齿轮减速器进行大批量的生产。为了进一步提高微型行星齿轮传动的制造精度和加工效率，必须配置较高精度的机床设备和较高等级的切削刀具。当然，这就需要增加购置机床设备的费用和努力提高操作人员的技术水平。为了使微型行星齿轮减速器在各种微型机器和机械设备中获得更加广泛地应用，并使它能实现大批量生产，可以考虑采用强度较高的工程塑料制成的微型齿轮。尽管这种塑料微型齿轮的机械强度方面要比金属微型齿轮的强度差些，但采用塑料微型齿轮可以大批量地生产出具有同样精度等级和表面粗糙度的合格产品，而且其加工制造成本比金属微型齿轮要低廉得多。同时，还可以有效地降低噪声。

（5）微型行星齿轮传动的润滑

在齿轮传动装置中齿轮润滑问题是发展微型行星齿轮传动的一个极重要的问题。许多从事摩擦学研究的学者正致力于更好地解决这个问题，而对于微型行星齿轮传动的润滑问题就显得更加重要。据有关文献阐述，在一般传递动力的齿轮减速器中，齿轮减速器的主轴直径越小，则其运转的摩擦扭矩在全部功率损失中所占的比例就越大。可是，在微型机器中，要精确地测定非常小的摩擦扭矩却不是一件容易办到的事情。但微型行星齿轮减速器的摩擦扭矩在其全部功率损失中所占的比例推算出来是会有所增加的。目前，人们特别关注微型摩擦学领域中的研究工作，期待着在不久的将来它能有效地解决微型行星齿轮减速器的润滑问题，对微型行星齿轮传动走向科学化和实用化起着较大的推动作用。

总而言之，目前开发和研制的微型行星齿轮减速器仅是实现微型机器为目标的第一个阶段。今后还需要从事现代机械传动的科技人员进一步地开展新的研究和试验工作，以便使微型行星齿轮减速器进一步实用化和微小化。

第 14 章　微型行星齿轮传动的传动比计算及各轮齿数的确定

14.1　微型行星齿轮传动的传动比计算

14.1.1　较常见的微型行星齿轮传动类型

微型行星齿轮传动的类型很多，通常有 2Z-X 型和 3Z 型微型行星齿轮传动两大类型。但是，目前国内外较常见的微型行星齿轮传动型式为 2Z-X(A)型和 3Z(Ⅱ)型两种。它们的传动简图如图 14-1 和图 14-2 所示。

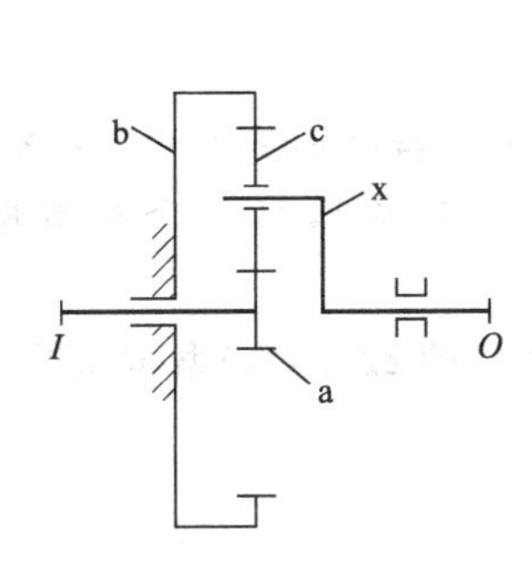

图 14-1　2Z-X(A)型微型行星齿轮传动简图

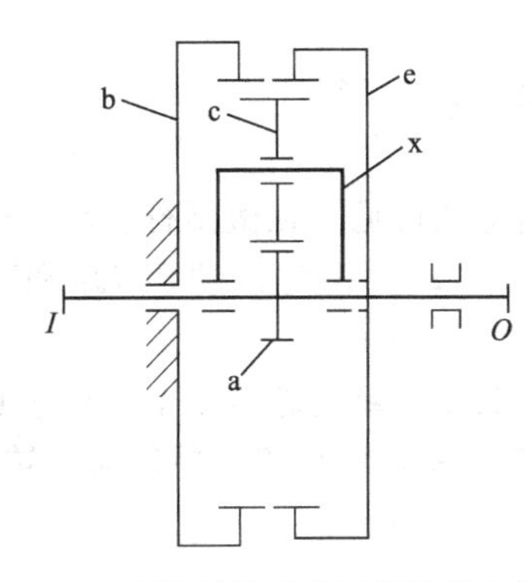

图 14-2　3Z(Ⅱ)型微型行星齿轮传动简图

根据基本构件的定义：在微型行星齿轮传动中，凡是围绕主轴$\overline{IO}$旋转的，并承受外力矩的构件，称为基本构件。可见，在 2Z-X(A)型微型行星齿轮传动中，其基本构件为中心轮 a、内齿轮 b 和转臂 x。在 3Z(Ⅱ)型微型行星齿轮传动中，其基本构件为中心轮 a、内齿轮 b 和内齿轮 e。在 Z-X-V 型行星齿轮传动中，其基本构件为 Z——中心轮，X——转臂和 V——输出轴（少齿差行星传动）。

根据其基本构件的配置情况，可将行星齿轮传动分为 2Z-X、3Z 和 Z-X-V 三种基本传动类型。代号 Z、X 和 V 都是基本构件。凡是具有两个中心轮 a 和 b，又有转臂 x 为其基本构件的行星齿轮传动，其传动类型可记为 2Z-X 型。图 14-2 所示的 3Z(Ⅱ)型行星传动，其基本构件仅是三个中心轮 a、b 和 e；因其转臂 x 不承受外力矩，故它不是基本构件。所以，对于这种三个中心轮为其基本构件的行星传动，其传动类型可为 3Z 型，而不能写成 3Z-X 型。Z-X-V 型属于少齿差行星传动，故在此不予讨论。

14.1.2　微型行星齿轮传动的传动比计算公式

在微型行星齿轮传动中的三个基本构件 A、B 和 C 围绕主轴线旋转，它们的旋转速度为 n_A、n_B 和 n_C。根据相对转速的传动比定义，则构件 A 和 B 相对于构件 C 旋转时的转速之比为

$$\frac{n_A-n_C}{n_B-n_C}=i_{AB}^{C}$$

仿上，构件 A 和 C 相对于构件 B 旋转时转速之比为

$$\frac{n_A-n_B}{n_C-n_B}=i_{AC}^{B}$$

将上述两式等号两边相加后，可得

$$i_{AC}^{B}+i_{AB}^{C}=1$$

或

$$i_{AC}^{B}=1-i_{AB}^{C} \tag{14-1}$$

或

$$i_{CA}^{B}=\frac{1}{i_{AC}^{B}}=\frac{1}{1-i_{AB}^{C}} \tag{14-2}$$

式(14-1) 是微型行星齿轮传动的普遍关系式，在其传动比计算中该关系式作用较大。传动比 i_{AC}^{B} 可通过普遍关系式(14-1) 求得；而传动比 i_{CA}^{B} 可以通过关系式(14-2) 求得。

据上述的相对传动比关系式：

$$i_{AB}^{C}=\frac{n_A-n_C}{n_B-n_C}$$

可变化为

$$n_A=n_B i_{AB}^{C}+n_C(1-i_{AB}^{C})$$

再由式(14-1)，得

$$n_A=i_{AB}^{C}n_B+i_{AC}^{B}n_c \tag{14-3}$$

由上式可见，在微型行星齿轮传动的三个基本构件中，若已知其中两个基本构件的转速 n_B 和 n_C，以及相对传动比 i_{AB}^{C} 和 i_{AC}^{B}，则可以由式(14-3) 求得另一个基本构件 A 的转速 n_A。

在微型行星齿轮传动中，对于具有基本构件 a、b 和 x 的 2Z-X(A)型微型行星齿轮传动，根据式(14-3) 可得该行星传动的转速关系式为

$$\begin{cases} n_a=i_{ab}^{x}n_b+i_{ax}^{b}n_x \\ n_b=i_{ba}^{x}n_a+i_{bx}^{a}n_x \\ n_x=i_{xa}^{b}n_a+i_{xb}^{a}n_b \end{cases} \tag{14-4}$$

式(14-4) 和式(14-1)、式(14-2) 经变换后可得微型行星齿轮传动运动学方程式为

$$\begin{cases} n_a+pn_b-(1+p)n_x=0 \\ n_b+\dfrac{1}{p}n_a-\dfrac{1+p}{p}n_x=0 \\ n_x-\dfrac{1}{1+p}n_a-\dfrac{p}{1+p}n_b=0 \end{cases} \tag{14-5}$$

如果知道了输入构件和固定构件,用以上方程式可求出微型行星齿轮传动的传动比。

对于图 14-1 所示的 2Z-X(A)型微型行星齿轮传动,当中心轮 a 输入,转臂 x 输出和内齿轮 b 固定,即 $n_b=0$ 时,其传动比 i_{ax}^{b} 为

$$i_{ax}^{b}=\frac{n_a}{n_x}=1-i_{ab}^{x}=1+\frac{z_b}{z_a}=1+p \tag{14-6}$$

式中　p——行星传动的特性参数，且有 $p=\frac{z_b}{z_a}$。

仿上，当转臂 x 输入，中心轮 a 输出，内齿轮 b 固定时，其传动比公式为

$$i_{xa}^{b}=\frac{n_x}{n_a}=\frac{1}{i_{ax}^{b}}=\frac{1}{1-i_{ab}^{x}}=\frac{1}{1+z_b/z_a}=\frac{1}{1+p} \tag{14-7}$$

按照传动比 i_{ax}^{b} 的计算公式(14-6)，可得中心轮 a 转速 n_a 计算公式为

$$n_a=(1+p)n_x \tag{14-8}$$

相对转速的计算公式为

$$n_a^x = n_a - n_x = n_x p = \frac{p}{1+p} n_a \tag{14-9}$$

据转速关系式(14-3)，即有

$$n_c = i_{cx}^b n_x + i_{cb}^x n_b$$

因内齿轮 b 固定，其转速 $n_b = 0$，则得

$$n_c = i_{cx}^b n_x = (1 - i_{cb}^x) n_x = \left(1 - \frac{z_b}{z_c}\right) n_x$$

由于行星轮齿数 $z_c = \frac{z_b - z_a}{2}$ 和 $p = \frac{z_b}{z_a}$，可得行星轮 c 的相对转臂 x 的转速计算公式为

$$n_c^x = n_c - n_x = \frac{2p}{1-p} n_x \tag{14-10}$$

对于如图 14-2 所示的 3Z(Ⅱ)型微型行星齿轮传动，当内齿轮 b 固定，即 $n_b = 0$，中心轮 a 输入和内齿轮 e 输出时，按照相对转速比的定义和普遍关系式，可得 3Z(Ⅱ)型的传动比 i_{ae}^b 的计算公式为

$$i_{ae}^b = \frac{n_a - n_b}{n_e - n_b} = \frac{n_a - n_b}{n_x - n_b} \times \frac{n_x - n_b}{n_e - n_b}$$

$$= i_{ax}^b i_{xe}^b = \frac{1 - i_{ab}^x}{1 - i_{eb}^x} \tag{14-11}$$

对于 3Z(Ⅱ)型微型行星齿轮传动，其转化机构的传动比为

$$i_{ab}^x = -\frac{z_b}{z_a} = -p$$

和

$$i_{eb}^x = \frac{z_b}{z_e}$$

代入式(14-11)，可得 3Z(Ⅱ)型的传动比计算公式为

$$i_{ae}^b = \frac{1 + z_b/z_a}{1 - z_b/z_e} = \left(1 + \frac{z_b}{z_a}\right) \times \frac{z_e}{z_e - z_b} \tag{14-12}$$

按传动比的定义：$i_{ae}^b = \frac{n_a}{n_e}$可求得中心轮 a 的转速为

$$n_a = i_{ae}^b n_e \tag{14-13}$$

再按传动比的普遍关系式(14-1) 可得

$$i_{ax}^b = \frac{n_a}{n_x} = 1 - i_{ab}^x$$

则可得转臂 x 的转速 n_x 的计算公式为

$$n_x = \frac{1}{1 - i_{ab}^x} n_a = \frac{1}{1+p} n_a \tag{14-14}$$

仿上，可得行星轮 c 相对转臂 X 的转速 n_c^x 的计算公式为

$$n_c^x = n_c - n_x = -\frac{z_b}{z_c} n_x \tag{14-15}$$

14.2　微型行星齿轮传动各轮齿数的确定

14.2.1　2Z-X(A)型微型行星齿轮传动各轮齿数的确定

根据 2Z-X(A)型微型行星齿轮传动比计算公式(14-6)，即

$$i_p = i_{ax}^b = 1 - i_{ab}^x = 1 + \frac{z_b}{z_a} = 1 + p$$

式中　p——该微型行星齿轮传动的特性参数，且有

$$p=\frac{z_b}{z_a}=i_p-1 \tag{14-16}$$

可见，特性参数 p 与给定的传动比 i_p 有关。在进行该微型行星齿轮传动的配齿计算时，必须正确地选取 p 值。p 值太大或太小都是不合理的。通常应根据 2Z-X(A)型微型行星传动合理的传动比范围 $i_p=3\sim9$ 来选取 p 值。一般应在 $p=2\sim8$ 的区间进行选取。如果 p 值太大，或许可能使得内齿轮 b 的齿数 z_b 值很大，但使该行星齿轮传动的外廓尺寸变得很大，因为外廓尺寸是受到行星齿轮减速器总体尺寸的限制；或许可能使得中心轮 a 的齿数 z_a 值很小，但中心轮 a 的齿数 z_a 受到最少齿数 z_{min} 的限制，并且考虑到其转轴的直径 d 不能太小。故 p 值不应太大。

由式(14-16) 可得，内齿轮 b 的齿数 z_b 为

$$z_b=pz_a=(i_p-1)z_a \tag{14-17}$$

上式就是该微型行星齿轮传动的配齿计算公式，可见，2Z-X(A)型的配齿计算比较简单。当给定 2Z-X(A)型的传动比 i_p，同时选定若干个中心轮 a 的齿数 z_a 时，则可按式(14-17) 求得与 z_a 对应的内齿轮 b 的齿数 z_b 值。

关于最少齿数 z_a（或 z_c）的选取。为了尽可能地缩小 2Z-X(A)型微型行星齿轮传动的径向尺寸，在满足给定传动比 i_p 的条件下，中心轮 a 和行星轮 c 的尺寸应尽可能地小。因此，z_a 应该选取最少齿数 z_{min}，但实际上它受到轮齿根切和齿轮轴尺寸的限制。一般情况下，中心轮 a 的齿数 z_a 范围为 14～18；对于中小功率的 2Z-X(A)型微型行星齿轮传动，有时为了实现该行星齿轮减速器的外廓尺寸尽可能小的原则，在满足轮齿弯曲强度的条件下，允许其轮齿产生轻微根切。因此，对于采取角度变位正传动的齿轮副 a - c，中心轮的最少齿数可以在 $z_a=10\sim13$ 的范围内选取。

根据同心条件，a - c 齿轮副的啮合中心距 a'_{ac} 必须等于 b - c 齿轮副的啮合中心距 a'_{bc}，即 $a'_{ac}=a'_{bc}$。可以得到计算行星轮 c 齿数 z_c 的计算公式为

$$z_c=\frac{z_b-z_a}{2}=\frac{i_p-2}{2}z_a \tag{14-18}$$

由于上式是按照非变位或高度变位的同心条件：$z_b=z_a+2z_c$ 所得到的公式。但如果它采用了角度变位传动时，其行星齿轮 c 的齿数 z_c 应按如下公式计算：

$$z_c=\frac{z_b-z_a}{2}+\Delta z_c。 \tag{14-19}$$

若齿数差 z_b-z_a 为偶数时，则可取行星轮 c 的齿数修正量 $\Delta z_c=-1$。若齿数差 z_b-z_a 为奇数时，则可取其修正量 $\Delta z_c=\pm0.5$。

该 2Z-X(A)型微型行星齿轮传动通过角度变位后，既不增大它的径向尺寸，又可以改善 a-c 啮合齿轮副的传动性能，同时还可以增多其可能的配齿方案。

再考虑到 2Z-X(A)型微型行星传动的安装条件；

$$\frac{z_a+z_b}{n_p}=C(\text{整数}) \tag{14-20}$$

将式(14-17) 代入式 (14-20)，可得

$$\frac{i_p}{n_p}z_a=C(\text{整数}) \tag{14-21}$$

综合上述各公式，则可得 2Z-X(A)型微型行星传动的配齿比例关系式为

$$z_a:z_c:z_b:C=z_a:\frac{i_p-2}{2}z_a:(i_p-1)z_a:\frac{i_p}{n_p}z_a \tag{14-22}$$

由上述比例关系式(14-22) 可知，对于 2Z-X(A)型微型行星齿轮传动，根据给定的传动

比 i_p 值，再选定中心轮 a 的齿轮 z_a，便可以求其内齿轮 b 的齿数 z_b 和行星轮 c 的齿数 z_c；同时还可以检验它是否满足安装条件。对于不同的行星轮个数 n_p 可能会影响到其配齿结果，同时，也会影响到其是否满足安装条件。

对于 2Z-X(A)型微型行星齿轮传动，当其特性参数 $p>3$ 时（大多数是如此），中心轮 a 的齿数 z_a 值为最少齿数；而当特性参数 $p\leqslant 3$ 时，行星轮 c 的齿数 z_c 值为最少齿数。

根据给定的 2Z-X(A)型微型行星齿轮传动的传动比 i_p 值和中心轮齿数 z_a 及行星轮个数 n_p，由第 1 篇的第 3 章中的表 3-2 可查得该行星传动的传动比 i_p 及各轮的齿数。

在 2Z-X(A)型微型行星齿轮传动中，通常选取三个行星轮，即 $n_p=3$。2Z-X(A)型微型行星齿轮传动的配齿可参见表 14-1 。

表 14-1　2Z-X(A)型微型行星齿轮传动的配齿（$n_p=3$）

i_p	z_a	z_b	z_c	i_p	z_a	z_b	z_c
3.00	25	50	13	4.421	19	65	23
3.12	25	53	14	4.588	17	61	22
3.545	22	56	17	4.60	15	54	19
3.571	21	54	16	4.75	12	45	16
3.75	16	44	14	4.80	10	38	14
3.80	15	42	14	5.182	11	46	17
3.913	23	67	17	5.40	10	44	16
4.00	15	45	15	5.40	15	66	18
4.00	21	63	21	5.438	16	71	28
4.25	12	39	14	5.50	12	54	21
5.60	15	69	27	6.375	16	86	34
5.625	16	74	29	6.642	13	71	29
5.647	17	79	31	7.125	16	98	41
5.667	18	84	33	7.765	17	115	49
5.684	19	89	35	8.10	20	142	61
5.824	17	82	32	8.118	17	121	52
6.00	15	75	30	8.143	14	100	43
6.167	18	93	38	8.824	17	133	58
6.3	20	106	41	9.00	16	128	56

14.2.2　3Z(Ⅱ)型微型行星齿轮传动各轮齿数的确定

图 14-2 所示的 3Z(Ⅱ)型微型行星齿轮传动最显著的结构特点是：它采用一个单齿圈的行星齿轮 c 代替了 3Z(Ⅰ)型中的双联行星轮 c-d。换言之，它是应用了使行星轮 c 与 d 组合为一体的结构。可见，3Z(Ⅱ)型中的行星轮 c 与中心轮 a 啮合，同时又与内齿轮 b 和内齿轮 e 相啮合。它是一种具有单齿圈行星轮 c 的、奇异的行星齿轮传动。随着行星传动技术的不断发展，近 20 年来在国内外新型的微型行星齿轮减速器中，已出现了这种结构新颖的 3Z(Ⅱ)型微型行星齿轮传动。

3Z(Ⅱ)型微型行星齿轮传动不仅具有行星传动的许多优点，而且还弥补了 3Z(Ⅰ)型微型行星齿轮传动的不足：改善了传动性能，制造安装容易。由于 3Z(Ⅱ)型微型行星齿轮传动采用了单齿圈的行星轮，这不仅使其加工制造容易，装配也方便了；且有利于提高齿轮的精度和减小表面粗糙度；即使在其传动比很大时，仍能获得较高的传动效率。但事情总是一分为二的，3Z(Ⅱ)型微型行星齿轮传动必须要采取角度变位和高度变位，必须进行其啮合参数的计算和合理地分配各轮的变位系数。因此，3Z(Ⅱ)型微型行星齿轮传动的设计计算比较麻烦和复杂些。

根据 3Z(Ⅱ)型微型行星齿轮传动的传动比计算公式(14-12)

$$i_p = i_{ae}^b = \left(1 + \frac{z_b}{z_a}\right) \times \frac{z_e}{z_e - z_b}$$

再根据其装配条件，必须保证各行星轮能匀称装入中心轮 a 和内齿轮 b、e 之间的条件：

$$z_a + z_b / n_p = C_1 \text{(整数)}$$

$$\frac{z_a + z_e}{n_p} = C_2 \text{(整数)}$$

式中　n_p——行星轮个数。

由传动比计算公式可知，要想使传动比 i_{ae}^b 值增大，且结构紧凑，就应尽量使得齿数差 $z_e - z_b$ 值小一些；但从满足装配条件来看，它们的最小差值应该为

$$z_e - z_b = n_p$$

将关系式 $z_e = z_b + n_p$ 代入传动比计算公式，经化简整理后，可得内齿轮 b 的配齿计算公式为

$$z_b = \frac{1}{2} \times \left[\sqrt{(z_a + n_p)^2 + 4(i_p - 1) z_a n_p} - (z_a + n_p) \right] \tag{14-23}$$

式中　z_a——中心轮 a 的齿数；

i_p——微型行星齿轮传动的传动比，即 $i_p = i_{ae}^b$；

n_p——行星轮数目，一般取 $n_p = 3$。

由上式可见，若给定该 3Z(Ⅱ)型的传动比 i_p，选取中心轮 a 的齿数 z_a 和行星轮数目 n_p 值后，则可以方便地求得内齿轮 b 的齿数 z_b。

内齿轮 e 的齿数 z_e 可按如下关系式计算：

$$z_e = z_b + n_p \tag{14-24}$$

如果 $z_e - z_a$ 为偶数，则可按下式计算行星轮 c 的齿数 z_c：

$$z_c = \frac{1}{2}(z_e - z_a) - 1 \tag{14-25}$$

如果 $z_e - z_a$ 为奇数，则可按下式计算行星轮 c 的齿数 z_c：

$$z_c = \frac{1}{2}(z_e - z_a) - 0.5 \tag{14-26}$$

式(14-23)、式(14-24) 和式(14-25) 或式(14-26) 就是据给定的传动比 i_p 确定 3Z(Ⅱ)型微型行星齿轮传动各轮齿数的配齿公式。首先确定行星轮个数 n_p（一般取 $n_p = 3$）和确定中心轮 a 的齿数 z_a 后，由式(14-23) 可求得内齿轮 b 的齿数 z_b。然后，再按式(14-24)、式(14-25) 或式(14-26) 求得 z_e 和 z_c 值。显见，3Z(Ⅱ)型微型行星齿轮传动各轮齿数的确定是比较简单方便的。

据给定的传动范围 $i_p = i_{ae}^b = 38 \sim 332$，按上述配齿公式(14-23) ～式(14-26)，通过电子计算机编程运算，编制了 3Z(Ⅱ)型微型行星齿轮传动的配齿表。该配齿表列出了 3Z(Ⅱ)型微型行星齿轮传动的许多个配齿方案。3Z(Ⅱ)型微型行星齿轮传动的传动比 i_p 与各轮齿数的关系可参见表 3-6。

14.3　微型行星齿轮传动的各轮齿数应满足的条件

在设计微型行星齿轮传动时，按上述的配齿计算公式，根据给定的传动比 i_p 值来确定

各轮的齿数，就是人们研究微型行星齿轮运动学的主要任务之一。在确定微型行星齿轮传动的各轮齿数时，除了应满足给定的传动比条件外，还必须满足与其正常啮合运转和正确装配有关的条件，即各轮齿数还需满足同心条件、邻接条件和安装条件。此外，还要考虑与其承载能力有关的其他条件。例如，强度条件和刚度条件等。

(1) 传动比条件

在微型行星齿轮传动中，各轮齿数的确定，必须保证实现所给定的传动比 i_p 值的大小。由 2Z-X(A)型微型行星齿轮传动的传动比计算公式(14-6) 可知，其各轮齿数与传动比 i_p 值的关系式为

$$i_p=i_{ax}^{b}=1-i_{ab}^{x}=1+\frac{z_b}{z_a}$$

式中　i_{ax}^{b}——内齿轮 b 固定，中心轮 a 输入和转臂 X 输出时的传动比；

i_{ab}^{x}——转臂 X 固定，中心轮 a 输入和内齿轮 b 输出时的传动比，即定轴齿轮传动的传动比。

由上式可得，齿数 $z_b=(i_p-1)z_a$。

若令 $Y=z_a i_p$，则有

$$z_b=Y-z_a$$

式中　i_p——事先给定的传动比，且应使 $i_{ax}^{b}=i_p$；

Y——系数，必须为正整数；

z_a——中心轮 a 的齿数，一般应使 $z_a \geqslant z_{min}$。

由 3Z(Ⅱ)型微型行星齿轮传动的传动比计算公式(14-12) 可知，其各轮齿数与传动比 i_p 值的关系式为

$$i_{ae}^{b}=\left(1+\frac{z_b}{z_a}\right)\times\frac{z_e}{z_e-z_b}$$

由上述内齿轮 b 的齿数 z_b 的计算公式(14-17) 和式(14-23) 中可知，在对齿数 z_b 进行圆整后，此时可能会影响到其传动比 i_{ae}^{b}值，即可能会使计算的传动比 i_{ax}^{b}和 i_{ae}^{b}与给定的传动比 i_p 值不相等。换言之，将齿数 z_b 经圆整后的实际的特性参数 p'值与给定的特性参数 p 值相比，可能会稍有变化，但必须控制在其传动比 i_p 值的误差范围内。一般，在行星齿轮传动中允许的传动比误差范围为

$$\Delta i=\left|\frac{i_p-i}{i_p}\right|\leqslant(3\sim5)\% \tag{14-27}$$

式中　i_p——事先给定的传动比；

i——按传动比计算公式求得的传动比 i_{ax}^{b}或 i_{ae}^{b}。

在微型行星齿轮传动中，经配齿计算所求的各轮齿数，若其传动比误差 Δi 满足式(14-27) 的要求，则表示该微型行星齿轮传动的传动比条件可以通过。否则，它就不满足传动比条件。

(2) 邻接条件

在微型行星齿轮传动中，为了进行功率分流，以便提高其承载能力；同时也是为了使其结构紧凑，以减小其结构尺寸，通常在中心轮 a 与内齿轮 b（或内齿轮 e）之间，均匀地、对称地设置几个行星轮 c。为了使各行星轮的齿廓不产生相互碰撞，必须保证它们齿顶之间在其连心线上有一定的间隙，即应使两相邻行星轮的齿顶圆半径 r_{ac}之和小于其中心距 L_c（见图14-3)，即

$$\begin{cases}2r_{ac}<L_c\\ d_{ac}<2a_{ac}'\sin\dfrac{\pi}{n_p}\end{cases} \tag{14-28}$$

式中 r_{ac}、d_{ac}——行星轮 c 的齿顶圆半径和直径，mm；

a'_{ac}——a-c 齿轮副的啮合中心距，mm；

L_c——相邻的两个行星轮 c 中心之间的距离，mm；

n_p——行星轮个数。

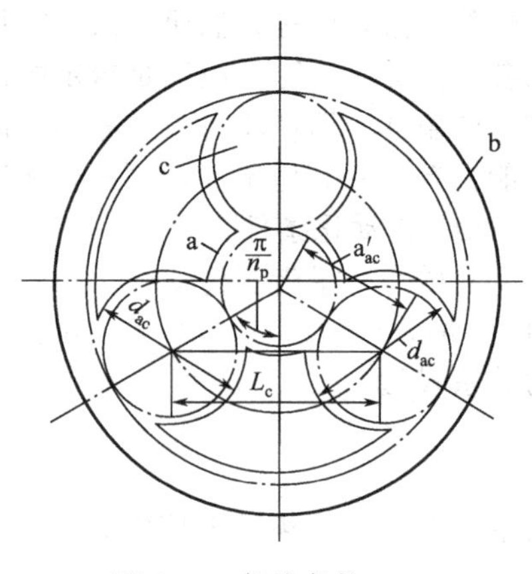

图 14-3 邻接条件

式(14-28) 为行星齿轮传动的邻接条件。间隙 $\Delta_c = L_c - d_{ac}$ 的最小允许值取决于行星齿轮减速器的冷却条件和工作环境温度。实际使用中，一般应取间隙值 $\Delta_c \geqslant 0.5m$，其中 m 为齿轮模数。

(3) 同心条件

在微型行星齿轮传动中，通常采用渐开线圆柱齿轮的行星传动。所谓同心条件就是由中心轮 a、内齿轮 b（或内齿轮 e）与行星轮 c 的所有啮合齿轮副的实际中心距（非变位的或高度变位的）必须相等；否则，各个啮合齿轮副就不同心。这样，就很难实现正常的啮合传动。

对于 2Z-X(A)型微型行星齿轮传动，a-c 齿轮副与 b-c 齿轮副的啮合中心距必须相等，即其同心条件为 $a'_{ac} = a'_{bc}$。

对于非变位或高度变位的行星齿轮传动，因其节圆与分度圆相重合，即 $d' = d$，则各齿轮副的啮合中心距 a' 等于它们的标准中心距 a，即

$$a' = a = \frac{1}{2} m(z_2 \pm z_1) \tag{14-29}$$

式中 a——齿轮副的标准中心距，mm。

其中正号“+”适用于外啮合；负号“−”适用于内啮合。

在常见的微型行星齿轮传动中，通常各齿轮的模数 m 都是相同的；即

$$\frac{z_a + z_c}{2} = \frac{z_b - z_c}{2}$$

则可得非变位或高度变位 2Z-X(A)型微型行星齿轮传动的同心条件为

$$z_b = z_a + 2z_c \tag{14-30}$$

换言之，在非变位或高度变位的 2Z-X(A)型微型行星齿轮传动中，只要能满足式(14-30) 的齿数关系，就可满足其同心条件。

对于采取角度变位的微型行星齿轮传动，经角度变位后齿轮副的啮合中心距 a' 就不等于其标准中心距 a。角度变位后齿轮副的啮合中心距 a' 为

$$a' = \frac{\cos\alpha}{\cos\alpha'} \times a$$

对于 2Z-X(A)型微型行星齿轮传动，各齿轮副的啮合中心距 a' 为

$$\begin{cases} a'_{ac} = \dfrac{\cos\alpha}{\cos\alpha'_{ac}} \times \dfrac{m}{2}(z_a + z_c) \\ a'_{bc} = \dfrac{\cos\alpha}{\cos\alpha'_{bc}} \times \dfrac{m}{2}(z_b - z_c) \end{cases}$$

经角度变位后，两个齿轮副的啮合中心距必须相等，即有 $a'_{ac} = a'_{bc}$。所以，可得 2Z-X(A)型微型行星齿轮传动角度变位后的同心条件为

$$\frac{z_a + z_c}{\cos\alpha'_{ac}} = \frac{z_b - z_c}{\cos\alpha'_{bc}} \tag{14-31}$$

式中　α'_{ac}、α'_{bc}——a-c 和 b-c 齿轮副经角度变位后的啮合角。

对于 3Z(Ⅱ)型微型行星齿轮传动，其同心条件为

$$a'_{ac}=a'_{bc}=a'_{ec}$$

式中　α'_{ac}、α'_{bc}和α'_{ec}——齿轮副 a-c、b-c 和 e-c 经角度变位后的啮合中心距。

在此，应该指出的是：由于行星轮 c 同时与三个中心轮 a、b 和 e 相啮合，它们之间的齿数关系，一般为

$$\begin{cases} z_a+z_c\neq z_b-z_c \\ z_a+z_c\neq z_e-z_c \\ z_b-z_c\neq z_e-z_c \end{cases}$$

为了实现具有同一个啮合中心距 a' 的行星齿轮传动，则必须对其中的两个齿轮副进行角度变位，以满足角度变位后的同心条件。

仿上，对于 3Z(Ⅱ)型微型行星齿轮传动，各齿轮副的啮合中心距 a'为

$$\begin{cases} a'_{ac}=\dfrac{\cos\alpha}{\cos\alpha'_{ac}}\times\dfrac{m}{2}(z_a+z_c) \\ a'_{bc}=\dfrac{\cos\alpha}{\cos\alpha'_{bc}}\times\dfrac{m}{2}(z_b-z_c) \\ a'_{ec}=\dfrac{\cos\alpha}{\cos\alpha'_{ec}}\times\dfrac{m}{2}(z_e-z_c) \end{cases}$$

化简整理后，可得 3Z(Ⅱ)型微型行星齿轮传动角度变位后的同心条件为

$$\frac{z_a+z_c}{\cos\alpha'_{ac}}=\frac{z_b-z_c}{\cos\alpha'_{bc}}=\frac{z_e-z_c}{\cos\alpha'_{ec}} \tag{14-32}$$

式中　α'_{ac}、α'_{bc}和α'_{ec}——齿轮副 a-c、b-c 和 e-c 角度变位后的啮合角。

由式(14-32) 可知，3Z(Ⅱ)型微型行星齿轮传动中各轮的齿数也可以不受非变位条件的限制，但该变位的行星齿轮传动至少应使得两个齿轮副中的啮合角 α'不等于压力角 α，即 $\alpha'_{ac}\neq\alpha=20°$和 $\alpha'_{bc}\neq\alpha=20°$。

(4) 安装条件

在微型行星齿轮传动中，为了提高其承载能力，实现功率分流，一般都采用几个行星轮。同时，为了使齿轮啮合时的径向力相互抵消，通常，应将几个（比如 $n_p=3$）行星轮均匀地分布在各中心轮的圆周上。所以，对于具有 $n_p>1$ 个行星轮的微型行星齿轮传动，除了应满足上述的同心条件和邻接条件外，其各轮的齿数还必须满足安装条件。所谓安装条件就是安装在转臂 X 上的 n_p 个行星轮均匀地分布在中心轮的周围时，各轮的齿数应该满足的条件。例如，对于 2Z-X(A)型微型行星齿轮传动，n_p 个行星轮 c 在中心轮 a 和内齿轮 b 之间要均匀地分布，而且，每个行星轮 c 能同时与中心轮 a 和内齿轮 b 相啮合，而没有错位现象。

通常，在微型行星齿轮传动中，当 n_p 个行星轮均匀分布时，每个中心角应等于 $2\pi/n_p$。若中心轮 a 和内齿轮 b 的齿数 z_a 和 z_b 均是 n_p 的倍数时，该微型行星齿轮传动一定能满足其装配条件。但一般情况下，行星传动中的齿数 z_a 和 z_b 都不是行星轮个数 n_p 的倍数。据参考文献［3］中的推导，可得到很有用的结果：只要中心轮 a 和内齿轮 b 的齿数和 $z_\Sigma=z_a+z_b$ 为行星轮个数 n_p 的倍数时，也能够将 n_p 个行星轮 c 安装在中心轮 a 和内齿轮 b 之间。因此，可知 2Z-X(A)型微型行星齿轮传动的安装条件为

$$\frac{z_a+z_b}{n_p}=C(\text{整数}) \tag{14-33}$$

对于 3Z(Ⅱ)型微型行星齿轮传动，若中心轮 a、内齿轮 b 和内齿轮 e 的齿数 z_a、z_b 和 z_e 均为 n_p 的倍数，其安装条件为

$$\begin{cases}\dfrac{z_a+z_b}{n_p}=C(\text{整数})\\[2ex]\dfrac{z_b+z_e}{n_p}=C'(\text{整数})\end{cases}\tag{14-34}$$

或

$$\begin{cases}\dfrac{z_a+z_b}{n_p}=C(\text{整数})\\[2ex]\dfrac{z_e-z_a}{n_p}=C''(\text{整数})\end{cases}\tag{14-35}$$

在 3Z(Ⅱ)型微型行星齿轮传动中，若其中的中心轮 a 和内齿轮 b 或内齿轮 e 的齿数 z_a 和 z_b 或 z_e 不是行星轮个数 n_p 的倍数时，则可能使其安装工作变得复杂而又麻烦。而且，还必须满足由行星轮个数 n_p 确定的安装条件，计算行星轮 c 所需要的安装角度可参阅参考文献 [19]。

在此应该指出的是：在 2Z-X(A)型和 3Z(Ⅱ)型微型行星齿轮传动中，通常采用的行星轮数目 $n_p=3$，对于中心轮 a、内齿轮 b 和内齿轮 e 的齿数 z_a、z_b 和 z_e 均为行星轮个数 $n_p=3$ 的倍数的微型行星齿轮传动装置已获得了较广泛的应用。由此可见，对于其各轮齿数均为 n_p 倍数的微型行星齿轮传动的安装确是较为方便的。而且，按照上述的要求进行配齿也是可行的，且容易做到。

第15章　微型行星齿轮传动的啮合参数和几何尺寸计算

15.1　微型行星齿轮传动中的变位传动

15.1.1　变位齿轮传动的类型

在微型行星齿轮传动中，除采用标准齿轮传动外，还可采用变位齿轮传动。根据啮合齿轮副的变位系数和 x_Σ，变位齿轮传动可以分为高度变位和角度变位两种类型。

(1) 高度变位传动

高度变位的行星齿轮传动，其变位系数和为 $x_\Sigma=x_2\pm x_1=0$，即 $x_2=\mp x_1$。

在微型行星齿轮传动中，采用高度变位的主要目的是：可以避免小齿轮的根切，减小传动机构的几何尺寸和质量；同时，还可以改善齿轮副的磨损及提高其承载能力。

由于齿轮副中的小齿轮采用正变位（$x_1>0$），当其齿数比 $u=z_2/z_1$ 一定时，可以使小齿轮的齿数 $z_1<z_{\min}$，而不会产生根切现象，从而可以减小齿轮的外形尺寸和质量。再由于小齿轮采用了正变位，可使其齿根厚度增大，齿根的最大滑动率减小，因而，可以改善其耐磨性和提高其承载能力。

在采用高度变位的行星齿轮传动时，通常，外啮合齿轮副中的小齿轮1采用正变位（$x_1>0$），大齿轮2采用负变位（$x_2<0$）。内齿轮的变位系数 x_2 与其相啮合的外齿轮的变位系数 x_1 相同，即 $x_2=x_1$。例如，对于2Z-X(A)型微型行星齿轮传动，当其传动比 $i_{\mathrm{ax}}^{\mathrm{b}}>4$ 时，中心轮a采取正变位，而行星轮c和内齿轮b均采取负变位，则其高度变位时的变位系数关系为 $x_\mathrm{c}=x_\mathrm{b}=-x_\mathrm{a}<0$。但当其传动比 $i_{\mathrm{ax}}^{\mathrm{b}}<4$ 时，且进行高度变位时，中心轮a可采取负变位，而行星轮c和内齿轮b均采用正变位，则其变位系数关系为 $x_\mathrm{c}=x_\mathrm{b}=-x_\mathrm{a}>0$。

应该指出：在微型行星齿轮传动中，尽管采取高度变位可以提高其承载能力，但不能用于凑配中心距，即在高度变位的应用上确有一定的限度。因此，在微型行星齿轮传动中，应用较为广泛的是采用角度变位传动。

(2) 角度变位传动

对于角度变位的行星齿轮传动，其变位系数和为 $x_\Sigma=x_2\pm x_1\neq 0$。当 $x_\Sigma=x_2\pm x_1>0$ 时，称为正传动；当 $x_\Sigma=x_2\pm x_1<0$ 时，称为负传动。

在微型行星齿轮传动中，应用角度变位的主要目的在于：凑配中心距，避免轮齿的根切，减小行星齿轮传动的几何尺寸，减少齿面磨损和提高使用寿命及提高其承载能力。因此，对于角度变位中的正传动（$x_\Sigma>0$），在微型行星齿轮传动中已获得了较广泛的应用。

由于采用角度变位的正传动，可使齿轮副中的小齿轮1的齿数 $z_1<z_{\min}$，而仍不会产生根切，从而可使行星齿轮传动的几何尺寸减小。由于啮合齿轮副中两个齿轮均可以采用正传动的变位，即有 $x_1>0$ 和 $x_2>0$，从而增大了其啮合角 α' 和轮齿的齿根厚度，以及使轮齿的齿根高减小。这样不仅可以改善其耐磨的情况，同时，还可以提高其弯曲强度。因此，也就提高了其承载能力。另外，只要适当地选取各轮的变位系数，便可以获得齿轮副的不同啮合角 α'，从而，就可以凑配啮合中心距 a'，保证实现各齿轮副的同心条件，以实现正确的啮合传动。但是，在采用角度变位的正传动（$x_\Sigma>0$）时，使齿轮副的啮合角 α' 增大后，却可

使得其重合度 ε 有所减小，故需要验算各齿轮副变位后的重合度 ε。

15.1.2　2Z-X(A)型微型行星齿轮传动的角度变位

如前所述，对于2Z-X(A)型微型行星齿轮传动可以分为 a-c 外啮合齿轮副和 b-c 内啮合齿轮副。在此提示以下两点。

（1）在 a-c 齿轮副的啮合角 α'_{ac} 比齿形角 $\alpha=20°$ 大很多（比如 $\alpha'_{ac}=25°\sim27°$），而内齿轮副的啮合角 $\alpha'_{bc}=\alpha=20°$ 或接近 20°（比如 $\alpha'_{bc}=18°\sim21°$）的情况下，采用角度变位的正传动时，可以获得特别好的效果。在微型行星齿轮传动中，采用角度变位的正传动的优点，并不限于使行星齿轮传动获得最小的几何尺寸和质量的可能性，而且可使 a-c 齿轮副与 b-c 齿轮副获得不同的啮合角 α' 后，其标准的（非变位的）同心条件就可以不必遵守了。这一点在设计微型行星齿轮传动的许多情况下具有重要的实际意义。由于在微型行星齿轮传动中采用了角度变位而取消了非变位传动的同心条件的限制，因此，可使得在保证满足给定的传动比 i_p 条件下的各轮齿数的选择变得简便多了，且可得到更多的配齿方案，并在许多场合下改善了其结构。

（2）与上述情况相反，如果微型行星齿轮传动进行角度变位使 a-c 和 b-c 两个齿轮副的啮合角相等，即使 $\alpha'_{ac}=\alpha'_{bc}$，则可能使内齿轮 b 的齿顶圆直径 d_{ab} 增大，且使其变位系数 x_b 的值变得相当大。所以，一般情况下不要采取啮合角 $\alpha'_{ac}=\alpha'_{bc}$ 的角度变位的传动。

为了其啮合参数计算方便，对于2Z-X(A)型微型行星齿轮传动中的 a-c 和 b-c 齿轮副，两啮合齿轮副的齿数和为

$$\begin{cases} z_{\Sigma a}=z_a+z_c \text{（外啮合）} \\ z_{\Sigma b}=z_b-z_c \text{（内啮合）} \end{cases}$$

两啮合齿轮副的变位系数和为

$$\begin{cases} x_{\Sigma a}=x_a+x_c \text{（外啮合）} \\ x_{\Sigma b}=x_b-x_c \text{（内啮合）} \end{cases}$$

两啮合齿轮副的标准（非变位）中心距 a 为

$$\begin{cases} a_{ac}=\dfrac{m}{2}(z_a+z_c) \text{（外啮合）} \\ a_{bc}=\dfrac{m}{2}(z_b-z_c) \text{（内啮合）} \end{cases} \tag{15-1}$$

两齿轮副的啮合角 α' 为

$$\begin{cases} \alpha'_{ac}=\arccos\left(\dfrac{a_{ac}}{a'_{ac}}\times\cos\alpha\right) \\ \alpha'_{bc}=\arccos\left(\dfrac{a_{bc}}{a'_{bc}}\times\cos\alpha\right) \end{cases} \tag{15-2}$$

式中　a'_{ac}、a'_{bc}——齿轮副 a-c 和齿轮副 b-c 角度变位后的啮合中心距。

为了使微型行星齿轮传动角度变位后能正常地啮合运转，必须使其啮合中心距 a' 相等，即 $a'_{ac}=a'_{bc}$。由式(15-1) 和式(15-2)，经变换整理后，可得如下关系式：

$$\frac{\cos\alpha'_{ac}}{\cos\alpha'_{bc}}=\frac{a_{ac}}{a_{bc}}=\frac{z_a+z_c}{z_b-z_c} \tag{15-3}$$

15.1.3　3Z(Ⅱ)型微型行星齿轮传动的角度变位

对于3Z(Ⅱ)型微型行星齿轮传动，可以将它分成 a-c、b-c 和 e-c 三个啮合齿轮副。在该行星齿轮传动中，因各个齿轮副的齿数和 z_Σ 通常是不可能相等的，即 $z_a+z_c\neq z_b-z_c\neq z_e-z_c$；原因就是它采用了一个公共的行星轮 c。所以，为了使得各齿轮副的实际啮合中心距 a' 相等，就不可避免地要采取角度变位传动。在对该行星齿轮传动进行配齿计算后，所得的各个齿轮副的齿数和 z_Σ 均是不相等，而且，各齿轮副的齿数和还具有如下的关系式（参见

表 3-6)：

$$z_{\Sigma e} > z_{\Sigma a} > z_{\Sigma b}$$

即

$$z_e - z_c > z_a + z_c > z_b - z_c \tag{15-4}$$

由于 3Z(Ⅱ)型微型行星齿轮传动中各齿轮的模数 m 是相同的，故各啮合齿轮副未变位的中心距 a 也是不相等的，且具有如下关系：

$$a_{ec} > a_{ac} > a_{bc} \tag{15-5}$$

对于符合上述公式条件的 3Z(Ⅱ)型微型行星齿轮传动，建议采用角度变位中心距 $a' = a_{ec}$ 作为三个齿轮副的公共中心距，即 $a'_{ac} = a'_{bc} = a'_{ec} = a_{ec}$。由此可见，就会有 $a'_{ac} > a_{ac}$ 和 $a'_{bc} > a_{bc}$ 的关系，则可求得齿轮副 a-c 和 b-c 的变位系数和均大于零，即 $x_{\Sigma a} > 0$ 和 $x_{\Sigma b} > 0$。由此表明，上述两个齿轮副必须采取角度变位正传动。而齿轮副 e-c 的变位系数和 $x_{\Sigma e}$ 应等于零，即 $x_{\Sigma e} = 0$，则表示该啮合齿轮副应采取高度变位传动，且有变位系数 $x_e = x_c$ 的关系。

根据上述方法所选定的角度变位的啮合中心距 a'（公用值），便可以对 3Z(Ⅱ)型微型行星齿轮传动的各个齿轮副进行其啮合参数和几何尺寸的计算。

15.2　微型行星齿轮传动的啮合参数计算

如前所述，在微型行星齿轮传动中，首先应将它们分成若干个啮合齿轮副。例如，将 2Z-X(A)型微型行星齿轮传动分成 a-c 和 b-c 两个齿轮副；将 3Z(Ⅱ)型微型行星齿轮传动分成 a-c、b-c 和 e-c 三个齿轮副。当其中的某个齿轮副的标准中心距 a 与变位后的啮合中心距 a' 不相等时，则该齿轮副必须采取角度变位传动。同时，还必须对该齿轮副进行其啮合参数的计算。在计算时仍将该齿轮副中的较小齿轮用下角标“1”表示，较大齿轮用下角标“2”表示。

根据“机械原理”中的有关内容，对于需要采用角度变位传动的齿轮副（直齿圆柱齿轮）可按如下公式计算其啮合参数。

若已知啮合中心距 a'、齿数和 z_Σ 及模数 m，求啮合角 α' 和变位系数和 x_Σ。

各齿轮副的非变位中心距为

$$a = \frac{m}{2}(z_2 \pm z_1) \tag{15-6}$$

中心距变动系数为

$$y = \frac{a' - a}{m} \tag{15-7}$$

变位齿轮副作无侧隙啮合时，其啮合角为

$$\alpha' = \arccos\left(\frac{a}{a'}\cos\alpha\right) \tag{15-8}$$

根据无侧隙啮合方程，可求得变位系数和为

$$x_\Sigma = \frac{z_\Sigma(\mathrm{inv}\alpha' - \mathrm{inv}\alpha)}{2\tan\alpha} = \frac{(z_2 \pm z_1)(\mathrm{inv}\alpha' - \mathrm{inv}\alpha)}{2\tan\alpha} \tag{15-9}$$

齿顶高变动系数为

$$\Delta y = x_\Sigma - y = (x_2 \pm x_1) - y \tag{15-10}$$

式中　a——齿轮副非变位（标准）的中心距，mm；
　　α——压力角，其标准值为 $\alpha = 20°$；
$\mathrm{inv}\alpha$——标准压力角 α 的渐开线函数，且有 $\mathrm{inv}\alpha = \tan\alpha - \alpha$（参见表 4-7）；
$\mathrm{inv}\alpha'$——啮合角 α' 的渐开线函数。

式(15-6)～式(15-10)就是微型行星齿轮传动采用角度变位传动的齿轮副进行啮合参

数计算的基本公式。另外，由上述公式可知，对于高度变位传动的齿轮副，因为其啮合中心距 a' 等于其标准中心距 a，故其中心距变动系数 $y=0$，啮合角 α' 等于压力角 α，即 $\alpha'=\alpha=20°$，变位系数和等于零，即 $x_\Sigma=x_2\pm x_1=0$，齿顶高变动系数 $\Delta y=0$。

现举例说明采用角度变位的 3Z(Ⅱ)型微型行星齿轮传动的啮合参数计算。

【例题 15-1】 已知：3Z(Ⅱ)型微型行星齿轮传动的传动比 $i_p=100$，模数 $m=0.5$mm，各轮齿数为 $z_a=24$、$z_b=72$，$z_e=75$ 和 $z_c=25$。试对该 3Z(Ⅱ)型微型行星齿轮传动进行其啮合参数计算。

解　首先将该 3Z(Ⅱ)型微型行星齿轮传动分为三个啮合齿轮副：a-c、b-c 和 e-c。各齿轮副的齿数和 z_Σ 为

$$z_{\Sigma a}=z_a+z_c=24+25=49$$

$$z_{\Sigma b}=z_b-z_c=72-25=47$$

$$z_{\Sigma e}=z_e-z_c=72-25=50$$

各齿轮副的标准中心距 a 为

$$a_{ac}=\frac{m}{2}(z_a+z_c)=\frac{0.5}{2}\times(24+25)=12.25\text{mm}$$

$$a_{bc}=\frac{m}{2}(z_b-z_c)=\frac{0.5}{2}\times(72-25)=11.75\text{mm}$$

$$a_{ec}=\frac{m}{2}(z_e-z_c)=\frac{0.5}{2}\times(75-25)=12.5\text{mm}$$

各齿轮副标准中心距 a 的关系为

$$a_{bc}<a_{ac}<a_{ec}$$

可见，它们完全符合式(15-5) 的条件，故按照上述建议，可以采用变位后的啮合中心距 $a'=a_{ec}=12.5$mm 作为三个齿轮副的公用中心距，即 $a'_{ac}=a'_{bc}=a'_{ec}=a_{ec}$。因此，就有这样的关系：$a'>a_{ac}$ 和 $a'>a_{bc}$；则可知：齿轮副 a-c 和 b-c 都应采取角度变位的正传动，即有 $x_{\Sigma a}>0$ 和 $x_{\Sigma b}>0$。由于 $a'=a_{ec}$，则齿轮副 e-c 应采取高度变位，即有 $x_{\Sigma e}=x_2\pm x_1=0$。

由上述计算已知该 3Z(Ⅱ)型微型行星齿轮传动的 $a'=12.5$mm，x_Σ 和模数 $m=0.5$mm；试求各齿轮副的啮合角 α' 和变位系数和 x_Σ。

按式(15-6) ～式(15-10) 对各齿轮副进行其啮合参数计算，且将其啮合参数的计算结果列入表 15-1 中。

表 15-1　3Z(Ⅱ)型微型行星齿轮传动啮合参数计算

项目	计 算 公 式	a-c 齿轮副	b-c 齿轮副	e-c 齿轮副
中心距变动系数 y	$y=\frac{a'-a}{m}$	$y_a=0.5$	$y_b=1.5$	$y_e=0$
啮合角 α'	$\alpha'=\arccos\left(\frac{a}{a'}\cos\alpha\right)$	$\alpha'_{ac}=22°56'32''$	$\alpha'_{bc}=27°57'20''$	$\alpha'_{ec}=\alpha=20°$
变位系数和 x_Σ	$x_\Sigma=x_2\pm x_1=\frac{x_\Sigma}{2\tan\alpha}\times(\text{inv}\alpha'-\text{inv}\alpha)$	$x_{\Sigma a}=0.536$	$x_{\Sigma b}=1.801$	$x_{\Sigma e}=x_2-x_1=0$
齿顶高变动系数 Δy	$\Delta y=x_\Sigma-y$	$\Delta y_a=0.036$	$\Delta y_b=0.301$	$\Delta y_e=0$

注：表内公式中的“±”号，外啮合取“+”号；内啮合取“－”号。

关于 3Z(Ⅱ)型微型行星齿轮传动啮合角 α' 的选取，如前所述，在 3Z(Ⅱ)型微型行星齿轮传动中，由于它具有单齿圈行星轮，即行星轮 c 既要与中心轮 a 啮合，同时又要与内齿轮 b 和内齿轮 e 相啮合，因而其各齿轮副的标准中心距均不相等。为了凑配中心距和改善其啮

合性能，该 3Z(Ⅱ)型微型行星齿轮传动就必须进行角度变位，而且至少使其中两个齿轮副的啮合角 α'不等于压力角，即有 $\alpha'\neq\alpha=20°$。

从避免产生轮齿根切、提高轮齿工作面的接触疲劳强度和抗胶合强度等方面的考虑，e-c 齿轮副的啮合角 α_e' 值的选取，应使其中心轮 a 所得到的变位系数 $x_a=0.3$。当齿数差 z_e-z_a 为奇数及其变位系数 $x_c=x_e=0.25$ 时，可以满足中心轮 a 的变位系数 $x_a=0.3$ 的条件。当齿数差 z_e-z_a 为偶数时，e-c 齿轮副的啮合角 α'_e 可按内齿轮 e 的齿数 z_e 值由图 15-1 的线图选取，以满足中心轮 a 的变位系数 $x_a=0.3$ 的条件。

若允许中心轮 a 产生轻微根切，则可选取中心轮的变位系数为 $x_a=0.20\sim0.25$。当齿数差 z_e-z_a 为奇数及其变位系数 $x_e=x_c=0.27\sim0.32$ 时，即可满足中心轮的变位系数 $x_a=0.2\sim0.25$ 的条件。此时，齿轮副 e-c 为高度变位，其啮合角 α_{ec}'等于齿形角，即有 $\alpha_{ec}'=\alpha=20°$。

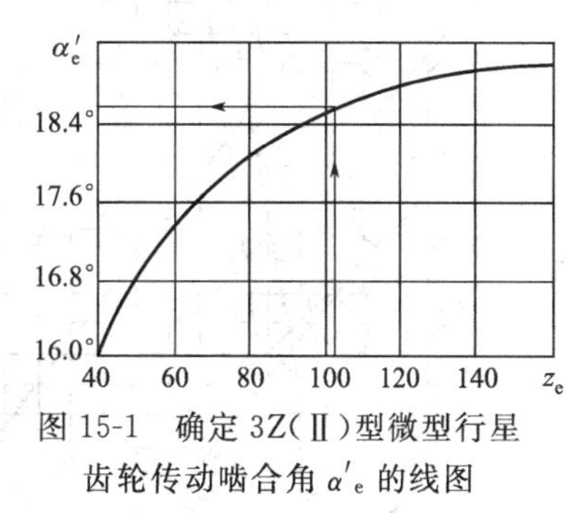

图 15-1　确定 3Z(Ⅱ)型微型行星齿轮传动啮合角 α'_e 的线图

关于选择变位系的方法。在设计 3Z(Ⅱ)型微型行星齿轮传动时，进行了各齿轮副的啮合参数计算，而求得它们的变位系数和 $x_{\Sigma a}$、$x_{\Sigma b}$ 和 $x_{\Sigma e}$ 后，应如何确定各齿轮的变位系数 x_a、x_b、x_e 和 x_c。是一件很重要而又具体的工作。关于选择变位系数的方法很多，解析法、封闭图法和查表法等。现仅介绍利用封闭图选择变位系数的方法。

图 15-2 所示为选择变位系数的线图（$h_a^*=1$、$\alpha=20°$）。线图右侧的横坐标表示齿轮副的齿数和 z_Σ，纵坐标表示变位系数和 z_Σ，许用区（阴影线）内的各射线表示同一啮合角 α'（例如 19°，20°，…，26°等）时的变位系数和 x_Σ 与齿数和 z_Σ 的函数关系。根据齿轮副的齿数和 $z_\Sigma=z_2\pm z_1$ 及啮合中心距 a'等要求，可在其许用区内选择变位系数和 x_Σ。

在确定了变位系数和 x_Σ 后，再使用该线图左侧的斜直线（对应着不同的齿数比 $u=z_2/z_1$）分配各齿轮的变位系数 x_1 和 x_2 值。左侧线图的纵坐标仍表示变位系数和 x_Σ，而横坐标表示小齿轮的变位系数 x_1（从原点 0 向左 x_1 为正值，向右为负值）。根据齿轮副的变位系数和 x_Σ 及齿数比 $u=\dfrac{z_2}{z_1}$，利用左侧的线图可求得小齿轮的变位系数 x_1；大齿轮的变位系数为 $x_2=x_\Sigma-x_1$（外齿合）。

按照图 15-2 的线图选取的变位系数 x_1 和 x_2，可以保证齿轮加工时不会产生根切或只有轻微的根切；齿顶厚 $s_a>0.4m$（m 为模数），重合度 $\varepsilon\geqslant1.2$；啮合时轮齿不会干涉，且两轮的滑动系数 η 近似相等。关于按照图 15-2 的图线选取变位系数 x_1 的具体方法，现举例说明如下。

【例题 15-2】 已知微型行星齿轮传动中的外啮合齿轮副的模数 $m=0.5$mm，齿数 $z_1=21$，$z_2=35$，啮合中心距 $a'=14.52$mm。试确定该齿轮副中的大小齿轮的变位系数 x_1 和 x_2。

解　该齿轮副的标准中心距为

$$a=\frac{m}{2}(z_2+z_1)=\frac{0.5}{2}\times(35+21)=14(\text{mm})$$

按式(15-2) 可求其啮合角为

$$\alpha'=\text{aroccos}\left(\frac{a}{a'}\cos\alpha\right)=\arccos\left(\frac{14}{14.52}\times\cos20°\right)=25°2'11''$$

在图 15-2 中，由原点 0 按啮合角 $\alpha'=25°2'$ 作射线与齿数和 $z_\Sigma=z_2+z_1=35+21=56$ 的垂直线相交于 A_1 点。因 A_1 点在许用区内，A_1 点的纵坐标就是所求的变位系数和 $x_\Sigma=$

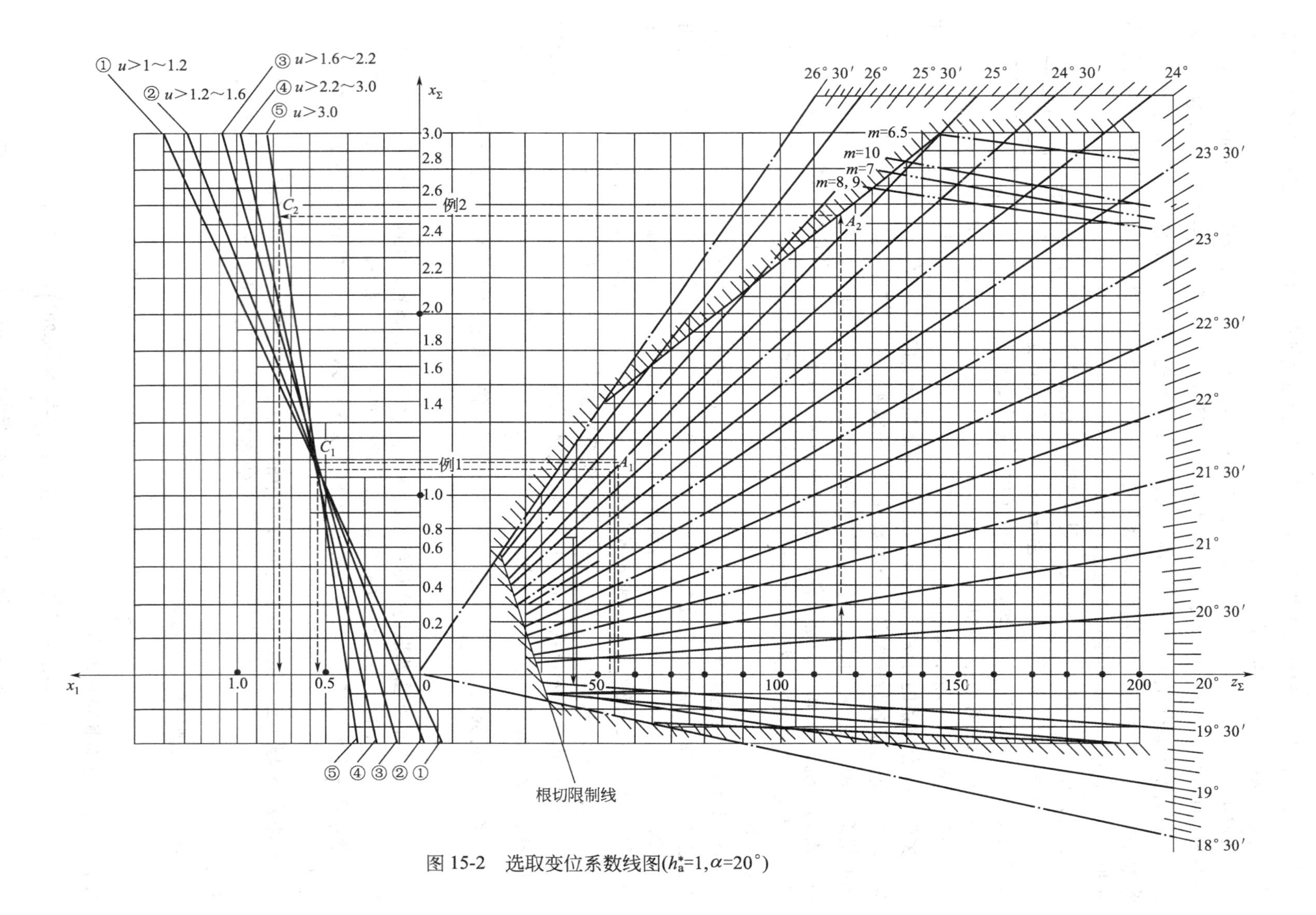

图 15-2　选取变位系数线图($h_a^*=1, \alpha=20°$)

1.17。当然，x_{Σ} 值也可按式(15-9) 求得。

根据齿数比 $u=\frac{z_2}{z_1}=\frac{35}{21}=1.667$，则可按左图的斜线 3 分配变位系数，即由 A_1 点作水平线与斜线 3 交于 C_1 点，C_1 点的横坐标 $x_1=0.56$。则可得齿轮 2 的变位系数 $x_2=x_{\Sigma}-x_1=1.17-0.56=0.61$。

如前所述，变位齿轮随着正变位系数 x 值的增大，齿顶会逐渐变尖；当变位系数 x 达到 x_m 值时，齿顶厚等于零，即 $s_a=0$。显然，齿顶变尖是不允许的。然而，齿顶厚 s_a 太小也是不允许的。因此，就必须限制选取过大的变位系数，则应使得所选取齿轮的变位系数 $x<x_m$。

在实际使用的微型齿轮传动中，还可以根据齿轮的工作情况，选取所需要的齿顶厚度 s_a，并计算其所对应的最大变位系数 x_{max} 值时，当选择的变位系数 x 值小于最大变位系数 x_{max} 值时，则表示该齿顶不会变尖。但是，当给定齿顶厚 s_a 时，欲求其对应的最大变位系数 x_{max} 值，必须对所求的最大变位系数 x_{max} 联立求解下列超越方程，即

$$\begin{cases} s_a=d_a\left(\dfrac{\pi}{2z}+\dfrac{2x_{max}}{z}\tan\alpha+\mathrm{inv}\alpha-\mathrm{inv}\alpha_a\right) \\ d_a=d+2m\ (h_a^*+x_{max}-\Delta y) \end{cases}$$

式中　α_a——齿顶压力角，且有 $\alpha_a=\arccos\left(\dfrac{d_b}{d_a}\right)$；

d_a——齿顶圆直径，mm；

d_b——齿轮的基圆直径，mm；

d——齿轮的分度圆直径，mm；

α——压力角，一般取 $\alpha=20°$；

Δy——齿顶高变动系数。

但是，上述超越方程的求解方法是相当复杂的，因为，求解的计算必须具有很高的精确度。不过由上面的联立方程式可知，变位系数 x 仅与两个参数 z 和 s_a 有关。所以，可以用一组线图的形式来表示这个问题的解答，即 $x=f\ (z,\ s_a)$ 线图，见图 4-5。例如，选取齿轮的齿顶厚 $s_a=0.5m$（模数 $m=0.5$mm），齿数 $z_1=12$。由 $z=12$ 在横坐标上作一条垂直线与 $s_a=0.5m$ 的曲线相交于 A 点，再由 A 点向纵坐标作一条水平线，相交于纵坐标，可得其变位系数 $x=0.225$（会产生微根切）。

据有关文献介绍，最小允许齿顶厚平均值可取 $s_a=0.3m$。若所设计的微型行星齿轮传动的轮齿磨损并不大，比如低转速的输出齿轮，则可取其齿顶厚为 $s_a=0.2m$。若所设计的行星齿轮传动的轮齿磨损较严重，比如高转速的输入齿轮，则应取其齿顶厚为 $s_a=(0.4\sim0.5)\ m$。轮齿磨损得越严重，则齿顶厚 s_a 值应取得越大。若齿轮实际的齿顶厚 s_a 值小于上述所应取的最小允许值，那么，仍将这样的轮齿称为变尖齿。

另外，可用于计算小齿轮的变位系数值的公式如下：

$$x_1=\frac{1}{2}\left(x_{\Sigma}-\frac{z_2-z_1}{z_2+z_1}\times y\right)+\Delta x \tag{15-11}$$

若该小齿轮为输入构件，其变位系数的修正量 $\Delta x=0.08\sim0.12$；若小齿轮为输出构件，其修正量 $\Delta x=-0.04\sim0$。然后，按下式可求得齿轮副的大齿轮的变位系数为

$$x_2=x_{\Sigma}\mp x_1 \tag{15-12}$$

式中，正号“+”适用于内啮合；负号“－”适用于外啮合。

15.3　微型行星齿轮传动的几何尺寸计算

15.3.1　标准微型行星齿轮传动的几何尺寸计算

在计算标准微型行星齿轮传动的几何尺寸时，首先应了解微型行星齿轮基准齿形的有关参数。微型行星齿轮基准齿形参数如下：

模数 $m<1.0$mm，齿形角 $\alpha=20°$，齿顶高系数 $h_a^*=1$，顶隙系数 $c^*=0.35$，齿根圆角半径系数 $\rho_f^*=0.2$。

标准微型行星齿轮传动的变位系数为 $x_2 \pm x_1=0$，且有 $x_1=0$，$x_2=0$；啮合角 $\alpha'=\alpha=20°$。

标准微型行星齿轮传动的几何尺寸计算参见表 15-2。

表 15-2　标准微型行星齿轮传动的几何尺寸计算

序号	名　称	代号	计　算　公　式	例　题
1	模数	m	$m=d/z<1.0$(标准值)	$m=0.5$mm
2	齿数	z	$z=d/m$	$z_1=20, z_2=98$
3	顶隙	c	$c=c^* m$	$c=0.175$mm
4	分度圆直径	d	$d=mz$	$d_1=10$mm, $d_2=49$mm
5	基圆直径	d_b	$d_b=d\cos\alpha$	$d_{b1}=9.397$mm, $d_{b2}=46.045$mm
6	齿距	p	$p=\pi m$	$p=1.571$mm
7	齿顶高	h_a	$h_a=h_a^* m$	$h_a=0.5$mm
8	齿根高	h_f	$h_f=(h_a^*+c^*)m$	$h_f=0.675$mm
9	齿宽	b	$b=(3\sim10)m$	$b=4$mm
10	齿顶圆直径	d_a	$d_a=d\pm 2h_a^* m$	$d_{a1}=11$mm, $d_{a2}=50$mm
11	齿根圆直径	d_f	$d_f=d\mp 2(h_a^*+c^*)m$	$d_{f1}=8.65$mm, $d_{f2}=47.65$mm
12	标准中心距	a	$a=\frac{m}{2}(z_2\pm z_1)$	$a=29.5$mm
13	跨测齿数	k	$k=\frac{\alpha}{180°}z+0.5$ $\alpha=20°$时，k 值查表 15-3	$k_1=3, k_2=11$
14	公法线长度	W	$W=m\cos\alpha[\pi(k-0.5)+z\,\mathrm{inv}\alpha]$ $\alpha=20°$时，W 值查表 15-3	$W_1=3.8302$ mm $W_2=16.185$ mm
15	量柱直径	d_p	$d_p=(1.68\sim1.9)m$ (外齿轮) $d_p=(1.4\sim1.7)m$ (内齿轮) 可按表 15-4 选取	$d_p=0.866$mm
16	量柱测量距	M	齿数为偶数：$M=\frac{d\cos\alpha}{\cos\alpha_M}\pm d_p$ $\alpha=20°$时，M 值查表 15-4 齿数为奇数：$M=\frac{d\cos\alpha}{\cos\alpha_M}\cos\frac{90°}{z}\pm d_p$ $\alpha=20°$时，M 值查表 15-4	$M_1=11.2018$mm $M_2=50.2303$mm
17	量柱中心所在圆压力角	α_M	$\mathrm{inv}\alpha_M=\mathrm{inv}\alpha\pm\frac{d_p}{d\cos\alpha}\mp\frac{\pi}{2z}$	$\alpha_{M1}=24°36'37''$ $\alpha_{M2}=21°7'51''$
18	端面重合度	ε_α	$\varepsilon_\alpha=\frac{1}{2\pi}[z_1(\tan\alpha_{a1}-\tan\alpha)\pm z_2(\tan\alpha_{a2}-\tan\alpha)]$	$\varepsilon_\alpha=1.7$

注：1. 表中凡有±和∓符号的，上面的符号用于外齿轮，下面的符号用于内齿轮。

2. 外齿轮应满足 $M>d_a$，内齿轮应满足 $M<d_a$。

3. 表中的齿顶压力 α_a 按下式计算，即 $\alpha_a=\arccos(d_b/d_a)$。

由表 15-2 可知，对于标准的微型行星齿轮（即非变位 $x=0$ 的）其跨越齿数 k 值和公法线长度 W 值，可按表 15-2 中的公式进行计算，即

$$k=\frac{\alpha}{180}z+0.5 \tag{15-13}$$

$\alpha=20°$时，k 值也可查表 15-3。

$$W=m\cos\alpha[\pi(k-0.5)+z\mathrm{inv}\alpha] \tag{15-14}$$

$\alpha=20°$时，W 值也可查表 15-3。

表 15-3　微型行星齿轮公法线长度 W 值　/mm

z	k	模数 m						
		0.25	0.30	0.40	0.50	0.60	0.80	1.00
9	2	1.139	1.366	1.822	2.277	2.733	3.643	4.554
10	2	1.142	1.370	1.827	2.284	2.741	3.655	4.568
11	2	1.146	1.375	1.833	2.291	2.749	3.666	4.582
12	2	1.149	1.379	1.839	2.298	2.758	3.677	4.596
13	2	1.153	1.383	1.844	2.305	2.766	3.688	4.610
14	2	1.156	1.387	1.850	2.312	2.775	3.699	4.624
15	2	1.160	1.391	1.855	2.319	2.783	3.711	4.638
16	2	1.163	1.396	1.861	2.326	2.791	3.722	4.652
17	2	1.167	1.400	1.867	2.333	2.800	3.733	4.666
18	3	1.908	2.900	3.053	3.816	4.579	6.106	7.632
19	3	1.912	2.294	3.059	3.823	4.588	6.117	7.646
20	3	1.915	2.298	3.064	3.830	4.596	6.128	7.660
21	3	1.919	2.302	3.070	3.837	4.605	6.140	7.674
22	3	1.922	2.307	3.075	3.844	4.613	6.151	7.688
23	3	1.926	2.311	3.081	3.851	4.621	6.162	7.702
24	3	1.929	2.315	3.087	3.858	4.630	6.173	7.716
25	3	1.933	2.319	3.092	3.865	4.633	6.184	7.730
26	3	1.936	2.323	3.098	3.872	4.647	6.196	7.744
27	4	2.678	3.213	4.284	5.355	6.426	8.568	10.711
28	4	2.681	3.217	4.290	5.362	6.435	8.580	10.725
29	4	2.685	3.222	4.295	5.369	6.443	8.591	10.739
30	4	2.688	3.226	4.301	5.376	6.452	8.602	10.753
31	4	2.692	3.230	4.307	5.383	6.460	8.613	10.767
32	4	2.695	3.234	4.312	5.390	6.468	8.625	10.781
33	4	2.699	3.238	4.318	5.397	6.477	8.636	10.795
34	4	2.702	3.243	4.323	5.404	6.485	8.647	10.809
35	4	2.706	3.247	4.329	5.411	6.494	8.658	10.823
36	5	3.447	4.137	5.516	6.894	8.273	11.031	13.789
37	5	3.451	4.141	5.521	6.901	8.282	11.042	13.803

续表

z	k	模数 m						
		0.25	0.30	0.40	0.50	0.60	0.80	1.00
38	5	3.454	4.145	5.527	6.908	8.290	11.053	13.817
39	5	3.458	4.149	5.532	6.915	8.298	11.065	13.831
40	5	3.461	4.153	5.538	6.922	8.307	11.076	13.845
41	5	3.465	4.157	5.544	6.929	8.315	11.087	13.859
42	5	3.468	4.162	5.549	6.936	8.324	11.098	13.873
43	5	3.472	4.166	5.555	9.943	8.332	11.109	13.887
44	5	3.475	4.170	5.560	6.950	8.341	11.121	13.901
45	6	4.217	5.060	6.747	8.433	10.120	13.494	16.867
46	6	4.220	5.064	6.752	8.440	10.129	13.505	16.881
47	6	4.224	5.068	6.758	8.447	10.137	13.516	16.895
48	6	4.227	5.073	6.764	8.454	10.145	13.527	16.909
49	6	4.231	5.077	6.769	8.461	10.154	13.538	16.923
50	6	4.234	5.081	6.775	8.468	10.162	13.550	16.937
51	6	4.238	5.085	6.780	8.476	10.171	13.561	16.951
52	6	4.241	5.090	6.786	8.483	10.179	13.572	16.965
53	6	4.245	5.094	6.792	8.490	10.187	13.583	16.979
54	7	4.986	5.984	7.978	9.973	11.967	15.956	19.945
55	7	4.990	5.990	7.984	9.980	11.975	15.967	19.959
56	7	4.993	5.992	7.989	9.987	11.984	15.979	19.973
57	7	4.997	5.996	7.995	9.994	11.992	15.990	19.987
58	7	5.000	6.000	8.000	10.001	12.001	16.001	20.001
59	7	5.004	6.005	8.006	10.008	12.009	16.012	20.015
60	7	5.007	6.009	8.012	10.015	12.018	16.023	20.029
61	7	5.011	6.013	8.017	10.022	12.026	16.035	20.043
62	7	5.014	6.017	8.023	10.029	12.034	16.046	20.057
63	8	5.756	6.907	9.209	11.512	13.814	18.419	20.023
64	8	5.759	6.911	9.215	11.519	13.822	18.430	23.037
65	8	5.763	6.915	9.221	11.526	13.831	18.441	23.051
66	8	5.766	6.920	9.226	11.533	43.839	18.452	23.065
67	8	5.770	6.924	9.232	11.540	13.848	18.463	23.079
68	8	5.773	6.928	9.237	11.547	13.856	18.475	23.093
69	8	5.777	6.932	9.243	11.554	13.864	18.486	23.107
70	8	5.780	6.936	9.249	11.561	13.873	18.497	23.121
71	8	5.784	6.941	9.254	11.568	13.881	18.508	23.135
72	9	6.525	7.830	10.441	13.051	15.661	20.881	26.102
73	9	6.529	7.835	10.446	13.058	15.669	20.892	26.116

续表

z	k	模　数　m						
		0.25	0.30	0.40	0.50	0.60	0.80	1.00
74	9	6.532	7.839	10.452	13.065	15.678	20.904	26.130
75	9	6.536	7.843	10.457	13.072	15.686	20.915	26.144
76	9	6.539	7.847	10.463	13.079	15.695	20.926	26.158
77	9	6.543	7.851	10.469	13.086	15.703	20.937	26.172
78	9	6.546	7.856	10.474	13.093	15.711	20.948	26.186
79	9	6.550	7.860	10.480	13.100	15.720	20.960	26.200
80	9	6.553	7.864	10.491	13.107	15.728	20.971	26.214
81	10	7.295	8.754	11.672	14.590	17.508	23.344	29.180
82	10	7.298	8.758	11.677	14.597	17.516	23.355	29.194
83	10	7.302	8.762	11.683	14.604	17.525	23.366	29.208
84	10	7.305	8.767	11.689	14.611	17.533	23.377	29.222
85	10	7.309	8.771	11.694	14.618	17.541	23.389	29.236
86	10	7.312	8.775	11.700	14.625	17.550	23.400	29.250
87	10	7.316	8.779	11.705	14.632	17.558	23.411	29.264
88	10	7.319	8.783	11.711	14.639	17.567	23.422	29.278
89	10	7.323	8.788	11.717	14.646	17.575	23.433	29.292
90	11	8.064	9.677	12.903	16.129	19.355	25.806	32.258
91	11	8.068	9.682	12.909	16.136	19.363	25.818	32.272
92	11	8.071	9.686	12.914	16.143	19.372	25.829	32.286
93	11	8.075	9.690	12.920	16.150	19.380	25.840	32.300
94	11	8.078	9.694	12.926	16.157	19.388	25.851	32.314
95	11	8.082	9.698	12.931	16.164	19.397	25.862	32.328
96	11	8.085	9.703	12.937	16.171	19.405	25.874	32.342
97	11	8.089	9.707	12.942	16.178	19.414	25.885	32.356
98	11	8.092	9.711	12.948	16.185	19.422	25.896	32.370
99	12	8.834	10.601	14.134	17.668	21.202	28.269	35.336
100	12	8.838	10.606	14.140	17.675	21.210	28.280	35.350
101	12	8.841	10.609	14.146	17.682	21.218	28.291	35.364
102	12	8.845	10.613	14.151	17.689	21.227	28.302	35.378
103	12	8.848	10.618	14.157	17.696	21.235	28.314	35.392
104	12	8.852	10.622	14.162	17.703	21.244	28.325	35.406
105	12	8.855	10.626	14.168	17.710	21.252	28.336	35.420
106	12	8.859	10.630	14.174	17.717	21.260	28.347	35.434
107	12	8.862	10.634	14.179	17.724	21.269	28.358	35.448
108	13	9.604	11.524	15.366	19.207	23.049	30.731	38.414
109	13	9.607	11.528	15.371	19.214	23.057	30.743	38.428

续表

z	k	模数 m						
		0.25	0.30	0.40	0.50	0.60	0.80	1.00
110	13	9.611	11.533	15.377	19.221	23.065	30.754	38.442
111	13	9.614	11.537	15.387	19.228	23.074	30.765	38.456
112	13	9.618	11.541	15.388	19.235	23.082	30.776	38.470
113	13	9.621	11.545	15.394	19.242	23.091	30.787	38.484
114	13	9.625	11.549	15.399	19.249	23.099	30.799	38.498
115	13	9.628	11.554	15.405	19.256	23.107	30.810	38.512
116	13	9.632	11.558	15.411	19.263	23.116	30.821	38.526
117	14	10.373	12.448	16.597	20.746	24.895	33.194	41.492
118	14	10.377	12.452	16.603	20.753	24.904	33.205	41.506
119	14	10.380	12.456	16.608	20.760	24.912	33.216	41.520
120	14	10.384	12.460	16.614	20.767	24.921	33.228	41.534
121	14	10.387	12.465	16.619	20.774	24.929	33.239	41.548
122	14	10.391	12.469	16.625	20.781	24.937	33.250	41.562
123	14	10.394	12.473	16.631	20.788	24.946	33.261	41.576
124	14	10.398	12.477	16.636	20.795	24.954	33.272	41.590
125	14	10.401	12.481	16.642	20.802	24.963	33.284	41.604
126	15	11.143	13.371	17.828	22.285	26.742	35.656	44.571
127	15	11.146	13.375	17.834	22.292	26.751	35.668	44.585
128	15	11.150	13.380	17.840	22.299	26.759	35.679	44.599
129	15	11.153	13.384	17.845	22.306	26.768	35.690	44.613
130	15	11.157	13.388	17.851	22.313	26.776	35.701	44.627
131	15	11.160	13.392	17.856	22.320	26.784	35.713	44.641
132	15	11.164	13.396	17.862	22.327	26.793	35.724	44.655
133	15	11.167	13.401	17.868	22.334	26.801	35.735	44.669
134	15	11.171	13.405	17.873	22.341	26.810	35.746	44.683
135	16	11.912	14.295	19.060	23.824	28.589	38.119	47.649
136	16	11.916	14.299	19.065	23.831	28.598	38.130	47.663
137	16	11.919	14.303	19.071	23.838	28.606	38.141	47.677
138	16	11.923	14.307	19.076	23.845	28.614	38.153	47.691
139	16	11.926	14.311	19.082	23.852	28.623	38.164	47.705
140	16	11.930	14.316	19.088	23.859	28.631	38.175	47.719
141	16	11.933	14.320	19.093	23.866	28.640	38.186	47.733
142	16	11.937	14.324	19.099	23.873	28.648	38.197	47.747
143	16	11.940	14.328	19.104	23.880	28.656	38.209	47.761
144	17	12.682	15.218	20.291	25.363	30.436	40.582	50.727
145	17	12.685	15.222	20.296	25.370	30.445	40.593	50.741

续表

z	k	模数 m						
		0.25	0.30	0.40	0.50	0.60	0.80	1.00
146	17	12.689	15.226	20.302	25.377	30.453	40.604	50.755
147	17	12.692	15.231	20.308	25.384	30.461	40.615	50.769
148	17	12.696	15.235	20.313	25.391	30.470	40.626	50.783
149	17	12.699	15.239	20.319	25.398	30.478	40.638	50.797
150	17	12.703	15.243	20.324	25.405	30.487	40.649	50.811
151	17	12.706	15.248	20.330	25.413	30.495	40.660	50.825
152	17	12.710	15.252	20.336	25.420	30.503	40.671	50.839
153	18	13.451	16.142	21.522	26.903	32.283	43.044	53.805
154	18	13.455	16.146	21.528	26.910	32.291	43.055	53.819
155	18	13.458	16.150	21.533	26.917	32.300	43.067	53.833
156	18	13.462	16.154	21.539	26.924	32.308	43.078	53.847
157	18	13.465	16.158	21.544	26.931	32.317	43.089	53.861
158	18	13.469	16.163	21.550	26.938	32.325	43.100	53.875
159	18	13.472	16.167	21.556	26.945	32.334	43.111	53.889
160	18	13.476	16.171	21.561	26.952	32.342	43.123	53.903
161	18	13.479	16.175	21.567	26.959	32.350	43.134	53.917
162	19	14.221	17.065	22.753	28.442	34.130	45.507	56.883
163	19	14.224	17.069	22.759	28.449	34.138	45.518	56.897
164	19	14.228	17.073	22.765	28.456	34.147	45.529	56.911
165	19	14.231	17.078	22.770	28.463	34.155	45.540	56.925
166	19	14.235	17.082	22.776	28.470	34.164	45.551	56.939
167	19	14.238	17.086	22.781	28.477	34.172	45.563	56.953
168	19	14.242	17.090	22.787	28.484	34.180	45.574	56.967
169	19	14.245	17.094	22.793	28.491	34.189	45.585	56.981
170	19	14.249	17.097	22.798	28.498	34.197	45.596	56.995
171	20	14.990	17.988	23.985	29.981	35.977	47.969	59.962
172	20	14.994	17.993	23.990	29.988	35.985	47.980	59.976
173	20	14.997	17.997	23.996	29.995	35.994	47.992	59.990
174	20	15.001	18.001	24.001	30.002	36.002	48.003	60.004
175	20	15.004	18.005	24.007	30.009	36.011	48.014	60.018
176	20	15.008	18.009	24.013	30.016	36.019	48.025	60.032
177	20	15.011	18.014	24.018	30.023	36.027	48.036	60.046
178	20	15.015	18.018	24.024	30.030	36.036	48.048	60.060
179	20	15.018	18.022	24.029	30.037	36.044	48.059	60.074
180	21	15.760	18.912	25.216	31.520	37.824	50.432	63.040
181	21	15.763	18.916	25.221	31.527	37.832	50.443	63.054

续表

z	k	模数 m						
		0.25	0.30	0.40	0.50	0.60	0.80	1.00
182	21	15.767	18.920	25.227	31.534	37.841	50.454	63.068
183	21	15.770	18.925	25.233	31.541	37.849	50.465	63.082
184	21	15.774	18.929	25.238	31.548	37.857	50.477	63.096
185	21	15.777	18.933	25.244	31.555	37.866	50.488	63.110
186	21	15.781	18.937	25.249	31.562	37.874	50.499	63.124
187	21	15.784	18.941	25.255	31.569	37.883	50.510	63.138
188	21	15.788	18.946	25.261	31.576	37.891	50.521	63.152
189	22	16.529	19.835	26.447	33.059	39.671	52.894	66.118
190	22	16.533	19.840	26.453	33.066	39.679	52.906	66.132
191	22	16.536	19.844	26.458	33.073	39.688	52.917	66.146
192	22	16.540	19.848	26.464	33.080	39.696	52.928	66.160
193	22	16.543	19.852	26.470	33.087	99.704	52.939	66.174
194	22	16.547	19.856	26.475	33.094	39.713	52.950	66.188
195	22	16.550	19.861	26.481	33.101	39.721	52.962	66.202
196	22	16.554	19.865	26.486	33.108	39.730	52.973	66.216
197	22	16.557	19.869	26.492	33.115	39.738	52.984	66.230
198	23	17.299	20.759	27.678	34.598	41.518	55.357	69.196
199	23	17.303	20.763	27.684	34.605	41.526	55.368	69.210
200	23	17.306	20.767	27.690	34.612	41.534	55.379	69.224
201	23	17.310	20.771	27.695	34.619	41.543	55.390	69.238
202	23	17.313	20.776	27.701	34.626	41.551	55.402	69.252
203	23	17.317	20.780	27.706	34.633	41.560	55.413	69.266
204	23	17.320	20.784	27.712	34.640	41.568	55.424	69.280
205	23	17.324	20.788	27.717	34.647	41.576	55.435	69.294
206	23	17.327	20.792	27.723	34.654	41.585	55.440	69.308
207	24	18.069	21.682	28.910	36.137	43.365	57.819	72.274
208	24	18.072	21.686	28.915	36.144	43.373	57.831	72.288
209	24	18.076	21.691	28.921	36.151	43.381	57.842	72.302
210	24	18.079	21.695	28.927	36.158	43.390	57.853	72.316

对于变位的微型行星齿轮（即 $x\neq0$），其跨越齿数 k 和公法线长度 W 值可按表 15-5 或表 15-6 和表 15-7 中的公式进行计算。

同样，由表 15-2 可知，对于标准的微型行星齿轮（即非变位 $x=0$ 的），其量柱直径 d_{p} 值应该按其模数 m 值大小，由表 15-4 查得。其量柱测量距 M 值可按表 15-2 中的公式进行计算，即

偶数齿
$$M=\frac{d\cos\alpha}{\cos\alpha_{\mathrm{M}}}\pm d_{\mathrm{p}} \tag{15-15}$$

奇数齿
$$M=\frac{d\cos\alpha}{\cos\alpha_{\mathrm{M}}}\cos\frac{90^{\circ}}{Z}\pm d_{\mathrm{p}} \tag{15-16}$$

$\alpha=20^{\circ}$时，外齿轮的 M 值可由表 15-4 查得。

对于变位的微型行星齿轮（即 $x\neq0$），其量柱直径 d_{p} 值和 M 值（非变位）应按其模数 m 值的大小，由表 15-4 查得。其量柱测量距 M 值可按表 15-5、表 15-6 或表 15-7 中的公式进行计算。

表 15-4　微型行星齿轮量柱测量距 M 值（非变位的）　/mm

m	0.15	0.20	0.25	0.30	0.40	0.50	0.60	0.80	1.00
d_{p}	0.291	0.402	0.433	0.572	0.724	0.866	1.008	1.441	1.732
z	M								
6	1.335	1.817	2.079	2.643	3.416	4.158	4.896	6.812	8.315
7	1.459	1.983	2.284	2.890	3.745	4.569	5.389	7.471	9.138
8	1.642	2.229	2.585	3.256	4.229	5.170	6.107	8.438	10.339
9	1.772	2.402	2.801	3.516	4.575	5.601	6.625	9.129	11.203
10	1.948	2.637	3.089	3.866	5.039	6.179	7.315	10.057	12.357
11	2.087	2.812	3.311	4.133	5.395	6.623	7.848	10.769	13.246
12	2.252	3.044	3.593	4.474	5.847	7.185	8.521	11.672	14.371
13	2.388	3.226	3.819	4.746	6.210	7.638	9.064	12.398	15.277
14	2.555	3.452	4.095	5.080	6.653	8.191	9.725	13.284	16.381
15	2.694	3.634	4.325	5.357	7.021	8.650	10.276	14.020	17.300
16	2.858	3.856	4.598	5.686	7.458	9.195	10.929	14.894	18.390
17	2.998	4.041	4.830	5.965	7.830	9.659	11.486	15.637	19.319
18	3.161	4.258	5.099	6.290	8.262	10.199	12.132	16.502	20.397
19	3.302	4.445	5.333	6.572	8.637	10.667	12.694	17.251	21.333
20	3.463	4.661	5.601	6.894	9.066	11.202	13.335	18.109	22.404
21	3.605	4.851	5.836	7.177	9.443	11.673	13.900	18.863	23.346
22	3.765	5.065	6.102	7.497	9.869	12.204	14.537	19.715	24.409
23	3.907	5.255	6.339	7.782	10.248	12.678	15.105	20.473	25.356
24	4.067	5.468	6.603	8.100	10.672	13.207	15.739	21.320	26.414
25	4.209	5.658	6.841	8.386	11.053	13.682	16.310	22.082	27.365
26	4.368	5.870	7.101	8.703	11.474	14.209	16.911	22.925	28.418
27	4.512	6.611	7.343	8.990	11.857	14.686	17.514	23.689	29.373
28	4.669	6.273	7.605	9.305	12.277	15.211	18.142	24.529	30.421
29	4.813	6.464	7.845	9.593	12.660	15.690	18.717	25.296	31.379
30	4.971	6.675	8.106	9.908	13.079	16.212	19.344	26.133	32.424
31	5.115	6.867	8.346	10.196	13.463	16.693	19.920	26.902	33.385
32	5.272	7.077	8.607	10.510	13.880	17.214	20.515	27.736	34.427
33	5.416	7.270	8.848	10.799	14.266	17.695	21.122	28.507	35.390
34	5.572	7.479	9.107	11.111	14.682	18.215	21.746	29.339	36.430

续表

m	0.15	0.20	0.25	0.30	0.40	0.50	0.60	0.80	1.00
d_p	0.291	0.402	0.433	0.572	0.724	0.866	1.008	1.441	1.732
z	M								
35	5.718	7.672	9.349	11.401	15.068	18.697	22.325	30.112	37.395
36	5.873	7.880	9.608	11.713	15.483	19.216	22.947	30.942	38.432
37	6.019	8.073	9.850	12.003	15.870	19.700	23.527	31.716	39.399
38	6.174	8.281	10.109	12.314	16.285	20.217	24.148	32.545	40.431
39	6.32	8.474	10.351	12.605	16.672	20.701	24.729	33.320	41.403
40	6.475	8.682	10.609	12.916	17.086	21.218	25.348	34.147	42.436
41	6.621	8.876	10.852	13.207	17.474	21.703	25.930	34.923	43.406
42	6.775	9.083	11.109	13.517	17.887	22.219	26.549	35.749	44.438
43	6.921	9.278	11.352	13.809	18.276	22.705	27.132	36.527	45.410
44	7.076	9.484	11.610	14.118	18.688	23.220	27.750	37.351	46.440
45	7.223	9.680	11.853	14.410	19.077	23.706	28.333	38.130	47.412
46	7.372	9.886	12.110	14.719	19.489	24.221	28.950	38.953	48.441
47	7.524	10.052	12.354	15.012	19.879	24.708	29.535	39.732	49.415
48	7.677	10.286	12.611	15.320	20.290	25.221	30.151	40.554	50.442
49	7.824	10.482	12.854	15.613	20.680	25.709	30.736	41.335	51.418
50	7.978	10.588	13.111	15.921	21.091	26.222	31.351	42.156	52.444
51	8.125	10.883	13.355	16.214	21.481	26.710	31.937	42.937	53.420
52	8.278	11.088	13.611	16.522	21.891	27.223	32.552	43.758	54.445
53	8.425	11.284	13.856	16.815	22.282	27.711	33.138	44.539	55.422
54	8.579	11.490	14.112	17.123	22.692	28.223	33.752	45.359	56.446
55	8.726	11.685	14.356	17.416	23.083	28.712	34.339	46.141	57.424
56	8.879	11.890	14.612	17.724	23.493	29.224	34.953	46.960	58.447
57	9.027	12.086	14.856	18.017	23.884	29.713	35.540	47.743	59.426
58	9.180	12.290	15.112	18.324	24.293	30.224	36.153	48.561	60.448
59	9.327	12.487	15.357	18.618	24.685	30.714	36.741	49.345	61.428
60	9.481	12.692	15.612	18.925	25.094	31.225	37.354	50.163	62.449
61	9.627	12.887	15.857	19.219	25.486	31.715	37.942	50.947	63.429
62	9.781	13.092	16.113	19.526	25.895	32.225	38.554	51.764	64.450
63	9.928	13.288	16.358	19.820	26.287	32.715	39.142	52.548	65.431
64	10.081	13.496	16.613	20.126	26.695	33.225	39.754	53.365	66.451
65	10.278	13.688	16.858	20.421	27.088	33.716	40.343	54.150	67.432
66	10.381	13.894	17.113	20.727	27.496	34.226	40.955	54.966	68.452
67	10.529	14.089	17.358	21.022	27.888	34.717	41.544	55.751	69.433
68	10.682	14.294	17.613	21.328	28.296	35.226	42.155	56.567	70.452
69	10.829	14.489	17.859	21.622	28.689	35.717	42.744	57.353	71.435

续表

m	0.15	0.20	0.25	0.30	0.40	0.50	0.60	0.80	1.00
d_p	0.291	0.402	0.433	0.572	0.724	0.866	1.008	1.441	1.732
z	M								
70	10.982	14.694	18.113	21.928	29.097	36.227	43.355	58.167	72.453
71	11.130	14.889	18.359	22.223	29.490	36.718	43.945	58.954	73.436
72	11.282	15.096	18.613	22.529	29.897	37.227	44.555	59.768	74.454
73	11.430	15.290	18.859	22.824	30.290	37.719	45.145	60.555	75.437
74	11.582	15.496	19.114	23.129	30.697	38.227	45.756	61.369	76.454
75	11.730	15.690	19.360	23.424	31.091	38.719	46.346	62.156	77.438
76	11.883	15.896	19.614	23.730	31.498	39.228	46.956	62.970	78.455
77	12.031	16.091	19.860	24.025	31.892	39.720	47.546	63.757	79.439
78	12.183	16.298	20.114	24.330	32.298	40.228	48.156	64.571	80.456
79	12.331	16.491	20.360	24.625	32.692	40.720	48.747	65.358	81.440
80	12.483	16.698	20.614	24.930	33.099	41.228	49.356	66.171	82.456
81	12.632	16.893	20.860	25.226	33.493	41.721	49.947	66.959	83.441
82	12.783	17.098	21.114	25.531	33.899	42.228	50.557	67.772	84.457
83	12.932	17.293	21.361	25.827	34.293	42.721	51.148	68.560	85.442
84	13.083	17.498	21.614	26.131	34.699	43.229	51.757	69.373	86.457
85	13.232	17.693	21.861	26.427	35.094	43.721	52.348	70.161	87.443
86	13.383	17.893	22.114	26.732	35.500	44.229	52.957	70.973	88.458
87	13.532	18.094	22.361	27.027	35.894	44.722	53.549	71.762	89.444
88	13.685	18.300	22.615	27.332	36.300	45.229	54.157	72.574	90.458
89	13.832	18.494	22.861	27.628	36.694	45.722	54.749	73.363	91.444
90	13.984	18.700	23.115	27.932	37.100	46.229	55.357	74.174	92.459
91	14.132	18.894	23.361	28.228	37.495	46.723	55.949	74.964	93.445
92	14.285	19.104	23.615	28.533	37.900	47.230	56.558	75.775	94.459
93	14.432	19.295	23.861	28.829	38.295	47.723	57.150	76.564	95.446
94	14.585	19.508	24.115	29.133	38.701	48.230	57.758	77.375	96.460
95	14.733	19.695	24.362	29.429	39.096	48.723	58.350	78.165	97.447
96	14.885	19.940	24.615	29.773	39.501	49.230	58.958	78.976	98.460
97	15.034	20.095	24.862	30.030	39.896	49.724	59.550	79.766	99.447
98	15.186	20.300	25.115	30.334	40.301	50.230	60.158	80.576	100.460
99	15.334	20.496	25.362	30.630	40.696	50.724	60.751	81.366	101.448
100	15.486	20.704	25.615	30.934	41.101	51.230	61.358	82.177	102.461
101	15.634	20.896	25.862	31.230	41.497	51.724	61.951	82.967	103.449
102	15.786	21.104	26.115	31.534	41.902	52.231	62.558	83.777	104.461
103	15.933	21.296	26.362	31.831	42.297	52.725	63.151	84.568	105.449
104	16.085	21.540	26.615	32.134	42.702	53.231	63.758	85.378	106.461

续表

m	0.15	0.20	0.25	0.30	0.40	0.50	0.60	0.80	1.00
d_p	0.291	0.402	0.433	0.572	0.724	0.866	1.008	1.441	1.732
z	M								
105	16.235	21.697	26.862	32.431	43.097	53.725	64.351	86.168	107.450
106	16.387	21.900	27.115	32.735	43.502	54.231	64.959	86.978	108.462
107	16.535	22.097	27.363	33.031	43.898	54.725	65.552	87.769	109.450
108	16.687	22.302	27.616	33.335	44.302	55.231	66.159	88.578	110.462
109	16.855	22.498	27.863	33.632	44.698	55.725	66.752	89.369	111.451
110	16.986	22.702	28.116	33.935	45.103	56.231	67.359	90.179	112.462
111	17.134	22.898	28.363	34.232	45.498	56.726	67.952	90.970	113.451
112	17.286	23.102	28.616	34.535	45.903	57.231	68.559	91.779	114.463
113	17.434	23.299	28.863	34.832	46.298	57.726	69.152	92.571	115.452
114	17.587	23.502	29.116	35.136	46.703	58.231	69.759	93.380	116.463
115	17.735	23.699	29.363	35.432	47.099	58.726	70.353	94.171	117.452
116	17.887	23.902	29.616	35.736	47.503	59.232	70.959	94.980	118.463
117	18.035	24.100	29.863	36.033	47.899	59.726	71.553	95.772	119.453
118	18.186	24.302	30.116	36.336	48.303	60.232	72.159	96.580	120.463
119	18.336	24.500	30.363	36.633	48.699	60.727	72.753	97.372	121.453
120	18.487	24.702	30.616	36.936	49.103	61.232	73.359	98.181	122.464
121	18.635	24.900	30.863	37.233	49.499	61.727	73.953	98.972	123.454
122	18.786	25.102	31.116	37.536	49.904	62.232	74.559	99.781	124.464
123	18.936	25.300	31.364	37.833	50.300	62.727	75.153	100.573	125.454
124	19.087	25.504	31.616	38.137	50.704	63.232	75.760	101.381	126.464
125	19.235	25.700	31.864	38.434	51.100	63.727	76.354	102.173	127.454
126	19.388	25.912	32.116	38.737	51.504	64.232	76.960	102.981	128.464
127	19.536	26.100	32.364	39.034	51.900	64.727	77.554	103.774	129.455
128	19.687	26.302	32.616	39.337	52.304	65.232	78.160	104.582	130.465
129	19.835	26.500	32.864	39.634	52.700	65.728	78.754	105.374	131.455
130	19.988	26.794	33.116	39.937	53.104	66.232	79.360	106.182	132.465
131	20.135	26.900	33.364	40.234	53.501	66.728	79.954	106.975	133.456
132	20.288	27.104	33.616	40.537	53.904	67.233	80.560	107.782	134.465
133	20.436	27.300	33.864	40.835	54.301	67.728	81.154	108.575	135.456
134	20.587	27.504	34.116	41.137	54.705	68.233	81.760	109.383	136.465
135	20.787	27.744	34.364	41.435	55.101	68.728	82.355	110.175	137.456
136	20.887	27.904	34.616	41.738	55.505	69.233	82.960	110.983	138.466
137	21.037	28.102	34.864	42.035	55.901	69.728	83.555	111.776	139.457
138	21.188	28.304	35.116	42.338	56.305	70.233	84.160	112.583	140.466
139	21.335	28.502	35.364	42.635	56.701	70.728	84.755	113.376	141.457

续表

m	0.15	0.20	0.25	0.30	0.40	0.50	0.60	0.80	1.00
d_p	0.291	0.402	0.433	0.572	0.724	0.866	1.008	1.441	1.732
z	M								
140	21.488	28.704	35.616	42.938	57.105	71.233	85.360	114.183	142.466
141	21.636	28.902	35.864	43.235	57.501	71.729	85.955	114.976	143.457
142	21.789	29.104	36.117	43.538	57.905	72.223	86.560	115.784	144.466
143	21.936	29.302	36.364	43.836	58.302	72.729	87.155	116.577	145.458
144	22.089	29.504	36.617	44.138	58.705	73.233	87.760	117.384	146.466
145	22.236	29.702	36.864	44.436	59.102	73.729	88.355	118.177	147.458
146	22.388	29.904	37.117	44.738	59.505	74.233	88.960	118.984	148.466
147	22.537	30.102	37.365	45.036	59.902	74.729	89.555	119.777	149.458
148	22.689	30.304	37.617	45.339	60.305	75.233	90.160	120.584	150.467
149	22.937	30.502	37.885	45.636	60.702	75.729	90.756	121.378	151.458
150	22.939	30.704	38.117	45.939	61.106	76.233	91.361	122.184	152.467
151	23.137	30.902	38.365	46.236	61.502	76.729	91.956	122.978	153.459
152	23.289	31.104	38.617	46.539	61.906	77.233	92.561	123.785	154.467
153	23.432	31.302	38.865	46.836	62.302	77.729	93.156	124.578	155.459
154	23.589	31.504	39.117	47.139	62.706	78.234	93.761	125.385	156.467
155	23.737	31.702	39.365	47.437	63.103	78.730	94.356	126.179	157.459
156	23.889	31.904	39.617	47.739	63.506	79.234	94.961	126.985	158.467
157	24.037	32.102	39.865	48.037	63.903	79.730	95.556	127.779	159.459
158	24.289	32.304	40.117	48.339	64.306	80.234	96.161	128.585	160.467
159	24.336	32.542	40.365	48.637	64.703	80.730	96.756	129.379	161.460
160	24.489	32.704	40.617	48.939	65.106	81.234	97.361	130.185	162.468
161	24.636	32.902	40.885	49.237	65.503	81.730	97.956	130.979	163.460
162	24.789	33.104	41.117	49.539	65.906	82.234	98.561	131.786	164.468
163	24.940	33.302	41.365	49.837	66.303	82.730	99.156	132.580	165.460
164	25.089	33.504	41.617	50.140	66.706	83.234	99.761	133.386	166.468
165	25.238	33.702	41.865	50.437	67.103	83.730	100.356	134.180	167.460
166	25.389	33.904	42.117	50.740	67.506	84.234	100.961	134.986	168.468
167	25.538	34.103	42.365	51.037	67.903	84.730	101.557	135.780	169.461
168	25.689	34.304	42.617	51.340	68.306	85.234	102.161	136.586	170.468
169	25.837	34.503	42.865	51.638	68.704	85.730	102.757	137.380	171.461
170	25.989	34.706	43.117	51.940	69.107	86.234	103.361	138.186	172.468
171	26.137	34.943	43.365	52.238	69.504	86.731	103.957	138.981	173.461
172	26.298	35.146	43.617	52.540	69.907	87.234	104.561	139.786	174.468
173	26.439	35.305	43.865	52.838	70.304	87.731	105.157	140.581	175.461
174	26.589	35.506	44.117	53.140	70.707	88.234	105.761	141.387	176.469

续表

m	0.15	0.20	0.25	0.30	0.40	0.50	0.60	0.80	1.00
d_p	0.291	0.402	0.433	0.572	0.724	0.866	1.008	1.441	1.732
z	M								
175	26.738	35.705	44.365	53.438	71.104	88.731	106.357	142.181	177.462
176	26.889	35.906	44.617	53.740	71.507	89.234	106.961	142.987	178.469
177	27.038	36.105	44.865	54.038	71.904	89.731	107.557	143.781	179.462
178	27.189	36.306	45.117	54.340	72.307	90.234	108.161	144.587	180.469
179	27.337	36.505	45.365	54.638	72.704	90.731	108.757	145.381	181.462
180	27.489	36.706	45.617	54.940	73.107	91.234	109.361	146.187	182.469
181	27.639	36.905	45.866	55.238	73.504	91.731	109.957	146.982	183.462
182	27.789	37.106	46.117	55.540	73.907	92.235	110.561	147.787	184.469
183	27.938	37.305	46.366	55.838	74.304	92.731	111.157	148.582	185.462
184	28.089	37.506	46.617	56.141	74.707	93.235	111.761	149.387	186.469
185	28.237	37.705	46.866	56.439	75.104	93.731	112.357	150.182	187.463
186	28.389	37.906	47.117	56.741	75.507	94.235	112.961	150.988	188.469
187	28.539	38.105	47.366	57.039	75.905	94.731	113.558	151.782	189.463
188	28.689	38.306	47.617	57.341	76.307	95.235	114.162	152.588	190.469
189	28.838	38.503	47.866	57.639	76.705	95.731	114.758	153.382	191.463
190	28.939	38.706	48.117	57.941	77.107	96.235	115.362	154.188	192.469
191	29.137	38.905	48.366	58.239	77.505	96.732	115.958	154.983	193.463
192	29.289	39.106	48.617	58.541	77.907	97.235	116.562	155.788	194.470
193	29.439	39.305	48.866	58.839	78.305	97.732	117.158	156.583	195.463
194	29.589	39.506	49.117	59.141	78.707	98.235	117.762	157.388	196.470
195	29.738	39.705	49.366	59.439	79.105	98.732	118.358	158.183	197.463
196	29.889	39.906	49.617	59.741	79.508	99.235	118.962	158.988	198.470
197	30.039	40.105	49.866	60.039	79.905	99.732	119.558	159.783	199.464
198	30.189	40.306	50.117	60.341	80.308	100.235	120.162	160.588	200.470
199	30.339	40.505	50.366	60.639	80.705	100.732	120.758	161.383	201.464
200	30.490	40.706	50.618	60.941	81.108	101.235	121.362	162.188	202.470
201	30.639	40.905	50.866	61.239	81.505	101.732	121.958	162.984	203.464
202	30.790	41.106	51.118	61.541	81.908	102.235	122.562	163.789	204.470
203	30.939	41.305	51.366	61.840	82.305	102.732	123.158	164.584	205.464
204	31.090	41.506	51.618	62.141	82.708	103.235	123.762	165.389	206.470
205	31.239	41.705	51.866	62.440	83.105	103.732	124.358	166.184	207.464
206	31.390	41.906	52.118	62.741	83.508	104.235	124.962	166.989	208.470
207	31.539	42.105	52.366	63.040	83.905	104.732	125.558	167.784	209.464
208	31.690	42.306	52.618	63.342	84.308	105.235	126.162	168.589	210.470
209	31.839	42.505	52.866	63.640	84.706	105.732	126.758	169.384	211.464

续表

m	0.15	0.20	0.25	0.30	0.40	0.50	0.60	0.80	1.00
d_p	0.291	0.402	0.433	0.572	0.724	0.866	1.008	1.441	1.732
z	M								
210	31.990	42.706	53.118	63.942	85.108	106.235	127.362	170.189	212.470
211	32.139	42.905	53.366	64.240	85.506	106.732	127.958	170.984	213.465
212	32.290	43.186	53.618	64.542	85.908	107.235	128.562	171.789	214.471
213	32.439	43.345	53.866	64.840	86.306	107.732	129.159	172.585	215.465
214	32.590	43.546	54.118	65.142	86.708	108.235	129.762	173.389	216.471
215	32.739	43.705	54.366	65.440	87.106	108.732	130.359	174.185	217.465
216	32.890	43.906	54.618	65.742	87.508	109.235	130.962	174.989	218.471
217	33.039	44.105	54.866	66.040	87.906	109.733	131.559	175.785	219.465
218	33.190	44.306	55.118	66.342	88.308	110.235	132.162	176.589	220.471
219	33.340	44.505	55.366	66.640	88.706	110.733	132.759	177.385	221.465
220	33.490	44.707	55.618	66.942	89.108	111.235	133.362	178.190	222.471
221	33.639	44.905	55.866	67.240	89.506	111.733	133.959	178.985	223.465
222	33.790	45.147	56.118	67.542	89.908	112.235	134.562	179.790	224.471
223	33.939	45.305	56.366	67.840	90.306	112.733	135.159	180.585	225.465
224	34.090	45.507	56.618	68.142	90.708	113.236	135.762	181.390	226.471
225	34.239	45.705	56.866	68.440	91.106	113.733	136.359	182.185	227.466
226	34.390	45.907	57.118	68.742	91.508	114.236	136.952	182.990	228.471
227	34.539	46.146	57.366	69.041	91.906	114.733	137.559	183.786	229.466
228	34.690	46.307	57.618	69.342	92.308	115.236	138.162	184.590	230.471
229	34.839	46.506	57.866	69.641	92.706	115.733	138.759	185.386	231.466
230	34.990	46.707	58.118	69.942	93.108	116.236	139.362	186.190	232.471
231	35.146	46.906	58.366	70.241	93.506	116.733	139.959	186.986	233.466
232	35.290	47.107	58.618	70.542	93.909	117.236	140.562	187.790	234.471
233	35.439	47.306	58.867	70.841	94.306	117.733	141.159	188.586	235.466
234	35.594	47.507	59.118	71.142	94.709	118.236	141.762	189.390	236.471
235	35.740	47.706	59.367	71.441	95.107	118.733	142.359	190.186	237.466
236	35.890	47.907	59.618	71.742	95.509	119.236	142.962	190.990	238.471
237	36.040	48.106	59.867	72.041	95.907	119.733	143.559	191.786	239.466
238	36.190	48.307	60.118	72.342	96.309	120.236	144.162	192.590	240.472
239	36.339	48.506	60.367	72.641	96.707	120.733	144.759	193.386	241.466
240	36.490	48.707	60.618	72.943	97.109	21.236	145.362	194.190	242.472

15.3.2　高度变位微型行星齿轮传动的几何尺寸计算

高度变位微型行星齿轮传动的原始参数 α、h_a^*、c^* 和 ρ_f^* 均同于标准圆柱齿轮传动。而高度变位的变位系数和 $x_\Sigma = x_2 \pm x_1 = 0$，即有 $x_2 = \mp x_1$，式中的“±”和“∓”，外啮合用上面的符号，内啮合用下面的符号。

高度变位微型行星齿轮传动的几何尺寸计算参见表 15-5。

在上述的微型行星齿轮传动的几何尺寸计算中，需要应用渐开线函数 $\mathrm{inv}\alpha=\tan\alpha-\alpha$。渐开线函数 $\mathrm{inv}\alpha$，读者可查阅第 1 篇第 4 章中的表 4-7。

15.3.3　外啮合角度变位微型行星齿轮传动的几何尺寸计算

角度变位的微型行星齿轮传动的原始参数 α、h_a^*、c^* 和 ρ_f^* 相同于高度变位的原始参数。而角度变位的变位系数和 $x_\Sigma=x_2+x_1\neq0$ 。由于在该外啮合齿轮副的标准中心距 a 不等于其啮合中心距 a'，而且其啮合角 α'不等于压力角 α，故需进行角度变位。在进行了啮合参数计算后，其几何尺寸应按表 15-6 中的公式计算。

15.3.4　内啮合角度变位微型行星齿轮传动的几何尺寸计算

在内啮合角度变位微型行星齿轮传动中，其变位系数和 $x_\Sigma=x_2-x_1\neq0$。内啮合角度变为微型行星齿轮传动的几何尺寸计算可参见表 15-7。

根据本人多年来对 3Z(Ⅱ)型微型行星齿轮传动设计理论的研究和工作实践的经验，对于 3Z(Ⅱ)型微型行星齿轮传动设计中的一些关键性的问题，现特作出如下的论述。

通过对 3Z(Ⅱ)型微型行星齿轮传动几何尺寸的具体计算，可以分析出如下几点。

(1) 行星轮 c 有三个不相等的节圆直径 d_c'

如前所述，在 3Z(Ⅱ)型微型行星齿轮传动的三个齿轮副 a-c、b-c 和 e-c 中，由于行星轮 c 同时与中心轮 a 和两个内齿轮 b、e 相啮合，且各个齿轮副的标准中心距 a 是不相等的，即 $a_{ac}\neq a_{bc}\neq a_{ec}$。若取其公共的啮合中心距 a'等于齿轮副 e-c 的中心距 a_{ec}，即 $a'=a_{ec}$，则齿轮副 a-c 和 b-c 为了凑配中心距，它们必须进行角度变位；而 e-c 齿轮副应进行高度变位。通过对各个齿轮副的几何尺寸计算后，可得：行星轮 c 具有三个节圆，即有三个不相同的节圆直径 d_{ca}'、d_{cb}'和 d_{ce}'，且有如下的关系：

$$d'_{cb}>d'_{ca}>d'_{ce}$$

式中　d_{cb}'——行星轮 c 在齿轮副 b-c 中的节圆直径；

d_{ca}'——行星轮 c 在齿轮副 a-c 中的节圆直径；

d_{ce}'——行星轮 c 在齿轮副 e-c 中的节圆直径。

(2) 行星轮 c 有三个不相等的齿顶圆直径（计算值）

尽管行星轮 c 在各个齿轮副中的变位系数 x_c 是同一个值，但它的齿顶高变动系数 Δy 值是不相等的，一般有 $\Delta y_b>\Delta y_a>\Delta y_e$ 的关系。故该行星轮 c 就有三个不相等的齿顶圆直径 d_{ac}，其计算值的关系式为

$$d_{ac}^{e}\geqslant d_{ac}^{b}>d_{ac}^{a}$$

式中　d_{ac}^{e}——行星轮 c 在 e-c 齿轮副中的齿顶圆直径（计算值）；

d_{ac}^{b}——行星轮 c 在 b-c 齿轮副中的齿顶圆直径（计算值）；

d_{ac}^{a}——行星轮 c 在 a-c 齿轮副中的齿顶圆直径（计算值）。

但是，在行星轮 c 的结构尺寸上只能有一个齿顶圆直径 d_{ac}。为了避免齿廓干涉，且保证 3Z(Ⅱ)型微型行星齿轮传动中各齿轮副都能正常地啮合运转，其齿顶圆直径 d_{ac}必须取上述各计算值中的较小值，一般可取 a-c 齿轮副中行星轮 c 的齿顶圆直径 d_{ac}^{a}（计算值）作为其实际结构的齿顶圆直径 d_{ac}，即 $d_{ac}=d_{ac}^{a}$。

(3) 内齿轮 e 和 b 齿顶圆直径 d_{ae}和 d_{ab}的确定

在高度变位的齿轮副 e-c 中，若将行星轮 c 的齿顶圆直径 d_{ac}^{e}减去一个齿顶间隙 Δe 值，则可得其齿顶圆直径 $d_{ac}\approx d_{ac}^{e}-\Delta e$。但在该齿轮副中的内齿轮 e 的齿顶圆直径 d_{ae}^{e}（计算值）也需相应地减去一个齿顶间隙 Δe 值作为内齿轮 e 实际的齿顶圆直径 d_{ae}，即有 $d_{ae}=d_{ae}^{e}-\Delta e$。这样才能与行星轮 c 的齿顶圆直径 d_{ac}相匹配。

齿顶间隙 Δe 可按如下公式计算：

$$\Delta e=\frac{15.2(1-x_2)^2 m}{z_2} \tag{15-17}$$

同理，在 b-c 齿轮副中，行星轮 c 的齿顶圆直径 d_{ac}^{b}（计算值）也应减去一个齿顶间隙 Δc，即可得其齿顶圆直径为 $d_{ac}=d_{ac}^{b}-\Delta e$。

为了使内齿轮 e 和内齿轮 b 能与齿顶圆直径为 $d_{ac}=d_{ac}^{a}$（较小值的）的行星轮 c 相啮合，就要求内齿轮 e 和内齿轮 b 具有一个相等的齿顶圆直径，即应使 $d_{ae}=d_{ab}$。但是，它们的齿数 z_e 和 z_b 是不相等的，即有 $z_e>z_b$；它们的变位系数 x_e 和 x_b 也是不相等，即有 $x_e<x_b$。通常，由 b-c 齿轮副的几何尺寸计算所得到内齿轮 b 的齿顶圆直径 d_{ab}^{b} 小于等于由 e-c 齿轮副的几何尺寸计算所得到内齿轮 e 的齿顶圆直径 d_{ae}^{e}，它们之间具有如下的关系式：$d_{ae}^{e}\geqslant d_{ab}^{b}$。总之，在结构尺寸上应该确定一个相等的齿顶圆直径 d_a 作为内齿轮 e 和内齿轮 b 的公共值。

据参考文献［3］介绍，内齿轮 e 和内齿轮 b 实际齿顶圆直径 d_a 的公共值可按如下公式计算：

$$d_{ae}=d_{ab}=d_e-(1.3\sim1.5)m \tag{15-18}$$

式中，d_e 为内齿轮 e 的分度圆直径，mm；m 为内齿轮 e 的模数，mm。

此外，还可以通过控制齿轮副 b-c 和 e-c 的径向间隙来对内齿轮 e 和内齿轮 b 的齿顶圆直径 d_a 进行其几何尺寸的调整。

（4）内齿轮 e 与内齿轮 b 节圆直径 d' 间关系

尽管内齿轮 e 的齿数 z_e 大于内齿轮 b 的齿数 z_b，即 $z_e>z_b$，而且两齿轮的模数 m 是相等的。但由于 e-c 齿轮副是高度变位，而 b-c 齿轮副是角度变位；它们的变位系数 x 不相等，且有 $x_b>x_e$；并且啮合角 α' 也不相等，$\alpha'_{bc}>\alpha'_{ec}=\alpha=20°$。通过对上述齿轮副的几何尺寸计算可得：内齿轮 b 的节圆直径 d'_b 大于内齿轮 e 的节圆直径 d'_e；且有 $d'_b>d'_e=d_e$。了解这个关系，对于判断功率流的方向和进行 3Z(Ⅱ)型微型行星齿轮传动的传动效率计算是很重要的。

（5）内齿轮 b 的齿顶圆直径 d_{ab} 大于其分度圆直径 d_b

由于内齿轮 b 经角度变位后的变位系数 x_b 较大，即它的变位距 $x_b m$ 较大，使得其齿顶圆直径 d_{ab} 大于分度圆直径 d_b，即 $d_{ab}>d_b$。所以，在内齿轮 b 的实际齿廓上找不到其分度圆的位置。这一个特点在内齿轮 b 的工作图上应显示出来。

表 15-5　高度变位微型齿轮传动的几何尺寸计算

序号	名　称	代号	计　算　公　式	例　　题
1	模数	m	$m=d/z$	$m=0.5$mm
2	齿数	z	$z=d/m$	$z_1=25,z_2=75$(内齿轮)
3	变位系数	x	$x_1=\mp x_2$	$x_1=x_2=0.256$
4	分度圆直径	d	$d=mz$	$d_1=12.5$mm,$d_2=37.5$mm
5	基圆直径	d_b	$d_b=d\cos\alpha$	$d_{b1}=11.75$mm,$d_{b2}=35.24$mm
6	齿顶高	h_a	$h_a=m(h_a^*\pm x)$	$h_{a1}=0.628$mm,$h_{a2}=0.372$mm
7	齿根高	h_f	$h_f=m(h_a^*+c^*\mp x)$	$h_{f1}=0.547$mm,$h_{f2}=0.803$mm
8	齿高	h	$h=h_a+h_f$	$h=1.175$mm

续表

序号	名 称	代号	计 算 公 式	例 题
9	齿距	p	$p=\pi m$	$p=1.57\text{mm}$
10	顶隙	c	$c=c^{*}\text{m}$	$c=0.175\text{mm}$
11	齿顶圆直径	d_a	$d_a=d\pm 2h_a^{*}$	$d_{a1}=13.756\text{mm},d_{a2}=36.756\text{mm}$
12	齿根圆直径	d_f	$d_f=d\mp 2h_f$	$d_{f1}=11.406\text{mm},d_{f2}=39.106\text{mm}$
13	中心距	a	$a=\frac{m}{2}(z_2\pm z_1)$	$a=12.5\text{mm}$
14	跨测齿数	k	$k=\frac{\alpha z}{180^{\circ}}+0.5-\frac{2x\tan\alpha}{\pi}$	$k_1=3$
15	公法线长度	W	$W=m\cos\alpha[\pi(k-0.5)+z\text{inv}\alpha+2x\tan\alpha]$	$W_1=3.953\text{mm}$
16	量柱直径	d_p	$d_p=(1.68\sim1.9)m$(外啮合) $d_p=(1.4\sim1.7)m$(内啮合) 按表 15-4 选取	$d_p=0.866\text{mm}$
17	量柱测量距	M	偶数齿,$M=\frac{d\cos\alpha}{\cos\alpha_M}\pm d_p$ 奇数齿,$M=\frac{d\cos\alpha}{\cos\alpha_M}\cos\frac{90^{\circ}}{z}\pm d_p$	$M_1=13.890\text{mm}$ $M_2=36.506\text{mm}$
18	量柱中心所在圆压力角	α_M	$\text{inv}\alpha_M=\text{inv}\alpha\pm\frac{d_p}{d\cos\alpha}\mp\frac{\pi}{2z}+\frac{2x\tan\alpha}{z}$	$\alpha_{M2}=19^{\circ}29'24''$ $\alpha_{M1}=25^{\circ}50'$
19	端面重合度	ε_α	$\varepsilon_\alpha=\frac{1}{2\pi}[z_1(\tan\alpha_{a1}-\tan\alpha)\pm z_2(\tan\alpha_{a2}-\tan\alpha)]$	$\varepsilon_\alpha=1.78$

注:1. 表中列有±符号的,上面的符号用于外齿轮,下面的符号用于内齿轮。

2. 外齿轮应满足 $M>d_a$,内齿轮应满足 $M<d_a$。

3. 表中没写下标的代号 x 和 z,在计算小齿轮尺寸时,它们就是 x_1 和 z_1;在计算大齿轮尺寸时,它们就是 x_2 和 z_2。

4. 表中的齿顶压力角 α_a 按下式计算 $\alpha_a=\arccos\frac{d_b}{d_a}$。

表 15-6 外啮合角度变位微型齿轮传动的几何尺寸计算

序号	名称	代号	计 算 公 式	例 题
1	模数	m	$m=d/z$	$m=0.5\text{mm}$
2	齿数	z	$z=d/m$	$z_1=24,z_2=25$
3	分度直径	d	$d=mz$	$d_1=12\text{mm},d_2=12.5\text{mm}$
4	非变位中心距	a	$a=\frac{m}{2}(z_1+z_2)$	$a=12.25\text{mm}$
5	变位系数	x	$x_2=x_\Sigma-x_1,\Delta y=0.036$	$x_1=0.28,x_2=0.256$
6	齿顶高	h_a	$h_a=m(h_a^{*}+x-\Delta y)$	$h_{a1}=0.622\text{mm},h_{a2}=0.61\text{mm}$
7	齿根高	h_f	$h_f=m(h_a^{*}+c^{*}-x)$	$h_{f1}=0.535\text{mm},h_{f2}=0.547\text{mm}$
8	齿高	h	$h=h_a+h_f$	$h=1.157\text{mm}$

续表

序号	名称	代号	计 算 公 式	例　题
9	顶隙	c	$c=c^* m$	$C=0.175$mm
10	齿顶圆直径	d_a	$d_a=d+2h_a$	$d_{a1}=13.244$mm, $d_{a2}=13.72$mm
11	齿根圆直径	d_f	$d_f=d-2h_f$	$d_{f1}=10.93$mm, $d_{f2}=11.406$mm
12	节圆直径	d'	$d'=\dfrac{2a'z}{z_1+z_2}$	$d_1'=12.245$mm, $d_2'=13.298$mm
13	基圆直径	d_b	$d_b=d\cos\alpha$	$d_{b1}=11.276$mm, $d_{b2}=11.746$mm
14	齿距	p	$p=\pi m$	$p=1.5708$mm
15	跨越齿数	k	$k=\dfrac{\alpha z}{180°}+0.5-\dfrac{2x\tan\alpha}{\pi}$	$k_1=3$ $k_2=3$
16	公法线长度	W	$W=m\cos\alpha[\pi(k-0.5)+z\mathrm{inv}\alpha+2x\tan\alpha]$	$W_1=3.868$mm $W_2=3.874$mm
17	量柱直径	d_p	$d_p=(1.68\sim1.9)m$ 按表 15-4 选取	$d_p=0.866$mm
18	量柱测量距	M	偶数齿，$M=\dfrac{d\cos\alpha}{\cos\alpha_M}\pm d_p$ 奇数齿，$M=\dfrac{d\cos\alpha}{\cos\alpha_M}\cos\dfrac{90°}{z}\pm d_p$	$M_1=13.430$mm $M_2=13.890$mm
19	量柱中心所在圆压力角	α_M	$\mathrm{inv}\alpha_M=\mathrm{inv}\alpha+\dfrac{d_p}{d\cos\alpha}-\dfrac{\pi}{2z}+\dfrac{2x\tan\alpha}{z}$	$\alpha_{M1}=26°11'26''$ $\alpha_{M2}=25°49'54''$
20	端面重合度	ε_α	$\varepsilon_\alpha=\dfrac{1}{2\pi}[z_1(\tan\alpha_{a1}-\tan\alpha')+$ $z_2(\tan\alpha_{a2}-\tan\alpha')]$	$\varepsilon_\alpha=1.45$

注：1. 外齿轮应满足 $M>d_a$。

2. 表中的齿顶压力角 α_a 可按下式计算 $\alpha_a=\arccos\dfrac{d_b}{d_a}$。

表 15-7　内啮合角度变位微型行星齿轮传动的几何尺寸计算

序号	名称	代号	计 算 公 式	例　题
1	模数	m	$m=d/z$	$m=0.5$mm
2	齿数	z	$z=d/m$	$z_1=25$, $z_2=72$(内齿轮)
3	分度圆直径	d	$d=mz$	$d_1=12.5$mm, $d_2=36$mm
4	非变位中心距	a	$a=\dfrac{m}{2}(z_2-z_1)$	$a=11.75$mm
5	变位系数	x	$x_2=x_\Sigma+x_1$	$x_1=0.256$, $x_2=2.056$
6	齿顶高	h_a	$h_a=m(h_a^*\pm x\mp\Delta y)$	$h_{a1}=0.478$mm, $h_{a2}=-0.378$mm
7	齿根高	h_f	$h_f=m(h_a^*+c^*\mp x)$	$h_{f1}=0.547$mm, $h_{f2}=1.703$mm
8	齿高	h	$h=h_a+h_f$	$h_1=1.025$mm, $h_2=1.325$mm

续表

序号	名称	代号	计 算 公 式	例 题
9	顶隙	c	$c=c^* m$	$C=0.175\text{mm}$
10	齿顶圆直径	d_a	$d_a=d\pm 2h_a$	$d_{a1}=13.456\text{mm}$，$d_{a2}=36.756\text{mm}$
11	齿根圆直径	d_f	$d_f=d\mp 2h_f$	$d_{f1}=11.406\text{mm}$，$d_{f2}=39.406\text{mm}$
12	节圆直径	d'	$d'=\dfrac{2a'z}{z_2-z_1}$	$d'_1=13.298\text{mm}$，$d'_2=38.298\text{mm}$
13	基圆直径	d_b	$d_b=d\cos\alpha$	$d_{b1}=11.476\text{mm}$，$d_{b2}=33.829\text{mm}$
14	齿距	p	$p=\pi m$	$p=1.571\text{mm}$
15	跨越齿数	k	$k=\dfrac{\alpha z}{180^\circ}+0.5-\dfrac{2x\tan\alpha}{\pi}$	$k_1=3$
16	公法线长度	W	$W=m\cos\alpha[\pi(k-0.5)+z\text{inv}\alpha+2x\tan\alpha]$	$W_1=3.953\text{mm}$
17	量柱直径	d_p	$d_p=1.68\text{m}$(内齿轮) 按表 15-4 选取	$d_p=0.866\text{mm}$
18	量柱测量距	M	偶数齿，$M=\dfrac{d\cos\alpha}{\cos\alpha_M}-d_p$ 奇数齿，$M=\dfrac{d\cos\alpha}{\cos\alpha_M}\cos\dfrac{90^\circ}{z}-d_p$	$M_1=13.890\text{mm}$ $M_2=36.613\text{mm}$
19	量柱中心所在圆压力角	α_M	$\text{inv}\alpha_M=\text{inv}\alpha-\dfrac{d_p}{d\cos\alpha}+\dfrac{\pi}{2z}+\dfrac{2x\tan\alpha}{z}$	$\alpha_{M1}=25^\circ 49' 54''$ $\alpha_{M2}=25^\circ 29' 52''$
20	端面重合度	ε_α	$\varepsilon_\alpha=\dfrac{1}{2\pi}[z_1(\tan\alpha_{a1}-\tan\alpha')-z_2(\tan\alpha_{a2}-\tan\alpha')]$	$\varepsilon_\alpha=1.33$

注：1. 表中列有“±”符号的，上面的符号用于外齿轮，下面的符号用于内齿轮。

2. 外齿轮应满足 $M>d_a$，内齿轮应满足 $M<d_a$。

3. 表中没写下标的 x 和 z，在计算小齿轮尺寸时，它们就是 x_1 和 z_1；在计算大齿轮尺寸时，它们就是 x_2 和 z_2。

4. 表中的齿顶压力角 α_a 可按下式计算 $\alpha_a=\arccos\dfrac{d_b}{d_a}$。

第 16 章　微型行星齿轮传动的精度

16.1　微型行星齿轮传动的技术要求

鉴于目前微型行星齿轮传动在国内外已获得了较为广泛地应用，随着其应用情况的不同，对它的使用要求也不完全相同；但根据该行星传动中较常见的使用情况，对它的基本要求如下。

① 工作平稳、可靠。对于微型行星齿轮传动，在传递运动过程中，必须要求工作平稳、可靠，不能产生空转，也不能滑脱；噪声低、振动小，没有冲击现象；尤其是高速运转的行星齿轮传动，要努力控制瞬时传动比的变化。

② 较高的运动精度。微型行星齿轮传动大都使用在较高精度的机械传动设备上，故要求其传递运动具有较高的准确性；保证从动齿轮与主动齿轮的运动协调一致，使其输出构件的运动符合传动比的要求，即应使其在每一转中旋转的角度误差不超过允许的范围。

③ 接触性能及载荷分布均匀性好。为了提高载荷分布的均匀性，应合理地选择第Ⅲ公差组的精度和控制好齿向公差 F_{β} 值以及控制好齿轮的有效齿宽 b。在传递载荷时，为了不因轮齿接触不均匀使其接触应力过大，引起齿面的严重磨损；为了提高齿轮的接触性能，应使齿轮工作表面有足够的啮合接触面积，一般应努力保证其接触斑点达到：按高度不小于45%；按长度不小于60%。

④ 合理地控制侧隙。在微型行星齿轮传动中，两啮合轮齿的非工作表面之间应有一定的间隙，以便储存润滑油，补偿轮齿的弹性变形、温度变化以及齿轮的制造误差引起的侧隙变化，防止齿轮出现“卡滞”现象；但侧隙也不能过大，以免引起齿轮传动中出现较大的“空回量”。故应合理地选取最小法向侧隙 j_{nmin} 值。正确地选取齿轮的精度等级和侧隙种类。

为了使设计的微型行星齿轮传动能达到上述要求，首先应按照正确的设计理论和方法进行该行星齿轮传动的设计计算，绘制正确的齿轮工作图，合理地标注各齿轮的精度公差和技术条件；再按图纸技术要求选择合适的加工工艺来制造各个齿轮零件，且应用高质量的检验仪器对微型齿轮进行检测。检测合格后，还要由有经验的技术工人进行微型行星齿轮减速器的装配和调试工作。最后还要将它进行空载跑合和承载试验，通过运转来证明所设计和研制的微型行星齿轮传动是否符合设计要求。

近几年来我国有关部门先后从国外进口若干套先进的机械设备和传动装置，其中包括一些微型行星齿轮减速器。有关企业在试制开发过程中，请技术人员和工程师，使用一般的测量工具（千分尺和卡尺等）对微型齿轮进行测绘，致使其制造出来的微型行星齿轮减速器噪声很大，甚至不能运转。其实，微型齿轮的几何尺寸越小，测绘出来的相对误差就越大。对于微型行星齿轮传动中的各个小模数的微型齿轮，不能借助于普通的测量工具进行测绘，这样不能绘制出合格的微型齿轮工作图，且按照这个测绘的图纸也不能制造出合格的微型行星齿轮减速器。应该应用微型行星齿轮传动的设计理论进行反求设计计算，按照理论公式的要求计算出各微型齿轮副的啮合参数和各微型齿轮的几何尺寸，再按其使用要求选取合理的精度公差，正确地绘制微型齿轮的工作图，标注其技术条件。根据该图纸要求进行微型齿轮的加工制造和检测，这样才能装配出符合设计要求的微型行星齿轮减速器。

16.2　微型行星齿轮传动的精度等级

在微型行星齿轮传动中，大都采用小模数渐开线圆柱齿轮。我国小模数渐开线圆柱齿轮精度制 GB 2363—1990 适用的模数范围为 $m<1.0$mm。上述国家标准对小模数齿轮的精度规定为 12 个等级，精度由高到低依次用数字 1 到 12 表示。1、2 级是发展级，未给出公差数值。

齿轮各公差（或偏差）项目可分为以下三组。

Ⅰ组：F_i'、F_i''、F_p、F_{pk}、F_r、ΔF_w、F_w；

Ⅱ组：f_i'、f_i''、f_{pt}、f_f、f_{pb}；

Ⅲ组：F_β；齿轮传动，f_a。

第Ⅰ公差组中的精度指标是以齿轮一转为周期的误差，主要影响传递运动的准确性。

第Ⅱ公差组中的精度指标反映在齿轮一周内，多次周期性出现的误差，主要影响传动平稳性、噪声和振动。

第Ⅲ公差组中的精度指标反映齿向线的误差；主要影响轮齿受载后载荷分布的均匀性。

根据使用要求的不同，允许各公差组选用不同的精度等级；但在同一公差组内，各项公差与极限偏差应保持相同的精度等级。

标准规定：齿轮副的最小圆周侧隙 j_{tmin} 分为五种，按 j_{tmin} 值从小到大的顺序，用字母 h、g、f、e、d 表示；h 值为零，如图 16-1 所示。

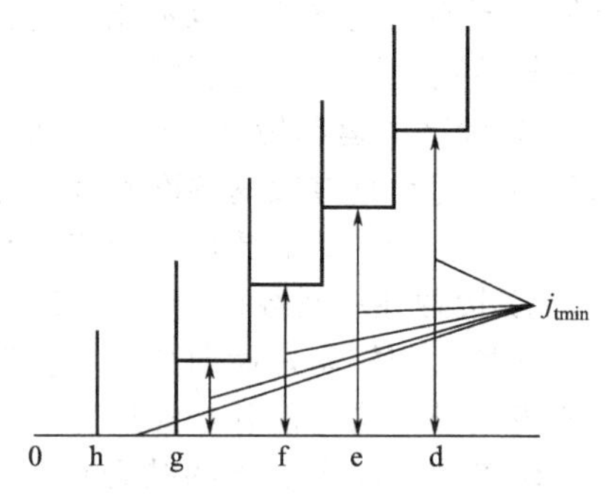

图 16-1　圆周侧隙 j_{tmin} 种类

评定齿轮传动侧隙的指标：量柱测量距偏差 ΔE_M、公法线平均长度偏差 ΔE_w 和齿厚偏差 ΔE_S。其精度等级与Ⅰ组检验项目的精度等级一致。若有特殊要求时，允许自行规定侧隙要求。

16.3　微型行星齿轮传动较常用的误差及其代号

由于微型行星齿轮传动中采用的是小模数($m<1.0$mm)渐开线圆柱齿轮，参考文献［1］的表 10.2-14 阐述了小模数渐开线圆柱齿轮的误差定义及代号(GB 2363—1990)。现选取较常用的误差及其代号简介如下。

① 齿距累积误差 ΔF_p　在 GB/T 10095.1—2008 中反映齿轮各轮齿之间分度均匀程度的误差项目有齿距累积误差 ΔF_p 和齿距偏差 Δf_{pt}，统称齿距误差。但是 GB/T 10095.1—2008 仅适用于法向模数 $m_n \geqslant 1$mm，基本齿廓按 GB 1356—2001 的齿轮精度。对于 $m<1$mm 者，要采用 GB 2362—1990 微型齿轮的基本齿廓的齿轮精度。应按 GB 2363—1990 表示微型齿轮的误差定义及代号。

ΔF_p 是指在分度圆上，任意两个同侧齿面间的实际弧长与公称弧长的最大差值。在齿轮工作图上标注的 F_p 是齿距累积公差。

② 齿圈径向跳动 ΔF_r　ΔF_r 是指在齿轮一转范围内，测头在齿槽内与齿高中部的齿面双面接触，测头相对于齿轮轴线的最大变动量。在齿轮工作图上标注的齿圈径向跳动公差为 F_r。

③ 公法线长度变动 ΔF_w　ΔF_w 是指在齿轮一周范围内，实际公法线长度最大值 W_{max} 与最小值 W_{min} 之差，即 $\Delta F_w = W_{max} - W_{min}$。在齿轮工作图上标注的公法线长度变动公差为

F_w。

④ 一齿径向综合偏差 $\Delta f''_i$ $\Delta f''_i$是指被测齿轮与理想精确的测量齿轮双面啮合时，在被测齿轮一齿距角内，双啮中心距的最大变动量。在齿轮工作图上标注的一齿径向综合偏差为 f''_i。

⑤ 齿距偏差 Δf_{pt} Δf_{pt}是指分度圆上，实际齿距与公称齿距之差。公称齿距是指所有实际齿距的平均值。在齿轮工作图上标注的齿距极限偏差为$\pm f_{pt}$。

⑥ 齿形误差 Δf_f Δf_f是指在端截面上，齿形工作部分内，包容实际齿形的最近两条设计齿形间的法向距离。设计齿形是指理论渐开线齿形、修缘齿形等。在齿轮工作图上标注的齿形公差为 f_f。

⑦ 基节偏差 Δf_{pb} Δf_{pb}是指实际基节与公称基节之差。在齿轮工作图上标注的基节极限偏差为$\pm f_{pb}$。

⑧ 齿向误差 ΔF_β ΔF_β是指在分度圆上全齿宽范围内（端面倒角部分除外），包容实际齿线的最近两条设计齿线间的端面距离。在齿轮工作图上标注的齿向公差为 F_β。

⑨ 公法线平均长度偏差 ΔE_{wm} ΔE_{wm}是指在一周范围内，公法线实际长度的平均值与公称值之差。在齿轮工作图上的公法长度 W 值标注的公法线平均长度极限偏差：上偏差为 E_{wms}，下偏为 E_{wmi}（参见表 16-3）。

⑩ 量柱测量距偏差 ΔE_M ΔE_M是指在齿轮一周范围内，量柱测量距 M 的实际值与公称值之差。在齿轮工作图上的量柱测量距 M 值标注的量柱测量距极限偏差：上偏差为 E_{Ms}，下偏差为 E_{Mi}（参见表 16-3）。

⑪ 中心距偏差 Δf_a Δf_a是指在齿宽的中间平面内，实际中心距与公称中心距之差。在齿轮工作图上标注的中心距极限偏差：上偏差为$+f_a$，下偏差为$-f_a$（参见表 16-9）。其他的误差定义可见参考文献 [1]。

⑫ 齿厚偏差 ΔE_s 齿厚偏差 ΔE_s是指在分度圆柱面上，齿厚的实际值与公称值之差。对于斜齿轮是指法向齿厚。

齿厚极限偏差 E_s

上偏差 E_{ss}

下偏差 E_{si}

齿厚公差 T_s

齿厚下偏差 E_{si}等于齿厚上偏差 E_{ss}减去齿厚公差；即

$$E_{si}=E_{ss}-T_s$$

16.4 微型行星齿轮传动图样标注方式

在微型行星齿轮传动的齿轮工作图上应标注该齿轮的精度等级、侧隙种类。标注方式：若微型行星齿轮的三个公差组精度指标采取不同的精度等级时，例如，Ⅰ公差组精度等级为 8 级，Ⅱ公差组精度等级为 8 级，Ⅲ公差组精度等级为 7 级，侧隙种类为 f，则在齿轮工作图上标注为

8-8-7 f BG 2363—1990

若微型行星齿轮的三个公差组精度指标采取相同的精度等级时，例如，Ⅰ、Ⅱ、Ⅲ公差组精度等级都是 7 级，侧隙种类为 g，则在齿轮工作图上标注为

7-g GB 2363—1990

另外，当自行规定微型行星齿轮传动的侧隙时，该侧隙种类就不要标注出来。此时，则可在其相应侧隙指标的公称尺寸上标注其上、下偏差。

例如，某产品上的微型行星齿轮模数 $m=0.3\text{mm}$，分度圆直径 $d=12\text{mm}$，齿数 $z=40$。它的Ⅰ、Ⅱ、Ⅲ公差组精度等级同为 7 级，侧隙上偏差为 $E_{Ms}=-0.006$，下偏差为 $E_{Mi}=-0.030$，则在该齿轮工作图上可标注为

$$7^{-0.006}_{-0.030}\quad \text{GB 2363—1990}$$

16.5　微型行星齿轮传动的公差与检验项目

齿轮传动设计者都应该知道，在齿轮的工作图上，一般应标注的尺寸数据为齿顶圆直径 d_a 及其公差，分度圆直径 d，齿宽 b，孔(或轴)径及其公差，定位面及其要求，形位公差和齿面粗糙度。

需要用表格列出的内容有法向模数 m_n，齿数 z，齿形角 α，齿顶高系数 h_a^*，螺旋角 β，径向变位系数 x，精度等级，中心距 a 及其极限偏差 $\pm f_a$，配对齿轮的图号及其齿数。还有检验项目及其公差（或极限偏差）值。

微型行星齿轮各检验项目的公差（或极限偏差）可按其精度等级、法向模数 m_n 和分度圆直径 d 由表 16-1 查得。

表 16-1　微型行星齿轮各检验项目的公差（或极限偏差）　/μm

精度等级	代号	法向模数 m_n/mm	分度圆直径 d/mm							
			≤12	>12～20	>20～32	>32～50	>50～80	>80～125	>125～200	>200～315
4	F_p	0.1～1.0	7	8	9	10	11	12	13	16
	F_r	0.1～0.5	5	6	6	7	8	9	10	11
		>0.5～1.0	6	7	7	8	9	10	11	12
	F_w	0.1～1.0	2	3	4	5	6	7	8	10
	f_i''	0.1～0.5	4							
		>0.5～1.0	6							
	f_{pt}	0.1～1.0	3					3.5	4	4.5
	f_f	0.1～0.5	4			3			2	
		>0.5～1.0	5			4				
	f_{pb}	0.1～0.5	3							
		>0.5～1.0	3.5							
	F_β	齿宽 b/mm	≤10			>10～20			>20～40	
		公差/μm	3			4			5	
5	F_p	0.1～1.0	11	12	14	16	18	20	22	26
	F_w	0.1～1.0	4	5	6	7	8	10	12	14
	F_r	0.1～0.5	8	9	10	11	12	13	14	16
		>0.5～1.0	9	10	11	12	13	14	16	18
	f_i''	0.1～0.5	7							
		>0.5～1.0	9							
	f_{pt}	0.1～1.0	3.5	3.5	4	4.5	5	5.5	6	7
	f_f	0.1～0.5	6	6	6	5	5	5	4	4
		>0.5～1.0	7	7	7	6	6	6	5	5

续表

精度等级	代号	法向模数 m_n/mm	分度圆直径 d/mm							
			≤12	>12～20	>20～32	>32～50	>50～80	>80～125	>125～200	>200～315
5	f_{pb}	0.1～0.5	4							
		>0.5～1.0	5							
	F_β	齿宽 b/mm	≤10			>10～20			>20～40	
		公差/μm	5			6			8	
6	F_p	0.1～1.0	16	18	20	22	24	28	32	36
	F_w	0.1～1.0	6	7	8	10	12	14	16	18
	F_r	0.1～0.5	13	14	15	16	18	20	22	26
		>0.5～1.0	15	16	17	18	20	22	24	28
	f''_i	0.1～0.5	10							
		>0.5～1.0	12							
	f_{pt}	0.1～1.0	5	5.5	6	6.5	7	8	9	10
	f_f	0.1～0.5	8			7			6	
		>0.5～1.0	10			9		8		
	f_{pb}	0.1～0.5	7							
		>0.5～1.0	8							
	F_β	齿宽 b/mm	≤10			>10～20			>20～40	
		公差/μm	6			8			10	
7	F_p	0.1～1.0	23	25	28	32	36	40	46	52
	F_w	0.1～1.0	8	10	12	14	16	20	24	28
	F_r	0.1～0.5	18	20	22	24	26	28	32	36
		>0.5～1.0	20	22	24	26	28	30	34	38
	f''_i	0.1～0.5	14							
		>0.5～1.0	18							
	f_{pt}	0.1～1.0	15			13				
	f_f	0.1～0.5	11			10		9		
		>0.5～1.0	13			12		11		
	f_{pb}	0.1～0.5	10							
		>0.5～1.0	11							
	F_β	齿宽 b/mm	≤10			>10～20			>20～40	
		公差/μm	6			8			10	
8	F_p	0.1～1.0	32	35	40	45	50	55	62	70
	F_w	0.1～1.0	12	14	17	20	24	28	32	38
	F_r	0.1～0.5	26	28	30	32	36	40	44	48
		>0.5～1.0	28	30	32	36	40	44	48	52
	f''_i	0.1～0.5	20							
		>0.5～1.0	25							

续表

精度等级	代号	法向模数 m_n/mm	分度圆直径 d/mm							
			≤12	>12～20	>20～32	>32～50	>50～80	>80～125	>125～200	>200～315
8	f_{pt}	0.1～1.0	12	13	14	15	16	17	18	19
	f_f	0.1～0.5	15			14		13		
		>0.5～1.0	18			16		14		
	f_{pb}	0.1～0.5	14							
		>0.5～1.0	15							
	F_β	齿宽 b/mm	≤10			>10～20			>20～40	
		公差/μm	11			15			19	
9	F_p	0.1～1.0	42	46	52	59	65	72	80	90
	F_w	0.1～1.0	15	18	21	25	30	35	40	47
	F_r	0.1～0.5	32	34	37	40	45	50	55	60
		>0.5～1.0	35	37	40	45	50	55	60	65
	f_i''	0.1～0.5	25							
		>0.5～1.0	30							
	f_{pt}	0.1～1.0	16	17	18	19	20	22	25	27
	f_f	0.1～0.5	20			18		16		
		>0.5～1.0	25			22		20		
	f_{pb}	0.1～0.5	17							
		>0.5～1.0	18							
	F_β	齿宽 b/mm	≤10			>10～20			>20～40	
		公差/μm	14			20			24	

齿轮副的最小侧隙有五种，分别用 h、g、f、e、d 表示，其 j_{tmin} 值见表 16-2。

表 16-2 齿轮副的最小侧隙 j_{tmin} /μm

侧隙种类 \ 中心距 a/mm	≤12	>12～20	>20～32	>32～50	>50～80	>80～125	>125～200	>200～315
h	0	0	0	0	0	0	0	0
g	6	8	9	11	13	15	18	22
f	9	11	13	16	19	22	26	32
e	15	18	21	25	30	35	42	50
d	22	27	33	39	46	54	64	78

较常用的 4～9 级精度微型行星齿轮侧隙指标的极限偏差：量柱测量距 M 的上偏差 E_{Ms}、下偏差 E_{Mi}；公法线平均长度 W 的上偏差 E_{wms}、下偏差 E_{wmi}；也可按其精度等级、分度圆直径 d 和法向模数 m_n 及其侧隙种类 h～d 由表 16-3～表 16-8 查得。

中心距极限偏差 $\pm f_a$ 可按 Ⅰ 组精度等级和中心距 a 值，由表 16-9 查得。

表 16-3　4 级精度侧隙指标的极限偏差 E_M、E_w

分度圆直径 d /mm	法向模数 m_n /mm	量柱测量距 M 上偏差 E_{Ms} 下偏差 E_{Mi}					公法线平均长度 W 上偏差 E_{wms} 下偏差 E_{wmi}				
		侧隙种类									
		h	g	f	e	d	h	g	f	e	d
		μm									
≤12	0.1～0.5	-5 -12	-11 -18	-15 -22	-20 -32	-28 -40	-2 -5	-4 -7	-6 -9	-8 -13	-12 -17
	>0.5～<1.0	-5 -12	-11 -18	-15 -21	-20 -30	-26 -37	-2 -5	-5 -8	-7 -10	-9 -14	-12 -17
>12～20	0.1～0.5	-5 -13	-14 -22	-18 -26	-25 -38	-35 -48	-2 -5	-5 -8	-7 -10	-10 -15	-14 -19
	>0.5～<1.0	-6 -14	-13 -21	-17 -25	-23 -35	-33 -45	-2 -5	-6 -9	-8 -11	-10 -15	-14 -19
>20～32	0.1～0.5	-6 -15	-17 -26	-23 -32	-30 -44	-45 -59	-2 -5	-6 -9	-9 -12	-11 -16	-17 -22
	>0.5～<1.0	-7 -16	-17 -26	-22 -31	-29 -42	-42 -55	-3 -6	-7 -10	-9 -12	-12 -17	-17 -22
>32～50	0.1～0.5	-7 -17	-20 -30	-28 -38	-35 -51	-54 -70	-3 -7	-7 -11	-10 -14	-13 -19	-19 -25
	>0.5～<1.0	-8 -17	-20 -29	-27 -36	-34 -43	-52 -67	-3 -7	-8 -12	-10 -14	-13 -19	-19 -25
>50～80	0.1～0.5	-8 -19	-23 -34	-33 -44	-44 -62	-63 -81	-3 -7	-8 -12	-12 -16	-16 -22	-22 -28
	>0.5～<1.0	-9 -20	-23 -34	-33 -44	-43 -60	-62 -73	-3 -7	-9 -13	-12 -16	-16 -22	-22 -28
>80～125	0.1～0.5	-9 -21	-28 -40	-38 -50	-53 -72	-76 -95	-3 -7	-10 -14	-13 -17	-19 -26	-27 -34
	>0.5～<1.0	-9 -21	-28 -40	-38 -50	-52 -71	-75 -94	-3 -7	-10 -14	-14 -18	-19 -26	-27 -34
>125～200	0.1～0.5	-11 -25	-34 -48	-44 -58	-61 -82	-93 -114	-4 -9	-12 -17	-15 -20	-21 -28	-33 -40
	>0.5～<1.0	-12 -26	-35 -49	-44 -58	-60 -81	-92 -113	-4 -9	-12 -17	-16 -21	-22 -29	-33 -40
>200～315	0.1～0.5	-13 -28	-41 -56	-53 -68	-76 -101	-111 -136	-5 -10	-14 -19	-18 -23	-26 -34	-39 -47
	>0.5～<1.0	-14 -29	-41 -56	-53 -68	-75 -100	-110 -135	-5 -10	-14 -19	-19 -24	-26 -34	-39 -47
>315～400	0.1～0.5	-15 -33	-49 -67	-63 -81	-90 -116	-130 -156	-5 -11	-17 -23	-22 -28	-31 -40	-45 -54
	>0.5～<1.0	-16 -34	-49 -67	-63 -81	-90 -116	-130 -156	-6 -12	-17 -23	-22 -28	-31 -40	-45 -54

表 16-4　5级精度侧隙指标的极限偏差 E_M、E_w

分度圆直径 d /mm	法向模数 m_n /mm	量柱测量距 M 上偏差 E_{Ms} 下偏差 E_{Mi}					公法线平均长度 W 上偏差 E_{wms} 下偏差 E_{wmi}				
		侧隙种类									
		h	g	f	e	d	h	g	f	e	d
		μm									
≤12	0.1～0.5	−7 −19	−14 −26	−17 −29	−22 −41	−31 −50	−3 −8	−6 −11	−7 −12	−9 −17	−13 −21
	>0.5～<1.0	−8 −19	−14 −25	−17 −28	−22 −39	−29 −46	−4 −9	−6 −11	−9 −14	−10 −18	−13 −21
>12～20	0.1～0.5	−9 −22	−18 −31	−21 −34	−28 −49	−38 −59	−4 −9	−7 −12	−8 −13	−11 −19	−15 −23
	>0.5～<1.0	−10 −22	−18 −30	−21 −33	−26 −45	−35 −54	−4 −9	−8 −13	−9 −14	−11 −19	−15 −23
>20～32	0.1～0.5	−11 −26	−22 −37	−27 −42	−33 −56	−48 −71	−4 −10	−8 −14	−10 −16	−12 −21	−18 −27
	>0.5～<1.0	−11 −25	−21 −35	−26 −40	−32 −54	−45 −67	−4 −10	−9 −15	−11 −17	−13 −22	−18 −27
>32～50	0.1～0.5	−12 −28	−25 −41	−32 −45	−39 −65	−58 −84	−4 −10	−9 −15	−12 −18	−14 −23	−21 −30
	>0.5～<1.0	−12 −27	−24 −39	−31 −46	−38 −62	−55 −79	−5 −11	−9 −15	−12 −18	−14 −23	−21 −30
>50～80	0.1～0.5	−12 −30	−28 −46	−37 −55	−47 −75	−66 −94	−4 −10	−9 −15	−13 −19	−17 −27	−24 −34
	>0.5～<1.0	−14 −31	−29 −46	−38 −55	−47 −74	−66 −93	−5 −11	−11 −17	−14 −20	−18 −28	−24 −34
>80～125	0.1～0.5	−12 −32	−32 −52	−42 −62	−56 −87	−79 −110	−4 −11	−11 −18	−15 −22	−20 −31	−28 −39
	>0.5～<1.0	−14 −33	−33 −52	−42 −61	−56 −86	−79 −109	−5 −12	−12 −19	−15 −22	−20 −31	−28 −39
>125～200	0.1～0.5	−15 −37	−38 −60	−48 −70	−65 −99	−96 −130	−5 −13	−13 −21	−17 −25	−22 −34	−33 −45
	>0.5～<1.0	−16 −38	−39 −61	−49 −71	−65 −99	−96 −130	−6 −14	−14 −22	−17 −25	−23 −35	−34 −46
>200～315	0.1～0.5	−18 −40	−46 −68	−57 −79	−79 −118	−115 −154	−6 −14	−16 −24	−20 −28	−27 −41	−40 −54
	>0.5～<1.0	−18 −40	−47 −69	−57 −79	−79 −118	−115 −154	−6 −14	−16 −24	−20 −28	−28 −42	−40 −54
>315～400	0.1～0.5	−20 −48	−53 −81	−67 −95	−94 −135	−134 −175	−7 −17	−18 −28	−23 −33	−33 −47	−46 −60
	>0.5～<1.0	−21 −49	−55 −83	−69 −97	−96 −137	−135 −176	−7 −17	−19 −29	−24 −34	−33 −47	−47 −61

表 16-5　6 级精度侧隙指标的极限偏差 E_M、E_w

分度圆直径 d /mm	法向模数 m_n /mm	量柱测量距 M 上偏差 E_{Ms} 下偏差 E_{Mi}					公法线平均长度 W 上偏差 E_{wms} 下偏差 E_{wmi}				
		侧　隙　种　类									
		h	g	f	e	d	h	g	f	e	d
		μm									
≤12	0.1～0.5	−11 −28	−18 −35	−21 −38	−25 −51	−34 −60	−4 −10	−7 −13	−9 −15	−11 −22	−14 −25
	>0.5～<1.0	−12 −27	−18 −33	−21 −36	−25 −48	−32 −56	−5 −11	−8 −14	−10 −16	−12 −23	−15 −26
>12～20	0.1～0.5	−12 −31	−21 −40	−25 −44	−30 −60	−41 −71	−5 −12	−8 −15	−10 −17	−12 −24	−16 −28
	>0.5～<1.0	−14 −31	−22 −39	−25 −42	−29 −56	−39 −66	−6 −13	−9 −16	−11 −18	−13 −25	−17 −29
>20～32	0.1～0.5	−14 −35	−25 −46	−31 −52	−37 −69	−51 −83	−5 −13	−9 −17	−11 −19	−14 −26	−19 −31
	>0.5～<1.0	−16 −35	−26 −45	−31 −50	−36 −66	−49 −79	−6 −14	−10 −18	−13 −21	−15 −27	−20 −32
>32～50	0.1～0.5	−16 −39	−29 −52	−36 −59	−42 −78	−61 −97	−6 −14	−11 −19	−13 −21	−15 −28	−22 −35
	>0.5～<1.0	−17 −38	−29 −50	−36 −57	−42 −76	−59 −93	−6 −14	−11 −19	−14 −22	−16 −29	−23 −36
>50～80	0.1～0.5	−19 −44	−35 −60	−44 −64	−51 −90	−70 −110	−6 −15	−12 −21	−16 −25	−18 −32	−25 −39
	>0.5～<1.0	−19 −43	−33 −57	−43 −67	−51 −89	−70 −108	−7 −16	−12 −21	−16 −25	−19 −32	−26 −40
>80～125	0.1～0.5	−17 −45	−37 −65	−46 −74	−60 −103	−84 −127	−6 −16	−13 −23	−16 −26	−21 −36	−29 −44
	>0.5～<1.0	−20 −47	−39 −66	−48 −75	−61 −103	−83 −125	−7 −17	−14 −24	−17 −27	−22 −37	−30 −45
>125～200	0.1～0.5	−18 −49	−42 −73	−51 −82	−68 −116	−100 −148	−6 −17	−14 −25	−18 −29	−24 −41	−35 −52
	>0.5～<1.0	−20 −51	−43 −74	−52 −83	−69 −116	−100 −147	−7 −18	−15 −26	−19 −30	−25 −42	−35 −52
>200～315	0.1～0.5	−19 −53	−46 −80	−58 −92	−81 −136	−117 −172	−6 −18	−16 −28	−20 −32	−28 −47	−40 −59
	>0.5～<1.0	−20 −54	−48 −82	−60 −94	−82 −137	−118 −173	−7 −19	−16 −28	−21 −33	−29 −48	−41 −60
>315～400	0.1～0.5	−19 −59	−53 −93	−66 −106	−95 −153	−135 −193	−7 −21	−18 −32	−23 −37	−33 −53	−46 −66
	>0.5～<1.0	−22 −62	−55 −95	−69 −109	−97 −155	−137 −195	−8 −22	−19 −33	−24 −38	−34 −54	−47 −67

表 16-6　7 级精度侧隙指标的极限偏差 E_M、E_w

分度圆直径 d /mm	法向模数 m_n /mm	量柱测量距 M 上偏差 E_{Ms} 下偏差 E_{Mi}					公法线平均长度 W 上偏差 E_{wms} 下偏差 E_{wmi}				
		侧隙种类									
		h	g	f	e	d	h	g	f	e	d
		μm									
≤12	0.1～0.5	−16 −39	−23 −46	−26 −49	−29 −66	−38 −75	−7 −17	−9 −19	−11 −21	−12 −27	−15 −30
	>0.5～<1.0	−17 −38	−23 −44	−26 −47	−29 −61	−36 −69	−8 −18	−11 −21	−12 −22	−13 −28	−16 −31
>12～20	0.1～0.5	−17 −43	−26 −52	−29 −55	−35 −77	−45 −87	−7 −17	−10 −20	−12 −22	−14 −30	−18 −34
	>0.5～<1.0	−19 −43	−27 −51	−30 −54	−34 −72	−44 −82	−8 −18	−12 −22	−13 −23	−15 −31	−19 −35
>20～32	0.1～0.5	−20 −49	−31 −60	−36 −65	−41 −86	−55 −100	−6 −17	−12 −23	−14 −25	−16 −33	−21 −38
	>0.5～<1.0	−21 −49	−31 −58	−36 −63	−41 −83	−54 −96	−9 −20	−13 −24	−15 −26	−17 −34	−22 −39
>32～50	0.1～0.5	−22 −54	−35 −67	−42 −74	−47 −98	−66 −117	−8 −20	−13 −25	−15 −27	−17 −35	−24 −42
	>0.5～<1.0	−23 −53	−36 −66	−43 −73	−47 −95	−65 −113	−9 −21	−14 −26	−16 −28	−18 −36	−25 −43
>50～80	0.1～0.5	−23 −57	−38 −72	−48 −82	−56 −114	−75 −133	−8 −20	−14 −26	−17 −29	−20 −40	−27 −47
	>0.5～<1.0	−26 −60	−41 −75	−49 −83	−57 −111	−76 −130	−10 −22	−15 −27	−18 −30	−21 −41	−28 −48
>80～125	0.1～0.5	−24 −63	−44 −83	−54 −93	−65 −125	−89 −149	−9 −23	−15 −29	−19 −33	−23 −44	−31 −52
	>0.5～<1.0	−27 −65	−46 −84	−55 −93	−66 −125	−89 −148	−10 −24	−16 −30	−20 −34	−24 −45	−32 −53
>125～200	0.1～0.5	−25 −68	−48 −91	−58 −101	−75 −142	−106 −173	−9 −24	−17 −32	−20 −35	−26 −49	−36 −59
	>0.5～<1.0	−27 −69	−50 −92	−60 −102	−76 −141	−107 −172	−10 −25	−18 −33	−21 −36	−29 −52	−38 −61
>200～315	0.1～0.5	−27 −74	−56 −103	−68 −115	−90 −163	−126 −199	−10 −26	−19 −35	−24 −40	−31 −56	−43 −68
	>0.5～<1.0	−31 −77	−59 −105	−70 −116	−91 −163	−126 −198	−11 −27	−21 −37	−25 −41	−32 −57	−44 −69
>315～400	0.1～0.5	−31 −87	−64 −120	−78 −134	−102 −181	−142 −221	−11 −30	−22 −41	−27 −46	−35 −62	−49 −76
	>0.5～<1.0	−35 −90	−68 −123	−82 −137	−104 −182	−144 −222	−12 −31	−24 −43	−29 −48	−36 −63	−50 −77

表 16-7　8 级精度侧隙指标的极限偏差 E_M、E_w

分度圆直径 d /mm	法向模数 m_n /mm	量柱测量距 M 上偏差 E_{Ms} 下偏差 E_{Mi}					公法线平均长度 W 上偏差 E_{wms} 下偏差 E_{wmi}				
		侧隙种类									
		h	g	f	e	d	h	g	f	e	d
		μm									
≤12	0.1～0.5	−22 −55	−28 −61	−32 −65	−34 −85	−42 −93	−9 −22	−12 −25	−13 −26	−14 −35	−18 −39
	>0.5～<1.0	−24 −53	−30 −59	−33 −62	−34 −80	−41 −87	−11 −24	−13 −26	−15 −28	−15 −36	−19 −40
>12～20	0.1～0.5	−24 −60	−33 −69	−36 −72	−39 −97	−50 −108	−10 −24	−13 −27	−14 −28	−16 −39	−20 −43
	>0.5～<1.0	−26 −59	−34 −67	−37 −70	−39 −92	−48 −101	−11 −25	−15 −29	−16 −30	−17 −40	−21 −44
>20～32	0.1～0.5	−27 −68	−38 −79	−43 −84	−46 −110	−60 −124	−10 −25	−14 −29	−16 −31	−17 −41	−23 −47
	>0.5～<1.0	−29 −67	−39 −77	−45 −83	−47 −106	−60 −119	−12 −27	−16 −31	−18 −33	−19 −43	−24 −48
>32～50	0.1～0.5	−29 −74	−42 −87	−50 −95	−53 −124	−71 −142	−11 −27	−15 −31	−18 −34	−19 −45	−26 −52
	>0.5～<1.0	−32 −74	−45 −87	−52 −94	−53 −120	−70 −137	−12 −28	−17 −33	−20 −36	−20 −46	−27 −53
>50～80	0.1～0.5	−31 −80	−47 −96	−56 −105	−63 −141	−82 −160	−11 −28	−17 −34	−20 −37	−22 −50	−29 −57
	>0.5～<1.0	−35 −82	−50 −97	−59 −106	−64 −139	−83 −158	−13 −30	−18 −35	−22 −39	−24 −52	−31 −59
>80～125	0.1～0.5	−33 −87	−53 −107	−62 −116	−73 −157	−96 −180	−12 −31	−18 −37	−22 −41	−26 −56	−34 −64
	>0.5～<1.0	−36 −89	−55 −108	−65 −118	−75 −158	−98 −181	−13 −32	−20 −39	−23 −42	−27 −57	−35 −65
>125～200	0.1～0.5	−35 −96	−58 −119	−68 −129	−82 −176	−113 −207	−12 −33	−20 −41	−24 −45	−29 −61	−39 −71
	>0.5～<1.0	−38 −98	−61 −121	−71 −131	−85 −177	−116 −208	−13 −34	−22 −43	−25 −46	−30 −62	−41 −73
>200～315	0.1～0.5	−36 −102	−64 −130	−76 −142	−95 −197	−130 −232	−12 −35	−22 −45	−26 −49	−32 −67	−42 −77
	>0.5～<1.0	−41 −106	−68 −133	−80 −145	−99 −200	−134 −235	−14 −37	−24 −47	−29 −52	−34 −69	−46 −81
>315～400	0.1～0.5	−36 −114	−69 −147	−83 −161	−112 −226	−151 −265	−12 −39	−24 −51	−29 −56	−39 −78	−52 −91
	>0.5～<1.0	−45 −122	−79 −159	−92 −169	−116 −229	−155 −268	−15 −42	−27 −54	−32 −59	−40 −79	−53 −92

表 16-8　9 级精度侧隙指标的极限偏差 E_M、E_w

分度圆直径 d /mm	法向模数 m_n /mm	量柱测量距 M 上偏差 E_{Ms} 下偏差 E_{Mi}					公法线平均长度 W 上偏差 E_{wms} 下偏差 E_{wmi}				
		侧　隙　种　类									
		h	g	f	e	d	h	g	f	e	d
		μm									
≤12	0.1～0.5	−25 −65	−32 −72	−36 −76	−39 −103	−47 −111	−10 −26	−13 −29	−15 −31	−16 −42	−19 −45
	>0.5～<1.0	−30 −66	−36 −72	−39 −75	−37 −94	−46 −103	−13 −29	−16 −32	−18 −34	−18 −44	−21 −47
>12～20	0.1～0.5	−29 −74	−38 −83	−41 −86	−45 −117	−55 −127	−11 −28	−14 −31	−16 −33	−18 −46	−22 −50
	>0.5～<1.0	−32 −73	−40 −81	−43 −84	−45 −114	−54 −123	−13 −30	−17 −34	−18 −35	−19 −47	−24 −52
>20～32	0.1～0.5	−33 −83	−44 −94	−50 −100	−54 −133	−68 −147	−12 −31	−16 −35	−18 −37	−20 −49	−25 −54
	>0.5～<1.0	−35 −82	−45 −92	−51 −98	−54 −127	−67 −140	−14 −33	−18 −37	−20 −39	−21 −50	−27 −56
>32～50	0.1～0.5	−37 −92	−50 −105	−57 −113	−60 −148	−79 −167	−13 −33	−18 −38	−21 −41	−22 −54	−28 −60
	>0.5～<1.0	−40 −92	−52 −104	−59 −111	−62 −146	−79 −163	−15 −35	−20 −40	−23 −43	−24 −56	−30 −62
>50～80	0.1～0.5	−41 −101	−57 −117	−66 −126	−71 −164	−90 −183	−14 −35	−20 −41	−23 −44	−25 −59	−32 −66
	>0.5～<1.0	−44 −102	−59 −117	−68 −126	−73 −166	−91 −184	−16 −37	−22 −43	−25 −46	−27 −61	−33 −67
>80～125	0.1～0.5	−43 −111	−63 −131	−72 −140	−81 −186	−104 −209	−15 −38	−22 −45	−25 −48	−28 −65	−36 −73
	>0.5～<1.0	−47 −113	−66 −132	−75 −141	−84 −186	−106 −208	−17 −40	−24 −47	−27 −50	−30 −67	−38 −75
>125～200	0.1～0.5	−45 −120	−69 −144	−79 −154	−89 −205	−121 −237	−16 −42	−24 −50	−27 −53	−31 −70	−42 −82
	>0.5～<1.0	−49 −123	−70 −144	−82 −156	−93 −207	−124 −238	−17 −43	−26 −52	−29 −55	−33 −73	−43 −83
>200～315	0.1～0.5	−47 −130	−75 −158	−87 −170	−103 −237	−139 −273	−16 −44	−25 −53	−30 −58	−35 −81	−51 −97
	>0.5～<1.0	−51 −133	−79 −161	−90 −172	−107 −240	−142 −275	−18 −46	−27 −55	−32 −60	−37 −83	−49 −95
>315～400	0.1～0.5	−45 142	−79 −176	−87 −184	−117 −258	−157 −298	−15 −48	−27 −60	−30 −63	−40 −88	−54 −102
	>0.5～<1.0	−55 −151	−88 −184	−90 −186	−131 −271	−170 −310	−19 −52	−30 −63	−34 −67	−45 −93	−60 −108

表 16-9　中心距极限偏差 $\pm f_a$　/μm

Ⅰ组精度等级 \ $\pm f_a$ \ 中心距 a/mm	≤12	>12～20	>20～32	>32～50	>50～80	>80～125	>125～200	>200～315
5、6	±8	±9	±11	±13	±15	±18	±20	±25
7、8	±11	±14	±17	±20	±23	±27	±31	±38
9	±18	±22	±26	±31	±37	±44	±50	±62

关于 M 值的极限偏差 E_M，在此特作如下提示：对于外齿轮，其量柱测量距 M 值应大于其齿顶圆直径 d_a，即 $M>d_a$；其量柱测量距 M 的极限偏差 E_M 值可按表 16-3～表 16-8 直接查得。对于内齿轮，其量柱测量距 M 值应小于其齿顶圆直径 d_a，即 $M<d_a$；其量柱测量距 M 的极限偏差 E_M 值，仍可按表 16-3～表 16-8 查得，但应将 E_M 值的“－”号改变为“＋”；即可得其上偏差 E_{Ms} 变为下偏差 E_{Mi}，下偏差 E_{Mi} 变为上偏差 E_{Ms}。现举例说明如下：

对于外齿轮，模数 $m=0.3$mm，分度圆直径 $d=20.4$mm，精度等级 7f；其量柱测量距 $M=21.33$mm。可由表 16-6 查得其上偏差 $E_{Ms}=-0.036$，其下偏差 $E_{Mi}=-0.065$，即得 $M=21.33^{-0.036}_{-0.065}$。

对于内齿轮，模数 m、分度圆直径 d 和精度等级均相同于外齿轮，$M=21.33$mm。查表 16-6，但其上偏差为 $E_{Ms}=+0.065$，下偏差为 $E_{Mi}=+0.036$，即得 $M=21.33^{+0.065}_{+0.036}$。

第 17 章　微型行星齿轮传动的组合设计

17.1　微型行星齿轮传动的组合

17.1.1　微型行星齿轮传动的组合方式

根据“机械原理”可知，普通定轴齿轮传动和简单的行星齿轮传动都是基本的齿轮传动。例如，单级2Z-X(A)型和3Z(Ⅱ)型微型行星齿轮传动均是简单的行星齿轮传动。在微型行星齿轮传动中，如果将一个普通定轴齿轮传动与一个简单的行星齿轮传动连接起来，或将两个（或多个）简单的微型行星齿轮传动相互串联起来所得到的齿轮传动装置，可称为微型行星齿轮传动的组合机构。该组合的行星齿轮传动具有结构紧凑，体积较小，传动比较大等特点，即具有更大的增加转矩性能和更大的传动比范围。串联的微型行星齿轮传动的组合方式可有如下几种形式：

① 定轴齿轮传动与2Z-X(A)型微型行星齿轮传动的串联；

② 定轴齿轮传动与3Z(Ⅱ)型微型行星齿轮传动的串联；

③ 2Z-X(A)型与3Z(Ⅱ)型微型行星齿轮传动的串联；

④ 两个（或多个）2Z-X(A)型微型行星齿轮传动的串联；

⑤ 封闭微型行星齿轮传动。

17.1.2　几种不同齿轮传动类型的串联

如上所述，一个定轴齿轮传动与2Z-X(A)型微型行星齿轮传动的组合、定轴齿轮传动与3Z(Ⅱ)型的组合和2Z-X(A)型与3Z(Ⅱ)型微型行星齿轮传动的组合都是不同齿轮传动类型之间的串联形式。

(1) 定轴齿轮传动与2Z-X(A)型的组合

一个定轴齿轮副与一个2Z-X(A)型微型行星齿轮传动组合的简图如图17-1所示。该齿轮传动的组合，其高速级是定轴齿轮1和齿轮2相互啮合的齿轮副；低速级是一个2Z-X(A)型微型行星齿轮传动。定轴齿轮传动的输出齿轮2与2Z-X(A)型的中心轮a连接起来，形成了一个组合齿轮传动装置。在此，特规定：高速级的定轴齿轮传动用代号D表示；低速级的2Z-X(A)型微型行星齿轮传动用代号A表示。且知，该微型行星齿轮传动是中心轮a输入，转臂X输出和内齿轮b固定的形式，则可用代号A_{ax}^{b}表示该2Z-X(A)型微型行星齿轮传动。故对上述组合的齿轮传动可用代号DA_{ax}^{b}表示。图中，I为输入轴，O为输出轴。

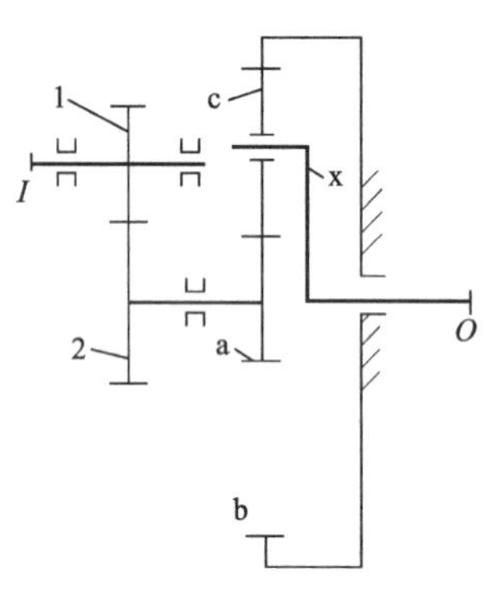

图 17-1　DA_{ax}^{b}型齿轮传动

由于单级的2Z-X(A)型微型行星齿轮的传动比范围较小；$i_p=3\sim9$，增加一级定轴齿轮传动，则可增加一个传动比i_I，故可得其传动比$i=i_Ii_p$。而且定轴齿轮传动和2Z-X(A)型微型行星齿轮传动的结构都比较简单，体积较小，制造方便，它们的传动效率都较高，适用于任何工况下大小功率的传动。但是，该DA_{ax}^{b}型齿轮传动的同轴性不好，即它的输入轴I和输出轴O不在同一条直线上。DA_{ax}^{b}型齿轮传动的传动比可按下式计算：

$$i_{DA}=i_Ii_p \tag{17-1}$$

式中，定轴齿轮传动的传动比 i_{I} 的计算公式为

$$i_{\mathrm{I}}=-\frac{z_2}{z_1}\ (\text{外啮合})$$

2Z-X(A)型微型行星齿轮传动的传动比 i_{p} 可按公式(14-6) 计算，即

$$i_{\mathrm{p}}=1+p=1+\frac{z_{\mathrm{b}}}{z_{\mathrm{a}}}$$

代入式(17-1)，可得该 $\mathrm{DA}_{\mathrm{ax}}^{\mathrm{b}}$ 型齿轮传动的传动比 i_{DA} 的计算公式为

$$i_{\mathrm{DA}}=i_{\mathrm{I}}i_{\mathrm{p}}=-\frac{z_2}{z_1}(1+p) \tag{17-2}$$

式中　z_1、z_2——齿轮 1 和齿轮 2 的齿数；

p——行星排的特性参数，且有 $p=z_{\mathrm{b}}/z_{\mathrm{a}}$。

$\mathrm{DA}_{\mathrm{ax}}^{\mathrm{b}}$ 型齿轮传动的传动效率 η_{DA} 的计算公式为

$$\eta_{\mathrm{DA}}=\eta_{12}\eta_{\mathrm{ax}}^{\mathrm{b}} \tag{17-3}$$

式中，η_{12} 为定轴齿轮传动的传动效率，可按下式计算：

$$\eta_{12}=1-\psi_{\mathrm{m}} \tag{17-4}$$

其中，啮合损失系数 ψ_{m} 的计算公式为

$$\psi_{\mathrm{m}}=2.3f_{\mathrm{m}}\left(\frac{1}{z_1}\pm\frac{1}{z_2}\right)$$

将 ψ_{m} 代入式(17-4)，可得

$$\eta_{12}=1-\psi_{\mathrm{m}}=1-2.3f_{\mathrm{m}}\left(\frac{1}{z_1}\pm\frac{1}{z_2}\right) \tag{17-5}$$

式(17-3) 中，$\eta_{\mathrm{ax}}^{\mathrm{b}}$ 为 2Z-X(A)型微型行星齿轮传动的传动效率，可按式(6-20) 计算，即

$$\eta_{\mathrm{ax}}^{\mathrm{b}}=1-\frac{p}{1+p}\psi_{\mathrm{m}}^{\mathrm{x}}$$

将 $\eta_{\mathrm{ax}}^{\mathrm{b}}$ 代入式(17-3)，可得 $\mathrm{DA}_{\mathrm{ax}}^{\mathrm{b}}$ 型齿轮传动的传动效率计算公式为

$$\eta_{\mathrm{DA}}=\left[1-2.3f_{\mathrm{m}}\left(\frac{1}{z_1}\pm\frac{1}{z_2}\right)\right]\left(1-\frac{p}{1+p}\psi_{\mathrm{m}}^{\mathrm{x}}\right) \tag{17-6}$$

式中　f_{m}——啮合摩擦系数，一般取 $f_{\mathrm{m}}=0.06\sim0.10$；

$\psi_{\mathrm{m}}^{\mathrm{x}}$——转化机构的啮合损失系数，且有 $\psi_{\mathrm{m}}^{\mathrm{x}}=\psi_{\mathrm{ma}}^{\mathrm{x}}+\psi_{\mathrm{mb}}^{\mathrm{x}}$。

式中，“±”号，正号“+”适用于外啮合；负号“−”适用于内啮合。

关于该 $\mathrm{DA}_{\mathrm{ax}}^{\mathrm{b}}$ 型齿轮传动的受力分析和强度计算，可以参阅第 18 章 18.1 和 18.3 中的有关内容。

(2) 定轴齿轮传动与 3Z(Ⅱ)型的组合

由于 3Z(Ⅱ)型微型行星齿轮传动的传动比 i_{p} 范围较大，由第 3 章的配齿表 3-6 可知，其传动比范围为 $i_{\mathrm{p}}=38.4\sim332.5$，而定轴齿轮的传动比 i_{I}，一般仅为 $i_{\mathrm{I}}=1\sim8$。故增加一个传动比为 $i_{\mathrm{I}}=1\sim8$ 的定轴齿轮传动，对于 3Z(Ⅱ)微型行星齿轮传动而言，其实际意义就不大了。而且，这两种类型的传动特点也不相同。定轴齿轮传动适用于任何工况下的功率范围较大的、工作制度不限的传动。而 3Z(Ⅱ)型微型行星齿轮传动仅适用于短期间断工作的、中小功率的传动。故该 $\mathrm{DZ}_{\mathrm{ae}}^{\mathrm{b}}$ 型的组合，在微型行星齿轮传动中很少使用。故对于其传动比 i_{DZ} 和传动效率 η_{DZ} 的计算，在此就不予以讨论。

(3) 2Z-X(A)型与 3Z(Ⅱ)型的组合

首先将 2Z-X(A)型与 3Z(Ⅱ)型的组合，用代号 $\mathrm{A}_{\mathrm{ax}}^{\mathrm{b}}\mathrm{Z}_{\mathrm{ae}}^{\mathrm{b}}$ 表示。基于上述同样的理由，3Z(Ⅱ)型微型行星齿轮传动的传动比 i_{p} 较大 ($i_{\mathrm{p}}=38.4\sim332.5$)。而 2Z-X(A)型微型行星齿轮传动的传动比范围通常为 $i_{\mathrm{p}}=3\sim9$。同理，对于 3Z(Ⅱ)型微型行星齿轮传动而言，增加

一个传动比 $i_p=3\sim9$ 的行星传动，其实际意义也不大。况且，它们的传动特点也不相同，彼此不具有可匹配的关系。换言之，2Z-X(A)型适用于任何工况条件下大、中功率的齿轮传动；而 3Z(Ⅱ)型微型行星齿轮传动仅适用于短期间断工作的中、小功率的齿轮传动。该 $A_{ax}^{b}Z_{ae}^{b}$ 型组合在微型行星齿轮传动中也很少采用。故在此对其传动比 i_{AZ} 和传动效率 η_{AZ} 的计算不予以讨论。

17.2　二级 2Z-X(A)型微型行星齿轮传动的串联

目前，在微型行星齿轮传动中，大都采用了两个（或多个）2Z-X(A)型微型行星齿轮传动串联起来的结构形式，如图 17-2 所示。现规定：对于高速的 2Z-X(A)型微型行星齿轮传动的基本结构用下角标 1 表示，即有 a_1、b_1、c_1 和 x_1；对于低速级的 2Z-X(A)型微型行星齿轮传动的基本构件用下角标 2 表示，即有 a_2、b_2、c_2 和 x_2。该行星齿轮传动的代号为 $A_{a1x1}^{b1}A_{a2x2}^{b1}$。图中 I 为输入轴，O 为输出轴。

如前所述，由于 2Z-X(A)型微型行星齿轮传动具有结构简单、体积小，传动效率高的特点，且适用于任何工况下的大、小功率的传动，获得了较广泛地应用。另外，两级的 2Z-X(A)型微型行星齿轮传动采用了内齿轮 b_1 和 b_2 与机体合二为一的固定结构。前一个 2Z-X(A)型的输出件（转臂 X_1）与后一个 2Z-X(A)型的输入件（中心轮 a_2）连接起来，故其结构简单、紧凑。一般，在两级 2Z-X(A)型微型行星齿轮传动中，不仅各齿轮的模数 m 相同，而且中心轮 a_1 和 a_2 的齿数也相同，即 $z_{a1}=z_{a2}$；行星轮 c_1 和 c_2 的齿数也相同，即 $z_{c1}=z_{c2}$。显而易见，该 $A_{a_1x_1}^{b_1}A_{a_2x_2}^{b_2}$ 型行星传动的同轴性较好，即它的输入轴 I 与输出轴 O 在同一条主轴线上。

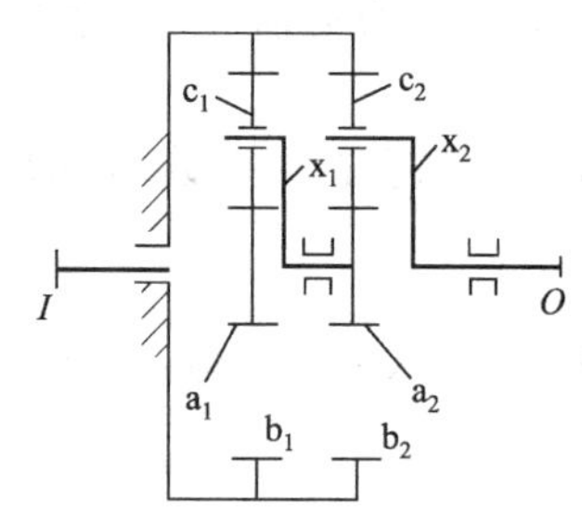

图 17-2　$A_{a_1x_1}^{b_1}A_{a_2x_2}^{b_2}$ 型行星齿轮传动

$A_{a_1x_1}^{b_1}A_{a_2x_2}^{b_2}$ 型行星传动的传动比 i_{AA} 的计算公式为

$$i_{AA}=i_{a_1x_1}^{b_1}i_{a_2x_2}^{b_2} \tag{17-7}$$

式中，第Ⅰ级和第Ⅱ级的传动比 $i_{a_1x_1}^{b_1}$ 和 $i_{a_2x_2}^{b_2}$ 均可按式(14-6) 计算，即

$$i_{a_1x_1}^{b_1}=1+p_1 \text{ 和 } i_{a_2x_2}^{b_2}=1+p_2$$

代入式(17-7)，可得

$$i_{AA}=i_{a_1x_1}^{b_1}i_{a_2x_2}^{b_2}=(1+p_1)(1+p_2) \tag{17-8a}$$

式中　p_1——第Ⅰ级的特性参数，且有 $p_1=\dfrac{z_{b_1}}{z_{a_1}}$；

p_2——第Ⅱ级的特性参数，且有 $p_2=\dfrac{z_{b_2}}{z_{a_2}}$。

且知，$p_1=p_2$，故其传动比为

$$i_{AA}=(1+p_1)^2 \tag{17-8b}$$

仿上，对于三级或四级 2Z-X(A)型微型行星齿轮传动串联的结构型，当它们的特性参数相等，即 $p_1=p_2=p_3$ 时，其传动比 i_{AA} 的计算公式为

$$i_{AA}=(i_{a_3x_3}^{b_3})^3=(1+p_1)^3 \tag{17-8c}$$

或

$$i_{AA}=(1+p_1)^4 \tag{17-8d}$$

AA 型行星传动的传动效率 η_{AA} 的计算公式为

$$\eta_{AA}=\eta_{a_1x_1}^{b_1}\times\eta_{a_2x_2}^{b_2} \tag{17-9}$$

式中，第Ⅰ级的传动效率 $\eta_{a_1x_1}^{b_1}$ 和第Ⅱ级的传动效率 $\eta_{a_2x_2}^{b_2}$ 仍可按式（6-20）计算，即

$$\eta_{a_1x_1}^{b_1}=\eta_{a_2x_2}^{b_2}=1-\frac{p_1}{1+p_1}\psi_m^x$$

代入式(17-9)，可得其传动效率 η_{AA} 的计算公式为

$$\eta_{AA}=(\eta_{a_1x_1}^{b_1})^2=\left(1-\frac{p_1}{1+p_1}\psi_m^x\right)^2 \tag{17-9a}$$

同理，对于三级或四级 2Z-X(A)型微型行星齿轮传动串联的结构形式，因 $p_1=p_2=p_3=p_4$，故其传动效率的计算公式为

$$\eta_{AA}=(\eta_{a_1x_1}^{b_1})^3=\left(1-\frac{p_1}{1+p_1}\psi_m^x\right)^3 \tag{17-9b}$$

或

$$\eta_{AA}=\left(1-\frac{p_1}{1+p_1}\psi_m^x\right)^4 \tag{17-9c}$$

关于两级 2Z-X(A)型微型行星齿轮传动串联的受力分析和强度计算，可以采用式(18-7)～式(18-14)和式(18-27)、式(18-40)进行计算。

17.3　微型行星齿轮传动的模块式组合设计

17.3.1　模块式组合的形式

在微型行星齿轮传动中，已出现了具有各自不同传动比 i_p 值的 2Z-X(A)型微型行星齿轮传动组合的结构形式。例如，将传动比为 i_A 的 2Z-X(A)型微型行星齿轮传动称为模块 A；将传动比为 i_B 的 2Z-X(A)型微型行星齿轮传动称为模块 B；将传动比 i_C 的 2Z-X(A)型微型行星齿轮传动称为模块 C，再将这些模块用“搭积木”式组合起来。当然，模块 A、B 和 C 都具有 2Z-X(A)型微型行星齿轮传动结构简单、制造方便，传动效率高的特点，适用于任何工况条件下的大小功率的传动。为了符合模块式组合设计的需要，在此特别规定：模块 A 的中心轮 a_1 的齿数记为 z_a^1（带有上角标 1）；模块 B 的中心轮 a_2 的齿数记为 z_a^2（带有上角标 2）和模块 C 的中心轮 a_3 的齿数记为 z_a^3（带有上角标 3）。仿上，模块 A、B 和 C 的行星 c_1、c_2 和 c_3 的齿数为 z_c^1、z_c^2 和 z_c^3。而它们的内齿轮 b 的齿数为 z_b^1、z_b^2 和 z_b^3。串联组合时，模块 A、B 和 C 的内齿轮 b 具有相同的齿数，即有 $z_b^1=z_b^2=z_b^3$。而各齿轮的模数 m 值一般是相等的。但它们中心轮 a 的齿数 z_a 是不相等的，即 $z_a^1\neq z_a^2\neq z_a^3$。它们行星轮 c 的齿数 z_c 也是不相等的，即 $z_c^1\neq z_c^2\neq z_c^3$。现要将这些中心轮 a 和行星轮 c 装入到具有相同齿数 z_b 的内齿轮 b 的里面，这就是我们在进行模块式组合设计计算之中应该努力解决的问题。

将上述模块 A、B 和 C 用“搭积木”式组合起来，则可形成三级串联的行星齿轮传动的组合。这种组合方式共有如下 15 种形式。

以模块 A 为基础的组合（五种）
- ① A+B+C 型组合；
- ② A+A+B 型组合；
- ③ A+A+C 型组合；
- ④ A+B+B 型组合；
- ⑤ A+C+C 型组合；

以模块 B 为基础的组合（五种）
- ⑥ B+A+A 型组合；
- ⑦ B+B+A 型组合；
- ⑧ B+B+C 型组合；
- ⑨ B+A+C 型组合；
- ⑩ B+C+C 型组合；

以模块 C 为基础的组合（五种）
- ⑪ C+C+A 型组合；
- ⑫ C+B+B 型组合；
- ⑬ C+C+B 型组合；
- ⑭ C+A+A 型组合；
- ⑮ C+A+B 型组合。

在上述组合中，①型、⑨型和⑮型都是由模块 A、B 和 C 组合的，因它们组合后的总传比 $i_p = i_A \times i_B \times i_C$ 值相等，故在此仅需选用①型，其余两种无需重复讨论。

同理，现将具有组合后总传动比 i_p 值相等的其他组合形式列入表 17-1。

表 17-1　总传动比 i_p 值相等的组合

i_p 值相等的组合形式	参与组合的模块	总传动比 i_p 值	选用的形式	放弃的形式
①、⑨、⑮	A、B、C	$i_A \times i_B \times i_C$	①	⑨、⑮
②、⑥	A、A、B	$i_A^2 \times i_B$	②	⑥
③、⑭	A、A、C	$i_A^2 \times i_C$	③	⑭
④、⑦	A、B、B	$i_A \times i_B^2$	④	⑦
⑤、⑪	A、C、C	$i_A \times i_C^2$	⑤	⑪
⑧、⑫	B、B、C	$i_B^2 \times i_C$	⑧	⑫
⑩、⑬	B、C、C	$i_B \times i_C^2$	⑩	⑬

由表 17-1 可知，在上述 15 种组合方式中，仅需选用和讨论其中的①、②、③、④、⑤、⑧和⑩型七种形式，其他的组合形式都是重复的，故无需对它们进行讨论。

关于 A+A+A 型组合、B+B+B 型组合和 C+C+C 型组合，因在各个模块 A、B 和 C 中的 2Z-X(A)型微型行星齿轮传动具有完全相同的传动比 i_p 值，故上述的组合形式应属于本章第二节讨论的内容。

欲将各自具有不同传动比 i_p 值（$i_A \neq i_B \neq i_C$）的基本模块 A、B 和 C 的中心轮 a_1、a_2 和 a_3，以及行星轮 c_1、c_2 和 c_3 安装到具有相同齿数 $z_b^1 = z_b^2 = z_b^3$ 的内齿轮 b 之中，且保证其实现正常地啮合运转。这就是进行模块式组合设计要求完成的任务。

现在针对上述所选用的形式，具体说明如下。

a. 若以模块 A 为基础进行组合设计，在组合形式①中，则必须对其组合模块 B 和 C 进行重新设计，即必须对其进行高度变位（或角度变位）。对它们中的各齿轮副（b－c 和 a－c）需重新进行其啮合参数和几何尺寸的计算。换言之，需要重新确定各齿轮副的啮合角 α' 和变位系数和 x_Σ，重新分配各齿轮的变位系数 x_a^2、x_c^2 和 x_a^3、x_c^3。还要重新计算组合模块 B 和 C 中的中心轮 a 和行星轮 c 的齿顶圆直径 d_a 和齿根圆直径 d_f 等。

在组合形式②和④中，仅需要对其组合模块 B 进行高度变位（或角度变位），对其各齿轮副重新进行啮合参数和几何尺寸计算。

在组合形式③和⑤中，仅需要对组合模块 C 进行高度变位（或角度变位），对其各齿轮副重新进行啮合参数和几何尺寸计算。

b. 若以模块 B 为基础进行组合设计，在组合形式⑧和⑩中，则必须对组合模块 C 进行高度变位（或角度变位），对其各齿轮副重新进行啮合参数和几何尺寸计算。

对于组合形式⑥，因其组合后的总传动比 i_p 值与（2）型的 i_p 值相等，故无需对它进行讨论。

同理，对于组合形式⑦，因其组合后的总传动比 i_p 值与④型的 i_p 值相等，故无需对它进行讨论。

c. 以模块 C 为基础进行组合设计，其组合形式⑪与⑤，参与组合的基本模块都是 A 和 C，故无需对它进行讨论。同理，组合形式⑭与③中的基本模块都是 A、A 和 C，故无需对它进行讨论。组合形式⑫和⑬分别与组合形式⑧和⑩中参与组合的模块相同，故无需对它们进行讨论。

在组合行式⑨和⑮与①中，参与组合的基本模块都是 A、B 和 C，因其组合后的传动比 i_p 值相等，故无需对它们进行讨论。

由此可见，模块式（或称“搭积木”式）的组合设计，在计算过程中还是比较麻烦、复杂的。在进行上述各种形式的组合设计时，首先要确定是以哪个模块为基础模块，其他组合模块的高度变位（或角度变位）应以所确定的基础模块的内齿轮 b 的变位系数 x_b 和几何尺寸为基础，即基础模块的变位系数 x_a、x_c 和 x_b，以及各齿轮副的几何尺寸（齿顶圆直径 d_a 和齿根圆直径 d_f 等）都是不变的。而需要改变的是其组合模块各齿轮副的啮合参数和几何尺寸。否则，就无法将它们安装到基础模块的内齿轮 b 之中，也就无法实现该组合型式的正常地啮合运转。

17.3.2　基本模块的设计计算

在进行模块式组合设计时，首先应选取若干个模块，例如，三个模块 A、B、C 或四个模块 A、B、C、D 或多个模块 A、B、C、……，作为其参与组合的基本模块。现在此特别规定：将上述基本模块中被选作为组合基础的模块，称之为基础模块。而参与组合的其他模块，称之为组合模块。例如，在基本模块 A、B、C 中，若选取模块 A 为基础模块；则模块 B 和 C 就是组合模块。另外，若该组合设计的基本模块为 A、B、C；那么，首先应该分别对参加组合的基本模块 A、B、C 进行其啮合参数、几何尺寸、传动比和传动效率的设计计算。

（1）基本模块 A 的设计计算

已知模块 A 的基本参数：模数 m、各轮齿数 z_a、z_b 和 z_c；其齿形参数为：齿形角 $\alpha=20°$、齿顶高系数 $h_a^*=1$ 和顶隙系数 $c^*=0.35$。

① 啮合参数计算　先将该 2Z-X(A)型行星传动分成 a-c 和 b-c 两个啮合齿轮副，先计算它们的标准中心距 a_{ac} 和 a_{bc}；若中心距 $a_{ac}\neq a_{bc}$，则应选取该模块的啮合中心距 a'。再按表 15-1 中的有关公式计算其啮合参数，即计算各齿轮副的中心距变动系数 y、啮合角 α'、变位系数和 x_Σ 及齿顶高变动系数 Δy。

② 几何尺寸计算　根据模块 A 中各齿轮副的变位传动类型，可按表 15-5 或表 15-6 中的公式进行其几何尺寸计算，即计算各齿轮的分度圆直径 d、基圆直径 d_b、节圆直径 d'、齿顶高 h_a、齿根高 h_f、齿高 h、齿顶圆直径 d_a 和齿根圆直径 d_f。还需要计算两个齿轮副的重合度 ε_{ac} 和 ε_{bc}。

③ 传动比 i_A 和传动效率 η_A 计算　模块 A 的传动比 i_A 可按公式(14-6) 计算，即

$$i_A=i_{ax}^{b}=1+p=1+\frac{z_b}{z_a}$$

模块 A 的传动效率 η_A 可按公式(6-20) 计算，即

$$\eta_A=\eta_{ax}^{b}=1-\frac{p}{1+p}\psi^x$$

式中 p——行星传动的特性参数，且有 $p=z_b/z_a$；

ψ^x——转化机构的啮合损失系数。

(2) 基本模块 B 的设计计算

已知模块 B 的基本参数：模数 m、各轮齿数 z_a、z_b 和 z_c（齿形参数同前）。

仿上，计算模块 B 各齿轮副的啮合参数和几何尺寸及其传动比 i_B、传动效率 η_B（略）。

(3) 基本模块 C 的设计计算

仿上，计算模块 C 各齿轮副的啮合参数和几何尺寸及其传动比 i_C、传动效率 η_C（略）。

17.3.3 模块式组合设计

以模块 A 为基础、模块 A 与 B 的组合，就是要把基础模块 A 的内齿轮 b^1 的啮合参数和几何尺寸作为该模块式组合设计的基础。为了将组合模块 B（或组合模块 C）的行星排顺利地安装到基础模块 A 的内齿轮 b^1 之中，就要把模块 A 的内齿轮 b^1 当作模块 B 的内齿轮 b^2，这样才能把模块 B 与模块 A 组装成为一个整体。换言之，应将模块 A 内齿轮 b^1 的啮合参数和几何尺寸作为模块 B 内齿轮 b^2 的啮合参数和几何尺寸，即有 $m^2=m^1$、$z_b^2=z_b^1$、$x_b^2=x_b^1$；分度圆直径 $d_b^2=d_b^1$、齿顶圆直径 $d_a^2=d_a^1$ 和齿根圆直径 $d_f^2=d_f^1$。

首先应根据角度变位的公式来计算模块 B 中齿轮副 b-c 的齿顶高变动系数 Δy_b^2，以便判断齿轮副 b-c 应进行高度变位或角度变位。

因模块 B 内齿轮 b^2 的齿顶圆直径计算公式为

$$d_{ab}^2=d_b^2-2m(h_a^*-x_b^2+\Delta y_b^2)=d_{ab}^1$$

经变换整理后可得其齿顶高变动系数 Δy_b^2 的计算公式为

$$\Delta y_b^2=\frac{d_b^1-d_{ab}^1}{2m}-(h_a^*-x_b^1) \tag{17-10}$$

若 $\Delta y_b^2=0$，则可以判定：模块 B 中齿轮副 b-c 为高度变位。即有 $d_b'=d_b^2$，$\alpha'=\alpha=20°$和 $y_b^2=0$。若 $\Delta y_b^2\neq0$，则可以判定：模块 B 中的齿轮副 b-c 为角度变位。即有 $d_b'\neq d_b^2$，$\alpha'\neq\alpha=20°$和 $y_b^2\neq0$。再按表 15-1 中的公式计算 b-c 齿轮副的啮合参数。

(1) 模块 A 与 B 的组合设计计算

如上所述，以模块 A 为基础的 A 与 B 的组合，就是要把模块 A 的内齿轮 b^1 当作模块 B 的内齿轮 b^2；即有 $m^2=m^1$，$z_b^2=z_b^1$，$x_b^2=x_b^1$、$d_2^2=d_2^1$，$d_{a2}^2=d_{a2}^1$和 $d_{f2}^2=d_{f2}^1$。

① 啮合参数计算 按内齿轮 b 的节圆直径 d_b' 的计算公式：$d_b'=\dfrac{2a'z_b}{z_b-z_c}$，可得模块 B 齿轮副 b-c 的啮合中心距 a'的计算公式为

$$a'=\frac{d_b'(z_b-z_c)}{2z_b} \tag{17-11}$$

再计算模块 B 齿轮副 b-c 的标准中心距 a_{bc}^2，即

$$a_{bc}^2=\frac{1}{2}m(z_b-z_c) \tag{17-12}$$

若 $a_{bc}^2=a'$，即表示该 b-c 齿轮副为高度变位，则可得其变位系数和 $x_{\Sigma b}^2=x_b^2-x_c^2=0$，即有：行星轮 c 的变位系数为 $x_c^2=x_b^2=x_b^1$。

再计算模块 B 齿轮副 a-c 的标准中心距 a_{ac}^2，即

$$a_{ac}^2=\frac{1}{2}m(z_a+z_c) \tag{17-13}$$

若 $a_{ac}^2\neq a'$，即表示该 a-c 齿轮副为角度变位；应按表 15-1 中的公式计算其啮合参数。

② 几何尺寸计算 如前所述，模块 B 的 b-c 齿轮副中的内齿轮 b^2 的几何尺寸与模块 A

的 b-c 齿轮副中的内齿轮 b[1] 的几何尺寸完全相同。而其行星轮 c[2] 的几何尺寸应按表 15-5 中的公式进行计算。因为 $a_{ac}^{2} \neq a'$，故模块 B 的 a-c 齿轮副为角度变位传动；其几何尺寸可按表 15-6 中的公式进行计算。若模块 B 的行星轮 c[2] 在 a-c 齿轮副的齿顶圆直径 d_{a2}^{2}（计算值）不等于 b-c 齿轮副的齿顶圆直径 d_{a1}^{2}（计算值），即 $d_{a2}^{2} \neq d_{a1}^{2}$，建议取其中的较小值为行星轮 c[2] 实际的齿顶圆直径 d_{a}^{2}。

③ 模块 A 与 B 组合的传动比和传动效率　模块 A 与 B 组合的传动比为

$$i_{p} = i_{A} i_{B} \tag{17-14}$$

式中　i_A——基本模块 A 的传动比；

i_B——基本模块 B 的传动比。

模块 A 与 B 组合的传动效率为

$$\eta_{p} = \eta_{A} \eta_{B} \tag{17-15}$$

式中　η_A——基本模块 A 的传动效率；

η_B——基本模块 B 的传动效率。

(2) 模块 A 与 C 的组合设计计算

仿上，首先按照公式(17-10) 计算模块 C 内齿轮 b[3] 的齿顶高系数 Δy_{b}^{3}。再按公式(17-11) 计算模块 C 齿轮副 b-c 的啮合中心距 a′。根据齿轮副 b-c 和 a-c 所选取变位传动，按表 15-1 中的公式计算其啮合参数。再根据上述齿轮副所选取的变位传动，可按表 15-5 或表 15-6 中的公式计算其几何尺寸。

(3) 模块 B 与 A 的组合设计计算

以模块 B 为基础、模块 B 与 A 的组合，就是要将模块 A 的基本构件即中心轮 a[1]、行星轮 c[1]、内齿轮 b[1] 和转臂 x[1] 装入到模块 B 的内齿轮 b[2] 的里面。即有：$z_{b}^{1} = z_{b}^{2}$、$x_{b}^{1} = x_{b}^{2}$、$d_{2}^{1} = d_{2}^{2}$，$d_{a2}^{1} = d_{a2}^{2}$ 和 $d_{f2}^{1} = d_{f2}^{2}$。

① 啮合参数计算　仿上，按照公式(17-10) 计算模块 A 齿轮副 b-c 的齿顶高变动系数 Δy_{b}^{1}，即

$$\Delta y_{b}^{1} = \frac{d_{b}^{2} - d_{ab}^{2}}{2m} - (h_{a}^{*} - x_{b}^{2})$$

按 Δy_{b}^{1} 值是否等于零，判定模块 A 齿轮副 b-c 应进行高度变位或角度变位。再按表 15-1 中的公式计算该齿轮副的啮合参数。

再按公式(17-11) 计算齿轮副 b-c 的啮合中心距 a'，即

$$a' = \frac{d_{b}'(z_{b} - z_{c})}{2z_{b}}$$

再计算模块 A 齿轮副 a-c 的标准中心距，即

$$a_{ac}^{1} = \frac{1}{2} m (z_{a}^{1} - z_{c}^{1})$$

若 $a_{ac}^{1} \neq a'$，则模块 A 齿轮副 a-c 应进行角度变位；若 $a_{ac}^{1} = a'$，则模块 A 齿轮副 a-c 应进行高度变位。仿上，可按表 15-1 中的公式计算其啮合参数。

② 几何尺寸计算　如前所述，模块 A 的齿轮副 b-c 中的内齿轮 b[1] 的几何尺寸与模块 B 中的内齿轮 b[2] 的几何尺寸完全相同。而其行星轮 c[1] 的几何尺寸可按表 15-5 中的公式进行计算。

因为模块 A 的齿轮副 a-c 为角度变位传动，故其几何尺寸可按表 15-6 中的公式进行计算。由计算结果得知，行星轮 c[1] 有两个不相同的齿顶圆直径 d_{a}^{1}（计算值），即 $d_{a2}^{1} \neq d_{a1}^{1}$；建议取其中的较小值为行星轮 c[1] 实际的齿顶圆直径 d_{a}^{1}。

③ 模块 B 与 A 组合的传动比和传动效率　模块 B 与 A 组合的传动比为

$$i_p = i_B i_A$$

模块 B 与 A 组合的传动效率为

$$\eta_p = \eta_B \eta_A$$

(4) 模块 B 与 C 的组合设计

仿上，先计算模块 C 中内齿轮 b^3 的齿顶高系数 Δy_b^3，判断齿轮副 b-c 需要进行高度变位或角度变位。再按其相应的公式计算该齿轮副的啮合参数和几何尺寸。

模块 C 齿轮副 a-c：仿上，先计算其标准中心距 a_{ac}^3 是否等于其啮合中心距 a'。若 $a_{ac}^3 \neq a'$，则该齿轮副应采取角度变位。再按其所采取的变位传动类型，采用相应的公式计算该齿轮副的啮合参数和几何尺寸。

模块 B 与 C 组合的传动比和传动效率为

$$i_p = i_B i_C$$

$$\eta_p = \eta_B \eta_C$$

对于模块 C 与 A 和模块 C 与 B 的组合设计计算，因组合模块 A 和 B 的内齿轮 b^1 和 b^2 与基础模块 C 的内齿轮 b^3 的几何尺寸完全相同。仿上，先计算组合模块 A 和 B 中内齿轮 b^1 和 b^2 的齿顶高系数 Δy_b^1 和 Δy_b^2，以此值来判断 b-c 齿轮副需选取高度变位或角度变位。模块 A 和 B 的齿轮副 a-c：仿上，先计算其标准中心距 a_{ac} 是否等于其啮合中心距 a'；据此来判断该齿轮副需选取哪种变位传动。再按所选定的变位传动类型，而应用与其相应的公式计算该齿轮副的啮合参数和几何尺寸。

模块 C 与 A 和模块 C 与 B 组合的传动比和传动效率分别为

$$i_p = i_C i_A \quad 和 \quad i_p = i_C i_B$$

$$\eta_p = \eta_C \eta_A \quad 和 \quad \eta_p = \eta_C \eta_B$$

式中 i_A、i_B 和 i_C——分别是模块 A、B 和 C 的传动比；

η_A、η_B 和 η_C——分别是模块 A、B 和 C 的传动效率。

17.3.4 模块式组合设计计算的步骤

对于具有不同传动比 i_p 的 2Z-X(A)型串联的组合，即模块式组合的设计计算的步骤，现简单阐述如下：

① 首先应对参加组合的基本模块 A、B、C、…进行设计计算，即计算它们的传动比、传动效率、啮合参数和几何尺寸。

② 根据行星齿轮传动设计任务书所给定传动比 i_p 值的大小，选取所需的组合形式。

③ 根据微型行星齿轮传动所需的结构形式和加工安装等要求，选定一个基础模块。

④ 对其组合模块中的齿轮副，选取所需的变位传动；同时，可按表 15-1、表 15-5 或表 15-6 中的公式进行其啮合参数和几何尺寸计算。

⑤ 按式(17-8) 和式(14-6) 计算该行星传动组合的传动比 i_p 值。

⑥ 按式(17-9) 和式(6-20) 计算该行星传动组合的传动效率 η_p 值。

⑦ 按式(18-7) ～式(18-14) 对各模块齿轮副中的基本构件进行受力分析计算。

⑧ 按式(18-27) 和式(18-40) 校核其齿面接触强度和齿根弯曲强度。

17.4 微型行星齿轮传动模块式组合设计计算示例

【例题 17-1】 试设计一台采用了模块式组合的微型行星齿轮减速器，其所需的传动比 $i_p \geqslant 85$，且要求其结构紧凑，传动效率较高 $\eta_p \geqslant 0.9$，可在任何工况条件下工作。

解 首先对参加组合的三个基本模块 A、B 和 C 进行设计计算。

(1) 模块 A 的设计计算

已知基本参数：模数 $m=0.4$mm，齿数 $z_a=16$，$z_b=44$，$z_c=13$，压力角 $\alpha=20°$，齿顶高系数 $h_a^*=1$，顶隙系数 $c^*=0.35$。

齿轮副 a-c 和 b-c 的标准中心距为

$$a_{ac}=\frac{m}{2}(z_a+z_c)=\frac{0.4}{2}\times(16+13)=5.8(\text{mm})$$

$$a_{bc}=\frac{m}{2}(z_b-z_c)=\frac{0.4}{2}\times(44-13)=6.2(\text{mm})$$

故选取各齿轮副的啮合中心距 $a'=a_{bc}=6.2$mm

a. 啮合参数计算。

现计算模块 A 中各齿轮副的啮合参数，且将计算结果列入表 17-2。

表 17-2　模块 A 的啮合参数计算

项目名称	代号	计算公式	a-c 齿轮副	b-c 齿轮副
中心距变动系数	y	$y=\frac{a'-a}{m}$	$y_a=1$	$y_b=0$
啮合角	α'	$\alpha'=\arccos\left(\frac{a}{a'}\cos\alpha\right)$	$\alpha'_{ac}=28°28'12''$	$\alpha'_{bc}=\alpha=20°$
变位系数和	x_Σ	$x_\Sigma=\frac{z_2\pm z_1}{2\tan\alpha}(\text{inv}\alpha'-\text{inv}\alpha)$	$x_{\Sigma a}=1.214$	$x_{\Sigma b}=x_2-x_1=0$
齿顶高变动系数	Δy	$\Delta y=x_\Sigma-y$	$\Delta y_a=0.214$	$\Delta y_b=0$

选取行星轮 c 的变位系数 $x_c=0.45>x_{min}=\frac{17-13}{17}=0.235$；中心轮 a 的变位系数 $x_a=x_{\Sigma a}-x_c=1.214-0.45=0.764$。因 $\Delta y_b=0$，即 b-c 齿轮副为高度变位，故内齿轮 b 的变位系数为 $x_b=x_c=0.45$。

b. 几何尺寸计算。

因齿轮副 a-c 的中心距 $a_{ac}<a'$，故 a-c 齿轮副应采取角度变位；而齿轮副 b-c 的中心距 $a_{bc}=a'$，故其应采取高度变位。因此，上述齿轮副应按表 15-5 和表 15-6 中的公式进行其几何尺寸计算。现将其几何尺寸的计算结果列入表 17-3。

表 17-3　模块 A 的几何尺寸计算结果　/mm

项目名称	代号	计 算 公 式	a-c 齿轮副	b-c 齿轮副
分度圆直径	d	$d=mz$	$d_1=6.4, d_2=5.2$	$d_1=5.2, d_2=17.6$
基圆直径	d_b	$d_b=d\cos\alpha$	$d_{b1}=6.014, d_{b2}=4.886$	$d_{b1}=4.886, d_{b2}=16.538$
节圆直径	d'	$d'=\frac{2a'z}{z_2\pm z_1}$	$d_1'=6.841$　$d_2'=5.559$	$d_1'=5.2, d_2'=17.6$
齿顶高	h_a	$h_a=m(h_a^*\pm x-\Delta y)$	$h_{a1}=0.62$　$h_{a2}=0.4944$	$h_{a1}=0.58, h_{a2}=0.22$
齿根高	h_f	$h_f=m(h_a^*+c^*\mp x)$	$h_{f1}=0.234$　$h_{f2}=0.36$	$h_{f1}=0.36, h_{f2}=0.72$
齿高	h	$h=h_a+h_f$	$h=0.854$	$h=0.94$
齿顶圆直径	d_a	$d_a=d\pm 2h_a$	$d_{a1}=7.64, d_{a2}=6.189$	$d_{a1}=6.36, d_{a2}=17.16$
齿根圆直径	d_f	$d_f=d\mp 2h_f$	$d_{f1}=5.931, d_{f2}=4.48$	$d_{f1}=4.48, d_{f2}=19.04$
端面重合度	ε_α	$\varepsilon_\alpha=\frac{1}{2\pi}[z_1(\tan\alpha_{a1}-\tan\alpha')\pm z_2(\tan\alpha_{a2}-\tan\alpha')]$	$\varepsilon_{\alpha a}=1.16$	$\varepsilon_{\alpha b}=1.58$

注：1. 齿顶压力角 $\alpha_{a1}=\arccos\left(\frac{d_{b1}}{d_{a1}}\right)$；$\alpha_{a2}=\arccos\left(\frac{d_{b2}}{d_{a2}}\right)$。

2. 表中 a-c 齿轮副，a 轮为 1 轮，c 轮为 2 轮；b-c 齿轮副，c 轮为 1 轮，b 轮为 2 轮。

按式(14-6) 计算模块 A 的传动比为

$$i_A=i_{ax}^b=1+p=1+\frac{z_b}{z_a}=1+\frac{44}{16}=3.75$$

模块 A 的传动效率为

$$\eta_A=\eta_{ax}^b=1-\frac{p}{1+p}\psi_m^x \tag{17-16}$$

转化机构的啮合损失系数 ψ_m^x 计算公式为

$$\psi_m^x=\psi_{ma}^x+\psi_{mb}^x$$

取啮合摩擦系数 $f_m=0.1$，则

$$\psi_{ma}^x=2.3f_m\left(\frac{1}{z_c}+\frac{1}{z_a}\right)=2.3\times0.1\times\left(\frac{1}{13}+\frac{1}{16}\right)=0.032067$$

$$\psi_{mb}^x=2.3f_m\left(\frac{1}{z_c}-\frac{1}{z_b}\right)=2.3\times0.1\times\left(\frac{1}{13}-\frac{1}{44}\right)=0.012465$$

则得 $\psi_m^x=\psi_{ma}^x+\psi_{mb}^x=0.032067+0.012465=0.044532$。

行星排的特性参数 $p=\frac{z_b}{z_a}=\frac{44}{16}=2.75$，将其代入式(17-16)，可得模块 A 的传动效率为

$$\eta_A=\eta_{ax}^b=1-\frac{p}{1+p}\psi_m^x=1-\frac{2.75}{1+2.75}\times0.044532=0.967$$

(2) 模块 B 的设计计算

已知：模数 $m=0.4$mm，齿数 $z_a=13$，$z_b=44$，$z_c=15$，其他参数同前。

齿轮副 a-c 和 b-c 的标准中心距为

$$a_{ac}=\frac{m}{2}(z_a+z_c)=\frac{0.4}{2}\times(13+15)=5.6(\text{mm})$$

$$a_{bc}=\frac{m}{2}(z_b-z_c)=\frac{0.4}{2}\times(44-15)=5.8(\text{mm})$$

选取各齿轮副的啮合中心距为 $a'=a_{bc}=5.8$mm。

a. 啮合参数计算。

按表 17-2 中的公式计算两齿轮副的啮合参数如下。

a-c 齿轮副（角度变位）：中心距变动系数 $y_a=0.5$，啮合角 $\alpha'_{ac}=24°52'$，变位系数和 $x_{\Sigma a}=0.56$，齿顶高变动系数 $\Delta y_a=0.06$。仿上，现分配 a 和 c 齿轮的变位系数为 $x_a=0.36$，则得：$x_c=x_{\Sigma a}-x_a=0.56-0.36=0.2$。

b-c 齿轮副（高度变位）：$y_b=0$，$\alpha'_{bc}=\alpha=20°$，$x_{\Sigma b}=x_b-x_c=0$，即得 $x_b=x_c=0.2$；$\Delta y_b=0$。

b. 几何尺寸计算。

已知：a-c 齿轮副为角度变位，其几何尺寸可按表 15-6 中的公式计算。b-c 齿轮副为高度变位，其几何尺寸可按表 15-5 中的公式计算。

a-c 齿轮副的几何尺寸（a 轮为 1 轮，c 轮为 2 轮）：

分度圆直径

$$d_1=mz_1=5.2\text{mm},d_2=mz_2=6\text{mm}$$

基圆直径

$$d_{b1}=d_1\cos\alpha=4.886\text{mm},d_{b2}=d_2\cos\alpha=5.638\text{mm}$$

节圆直径

$$d_1'=5.386\text{mm},d_2'=6.214\text{mm}$$

齿高

$$h=h_a+h_f=0.916\text{mm}$$

齿顶圆直径

$$d_{a1}=6.24\text{mm}, d_{a2}=6.912\text{mm}$$

齿根圆直径

$$d_{f1}=4.408\text{mm}, d_{f2}=5.08\text{mm}$$

端面重合度

$$\varepsilon_{\alpha a}=1.55$$

b-c 齿轮副的几何尺寸（c 轮为 1 轮，b 轮为 2 轮）：

分度圆直径

$$d_1=6\text{mm}, d_2=17.6\text{mm}$$

基圆直径

$$d_{b1}=5.638\text{mm}, d_{b2}=16.539\text{mm}$$

节圆直径

$$d_1'=6\text{mm}, d_2'=17.6\text{mm}$$

齿高

$$h=0.94\text{mm}$$

齿顶圆直径

$$d_{a1}=6.96\text{mm}, d_{a2}=16.96\text{mm}$$

齿根圆直径

$$d_{f1}=5.08\text{mm}, d_{f2}=18.84\text{mm}$$

端面重合度

$$\varepsilon_{\alpha b}=1.78$$

按式(14-6) 计算模块 B 的传动比为

$$i_B=i_{ax}^b=1+p=1+\frac{z_b}{z_a}=1+\frac{44}{13}=4.385$$

按下式计算模块 B 的传动效率为

$$\eta_B=\eta_{ax}^b=1-\frac{p}{1+p}\psi_m^x$$

式中，转化机构的啮合损失系数为

$$\psi_m^x=\psi_{ma}^x=\psi_{mb}^x$$

其中，$\psi_{ma}^x=2.3f_m\left(\frac{1}{z_a}+\frac{1}{z_c}\right)=2.3\times0.1\times\left(\frac{1}{13}+\frac{1}{15}\right)=0.0330256$

$$\psi_{mb}^x=2.3f_m\left(\frac{1}{z_c}-\frac{1}{z_b}\right)=2.3\times0.1\times\left(\frac{1}{15}-\frac{1}{44}\right)=0.0101061$$

则 $\psi_m^x=\psi_{ma}^x=\psi_{mb}^x=0.0330256+0.0101061=0.0431317$

模块 B 的特性参数为 $p=\frac{z_b}{z_a}=\frac{44}{13}=3.385$，可得模块 B 的传动效率为

$$\eta_B=\eta_{ax}^b=1-\frac{p}{1+p}\psi_m^x=1-\frac{3.385}{1+3.385}\times0.0431317=0.967$$

(3) 模块 C 的设计计算

已知：模数 $m=0.4$mm，齿数 $z_a=10$，$z_b=44$，$z_c=16$，其他参数同前。

齿轮副 a-c 和 b-c 的标准中心距为

$$a_{ac}=\frac{m}{2}(z_a+z_c)=\frac{0.4}{2}\times(10+16)=5.2(\text{mm})$$

$$a_{bc}=\frac{m}{2}(z_b-z_c)=\frac{0.4}{2}\times(44-16)=5.6(\text{mm})$$

a. 啮合参数计算。

选取各齿轮的啮合中心距为 $a'=a_{bc}=5.6\text{mm}$。按表 17-2 中的公式计算两齿轮副的啮合参数如下。

a-c 齿轮副（角度变位）：中心距变动系数 $y_a=1$，啮合角 $\alpha'_{ac}=29°14'28''$，变位系数和 $x_{\Sigma a}=1.235$，齿顶高变动系数 $\Delta y=0.235$。

现分配齿轮 a 和 c 的变位系数为 $x_a=0.78$，则 $x_c=x_{\Sigma a}-x_a=0.455$。

b-c 齿轮副（高度变位）：$y_b=0$，$\alpha'_{bc}=\alpha=20°$，$x_{\Sigma b}=x_b-x_c=0$，即可得 $x_b=x_c=0.455$，$\Delta y_b=0$。

b. 几何尺寸计算。

已知：a-c 齿轮副为角度变位，其几何尺寸可按表 15-6 中的公式计算；b-c 齿轮副为高度变位，其几何尺寸可按表 15-5 中的公式计算。

a-c 齿轮副的几何尺寸（在 a-c 齿轮副中，a 轮为 1 轮，c 轮为 2 轮）：

分度圆直径

$$d_1=mz_1=4\text{mm},d_2=mz_2=6.4\text{mm}$$

基圆直径

$$d_{b1}=d_1\cos\alpha=3.759\text{mm},d_{b2}=6.014\text{mm}$$

节圆直径

$$d'_1=4.308\text{mm},d'_2=6.892\text{mm}$$

齿高

$$h=0.846\text{mm}$$

齿顶圆直径

$$d_{a1}=5.236\text{mm},d_{a2}=7.376\text{mm}$$

齿根圆直径

$$d_{f1}=3.544\text{mm},d_{f2}=5.684\text{mm}$$

端面重合度

$$\varepsilon_{\sigma a}=1.49$$

b-c 齿轮副的几何尺寸（在 b-c 齿轮副中，c 轮为 1 轮，b 轮为 2 轮）：

分度圆直径

$$d_1=6.4\text{mm},d_2=17.6\text{mm}$$

基圆直径

$$d_{b1}=6.014\text{mm},d_{b2}=16.539\text{mm}$$

节圆直径

$$d'_1=6.4\text{mm},d'_2=17.6\text{mm}$$

齿高

$$h=0.94\text{mm}$$

齿顶圆直径

$$d_{a1}=7.564\text{mm},d_{a2}=17.16\text{mm}$$

齿根圆直径

$$d_{f1}=5.684\text{mm},d_{f2}=19.044\text{mm}$$

端面重合度

$$\varepsilon_{ab}=1.49$$

按式(14-6) 计算模块 C 的传动比为

$$i_c=i_{ax}^{b}=1+p=1+\frac{z_b}{z_a}=1+\frac{44}{10}=5.4$$

按下式计算模块 C 的传动效率为

$$\eta_C=\eta_{ax}^{b}=1-\frac{p}{1+p}\psi_m^x \tag{17-17}$$

式中，转化机构的啮合损失系数为

$$\psi_m^x=\psi_{ma}^x+\psi_{mb}^x$$

其中，$\psi_{ma}^x=2.3f_m\left(\frac{1}{z_a}+\frac{1}{z_c}\right)=2.3\times0.1\times\left(\frac{1}{10}+\frac{1}{16}\right)=0.037375$

$$\psi_{ma}^x=2.3f_m\left(\frac{1}{z_c}-\frac{1}{z_b}\right)=2.3\times0.1\times\left(\frac{1}{16}-\frac{1}{44}\right)=0.0091477$$

则 $\psi_m^x=\psi_{ma}^x+\psi_{mb}^x=0.037375+0.0091477=0.046523$。模块 C 的特性参数为 $p=\frac{z_b}{z_a}=\frac{44}{10}=4.4$，代入 (17-17)，可得模块 C 的传动效率为

$$\eta_C=\eta_{ax}^{b}=1-\frac{p}{1+p}\psi_m^x=1-\frac{4.4}{1+4.4}\times0.046523=0.962$$

在完成了基本模块 A、B 和 C 的设计计算和求得了各个模块的传动比 i_A、i_B 和 i_C 及其传动效率 η_A、η_B 和 η_C 之后，便可以求得上述七种组合形式的总传动比 i_p 和总传动效率 η_p 值。

对于组合①型，因它是由模块 A、B 和 C 组合，故其组合后的传动比为

$$i_p=i_Ai_Bi_C=3.75\times4.385\times5.4=88.796$$

其传动效率为

$$\eta_p=\eta_A\eta_B\eta_C=0.967\times0.967\times0.962=0.90$$

仿上，可以求得组合形式②、③、④和⑤的传动比 i_p 值和传动效率 η_p 值如下。

②型：
$$i_p=i_A^2i_B=3.75^2\times4.35=61.172$$
$$\eta_p=\eta_A^2\eta_B=0.967^2\times0.967=0.904$$

③型：
$$i_p=i_A^2i_C=3.75^2\times5.4=75.937$$
$$\eta_p=\eta_A^2\eta_C=0.967^2\times0.962=0.90$$

④型：
$$i_p=i_Ai_B^2=3.75\times4.35^2=70.959$$
$$\eta_p=\eta_A\eta_B^2=0.967\times0.967^2=0.904$$

⑤型：
$$i_p=i_Ai_C^2=3.75\times5.4^2=109.35$$
$$\eta_p=\eta_A\eta_C^2=0.967\times0.962^2=0.895$$

还可以求得以模块 B 为基础的组合形式⑧和⑩的传动比 i_p 和传动效率 η_p 值如下。

⑧型：
$$i_p=i_B^2i_C=4.35^2\times5.4=102.182$$
$$\eta_p=\eta_B^2\eta_C=0.967^2\times0.962=0.90$$

⑩型：
$$i_p=i_Bi_C^2=4.35\times5.4^2=126.846$$
$$\eta_p=\eta_B\eta_C^2=0.967\times0.962^2=0.895$$

现将上述七种选用形式①～⑤、⑧和⑩的传动比 i_p 值和 η_p 值列入表 17-4。

表 17-4　七种选用形式的 i_p 值和 η_p 值

组合形式	①	②	③	④	⑤	⑧	⑩
传动比 i_p	88.796	61.172	75.937	70.959	109.35	102.182	126.846
传动效率 η_p	0.90	0.904	0.90	0.904	0.895	0.90	0.895

根据例题 17-1 提出的要求：该微型行星齿轮减速器的传动比 $i_p \geqslant 85$，传动效率 $\eta_p \geqslant 0.9$。由表 17-4 中的 i_p 值和 η_p 值可知：只有组合形式①和⑧可满足要求。但由于组合①型更符合上述要求，故应选取①型作为该微型行星齿轮减速器的模块式组合设计的形式。该形式的基础模块是模块 A；组合模块是模块 B 和模块 C。

另外，由表 17-4 可知，采用模块式组合设计的优点是很明显的。现归纳如下三点。

a. 该组合仅采用了三个基本模块 A、B 和 C，就可以获得七种不相同的传动比 i_p 值；其传动比 i_p 的范围较大：61.172～126.846。从而，扩大了可供人们选择的传动比 i_p 值的数目。这个在实际的设计工作中其应用意义是非常大的。

b. 各组合形式的传动效率 η_p 值均较高，它们的 η_p 值均接近于 0.9。

c. 由于各组合行式的基本模块 A、B 和 C 都是 2Z-X(A)型微型行星齿轮传动，故该微型行星齿轮减速器可以满足其结构紧凑，外形尺寸小，也可在任何工况条件下工作。

(4) 模块 A 与 B 的组合设计

以模块 A 为基础的 A 与 B 的组合，就是要把模块 A 的内齿轮 b^1 当作为模块 B 的内齿轮 b^2，这样才能把模块 B 与模块 A 组装成一个整体。换言之，模块 B 内齿轮的齿数 z_b^2、变位系数 x_b^2、齿顶圆直径 d_{a2}^2 和齿根圆直径 d_{f2}^2 与模块 A 的 z_b^1、x_b^1、d_{a2}^1 和 d_{f2}^1 都应该是相同的。即有 $z_b^2 = z_b^1 = 44$，$x_b^2 = x_b^1 = 0.45$，$d_{a2}^2 = d_{a2}^1 = 17.16$mm 和 $d_{f2}^2 = d_{f2}^1 = 19.04$mm 和 $d_2^2 = d_2^1 = 17.6$mm。

a. 啮合参数计算。

首先应按式(17-10) 计算其角度变位的齿顶高系数 Δy_b^2，则

$$\Delta y_b^2 = \frac{d_2^1 - d_{a2}^1}{2m} - (h_a^* - x_b^1) = \frac{17.6 - 17.16}{2 \times 0.4} - (1 - 0.45) = 0$$

则可知，模块 B 的 b-c 齿轮副为高度变位。即中心距变动系数 $y_b^2 = 0$，啮合角 $\alpha_{bc}' = \alpha = 20°$，变位系数和 $x_{\Sigma b}^2 = x_b^2 - x_c^2 = 0$，即 $x_c^2 = x_b^2 = x_b^1 = 0.45$。其节圆直径 d_2' 等于分度圆直径 d_2^2，即 $d_2' = d_2^2 = d_2^1 = 17.6$mm。

再按式(17-11) 计算其啮合中心距 a'，即

$$a' = \frac{d_2'(z_2 - z_1)}{2z_2} = \frac{17.6 \times (44 - 15)}{2 \times 44} = 5.8(\text{mm}) = a_{bc}^2$$

在模块 B 的 a-c 齿轮副中，其标准中心距 $a_{ac}^2 = \frac{m}{2}(z_a + z_c) = \frac{0.4}{2} \times (13 + 15) = 5.6$ (mm) $< a' = 5.8$mm，由此可知，其 a-c 齿轮副为角度变位传动，其啮合参数计算结果如下。

中心距变动系数

$$y_a^2 = \frac{a' - a_{ac}}{m} = \frac{5.8 - 5.6}{0.4} = 0.5$$

啮合角

$$\alpha_{ac}' = \arccos\left(\frac{a}{a'}\cos\alpha\right) = \arccos\left(\frac{5.6}{5.8}\cos 20°\right) = 24°52'$$

变位系数和

$$x_{\Sigma a}^2 = \frac{z_2 + z_1}{2\tan\alpha}(\text{inv}\alpha' - \text{inv}\alpha) = 0.56$$

齿顶高变动系数

$$\Delta y_a^2 = x_{\Sigma a} - y_a = 0.56 - 0.5 = 0.06$$

可见，上述啮合参数的计算结果与模块 B 设计计算中齿轮副 a-c 中的啮合参数完全相同。现

已知，行星轮 C 的变位系数 $x_c^2=0.45$，则可得其中心轮 a 的变位系数为 $x_a^2=x_{\Sigma a}^2-x_c^2=0.56-0.45=0.11$。在实际应用时允许存在微根切，允许微根切的最小变位系数为 $x_{min}=\frac{14-z_1}{17}=\frac{14-13}{17}=0.0588$。因 $x_a^2=0.11>x_{min}=0.0588$，故该角度变位合格。且知经组合设计后，其中心轮 a 的变位系数 x_a^2 发生了变化。

b. 几何尺寸计算。

因模块 B 的 b-c 齿轮副中内齿轮 b 的几何尺寸与模块 A 的 b-c 齿轮副中内齿轮 b 的几何尺寸相同，即

内齿轮 b 的分度圆直径

$$d_2^2=mz_2=0.4\times44=17.6(\text{mm})$$

齿顶圆直径

$$d_{a2}^2=17.16(\text{mm})$$

齿根圆直径

$$d_{f2}^2=d_2+2m(h_a^*+c^*+x_2)=17.6+2\times0.4(1+0.35+0.45)=19.04(\text{mm})$$

齿高

$$h^2=\frac{d_{f2}^2-d_{a2}^2}{2}=\frac{19.04-17.16}{2}=0.94(\text{mm})$$

行星轮 C 的几何尺寸按表 15-5 中的公式计算。

分度圆直径

$$d_1^2=mz_1=0.4\times15=6(\text{mm})$$

齿顶圆直径

$$d_{a1}^2=d_1+2m(h_a^*+x_c)=6+2\times0.4\times(1+0.45)=7.16(\text{mm})$$

齿根圆直径

$$d_{f1}^2=d_1-2m(h_a^*+c^*-x_c)=6-2\times0.4\times(1+0.35-0.45)=5.28(\text{mm})$$

齿高

$$h^2=\frac{d_{a1}-d_{f1}}{2}=\frac{7.16-5.28}{2}=0.94(\text{mm})$$

a-c 齿轮副的几何尺寸（在 a-c 齿轮副中，a 轮为 1 轮，c 轮为 2 轮）：

模块 B 的 a-c 齿轮副的几何尺寸可按表 15-6 中的公式计算。

分度圆直径

$$d_1^2=mz_1=5.2(\text{mm})$$

$$d_2^2=mz_2=6(\text{mm})$$

齿顶圆直径

$$d_{a1}^2=d_1^2+2m(h_a^*+x_1^2-\Delta y_a^2)=5.2+2\times0.4(1+0.11-0.06)=6.04(\text{mm})$$

$$d_{a2}=d_2+2m(h_a^*+x_2-\Delta y_a)=6+2\times0.4(1+0.45-0.06)=7.112(\text{mm})$$

齿根圆直径

$$d_{f1}=d_1-2m(h_a^*+c^*-x_1)=5.2-2\times0.4(1+0.35-0.11)=4.208(\text{mm})$$

$$d_{f2}=d_2-2m(h_a^*+c^*-x_2)=6-2\times0.4\times(1+0.35-0.45)=5.28(\text{mm})$$

齿高

$$h=\frac{d_{a1}-d_{f1}}{2}=\frac{6.04-4.208}{2}=0.916(\text{mm})$$

模块 A+B 组合的传动比为

$$i_p=i_A\times i_B=3.75\times4.385=16.444$$

模块 A+B 组合的传动效率为

$$\eta_P = \eta_A \eta_B = 0.967 \times 0.967 = 0.953$$

同理，还可以得到 A+A+B 和 A+B+B 组合的微型行星齿轮传动的传动比 i_p 和传动效率 η_p 值。

(5) 模块 A 与 C 的组合设计

以模块 A 为基础的 A 与 C 的组合，就是要把模块 C 的基本构件装入到模块 A 的内齿轮 b 中。模块 C 的内齿轮 b 的齿数 z_b^3、变位系数 x_b^3、齿顶圆直径 d_{ab}^3 和齿根圆直径 d_{fb}^3 都应该是与模块 A 的 z_b^1、x_b^1、d_{ab}^1 和 d_{fb}^1 完全相同的，即有 $z_b^3 = z_b^1 = 44$，$x_b^3 = x_b^1 = 0.45$，$d_{ab}^3 = d_{ab}^1 = 17.16$mm 和 $d_{fb}^3 = d_{fb}^1 = 19.04$mm。

首先应按式(17-10) 计算其角度变位的齿顶高变动系数 Δy_b^3，即

$$\Delta y_b^3 = \frac{d_2^1 - d_{a2}^1}{2m} - (h_a^* - x_b^1) = \frac{17.6 - 17.16}{2 \times 0.4} - (1 - 0.45) = 0$$

则可知，模块 C 的 b-c 齿轮副为高度变位。

a. 啮合参数计算（模块 C 的）。

已知，该齿轮副 b-c 为高度变位，其节圆直径 $d_2' = d_2 = 17.6$mm，则其啮合中心距 $a' = \frac{d_2'(z_2 - z_1)}{2z_2} = \frac{17.6 \times (44 - 16)}{2 \times 44} = 5.6\ (\text{mm}) = a_{bc}^3$。

中心距变动系数 $y_b^3 = 0$，啮合角 $\alpha'_b = \alpha = 20°$，变位系数和 $x_{\Sigma b}^3 = x_b^3 - x_c^3 = 0$，即 $x_c^3 = x_b^3 = x_b^1 = 0.45$。模块 C 的 a-c 齿轮副的非变位中心距为

$$a_{ac}^3 = \frac{m}{2}(z_2 + z_1) = \frac{0.4}{2} \times (16 + 10) = 5.2\ (\text{mm}) < a' = 5.6\text{mm}$$

由此可知，a-c 齿轮副为角度变位传动，且知：其啮合参数与模块 C 设计计算中的结果完全相同。即有 $y_a^3 = 1$，啮合角 $\alpha'_{ac} = 29°14'28''$，$x_{\Sigma a}^3 = 1.235$，$\Delta y_a^3 = 0.235$。

现确定齿轮 a 和 c 的变位系数为

$$x_c^3 = 0.45, \quad x_a^3 = x_{\Sigma a}^3 - x_c^3 = 1.235 - 0.45 = 0.785$$

b. 几何尺寸计算。

b-c 齿轮副的几何尺寸可按表 15-5 中的公式计算：

分度圆直径

$$d_1^3 = mz_1 = 0.4 \times 16 = 6.4\ (\text{mm}), \quad d_2^3 = 17.6\ (\text{mm})$$

齿顶圆直径

$$d_{a1}^3 = d_1^3 + 2m(h_a^* + x_1^3) = 6.4 + 2 \times 0.4 \times (1 + 0.45) = 7.56\ (\text{mm})$$

$$d_{a2}^3 = d_2^3 - 2m(h_a^* - x_2^3) = 17.16\ (\text{mm})$$

齿根圆直径

$$d_{f1}^3 = d_1^3 - 2m(h_a^* + c^* - x_1^3) = 6.4 - 2 \times 0.4 \times (1 + 0.35 - 0.45) = 5.68\ (\text{mm})$$

$$d_{f2}^3 = d_2^3 + 2m(h_a^* + c^* + x_2^3) = 19.04\ (\text{mm})$$

齿高

$$h^3 = 0.94\text{mm}$$

a-c 齿轮副的几何尺寸可按表 15-6 中的公式计算：

分度圆直径

$$d_1^3 = mz_1 = 0.4 \times 10 = 4\ (\text{mm}), \quad d_2^3 = 6.4\ (\text{mm})$$

齿顶圆直径

$$d_{a1}^3 = d_1^3 + 2m(h_a^* + x_1^3 - \Delta y_a^3) = 4 + 2 \times 0.4 \times (1 + 0.785 - 0.235) = 5.24\ (\text{mm})$$

$$d_{a2}^3 = d_2^3 + 2m(h_a^* + x_2^3 - \Delta y_a^3) = 6.4 + 2 \times 0.4 \times (1 + 0.45 - 0.235) = 7.372\ (\text{mm})$$

齿根圆直径

$d_{f1}^3=d_1^3-2m\ (h_a^*+c^*-x_1^3)\ =4-2\times0.4\times\ (1+0.35-0.785)\ =3.548\ (mm)$

$d_{f2}^3=d_2^3-2m\ (h_a^*+c^*-x_2^3)\ =6.4-2\times0.4\times\ (1+0.35-0.45)\ =5.68\ (mm)$

齿高

$$h^3=0.846mm$$

(6) 模块 B 与 A 的组合设计

以模块 B 为基础的 B 与 A 的组合，就是要将模块 A 的基本构件装入到模块 B 的内齿轮 b 里面。模块 A 的内齿轮 b 的齿数 z_b^1、变位系数 x_b^1、齿顶圆直径 d_{a2}^1 和齿根圆直径 d_{f2}^1 都应该与模块 B 的 z_b^2、x_b^2、d_{a2}^2 和 d_{f2}^2 完全相同，即 $z_b^1=z_b^2$，$x_b^1=x_b^2$，$d_{a2}^1=d_{a2}^2$ 和 $d_{f2}^1=d_{f2}^2$。

a. 啮合参数计算。

b-c 齿轮副，模块 A 的变位系数 $x_b^1=x_b^2=0.2$，齿顶圆直径 $d_{a2}^1=d_{a2}^2=16.96$mm 和 $d_2^1=d_2^2=17.6$mm。

因 $d_{a2}^1=d_2^1-2m\ (h_a^*-x_2^1-\Delta y_b^1)$，可得

$$\Delta y_b^1=\frac{d_2^1-d_{a2}^1}{2m}-\ (h_a^*-x_2^1)\ =\frac{17.6-16.96}{2\times0.4}-\ (1-0.2)\ =0$$

由此可知，齿轮副 b-c 为高度变位，其节圆 $d_2'=d_2^1=17.6$mm，则其啮合中心距为 $a'=\frac{d_2'\ (z_2-z_1)}{2z_2}=\frac{17.6\times\ (44-13)}{2\times44}=6.2\ (mm)\ =a_{bc}^1$。

中心距变动系数 $y_b^1=0$，啮合角 $\alpha_b'=\alpha=20°$，变位系数和 $x_{\Sigma b}^1=x_b^1-x_c^1=0$，即 $x_c^1=x_b^1=0.2$。但因 $z_c^1=13$，故行星轮 c 可能会产生微根切。

a-c 齿轮副的啮合参数的计算：

标准中心距为 $a_{ac}^1=\frac{m}{2}\ (z_1+z_2)\ =\frac{0.4}{2}\times\ (16+13)\ =5.8mm<a'=6.2mm$

由此可知，a－c 齿轮副为角度变位，且知：其啮合参数就是模块 A 设计计算的啮合参数，即有 $y_a^1=1$，$\alpha_{ac}'=28°28'12''$，$x_{\Sigma a}^1=1.214$ 和 $\Delta y_a^1=0.214$。

现需要重新确定其齿轮 a 和齿轮 c 的变位系数 $x_c^1=0.2$，则得 $x_a^1=x_{\Sigma a}^1-x_c^1=1.214-0.2=1.014$。

b. 几何尺寸计算。

b-c 齿轮副的几何尺寸可按表 15-5 中的公式计算：

分度圆直径

$$d_1^1=5.2mm,\ d_2^1=17.6mm$$

齿顶圆直径

$$d_{a1}^1=d_1^1+2m\ (h_a^*+x_1^1)\ =5.2+2\times0.4\times\ (1+0.2)\ =6.16\ (mm)$$

$$d_{a2}^1=d_2^1-2m\ (h_a^*-x_2^1)\ =17.6-2\times0.4\times\ (1-0.2)\ =16.96\ (mm)$$

齿根圆直径

$d_{f1}^1=d_1^1-2m\ (h_a^*+c^*-x_1^1)\ =5.2-2\times0.4\times\ (1+0.35-0.2)\ =4.28\ (mm)$

$d_{f2}^1=d_2^1+2m\ (h_a^*+c^*+x_2^1)\ =17.6+2\times0.4\times\ (1+0.35+0.2)\ =18.84\ (mm)$

齿高

$$h^1=\frac{18.84-16.96}{2}=0.94$$

a-c 齿轮副的几何尺寸可按表 15-6 中的公式计算：

分度圆直径

$$d_1^1=6.4mm,\ d_2=5.2mm$$

齿顶圆直径

$$d_{a1}^{1}=d_{1}^{1}+2m\ (h_{a}^{*}+x_{1}^{1}-\Delta y_{a}^{1})=6.4+2\times0.4\times(1+1.014-0.214)=7.84\ (\mathrm{mm})$$

$$d_{a2}^{1}=d_{2}^{1}+2m\ (h_{a}^{*}+x_{2}^{1}-\Delta y_{a}^{1})=5.2+2\times0.4\times(1+0.2-0.214)=5.9888\ (\mathrm{mm})$$

齿根圆直径

$$d_{f1}^{1}=d_{1}^{1}-2\times m\ (h_{a}^{*}+c^{*}-x_{1}^{1})=6.4-2\times0.4\times(1+0.35-1.014)=6.1312\ (\mathrm{mm})$$

$$d_{f2}^{1}=d_{2}^{1}-2m\ (h_{a}^{*}+c^{*}-x_{2}^{1})=5.2-2\times0.4\times(1+0.35-0.2)=4.28\ (\mathrm{mm})$$

齿高

$$h=\frac{d_{a1}+d_{f1}}{2}=\frac{7.84-6.1312}{2}=0.8544\ (\mathrm{mm})$$

模块 B+A 组合的传动比为

$$i_{p}=i_{B}\times i_{A}=4.385\times3.75-16.444$$

模块 B+A 组合的传动效率为

$$\eta_{p}=\eta_{B}\times\eta_{A}=0.967\times0.967=0.935$$

同理，还可以得到 B+B+A 和 B+A+A 组合的微型行星齿轮传动的传动比 i_p 和传动效率 η_p 值。

（7）B 与 C 的组合设计

为了能将组合模块 C 的基本构件顺利地安装到基础模块 B 的内齿轮 b 里面，首先就要把基础模块 B 内齿轮 b 的齿数 z_b^2、变位系数 x_b^2、齿顶圆直径 d_{a2}^2和齿根圆直径 d_{f2}^2当作模块 C 的基本尺寸，即有 $z_b^3=z_b^2$，$x_b^3=x_b^2$，$d_{a2}^3=d_{a2}^2$和 $d_{f2}^3=d_{f2}^2$。现已知：$x_b^3=x_b^2=0.2$ 和 $d_{a2}^3=d_{a2}^2=16.96\mathrm{mm}$。试计算模块 C 的 b-c 齿轮副齿顶高变动系数 Δy_b^3：

$$\Delta y_{b}^{3}=\frac{d_{b}^{2}-d_{a2}^{2}}{2m}-(h_{a}^{*}-x_{b}^{2})=\frac{17.6-16.96}{2\times0.4}-(1-0.2)=0$$

可知该 b-c 齿轮副为高度变位，其几何尺寸可按表 15-5 中的公式计算。

再对模块 C 齿轮副 a-c 的中心轮 a 的变位系数 x_a 进行调整，即

$$x_{a}^{3}=x_{\Sigma a}^{3}-x_{c}^{3}=1.235-0.2=1.035$$

最后，对模块 C 的中心轮 a 和行星轮 c 的几何尺寸进行计算（略）。

模块 B+C 组合的传动比为

$$i_{p}=i_{B}\times i_{C}=4.385\times5.4=23.679$$

模块 B+C 组合的传动效率为

$$\eta_{p}=\eta_{B}\times\eta_{C}=0.967\times0.962=0.93$$

同理，还可以得到 B+B+C、B+C+C 和 B+A+C 组合的微型行星齿轮传动的传动比 i_p 和传动效率 η_p 值。

（8）C 与 A 的组合设计

为了能把组合模块 A 的基本构件顺利安装到基础模块 C 的内齿轮 b 里面，先要把基础模块 C 内齿轮 b 的齿数 z_b^3、变位系数 x_b^3、齿顶圆直径 d_a^3和齿根圆直径 d_{f2}^3当作为模块 A 的基本尺寸，即有 $z_b^1=z_b^3$，$x_b^1=x_b^3$，$d_{a2}^1=d_{a2}^3$和 $d_{f2}^1=d_{f2}^3$。现已知：$x_2^1=x_b^3=0.455$，$d_{a2}^1=d_{a2}^3=17.164\mathrm{mm}$ 和 $d_2^3=17.6\mathrm{mm}$，试计算其齿顶高变动系数为

$$\Delta y_{b}^{1}=\frac{d_{2}^{3}-d_{a2}^{3}}{2m}-(h_{a}^{*}-x_{2}^{3})=\frac{17.6-17.164}{2\times0.4}-(1-0.455)=0$$

可知：该齿轮副 b-c 为高度变位，齿轮副 a-c 为角度变位，且按其不同的变位采取相应的公式进行几何尺寸计算（略）。

最后，调整中心轮 a 的变位系数 x_a，即

$$x_a^1 = x_{\Sigma a} - x_c = 1.214 - 0.455 = 0.759$$

模块 C+A 组合的传动比为

$$i_p = i_c \times i_A = 5.4 \times 3.75 = 20.25$$

模块 C+A 组合的传动效率为

$$\eta_p = \eta_C \times \eta_A = 0.962 \times 0.967 = 0.93$$

同理，还可求得 C+C+A 和 C+A+A 组合的传动比 i_p 和传动效率 η_p 值。

(9) C 与 B 的组合设计

为了能把组合模块 B 的基本构件顺利地安装到基础模块 C 的内齿轮 b 里面，先要把基础模块 C 的内齿轮 b 的齿数 z_b^3、变位系数 x_b^3、齿顶圆直径 d_{a2}^3 和齿根圆直径 d_{f2}^3 当作模块 B 的基本尺寸，即有 $z_b^2 = z_b^3$，$x_b^2 = x_b^3$，$d_{a2}^2 = d_{a2}^3$ 和 $d_{f2}^2 = d_{f2}^3$。现已知：$x_b^2 = x_b^3 = 0.455$ 和 $d_{a2}^2 = d_{a2}^3 = 17.164\text{mm}$。

试计算其齿顶高变位系数为

$$\Delta y_b^2 = \frac{d_b^3 - d_{a2}^3}{2m} - (h_a^* - x_b^3) = \frac{17.6 - 17.164}{2 \times 0.4} - (1 - 0.455) = 0$$

可知：该齿轮副 b-c 为高度变位；齿轮副 a-c 为角度变位。

再对模块 B 的中心轮 a 的变位系数 x_a^2 进行重新分配：

$$x_a^2 = x_{\Sigma a}^2 - x_c^2 = 0.56 - 0.455 = 0.105$$

因 $z_a^2 = 13$，允许有轻微根切的最小变位系数为

$$x_{\min} = \frac{14 - z_a}{17} = \frac{14 - 13}{17} = 0.059$$

可见，$x_a^2 = 0.105 > x_{\min} = 0.059$，实际应用时允许中心轮 a 有轻微根切。

同理，对模块 B 的中心轮 a 和行星轮 c 进行几何尺寸计算（略）。

模块 C+B 组合的传动比为

$$i_p = i_C \times i_B = 5.4 \times 4.385 = 23.679$$

模块 C+B 组合的传动效率为

$$\eta_p = \eta_C \times \eta_B = 0.962 \times 0.967 = 0.93$$

同理，还可求得 C+C+B、C+B+B 和 C+B+A 组合的传动比 i_p 和传动效率 η_p 值。

对于模块式组合设计就是不改变其基础模块的几何尺寸，只需通过组合设计来改变组合模块的中心轮 a 和行星轮 c 的变位系数 x_a 和 x_c，从而相应地改变其几何尺寸。因此，可使行星齿轮减速器实现正确地装配和满足使用要求，并实现正确地啮合传动。

17.5　微型封闭行星齿轮传动的设计计算

如果将一个单级的 2Z-X(A)型微型行星齿轮传动与一个微型差动行星齿轮传动进行封闭式连接，则可形成一个微型封闭行星齿轮传动的组合，如图 17-3 所示。

通常将微型差动行星齿轮传动称为原始机构，而将其中起着封闭作用的 2Z-X(A)型微型行星齿轮传动称为封闭机构。由于微型封闭行星齿轮传动具有结构紧凑、体积更小、传动比更大的特点，即它具有更大的增矩性能和较广的传动比范围，故在现代机械传动装置中获得了较广泛的应用。

(1) 微型封闭行星齿轮传动的传动比计算

对于图 17-3 所示的微型封闭行星齿轮传动，由于它是由一个微型差动行星齿轮传动和一个 2Z−X(A)型微型行星齿轮传动所组成。其微型差动行星齿轮传动记为 X_1，2Z-X(A)型微型行星齿轮传动记为 X_2。转臂 X_1 与输入轴 A 相连接，内齿轮 b_1 与转臂 X_2 连成一体，

中心轮 a_1 和 a_2 连接成为一个组合体，且与输出轴 B 相连接，内齿轮 b_2 为固定构件。

根据微型行星齿轮传动的运动学方程（14-5）：

$$\begin{cases} n_{a_1}+p_1 n_{b_1}-(1+p_1)n_{x_1}=0 & \text{(a)} \\ n_{a_2}+p_2 n_{b_2}-(1+p_2)n_{x_2}=0 & \text{(b)} \end{cases}$$

因 $n_{b_1}=n_{x_2}$，$n_{a_1}=n_{a_2}$ 且 $n_{b_2}=0$（内齿轮 b_2 固定）；求其传动比 $i_{AB}^{E}=i_{x_1 a_2}^{b_2}$。

同理，可得运动学方程式为

$$\begin{cases} n_{a_2}+p_1 n_{x_2}-(1-p_1)n_{x_1}=0 & \text{(c)} \\ n_{a_2}-(1+p_2)n_{x_2}=0 & \text{(d)} \end{cases}$$

由式(d)可得

$n_{x_2}=\dfrac{1}{1+p_2}n_{a_2}$ 代入式(c)，则可得

$$n_{a_2}+\frac{p_1}{1+p_2}n_{a_2}-(1+p_1)n_{x_1}=0$$

由上式可得

$$n_{x_1}=\frac{1+p_1+p_2}{(1+p_1)(1+p_2)}n_{a_2} \tag{e}$$

则可得该封闭组合行星传动的传动比公式为

$$i_{AB}^{E}=i_{x_1 a_2}^{b_2}=\frac{n_{x_1}}{n_{a_2}}=\frac{1+p_1+p_2}{(1+p_1)(1+p_2)} \tag{17-18}$$

图 17-4 所示的微型封闭行星齿轮传动，也是由一个差动齿轮传动 X_1 与一个简单的行星齿轮传动 X_2 组合而成的。它的传动特点是输入功率 P_A 传给差动齿轮传动 X_1 后，可以进行功率分流：一方面由中心轮 a_1 直接地输出功率 P_{a1}，再传给转臂 X_1，其功率为 P_{x1}；另一方面，差动齿轮传动 X_1 又通过内齿轮 b_1 传递部分功率 P_{b1} 给行星齿轮传动 X_2。且经过其变换后的输出功率 P_{b2} 与前者的输出功率 P_{x1} 汇合在一起进行功率输出，其输出功率为 P_B。由于该微型封闭行星齿轮传动可以进行功率分流，故将它称为功率分流式微型封闭行星齿轮传动。

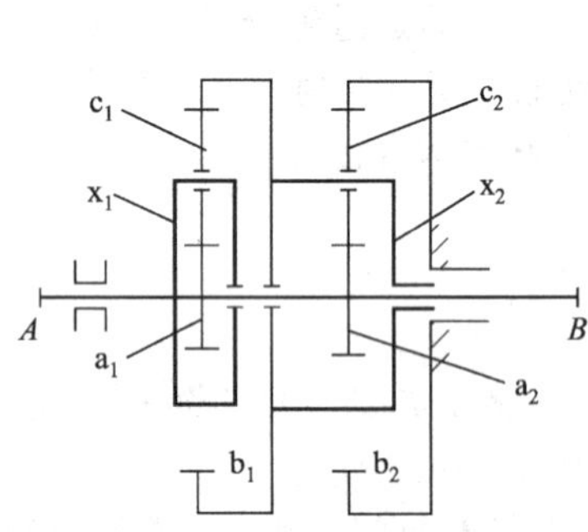

图 17-3　微型封闭式行星齿轮传动

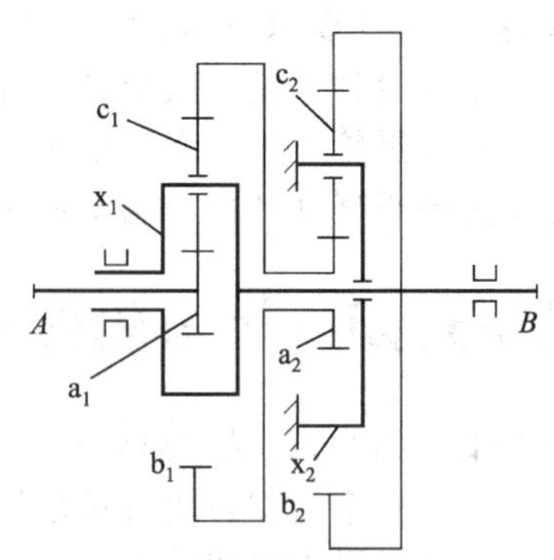

图 17-4　功率分流式微型封闭行星齿轮传动

因 $n_{x_1}=n_{b_2}$，$n_{b1}=n_{a_2}$ 和 $n_{x_2}=0$，代入由微型行星齿轮传动的运动学方程（14-5）得出的式(a)、式（b），可得

$$\begin{cases} n_{a_1}+p_1 n_{a_2}-(1+p_1)n_{b_2}=0 & \text{(f)} \\ n_{a_2}+p_2 n_{b_2}=0 & \text{(g)} \end{cases}$$

由式（g）得 $n_{a_2}=-p_2 n_{b_2}$，代入式（f），得 $n_{a_1}+p_1(-p_2 n_{b_2})-(1+p_1)n_{b_2}=0$，可得

$$n_{a_1}=[p_1 p_2+(1+p_1)]n_{b_2}$$

则可得该封闭行星齿轮传动比 i_{AB}^{E} 的计算公式为

$$i_{AB}^{E}=i_{a_1b_2}^{x_2}=\frac{n_{a_1}}{n_{b_2}}=p_1p_2+(1+p_1)=1+p_1(1+p_2) \tag{17-19}$$

（2）微型封闭行星齿轮传动的传动效率计算

微型封闭组合行星齿轮传动的效率可按前苏联学者克列依涅斯（M. A. Крейнес）提出的计算行星齿轮传动效率的新方法——传动比法，即

$$\eta_{AB}=\frac{\tilde{i}_{AB}}{i_{AB}} \tag{17-20}$$

式中　i_{AB}——运动学传动比；

$\tilde{i}_{AB}$——动力学传动比。

经推导和整理后，可得如下的克列依涅斯效率计算公式：

$$\eta_{AB}^{E}=\frac{1-i_{Ad}^{B}i_{dE}^{B}(\eta_{Ad}^{B}\eta_{dE}^{B})^{y}}{i_{AB}^{E}} \tag{17-21}$$

式中　η_{Ad}^{B}——原始机构 X_1 的传动效率；

η_{dE}^{E}——封闭机构 X_2 的传动效率。

幂指数 y 可按下式计算：

$$y=\text{sign}\left(\frac{i_{AB}^{E}-1}{i_{AB}^{E}}\right) \tag{17-22}$$

（sign 的数学含义是表示符号）。即可得指数为

$$y=\begin{cases}+1, 0>i_{AB}^{E}>1\\ -1, 0<i_{AB}^{E}<1\end{cases} \tag{17-23}$$

如图 17-4 所示的功率分流式微型封闭行星齿轮传动，在其原始机构 X_1（差动齿轮传动）中，可知：$A-a_1$，$d-b_1$ 和 $B-X_1$。该原始机构 X_1 的传动比为

$$i_{Ad}^{B}=i_{a_1b_1}^{x_1}=-p_1 \tag{17-24}$$

封闭机构 X_2 的传动比为

$$i_{dE}^{B}=i_{a_2x_2}^{b_2}=1-i_{a_2b_x}^{x_2}=1+p_2 \tag{17-25}$$

原始机构 X_1 的传动效率为

$$\eta_{Ad}^{B}=\eta_{a_1b_1}^{x_1}=\eta\eta' \tag{17-26}$$

其中，其外啮合齿轮副 a_1-c_1 的传动效率 $\eta=0.97$；内啮合齿轮副 b_1-c_1 的传动效率 $\eta'=0.99$。而封闭机构 X_2 的传动效率 $\eta_{dE}^{B}=\eta_{a_2x_2}^{b_2}$，可由式(6-20)得

$$\eta_{dE}^{B}=\eta_{a_2x_2}^{b_2}=\frac{1+P_2\eta^{x_2}}{1+P_2} \tag{17-27}$$

其中，η^{x_2} 可按式(17-26) 计算。

【例题 17-2】 已知：某机械传动装置中采用的微型封闭行星齿轮减速器为功率分流式封闭行星齿轮传动，其传动简图如图 17-4 所示。微型齿轮模数为 $m=0.5$mm；各轮齿数为 $z_{a_1}=18$，$z_{b_1}=84$，$z_{c_1}=33$；$z_{a_2}=22$，$z_{b_2}=90$ 和 $z_{c_2}=34$。试计算该微型封闭行星齿轮减速器的传动比 i_{AB}^{E} 和传动效率 η_{AB}^{E}。

解　其传动比 i_{AB}^{E} 可按式(17-19) 计算，即

$$i_{AB}^{E}=i_{a_1b_2}^{x_2}=1+p_1(1+p_2)$$

其中，特性参数 $p_1=\frac{z_{b_1}}{z_{a_1}}=\frac{84}{18}=4.6667$

$$p_2=\frac{z_{b_2}}{z_{a_2}}=\frac{90}{22}=4.0909$$

代入上式，得其传动比为

$$i_{AB}^{E}=i_{a_1b_2}^{x_2}=1+4.6667\times(1+4.0909)=24.76$$

其传动效率 η_{AB}^{E} 可按式(17-21) 计算，即

$$\eta_{AB}^{E}=\eta_{a_1b_2}^{x_2}=\frac{1-i_{Ad}^{B}i_{dE}^{B}(\eta_{Ad}^{B}\cdot\eta_{dE}^{B})^{y}}{i_{AB}^{E}}$$

因 $i_{AB}^{E}=24.76>1$，由式(17-22) 可得指数 $y=+1$。由式(17-24) 和式(17-25) 可得

$$i_{Ad}^{B}=-p_1=-4.6667$$

和

$$i_{dE}^{B}=1+p_2=1+4.0909=5.0909$$

再由式(17-26) 和式(17-27) 可得

$$\eta_{Ad}^{B}=\eta_{a_1b_1}^{x_1}=\eta\eta'=0.97\times0.99=0.9603$$

$$\eta_{dE}^{B}=\eta_{a_2x_2}^{b_2}=\frac{1+p_2\eta^{x_2}}{1+p_2}=\frac{1+4.0909\times0.9603}{1+4.0909}=0.968$$

代入式(17-21)，得其传动效率为

$$\eta_{AB}^{E}=\eta_{a_1b_2}^{x_2}=\frac{1-(-4.6667)\times5.0909\times(0.9603\times0.9608)^{+1}}{24.76}=0.93$$

由此可见，该微型封闭行星齿轮减速器的传动效率较高。

第 18 章　微型行星齿轮传动的受力分析及强度计算

18.1　微型行星齿轮传动的受力分析

18.1.1　直齿圆柱齿轮的受力分析

为了对微型行星齿轮传动中的齿轮、轴的轴承等零件进行强度计算，首先需要分析微型行星传动中各构件的受力情况。微型行星齿轮传动中主要受力构件有中心轮、行星轮、内齿轮、转臂和行星轮轴及轴承等。在对其进行受力分析时，首先假设微型行星齿轮传动等速旋转，多个行星轮受载均匀，且忽略摩擦力和构件自重的影响。因此，在输入转矩的作用下各构件处于平衡状态，构件间的作用力等于反作用力。在此平衡状态下，分析和计算各构件上所受的力和力矩。

为了计算轮齿上的作用力，首先需要求得微型行星齿轮传动中输入件所传递的额定转矩。在已知原动机(电动机等)的额定功率 P_1 和额定转速 n_1 的条件下，其输入件 A 所传递的转矩 T_A 可按下式计算，即

$$T_A = 9549\frac{P_1}{n_1}\quad (\mathrm{N\cdot m}) \tag{18-1}$$

式中　P_1——输入件 A 所传递的额定功率，kW；

n_1——输入件 A 的转速，r/min。

在微型行星齿轮传动中，其输入转矩 T_A 通常取决于工作机所需的额定转矩 T_B(或额定功率 P_2)。当工作机在变负荷条件下工作时，该额定转矩 T_B 是指在较繁重的、连续的正常工作条件下使用的转矩(或功率)，如窗帘机最大提升重量产生的力矩。

在微型行星齿轮传动中，每一个啮合齿轮副的受力分析和计算与普通的定轴齿轮传动是相同的。在直齿圆柱齿轮传动中，若忽略齿面间摩擦力的影响，其齿轮上所受的法向作用力 F_n 可分解为三个分力：

切向力

$$F_t = \frac{2000T_1}{d_1}\quad (\mathrm{N}) \tag{18-2}$$

径向力

$$F_r = F_t\tan\alpha\quad (\mathrm{N}) \tag{18-3}$$

轴向力

$$F_a = 0\quad (\mathrm{N})$$

法向力 F_n 与切向力 F_1 间的关系为

$$F_n = \frac{F_t}{\cos\alpha}(\mathrm{N}) \tag{18-4}$$

式中　T_1——齿轮副中小齿轮的额定转矩，N·m；

d_1——小齿轮分度圆直径，mm；

α——分度圆压力角，通常取 $\alpha = 20°$。

18.1.2 2Z-X(A)型微型行星齿轮传动的受力分析

在微型行星齿轮传动中，由于所采用的行星轮数目通常大于 1，即 $n_p>1$，且均匀对称地分布于中心轮 a 和内齿轮 b 之间。所以，在 2Z-X(A)型行星齿轮传动中，各基本构件（中心轮 a、内齿轮 b 和转臂 X）对传动主轴上的轴承所作用的总径向力 $\sum F_r$ 等于零。因此，为了简便起见，本书在微型行星齿轮传动的受力分析图中均未绘出各构件的径向力 F_r，且用一条垂直线表示一个构件，同时用符号 F 代表切向力 F_t。为了分析各构件所受的切向力 F，现特别提示以下三点：

① 在转矩的作用下，微型行星齿轮传动中各构件均处于转矩的平衡状态。因此，构件间的作用力应等于反作用力。

② 在某一构件上，如果作用了三个平行力，则中间力的方向与两边力的方向应该相反。

③ 为了求得构件上两个平行力大小的比值，则应研究它们对第三个力的作用点的力矩。

在 2Z-X(A)型微型行星齿轮传动中，其受力分析图是由传动的输入件开始的，然后依次确定各构件上所受的作用力和转矩。如上所述，对于直齿圆柱齿轮的齿轮副只需绘出切向力 F，如图 18-1 所示。由于在输入件中心轮 a 上承受着输入转矩 T_a 和 n_p 个行星轮 c 同时施加系数的作用力 F_{ca}。当行星轮数 $n_p\geqslant2$ 时，各个行星轮上的载荷均匀分配(或采用载荷分配不均匀 K_p 进行补偿)。因此只需要分析和计算其中的一套即可。在此应首先计算中心轮 a (输入件)在每一套中(在每个功率分流上)所承受的输入转矩 T_1，其计算公式为

$$T_1=\frac{T_a}{n_p}=9549\frac{P_1}{n_p n_1}\quad(\mathrm{N\cdot m})\tag{18-5}$$

式中 T_a——中心轮 a(输入件)所传递的转矩，(N · m)。

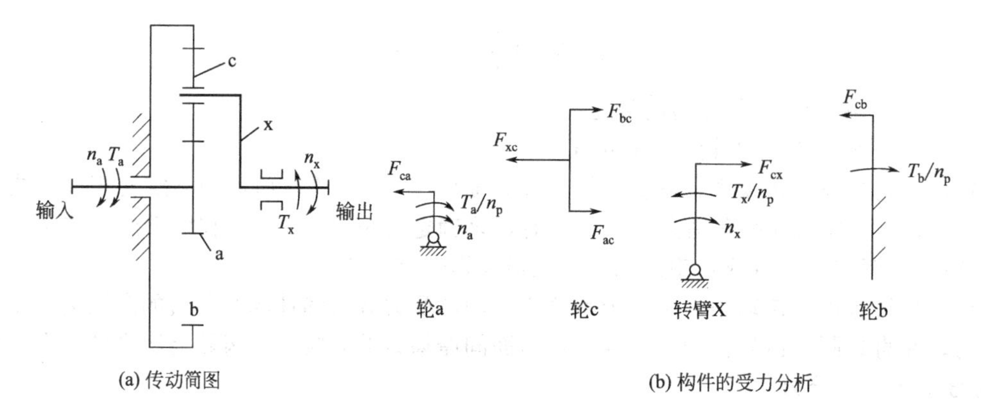

图 18-1 2Z-X(A)型微型行星齿轮受力分析

图 18-1 中，n_a 为中心轮 a 的转速，r/min；n_x 为转臂 X 的转速，r/min。

T_a 可按式(18-1)计算:若 $z_c>z_a$，则可得中心轮 a 的转矩为

$$T_a=n_p T_1=9549\frac{P_1}{n_1}$$

若 $z_c<z_a$，则可得中心轮 a 的转矩为

$$T_a=un_p T_1$$

即有

$$T_1=9549\frac{P_1}{un_p n_1}\quad(\mathrm{N\cdot m})\tag{18-6}$$

式中 n_p——行星轮数目，通常有 $n_p=3$；

u——齿数比，$u=z_2/z_1$。

按照上述的特别提示，2Z-X(A)型微型行星齿轮传动的受力分析计算如下：

行星轮 c 作用于中心轮 a(每一套中)的切向力为

$$F_{ca}=\frac{2000T_1}{d_a'}=\frac{2000T_a}{n_p d_a'}\quad (N) \tag{18-7}$$

在行星轮 c 上同时承受着中心轮 a、内齿轮 b 和转臂 X 作用的三个切向力 F_{ac}、F_{bc}和 F_{xc}分别为

$$F_{ac}=-F_{ca}=-\frac{2000T_a}{n_p d_a'}\quad (N) \tag{18-8}$$

$$F_{bc}=F_{ac}=-\frac{2000T_a}{n_p d_a'}\quad (N) \tag{18-9}$$

$$F_{xc}=-2F_{ac}=\frac{4000T_a}{n_p d_a'}\quad (N) \tag{18-10}$$

在内齿轮 b 上所承受的切向力为

$$F_{cb}=-F_{bc}=\frac{2000T_a}{n_p d_a'}\quad (N) \tag{18-11}$$

在内齿轮 b 上所受的转矩为

$$T_b=n_p\frac{F_{cb}d_b'}{2000}=\frac{d_b'}{d_a'}T_a\quad (N \cdot m) \tag{18-12}$$

在转臂 X 上所承受的切向力为

$$F_{cx}=-F_{xc}=-\frac{4000T_a}{n_p d_a'}\quad (N) \tag{18-13}$$

在转臂 X 上所受的转矩为

$$T_x=-i_{ax}^{b}T_a=n_p\frac{F_{cx}d_x}{2}=-\frac{2000d_x}{d_a'}T_a\quad (N \cdot m) \tag{18-14}$$

式中，　d_a'——中心轮 a 的节圆直径，mm；

d_b'——内齿轮 b 的节圆直径，mm；

d_x——转臂 X 上行星轮轴线所在圆的直径，mm。

18.1.3　3Z(Ⅱ)型微型行星齿轮传动的受力分析

在 3Z(Ⅱ)型微型行星齿轮传动中，由于齿轮副 b-c 采用了角度变位，内齿轮 b 的变位系数 x_b 较大，故它的节圆直径 d_b' 大于内齿轮 e 的节圆直径 d_e'，即 $d_b'>d_e'$。中心轮 a、行星轮 c、内齿轮 b 和内齿轮 e 的切向力如图 18-2 所示。

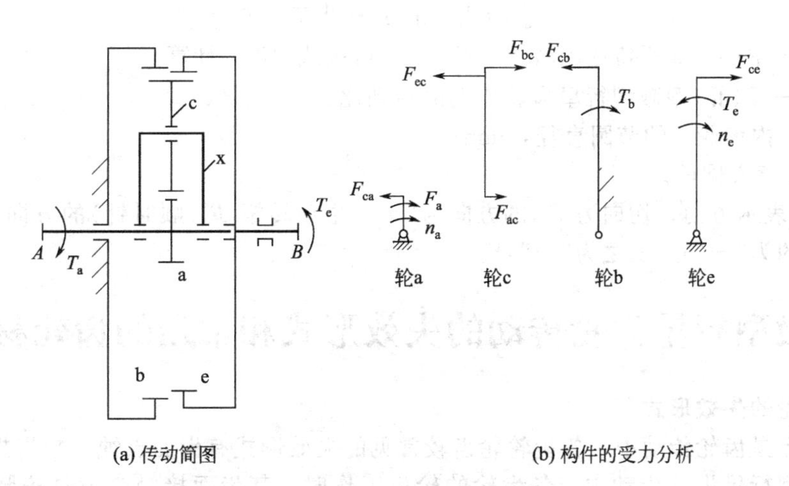

图 18-2　3Z(Ⅱ)型微型行星齿轮传动的受力分析

图 18-2 中，n_a 为中心轮 a 的转速，r/min；n_e 为内齿轮 e 的转速，r/min。

行星轮 c 作用于中心轮 a(每一套中)的切向力为

$$F_{ca}=\frac{2000}{n_p d_a'}T_a \quad (N) \tag{18-15}$$

在行星轮 c 上同时承受着中心轮 a、内齿轮 b 和内齿轮 e 作用的切向力 F_{ac}、F_{bc}和 F_{ec}分别为

$$F_{ac}=-F_{ca}=-\frac{2000}{n_p d_a'}T_a \quad (N) \tag{18-16}$$

$$F_{ec}=-\frac{2000}{n_p d_e'}T_e=\frac{2000 i_{ae}^b}{n_p d_a'}T_a \quad (N) \tag{18-17}$$

$$F_{bc}=-(F_{ec}+F_{ac})=\frac{-2000 i_{ae}^b}{n_p d_a'}T_a+\frac{2000}{n_p d_a'}T_a$$

$$=\frac{2000}{n_p}\left(\frac{-i_{ae}^b}{d_e'}+\frac{1}{d_a'}\right)T_a \quad (N) \tag{18-18}$$

行星轮 c 作用于内齿轮 e 的切向力为

$$F_{ce}=-F_{ec}=-\frac{2000 i_{ae}^b}{n_p d_a'}T_a \quad (N) \tag{18-19}$$

行星轮 c 作用于内齿轮 b 的切向力为

$$F_{cb}=-F_{bc}=\frac{2000}{n_p d_b'}T_b=\frac{2000}{n_p d_b'}(i_{ae}^b-1)T_a \quad (N) \tag{18-20}$$

内齿轮 b 的转矩为

$$T_b=(i_{ae}^b-1)T_a=\frac{n_p d_b'}{2000}F_{cb} \quad (N\cdot m) \tag{18-21}$$

内齿轮 e 的转矩为

$$T_e=-i_{ae}^b T_a=\frac{n_p d_e'}{2000}F_{ce} \quad (N\cdot m) \tag{18-22}$$

根据转矩的平衡关系式：

$$T_a+T_b+T_e=0 \tag{18-23}$$

将转矩 T_b 和 T_e 代入式(18-23)，得

$$T_a+(i_{ae}^b-1)T_a-i_{ae}^b T_a=0$$

式中　T_a——中心轮 a 所传递的转矩，N·m，可按式(18-1)计算。

i_{ae}^b——3Z(Ⅱ)型微型行星齿轮传动的传动比；

d_e'——内齿轮 e 的节圆直径，mm；

d_a'、d_b' 意义同前。

式中，“±”号表示方向。切向力 F_{ca}的方向为“+”，主动转矩 T_a(顺时针)的方向为“+”。与它们方向相同的为“+”号，反之为“−”号。

18.2　微型行星齿轮传动的失效形式和常用的齿轮材料

18.2.1　齿轮的失效形式

在微型行星齿轮传动中，各齿轮轮齿较常见的失效形式有齿面点蚀、轮齿折断和齿面磨损。在该微型行星齿轮传动中，各齿轮的轮齿工作时，其齿面接触应力是按脉动循环变化的。若齿面接触应力超出材料的接触持久极限，则齿轮在载荷的多次重复作用下，齿面表层

产生细小的疲劳裂纹，裂纹的蔓延扩展，使表层金属微粒剥落而形成疲劳点蚀。轮齿出现疲劳点蚀后，严重影响传动的稳定性，致使产生振动和噪声，最终会影响传动的正常运转，甚至会引起微型行星齿轮传动装置的破坏。

提高硬度，减小齿面的粗糙度，提高润滑油黏度和接触精度，以及合理地应用变位传动均能提高齿面抗点蚀能力。

在微型行星齿轮传动中，轮齿在载荷的多次重复作用下，齿根弯曲应力超过材料的弯曲持久极限时，齿根部分将产生疲劳裂纹。裂纹逐渐扩展，最终致使轮齿产生疲劳折断。

齿面磨损是由于齿廓间相对滑动的存在，如果有硬的屑粒进入轮齿工作面之间，则将会产生磨料磨损。

在 2Z-X(A)型微型行星齿轮传动中，中心轮 a 为外啮合的齿轮，通常是该微型行星齿轮传动中的薄弱环节，由于它是输入构件，且同时与 n_p 个行星轮相啮合，其应力循环次数最多，承受载荷较大，工作条件较差。因此，中心轮 a 首先产生齿面点蚀和轮齿折断的可能性较大。内啮合齿轮副的接触应力一般比外啮合齿轮副要小得多。

在 2Z-X(A)型和3Z(Ⅱ)型微型行星齿轮传动中，作为中间齿轮的行星轮 c 在该微型行星齿轮传动中总是承受双向弯曲载荷的作用。因此，行星轮 c 易出现轮齿疲劳折断。必须指出：在微型行星齿轮传动中，轮齿折断具有很大的破坏性。如果行星轮 c 的某个轮齿产生折断，其碎块掉落在内齿轮 b 的轮齿上，则可能使得 b-c 啮合齿轮副的传动不能正常进行，甚至出现卡死，从而产生过载现象，危及电机的安全，甚至可使整个微型行星齿轮传动装置损坏。所以，在设计微型行星齿轮传动时，合理地提高轮齿的弯曲强度，增加其工作的可靠性是非常重要的。

18.2.2　常用的齿轮材料

在微型行星齿轮传动中，微型齿轮材料及其热处理是影响齿轮承载能力和使用寿命的关键因素，也是影响齿轮传动性能、生产质量和加工成本的主要条件。在选择齿轮材料和热处理时，应综合考虑微型行星齿轮传动的工作条件（如载荷性质和大小、速度及工作环境等），也要考虑到齿轮材料的稳定性好，不易受化学物质的侵蚀，还要考虑到加工工艺性，以及材料来源和经济性等因素，以使齿轮在满足性能要求的同时，生产成本最低。选择微型齿轮材料的一般原则是既要满足其机械性能的要求，以保证微型行星齿轮传动的工作安全可靠和较好地满足其强度和耐磨性要求，同时又要使微型齿轮加工方便，生产成本较低。

按照热处理方式的不同，常用的齿轮材料有调质钢、渗碳钢和氮化钢等。对于它们的热处理特点及其硬度等，现简述如下。

① 调质钢　常用的调质钢：40Cr、40CrMoA、40CrNiMoA、40CrNiWA、42SiMn、35CrMnSiA 和 35CrMn 等。这类钢的特点是经调质处理后具有较好的强度和韧性，通常在硬度 240～300HB 的范围内使用，广泛用于承受中等载荷的、中低速的行星齿轮传动。根据微型行星齿轮传动的需要，采用调质加上表面淬火，其齿面硬度可达 45～55HRC，适用于要求承载能力较高、体积小的微型齿轮。

② 渗碳钢　常用的渗碳钢有 20CrMnTi、20CrMo、20CrMnMo、20CrNi2Mo、18Cr2Ni4W、20CrNi2Mo、20Cr2Mn2Mo 和 12Cr2Ni4 等。这类钢材经渗碳后的特点是齿面硬度高，具有较强的耐磨性能，芯部有较好的韧性，其齿面硬度范围是 56～62HRC。广泛用于要求承载能力高、抗冲击性能好、精度高、体积小的齿轮。

③ 氮化钢　常用的氮化钢有 18CrNiWA、30CrNi3、30CrMnSi、25Cr2MoV、30CrNiMoA、30CrMoSiA、38CrMoAlA 和 30CrMoAl 等。这类材料经氮化后的特点是可以获得很高的齿面硬度，具有较强的抗点蚀和耐磨损性能，芯部具有良好的韧性。为了提高芯部强度，对中碳钢或中碳合金钢往往是先进行调质处理，再进行氮化处理。通常氮化后的齿面硬度为

56～60HRC 或＞850HV。该氮化齿轮主要用于接触强度高和耐磨性要求很高的微型行星齿轮减速器，且适用于较大、较平稳的载荷作用下工作的齿轮，以及没有齿面精加工设备，而又需要硬齿面（硬度大于 350HB）条件下工作的微型齿轮。

此外，由于软齿面(硬度不大于350HB)齿轮的工艺过程较简单，一般适用于中、小功率的微型行星齿轮传动。通常，应考虑到啮合齿轮中的小齿轮(例如，中心轮 a)受载次数较多，易磨损，故在选择齿轮材料和热处理时，应使小齿轮的齿面硬度稍高一些(比大齿轮约高 20～40HB)，且齿数差得越大，硬度差也越大。对于采用硬齿面(硬度大于350HB)的微型行星齿轮传动，其啮合齿轮副中的大、小齿轮的齿面硬度应大致相同。

在 2Z-X(A)型微型行星齿轮传动中，中心轮 a、行星轮 c 和内齿轮 b 的齿轮宽度 b 相等时，齿轮副 a-c 和 b-c 的接触应力之间近似的关系式为

$$(\sigma_{H})_{ac}\approx\sqrt{\frac{z_b}{z_a}}\times(\sigma_H)_{bc} \tag{18-24}$$

通常齿数比 $z_b/z_a>2.9\sim8.6$。由公式(18-24)可见，齿轮副 a-c 的接触应力 σ_H 大大地高于齿轮副 b-c 的接触应力；而且传动比 i 越大，σ_H 值之差也越大。因此，内齿轮 b 的材料可以比中心轮 a 和行星轮 c 差一些，其齿面硬度也可以低一些。当齿数比 $z_b/z_a<4.5$ 时，中心轮 a 和行星轮 c 可采用渗透钢，齿面硬度为 56～60HRC，而内齿轮可采用调质钢，硬度为 282～322HB；当 $z_b/z_a>5$ 时，中心轮 a 和行星轮 c 的材料和热处理硬度不变，而内齿轮 b 的调质硬度为 268～302HB。

对于 3Z(Ⅱ)型微型行星齿轮传动，根据其短期间断工作和传递中、小功率的特点，该行星齿轮传动的承载能力通常受轮齿弯曲强度的限制，故该微型行星齿轮传动中的齿轮一般均采用调质钢。微型齿轮常用材料见表 18-1。

表 18-1 微型齿轮常用材料

材料种类	材料牌号	技术性能	适用范围
优质碳素结构钢	15、20、30、35、40、45、50	切削性能好，15 钢、20 钢应渗碳处理，淬火易变形；35 钢、40 钢、45 钢、50 钢应进行调质处理，耐磨性略差	常用于圆周速度 $v<3$m/s 的一般用途的齿轮传动 40 钢、45 钢、50 钢用于制造性能要求较高的齿轮传动
易切削钢	Y15、Y30、Y35、Y40Mn	切削性能好、热处理后可提高硬度和耐磨性	用于制造一般齿轮、钟表齿轮
低碳合金钢	15Cr、20Cr、20CrMnTi、20CrMo、18Cr2Ni4W	15Cr、20Cr、20CrMnTi、20CrMo 经渗碳淬火后，齿面硬，芯部韧性好，抗冲击和耐磨性能好	用于制造承载能力高、抗冲击性能好、精度较高的齿轮
中碳合金钢	40Cr、40CrMo、35CrMnSiA、30CrMnSiA、40CrNiMoA、40CrNiWA、45CrNiMoV、38CrMoAlA	40Cr、40CrMo、35CrMnSiA、30CrMnSiA、40CrNiWA 经调质处理后，具有较好的强度和韧性 38CrMoAlA 氮化后，齿面硬度高、变形小	中碳合金钢经调质处理后可用于承受中等载荷、中、低速的齿轮传动 38CrMoAlA 用于制造齿面硬度高，具有较强的抗点蚀和耐磨性及变形小的齿轮，氮化后不需要重磨
不锈钢	2Cr13、3Cr13、14Cr13、1Cr18Ni9T1、2Cr13Ni2、9Cr18	韧性好、切削性能稍差，热处理后耐磨性和抗腐蚀性均好	用于重要用途的齿轮，尤其是需要耐酸防锈、防腐蚀的齿轮 9Cr18 用于高防锈、防腐蚀要求的齿轮

续表

材料种类	材料牌号	技术性能	适用范围
硬铝	LY11(2A11)、LY12(2A12)、LC4(7A04)	具有足够的耐磨性、重量轻，属于强度较高的铝材	用于制造重量轻的齿轮和传递小功率的齿轮传动
黄铜	H62 HPb59-1	切削性能好，抗腐蚀性能好，表面粗糙度较细	用于制造普通齿轮和传递小功率的齿轮
青铜	QSn6.5-0.1 QSn10-1 QAl9-2 QAl9-4	锡青铜切削性能好，耐磨性能好，尺寸稳定。 铝青铜切削性能一般，强度高	用于制造高耐磨性的重要齿轮和传递较小功率的齿轮 用于制造强度较高的和传递中，小功率的齿轮
工程塑料	尼龙 66(PA66) 尼龙 6(PA6) POM(聚甲醛) F4(聚四氟乙烯)	尼龙 66 疲劳强度和刚性较高，耐热性、耐磨性好，但尺寸稳定性不够好 尼龙 6 的强度、刚度和耐热性不及尼龙 66，但弹性好，有较好的消振、降低噪声的能力 POM 的耐疲劳强度和刚性高于尼龙。硬度高、耐磨性好，自润滑性能好 F4 号称“塑料王”，具有较高的耐腐蚀性和良好的润滑性，但它的强度低、刚性差、制造工艺较麻烦	适用于中等载荷、无润滑条件下耐磨受力的齿轮 适用于轻负荷、无润滑条件下噪声低的耐磨受力的齿轮 POM 适用于对强度有一定要求的、小负荷、无润滑条件下工作的耐磨受力齿轮 F4 适用于耐腐蚀、减磨自润滑的齿轮，且可在±250℃条件下工作的齿轮

现选部分齿轮材料在微型行星齿轮传动中应用的实例如下（仅供参考）。

① 2Z-X(A) 型微型行星齿轮传动中的齿轮材料　2Z-X(A) 型微型行星齿轮传动中常用的齿轮材料及热处理工艺见表18-2。

表 18-2　2Z-X(A) 型微型行星齿轮传动中常用的齿轮材料及热处理工艺

示例	齿轮	材料	热处理	硬度
1	中心轮 a 行星轮 c 内齿轮 b	20CrMnTi 42CrMo	渗碳淬火 调质	56～60HRC 262～302HBS
2	中心轮 a 行星轮 c 内齿轮 b	20CrMnTi 40Cr	渗碳淬火 调质	58～62HRC 261～293HBS
3	中心轮 a 行星轮 c 内齿轮 b	20CrNi2MoA 42CrMo	渗碳淬火 调质 表面淬火	56～60HRC 255～286HBS 齿面 45～50HRC
4	中心轮 a 行星轮 c 内齿轮 b	18Cr2Ni4WA 40CrMo	渗碳淬火 调质＋氮化	58～62HRC 齿面硬度≥600HV 芯部 280～320HBS

注：1. 在小功率和轻载荷的多级 2Z-X(A)型微型行星齿轮传动中，其齿轮材料可采用黄铜 H62、铅黄铜 HPb59-1、锡青铜 QSn6.5-0.1 和铝青铜 QAl10-4-4 等。

2. 为了降低噪声，在多级 2Z-X(A)型微型行星传动高速端的齿轮，可采用工程塑料：尼龙 6(PA-6)、尼龙 610 (PA610)、聚甲醛(POM)和聚四氟乙烯(F4)等。

② 3Z-(Ⅱ)型微型行星齿轮传动中的齿轮材料　3Z-(Ⅱ)型微型行星齿轮传动中常用的齿轮材料及热处理工艺见表 18-3。

表 18-3　3Z-(Ⅱ)型微型行星齿轮传动中常用的齿轮材料及热处理工艺

示例	齿 轮	材 料	热 处 理	硬 度
1	中心轮 a	35CrMnSiA	调质	255～300HBS
	行星轮 c			
	内齿轮 b	40CrMoA	调质	241～286HBS
	内齿轮 e	40CrNiMoA	调质	255～300HBS
2	中心轮 a	20CrMnTi	渗碳淬火	58～62HRC
	行星轮 c	40Cr	调质	265～300HBS
	内齿轮 b	45	调质	239～286HBS
	内齿轮 e	40Cr	调 质	258～289HBS
3	中心轮 a	35CrMnSiA	调质	32～36HBS
	行星轮 c			
	内齿轮 b	30CrMnSiA	调质	28～32HRC
	内齿轮 e			

注：为了防锈和防腐蚀，3Z(Ⅱ)型微型行星传动的齿轮材料可采用不锈耐酸钢 2Cr13 和 3Cr13 等，调质30～35HRC。

由上述应用实例可知，由于在 2Z-X(A)型微型行星齿轮传动中的中心轮 a 和行星轮 c 的齿面接触强度和齿根弯曲强度是限制其承载能力的主要因素，故该行星齿轮传动中应选用强度较高的低碳合金钢，并进行渗碳淬火、表面淬火或氮化处理等。

内齿轮 b 受载荷的条件较好，一般可采用调质钢，并进行调质处理。根据其受载的情况，有时也可以进行表面淬火或氮化。在 3Z-(Ⅱ)型微型行星齿轮传动中，各齿轮的承载能力主要受到齿根弯曲强度的限制，一般可采用中碳合金钢和软齿面（＜350HB），通常进行调质处理。采用硬齿面（＞350HB）来提高其接触强度的意义不大。

18.3　微型行星齿轮传动的强度计算

18.3.1　微型行星齿轮传动的主要参数计算

如前所述，在计算微型行星齿轮传动的强度时，可将 2Z-X(A)型和 3Z-(Ⅱ)型微型行星齿轮传动分成对应的数个相互啮合的齿轮副。例如 2Z-X(A)型可分解成 a-c 和 b-c 两个齿轮副；3Z-(Ⅱ)型可分解为 a-c、b-c 和 e-c 三个齿轮副。然后，再将上述的啮合齿轮副视为单个的齿轮传动进行其强度计算。在设计微型行星齿轮传动时，其主要参数：小齿轮的分度圆直径 d_1 和模数 m 可先按类比法，即参考现有的相同类型的微型行星齿轮传动来初步确定，或者根据具体的工作条件、功率大小、结构尺寸和安装条件等来确定。在 2Z-X(A) 型微型行星齿轮传动中，通常可按齿面接触强度的公式(18-25) 来初步确定 a-c 齿轮副小齿轮 a 的分度圆直径 d_1，然后再进行其弯曲强度的校核计算。对于具有短期间断工作方式的 3Z-(Ⅱ)型微型行星齿轮传动，通常只按其齿根弯曲强度的公式(18-26) 来确定齿轮模数 m，且可以不进行接触强度的校核。

(1) 按齿面接触强度计算小齿轮的分度圆直径 d_1

小齿轮的分度圆直径 d_1 的初算公式为

$$d_1 = K_d \sqrt[3]{\frac{T_1 K_A K_{H\Sigma} K_{Hp}}{\phi_d \sigma_{Hlim}^2} \times \frac{u \pm 1}{u}} \quad (mm) \tag{18-25}$$

式中　K_d——算式系数；钢对钢的齿轮副，直齿轮传动 $K_d=768$，斜齿轮传动 $K_d=720$；

T_1——齿轮副中小齿轮的额定转矩，N · m，可按式(18-5) 计算；

K_A——使用系数，见表 18-4；

$K_{H\Sigma}$——综合系数，见表 18-5；

K_{Hp}——计算接触强度的行星轮间载荷分布不均匀系数，见表 18-6；

ϕ_d——小齿轮的宽度系数，见表 18-7；

u——齿数比，$u=z_2/z_1$；

σ_{Hlim}——试验齿轮的接触疲劳极限，N/mm²，按图 7-11 和图 7-14 选取，且取 σ_{Hlim1} 和 σ_{Hlim2} 中的较小值。

式中，"+"号用于外啮合，"−"号用于内啮合。

表 18-4　使用系数 K_A

原动机工作特性	工作机的工作特性			
	均匀平稳	轻微冲击	中等冲击	严重冲击
均匀平稳(电动机、汽轮机)	1.00	1.25	1.50	1.75
轻微冲击(电动机(常启动))	1.10	1.35	1.60	1.85
中等冲击(多缸内燃机)	1.25	1.50	1.75	2.0

表 18-5　综合系数 $K_{H\Sigma}$、$K_{F\Sigma}$

行星轮数	$K_{H\Sigma}$	$K_{F\Sigma}$	行星轮数	$K_{H\Sigma}$	$K_{F\Sigma}$
$n_p \leqslant 3$	1.8～2.4	1.6～2.2	$n_p > 3$	2～2.7	1.8～2.4

表 18-6　2Z-X(A)型微型行星齿轮传动的 K_{Hp} ($n_p=3$)

齿轮精度等级	浮动的基本构件			
	中心轮 a	内齿轮 b	转臂 X	中心轮 a 和转臂 X
6	1.05	1.10	1.20	1.10
7	1.10	1.15	1.25	1.15

表 18-7　行星齿轮传动齿宽系数 ϕ_d

传动类型	a-c 齿轮副	b-c 齿轮副	e-c 齿轮副
2Z-X(A)	$\phi_{da} \leqslant 0.75$ $\phi_{dc} = \frac{z_a}{z_c}\phi_{da}$	$\phi_{db} \leqslant 0.10 \sim 0.18$	
3Z(Ⅱ) ($z_e > z_b$)	$\phi_{dc} \leqslant 0.75$ (应使齿宽 $b_a \geqslant b_c$)	$\phi_{ab} = \frac{z_c}{z_b}\phi_{dc} \leqslant 0.2$	$\phi_{de} = \frac{z_a}{z_e}\phi_{dc} \leqslant 0.2$

注：1. 对于按空间静定条件设计的 2Z-X(A)型传动，ϕ_d 允许增大为 $\phi_{da} \geqslant 0.75 \sim 2$（直齿）。

2. 表中 $\phi_d = \frac{b}{d}$，且有 $\phi_a = \frac{b}{a} = 2\phi_d\ (u \pm 1)$；"+"号用于外啮合，"−"号用于内啮合。

3. 表中3Z(Ⅱ)型传动的 ϕ_d 值仅供参考。应使齿宽 $b_c = b_b + b_e + \Delta b$，取 $\Delta b = 3 \sim 4$mm。

（2）按齿根弯曲强度初算齿轮模数 m

齿轮模数 m 的初算公式为

$$m=K_m\sqrt[3]{\frac{T_1K_AK_{F\Sigma}K_{Fp}Y_{Fa1}}{\phi_d z_1^2\sigma_{Flim}}}\quad(mm)\tag{18-26}$$

式中　K_m——算式系数，对于直齿轮传动 $K_m=12.1$，对于斜齿轮传动 $K_m=11.5$；

K_A——使用系数，见表 18-4；

$K_{F\Sigma}$——综合系数，见表 18-5；

K_{Fp}——计算弯曲强度的行星轮间载荷分布不均匀系数，可按 $K_{Fp}=1+1.5(K_{Hp}-1)$ 计算；

Y_{Fa1}——小齿轮的齿形系数，见表 18-13；

z_1——啮合齿轮副的小齿轮齿数；

σ_{Flim}——试验齿轮弯曲疲劳极限（N/mm^2），按图 7-28～图 7-30 选取。

以上公式(18-25) 适用于 2Z-X(A)型微型行星齿轮传动；公式(18-26) 也适用于3Z(Ⅱ)型微型行星齿轮传动。

18.3.2　齿轮传动强度的校核计算

（1）齿面接触强度的校核计算

按照弹性力学中的赫兹公式确定齿轮副的接触应力大小是评定轮齿表面抗点蚀强度的基本准则。为了保证微型行星齿轮传动在预定使用期限内，齿轮副的轮齿表面不产生疲劳点蚀，则应满足接触区的最大应力 σ_H 小于许用应力 σ_{HP} 的强度条件，即

$$\sigma_H\leqslant\sigma_{HP}\tag{18-27}$$

① 齿面接触应力 σ_H　在微型行星齿轮传动的啮合齿轮副中，其齿面接触应力 σ_H 可按下式计算：

$$\sigma_{H1}=\sigma_{H0}\sqrt{K_AK_vK_{H\beta}K_{H\alpha1}K_{Hp1}}\tag{18-28}$$

$$\sigma_{H2}=\sigma_{H0}\sqrt{K_AK_vK_{H\beta}K_{H\alpha2}K_{Hp2}}\tag{18-29}$$

式中，σ_{H0} 为计算接触应力的基本值，N/mm^2，可按下式计算

$$\sigma_{H0}=Z_HZ_EZ_\varepsilon Z_\beta\sqrt{\frac{F_1}{d_1b}\times\frac{u\pm1}{u}}\tag{18-30}$$

式中　K_A——使用系数，见表 18-4；

K_v——动载系数；

$K_{H\beta}$——计算接触强度的齿向载荷分布系数；

$K_{H\alpha}$——计算接触强度的齿间载荷分配系数；

K_{Hp}——计算接触强度的行星轮间载荷分布不均匀系数；

F_1——小齿轮分度圆上的切向力（N），在 2Z-X(A)型行星传动中，可按式(18-7) 计算；在3Z(Ⅱ)型微型行星齿轮传动中，可按式(18-15) 求得；

d_1——齿轮副的小齿轮分度圆直径，mm；

b——工作齿宽，齿轮副的大、小齿轮中的较小齿宽，mm；

u——齿数比，即 $u=z_2/z_1$；

Z_H——节点区域系数；

Z_E——弹性系数，$\sqrt{N/mm^2}$；

Z_ε——重合度系数；

Z_β——螺旋角系数，直齿轮的螺旋角 $\beta=0$，故可采 $Z_\beta=1$。

式中，“+”号用于外啮合，“−”号用于内啮合。

② 许用接触应力 σ_{HP}　许用接触应力 σ_{HP} 可按下式计算，即

$$\sigma_{HP}=\frac{\sigma_{Hlim}}{S_{Hmin}}Z_N Z_L Z_v Z_R Z_W Z_X \tag{18-31}$$

式中　σ_{Hlim}——试验齿轮的接触疲劳极限，(N/mm²)；

S_{Hmin}——计算接触强度的最小安全系数；

Z_N——计算接触强度的寿命系数；

Z_L——润滑剂系数；

Z_v——速度系数；

Z_R——粗糙度系数；

Z_W——齿面工作硬化系数；

Z_X——接触强度计算的尺寸系数。

③ 有关系数和接触疲劳极限　上述公式中的各个系数应如何取得，现分别讨论如下。

a. 使用系数 K_A。系数 K_A 是考虑由齿轮啮合外部因素引起的附加动载荷影响的系数。K_A 值的作用是使名义载荷 F_t 变为当量载荷 $F_e=K_A F_t$。

b. 动载系数 K_v。系数 K_v 是考虑齿轮制造精度，运转速度对齿轮内部附加动载荷影响的系数。其近似值可根据小轮的齿数 z_1，相对于转臂 X 的节点线速度 v^x 和齿轮精度，K_v 值可由图 18-3 选取。该图适用于初步设计阶段时 K_v 的取值。其中 v^x 可按下式计算：

$$v^x=\frac{\pi d_1' n_a^x}{60\times 10^3}\quad (m/s) \tag{18-32}$$

式中　d_1'——小齿轮的节圆直径，mm；

n_a^x——小齿轮相对于转臂 X 的转速，r/min，当内齿轮 b 固定时，$n_a^x=n_a-n_x=\frac{p}{1+p}n_a$。

c. 齿向载荷分布系数 $K_{H\beta}$。系数 $K_{H\beta}$ 是考虑载荷沿齿宽方向分布不均匀而影响接触强度的系数。它主要与制造误差、啮合刚度、齿宽系数 ϕ_d 及行星轮个数 n_p 等因素有关。

对于较重要的微型行星齿轮传动，其齿向载荷分布系数 $K_{H\beta}$ 和 $K_{F\beta}$ 值可按下列公式计算：

接触强度　$K_{H\beta}=1+(\theta_b-1)\mu_H$　(18-33)

弯曲强度　$K_{F\beta}=1+(\theta_b-1)\mu_F$　(18-34)

式中　μ_H——考虑到圆周速度 v^x 及大齿轮的齿面硬度 HB_2 对 $K_{H\beta}$ 的影响系数，见图 18-4 (a)；

μ_F——考虑到圆周速度 v^x 及大齿轮的齿面硬度 HB_2 对 $K_{F\beta}$ 的影响系数，见图 18-4 (b)；

θ_b——初期齿向载荷分布不均匀系数，按齿宽系数 ϕ_d 和行星系数 n_p 可由图 18-5 查得。

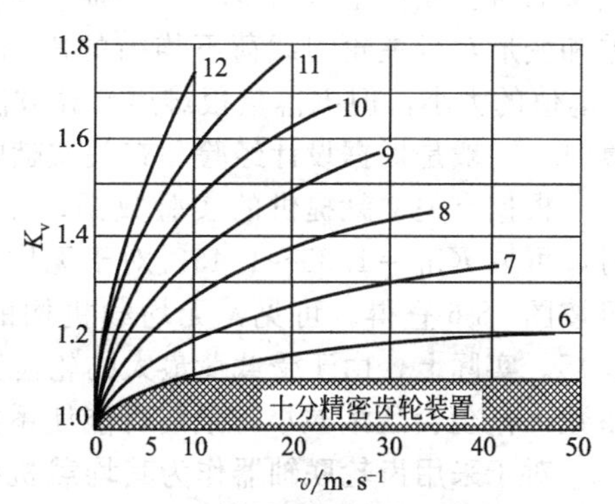

图 18-3　直齿轮的动载系数 K_v

注：6～12 为齿轮传动精度等级。

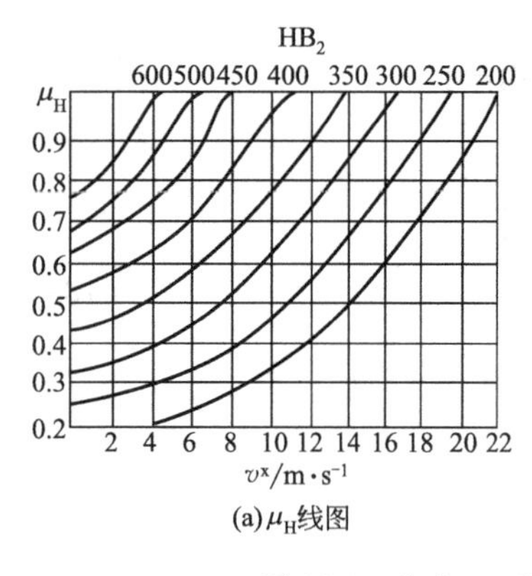

(a) μ_H线图

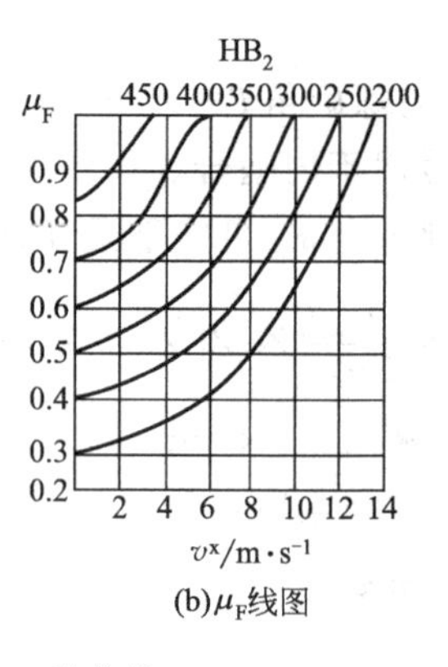

(b) μ_F线图

图 18 4　确定 μ_H 及 μ_F 的曲线

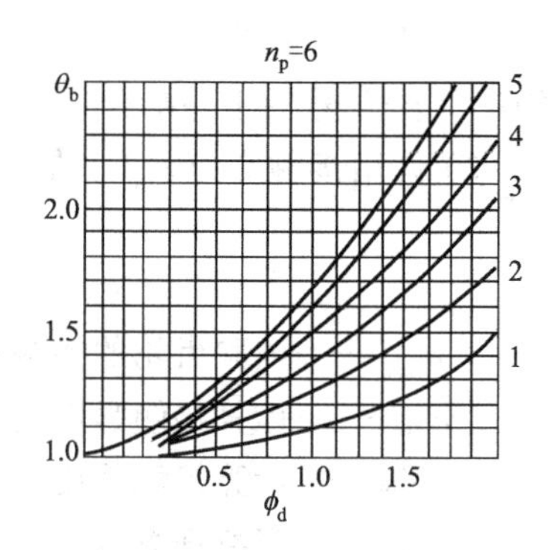

图 18-5　确定 θ_b 的线图

如果 2Z-X(A)型微型行星齿轮传动的内齿轮宽度 b_2 与行星轮分度圆直径 d_1 的比值小于或等于 1，即 $b_2/d_1 \leqslant 1$ 时，取齿向分布系数 $K_{H\beta}=K_{F\beta}=1$。

d. 齿间载荷分配系数 $K_{H\alpha}$、$K_{F\alpha}$。系数 $K_{H\alpha}$、$K_{F\alpha}$是考虑同时啮合的各对轮齿间载荷分配不均匀影响的系数。它们与轮齿制造误差（特别是基节偏差 Δf_{pb}）、受载后轮齿变形、齿廓修形、重合度 ε 和跑合效果等因素有关。一般，$K_{H\alpha}$和 $K_{F\alpha}$值可由表 18-8 查得。

表 18-8　齿间载荷分配系数 $K_{H\alpha}$、$K_{F\alpha}$

K_AF_t/b		≥100N/mm						<100N/mm
精度等级Ⅱ组		5	6	7	8	9	10	5 级及更低
硬齿面直齿轮	$K_{H\alpha}$	1.0		1.1	1.2	$1/Z_\varepsilon^2 \geqslant 1.2$		
	$K_{F\alpha}$							
非硬齿面直齿轮	$K_{H\alpha}$	1.0			1.1	1.2	$1/Z_\varepsilon^2 \geqslant 1.2$	
	$K_{F\alpha}$						$1/Y_\varepsilon \geqslant 1.2$	

注：1. 小齿轮和大齿轮精度等级不相同时，则按精度等级较低的取值。

2. 硬齿面与软齿面相啮合的齿轮副，$K_{H\alpha}$、$K_{F\alpha}$取平均值。

3. 表中 Z_ε 为重合度系数，Y_ε 为弯曲强度计算的重合度系数。

e. 行星轮间载荷分配不均匀系数 K_{Hp}。系数 K_{Hp}是考虑到各零件的制造误差和变形对行星轮间载荷不均匀的影响。它与转臂 X 和齿轮及其机体的制造和安装误差、受载荷后构件的变形及齿轮传动的结构等因素有关。因此，要想实现各行星轮间载荷均衡确实是件非常困难的事。在行星齿轮传动中，通常是用载荷分布不均匀系数 K_{Hp}来补偿各零件的制造误差和变形对行星轮间载荷不均衡的影响。在行星齿轮传动的强度计算中，必须要事先确定 K_{Hp}值的大小，但 K_{Hp}值很难用计算方法精确地求得。目前，在进行行星齿轮传动的强度计算时，一般是根据设计经验和有关文献中推荐的数据和线图来确定 K_{Hp}值。

根据有关文献提供的实验数据，在无均载机构的行星齿轮传动中，当行星轮数 $n_p=3$ 时，可取 $K_{Hp}=1.35\sim1.45$。对于无均载机构的 2Z-X(A)型行星齿轮传动，其系数 K_{Hp}值可按图 18-6 查得。可见，无均载机构的 K_{Hp}值较大，对于调质钢齿轮可取 $K_{Hp}=1.35\sim1.45$。实际上，由于受载荷最大的轮齿变形、磨损和疲劳点蚀的影响，大多数的情况下，其系数 K_{Hp}值会逐渐减小，最终可能使系数 $K_{Hp}<1.3$。

对于采用齿轮联轴器作为其均载机构的 2Z-X(A)型微型行星齿轮传动，其齿轮的制造精度不低于 7 级，圆周速度 $v \leqslant 15$m/s 时，其系数 K_{Hp}值可按表 18-6 选取。对于 8 级精度的齿轮，系数 K_{Hp}值应增大 10%～15%；9 级精度的齿轮，系数 K_{Hp}值应增大 15%～20%。

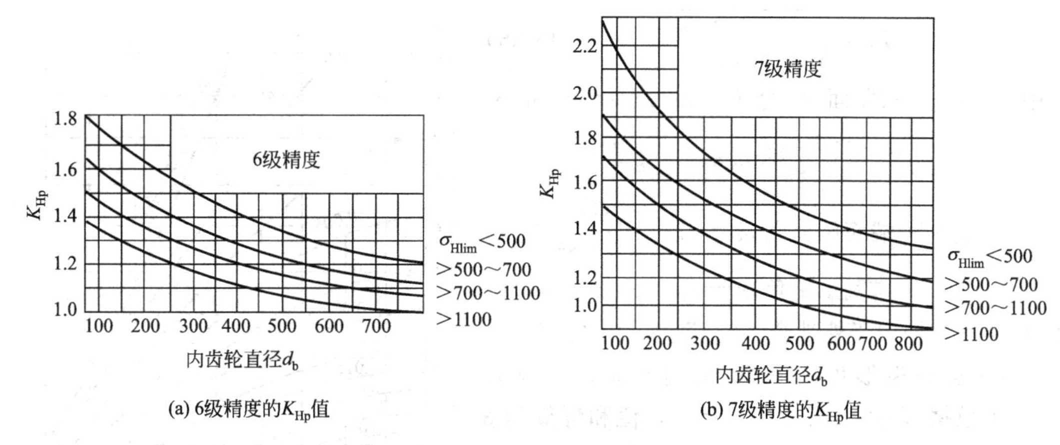

(a) 6级精度的K_{Hp}值　(b) 7级精度的K_{Hp}值

图 18-6　无均载机构的 2Z-X(A)型的微型行星齿轮传动 K_{Hp} 值

对于安装在弹性轴上或具有弹性支承的内齿轮 b，其载荷分布不均匀系数 K_{Hp} 的概略值可按下式计算，即

$$K_{Hp}=1+0.5(K'_{Hp}-1) \quad (18\text{-}35)$$

式中　K'_{Hp}——由图 18-6 中的线图确定的系数 K_{Hp} 值。

对于无均载机构的 3Z-(Ⅱ)型微型行星齿轮传动，当行星轮数为 $n_p=3$ 时，一般可取各齿轮的载荷分布不均匀系数为 $K_{Hpa}=1.2\sim2.0$ 和 $K_{Hpb}=K_{Hpe}=1.5$。

在 3Z-(Ⅱ)型微型行星齿轮传动中，一般行星轮数 $n_p=3$，随着所采用的均载机构的不同情况，即使采用相同的均载机构，当选取不同的基本构件浮动时，系数 K_{Hp} 值也是不相同的。在 3Z-(Ⅱ)型微型行星齿轮传动中各齿轮副 a-c、b-c 和 e-c 的载荷分布不均匀系数分别用符号 K_{Hpa}、K_{Hpb} 和 K_{Hpe} 表示。

现对于基本构件浮动的四种不同的情况，各齿轮的载荷分布不均匀系数 K_{Hp} 值可参见表 18-9。

f. 节点区域系数 Z_H。系数 Z_H 是考虑节点外齿廓曲率对接触应力的影响，并将分度圆上的切向力折算为节圆上的法向力的系数。Z_H 值可按下式计算：

表 18-9　3Z-(Ⅱ)型的载荷分布不均匀系数 K_{Hp}

序号	浮动的基本构件	系数 K_{Hp} 值
1	中心轮 a 内齿轮 b	$K_{Hpa}=K_{Hpb}=K_{Hpe}=1.1\sim1.5$
2	中心轮 a 内齿轮 b(柔)	$K_{Hpa}=1.1\sim1.2$
	中心轮 a 内齿轮 e(柔)	$K_{Hpe}=1.1$
3	内齿轮 e	$K_{Hpa}=1.7\sim2.0$ $K_{Hpe}=1.0\sim1.15$
4	内齿轮 b	$K_{Hpa}=1.2\sim2.0$ $K_{Hpb}=1.0\sim1.15$

注：表中写有（柔）是指采用了齿轮联轴器或十字滑块联轴器等支承。

$$Z_H=\sqrt{\frac{2\cos\beta_b\cos\alpha_t'}{\cos^2\alpha_t\sin\alpha_t'}} \tag{18-36}$$

式中　α'_t——端面啮合角，$\text{inv}\alpha'_t=\text{inv}\alpha_t+\dfrac{2(x_2\pm x_1)}{z_2\pm z_1}\tan\alpha$；

α_t——端面压力角，$\alpha_t=\arctan\left(\dfrac{\tan\alpha_n}{\cos\beta}\right)$；

β_b——基圆螺旋角，$\beta_b=\arctan(\tan\beta\cos\alpha_t)$。

其中，"＋"号用于外啮合，"－"号用于内啮合。

对于法面齿形角 $\alpha_n=20°$ 的齿轮副，其系数 Z_H 值可根据 $(x_2\pm x_1)/(z_2\pm z_1)$ 值和螺旋角 β 由图 18-7 查得。

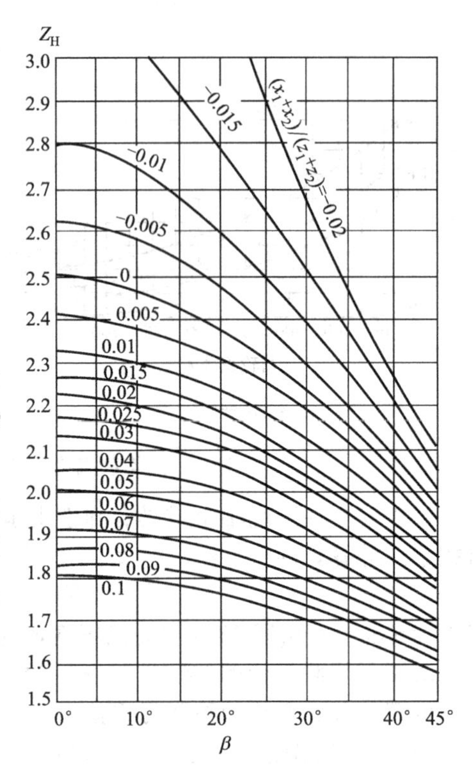

图 18-7　$\alpha_n=20°$时的节点区域系数 Z_H

g. 弹性系数 Z_E。系数 Z_E 是考虑材料的弹性模量 E 和泊松比 υ 对接触应力影响的系数。Z_E 值可按下式计算：

$$Z_E=\sqrt{\frac{1}{\pi\left(\dfrac{1-\upsilon_1^2}{E_1}+\dfrac{1-\upsilon_2^2}{E_2}\right)}} \tag{18-37}$$

式中，泊松比 $\upsilon=0.3$；弹性模量：钢 $E=206000\text{N/mm}^2$，铸钢 $E=202000\text{N/mm}^2$，铜 $E=108000\text{N/mm}^2$，硬铝 $E=70000\text{N/mm}^2$。

对于齿轮副大、小齿轮的配对材料为钢－钢时，弹性系数 $Z_E=189.8\sqrt{\text{N/mm}^2}$；钢－铸钢时，弹性系数 $Z_E=188.9\sqrt{\text{N/mm}^2}$；铜－铜时，弹性系数 $Z_E=137.4\sqrt{\text{N/mm}^2}$；硬铝－硬铝时，弹性系数 $Z_E=110.6\sqrt{\text{N/mm}^2}$。

h. 重合度系数 Z_ε。系数 Z_ε 是考虑重合度 ε 对单位齿宽载荷 F_t/b 的影响。Z_ε 值可用下式计算：

直齿轮
$$Z_\varepsilon=\sqrt{\frac{4-\varepsilon_\alpha}{3}} \tag{18-38}$$

式中　ε_α——啮合齿轮副的端面重合度。

i. 螺旋角系数 Z_β。系数 Z_β 是考虑到螺旋角 β 造成的接触线倾斜对接触应力影响的系数。Z_β 值可按下式计算：

$$Z_\beta=\sqrt{\cos\beta}$$

显见，对于直齿圆柱齿轮，其 $\beta=0$，故可得 $Z_\beta=1$。

j. 试验齿轮的接触疲劳极限 σ_{Hlim}。接触疲劳极限 σ_{Hlim} 表示某种材料的齿轮经长期持续的重复载荷作用后（通常不小于 5×10^7 次），齿面不出现进展性点蚀时的极限应力。影响 σ_{Hlim} 的主要因素有材料成分、力学性能，热处理和硬化层深度，以及毛坯种类（锻、轧、铸件）和残余应力等。通常，在进行行星齿轮传动设计时，可视条件由图 7-13、图 7-14 查得。

关于微型行星齿轮传动材料、热处理及 σ_{Hlim} 和 σ_{Flim} 值的具体实例可参阅表 18-10（仅供参考）。

表 18-10　齿轮材料、热处理及 σ_{Hlim} 和 σ_{Flim} 值

传动类型	名称	材料	热处理	硬度	$\sigma_{Hlim}/N\cdot mm^{-2}$	$\sigma_{Flim}/N\cdot mm^{-2}$
2Z－X(A)	中心轮 a 行星轮 c 内齿轮 b	20CrMnTi	渗碳 淬火	60～62HRC 58～62HRC 56～58HRC	1500 1350 1300	410 330 320
2Z－X(A)	中心轮 a 行星轮 c	20CrMnTi	渗碳 淬火	(57＋4)HRC	1400	378
	内齿轮 b	40CrMo	调质	262～293HB	770	294
2Z－X(A)	中心轮 a 行星轮 c	20CrMnTi	渗碳 淬火	(57＋4)HRC	1500	500 400
	内齿轮 b	40CrMo	调质	269～302HB	780	320
2Z－X(A)①	中心轮 a 行星轮 c 内齿轮 b	20CrMnTi 40CrMo	渗碳 淬火 调质	56～60HRC ＞260HB	1300 600	320 240
3Z(Ⅱ)	中心轮 a 行星轮 c	20CrMnTi	渗碳 淬火	58～62HRC	1500	400
	内齿轮 b 内齿轮 e	40CrMo	调质	217～259HB	760	290
3Z(Ⅱ)	中心轮 a 行星轮 c 内齿轮 b 内齿轮 e	35CrMnSiA 40CrMoA 40CrNiMoA	调质	255～300HB 241～286HB 241～286HB 255～300HB	780 760 760 780	320 310 310 320

① σ_{Hlim} 和 σ_{Flim} 值按质量等级 *ML* 查得。其余的均按 *MQ* 查得。

k. 最小安全系数 S_{Hmin} 和 S_{Fmin}。系数 S_{Hmin} 和 S_{Fmin} 是考虑齿轮工作可靠性的系数。应根据不同的传动装置、使用场合和用户要求来确定。如果齿轮工作要求长期运转，且可靠性要求较高，即齿轮传动一旦失效可能造成较严重后果，则安全系数 S_{Hmin} 取大值；反之，可取较小值。设计时所采取的原始数据越准确，设计计算越准确，则安全系数 S_{Hmin} 可取得小些；反之，则应取大些。设计时最小安全系数 S_{Hmin} 和 S_{Fmin} 可参考表 18-11。

表 18-11　最小安全系数 S_{Hmin}、S_{Fmin}

可靠性要求	最小安全系数		可靠性要求	最小安全系数	
	S_{Hmin}	S_{Fmin}		S_{Hmin}	S_{Fmin}
高可靠性	1.50～1.60	2.00	一般可靠性	1.00～1.10	1.25
较高可靠性	1.25～1.30	1.60	低可靠性	0.85	1.00

l. 接触强度计算的寿命系数 Z_N。系数 Z_N 是齿轮寿命不同时对疲劳极限应力影响的系数。Z_N 值可按齿轮材料和应力循环次数 N_L 由图 18-8 查得。

在简单齿轮传动中，应力循环次数 N_L 按下式计算

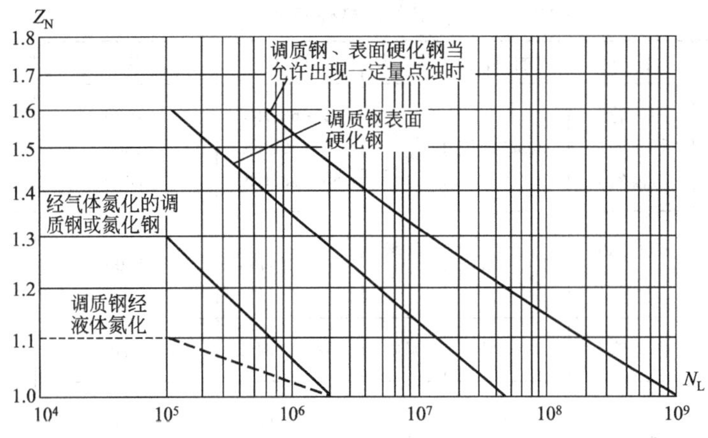

图 18-8　接触强度的寿命系数 Z_N

$$N_L = 60nt$$

在行星齿轮传动中，其应力循环次数 $N_L = 60n^x t$。

ⅰ. 2Z-X(A)型微型行星齿轮传动。

a-c 齿轮副（$z_a < z_c$）：小齿轮 $N_{L1} = 60(n_a - n_x)n_p t$;大齿轮 $N_{L2} = N_{L1}/un_p$。其中，$u = z_c/z_a$（齿数比）；行星轮数通常取 $n_p = 3$；t 为啮合齿轮副的总工作时间（h）。

b-c 齿轮副：小齿轮 $N_{L1} = N_{L2}u/n_p$，其中 $u = \dfrac{z_b}{z_c}$；大齿轮 $N_{L2} = 60(n_b - n_x)n_p t$。

ⅱ. 3Z（Ⅱ）型微型行星齿轮传动。

a-c 齿轮副（$z_a < z_c$）：小齿轮 $N_{L1} = 60(n_a - n_x)n_p t$;大齿轮 $N_{L2} = N_{L1}/un_p$。

b-c 齿轮副：小齿轮 $N_{L1} = N_{L2}\dfrac{u}{n_p}$；大齿轮 $N_{L2} = 60(n_b - n_x)n_p t$。

e-c 齿轮副：小齿轮 $N_{L1} = N_{L2}u/n_p$；大齿轮 $N_{L2} = 60(n_e - n_x)n_p t$。

m. 润滑油膜影响系数 Z_L、Z_v、Z_R。Z_L、Z_v 和 Z_R 考虑齿面间润滑油膜对齿面承载能力的影响。主要的影响因素：润滑油黏度的影响用润滑剂系数 Z_L；节点线速度的影响用速度系数 Z_v；齿面粗糙度的影响用粗糙度系数 Z_R。系数 Z_L、Z_v 和 Z_R 可分别由图 18-9，图 18-10 和图 18-11 查得。

图中，ν_{50} 为 50 ℃时润滑油的名义运动黏度（mm^2/s）；v 为节点圆周速度（m/s），对于行星齿轮传动可以用相对线速度 v^x 代替 v。$Rz100$ 为齿面相对平均粗糙度（μm）（相对于中心距 a=100mm 的试验齿轮），可按 $Rz100 = \dfrac{Rz1 + Rz2}{2}\sqrt[3]{\dfrac{100}{a}}$ 计算，其中，$Rz1$、$Rz2$ 分别

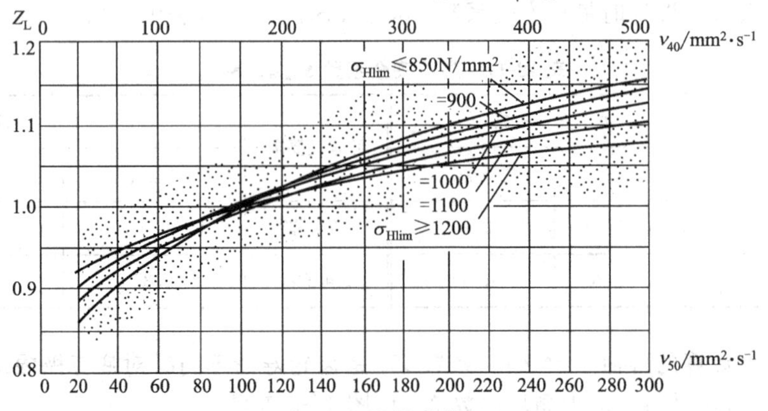

图 18-9　润滑系数 Z_L

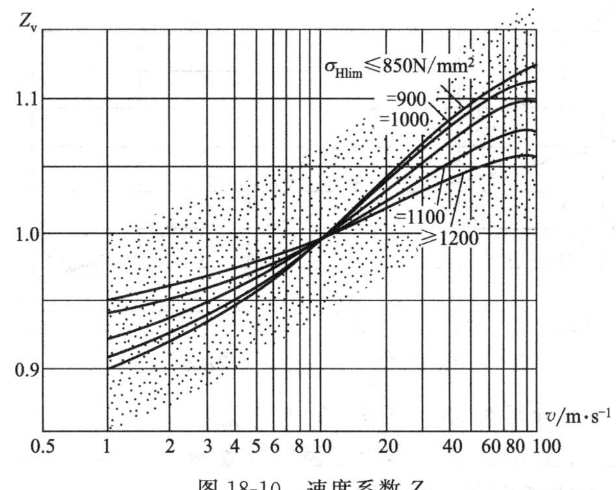

图 18-10　速度系数 Z_v

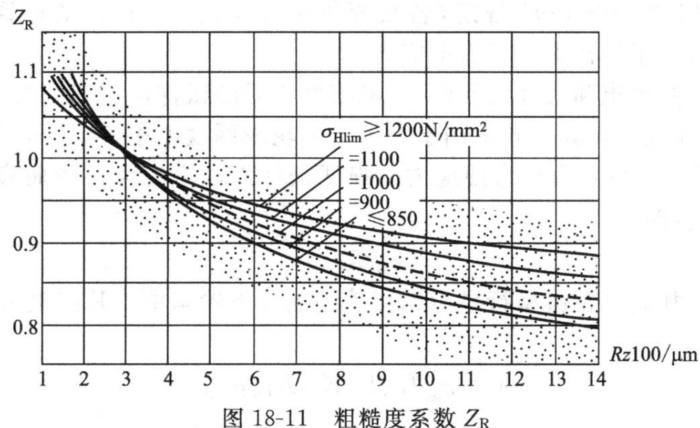

图 18-11　粗糙度系数 Z_R

为小齿轮、大齿轮的齿面平均粗糙度（μm）；a 为中心距（mm）。

关于 Z_L、Z_v 和 Z_R 的计算的简化方法：Z_L、Z_v、Z_R 的乘积在持久强度和静强度设计时可由表 18-12 查得。

表 18-12　简化计算的 Z_L　Z_v　Z_R 值

计算类型	加工工艺及齿面粗糙度 $Rz10$	$(Z_L Z_v Z_R)_{N0、Nc}$
持久强度 ($N_L \geqslant N_c$) ($N_c=10^9$) ($N_0=10^5$)	$Rz10>4\mu m$ 经滚、插加工的齿轮	0.85
	磨齿的齿轮副($Rz10>4\mu m$)；滚、插、研磨的齿轮与 $Rz10\leqslant 4\mu m$ 的磨削的齿轮副	0.92
	$Rz10<4\mu m$ 的磨削的齿轮副	1.00
静强度($N_L \leqslant N_0$)	各种加工方法	1.00

n. 工作硬化系数 Z_W。系数 Z_W 是考虑经光整加工的硬齿面小齿轮在运行过程中对调质钢大齿轮齿面产生冷作硬化，从而使大齿轮的许用接触应力得以提高的系数。Z_W 值可由下式计算或由图 18-12 查得：

$$Z_W=1.2-\frac{HB-130}{1700} \tag{18-39}$$

式中　HB——齿面的布氏硬度。当硬度小于 130HB 时，取 $Z_W=1.2$；当硬度大于 470HB 时，取 $Z_W=1.0$。

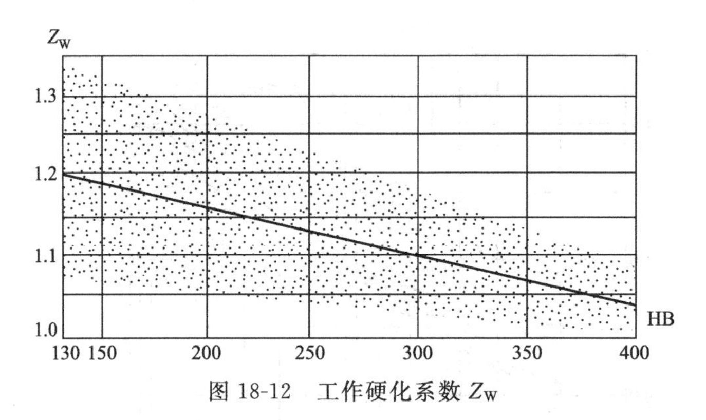

图 18-12　工作硬化系数 Z_W

o. 接触强度计算的尺寸系数 Z_X。系数 Z_X 是考虑因尺寸扩大使材料强度降低的尺寸效应因素的系数。在微型行星齿轮传动中，由于齿轮模数 $m<1.0$mm，故可取尺寸系数 $Z_X=1$。

(2) 齿根弯曲强度的校核计算

国家标准 GB/T 3480—1997 规定，名义弯曲应力以载荷作用侧的齿廓根部的最大拉应力，并经相应的系数修正后作为计算齿根应力。

考虑到使用条件、要求和尺寸的不同，标准将修正后的试件弯曲疲劳极限作为许用齿根应力。给出的轮齿弯曲强度计算公式适用于齿根以内轮缘厚度不小于 3.5m 的圆柱齿轮。

① 弯曲强度条件　校核齿根弯曲应力的强度条件为计算的齿根弯曲应力 σ_F 应不大于许用齿根弯曲应力 σ_{FP}，即

$$\sigma_F \leqslant \sigma_{FP} \tag{18-40}$$

② 齿根弯曲应力 σ_F　在微型行星齿轮行动的啮合齿轮副中，其齿根弯曲应力 σ_F 可按下式计算：

$$\sigma_F = \sigma_{F0} K_A K_v K_{F\beta} K_{F\alpha} K_{Fp} \tag{18-41}$$

σ_{F0} 的计算公式为

$$\sigma_{F0} = \frac{F_t}{b'm} Y_{Fa} Y_{Sa} Y_\varepsilon Y_\beta \tag{18-42}$$

式中　σ_{F0}——齿根弯曲应力的基本值，N/mm²，对齿轮副中的大、小齿轮应分别计算；

K_A——使用系数，由表 18-4 查得；

K_v——动载系数；

$K_{F\beta}$——计算弯曲强度的齿向分布系数；

$K_{F\alpha}$——计算弯曲强度的齿间载荷分配系数；

K_{Fp}——计算弯曲强度的行星轮间载荷分配不均匀系数；

Y_{Fa}——载荷作用于齿顶时的齿形系数；

Y_{Sa}——载荷作用于齿顶时的应力修正系数；

Y_ε——计算弯曲强度的重合度系数；

Y_β——计算弯曲强度的螺旋角系数。直齿圆柱齿轮 $\beta=0$，可求得 $Y_\beta=1$；

b'——工作齿宽，mm。若大、小齿轮宽度不同时，最多把窄齿轮的齿宽加上一个模数 m_n 作为宽齿轮的工作齿宽。

③ 许用齿根弯曲应力 σ_{FP}　许用齿根弯曲应力 σ_{FP} 可按下式计算，对大、小齿轮的 σ_{FP} 应力分别计算。

$$\sigma_{FP} = \frac{\sigma_{Flim} Y_{ST} Y_N}{S_{Fmin}} Y_{\delta T} Y_{RT} Y_X \tag{18-43}$$

式中　σ_{Flim}——试验齿轮的齿根弯曲疲劳极限，N/mm²；

Y_{ST}——试验齿轮的应力修正系数，一般取 $Y_{ST}=2.0$；

Y_N——计算弯曲强度的寿命系数；

$Y_{\delta T}$——相对齿根圆角敏感系数；

Y_{RT}——相对齿根表面状况系数；

Y_X——计算弯曲强度的尺寸系数；

S_{Fmin}——计算弯曲强度的最小安全系数。

④ 有关系数和弯曲疲劳极限 σ_{Flim}

a. 弯曲强度计算中的切向力 F_t、使用系数 K_A 和动载系数 K_v 的确定与接触强度计算相同。

b. 齿向载荷分布系数 $K_{F\beta}$是考虑沿齿宽载荷分布对齿根弯曲应力的影响。$K_{F\beta}$值可按式（18-34）计算。

c. 齿间载荷分配系数 $K_{F\alpha}$为计算弯曲强度的齿间载荷分配系数，其计算方法与接触强度计算的齿间载荷分配系数 $K_{H\alpha}$完全相同，即 $K_{F\alpha}=K_{H\alpha}$，可由表 18-8 查得。

d. 在齿根弯曲强度计算中，行星轮间载荷分布不均匀系数以 K_{Fp}表示。考虑到弯曲疲劳应力循环基本次数较小（$N_L=3\times10^6$），为了安全起见，K_{Fp}应取新行星齿轮传动装置初期的较大值。K_{Fp}与 K_{Hp}的近似关系可按下式计算，即

$$K_{Fp}=1+1.5(K_{Hp}-1) \tag{18-44}$$

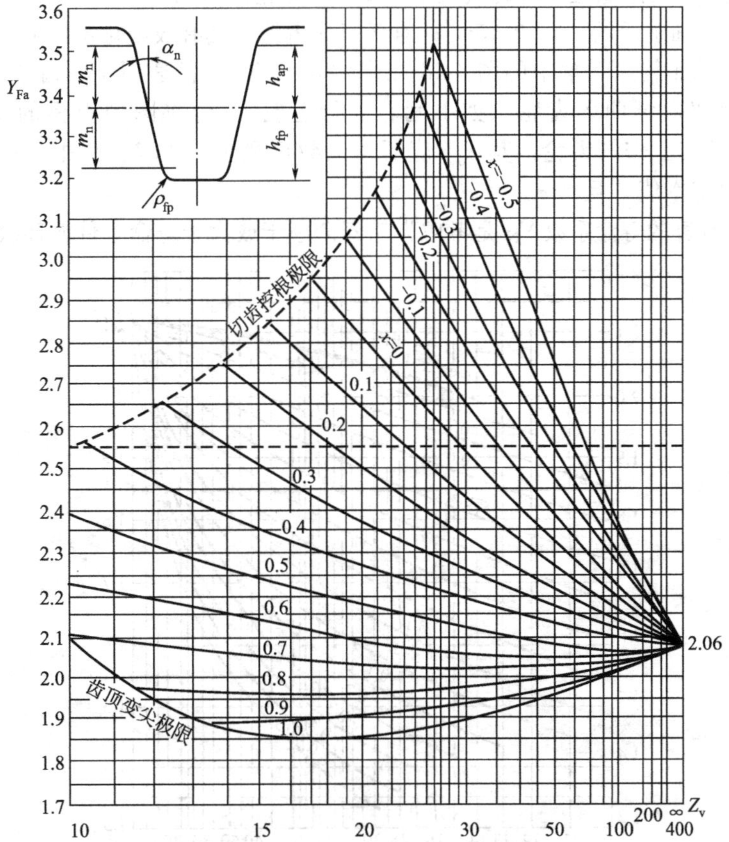

图 18-13　外齿轮齿形系数 Y_{Fa}

$\alpha=20°$，$h_a/m=1.0$，$h_f/m=1.25$，$\rho_f/m=0.38$。对内齿轮，当 $\rho_f=0.15m$，$h_f=1.25m$，$h_a=m$ 时，$Y_{Fa}=2.053$。

e. 齿形系数 Y_{Fa} 是考虑当载荷作用于齿顶时齿形对名义弯曲应力的影响。对于 $\alpha=20°$，$h_a/m=1.0$，$h_f/m=1.25$ 和 $\rho_f/m=0.38$ 的外齿轮，其齿形系数 Y_{Fa} 可由图 18-13 查得。内齿轮的齿形系数 Y_{Fa}，在近似计算中，可取 $Y_{Fa}=2.053$。

f. 应力修正系数 Y_{Sa} 是将名义弯曲应力换算成齿根局部应力的系数。它考虑了齿根过渡曲线处的应力集中和其他应力对齿根应力的影响。

对于用齿条刀具加工的外齿轮，且 $\alpha_n=20°$，$h_a^*=1$，$h=2.25m$，$\rho_f=0.38m$ 的外齿轮，其应力修正系数 Y_{Sa} 可按图 18-14 查得。对于内齿轮的修正系数 Y_{Sa}，在近似计算中，可取 $Y_{Sa}=2.65$。

g. 重合度系数 Y_ε 是载荷由齿顶转换到单对齿啮合区外点的系数。Y_ε 值可按下式计算：

$$Y_\varepsilon=0.25+\frac{0.75}{\varepsilon_\alpha} \tag{18-45}$$

式中　ε_α——齿轮副的端面重合度。

h. 试验齿轮的弯曲疲劳极限 σ_{Flim} 表示某种材料的齿轮经长期持续的重复载荷作用（通常其应力循环次数 N_L 不少于 3×10^6）后，齿根保持不破坏时的极限应力。影响 σ_{Flim} 的主要因素有材料成分、力学性能、热处理和硬化层深度、毛坯种类（锻、轧铸件）和残余应力以及材料缺陷等。在进行行星齿轮传动设计时，σ_{Flim} 值可根据钢材的种类和齿面硬度由图 7-28～图 7-30 查得。

上述图中的 σ_{Flim} 值是试验齿轮的失效率为 1%时的轮齿弯曲疲劳极限。对于渗碳齿轮适用于有效硬化深度（加工后的）$\delta\geqslant0.15m_n$；对于氮化齿轮，其有效硬化层深度 $\delta=0.4\sim0.6$mm。

现特提示：第 1 篇第 7 章中的图 7-28～图 7-30 中的 σ_{Flim} 值适用于轮齿单向弯曲的受载情况。对于受对称双向弯曲的齿轮（如中间轮、行星轮），应将图中查得的 σ_{Flim} 值乘上系数 0.7；对于双向运转工作的齿轮，其 σ_{Flim} 值所乘系数可稍大于 0.7。图中，σ_{FE} 为齿轮材料的弯曲疲劳强度的基本值，且有 $\sigma_{FE}=2\sigma_{Flim}$。

i. 弯曲强度计算的寿命系数 Y_N 是考虑齿轮寿命小于或大于寿命条件循环次数 N_c 时（见图

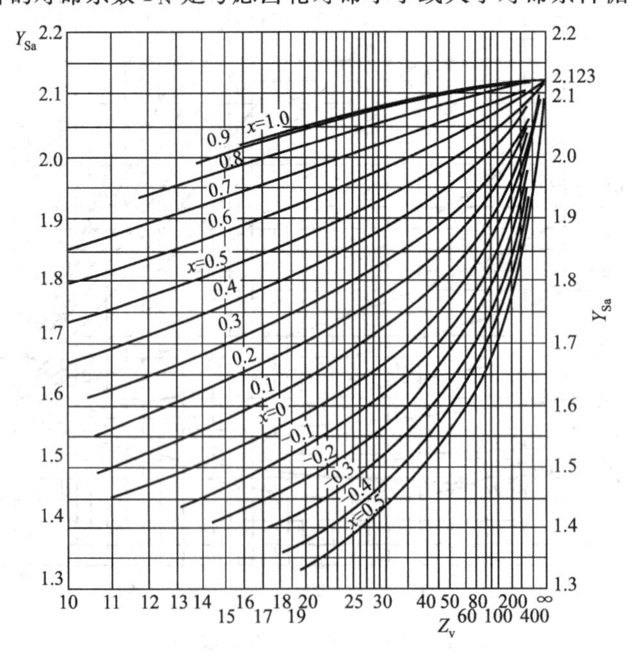

图 18-14　外齿轮应力修正系数 Y_{Sa}

（$\alpha=20°$，$h_a^*=1$，$h=2.25m$，$\rho_f=0.38m$）

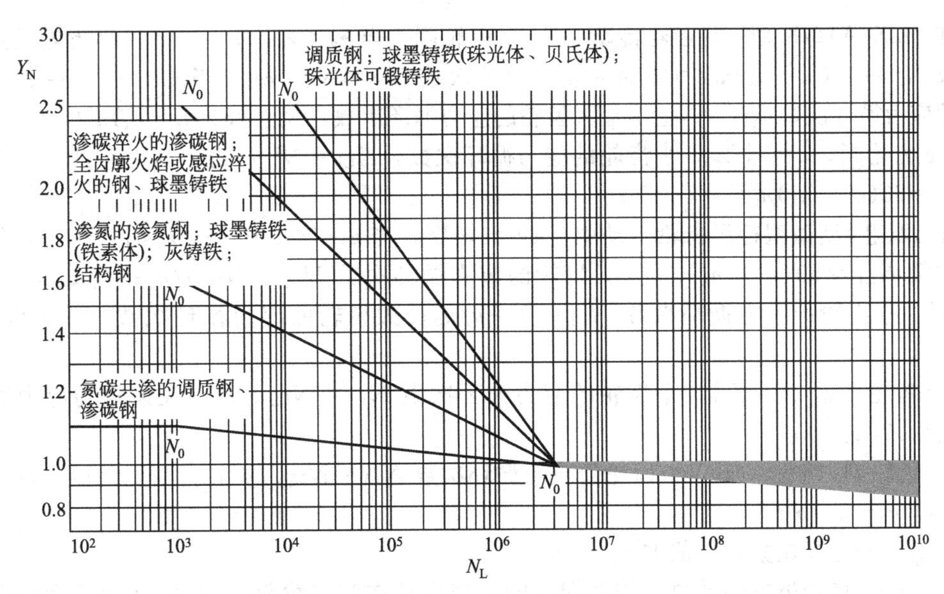

图 18-15　弯曲强度的寿命系数 Y_N

18-15)，其可承受的弯曲应力值与相应的条件循环次数 N_c 时疲劳极限应力值的比例系数。

当齿轮在定载荷工况工作时，应力循环次数 N_L 为齿轮设计寿命期内单侧齿面的啮合次数；双向工作时，按啮合次数较多的一面计算。当齿轮在变载荷工况下工作时，可近似地按名义载荷 F_t 乘以使用系数 K_A 来核算其弯曲强度。

寿命系数 Y_N 通常可由表 18-13 中的公式计算或由图 18-15 查得。

表 18-13　弯曲强度的寿命系数 Y_N

材料及热处理	静强度最大循环次数 N_0	持久寿命条件循环次数 N_c	应力循环次数 N_L	Y_N 计算公式
调质钢、球墨铸铁	$N_0=10^4$	$N_c=3\times10^6$	$N_L\leqslant10^4$ $10^4<N_L\leqslant3\times10^6$ $3\times10^6<N_L\leqslant10^{10}$	$Y_N=2.5$ $Y_N=\left(\frac{3\times10^6}{N_L}\right)^{0.16}$　(1) $Y_N=\left(\frac{3\times10^6}{N_L}\right)^{0.02}$　(2)
渗碳淬火的渗碳钢、球墨铸铁			$N_L\leqslant10^3$ $10^3<N_L\leqslant3\times10^6$ $3\times10^6<N_L\leqslant10^{10}$	$Y_N=2.5$ $Y_N=\left(\frac{3\times10^6}{N_L}\right)^{0.115}$　(3) $Y_N=\left(\frac{3\times10^6}{N_L}\right)^{0.02}$　(4)
渗氮的渗氮钢、结构钢、调质钢、渗碳钢	$N_0=10^3$	$N_c=3\times10^6$	$N_L\leqslant10^3$ $10^3<N_L\leqslant3\times10^6$ $3\times10^6<N_L\leqslant10^{10}$	$Y_N=1.6$ $Y_N=\left(\frac{3\times10^6}{N_L}\right)^{0.05}$　(5) $Y_N=\left(\frac{3\times10^6}{N_L}\right)^{0.02}$　(6)
氮碳共渗的调质钢、渗碳钢			$N_L\leqslant10^3$ $10^3<N_L\leqslant3\times10^6$ $3\times10^6<N_L\leqslant10^{10}$	$Y_N=1.1$ $Y_N=\left(\frac{3\times10^6}{N_L}\right)^{0.012}$　(7) $Y_N=\left(\frac{3\times10^6}{N_L}\right)^{0.02}$　(8)

注：当优选材料、制造工艺和润滑剂，并经生产实践验证时，公式(2)、(4)、(6)和(8)可取 $Y_N=1.0$。

表中的应力循环次数 N_L，在简单齿轮传动中，N_L 可按下式计算：

$$N_L=60nt \tag{18-46}$$

在行星齿轮传动中，各种传动类型齿轮的循环次数 N_L 按下式计算：

$$N_L=60n^x t \tag{18-47}$$

在 2Z-X(A)型微型行星齿轮传动中，a-c 齿轮副，当 $z_a<z_c$，$u=z_c/z_a$，小齿轮的应力循环次数 $N_{L1}=60(n_a-n_x)n_pt$,大齿轮的应力循环次数 $N_{L2}=N_{L1}/un_p$；当 $z_a>z_c$，$u=z_a/z_c$，小齿轮的应力循环次数 $N_{L1}=N_{L2}u/n_p$ 大齿轮的应力循环次数，$N_{L2}=60(n_a-n_x)n_pt$。

b-c 齿轮副，$u=z_b/z_c$，小齿轮的应力循环次数，$N_{L1}=N_{L2}u/n_p$，大齿轮的应力循环次数 $N_{L2}=60(n_b-n_x)n_pt$。

在 3Z(Ⅱ)型微型行星齿轮传动中，a-c 齿轮副，当 $z_a<z_c$，$u=z_c/z_a$ 时，小齿轮的应力循环次数 $N_{L1}=60(n_a-n_x)n_pt$，大齿轮的应力循环次数 $N_{L2}=N_{L1}u/n_p$；当 $z_a>z_c$，$u=z_a/z_c$时，小齿轮的应力循环次数 $N_{L1}=N_{L2}u/n_p$；大齿轮的应力循环次数 $N_{L2}=60(n_a-n_x)n_pt$。

b-c 齿轮副，$u=z_b/z_c$，小齿轮的应力循环次数 $N_{L1}=N_{L2}u/n_p$，大齿轮的应力循环次数 $N_{L2}=60(n_b-n_x)n_pt$。

e-c 齿轮副，$u=z_e/z_c$，小齿轮的应力循环次数 $N_{L1}=N_{L2}u/n_p$，大齿轮的应力循环次数 $N_{L2}=60(n_e-n_x)n_pt$。

式中　n_p——行星轮数，一般取 $n_p=3$；

　　t——啮合齿轮副的总工作时间（h），当齿轮在双向载荷作用时，t 为轮齿啮合次数最多的一侧的总工作时间。

如图 18-15 所示，当循环次数 $N_L>3\times10^6$ 时弯曲强度的寿命系数可取 $Y_N=1$。

j. 弯曲强度计算的尺寸系数 Y_X 是考虑因尺寸增大使材料强度降低的尺寸效应因素的系数。在微型行星齿轮传动中，由于齿轮模数 $m<1.0$mm，故可取尺寸系数 $Y_X=1$。

k. 相对齿根圆角敏感系数 $Y_{\delta T}$ 是考虑所计算齿轮的材料、几何尺寸等对齿根弯曲应力的敏感度与试验齿轮不同而引起的系数。$Y_{\delta T}$ 值定义为所计算齿轮的齿根圆角敏感系数 $Y_{\delta j}$ 与试验齿轮的齿根圆角敏感系数 $Y_{\delta S}$ 的比值，即 $Y_{\delta T}=Y_{\delta j}/Y_{\delta S}$。

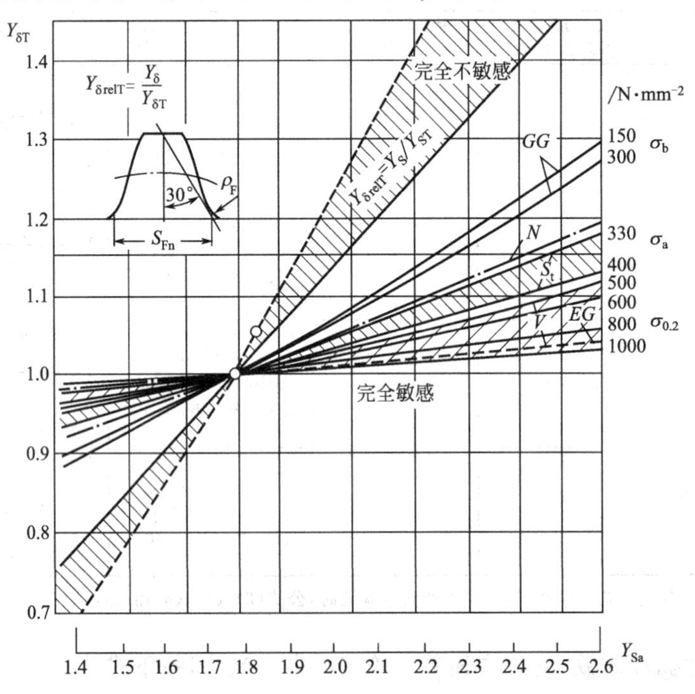

图 18-16　持久寿命时的相对齿根圆角敏感系数 $Y_{\delta T}$

GG—灰铸铁；V—调质钢；EG—渗碳淬火钢；S_t—软钢；N—气体与液体氮化的调质钢

$Y_{\delta T}$值可根据应力修正系数Y_{Sa}和齿轮材料的有关强度值由图 18-16 查得。

l. 相对齿根表面状况系数Y_{RT}是考虑齿廓根部的表面状况，主要是齿根圆角处的粗糙度对齿根弯曲强度的影响。系数Y_{RT}值为所计算齿轮的齿根表面状况系数Y_{Rj}与试验齿轮的齿根表面状况系数Y_{RS}的比值，即$Y_{RT}=Y_{Rj}/Y_{RS}$。Y_{RT}值可按表 18-14 中的相应公式计算，也可由图 18-17 查得。

表 18-14　相对齿根表面状况系数 Y_{RT}

材料	$Rz<1\ \mu m$	$1\ \mu m \leqslant Rz < 40\ \mu m$
调质钢、渗碳淬火钢球墨铸铁	$Y_{RT}=1.120$	$Y_{RT}=1.674-0.259(Rz+1)^{0.1}$
结构钢	$Y_{RT}=1.070$	$Y_{RT}=5.306-4.203(Rz+1)^{0.01}$
渗氮的渗碳钢、调质钢、球墨铸铁	$Y_{RT}=1.025$	$Y_{RT}=4.299-3.259(Rz+1)^{0.005}$

注：Rz 为齿根表面微观不平度十点高度。

m. 最小安全系数S_{Fmin}的意义与S_{Hmin}相同。齿轮工作的可靠性要求应根据其重要程度、使用场合、工作要求和使用维修的难易程度等因素综合考虑确定。对于行星齿轮传动，由于对其弯曲强度的可靠性要求较高，不宜采用低可靠的安全系数，故推荐按较高或高可靠性，可由表 18-11 查取S_{Fmin}值。

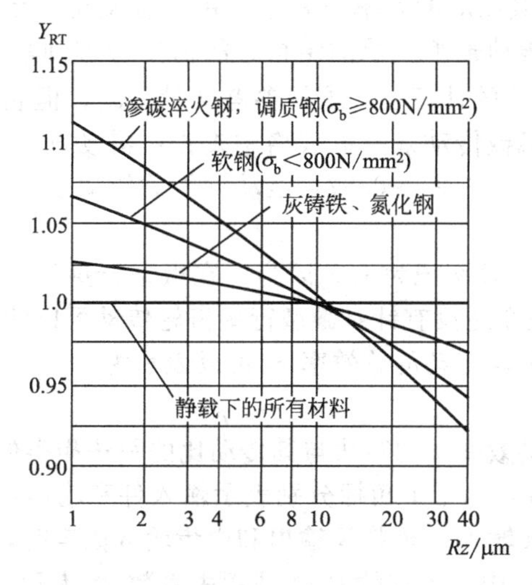

图 18-17　相对齿根表面状况系数 Y_{RT}

在啮合齿轮副中，其大、小齿轮的弯曲安全系数 S_F 值应分别计算，即

$$S_{F1}=\frac{\sigma_{Flim1}Y_{N1}Y_{\delta T}Y_{RT}Y_X}{\sigma_{F1}} \tag{18-48}$$

$$S_{F2}=\frac{\sigma_{Flim2}Y_{N2}Y_{\delta T}Y_{RT}Y_X}{\sigma_{F2}} \tag{18-49}$$

校核齿轮的安全系数时，大、小齿轮的弯曲安全系数 S_F 值应分别大于其对应的最小安全系数 S_{Fmin}，即

$$\begin{cases} S_{F1}>S_{Fmin} \\ S_{F2}>S_{Fmin} \end{cases} \tag{18-50}$$

第 19 章　微型行星齿轮传动的效率计算

19.1　2Z-X(A)型微型行星齿轮传动的效率计算

微型行星齿轮传动效率是评价其传动性能优劣的重要指标之一。对于不同传动类型的微型行星齿轮传动，其传动效率 η 值的大小是不相同的。对于同一类型的微型行星齿轮传动，其传动效率 η 值也可能随着其传动比 i_p 的变化而变化。即使在同一类型的微型行星齿轮传动中，当采用的输入件、输出件不相同时，其传动效率 η 值也是不相同的。

欲求得微型行星齿轮传动的效率 η 值，首先应了解它的传动功率损失。在微型行星齿轮传动中，其主要的功率损失，通常有如下三种。

① 齿轮副中的啮合摩擦损失（简称啮合损失），其相应的传动功率记为 η_m。它是由于啮合传动时轮齿的齿廓滑动而引起的摩擦损失。η_m 值可用相应的效率计算公式求得。

② 轴承中摩擦损失，其相应的效率记为 η_n。由于各微型行星齿轮传动的齿轮大都是安装在转轴上，且通常采用滚动轴承支承的结构，故需要考虑到轴承的传动效率 η_n。尽管轴承的损失系数 ψ_n^x 可以用相关的计算公式求得参考文献［3］，但它的计算误差较大。一般可由《机械设计手册》关于机械传动效率的表格中查得：滑动轴承和滚动轴承的传动效率 η_n 值。滑动轴承的传动效率 $\eta_n=0.94\sim0.97$，滚动轴承的传动效率 $\eta_n=0.98\sim0.99$ 作为轴承效率 η_n 的近似值。

③ 液力损失，其相应的效率记为 η_s。因为，在微型行星齿轮传动中一般不会采用油池润滑。关于效率 η_s 值，至今还没有针对微型行星齿轮传动可以使用的计算公式。

所以，对于微型行星齿轮传动的总效率 η_p 可以表示为

$$\eta_p=\eta_m\eta_n \tag{19-1}$$

关于微型行星齿轮传动效率 η 的写法与其传动比的写法相类似，传动效率 η 和损失系数 ψ 的右上角表示其固定构件，两个下角标分别表示输入件和输出件。例如，2Z-X(A)型微型行星齿轮传动，当中心轮 a 输入、转臂 X 输出和内齿轮 b 固定时，其传动效率可表示为 η_{ax}^b。而在转臂 X 固定的转化机构中，可用效率 η^x 或损失系数 ψ^x 表示，其下角标可以省略。

根据参考文献［3］中推导的结果，2Z-X(A)型微型行星齿轮传动的效率 η 计算公式如下。

当中心轮 a 输入、转臂 X 输出和内齿轮 b 固定时，其传动效率 η_{ax}^b 的计算可参见公式(6-19)，即

$$\eta_{ax}^b=1-\frac{i_{ab}^x}{i_{ab}^x-1}\psi_m^x$$

因它的转化机构传动比 $i_{ab}^x=-\frac{z_b}{z_a}=-p$，则可得 2Z－X(A)型微型行星齿轮传动效率 η_{ax}^b 的计算公式为

$$\eta_{ax}^b=1-\frac{p}{1+p}\psi_m^x \tag{19-2}$$

式中　p——行星排的特性参数，且 $p=z_b/z_a$；

ψ_m^x——其转化机构的啮合损失系数。

19.2　转化机构的功率损失系数 ψ^x 计算

在行星齿轮传动的转化机构中，其损失系数 ψ^x 等于啮合损失系数 ψ_m^x 和轴承损失系数 ψ_n^x 之和，即

$$\psi^x = 1-\eta^x = \psi_m^x + \psi_n^x \tag{19-3}$$

对于 2Z-X(A)型行星齿轮传动，其啮合损失系数 ψ_m^x 为两个齿轮副的啮合损失系数之和，即

$$\psi_m^x = \psi_{ma}^x + \psi_{mb}^x \tag{19-4}$$

式中　ψ_{ma}^x——转化机构中齿轮副 a-c 的啮合损失系数；

ψ_{mb}^x——转化机构中齿轮副 b-c 的啮合损失系数。

关于啮合损失系数 ψ_m^x 的计算现简介如下：

在行星齿轮传动的转化机构中，仅考虑齿轮副的摩擦损失时，一对直齿圆柱齿轮传动的啮合损失系数 ψ_m^x 可按下式计算：

$$\psi_m^x = \frac{\pi}{2}\varepsilon f_m\left(\frac{1}{z_1}\pm\frac{1}{z_2}\right)$$

当重合度 $\varepsilon=1.5$ 时，得

$$\psi_m^x = 2.3 f_m\left(\frac{1}{z_1}\pm\frac{1}{z_2}\right) \tag{19-5}$$

式中　z_1——齿轮副中的小齿轮齿数；

z_2——齿轮副中的大齿轮齿数；

f_m——啮合摩擦系数，一般取 $f_m=0.06\sim0.10$，若齿面经过跑合，可取 $f_m\leqslant0.05$。

式中，正号“＋”适用于外啮合；负号“－”适用于内啮合。

关于较精确计算损失系数 ψ_m^x 值的方法，对于直齿圆柱齿轮，可按如下公式计算其精确的 ψ_m^x 值，即

$$\psi_m^x = 2\pi f_m\left(\frac{1}{z_1}\pm\frac{1}{z_2}\right)(1-\varepsilon_\alpha+0.5\varepsilon_\alpha^2) \tag{19-6}$$

式中　ε_α——端面重合度，且 $\varepsilon_\alpha=\frac{1}{2\pi}[z_1(\tan\alpha_{a1}-\tan\alpha')\pm z_2(\tan\alpha_{a2}-\tan\alpha')]$，其中 α_{a1} 为小齿轮的齿顶圆压力角，$\alpha_{a1}=\arccos\frac{d_{b1}}{d_{a1}}$；$\alpha_{a2}$ 为大齿轮的齿顶圆压力角，$\alpha_{a2}=\arccos\frac{d_{b2}}{d_{a2}}$；$\alpha'$ 为齿轮副的啮合角，$\alpha'=\arccos\left(\frac{a}{a'}\cos\alpha\right)$，其中，$a$ 为齿轮副的标准中心距；a' 为齿轮副的啮合中心距。

式中，正号“＋”适用于外啮合；负号“－”适用于内啮合。

19.3　3Z(Ⅱ)型微型行星齿轮传动的效率计算

19.3.1　3Z(Ⅱ)型微型行星齿轮传动效率计算公式

根据第 6 章 6.2.3 中推导的结果，当内齿轮 b 的节圆直径 d'_b 大于内齿轮 e 的节圆直径 d'_e 时，即 $d'_b>d'_e$，中心轮 a 输入，内齿轮 e 输出和内齿轮 b 固定时，其传动效率的计算公式为

$$\eta_{ae}^b = \frac{1-i_{ab}^x\eta_{ab}^x}{1-i_{eb}^x\eta_{eb}^x}i_{ea}^b \approx \frac{0.98}{1+\left|\frac{i_{ae}^b}{1+p}-1\right|\psi_{eb}^x} \tag{19-7}$$

当节圆直径 $d'_b < d'_e$，同样，中心轮 a 输入，内齿轮 e 输出和内齿轮 b 固定时，其传动效率的计算公式为

$$\eta_{ae}^{b} = \frac{1 - i_{ab}^{x}\eta_{ae}^{x}/\eta_{be}^{x}}{1 - i_{eb}^{x}/\eta_{be}^{x}} i_{ea}^{b} \approx \frac{0.98}{1 + \left|\frac{i_{ae}^{b}}{1+p}\right| \psi_{be}^{x}} \tag{19-8}$$

当节圆直径 $d'_b > d'_e$，中心轮 a 输入，内齿轮 b 输出和内齿轮 e 固定时，其传动效率的计算公式为

$$\eta_{ab}^{e} = \frac{1 - i_{ae}^{x}\eta_{ae}^{x}}{1 - i_{be}^{x}\eta_{be}^{x}} i_{ba}^{e} \approx \frac{0.98}{1 + \left|\frac{i_{ab}^{e}}{1+p'} - 1\right| \psi_{be}^{x}} \tag{19-9}$$

当节圆直径 $d'_b < d'_e$，同样，中心轮 a 输入，内齿轮 b 输出和内齿轮 e 固定时，其传动效率的计算公式为

$$\eta_{ab}^{e} = \frac{1 - i_{ae}^{x}\eta_{ab}^{x}/\eta_{eb}^{x}}{1 - i_{be}^{x}/\eta_{eb}^{x}} i_{ba}^{e} \approx \frac{0.98}{1 + \left|\frac{1 - i_{ab}^{e}}{1+p} - 1\right| \psi_{eb}^{x}} \tag{19-10}$$

式中　p、p'——特性参数，且 $p = z_b/z_a$，$p' = z_e/z_a$；

i_{ae}^{b}——3Z(Ⅱ)型微型行星齿轮传动比，$i_{ae}^{b} = \left(1 + \frac{z_b}{z_a}\right)\frac{z_e}{z_e - z_b}$；

i_{ab}^{e}——e 轮固定时的传动比，$i_{ab}^{e} = \left|-\frac{z_b(z_a + z_e)}{z_a(z_e - z_b)}\right|$；

ψ_{be}^{x}——损失系数，且有 $\psi_{be}^{x} = \psi_{mb}^{x} + \psi_{me}^{x}$；

ψ_{eb}^{x}——损失系数，且有 $\psi_{eb}^{x} = \psi_{me}^{x} + \psi_{mb}^{x}$。

对于内齿轮 b 和 e 的节圆直径的关系 $d'_b > d'_e$ 和 $d'_b < d'_e$ 的不同情况，必须采用不同的传动效率计算公式。根据第 1 篇第 6 章研究的结果可知：由于 $d'_b > d'_e$ 和 $d'_b < d'_e$ 的不同，即表示行星齿轮传动所传递的功率流方向不相同，即在其转化机构中各构件哪个输入和哪个输出的情况也有所不同。所以，对于固定同一个构件的 3Z 型微型行星齿轮传动，必须根据节圆直径 $d'_b > d'_e$ 或 $d'_b < d'_e$ 的不同情况，采用与其相应的传动效率计算公式。进一步了解上述问题较详细的研究分析内容，请参阅本书第 1 篇第 6 章 6.2.3 中的相关内容。

19.3.2　微型行星齿轮传动效率计算示例

【例题 19-1】　已知 2Z-X(A)型三级串联的微型行星齿轮减速器。其传动比 $i_p = 85.2$，各齿轮的模数 $m = 0.5$mm，各轮齿数为 $z_a = 15$、$z_b = 51$ 和 $z_c = 18$。试计算该微型行星齿轮传动的传动效率 η_p。

解　该 2Z-X(A)型单级微型行星齿轮传动的行动效率 η_{ax}^{b} 可按式(19-2) 计算，即

$$\eta_{ax}^{b} = 1 - \frac{p}{1+p}\psi_{m}^{x}$$

其中，特性系数 $p = \frac{z_b}{z_a} = \frac{51}{15} = 3.4$；损失系数 $\psi_{m}^{x} = \psi_{ma}^{x} + \psi_{mb}^{x}$，取啮合摩擦系数 $f_m = 0.1$。系数 ψ_{ma}^{x} 和 ψ_{mb}^{x} 可按式(19-5) 计算：

$$\psi_{ma}^{x} = 2.3 \times f_m \left(\frac{1}{z_a} + \frac{1}{z_c}\right) = 2.3 \times 0.1 \times \left(\frac{1}{15} + \frac{1}{18}\right) = 0.02811$$

$$\psi_{mb}^{x} = 2.3 \times f_m \left(\frac{1}{z_c} - \frac{1}{z_b}\right) = 2.3 \times 0.1 \times \left(\frac{1}{18} - \frac{1}{51}\right) = 0.04705$$

所以，$\psi_{m}^{x} = \psi_{ma}^{x} + \psi_{mb}^{x} = 0.02811 + 0.04705 = 0.07516$ 则其每一级的传动效率为

$$\eta_{ax}^{b} = 1 - \frac{p}{1+p}\psi_{m}^{x} = 1 - \frac{3.4}{1+3.4} \times 0.07516 = 0.942$$

三级微型行星齿轮减速器的传动效率 η 为

$$\eta=(\eta_{ax}^{b})^3=(0.942)^3=0.836$$

考虑到该微型行星齿轮传动的滚动轴承的传动效率 $\eta_n=0.98$，则可得该 2Z－X（A）型三级串联微型行星齿轮减速器的总传动效率为

$$\eta_p=(\eta_{ax}^{b})^3\times\eta_n=0.836\times0.98=0.82$$

可见，该微型行星齿轮减速器（三级串联）的传动效率是较高的。该微型行星齿轮减速器经跑合后（$f_m=0.05$），其总传动效率可达 $\eta_p=0.89$。

【例题 19-2】 已知 3Z(Ⅱ)型微型行星齿轮减速器的传动比 $i_p=217$，齿轮模数 $m=0.4$mm，各轮齿数为 $z_a=15$，$z_b=90$，$z_e=93$ 和 $z_c=38$。试计算该微型行星齿轮减速器的传动效率 η_p。

解 由啮合参数计算得知：该微型行星齿轮传动的啮合中心距 $a'=\frac{m}{2}(z_e-z_c)=\frac{0.4}{2}(93-38)=11$mm，内齿轮 b 的节圆直径 $d'_b=2a'\frac{z_b}{z_b-z_c}=2\times11\times\frac{90}{90-38}=38.08$mm；内齿轮 e 的节圆直径 $d'_e=2a'\frac{z_e}{z_e-z_c}=2\times11\times\frac{93}{93-38}=37.2$mm。可知：$d'_b=38.08\text{mm}>d'_e=37.2\text{mm}$。当中心轮 a 输入、内齿轮 e 输出和内齿轮 b 固定时，其传动效率 η_{ae}^{b} 可按式(19-7) 计算，即

$$\eta_{ae}^{b}=\frac{0.98}{1-\left|\frac{i_{ae}^{b}}{1+p}-1\right|\psi_{eb}^{x}}$$

式中，特性参数 $p=\frac{z_b}{z_a}=\frac{90}{15}=6$；行动比 $i_{ae}^{b}=217$；损失系数 $\psi_{eb}^{x}=\psi_{me}^{x}+\psi_{mb}^{x}$；且取啮合摩擦系数 $f_m=0.1$。

损失系数 ψ_{me}^{x} 和 ψ_{mb}^{x} 可按式(19-5) 计算：

$$\psi_{me}^{x}=2.3\times f_m\left(\frac{1}{z_c}-\frac{1}{z_e}\right)=2.3\times0.1\times\left(\frac{1}{38}-\frac{1}{93}\right)=0.003579$$

$$\psi_{mb}^{x}=2.3\times f_m\left(\frac{1}{z_c}-\frac{1}{z_b}\right)=2.3\times0.1\times\left(\frac{1}{38}-\frac{1}{90}\right)=0.003497$$

则

$$\psi_{eb}^{x}=\psi_{me}^{x}+\psi_{mb}^{x}=0.003579+0.003497=0.007076$$

代入式(19-7)，可得

$$\eta_{ae}^{b}=\frac{0.98}{1+\left|\frac{i_{ae}^{b}}{1+p}-1\right|\psi_{eb}^{x}}=\frac{0.98}{1+\left|\frac{217}{1+6}-1\right|\times0.007076}=0.81$$

考虑到滚动轴承的传动效率 $\eta_n=0.98$，则可得该 3Z(Ⅱ)型微型行星齿轮减速器的总传动效率为

$$\eta_p=\eta_{ae}^{b}\times\eta_n=0.81\times0.98=0.794$$

可见，该微型行星齿轮减速器的效率 η_p 较高。该 3Z(Ⅱ)型微型行星齿轮减速器经跑合后($f_m=0.05$)，其总传动效率可达 $\eta_p=0.86$。

第20章　微型行星齿轮传动设计计算示例

20.1　微型行星齿轮传动的设计计算步骤

在设计微型行星齿轮传动时，一般应了解微型行星齿轮传动的使用要求、工作状况、结构特点和所需微型齿轮的精度等级等。通常，应首先了解已知的原始数据：原动机（电动机等）的额定功率 P_1（kW）、额定转速 n_1（r/min）、传动比 i_p、工作特性和载荷工况等。

现将微型行星齿轮传动的设计计算步骤简介如下。

① 选取微型行星齿轮传动的传动类型　选取微型行星齿轮传动的传动类型主要根据其用途、工作特点、传动比 i_p 的大小和传递功率范围以及传动效率等。若该微型行星齿轮传动用于长期连续运转、工作制度不限，且要求单级传动比较小（可以进行多级串联），结构简单，制造方便和传动效率高，则可选取 2Z-X(A)型及其多级串联的传动类型。若该微型行星齿轮传动用于短期间断工作，传递中小功率，单级传动比 i_p 较大，且要求结构紧凑，则可选取 3Z(Ⅱ)型的传动类型。

② 进行配齿计算　根据所选取的行星齿轮传动类型，按照第14章14.2中的有关公式进行配齿计算，或按照配齿表14-1或表3-6，据给定的传动比 i_p 值，确定微型行星齿轮传动中的各轮齿数。

③ 验算各轮齿数应满足的条件　在确定了所选行星齿轮传动类型的各轮齿数之后，还要按第14章14.3中的有关公式，验算该行星齿轮传动的传动比条件、邻接条件、同心条件和安装条件。这些条件，是无论选哪种类型的行星齿轮传动都必须满足的。否则，就不符合行星齿轮传动的基本要求，也不能保证行星齿轮传动的正常工作。

④ 初步计算齿轮的主要参数　首先应将已选定的行动类型 2Z-X(A)型或 3Z(Ⅱ)型分解为两个啮合齿轮副：a-c 和 b-c 或三个啮合齿轮副：a-c、b-c 和 e-c。再根据微型行星齿轮传动的工作特点、承载能力和使用寿命及制造成本等因素，正确地选择齿轮材料和热处理方法及其齿面硬度（可参阅表18-1、表18-2和表18-3）。

对于 2Z-X(A)型微型行星齿轮传动，可以按齿面接触强度的初算公式(18-25) 计算中心轮 a 的分度圆直径 d_1。对于 3Z(Ⅱ)型微型行星齿轮传动，可以按齿根弯曲强度的初算公式(18-26) 计算齿轮的模数 m。

⑤ 啮合参数计算　为了改善齿轮的传动性能，满足啮合的同心条件和强度条件等，确定所选传动类型中的某个啮合齿轮副是否需要采取变位传动。对于非标准啮合齿轮副，应根据其变位传动的目的，正确地选用变位方式，合理地选取各齿轮副公共的啮合中心距 a'值。再根据已知条件和参阅第15章15.2表15-1中的公式，进行其啮合参数的计算，以求得各齿轮副的中心距变动系数 y、啮合角 α'、变位系数和 x_Σ 及其齿顶高变动系数 Δy 值。再根据各齿轮副中的齿数和 z_Σ 及其啮合角 α'，采用图15-2中的线图，将变位系数和 x_Σ 分配给各个齿轮，以确定大、小齿轮的变位系数 x_1、x_2 值。

⑥几何尺寸计算　根据微型行星齿轮传动的传动类型，齿轮副的不同啮合方式（外啮合或内啮合）及其不同的变位方式（高度变位或角度变位），采取表15-5或表15-6或表15-7中的相应公式进行各齿轮副的几何尺寸计算。

⑦ 传动效率的计算　根据所选定的微型行星齿轮传动的类型，对于 2Z-X(A)型微型行

星齿轮传动，应按照式（19-2）进行其传动效率 η_{ax}^{b} 的计算。对于 3Z(Ⅱ)型微型行星齿轮传动应按照式(19-7) 或式(19-8) 进行其传动效率 η_{ae}^{b} 的计算。

⑧ 微型行星齿轮传动的受力分析　根据不同的传动类型，首先要了解和掌握行星齿轮传动受力分析的三点提示，且参阅受力分析图 18-1 和图 18-2。再按照第 18 章 18.1 中的相关公式，对 2Z-X(A)型或 3Z(Ⅱ)型微型行星齿轮传动进行受力分析，计算各构件上承受的切向力 F 和转矩 T。

⑨ 微型行星齿轮传动的强度验算　根据不同的行星齿轮传动类型，在进行了具体的受力分析和计算后，就应该对各啮合齿轮副中的各个齿轮进行强度验算。

如前所述，微型行星齿轮传动的承载能力，一般是由其齿面接触强度和齿根弯曲强度条件来决定的。对于适用于长期连续工作的 2Z-X(A)型微型行星齿轮传动，应首先按齿面接触强度，即按式(18-25) 确定其主要参数 d_1；然后再按齿根弯曲强度式(18-40)、式(18-41)、式(18-42) 和式(18-43) 进行其强度验算。而对于适用于短期间断工作的 3Z(Ⅱ)型微型行星齿轮传动，应先按式(18-26) 确定齿轮模数 m；再按上述公式进行其齿根弯曲强度的验算。

在进行微型齿轮的强度验算之前，应根据微型齿轮的受载情况和工作状况认真地选取各微型齿轮的材料、热处理方法及其齿面硬度。为此，设计者应认真地参阅表 18-1、表 18-2 和表 18-3 中的内容，了解不同齿轮材料的技术性能和适用范围，了解不同行星齿轮传动类型中各齿轮的材料牌号和热处理方法及其硬度等。合理地选取不同的齿轮材料和热处理等级(ML、MQ 和 ME)，并由图 7-13、图 7-14 或图 7-28～图 7-30 查得与其相应的试验齿轮的接触疲劳极限 σ_{Hlim} 值或试验齿轮的弯曲疲劳极限 σ_{Flim} 值。这个对于微型行星齿轮传动的强度验算确是一件较重要的工作。

⑩ 微型行星齿轮传动的结构设计　在选取了微型行星齿轮传动的传动类型，完成了其配齿计算、啮合参数和几何尺寸计算，以及传动效率计算和强度验算之后，就必须对该微型行星齿轮传动进行具体的结构设计。通常，应参考与其所选传动类型大致相同的结构图例，研究和构思其基本构件的雏形，即初步确定中心轮 a 的结构，内齿轮 b 或内齿轮 e 是采用环形齿圈式的，还是与机体或与输出轴连成一体的结构。对于行星轮 c 的结构必须考虑到行星轮转速的高低和采用轴承的类型及其安装形式。一般可采用微型的滚动轴承或滚针轴承作为它的支承方式。此外，根据微型行星齿轮传动装置的工作状态，可以采用不同的安装形式：卧式、立式和法兰式的机体结构。

总之，微型行星齿轮传动的结构设计是整个设计工作中的一个非常重要的环节，设计者在平时应较广泛地收集和参阅一些不同类型的结构图例，或参观各种传动类型的具体结构（实物）。然后，进行仔细认真地研究分析。这确是提高自身设计能力和技术水平的一项极重要，而又有意义的工作。

20.2　2Z-X(A)型多极串联的微型行星齿轮传动设计计算示例

试设计计算某窗帘机配用的 2Z-X(A)型多级串联的微型行星齿轮减速器。

已知：该 2Z-X(A)型微型行星齿轮传动输入的额定功率 $P_1=10$W，额定转速 $n_1=8500$r/min，传动比 $i_p=500$（四级的）。每天工作 8h（非连续的），使用寿命 5 年，且要求该微型行星齿轮减速器的结构简单、紧凑，制造方便和传动效率较高。

按照 20.1 节介绍的设计计算步骤，现具体计算如下。

(1) 选取微型行星齿轮传动的类型

根据上述的已知条件和要求，该微型行星齿轮传动应选取 2Z-X(A) 型四级串联的形式，如图 20-1 所示。图中的 I 为输入轴，O 为输出轴。

它的结构特点是前一级 2Z-X(A) 型的输出件(转臂 x) 与后一级的输入件（中心轮 a）连接为一体，每一级的内齿轮 b 均与机体连接成为一个共同体。因此，其结构简单、紧凑，制造方便、容易；2Z-X(A) 型四级串联的结构，其传动比 i_p 较大。

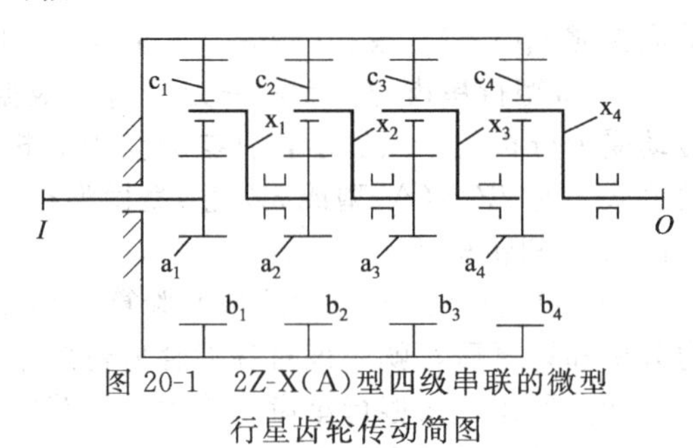

图 20-1　2Z-X(A)型四级串联的微型行星齿轮传动简图

(2) 配齿计算

根据 2Z-X(A) 型的配齿公式(14-17)，即

$$z_b=(i_p-1)z_a$$

现已知传动比 $i_p=500$，即可得每一级的传动比 $i_{p_1}=\sqrt[4]{i_p}=\sqrt[4]{500}=4.73$。

为了满足传动比 i_{p_1} 的要求和使内齿轮 b 的齿数 z_b 较少，即可使该行星齿轮传动外廓尺寸较小。故选取中心轮 a 的齿数 $z_a=12$（小于最小齿数 z_{min}）。

将 $i_{p_1}=4.73$ 和 $z_a=12$ 代入上式，可得内齿轮 b 的齿数 z_b 为

$z_b=(i_{p_1}-1)z_a=(4.73-1)\times12=44.7$。取整可得 $z_b=45$。

因 $z_b-z_a=45-12=33$ 为奇数，则取 $\Delta z_c=-0.5$。

按照式(14-19) 可求得行星轮的齿数 z_c 为

$$z_c=\frac{z_b-z_a}{2}-\Delta z_c=\frac{45-12}{2}-0.5=16$$

经配齿计算可得该 2Z-X(A) 型的各轮齿数分别为

$$z_a=12，z_b=45，z_c=16$$

(3) 验算各轮齿数应满足的条件

如前所述，首先应将该 2Z-X(A) 型微型行星齿轮传动分成为两个啮合齿轮副 a-c 和 b-c。然后验算其已确定的各轮齿数是否满足：传动比条件、同心条件、邻接条件和安装条件。

① 验算传动比条件　对于 2Z-X(A) 型微型行星齿轮传动，当中心轮 a 输入，转臂 X 输出，内齿轮 b 固定时，其传动比为

$$i_{ax}=1+\frac{z_b}{z_a}=1+\frac{45}{12}=4.75$$

四级串联的总传动比 i_p 为

$$i_p=(i_{ax}^b)^4=4.75^4=509.066$$

按式(14-27) 计算其传动比误差为

$$\Delta i_p=\left|\frac{i_p-i_p^b}{i_p}\right|=\left|\frac{500-509.066}{500}\right|=0.018<5\%$$

表示该微型行星齿轮传动满足传动比要求。

② 验算同心条件　a-c 啮合齿轮副的中心距为

$$a_{ac}=\frac{m}{2}(z_a+z_c)=\frac{m}{2}(12+16)=14m$$

b-c 啮合齿轮副的中心距为

$$a_{bc}=\frac{m}{2}(z_b-z_c)=\frac{m}{2}(45-16)=14.5m$$

一般，在 2Z-X(A)型微型行星齿轮传动中各齿轮的模数 m 是相同的。所以，该行星齿轮传动中的各轮齿数是不能满足其同心条件（非变位）的，即各齿轮副的标准中心距不相等 $a_{ac}\neq a_{bc}$。但为了保证该行星齿轮传动能正常工作，就必须将它进行角度变位，使得各齿轮

副具有一个相同的啮合中心距 a'，以满足其变位传动后的同心条件：$a'_{ac}=a'_{bc}$。

③ 验算邻接条件　该行星传动的邻接条件可按式(14-28) 验算，即

$$d_{ac}<2a'\sin\frac{\pi}{n_p}$$

因行星轮 c 的齿顶圆直径 $d_{ac}=mz_c+2mh_a^*=12m+2m\times1=14m$。其啮合中心距 $a'_{ac}=a_{bc}=\frac{m}{2}(z_b-z_c)=\frac{m}{2}(45-16)=14.5m$，行星个数 $n_p=3$，代入上式，可得

$$14m<2\times14.5\times\sin\frac{\pi}{3}=25.12\ (m)$$

式中　m——齿轮模数，mm。

可见，该微型行星齿轮传动中的各轮齿数满足其邻接条件。

④ 验算安装条件　2Z-X(A)型的安装条件可按式(14-33) 验算，即

$$\frac{z_a+z_b}{n_p}=\frac{12+45}{3}=19\ (取整)$$

可见，该微型行星齿轮传动中的各轮齿数满足其安装条件。

(4) 初步计算齿轮的主要参数

如前所述，对于 2Z-X(A)型微型行星齿轮传动，应按其齿面接触强度的初算公式(18-25) 来计算中心轮 a 的分度圆直径 d_1，即

$$d_1=K_d\sqrt[3]{\frac{T_1K_AK_{H\Sigma}K_{Hp}}{\phi_d\sigma_{Hlim}^2}\times\frac{u+1}{u}}\quad(mm)\tag{20-1}$$

其中，算式系数 $K_d=768$；a-c 啮合齿轮副的小齿轮（中心轮 a）的额定转矩 T_1 可按式(18-5) 计算，即

$$T_1=9549\frac{P_1}{n_pn_1}\quad(N\cdot m)$$

已知：$P_1=0.01kW$，$n_1=8500r/min$，$n_p=3$ 代入上式，可得

$$T_1=9549\times\frac{0.01}{3\times8500}=0.003745\quad(N\cdot m)$$

由表 18-4 查得使用系数 $K_A=1.25$；由表 18-5 查得综合系数 $K_{H\Sigma}=2.0$；行星轮间载荷分配不均匀系数可按表 18-6 查得 $K_{Hp}=1.10$；小齿轮的齿宽系数可按表 18-7 查得 $\phi_d=0.75$；齿数比 $u=\frac{z_c}{z_a}=\frac{16}{12}=1.333$。参照表 18-1 和该微型行星齿轮传动的受载及其使用情况，选中心轮 a 的材料为黄铜 H62，其接触疲劳极限为 $\sigma_{Hlim}=340N/mm^2$。代入式(20-1) 可得

$$d_1=768\times\sqrt[3]{\frac{0.003745\times1.25\times2.0\times1.1}{0.75\times340^2}\times\frac{1.333+1}{1.333}}=4.55\quad(mm)$$

已知：$z_a=12$，则可得齿轮模数 $m=\frac{d_1}{z_1}=\frac{4.55}{12}=0.38mm$，故可取模数 $m=0.4mm$。

(5) 啮合参数计算

在该 2Z-X(A)型行星齿轮传动中，a-c 齿轮副的中心距为 $a_{ac}=\frac{m}{2}(z_a+z_c)=\frac{0.4}{2}\times(12+16)=5.6mm$；b-c 齿轮副的中心距为 $a_{bc}=\frac{m}{2}(z_b-z_c)=\frac{0.4}{2}\times(45-16)=5.8mm$。现取两齿轮副的公共啮合中心距为 $a'=a_{bc}=5.8mm$。因 $a_{ac}<a'$，则 a-c 齿轮副必须进行角度变位。而 $a_{bc}=a'$，则 b-c 齿轮副应进行高度变位。按表 15-1 中的公式分别对齿轮副 a-c 和 b-c 的啮合参数计算如下。

① a-c 啮合齿轮副(在该齿轮副中，a 轮为 1 轮，c 轮为 2 轮)

中心距变动系数

$$y_a=\frac{a'-a}{m}=\frac{5.8-5.6}{0.4}=0.5$$

啮合角

$$\alpha'_{ac}=\arccos(\frac{a}{a'}\times\cos\alpha)=\arccos\left(\frac{5.6}{5.8}\times\cos20°\right)=24.867°=24°52'$$

变位系数和

$$x_{\Sigma_a}=\frac{(z_2+z_1)(\text{inv}\alpha'_{ac}-\text{inv}\alpha)}{2\times\tan\alpha}=\frac{(16+12)\times(\text{inv}24°52'-\text{inv}20°)}{2\times\tan20°}=0.56$$

齿顶高变动系数

$$\Delta y_a=x_{\Sigma a}-y_a=0.56-0.5=0.06$$

将变位系数和 $x_{\Sigma}=0.56$ 分配给大、小齿轮，即 $x_{\Sigma}=x_2+x_1$。中心轮 a 的变位系数为 $x_1=0.5\left(x_{\Sigma}-\frac{z_c-z_a}{z_c+z_a}y_a\right)+\Delta x_1$。因中心轮 a 为输入件，则 $\Delta x_1=0.08\sim0.12$，取 $\Delta x_1=0.08$；可得 $x_1=0.5\times\left(0.56-\frac{16-12}{16+12}\times0.5\right)+0.08=0.32$，即中心轮 a 的变位系数 $x_a=x_1=0.32$。且有

$$x_1=0.32>x_{\min}=\frac{17-12}{17}=0.29$$

表示可以保证中心轮 a 不会产生根切。

行星轮 c 的变位系数为

$$x_c=x_2=x_{\Sigma}-x_1=0.56-0.32=0.24$$

② b-c 啮合齿轮副（在该齿轮副中，c 轮为 1 轮，b 轮为 2 轮）

因啮合中心距 a' 等于 b-c 齿轮副的标准中心距 a_{bc}，即 $a'=a_{bc}=5.8$mm，故该啮合齿轮副需进行高度变位。可得：中心距变动系数 $y_b=0$，啮合角 $\alpha'_{bc}=20°$，变位系数和 $x_{\Sigma b}=0$，齿顶高变动系数 $\Delta y_b=0$。

因其变位系数和 $x_{\Sigma b}=0$，且有 $x_{\Sigma b}=x_b-x_c=0$，即可得内齿轮 b 的变位系数 x_b 为 $x_b=x_c=0.24$。

（6）几何尺寸计算

同理，应将其分成 a-c 和 b-c 两个齿轮副，其中 a-c 齿轮副是外啮合角度变位传动，其几何尺寸可按表 15-6 中的公式计算，b-c 齿轮副是高度变位传动，其几何尺寸可按表 15-5 中的公式计算。现将各齿轮副的计算结果陈述如下。

① a-c 啮合齿轮副（a 轮为 1 轮，c 轮为 2 轮）

分度圆直径

$$d_1=mz_1=0.4\times12=4.8\ (\text{mm}),\quad d_2=mz_2=0.4\times16=6.4\ (\text{mm})$$

齿顶高

$$h_{a1}=m(h_a^*+x_1-\Delta y_a)=0.4\times(1+0.32-0.06)=0.504(\text{mm})$$

$$h_{a2}=m(h_a^*+x_2-\Delta y_a)=0.4\times(1+0.24-0.06)=0.472(\text{mm})$$

齿根高

$$h_{f1}=m(h_a^*+c^*-x_1)=0.4\times(1+0.35-0.32)=0.412(\text{mm})$$

$$h_{f2}=m(h_a^*+c^*-x_2)=0.4\times(1+0.35-0.24)=0.444(\text{mm})$$

齿高

$$h=h_{a1}+h_{f1}=h_{a2}+h_{f2}=0.504+0.412=0.916(\text{mm})$$

齿顶圆直径

$$d_{a1}=d_1+2h_{a1}=4.8+2\times0.504=5.808(\mathrm{mm})$$
$$d_{a2}=d_2+2h_{a2}=6.4+2\times0.472=7.344(\mathrm{mm})$$

齿根圆直径

$$d_{f1}=d_1-2h_{f1}=4.8-2\times0.412=3.976(\mathrm{mm})$$
$$d_{f2}=d_2-2h_{f2}=6.4-2\times0.444=5.512(\mathrm{mm})$$

节圆直径

$$d_1'=\frac{2a'z_1}{z_1+z_2}=\frac{2\times5.8\times12}{12+16}=4.97(\mathrm{mm})$$
$$d_2'=\frac{2a'z_2}{z_2+z_1}=\frac{2\times5.8\times16}{16+12}=6.63(\mathrm{mm})$$

基圆直径

$$d_{b1}=d_1\cos\alpha=4.8\times\cos20°=4.511(\mathrm{mm})$$
$$d_{b2}=d_2\cos\alpha=6.4\times\cos20°=6.014(\mathrm{mm})$$

齿顶压力角

$$\alpha_{a1}=\arccos\left(\frac{d_{b1}}{d_{a1}}\right)=\arccos\left(\frac{4.511}{5.808}\right)=39.05°=39°3'$$
$$\alpha_{a2}=\arccos\left(\frac{d_{b2}}{d_{a2}}\right)=\arccos\left(\frac{6.014}{7.344}\right)=35.03°=35°1'31''$$

重合度

$$\begin{aligned}\varepsilon_\alpha&=\frac{1}{2\pi}[z_1(\tan\alpha_{a1}-\tan\alpha')+z_2(\tan\alpha_{a2}-\tan\alpha')]\\&=\frac{1}{2\pi}\times[12\times(\tan39°3'-\tan24°52')+16\times(\tan35.03°-\tan24°52')]\\&=1.3\end{aligned}$$

② b-c 啮合齿轮副（c 轮为 1 轮，b 轮为 2 轮）

分度圆直径

$$d_1=mz_1=0.4\times16=6.4\ (\mathrm{mm})$$
$$d_2=mz_2=0.4\times45=18\ (\mathrm{mm})$$

齿顶高

$$h_{a1}=m(h_a^*+x_1)=0.4\times(1+0.24)=0.496(\mathrm{mm})$$
$$h_{a2}=m(h_a^*-x_2)=0.4\times(1-0.24)=0.304(\mathrm{mm})$$

齿根高

$$h_{f1}=m(h_a^*+c^*-x_1)=0.4\times(1+0.35-0.24)=0.444(\mathrm{mm})$$
$$h_{f2}=m(h_a^*+c^*+x_2)=0.4\times(1+0.35+0.24)=0.636(\mathrm{mm})$$

齿高

$$h_1=h_2=h_{a1}+h_{f1}=h_{a2}+h_{f2}=0.496+0.444=0.94(\mathrm{mm})$$

齿顶圆直径

$$d_{a1}=d_1+2h_{a1}=6.4+2\times0.496=7.392(\mathrm{mm})$$
$$d_{a2}=d_2-2h_{a2}=18-2\times0.304=17.392(\mathrm{mm})$$

齿根圆直径

$$d_{f1}=d_1-2h_{f1}=6.4-2\times0.444=5.512(\mathrm{mm})$$
$$d_{f2}=d_2+2h_{f2}=18+2\times0.636=19.272(\mathrm{mm})$$

基圆直径

$$d_{b1}=d_1\cos\alpha=6.4\cos20°=6.014(\mathrm{mm})$$

$$d_{b2}=d_2\cos\alpha=18\cos20°=16.915(\text{mm})$$

齿顶压力角

$$\alpha_{a1}=\arccos\frac{d_{b1}}{d_{a1}}=\arccos\frac{6.014}{7.392}=35.55°=35°33'$$

$$\alpha_{a2}=\arccos\frac{d_{b2}}{d_{a2}}=\arccos\frac{16.915}{17.392}=13.45°=13°27'$$

重合度

$$\varepsilon_b=\frac{1}{2\pi}[z_1(\tan\alpha_{a_1}-\tan\alpha)-z_2(\tan\alpha_{a_2}-\tan\alpha)]$$

$$=\frac{1}{2\pi}\times[16\times(\tan35°33'-\tan20°)-45\times(\tan13.45°-\tan20°)]=1.79$$

(7) 传动效率的计算

对于 2Z-X(A)型微型行星齿轮传动，其传动效率 η_{ax}^{b} 值可按式(19-2) 计算，即每一级的效率值为

$$\eta_{ax}^{b}=1-\frac{p}{1+p}\psi_{m}^{x}$$

式中，$p=\frac{z_b}{z_a}=\frac{45}{12}=3.74$，且取 $f_m=0.1$；损失系数为 $\psi_m^x=\psi_{ma}^x+\psi_{mb}^x$，其中

$$\psi_{ma}^{x}=2.3f_m\left(\frac{1}{z_1}+\frac{1}{z_2}\right)=2.3\times0.1\times\left(\frac{1}{12}+\frac{1}{16}\right)=0.03354$$

$$\psi_{mb}^{x}=2.3f_m\left(\frac{1}{z_1}-\frac{1}{z_2}\right)=2.3\times0.1\times\left(\frac{1}{16}-\frac{1}{45}\right)=0.00927$$

$$\psi_{m}^{x}=\psi_{ma}^{x}+\psi_{mb}^{x}=0.03354+0.00927=0.04281$$

所以，$\eta_{ax}^{b}=1-\frac{3.75}{1+3.75}\times0.04281=0.966$

四级串联的传动效率为

$$\eta_p'=(\eta_{ax}^{b})^4=(0.966)^4=0.871$$

再考虑到滚动轴承的传动效率 $\eta_n=0.98$，则该微型行星齿轮传动的效率为

$$\eta_p=\eta_p'\eta_n=0.871\times0.98=0.854$$

(8) 受力分析

在 2Z-X(A)型四级串联的微型行星齿轮传动中，应分别按Ⅰ～Ⅳ级进行受力分析，但这样做较为麻烦，故在此仅对其第Ⅰ级和第Ⅳ级进行受力分析。

第Ⅰ级受力分析：中心轮 a 的输入转矩 T_1（每一套中的）为 $T_1=9549\frac{P_1}{n_p n_1}=9549\times\frac{0.1}{3\times8500}=0.003745$ (N·m)；且有，$T_a=n_pT_1=0.01124\text{N}\cdot\text{m}$。

行星轮 c 作用于中心轮 a 的切向力为 $F_{ca}=\frac{2000T_1}{d_a'}=\frac{2000\times0.003745}{4.97}=1.51(\text{N})$；行星轮 c 上的三个切向力 F_{ac}、F_{bc}和 F_{xc}分别为 $F_{ac}=-F_{ca}=-1.51\text{N}$，$F_{bc}=F_{ac}=-1.51\text{N}$，$F_{xc}=-2F_{ac}=3.02\text{N}$。

内齿轮 b 承受的切向力为 $F_{cb}=-F_{bc}=1.51\text{N}$；内齿轮 b 所受的转矩为 $T_b=\frac{d_b'}{d_a'}T_a=\frac{18}{4.97}\times0.01124=0.0407$ (N·m)。

转臂 X 承受的切向力为 $F_{cx}=-F_{xc}=-3.02\text{N}$；转臂 X 输出的转矩为

$$T_x = -i_{ax}^b T_a = -4.75 \times 0.01124 = -0.0534(\mathrm{N \cdot m})$$

第Ⅳ级的受力分析：

$$T_a' = -(i_{ax}^b)^3 T_a = -(4.75)^3 \times 0.01124 = -1.205(\mathrm{N \cdot m})$$

中心轮 a 的切向力 F_{ca}' 为

$$F_{ca}' = \frac{2000T_a'}{n_p d_a'} = \frac{-2000 \times 1.205}{3 \times 4.97} = -161.64(\mathrm{N})$$

行星轮 c 承受的三个作用力分别为 $F_{ac}' = -F_{ca}' = 161.64\mathrm{N}$，$F_{bc}' = F_{ac}' = 161.64\mathrm{N}$，$F_{xc} = -2F_{ac} = -323.28\mathrm{N}$。

内齿轮 b 承受的切向力为 $F_{cb}' = -F_{bc}' = -161.64\mathrm{N}$。

转臂 X 上承受的切向力为 $F_{cx} = -F_{xc} = 323.28\mathrm{N}$；转臂 X 的输出转矩为 $T_x' = -i_p \times T_a = -509.066 \times 0.01124 = -5.72$ $(\mathrm{N \cdot m})$；转臂 X 的输出转速为

$$n_x' = \frac{n_a}{i_p} = \frac{8500}{-509.066} = -16.7\ (\mathrm{r/min})。$$

(9) 行星齿轮传动的强度验算

对于 2Z-X(A)型微型行星齿轮传动，应先按式(18-27) 验算其齿面接触强度，然后再按式(18-40) 验算其齿根弯曲强度。

① a-c 啮合齿轮副

a. 齿面接触疲劳强度。

先按式(18-28) 计算齿面接触应力 σ_H，即

$$\sigma_H = \sigma_{H0} \sqrt{K_A K_v K_{H\beta} K_{H\alpha} K_{Hp}}$$

其中，接触应力的基本值可按式(18-30) 计算，即

$$\sigma_{H0} = Z_H Z_E Z_\varepsilon Z_\beta \sqrt{\frac{F_1}{d_1 b_1} \times \frac{u+1}{u}}$$

上式，$F_1 = F_{ca} = 1.51\mathrm{N}$；由表 18-4 得 $K_A = 1.25$；按图 18-3 查取 $K_v = 1.02$；先算 $v^x = \frac{\pi d_1' n_a^x}{60 \times 10^3}$，其中 $n_a^x = \frac{p}{1+p} n_a = \frac{3.75}{1+3.75} \times 8500 = 6710\mathrm{r/min}$，故 $v^x = \frac{\pi \times 4.97 \times 6710}{60 \times 10^3} = 1.75\ \mathrm{m/s}$；

按式 (18-33) 可求知 $K_{H\beta} = 1 + (\theta_b - 1)\mu_H$，先由图 18-5 查得 $(\phi_d = 0.7)$ $\theta_b = 1.26$，再由图 18-4 (a) 查得 $\mu_H = 0.35$，故 $K_{H\beta} = 1 + (1.26 - 1) \times 0.35 = 1.1$；查表 18-8 得 $K_{H\alpha} = 1.0$；查表 18-6 得 $K_{Hp} = 1.2$；因 $\frac{x_1 + x_2}{z_1 + z_2} = 0.02$，由图 18-7 得 $Z_H = 2.22$；铜对铜齿轮 $Z_E = 137.4 \times \sqrt{\mathrm{N/mm^2}}$；$Z_\varepsilon = \sqrt{\frac{4-\varepsilon}{3}} = \sqrt{\frac{4-1.3}{3}} = 0.95$；$Z_\beta = 1$；$b_1 = \phi_d d_1 = 0.75 \times 4.8 = 3.6\mathrm{mm}$，$u = \frac{16}{12} = 1.33$。代入式(18-30)，得

$$\sigma_{H0} = 2.22 \times 137.4 \times 0.95 \times 1 \times \sqrt{\frac{1.51}{3.6 \times 4.8} \times \frac{1.33+1}{1.33}} = 113.4(\mathrm{N/mm^2})$$

接触应力

$$\sigma_H = 113.4 \times \sqrt{1.25 \times 1.02 \times 1.1 \times 1.0 \times 1.2} = 147(\mathrm{N/mm^2})$$

按式(18-31) 计算许用接触应力，即

$$\sigma_{HP} = \frac{\sigma_{Flim}}{S_{Hmin}} Z_N Z_L Z_v Z_R Z_W Z_X$$

式中，接触疲劳极限 $\sigma_{Hlim} = 340\mathrm{N/mm^2}$，因 $N_L > 4 \times 10^7$，由图 18-8 查得 $Z_N = 1$；按表

18-12，查得 $Z_L Z_v Z_R=0.92$；由图 18-12 查得 $Z_W=1.2$；因模数 $m=0.4\text{mm}<1.0\text{mm}$，取 $Z_X=1$。再由表 18-11 查得 $S_{Hmin}=1.5$。上述代入式(18-31)，可得

$$\sigma_{HP}=\frac{340\times1\times0.92\times1.2\times1}{1.5}=250\ (\text{N/mm}^2)$$

则有 $\sigma_H=147\text{N/mm}^2<\sigma_{HP}=250\text{N/mm}^2$ 该行星齿轮传动满足其接触强度要求。

b. 齿根弯曲疲劳强度。

齿根弯曲应力 σ_F 可按式(18-41) 计算，即

$$\sigma_F=\sigma_{F0}K_A K_v K_{F\beta}K_{F\alpha}K_{Fp}$$

式中，齿根应力的基本值 σ_{F0} 可按式(18-42) 计算，即

$$\sigma_{F0}=\frac{F_t}{b'm}Y_{Fa}Y_{Sa}Y_\varepsilon Y_\beta$$

现分别对中心轮 a 和行星轮 c 进行弯曲强度校核。

中心轮 a：

据 $x_a=0.32$ 和 $z_a=12$，由图 18-13 查得 $Y_{Fa}=2.65$；由图 18-14 查得 $Y_{Sa}=1.67$。据 $\varepsilon_\alpha=1.3$，由式(18-45) 计算 Y_ε，即 $Y_\varepsilon=0.25+\frac{0.75}{\varepsilon_\alpha}=0.25+\frac{0.75}{1.3}=0.83$；因 $\beta=0$，故可得 $Y_\beta=1$。则有

$$\sigma_{F0}=\frac{1.51}{3.36\times0.4}\times2.65\times1.67\times0.83\times1=4.13(\text{N}\cdot\text{m})$$

再算弯曲应力 σ_F，已查得 $K_A=1.25$，$K_v=1.02$。$K_{F\beta}=1+(\theta_b-1)\mu_F$，同理，$\theta_b=1.26$，再由图 18-4 (b) 查得 $\mu_F=0.53$，则 $K_{F\beta}=1+(1.26-1)\times0.53=1.14$。$K_{F\alpha}=K_{H\alpha}=1.1$；$K_{Fp}$可由式(18-44) 计算，$K_{Fp}=1+1.5\times(K_{Hp}-1)=1+1.5\times(1.2-1)=1.3$，所以 $\sigma_F=4.13\times1.25\times1.02\times1.14\times1.1\times1.3=8.58\ (\text{N/mm}^2)$

按式(18-43) 计算许用弯曲应力 σ_{FP}，即

$$\sigma_{FP}=\frac{\sigma_{Flim}Y_{ST}Y_N}{S_{Fmin}}Y_{\delta T}Y_{RT}Y_X$$

中心轮 a 的材料为 H62，它的抗拉强度为 $\sigma_b=370\text{N/mm}^2$，按经验估值为 $\sigma_{Flim}=0.30\times\sigma_b=0.3\times370=110\ (\text{N/mm}^2)$。应力修正系数一般取 $Y_{ST}=2$；寿命系数 $Y_N=1$；齿根圆角敏感系数 $Y_{\delta T}$ 由图 18-16 查得 $Y_{\delta T}=0.98$；齿根表面状况系数 Y_{RT} 由图 18-17 查得 $Y_{RT}=1$；尺寸系数 $Y_X=1$；最小安全系数 S_{Fmin} 由表 18-11 查得 $S_{Fmin}=1.60$。代入上式，则得其许用弯曲应力为

$$\sigma_{FP}=\frac{110\times2\times1\times0.98\times1\times1}{1.6}=135\ (\text{N/mm}^2)$$

由弯曲强度条件公式(18-40) 可得

$$\sigma_F=8.58\text{N/mm}^2<\sigma_{FP}=135\text{N/mm}^2$$

故该中心轮 a 满足弯曲强度条件。

行星轮 c：

同理，查得 $Y_{Fa}=2.55$，$Y_{Sa}=1.68$，$Y_\varepsilon=0.83$，$Y_\beta=1$。由表 18-7 可得

$$\phi_{dc}=\phi_{da}\frac{z_a}{z_c}=0.75\times\frac{12}{16}=0.56，b=\phi_{ac}\times d_2=0.56\times6.4=3.58\ (\text{mm})$$

所以

$$\sigma_{F0}=\frac{1.51}{3.58\times0.4}\times2.55\times1.68\times0.83\times1=3.75(\text{N/mm}^2)$$

同理，可得 $K_A=1.25$，$K_v=1.02$，$K_{F\beta}=1+(\theta_b-1)\mu_F=1+(1.12-1)\times0.53=1.06$，$K_{F\alpha}=1.1$，$K_{Fp}=1.3$，故 $\sigma_F=3.75\times1.25\times1.02\times1.06\times1.1\times1.3=7.25$ (N/mm^2)。

同理，查得 $Y_{ST}=2$，$Y_N=1$，$Y_{\delta T}=0.98$，$Y_{RT}=1$，$Y_X=1$。代入式(18-43) 可得

$$\sigma_{FP}=\frac{110\times2\times1}{1.6}\times0.98\times1\times1=135\ (N/mm^2)$$

由弯曲强度条件可得

$$\sigma_F=7.25N/mm^2<\sigma_{FP}=135N/mm^2$$

故该行星齿轮 c 满足弯曲强度条件。

② b-c 啮合齿轮副

a. 齿面接触疲劳强度。

按式(18-28) 计算齿面接触应力 σ_H。先按式(18-30) 计算接触应力的基本值 σ_{H0}。同理，可求得 $u=\frac{z_b}{z_c}=\frac{45}{16}=2.813$，$Z_H=2.5$，$Z_E=189.8N/mm^2$，$Z_\varepsilon=\sqrt{\frac{4-1.79}{3}}=0.86$，$Z_\beta=1$。内齿轮 $d=18mm$，$b=\phi_{db}\times d=0.18\times18=3.24mm$。代入式(18-30) 可得

$$\sigma_{H0}=2.5\times189.8\times0.86\times1\times\sqrt{\frac{1.51}{18\times3.24}\times\frac{2.813-1}{2.813}}=53(N/mm^2)$$

同理，可得 $K_A=1.25$，$K_v=1.02$，$K_{H\beta}=1.1$，$K_{H\alpha}=1$，$K_{Hp}=1.2$，代入式(18-28) 可得

$$\sigma_H=53\times\sqrt{1.25\times1.02\times1.1\times1\times1.2}=69\ (N/mm^2)$$

再按式(18-31) 计算许用接触应力 σ_{HP}。同理，可得 $Z_N=1$，$Z_LZ_vZ_R=0.92$，$Z_W=1.2$，$Z_X=1$。$S_{Hmin}=1.5$。代入式(18-31)，可得

$$\sigma_{HP}=\frac{340\times1\times0.92\times1.2}{1.5}=250\ (N/mm^2)$$

则得

$$\sigma_H=69N/mm^2<\sigma_{HP}=250N/mm^2$$

故该内齿轮 b 满足接触强度条件。

b. 齿根弯曲疲劳强度。

只需验算内齿轮 b 的弯曲疲劳强度。仍按式(18-40)、式(18-41) 和式(18-42) 计算。同理，查得 $Y_{Fa}=2.055$，$Y_{Sa}=1.82$，$Y_\varepsilon=0.25+\frac{0.75}{\varepsilon_b}=0.25+\frac{0.75}{1.79}=0.67$，$Y_\beta=1$，代入式(18-42) 可得

$$\sigma_{F0}=\frac{1.51}{3.24\times0.4}\times2.055\times1.82\times0.67\times1=3\ (N/mm^2)$$

同理，查得 $K_A=1.25$，$K_v=1.02$，$K_{F\beta}=1.14$，$K_{F\alpha}=1$，$K_{Fp}=1.3$，代入式(18-41)，得

$$\sigma_F=3\times1.25\times1.02\times1.14\times1\times1.3=6\ (N/mm^2)$$

同理，查得 $Y_{ST}=2$，$Y_N=1$，$Y_{\delta T}=1.02$，$Y_{RT}=1$，$Y_X=1$，$S_{Fmin}=1.6$。代入式(18-43) 可得许用弯曲应力为

$$\sigma_{FP}=\frac{110\times2\times1}{1.6}\times1.02\times1\times1=140\ (N/mm^2)$$

由弯曲强度条件公式(18-40) 可得

$$\sigma_F=6N/mm^2<\sigma_{FP}=140N/mm^2$$

故该内齿轮 b 满足弯曲强度条件。

20.3　3Z(Ⅱ)型微型行星齿轮传动的设计计算示例

试设计一个供某伺服系统使用的微型行星齿轮减速器。该微型行星齿轮减速器具有短期间断的工作特点，且要求其传动比大，传递的功率范围为中小功率，结构紧凑，制造安装方便。已知：传动比 $i_p=248$，额定功率 $P_1=40W$，额定转速 $n_1=6000r/min$；每天工作 8h，使用年限为五年。

(1) 选取微型行星齿轮传动类型

根据其短期间断的工作特点、传动比较大、传递功率较小及结构紧凑等要求，现选取 3Z(Ⅱ) 型微型行星齿轮传动类型，如图 20-2 所示。

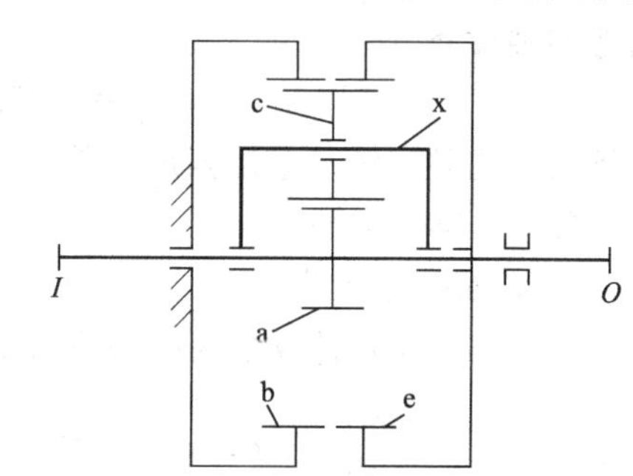

图 20-2　3Z(Ⅱ)型微型行星齿轮传动简图

(2) 配齿计算

按照 3Z(Ⅱ)型微型行星齿轮传动的配齿式 (14-23)，即

$$z_b=\frac{1}{2}\times[\sqrt{(z_a+n_p)^2+4(i_p-1)z_an_p}-(z_a+n_p)] \tag{20-2}$$

首先确定行星轮个数，一般取 $n_p=3$，且选中心轮 a 的齿数 $z_a=12$（因其传动比大）。代入式(20-2)，可得内齿轮 b 的齿数为

$$z_b=\frac{1}{2}\times[\sqrt{(12+3)^2+4\times(248-1)\times12\times3}-(12+3)]=87.09$$

整取 $z_b=87$。内齿轮 e 的齿数 z_e 按式 (14-24) 可得

$$z_e=z_b+n_p=87+3=90$$

因 $z_e-z_a=90-12=78$ 为偶数，则按式(14-25) 计算行星轮 c 的齿数为

$$z_c=\frac{1}{2}\times(z_e-z_a)-1=\frac{1}{2}\times(90-12)-1=38$$

故得该 3Z(Ⅱ)型微型行星齿轮传动各轮的齿数为

$$z_a=12,\quad z_b=87,\quad z_e=90,\quad z_c=38$$

(3) 验算各轮齿数应满足的条件

在 3Z(Ⅱ)型微型行星齿轮传动中，将其分成三个啮合齿轮副 a-c、b-c 和 e-c。然后应验算其已确定的各轮齿数是否满足传动比条件、同心条件、邻接条件和安装条件。

① 传动比条件　在该 3Z(Ⅱ)型微型行星齿轮传动中，中心轮 a 输入，内齿轮 b 固定，内齿轮 e 输出时，其传动比 i_{ae}^b 的计算公式为

$$i_{ae}^b=\left(1+\frac{z_b}{z_a}\right)\frac{z_e}{z_e-z_b}=\left(1+\frac{87}{12}\right)\times\frac{90}{90-87}=247.5$$

其传动比误差为

$$\Delta i=\left|\frac{i_{ae}^b-i_p}{i_p}\right|=\left|\frac{247.5-248}{248}\right|=0.002<3\%$$

所以，满足其传动比条件。

② 同心条件　各啮合齿轮副的中心距 a 计算公式如下。

a-c 齿轮副：

$$a_{ac}=\frac{1}{2}m(z_a+z_c)=\frac{m}{2}\times(12+38)=25m$$

b-c 齿轮副：

$$a_{bc}=\frac{1}{2}m(z_b-z_c)=\frac{m}{2}\times(87-38)=24.5m$$

e-c 齿轮副：

$$a_{ec}=\frac{1}{2}m(z_e-z_c)=\frac{m}{2}\times(90-38)=26m$$

在 3Z(Ⅱ)型微型行星齿轮传动中，通常各齿轮的模数 m 是完全相同的，可见，它们的中心距 a_{ac}、a_{bc}和 a_{ec}的值均不相等，所以，该 3Z(Ⅱ)型微型行星齿轮传动是不满足其同心条件（非变位的）。但是，在各种类型的行星齿轮传动中，都必须具有同一个啮合中心距 a'，即各齿轮副经过变位后，应使其满足如下的同心条件（变位的）：

$$\frac{m}{2}\times\frac{(z_a+z_c)}{\cos\alpha'_{ac}}=\frac{m}{2}\times\frac{z_b-z_c}{\cos\alpha'_{bc}}=\frac{m}{2}\times\frac{z_e-z_c}{\cos\alpha'_{ec}}$$

可化简为

$$\frac{z_a+z_c}{\cos\alpha'_{ac}}=\frac{z_b-z_c}{\cos\alpha'_{bc}}=\frac{z_e-z_c}{\cos\alpha'_{ec}}$$

上式表明，该 3Z(Ⅱ)型微型行星齿轮传动必须经过变位修正，改变其啮合角 α'_{ac}和 α'_{bc}，使各个齿轮副满足其变位后的同心条件。

③ 邻接条件　该行星齿轮传动的邻接条件可按式(14-28) 验算，即

$$d_{ac}<2a'\sin\frac{\pi}{n_p}$$

因行星轮 c 的齿顶圆直径 $d_{ac}=d_c+2h_a^*m=(z_c+2h_a^*)\times m=(38+2\times1)\times m=40m$；若取啮合中心距 $\alpha'=\frac{m}{2}(z_e-z_c)=\frac{m}{2}\times(90-38)=26m$，代入上式，可得

$$42m<\left(2\times26m\times\sin\frac{\pi}{3}\right)\times m=45.03m$$

表示该 3Z(Ⅱ)型微型行星齿轮传动满足邻接条件。

④ 安装条件　3Z(Ⅱ)型微型行星齿轮传动的安装条件为

$$\frac{z_a+z_b}{n_p}=\frac{12+87}{3}=33\ （整数）$$

$$\frac{z_e-z_a}{n_p}=\frac{90-12}{3}=26\ （整数）$$

表示该 3Z(Ⅱ)型微型行星齿轮传动满足其安装条件。

（4）初步计算齿轮的主要参数

对于 3Z(Ⅱ)型微型行星齿轮传动，其承载能力仅受轮齿弯曲强度的限制。故确定齿轮的主要参数应按其齿根弯曲强度公式(18-26) 来确定齿轮的模数 m，即

$$m=K_m\sqrt[3]{\frac{T_1K_AK_{F\Sigma}K_{Fp}Y_{Fa_1}}{\phi_dZ_1^2\sigma_{Flim}}}\tag{20-3}$$

式中，系数 $K_m=12.1$；$K_A=1.25$；$K_{F\Sigma}=2$；$K_{Fp}=1.3$；$Y_{Fa_1}=2.5$；$\phi_d=0.7$；$z_1=12$；$T_1=9549\frac{P_1}{n_pn_1}=9549\times\frac{0.04}{3\times6000}=0.0212$（N · m）；中心轮 a 的材料为 35CrMnSiA，调质处理，硬度 256～300HB，7 级，由图 7-28 查得 $\sigma_{Flim}=300\text{N/mm}^2$。

代入式(20-3)，可得

$$m=12.1\times\sqrt[3]{\frac{0.0212\times1.25\times2\times1.3\times2.5}{0.7\times12^2\times300}}=0.216\ (\mathrm{mm})$$

故取模数 $m=0.3\mathrm{mm}$

(5) 啮合参数计算

先将 3Z(Ⅱ)型微型行星齿轮传动分成三个啮合齿轮副 a-c、b-c 和 e-c。

根据第 15 章 15.2 中的式(15-6)，先计算各齿轮副的标准中心距：

$$a_{ac}=\frac{m}{2}(z_a+z_c)=\frac{0.3}{2}\times(12+38)=7.5(\mathrm{mm})$$

$$a_{bc}=\frac{m}{2}(z_b-z_c)=\frac{0.3}{2}\times(87-38)=7.35(\mathrm{mm})$$

$$a_{ec}=\frac{m}{2}(z_e-z_c)=\frac{0.3}{2}\times(90-38)=7.8(\mathrm{mm})$$

按照式(15-5)，即 $a_{bc}<a_{ac}<a_{ec}$。

建议采用其啮合中心距 $a'=a_{ec}=7.8\mathrm{mm}$ 作为三个齿轮副的公用的中心距值。因为 $a'>a_{ac}$ 和 $a'>a_{bc}$ 表示齿轮副 a-c 和 b-c 应采用角度变位的传动，而 $a'=a_{ec}$ 表示齿轮副 e-c 应采用高度变位。现将齿轮副 a-c、b-c 和 e-c 的啮合参数计算结果列入表 20-1 中。

表 20-1　3Z（Ⅱ）型微型行星齿轮传动的啮合参数计算

名称	计算公式	a-c 齿轮副	b-c 齿轮副	e-c 齿轮副
中心距变动系数 y	$y=\frac{a'-a}{m}$	$y_a=1$	$y_b=1.5$	$y_e=0$
啮合角 α'	$\alpha'=\arccos\left(\frac{a}{a'}\cos\alpha\right)$	$\alpha'_a=25°22'$	$\alpha'_b=27°41'$	$\alpha'_e=\alpha=20°$
变位系数和 x_Σ	$x_\Sigma=\frac{z_2\pm z_1}{2\tan\alpha}(\mathrm{inv}\alpha'-\mathrm{inv}\alpha)$	$x_{\Sigma a}=1.132$	$x_{\Sigma b}=1.788$	$x_{\Sigma e}=x_2-x_1=0$
齿顶高变动系数 Δy	$\Delta y=x_\Sigma-y$	$\Delta y_a=0.132$	$\Delta y_b=0.288$	$\Delta y_e=0$
重合度 ε	$\varepsilon=\frac{1}{2\pi}[z_1(\tan\alpha_{a1}-\tan\alpha')\pm z_2(\tan\alpha_{a2}-\tan\alpha')]$	$\varepsilon_a=1.3$	$\varepsilon_b=1.4$	$\varepsilon_e=1.6$

注：表内公式中的“±”号，外啮合取“+”号，内啮合取“－”号。

各齿轮变位系数的确定：在各个齿轮副中，将已求得的变位系数和 x_Σ 分配给大、小齿轮，即有 $x_\Sigma=x_2\pm x_1$。中心轮 a 的齿数 $z_a=12$，其不根切的最小变位系数为

$$x_{\min}=\frac{17-z_1}{17}=\frac{17-12}{17}=0.294$$

为了避免其产生根切，现取中心轮 a 的变位数 $x_a=0.3$。则可得行星轮 c 的变位系数 $x_c=x_{\Sigma a}-x_a=1.132-0.3=0.832$。在 b-c 齿轮副中，内齿轮 b 的变位系数 $x_b=x_{\Sigma b}+x_c=1.788+0.832=2.62$。在 e-c 齿轮副中，其变位系数和 $x_{\Sigma e}=x_e-x_c=0$，则可得内齿轮 e 的变位系数 $x_e=x_c=0.832$。

(6) 几何尺寸计算

按表 15-5、表 15-6 和表 15-7 中的几何尺寸计算公式，对角度变位的齿轮副 a-c、b-c 和高度变位的齿轮副 e-c 分别进行几何尺寸计算。

该 3Z(Ⅱ)型微型行星齿轮传动的几何尺寸计算结果列入表 20-2。

表 20-2 3Z（Ⅱ）型微型行星齿轮传动的几何尺寸计算 /mm

名称	计算公式	a-c 齿轮副	b-c 齿轮副	e-c 齿轮副
分度圆直径 d	$d=mz$	$d_1=3.6$ $d_2=11.4$	$d_1=11.4$ $d_2=26.1$	$d_1=11.4$ $d_2=27$
基圆直径 d_b	$d_b=d\cos\alpha$	$d_{b1}=3.383$ $d_{b2}=10.712$	$d_{b1}=10.712$ $d_{b2}=24.526$	$d_{b1}=10.712$ $d_{b2}=25.372$
节圆直径 d'	$d'=2a'\frac{z}{z_2\pm z_1}$	$d_1'=3.744$ $d_2'=12.098$	$d_1'=12.098$ $d_2'=27.698$	$d_1'=11.4$ $d_2'=27$
齿顶高 h_a 外啮合 角度变位	$h_a=m(h_a^*+x-\Delta y)$	$h_{a1}=0.350$ $h_{a2}=0.510$		
齿顶高 h_a 内啮合 角度变位	$h_{a1}=m(h_a^*+x_1)$ $h_{a2}=m(h_a^*-x_2+\Delta y)$		$h_{a1}=0.549$ $h_{a2}=-0.486$	
齿顶高 h_a 内啮合 高度变位	$h_a=m(h_a^*\pm x)$			$h_{a1}=0.549$ $h_{a2}=0.050$
齿根高 h_f	$h_f=m(h_a^*+c^*\mp x)$	$h_{f1}=0.315$ $h_{f2}=0.155$	$h_{f1}=0.155$ $h_{f2}=1.19$	$h_{f1}=0.155$ $h_{f2}=0.654$
齿高 h	$h=h_a+h_f$	$h_1=h_2=0.665$	$h_1=h_2=0.704$	$h_1=h_2=0.704$
齿顶圆直径 d_a 外啮合 角度变位	$d_a=d+2h_a$	$d_{a1}=4.30$ $d_{a2}=12.42$		
齿顶圆直径 d_a 内啮合 角度变位	$d_a=d\pm 2h_a$		$d_{a1}=12.498$ $d_{a2}=27.072$	
齿顶圆直径 d_a 内啮合 高度变位	$d_a=d\pm 2h_a$			$d_{a1}=12.498$ $d_{a2}=26.90$
齿根圆直径 d_f 外啮合	$d_f=d-2h_f$	$d_{f1}=2.970$ $d_{f2}=11.09$		
齿根圆直径 d_f 内啮合	$d_f=d\mp 2h_f$		$d_{f1}=11.090$ $d_{f2}=28.480$	$d_{f1}=11.09$ $d_{f2}=28.308$

由表 20-2 可见，行星轮 c 的齿顶圆直径 d_{ac} 有两个不同的计算值：$d'_{ac}=12.42$mm 和 $d''_{ac}=12.498$mm；在此应取它们中的最小值，即 $d_{ac}=d'_{ac}=12.42$mm。内齿轮 b 和内齿轮 e 的齿顶圆直径为 $d_{ab}=d_{ae}=26.90$mm。

(7) 传动效率计算

对 3Z(Ⅱ)型微型行星齿轮传动，当 $d'_b=28.62\text{mm}>d'_e=27.9\text{mm}$ 时，其传动效率应按式(19-7) 计算，即

$$\eta_{ae}^{b}=\frac{0.98}{1+\left|\frac{i_{ae}^{b}}{1+p}-1\right|\psi_{eb}^{x}} \tag{20-4}$$

式中，$i_{ae}^{b}=247.5$；$p=\frac{38}{12}=7.25$；$\psi_{eb}^{x}=\psi_e^x+\psi_b^x$；$f_m=0.1$。

其中，
$$\psi_e^x=2.3\times f_m\left(\frac{1}{z_c}-\frac{1}{z_e}\right)=2.3\times 0.1\times\left(\frac{1}{38}-\frac{1}{90}\right)=0.003497$$

$$\psi_b^x=2.3f_m\left(\frac{1}{z_c}-\frac{1}{z_b}\right)=2.3\times 0.1\times\left(\frac{1}{38}-\frac{1}{87}\right)=0.003409$$

则得

$$\psi_{eb}^{x}=\psi_{e}^{x}+\psi_{b}^{x}=0.003497+0.003409=0.006906$$

代入式(20-4)，可得传动效率为

$$\eta_{ae}^{b}=\frac{0.98}{1+\left|\frac{247.5}{1+7.25}\right|\times 0.006906}=0.81$$

考虑到滚动轴承的效率 $\eta_n=0.98$，则可得该 3Z(Ⅱ)型微型行星齿轮减速器的传动效率为

$$\eta_p=\eta_{ae}^{b}\eta_n=0.812\times 0.98=0.8$$

(8) 受力分析

按照式(18-15) ～式(18-22) 和参阅图 18-2，可对该 3Z(Ⅱ)型微型行星齿轮传动进行受力分析计算。

中心轮 a 所传递的转矩 T_a 可按式(18-1) 计算，即

$$T_a=9549\frac{P_1}{n_1}=9549\times\frac{0.04}{6000}=0.06370(\text{N}\cdot\text{m})$$

行星轮 c 作用于中心轮 a 的切向力为

$$F_{ca}=\frac{2000}{n_p d_a'}T_a=\frac{2000}{3\times 3.744}\times 0.06370=11.34(\text{N})$$

行星轮 c 上承受中心轮 a、内齿轮 b 和内齿轮 e 作用的切向力 F_{ac}、F_{bc}和 F_{ec}分别为

$$F_{ac}=-F_{ca}=-11.34(\text{N})$$

$$F_{ec}=\frac{2000}{n_p d_e'}T_e=\frac{2000}{n_p d_e'}i_{ae}^{b}T_a=\frac{2000}{3\times 27}\times 247.5\times 0.06370=389.28(\text{N})$$

$$F_{bc}=-(F_{ec}+F_{ac})=-(389.28-11.34)=-377.94(\text{N})$$

行星轮 c 作用于内齿轮 e 的切向力 F_{ce}为

$$F_{ce}=-F_{ec}=-389.28(\text{N})$$

内齿轮 e 的转矩 T_e 为

$$T_e=-i_{ae}^{b}T_a=-247.5\times 0.06370=-15.7559(\text{N}\cdot\text{m})$$

行星轮 c 作用于内齿轮 b 的切向力为

$$F_{cb}=-F_{bc}=377.69(\text{N})$$

内齿轮 b 的转矩为

$$T_b=(i_{ae}^{b}-1)T_a=(247.5-1)\times 0.06370=15.6922(\text{N}\cdot\text{m})$$

验算转矩的平衡关系，即

$$T_a+T_b+T_e=0.06370+15.6922-15.7559=0$$

(9) 强度验算

如前所述，在 3Z(Ⅱ)型微型行星齿轮传动中，它的承载能力仅受其轮齿弯曲强度的限制。一般认为各齿轮只需采用中碳结构钢或中碳合金钢进行调质处理即可。若各齿轮采用硬齿面，提高其接触强度就没有必要了。因此，对于 3Z(Ⅱ)型微型行星齿轮传动，只需对其齿根弯曲强度进行校核计算。

在该微型行星齿轮传动的齿轮副中，齿根弯曲应力 σ_F 和许用齿根弯曲应力 σ_{FP} 可按式(18-41) 和式(18-43) 计算。现分别对中心轮 a、行星轮 c 和内齿轮 e 进行弯曲强度校核计算。

① 中心轮 a　先按式(18-42) 计算齿根弯曲应力基本值 σ_{F0}，即

$$\sigma_{F0}=\frac{F_t}{bm}Y_{Fa}Y_{Sa}Y_{\varepsilon}Y_{\beta} \tag{20-5}$$

其中，$F_t=F_{ca}=11.34$ (N)，$b=\phi_d d_1=0.7\times3.6=2.52$mm，$m=0.3$mm。据 $x_a=0.3$ 和 $z_a=12$，由图 18-13 查得系数 $Y_{Fa}=2.65$，由图 18-14 查得 $Y_{Sa}=1.65$；系数 $Y_\varepsilon=0.25+\frac{0.75}{1.4}=0.786$，$Y_\beta=1$。代入式(20-5)，可得

$$\sigma_{F0}=\frac{11.34}{2.52\times0.3}\times2.65\times1.65\times0.786\times1=51.55(\text{N/mm}^2)$$

齿根弯曲应力为

$$\sigma_F=\sigma_{F0}K_AK_vK_{F\beta}K_{F\alpha}K_{Fp} \tag{20-6}$$

按公式(14-9) 计算可得 $n_a^x=5273$r/min

已知 $K_A=1.25$；因 $v^x=\frac{\pi d_1' n_a^x}{60\times10^3}=\frac{\pi\times3.744\times5273}{60\times10^3}=1.034$ (m/s)，由图 18-3 查得 $K_v=1.06$；$K_{F\beta}=1+(\theta_b-1)\mu_F$，由图 18-4 (b) 查得 $\mu_F=0.52$，由图 18-5 查得 $\theta_b=1.25$，可得 $K_{F\beta}=1+(1.25-1)\times0.52=1.13$；由表 18-8 查得 $K_{F\alpha}=1.0$；再按式(18-44) 计算 $K_{Fp}=1+1.5(K_{Hp}-1)=1+1.5\times(1.2-1)=1.3$。代入式(20-6)，可得

$$\sigma_F=51.55\times1.25\times1.06\times1.13\times1\times1.3=100.34(\text{N/mm}^2)$$

许用齿根弯曲应力为

$$\sigma_{FP}=\frac{\sigma_{Flim}Y_{ST}Y_N}{S_{Fmin}}Y_{\delta T}Y_{RT}Y_X$$

由图 7-13 查得 $\sigma_{Flim}=300\text{N/mm}^2$；系数 $Y_{ST}=2$；$Y_N=1$；据 $Y_{Sa}=1.65$，由图 18-16 查得 $Y_{\delta T}=0.99$；由图 18-17 查得 $Y_{RT}=1.09$；$Y_X=1$；由表 18-11 查得 $S_{Fmin}=1.6$。代入上式，可得

$$\sigma_{FP}=\frac{300\times2\times1}{1.6}\times0.99\times1.09\times1=404.66(\text{N/mm}^2)$$

可见，$\sigma_F=100.34\text{N/mm}^2<\sigma_{FP}=404.66\text{N/mm}^2$。
中心轮 a 满足齿根弯曲强度条件。

② 行星轮 c　同理，查得行星轮 c 的各个系数为 $Y_{Fa}=2.28$，$Y_{Sa}=1.77$，$Y_\varepsilon=0.786$，$Y_\beta=1$，代入可得

$$\sigma_{F0}=\frac{F_t}{bm}Y_{Fa}Y_{Sa}Y_\varepsilon Y_\beta=\frac{11.34}{2.52\times0.3}\times2.28\times1.77\times0.786\times1=47.58(\text{N/mm}^2)$$

系数 $K_A=1.25$，$K_v=1.06$，$K_{F\beta}=1.03$，$K_{F\alpha}=1$，$K_{Fp}=1.3$。代入可得

$$\sigma_F=\sigma_{F0}K_AK_vK_{F\beta}K_{F\alpha}K_{Fp}=47.58\times1.25\times1.06\times1.03\times1\times1.3=84.42(\text{N/mm}^2)$$

系数 $Y_{ST}=2$，$Y_N=1$，$Y_{\delta T}=0.995$，$Y_{RT}=1.09$ 和 $Y_X=1$，代入可得

$$\sigma_{FP}=\frac{\sigma_{Flim}Y_{ST}Y_N}{S_{Fmin}}Y_{\delta T}Y_{RT}Y_X=\frac{300\times2\times1}{1.6}\times0.995\times1.09\times1=406.7(\text{N/mm}^2)$$

可见，$\sigma_F=84.42$ (N/mm^2) $<\sigma_{FP}=406.7$ (N/mm^2)。故行星轮 c 满足弯曲强度条件。

③ 内齿轮 e　同理，查得内齿轮 e 的各个系数为 $Y_{Fa}=2.055$，$Y_{Sa}=2.65$，$Y_\varepsilon=0.25+\frac{0.75}{\varepsilon_e}=0.25+\frac{0.75}{1.8}=0.667$，$Y_\beta=1$。代入上式，可得

$$\sigma_{F0}=\frac{F_t}{bm}Y_{Fa}Y_{Sa}Y_\varepsilon Y_\beta=\frac{11.34}{2.52\times0.3}\times2.055\times2.65\times0.667\times1=54.48(\text{N/mm}^2)$$

已知：系数 $K_A=1.25$，$K_v=1.06$，$K_{F\beta}=1.13$，$K_{F\alpha}=1$，$K_{Fp}=1.3$。代入上式，可得

$$\sigma_F=\sigma_{F0}K_AK_vK_{F\beta}K_{F\alpha}K_{Fp}=54.48\times1.25\times1.06\times1.13\times1\times1.13=106\ (\text{N/mm}^2)$$

已知：$\sigma_{Flim}=300\text{N/mm}^2$，系数 $Y_{ST}=2$，$Y_N=1$，$Y_{\delta T}=1.08$，$Y_{RT}=1.09$，$Y_X=1$。代入上式，得

$$\sigma_{FP}=\frac{\sigma_{Flim}Y_{ST}Y_{N}}{S_{Fmin}}Y_{\delta T}Y_{RT}Y_{X}=\frac{300\times2\times1}{1.6}\times1.08\times1.09\times1=442(N/mm^2)$$

可见，$\sigma_F=106(N/mm^2)<\sigma_{FP}=442(N/mm^2)$。故内齿轮 e 满足弯曲强度条件。

(10) 结构设计

关于 3Z(Ⅱ)型微型行星齿轮传动的结构设计确是一件很重要的工件，但又是一件难度较大的事情。由于它的模数 m 较小，且要求结构紧凑、传动比大，制造、安装又要方便。目前，国内外尚缺少可供参考的结构图例，设计资料也较缺乏。它是一种奇异的、新颖的结构形式。根据作者已开发和研制的几台样机，以及国外的剖面图结构，现简单阐述如下：中心轮 a 是一个轴齿轮的结构形式，它可以与输入轴组成为一体。其齿宽 b_a 应大于行星轮 c 的齿宽 b_c，即 $b_a>b_c$（b_c 值的大小可参见表 18-7 的注 3）。应尽可能地做成对称支承的结构，不要做成悬臂式支承的结构。它的两端可以采用滚动轴承作为其支承件，中心轮 a 的一端支承在机体的端盖上，另一端可支承在转臂 X 的一侧，或支承在输出内齿轮 e 的中心部分。行星轮 c 可采用滚针轴承支承在行星轮轴上，该行星轮轴连接在转臂 X 的双侧板内。若结构尺寸很小、轴向空间有限，而又不允许设置转臂 X 的话，行星轮 c 也可以采取无支承的结构形式，但 n_p 个行星轮必须均匀地分布在中心轮 a 和内齿轮 b 及内齿轮 e 之间。内齿轮 b 可以固连在机体上，也可以采用一个弹性构件或浮动的均载机构的支承结构。但应限制其圆周运动，且允许其产生径向移动，以使行星轮间的载荷分布均衡。内齿轮 e 可以与输出轴连成为一个整体，也可以采用一个联轴器，如齿轮联轴器，将齿圈 e 与输出轴连接起来。

对于 2Z-X(A)型多级串联的微型行星齿轮传动。一般可采用在电机输出轴上带一个齿轮作为其第Ⅰ级的输入中心轮 a，第Ⅰ级的行星架（转臂 X）可以与第Ⅱ级的中心轮 a 做成为一体；或采用过盈配合，将第Ⅱ级的中心轮 a 牢固地与其连接起来。最后一级的行星架 X，由于所传递的转矩 T_x 较大，应适当地增加其厚度 s。还可以将它与输出轴做成为一体。输出轴应采用滚动轴承支承着，且将滚动轴承安装在端盖上。滚动轴承的内圈与输出轴应采取过盈的过渡配合，例如，H7/k6、H8/m7、H7/n6 和 H7/m6。滚动轴承的外圈与端盖的配合应采取较松的过渡配合，例如，H7/h6、K7/h6、JS7/h6 和 H8/h7。通常，是将多级串联的内齿轮 b 与机体做成为一个整体，且具有相同的模数 m 和相同的齿数 z_b。为了便于加工制造，应将它做成一个两端相通的管状结构。这样的内齿轮 b，因为内径尺寸太小不便于插齿，可以采用拉削加工或粉末冶金铸造成型的结构。若有特殊的需要（如承受载荷的需要或传动比大小的不同），各级中也可以采用不同模数 m 和不同齿数 z_b 的内齿轮。当然，同一级中的模数 m 和齿数 z_b 是完全相同的。但是，不同模数 m 和不同齿数 z_b 的级与级之间应当精确地、牢固地连接起来，组成一个完整的内齿轮 b（固定不动）结构。

第21章　微型行星齿轮传动的结构及零件工作图

21.1　微型行星齿轮传动的结构

21.1.1　2Z-X(A)型微型行星齿轮传动的串联结构

较常见的2Z-X(A)型微型行星齿轮传动的串联结构，较多采用2Z-X(A)型行星排进行2级～5级的串联结构。其中，有一种是采用各级的2Z-X(A)型行星排传动比 i_p 相同的串联结构，如图21-1所示。另一种是采用各级的2Z-X(A)型行星排传动比 i_p 不相同的串联结构，即在第17章17.3中讨论的模块式组合结构。

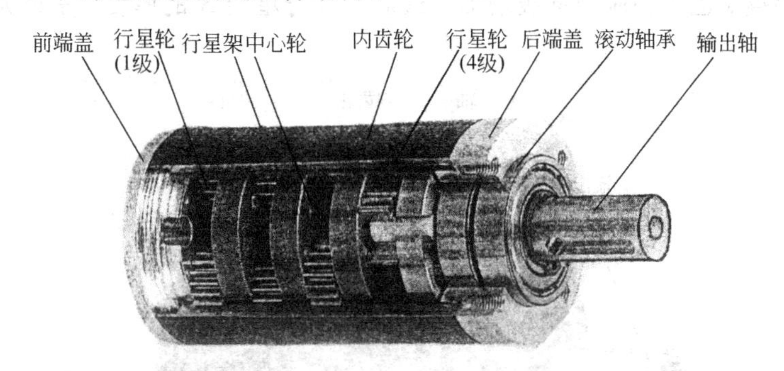

图21-1　2Z-X(A)型四级串联的微型行星齿轮减速器结构

在2Z-X(A)型微型行星齿轮传动中，其中心轮a的结构取决于传动类型、传动比的大小，传递转矩的大小和支承方式及所采用的均载机构。同时，还要考虑到中心轮a处于高速级的工作特点。

对于不浮动的中心轮a，当其齿根圆直径与轴径接近时，且传递的转矩较小时，可以将齿轮和其支承轴做成一个整体，即采用齿轮轴的结构（见图21-3）；当它传递的转矩较大时或中心轮a的直径较大时，也可以把齿轮与其支承轴分开来制造，然后用平键或花键将具有键槽内孔的齿轮套装在轴上。中心轮a可以安装在轴的中间位置，也可以安装在轴的一端，形成悬臂结构。在行星轮数 $n_p=3$ 的行星齿轮传动中，由于各齿轮副的啮合力呈轴线对称状态，而且无径向载荷，因此，对于悬臂安装的中心轮a也不会引起沿齿宽方向的载荷集中现象。当中心轮a的轴向尺寸受限制时，也可以做成圆柱形结构，且将它与支承轴分为两个单独的零件。其第1级的、不带支承轴的中心轮a，大多数是将它与微电动机的输出轴固连在一起（见图21-6），且应使其转速 n_{a_1} 等于微电动机的输出转速 n_B，即有 $n_{a_1}=n_B$。装配时应将其插入到第1级的三个行星轮c的中央，且与它们相互啮合。每一级的三个行星轮c均采用行星轮轴安装在同一级的行星架X上（见图21-6）。三根行星轮轴的一端采用过盈配合压入到行星架X的三个孔内；行星轮轴的另一端是个悬臂结构；行星轮c套装在悬臂轴上，行星轮c与行星轮轴之间采用间隙配合或过渡配合。行星轮c可以绕着悬臂轴自由旋转，且通常不采用滚动轴支承。微型行星齿轮减速器的外径大于24mm时，行星轮c也可以采用滚动轴承支承的结构。

对于第 2～5 级的中心轮 a_2～a_5，可以采取不带支承轴的圆柱形结构，但这些中心轮可以具有一个圆柱形的凸缘或圆弧形的凸缘，它借助于该凸缘牢固地压装到前一级的行星架 X_1～X_4 的中心孔内。换言之，通常是将第 2 级的中心轮 a_2 压装到第 1 级的行星架 X_1 上（见图 21-6），将两者牢固地连成一体，且把第 1 级行星架 X_1 的转速 n_{x_1} 直接传递给第 2 级的中心轮 a_1，即有 $n_{a_2}=n_{x_1}$。同理，将前一级的行星架 X 与后一级的中心轮 a 固连成为一体，即有 $n_{a_3}=n_{x_2}$、$n_{a_4}=n_{x_3}$ 和 $n_{a_5}=n_{x_4}$；最后一级行星架 X_5 应该与输出轴连接成一个整体，组成行星齿轮减速器的输出构件。

行星架（转臂）X 是微型行星齿轮传动中一个较重要的构件，其外廓尺寸应尽量小，质量要轻，应具有足够的强度和刚度，动平衡性好，能保证行星轮间的载荷分布均匀，而且应具有良好的加工和装配工艺。从而，可使该行星齿轮传动具有较大的承载能力，较好的传动平稳性及较少的振动和噪声。

行星架 X 大都采用板块式结构。对于输出转矩 T_B 较小的微型行星齿轮传动，每一级的行星架 X 的厚度 s 可以做成一样的，如图 21-1 所示。对于输出转矩 T_B 较大的行星齿轮传动，每一级的行星架 X 的厚度 s 可以做成不一样的。由于高速级到低速级的转矩 T 是逐级增大的，故其厚度 s 也需相应地逐级增加，最后一级行星架 X 的厚度 s 是最大的，如图 21-2 和图 21-7 所示。

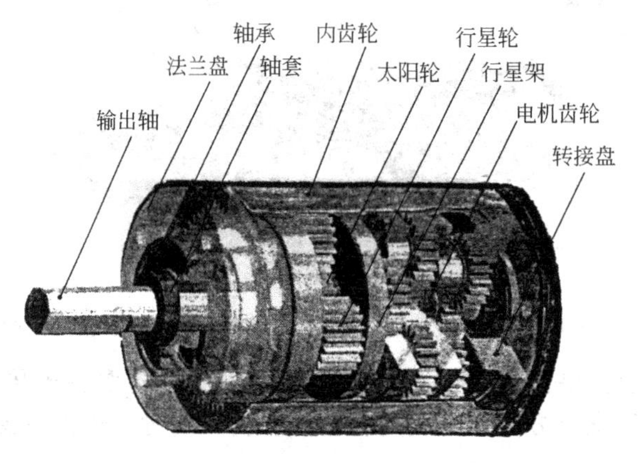

图 21-2　2Z-X(A)型三级串联的微型行星齿轮减速器结构

行星架 X 的支承结构与中心轮 a 的支承情况存在着较密切的关系。在2Z-X(A)型微型行星齿轮传动中，由于径向尺寸的限制，行星架 X 可以通过中心轮 a，而依靠三个行星轮 c 来支承的。若中心轮 a 没有采取滚动轴承支承的结构，此时，行星架 X 也不会采取滚动轴承支承。当最后一级的行星架 X 与输出轴 B 连接成为一个输出构件时，则它必须与输出轴进行非常牢固地结合。有的输出轴采用非圆柱形（或称为圆弧形）的轴端与行星架 X（最后一级的）中心的非圆柱形的孔，采取过盈配合，将它们压装在一起成为一个整体结构。对于输出转矩 T_B 较大的微型行星齿轮减速器，大都是直接采用将输出轴 B 与最后一级的行星架 X 做成一个整体的结构，如图 21-7 所示。

由于在行星架 X 上支承和安装着三个行星轮轴，故对行星轴 X 上的三个轴孔应有较严格的公差要求。因为，行星架 X 的制造精度对行星齿轮传动的工作性能、运动的平稳性和行星轮间载荷分布的均匀性等都有较大的影响。在制定行星架 X 的技术条件时，应合理地提出精度要求，且严格地控制其形位偏差和孔距公差等。

关于行星架 X 上几个偏差的计算，现简述如下。

① 中心距 a' 的极限偏差 f_a　行星架 X 上的中心距极限偏差 f_a（即各行星轮轴孔与行星

架轴线中心的偏差）的大小和方向，可能增加行星轮的孔矩相对误差 δ_1 和行星架 X 的偏心量，且使行星轮 c 产生径向位移，从而影响到行星轮间的均载效果。故应严格地控制中心距极限偏差 f_a 值。对于 6 级～8 级的传动精度，一般应控制其值在 $f_a=0.01\sim0.02$mm 的范围内。通常，该极限偏差 $\pm f_a$ 值，应根据其中心距 a'和精度等级由表 16-9 查得。

② 各行星轮轴孔的孔矩相对偏差 δ_1（见图 21-15） 由于各行星轮轴孔的孔矩相对偏差 δ_1，对行星轮间载荷分布的均匀性影响很大，故必须严格地控制 δ_1 值的大小。而影响 δ_1 值的主要因素是各轴孔的分度误差，即取决于机床和工艺装备的精度和加工人员的技术水平。一般 δ_1 值可按下式计算：

$$\delta_1 \leqslant \pm(3\sim4.5)\times\frac{\sqrt{a'}}{1000} \quad (\text{mm}) \tag{21-1}$$

括号中的数值，高速的行星齿轮传动或精度较高的取较小值；一般中低速的行星齿轮传动或精度较低的取较大值。图 21-15 的偏差 $\delta_1=\pm0.012$mm。

③ 偏心误差 e_x 对于行星架 X 的偏心误差 e_x，一般推荐该 e_x 值不大于相邻行星轮轴孔的孔矩相对偏差 δ_1 的 1/2，即

$$e_x \leqslant \frac{1}{2}\delta_1 \quad (\text{mm}) \tag{21-2}$$

在 2Z-X(A)型多级串联的微型行星齿轮传动中，其内齿轮 b 大都是作为一个固定构件，通常，把它看作微型行星齿轮减速器的机体。其内腔是安装各级行星排的一个容器。为了便于加工和装配，一般应把它做成一个具有通孔的管状结构（见图 21-13）。为了能够较好地安装前后端盖，且有良好的配合，内齿轮 b 的两端应有一小段不带内齿轮的光滑内孔圆圈的结构。前后端盖的凸缘与其两端光滑的内孔可采用 H8/h7 或 H8/h8 的间隙配合。还应该严格控制内齿轮 b 的齿顶圆直径 d_{a_2} 和行星架 X 的外圆直径 D 的尺寸，且使齿顶圆直径 d_{a_2} 与外径 D 之间留有一定的间隙 Δe，以避免行星架 X 在运转过程中与其齿顶圆产生摩擦或碰撞。其间隙量 $\Delta e=\dfrac{d_{a_2}-D}{2}$，一般 $\Delta e=(0.35\sim0.8)m$。

对于齿顶圆直径 d_a 较小的内齿轮 b 可以采用拉齿加工或线切割加工工艺。

根据本人多年来研发微型行星齿轮传动的经验，现将微型行星齿轮减速器 2Z-X(A)型（多级串联的）中各零件之间的公差配合情况简介如下。表 21-1 仅供设计者在设计微型行星齿轮传动时参考。

表 21-1 微型行星齿轮减速器各零件的公差配合

序号	配合零件的名称及部位		配合种类	推荐的配合代号	例题
1	行星轮轴	行星架上轴孔	过盈配合	S8/h7、S7/h6	ϕ2.7(S8)、ϕ2.7(h7)
2	行星轮轴	行星轮中心孔	间隙配合	F8/h7、G7/h6	ϕ2.7(F8)、ϕ2.7(h7)
3	行星架中心孔	中心轮轴端	过渡配合(过盈配合)	H8/p7、(H7/p6)	ϕ4.6(H8)、ϕ4.6(p7)
4	行星架中心孔	输出轴的轴端	过盈配合	H8/s7、H7/s6	ϕ4.6(H8)、ϕ4.6(s7)
5	后端盖凸缘	内齿轮的光滑内圈	间隙配合	H8/f7、H7/g6	ϕ19.3(H8)、ϕ19.3(f7)
6	前端盖凸缘	内齿轮的光滑内圈	间隙配合	H8/f7、H7/g6	ϕ19.3(H8)、ϕ19.3(f7)
7	后端盖内孔	滚动轴承内圈	间隙配合	H8/h7、H7/h6	ϕ13(H8)、ϕ13(h7)
8	滚动轴承内圈	输出轴	过渡配合	H7/n6、H7/m6	ϕ6(H7)、ϕ6(n6)

注：本表是针对 2Z-X(A)型多级串联的微型行星齿轮减速器推荐的配合代号，仅供参考。

21.1.2　3Z(Ⅱ)型微型行星齿轮传动的结构

在3Z(Ⅱ)型微型行星齿轮传动中，大都是采用内齿轮 b 固定、中心轮 a 输入和内齿轮 e 输出的结构形式，如图 21-3 所示。行星架（转臂）X 在3Z(Ⅱ)型微型行星齿轮传动中不承受外力矩的作用，故它不是该行星齿轮传动中的基本构件。一般，在传递转矩较大的3Z(Ⅱ)型微型行星齿轮传动中，星架 X 用来支承三个行星轮，且有利于使行星轮间的载荷均匀分布，当它传递的转矩较小，即该微型行星齿轮减速器的齿轮模数 m 较小，即 $m \leqslant$ 0.3mm 或其外廓尺寸较小时，通常可以不采用行星架 X 支承的结构，而是使三个行星轮 c 进行浮动。装配时应借助类似于行星架 X 的工装夹具，使三个行星轮 c 能够均匀地配置在行星轮 c 中心的圆周上，且应保证其实现 120°的均布，由中心轮 a 支承着。它们都与中心轮 a、固定内齿轮 b 和输出内齿轮 e 相啮合，如图 21-4 所示。

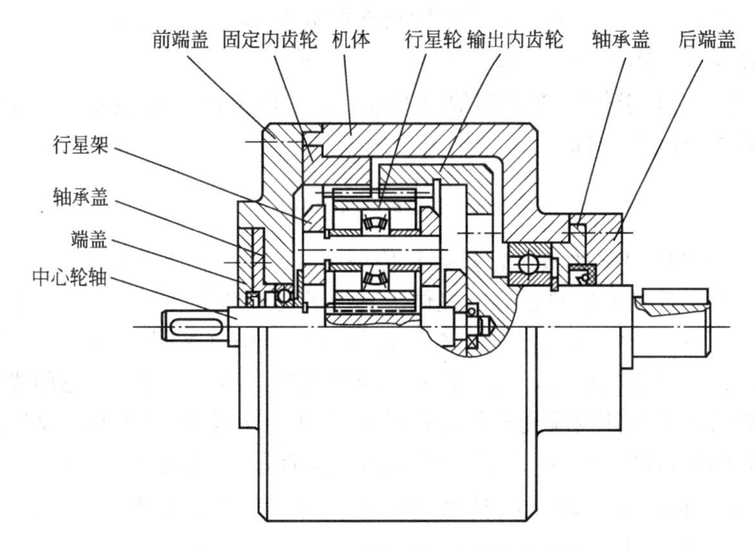

图 21-3　3Z(Ⅱ)型微型行星齿轮减速器

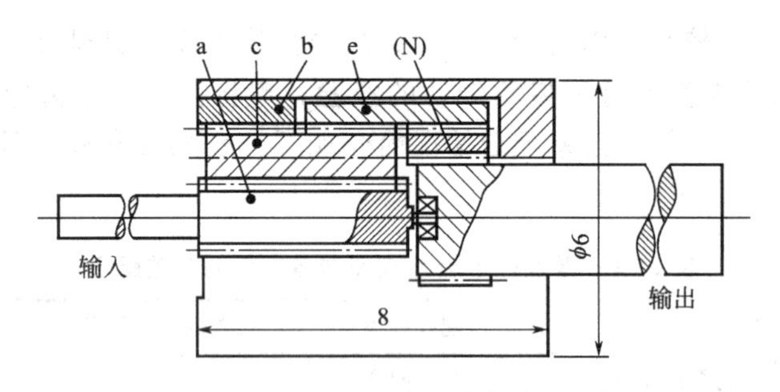

图 21-4　3Z(Ⅱ)型微型行星齿轮减速器剖面图

在 3Z(Ⅱ)型微型行星齿轮传动中，其中心轮 a 一般可采用齿轮轴的结构，即将微型齿轮 a 与支承轴做成一个整体（见图 21-5)，将齿轮设置于轴的中间位置。支承轴的一端可采用滚动轴承（微型的）被支承在端盖上；另一端可以采用较小的滚动轴承，安装在输出内齿轮 e 的轴线位置上。当其支承轴又是行星架 X 的支承时，中心轮 a 可以制成较细长的齿轮轴结构。对于外廓尺寸很小的 3Z(Ⅱ)型微型行星齿轮减速器，可以采用滑动轴承代替滚动轴承的结构，或采用无轴承支承的结构。这样就可以较好地缩小其径向尺寸，实现极微小化的行星齿轮传动的结构形式，如图 21-4 所示的结构。

在 3Z(Ⅱ)型微型行星齿轮传动中，内齿轮的结构主要与其承受载荷的大小、安装方式和所采用的均载机构的结构形式有关。同时，还应考虑到内齿轮的加工工艺和装配等问题。例如，插刀加工所需的退刀槽宽度和插齿刀的最小外径 d_{oamin} 的空间位置。通常，固定内齿轮 b 可以做成一个环形齿圈，故又可将内齿轮称为内齿圈。为了减小微型行星齿轮传动的外廓尺寸和避免采用各种紧固件，可以在其机体的圆柱形的内孔壁上直接切制其轮齿。若要在可拆卸的机体内圆孔壁上直接切制其轮齿，此时，在机体上加工轮齿时，其定位必须符合内齿轮 b 的制造精度要求。同时，机体本身的材料及其热处理必须满足内齿轮 b 的强度要求。

对于旋转的输出内齿轮 e 或固定内齿轮 b，还可以做成薄壁圆筒形状的结构，以增加内齿轮本身的柔性，且可以起到缓和冲击的作用，使行星轮间载荷分布均匀良好。

在 3Z(Ⅱ)型微型行星齿轮传动中，输出内齿轮 e 大都采用与输出轴连成一体的结构。该输出内齿轮 e，一般可采用平面辐板（见图 21-3）或锥形辐板（见图 21-5）与输出轴相连接。为了减少其质量和增加输出内齿轮 e 的柔性，应在辐板上钻铣若干个圆孔，且这些圆孔应该均匀地分布在同一个圆周上。从而，有利于行星轮间的载荷均匀分布（参见图 21-5）。

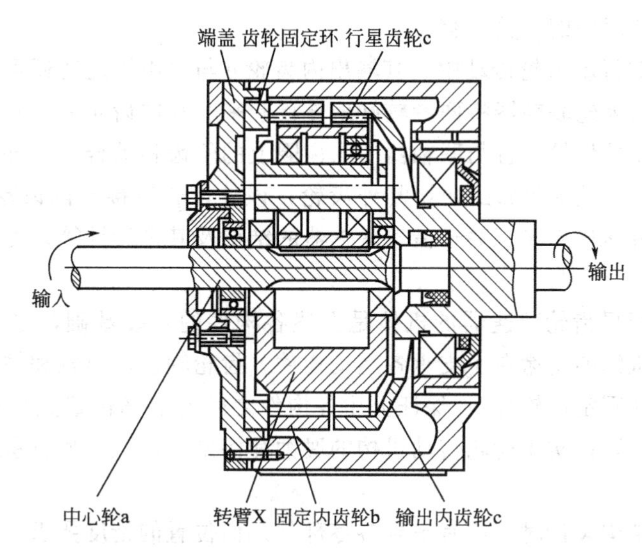

图 21-5　3Z(Ⅱ)型微型行星齿轮减速器结构

关于齿轮与轴的连接问题如下。

齿轮与轴的连接，其结构一般应满足如下四点要求：

① 连接应牢固可靠，不产生松弛和脱落；

② 应保证轴与齿轮的同轴度和垂直度；

③ 对于某些结构应便于装配和调整；

④ 它们应具有相同或相接近的强度和使用寿命。

较常用的连接方法有销连接、螺钉连接和键连接三种方式。现简述如下。

① 销连接　较常用的销连接有圆柱销和圆锥销两种。

圆柱销的特点是加工较方便，销孔需铰制，多次拆装后会降低定位的精度和连接的牢固性，故使用它就不宜经常拆装。单独使用圆柱销连接只能传递较小的转矩。主要用于定位，也可以用于连接。

圆锥销的特点是具有 1∶50 的锥度，便于安装和拆卸，定位精度比圆柱销高。在受横向力时能自锁，销孔仍需铰制。主要用于定位，也可用于固定齿轮，能传递动力。多用于需经常装拆的场合。

② 螺钉连接　紧定螺钉连接可用于传递较小的转矩，螺钉连接的优点是装拆方便，但在工作中螺钉可能产生松动，从而会引起齿轮偏心和歪斜。不宜用于精密齿轮传动，仅能传递较小的转矩。为了便于钻孔，齿轮和轴的材料硬度应相接近。

普通螺钉连接可用于齿轮的凸缘与轴端采用过渡配合和过盈配合的条件下，用普通螺钉将它们连接起来。这种结构能够保证较高的同轴度和垂直度。但这种连接方式的缺点是结构复杂，轴向尺寸增大，质量和转动惯量均增大。

③ 键连接　较常用的键有平键和半圆键两种。平键可以传递较大的转矩（靠其侧面传递），定心良好，装拆方便，工作可靠，适用于在轴上固定齿轮。其应用较广泛，且可适用高精度、高速和承受冲击的联接。

半圆键也是靠侧面传递转矩。键在轴槽中能绕槽底圆弧曲率中心摆动，装配较方便。但键槽较深，对轴的削弱较大。一般可用于传递较小的转矩，适用于轴的锥形端部。

读者欲进一步了解齿轮与轴连接的较详细内容，或需要了解其结构图例。请阅读参考文献［1］第 10 篇第 6 章中的有关内容。

在3Z(Ⅱ)型微型行星齿轮传动中，其输出内齿轮 e 与输出轴之间还可以采用齿轮联轴器相互连接的结构，用齿轮联轴器将两者较好地连接起来。在内齿轮 e 的外伸凸缘上和输出轴的端面辐板上均制作外齿轮，且与联轴器的内齿圈上的轮齿相啮合。另外，也可以在输出轴一端的外圈上（与内齿轮 e 相邻的）切制外齿轮，该外齿轮直接与内齿轮 e 的齿轮相啮合，以此结构形式将两者连接起来。关于齿轮联轴器的结构及其设计计算，可阅读本书第 1 篇第 8 章 8.4 中的内容。

3Z(Ⅱ)型微型行星齿轮减速器的机体是上述各构件的安装基础，也是该行星齿轮传动的重要组成部分。机体的用途在于支承各运动构件（齿轮轴、输出轴和轴承等）和不运动构件（端盖、轴承盖和固定齿轮等）；保证上述各构件之间的准确位置关系；承受作用于齿轮和齿轮轴上的力及力矩；防止齿轮传动机构的腐蚀和污染，保证微型行星齿轮减速器的可靠运转等。

在进行机体的结构设计时，应考虑到各零部件几何位置的精度要求、加工制造和安装工艺性、尺寸稳定性、环境温度影响、外形美观和制造成本等因素来决定其具体的结构形式。总之，机体结构的好坏对于微型行星齿轮传动性能和使用寿命的影响较大，设计机体结构时应当根据不同的用途，充分考虑上述多种因素，较好地选择和确定机体的结构形式。

按照行星齿轮传动安装形式的不同，可将机体分成：卧式、立式和法兰式三种结构形式。对于3Z(Ⅱ)型微型行星齿轮减速器，大都采用如图 21-3、图 21-5 所示的轴向剖分式机体结构。采用轴向剖分式机体的显著优点是安装和维修较方便，也便于进行调试和测量。机体的材料可以采用一般的中碳钢和中碳合金钢。为了减少质量和防止锈蚀，机体也可以采用硬铝和铝合金，如 LY11、LY12 和 LC4 等。

21.2　微型行星齿轮传动图例

21.2.1　微型行星齿轮减速器图例

2Z-X(A)型四级串联的微型行星齿轮减速器如图 21-6 所示。

2Z-X(A)型三级串联的微型行星齿轮减速器如图 21-7 所示。

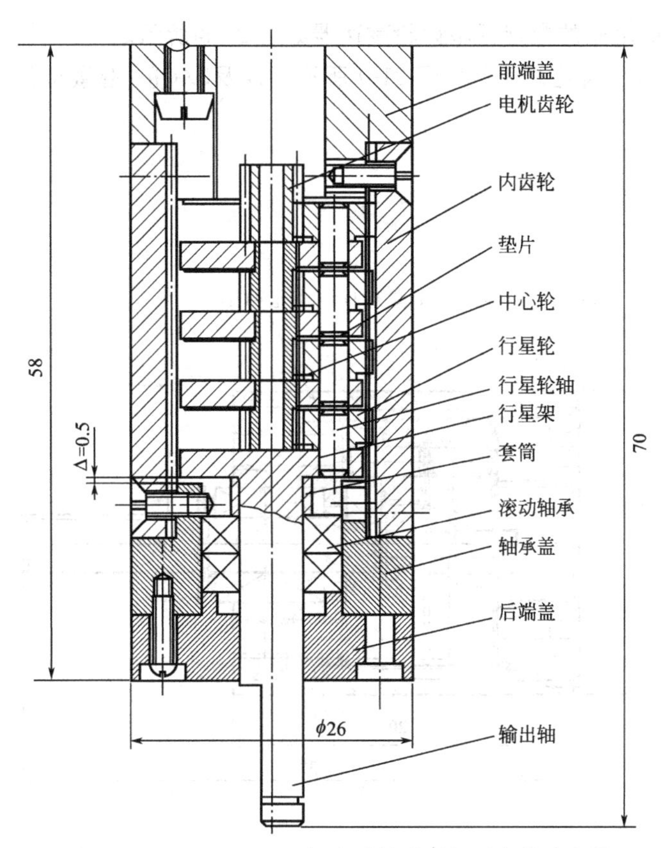

图 21-6　2Z-X(A) 型四级串联的微型行星齿轮减速器

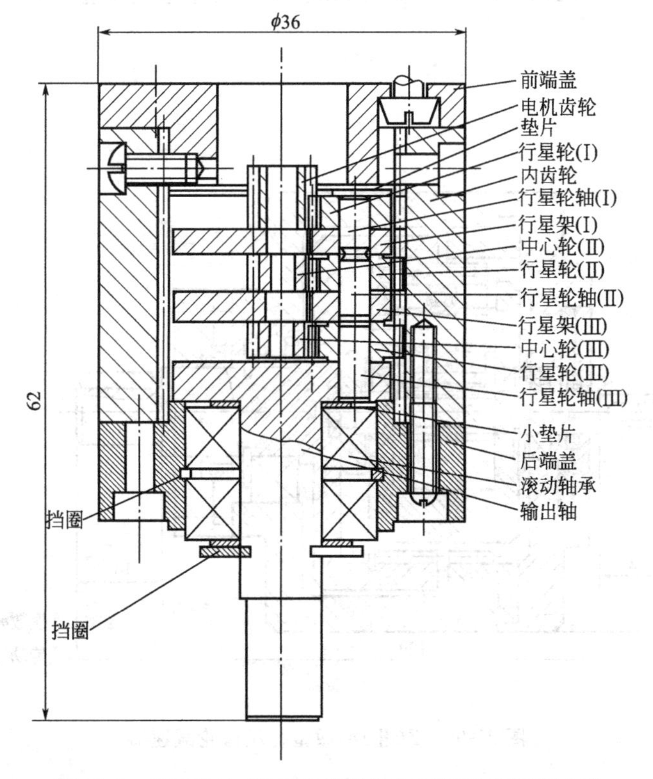

图 21-7　2Z-X(A) 型三级串联的微型行星齿轮减速器

2Z-X(A)型二级串联的微型行星齿轮减速器如图 21-8 所示。

3Z(Ⅱ)型微型行星齿轮减速器如图 21-9 所示。以及3Z(Ⅱ)型微型行星齿轮减速器如前图 21-4 所示。

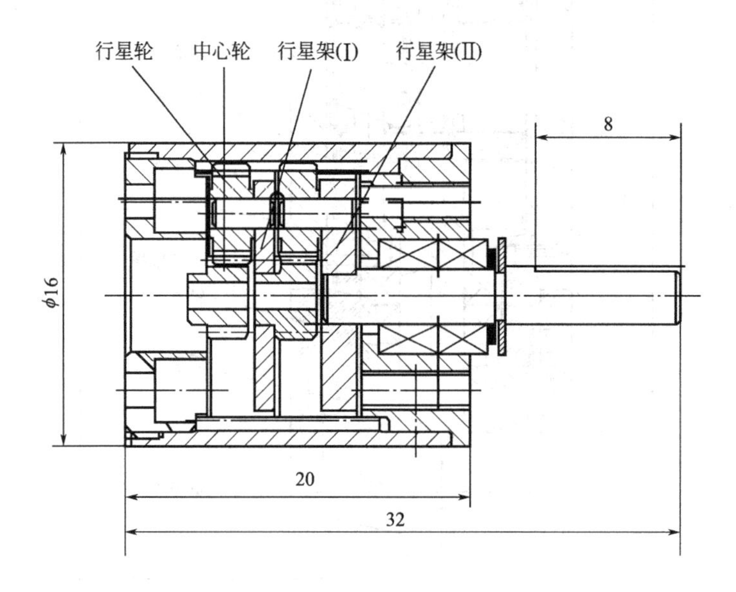

图 21-8 2Z-X(A)型二级串联的微型行星齿轮减速器

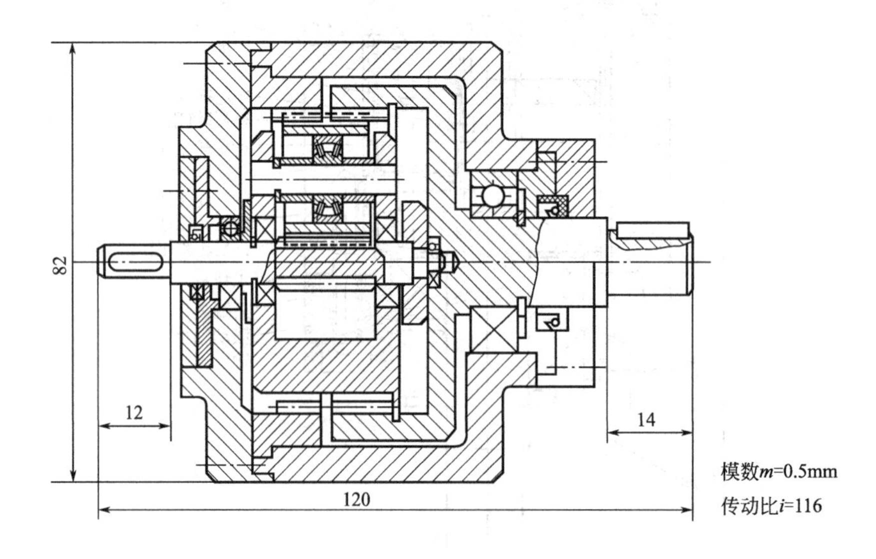

图 21-9 3Z(Ⅱ)型微型行星齿轮减速器

21.2.2　微型行星齿轮传动零件工作图

（1）中心轮 a、齿轮轴 a（见图 21-10、图 21-11）

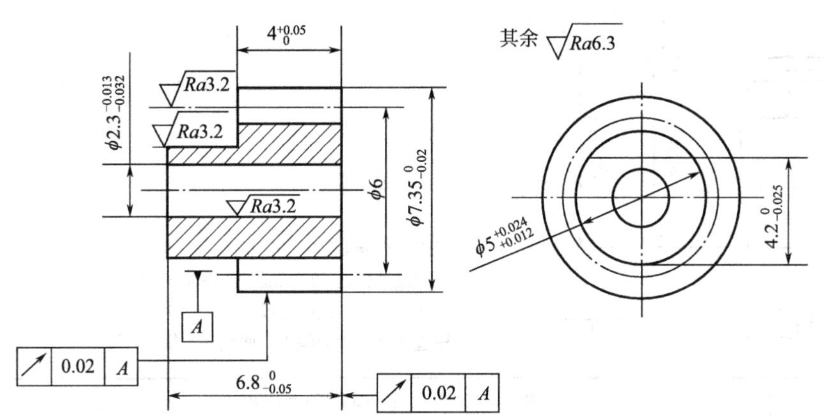

基本参数			齿轮精度 7—g GB 2363—1990					
模数	m	0.5	齿距累积公差	F_p	0.023	公法线平均长度及极限偏差	跨齿数 $k=2$	
齿数	z	12	齿圈径向跳动公差	F_r	0.018		W	2.414$^{-0.009}_{-0.019}$
齿形角	α	20°	公法线长度变动公差	F_w	0.008			
齿顶高系数	h_a^*	1	齿形公差	f_f	0.011			
齿高	h	1.175	周节极限偏差	f_{pt}	±0.007			
变位系数	x	0.35	齿向公差	F_β	0.009			

图 21-10　中心轮 a（带凸缘的）

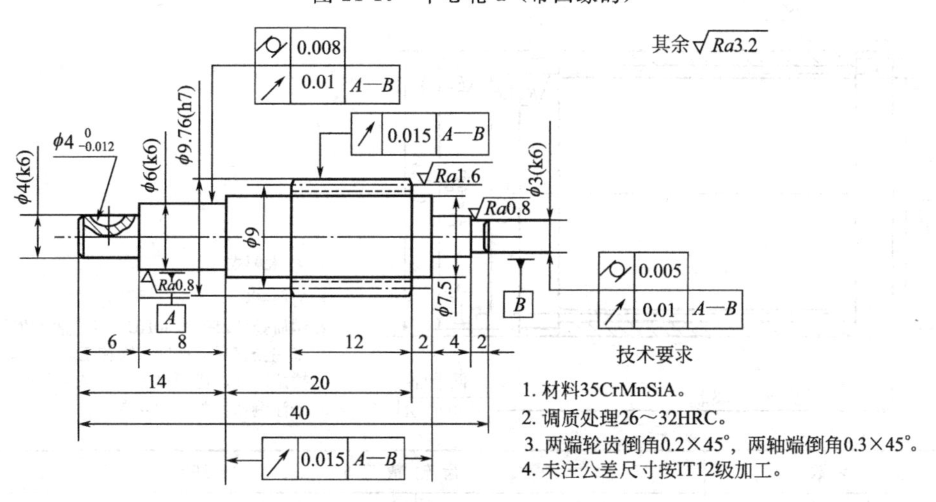

基本参数			齿轮精度 7—f GB 2363—1990					
模数	m	0.3	齿距累积公差	F_p	0.023	量柱直径 $d_p=0.572$mm		
齿数	z	30	齿圈径向跳动公差	F_r	0.018	量柱测量距	M	10.015$^{-0.026}_{-0.049}$
齿形角	α	20°	公法线长度变动公差	F_w	0.008			
齿顶高系数	h_a^*	1	齿形公差	f_f	0.011			
齿高	h	0.7	周节极限偏差	f_{pt}	±0.007			
变位系数	x	0.267	齿向公差	F_β	0.012			

图 21-11　齿轮轴 a

(2) 行星轮 c（见图 21-12）

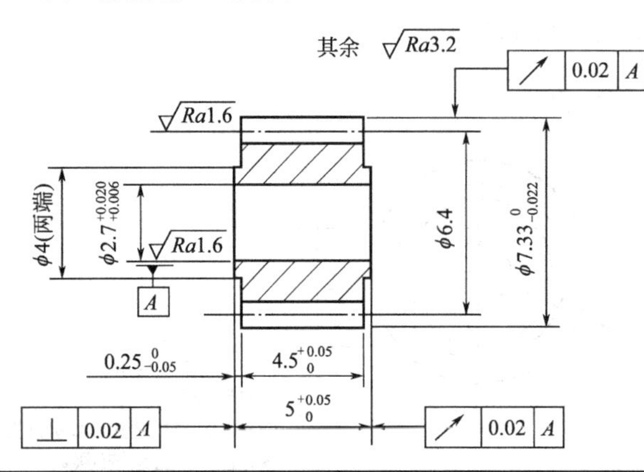

技术要求

1. 材料Y15。
2. 渗碳淬火硬度35～40HRC。
3. 未注尺寸公差按IT12级(GB 1800.3—1998)。
4. 未注形位公差按K级(GB 1184—1996)。
5. 锐边倒钝，齿面抛光，两端内孔倒角0.2×45°。

基本参数			齿轮精度 7-g GB 2363-1990					
模数	m	0.4	齿距累积公差	F_p	0.023	量柱直径 d_p=0.724mm		
齿数	z	16	齿圈径向跳动公差	F_r	0.018	量柱测量距	M	$7.599_{-0.046}^{-0.023}$
齿形角	α	20°	公法线长度变动公差	F_w	0.008			
齿顶高系数	h_a^*	1	齿形公差	f_f	0.011			
齿高	h	0.910	周节极限偏差	f_{pt}	±0.007			
变位系数	x	0.24	齿向公差	F_β	0.009			

图 21-12　行星轮 c

(3) 内齿轮 b（见图 21-13）

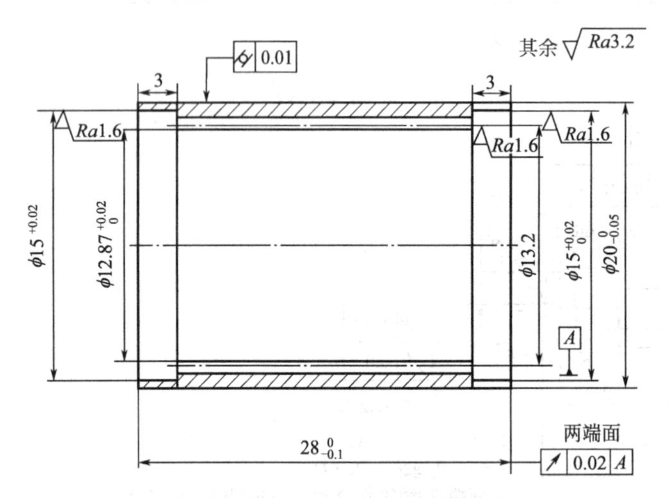

技术要求

1. 材料40Cr。
2. 调质处理250～280HB，并做表面发黑处理。
3. 未注公差尺寸按IT12级加工。
4. 棱角倒钝，齿面抛光。
5. 未注倒角均为0.2×45°。

基本参数			齿轮精度 6-f GB 2363-1990					
模数	m	0.3	齿距累积公差	F_p	0.018	量柱直径 d_p=0.572mm		
齿数	z	44	齿圈径向跳动公差	F_r	0.014	量柱测量距	M	$12.52_{+0.025}^{+0.044}$
齿形角	α	20°	公法线长度变动公差	F_w	0.007			
齿顶高系数	h_a^*	1	齿形公差	f_f	0.008			
齿高	h	0.705	周节极限偏差	f_{pt}	±0.006			
变位系数	x	0.45	齿向公差	F_β	0.006			

图 21-13　内齿轮 b

(4) 固定内齿轮（见图 21-14）

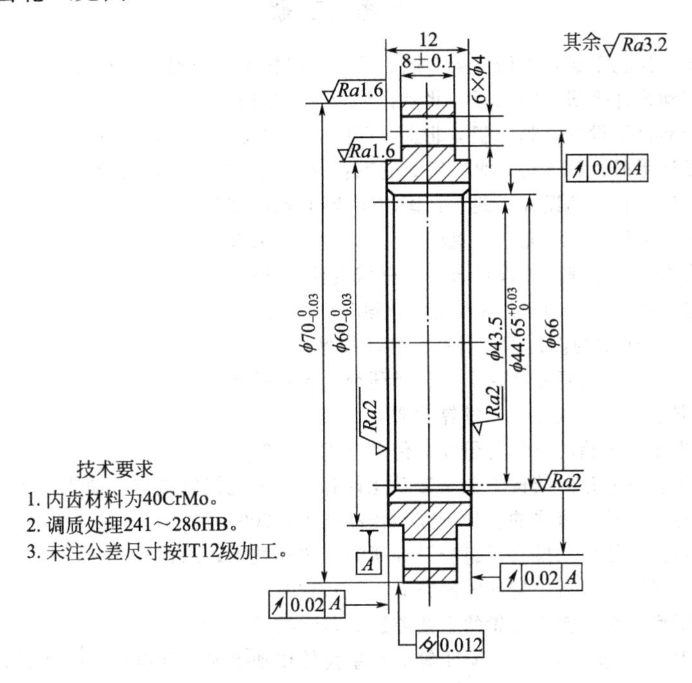

基本参数			齿轮精度 7－f GB 2363－1990					
模数	m	0.5	齿距累积公差	F_p	0.022	量柱直径 d_p＝0.866mm		
齿数	z	87	齿圈径向跳动公差	F_r	0.016	量柱测量距	M	$44.409^{+0.063}_{+0.036}$
齿形角	α	20°	公法线长度变动公差	F_w	0.01			
齿顶高系数	h_a^*	1	齿形公差	f_f	0.007			
齿高	h	1.30	周节极限偏差	f_{pt}	±0.007			
变位系数	x	2.4	齿向公差	F_β	0.008			

图 21-14　固定内齿轮

(5) 行星架（见图 21-15）

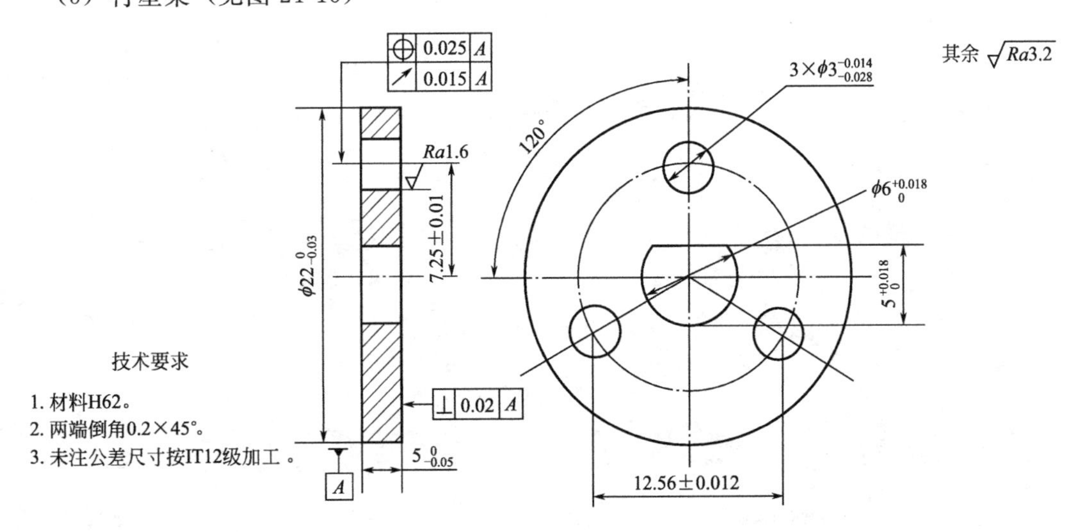

图 21-15　行星架

参 考 文 献

[1] 齿轮手册编委会．齿轮手册：上册．第 2 版．北京：机械工业出版社，2002.
[2] 朱孝录．齿轮传动设计手册．第二版．北京：化学工业出版社，2010.
[3] 饶振纲．行星传动机构设计．第二版．北京：国防工业出版社，1994.
[4] 成大先．机械设计手册：第 3 卷．第四版．北京：化学工业出版社，2002.
[5] 饶振纲．微型行星齿轮传动设计．北京：国防工业出版社，2013.
[6] 张展．渐开线圆柱齿轮传动．北京：机械工业出版社，2012.
[7] 饶振纲．现代火炮行星减速器的设计研究．机械设计，1989.
[8] 饶振纲．具有单齿圈行星轮的 3K 型传动优化设计．齿轮，1990.
[9] 饶振纲．新式 3K 型传动的设计理论研究．传动技术，1993.
[10] 饶振纲．功率分流式封闭行星减速器的设计研究．传动技术，1996.
[11] 关岳．微型机器小型行星减速器．世界发明，1991.
[12] 饶振纲．行星齿轮变速箱的设计与研究．传动技术，1999.
[13] 饶振纲．行星齿轮变速箱的结构参数与传动比计算．江苏机械制造与自动化，2001.
[14] 饶振纲．微型行星齿轮减速器的设计研究．传动技术，2003.
[15] 饶振纲．微型行星齿轮传动模块式组合设计研究．传动技术，2012.
[16] 饶振纲．反馈式封闭行星齿轮传动的研究．机械，1991.
[17] 饶振纲．浅析微型齿轮与普通齿轮的主要差别．传动技术，2013.
[18] 库德里夫采夫 B. H，基尔佳舍夫 Ю. H 等．行星齿轮传动手册．陈启松，张展等译．北京：冶金工业出版社，1986.
[19] 马从谦，陈自修等．渐开线行星齿轮传动设计．北京：机械工业出版社，1987.

后　记

编者在行星传动技术设计与研究领域耕耘了数十年，现精神状态较好，仍关注着行星齿轮传动技术的传承和发展。本人秉承老有所为，为了提拔和协助年轻人的成长，使得齿轮传动技术能够承前启后，特成立了“大器齿轮传动设计工作室”。

大器齿轮传动设计工作室主要涉足行星齿轮传动的设计、研制、监造、测绘和技术咨询以及大专院校学生毕业后委培职业教育等相关工作。本书编者饶振纲身兼大器齿轮传动设计工作室首席顾问，闲暇之余与工作室同仁一起研究探索齿轮传动新技术，使行星齿轮传动技术传承于后人。

大器齿轮传动设计工作室主任：仲印（高级工程师）

E-mail：bchm6084@163. com